道路橋示方書・同解説

Ⅱ　鋼橋・鋼部材編

平成29年11月

公益社団法人　日本道路協会

序

我が国の道路整備は，昭和 29 年に始まる第一次道路整備五箇年計画から本格化し，以来，12 次にわたる五箇年計画を積み重ね，平成 15 年度からは社会資本整備重点計画として策定され，現在は第 4 次社会資本整備重点計画が進められています。この間，道路交通の急激な伸長に対応して積極的に道路網の整備が進められてきましたが，都市部，地方部に限らず道路網の整備には今なお強い要請があります。急峻な地形と多数の河川を擁し，高密度な土地利用のため厳しい空間制約のある都市部を多く抱える我が国においては，橋梁は道路整備を進めるうえで不可欠な構造物であり，持続的に整備，更新を進めるために生産性の向上への対応が求められています。

また，平成 26 年に 5 年に一度の定期点検が法定化されたことに伴い，長寿命化の取り組みが本格化しており，道路橋の設計においても，適切な維持管理を行うことも含めて，ライフサイクルコストの低減や維持管理の軽減等を図りながら，確実かつ合理的に長寿命化を図るための対応が求められています。

一方，平成 23 年に発生した東北地方太平洋沖地震や平成 28 年に発生した熊本地震では，災害が多発する我が国において改めて安心な国土づくりが必要不可欠であることを再確認させられました。このような，脆弱な国土構造への対応も求められています。

道路橋に関する技術基準は，「橋，高架の道路等の技術基準」（道路橋示方書）として国土交通省から通知されています。明治 19 年に制定された我が国初の道路構造の基準である「国県道の築造標準」の中に設計活荷重が規定されて以来，自動車交通の発展や橋梁技術の進歩等に対応して逐次整備されてきました。当初は道路の構造基準の一部でしたが，昭和 14 年に「鋼道路橋設計示方書案」が道路橋単独での技術基準として初めて定められ，それ以降，橋梁構造別や部材別の基準が順次整備，改定されてきました。

昭和47年から55年にかけては，これらの基準がとりまとめられ，「Ⅰ共通編」「Ⅱ鋼橋編」「Ⅲコンクリート橋編」「Ⅳ下部構造編」「Ⅴ耐震設計編」からなる現在のスタイルとなり，その後も平成5年には道路構造令の改正に伴う設計活荷重の見直し等のため，平成8年には兵庫県南部地震を契機とする耐震設計の強化等のため，平成13年には性能規定型の技術基準を目指した要求性能の明確化等のため，平成24年には東北地方太平洋沖地震による被災を踏まえた対応や維持管理に関する内容の充実等のため，それぞれ改定が重ねられてきたところであります。

日本道路協会では，平成24年3月に道路橋示方書・同解説を刊行しましたが，多様な構造，新材料に対して的確な評価を行うための性能規定化の一層の推進，長寿命化の合理的な実現，熊本地震における被災を踏まえた対応を主な内容として平成29年7月に「橋，高架の道路等の技術基準」（道路橋示方書）が改定され，国土交通省から道路管理者に通知されたことを受けて，「道路橋示方書・同解説」全編を見直し改定版を刊行する運びとなりました。

本改定の趣旨が正しく理解され，今後とも質の高い橋梁整備が一層推進されることを期待してやみません。

平成29年11月

日本道路協会会長　谷　口　博　昭

ま え が き

道路橋示方書は，「橋，高架の道路等の技術基準」として国土交通省から通知されている。昭和55年には，それまでの技術基準，指針等を整理統合して体系化され，現在と同様，共通編から耐震設計編までの5編からなる構成で通知されることになった。

その後，平成5年には車両大型化への対応や耐久性の向上を図るための活荷重関連の規定が見直された。平成8年には，平成7年1月の兵庫県南部地震による道路橋の甚大な被害経験を踏まえ，レベル2地震動に対する耐震設計を行うことが明確にされた。平成13年には，性能規定型の技術基準を目指し，各条文にて要求性能が明示されるとともにそれを満たす従来からの規定とが併記される書式とされた。また，耐久性に関する規定が強化されるとともに，橋の耐震性能が橋の設計における基本的な要求事項として明示された。平成24年には，我が国における観測史上最大の東北地方太平洋沖地震の発生や平成14年以後の道路橋被災事例の分析を踏まえて規定の見直しが行われた。また，道路橋の劣化損傷事例の経験を踏まえ，維持管理の確実性や容易さが橋の設計の基本理念の一つとされた。

今回の改定では，道路橋定期点検の法定化など道路橋の長寿命化に対する社会的ニーズの増加，平成28年4月の熊本地震による道路橋の被災並びに復旧の経験を踏まえ，点検や修繕を確実に行うことができ，かつ，できるだけ維持修繕が容易な構造であること，万が一の事態にも粘り強い丈夫な構造であるようにすることが道路橋の設計の向かうべき方向性であると強く認識され，調査検討が進められた。また，これらを実現する構造をできるだけ経済的に達成できる新たな技術を受け入れること，道路ネットワークにおける路線の位置付けに応じて性能を設定できるようにすることを考え，性能規定化を一層推進させるべく，調査検討が進められた。

その結果，橋の性能を規定するための設計状況や対応する橋の状態の設定を行うこと，性能を的確に評価するために，設計状況や，材料，構造の性能の不確実性の要因をきめ細かく扱うこと，並びに，通常の維持管理を行うことを前提とした耐久性や維持管理行為を想定して橋の構造を設計することができるように，「橋，高架の道路等の技術基準」の改定が行われた。主な改定点は，以下のとおりである。

① 橋の構造形式や使用材料の多様化も踏まえれば，橋梁形式や上部構造の主たる使用材料によって大別するのではなく，鋼部材とコンクリート部材をどのように組み合わせた場合にも橋として求められる性能を明確にするように，編構成の見直しがなされた。その結果，Ⅰ編から順に，Ⅰ共通編，Ⅱ鋼橋・鋼部材編，Ⅲコンクリート橋・コンクリート部材編，Ⅳ下部構造編，Ⅴ耐震設計編とされた。

② 各条文が要求性能とそれを満足する標準的な検証手法の組合せで構成されるだけでなく，橋全体としても性能の評価が可能であるように，橋全体系として求める性能が明確化され，橋全体系の性能を照査するための上部構造，下部構造等の性能の検証方法，さらには，上部構造，下部構造等を構成する部材等の性能の検証手法も階層的に要求性能と標準的な検証手法の組合せとして規定された。

③ 橋の耐震性能という概念が発展的に解消され，橋の性能を構成するものとして，橋の耐荷性能，橋の耐久性能及び橋の使用目的との適合性を満足するために必要なその他性能の３つの性能が規定された。これにより，災害時はもとより，通常の状況においても求められる機能を十分に発揮すること，また，不幸にして何らかの損傷が生じた場合であっても十分粘り強く，丈夫な橋であることが念頭に置かれた設計がされるようにしたうえで，維持管理の確実さと容易さについても，道路ネットワークにおける路線の位置付けや代替性なども十分に考慮し，不測の事態に対する配慮の範囲を検討することが明確にされた。

④ 新たな材料や構造の採用が今後増加することも期待し，橋の耐荷性能を評価するために，橋の限界状態が新たに規定された。

⑤ 標準としての設計法は，部材単位で荷重支持能力と構造安全性の確保を

行う従来の設計法を踏襲した。しかし，新たな材料や構造の採用が今後増加することも期待し，荷重や抵抗値のばらつきも考慮したうえで設計状況に対して橋や部材の限界状態を超えないことを確実に達成できるように，従来の許容応力度法が廃止され，部分係数法が導入された。

⑥　限界状態設計法や部分係数法の導入に伴い，鋼部材，コンクリート部材の荷重体系，設計体系が統一された。また，設計で想定する品質が確保されるように，各編の適用の範囲が見直された。複合構造についても，全編の規定を適切に適用することで設計が可能であるようにされた。

⑦　地震の影響による大規模な斜面崩壊による橋台の沈下等の事例が存在したため，耐震設計において，できるだけ地盤変動の影響を受けない位置に架橋位置を選定することが標準とされた。

⑧　多様な暴露環境に対して耐久性を事前に検証することが困難な新しい技術についても，修繕，交換の可能性も考慮しながら採用を検討できるように，維持管理と一体で耐久設計を行うことが明確にされた。交換も前提にしながら部材ごとに設計耐久期間を定められること，維持管理方法と耐久性確保の方法を一体で実施し，必要な耐久性を確保することが明確化された。

⑨　プレキャスト化などの流れを受け，コンクリート部材の接合部の要求性能が明確にされた。また，これにより，複合構造の接合部においては，鋼，コンクリート部材の接合部の規定をそれぞれ参照し，設計することができるようになった。

鋼橋・鋼部材編の主な改定点は，以下のとおりである。

①　多様な構造や材料に対応した設計の導入により，SBHS 鋼や S14T など新しい材料が規定された。

②　ケーブル構造の形式や橋の種類によらず，ケーブル部材の耐荷性能及び耐久性能を確保するための方法が規定されたことにより，ケーブル部材の安全余裕が統一的に確保できるようになった。

③　設計供用期間の明確化に伴い，疲労耐久性の信頼性向上のため，疲労設計荷重が規定された。

④　溶接継手部の品質確保の徹底を図るため，溶接検査の規定の明確化及び溶接継手の種類と名称の見直しを行った。

本書は，以上の改定点も含めて，橋，高架の道路等の技術基準について，運用の統一が図られるように，規定の背景や解釈について解説を行ったものである。したがって，本書が熟読されることで，橋，高架の道路等の技術基準の運用に必要な事項の理解が一層深まるものと期待している。

今回の改定では，道路橋の目指す技術開発の方向性が明確にされ，それを評価するための手法として限界状態や部分係数，また，耐久性能が導入された。しかし，新しい技術が提案され，それについて，今回の技術基準に則り，限界状態に関わる制限値や部分係数，又は，耐久性確保の方法の具体的な設計・施工法が評価されるのは今後である。本解説書が道路橋の設計・施工に役立てられ，安全性，耐久性，維持管理の確実性と容易さの確保における信頼性の向上に大きく寄与すること，また，それを達成するための生産性を向上させる技術開発に寄与することを念願してやまない。新しい材料や構造，新しい橋梁形式について，性能を評価するための知見が揃えられ，技術基準の趣旨に則った設計施工方法の開発が進められるとともに，最初にも述べた，これまでの経験と反省に基づいた，道路橋への信頼性の向上が図られることを切に希望するものである。

平成 29 年 11 月

橋　梁　委　員　会
鋼　橋　小　委　員　会

橋梁委員会名簿 (50 音順)

委員長	金井 道夫	
前委員長	岡原 美知夫	
委　員	伊佐 賢一	伊藤 進一郎
	○井上 昭生	上松 英司
	○運上 茂樹	大西 俊之
	大村 敦	○緒方 辰男
	○荻原 勝也	○小野 潔
	○加賀山 泰一	加藤 昌宏
	○金澤 文彦	茅野 牧夫
	川合 康文	川﨑 茂信
	○河野 広隆	○河村 直彦
	岸 明信	○木村 嘉富
	○日下部 毅明	桑原 徹郎
	○古関 潤一	齋藤 清志
	佐々木 一夫	佐々木 一哉
	○佐藤 弘史	紫桃 孝一郎
	○杉山 俊幸	鈴木 基行
	○鈴木 泰之	高田 和彦
	高田 嘉秀	○田嶋 仁志
	○田中 慎一	田村 敬一
	○中谷 昌一	西岡 敬治
	西垣 義彦	○西川 和廣
	○野澤 伸一郎	浜岡 正
	半野 久光	平林 泰明
	藤原 亨	○掘井 滋則
	本城 勇介	松浦 弘
	松田 隆	三浦 真紀
	○睦好 宏史	○村越 潤
	○村山 一弥	○森 猛

○山口栄輝
○渡辺博志
幹事○石田雅博
○大住道生
小田原雄一
○小林賢太郎
塩谷正広
田中倫英
土井弘次
○七澤利明
福田敬大
○間渕利明
○森下博之
○和田圭仙

○山口満
○伊藤高
○岡田太賀雄
乙守和人
堺淳一
○白戸真大
○玉越隆史
鳥羽保行
長谷川朋弘
○星隈順一
武藤聡
森戸義貴

○印は平成29年11月現在の委員

鋼橋小委員会名簿（50 音順）

委員長	村越　潤	
委員	相川　智彦	青木　康素
	○芦塚　憲一郎	○池田　学
	伊藤　高	大下　嘉道
	大谷　彬	○奥井　義昭
	○小野　潔	○勝地　弘
	金治　英貞	金田　崇男
	○蔵治　賢太郎	○小林　賢太郎
	酒井　修平	○坂本　佳也
	○澤田　守	下田　健司
	○白戸　真大	白鳥　明
	○鈴木　泰之	○高木　優任
	高田　嘉秀	○舘石　和雄
	○田中　伊純	田中　倫英
	○玉越　隆史	○築地　貴裕
	鳥羽　保行	○冨山　禎仁
	○西岡　勉	野上　邦栄
	○長谷川　強	服部　雅史
	○原島　孝至	○原田　拓也
	○平野　みゆき	○藤川　敬人
	古谷　嘉康	星隈　順一
	○掘井　滋則	○水口　和之
	武藤　聡	○村井　啓太
	○森　猛	○森下　博之
	○森山　彰	○八木　知己
	○山口　栄輝	○山口　隆司
	○和田　圭仙	○渡邊　一悟

○印は平成 29 年 11 月現在の委員

目　　次

Ⅱ　鋼橋・鋼部材編

1章　総　　則

1.1　適用の範囲

> この編は，鋼部材及び主たる部材が鋼部材からなる上部構造に適用する。

鋼橋・鋼部材編は，主として鋼橋の上部構造に適用できるが，構造形式や部材の種類等によらない基本的な設計方法について示されているほか，鋼部材とコンクリート部材の接合部，コンクリート系床版を有する鋼桁のように，鋼のほかにコンクリートを使用する部材等にも適用することができる。また，鋼製橋脚など下部構造に関わるものについては，主として下部構造編による。その他，適用する橋及び準用の取扱いについては，共通編1.1に定めるとおりである。

この編の構成は，1章から9章までに設計における構造形式や部材の種類等によらない基本的な設計方法について，10章から19章までに，鋼製の上部構造を構成する部材及びそれらが集成された個別の構造について，20章に製作・架設・検査・記録に関する事項がそれぞれ規定されている。個別の構造について，特に10章では主桁や主構等の部材を上部構造として立体的に機能させるための構造について規定し，11章から19章までは上部構造を構成する構造要素や構造形式ごとに上部構造として用いる場合に必要な事項等についてそれぞれ規定されている。

以下，基本的に，「Ⅰ共通編」を「Ⅰ編」,「Ⅱ鋼橋・鋼部材編」を「この編」,「Ⅲコンクリート橋・コンクリート部材編」を「Ⅲ編」,「Ⅳ下部構造編」を「Ⅳ編」,「Ⅴ耐震設計編」を「Ⅴ編」と表記する。

1.2　用語の定義

> この編で用いる用語の定義は次のとおりとする。
>
> (1)　制限値
>
> 橋及び部材等の限界状態を超えないとみなせるための適当な安全余裕を考慮した値
>
> (2)　規格値
>
> 日本工業規格（JIS）等の公的規格に定められた材料強度などの物性値

(3) 相反応力

死荷重による応力と活荷重（衝撃含む）による応力のそれぞれの符号が異なる場合のその応力

(4) 交番応力

荷重の載荷状態によって，部材に生じる応力が圧縮になったり，引張になったりする場合のその応力

(5) 二次応力

通常の構造解析の仮定に従って得られる主要な応力（一次）に対して，構造解析上の仮定と実際との相違によって，実際には生じるがその構造解析では直接には考慮されない付加的な応力

1.3 設計計算の精度

(1) 設計計算の精度は，設計条件に応じて，適切に定めなければならない。

(2) 設計計算は，最終段階で有効数字3桁が得られるように行うことを標準とする。

(1) 設計計算では，計算の最終段階となる照査の信頼性が確保されるよう，設計計算の途中で必要とされる桁数を適切に考慮する必要がある。

(2) この編で示される諸規定は，標準的な設計計算において最終段階で有効数字3桁となることを前提として定められているため，設計計算の最終段階で照査の対象となる数値の有効数字は，その設計計算値の有効数字が3桁以上で示されているものに対し，3桁までを確保すればよい。

ただし，特性値及び抵抗側の部分係数等の有効数字が2桁以下の場合には，最終段階の有効数字の桁数を特性値等の有効桁数と同じとしても照査の信頼性が失われないため，特性値等の有効桁数に合わせて，最終段階の数値の桁数を少なくしてもよい。

設計計算の途中で必要とする有効数字の桁数は，その計算方法や構造計算に用いる計算モデルに関する諸条件に適合したものを選ぶ必要があり，例えば高次の不静定構造系を取り扱う場合には，多くの有効数字を用いないと最終段階で3桁まで確保できなくなるので注意する必要がある。

1.4　設計の前提となる材料の条件

1.4.1　一　　般

(1)　使用する材料は，その材料が置かれる環境，施工，維持管理等の条件との関係において，設計の前提として求められる機械的特性及び化学的特性が明らかであるとともに，必要とされる品質が確保できるものでなければならない。 (2)　使用する材料の特性は，測定可能な物理量により表されなければならない。

(1)　この編を適用して設計・施工する橋に用いる材料の品質に関する基本的な要求を規定したものである。使用する材料の機械的又は化学的特性は，供用期間中や施工中においても明らかであり，かつ，設計で前提とする確からしさを有することが求められる。特性の確からしさ，すなわち品質の確保は，20 章の各規定による。材料の力学的特性は，Ⅰ編の各規定による。

使用する材料は，要求される橋の性能に対して，鋼製の上部構造及びその他の鋼構造が求められる状態を満たすことができるように，鋼製の上部構造を構成する部材の強度や変形能及び耐久性を考慮して選定する必要がある。鋼橋の耐久性を確保するためには，一般的に鋼部材の腐食と疲労の影響を抑制するとともに，鋼部材の腐食要因である飛来塩分，凍結防止剤等への対応が必要となる。部材として求められる耐荷性能については，3 章以降の各規定による。

この編に規定される材料の品質確保は，20 章の規定，材料の力学的特性は，Ⅰ編 9 章の規定による。なお，この編に規定されない材料については他編による。

また，道路橋示方書に規定されていない材料の適用の検討に際しては，この示方書の各編に規定される材料との関係を明確にしたうえで，設計・施工など関連する事項について，要求性能が満たされる条件を明確にし，所要の性能が得られることを検証する必要がある。そのような材料の適用にあたっては，少なくとも以下の項目に関して検討する必要がある。

1)　材料特性（基本物性，機械的性質，化学成分等）
2)　接合特性（接合材料，接合方法・メカニズム，接合の影響等）
3)　材料が接合集成された部材としての強度特性（引張強度，座屈強度，疲労強度等）
4)　耐食特性（耐候性，防食方法・メカニズム等）
5)　施工性（接合，切断，加工等）

検証にあたっては，文献 1)を参考に，試験等による直接的手法，解析等による間接的手法及び経験的手法により所要の性能が満たされることを確認するのがよい。

(2) 材料の特性には，機械的特性である圧縮，引張，せん断等の強度特性，ヤング係数等の変形特性，又は化学的特性である熱特性等がある。これらの材料特性は，設計に用いる計算モデルに適切に反映される必要があるため，反映可能な物理量で表現されている必要がある。

1.4.2 鋼種の選定

(1) 鋼種は，部材の応力状態，製作方法，架橋位置の環境条件，防せい防食法，施工方法等に応じて，鋼材の強度，伸び，じん性等の機械的性質，化学組成，有害成分の制限及び厚さやそり等の形状寸法等の特性や品質を考慮して適切に選定しなければならない。

(2) 次の場合には，鋼種の選定を特に注意して行わなければならない。

1) 気温が著しく低下する地方に使用される場合
2) 溶接により拘束力を受ける主要部材で主として板厚方向に引張力を受ける場合
3) 主要部材において小さな曲げ半径で冷間曲げ加工を行う場合
4) 溶接割れ防止の予熱温度を低減して溶接施工を行う場合
5) 溶接入熱量の大きい溶接法を適用する場合
6) 塑性化を考慮する場合

(3) 溶接を行う鋼材には，溶接性が確保できることが確認された鋼材を用いなければならない。

(4) JIS G 3106（溶接構造用圧延鋼材），JIS G 3114（溶接構造用耐候性熱間圧延鋼材）及び JIS G 3140（橋梁用高降伏点鋼板）のうち SBHS400，SBHS400W，SBHS500 及び SBHS500W の規格に適合する鋼材を用いる場合には，(3)を満足するとみなしてよい。

(5) JIS G 3101（一般構造用圧延鋼材），JIS G 3106，JIS G 3114，及び JIS G 3140 のうち SBHS400，SBHS400W，SBHS500 及び SBHS500W の規格に適合する鋼材を用いるにあたって，その鋼種及び板厚は表-1.4.1 に基づいて選定するのを標準とする。

表-1.4.1　板厚による鋼種選定標準

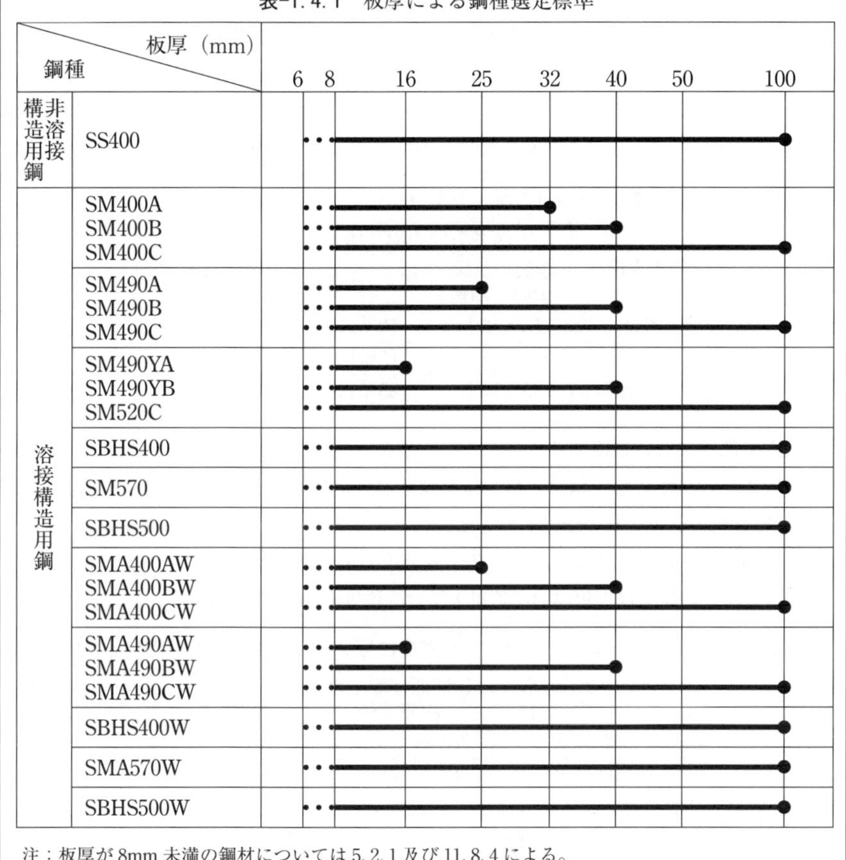

鋼種		6	8	16	25	32	40	50	100
非溶接構造用鋼	SS400	・・	━	━	━	━	━	━	●
溶接構造用鋼	SM400A	・・	━	━	━	●			
	SM400B	・・	━	━	━	━	●		
	SM400C	・・	━	━	━	━	━	━	●
	SM490A	・・	━	━	●				
	SM490B	・・	━	━	━	━	●		
	SM490C	・・	━	━	━	━	━	━	●
	SM490YA	・・	━	●					
	SM490YB	・・	━	━	━	━	●		
	SM520C	・・	━	━	━	━	━	━	●
	SBHS400	・・	━	━	━	━	━	━	●
	SM570	・・	━	━	━	━	━	━	●
	SBHS500	・・	━	━	━	━	━	━	●
	SMA400AW	・・	━	━	●				
	SMA400BW	・・	━	━	━	━	●		
	SMA400CW	・・	━	━	━	━	━	━	●
	SMA490AW	・・	━	●					
	SMA490BW	・・	━	━	━	━	●		
	SMA490CW	・・	━	━	━	━	━	━	●
	SBHS400W	・・	━	━	━	━	━	━	●
	SMA570W	・・	━	━	━	━	━	━	●
	SBHS500W	・・	━	━	━	━	━	━	●

注：板厚が 8mm 未満の鋼材については 5.2.1 及び 11.8.4 による。

(1)　鋼種の選定における基本原則が示されたもので，これらの特性に加え，鋼種の選定にあたっては以下に配慮する必要がある。

1)　鋼材はぜい性破壊を発生させないために必要な，じん性を有すること。

2)　塑性化を考慮する材料が，必要な伸び性能を有すること。

(2)1)　気温が著しく低下する地方に架設される橋では，特に低温じん性に注意して鋼種の選定を行う必要がある。この場合，引張力を受ける重要な溶接構造部材に使用する鋼材には，その地方における最低気温を考慮して適切なじん性を確保することが望ましい。

2)　溶接により拘束力を受ける主要部材で主として板厚方向に引張力を受ける場合には，溶接部又はその周辺部に割れが発生する可能性があるので，絞り値等鋼材の板厚方向の特性に配慮する必要がある。

具体的には，表-解 1.4.1 に示す JIS G 3199：2009（鋼板，平鋼及び形鋼の厚さ方向特性）を参考にして，板厚方向の絞り値が保証された鋼材を使用するのがよい。なお，溶接継手の種類や応力状態によって必要な板厚方向特性が異なるので，文献3)，4)等を参考にして決めるのが望ましい。なお，耐ラメラテア性能を有する JIS 鋼材を使用する場合は，JIS に従って，鋼種の名称の後にその性能を示す“-Z25S”等の記号を付記する。

表-解 1.4.1　厚さ方向の絞り値及び硫黄含有量

クラス番号	厚さ方向の絞り値		硫黄含有量
	3 個の試験値の平均値	個々の試験値	
Z15S	15％以上	10％以上	0.010％以下
Z25S	25％以上	15％以上	0.008％以下
Z35S	35％以上	25％以上	0.006％以下

3)　主要部材において冷間曲げ加工を行う場合，内側半径は板厚の 15 倍以上とするのが望ましい。ただし，鋼材規格で衝撃試験が規定されている鋼種で JIS Z 2242：2005（金属材料のシャルピー衝撃試験方法）に規定するシャルピー衝撃試験の結果が表-解 1.4.2 に示す条件を満たし，かつ化学成分中の全窒素量が 0.006％を超えない材料については，内側半径を板厚の 7 倍以上又は 5 倍以上としてもよい。

表-解 1.4.2　シャルピー吸収エネルギーに対する冷間曲げ加工半径の許容値

シャルピー吸収エネルギー（J）	冷間曲げ加工の内側半径	付記記号注)
150 以上	板厚の 7 倍以上	-7L，-7C
200 以上	板厚の 5 倍以上	-5L，-5C

注）1 番目の数字：最小曲げ半径の板厚の倍率
　　2 番目の記号：曲げ加工方向（L：最終圧延方向と同一方向
　　　　　　　　　　　　　　　　C：最終圧延方向と直角方向）

4)　鋼材を溶接する場合，一般に鋼材の合金元素量が多いほど，また板厚が厚いほど溶接割れが生じやすくなるため，予熱が必要となる。このときの予熱条件は，20.8.4 に規定された予熱温度が標準となる。この予熱温度を低減するため，合金元素の量を低くし，溶接割れ感受性組成（P_{CM}）を低くした鋼材が実用化されている。予熱温度を低減する場合には，このような P_{CM} の上限を規制した鋼材を用いるなどの注意が必要である。

5)　鋼材の溶接施工時に溶接入熱量の大きい溶接法を適用すると，溶接パス数が低減され溶接施工の効率化が図れる場合がある。しかし，一般的な鋼材の溶接熱影響部は，溶接入熱量が大きいほどじん性が低下する傾向にある。また，パス間温度が高いと溶接後の冷却速度が遅くなりじん性が低下するという問題もある。このため，無制限に入熱の高い溶接法を適用することは避ける必要がある。なお，最近，大入熱溶接を適用してもじん性の低下が小さく，必要なじん性が確保できる鋼材が開発されており，20.8.4に規定されている方法により，品質を確認したうえで，このような鋼材を使用することもできる。

(3) SS400については，JISでは化学成分として，PとSの量のみを規定し，溶接性を確保するための化学成分については規定されていない。そのため，原則としてSS400の橋への適用は非溶接部材に限定するのがよい。

ただし，板厚22mm以下のSS400を仮設資材に用いる場合や，二次部材に用いられる形鋼や薄い鋼板等でSM材の入手が困難な場合には，事前に化学成分を調査したり，溶接施工試験等により，溶接性に問題がないことを確認したうえで使用することができる。なお，化学成分値で判断する際，当該鋼材の鋼材検査証明書に必要な化学成分の情報が記載されていない場合には，当該鋼材から採取した試験材を分析したうえで判断するのが望ましい。

(4) JIS G 3106：2017（溶接構造用圧延鋼材），JIS G 3114：2016（溶接構造用耐候性熱間圧延鋼材）及びJIS G 3140：2011（橋梁用高降伏点鋼板）（SBHS400，SBHS400W，SBHS500及びSBHS500W）の規格に適合する鋼材以外の溶接構造用規格鋼材については，20.8.4の溶接施工性試験により，溶接性の確認を行ったうえで，使用することができる。

溶接構造用耐候性熱間圧延鋼材には，表-解1.4.3に示されるとおり，耐候性に有効な元素としてCu，Cr及びNi等が添加されており，これによって鋼材表面に緻密なさびを形成し，鋼材の表面を保護することで腐食を抑制するという性質を有する。このような緻密なさびが形成されるには，鋼材表面に塩分付着が少ないこと，雨水の滞留などで長い時間湿潤環境が継続することがないこと，大気中において適度な乾湿の繰返しを受けること等の一定の環境条件が要求される。これに対して，近年，機械的性質がJISの耐候性鋼材の規格に適合し，塩分に対する耐食性を向上させた耐候性鋼材も使用され始めており，従来の耐候性鋼材（JIS G 3114）の適用が難しい地域環境においても適用できる可能性がある。ただし，適用にあたっては架橋地点が使用箇所の環境条件が使用材料の適用条件を満たすものであるかを検討するとともに，耐候性鋼材としての所定の性能が発揮されるよう，局部の環境も不整合を生じないよう細部の構造設計にも配慮する必要がある。

従来の鋼材に対して降伏強度が高く，溶接予熱の省略や低減が可能な施工性を向上させた鋼材である橋梁用高降伏点鋼板（JIS G 3140）については，今回の改定において，SBHS400，SBHS400W，SBHS500及びSBHS500Wが規定された。 そのうち，SBHS400W及びSBHS500Wは，溶接構造用耐候性熱間圧延鋼材と同様の耐候性を有した鋼材である。

なお，SBHS400，SBHS400W，SBHS500及びSBHS500Wに関して，使用実績がない

場合は，20.8.4の溶接施工試験を行う必要がある。SBHS400，SBHS400W，SBHS500及びSBHS500Wに関する溶接施工試験のうち，開先溶接試験の衝撃試験については，溶接金属及び溶接熱影響部で母材の要求値以上と規定されており，母材の規格値以上（例えば，JIS G 3140に規定されているSBHS500及びSBHS500Wに関しては，−5℃ Vノッチ（圧延直角方向）シャルピー吸収エネルギー100J以上）という意味ではないので，この点を誤解しないようにする必要がある。

(5) 一般構造用圧延鋼材，溶接構造用圧延鋼材，溶接構造用耐候性熱間圧延鋼材及び橋梁用高降伏点鋼板について，その使用板厚の標準が示されたものである。一般に板厚の厚い部材は内部の応力状態が複雑になり，製造上や溶接上も問題が生じやすいため，所要のじん性のある鋼材が要求される。また，鋼種の選定にあたっては，構造物の使用条件（気象条件，応力状態等）や部材の重要度（主要部材，二次部材）等に応じて，適切なじん性，溶接性をもった鋼種を個々に選定すべきであるが，あまり細かく規定すると，一つの橋で数種の鋼材を混用することになり，取扱いが煩雑で間違いのもとになるので，板厚ごとの標準が示された。したがって，二次部材等については必ずしもこれによらなくてもよい。板厚に関しては，長手方向に連続的に板厚が変化する鋼板（LP（Longitudinally Profiled）鋼板）が，鋼重低減，製作加工工数の削減，接合部の等厚化によるボルト接合部でのフィラープレートの省略等の観点から適用された例がある。

溶接構造用圧延鋼材については，溶接性を確保するためにCとMnの量が規定されている。また，SM400，SM490，SM490Y，SM520及びSMA400W，SMA490Wについては，低温じん性の目安となるシャルピー吸収エネルギーによって3種類の規格があり，そのうちA材には0℃ Vノッチシャルピー吸収エネルギーの規定がなく，B材では27J以上，C材では47J以上と規定されている。橋のように重要な構造物にはじん性が保証された鋼材を使用するのが望ましいが，従来からA材も使用してきた経緯もあり，A材の板厚使用限界は従来どおりとしている。

なお，表-解1.4.4に示す橋梁用高降伏点鋼板（SBHS400，SBHS400W，SBHS500及びSBHS500W）以外の鋼材の機械的性質については，鋼材の降伏点又は耐力は板厚が厚くなるにつれて低下する。これに対して，板厚により降伏点又は耐力が変化しない鋼材の製造が可能となっており（表-解1.4.5），板厚が40mmを超える鋼材について，設計上有利となる場合には，このような降伏点又は耐力が変化しない鋼材を用いることもできる。この場合は鋼種の名称（SM400C，SM490C，SM520C，SM570，SMA400CW，SMA490CW，SMA570W）の後に“-H”を付記する。

SBHS400，SBHS400W，SBHS500及びSBHS500Wの試験片及び試験片採取方向はVノッチ試験片及び圧延直角方向と定められている。これは，一般にシャルピー衝撃試験値は圧延直角方向の方が圧延方向よりも低い値となるが，SBHS400，SBHS400W，SBHS500及びSBHS500Wについては圧延直角方向で保証できることによる。

表-解 1.4.3　一般構造用圧延鋼材，溶接構造用圧延鋼材，溶接構造用耐候性熱間圧延鋼材，橋梁用高降伏点鋼板の化学成分

鋼種＼化学成分(%)		C	Si	Mn	P	S	N	Cu	Cr	Ni	その他
SS400		―	―	―	0.050以下	0.050以下	―	―	―	―	―
SM400	A	0.23以下 50≧t 0.25以下 50＜t	―	2.5×C以上	0.035以下	0.035以下	―	―	―	―	―
	B	0.20以下 50≧t 0.22以下 50＜t	0.35以下	0.60～1.50	0.035以下	0.035以下	―	―	―	―	―
	C	0.18以下	0.35以下	0.60～1.50	0.035以下	0.035以下	―	―	―	―	―
SMA400 AW･BW･CW		0.18以下	0.15～0.65	1.25以下	0.035以下	0.035以下	―	0.30～0.50	0.45～0.75	0.05～0.30	各鋼種とも耐候性に有効な元素のMo, Nb, Ti, Vを添加してもよい。ただし，これらの元素の総計は0.15%を超えてはならない
SM490	A	0.20以下 50≧t 0.22以下 50＜t	0.55以下	1.65以下	0.035以下	0.035以下	―	―	―	―	―
	B	0.18以下 50≧t 0.20以下 50＜t	0.55以下	1.65以下	0.035以下	0.035以下	―	―	―	―	―
	C	0.18以下	0.55以下	1.65以下	0.035以下	0.035以下	―	―	―	―	―
SM490Y A･B		0.20以下	0.55以下	1.65以下	0.035以下	0.035以下	―	―	―	―	―
SMA490 AW･BW･CW		0.18以下	0.15～0.65	1.40以下	0.035以下	0.035以下	―	0.30～0.50	0.45～0.75	0.05～0.30	各鋼種とも耐候性に有効な元素のMo, Nb, Ti, Vを添加してもよい。ただし，これらの元素の総計は0.15%を超えてはならない

SM520C	0.20 以下	0.55 以下	1.65 以下	0.035 以下	0.035 以下	−	−	−	−	−
SM570	0.18 以下	0.55 以下	1.70 以下	0.035 以下	0.035 以下	−	−	−	−	−
SMA570W	0.18 以下	0.15 〜 0.65	1.40 以下	0.035 以下	0.035 以下	−	0.30 〜 0.50	0.45 〜 0.75	0.05 〜 0.30	各鋼種とも耐候性に有効な元素のMo, Nb, Ti, Vを添加してもよい。 ただし，これらの元素の総計は0.15%を超えてはならない
SBHS400	0.15 以下	0.55 以下	2.00 以下	0.020 以下	0.006 以下	0.006 以下	−	−	−	
SBHS400W	0.15 以下	0.15 〜 0.55	2.00 以下	0.020 以下	0.006 以下	0.006 以下	0.30 〜 0.50	0.45 〜 0.75	0.05 〜 0.30	
SBHS500	0.11 以下	0.55 以下	2.00 以下	0.020 以下	0.006 以下	0.006 以下	−	−	−	
SBHS500W	0.11 以下	0.15 〜 0.55	2.00 以下	0.020 以下	0.006 以下	0.006 以下	0.30 〜 0.50	0.45 〜 0.75	0.05 〜 0.30	

t：鋼材の厚さ（mm）

表−解1.4.4　一般構造用圧延鋼材，溶接構造用圧延鋼材，溶接構造用耐候性熱間圧延鋼材，橋梁用高降伏点鋼板の機械的性質

鋼種	引張試験								衝撃試験			
	降伏点又は耐力（N/mm²）				引張強さ（N/mm²）	伸び			記号	**試験温度（℃）	シャルピー吸収エネルギー（J）	試験片採取方向
	鋼材の厚さ（mm）					鋼材の厚さ（mm）	*試験片	伸び（%）				
	16以下	16を超え40以下	40を超え75以下	75を超えるもの								
SS400	245 以上	235 以上	215 以上	215 以上	400〜 510	16以下 16を超え50以下 40を超えるもの	1A号 1A号 4号	17以上 21以上 23以上	−	−	−	圧延方向
SM400	245 以上	235 以上	215 以上	215 以上	400〜 510	16以下 16を超え50以下 40を超えるもの	1A号 1A号 4号	18以上 22以上 24以上	A B C	− 0 0	− 27以上 47以上	
SMA400W	245 以上	235 以上	215 以上	215 以上	400〜 540	16以下 16を超え50以下 40を超えるもの	1A号 1A号 4号	17以上 21以上 23以上	A B C	− 0 0	− 27以上 47以上	
SM490	325 以上	315 以上	295 以上	295 以上	490〜 610	16以下 16を超え50以下 40を超えるもの	1A号 1A号 4号	17以上 21以上 23以上	A B C	− 0 0	− 27以上 47以上	
SM490Y	365 以上	355 以上	335 以上	325 以上	490〜 610	16以下 16を超え50以下 40を超えるもの	1A号 1A号 4号	15以上 19以上 21以上	A B	− 0	− 27以上	

SMA490W	365 以上	355 以上	335 以上	325 以上	490 ～ 610	16 以下 16 を超え 50 以下 40 を超えるもの	1A 号 1A 号 4 号	15 以上 19 以上 21 以上	A B C	— 0 0	— 27 以上 47 以上	
SM520	365 以上	355 以上	335 以上	325 以上	520 ～ 640	16 以下 16 を超え 50 以下 40 を超えるもの	1A 号 1A 号 4 号	15 以上 19 以上 21 以上	C	0	47 以上	圧延方向
SM570	460 以上	450 以上	430 以上	420 以上	570 ～ 720	16 以下 16 を超えるもの 20 を超えるもの	5 号 5 号 4 号	19 以上 26 以上 20 以上	—	−5	47 以上	
SMA570W	460 以上	450 以上	430 以上	420 以上	570 ～ 720	16 以下 16 を超えるもの 20 を超えるもの	5 号 5 号 4 号	19 以上 26 以上 20 以上	—	−5	47 以上	
SBHS400	400 以上	400 以上	400 以上	400 以上	490 ～ 640	16 以下 16 を超え 50 以下 40 を超えるもの	1A 号 1A 号 4 号	15 以上 19 以上 21 以上	—	0	100 以上	
SBHS400W	400 以上	400 以上	400 以上	400 以上	490 ～ 640	16 以下 16 を超え 50 以下 40 を超えるもの	1A 号 1A 号 4 号	15 以上 19 以上 21 以上	—	0	100 以上	圧延直角方向
SBHS500	500 以上	500 以上	500 以上	500 以上	570 ～ 720	16 以下 16 を超えるもの 20 を超えるもの	5 号 5 号 4 号	19 以上 26 以上 20 以上	—	−5	100 以上	
SBHS500W	500 以上	500 以上	500 以上	500 以上	570 ～ 720	16 以下 16 を超えるもの 20 を超えるもの	5 号 5 号 4 号	19 以上 26 以上 20 以上	—	−5	100 以上	

＊ ：JIS Z 2241：2011（金属材料引張試験方法）による。
＊＊：これらの試験温度より低い温度で試験を行う場合は，その試験温度に置きかえてもよい。
注：衝撃試験に用いる試験片のノッチ形状は，V ノッチとする。

表-解 1.4.5　溶接構造用圧延鋼材及び溶接構造用耐候性熱間圧延鋼材の機械的性質（板厚により降伏点又は耐力が変化しない鋼材）

鋼　種	引　張　試　験					衝撃試験	
	降伏点又は耐力 (N/mm²)	引張強さ (N/mm²)	伸び			** 試験温度 (℃)	シャルピー吸収エネルギー (J)
	鋼材の厚さ 100mm 以下		鋼材の厚さ (mm)	* 試験片	伸び (%)		
SM400 C-H	235 以上	400～510	16 以下 16 を超え 50 以下 40 を超えるもの	1A 号 1A 号 4 号	18 以上 22 以上 24 以上	0	47 以上
SMA400 CW-H	235 以上	400～540	16 以下 16 を超えるもの 40 を超えるもの	1A 号 1A 号 4 号	17 以上 21 以上 23 以上	0	47 以上
SM490 C-H	315 以上	490～610	16 以下 16 を超え 50 以下 40 を超えるもの	1A 号 1A 号 4 号	17 以上 21 以上 23 以上	0	47 以上
SMA490 CW-H	355 以上	490～610	16 以下 16 を超えるもの 40 を超えるもの	1A 号 1A 号 4 号	15 以上 19 以上 21 以上	0	47 以上
SM520 C-H	355 以上	520～640	16 以下 16 を超え 50 以下 40 を超えるもの	1A 号 1A 号 4 号	15 以上 19 以上 21 以上	0	47 以上
SM570 -H	450 以上	570～720	16 以下 16 を超えるもの 40 を超えるもの	5 号 5 号 4 号	19 以上 26 以上 20 以上	−5	47 以上
SMA570 W-H	450 以上	570～720	16 以下 16 を超えるもの 40 を超えるもの	5 号 5 号 4 号	19 以上 26 以上 20 以上	−5	47 以上

＊：JIS Z 2241：2011（金属材料引張試験方法）による。
＊＊：これらの試験温度より低い温度で試験を行う場合は，その試験温度に置きかえてもよい。
注：鋼種の名称の後の“-H”は降伏点一定鋼であり，“-H”は JIS 規格材と区別するための記号を表す。

1.5　設計の前提となる施工の条件

(1)　設計にあたっては，設計の前提となる施工の条件を適切に考慮しなければならない。

(2)　19 章までの規定は，20 章の規定が満足されることを前提とする。したがって，20 章の規定により難い場合には，施工の条件を適切に定めるとともに，設計においてそれを考慮しなければならない。

(1)　鋼橋の設計にあたっては，施工が現実的かつ確実なものとなるよう，施工の条件を適切に考慮する必要がある。

(2) この編における各種の規定は20章の施工に関する規定に従って所定の品質が確保されることを前提に規定されている。したがって，20章の規定により難い場合には，施工品質の確保が確実に行い得ること及び設計で用いる特性値や制限値をはじめとする様々な条件に適合することを確認するため，別途試験を行うなどによって，設計の方法について十分検討する必要がある。また，架設方法によっては，部材断面が必ずしも完成系の荷重状態で決定されるとは限らないので，各施工段階における荷重状態を適切に考慮して設計する必要がある。

架設工法等の設計の前提となる施工の条件は，施工段階に変更が必要となる場合もあり，そのような場合には，設計の見直しの必要が生じることもある。したがって，設計図等には設計において前提とした架設工法等の施工の条件について明示することで，施工段階に設計との整合性が確認できるように配慮し，それらの前提条件の変更に適切に対応できるようにしておく必要がある。

繰返し荷重による疲労や鋼材の腐食等に対する耐久性については，施工品質の良否の影響が大きい。したがって，各部材が設計耐久期間に対して所要の耐久性を発揮できるためには，施工時における不確実な要因を極力排除するように配慮することが極めて重要である。そのため，20章の施工の規定に従った標準的な施工及び品質管理を行うことができる構造であるかどうか，溶接等の施工品質のばらつきへの対処として，構造的な余裕が適切に確保されているかどうか等，設計において施工の品質確保の観点から十分な配慮を行う必要がある。特に溶接線が集中する構造は，板組，溶接継手の配置，施工順序等について慎重に検討を行い，溶接施工，施工途中での段階的なプロセス管理及び製作後の非破壊検査が適切に行えるようにする必要がある。

このように，この編に規定される照査式や抵抗側の部分係数等，設計で考慮する事項は全てにおいて適切な施工品質でできているという前提条件が満たされたうえではじめて成立するものである。したがって，適切に施工が行われることが保証されないような条件，又はこの示方書の各編に規定される施工の条件と異なる条件の施工が行われる場合には，この編で示される照査式や抵抗側の部分係数等を用いても橋の要求性能が満たされないことに注意が必要である。

1.6 設計の前提となる維持管理の条件

設計にあたっては，設計の前提となる維持管理の条件を適切に考慮しなければならない。

橋の設計にあたっては，Ⅰ編1.8.1に規定されるように，目標とする橋の性能を達成す

るために，耐久性確保の方法と合わせて適切に維持管理条件を定めることが求められる。そのため，具体的に鋼橋の設計を進めるにあたっては，維持管理の方法等の前提条件について十分検討しておくとともに，例えば，検査路や点検スペースの配置の検討，補修等を見据えた吊足場等の荷重条件などの維持管理の条件も橋の性能に適切に反映させる必要がある。また，耐久性確保の方法として，取替えを前提とする部材を設定する場合などには，3.8.3の規定に従い，確実かつ容易に維持管理が行えるよう構造設計上の配慮を行う必要がある。

1.7　設計図等に記載すべき事項

(1)　設計図等には，施工及び維持管理の際に必要となる事項を記載しなければならない。

(2)　設計図等には，Ⅰ編1.9に規定する事項のほか，少なくとも1)から5)の項目を記載することを標準とする。

1)　使用材料に関する事項

2)　設計の前提とした施工方法及び手順

3)　設計の前提とした施工品質（施工精度，検査基準）

4)　設計の前提とした維持管理に関する事項

5)　設計において適用した技術基準等

(1)　設計で前提とした事項を確実に施工及び維持管理の段階に引継ぐことが重要である。設計において標準的でない施工方法や維持管理方法を想定する場合には，特にそれらが誤りなく確実に行われるよう配慮して記録する必要がある。

(2)　設計図及び設計計算書には，Ⅰ編1.9によるほか，鋼橋においては1)から5)の項目を記載するとよい。

1)　使用材料に関する事項

鋼材では単にその種別を記載するだけでなく，特別な性能を有する材料を使用する場合には設計の意図を伝えるために，その仕様を表す記号を設計図等に明記する必要がある。これらの記号には，例えば，板厚により降伏点又は耐力が変化しない鋼材を表す“-H”，冷間曲げ加工において内側半径を板厚の7倍以上又は5倍以上とする鋼材を表す“-7L”，“-7C”，“-5L”，“-5C”などがある。

また，優れたじん性又は溶接性を有する鋼材の一つに熱加工制御鋼（TMCP鋼）があるが，これは制御圧延の後空冷又は強制的な制御冷却を行うことによって鋼の結晶組織を微細化して機械的性質を改善した鋼材であり，熱間加工の条件によっては熱処理によって得られた特性が失われる場合がある等，施工にあたっては注意が必要である。したがってこの鋼材を使用する場合には，鋼種の名称の後に“TMC”の記号を付記する等の配慮が必要である。

2) 設計の前提とした施工方法及び手順

施工に対する設計上の前提条件であり，施工において満たす必要がある事項等を記載する。例えば，加工方法や架設手順，溶接継手の種類や仕上げの程度等では，設計の前提と異なる施工が行われると設計条件が満たされなくなることがあるため，施工において満たさなければならない事項として記載する。

溶接の種類，開先の形状・寸法，仕上げ等を設計図面上に表示するための記号及び表示方法については，JIS Z 3021：2016（溶接記号）に規定されている。例えば，完全溶込み開先溶接を指定する場合には，溶接記号の誤記や誤解を避けるとともに，必要な溶接品質が確保できる施工が行われるように，完全溶込み溶接である旨を「FP」と補助記号で表示し，開先形状と寸法，仕上げの方法，溶接指示の範囲等の溶接品質に影響を及ぼす事項等について記載する。さらに図-解 1.7.1(b)に示すように，溶接記号だけではなく，実形状を示す詳細図を添えたりすることも有効である。

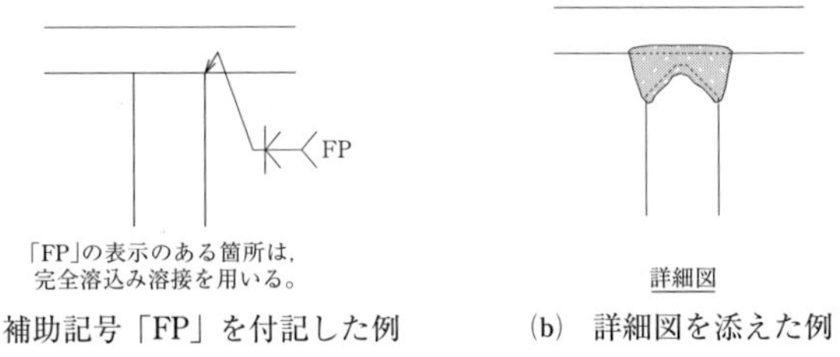

(a) 補助記号「FP」を付記した例　　(b) 詳細図を添えた例

図-解 1.7.1　溶接記号の表示例

3) 設計の前提とした施工品質

溶接の種類と要求品質，仕上げ方法などの施工品質は，疲労耐久性に大きく影響する。このような，橋や部材の性能に関わる加工や組み立て，架設などの施工に関する品質についての条件について設計図等に示し，施工において確実に施工品質が確保されることが重要である。また，設計時に見込んだ施工誤差，適用した検査基準を記載する。施工時に記録として残すべき事項については，20 章による。

4) 設計で配慮した維持管理に関する事項

維持管理の方法などについて，設計で配慮した事項，設計にあたって前提とした将来の維持管理条件等を記載する。例えば，点検や部材等の更新等の維持管理作業を想定して設けた補強部材や吊り具又は管理用通路等の設備に関する設計条件等，将来の維持管理に関する事項で設計上考慮した条件等を記載する。また，構造設計上の配慮事項であるI編1.8.3に関わる検討については，設計の最重要項目の一つであり，施工中のみならず供用中に損傷等が生じた場合にも必要な情報となるため，設計図等に記載するのがよい。

5) 設計において適用した技術基準等

設計に適用した技術基準等が特定できるように，適用した技術基準類や参考とした学協会等の技術論文や図書について名称や発行年などを記載する。このとき，基準や図書の一部のみを設計で用いた場合には，必要に応じてどの部分をどのように反映したのかが特定できるように記載するのがよい。なお，学協会等の技術論文や図書は，想定する限界状態や安全余裕の考え方，また，限界状態と関連付けられる特性値，制限値等が必ずしもこの示方書と一致しない。そのため，設計においてこれらを参考とする場合には，そこに示される制限値，評価式等をそのまま使用するのではなく，この示方書で要求する性能が満足されることをその設定根拠に立ち戻って慎重に確認したうえで使用する等，適切な取扱いを必要とするほか，検討した事項を設計図書等に記載するのがよい。

参 考 文 献

1) 国土交通省国土技術政策総合研究所：道路橋の技術評価手法に関する研究－新技術評価のガイドライン(案)－，国土技術政策総合研究所資料第609号，2010.9

2) (公社)日本道路協会：鋼道路橋施工便覧，2015.3

3) (社)日本溶接協会：WES3008鋼板及び平鋼の厚さ方向特性，1999

4) (社)土木学会鋼構造委員会鋼材規格小委員会：耐ラメラテア鋼の土木構造物への適用，土木学会誌，1985.8

2章　調　　査

2.1　一　　般

設計にあたっては，鋼橋の鋼部材等の耐荷性能，耐久性能及びその他必要な事項の設計を行うため，並びに設計の前提となる材料，施工及び維持管理の条件を適切に考慮するために必要な事項について，必要な情報が得られるように計画的に調査を実施しなければならない。

調査は，所要の性能を有する鋼橋を確実に構築するために不可欠な設計，施工条件及び供用後の維持管理に必要となる事項を明らかにするために行う。調査が不十分な場合，架橋条件などの見込み違いによって早期に構造物の安全性が損なわれる事態を招いたり，施工時に予期していなかった補助工法の導入や架設工法の変更などの手戻りを余儀なくされる可能性が高くなる。さらに，長期的にも環境不適合による構造部位の異常な腐食を生じるなどにより，結果的に目標とした耐久性能を維持できないおそれがある。このため，調査にあたっては，その範囲・内容・数量・方法などについて慎重に検討を行い，適切に設計，施工条件を設定できるために必要な内容のものを実施する必要がある。I編に規定されるとおり，調査の結果によっては支間割や橋梁形式にまで遡って計画を変更せざるを得ない場合もあるので，手戻りを防ぐためにも，特に計画・設計の初期の段階においては，調査を慎重に行う必要がある。

2.2　調査の種類

設計にあたっては，少なくとも1)から4)の調査を行わなければならない。

1)　架橋環境条件の調査

2)　使用材料の特性及び製造に関する調査

3)　施工条件の調査

4)　維持管理条件の調査

鋼橋の設計，施工及び維持管理の各段階においては，その段階やそれ以降の段階で必要とされる事項について，事前に綿密な調査を実施することが求められる。設計段階においても，施工に関する事項について綿密に調査を行い，設計の前提とする施工の条件が適正なものになるようにする。施工段階においては，設計段階で行った種々の調査結果を十分に理解したうえで，必要に応じて不足する情報を得るための調査を追加する。

上部構造の設計にあたっては，適切な維持管理を行うことを含め，設計で想定する状態が確実に施工によって達成される必要がある。そのため，設計段階にて想定する条件が実現可能であるかを確認する目的で，少なくとも1)から4)の調査を実施する必要がある。表-解 2.2.1 には，1)から4)を実施するにあたって，着眼すべき事項を挙げている。これらの着眼点に留意し，表-解 2.2.1 に示される具体的項目の中から，必要な調査を実施するのがよい。施工段階における条件については設計段階で不明な事項も多いが，少なくとも設計で想定する施工条件が，施工段階で実現可能であるかを確認する必要がある。なお，下部構造に対する地盤条件の調査，河相・利水状況に関する詳しい調査等の内容については，Ⅳ編 2 章に示されている。

施工箇所付近で過去に同種の鋼橋の新設や補修の施工事例がある場合には，設計，施工及び維持管理の全般にわたって検討するうえで参考になることが多い。したがって，実施例の設計図書，施工記録，関係資料の収集など設計，施工及び維持管理の条件に関係する事項についての既存資料も調査するのが望ましい。

表-解 2.2.1　鋼橋の設計，施工及び維持管理のための調査の種類

調査の種類		調査の主要目的	調査内容の例
1)　架橋環境条件の調査	①腐食環境	・腐食に関わる事項の調査	・地理的条件（海岸からの距離，河川や湖沼との位置関係，地形等） ・飛来塩分，SO_2 量 ・波砕による海水付着の可能性 ・当該橋及び隣接橋における凍結防止剤散布の有無 ・道路線形，隣接道路・構造物との位置関係 ・維持管理の容易さ ・景観上の要求事項 ・架橋地点付近の既設橋の維持管理状況
	②疲労環境	・荷重条件の設定	・大型車交通量
	③路線条件	・将来計画を見込んだ構造設計条件の把握 ・将来計画を見込んだ設計荷重としての付属施設重量の設定，付属施設設置のための構造詳細の検討条件の把握 ・構造寸法に関する制約条件の把握	(a)道路構造条件 　・将来拡幅計画等 (b)付属施設計画 　・標識，照明，添架物，防護柵等の設置要件 　・環境アセスメント（遮音壁の設置・構造要件） (c)交差条件 　・交差道路・鉄道の建築限界 　・交差河川の計画高水位と桁下空間

		・床版設計条件としての大型車交通量の把握 ・鋼部材の疲労設計条件の把握	(d)大型車交通 ・道路交通センサスなど
	④気象・地形条件	・橋面排水設計条件の把握 ・支承，伸縮装置遊間量，設置条件等の把握 ・現場溶接条件，鋼材選定条件の把握 ・耐風設計条件の把握 ・鋼部材の疲労設計条件の把握	(a)橋面排水 ・計画降雨量 ・排水流末 (b)温度変化 ・架橋地点の気温変化 (c)耐風設計条件 ・架橋地点の風況調査（設計基準風速，気流の乱れ強度，部材振幅の可能性等）
	⑤構造設計上の配慮事項	・致命的な状態の回避 ・維持管理計画の把握 ・部材更新計画の把握 ・局所的な構造的劣化因子の把握	・大規模地震以外の設計で考慮すべき偶発作用の発生可能性 ・フェイルセーフ，補完性及び代替性の確保 ・維持管理設備の設置 ・補修時期や部材交換方法 ・継手構造や塩や水への対処　など
2)　使用材料の特性及び製造に関する調査		・使用材料の選定 ・コンクリート製造プラントの選定 ・レディーミクストコンクリートの品質確認	・鋼材，セメント，水，骨材，混和材などの採取地，量，質等の調査，試験 ・プラントの立地条件，設備，品質管理体制などの調査 ・コンクリートの配合，強度，耐久性等の試験
3)　施工条件の調査	①関連法規等	・資材運搬，架設工事に関わる法規による制限の把握	・労働安全衛生関連法規 ・クレーン等安全規則，クレーン等構造規格 ・道路法，道路構造令，道路交通法，車両制限令
	②運搬路等	・最大部材長設定のための輸送条件の把握 ・架設計画にあたっての輸送ルート設定のための条件把握	(a)道路条件 ・交差橋，トンネル，電線の高さ ・道路幅員 ・交差点（曲がり角） ・橋梁，仮設物（覆工板等）の耐荷力 (b)支障物件 ・電柱，看板，縁石，地下埋設物，送電線等 (c)迂回路の有無 (d)軌跡 (e)航路条件 ・交差橋梁，水門の高さ ・航路，橋脚，水門幅等 ・水深 ・閘門（河口堰）長さ

	③現場状況等	・架設工法検討，架設計画作成のための施工条件の把握	(a)既設構造物 ・既設構造物（架空線，地下埋設物，道路，その他構造物の有無と位置及び寸法） (b)現場地形等 ・現場地形の調査（資材ヤード，架設ヤード，進入路，仮置きヤード用地及び機材，設備の配置） ・支持地盤の調査（仮設構造物等のアンカー，基礎及びクレーンのアウトリガー位置等の土質，地盤耐力，地下水位）
	④自然現象	・架設工法検討，架設計画作成のための施工条件の把握	(a)気象 ・降雨日数，気温，風向，台風，霧等 (b)水文 ・降雨量，降雪量，水位，流速，流量等 (c)海象 ・潮位，潮流，波高，漂砂等
	⑤現場周辺環境	・架設工法検討，架設計画作成のための施工条件の把握	(a)自然環境 ・森林，湖沼，景観等 (b)歴史環境 ・歴史的遺跡等 (c)生活環境 ・居住環境，地盤沈下，騒音，振動，日照，交通状況，漁場環境等
4)　維持管理条件の調査		・維持管理計画の設定のための環境条件，路線条件の把握	・環境条件（海岸からの距離，地形形状等） ・使用条件（凍結防止剤の利用の有無，大型車交通量等） ・管理条件（点検の頻度，構造物の重要度，部材の更新計画，第三者被害防止のための対策）

1)　架橋環境条件の調査

鋼橋の主たる劣化要因である鋼材の腐食及び鋼部材の疲労について，設計段階において考慮すべき調査事項を，表-解 2.2.1 に示している。各調査にあたっては，以下に示す点に留意する必要がある。

①　腐食環境条件の調査

周辺環境の調査のうち，腐食環境の調査は，主に計画段階で必要となる。鋼橋の防食方法を選定するにあたっては，架橋地点における飛来塩分量や SO_2 量，冬期の凍結防止剤散布の有無，海水付着の可能性，架橋後の構造物周りの通風性など，腐食環境について十分に把握する必要がある。飛来塩分量の影響の大小については，通常，海岸線からの距離をもって代表させることが多いが，汽水湖や感潮河川における塩水の遡上や地形風の影響など地形的な条件によっては，その影響は更に広範囲に及ぶこともある。また，河川湖沼の存在に起因して結露しやすいなどの影響が現れることもある。これらの地理・地形的条件について事前に調査・把握することが望ましい。また，交差・隣接する土工・橋からの凍結防止剤の巻き上げといった，周辺環境から受ける影響についても十分考慮する必要がある。これらの事項について調査したうえで，当該橋が求められる景観上の要求や将来的な維持管理の容易さを踏まえ，適切な防食法を選定することが望ましい。

② 疲労環境の調査

橋の将来交通量については，一般に当該橋の設計条件として計画交通量が与えられているため，疲労設計に用いる交通量の設定にあたってもこれを用いることができる。鋼橋の疲労設計にあたっては，設計で考慮する期間における自動車の交通によって部材に生じる変動応力範囲を求めることが基本となるが，そのためには当該期間内の自動車荷重の載荷頻度を設定することが必要となる。疲労設計に用いる交通量の設定は，一般に計画交通量のうち大型車交通量に着目すればよい。日大型車交通量は，道路交通センサスによる推計データにおける計画交通量の大型車比率から求めることができる。また，基となる将来交通量において伸び率などを考慮している場合には，この伸び率をどのように日大型車交通量の算出に反映するかについて，推計値の精度なども考慮して検討を行う必要がある。さらに特に重交通が想定されるような場合には，大型車交通量に加えて設計で考慮する荷重強度などの条件について十分に検討することが望ましい。

③ 路線条件

鋼橋の設計にあたっては，Ⅰ編 1.6 の規定に従い，十分に調査，情報収集を行う必要がある。

また，河川や鉄道，道路などの交差条件が生じる場合には，構造上の制約条件や供用後の維持管理性についても事前に調査，整理する必要がある。

使用目的との適合性に関連しては，当該路線の道路線形条件や設計速度を調査する必要がある。前後の道路平面線形によって，橋面上での車両の衝突や逸脱による重大事故及び二次被害，落下時の第三者被害等が懸念される場合には，適切に防護柵種別，設置位置等について配慮する必要がある。また，将来的な遮音壁や標識柱，照明柱などの付属物の設置や橋面拡幅などが計画される場合には，それらの将来的な荷重，構造の変化も考慮に入れた設計が求められる。

また，将来的に路線の拡幅が予定され，主桁などの構造部材の増設が必要となることが予想されるなど，将来的に構造系が変化することが予想される場合がある。このような場合には，将来的な構造変化を考慮して設計しておくのが望ましい。

④ 気象・地形条件

環境によっては，個別に基準温度や温度変化の範囲を設定し，それらを主構造及び伸縮装置や支承の構造設計，凍結融解作用コンクリート材料の選定などに反映させる必要がある。また，架橋地点によって，風の動的作用が発散振動など構造安全性に影響を及ぼすおそれがある場合も考えられる。このような場合には，必要に応じ，風況調査を実施し，構造上の配慮について検討するのがよい。

架設地点の耐震設計上の地域区分，地盤種別，設計水平震度など耐震設計において必要な情報を得るとともに，必要に応じ支点沈下などの影響を考慮すべく，地盤条件の調査が求められる。

このほかにも，地山近接や隣接橋の条件などの地形環境，湖畔や汽水域との位置関係についても調査が必要になる場合がある。

⑤　構造設計上の配慮事項

Ⅰ編 1.8.2 に従い，橋梁の設計において十分な検証や適用範囲の検討が行われている項目，様々な技術図書を参考に，個別にこの示方書への適合性や適合させるための検討を行うべき項目の情報収集や調査が必要である。設計計算式や部分係数を適用するにあたって，それらの背景となる理論や検証経緯及び信頼性に照らして，適用性に問題がないかどうかを調べることも必要である。

落石や船舶の衝突など，個別に構造設計に反映すべき偶発的作用が生じうる可能性について，綿密に調査を実施し，適切に構造設計に反映する必要がある。

Ⅰ編 1.8.3 に従い，具体的な橋梁形式や構造設計の検討に先だって，最終的に得られる橋の性能の一部として，維持管理の確実性及び容易さを担保し，また，不測の損傷に対する構造上の配慮が確実になされるように，設計の各段階で特に配慮し，具体化しておくべき事項を網羅的に考慮しておくと，手戻りの少ない設計となる。

2)　使用材料の特性及び製造に関する調査

コンクリート部材に関する調査は，Ⅲ編 2 章解説による。

3)　施工条件の調査

設計段階では施工条件の調査については軽視されがちであるが，経済性と密接に関係するとともに，施工の安全性，確実性等に十分な配慮がなされた設計を行うためには，これらについて綿密な調査が必要である。

施工計画段階においては，工法や機材の選定，設備の規模や配置，工期や工程等を決定するための調査が必要である。

このとき，残留応力や二次応力ができるだけ小さく，また，完成形において想定された応力状態が達成されるように，施工の各過程で管理すべき反力，変位や打設量や順序を設計段階でも検討することで，施工の確実性が高まる。

①　関連法規等

部材や資機材の運搬，架設工事については，関連する法規について十分に理解し，これを遵守する施工計画を立案する必要がある。

② 運搬路等

部材や資機材の運搬路の選定にあたっては，道路条件，支障条件，迂回路の有無等について十分に調査，情報収集を行う必要がある。また，必要に応じて施工の制約条件について事前に整理し，施工計画に反映する必要がある。

③ 現場状況等

架設工法の選定にあたっては，既設構造物，現場地形，支持地盤，下部工出来形等について十分に調査，情報収集を行う必要がある。また，調査結果に基づいて，現場条件等を施工計画に反映する必要がある。

④ 自然現象

架設工法の選定にあたっては，気象，水文，海象等について十分に調査し，安全に施工できるようにする必要がある。また，架設計画は，気象，水文，海象等の影響を考慮して決定する必要がある。

⑤ 現場周辺環境

架設工法の選定，架設計画作成にあたっては，自然環境，歴史環境，生活環境について十分に調査，情報収集を行い，施工の制約条件について事前に整理し，施工計画に反映する必要がある。

4） 維持管理条件の調査

構造物は，その重要度，設計供用期間，環境条件などが全ての構造物で同一ではないため，設計においては，それぞれの構造物に対する点検の時期，頻度，方法等の維持管理の方針や計画を考慮し，維持管理が容易に実現できる設計上の工夫や維持管理のための配慮を行うことが必要である。

将来における部材損傷時の補修・補強及び部材の更新時において，想定される施工の制約条件や上空や橋下など空間の状況・制約条件や，損傷時及び点検時に第三者被害の防止が必要となる範囲や措置なども事前に整理したうえで点検計画を策定する必要がある。

3章　設計の基本

3.1　総　　則

(1)　鋼橋の上部構造及び鋼部材等の設計は，Ⅰ編 1.8 に規定する橋の性能を満足するようにしなければならない。

(2)　鋼橋の上部構造は，少なくともⅠ編 2.3 に規定する橋の耐荷性能を満足するために必要な耐荷性能を有するほか，橋の性能を満足するために必要なその他の事項を満足しなければならない。

(3)　鋼橋の上部構造の耐荷性能を部材等の耐荷性能で代表させる場合の鋼部材等は，少なくともⅠ編 2.3 に規定する橋の耐荷性能を満足するために必要な耐荷性能を有するほか，橋の性能を満足するために必要なその他の事項を満足しなければならない。

(4)　鋼部材等は，Ⅰ編 6 章に規定する部材等の耐久性能を有しなければならない。

(5)　鋼部材等の設計にあたっては，部材等を主要部材と二次部材に適切に区分して扱う。

(6)　Ⅰ編 1.8.2 に規定する設計の手法のうち，鋼橋における構造解析については，3.7 によることを標準とする。

(1)　鋼橋の上部構造及び鋼部材等の設計にあたっては，橋の耐荷性能や耐久性能だけでなく，施工品質の確保，維持管理の確実性及び容易さ，環境との調和及び経済性も含め，様々なその他の橋の使用目的との適合性に関する事項が満足され，Ⅰ編 1.8 に規定される橋の性能を満足するようにする必要がある。

(2)　橋の性能を確保するために必要なその他の事項については 3.8 に規定されている。

(3)　上部構造や下部構造を含め橋の耐荷性能を部材等の耐荷性能で代表させる場合には，それぞれが必要とされる耐荷性能を有する必要がある。

(5)　全ての部材について照査方法や照査で着目する内容に応じて，構造解析における扱いを定める必要がある。例えば，二次部材とするかどうかは，個々の橋梁の構造や設計思想，着目している照査項目によっても異なるため一概には言えず，部材ごとに適切に定める必要がある。

また，構造解析上無視した部材の存在によって実際の発生応力と設計応力の乖離が大きくなると，橋や部材の性能の実際と設計の乖離も大きくなり，必要な性能を満足しなくなることも想定される。そのため，部材の扱いは，着目している照査内容に応じて必ず安全側の結果が得られるようにする必要がある。

3.2　耐荷性能に関する基本事項

3.2.1　耐荷性能の照査において考慮する状況

鋼橋の上部構造及び鋼部材等の耐荷性能の照査にあたっては，Ⅰ編 2.1 に規定する，橋の耐荷性能の設計において考慮する以下の異なる 3 種類の設計状況を考慮する。

1)　永続作用による影響が支配的な状況（永続作用支配状況）

2)　変動作用による影響が支配的な状況（変動作用支配状況）

3)　偶発作用による影響が支配的な状況（偶発作用支配状況）

鋼橋の上部構造及び鋼部材等の設計では，橋の耐荷性能の照査において考慮する状況に対して，それぞれが3.2.2 に規定される状態であることを照査することとなる。

3.2.2　耐荷性能の照査において考慮する状態

(1)　鋼橋の上部構造の耐荷性能の照査にあたっては，Ⅰ編 2.2 に規定する橋の状態を満足するために考慮する上部構造の状態を，1)から3)の区分に従って設定する。

1)　上部構造として荷重を支持する能力が低下しておらず，耐荷力の観点からは特段の注意なく使用できる状態

2)　上部構造として荷重を支持する能力の低下があるもののその程度は限定的であり，耐荷力の観点からはあらかじめ想定する範囲の特別な注意のもとで使用できる状態

3)　上部構造として荷重を支持する能力が完全には失われていない状態

(2)　鋼部材等の耐荷性能の照査にあたっては，Ⅰ編 2.2 に規定する橋の状態を満足するために考慮する部材等の状態を，1)から3)の区分に従って設定する。

1) 部材等として荷重を支持する能力が低下していない状態
2) 部材等として荷重を支持する能力が低下しているものの，その程度は限定的であり，あらかじめ想定する範囲にある状態
3) 部材等として荷重を支持する能力が完全には失われていない状態

(1) 鋼橋の上部構造は，Ⅰ編2.2に規定されるように，着目する橋の耐荷性能を満足する，橋の限界状態を超えないとみなせる条件を満足することが求められる。

なお，上部構造が荷重を支持する能力とは，上部構造が安定した状態で荷重を支持できることをいう。耐荷性能に着目した場合，鋼橋の上部構造の状態は，荷重支持という機能面に着目して規定のように区分して設定することができる。

(2) 鋼部材等は，それが一部をなす上部構造等と同様に，Ⅰ編2.2に規定されるように，着目する橋の耐荷性能を満足する，橋の限界状態を超えないといえるために必要な機能を有する状態を満足することが求められる。

耐荷性能に着目した場合，鋼部材等の状態は，その機能面に着目して規定のように区分して設定することができる。

なお，鋼橋の上部構造と，それを構成する部材等の状態相互の状態の関係については，橋の耐荷性能との関係に着目して，所要の橋の状態が満足されるように適切に設定すればよい。

3.2.3 耐荷性能

(1) 鋼橋の上部構造及び鋼部材等は，Ⅰ編2.3に規定する橋の耐荷性能を満足するよう，3.2.1で設定する耐荷性能の照査において考慮する状況に対して，3.2.2で設定する耐荷性能の照査において考慮する状態に，設計供用期間中において所要の信頼性をもって留まるようにしなければならない。
(2) 3.3から3.5による場合には，(1)を満足するとみなしてよい。

(1) この示方書では，橋の性能は，大局的には耐荷性能と耐久性能の組合せとして捉えられるものとされており，橋の耐荷性能に関しては，設計供用期間中に生じる可能性がある状況と設計供用期間中に橋に生じることを考慮する橋の状態をそれぞれ適切に設定したうえで，求める両者の組合せが所要の信頼性で実現することと定義されている。同様に，鋼橋の上部構造及び鋼部材等の耐荷性能も，設計において考慮するそれぞれの状況に対して，実現しようとする状態が必要な信頼性で満足されることと定義されている。

(2) 鋼橋の上部構造及び鋼部材等の耐荷性能は，設計において考慮する状況を3.2.1，設計において考慮する状態を3.2.2とし，3.3から3.5により照査することとなる。

3.3　作用の組合せ及び荷重係数

(1)　鋼橋の上部構造及び鋼部材等の耐荷性能の照査にあたっては，3.2.1 に規定する耐荷性能の照査において考慮する状況を，少なくともⅠ編 3.2 に従い，作用の特性値，作用の組合せ，荷重組合せ係数及び荷重係数を用いて適切に設定しなければならない。

(2)　Ⅰ編 3.2 に従い，施工時の状況は，(1)によらず，施工期間，施工方法等の施工条件を考慮して完成時に所要の耐荷性能及び耐久性能が得られるよう，作用の特性値，作用の組合せ，荷重組合せ係数及び荷重係数を用いて適切に設定する。

(1)　設計供用期間中に鋼橋の上部構造及び鋼部材等が置かれる状況は，耐荷性能の照査においては基本的に作用の特性値，作用の組合せ，荷重組合せ係数及び荷重係数で考慮することとされており，それらについて少なくとも考慮すべき事項がⅠ編 3.2 に規定されている。また，主として鋼橋の上部構造及び鋼部材等にのみ適用される作用に関しては，この編に規定されている。例えば，11 章では鋼橋に用いられる床版の耐久性能の照査のための作用の組合せ，16 章ではアーチの照査における作用の組合せが規定されている。ただし，地震の影響についてはⅤ編に規定されている。なお，Ⅰ編 3.3 に規定される各係数及び作用の組合せは，作用を組み合わせた結果としての作用効果の 100 年最大値分布を基本に新たに設定されたものであるため，部材に発生する断面力は従来の荷重組合せによるものとは異なる。また，今回規定された作用の組合せ，荷重組合せ係数及び荷重係数に対し，これまでの示方書による場合と同程度の安全余裕を確保するよう制限値や部分係数が定められており，荷重条件も安全余裕のとり方も基本的にこれまでの示方書のものとは異なることに注意が必要である。

なお，Ⅰ編 3.3 に規定される作用の組合せに含まれる荷重のうち，死荷重 D，プレストレス力 PS，コンクリートのクリープの影響 CR，コンクリートの乾燥収縮の影響 SH，土圧 E，水圧 HP，浮力又は揚圧力 U については，荷重係数及び荷重組合せ係数の積として 1.05 という値が規定されている。これらの荷重については，一般には不静定力も含め有効プレストレス力の算出時においては荷重係数及び荷重組合せ係数の積を 1.00 として与え，PS，CR，SH 等の値を確定した後に，その値を 1.05 倍して作用として与えることで，断面力を算出する。

(2)　施工時の荷重については，基本的にはⅠ編 3.3 の解説に示される作用の組合せとしてよいが，これらに加えて想定される状況に合わせて必要に応じて適切に設定する必要がある。このとき，偶発作用が支配的な状況のうち，レベル 2 地震動を考慮する場合については，施工時の荷重を組み合わせて考慮する必要性の有無を含めて検討する必要がある。また，供用中の道路・鉄道・航路等の上空，又はそれらに近接して架設する場合，施工中の構造物が倒壊したり，落下すると甚大な被害を与えるため，架設系の設計を十分慎重に行う必要がある。衝突の影響を考慮するかどうかについても条件に応じて，個別に判断する必要がある。

いずれの作用の組合せに対しても，鋼橋の上部構造及び鋼部材等の耐荷性能及び耐久性能の照査に用いる施工時の制限値は，積載荷重の制御が可能であることや，再現期間が短いことなど，施工時特有の状況を考慮したうえで，照査の目的に合わせて作用の組合せとともに適切に定める必要がある。施工時の設計においても適切に限界状態を設定し，部材応答が可逆性を有すること，あるいは，破壊に対する安全性を有することなど所要の性能を有するように検討する必要がある。

3.4　限界状態

3.4.1　一　　般

(1)　鋼橋の上部構造及び鋼部材等の耐荷性能の照査にあたっては，3.2.2 に規定する耐荷性能の照査において考慮する状態の限界を，鋼橋の上部構造及び鋼部材等の限界状態として適切に設定しなければならない。

(2)　鋼橋の上部構造の限界状態は，3.4.2 の規定による。

(3)　鋼部材等の限界状態は，3.4.3 の規定による。

(4)　鋼橋の上部構造及び鋼部材等の限界状態は，その状態を表す工学的指標によって適切に関連付けることを標準とする。

(5)　工学的指標と限界状態を関連付ける場合には，1)及び2)又は3)を満足しなければならない。

1)　限界状態を適切に評価できる理論的な妥当性を有する手法，実験等により検証のなされた手法等の適切な知見に基づいた方法により，限界状態に対応する特性値を設定する。

2)　限界状態に対応する特性値及び適切な部分係数を用いて限界状態を超えないとみなせる制限値を設定する。

3)　限界状態を超えないとみなせる制限値を適切に設定する。

(6)　地震の影響を考慮して工学的指標と限界状態を関連付ける場合には，(5)によるほか，Ｖ編 2.4 の規定を満足しなければならない。

(7) 鋼橋の上部構造及び鋼部材等について，5章及び9章から19章の規定，並びに地震時の影響を考慮する場合にV編6章及びV編8章以降の規定に従い工学的指標の特性値又は制限値を定める場合には，(5)及び(6)を満足するとみなしてよい。

(8) 施工時の限界状態は，施工途中の各段階における材料強度，構造等の条件及び完成形での限界状態を満足できることを考慮して適切に設定しなければならない。

(4) 耐荷性能の照査においては，部材等における応答の可逆性など，着目する限界状態を超えないとみなせることを，適切な工学的指標を用いて示す必要がある。そのため，それぞれの部材等の挙動の限界点を適切な特性値によって代表させる必要がある。なお，限界状態には定量的な特性値のみによって表現されるものだけでなく，例えば，ある構造細目に従うなど，これまでの実績や実験的検証により確認された方法を満足することで満足されるものとみなすものもある。

(5) 工学的指標の特性値は，その妥当性について十分な検討が行われている適切な方法により設定する必要がある。

3.4.2 鋼橋の上部構造の限界状態

(1) I編4.2に規定する鋼橋の上部構造の限界状態1は，1)及び2)とする。

1) 上部構造の挙動が可逆性を有する限界の状態

2) 橋が有する荷重を支持する能力を低下させる変位及び振動に至らない限界の状態

(2) I編4.2に規定する鋼橋の上部構造の限界状態2は，上部構造に損傷等が生じているものの，耐荷力が想定する範囲で確保できる限界の状態とする。

(3) I編4.2に規定する鋼橋の上部構造の限界状態3は，鋼橋の上部構造に損傷等が生じているものの，それが原因で落橋等の致命的な状態には至ることがない限界の状態とする。

(1) 上部構造の限界状態1については，I編4.2解説による。

(2) 上部構造の限界状態2については，橋の機能を確保するために必要な強度や剛性を確保できる限界の状態とされている。このような状態は，上部構造全体としてどのように機能を達成するかによって異なる。そのため，上部構造の限界状態2は，上部構造としての機能の達成方法を考慮したうえで，適切に定める必要がある。

(3)　上部構造の限界状態3については，I編4.2解説による。

3.4.3　鋼部材等の限界状態

(1)　I編4.3に規定する鋼部材等の限界状態1は，1)から3)とする。

1)　部材等の挙動が可逆性を有する限界の状態

2)　部材等の能力を低下させる変位及び振動に部材等が至らない限界の状態

3)　部材等の設計で前提とする耐荷機構が成立している限界の状態

(2)　I編4.3に規定する鋼部材等の限界状態2は，V編2.4の規定による。

(3)　I編4.3に規定する鋼部材等の限界状態3は，部材等の挙動が可逆性を失うものの，耐荷力を完全には失わない限界の状態とする。

(1)　1)　部材等の限界状態1における，部材等の挙動が可逆性を有する限界の状態とは，主として変動作用支配状況における軸方向力，曲げモーメント，せん断力及びねじりモーメントに対して，部材等が弾性に挙動する限界の状態である。すなわち，部材等に作用する荷重が除荷された場合に，部材等に残留する変位が生じない限界の点が，これに対応すると考えてよい。例えば，軸方向引張力を受け，鋼材が降伏する前の部材の状態がこれに対応する。

(2)　部材等の限界状態2については，V編2.4による。

(3)　部材等の限界状態3を規定する状態として挙げられている，部材等の挙動が可逆性を失うものの，耐荷力を完全に失わない限界の状態は，一般に荷重変位関係における最大荷重点で代表できる。軸方向圧縮力を受ける部材が座屈を生じたり，圧縮力と曲げモーメントを受ける部材に座屈を生じ，除荷後にも有害な残留変位が生じる状態などがこれに該当すると考えてよい。

なお，床版に主桁，主構又は横方向力に抵抗する部材の一部としての機能を期待した設計を行う場合など部材の種類や役割によっては，必要な機能を確保するうえで，(1)から(3)によることが必ずしも合理的な設計とならない場合もあるので，当該条件が橋全体の性能に与える影響を考慮し，部材等の限界状態を適切に設定する必要がある。

3.5　耐荷性能の照査

(1)　鋼橋の上部構造及び鋼部材等の耐荷性能の照査は，3.2.3 に規定する耐荷性能を満足することを適切な方法を用いて確認することにより行う。

(2)　I 編 5 章の規定に従い橋の耐荷性能の照査を部材等の耐荷性能の照査で代表させる場合の，鋼部材等の耐荷性能の照査は，1)から 3)に従い行うことを標準とする。

1)　3.3(1)に規定する作用の組合せに対して，部材等の耐荷性能に応じて定める 3.4.3 に規定する部材等の限界状態 1 及び限界状態 3 又は限界状態 2 及び限界状態 3 を，各々に必要な信頼性をもって超えないことを式 (3.5.1) 及び式 (3.5.2) を満足することにより確認する。

$$\Sigma S_i\ (\gamma_{pi}\,\gamma_{qi}\,P_i) \leqq \xi_1\,\Phi_{RS}\,R_S \qquad (3.5.1)$$

$$\Sigma S_i\ (\gamma_{pi}\,\gamma_{qi}\,P_i) \leqq \xi_1\,\xi_2\,\Phi_{RU}\,R_U \qquad (3.5.2)$$

ここに，P_i ：作用の特性値

S_i ：作用効果であり，作用の特性値に対して算出される部材等の応答値

R_S ：部材等の限界状態 1 又は限界状態 2 に対応する部材等の抵抗に係る特性値

R_U ：部材等の限界状態 3 に対応する部材等の抵抗に係る特性値

γ_{pi} ：荷重組合せ係数

γ_{qi} ：荷重係数

ξ_1 ：調査・解析係数

ξ_2 ：部材・構造係数

Φ_{RS}：部材等の限界状態 1 又は限界状態 2 に対応する部材等の抵抗に係る抵抗係数

Φ_{RU}：部材等の限界状態 3 に対応する部材等の抵抗に係る抵抗係数

2)　部材等の限界状態を代表させる事象を，部材等の限界状態 1 又は限界状態 2 と限界状態 3 のいずれかに区別し難い場合には，当該事象を部

材等の限界状態3として代表させ，3.3(1)に規定する作用の組合せに対して，部材等の限界状態3を必要な信頼性をもって超えないことを式(3.5.2)で満足することにより確認する。

3) I編3.3に規定する以下の作用の組合せを考慮する場合の鋼部材等の耐荷性能の照査は，1)及び2)によらず，V編2.5の規定による。

⑩D＋PS＋CR＋SH＋E＋HP＋(U)＋(TF)＋GD＋SD＋WP＋EQ＋(ER)

⑪D＋PS＋CR＋SH＋E＋HP＋(U)＋GD＋SD＋EQ

(3) 式(3.5.1)及び式(3.5.2)の作用効果は，3.7，5章及び9章から19章までの規定に従い算出する。

(4) 式(3.5.1)及び式(3.5.2)の作用の特性値，荷重組合せ係数及び荷重係数は，3.3の規定に従い設定する。

(5) 式(3.5.1)及び式(3.5.2)の抵抗係数及び抵抗の特性値は，5章及び9章から19章までの規定に従い設定する。

(6) 式(3.5.1)及び式(3.5.2)の調査・解析係数は，0.90を標準とし，十分な検討を行ったときには，0.95を上回らない範囲で設定することができる。

(7) 式(3.5.2)の部材・構造係数は，5章及び9章から19章までの規定に従い設定する。

(8) 衝突荷重を含む作用の組合せを考慮して工学的指標と限界状態を関連付ける場合には，(5)によらず，適切に工学的指標の特性値又は制限値を設定する。

(9) 鋼橋の上部構造において特定される条件に対して安全性の検討を行う場合には，I編5.2(12)の規定に準じて上部構造の耐荷性能の照査を行う。

(1) 1.2(1)の定義に見られるように，この示方書に示されている制限値は，部材等の限界状態を超えないとみなせるための安全余裕を考慮した値である。また，5章以降に示される制限値は，構造形式，部材の形状や寸法，材料の特性，外力の頻度，応答の特性や計測の方法，環境作用の条件など様々な要因との関連を考慮して規定されていることによる。このため，この示方書に示されていない照査手法を用いる場合には，この示方書に適合した照査法によって見込まれた様々な要因に対して，同等の安全余裕が得られるように制限値を適切に設定したうえで用いる必要がある。

(2)1)　永続作用支配状況及び変動作用支配状況においては，それぞれの設計状況に対して，限界状態1及び限界状態3のそれぞれを超えないことを照査することが原則となる。また，耐荷性能の照査に用いられる作用の組合せ及びその係数，並びに限界状態を超えないとみなせるための制限値は，作用と抵抗を確率的な事象として捉え，その関係性がある信頼性をもって成立するよう定められている。

そのため，限界状態1や限界状態3を超える可能性も認めたうえで，部材や接合部は，少なくとも限界状態1から限界状態3に至るまで，力学的挙動が適切に制御されていることが求められる。例えば，軸方向圧縮力を受ける鋼部材は，部材寸法等により，座屈が生じた後の挙動が異なり，限界状態1を超えた後の挙動は様々である。そのため，この示方書では，部材等が限界状態1又は限界状態2に達したとしても，他の部材に与える影響が甚大なものとならないよう制御されていることを求めている。すなわち，部材としての力学的特性や挙動が弾性範囲を超えないだけでなく，部材の弾性挙動がぜい性的に失われるような破壊形態が生じないよう，部材の破壊性状が制御されている必要がある。このようなことから，この示方書における部材等の限界状態の照査では，部材や接合部の力学的挙動を2つの限界点である限界状態1及び限界状態3又は限界状態2及び限界状態3の限界点で代表させ，これらの限界点を超えないことを照査することで，部材等の力学的が適切に制御されているものとみなしている。すなわち，耐荷力的な観点からは，部材や接合部の応答が可逆性を有するよう制御され，かつ最大耐力に対しても適切な安全余裕をもって，限界状態1及び限界状態3を超えないことを照査するか，部材や接合部の応答が供用性に支障なく復元力特性を有する程度に制御され，かつ最大耐力に対しても適切な安全余裕をもって，限界状態2及び限界状態3を超えないことを照査する必要がある。これにより，それぞれの設計状況において，これら2つの限界点に対して照査を行うことで，部材や照査によって影響を受ける作用の種類が異なることや，作用どうしが互いに打ち消しあうリスクに対して，十分配慮することができる。

以上より，永続作用支配状況及び変動作用支配状況において，式（3.5.1）及び式（3.5.2）の両方の照査を満足することで，それぞれ部材等が限界状態1及び限界状態3又は限界状態2及び限界状態3を超えないことを必要な信頼性で満足することを照査することが標準とされている。これら全ての照査を行うことが基本となるが，永続作用支配状況と変動作用支配状況における応答値の比率や，限界状態1及び限界状態3の制限値の比率などの関係から，一つの照査を満足することで他の照査の一部又は全てを満足する場合も多い。

2)　限界状態1と限界状態3とが区分し難い場合で，限界状態3を超えないとみなせるための条件が，限界状態1を超えないとみなせることにも配慮して定められている場合には，対象とする事象を限界状態3として代表させ，限界状態3を超えないとみなせる場合に，限界状態1を超えないとみなしてよいとされた。例えば，軸方向圧縮力を受ける板や部材については，座屈が発生するまでの荷重変位関係がほぼ線形であり，可逆性の限界点と最大荷重点のいずれにも区分できると考えられる。この場合には，限界状態1を超えないとみなせる条件も考慮して限界状態3の制限値を定め，応答がその制限値を超えないことをもって限界状態3を超えないとみなせるようにすることで，限界状態1を超えないとみなすことができる。

3)　Ⅰ編3.3に規定される作用の組合せのうち，ここに規定される組合せについて考慮する場合には，限界状態の考え方も含めⅤ編の規定に従う必要がある。ただし，地震時における部材係数の設定については，この編の限界状態に関する条に規定されている。

⑷　式（3.5.2）は，作用の特性値に対して荷重組合せ係数及び荷重係数が乗じられている。Ⅰ編3.3に規定されるこれらの荷重組合せ係数及び荷重係数は，同じ作用に対しても部材によって応答が異なることも含め，一般的な条件で部材の応答値が最大となる作用の組合せに対して定められたものである。抵抗については，材料強度の特性値等から求められる部材抵抗のばらつき等を考慮したものが抵抗係数であるため，抵抗の特性値に対して抵抗係数が乗じられている。

⑸　抵抗の特性値の設定には，照査の目的及び方法を考慮したうえで，限界値を適切に評価できる理論的な妥当性を有する手法や実験等による検証のなされた手法等の適切な知見に基づいた方法を用いる必要がある。

部材等の強度の特性値は，制限値の基準となるものであり，これに抵抗側の部分係数を乗じることにより，応答値に対して一定の信頼性を有した安全余裕を部材に付与させることになる。これまでの示方書では，許容応力度の設定にあたって，材料強度としてJIS規格値や，部材強度として試験データを踏まえた下限値相当の基準耐荷力等が用いられてきた。この示方書では，部分係数化に伴い試験データのばらつきを考慮したうえで，基本的には試験データの平均値を抵抗の特性値とし，試験値がそれを下回る確率がある一定の小さな値以下となることが保証された強度の値，又はそれと同等程度の値により設定することが基本とされている。

各部材耐力の算出は，部材の機能や役割，破壊に至るまでの抵抗機構，制限値や抵抗係数等の評価に用いた強度評価式の種類などを考慮するとともに，強度の算出にあたっては，適切に有効幅や有効断面を仮定し，部材モデルを設定する必要がある。例えば，動的解析で上部構造の応答を算出するための構造解析モデルや有効幅や有効断面，耐力を算出するための構造解析モデルや有効幅や有効断面は，この意味で必ずしも一致している必要はない。

基本的に，各種のばらつきを考慮した部材等の限界状態の評価の信頼性に関する安全余裕は，抵抗係数 Φ_{RS} 又は Φ_{RU} にて，部材等が限界状態1又は限界状態2を超えた後の挙動に対する制御は部材・構造係数 ξ_2 にて，また，部材の状態の把握に用いる応答の評価に係る不確実性は調査・解析係数 ξ_1 にて考慮されている。これらの係数の意味については，Ⅰ編5.2解説及びⅤ編2.5解説を参照するとよい。

Ⅰ編5.2の解説に示されているように，永続作用支配状況や変動作用支配状況のうち，Ⅰ編3.3の作用の組合せ①から⑨を考慮する場合の抵抗係数については，各ばらつきの要因に関するデータの有無や影響度等を踏まえたうえで，必要なばらつきの要因を考慮して設定されている。なお，原則として，材料に係るばらつきの要因を個別に材料係数として設定することはせず，抵抗側に係るばらつきの要因を全て抵抗係数に含めている。

部材等の特性値に関するばらつきや不確実性を推定する方法には，上記に関するばらつきや不確実性を個別に評価し，積み上げる方法もあれば，載荷試験で得られた強度と計算で得られた強度を比較し，材料強度以外を個々に区別せずまとめて評価する方法もある。この編で対象とする鋼部材については，軸方向引張力を受ける部材に対しては前者の方法で評価している。そして，鋼部材では十分な施工管理が行われるという前提条件の下ではその誤差要因は少なく，材料特性の影響が支配的と仮定し，抵抗係数については主として，材料特性のばらつきにより評価を行っている。

設計上の材料強度（特性値）は，ある値以上となることが保証されるようにとられる値であり，実際の材料強度には統計的な偏りが生じることになる。しかし，材料強度の特性値は，実際の強度に対する最低限の保証値であることから，設計上材料強度の偏りは見込まない立場をとっている。

キャリブレーションはこの示方書の適用範囲にある構造物のうち代表的なものに対して行われているので，この示方書の適用範囲内と考えられる一般的な条件の構造物に対しては，ここで示される抵抗係数や制限値を用いてよい。ただし，この編に示す照査に用いる抵抗係数の全てについて，ばらつきや不確実性を評価できるだけの十分な実験値等があるわけではない。一方で，経験的に妥当性が確認されている照査式や照査値もあるため，こうした場合には，ばらつきに基づき抵抗係数を設定しているのではなく，これまでの許容応力度設計法における照査式や照査値に基づき，これまでの示方書で設計された構造と同等の諸元を与えるよう抵抗係数を設定している。

他方，変動作用支配状況のうちⅠ編3.3の作用の組合せ⑩を考慮する場合（レベル1地震動を考慮する設計状況）の抵抗係数や，偶発作用支配状況のうちⅠ編3.3の作用の組合せ⑪を考慮する場合（レベル2地震動を考慮する設計状況）の抵抗係数については，Ⅰ編5.2の(5)及び(6)並びにⅤ編2.5(2)で解説されているように，従来この作用の組合せに対して設計された場合と同程度の諸元となるようにキャリブレーションされた値が各照査に与えられている。

(6) 永続作用支配状況や変動作用支配状況のうち，Ⅰ編3.3の作用の組合せ①から⑨を考慮する場合の調査・解析係数については，Ⅰ編 5.2 に解説されているとおり，0.90 が標準値として設定されている。また，作用の組合せ⑩を考慮する場合の調査・解析係数は，Ⅴ編 2.5 に解説されているように，Ⅰ編 3.3 の作用の組合せ①から⑨を考慮する場合の調査・解析係数と同じ値とされている。一方，作用の組合せ⑪を考慮する場合（レベル 2 地震動を考慮する設計状況）の調査・解析係数は，Ⅴ編 2.5 に解説されているように，1.00 とされている。

(7) 部材・構造係数は，部材等が弾性域から非弾性域に移行したのちの余剰強度の違いに着目し，これまでの示方書による場合と同程度の性能が得られるよう，限界状態 3 に対応する抵抗値に乗じる形で導入されている。部材一般としての部材・構造係数は 5 章で設定されている。なお，限界状態 1 を超えないことの照査とは別に，限界状態 3 を超えないことの照査が行われている場合，限界状態 1 を超えた後の部材は制御できていることから，部材・構造係数を 1.0 としている場合もある。Ⅴ編 2.5 に解説されているように，この係数は状況によらず定まる値であるため，⑩及び⑪の作用の組合せを考慮する場合にも，①から⑨の作用の組合せを考慮する場合と同様の値を見込む必要がある。

(9) 橋全体の安定などの照査は，Ⅰ編 5.2（12）の規定に従い，適切に抵抗係数や作用の組合せなどを定めて行う必要がある。

3.6 耐久性能の照査

> 鋼橋の上部構造及び鋼部材等の耐久性能の照査は，6 章の規定によらなければならない。

鋼部材の経年的な劣化としては，鋼材の腐食，活荷重や振動等による疲労などが考えられる。Ⅰ編 6.1 に従い部材等の設計耐久期間を適切に定めるとともに，Ⅰ編 6.2 に示されるいずれかの耐久性確保の方法によって，設計耐久期間にわたって，耐荷性能が確保されるように設計する。

耐久性確保の手段は，部材や構造の交換，耐久性の高い材料の使用など，多様な対策方法が考えられる。いずれの手段による場合でも，Ⅰ編 6.2 に示されるよう，耐久性確保の考え方を明らかにして所要の耐久性能が確保されるよう設計しなければならない。

3.7　構造解析

(1)　橋の主方向及び断面方向を構成する部材等の断面力，応力及び変位の算出にあたっては，荷重状態に応じた部材の材料特性や破壊過程，構造形式に応じた幾何学的特性，応力状態の複雑さ，支持条件等を適切に評価できる解析理論及び解析モデルを用いなければならない。

(2)　1)から3)を満足する場合には，部材等の耐荷性能の照査において5章以降に規定する制限値を用いてよい。

1)　部材をはり理論，版理論等に従い棒部材又は版部材としてモデル化する。

2)　橋及びそれを構成する部材等を骨組，格子及び版としてモデル化する。

3)　線形解析により部材の断面力，変位及びその断面力に基づく応力を算出する。

(3)　応力性状が複雑な場合には，適切な設計理論及び解析手法を用いて断面力又は応力度を算出しなければならない。

(1)　設計計算に用いる解析手法については，対象とする構造の性能を適切に評価できることが必要であり，断面力や変位量の算出は，活荷重，地震荷重等の外的作用に対する構造物の挙動を適切に再現できる構造モデルを選定して計算を行う必要がある。また，どのような解析手法を用いる場合にも，荷重の載荷条件や構造形式に適合した適切なモデル化や境界条件の設定がなされなければ十分な精度を有する解が得られないので，適用にあたっては十分に留意する必要がある。

設計計算に用いる解析手法としては，従来，はり理論，格子計算等による線形構造解析が一般的に用いられてきた。

近年のコンピューター技術の著しい進歩により，床版等を含むより多くの部材の立体的な配置を表現したモデルによる有限要素解析，幾何学的非線形性の影響も考慮した有限変位解析，動的解析等の高度な解析手法も従来に比べてかなり一般的に用いられるようになっている。設計では，構造形式や照査の目的に応じて，これらの手法も適宜選択のうえ使用することができる。ただし，これらの比較的高度な解析手法を用いる場合であっても，上述のとおり荷重の載荷方法や構造形状に適合した適切なモデル化がなされなければ十分な精度を有する解が得られないので注意が必要である。

橋の主方向を構成する部材と同様に，主方向を構成する部材と一体となって抵抗する断面を構成する部材についても，3.3に規定される作用の組合せ及び荷重係数に対して，断面力及び変位を算出し，必要な照査を行う。また，主方向の部材の耐荷性能や耐久性能の前提条件として，断面方向部材の剛性を確保する必要がある場合もある。このような場合には断面方向のそれぞれの部材についても断面力及び変位を算出し，必要な照査を行うことが必要である。

設計計算での境界条件や初期条件と実際の構造の違いが，適切な安全性を確保される構造を設計した結果に極力影響を与えないよう，構造設計上の配慮が必要である。具体の配慮事項は，5.1 及び 5.2 に規定されている。

なお，施工時における仮固定材の設置及び撤去，架設順序の変更，使用材料の違いなどは発生応力や残留応力に影響を与えるので，20 章の規定に従い，適切な架設設計を行う必要がある。

(2) この編では，設計計算により得られる応答値が，部材等の限界状態を適当な確からしさを有して，これを超えないとみなせる値以下となることを照査することとしている。したがって，設計に用いる解析手法や解析モデルといった計算手法は，照査の対象となる限界状態付近での応答を含め，想定する作用に対する応答を適切に表現できる必要がある。このため，部材の材料特性，構造の幾何学的特性等を適切に考慮して，応力度，断面力等の照査に用いる工学的指標を適切に算出できる解析理論及び解析モデルを用いることが重要である。5 章以降では，こうした条件を満たす部材等の各限界状態と関連付けられた計算手法，限界状態を表す工学的指標及び抵抗係数等が，相互に関連付けられて規定されている。

解析理論は，材料の非線形特性を考慮するか否かで線形理論と非線形理論とに，変形による二次的効果を考慮するか否かで微小変位理論と有限変位理論とに区別できる。例えば，線形解析は弾性微小変位理論に基づく解析である。

構造解析においては，構造部材の材料的特性（応力度－ひずみ関係，クリープ・乾燥収縮，材料強度），設計で考慮する荷重，桁構造や吊構造，アーチ構造といった構造特性に応じた適切な解析理論を用いる必要がある。

この示方書で与えられる応力の制限値，断面強度や抵抗係数等の多くは，部材実験結果や観察結果の解釈を行う際に梁理論や版理論等の計算モデルを仮定し，それらにより算出される断面力及び公称応力と計測強度との比較で整理されているので，設計計算においては，それぞれの条件に適合する値を求めることが基本となる。

この示方書では，各部材を，棒部材，版部材あるいはそれらのその組合せとして置き換えられるようにモデル化したうえで，それらから直接的に公称応力を計算し，5 章の応力度の制限値や抵抗係数等を適用することを基本にしている。公称応力を直接算出することが困難な場合には，公称応力を直接的に算出できない手法により応答を算出したり，あるいは計算応力と実際応答に大きな差が生じる場合もある。このような場合には，当該計算法や構造を適用範囲とした，調査・解析係数と抵抗係数を別途検討する必要がある。

(3) (2)の規定のとおり，この示方書で与えられる応力の制限値，断面強度や抵抗係数は，基本的に梁理論や版理論によって計算される応力に対して適用されるよう定められている。応力算出が困難な応力性状の複雑な構造部材に対しては，有限要素法等を用いて応答値を算出することが考えられるが，この場合には，目的に応じて応答値の算出位置や制限値等を適切に設定する必要がある。

なお，この示方書に示される前提と異なる照査手法による許容値や制限値を用いる場合には，照査手法の相違が算出される設計値の相違として影響する程度を把握して適切な安全余裕を確保する必要がある。

3.8 その他の必要事項

3.8.1 一　　般

(1) 鋼橋の上部構造及び鋼部材等の設計においては，3.5 及び 3.6 に規定する耐荷性能及び耐久性能の照査のほか，耐荷性能及び耐久性能の照査の前提となる事項や，上部構造又は下部構造に求められる変位の制限値等，橋の性能を満足するために必要な事項を検討し，適切に設計に反映させなければならない。

(2) 風の動的な影響に対する照査を，部材等に発現するおそれのある現象を適切に考慮して行わなければならない。

(3) 活荷重に対するたわみの照査を，3.8.2 の規定により行わなければならない。

(1) 部材等は，橋の使用目的との適合性を満足するよう，部材の耐荷性能及び耐久性能だけでなく，その前提となる事項や，必ずしも耐荷性能や耐久性能と関連付けられない事項についても満足する必要がある。橋の使用目的との適合性を満足するために必要なその他の検討については，I編7章に解説されている。

(2) 風の作用によって橋に生じる現象には，静的空気力による変形以外に，ガスト応答，発散振動，渦励振など動的な挙動が挙げられる。これらの現象が橋に与える影響は多岐にわたり，風による動的な影響については，特に部材や構造に発現するおそれのある現象を見極めて適切に考慮する必要がある。

静的空気力による変形，ガスト応答については，大きさの大小の違いはあるが，いずれの橋にも発現する可能性がある現象であり，I編に規定される風荷重に対して限界状態の照査を行う必要がある。一方，発散振動や渦励振などの動的な問題についての設計方法は示されていないが，例えば，一般に部材や構造に発現するおそれのある発散振動と渦励振等の限定振動を対象として以下のとおり行われている。

1）発散振動に対する照査においては，その発現風速が橋の設計供用期間中に想定される風速に比べて十分高いことを確認する。

2）渦励振等の限定振動に対する照査においては，その発現風速が照査風速に比べて十分高いか，もしくは発現振幅が限界状態を満たすことを確認する。

これらの具体的な検討にあたっては，「道路橋耐風設計便覧」（日本道路協会）が参考になる。

限定振動に対しては振動を起こさないように設計するのが基本であるが，現象の不確実性を勘案すると，完全に振動を抑えることができるとは限らない。そのため，生じる可能性が高いと考えられる現象がなるべく生じにくくなるよう，配慮をするとともに，万一，生じた場合の対策についても必要に応じて設計を行い，措置を行えるようにしておくのがよい。このとき，振動発生時の供用性についても考えておくのがよい。また，振動の発生により疲労耐久性が懸念される場合は，6章，8章及び18章に準じて疲労の検討を行う必要がある。

(3) 鋼橋の上部構造の部材等の耐荷性能を満足する場合でも，橋全体としての剛性が低い場合には，二次応力による予期せぬ損傷が生じたり，過大なたわみや振動によって走行安全性に問題が生じる等，橋に要求される性能が満たされなくなることがある。

二次応力が懸念される場合として，鋼桁のたわみに伴う，コンクリート系床版への付加応力度の耐久性への影響，鋼部材間の連結部における変位誘起に伴う疲労損傷等が挙げられる。本規定が想定している二次応力による鋼部材，床版の疲労等の損傷や，利用者にとって不快感につながる振動等に対して，耐荷性能，耐久性能とは別に必要な検討事項として規定されたものである。

3.8.2 たわみの照査

(1) 鋼橋の設計では，橋全体として必要な剛性を確保しなければならない。

(2) (3)による場合には，(1)を満足するとみなしてよい。

(3) 衝撃を含まない活荷重に対して，部材の総断面積を用いて算出した主桁，床桁及び縦桁のたわみは，表-3.8.1に示す値以下とする。ただし，照査に用いるたわみの応答値の算出は，I編8.2に規定する活荷重の特性値としてよい。なお，ラーメン構造のたわみの照査は17.2.5及び17.2.6の規定による。

表-3.8.1　たわみの値（m）

橋の形式 ＼ 桁の形式			単純桁及び連続桁	ゲルバー桁の片持部
鋼桁形式	コンクリート系床版を有する鋼桁	$L \leqq 10$	$L/2,000$	$L/1,200$
		$10 < L \leqq 40$	$\frac{L}{20,000/L}$	$\frac{L}{12,000/L}$
		$40 < L$	$L/500$	$L/300$
	その他の床版を有する鋼桁		$L/500$	$L/300$
吊橋形式			$L/350$	
斜張橋形式			$L/400$	
その他の形式			$L/600$	$L/400$

L：支間長（m）

(1)　たわみの規定は，従前から，照査方法を含めて経験的に定められているものであることを踏まえ，Ⅰ編3.3に規定される荷重組合せ係数及び荷重係数を乗じず，活荷重の特性値を用いて算出したたわみの値によることとされている。

(3)　表-3.8.1は，これまでこの編に規定されてきた活荷重たわみの制限値であり，衝撃を含まない活荷重に対して部材の総断面を用いて算出した主桁，床桁及び縦桁のたわみが，表中に示す値以内でなければならない。

鉄筋コンクリート床版の付加応力度については，主桁の正負の曲げモーメントが生じる箇所の橋軸方向及び橋軸直角方向の曲げ圧縮応力度，曲げ引張応力度，偏載荷重によって橋端部に生じるせん断応力度等のうち，一般に橋軸方向の曲げ圧縮応力度が最も大きな値を示すため，たわみの規定は主桁の曲率を制限するような形で表すことにしている。また，主桁の曲率を制限するという観点から，ゲルバー桁の片持部では単純桁の約2倍のたわみを許容することにしている。なお，ゲルバー桁の片持部のたわみは図-解3.8.1のようにとる。なお，これらの考え方はプレストレストコンクリート床版についても準用できる。

吊橋・斜張橋・その他の形式では支間長が十分大きいと考えられるため，床版の種類による区別を設けなかったが，側径間等で支間長40m以下の部分があれば上記の趣旨によって鋼桁の規定を準用する必要がある。コンクリート系床版を支えている床桁・縦桁

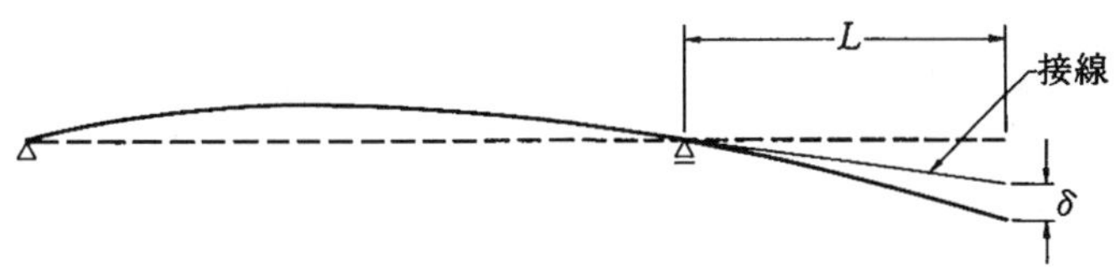

図-解3.8.1　ゲルバー桁片持部のたわみ δ

についても，鋼桁として同様に扱う。条文の「部材の総断面積」の意味は，孔引き等を考慮しないということである。したがって，この条文を適用する場合のたわみは，各章に規定した有効幅を考慮して算出する。

3.8.3　構造設計上の配慮事項

設計では，経済性，地域の防災計画及び関連する道路網の計画との整合性も考慮したうえで，少なくとも1)から5)の観点について構造設計上実施できる範囲を検討し，必要に応じて構造設計に反映させなければならない。

1)　設計で前提とする施工品質の確認方法の観点。少なくとも，溶接継手に対しては，板組，溶接継手の配置，施工順序及び非破壊検査等について検討することを標準とする。

2)　橋の一部の部材及び接続部の損傷，地盤変動等の可能性に対する，構造上の補完性又は代替性の観点。

3)　点検及び修繕が困難となる箇所をできるだけ少なくすることの観点。少なくとも，部材の端部等の狭隘な空間となる箇所については，検討すべき箇所とすることを標準とする。

4)　設計供用期間中の更新及び修繕の実施方法について検討しておくことが望ましい部材の選定とそれを確実に行える橋の構造とすることの観点。少なくとも，床版及びケーブル部材については検討すべき部材とすることを標準とする。また，支点部についても，支承等の更新や修繕が確実に行える構造であるよう，検討すべき箇所とすることを標準とする。

5)　局所的な応力集中，複雑な挙動，滞水等が生じにくい細部構造とする観点。少なくとも，支点部付近及びケーブル定着構造については検討すべき箇所とすることを標準とする。

この項に規定する構造設計上の配慮事項は，橋ごとに定型的に決められるものではなく，各橋の条件を考慮したうえで個別に検討する必要がある。

1)　1.5の解説に示すように，20章の施工の規定に従った標準的な施工及び品質管理を行うことができる構造であるかどうか，溶接等の施工品質のばらつきへの対処として，構造的な余裕が適切に確保されているかどうか等，施工の品質確保の観点から十分な配慮を行う必要がある。特に溶接線が集中する構造では，板組，溶接継手の配置，施工順序等について慎重に検討を行い，溶接施工，施工途中での段階的なプロセス管理及び製作後の非破壊検査が適切に行えるように，必要に応じて構造を見直す等の配慮が必要である。

2) Ⅴ編2.7解説が参考となる。

3) 維持管理が確実に実施できるためには，少なくとも点検が困難な個所はできる限り少なくする必要がある。桁高の高い箱桁であっても，検査路などを設けることにより，床版などの近接目視等が確実に行えるようにすることができる。このように，構造形式に応じて維持管理上必要と判断された場合には，検査路の設置を行うことも考えられる。なお，点検用検査路の設置にあたっては，検査路上に点検の妨げとなるような部材配置を行わないように，部材配置の段階から配慮する必要がある。加えて，偶発作用による損傷が懸念される際に，当該橋梁の重要部材の点検が確実に行えるような位置に検査路を設置するようにすることが必要である。

ケーブル定着部や桁端部では点検のための空間を確保しておくことも，点検困難個所を排除し確実な維持管理を達成するためには有効である。アーチリブや箱桁の内部については，維持管理性を確保するため，断面の大きい部材においては部材内部に人が入れるような空間を確保すること，断面の小さい部材については，部材内部を確認できるための開口部の設置などについても検討するのがよい。

4) 設計と実態の大きな乖離が生じやすく経験的に損傷例が多い支承，伸縮装置，検査路等の付属物や，万一の想定外による損傷等が極めて重大な影響を及ぼす部材のうち，条件によっては不合理とならない範囲での配慮をすることで更新が可能とできる余地があるものとして，床版やケーブルなどが考えられる。例えば，床版では設計供用期間中の交換を前提としない場合でも，不測の損傷が生じた場合に，橋の速やかな機能回復ができるように，設計段階で床版の一部更新や取替えが行いうるかどうかの検討を行っておくことは，橋の耐久性の信頼性向上の観点から有効である。また，ケーブル構造においては，車両による衝突や落雷など不測の損傷により，過去ケーブル部材が破断した事例もあることから，設計上取替えを計画的に行う維持管理を前提とはしない場合でも，ケーブル部材の交換ができうる構造とすることについて経済的合理性も考慮して，その必要性を検討するのがよい。

5) 耐久性に関する配慮事項として，耐久性を低下させる因子が局所的に集中しないよう，部材の組み方や形状等の構造詳細について検討する必要がある。例えば，特定の箇所で滞水が生じると，耐久性上の想定を逸脱し局所的に鋼材の腐食が促進する可能性がある。そのため，床版や箱桁内部などでは，必要に応じて部材内に滞水が生じないよう排水経路を定め，排水勾配や排水孔などの設定を行うなど，確実な排水が実現できるよう設計する必要がある。また，伸縮装置を有する桁端部においては，伸縮装置からの漏水により局所的に内部鋼材の腐食が進展する可能性がある。そのため，漏水が生じたとしても著しい腐食により，危険な状態になりにくいよう桁端部において防水処理を行うなどの配慮が必要である。耐久性に配慮した構造詳細に関する個別の検討事項は，7章以降の各章にも規定されているものがあり，それらについても満足する必要がある。

4章　材料の特性値

4.1　材料の強度の特性値

4.1.1　一　　般

> (1)　材料の強度の特性値は，適切に定められた材料強度試験法による試験値のばらつきを考慮したうえで，試験値がその強度を下回る確率がある一定の値以下となることが保証された値としなければならない。
> (2)　4.1.2及び4.1.3の規定による場合には，(1)を満足するとみなしてよい。
> (3)　コンクリートを使用する場合には，この編及びⅢ編に規定する材料の強度の特性値を用いることにより，(1)を満足するとみなしてよい。

(1)　設計に用いる材料の強度の特性値は，JIS 等の規格値との関係，設定根拠となる統計データの多寡やばらつき等を考慮するとともに，材料強度試験などから得られた材料強度，機械的性質等に関する統計データに基づいて適切に定める必要がある。

(2)　鋼橋及び鋼部材の設計にあたって，鋼材の基準となる強度に関しては，材料強度の規格値，すなわち下限に相当する値を基本に設定されている。これらによらない場合も試験結果のばらつきを想定したうえで，試験値がそれを下回る確率がある一定の小さな値以下となることが保証された強度の値，又はこれと同等程度の値により設定することが必要である。

この編で扱う鋼材は，JIS（日本工業規格）及び JSS（日本鋼構造協会規格）に規定されたものであり，ほとんどの鋼材では規格の中で材料の機械的性質が規定されており，この章では，これらの強度規格値を強度の特性値としている。

国内で製造された鋼材の主たる材料強度である構造用鋼材の降伏強度については，製造工程管理上，保証値を下回る鋼材が出荷されることはないと考えられる。このため，鋼材の強度規格値を基本に強度の特性値が設定されている。

材料の強度の特性値を，この編とは別に設定する場合，十分な統計データが存在し，かつ前提となる適切な製造工程管理が保証される場合には，強度の特性値を統計データの下限値として別途設定することも考えられる。その際，材料強度の試験結果の分布形状について十分調査を行い，適切に強度の特性値を設定する必要がある。鋼製品の場合には，製品の幾何形状による応力集中，加工方法，載荷条件等が強度特性に影響を与えることがあるため，特性値はなるべく信頼性の高い試験データ等によるのがよい。

4.1.2　鋼材の強度の特性値

(1)　構造用鋼材の強度の特性値は，表-4.1.1 に示す値とする。

表-4.1.1　構造用鋼材の強度の特性値（N/mm²）

<table>
<tr><th colspan="2"></th><th>鋼種
鋼材の板厚(mm)</th><th>SS400
SM400
SMA400W</th><th>SM490</th><th>SM490Y
SM520
SMA490W</th><th>SBHS400
SBHS400W</th><th>SM570
SMA570W</th><th>SBHS500
SBHS500W</th></tr>
<tr><td colspan="2" rowspan="3">引張降伏
圧縮降伏</td><td>40 以下</td><td>235</td><td>315</td><td>355</td><td rowspan="3">400</td><td>450</td><td rowspan="3">500</td></tr>
<tr><td>40 を超え
75 以下</td><td rowspan="2">215</td><td rowspan="2">295</td><td>335</td><td>430</td></tr>
<tr><td>75 を超え
100 以下</td><td>325</td><td>420</td></tr>
<tr><td colspan="2">引張強度</td><td>－</td><td>400</td><td>490</td><td>490
(520)[1)]</td><td>490</td><td>570</td><td>570</td></tr>
<tr><td colspan="2" rowspan="3">せん断降伏</td><td>40 以下</td><td>135</td><td>180</td><td>205</td><td rowspan="3">230</td><td>260</td><td rowspan="3">285</td></tr>
<tr><td>40 を超え
75 以下</td><td rowspan="2">125</td><td rowspan="2">170</td><td>195</td><td>250</td></tr>
<tr><td>75 を超え
100 以下</td><td>185</td><td>240</td></tr>
<tr><td rowspan="6">支圧</td><td rowspan="3">鋼板と鋼板との間の支圧強度[2)]</td><td>40 以下</td><td>235</td><td>315</td><td>355</td><td rowspan="3">400</td><td>450</td><td rowspan="3">500</td></tr>
<tr><td>40 を超え
75 以下</td><td rowspan="2">215</td><td rowspan="2">295</td><td>335</td><td>430</td></tr>
<tr><td>75 を超え
100 以下</td><td>325</td><td>420</td></tr>
<tr><td rowspan="3">ヘルツ公式で算出する場合の支圧強度[2)]</td><td>40 以下</td><td rowspan="3">1,250</td><td rowspan="3">1,450</td><td rowspan="3">－</td><td rowspan="3">－</td><td rowspan="3">－</td><td rowspan="3">－</td></tr>
<tr><td>40 を超え
75 以下</td></tr>
<tr><td>75 を超え
100 以下</td></tr>
</table>

注：1)　（　）は SM520 材の引張強度の特性値を示す。

2)　曲面接触において，図-4.1.1 に示す r_1 と r_2 との比 r_1/r_2 が，円柱面と円柱面は 1.02 未満，球面と球面は 1.01 未満となる場合は，平面接触として取り扱う。この場合の支圧強度は，投影面積について算出した強度に対する値である。

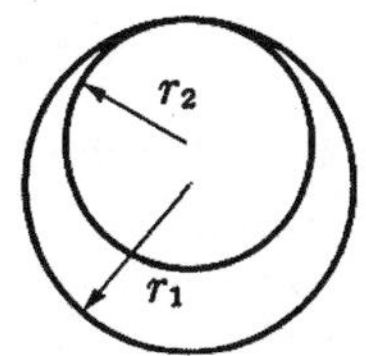

図-4.1.1　曲面接触

(2)　鋳鍛造品の強度の特性値は，表-4.1.2 に示す値とする。

表-4.1.2　鋳鍛造品の強度の特性値（N/mm²）

鋳鍛造品の種類＼強度の種類		引張降伏 圧縮降伏	引張強度	せん断降伏	支圧		
					鋼板と鋼板との間の支圧強度[1]	ヘルツ公式を用いる場合	
						支圧強度	硬さ必要値 HB[2]
鍛鋼品	SF490A	245	490	140	245	1,250	125 以上
	SF540A	275	540	160	275	1,450	145 以上
鋳鋼品	SC450	225	450	130	225	1,250[5]	125 以上[3]
	SCW410	235	410	135	235	1,250[5]	125 以上[3]
	SCW480	275	480	160	275	1,450[5]	145 以上[3]
	SCMn1A	275	540	160	275	1,430	143 以上
	SCMn2A	345	590	200	345	1,630	163 以上
機械構造用鋼	S35CN[4]	305	510	175	305	1,490	149 以上
	S45CN[4]	345	570	200	345	1,670	167 以上
鋳鉄品	FCD400	250	400	145	250	1,300[5]	130 以上[3]
	FCD450	280	450	160	280	1,400[5]	140 以上[3]

注：1)　曲面接触において，図-4.1.1 に示す r_1 と r_2 との比 r_1/r_2 が，円柱面と円柱面では 1.02 未満，球面と球面では 1.01 未満となる場合は，平面接触として取り扱う。この場合の支圧強度は，投影面積について算出した強度に対する値である。

2)　HB は JIS Z 2243（ブリネル硬さ試験－試験方法）に規定するブリネル硬さを表す。

3)　JIS に規定がない鋼種について，支圧応力度の特性値の算出に用いたブリネル硬さの下限値を表す。

4)　機械構造用鋼 S35CN，S45CN は JIS G 4051 に規定される材質 S35C，S45C に熱処理として焼ならしを施し，その規格の解説付表に示される機械的性質を満足する材料とする。

5)　SC450，SCW410，SCW480，FCD400，FCD450 を支圧部材に使用する場合は，右欄の硬さ必要値を満足することを確認しなければならない。

(3) 鋼管の強度の特性値は，表-4.1.3 に示す値とする。

表-4.1.3 鋼管の強度の特性値（N/mm²）

<table>
<tr><td></td><td>鋼種
鋼管の
板厚(mm)</td><td>SS400
SM400
SMA400W
STK400</td><td>SM490
STK490</td><td>SM490Y
SM520
SMA490W</td><td>SM570
SMA570W</td></tr>
<tr><td rowspan="3">引張降伏
圧縮降伏</td><td>40 以下</td><td>235</td><td>315</td><td>355</td><td>450</td></tr>
<tr><td>40 を超え 75 以下</td><td rowspan="2">215</td><td rowspan="2">295</td><td>335</td><td>430</td></tr>
<tr><td>75 を超え 100 以下</td><td>325</td><td>420</td></tr>
<tr><td>引張強度</td><td>—</td><td>400</td><td>490</td><td>490
(520)[1)]</td><td>570</td></tr>
</table>

注：1) （ ）は SM520 材の引張強度の特性値を示す。

(4) 棒鋼及び PC 鋼棒の強度の特性値は，表-4.1.4 及び表-4.1.5 に示す値とする。

表-4.1.4 鉄筋コンクリート用棒鋼の強度の特性値（N/mm²）

棒鋼の種類 / 特性値	SD345
引張降伏・圧縮降伏	345
引張強度	490
せん断降伏	200

表-4.1.5 PC 鋼棒の強度の特性値（N/mm²）

<table>
<tr><td rowspan="3">鋼棒の種類
特性値</td><td>丸棒 A 種</td><td colspan="2">丸棒 B 種</td></tr>
<tr><td>2 号</td><td>1 号</td><td>2 号</td></tr>
<tr><td>SBPR785/1030</td><td>SBPR930/1080</td><td>SBPR930/1180</td></tr>
<tr><td>引張降伏</td><td>785</td><td>930</td><td>930</td></tr>
<tr><td>引張強度</td><td>1,030</td><td>1,080</td><td>1,180</td></tr>
</table>

(5) PC 鋼線及び PC 鋼より線，平行線ストランド及び被覆平行線ストランド及び構造用ロープの強度の特性値は，表-4.1.6 から表-4.1.8 に示す値とする。

表-4.1.6　PC鋼線及びPC鋼より線の強度の特性値（N/mm^2）

鋼線材の種類＼特性値		降伏強度	引張強度
SWPR1AN SWPR1AL SWPD1N SWPD1L	5mm	1,420	1,620
	7mm	1,320	1,510
	8mm	1,270	1,470
	9mm	1,220	1,410
SWPR1BN SWPR1BL	5mm	1,520	1,720
	7mm	1,420	1,610
	8mm	1,370	1,560
SWPR2N SWPR2L	2.9mm，2本より	1,710	1,930
SWPD3N SWPD3L	2.9mm，3本より	1,700	1,920
SWPR7AN SWPR7AL	9.3mm，7本より	1,460	1,720
	10.8mm，7本より	1,460	1,720
	12.4mm，7本より	1,460	1,720
	15.2mm，7本より	1,470	1,730
SWPR7BN SWPR7BL	9.5mm，7本より	1,580	1,850
	11.1mm，7本より	1,590	1,860
	12.7mm，7本より	1,580	1,850
	15.2mm，7本より	1,600	1,880
SWPR19N SWPR19L	17.8mm，19本より	1,580	1,850
	19.3mm，19本より	1,580	1,850
	20.3mm，19本より	1,550	1,820
	21.8mm，19本より	1,580	1,830
	28.6mm，19本より	1,510	1,780

表-4.1.7　平行線ストランド及び被覆平行線ストランド用亜鉛めっき鋼線の強度の特性値（N/mm^2）

種　別	降伏強度		引張強度
	0.7%全伸び耐力	0.8%全伸び耐力	
ST1570	1,160以上	－	1,570以上1,770以下
ST1770	－	1,370以上	1,770以上1,960以下

注：耐力は，降伏点の代用特性で，引張試験において全伸びが所定の量に達するときの値

表-4.1.8　構造用ワイヤロープ用素線の強度の特性値（N/mm²）

区分	種　別	降伏強度	引張強度
丸線	ST1470	1,080	1,470
	ST1570	1,160	1,570
	ST1670	1,220	1,670
T 線	―	―	1,370
Z 線	―	―	1,270

この編で扱う鋼材は，国内で製造された鋼材の強度統計データを踏まえ，それぞれの規格における材料の機械的性質を，強度の特性値として基本的に規定されている[1)]。ただし，材料の中には，必ずしも強度の統計データが十分得られていないものもあり，そのような場合には，これまでの示方書による材料の基準強度（降伏強度を安全率で除した値）の考え方に準じて，強度の特性値が設定されている。例えば，JIS 等の規格に適合する材料について，以下のように強度の特性値を与えている。

1)　鋼材の圧縮降伏強度の特性値は，材料の引張降伏強度の特性値に等しいものとする。

2)　鋼材のせん断降伏強度の特性値は，von Mises の降伏条件に基づき式（解 4.1.1）により算出し，数値を丸めたものである。

$$\tau_{yk} = \frac{\sigma_{yk}}{\sqrt{3}} \quad \cdots\cdots\cdots\cdots (解\ 4.1.1)$$

ここに，τ_{yk}：鋼材のせん断降伏強度の特性値（N/mm²）

σ_{yk}：鋼材の引張降伏強度の特性値（N/mm²）

(1)　板厚区分について，JIS に規定される構造用鋼材の降伏点又は耐力は，表-解 4.1.1 に示すとおり，橋梁用高降伏点鋼板（SBHS400，SBHS400W，SBHS500 及び SBHS500W）以外は板厚によって変化するので，鋼材の強度の特性値についても JIS に従った鋼種及び板厚ごとに規定している。なお，板厚 16mm 以下の鋼材については，従来と同様にその板厚区分は考慮しないこととし，16mm を超え 40mm 以下の場合の降伏点又は耐力に基づき規定している。

板厚により降伏点又は耐力が変化しない鋼材（-H 仕様）を使用する場合には，表-解 4.1.2 に示すように，40mm を超える板厚に対し，降伏点又は耐力は 40mm 以下のものと同じ値となる。したがって，この場合は，その鋼材の板厚に関わらず，板厚区分 40mm 以下の場合の強度規格値と同じ値を用いてよい。

表-解 4.1.1　一般構造用圧延鋼材，溶接構造用圧延鋼材，溶接構造用耐候性熱間圧延鋼材及び橋梁用高降伏点鋼板の強度の規格保証値

鋼種	降伏点又は耐力（N/mm²）				引張強さ (N/mm²)
	鋼材の厚さ（mm）				
	16 以下	16 を超え 40 以下	40 を超え 75 以下	75 を超えるもの	
SS400	245 以上	235 以上	215 以上	215 以上	400 ～ 510
SM400	245 以上	235 以上	215 以上	215 以上	400 ～ 510
SMA400W	245 以上	235 以上	215 以上	215 以上	400 ～ 540
SM490	325 以上	315 以上	295 以上	295 以上	490 ～ 610
SM490Y	365 以上	355 以上	335 以上	325 以上	490 ～ 610
SMA490W	365 以上	355 以上	335 以上	325 以上	490 ～ 610
SBHS400	400 以上	400 以上	400 以上	400 以上	490 ～ 640
SBHS400W	400 以上	400 以上	400 以上	400 以上	490 ～ 640
SM520	365 以上	355 以上	335 以上	325 以上	520 ～ 640
SM570	460 以上	450 以上	430 以上	420 以上	570 ～ 720
SMA570W	460 以上	450 以上	430 以上	420 以上	570 ～ 720
SBHS500	500 以上	500 以上	500 以上	500 以上	570 ～ 720
SBHS500W	500 以上	500 以上	500 以上	500 以上	570 ～ 720

表-解 4.1.2　溶接構造用圧延鋼材及び溶接構造用耐候性熱間圧延鋼材の強度の規格保証値（板厚により降伏点又は耐力が変化しない鋼材）

鋼種	降伏点又は耐力（N/mm²）	引張強さ (N/mm²)
	鋼材の厚さ 100mm 以下	
SM400C-H	235 以上	400 ～ 510
SMA400CW-H	235 以上	400 ～ 540
SM490C-H	315 以上	490 ～ 610
SMA490CW-H	355 以上	490 ～ 610
SM520C-H	355 以上	520 ～ 640
SM570-H	450 以上	570 ～ 720
SMA570W-H	450 以上	570 ～ 720

鋼材と鋼材との接触機構は，平面と平面（平面に近い円筒面や曲面を含む）とが接触する平面接触と，球面（又は円筒面）と平面（又は球面，円筒面）とが微小面で接触する点・線接触に分けられ，後者は一般に「ヘルツ理論による支圧」といわれている。

この示方書では，面接触として計算する場合と点・線接触（ヘルツ理論による支圧）として計算する場合とに分けて支圧強度の特性値が規定されている。

面接触における支圧強度は，接触している 2 部材の曲率半径がほぼ同一で接触面積が

大きくなる場合に適用する。それ以外の場合にはヘルツ理論による支圧強度を用いることとなる。これまでの示方書では，凹面と凸面の接触の場合，r_1/r_2 が 1.01 ～ 1.02 の範囲で接触面積が急激に増大するため，円柱面と円柱面の場合 $r_1/r_2=1.02$ 以下，球面と球面の場合 $r_1/r_2=1.01$ 以下が面接触の範囲とされ，ヘルツ理論による支圧は円柱面と円柱面の場合 r_1/r_2 が 1.02 以上，球面と球面の場合 r_1/r_2 が 1.01 以上の場合に適用できるとされていた。ヘルツ理論の適用範囲については，本来であれば，ヘルツ理論による接触面上の支圧応力度がこれまでの許容応力度を使ったそれとは異なるため，適用範囲は変化することになるが，これまでの示方書による場合の設計との整合を考慮し，ヘルツ理論の適用範囲はこれまでの示方書のとおりとした。

面接触の支圧強度は，これまでの示方書においては降伏強度を基準としてこれを補正して規定されていた。これまでの示方書による場合との整合を考慮し，面接触の場合の支圧強度の特性値は，鋼材の降伏強度を基準に定められている。

ヘルツ理論による支圧の場合，種々の金属表面にかたい鋼球を押し込み，圧痕の表面積で荷重を除した値をもって測定される押し込み硬さ（例えばブリネル硬さ）がヘルツ接触部付近の接触部全域で塑性変形が生じる降伏支圧応力にほぼ相当する値とされている。

そのため，ヘルツ理論による場合の支圧強度の特性値は，ブリネル硬さ（HB）を基準として，10 HB として定められている。

SS400 級のブリネル硬さは HB≒140 ～ 150，SM490 級で HB≒150 であるが，これまでの示方書と同等となるよう，SS400，SM400，SMA400W の場合は HB＝125，SM490 の場合は HB＝145 として表-4.1.1 のように支圧強度の特性値が定められている。SM490Y 級及び SM520 級については，ヘルツの支圧強度の特性値を用いて設計する部材への使用実績も少なく，また，高支圧強度の支承等には合金鋳鋼又は高強度合金鋼を用いることもできるため，強度の特性値は定められていない。

(2) 鋼橋に使用される代表的な鋳鍛造品について主な強度の特性値が示されたものである。鋳鉄品は排水装置・高欄等に使用する場合もあるので，この場合に必要な特性値が規定されている。ここに規定されていない鋳鉄品を使用する場合には，別途検討を行う必要がある。また，ねずみ鋳鉄 FC250 については降伏強度が明確でなく規格保証値がないため，降伏強度の特性値を示す鋳鍛造品の一覧からは除外されている。

① 鋳鍛造品の引張・圧縮・せん断降伏強度の特性値

引張，圧縮，せん断抵抗強度は JIS 規格値に基づきそれぞれの強度の特性値が設定されている。

② 鋳鍛造品の支圧強度の特性値

構造用鋼材同様，平面接触の場合と点・線接触（ヘルツ理論による支圧）の場合に分けて支圧強度の特性値が規定されている。平面接触の場合は鋼材の降伏強度が，ヘルツ理論による場合はブリネル硬さ（HB）を基準として10 HBが，それぞれ支圧強度の特性値として規定されている。

③　機械構造用鋼S35CN，S45CN

機械構造用鋼は熱処理の方法によりその機械的性質を変化させることができる。JISでは熱間圧延等によって製造されるS35CとS45Cについて，焼ならし（N）と焼入れ焼戻し（H）の２つの熱処理方法に対して，JISハンドブック鉄鋼Ⅰの巻末参考6にそれぞれの機械的性質が示されている。表-4.1.2に規定されたS35CN及びS45CNの特性値は，熱処理として焼ならしを行った場合の機械的性質（JISハンドブック鉄鋼Ⅰの巻末参考6に記載）に基づき定められた値であり，これを満たす材料が規定されている。

(3)　鋼橋に使用される代表的な鋼管について，主な強度の特性値が示された。鋼管の強度の特性値は，表-4.1.1の構造用鋼材の規定によることを基本とし，STK400はSM400に，STK490はSM490に準じるものとされた。

表-解 4.1.3　鋼管の強度（N/mm^2）

材　質	種類の記号	降伏点又は耐力	引張強さ
一般構造用炭素鋼管	STK400	235以上	400以上
	STK490	315以上	490以上

(5)　ケーブル部材に用いられる代表的なPC鋼線及びPC鋼より線，平行線ストランド及び構造用ワイヤロープについて，強度の特性値を示したものである。

ケーブル部材に用いられるPC鋼材，平行線ストランドやロープには多くの種類があるが，橋の部材として鋼線材及び鋼線材二次製品を用いる場合には，その目的に応じて要求される品質（寸法，外観，製造方法）及び機械的性質（強度，延性，じん性等）を有することを確認して使用する必要がある。

表-4.1.6は，PC鋼線及びPC鋼より線の強度の特性値を示したものである。強度の特性値は，JIS G 3536：2014（PC鋼線及びPC鋼より線）に示される規格下限値とされており，PC鋼より線では，撚り加工後の強度の特性値が規定されている。

JIS G 3536：2014（PC鋼線及びPC鋼より線）では，耐力（又は降伏強度）として，0.2%の永久ひずみが生じるときの強度（0.2%永久伸びに対する強度）が用いられている。これは日本国内では従来から0.2%永久伸びに対する強度が降伏強度として扱われているためであり，PC鋼線及びPC鋼より線だけでなく，金属材料の引張試験規格であるJIS Z 2241：2011（金属材料引張試験方法）においても，特に規定のない場合には，0.2%永久伸びに対する強度を測定することが示されている。

ISO 6934-4：1991（Steel for the prestressing of concrete — Part 4：Strand）では0.1%永久伸びに対する強度が基本として規定されているが，0.2%永久伸びに対する強度に

ついても参考値として示されている。

表-4.1.7は，ケーブル部材に使用される代表的なケーブル用ストランドである平行線ストランド及び被覆平行線ストランドを構成する素線の強度の特性値を示したものである。複数の素線を集束したストランドの特性値は，ストランドの公称断面積と表-4.1.7の強度の特性値の積として求めることができる。

素線の引張強度は上限値も規定している。これは，引張強度のばらつきを少なくすることと，引張強度が高すぎることに起因する遅れ破壊などを回避することを考慮したためである。

0.7%全伸び耐力は，図-解4.1.1に示す0.7%の伸びに対応する応力を示し，ストランド用素線に用いられる高炭素鋼線は，応力－伸び線図に明確な降伏点が現れないために便宜的に応力－伸び線図の曲りはじめの点に相当する全伸びで降伏点が規定されている。0.7%全伸び耐力が規定されたのは，従来より，ST1570の耐力として，日本及びアメリカで平行線ストランド用ワイヤに用いられていたため強度データがあること，また，18.3でケーブル部材の限界状態1が規定されたことを踏まえ，その特性値として用いるためである。

なお，素線の引張強度が高くなると，降伏比が高くなるため，ST1570より引張強度の高いST1770では，0.7%全伸び耐力の代わりに0.8%全伸び耐力としている。

表-解4.1.4に示す素線の伸び及びねじり回数は，ケーブル部材として重要な特性であるじん性を代表する特性値である。

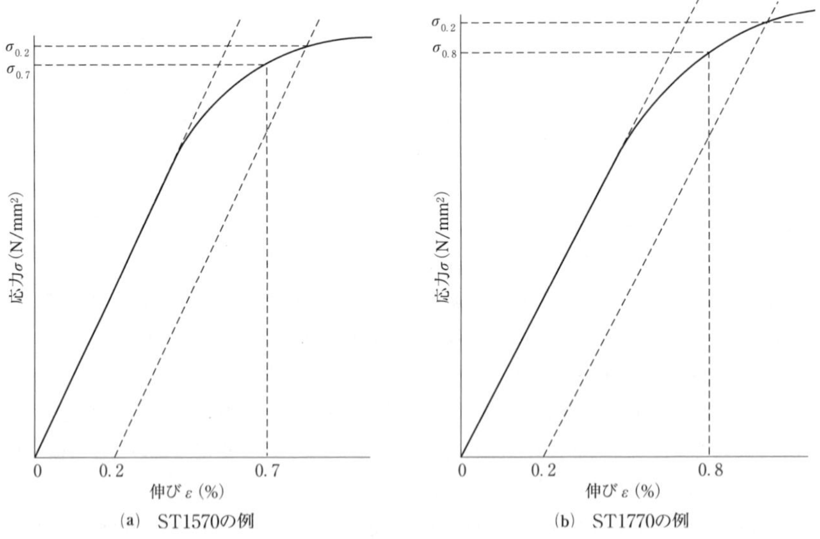

図-解4.1.1　素線の0.2%永久耐力と0.7%及び0.8%全伸び耐力

表-解 4.1.4　平行線ストランド及び被覆平行線ストランド用亜鉛めっき鋼線の機械的性質

種別	伸び（%）	ねじり回数（回）	
		ϕ5mm	ϕ7mm
ST1570	4.0 以上	14	12
ST1770	4.0 以上	14	12

JIS G 3549：2000（構造用ワイヤロープ）に規定される構造用ワイヤロープの規格値としては，ロープを構成する素線の特性値は表-4.1.8 に示すとおりである。一方，ロープの特性値は，ロープが複数の素線をより合わせて構成されることから，素線の特性値と公称断面積の積として求めることはできないことに注意する必要がある。

4.1.3　接合部に用いる鋼材の強度の特性値

(1)　溶接部の強度の特性値はⅠ編の表-9.1.1 に示す溶接材料を使用し，20 章の規定に従って溶接を行うことを前提として，表-4.1.9 に示す値とする。なお，溶接継手の現場溶接では，原則として 20 章に規定する工場溶接と同等の管理を行わなければならない。

(2)　強度の異なる鋼材を接合する場合の特性値には，強度の低い鋼材に対する値をとる。

表-4.1.9　溶接部の強度の特性値（N/mm^2）

鋼種			SM400 SMA400W		SM490		SM490Y SM520 SMA490W			SBHS400 SBHS400W	SM570 SMA570W			SBHS500 SBHS500W
鋼材の板厚（mm）			40以下	40を超え100以下	40以下	40を超え100以下	40以下	40を超え75以下	75を超え100以下	100以下	40以下	40を超え75以下	75を超え100以下	100以下
工場溶接	完全溶込み開先溶接	圧縮降伏	235	215	315	295	355	335	325	400	450	430	420	500
		引張降伏	235	215	315	295	355	335	325	400	450	430	420	500
		せん断降伏	135	125	180	170	205	195	185	230	260	250	240	285
	すみ肉溶接及び部分溶込み開先溶接	せん断降伏	135	125	180	170	205	195	185	230	260	250	240	285
	引張強度		400		490		490（520）1)			490	570			570
現場溶接			原則として工場溶接と同じ値とする											

注：1)　(　) 内は SM520 材の引張強度の特性値を示す。

(3) 高力ボルトの強度の特性値は，1)から3)に示す値とする。

1) 摩擦接合用高力ボルト及び摩擦接合用トルシア形高力ボルトの強度の特性値は，表-4.1.10 に示す値とする。

表-4.1.10 摩擦接合用高力ボルトの強度の特性値（N/mm^2）

応力の種類＼ボルトの等級	F8T	F10T	S10T	S14T[1]
引張降伏	640	900	900	1,260
せん断破断	460	580	580	810
引張強度	800	1,000	1,000	1,400

注：1) 防せい処理されたボルトとする。

2) 支圧接合用高力ボルトの強度の特性値は，表-4.1.11 及び表-4.1.12 に示す値とする。

表-4.1.11 支圧接合用高力ボルトの強度の特性値（N/mm^2）

ボルトの等級	B8T	B10T
せん断降伏	370	520
せん断破断	460	580
引張強度	800	1,000

表-4.1.12 支圧接合用高力ボルトの支圧強度の特性値（N/mm^2）

鋼材の板厚(mm)＼母材及び連結板の鋼種	SS400 SM400 SMA400W	SM490	SM490Y SM520 SMA490W	SBHS400 SBHS400W	SM570 SMA570W	SBHS500 SBHS500W
40 以下	400	535	605	680	765	850
40 を超え 75 以下	365	500	570		730	
75 を超え 100 以下			555		715	

3) 引張接合用高力ボルトの強度の特性値は，表-4.1.13 に示す値とする。

表-4.1.13 引張接合用高力ボルトの強度の特性値（N/mm^2）

応力の種類＼ボルトの等級	F10T	S10T
引張降伏	900	900
引張強度	1,000	1,000

(4) 仕上げボルトの強度の特性値は，表-4.1.14 に示す値とする。

表-4.1.14 仕上げボルトの強度の特性値（N/mm²）

応力の種類 ＼ JIS B 1051 による強度区分	4.6	8.8	10.9
引張・圧縮降伏	240	660	940
せん断降伏	135	380	540
引張強度	400	830	1,040
支圧	240	660	940

(5) 頭付きスタッドの強度の特性値は，表-4.1.15 に示す値とする。

表-4.1.15 頭付きスタッドの強度の特性値（N/mm²）

降伏強度	引張強度
235	400

(1) 鋼橋に使用される代表的な鋼材に対して，Ⅰ編 9.1(2)に示される溶接材料を用いた場合の溶接部の主な強度の特性値が示されたものである。

開先溶接は，完全溶込み開先溶接と，部分溶込み開先溶接とに分けられるが，後者の部分溶込み開先溶接は，その適用条件からすみ肉溶接と同じに取り扱うこととされた。

溶接部の強度は，これまでの示方書の考え方を踏襲して，完全溶込み開先溶接の圧縮，引張に関しては母材と同等とし，せん断に関しては開先溶接，すみ肉溶接ともに，その $1/\sqrt{3}$ をとることとされた。

現場溶接については，溶接技術が向上し，現場における施工管理及び品質管理が充実してきたことから，20 章に規定される工場溶接と同等の品質管理が行われることを前提として，原則として工場溶接の場合と同じ特性値とされている。そのため，現場溶接を行う場合で工場溶接と同等とみなせる良好な施工品質管理が行えないおそれがある場合には，採用する強度の特性値について別途検討が必要であることに注意する必要がある。

完全溶込み開先溶接は，20 章に規定される検査を行うことが設計の前提であり，例えば，鋼製橋脚の隅角部を分割して架設する場合などで，構造上，検査できない現場溶接継手となる場合にも，溶接施工試験を行う等により，その強度及び品質が確実に得られることを確認したうえでその条件を施工の際に再現することで品質が保証されなければならない。

すみ肉溶接及び部分溶込み開先溶接を，現場施工する場合には，溶接姿勢などの条件を考慮に入れた施工試験等により溶接品質を確認するのが望ましい。なお，設計にあたっては，現場溶接継手の位置を作用応力の低い位置に配置するように配慮するのが望ましい。

(3) 高力ボルト継手に用いるボルトとして，S10T，F10T を超える強度のボルトについては，過去に道路橋で遅れ破壊の事例が見られ，昭和 55 年以降規定されてこなかった。一方で，近年では S10T，F10T を超える強度のボルトで，耐遅れ破壊性能を改善したものが開発され，建築分野における使用実績が増加している。これに加え，土木分野における技術的知見の蓄積[2)]も進んできたことから，今回の改定では摩擦接合用高力ボルトに新たに S14T が追加されている。ただし，この示方書では S14T の使用条件は 9.5.2 で他の高強度ボルトよりも使用環境が厳しく制限されているため，使用にあたってはその点に注意が必要である。

摩擦接合用高力ボルトの機械的性質は，表–解 4.1.5 のとおりである。

表–解 4.1.5　摩擦接合用高力ボルトの機械的性質

高力ボルトの等級	降伏点又は耐力 (N/mm^2)	引張強さ (N/mm^2)	伸び (%)	絞り (%)
F8T	640 以上	800 ～ 1,000	16 以上	45 以上
F10T	900 以上	1,000 ～ 1,200	14 以上	40 以上
S10T	900 以上	1,000 ～ 1,200	14 以上	40 以上
S14T	1,260 以上	1,400 ～ 1,490	14 以上	40 以上

支圧接合用高力ボルトの機械的性質は，表–解 4.1.6 のとおりである。

表–解 4.1.6　支圧接合用高力ボルトの機械的性質

高力ボルトの等級	降伏点又は耐力 (N/mm^2)	引張強さ (N/mm^2)	伸び (%)	絞り (%)
B8T	640 以上	800 ～ 1,000	16 以上	45 以上
B10T	900 以上	1,000 ～ 1,200	14 以上	40 以上

摩擦接合用高力ボルト及び支圧接合用高力ボルトのせん断強度の特性値については，せん断降伏強度をボルト耐力の $1/\sqrt{3}$，破断強度を引張強さの $1/\sqrt{3}$ と考えると表–解 4.1.7 及び表–解 4.1.8 のようになる。表–4.1.10 及び表–4.1.11 に示す高力ボルトのせん断降伏強度の特性値はこれらの値をもとに定められたものである。

表–解 4.1.7　摩擦接合用高力ボルトのせん断強度の特性値の設定

高力ボルトの等級	引張強さ σ_B (N/mm^2)	$\frac{\sigma_B}{\sqrt{3}}$ (N/mm^2)
F8T	800 ～ 1,000	462 以上
F10T	1,000 ～ 1,200	577 以上
S10T	1,000 ～ 1,200	577 以上
S14T	1,400 ～ 1,490	808 以上

表-解 4.1.8　支圧接合用高力ボルトのせん断強度の特性値の設定

高力ボルトの等級	耐力 σ_y (N/mm^2)	引張強さ σ_B (N/mm^2)	$\frac{\sigma_y}{\sqrt{3}}$ (N/mm^2)	$\frac{\sigma_B}{\sqrt{3}}$ (N/mm^2)
B8T	640	800 ～ 1,000	370 以上	462 以上
B10T	900	1,000 ～ 1,200	520 以上	577 以上

支圧接合の支圧による破壊の判定は難しいが，接合部の応力方向に対しては，9.5.8 の縁端距離の規定によれば，図-解 4.1.2 に示すはし抜けが生じるおそれはない。また，図-解 4.1.3 に示す支圧応力が過大となって孔が拡大する破壊は，支圧応力度を適当に抑えることによって防ぐことができる。

疲労試験によれば，孔が拡大する破壊を防ぐことができる支圧応力度を，これまでの示方書における母材の許容引張応力度の 2 倍までとしても，特に異状を生じないが，実施例もないので，母材の降伏点までとされていた。これを踏まえ，表-4.1.12 に示す支圧接合用高力ボルトの支圧強度の特性値は，これまでの示方書による場合と概ね同程度の安全余裕が得られるように調整した値が定められている。

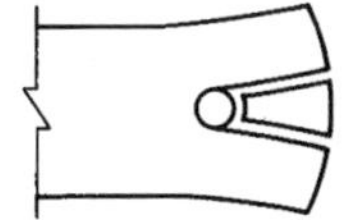
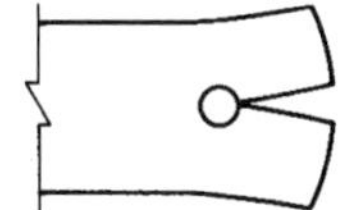

図-解 4.1.2　連結部のはし抜け

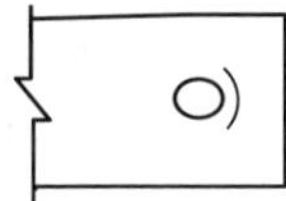

図-解 4.1.3　連結部の支圧破壊

なお，耐候性鋼材を用いた鋼部材どうしの場合には，同様に耐候性を有するために，Cu，Cr，Ni 等の元素を添加した高力ボルトを用いることが防食仕様として合理的であり望ましい。これらの高力ボルトについては，現在 JIS に規定されていないが，この章で規定する高力ボルトに適合（同等であることが確認された）したものを用いるものとし，ボルトのすべり耐力及び強度の特性値については 9 章による。

引張接合用高力ボルトはその締付けを導入軸力が弾性範囲内にあるトルク法によって行うのを原則とし，ナット回転角法，耐力点法は採用しないこととされている。

(4)　支承等の仕上げボルトとして使用される，JIS B 1180：2014（六角ボルト）に規定される六角ボルトについてその強度の特性値が定められたものである。六角ボルトの機械的性質は，JIS B 1051：2014（炭素鋼及び合金鋼製締結用部品の機械的性質-第 1 部：ボルト，ねじ及び植込みボルト）において，強度区分ごとに製品の機械的性質として規定されている。支承等の仕上げボルトとして一般に使用されているのは，このうち強度区分「4.6」，「8.8」，「10.9」の 3 種類のボルトであり，その機械的性質の規格値は表-解 4.1.9 のとおりとなる。

引張・圧縮降伏強度については，JIS において規定される降伏点又は耐力を特性値とし，せん断降伏強度については引張降伏強度の $1/\sqrt{3}$ とされた。また，支圧強度の制限値については他の鋼材と同様に引張降伏強度の 1.5 倍とするが，引張強度は超えないものとして設定された。

表-解 4.1.9　六角ボルトの機械的性質

JIS B 1051 による強度区分	降伏点又は耐力 σ_y（N/mm²）	引張強さ σ_B（N/mm²）	伸び（%）
4.6	240 以上	400 以上	22 以上
8.8	660 以上	830 以上	12 以上
10.9	940 以上	1,040 以上	9 以上

(5)　14 章に規定されるコンクリート系床版を有する鋼桁の床版のコンクリートと鋼桁との合成作用を考慮した設計を行う場合のずれ止めとして使用される，JIS B 1198：2011（頭付きスタッド）に規定される頭付きスタッドについて，その強度の特性値を定めたものである。

鋼桁に用いるスタッドは，軸径 19mm 及び 22mm のものを標準としている。スタッドの試験及び施工検査については，20 章の規定による。

JIS B 1198：2011（頭付きスタッド）に示されるスタッドの化学成分，機械的性質及び形状，寸法は表-解 4.1.10 から表-解 4.1.12 に示すとおりである。

表-解 4.1.10　スタッドの化学成分

材　料	化学成分（%）					
	C	Si	Mn	P	S	Al
シリコンキルド鋼	0.20 以下	0.15～0.35	0.30～0.90	0.040 以下	0.040 以下	—
アルミキルド鋼	0.20 以下	0.10 以下	0.30～0.90	0.040 以下	0.040 以下	0.02 以上

表-解 4.1.11　スタッドの機械的性質

降伏点又は 0.2% 耐力（N/mm²）	引張強さ（N/mm²）	伸び（%）
235 以上	400～550	20 以上

表-解 4.1.12　スタッドの形状，寸法及びその許容差（mm）

<table>
<tr><th rowspan="2">呼び名</th><th colspan="2">軸径 d</th><th colspan="2">頭部直径 D</th><th colspan="2">頭部厚さ T</th><th colspan="2">首下丸み r</th><th rowspan="2">標準形状及び寸法表示記号</th></tr>
<tr><th>基準寸法</th><th>許容差</th><th>基準寸法</th><th>許容差</th><th>基準寸法</th><th>許容差</th><th>基準寸法</th><th>許容差</th></tr>
<tr><td>19</td><td>19.0</td><td rowspan="2">±0.4</td><td>32.0</td><td rowspan="2">±0.3</td><td rowspan="2">10</td><td rowspan="2">−0.5
+1.0</td><td>2.5</td><td rowspan="2">±1.0</td><td rowspan="2"></td></tr>
<tr><td>22</td><td>22.0</td><td>35.0</td><td>3.0</td></tr>
</table>

4.2　設計に用いる定数

4.2.1　一　　般

(1)　設計計算に用いる物理定数は，使用する材料の特性や品質を考慮したうえで適切に設定しなければならない。

(2)　4.2.2 及び 4.2.3 による場合には，(1)を満足するとみなしてよい。

4.2.2　鋼材の物理定数

(1)　I 編の表-9.1.1に示す鋼材に関する定数の特性値は表-4.2.1の値とする。

表-4.2.1　鋼材に関する定数

鋼　　種	定　数
鋼及び鋳鋼のヤング係数	2.00×10^5N/mm^2
PC 鋼線のヤング係数	2.00×10^5N/mm^2
PC 鋼より線のヤング係数	1.95×10^5N/mm^2
PC 鋼棒のヤング係数	2.00×10^5N/mm^2
鋳鉄のヤング係数	1.00×10^5N/mm^2
鋼のせん断弾性係数	7.70×10^4N/mm^2
鋼及び鋳鋼のポアソン比	0.30
鋳鉄のポアソン比	0.25

(2)　プレストレスの減少量を算出する場合の PC 鋼材の見かけのリラクセーション率は，コンクリートのクリープ，乾燥収縮等の影響を考慮し，その

値の信頼性が確保される範囲において適切に定める。ただし，PC 鋼材の見かけのリラクセーション率とは，PC 鋼材が一定のひずみを保持した状態で，PC 鋼材の応力が時間の経過とともに減少する影響と，コンクリートが乾燥収縮，クリープ等により収縮する影響とを考慮して定める PC 鋼材引張力の減少量を，最初に与えた PC 鋼材引張力に対する百分率で表した値とする。

(3) PC 鋼材の見かけのリラクセーション率は，表-4.2.2の値を標準とする。ただし，高温の影響を受ける場合とは，蒸気養生を行う場合又は部材上縁に配置された PC 鋼材の純かぶりが 50mm 未満で加熱混合型アスファルト舗装を行う場合とする。

表-4.2.2 PC 鋼材の見かけのリラクセーション率（%）

PC 鋼材の種類	規格		備考
	標準値	高温の影響を受ける場合	
PC 鋼線 PC 鋼より線	5	7	通常品
	1.5	2.5	低リラクセーション品
PC 鋼棒	3	5	通常品

(1) 鋼のヤング係数 E，せん断弾性係数 G，ポアソン比 μ の間には，式（解 4.2.1）の関係があることから，$E=2.0\times10^5$ N/mm^2，$\mu=0.3$ とした場合の値に基づきせん断弾性係数 G が定められている。多くの本数の PC 鋼線を束ねたり，又はより線にして用いる場合のケーブルのヤング係数は 4.2.3 に規定されている。

$$G=\frac{E}{2(l+\mu)} \quad \cdots\cdots（解 4.2.1）$$

なお，PC 鋼材のプレストレッシングの管理で PC 鋼材の伸びを算出する場合には，Ⅲ編に規定するように，現場における試験により見かけのヤング係数を定める必要がある。

(2) PC 鋼材の純リラクセーション率は，引張ひずみ一定の条件で生じる応力度の減少量を，初期の PC 鋼材の引張応力度に対する比率（百分率）で表したものである。一方，これに対して PC 鋼材がプレストレスを導入するコンクリートに用いられる場合には，コンクリートの乾燥収縮，クリープ等によって，最初に与えられた PC 鋼材引張ひずみが時間とともに減少するため，ひずみ一定のもとで行う PC 鋼材のリラクセーション試験で測定した値よりリラクセーションによる引張応力度の減少量は少なく，小さなリラクセーション率を示すこととなる。これを見かけのリラクセーションという。

見かけのリラクセーション率はプレストレスを導入するコンクリート部材の有効プレ

ストレスに影響を及ぼすため，PC 鋼材の選定にあたっては，原則として設計段階より考慮した見かけのリラクセーション率を有する鋼材を使用する必要がある。現在流通している PC 鋼材は低リラクセーション品がほとんどであるが，エポキシ樹脂を被覆した鋼材では通常品の場合があるので注意が必要である。

(3) PC 鋼材に低レベルの緊張力を与える場合等で特別にリラクセーション率を定める場合は，表-4. 2. 2 によらず，引張応力度に応じた純リラクセーション率を試験により定める必要がある。この場合，JIS G 3536：2014（PC 鋼線及び PC 鋼より線）を参考に，純リラクセーション率は，常温での 1,000 時間試験の値の 3 倍としてよい。

4. 2. 3 ケーブルのヤング係数

ケーブルのヤング係数は，表-4. 2. 3 に示す値とする。

表-4. 2. 3 ケーブルのヤング係数（N/mm^2）

構造	ヤング係数
ストランドロープ	1.35×10^5
スパイラルロープ，ロックドコイルロープ	1.55×10^5
平行線ストランド，被覆平行線ストランド	1.95×10^5
PC 鋼材	1.95×10^5

注）亜鉛めっき鋼線では，めっき部を有効断面に含めて算出

ストランドロープのヤング係数は，従来の実績から $1.35\times10^5N/mm^2$ としている。ただし，ヤング係数の誤差が主要構造に大きな影響を与えるような部分にストランドロープを使用する場合は，ヤング係数の値を十分に検討して，適正な値を選定する必要がある。

平行線ストランドのヤング係数には，ワイヤのヤング係数の平均値である $1.95\times10^5N/mm^2$ を用いることとしている。平行線ストランドを束ねたケーブルのヤング係数についてもワイヤと同じ値を用いることができる。被覆平行線ストランドについては，よりの影響は無視できるため，平行線ストランドと同じヤング係数を用いてよい。

ケーブルを張り渡したとき，その張渡し張力が低いとそのときの見かけのヤング係数は張渡し張力が高いときのそれに比べて低めになる。この誤差について架設時や完成時の挙動に十分考慮して処理されるものとして上記の値を定めている。

表-4. 2. 3 に示される PC 鋼材のヤング係数は，PC 鋼線や PC 鋼より線を束ねたり，又はより線にして用いる場合のケーブルの値である。PC 鋼線，PC 鋼より線及び PC 鋼棒を複数本束ねずに使用する場合のヤング係数は，4. 2. 2 の規定による。

参　考　文　献

1)　独立行政法人土木研究所：鋼材料・鋼部材の強度等に関する統計データの調査，土木研究所資料第 4090 号，2008. 3

2)　国土交通省国土技術政策総合研究所：鋼道路橋への適用に向けた超高力ボルトを用いた摩擦接合継手の継手強度に関する研究，国土技術政策総合研究所資料第 827 号，2015. 2

5章　耐荷性能に関する部材の設計

5.1　一　　般

5.1.1　設計の基本

(1)　鋼部材の設計にあたっては，1)から7)を満足しなければならない。

1)　部材の主方向の照査及び部材の横方向の照査は，着目する方向の断面内に生じる曲げモーメント，軸方向力，せん断力，ねじりモーメント及びその組合せ並びに支圧応力に対して行うことを原則とする。

2)　部材の応答及び限界状態の特性値は，照査に用いる指標の算出や抵抗係数の前提条件に適合した方法で算出する。

3)　鋼部材の設計にあたっては，部材への作用力及び作用力に対する部材の耐荷機構を明確にし，適切に部材の限界状態，照査項目，制限値，構造解析法及び施工方法を定める。

4)　着目する作用に対しては，上部構造の耐荷機構の前提として考慮された鋼部材により抵抗させる。

5)　鋼部材は，作用の伝達や抵抗が一方向とみなせる棒部材又は作用の伝達や抵抗が二方向とみなせる版部材として扱う。

6)　部材の偏心，格点の剛性，断面の急変，桁のたわみ差，部材の長さの変化に伴う変形，死荷重による部材のたわみの影響等により生じる二次応力ができる限り小さくなるようにする。

7)　施工中の各段階において生じる残留応力が，部材の限界状態に対する照査に用いる発生応力の算出に及ぼす影響が，できるだけ小さくなるようにする。

(2)　橋の立体的機能を確保するために，部材等における耐荷性能の確保だけでなく，少なくとも次の事項を満足しなければならない。

1)　橋の断面形の保持，橋の剛性の確保及び横荷重の支承部への円滑な伝達を図ることができること。

2) 上部構造が全体として必要な剛性を有していること。

3) 上部構造，下部構造及び上下部接続部のそれぞれが，橋に影響を及ぼす作用の効果を相互に伝達することで，それぞれが適切に所要の機能を発揮すること。

(1) この章は，鋼橋の上部構造を構成する部材の耐荷性能に関する設計の一般事項を定めるものである。接合部，床版，鋼桁，トラス構造，アーチ構造，ラーメン構造，ケーブル構造等，各部材及び構造特有の事項についてはそれぞれの章の規定に従う必要がある。道路橋に用いる部材は，維持管理の確実性及び容易さを達成するため，各部材の設計において，部材等の限界状態1だけでなく限界状態3に至るまでの荷重や変位に対して必要な安全余裕を付与する必要がある。

そのためには，比較的小さな荷重が作用している状態から破壊に至るまでの過程で部材の挙動が制御されている必要があり，使用材料の機械的性質，設計計算に用いる物理定数及び力学特性，並びに部材の有効断面及び応力度やひずみ分布特性，部材の形状や支持条件，接合方法等に応じた抵抗機構とその力学的特性，解析モデルの精度，根拠とされた実験等と照査内容の整合性が図られていることが求められる。

そのうえで，作用及びその組合せに対する部材の抵抗機構と材料特性や部材形状，支持条件や接合方法に応じた力学的特性を明らかにするとともに，要求される限界状態に対して適切に照査項目や制限値を設定し，解析手法や解析モデルとの相互の関係性も含めて実験等により検証された適切な方法により設計することが求められている。

5.1.2 二次応力に対する配慮

構造の各部材には，部材の偏心，格点の剛性，断面の急変，床桁のたわみ，部材長さの変化に伴う床組の変形，自重による部材のたわみ等の影響により生じる二次応力がなるべく生じないようにしなければならない。

橋の構造では，各種の原因によって多少の二次応力が生じるのはやむを得ないが，設計における応力計算にあたっては二次応力を無視するのが普通である。しかし，過度な二次応力の発生は疲労損傷等の原因となるだけでなく，実際の限界状態が設計の想定と乖離する場合があるので，橋の各部の設計にあたっては，以下の点に留意して二次応力をできる限り小さくする必要がある。

1) 部材の偏心

橋の細部を設計する場合，部材に偏心が生じるのをできる限り避ける必要がある。やむを得ず偏心が生じる場合でも，その影響をできる限り小さくするように設計する必要がある。

2)　格点の剛性

一つの格点に集まる各部材に比べてその格点の剛性をあまり大きくすると二次応力が大きくなるので，部材の剛性に相応した格点の剛性とするのがよい。

3)　床桁のたわみ

床桁のたわみが大きいと，その端部の連結方法にもよるが，主桁を面外に変形させることになり二次応力が増す。また，床桁のたわみにより床版に付加曲げモーメントが作用する。したがって，床桁のたわみはなるべく小さくなるようにする必要がある。

4)　部材の長さの変化に伴う床組の変形

長支間のタイドアーチ等では，タイに大きな引張力が働く。このため床組がタイに剛結されているとタイとともに伸びて，予期しない変形を起こすこともある。このような場合には，縦桁の一部に伸縮装置を設ける等の配慮をするのがよい。

5)　自重による部材のたわみ

トラス部材のように軸方向力だけで設計する部材では，部材の自重による曲げ応力を小さくするためには，幅に比べて高さを大きくした方がよいのであるが，幅に比べて高さが大きすぎると格点の剛性が大きくなり二次応力が大きくなることに注意しなければならない。

6)　その他

その他，桁の可動端の摩擦，支点沈下，温度変化等の影響による二次応力や，断面の急変等による応力集中についても配慮し，これらの応力をできるだけ小さくする必要がある。

桁高が特に小さい床桁に高張力鋼を用いる場合には，軟鋼を用いる場合に比べて剛性が小さくなるため横桁のたわみが大きくなり，下路の鋼桁橋では主桁の面外変形，トラスでは腹材の面外曲げ等による二次応力が増大するので注意しなければならない。また主要部材に高張力鋼，二次部材に軟鋼を使用する場合は，種々の二次的な変形や応力を生じるので注意する必要がある。

5.1.3　相反応力部材

(1)　相反応力を生じる部材については，活荷重の増大に対して安全となるよう配慮しなければならない。

(2)　(3)による場合には，(1)を満足するとみなしてよい。

(3)　死荷重の荷重係数を 1.0 とし，活荷重（衝撃を含む）の荷重係数を 1.3 として，制限値に補正係数 0.75 を乗じて設計する。

(4)　死荷重による応力が活荷重による応力の 30％より小さい場合には，死荷重を無視し，活荷重のみを考慮する。この場合の活荷重（衝撃を含む）

は荷重係数を 1.0 とする。

(1) 相反応力部材においては，設計断面力により発生する応力度について，活荷重が僅かに増大する場合でも部材応力の増大する率は他の部材に比べて大きい。また，死荷重による応力度及び活荷重による応力度の絶対値がほぼ等しい場合には，活荷重が増大すると，例えば引張部材として設計された部材に圧縮応力が作用することになる。このような場合には引張部材としてのみではなく，圧縮部材としても設計しておく必要がある。この規定はトラス部材だけでなく，連続桁中間支点付近にも適用する。なお，相反応力部材は，1.2 に規定される相反応力の定義に従い，プレストレス力，クリープの影響及び乾燥収縮の影響を除き，死荷重 D 及び活荷重（衝撃を含む）L の荷重係数を 1.0 とした場合に，部材に発生する 1.0D と 1.0L 応力の符号が反対となる部材である。ただし，活荷重 L については，衝撃の影響を含むとされており，荷重係数 1.0 を考慮した活荷重に対して，衝撃の影響を見込む必要がある。

(3) これまでの示方書では，相反応力部材に対して，活荷重を 30% 増した条件に対して照査を行うことで配慮されてきた。この示方書では，相反応力部材に対する配慮として，これまでの示方書による場合と同等の水準の照査を行う目的から，3.2 に規定される設計状況に対する照査とは別に，この条による死荷重と活荷重を用いた照査を行うことで相反応力に対する配慮を行うことが規定された。これまでの示方書による場合と同等の照査水準とするため，I 編 3.3 に規定されている荷重組合せ係数及び荷重係数を乗じてはならない。ただし，活荷重 L については，衝撃の影響を含むとされており，30% 増しした活荷重に対して，衝撃の影響を見込む必要がある。そして，部材応答の閾値として，5 章以降に規定される限界状態 1 及び限界状態 3 の制限値に補正係数を乗じて，発生する応答値が制限値を超えないことを照査する。

(4) これまでの示方書において，(3)によって応力図が不連続にならないように，この規定が定められていたことによる（図-解 5.1.1）。部材応答の閾値は，5 章以降に規定される限界状態 1 及び限界状態 3 の制限値に補正係数 0.75 を乗じて，発生する応答値が制限値を超えないことを照査する。

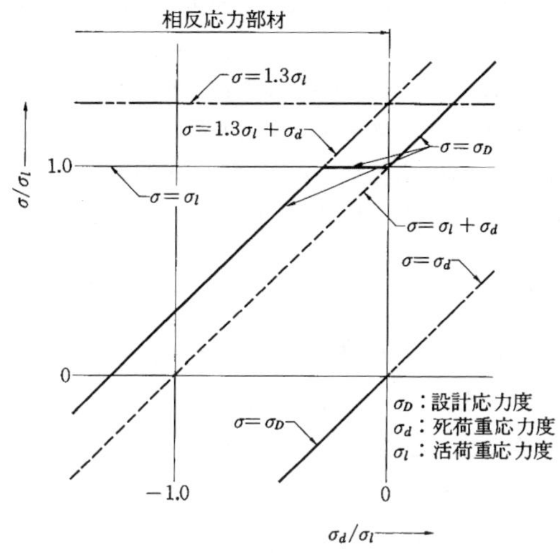

図-解 5.1.1　相反応力部材の設計応力度

5.2　部材設計における一般事項

5.2.1　鋼材の最小板厚

(1)　鋼材の板厚は，少なくとも腐食環境，製作及び輸送中の取扱いを考慮して必要な値以上としなければならない。

(2)　(3)及び(4)による場合には，(1)を満足するとみなしてよい。

(3)　鋼材の板厚は 8 mm 以上とする。ただし，I 形鋼及び溝形鋼の腹板においては 7.5 mm 以上とする。また，鋼床版や箱桁等の補剛材に用いる閉断面縦リブについて，腐食環境が良好又は腐食に対して十分な配慮を行う場合に，6 mm 以上とする。

(4)　主要部材に区分した鋼管の板厚は 7.9 mm 以上とし，二次部材に区分した鋼管の板厚は 6.9 mm 以上とする。

鋼材の最小板厚は，腐食や製作，運搬中の取扱いを考慮して決められたものである。防せい防食の方法や使用部位等によって腐食環境などの条件は異なり，取扱いや製作，輸送の条件も個々の橋によって異なるが，一般的な値として規定したものが(3)及び(4)である。

I 形鋼や溝形鋼の腹部の板厚は市場品使用の便を考慮して 7.5 mm までと緩和している。

ただし，山形鋼の板厚は8 mm 以上とする必要がある。また，閉断面縦リブについては11.8.4に規定しているが，近年の使用範囲の拡大を考慮してこの条文にも規定している。鋼管については，主要部材として使用される鋼管の板厚は7.9 mm 以上とし，JIS 規格品（JIS G 3444：2016（一般構造用炭素鋼鋼管））使用の便宜を図った。二次部材については，鋼管の断面性能が優れていること等を考慮して6.9 mm 以上とした。

ただし，防護柵材，フィラー材，歩道等用床版等はこの規定によらなくてもよい。

5.2.2　部材の細長比

(1)　部材の細長比は，橋全体の剛性を確保するために，必要な部材の剛度が確保できる値以下としなければならない。

(2)　(3)による場合には，(1)を満足するとみなしてよい。ただし，アイバー，棒鋼，ワイヤーロープ等はこの限りでない。

(3)　主要部材及び二次部材の細長比は，表-5.2.1に示す値以下とする。

表-5.2.1　部材の細長比

部　材		細長比 (l/r)
圧縮部材	主要部材	120
	二次部材	150
引張部材	主要部材	200
	二次部材	240

ここに，l：引張部材の場合は骨組長，圧縮部材の場合は有効座屈長（mm）

r：部材総断面の断面二次半径（mm）

なお，横構や対傾構を主要部材としての機能をもたせないで設計する場合には二次部材としてよい。

(1)　橋全体の剛性を確保する目的で，部材の細長比の最大値を規定したものである。部材長は部材方向によって異なる場合があるため，それぞれの方向について細長比を算出し，そのうち最大のものについてこの項を適用する必要がある。この項は他に支障がなければこの数値までの細長比が許容されるという意味のものであるため，適用に際しては留意する必要がある。

(3)　二次部材では，表-5.2.1に示す値を満たしても，部材の剛度が不足して過度の横揺れが生じたりしないように配慮する必要がある。橋を立体的に解析して主桁や主構間の荷重分配を受けもたせるように横構や対傾構を設計する場合は，主要部材として取り扱う必要がある。

5.2.3 孔あき板

(1) 孔あき板を有する部材は，孔による断面欠損の影響について適切に考慮しなければならない。

(2) (3)から(6)による場合には，(1)を満足するとみなしてよい。

(3) 孔あき板の最小板厚及び内側溶接線から孔までの最大幅は，表-5.2.2に示す値とする。

表-5.2.2 孔あき板

鋼種	最小板厚（mm）	内側溶接線から孔までの最大幅（mm）
SS400 SM400 SMA400W	$\frac{d}{50}$	13 t
SM490	$\frac{d}{40}$	11 t
SM490Y SM520 SMA490W	$\frac{d}{40}$	11 t
SBHS400 SBHS400W	$\frac{d}{35}$	10 t
SM570 SMA570W	$\frac{d}{35}$	10 t
SBHS500 SBHS500W	$\frac{d}{35}$	10 t

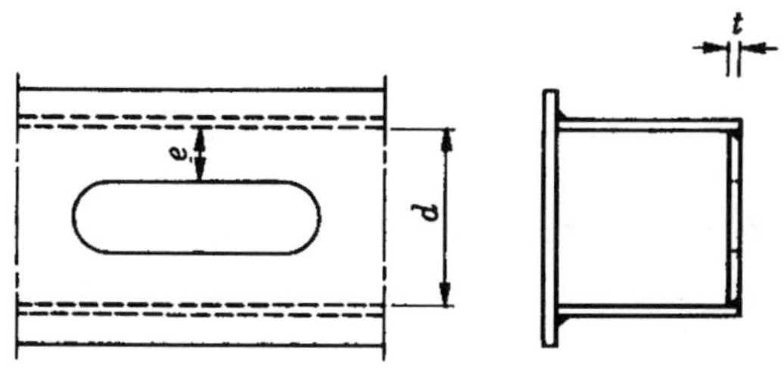

図-5.2.1 孔あき板

ここに，t：孔あき板の板厚（mm）

d：内側溶接線間距離（mm）

e：内側溶接線から孔までの距離（mm）

(4) 応力方向に測った孔の長さは孔の幅の 2 倍以下とする。

(5) 応力方向に測った孔と孔の間の板の長さは d より大きくする。ただし，端部の孔の縁と孔あき板の端までの距離は 1.25d より大きくする。

(6) 孔の縁の曲率半径は 40mm 以上とする。

孔あき板の厚さがあまり薄いと，孔あき板の局部的な座屈が先行して生じ，組合せ部材としての効果が期待できなくなるため，板厚の最小値を内側溶接線間距離に対し規定したものである。また，孔の中央部で測った孔の縁と内側溶接線との間隔は自由突出板の座屈を考えて規定している。

図-解 5.2.1 において，応力方向（一般に材軸方向）に測った孔の長さ a は，孔の最大幅 b の 2 倍以下とする必要がある。また，孔と孔との間の板の長さ c は，内側溶接線距離 d より大きくする必要がある。ただし，端部の孔の縁から板の端部までの距離は，内側溶接線間距離 d の 1.25 倍以上とする必要がある。

孔の形状は円，長円その他これに類似の形とし，縁の曲率半径は最も小さいところでも 40 mm 以上とする必要がある。

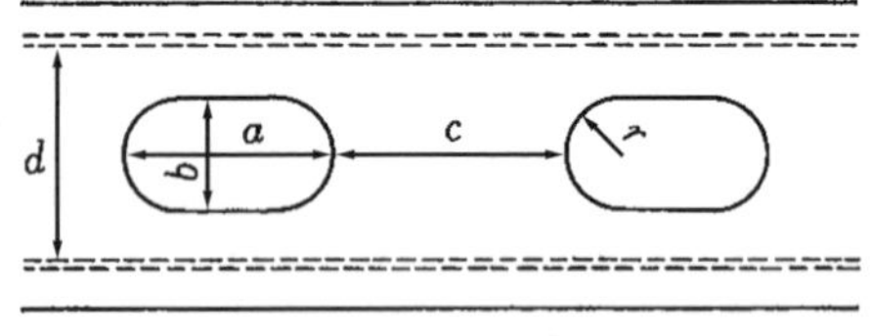

$a \leqq 2b,\ c > d,\ r \geqq 40\text{mm}$

図-解 5.2.1　孔あき板の孔形状

なお，孔あきカバープレートを含む部材の有効断面積及び断面二次半径は，孔の幅が最大の断面について算出する。また，部材の両側にある孔あき板の孔の位置がたがい違いにある場合は，計算上の便利と安全のために，孔が同一断面にあるものとして有効断面積を求め，この断面について断面二次半径を求める。ここでいう有効断面積とは，孔の最大幅だけを差し引いた断面積をいう。

5.2.4 引張力を受ける山形鋼の有効断面積

(1) 山形鋼からなる引張材の有効断面積は，連結部における力の作用線と引張材の図心線との間の偏心による影響を考慮して算出しなければならない。

(2) (3)及び(4)による場合には，(1)を満足するとみなしてよい。

(3) 1本の山形鋼でできている引張材，又は1枚のガセットの同じ側に背中合わせに取り付けられた2本の山形鋼から構成されている引張材の有効断面積は，ガセットに連結された脚の純断面積に，連結されていない脚の純断面積の1/2を加える。

(4) 2本の山形鋼から構成されている引張材がガセットの両側に背中合わせに取り付けられた場合は，その全純断面積を有効とする。

1本の山形鋼からなる引張材をガセットに取り付ける場合は，ガセットに取り付けられる脚と取り付けられない脚とができる。この場合，連結部における力の作用線と引張材の図心線との間にはかなりの偏心があり，この偏心によって曲げモーメントが働くことになる。これに対してこの条文の規定を設けたもので，ガセットに取り付けられた脚の断面積はそのまま有効に働くものとし，ガセットに連結されない脚の1/2は無効としている（図-解5.2.2(a)）。すなわち，等辺山形鋼であれば山形鋼の全純断面積から純断面積の1/4を減じることになる。図-解5.2.2(b)のように，1枚のガセットの同じ側に2本の山形鋼が取り付けられた場合にはガセットと山形鋼の間に偏心があるため，ガセットに連結されない脚の1/2は無効としている。

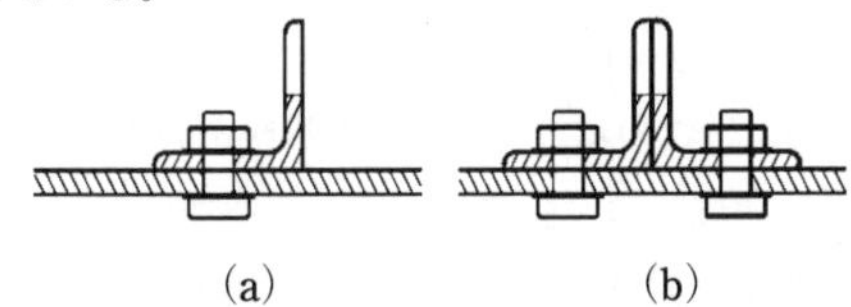

図-解5.2.2 ガセットの片側に取り付けられた場合

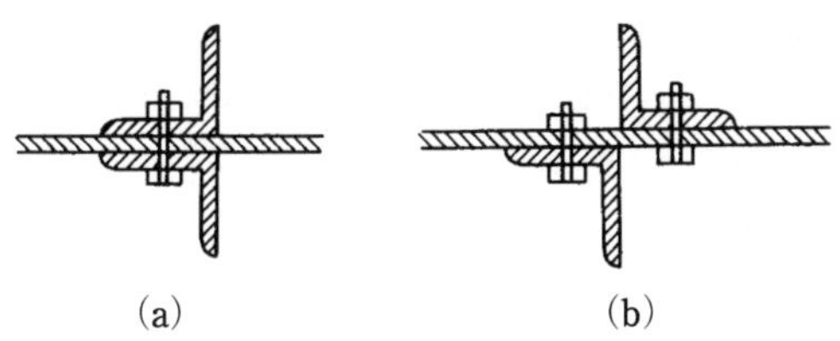

図-解5.2.3 ガセットの両側に取り付けられた場合

2本の山形鋼が1枚のガセットの両側に取り付けられた引張材（図-解 5.2.3）では全純断面積を有効と考えることができる。(a)の場合には，部材の重心線と連結位置が一致していないため，ガセット面に平行な軸直角方向には偏心が生じるが，ガセットと山形鋼との間にかなりの摩擦があることを考えて，偏心の影響を無視している。(b)の場合は偏心がない連結とみなされる。

なお，この規定は細長比の算定の際に考慮する必要がなく，断面二次半径は部材の総断面積について算出してよい。

偏心のある二次部材に対しては，簡単のためにこの規定のように考えて計算してもよいが，偏心は本来好ましいものではないので少なくとも主要部材の引張材では，なるべく偏心を小さくするようにするのがよい。

5.3　鋼部材の限界状態 1

5.3.1　軸方向圧縮力を受ける両縁支持板

軸方向圧縮力を受ける両縁支持板が，5.4.1 の規定を満足する場合には，限界状態 1 を超えないとみなしてよい。

この示方書では，軸方向圧縮力を受ける両縁支持板の限界状態が，5.4.1 の解説に示す基準耐荷力曲線を基に，限界幅厚比パラメータを閾として異なるとしている。

幅厚比パラメータが小さい領域では，両縁支持板は，軸方向圧縮力の増加に対して降伏強度付近で軸方向変位や面外変位に非線形性が発生することで可逆性を失う。軸方向変位や面外変位に非線形性が発生したのちの挙動については明確でなく，実構造物では様々な不確実性があることを考慮し，この示方書ではこの状態を限界状態 3 と捉えている。一方，幅厚比パラメータが大きい領域では，軸方向圧縮力の増加に対して両縁支持板全体が降伏強度に達する前に軸方向変位や面外変位に非線形性が発生し，それとほぼ同時に，部材として最大強度に達するため，この状態を限界状態 3 と捉えている。

いずれの場合も，軸方向圧縮力の増加に対して軸方向変位や面外変位に非線形性が発生したのちの挙動を定量的に評価するだけの情報が十分ではなく，最大強度以降の強度が低下する状態と区別して別に可逆性を失う限界状態を明確に示すことが困難である。これらを踏まえて，5.4.1 において，いずれの領域についても限界状態 3 を超えないとみなせる条件が，限界状態 1 を超えないとみなせることにも配慮して規定されている。そのため，5.4.1 の規定に従って，限界状態 3 を超えないとみなせる場合には，限界状態 1 を超えないとみなすことができる。

5.3.2　軸方向圧縮力を受ける自由突出板

軸方向圧縮力を受ける自由突出板が，5.4.2の規定を満足する場合には，限界状態1を超えないとみなしてよい。

この示方書では，軸方向圧縮力を受ける自由突出板の限界状態が，5.4.2の解説に示す基準耐荷力曲線を基に，限界幅厚比パラメータを閾として異なるとしている。

幅厚比パラメータが小さい領域では，自由突出板は，軸方向圧縮力の増加に対して降伏強度付近で軸方向変位や面外変位に非線形性が発生することで可逆性を失う。軸方向変位や面外変位に非線形性が発生したのちの挙動については明確でなく，実構造物では様々な不確実性があることを考慮し，この示方書ではこの状態を限界状態3と捉えている。一方，幅厚比パラメータが大きい領域では，軸方向圧縮力の増加に対して自由突出板全体が降伏強度に達する前に軸方向変位や面外変位に非線形性が発生し，それとほぼ同時に，部材として最大強度に達するため，この状態を限界状態3と捉えている。

いずれの場合も，軸方向圧縮力の増加に対して軸方向変位や面外変位に非線形性が発生したのちの挙動を定量的に評価するだけの情報が十分ではなく，最大強度以降の強度が低下する状態と区別して別に可逆性を失う限界状態を明確に示すことが困難である。これらを踏まえて，5.4.2において，いずれの領域についても限界状態3を超えないとみなせる条件が，限界状態1を超えないとみなせることにも配慮して規定されている。そのため，5.4.2の規定に従って，限界状態3を超えないとみなせる場合には，限界状態1を超えないとみなすことができる。

5.3.3　軸方向圧縮力を受ける補剛板

軸方向圧縮力を受ける補剛板が，5.4.3の規定を満足する場合には，限界状態1を超えないとみなしてよい。

この示方書では，軸方向圧縮力を受ける補剛板の限界状態が，5.4.3の解説に示す基準耐荷力曲線を基に，限界幅厚比パラメータを閾として異なるとしている。

幅厚比パラメータが小さい領域では，補剛板は，軸方向圧縮力の増加に対して降伏強度付近で軸方向変位や面外変位に非線形性が発生することで可逆性を失う。軸方向変位や面外変位に非線形性が発生したのちの挙動については明確でなく，実構造物では様々な不確実性があることを考慮し，この示方書ではこの状態を限界状態3と捉えている。一方，幅厚比パラメータが大きい領域では，軸方向圧縮力の増加に対して補剛板全体が降伏強度に達する前に軸方向変位や面外変位に非線形性が発生し，それとほぼ同時に，部材として最大強度に達するため，この状態を限界状態3と捉えている。ここで，いずれの場合も，軸方向圧縮力の増加に対して軸方向変位や面外変位に非線形性が発生したのちの挙動を定量的に評価するだけの情報が十分ではなく，最大強度以降の強度が低下する状態と区別して別に可逆性を失う限界状態を明確に示すことが困難である。これらを踏まえて，5.4.3において，いずれの領域についても限界状態3を超えないとみなせる条件が，限界状態1を超えないとみなせることにも配慮して規定されている。そのため，5.4.3の規定に従って，限界状態3を超えないとみなせる場合には，限界状態1を超えないとみなすことができる。

5.3.4　軸方向圧縮力を受ける部材

軸方向圧縮力を受ける部材が，5.4.4の規定を満足する場合には，限界状態1を超えないとみなしてよい。

この示方書では，軸方向圧縮力を受ける部材の限界状態が，5.4.4の解説に示す基準耐荷力曲線を基に，限界細長比パラメータ及び限界幅厚比パラメータを閾として異なるとしている。

細長比パラメータ及び幅厚比パラメータがともに小さい領域では，軸方向圧縮力の増加に対して部材は降伏強度付近で軸方向変位や面外変位に非線形性が発生することで可逆性を失う。軸方向変位や面外変位に非線形性が発生したのちの挙動については明確でなく実構造物では様々な不確実性があることを考慮し，この示方書ではこの状態を限界状態3と捉えている。一方，細長比パラメータ又は幅厚比パラメータが大きい領域では，軸方向圧縮力の増加に対して部材全体が降伏強度に達する前に軸方向変位や面外変形に非線形性が生じ，部材として最大強度に達するため，この状態を限界状態3と捉えている。ここで，いずれの場合も限界状態3と区別して別に可逆性を失う限界状態を明確に示すことが困難である。これらを踏まえて，5.4.4において，いずれの領域についても限界状態3を超えないとみなせる条件が，限界状態1を超えないとみなせることにも配慮して規定されている。そのため，5.4.4の規定に従って，限界状態3を超えないとみなせる場合には，限界状態1を超えないとみなすことができる。

5.3.5　軸方向引張力を受ける部材

軸方向引張力を受ける部材に生じる軸方向引張応力度が，式（5.3.1）による軸方向引張応力度の制限値を超えない場合には，限界状態1を超えないとみなしてよい。

$$\sigma_{tyd} = \xi_1 \cdot \Phi_{Yt} \cdot \sigma_{yk} \quad \cdots\cdots (5.3.1)$$

ここに，σ_{tyd}　：軸方向引張応力度の制限値（N/mm^2）

σ_{yk}　：4 章に示す鋼材の降伏強度の特性値（N/mm^2）

Φ_{Yt}　：抵抗係数で，表-5.3.1 に示す値とする。

ξ_1　：調査・解析係数で，表-5.3.1 に示す値とする。

表-5.3.1　調査・解析係数，抵抗係数

<table>
<tr><th></th><th>ξ_1</th><th>Φ_{Yt}</th></tr>
<tr><td>i）ii）及び iii）以外の作用の組合せを考慮する場合</td><td rowspan="2">0.90</td><td>0.85</td></tr>
<tr><td>ii）3.5(2)3) で⑩を考慮する場合</td><td rowspan="2">1.00</td></tr>
<tr><td>iii）3.5(2)3) で⑪を考慮する場合</td><td>1.00</td></tr>
</table>

軸方向引張力を受ける部材では，軸方向引張力の増加に対して降伏強度付近で軸方向変位に非線形性が発生することで可逆性を失う。この示方書では，軸方向引張力を受ける部材の限界状態 1 を部材の降伏としている。

特性値は 4 章に示す鋼材の降伏強度とし，部材に生じる引張応力度の算出には純断面積を用いてよい。

表-5.3.1 に示す抵抗係数は，鋼材の降伏強度のばらつきに材料寸法等の空間的なばらつきを加味した変動係数を考慮し設定されている。なお，設計計算において，軸方向引張応力度の算出は，はり理論により計算した応力を用いるが，有効幅等によるばらつきは無視できるほど小さいため，それらによるばらつきは無視できるとされている。

5.3.6　曲げモーメントを受ける部材

曲げモーメントを受ける部材が，5.3.5 の規定，5.4.6 の規定を満足する場合には，限界状態 1 を超えないとみなしてよい。

曲げモーメントを受ける部材は，引張側では，可逆性を有する限界の状態が部材に生じる引張応力度が降伏強度に達して現れる。そのため，部材が降伏に至る状態を限界状態 1 と捉えている。一方，圧縮側では，5.4.6 の解説に示す基準耐荷力曲線で座屈パラメータが大きい領域では，軸圧縮力の増加に伴って板全体の座屈や横倒れ座屈により面外変形が生じ最大強度に達するため，この状態を限界状態 3 と捉えている。ここで，座屈により強度が低下する状態と区別して，別に可逆性を失う限界状態を明確に示すことが困難であるため，5.4.6 において，限界状態 3 を超えないとみなせる条件が，限界状態 1 を超えないとみなせることにも配慮して規定されている。そのため，5.4.6 の規定に従って，限界状態 3 を超えないとみなせる場合には，限界状態 1 を超えないとみなすことができる。

5.3.7　せん断力を受ける部材

せん断力を受ける部材が，5.4.7 の規定を満足する場合には，限界状態 1 を超えないとみなしてよい。

せん断力を受ける部材では，部材の幅厚比や補剛の程度によって，座屈などのせん断破壊が降伏した後に生じる場合と，降伏に至る前に生じる場合とがある。

せん断破壊の前に部材が降伏する場合には，降伏に至る状態を限界状態 1 と捉えることができるが，降伏に至る前にせん断破壊が生じる場合には，限界状態 3 と区別して別に可逆性を失う限界状態を明確に示すことが困難である。これらを踏まえて，5.4.7 において，限界状態 3 を超えないとみなせる条件が，限界状態 1 を超えないとみなせることにも配慮して規定されている。そのため，5.4.7 の規定に従って，限界状態 3 を超えないとみなせる場合には，限界状態 1 を超えないとみなすことができる。

5.3.8 軸方向力及び曲げモーメントを受ける部材

軸方向力及び曲げモーメントを受ける部材が，5.4.8 の規定を満足する場合には，限界状態 1 を超えないとみなしてよい。

軸方向力及び曲げモーメントを受ける部材の限界状態 1 は，部材の挙動が可逆性を有する限界に達する状態とできるが，軸方向力が引張の場合と圧縮の場合とで異なる挙動となる。引張力の場合は部材が降伏に至る状態を限界状態 1 とできる。一方，圧縮力の場合は，部材が降伏に至る場合と降伏せずに局部座屈や全体座屈が発生してしまう場合があり，後者の場合には限界状態 1 の状態となる条件を式等で明確に示すことは困難であるのが実状である。これらを踏まえて，5.4.8 において，限界状態 3 を超えないとみなせる条件が，限界状態 1 を超えないとみなすことができることにも配慮して規定されている。そのため，限界状態 3 を満足するとみなせる条件を満足させることで限界状態 1 を超えないとみなすことができる。

5.3.9　曲げモーメント及びせん断力並びにねじりモーメントを受ける部材

(1)　曲げモーメント及び曲げモーメントに伴うせん断力のみが作用する断面で，垂直応力度及び曲げに伴うせん断応力度がそれぞれ曲げ引張応力度の制限値，せん断応力度の制限値の 45％を超える場合に，垂直応力度及び曲げに伴うせん断応力度がそれぞれ最大となる荷重状態に対して，式

(5.3.2) から式 (5.3.4) を満足する場合には，限界状態1を超えないとみなしてよい。

$$\left(\frac{\sigma_{bd}}{\sigma_{tyd}}\right)^2+\left(\frac{\tau_{bd}}{\tau_{yd}}\right)^2\leqq 1.2 \quad \cdots\cdots (5.3.2)$$

$$\sigma_{bd}\leqq\sigma_{tyd} \quad \cdots\cdots (5.3.3)$$

$$\tau_{bd}\leqq\tau_{yd} \quad \cdots\cdots (5.3.4)$$

(2) ねじりモーメントを考慮する場合に，垂直応力度及び曲げに伴うせん断応力度がそれぞれ最大となる荷重状態に対して，式 (5.3.5) から式 (5.3.7) を満足する場合には，限界状態1を超えないとみなしてよい。

$$\left(\frac{\sigma_{d}}{\sigma_{tyd}}\right)^2+\left(\frac{\tau_{d}}{\tau_{yd}}\right)^2\leqq 1.2 \quad \cdots\cdots (5.3.5)$$

$$\sigma_{d}\leqq\sigma_{tyd} \quad \cdots\cdots (5.3.6)$$

$$\tau_{d}\leqq\tau_{yd} \quad \cdots\cdots (5.3.7)$$

ここに，σ_d ：$\sigma_{bd}+\sigma_{wd}$ (N/mm²)

τ_d ：$\tau_{bd}+\tau_{sd}+\tau_{wd}$ (N/mm²)

σ_{bd} ：照査断面に作用する曲げモーメントにより生じる垂直応力度 (N/mm²)

τ_{bd} ：照査断面に作用する曲げモーメントに伴うせん断応力度 (N/mm²)

τ_{sd} ：照査断面に作用する純ねじりにより生じるせん断応力度 (N/mm²)

σ_{wd} ：照査断面に作用するそりねじりにより生じる垂直応力度 (N/mm²)

τ_{wd} ：照査断面に作用するそりねじりにより生じるせん断応力度 (N/mm²)

σ_{tyd} ：5.3.6 及び 5.4.6 に規定する曲げ引張応力度の制限値の小さい方 (N/mm²)

τ_{yd} ：5.3.7 及び 5.4.7 に規定するせん断応力度の制限値の小さい方 (N/mm²)

曲げモーメントによる引張応力度及び曲げに伴うせん断応力度に対して設計する場合には，各応力度が個々の制限値内に入っても合成された応力度が制限値を超えることが考えられるため，この規定が設けられている。

(1) ねじりを考慮しない場合の曲げモーメント及びせん断力を同時に受ける部材では，曲げモーメントによる直応力とせん断応力によってそれぞれの応力では降伏強度に達しない場合でも合成応力が作用することにより，降伏強度に達する可能性がある。その場合，部材が降伏することで，曲げ剛性の低下などが生じることになり，曲げモーメント及びせん断力に対する挙動のそれぞれに影響を与えることになる。したがって，曲げモーメント及びせん断力を受ける部材では，降伏に至る状態を限界状態１とし，von Misesの降伏条件による合成応力を基に降伏を超えないことにより評価することとされた。

式（5.3.2）は，σ_{bd}/σ_{tyd}，τ_{bd}/τ_{yd} のいずれかが 0.45 より小さい場合には必ず満たされるので垂直応力度 σ_{bd}，せん断応力度 τ_{bd} がそれぞれ曲げ引張応力度の制限値，せん断応力度の制限値の45%を超える場合にのみ照査する必要がある。σ_{bd} と τ_{bd} の組合せは無数にあり，これらの組合せの全てを照査することはできないので，曲げモーメント及び曲げに伴うせん断力がそれぞれ最大となる２つの荷重状態について照査すればよい。

１つの断面内では，垂直応力度とせん断応力度がともに大きくなる点で照査する必要がある。例えば，Ｉ形断面ではフランジと腹板の接合部，箱桁断面では隅角部である。

なお，せん断応力度の制限値 τ_{yd} は，5.3.7 及び 5.4.7 に規定される制限値の小さい方とされているが，これまでの示方書の考え方を踏まえて規定されたものである。せん断応力度の制限値は，5.3.7 には規定されていないが，5.4.7 の制限値を満足することにより，5.3.7 も満足するとみなせることから，式（5.3.2）では 5.4.7 に規定される制限値を用いることでよい。

また，曲げ応力度とせん断応力度をともに考える場合には，これまでの示方書で経験的に10%程度の許容応力度の割増しを行っても安全であると判断されていたことを踏まえ，式（9.3.9）と同様に式（5.3.2）の右辺を10%程度割増した 1.2 とした。

(2) ねじりモーメントを考慮する場合の合計曲げ応力度及び合計せん断応力度は，

$$\sigma_d = \sigma_{bd} + \sigma_{wd} \quad \cdots\cdots\cdots (解 5.3.1)$$

$$\tau_d = \tau_{bd} + \tau_{sd} + \tau_{wd} \quad \cdots\cdots\cdots (解 5.3.2)$$

となる。ただし，13.2.4 の規定により σ_{wd} 又は τ_{sd}，τ_{wd} を省略できる場合がある。これらの合計応力度が，それぞれの制限値より小さくなければならないことは当然であるが，そのほかに(1)と同じく，式（5.3.5）を満足する必要がある。

曲げ応力度を最大にする荷重状態と，ねじり応力度が最大になる荷重状態は異なり，式（5.3.5）から式（5.3.7）に対して最も厳しい荷重状態を求めることは不可能な場合が多い。そこで，一般に設計を支配する曲げモーメント及び曲げに伴うせん断力が，それぞれ最大となる荷重状態を超えないことを満足すればよいこととされた。

純ねじりによって生じるせん断応力度は，I 断面部に対しては板厚内で図-解 5.3.1 のように分布し，その大きさは次式のようになる。

$$\tau_{sd}=2\frac{T_s}{K}n \quad \cdots\cdots (解 5.3.3)$$

$$\tau_{max}=\frac{T_s}{K}t \quad \cdots\cdots (解 5.3.4)$$

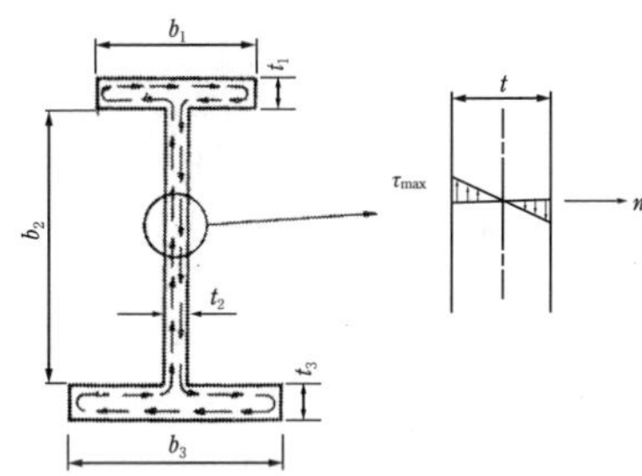

図-解 5.3.1　I 断面に対する純ねじりによるせん断応力分布

ここに，τ_{max}：照査断面に作用する純ねじりにより生じる最大せん断応力度（N/mm^2）

T_s　：純ねじりモーメント（N・mm）

K　：純ねじり定数（mm^4）

n　：板厚の中央線を原点とする法線座標（mm）

またこの場合の純ねじり定数 K は

$$K=\Sigma\frac{1}{3}bt^3 \quad \cdots\cdots (解 5.3.4)$$

となり，記号 Σ は開断面部の板全てについて加え合わせたものであり，b は板の幅，t は板の厚さである。箱断面部における純ねじりせん断応力度は，板厚方向にほぼ一定の値となるが，単室か多室かで異なってくる。図-解 5.3.2 のような単室断面に対しては，

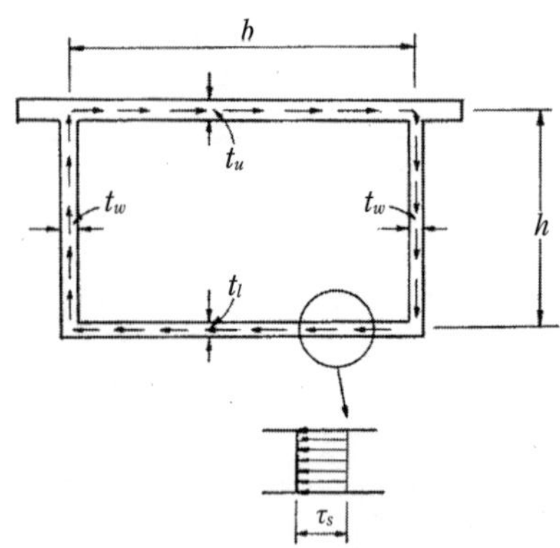

図-解 5.3.2　箱断面に対する純ねじりによるせん断応力分布

$$\tau_{sd}=\frac{T_S}{2F \cdot t} \quad \cdots\cdots (解 5.3.5)$$

ここに，F：閉断面部の板厚中央線で囲まれる部分の面積（mm^2）

t：板厚（mm）

この場合の純ねじり定数 K は，

$$K=\frac{(2F)^2}{\oint \frac{ds}{t}}=\frac{4b^2h^2}{2\frac{h}{t_w}+\frac{b}{t_u}+\frac{b}{t_l}} \quad \cdots\cdots (解 5.3.6)$$

となる。

多室閉断面の場合には，単室閉断面を基本系とした不静定せん断流の計算を行う必要があるが，この計算法も確立されており，その分野の文献にも詳しく述べられているのでここでは説明を省略する。

そりねじりによりせん断応力度と垂直応力度が生じる。この場合のせん断応力度は次式で計算される。

$$\tau_{wd}=-\frac{T_w}{I_w \cdot t}S_w \quad \cdots\cdots (解 5.3.7)$$

ここに，T_w：そりねじりモーメント（$N \cdot mm^2$）

I_w：そりねじり定数（mm^6）

$S_w=\int wdF$

ここで積分は着目している点で切り離された断面について行うものとする。

垂直応力度は，

$$\sigma_{wd}=\frac{M_w}{I_w}w \quad \cdots\cdots (解 5.3.7)$$

ここに，M_w ：そりモーメント（バイモーメント）(N・mm^2)

w ：そり座標又は単位そり（mm^2）

5.3.10　二方向の応力が生じる部分のある部材

照査断面で互いに直交する二方向の応力が生じる部分のある部材では，式(5.3.8)を満足する場合には，限界状態1を超えないとみなしてよい。

$$\left(\frac{\sigma_{xd}}{\sigma_{tyxd}}\right)^2-\left(\frac{\sigma_{xd}}{\sigma_{tyxd}}\right)\left(\frac{\sigma_{yd}}{\sigma_{tyyd}}\right)+\left(\frac{\sigma_{yd}}{\sigma_{tyyd}}\right)^2+\left(\frac{\tau_d}{\tau_{yd}}\right)^2\leqq 1.2 \quad \cdots\cdots (5.3.8)$$

ここに，σ_{xd}，σ_{yd} ：照査断面で互いに直交する方向に生じる垂直応力度(N/mm^2)。ただし引張応力度を正，圧縮応力度を負とする。

τ_d ：照査断面に生じるせん断応力度（N/mm^2）

σ_{tyxd}，σ_{tyyd}：5.3.6 及び 5.4.6 に規定する曲げ引張応力度の制限値の小さい方（N/mm^2）

τ_{yd} ：5.3.7 及び 5.4.7 に規定するせん断応力度の制限値の小さい方（N/mm^2）

二方向の応力が生じる部分のある部材では，その箇所の応力は二軸応力状態となり，各軸方向単独の断面力が作用する場合に比べ，危険となることがあるため，この規定が設けられている。主桁のフランジとラーメン橋脚の横ばりのフランジが共用されているような場合，又は主桁のフランジに分配横桁のフランジが直接連結されているような場合が該当する。

二方向の応力が生じる部分のある部材において，二方向の曲げモーメントによる直応力とせん断力によるせん断応力による合成応力が作用することになり，これらの応力の合成により，降伏に達する場合があり，その場合には二方向の曲げ挙動，せん断挙動に影響を与え，強度が低下する可能性がある。そのため，二方向の応力が生じる部分のある部材が降伏に至る状態を限界状態1とみなし，von Mises の降伏条件によって合成応力を基に部材が降伏を超えないことにより評価してよいとされた。

なお，せん断応力度の制限値 τ_{yd} は，5.3.7 及び 5.4.7 に規定される制限値の小さい方とされているが，これまでの示方書の考え方を踏まえて規定されたものである。せん断応力度の制限値は，5.3.7 には規定されていないが，5.4.7 の制限値を満足することにより，5.3.7 も満足するとみなせることから，式（5.3.8）では 5.4.7 に規定される制限値を用いることでよい。

また，二方向の応力度が生じる場合には，これまでの示方書で経験的に10%程度の許容応力度の割増しを行っても安全であると判断されていたことを踏まえ，この示方書でもこの考え方を踏襲して式（5.3.8）の右辺を10%程度割増した1.2とした。

5.3.11　支圧力を受ける部材

鋼材と鋼材の接触による支圧力を受ける部材に生じる支圧応力度が，式（5.3.9）による支圧応力度の制限値を超えない場合には，限界状態1を超えないとみなしてよい。

$$\sigma_{byd} = \xi_1 \cdot \Phi_B \cdot \alpha \cdot \sigma_{bk} \quad \cdots\cdots (5.3.9)$$

ここに，σ_{byd}：支圧応力度の制限値（N/mm^2）

σ_{bk}：表-4.1.1に示す構造用鋼材及び表-4.1.2に示す鋳鍛造品の支圧強度の特性値（N/mm^2）

α：支圧力を受ける部材の支圧強度の特性値の補正係数で，表-5.3.2に示す値とする。

Φ_B：抵抗係数で，表-5.3.3に示す値とする。

ξ_1：調査・解析係数で，表-5.3.3に示す値とする。

表-5.3.2　支圧強度の特性値の補正係数

<table>
<tr><th rowspan="2">鋼材</th><th rowspan="2">鋼種</th><th colspan="2">鋼板と鋼板との間の支圧</th><th rowspan="2">ヘルツ理論を用いる場合</th></tr>
<tr><th>すべりのない平面接触</th><th>すべりのある平面接触</th></tr>
<tr><td rowspan="2">構造用鋼材</td><td>SS400
SM400
SMA400W
SM490</td><td rowspan="2">1.5</td><td rowspan="2">0.75</td><td>1.0/α[1]</td></tr>
<tr><td>SM490Y
SM520
SMA490W
SBHS400
SBHS400W
SM570
SMA570W
SBHS500
SBHS500W</td><td>−</td></tr>
<tr><td>鍛鋼品</td><td>SF490A
SF540A</td><td>1.5</td><td>0.75</td><td>1.0/α[1]</td></tr>
<tr><td>鋳鋼品</td><td>SC450
SCW410
SCW480
SCMn1A
SCMn2A</td><td>1.5</td><td>0.75</td><td>1.0/α[1]</td></tr>
<tr><td>機械構造用鋼</td><td>S35CN
S45CN</td><td>1.5</td><td>0.75</td><td>1.0/α[1]</td></tr>
<tr><td>鋳鉄品</td><td>FCD400
FCD450</td><td>1.0</td><td>0.50</td><td>1.0/α[1]</td></tr>
</table>

注：1)　$\alpha=(HB^2/900{,}000+1)$
HB：4章に示すブリネル硬さ

表-5.3.3　調査・解析係数，抵抗係数

<table>
<tr><th></th><th>ξ_1</th><th>Φ_B</th></tr>
<tr><td>i）ii）及びiii）以外の作用の組合せを考慮する場合</td><td rowspan="2">0.90</td><td>鋼板と鋼板との間の支圧：0.85
0.80[1]
ヘルツ理論を用いる場合：0.70</td></tr>
<tr><td>ii）3.5(2)3)で⑩を考慮する場合</td><td rowspan="2">鋼板と鋼板との間の支圧：1.00
0.95[1]
ヘルツ理論を用いる場合：0.85</td></tr>
<tr><td>iii）3.5(2)3)で⑪を考慮する場合</td><td>1.00</td></tr>
</table>

注：1)　SBHS500及びSBHS500W

支圧力を受ける部材の鋼材と鋼材の接触機構は，接触する2つの部材の接触面積の大きさで異なる。この条文では，接触面積が大きい面接触として計算する場合と，接触面積が小さい点・線接触（ヘルツ理論による支圧）として計算する場合とに分けて支圧応力度の制限値が規定されている。面接触とするかヘルツ理論による支圧とするかの条件は4.1.2

による。

面接触については，鋼鉄道橋の設計標準[2)]やAASHTO[3)]の基準値を参考にして，これまでの示方書では許容支圧応力度は以下のように規定されていた。

鋼，鋳鋼：(圧縮許容応力度)× 1.5

鋳　　鉄：(圧縮許容応力度)× 1.0

これを踏まえ，これまでの示方書による場合と同等の安全余裕が確保されるように，限界状態1を降伏強度とし，それを補正することで支圧力を受ける部材の支圧強度の特性値となるように補正係数が表-5.3.2に設定されている。

面接触の補正係数は，平面どうしで相対的に移動しない場合と移動する場合が示されている。面接触は平面どうしで相対的に移動しない場合を対象にしており，相対的に移動がある構造は摩擦・摩耗が増大しやすくなるので，できるだけ避ける方がよい。一方で，支承に使用される鋼材はピンやピボット部等では支圧を受けながら部材間ですべりを要求されることがある。一般にピンやピボット部等はすべり量が小さいので，すべりのある平面接触のやむを得ない場合として，その影響が表-5.3.2に示す補正係数によって支圧強度の制限値に考慮することとされた。ただし，このような場合には，軸受性能のよい材料を選んだり，接触部の摩擦，摩耗等を十分検討して，部材の設計を行う等の配慮が必要である。抵抗係数については，軸方向引張力を受ける部材と同じとされている。

ヘルツ理論による支圧の場合については，ヘルツ理論には，

1)　接触面積の大きさが曲率半径に比べて十分に小さい。

2)　接触部の応力が弾性限度内であり，組織的に均一である。

という仮定条件があり，現実の状態とは異なっているが，支承についてはこれによって実用上差し支えない。

ヘルツ接触部付近では，荷重を増加していくと金属の塑性変形が始まり，ごく僅かな残留変形が残るようになり（極限支圧応力状態），更に荷重を増加していくと接触部付近全域で塑性変形を生じる（降伏支圧応力状態）。この示方書では，点・線で接触するヘルツ接触部付近全域で塑性変形が始まる状態である降伏支圧応力状態が可逆性を有する限界であるため，限界状態1としている。

これまでの示方書では，接触部の最高支圧応力度がブリネル硬さの50%（球面と球面又は球面と平面のとき60%）になったとき接触部に塑性変形が始まるとして，安全率が規定されていた。また，硬さが大きくなるとじん性が低下するので，硬さの大きい材料に対しては（$HB^2/900,000+1$）により安全率の割増しが考慮されていた。これを踏まえ，これまでの示方書による場合と同等の安全余裕が確保されるように，支圧強度の特性値の補正係数が表-5.3.2に設定されている。ここで，ブリネル硬さが示されていないSS400，SM400，SMA400Wの場合はHB＝125，SM490の場合はHB＝145としてよい。表-5.3.3に示す抵抗係数は，これまでの示方書において許容支圧応力度で考慮されていたものと同

等の安全余裕が得られるように調整した値とされている。

5.3.12　接合用部材

(1)　アンカーボルトに生じる応力度が，式（5.3.10）による制限値を超えない場合には，限界状態1を超えないとみなしてよい。

1)　せん断応力度

$$\tau_{yd} = \xi_1 \cdot \Phi_s \cdot \tau_{yk} \quad \cdots\cdots (5.3.10)$$

ここに，τ_{yd}　：　せん断応力度の制限値（N/mm²）

τ_{yk}　：　表-4.1.1に示す構造用鋼材，及び表-4.1.2に示す鋳鍛造品のせん断降伏強度の特性値（N/mm²）

Φ_S　：　抵抗係数で，表-5.3.4に示す値とする。

ξ_1　：　調査・解析係数で，表-5.3.4に示す値とする。

表-5.3.4　調査・解析係数，抵抗係数

	ξ_1	Φ_S
i）ii）及びiii）以外の作用の組合せを考慮する場合	0.90	0.85（SS400） 0.85（S35CN） 0.75（S45CN）
ii）3.5(2)3)で⑩を考慮する場合	0.90	1.00（SS400） 1.00（S35CN） 0.90（S45CN）
iii）3.5(2)3)で⑪を考慮する場合	1.00	1.00（SS400） 1.00（S35CN） 0.90（S45CN）

(2)　ピンに生じる応力度が，式（5.3.11）から式（5.3.13）による制限値を超えない場合には，限界状態1を超えないとみなしてよい。

1)　せん断応力度

$$\tau_{yd} = \xi_1 \cdot \Phi_s \cdot \alpha \cdot \tau_{yk} \quad \cdots\cdots (5.3.11)$$

ここに，τ_{yd}　：せん断応力度の制限値（N/mm²）

τ_{yk}　：表-4.1.1に示す構造用鋼材，及び表-4.1.2に示す鋳鍛造品のせん断降伏強度の特性値（N/mm²）

α　：せん断力を受ける接合用部材のせん断降伏強度の補正係数で，1.25とする。

Φ_S　：抵抗係数で，表-5.3.5に示す値とする。

ξ_1　：調査・解析係数で，表-5.3.5に示す値とする。

表-5.3.5　調査・解析係数，抵抗係数

<table>
<tr><th></th><th>ξ_1</th><th>Φ_S</th></tr>
<tr><td>i）ii）及びiii）以外の作用の組合せを考慮する場合</td><td rowspan="2">0.90</td><td>0.85</td></tr>
<tr><td>ii）3.5(2)3)で⑩を考慮する場合</td><td rowspan="2">1.00</td></tr>
<tr><td>iii）3.5(2)3)で⑪を考慮する場合</td><td>1.00</td></tr>
</table>

2)　曲げ引張応力度

$\sigma_{byd} = \xi_1 \cdot \Phi_b \cdot \alpha \cdot \sigma_{yk}$ ………………………………………… (5.3.12)

ここに，σ_{byd} ：曲げ引張応力度の制限値（N/mm^2）

σ_{yk} ：表-4.1.1 に示す構造用鋼材，及び表-4.1.2 に示す鋳鍛造品の引張・圧縮降伏強度の特性値（N/mm^2）

α ：曲げモーメントを受ける接合用部材の引張・圧縮降伏強度の特性値の補正係数で，1.4 とする。

Φ_b ：抵抗係数で，表-5.3.6 に示す値とする。

ξ_1 ：調査・解析係数で，表-5.3.6 に示す値とする。

表-5.3.6　調査・解析係数，抵抗係数

<table>
<tr><th></th><th>ξ_1</th><th>Φ_b</th></tr>
<tr><td>i）ii）及びiii）以外の作用の組合せを考慮する場合</td><td rowspan="2">0.90</td><td>0.85</td></tr>
<tr><td>ii）3.5(2)3)で⑩を考慮する場合</td><td rowspan="2">1.00</td></tr>
<tr><td>iii）3.5(2)3)で⑪を考慮する場合</td><td>1.00</td></tr>
</table>

3)　支圧応力度

$\sigma_{bd} = \xi_1 \cdot \Phi_B \cdot \alpha \cdot \sigma_{bk}$ ………………………………………… (5.3.13)

ここに，σ_{bd} ：支圧応力度の制限値（N/mm^2）

σ_{bk} ：表-4.1.1 に示す構造用鋼材，及び表-4.1.2 に示す鋳鍛造品の鋼板と鋼板との間の支圧強度の特性値（N/mm^2）

α　：支圧力を受ける接合用部材の支圧強度の特性値の補正係数で，表-5.3.7 に示す値とする。

Φ_B ：抵抗係数で，表-5.3.8 に示す値とする。

ξ_1　：調査・解析係数で，表-5.3.8 に示す値とする。

表-5.3.7　支圧強度の特性値の補正係数

回転を伴わない場合	1.50
回転を伴う場合	0.75

表-5.3.8　調査・解析係数，抵抗係数

	ξ_1	Φ_B
i ）ii) 及び iii) 以外の作用の組合せを考慮する場合	0.90	0.85
ii ）3.5(2)3) で⑩を考慮する場合		1.00
iii ）3.5(2)3) で⑪を考慮する場合	1.00	

(3)　仕上げボルトに生じる応力度が，式（5.3.14）から式（5.3.16）による制限値を超えない場合には，限界状態 1 を超えないとみなしてよい。

1)　引張応力度

$$\sigma_{tyd} = \xi_1 \cdot \Phi_{Yt} \cdot \sigma_{yk} \quad \cdots\cdots (5.3.14)$$

ここに，σ_{tyd} ：引張応力度の制限値（N/mm^2）

σ_{yk} ：表-4.1.14 に示す仕上げボルトの降伏強度の特性値（N/mm^2）

Φ_{Yt} ：抵抗係数で，表-5.3.9 に示す値とする。

ξ_1　：調査・解析係数で，表-5.3.9 に示す値とする。

表-5.3.9　調査・解析係数，抵抗係数

	ξ_1	Φ_{Yt}
i ） ii ）及び iii ）以外の作用の組合せを考慮する場合	0.90	0.85（強度区分 4.6） 0.80（強度区分 8.8） 0.75（強度区分 10.9）
ii ） 3.5(2)3) で⑩を考慮する場合		1.00（強度区分 4.6） 0.95（強度区分 8.8） 0.90（強度区分 10.9）
iii ） 3.5(2)3) で⑪を考慮する場合	1.00	

2)　せん断応力度

$$\tau_{yd} = \xi_1 \cdot \Phi_s \cdot \tau_{yk} \quad \cdots\cdots (5.3.15)$$

ここに，τ_{yd} ：せん断応力度の制限値（N/mm^2）

τ_{yk} ：表-4.1.14 に示す仕上げボルトのせん断降伏強度の特性値（N/mm^2）

Φ_S ：抵抗係数で，表-5.3.10 に示す値とする。

ξ_1 ：調査・解析係数で，表-5.3.10 に示す値とする。

表-5.3.10　調査・解析係数，抵抗係数

	ξ_1	Φ_S
i ） ii ）及び iii ）以外の作用の組合せを考慮する場合	0.90	0.85（強度区分 4.6） 0.80（強度区分 8.8） 0.75（強度区分 10.9）
ii ） 3.5(2)3) で⑩を考慮する場合		1.00（強度区分 4.6） 0.95（強度区分 8.8） 0.90（強度区分 10.9）
iii ） 3.5(2)3) で⑪を考慮する場合	1.00	

3)　支圧応力度

$$\sigma_{bud} = \xi_1 \cdot \Phi_B \cdot \alpha \cdot \sigma_{bk} \quad \cdots\cdots (5.3.16)$$

ここに，σ_{bud} ：支圧応力度の制限値（N/mm^2）

σ_{bk} ：表-4.1.14 に示す仕上げボルトの支圧強度の特性値（N/mm^2）

α ：支圧力を受ける仕上げボルトの支圧強度の特性値の補正係数で 1.5 とする。

Φ_B ：抵抗係数で，表-5.3.11 に示す値とする。

ξ_1 ：調査・解析係数で，表-5.3.11 に示す値とする。

表-5.3.11　調査・解析係数，抵抗係数

<table>
<tr><th></th><th>ξ_1</th><th>Φ_B</th></tr>
<tr><td>i）ii）及びiii）以外の作用の組合せを考慮する場合</td><td rowspan="2">0.90</td><td>0.85（強度区分 4.6）
0.80（強度区分 8.8）
0.75（強度区分 10.9）</td></tr>
<tr><td>ii）3.5(2)3)で⑩を考慮する場合</td><td rowspan="2">1.00（強度区分 4.6）
0.95（強度区分 8.8）
0.90（強度区分 10.9）</td></tr>
<tr><td>iii）3.5(2)3)で⑪を考慮する場合</td><td>1.00</td></tr>
</table>

(1)1)　せん断応力度

ここで規定したアンカーボルトの応力度の制限値を求めるための部分係数はコンクリート中に埋込んで使用するアンカーボルトに関するものである。使用鋼材の機械的性質や材料特性を踏まえ，これまでの示方書による場合と概ね同等の安全余裕が得られるように調整した値となっている。

アンカーボルトは一般に支承部，鋼製橋脚基部，変位制限構造，落橋防止構造等に用いられ，このうち鋼製橋脚基部のアンカー部に用いられるアンカーボルトの限界状態1は，この編及びV編による。式（5.3.10）はV編 9.6 の解説に示される橋脚基部のベースプレート下面にコンクリートが適切に充てんされることを前提とする場合に用いてよい。

また，アンカーボルトはそれを保持するコンクリートと強度上のバランスが必要とされるため，いたずらに高強度の材料を使用することは望ましくない。したがって，アンカーボルトとして S45CN を使用する場合でも，そのせん断応力度の制限値は S35CN 相当に抑えることとして抵抗係数により調整されている。

(2)　ピンに生じる応力度の制限値は，これまでの示方書による場合と概ね同等の安全余裕が得られるように調整された抵抗側の部分係数等を用いて，式（5.3.11）から式（5.3.13）により算出する。

1)　せん断応力度

ピンは，板や形鋼のようにボルト孔を設けることもなく，また一般に切欠きをつくることもないので，応力集中が起こる心配もない。また，ピンは一般にせん断と支圧で設計される場合が多いが，すべりを伴う場合でもせん断に対する強度の低下がない。このような点を考慮して，その制限値は式（5.3.11）で計算することとされた。制限値の算出に用いる部分係数は，これまでの示方書による場合と概ね同等の安全余裕が得られるように調整されている。

2） 曲げ応力度

本条の規定は，ピンの支承条件が図-解 5.3.3 に示すように両端固定条件で，支持幅が比較的大きく，実際の応力度が支間を l として計算したものよりも小さいことが確実に見込まれる場合に適用できる。また，1）に示したことも併せて補正係数として考慮することとし，その制限値は式（5.3.12）で計算することとされた。これらの制限値の算出に用いる部分係数は，これまでの示方書による場合と概ね同等の安全余裕が得られるように調整した値となっている。なお，これらの条件に適合するかどうかは個別に判断することが必要であるとともに，これらの条件に該当しない場合の部分係数等については，個別の構造・支持条件，応力分布等を検討して定める必要がある。

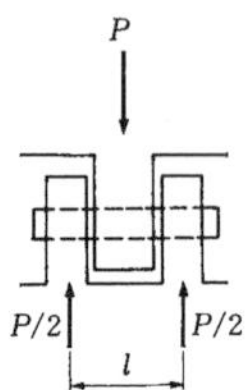

図-解 5.3.3 ピンの応力度を算出する際の支間長

3） 支圧応力度

ピンの支圧応力度の制限値は母材の支圧応力度の制限値と同様であるとして定めている。ピンの場合，「回転を伴う場合」とは接触面ですべりを生じる場合を意味している。このような場合，接触面の支圧強度はかなり低下することが各種の実験で確かめられている。したがって，AASHTO の規定[3)]等を参考にして支圧強度をすべりを生じない場合の 50%としたものであり，補正係数で考慮されている。これらの制限値の算出に用いる部分係数は，これまでの示方書による場合と概ね同等の安全余裕が得られるように調整した値となっている。

(3) 支承等の仕上げボルトとして使用される JIS B 1180：2014（六角ボルト）に規定される六角ボルトについて，その制限値を定めたものである。六角ボルトの機械的性質は，JIS B 1051：2014（炭素鋼及び合金鋼製締結用部品の機械的性質－強度区分を規定したボルト，小ねじ及び植込みボルト－並目ねじ及び細目ねじ）の「鋼製のボルト，小ねじの機械的性質」において，強度区分ごとに製品の機械的性質として規定されている。支承等の仕上げボルトとして一般に使用されているのは，このうち強度区分 4.6，8.8，10.9 の 3 種類のボルトである。

強度区分 4.6 のボルトの制限値は，SS400 材の仕上げボルトの制限値と同様に定めている。強度区分 8.8 及び 10.9 のボルトの制限値は，降伏比が高いことを考慮して，基準降伏点に対して高い安全余裕を有するよう，抵抗係数が設定されている。

なお，せん断応力度の制限値は，引張応力度の制限値の$1/\sqrt{3}$，支圧応力度の制限値は引張応力度の制限値の 1.5 倍として規定されている。

5.3.13　圧縮力を受ける山形及びT形断面を有する部材

フランジがガセットに連結された山形及びT形断面を有する部材が，5.4.13の規定を満足する場合には，限界状態1を超えないとみなしてよい。

この示方書では，軸方向圧縮力を受ける山形及びT形部材の限界状態は，5.4.13の解説にある基準耐荷力曲線を基に，5.3.4の軸方向圧縮力を受ける部材と同様に，細長比パラメータ及び幅厚比パラメータによって異なるとしている。

細長比パラメータ及び幅厚比パラメータがともに小さい領域では，軸方向圧縮力の増加に対して部材は降伏強度付近で軸方向変位や面外変位に非線形性が発生することで可逆性を失う。ただし，軸方向変位や面外変位に非線形性が発生したのちの挙動については明確でなく実構造物では様々な不確実性があることを考慮し，この示方書ではこの状態を限界状態3と捉えている。一方，細長比パラメータ又は幅厚比パラメータが大きい領域では，軸方向圧縮力の増加に対して部材全体が降伏強度に達する前に軸方向変位や面外変形に非線形性が生じ，部材として最大強度に達するため，この状態を限界状態3と捉えている。ここで，いずれの場合も限界状態3と区別して別に可逆性を失う限界状態を明確に示すことが困難である。これらを踏まえて，5.4.13において，いずれの領域についても限界状態3を超えないとみなせる条件が限界状態1を超えないとみなせることにも配慮して規定されている。そのため，5.4.13の規定に従って，限界状態3を超えないとみなせる場合には，限界状態1を超えないとみなすことができるとされているものである。

5.4　鋼部材の限界状態3

5.4.1　軸方向圧縮力を受ける両縁支持板

(1)　軸方向圧縮力を受ける両縁支持板は，(2)及び(3)を満足する場合には，限界状態3を超えないとみなしてよい。ただし，鋼桁の腹板には適用しない。

(2)　軸方向圧縮力を受ける両縁支持板の板厚 t は，表-5.4.1による。

表-5.4.1　軸方向圧縮力を受ける両縁支持板の最小板厚（mm）

<table>
<tr><th>鋼種
鋼材の板厚(mm)</th><th>SS400
SM400
SMA400W</th><th>SM490</th><th>SM490Y
SM520
SMA490W</th><th>SBHS400
SBHS400W</th><th>SM570
SMA570W</th><th>SBHS500
SBHS500W</th></tr>
<tr><td>40 以下</td><td>$\frac{b}{56f}$</td><td>$\frac{b}{48f}$</td><td rowspan="2">$\frac{b}{46f}$</td><td rowspan="3">$\frac{b}{43f}$</td><td rowspan="2">$\frac{b}{41f}$</td><td rowspan="3">$\frac{b}{38f}$</td></tr>
<tr><td>40 を超え
75 以下</td><td rowspan="2">$\frac{b}{58f}$</td><td rowspan="2">$\frac{b}{50f}$</td></tr>
<tr><td>75 を超え
100 以下</td><td>$\frac{b}{48f}$</td><td>$\frac{b}{42f}$</td></tr>
</table>

ただし，架設時のみに一時的に軸方向圧縮力を受ける場合の板厚 t は，式(5.4.1) を満足すればよい。

$$\left.\begin{array}{l} t \geqq \dfrac{b}{80f} \\ \text{かつ} \\ t \geqq \dfrac{b}{220} \end{array}\right\} \cdots\cdots (5.4.1)$$

ここに，t　：板厚（mm）

b　：板の固定縁間距離（mm）（図-5.4.1）

f　：応力勾配による係数，$f=0.65\varphi^2+0.13\varphi+1.0$

φ　：応力勾配，$\varphi=\dfrac{\sigma_1-\sigma_2}{\sigma_1}$

σ_1，σ_2　：それぞれ板の両縁での縁応力度（N/mm²）。ただし，$\sigma_1 \geqq \sigma_2$ とし，圧縮応力を正とする（図-5.4.2）。

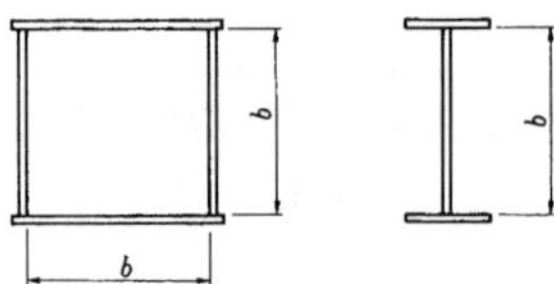

図-5.4.1　板の固定縁間距離

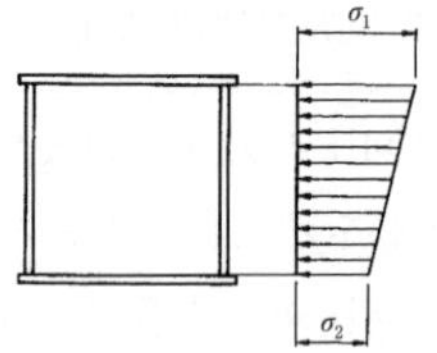

図-5.4.2　板の縁応力度

(3) 軸方向圧縮力を受ける両縁支持板に生じる圧縮応力度が，式（5.4.2）による局部座屈に対する圧縮応力度の制限値を超えない。

$$\sigma_{crld} = \xi_1 \cdot \xi_2 \cdot \Phi_U \cdot \rho_{crl} \cdot \sigma_{yk} \quad \cdots\cdots (5.4.2)$$

ここに，σ_{crld} ：局部座屈に対する圧縮応力度の制限値（N/mm^2）

σ_{yk} ：4 章に示す鋼材の降伏強度の特性値（N/mm^2）

ξ_1 ：調査・解析係数で，表-5.4.2 に示す値とする。

ξ_2 ：部材・構造係数で，表-5.4.2 に示す値とする。

Φ_U ：抵抗係数で，表-5.4.2 に示す値とする。

ρ_{crl} ：局部座屈に対する圧縮応力度の特性値に関する補正係数で式（5.4.3）による。式（5.4.3）に用いる幅厚比パラメータ R は式（5.4.4）による。

表-5.4.2 調査・解析係数，部材・構造係数，抵抗係数

(a) SBHS500 及び SBHS500W 以外の場合

	ξ_1	ξ_2	Φ_U
i) ii)及びiii)以外の作用の組合せを考慮する場合	0.90	1.00	0.85
ii) 3.5 (2)3) で⑩を考慮する場合			1.00
iii) 3.5 (2)3) で⑪を考慮する場合	1.00		

(b) SBHS500 及び SBHS500W の場合

	ξ_1	ξ_2	Φ_U
i) ii)及びiii)以外の作用の組合せを考慮する場合	0.90	0.95 ($R/f \leqq 0.7$)	0.85
ii) 3.5 (2)3) で⑩を考慮する場合		$2.5R/f-0.8$ ($0.7 < R/f \leqq 0.72$)	1.00
iii) 3.5 (2)3) で⑪を考慮する場合	1.00	1.00 ($0.72 < R/f$)	

$$\rho_{crl} = \begin{cases} 1.00 & (R/f \leqq 0.7) \\ \left(\dfrac{0.7f}{R}\right)^{1.83} & (0.7 < R/f) \end{cases} \quad \cdots\cdots (5.4.3)$$

R ：幅厚比パラメータ

$$R = \frac{b}{t}\sqrt{\frac{\sigma_{yk}}{E} \cdot \frac{12(1-\mu^2)}{\pi^2 k}} \quad \cdots\cdots (5.4.4)$$

f ：応力勾配による係数，$f=0.65\varphi^2+0.13\varphi+1.0$

φ ：応力勾配，$\varphi=\dfrac{\sigma_1-\sigma_2}{\sigma_1}$

b ：板の固定縁間距離（mm）

t ：板厚（mm）

E ：ヤング係数（N/mm^2）

μ ：ポアソン比

k ：座屈係数（両縁支持板の場合，4.0）

(2) 両縁支持板の最小板厚は表-5.4.1で与えられるが，架設時のみに一時的に圧縮力を受ける板については式（5.4.1）を満たせばよい。これは，完成時には引張力を受ける両縁支持板が架設時に小さな圧縮力を受ける場合，表-5.4.1に示す値を最小板厚とすることにより不経済な設計となるのを避けるためである。

式（5.4.1）に規定される係数fは，板の座屈に及ぼす応力勾配の影響を示す係数であり，板に作用する力が純圧縮の場合1.0，純曲げの場合3.86となる。すなわち，板に作用する力が純曲げの場合に許容される板厚は，純圧縮の場合の1/3.86となる。

(3) この示方書では，軸方向圧縮力を受ける両縁支持板の限界状態が，幅厚比パラメータによって異なるとしている。

限界幅厚比パラメータに対し，幅厚比パラメータが限界幅厚比より小さい領域では，両縁支持板は，軸方向圧縮力の増加に対して降伏強度付近で軸方向変位や面外変位に非線形性が発生することで可逆性を失う。軸方向変位や面外変位に非線形性が発生したのちの挙動については明確でなく実構造物では様々な不確実性があることを考慮し，この示方書ではこの状態を限界状態3と捉えている。一方，限界幅厚比パラメータに対し，幅厚比パラメータが限界幅厚比より大きい領域では，軸方向圧縮力の増加に対して両縁支持板全体が降伏強度に達する前に軸方向変位や面外変位に非線形性が発生し，それとほぼ同時に，部材として最大強度に達するため，この状態を限界状態3と捉えている。

限界幅厚比についてはこれまでの示方書の規定を踏襲し，$R=0.7$とされている。

軸方向圧縮力を受ける両縁支持板の限界状態3の座屈強度の特性値は，限界幅厚比パラメータに対し，幅厚比パラメータが限界幅厚比より小さい領域では部材の降伏強度としている。一方，限界幅厚比パラメータに対し，幅厚比パラメータが限界幅厚比より大きい領域では，式（5.4.2）に定める局部座屈に対する圧縮応力度の特性値に関する補正係数と鋼材の降伏強度の特性値との積$\rho_{crl}\cdot\sigma_{yk}$としている。両縁支持板の$\rho_{crl}$については，実験データを見直し，補剛板と同程度の安全余裕を確保されたものが，式（5.4.3）で新たに与えられている。

軸方向圧縮力を受ける両縁支持板の限界状態３の局部座屈に対する圧縮応力度の制限値は，この特性値に表-5.4.2 に規定される部分係数を乗じたものとなる。限界幅厚比パラメータに対し，幅厚比パラメータが限界幅厚比より小さい領域では，部材の降伏強度に対する制限値となるため，5.4.5 に規定される部分係数を準用している。限界幅厚比パラメータに対し，幅厚比パラメータが限界幅厚比より大きい領域では，抵抗係数については実験データが限られていることに対する不確実性などを考慮し，これまでの示方書による場合と同程度の安全余裕が確保できるように与えられている。また，部材・構造係数については，SBHS500 及び SBHS500W とこれら以外の鋼材で異なる値とされている。SBHS500 及び SBHS500W 以外の鋼材については，補剛板の基準耐荷力曲線で確保されている安全余裕を基準とし，1.00 とされている。一方で，SBHS500 及び SBHS500W については，限界幅厚比パラメータに対し，幅厚比パラメータが限界幅厚比より小さい領域において一定としている σ_{cr}/σ_y の値を，SBHS500 及び SBHS500W 以外の鋼材の線（図-解 5.4.1 の破線- - - -）と交差する幅厚比パラメータまで用いることとし，限界幅厚比パラメータに対し，幅厚比パラメータが限界幅厚比より大きい領域では座屈強度が支配的となることから，これより大きい領域では SBHS500 及び SBHS500W 以外の鋼材と同じとしている。

なお，式（5.4.3）は，これまでの示方書の許容応力度で応力勾配 f の影響を考慮されていたものと同様の扱いとなるよう，R を f で除したものである。

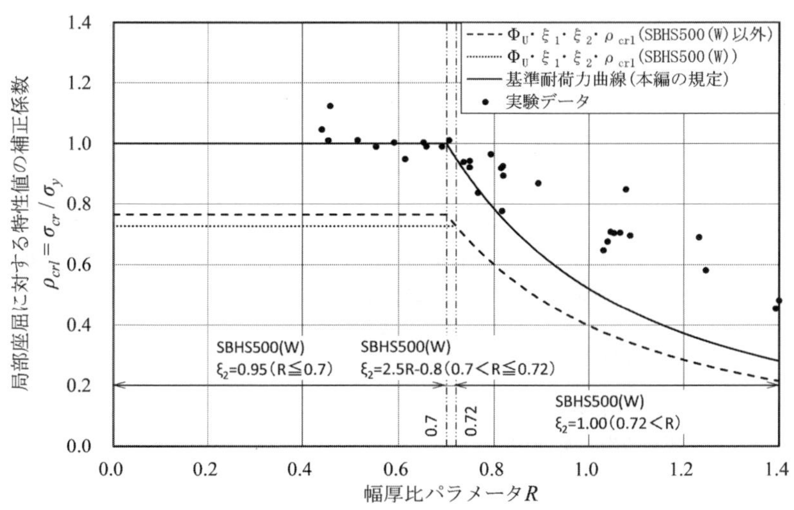

図-解 5.4.1　両縁支持板の基準耐荷力曲線

5.4.1の規定を適用する場合は板の支持条件に十分注意する必要がある。すなわち，板の支持部での面外方向への変位は十分に拘束されている必要がある。図-解5.4.2に示すような場合は上記の条件は満たされるが，図-解5.4.3に示すような場合は板の面外方向への拘束が不十分であり，5.4.1は適用してはならない。

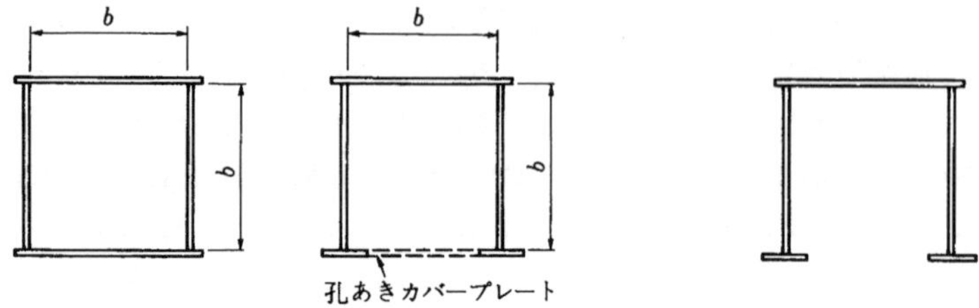

図-解5.4.2　拘束が十分な場合　　　　図-解5.4.3　拘束が不十分な場合

また，両縁支持板に垂直応力と同時にせん断応力が生じる場合については，式(解5.4.1)により照査してよい。ただし，この場合，垂直応力度に対して，5.4.5から5.4.7の規定により部材としての設計がなされていること及び5.4.10により垂直応力度とせん断応力度の合成応力度について照査がなされていることが前提条件となる。

$$\frac{2-\varphi}{2}\left(\frac{\sigma}{\sigma^*}\right)+\frac{\varphi}{2}\left(\frac{\sigma}{\sigma^*}\right)^2+\left(\frac{\tau}{\tau^*}\right)^2 \leqq 1 \quad \cdots\cdots \text{(解5.4.1)}$$

ここに，$\sigma^* = \xi_1 \cdot \xi_2 \cdot \Phi_U \cdot \rho_{crl\text{-}c} \cdot \sigma_{yk}$

$\tau^* = \xi_1 \cdot \xi_2 \cdot \Phi_U \cdot \rho_{crl\text{-}s} \cdot \sigma_{yk}$

σ_{yk}　：4章に示す鋼材の降伏強度の特性値（N/mm^2）

ξ_1　：調査・解析係数（=0.9）

ξ_2　：部材・構造係数（=1.00）

Φ_U　：抵抗係数（=0.85）

$\rho_{crl\text{-}c}$　：局部座屈に対する圧縮応力度の特性値に関する補正係数（$=(0.7f/R)^{1.83}$）

$\rho_{crl\text{-}s}$　：局部座屈に対するせん断応力度の特性値に関する補正係数（$=1/R^2$）

R：幅厚比パラメータ$\left(=\frac{b}{t}\sqrt{\frac{\sigma_{yk}}{E}\cdot\frac{12(1-\mu^2)}{\pi^2 k}}\right)$

k：座屈係数

圧縮の場合 $k=4.0$

せん断の場合

$$k=5.34+4.0\left(\frac{b}{a}\right)^2 \qquad \left(\frac{a}{b}>1\right)$$

$$4.0+5.34\left(\frac{b}{a}\right)^2 \qquad \left(\frac{a}{b}\leqq 1\right)$$

f　：応力勾配による係数，$f=0.65\varphi^2+0.13\varphi+1.0$

φ　：応力勾配，$\varphi=\dfrac{\sigma_1-\sigma_2}{\sigma_1}$

σ　：圧縮縁応力度（N/mm²）（図-解 5.4.4 の σ_1 をとる）

τ　：せん断応力度（N/mm²）

t　：板厚（mm）

b　：板幅（mm）

a　：ダイアフラム又は十分剛な横方向補剛材の間隔（mm）

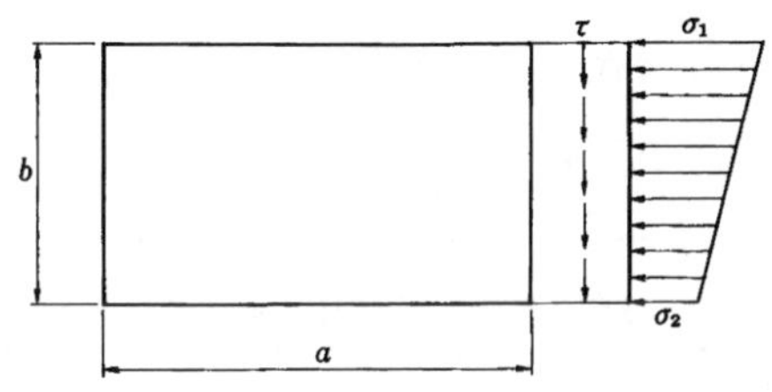

図-解 5.4.4　せん断力に対する照査

5.4.2　軸方向圧縮力を受ける自由突出板

(1)　軸方向圧縮力を受ける自由突出板は，(2)及び(3)を満足する場合には，限界状態 3 を超えないとみなしてよい。

(2)　軸方向圧縮力を受ける自由突出板の板厚 t は，自由突出幅 b の 1/16 以上とする。

(3)　軸方向圧縮力を受ける自由突出板に生じる圧縮応力度が，式（5.4.5）による局部座屈に対する圧縮応力度の制限値を超えない。

$$\sigma_{crld}=\xi_1\cdot\xi_2\cdot\Phi_U\cdot\rho_{crl}\cdot\sigma_{yk} \quad\cdots\cdots\cdots\cdots\cdots\cdots\cdots\cdots\cdots\cdots\cdots\cdots\cdots\cdot \quad (5.4.5)$$

ここに，σ_{crld}　：局部座屈に対する圧縮応力度の制限値（N/mm²）

σ_{yk}　：4 章に示す鋼材の降伏強度の特性値（N/mm²）

ξ_1　：調査・解析係数で，表-5.4.3 に示す値とする。

ξ_2　：部材・構造係数で，表-5.4.3に示す値とする。

Φ_U　：抵抗係数で，表-5.4.3に示す値とする。

ρ_{crl}　：局部座屈に対する圧縮応力度の特性値に関する補正係数で式（5.4.6）による。式（5.4.6）に用いる幅厚比パラメータRは式（5.4.7）による。

表-5.4.3　調査・解析係数，部材・構造係数，抵抗係数

(a)　SBHS500及びSBHS500W以外の場合

<table>
<tr><th></th><th>ξ_1</th><th>ξ_2</th><th>Φ_U</th></tr>
<tr><td>i）ii）及びiii）以外の作用の組合せを考慮する場合</td><td rowspan="2">0.90</td><td rowspan="3">1.00</td><td>0.85</td></tr>
<tr><td>ii）3.5(2)3)で⑩を考慮する場合</td><td rowspan="2">1.00</td></tr>
<tr><td>iii）3.5(2)3)で⑪を考慮する場合</td><td>1.00</td></tr>
</table>

(b)　SBHS500及びSBHS500Wの場合

<table>
<tr><th></th><th>ξ_1</th><th>ξ_2</th><th>Φ_U</th></tr>
<tr><td>i）ii）及びiii）以外の作用の組合せを考慮する場合</td><td rowspan="2">0.90</td><td>0.95
($R \leqq 0.7$)</td><td>0.85</td></tr>
<tr><td>ii）3.5(2)3)で⑩を考慮する場合</td><td>$1.24R+0.08$
($0.7 < R \leqq 0.73$)</td><td rowspan="2">1.00</td></tr>
<tr><td>iii）3.5(2)3)で⑪を考慮する場合</td><td>1.00</td><td>1.00
($0.73 < R$)</td></tr>
</table>

$$\rho_{crl}=\begin{cases}1.00 & (R \leqq 0.7)\\ \left(\dfrac{0.7}{R}\right)^{1.19} & (0.7<R)\end{cases} \quad \cdots\cdots\cdots\cdots \quad (5.4.6)$$

R：幅厚比パラメータ

$$R=\frac{b}{t}\sqrt{\frac{\sigma_{yk}}{E}\cdot\frac{12(1-\mu^2)}{\pi^2 k}} \quad \cdots\cdots\cdots\cdots \quad (5.4.7)$$

b　：　板の固定縁間距離（mm）

t　：　板厚（mm）

E　：　ヤング係数（N/mm^2）

μ　：　ポアソン比

k　：　座屈係数（自由突出板の場合，0.43）

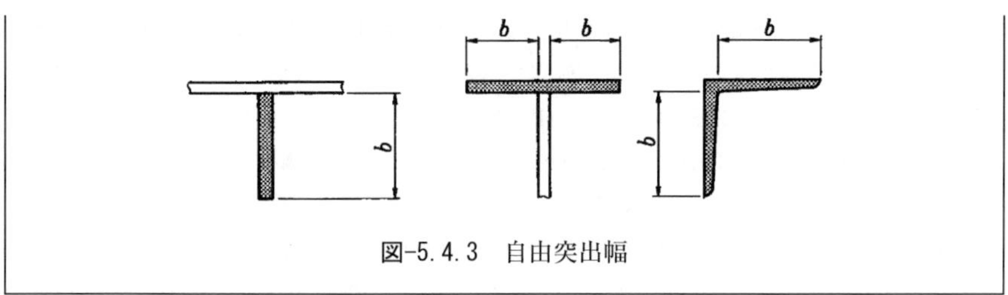

図-5.4.3　自由突出幅

(2)　5.4.1 に規定される係数 f は，板の座屈に及ぼす応力勾配の影響を示す係数であり，5.4.2 に規定する自由突出板の場合は，応力勾配の影響があまり大きくないため，それを無視し，純圧縮の値を用いた規定としている。

(3)　この示方書では，軸方向圧縮力を受ける自由突出板の限界状態が，図-解 5.4.5 に示す基準耐荷力曲線を基に，限界幅厚比パラメータを閾として異なるとしている。

限界幅厚比パラメータに対し，幅厚比パラメータが限界幅厚比より小さい領域では，自由突出板は，軸方向圧縮力の増加に対して降伏強度付近で軸方向変位や面外変位に非線形性が発生することで可逆性を失う。軸方向変位や面外変位に非線形性が発生したのちの挙動については明確でなく実構造物では様々な不確実性があることを考慮し，この示方書ではこの状態を限界状態 3 と捉えている。一方，限界幅厚比パラメータに対し，幅厚比パラメータが限界幅厚比より大きい領域では，軸方向圧縮力の増加に対して自由突出板全体が降伏強度に達する前に軸方向変位や面外変位に非線形性が発生し，それとほぼ同時に，部材として最大強度に達するため，この状態を限界状態 3 と捉えている。

限界幅厚比については見直す必要性が生じていないため，これまでの示方書の規定を踏襲し，$R=0.7$ としている。

軸方向圧縮力を受ける自由突出板の限界状態 3 の座屈強度の特性値は，限界幅厚比パラメータに対し，幅厚比パラメータが限界幅厚比より小さい領域では部材の降伏強度としている。一方，限界幅厚比パラメータに対し，幅厚比パラメータが限界幅厚比より大きい領域では，式 (5.4.5) に定める局部座屈に対する圧縮応力度の特性値に関する補正係数と鋼材の降伏強度の特性値との積 $\rho_{crl} \cdot \sigma_{yk}$ としている。自由突出板の ρ_{crl} については，実験データを見直し，補剛板と同程度の安全余裕を確保し，さらに自由突出板としての実験供試体と実橋との境界条件の違いを考慮した安全余裕を確保されたものが，式 (5.4.6) で新たに与えられている。

軸方向圧縮力を受ける自由突出板の限界状態 3 の局部座屈に対する圧縮応力度の制限値は，この特性値に表-5.4.3 に規定される部分係数を乗じたものとなる。限界幅厚比パラメータに対し，幅厚比パラメータが限界幅厚比より小さい領域では，部材の降伏強度に対する制限値となるため，5.4.5 に規定される部分係数を準用している。限界幅厚比パラメータに対し，幅厚比パラメータが限界幅厚比より大きい領域では，抵抗係数については実験データが限られていることに対する不確実性などを考慮し，これまでの示方書による場合と同程度の安全余裕が確保できるように与えられている。また，部材・構造係数については，SBHS500 及び SBHS500W とこれら以外の鋼材で異なる値とされている。SBHS500 及び SBHS500W 以外の鋼材については，補剛板の基準耐荷力曲線で確保されている安全余裕を基準とし，1.00 とされている。一方で，SBHS500 及び SBHS500W については，限界幅厚比パラメータに対し，幅厚比パラメータが限界幅厚比より小さい領域において一定としている σ_{cr}/σ_y の値を，SBHS500 及び SBHS500W 以外の鋼材の線（図-解 5.4.5 の破線 - - - -）と交差する幅厚比パラメータまで用いることとし，限界幅厚比パラメータに対し，幅厚比パラメータが限界幅厚比より大きい領域では座屈強度が支配的となることから，これより大きい領域では SBHS500 及び SBHS500W 以外の鋼材と同じとしている。

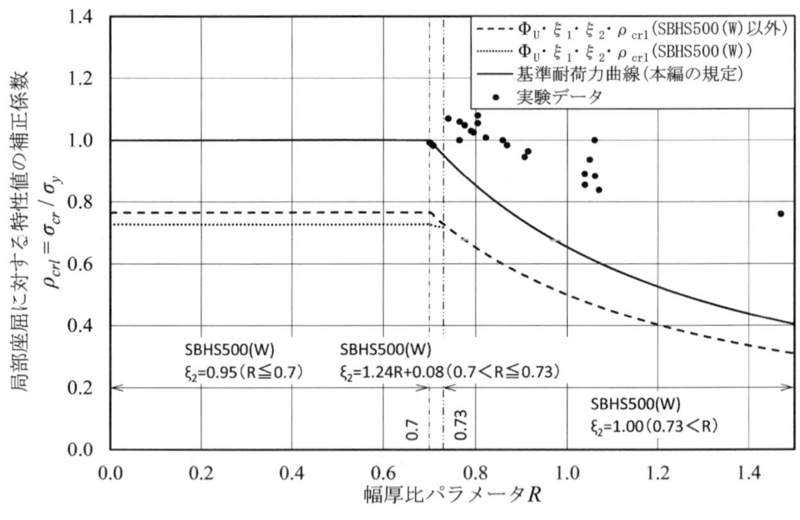

図-解 5.4.5　自由突出板の基準耐荷力曲線

5.4.3　軸方向圧縮力を受ける補剛板

(1)　軸方向圧縮力を受ける両縁を支持された補剛板は，(4)から(7)の規定を満足する補剛材が等間隔に配置され，(2)及び(3)を満足する場合には，限界状態 3 を超えないとみなしてよい。ただし，鋼桁の腹板及び鋼床版には適用しない。

(2)　軸方向圧縮力を受ける補剛板の板厚 t は，表-5.4.4 による。

表-5.4.4　軸方向圧縮力を受ける補剛板の最小板厚（mm）

<table>
<tr><th>鋼種
鋼材の
板厚(mm)</th><th>SS400
SM400
SMA400W</th><th>SM490</th><th>SM490Y
SM520
SMA490W</th><th>SBHS400
SBHS400W</th><th>SM570
SMA570W</th><th>SBHS500
SBHS500W</th></tr>
<tr><td>40 以下</td><td>$\frac{b}{56fn}$</td><td>$\frac{b}{48fn}$</td><td rowspan="2">$\frac{b}{46fn}$</td><td rowspan="3">$\frac{b}{43fn}$</td><td rowspan="2">$\frac{b}{41fn}$</td><td rowspan="3">$\frac{b}{38fn}$</td></tr>
<tr><td>40 を超え
75 以下</td><td rowspan="2">$\frac{b}{58fn}$</td><td rowspan="2">$\frac{b}{50fn}$</td></tr>
<tr><td>75 を超え
100 以下</td><td>$\frac{b}{48fn}$</td><td>$\frac{b}{42fn}$</td></tr>
</table>

ただし，架設時のみに一時的に軸方向圧縮力を受ける場合の板厚 t は，式(5.4.8) を満足すればよい。

$$t \geqq \frac{b}{80fn} \quad \cdots\cdots (5.4.8)$$

ここに，　t　：板厚（mm）

b　：補剛板の全幅（mm）(図-5.4.4)

n　：縦方向補剛材によって区切られるパネル数（$n \geqq 2$）

f　：応力勾配による係数，$f=0.65\left(\frac{\varphi}{n}\right)^2+0.13\left(\frac{\varphi}{n}\right)+1.0$

φ　：応力勾配，$\varphi=\frac{\sigma_1-\sigma_2}{\sigma_1}$

σ_1，σ_2：それぞれ補剛板の両縁での縁応力度（N/mm^2）。ただし，$\sigma_1 \geqq \sigma_2$ とし，圧縮応力を正とする（図-5.4.5)。

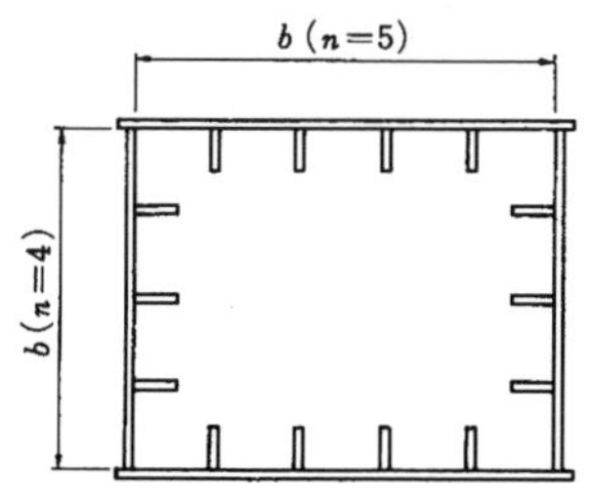

図-5.4.4　補剛板の全幅

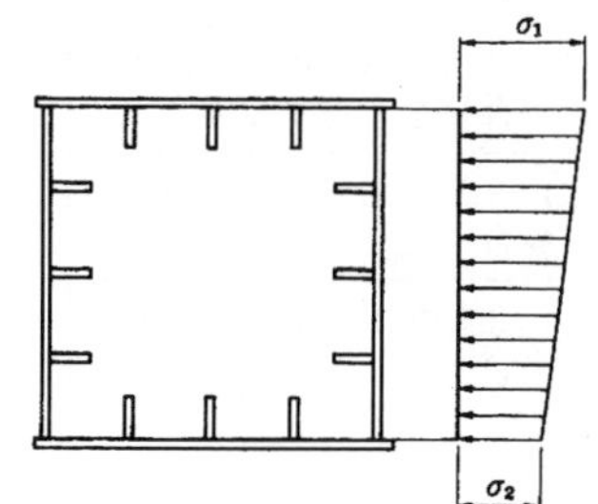

図-5.4.5　補剛板の縁応力度

(3) 軸方向圧縮力を受ける両縁を支持された補剛板に生じる圧縮応力度が，式（5. 4. 9）による局部座屈に対する圧縮応力度の制限値を超えない。

$$\sigma_{crld} = \xi_1 \cdot \xi_2 \cdot \Phi_U \cdot \rho_{crl} \cdot \sigma_{yk} \quad \cdots\cdots (5.4.9)$$

ここに，σ_{crld} ：局部座屈に対する圧縮応力度の制限値（N/mm^2）

σ_{yk} ：4 章に示す鋼材の降伏強度の特性値（N/mm^2）

ξ_1 ：調査・解析係数で，表-5. 4. 5 に示す値とする。

ξ_2 ：部材・構造係数で，表-5. 4. 5 に示す値とする。

Φ_U ：抵抗係数で，表-5. 4. 5 に示す値とする。

ρ_{crl} ：局部座屈に対する圧縮応力度の特性値に関する補正係数で式（5. 4. 10）による。式（5. 4. 10）に用いる幅厚比パラメータ R_R は式（5. 4. 11）による。

表-5. 4. 5　調査・解析係数，部材・構造係数，抵抗係数

(a) SBHS500 及び SBHS500W 以外の場合

<table>
<tr><th></th><th>ξ_1</th><th>ξ_2</th><th>Φ_U</th></tr>
<tr><td>i) ii) 及び iii) 以外の作用の組合せを考慮する場合</td><td rowspan="2">0. 90</td><td rowspan="3">1. 00</td><td>0. 85</td></tr>
<tr><td>ii) 3. 5 (2) 3) で⑩を考慮する場合</td><td rowspan="2">1. 00</td></tr>
<tr><td>iii) 3. 5 (2) 3) で⑪を考慮する場合</td><td>1. 00</td></tr>
</table>

(b) SBHS500 及び SBHS500W の場合

<table>
<tr><th></th><th>ξ_1</th><th>ξ_2</th><th>Φ_U</th></tr>
<tr><td>i) ii) 及び iii) 以外の作用の組合せを考慮する場合</td><td rowspan="2">0. 90</td><td>0. 95
($R_R/f \leqq 0.5$)</td><td>0. 85</td></tr>
<tr><td>ii) 3. 5 (2) 3) で⑩を考慮する場合</td><td>$R_R/f + 0.45$
($0.5 < R_R/f \leqq 0.55$)</td><td rowspan="2">1. 00</td></tr>
<tr><td>iii) 3. 5 (2) 3) で⑪を考慮する場合</td><td>1. 00</td><td>1. 00
($0.55 < R_R/f$)</td></tr>
</table>

$$\rho_{crl}=\begin{cases}1.00 & (R_R/f\leqq 0.5)\\ 1.50-R_R/f & (0.5<R_R/f\leqq 1.0)\\ 0.5(f/R_R)^2 & (1.0<R_R/f)\end{cases} \cdots\cdots (5.4.10)$$

R_R ： 幅厚比パラメータ

$$R_R=\frac{b}{t}\sqrt{\frac{\sigma_{yk}}{E}\cdot\frac{12(1-\mu^2)}{\pi^2 k_R}} \cdots\cdots (5.4.11)$$

f ： 応力勾配による係数，$f=0.65\left(\frac{\varphi}{n}\right)^2+0.13\left(\frac{\varphi}{n}\right)+1.0$

φ ： 応力勾配，$\varphi=\frac{\sigma_1-\sigma_2}{\sigma_1}$

b ： 板の固定縁間距離（mm）

t ： 板厚（mm）

E ： ヤング係数（N/mm^2）

μ ： ポアソン比

k_R ： 座屈係数（$=4n^2$）

n ： 補剛材で区切られたパネル数

(4) 縦方向補剛材の鋼種は，補剛される板の鋼種と同等以上のものとする。

(5) (7)により算出された縦方向補剛材1個の断面二次モーメント I_l (mm^4) 及び断面積 A_l（mm^2）は，それぞれ式（5.4.12）及び式（5.4.13）を満足しなければならない。

$$I_l\geqq\frac{bt^3}{11}\gamma_{l\cdot req} \cdots\cdots (5.4.12)$$

$$A_l\geqq\frac{bt}{10n} \cdots\cdots (5.4.13)$$

ここに，t ：補剛板の板厚（mm）

b ：補剛板の全幅（mm）

n ：縦方向補剛材によって区切られるパネル数

$\gamma_{l\cdot req}$ ：(6)により算出した縦方向補剛材の必要剛比

(6) 縦方向補剛材の必要剛比 $\gamma_{l\cdot req}$ が，1)及び2)を満足する。

1) $\alpha\leqq\alpha_0$ かつ(7)により算出した横方向補剛材1個の断面二次モーメント I_t（mm^4）が式（5.4.15）を満足する場合

$$\left.\begin{aligned}\gamma_{l\cdot req} &= 4\alpha^2 n\left(\frac{t_0}{t}\right)^2(1+n\delta_l) - \frac{(\alpha^2+1)^2}{n} && (t \geqq t_0)\\ &= 4\alpha^2 n(1+n\delta_l) - \frac{(\alpha^2+1)^2}{n} && (t < t_0)\end{aligned}\right\} \cdots\cdots\cdots (5.4.14)$$

$$I_l \geqq \frac{bt^3}{11}\cdot\frac{1+n\gamma_{l\cdot req}}{4\alpha^3} \cdots\cdots (5.4.15)$$

2)　1)に規定する以外の場合

$$\left.\begin{aligned}\gamma_{l\cdot req} &= \frac{1}{n}\left[\left\{2n^2\left(\frac{t_0}{t}\right)^2(1+n\delta_l)-1\right\}^2-1\right] && (t \geqq t_0)\\ &= \frac{1}{n}\left[\{2n^2(1+n\delta_l)-1\}^2-1\right] && (t < t_0)\end{aligned}\right\} \cdots\cdots\cdots (5.4.16)$$

ここに，α　：補剛板の縦横寸法比，

$\alpha = \dfrac{a}{b}$　(図-5.4.6)

α_0　：限界縦横寸法比，$\alpha_0 = \sqrt[4]{1+n\gamma_l}$

a　：横方向補剛材間隔（mm）

δ_l　：縦方向補剛材1個の断面積比，$\delta_l = \dfrac{A_l}{bt}$

γ_l　：縦方向補剛材の剛比，$\gamma_l = \dfrac{I_l}{\dfrac{bt^3}{11}}$

t_0　：表-5.4.6に示す板厚（mm）

表-5.4.6　板厚 t_0（mm）

鋼　種	SS400 SM400 SMA400W	SM490	SM490Y SM520 SMA490W	SBHS400 SBHS400W	SM570 SMA570W	SBHS500 SBHS500W
t_0	$\dfrac{b}{28fn}$	$\dfrac{b}{24fn}$	$\dfrac{b}{22fn}$	$\dfrac{b}{22fn}$	$\dfrac{b}{20fn}$	$\dfrac{b}{19fn}$

ここに，f ：(2)に示す応力勾配による係数

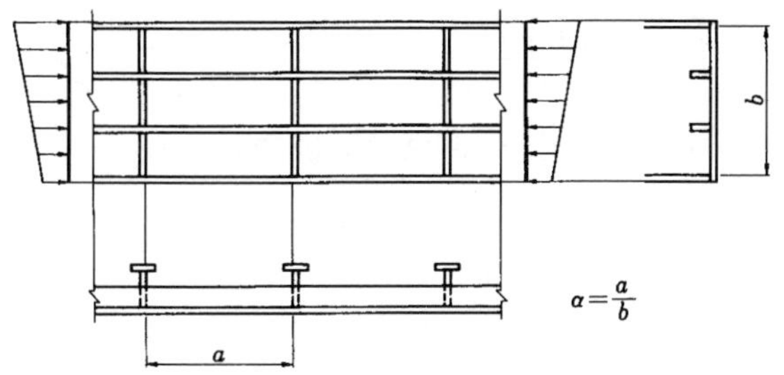

図-5.4.6　補剛板の縦横寸法比 α

(7)　補剛材の断面二次モーメントは，1)又は2)により算出する。

1)　補剛材が補剛される板の片側に配置されている場合は，補剛される板の補剛材側の表面に関する断面二次モーメントとする。

2)　補剛材が補剛される板の両側に配置されている場合は，補剛される板の中立面に関する断面二次モーメントとする。

(1)　この項で対象としているのは，(4)から(7)の規定を満足する補剛材が等間隔に配置されている補剛板である。鋼桁の腹板のように不等間隔に補剛材が配置される場合はこの項の対象外となる。鋼床版については，11.8の規定に従う場合，(4)から(7)に規定されるより大きい剛度のリブが配置され局部座屈に対して安全な設計となっているため，この条文を適用する必要はない。また，コンクリート系床版等によって，構造上，補剛板の局部座屈が防止されている場合には，必ずしもこの条文による必要はない。

(2)　補剛板に使用される板は一般に板厚が小さく溶接による初期変形，残留応力等の初期不整の影響が大きいこと，また補剛材は板の両縁支持条件を満足するほど十分に剛ではないこと等から，補剛板を両縁支持板と同じように扱うのは必ずしも妥当ではない。このようなことから，この編では，既往の実験結果[4] 等に基づき補剛板の局部座屈に対する圧縮応力度の制限値及び補剛材の必要剛比を規定している（図-解5.4.6）。

補剛板についても，両縁支持板の場合と同じく，最小板厚，局部座屈に対する圧縮応力度の制限値がそれぞれ表-5.4.4及び式（5.4.9）に与えられている。架設時のみに一時的に圧縮力を受ける補剛板の最小板厚は式（5.4.8）を満たせばよい。

式（5.4.14）を満足する補剛材必要剛比は，これまでの示方書の考え方が踏襲され，補剛板の全体座屈に関する幅厚比パラメータと局部座屈に関する幅厚比パラメータとの関係から式（解5.4.2）で与えられている。

$$\left.\begin{array}{ll} R_F=0.5 & (R_R\leqq 0.5) \\ R_F=R_R & (R_R>0.5) \end{array}\right\} \cdots\cdots \text{(解 5.4.2)}$$

ここに，$R_F = \dfrac{b}{t}\sqrt{\dfrac{\sigma_{yk}}{E} \cdot \dfrac{12(1-\mu^2)}{\pi^2 k_F}}$

R_F：補剛板の全体座屈に関する幅厚比パラメータ

k_F：座屈係数　$k_F = \dfrac{(1+\alpha^2)^2 + n\gamma_l}{\alpha^2(1+n\delta_l)}$　$(\alpha \leqq \alpha_0)$

$k_F = \dfrac{2(1+\sqrt{1+n\gamma_l})}{1+n\delta_l}$　$(\alpha > \alpha_0)$

γ_l：縦方向補剛材の剛比

δ_l：補剛材断面積比

(3)　この示方書では，軸方向圧縮力を受ける補剛板の限界状態が，図-解 5.4.6 に示す基準耐荷力曲線を基に，限界幅厚比パラメータを閾として異なるとしている。

限界幅厚比パラメータに対し，幅厚比パラメータが限界幅厚比より小さい領域では，補剛板は，軸方向圧縮力の増加に対して降伏強度付近で軸方向変位や面外変位に非線形性が発生することで可逆性を失う。軸方向変位や面外変位に非線形性が発生したのちの挙動については明確でなく実構造物では様々な不確実性があることを考慮し，この示方書ではこの状態を限界状態 3 と捉えている。一方，限界幅厚比パラメータに対し，幅厚比パラメータが限界幅厚比より大きい領域では，軸方向圧縮力の増加に対して補剛板全体が降伏強度に達する前に軸方向変位や面外変位に非線形性が発生し，それとほぼ同時に，部材として最大強度に達するため，この状態を限界状態 3 と捉えている。

限界幅厚比については，これまでの示方書の規定を踏襲し，$R_R = 0.5$ としている。

軸方向圧縮力を受ける補剛板の限界状態 3 の座屈強度の特性値は，限界幅厚比パラメータに対し，幅厚比パラメータが限界幅厚比より小さい領域では部材の降伏強度としている。一方，限界幅厚比パラメータに対し，幅厚比パラメータが限界幅厚比より大きい領域では，式（5.4.9）に定める局部座屈に対する圧縮応力度の特性値に関する補正係数と鋼材の降伏強度の特性値との積 $\rho_{crl} \cdot \sigma_{yk}$ としている。補剛板の ρ_{crl} については，これまでの示方書に規定されるものと同じとされている。

軸方向圧縮力を受ける補剛板の限界状態3の局部座屈に対する圧縮応力度の制限値は，この特性値に表-5.4.5 に規定される部分係数を乗じたものとなる。限界幅厚比パラメータに対し，幅厚比パラメータが限界幅厚比より小さい領域では，部材の降伏強度に対する制限値となるため，5.4.5 に規定される部分係数を準用している。限界幅厚比パラメータに対し，幅厚比パラメータが限界幅厚比より大きい領域では，抵抗係数については実験データが限られていることに対する不確実性などを考慮し，これまでの示方書による場合と同程度の安全余裕が確保できるように与えられている。また，部材・構造係数については，SBHS500 及び SBHS500W とこれら以外の鋼材で異なる値とされている。SBHS500 及び SBHS500W 以外の鋼材については，補剛板の基準耐荷力曲線で確保されている安全余裕を基準とし，1.00 とされている。一方で，SBHS500 及び SBHS500W については，限界幅厚比パラメータに対し，幅厚比パラメータが限界幅厚比より小さい領域において一定としている σ_{cr}/σ_y の値を，SBHS500 及び SBHS500W 以外の鋼材の線（図-解 5.4.6 の破線－－－－）と交差する幅厚比パラメータまで用いることとし，限界幅厚比パラメータに対し，幅厚比パラメータが限界幅厚比より大きい領域では座屈強度が支配的となることから，これより大きい領域では SBHS500 及び SBHS500W 以外の鋼材と同じとしている。

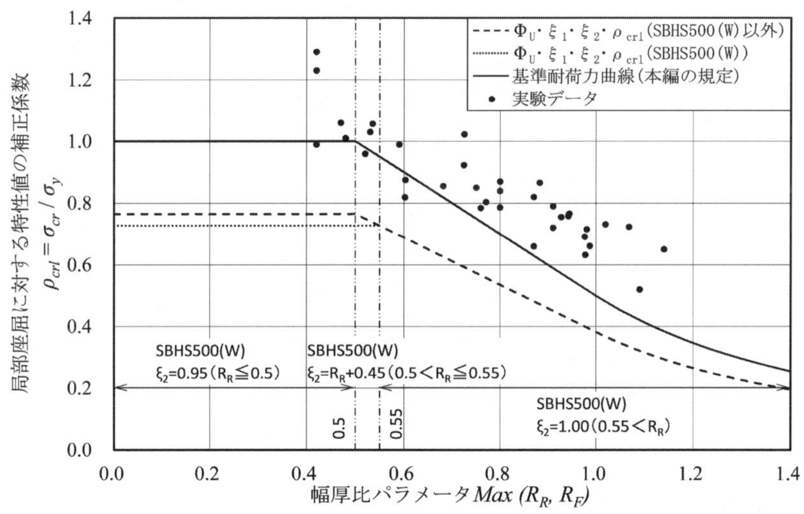

図-解 5.4.6　補剛板の基準耐荷力曲線

なお，式（5.4.10）は，これまでの示方書の許容応力度で応力勾配 f の影響を考慮されていたものと同様の扱いとなるよう，R_R を f で除したものである。

(6)　補剛板に垂直応力に加えてせん断応力が作用する場合は，両縁支持板の場合と同じく，式（解 5.4.1）により安全性を照査する必要がある。この場合，垂直応力度に対して部材としての性能を満足していること，及び必要に応じてせん断強度と垂直応力度の合成応力度の照査を満足していることが前提条件となる。このとき，照査は補剛材で囲まれたパネルについて行えばよい。5.4.3 に基づいて設計された補剛板の場合，図-解 5.4.4 の a，b はそれぞれ補剛材中心間隔をとってよい。

5. 4. 4　軸方向圧縮力を受ける部材

(1)　軸方向圧縮力を受ける部材に生じる圧縮応力度が，式（5. 4. 17）による軸方向圧縮応力度の制限値を超えない場合には，限界状態 3 を超えないとみなしてよい。

$$\sigma_{cud}=\xi_1\cdot\xi_2\cdot\Phi_U\cdot\rho_{crg}\cdot\rho_{crl}\cdot\sigma_{yk} \quad\cdots\cdots (5.4.17)$$

ここに，σ_{cud}：軸方向圧縮応力度の制限値（N/mm²）

σ_{yk}：4 章に示す鋼材の降伏強度の特性値（N/mm²）

ρ_{crg}：柱としての全体座屈に対する圧縮応力度の特性値に関する補正係数で式（5. 4. 18）及び式（5. 4. 19）により算出する。式（5. 4. 18）及び式（5. 4. 19）に用いる細長比パラメータ $\bar{\lambda}$ は式（5. 4. 20）による。

（溶接箱形断面以外の場合）

$$\rho_{crg}=\begin{cases}1.00 & (\bar{\lambda}\leqq 0.2,\ 0.29^{1)}) \\ 1.109-0.545\bar{\lambda} & (0.2,\ 0.29^{1)}<\bar{\lambda}\leqq 1.0) \\ \dfrac{1}{0.773+\bar{\lambda}^2} & (1.0<\bar{\lambda})\end{cases} \quad\cdots\cdots (5.4.18)$$

注：1）SBHS500 及び SBHS500W

（溶接箱形断面の場合）

$$\rho_{crg}=\begin{cases}1.00 & (\bar{\lambda}\leqq 0.2,\ 0.34^{1)}) \\ 1.059-0.258\bar{\lambda}-0.19\bar{\lambda}^2 & (0.2,\ 0.34^{1)}<\bar{\lambda}\leqq 1.0) \\ 1.427-1.039\bar{\lambda}+0.223\bar{\lambda}^2 & (1.0<\bar{\lambda})\end{cases} \quad\cdots\cdots (5.4.19)$$

注：1）SBHS500 及び SBHS500W

$\bar{\lambda}$　：　細長比パラメータ

$$\bar{\lambda}=\frac{1}{\pi}\cdot\sqrt{\frac{\sigma_{yk}}{E}}\cdot\frac{l}{r} \quad\cdots\cdots (5.4.20)$$

l　：　部材の有効座屈長（mm）

r　：　部材の断面二次半径（mm）

$$r=\sqrt{I/A_{nk}}$$

I　：　断面二次モーメント（mm^4）

E　：　ヤング係数（N/mm^2）

A_{nk}　：　照査断面の有効断面積（mm^2）

ρ_{crl}　：　5.4.1から5.4.3及び19.8.1に規定する局部座屈に対する特性値に関する補正係数で，部材を構成する全ての板部材又は鋼管部材のうち，最も小さい値を用いる。

ξ_1　：　調査・解析係数で，表-5.4.7に示す値とする。

ξ_2　：　部材・構造係数で，表-5.4.7に示す値とする。ただし，局部座屈に関しては，部材を構成する全ての板部材のうち，ρ_{crl}が最も小さい局部座屈に対する係数を用いる。

Φ_U　：　抵抗係数で，表-5.4.7に示す値とする。

表-5.4.7　調査・解析係数，部材・構造係数，抵抗係数

(a)　両縁支持板及び自由突出板の場合

i）　幅厚比パラメータ $R \leqq 0.7$ かつ細長比パラメータ $\bar{\lambda} \leqq 0.2$, $0.29^{1)}$, $0.34^{2)}$

	ξ_1	ξ_2	Φ_U
i） ii）及びiii）以外の作用の組合せを考慮する場合	0.90	1.00 $0.95^{1)2)}$	0.85
ii） 3.5(2)3)で⑩を考慮する場合			1.00
iii） 3.5(2)3)で⑪を考慮する場合	1.00		

注：1)　SBHS500及びSBHS500Wの溶接箱形断面以外
　　2)　SBHS500及びSBHS500Wの溶接箱形断面

ii）幅厚比パラメータ $R \leqq 0.7$ かつ細長比パラメータ $\bar{\lambda} > 0.2$, $0.29^{1)}$, $0.34^{2)}$

	ξ_1	ξ_2	Φ_U
i） ii）及びiii）以外の作用の組合せを考慮する場合	0.90	1.00	0.85
ii） 3.5(2)3)で⑩を考慮する場合			1.00
iii） 3.5(2)3)で⑪を考慮する場合	1.00		

注：1)　SBHS500及びSBHS500Wの溶接箱形断面以外
　　2)　SBHS500及びSBHS500Wの溶接箱形断面

iii） 幅厚比パラメータ $R > 0.7$ かつ細長比パラメータ $\bar{\lambda} \leqq 0.2$, 0.29[2], 0.34[3]

	ξ_1	ξ_2	Φ_U
ｉ） ⅱ)及びⅲ)以外の作用の組合せを考慮する場合	0.90	局部座屈の部材・構造係数[1]	0.85
ⅱ） 3.5(2)3)で⑩を考慮する場合			1.00
ⅲ） 3.5(2)3)で⑪を考慮する場合	1.00		

注：1) 5.4.1及び5.4.2に規定するξ_2
　　2) SBHS500及びSBHS500Wの溶接箱形断面以外
　　3) SBHS500及びSBHS500Wの溶接箱形断面

iv） 幅厚比パラメータ $R > 0.7$ かつ細長比パラメータ $\bar{\lambda} > 0.2$, 0.29[2], 0.34[3]

	ξ_1	ξ_2	Φ_U
ｉ） ⅱ)及びⅲ)以外の作用の組合せを考慮する場合	0.90	局部座屈の部材・構造係数[1]	0.85
ⅱ） 3.5(2)3)で⑩を考慮する場合			1.00
ⅲ） 3.5(2)3)で⑪を考慮する場合	1.00		

注：1) 5.4.1及び5.4.2に規定するξ_2
　　2) SBHS500及びSBHS500Wの溶接箱形断面以外
　　3) SBHS500及びSBHS500Wの溶接箱形断面

(b) 補剛板の場合

ｉ） 幅厚比パラメータ $R \leqq 0.5$ かつ細長比パラメータ $\bar{\lambda} \leqq 0.2$, 0.29[1], 0.34[2]

	ξ_1	ξ_2	Φ_U
ｉ） ⅱ)及びⅲ)以外の作用の組合せを考慮する場合	0.90	1.00 0.95[1)2)]	0.85
ⅱ） 3.5(2)3)で⑩を考慮する場合			1.00
ⅲ） 3.5(2)3)で⑪を考慮する場合	1.00		

注：1) SBHS500及びSBHS500Wの溶接箱形断面以外
　　2) SBHS500及びSBHS500Wの溶接箱形断面

ii) 幅厚比パラメータ $R \leqq 0.5$ かつ細長比パラメータ $\bar{\lambda} > 0.2$, 0.29[1)], 0.34[2)]

	ξ_1	ξ_2	Φ_U
i) ii)及びiii)以外の作用の組合せを考慮する場合	0.90	1.00	0.85
ii) 3.5(2)3)で⑩を考慮する場合			1.00
iii) 3.5(2)3)で⑪を考慮する場合	1.00		

注：1) SBHS500 及び SBHS500W の溶接箱形断面以外
　　2) SBHS500 及び SBHS500W の溶接箱形断面

iii) 幅厚比パラメータ $R > 0.5$ かつ細長比パラメータ $\bar{\lambda} \leqq 0.2$, 0.29[2)], 0.34[3)]

	ξ_1	ξ_2	Φ_U
i) ii)及びiii)以外の作用の組合せを考慮する場合	0.90	局部座屈の部材・構造係数[1)]	0.85
ii) 3.5(2)3)で⑩を考慮する場合			1.00
iii) 3.5(2)3)で⑪を考慮する場合	1.00		

注：1) 5.4.3 に規定する ξ_2
　　2) SBHS500 及び SBHS500W の溶接箱形断面以外
　　3) SBHS500 及び SBHS500W の溶接箱形断面

iv) 幅厚比パラメータ $R > 0.5$ かつ細長比パラメータ $\bar{\lambda} > 0.2$, 0.29[2)], 0.34[3)]

	ξ_1	ξ_2	Φ_U
i) ii)及びiii)以外の作用の組合せを考慮する場合	0.90	局部座屈の部材・構造係数[1)]	0.85
ii) 3.5(2)3)で⑩を考慮する場合			1.00
iii) 3.5(2)3)で⑪を考慮する場合	1.00		

注：1) 5.4.3 に規定する ξ_2
　　2) SBHS500 及び SBHS500W の溶接箱形断面以外
　　3) SBHS500 及び SBHS500W の溶接箱形断面

軸方向圧縮力を受ける部材の限界状態3と考えることができる状態は，細長比パラメータ及び幅厚比パラメータの領域によって異なり，図-解 5.4.7 に示す降伏先行領域，柱の全体座屈領域，板の局部座屈領域及び連成座屈領域の4つに区分できる。

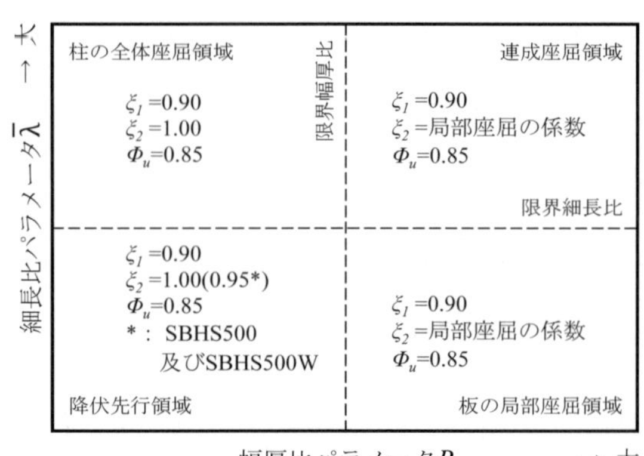

図-解 5.4.7　軸方向圧縮力を受ける部材の限界状態の区分

① 降伏先行領域：細長比パラメータ及び幅厚比パラメータがともに小さい領域

軸方向圧縮力の増加に対して降伏強度付近で軸方向変位や面外変位に非線形性が発生することで可逆性を失う。軸方向変位や面外変位に非線形性が生じたのちの挙動については明確でなく実構造物では様々な不確実性があることを考慮し，この示方書ではこの状態を限界状態 3 と捉えている。

この領域では，部材の降伏強度に対する制限値となるため，5.4.5 に規定される部分係数を準用している。

② 柱の全体座屈領域：細長比パラメータが大きく，幅厚比パラメータが小さい領域

軸方向圧縮力の増加に対して部材全体が降伏強度に達する前に，部材の軸方向変位や面外変位に非線形性が発生し，それとほぼ同時に，部材としての最大強度に達するため，この状態を限界状態 3 と捉えている。

この領域の部材・構造係数については，柱の基準耐荷力曲線で確保されている安全余裕を基準とし，1.00 としている。

③ 板の局部座屈領域：細長比パラメータが小さく，幅厚比パラメータが大きい領域

軸方向圧縮力の増加に対して部材全体が降伏強度に達する前に，部材を構成する板の軸方向変位や面外変位に非線形性が発生し，それとほぼ同時に，部材としての最大強度に達するため，この状態を限界状態 3 と捉えている。

この領域では，部材を構成する板に対する制限値となるため，5.4.1，5.4.2 及び 5.4.3 に規定される部材・構造係数を準用している。

④ 連成座屈領域：細長比パラメータ及び幅厚比パラメータがともに大きい領域

この領域においては，部材の全体座屈と部材を構成する板の局部座屈の連成を考慮した状態を限界状態 3 と捉えている。

この領域における制限値は，部材を構成する板に対する値とし，5.4.1，5.4.2 及び 5.4.3 に規定される部材・構造係数を準用している。

式（5.4.17）は，柱としての全体座屈に対する特性値 ρ_{crg}・σ_{yk} に，部材を構成する板の局部座屈の影響を考慮して，軸方向圧縮応力度の制限値を与えたものである。5.4.1，5.4.2 及び 5.4.3 で規定される板及び補剛板の局部座屈を考慮しなくてよい場合は，柱としての全体座屈に対する特性値 ρ_{crg}・σ_{yk} に部分係数を乗じた値を軸方向圧縮応力度の制限値としてよい。しかしながら，部材を構成する板の局部座屈の影響を考慮しなければならない場合は，全体座屈と局部座屈が連成して部材の座屈強度は両者を下回ることがある。この場合，部材の座屈強度が両者をどの程度下回るかは，部材の剛性，それを構成する板の剛性により異なる。ここでは安全側に規定されているこれまでの示方書の考え方に従い，式（5.4.17）のように定めている。

式（5.4.18）及び式（5.4.19）に示す柱としての全体座屈に対する圧縮応力度の特性値に関する補正係数は，圧縮部材の不完全性を考慮した基準耐荷力曲線である。圧縮部材の不完全性として初期曲がり，荷重の偏心，残留応力，部材断面内における降伏点のばらつき等を考慮に入れた耐荷力を，文献 4）等の方法によって計算することができる。これらの不完全性の各種組合せに対して，細長比に対応する耐荷力を計算すると，部材断面ごとの耐荷力曲線を求めることができる。この場合，降伏点 σ_{yk} を基準にして，この曲線を無次元化して表すと，全ての鋼種の耐荷力曲線を統一することができる。

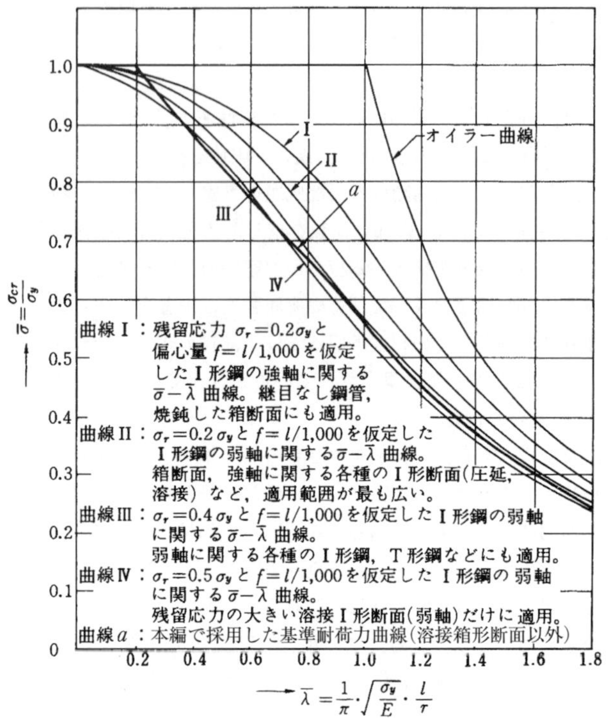

図-解 5.4.8　耐荷力曲線

G. Schulz は次の 2 つの条件に基づいて多数の耐荷力曲線を計算し[6)]，それらの妥当性を実験（ヨーロッパ鋼構造協会連合，Ⅷ技術委員会で実施）によって確認している。

i ）　避けられない部材の初期曲がりとして，その中央で $f=l/1,000$（l は部材長）のたわみをもつ正弦形のものを考慮する。この $l/1,000$ という値は，上記Ⅷ技術委員会の第 2 小委員会で 1966 年 12 月に採択された値である。

ii ）　多数の試験体について行った測定結果に基づいて，残留応力の分布は断面形状に応じて直線形又は放物線形のものを，また残留応力の大きさは $\sigma_r=(0.3\sim0.7)\ \sigma_y$ を考慮する。

iii ）　部材の両端はピン支点とし荷重は偏心なく作用するものとする。これは部材端の支持条件をも同時に考慮すると，代表的な耐荷力曲線を求めることが煩雑になるからである。

部材断面として実際に多く用いられる各種の I 形断面，T 形断面，箱形断面及びパイプ断面について，上記の条件のもとで，多数の耐荷力曲線が求められている[6),7)]。これらの耐荷力曲線は部材の断面形状，残留応力の大きさ，座屈軸等により，圧縮力を受けた場合の塑性化の進展状況が異なるため，かなり大きな差異が生じる。G. Schulz はこれらを図-解 5.4.8 に示す 4 本の曲線で代表させることを提案している。曲線Ⅰ～Ⅳの計算仮定と，上記の実験等[6]によって確認された適用範囲とを図-解 5.4.8 に略記した。

図-解 5.4.8 に示したように，断面形状等に応じて適当な耐荷力曲線を用いれば経済的な設計ができるが，従来から，設計の簡略化を図るために，1 つの耐荷力曲線だけを用いることとし，図-解 5.4.8 の 4 本の曲線のほぼ下限値に相当する式（5.4.18）が採用されていた。

これまでの示方書では，設計の合理化の観点から，この耐荷力曲線に加えて，圧縮部材として一般的に使用されている溶接箱形断面を対象として式（5.4.19）の耐荷力曲線が規定されていた。この耐荷力曲線は，既往の耐荷力実験・解析結果[8),9),10),11)]を踏まえて，溶接箱形断面（矩形断面の 4 辺を溶接接合した部材）を対象として，初期不整として残留応力と初期曲がりを考慮した場合の耐荷力の下限値を基に設定したものである。耐荷力曲線の設定には，残留応力として既往の計測結果に基づき $0.25\sigma_y$ を，初期曲がりとして 20.7.2 に規定される $f=l/1,000$ を考慮している。

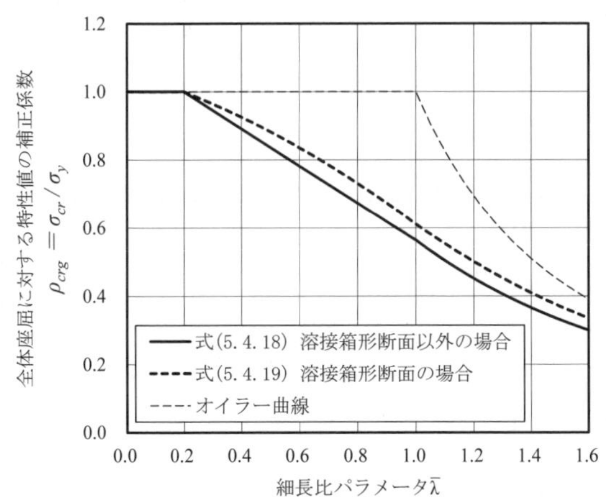

図-解 5.4.9 式（5.4.18）及び式（5.4.19）で示す基準耐荷力曲線（SBHS500 及び SBHS500W 以外）

今回の改定において，柱としての全体座屈に対する耐荷力曲線及び限界細長比は見直す必要性はないとして，これまでの示方書を踏襲している。

ただし，SBHS500 及び SBHS500W に対しては，図-解 5.4.9 に示す基準耐荷力曲線において，SBHS500 及び SBHS500W 以外の ρ_{crg} が 0.95 となる細長比パラメータ $\bar{\lambda}$ まで，ρ_{crg} が 1.0 となるように設定している。このときの細長比パラメータ $\bar{\lambda}$ は，溶接箱形断面以外の場合で 0.29，溶接箱形断面の場合で 0.34 である。細長比パラメータが限界細長比より小さい領域では，鋼材の降伏強度が支配的であることから使用実績なども考慮して係数が調整されている。

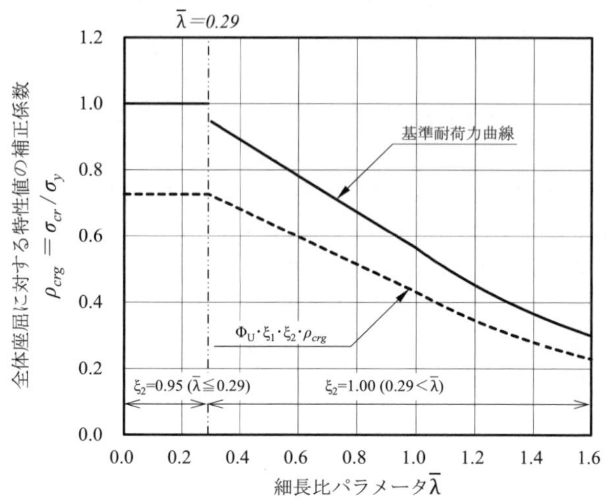

(a) 溶接箱形断面以外の場合

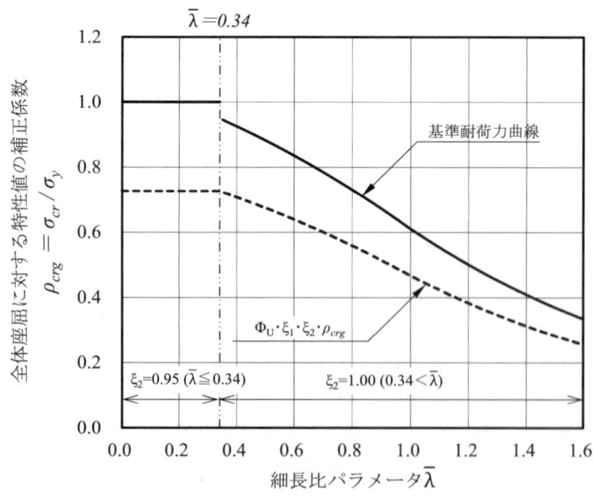

(b) 溶接箱形断面の場合

図-解 5.4.10　SBHS500 及び SBHS500W の柱としての基準耐荷力曲線

なお，軸方向圧縮部材は一般に自重の影響を無視して設計してよいが，水平又はこれに近い状態で配置され，しかもl/rの大きい部材については，ごく稀に自重の影響を考慮する必要があるので注意する必要がある。ただし，片側ガセットで取り付けられ偏心圧縮力を受ける山形又はT形断面部材に対して5.4.13の規定を用いて設計する場合や鋼管部材のうちで製造管に属するものについては，l/rに関わらず自重の影響を無視することができる。これは，前者の場合，偏心の影響が卓越するので自重の影響は無視できると考えられ，また後者の場合，制限値そのものが製造管を対象とし，安全側の値をとっていることによるものである。しかし，ごく稀な用例として，両側にガセットを設け通常中心圧縮部材と考えられるような部材で，しかもl/rが70程度を超えるような部材に対しては，自重による影響を考慮して設計する必要がある。この場合，軸方向力及び曲げモーメントを受ける部材として設計する。有効座屈長lについては各章の規定によるが，規定されていない場合は表-解5.4.1を参考に$l=\beta \cdot L$により求めることができる。

表-解5.4.1　柱の有効座屈長　　L：部材長(mm)

	1	2	3	4	5	6
座屈形が点線のような場合	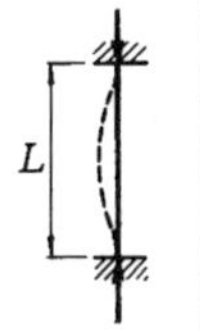 L					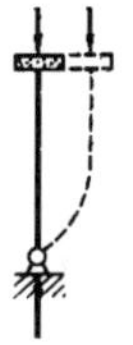
βの理論値	0.5	0.7	1.0	1.0	2.0	2.0
βの推奨値	0.65	0.8	1.2	1.0	2.1	2.0

材端条件	回転に対して	水平変位に対して
	固定	固定
	自由	固定
	固定	自由
	自由	自由

5.4.5　軸方向引張力を受ける部材

軸方向引張力を受ける部材に生じる軸方向引張応力度が，式（5.4.21）による軸方向引張応力度の制限値を超えない場合には，限界状態3を超えないとみなしてよい。

$$\sigma_{tud}=\xi_1 \cdot \xi_2 \cdot \Phi_{Ut} \cdot \sigma_{yk} \quad \cdots\cdots (5.4.21)$$

ここに，σ_{tud} ：軸方向引張応力度の制限値（N/mm²）

σ_{yk} ：4 章に示す鋼材の降伏強度の特性値（N/mm²）

Φ_{Ut} ：抵抗係数で，表-5. 4. 8 に示す値とする。

ξ_1 ：調査・解析係数で，表-5. 4. 8 に示す値とする。

ξ_2 ：部材・構造係数で，表-5. 4. 8 に示す値とする。

表-5. 4. 8　調査・解析係数，部材・構造係数，抵抗係数

	ξ_1	ξ_2	Φ_{Ut}
i） ii）及び iii）以外の作用の組合せを考慮する場合	0. 90	1. 00 0. 95[1)]	0. 85
ii） 3. 5(2)3)で⑩を考慮する場合			1. 00
iii） 3. 5(2)3)で⑪を考慮する場合	1. 00		

注：1） SBHS500 及び SBHS500W

軸方向引張力を受ける部材では，降伏が生じた後，引張破壊に至るまでに最大強度に達することになり，この状態を耐荷力を完全に失わない限界である限界状態 3 とみなすことができる。しかし，部材の各部の塑性化や破断の組合せ状態となる部材としての限界の状態を超えないことを，降伏強度との関係による以外の方法で保証することが困難であること，また，部材各部が降伏強度以下であれば部材としての耐荷力を喪失していない状態にとどまる。そこで，今回の改定では，限界状態 3 を部材の降伏とし，はり理論により計算した部材各部の応力度を制限するものとした。なお，特性値は 4 章に示す鋼材の降伏強度とし，部材に生じる引張応力度の算出には純断面積を用いてよい。

表-5. 4. 8 に示す抵抗係数は，鋼材の降伏強度のはらつきに材料寸法の空間的なばらつきを加味した変動係数を元に設定されている。

SBHS500 及び SBHS500W の部材・構造係数は，使用実績が少ないこと，これまで使用されてきた鋼材との降伏以降の挙動の違いなども考慮して，安全側になるように設定している。

5. 4. 6　曲げモーメントを受ける部材

(1) 曲げモーメントを受ける部材の断面に生じる応力度が，式（5. 4. 22）による曲げ引張応力度の制限値，式（5. 4. 23）による曲げ圧縮応力度の制限値を超えない場合には，限界状態 3 を超えないとみなしてよい。

引張側：

$$\sigma_{tud}=\xi_1\cdot\xi_2\cdot\Phi_{Ut}\cdot\sigma_{yk} \quad\cdots\cdots(5.4.22)$$

圧縮側：

$$\sigma_{cud}=\xi_1\cdot\xi_2\cdot\Phi_{U}\cdot\rho_{brg}\cdot\sigma_{yk} \quad\cdots\cdots(5.4.23)$$

ここに，σ_{tud} ：曲げ引張応力度の制限値（N/mm^2）

σ_{cud} ：曲げ圧縮応力度の制限値（N/mm^2）

σ_{yk} ：4 章に示す鋼材の降伏強度の特性値（N/mm^2）

ρ_{brg} ：曲げ圧縮による横倒れ座屈に対する圧縮応力度の特性値に関する補正係数で式（5.4.24）により算出する。ただし，圧縮フランジがコンクリート系床版で直接固定されている場合及び箱形断面，π 形断面の場合は 1.0 としてよい。式（5.4.24）に用いる座屈パラメータ α は式（5.4.25）による。

$$\rho_{brg}=\begin{cases}1.0 & (\alpha\leqq 0.2,\ 0.32^{1)})\\ 1.0-0.412(\alpha-0.2) & (0.2,\ 0.32^{1)}<\alpha)\end{cases} \quad\cdots\cdots(5.4.24)$$

注：1）SBHS500 及び SBHS500W

α ： 座屈パラメータ

$$\alpha=\frac{2}{\pi}K\sqrt{\frac{\sigma_{yk}}{E}}\cdot\frac{l}{b} \quad\cdots\cdots(5.4.25)$$

$$K=\begin{cases}2 & (A_w/A_c\leqq 2)\\ \sqrt{3+\dfrac{A_w}{2A_c}} & (A_w/A_c>2)\end{cases}$$

l ： 圧縮フランジ固定点間距離（mm）

b ： 圧縮フランジ幅（mm）

E ： ヤング係数（N/mm^2）

A_w ： 腹板の総断面積（mm^2）

A_c ： 圧縮フランジの総断面積（mm^2）

ただし，l/b は鋼種に応じて表-5.4.9 に示す値以下としなければならない。

表-5.4.9　l/b の最大値

鋼種	SS400 SM400 SMA400W	SM490	SM490Y SM520 SMA490W	SBHS400 SBHS400W	SM570 SMA570W	SBHS500 SBHS500W
l/b の最大値	30	30	27	25	25	23

Φ_{Ut}：　抵抗係数で，表-5.4.10 に示す値とする。

Φ_U：　抵抗係数で，表-5.4.11 に示す値とする。

ξ_1：　調査・解析係数で，表-5.4.10 及び表-5.4.11 に示す値とする。

ξ_2：　部材・構造係数で，表-5.4.10 及び表-5.4.11 に示す値とする。

表-5.4.10　調査・解析係数，部材・構造係数，抵抗係数

<table>
<tr><th></th><th>ξ_1</th><th>ξ_2</th><th>Φ_{Ut}</th></tr>
<tr><td>i）ii）及びiii）以外の作用の組合せを考慮する場合</td><td rowspan="2">0.90</td><td rowspan="3">1.00
0.95[1]</td><td>0.85</td></tr>
<tr><td>ii）3.5(2)3)で⑩を考慮する場合</td><td rowspan="2">1.00</td></tr>
<tr><td>iii）3.5(2)3)で⑪を考慮する場合</td><td>1.00</td></tr>
</table>

注：1）SBHS500 及び SBHS500W

表-5.4.11　調査・解析係数，部材・構造係数，抵抗係数

(a)　座屈パラメータ$\alpha \leqq 0.2$, 0.32[1]

<table>
<tr><th></th><th>ξ_1</th><th>ξ_2</th><th>Φ_U</th></tr>
<tr><td>i）ii）及びiii）以外の作用の組合せを考慮する場合</td><td rowspan="2">0.90</td><td rowspan="3">1.00
0.95[1]</td><td>0.85</td></tr>
<tr><td>ii）3.5(2)3)で⑩を考慮する場合</td><td rowspan="2">1.00</td></tr>
<tr><td>iii）3.5(2)3)で⑪を考慮する場合</td><td>1.00</td></tr>
</table>

注：1）SBHS500 及び SBHS500W

(b)　座屈パラメータ$\alpha > 0.2$, 0.32[1]

<table>
<tr><th></th><th>ξ_1</th><th>ξ_2</th><th>Φ_U</th></tr>
<tr><td>i）ii）及びiii）以外の作用の組合せを考慮する場合</td><td rowspan="2">0.90</td><td rowspan="3">1.00</td><td>0.85</td></tr>
<tr><td>ii）3.5(2)3)で⑩を考慮する場合</td><td rowspan="2">1.00</td></tr>
<tr><td>iii）3.5(2)3)で⑪を考慮する場合</td><td>1.00</td></tr>
</table>

注：1）SBHS500 及び SBHS500W

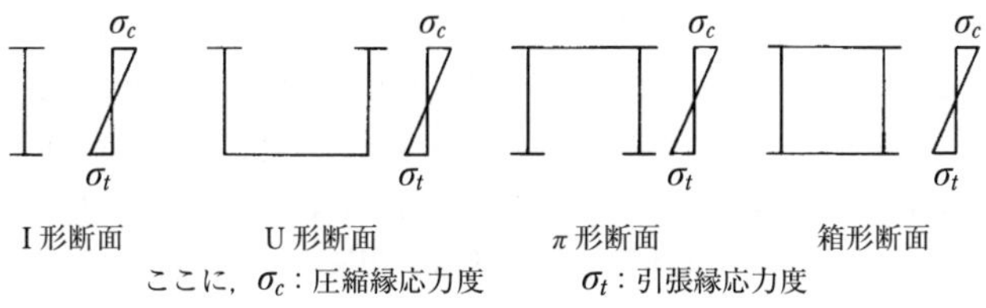

図-5.4.7　断面の種類

(2)　5.4.1 から 5.4.3 及び 19.8.1 に規定する局部座屈に対する圧縮応力度の制限値が，曲げ圧縮応力度の制限値より小さい場合には，(1)に関わらず，5.4.1 から 5.4.3 及び 19.8.1 に規定する局部座屈に対する圧縮応力度の制限値を曲げ圧縮応力度の制限値とする。

(3)　設計断面を含む圧縮フランジの固定点間の部材において，部材両端の設計曲げモーメントが異なり，その間で曲げモーメントがほぼ直線的に変化する場合には，(1)で算出される曲げ圧縮応力度の制限値に（M_d/M_{eq}）を乗じてもよい。ただし，その値は，曲げ圧縮応力度の制限値の上限値，又は，5.4.1 から 5.4.3 及び 19.8.1 に規定する局部座屈に対する圧縮応力度の制限値を超えてはならない。

ここに，M_d：照査断面に作用する曲げモーメント（N·mm）

M_{eq}：等価換算曲げモーメント（N·mm）。式（5.4.26）及び式（5.4.27）のうち大きい方とする。

$$M_{eq}=0.6M_1+0.4M_2 \quad \cdots\cdots (5.4.26)$$

$$M_{eq}=0.4M_1 \quad \cdots\cdots (5.4.27)$$

M_1, M_2　：　それぞれ部材両端の曲げモーメント（N·mm）。$M_1 \geqq M_2$ とし，符号は着目しているフランジに圧縮応力が生じる曲げモーメントを正とする。

(1)　曲げモーメントを受ける部材では，引張側では降伏による非線形性が発生することで可逆性を失う部位が拡大する一方，圧縮側では圧縮応力の増加により座屈を生じることで可逆性を失う直前に最大強度に達する。このような挙動の過程で部材としての限界状態3に相当する状態が現れると考えることができるものの，部材としての限界状態3となる条件を明確に示すことが困難であるため，引張側では，部材の各部位で降伏に至らないとみなせる場合に部材としての限界状態3を超えないとみなすことができるとされたものである。圧縮側では，はりの細長比パラメータ（座屈パラメータ）が限界細長比より小さい領域では，圧縮降伏した後に板の局部座屈により最大強度に達する。一方，はりの細長比パラメータが限界細長比より大きい領域では降伏強度に達する前に横倒れ座屈が生じ最大強度に達する。このようにはりの細長比パラメータの大きさにより限界状態が異なることから，この示方書においてもこれまでの示方書と同様にその影響を考慮して規定されている。

桁の圧縮縁については，桁の横倒れ座屈強度を基本に曲げ圧縮応力度の制限値を定めている。すなわち，横倒れ座屈に対して，桁は圧縮フランジの固定点において単純支持されているものとし，この両端に等曲げモーメントが作用したときの圧縮縁の横倒れ座屈強度によって曲げ圧縮応力度の制限値を規定している。圧縮フランジが直接コンクリート床版等で固定されている場合並びに箱形及びπ形断面の場合は，曲げによる横倒れ座屈が起こりにくいので$\rho_{brg}=1.0$とし，曲げ圧縮応力度の制限値に圧縮降伏強度を基にした制限値をとるものとしている。

横倒れ座屈強度は，A_w/A_c及びl/bの関数として近似的に表すことができ，今回の改定においても，これまでの横倒れ座屈の基準耐荷力曲線を踏襲している。横倒れ座屈については，柱の座屈と異なり局部座屈と連成することは少ないと考えられるが，局部座屈強度が横倒れ座屈強度を下回る場合，耐荷力は局部座屈により決定されるので，条文(2)のように定めている。

一方，SBHS500及びSBHS500Wに対しては，図-解5.4.11(a)に示す基準耐荷力曲線において，SBHS500及びSBHS500W以外のρ_{brg}が0.95となるはりの細長比パラメータα（= 0.32）まで，ρ_{brg}が1.0となるように設定している。はりの細長比パラメータが限界細長比より小さい領域では，鋼材の降伏強度の影響が支配的と考えられるものの，使用実績が少ないことや，これまで使用されてきた鋼材との降伏以降の挙動の違いなども考慮して，安全側になるように設定している。

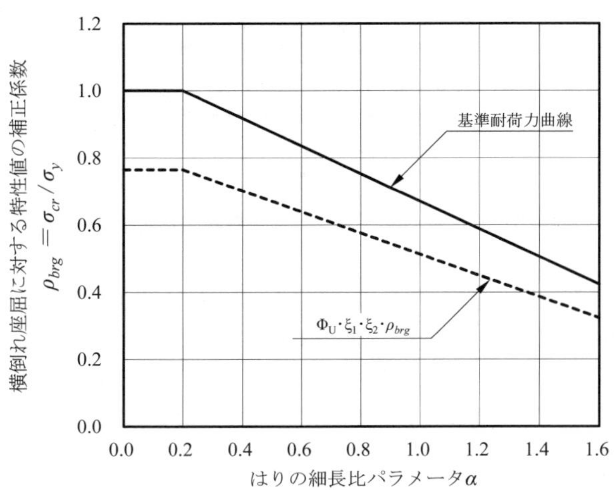

(a) SBHS500 及び SBHS500W 以外の場合

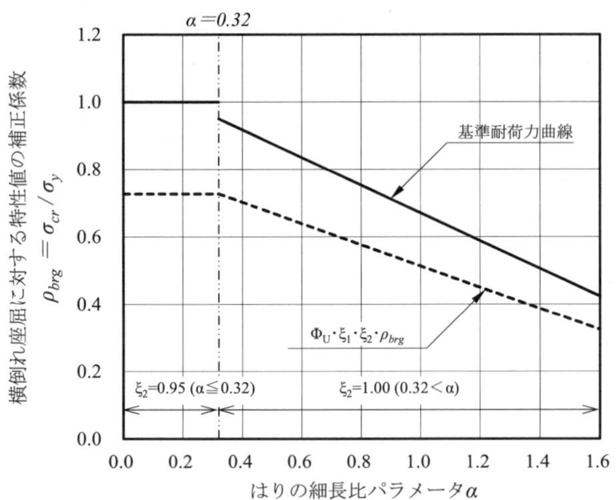

(b) SBHS500 及び SBHS500W の場合

図-解 5.4.11 横倒れ座屈の基準耐荷力曲線

なお，圧縮フランジの固定点間距離は，横倒れ座屈を拘束するような構造の床桁，横構，対傾構等の取付部における部材骨組線の交点間の距離であり，ストラットのみの取付間隔や，腹板の垂直補剛材取付部の間隔をとってはならない（図-解 5.4.12)。

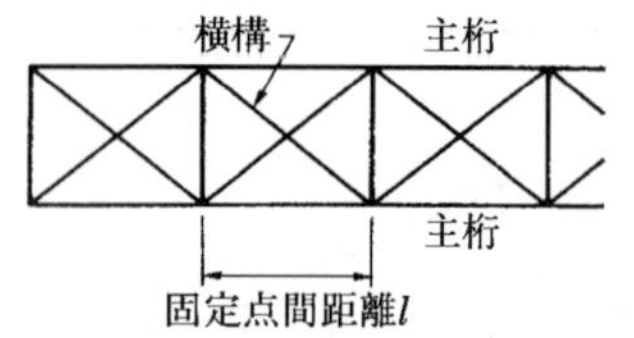

図-解 5.4.12　圧縮フランジの固定点間距離

また，l/b の最大値（例えば SM400 では $l/b=30$）は，曲げ圧縮応力度の制限値が極端に低下するのを防ぐために制限したものである。

また，式（5.4.24）は本来上下等フランジの桁に対する基準耐荷力曲線であるが，上下のフランジ断面積が等しくない桁に対しても十分な精度で適用できるので，この場合でも同じ基準耐荷力曲線を用いることとされた。また，式（5.4.23）はU形断面，⌞⌟形断面の桁にも適用できるが，⌞⌟形断面の桁では鉛直面内の曲げモーメントによって，断面の上フランジ及び腹板には外側へ開こうとする力が作用するので，断面変形を生じないように十分剛な横構，対傾構を配置する必要がある。

この条文に規定した部材としての横倒れ座屈のほかに，橋全体としての横倒れ座屈を照査することが必要となる場合がある。すなわち，断面全体の水平方向の断面二次モーメントが鉛直方向の断面二次モーメントより小さく，更に支間長が腹板間隔のおよそ 18 倍より大きい 2 主桁の橋等では橋全体の横倒れ座屈を照査[12]する必要がある。

部分係数は，これまでの示方書による場合の安全余裕と概ね同等となるように調整した数値が与えられた。

照査断面の有効断面積は，引張側については純断面積，圧縮側については普通ボルト孔，ピン孔等を考慮しない総断面積としてよい。

(2)　横倒れ座屈については，柱の座屈と異なり局部座屈と連成することは少ないが，局部座屈強度が横倒れ座屈強度を下回る場合，耐荷力は局部座屈により決定されるので，条文の(2)のように定められた。

(3)　固定点間で曲げモーメントがほぼ直線変化をする場合は，この条文の(2)に示すように曲げ圧縮応力度の制限値を割増すことができる。これは主として合成桁の架設時の桁端付近に適用することを目的としたものである。すなわち，図-解 5.4.13 のように両固定点①，②における曲げモーメントをそれぞれ M_1，M_2（ただし $M_1 \geqq M_2$）とすると，この固定点間では換算曲げモーメント M_{eq} が全長にわたり作用するものとして設計することができる。規定ではこれを，(M_d/M_{eq}) 倍した曲げ圧縮応力度の制限値に対し，設計断面に作用する曲げモーメント M を照査する形で表現している。この場合，部材断面は①と②の間で等断面であることが前提となっており，極端な変断面部材については上記の照査は適用できない。

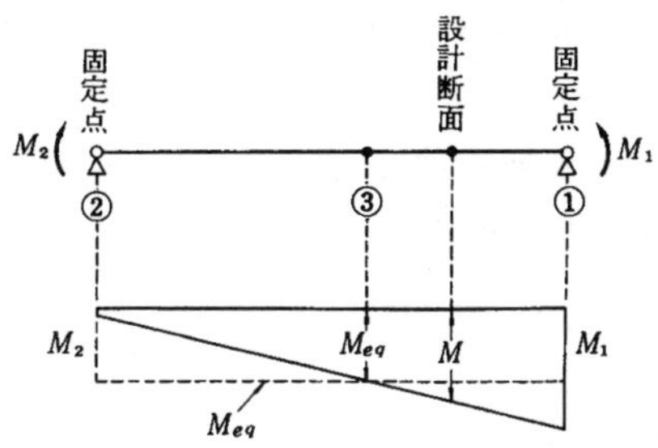

図-解 5.4.13　固定点間で曲げモーメントがほぼ直線的に変化する場合

また，図-解 5.4.14 に示すように固定点間に荷重が作用する場合は，式（5.4.26）又は式（5.4.27）によって求めた換算曲げモーメントに，その荷重によって生じる曲げモーメントの最大値 ΔM_{max} を加えた値をこの場合の換算曲げモーメントとするのが望ましいが，一般に ΔM_{max} の値は僅かであると考えられるので，特に規定していない。ΔM_{max} が無視できない場合は別途検討する必要がある。

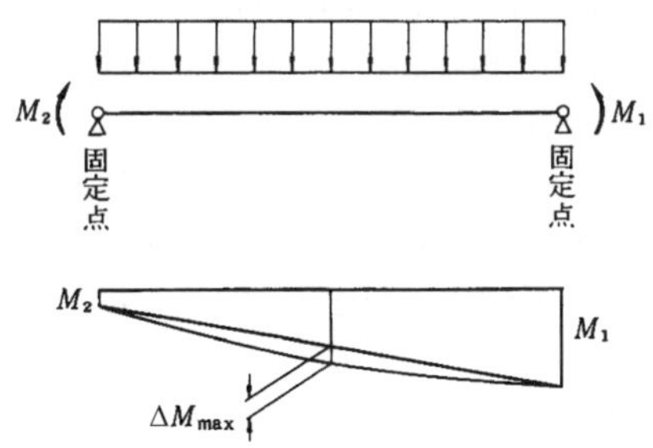

図-解 5.4.14　固定点間に荷重が作用する場合

連続縦桁等の支点付近の断面を設計する場合には，その支間長の 1/4 を固定点間距離としてもよい。ただし，この場合には(3)を適用してはならない。

5.4.7　せん断力を受ける部材

せん断力を受ける部材に生じるせん断応力度が，式（5.4.28）によるせん断応力度の制限値を超えない場合には，限界状態3を超えないとみなしてよい。

$$\tau_{ud} = \xi_1 \cdot \xi_2 \cdot \Phi_{Us} \cdot \tau_{yk} \quad \cdots\cdots (5.4.28)$$

ここに，τ_{ud}：せん断応力度の制限値（N/mm^2）

τ_{yk} ：4 章に示す鋼材のせん断降伏強度の特性値（N/mm²）

Φ_{Us}：抵抗係数で，表-5.4.12 示す値とする。

ξ_1 ：調査・解析係数で，表-5.4.12 に示す値とする。

ξ_2 ：部材・構造係数で，表-5.4.12 に示す値とする。

表-5.4.12　調査・解析係数，部材・構造係数，抵抗係数

	ξ_1	ξ_2	Φ_{Us}
i）ii）及び iii）以外の作用の組合せを考慮する場合	0.90	1.00 0.95[1]	0.85
ii）3.5(2)3)で⑩を考慮する場合			1.00
iii）3.5(2)3)で⑪を考慮する場合	1.00		

注：1） SBHS500 及び SBHS500W

せん断力を受ける部材では，座屈などに至る状態を限界状態3と考えることができるが，その強度は部材の幅厚比や補剛の状態によって異なり，指標等により明確に条件を示すことができない。そのため，せん断降伏強度を特性値に選び，それに適切な安全余裕を見込んだ制限値を超えない場合には，限界状態 3 を超えないとみなしてよいこととされたものである。

なお，鋼桁の腹板についてはこの規定のほか 13.2.3 による必要がある。

この項における抵抗係数及び部材・構造係数は，5.4.6 と同様の考え方により設定されている。なお，特性値であるせん断降伏強度は，4.1.2 に規定された von Mises の降伏条件に基づいた値を用いる。

5.4.8　軸方向力及び曲げモーメントを受ける部材

(1) 軸方向力及び曲げモーメントを同時に受ける部材が，軸方向力及び曲げモーメントの組合せに対して，(2)及び(3)を満足する場合には，限界状態 3 を超えないとみなしてよい。

(2) 軸方向力が引張の場合に，式（5.4.29）から式（5.4.31）を満足する。

$$\frac{\sigma_{td}}{\sigma_{tud}}+\frac{\sigma_{tyd}}{\sigma_{tuyd}}+\frac{\sigma_{tzd}}{\sigma_{tuzd}}\leqq 1 \quad \cdots\cdots (5.4.29)$$

$$-\frac{\sigma_{td}}{\sigma_{tud}}+\frac{\sigma_{cyd}}{\sigma_{cuyd}}+\frac{\sigma_{czd}}{\sigma_{cuzdo}}\leqq 1 \quad \cdots\cdots (5.4.30)$$

$$-\frac{\sigma_{td}}{\sigma_{tud}}+\frac{\sigma_{cyd}}{\sigma_{crlyd}}+\frac{\sigma_{czd}}{\sigma_{crlzd}}\leqq 1 \quad \cdots\cdots (5.4.31)$$

(3) 軸方向力が圧縮の場合に，式（5.4.32）及び式（5.4.33）を満足する。

$$\frac{\sigma_{cd}}{\sigma_{cud}}+\frac{\sigma_{cyd}}{\sigma_{cuyd}\cdot\alpha_y}+\frac{\sigma_{czd}}{\sigma_{cuzdo}\cdot\alpha_z}\leqq 1 \cdots\cdots (5.4.32)$$

$$\frac{\sigma_{cd}}{\sigma_{crld}}+\frac{\sigma_{cyd}}{\sigma_{crlyd}\cdot\alpha_y}+\frac{\sigma_{czd}}{\sigma_{crlzd}\cdot\alpha_z}\leqq 1 \cdots\cdots (5.4.33)$$

ここに，σ_{td} ：照査断面に生じる軸方向引張応力度（N/mm^2）

σ_{cd} ：照査断面に生じる軸方向圧縮応力度（N/mm^2）

σ_{tyd}，σ_{tzd} ：それぞれ照査断面の強軸及び弱軸まわりに作用する曲げモーメントにより生じる曲げ引張応力度（N/mm^2）

σ_{cyd}，σ_{czd} ：それぞれ照査断面の強軸及び弱軸まわりに作用する曲げモーメントにより生じる曲げ圧縮応力度（N/mm^2）

σ_{tud} ：5.3.5 及び 5.4.5 に規定する軸方向引張応力度の制限値のうち小さい方（N/mm^2）

σ_{cud} ：5.4.4 に規定する軸方向圧縮応力度の制限値（N/mm^2）

σ_{tuyd}，σ_{tuzd} ：式（5.4.21）により算出した，それぞれ照査断面の強軸及び弱軸まわりの曲げ引張応力度の制限値（N/mm^2）

σ_{cuyd} ：5.4.6 に規定する局部座屈を考慮しない強軸まわりの曲げ圧縮応力度の制限値（N/mm^2）

σ_{cuzdo} ：5.4.6 に規定する局部座屈を考慮しない弱軸まわりの曲げ圧縮応力度の制限値の上限値（N/mm^2）

σ_{crld}，σ_{crlyd}，σ_{crlzd} ：両縁支持板，自由突出板，補剛板及び鋼管について， それぞれ 5.4.1 から 5.4.3 及び 19.8.1 に規定する局部座屈に対する軸方向圧縮応力度の制限値，並びに強軸及び弱軸ま

わりの曲げ圧縮応力度の制限値（N/mm^2）

α_y，α_z　：それぞれ強軸及び弱軸まわりの付加曲げモーメントの影響を考慮するための係数。ただし，有限変位理論によって断面力を算出する場合には1.0とする。

$$\alpha_y = 1 - \frac{\sigma_{cd}}{0.8\sigma_{ey}} \quad \cdots\cdots (5.4.34)$$

$$\alpha_z = 1 - \frac{\sigma_{cd}}{0.8\sigma_{ez}} \quad \cdots\cdots (5.4.35)$$

ここに，σ_{ey}　：強軸まわりのオイラー座屈強度で式（5.4.36）により算出する。

$$\sigma_{ey} = \frac{\pi^2 E \cdot I_y}{l^2 \cdot A} = \pi^2 E / (l/r_y)^2 \quad \cdots\cdots (5.4.36)$$

ここに，σ_{ez}　：弱軸まわりのオイラー座屈強度で式（5.4.37）により算出する。

$$\sigma_{ez} = \frac{\pi^2 E \cdot I_z}{l^2 \cdot A} = \pi^2 E / (l/r_z)^2 \quad \cdots\cdots (5.4.37)$$

ここに，l　：各章に規定する有効座屈長（mm）

r_y，r_z　：それぞれ強軸及び弱軸まわりの断面二次半径（mm）

E　：鋼材のヤング係数（N/mm^2）で，表-4.2.1による。

軸方向力及び曲げモーメントを受ける場合，部材を構成する要素に生じる応力は軸方向力及び曲げモーメントのそれぞれの断面力を単独に受けるときよりも増加することになる。このため，増加した応力に対してこの項の規定を満足する必要がある。

軸方向力及び曲げモーメントを受ける部材の限界状態3は，最大強度を示す状態であり，引張力の場合と圧縮力の場合とで異なる挙動となる。引張力の場合は部材の最大強度が，また圧縮力の場合は座屈や降伏がこれにあたる。これらの限界状態3は，引張力の場合は限界状態1と合わせて小さい方の引張応力度の制限値で照査する必要があり，圧縮力の場合は限界状態3での圧縮応力度の制限値を用いる必要がある。

ラーメンやアーチ部材等のように，軸方向力及び曲げモーメントを受ける部材は，一般に応力と安定の照査を行う必要がある。応力の照査は，照査断面に作用する軸方向力及び曲げモーメントによって生じる応力度が5.3.5及び5.4.5に規定された引張応力度の制限値又は5.4.1から5.4.3及び19.8.1の局部座屈に対する圧縮応力度の制限値を超えないことを全ての断面について照査することとなる。これに対して，安定の照査は部材又は板の局部座屈及び全体座屈が生じないことを照査するもので，一組の作用力について部材の安定照査を行えばよい。しかし，変断面の場合の照査方法が明らかでないので，変断面部材に対する適用と設計の便宜を考えて，この規定ではこれまでの示方書と同様に各断面に対する断面力照査の形で安定を照査している。

なお，この条文に示す強軸（y軸），弱軸（z軸）は，その軸のまわりの座屈強度の大きい方を強軸と定義している。したがって，強軸，弱軸の決定には，断面形状のほか各軸の支持点間距離も関係することに注意する必要がある。

(2) 軸方向力が引張の場合

断面力の照査は引張側に着目して行えばよく，式（5.4.29）はそのための照査式である。この場合，軸方向引張応力度の制限値の計算には純断面積を用いる。曲げ引張応力度は，総断面に対して計算した後，引張フランジにボルト孔がある場合には引張フランジの総断面積A_gと純断面積A_nとの比A_n/A_gを乗じて低減すればよい。純断面積の計算は高力ボルト摩擦接合の場合は9.5.5による。

厳密には曲げモーメントによるたわみδと軸方向力Pによる付加曲げモーメント$P \cdot \delta$によって引張力はいくらか減少するが，式（5.4.29）ではその影響を無視している。

圧縮側の曲げモーメントが作用する場合には，曲げ作用面外への横倒れ座屈が生じることもあり，式（5.4.30）により安定の照査を行う必要がある。一般に引張力の存在によって座屈強度は増大するが，計算の簡単及び安全のため定めたものである。圧縮側の曲げモーメントが作用する場合は，更に圧縮力を受ける板の局部座屈の照査を行う必要がある。式（5.4.31）はこのような主旨で定めたものであり，一般に圧縮縁のフランジ等に適用される。

(3) 軸方向力が圧縮の場合

1) 付加曲げモーメントの影響

付加曲げモーメントの影響は，式（5.4.34）及び式（5.4.35）のα_y，α_zで表されている。

これまでの示方書では，部材の強度に対する安全率に加え，変位の影響を安全側に考慮するために，付加曲げモーメントの影響を考慮する項においてもオイラー座屈応力度σ_eを1.7で除した許容オイラー座屈応力度σ_{ea}を用いていた。しかし，部材の細長比によっては，付加曲げモーメントの影響を過大に考慮することになり，不合理な設計となる可能性がある。そこで，この示方書では理論解を基本として安全側の評価となるように，オイラー座屈応力度 σ_e に 0.8 を乗じた値を用いることとしている[13)]。

なお，付加曲げモーメントの影響を無視した場合，圧縮縁応力の誤差は図-解 5.4.15 のようになる。この図は曲げモーメントが強軸（y 軸）まわりに作用する場合を例にとり，箱形断面部材について計算したものである。

ただし，$\bar{\lambda}_z$ は z 軸に関する細長比 $(l/r)_z$ を無次元化したもので，

$$\bar{\lambda}_z = \frac{1}{\pi}\sqrt{\frac{\sigma_y}{E}}\left(\frac{l}{r}\right)_z \quad \text{（解 5.4.3）}$$

である。

図-解 5.4.12 に示すように l/r が小さい場合付加曲げモーメントの影響は小さい。

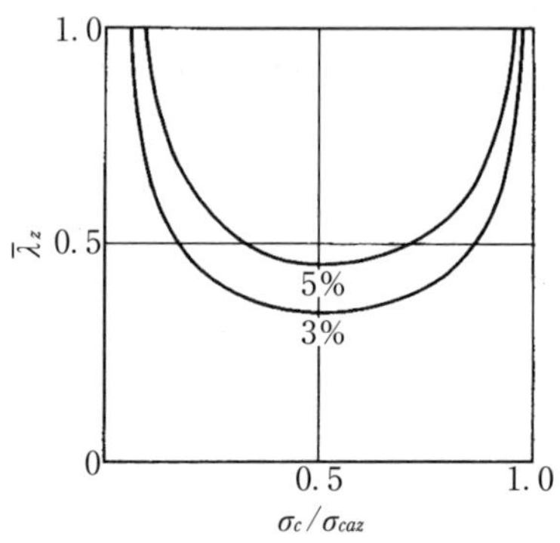

図-解 5.4.15　細長比パラメータと付加曲げモーメントの関係

また，式（5.4.32）及び式（5.4.33）は微小変位理論により断面力を算出することを前提として定められた式である。変位の影響が適切に考慮された有限変位理論などによって断面力を算出する場合には，断面力に付加曲げモーメントの影響が考慮されており，付加曲げ項を考慮しなくても，厳密な弾塑性有限変位解析結果と比較して安全側の強度評価を与えることから，条文のとおりとしている。

2)　局部座屈の影響

軸方向力及び曲げモーメントを受ける部材の設計においては，局部座屈の影響を考慮する必要があるため，圧縮力を受ける板は式（5.4.31）又は式（5.4.33）により照査する必要がある。

3)　曲げモーメントが部材端間でほぼ直線変化をする場合

図-解 5.4.16 のように曲げモーメントが部材端間でほぼ直線変化をする場合は，式（解 5.4.4）に示す換算曲げモーメント M_{eq} が部材に一様に作用するとして強軸（y 軸）回りの曲げモーメント M_{yd}，弱軸（z 軸）回りの曲げモーメント M_{zd} を求め，式（5.4.32）

により安定を照査することができる。

$$M_{eq}=0.6M_1+0.4M_2 \geqq 0.4M_1 \quad \cdots\cdots (解 5.4.4)$$

ただし，$-1 \leqq M_2/M_1 \leqq 1$

この場合，σ_{cuyd}，σ_{cuzdo} は圧縮応力度の制限値を用いるものとし，5.4.6(3)に示されたように圧縮応力度の制限値を M_d/M_{eq} 倍してはならない。また，式（5.4.33）に規定される照査を行う場合の M_{yd}，M_{zd} は部材に作用する曲げモーメントについて求めるものとし，M_{eq} を用いてはならない。

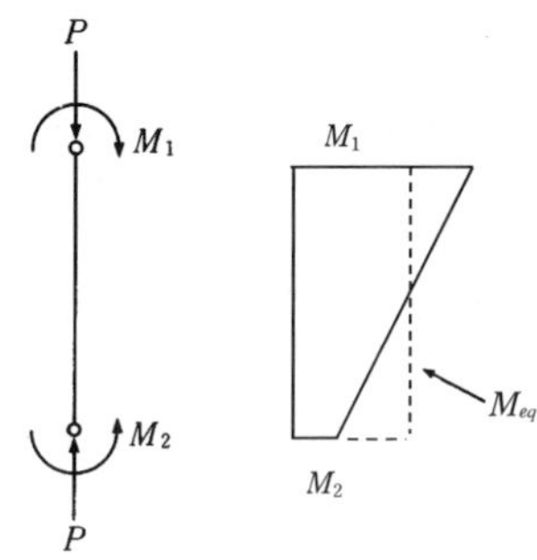

図-解 5.4.16　曲げモーメントが部材端間でほぼ直線変化をする場合

4)　変断面部材

以上は部材断面が一様である場合を取り扱ったものである。部材断面が一様でない場合の安定の照査に式（5.4.32）を準用するとしても，σ_{cud}，σ_{cuyd}，σ_{cuzdo} の計算にどのような断面を用いるのがよいか正確には難しい問題である。しかも，変断面部材が用いられる場合，曲げモーメントは一様ではないのが普通であり，問題が更に複雑になる。そこで便宜的に次のような方法をとっている。

変断面の場合には，ある断面で式（5.4.32）の照査を行うことによって部材の安定照査に替え得るような断面があるはずである。しかし，その断面の位置を一般的に決定することは困難である。それゆえ，全ての断面で式（5.4.32）の照査を行うことにしておけば，上述の断面に対する照査は行われたことになる。このような考えで，全ての断面に対して安定の照査を行うという応力照査の形式をとっている。

5.4.9　曲げモーメント及びせん断力並びにねじりモーメントを受ける部材

> 曲げモーメント及びせん断力並びにねじりモーメントを受ける部材が，5.3.9の規定を満足する場合には，限界状態3を超えないとみなしてよい。

曲げモーメント及びせん断力並びにねじりモーメントを同時に受ける部材では，限界状態1以降に最大強度に達する状態となる条件を式等で明確に示すことは困難であるのが実状である。これらを踏まえて，5.3.9に規定する限界状態1を超えないとみなせる条件は，限界状態3を超えないとみなすことができることにも配慮して規定されている。そのため，限界状態1を満足するとみなせる条件を満足させることで限界状態3を超えないとみなすことができるとされているものである。

5.4.10　二方向の応力が生じる部分のある部材

二方向の応力が生じる部分のある部材が，5.3.10の規定を満足する場合には，限界状態3を超えないとみなしてよい。

二方向の断面力が作用する部材では，異なる方向での直応力とせん断応力の合力によって，部材の状態が影響を受け，限界状態1以降に最大強度となる条件を式等で明確に示すことは困難であるのが実状である。これらを踏まえて，5.3.10に規定する限界状態1を超えないとみなせる条件は，限界状態3を超えないとみなすことができることにも配慮して規定されている。そのため，限界状態1を満足するとみなせる条件を満足させることで限界状態3を超えないとみなすことができるとされているものである。

5.4.11　支圧力を受ける部材

支圧力を受ける部材が，5.3.11の規定を満足する場合には，限界状態3を超えないとみなしてよい。

支圧力を受ける部材は，面接触の場合には，巨視的には弾性状態とみなせる表面凹凸周辺の突起部分の微視的な塑性変形状態から，接触部付近全域で塑性変形が生じる状態となり，強度が上昇する。点・線接触の場合には，接触部全域で塑性変形を生じる降伏支圧応力状態以降に強度が上昇する。いずれの場合も，支圧力の増加に対して接触部付近全域で塑性変形した後の挙動を定量的に評価するだけの情報が十分ではなく，降伏又は降伏支圧応力状態とは別に最大強度となる状態を明確に示すことが困難である。これらを踏まえて，いずれの接触についても限界状態1を超えないとみなせる条件が，5.3.11において限界状態3を超えないとみなせることにも配慮して規定されている。そのため，5.3.11の規定に従って，限界状態1を超えないとみなせる場合には，限界状態3を超えないとみなすことができるとされているものである。

5.4.12　接合用部材

アンカーボルト，ピン及び仕上げボルトが，5.3.12の規定を満足する場合には，限界状態3を超えないとみなしてよい。

支圧力以外の作用を受ける接合用部材の限界状態3は，コンクリート中に埋め込まれたアンカーボルトについては引張又はせん断による破断，ピンについてはせん断による破断又は曲げによる変形量の増大などが考えられる。5.3.12に規定する限界状態1を超えないとみなせる条件は，それを満足することで，限界状態3を超えないとみなせる程度の安全余裕も確保されるものとなっていることをから，5.3.12の規定に従い限界状態1を超えないことを満足する場合には，限界状態3を超えないとみなすことができるとされているものである。

5.4.13　圧縮力を受ける山形及びT形断面を有する部材

(1)　フランジがガセットに連結された山形又はT形断面の圧縮力を受ける部材の設計にあたっては，部材図心軸とガセット位置との偏心による曲げモーメントの影響を考慮しなければならない。

(2)　(3)又は(4)による場合には，(1)を満足するとみなしてよい。

(3)　図-5.4.8のようにフランジがガセットに連結された山形又はT形断面圧縮部材が式（5.4.38）を満足する。

$$\sigma_{cd} \leqq \sigma_{cud} \cdot \left(0.5 + \frac{l/r_x}{1000}\right) \quad \cdots\cdots (5.4.38)$$

ここに，σ_{cd}　：照査断面に生じる軸方向圧縮応力度（N/mm^2）

σ_{cud}　：5.4.4に規定する軸方向圧縮応力度の制限値（N/mm^2）

l　：部材の有効座屈長（mm）

r_x　：部材の図心を通り，ガセット面に平行な軸（図-5.4.8のx軸）のまわりの断面二次半径（mm）

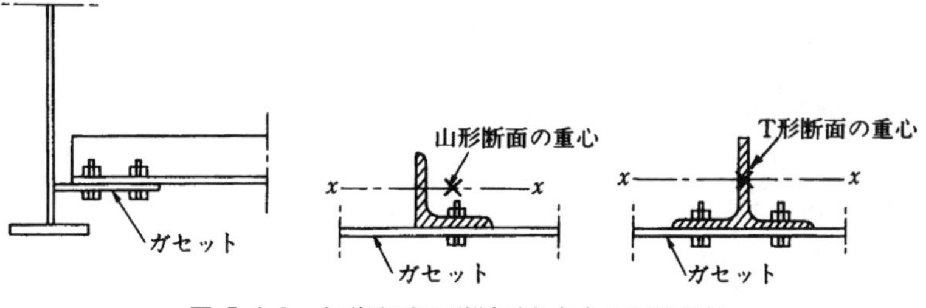

図-5.4.8　山形及びT形断面を有する圧縮部材

(4) (3)によらない場合は，その部材断面の図心を通るガセット面に平行な軸のまわりの偏心による曲げモーメント及び軸方向圧縮力を受ける部材として5.4.8を満足する。ただし，ρ_{crg} = 1.0とし，柱としての全体座屈の影響は考慮しなくてよい。この場合，偏心圧縮力はガセット面内に作用するものとし，断面二次半径としては曲げ変形が生じる軸に関するものを用いる。

部材端にガセットをもつ山形鋼の圧縮試験によると，単一山形部材は偏心圧縮によって生じるx軸まわりの曲げ（図-5.4.8）と圧縮を受ける部材として，5.4.8の規定に従って計算するのが望ましい。しかし，部材ごとに5.4.8の規定を適用することはいたずらに計算を煩雑にするだけなので，x軸まわりの断面二次半径を用いて求められた軸方向圧縮応力度の制限値に低減率0.5+0.001（l/r_x）を乗じて設計強度を求めるという形にまとめている。上記の低減率は，次に述べるようにT形断面を有する圧縮部材について求められたものであるが，図-解5.4.17に示すように山形鋼の圧縮試験結果とかなりよい一致しているため，それが準用されている。

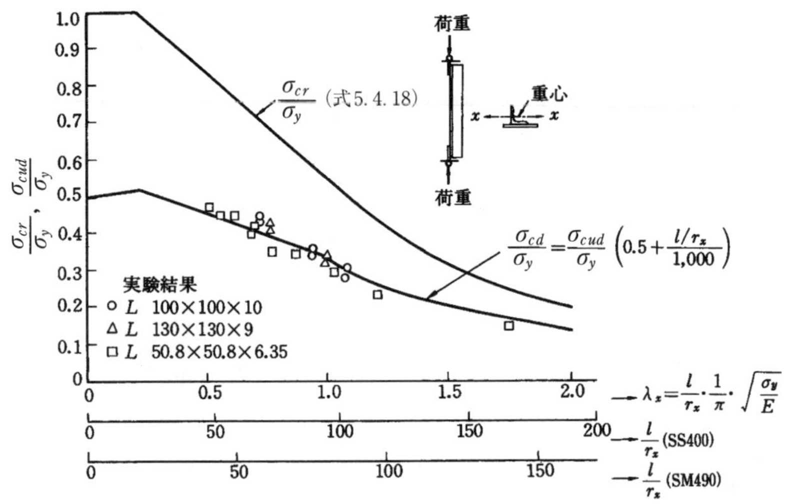

図-解5.4.17　山形及びT形断面を有する圧縮部材の基準耐荷力曲線

図-解5.4.18のようにT形断面部材に偏心圧縮力を作用させた状態を考える。5.4.8の規定及びその解説に従えば，

$\sigma_{cd}=P/A_g$,　$\sigma_{bd}=(P\cdot e)/Z$ ……………………………………………………（解5.4.5）

$$\frac{\sigma_{cd}}{\sigma_{cud}}+\frac{\sigma_{bd}}{\sigma_{cud}\left(1-\frac{\sigma_{cd}}{0.8\sigma_e}\right)}\leqq 1 \quad \cdots\cdots (解 5.4.6)$$

となる。これから種々のT形断面について許容荷重Pを計算し（$e=c_x+5$ mmとして計算），σ_{cd}/σ_{cud}を計算すると図-解 5.4.19のように比較的まとまった形となる。したがって，（l/r_x）を用いて求めた制限値に低減率0.5＋0.001（l/r_x）を乗じて軸方向圧縮応力度の制限値を求めてもよいこととされている。

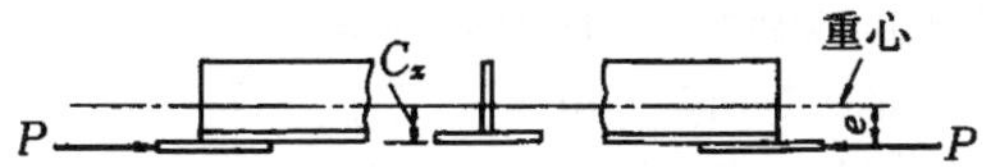

図-解 5.4.18　T形断面部材に作用する偏心圧縮力

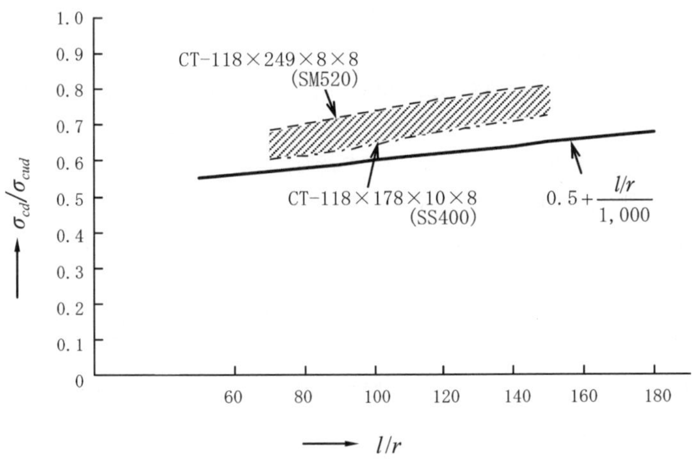

図-解 5.4.19　許容軸方向圧縮応力度の低減率

なお，山形及びT形断面を有する圧縮部材を主要部材として連結の設計を行う場合，部材の全強は$A_g\times\sigma_{cud}$をとってよい。$A_g\times\sigma_{cud}$を全強と考えるのは安全側の設計となるが，この場合でも所要ボルト数又は溶接延長は小さく，実務上十分である。

参 考 文 献

1) (財)鉄道総研技術研究所：鉄道構造物等設計標準・同解説，鋼・合成構造物，2009.7

2) (社)土木学会：鋼鉄道橋設計標準，1974年

3) AASHTO: Standard Sp ecifications for Highway Bridges, 12th edition, 1977.

4) Public Works Research Institute: A Study of the Safety of Box Girder Birdges, Technical Memorandum of Pubic Works Research Institute, No. 1436, 1978. 12

5) Galambos, T. V. : Structural Member and Frames, Prentice-Hall Inc., 1968〔福本唀士，西野文雄訳：鋼構造部材と骨組－強度と設計－，丸善，1970〕

6) 成岡昌夫，福本唀士，伊藤鉱一：ヨーロッパ鋼構造協会連合・Ⅷ委員会の鋼柱座屈曲線について，JSSC, Vol. 6, No. 55, 1970

7) Johnston, B. G. : Guide to Stability Design Criteria for Metal Structures, 3rd Edition, 1976, John Wiley & Sons Inc.

8) 西村宣男，青木徹彦，西井学，福本唀士：鋼柱部材の基本強度の統一評価，土木学会論文集，第410号／I-12, 1989. 10

9) 独立行政法人土木研究所：鋼箱形断面圧縮部材の耐荷力に関する検討，土木研究所資料第4221号，2012. 3

10) 伊藤文人，田島二郎：高張力鋼を用いた溶接角柱の圧縮強さ，鉄道技術研究報告 第516号，1966. 1

11) 宇佐美勉，福本唀士，青木徹彦：溶接箱断面柱の局部座屈と全体座屈の連成強度に関する実験的研究，土木学会論文報告集，第308号，1981. 4

12) 佐伯彰一，西川和廣，滝沢晃：プレートガーダー側道橋の全体横倒れ座屈に関する検討（その1），土木研究所資料第1795号，1982. 3

13) 山口栄輝，山田啓太，高間徹：曲げモーメントを受ける部材の照査に関する考察，構造工学論文集，Vol. 58A, 2012. 3

14) 宇佐美勉，Galambos, T. V. ：2軸曲げを受ける単一山形鋼柱の強度，土木学会論文報告集，第191号，1971. 7

15) 宇佐美勉，福本唀士：ブレーシング材としての山形およびT形鋼部材の圧縮強度と設計，土木学会論文報告集，第201号，1972. 5

16) 福本唀士，藤原稔，渡辺信夫：溶接I形部材の横倒れ座屈に関する実験的研究，土木学会論文報告集，第189号，1971. 5

6章　耐久性能に関する部材の設計

6.1　一　　般

> (1)　鋼部材は，経年的な劣化による影響に対し，必要な耐久性能を確保しなければならない。
>
> (2)　経年的な劣化の影響として，少なくとも鋼材の腐食及び疲労を考慮しなければならない。
>
> (3)　鋼部材の耐久性能の確保にあたっては，3.8.3の規定に従い構造設計上の配慮を行うとともに，I編6.1の規定に従い部材の耐久性能を保持するための設計耐久期間を定めたうえで，I編6.2の規定に従わなければならない。
>
> (4)　鋼材の腐食に関しては7章の規定による。鋼橋の疲労の影響のうち，鋼部材の疲労の影響は8章，床版の疲労の影響は11章の規定による。

(1)，(2)　構造物の性能は，時間の経過とともに変化し，一般的には低下していくため，設計にあたっては経年変化による影響を適切に考慮する必要がある。これまでの調査によると，鋼橋の主たる損傷形態は，鋼の部材等の腐食と疲労，鉄筋コンクリート床版の損傷及び支承や伸縮装置の破損となっている。鋼材は自然環境中において不可逆的に腐食又はさび化していくため，鋼橋を健全に維持するためには，適切な防せい防食の処置を講じておく必要がある。

また，鋼橋において，主桁及び主桁への部材の取付部，鋼床版，鋼製橋脚の隅角部等のさまざまな部材，部位で疲労き裂の発生が報告されている。現状における厳しい重車両の交通実態も踏まえて，鋼橋の設計にあたっては，疲労の影響を必ず考慮することとされている。

(3)　鋼部材等の設計では，I編6.1に規定されるとおりそれぞれに設計耐久期間を定め，その期間においてI編6.2に規定される永続作用の影響や変動作用の影響に対する部材の耐荷性能を保持するための具体的な方法を，部材等のそれぞれについて定める必要があることから本条が規定されている。

橋の設計供用期間中に想定される経時的な影響による部材の耐荷性能の低下について考慮し，それを防止するための方法を設計段階で適切に検討しておく必要がある。

なお，例えば鋼材の腐食特性は，環境条件によって大きく異なるため，架橋位置での環境や橋の部位などを適切に考慮して，防せい防食法を選定する必要がある。鋼部材の疲労設計にあたっては，なるべく疲労の影響を受けにくくなるように，あらかじめ疲労強度が著しく低い継手や溶接の品質確保が難しい構造は原則避ける必要がある。なお，鋼床版や鋼製橋脚等のように応力変動の正確な評価が困難な場合にも，過去の知見から，より疲労耐久性が優れる継手や構造が明らかな場合には，それらを採用することにより疲労の影響を考慮することが可能である。

溶接部の品質は継手の疲労耐久性に大きく影響するため，なるべく施工が容易であり，外観目視検査や非破壊検査による品質の確認が確実に行えるよう配慮する必要がある。

そのうえで，腐食，疲労，鉄筋コンクリート床版の疲労損傷，支承や伸縮装置の破損など鋼橋に生じる劣化・損傷は，それらについて配慮して設計を行っても，様々な要因から発生を避けることができないことも考えられる。したがって，設計においては，適切かつ計画的な点検と，必要に応じて懸念される損傷形態とそれらに対する補修等の方法についても検討し，必要な維持管理が確実に行えるように配慮しなければならない。

設計供用期間中の交換を考慮する部材においては，部材交換の際に必要な仮設材の配置想定や，設計時に想定する交換工法が適用可能な構造になるように設計する。なお，床版は，補修や取替えが必要となった場合には，一般に工事が大がかりになるだけでなく，交通への影響も大きなものとなることが考えられるので，特に，耐久性及び補修や取替え等の方法や構造安全性，供用性の確保について十分な検討を行う必要がある。

耐久性能を適切に設定し，かつそれを確実に満足させるためには，3.8.3 に規定される構造設計上の配慮事項について適切に条件を設定して，それに対応した設計を行うことが重要である。

(4) 鋼橋の耐久性能の確保に関する具体の方法はこの条に規定される各章によるほか，道路橋に軌道又は鉄道を併用する場合の，列車荷重による部材応力度の変動に対する疲労の影響については，鉄道橋の設計基準[1]を参考にするのがよい。

また，風による振動に伴う疲労については，振動そのものの発生を防止又は抑制することが効果的であり，制振方法の検討にあたっては「道路橋耐風設計便覧」（日本道路協会）[2]が参考となる。

参 考 文 献

1) (財)鉄道総合技術研究所：鉄道構造物等設計標準・同解説　鋼・合成構造物，2009.7
2) (社)日本道路協会：道路橋耐風設計便覧，2008.1

7章　防せい防食

7.1　一　　般

(1)　鋼橋の部材等には，腐食による機能の低下を防ぐため，防せい防食を施さなければならない。このとき，鋼部材の耐荷性能に腐食による影響が生じるまでの期間が，維持管理の前提条件に応じて定める当該部材の設計耐久期間よりも長くなるようにしなければならない。また，防せい防食の点検及び補修や更新等の想定する維持管理を確実に行えるように配慮しなければならない。

(2)　鋼材の防せい防食法の選定にあたっては，架橋地点の環境，橋の部位及び規模，部材の形状及び経済性を考慮しなければならない。

(3)　鋼橋の設計にあたっては，防せい防食法に応じて，細部構造の形状及び材料の組合せ等について適切に配慮しなければならない。

(1)　鋼材は自然環境中において不可逆的に腐食又はさび化していくため，鋼橋を健全に維持するためには，適切な防せい防食の処置を講じるか，所要の期間に有害な腐食が生じない材料を採用する必要がある。防せい防食の処置の基本的な考え方は，Ⅰ編6.2に規定される耐久性確保の方法1から3のいずれかに基づく必要がある。鋼橋の防せい防食は一般に鋼材表面に施されるが，鋼材の表面性状は鋼橋の景観に影響するため，色彩等の要求がある場合はこれに配慮する必要がある。なお，この章では防せい防食についての基本的な事項のみが規定されており，構造や部位等に応じて配慮すべき事項等について各章に別途定めがある場合にはそれらの関連する規定にもよる必要がある。

防せい防食を施した鋼部材に腐食による悪影響が生じるのは，一般的に，施した防せい防食の機能が低下し腐食による減肉が進行することで，部材の耐荷性能の低下が生じた場合である。しかし景観上の要求やライフサイクルコスト等の他の条件により，防せい防食の機能喪失前に補修が必要とされる場合もあり，維持管理の前提条件を考慮する際には，留意する必要がある。

防せい防食機能の低下や喪失時には，防せい防食の補修や更新が必要となることから，部材の形状や配置を決定する際，防せい防食の補修や更新の作業に必要な空間を確保しておく必要がある。特に，桁端部などの腐食環境の厳しい箇所では，点検や補修，更新が困難な狭隘部が生じないようにするなど，維持管理に必要な行為に十分に配慮した設計を行う必要がある。

(2) 鋼材の腐食は水と酸素が存在する環境で発生し，塩化物や硫黄酸化物等の介在によって促進される。このような腐食の発生や促進の要因は架橋地点によって異なり，橋のように複雑な形状をした構造物では，雨水や結露水による濡れ時間や腐食の原因となる物質の付着量は部位によっても異なる。例えば，飛来塩分の影響を受ける海岸部や水はけが悪く滞水しやすい部位では腐食が促進される。

防せい防食法は使用される環境条件に対して必要な耐久性が得られるものでなければならないが，方法ごとに適用できる部材の規模，形状等の条件が制約されることや，防せい防食性能の維持に必要な点検の難易度や補修の作業性についても方法ごとに条件が異なる。したがって，鋼橋の防せい防食法の選定にあたっては，耐久性や景観等の要求に応じて，環境条件，点検と補修に関する維持管理計画，経済性を考慮する必要がある。

鋼材の防せい防食法には表面被覆，耐食性材料の使用，環境改善，電気防食などの方法があるが，一般的には鋼材表面に何らかの被覆を形成することによって，鋼材自体の腐食を防止又は一定の限度内に抑制しようとする方法が多く適用されている。これら被覆の性能は，通常，時間の経過とともに徐々に低下していくため，その機能を一定の水準以上に維持するためには，適切かつ効果的な維持管理計画を立て，それに基づいた計画的な維持管理（点検，調査，補修等）を行う必要がある。そのためには，架橋地点の環境条件や維持管理の条件を反映した適切な暴露試験や促進試験等により，採用する方法の防せい防食原理及び耐久性が明らかにされていることが前提となる。これらが明らかでないものは，効果的かつ実効性のある点検，調査，維持管理をすることができないので，鋼橋の防せい防食法として用いてはならない。

なお，鋼材の代表的な防せい防食法である，塗装，耐候性鋼材の使用，溶融亜鉛めっき，金属溶射についてはこれまでの使用実績から，適切に設計が行われた場合には，一般には要求性能を満たすようにすることができると考えられる。これらの防せい防食原理，機能低下形態及び機能喪失時の補修方法を表-解 7.1.1 に示す。各防せい防食方法の防食設計については，文献1)，2)を参考にするのがよい。

表-解 7.1.1　鋼橋の代表的な防せい防食方法

	主たる防せい防食原理	機能低下形態（予想外の劣化進行を含む）	機能喪失時の補修方法
①塗装	塗膜による大気環境遮断	塗膜の劣化	塗替え
②耐候性鋼材	緻密なさび層の形成による腐食速度の抑制	層状剥離さびの発生とそれに伴う断面減少	塗装等
③溶融亜鉛めっき	亜鉛酸化物による保護皮膜及び亜鉛による犠牲防食	亜鉛層の減少	塗装等
④金属溶射	溶射金属の保護皮膜及び溶射金属（アルミ，亜鉛等）による犠牲防食	溶射金属層（アルミ，亜鉛等）の減少	溶射又は塗装

塗装は鋼材表面に保護被膜を形成して腐食を防止する。構造上の制約が少なく，色彩選択の自由度が大きい等の特徴があるが，環境中では種々の要因で塗膜が劣化するため，塗替え等による機能の維持が必要であることを考慮する必要がある。鋼橋の塗装には機能に応じて数種類の塗装系があるが，架橋位置の環境，維持管理方法等を考慮して適切なものを選定する必要がある。

耐候性鋼材は鋼材に適量の合金元素を添加することで，鋼材表面に緻密なさび層を形成させ，これが鋼材表面を保護することで以降のさびの進展が抑制され，腐食速度が普通鋼に比べて低下する。耐候性鋼材がこのような所定の性能を発揮するためには，その鋼材に応じた適切な環境条件下で使用する必要がある。例えば，無塗装で用いた場合に，飛来塩分が多い場合や凍結防止剤を散布する場合，また凍結防止剤を散布する橋に隣接する場合など，塩化物の影響を受ける橋や，鋼材表面が適度な乾湿繰返しとならない環境では均一で緻密なさび層が形成されにくい場合がある。桁の端部等の局部環境の悪い箇所に耐候性鋼材を使用する場合には橋全体としての耐久性を確保するために，防せい防食の機能が補修により回復しやすい塗装等の他の防食法の併用なども検討することが必要である。

例えば，JIS G 3114：2016(溶接構造用耐候性熱間圧延鋼材)に規定される溶接構造用耐候性熱間圧延鋼材については，所定の方法で計測した飛来塩分量が 0.05mdd（NaCl：mg/100cm^2/day）を超えない地域，又は図-解 7.1.1 に示す地域では一般に無塗装で用いることができる[3)]。この場合，飛来塩分量を測定して無塗装使用の適否を評価する際には，海岸線からの距離，気象条件の相違による地域特性，季節変動，年変動等を十分把握しておくとともに，架橋地点周辺の既存の調査結果等との比較などによって慎重に検討する必要がある。また，ここでの使用適否の評価はあくまでも地域的な環境を指しており，架橋地点の地形的な条件や橋を構成する部材の細部構造等に支配される局部的な腐食環境については，個々の橋に応じて配慮する必要がある。

このようなことから，耐候性鋼材の場合には，鋼材表面のさびの状況について，供用後の初回点検時に個々の橋の環境条件に対する適合性や局部的な腐食環境による不具合の有無やその可能性を確認するとともに，供用後も環境条件の変化により，異常なさびが生じていないか確認を行い，不適合が明らかとなった場合には，すみやかにその原因を取り除いたり，必要に応じて塗装を行うなどの適切な対応策を講じることになる。

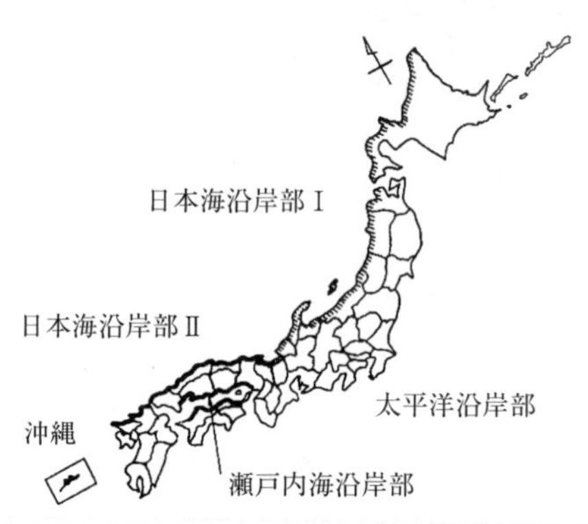

地域区分		飛来塩分量の測定を省略してよい地域
日本海沿岸部	Ｉ	海岸線から 20km を超える地域
	Ⅱ	海岸線から 5km を超える地域
太平洋沿岸部		海岸線から 2km を超える地域
瀬戸内海沿岸部		海岸線から 1km を超える地域
沖縄		なし

図-解 7.1.1　耐候性鋼材を無塗装で使用する場合の適用地域

溶融亜鉛めっきは 440℃前後の溶融した亜鉛中に鋼材を浸せきし，その表面に鉄と亜鉛の合金層と純亜鉛層からなる皮膜を形成し，環境中で表面に形成される酸化皮膜による保護効果と犠牲防食効果により鋼材の腐食を抑制するものである。亜鉛めっきの耐久性は亜鉛の付着量，腐食環境によって異なるため，定期的な点検により効果を確認する必要がある。また，設計にあたっては亜鉛めっき槽による部材寸法の制限や，めっき時のやけ，変形に対する材料や構造上の配慮等が必要である。具体的な内容は，文献 4)を参考にするのがよい。

金属溶射はブラスト処理等の表面処理を施した鋼材面に溶融した金属を圧縮空気で吹

付けて皮膜層を形成させる方法である。溶射金属としては亜鉛，アルミニウム，亜鉛アルミニウム合金，アルミニウム・マグネシウム合金等が使用され，鋼材表面に金属皮膜を得る方法である。金属溶射面は凹凸が多く塗料の付着性がよいことから塗装の下地として用いられることもある。

(3) 防せい防食法に所定の機能を発揮させるためには，例えば塗装を行う部材において面取りを行う等，それぞれの方法に応じて構造の細部についても十分な配慮を行うことが必要である。

異種の金属が接触する場合には，より電位の低い材料の腐食が著しく促進されるいわゆる異種金属接触腐食が生じることがある。したがって，異種の金属が接触する場合には両者を絶縁する等の注意が必要である。このとき，直接金属が触れ合わなくても滞水などにより電気的に接触し異種金属接触腐食を生じる場合があり，絶縁にはこの点も考慮が必要である。

コンクリート内に鋼部材が埋込まれる構造のようにコンクリートと鋼材の接触面があり，その境界から水が浸入するような場合には，鋼材が点検困難な埋め込まれた内部で腐食するおそれがある。したがって，そのような構造はできる限り避けることが必要であり，やむを得ずこのような境界部が設けられる場合には，水の浸入を防ぐとともに，コンクリート埋設部の鋼材部分の防せい防食について十分配慮する必要がある。特に，鋼製橋脚の基部については，17.10の規定による必要がある。

7.2 防せい防食での構造配慮

鋼橋の防せい防食では，3.8.3の規定に従い，少なくとも1)及び2)に配慮した構造としなければならない。

1) 防せい防食の所定の機能が発揮されることの確実性
2) 防せい防食の維持管理の確実性と容易さ

防せい防食法が所定の機能を発揮できるためには，腐食環境が各部材各部位において，適当なものでなければならない。例えば，設計の想定とは異なる箇所で滞水が生じると，その防せい防食法の耐久性能の前提条件を逸脱し，局部的に鋼材の腐食が促進される。こういったリスクを避けるためには，適切に排水孔や排水勾配を設け，不測の事態にも配慮して確実な排水が実現できるように排水設計を行う必要がある。箱桁内の水抜き孔や，垂直補剛材，ダイアフラム，横リブ等でスカラップがその機能の一部をになっている場合もある。床版においても，路面からの排水経路を定め，十分な排水勾配や排水孔を設けるなどにより，確実な排水が実現できるよう設計する必要がある。伸縮装置を有する桁端部においては，伸縮装置からの漏水により局所的に鋼材腐食が進展する可能性がある。そのため，伸縮装置を非排水構造とする，桁端部で結露が生じにくいよう通気性を確保する，漏水が生じたとしても，腐食状況が想定と著しく異ならないように，桁端部において防水処理を行う，橋座面に排水溝や排水勾配を設けるなどの配慮が必要である。このほか，7.1に示した異種金属接触腐食や鋼部材のコンクリート埋設部の腐食など，局部的にも腐食が生じにくい細部構造の形状や材料の組合せについても配慮が必要である。

防せい防食の維持管理の確実性と容易さへの配慮には，防せい防食の方法に応じた点検や補修あるいは更新の作業などの維持管理行為が確実に行えるように，点検が行えない部位をできるだけ少なくしたり，作業空間を確保したりすることなどがある。点検や補修作業時の作業足場が設置できるよう空間を確保したり，点検において目視できない箇所をなくすよう足場設置箇所の設計や箱桁など閉断面部材においては適切にマンホールを設置したりすることなども検討することが必要である。除湿や乾燥空気の送気による防食などの施設の稼動を伴う防せい防食等では，機器類の補修や更新をあらかじめ想定し，補修や更新作業に必要な空間を確保するよう設計時に配慮が必要である。さらに，漏水などにより局部的な腐食が生じやすい桁端部では，構造的に狭隘部が生じやすいが，点検時にアクセス可能な空間を設ける，素地調整や塗替え塗装などの補修作業が行える部材の配置や空間の確保を行うなどの配慮も必要である。

参　考　文　献

1)　(公社)日本道路協会：鋼道路橋防食便覧，2014.3

2)　(公社)日本道路協会：鋼道路橋塗装・防食便覧資料集，2010.9

3)　建設省土木研究所，(社)鋼材倶楽部，(社)日本橋梁建設協会：耐候性鋼材の橋梁への適用に関する共同研究報告書（XX）―無塗装耐候性橋梁の設計・施工要領（改訂案），共同研究報告書第88号，1993.3

4)　(社)日本鋼構造協会：溶融亜鉛めっき橋の設計・施工指針，1996.1

8章　疲労設計

8.1　一　　般

(1)　鋼部材の設計にあたっては，原則として，疲労強度が著しく低い継手及び溶接の品質確保が難しい構造の採用を避けるとともに，活荷重等によって部材に生じる応力変動の影響を評価して必要な疲労耐久性を確保しなければならない。

このとき，少なくとも自動車の通行に起因する発生応力については，その繰返しによる影響を適切に評価できるように，照査に用いる荷重とその載荷回数を定めなければならない。

(2)　設計計算によって算出した応力度の公称値と部材に発生する実応力との関係が明らかである場合には，8.2の規定により応力による疲労耐久性の照査を行わなければならない。

(3)　設計計算によって算出した応力度の公称値と部材に発生する実応力との関係が明らかでない場合には，二次応力に対する疲労耐久性が確保できるよう細部構造に配慮しなければならない。

この章では，鋼橋の疲労設計の基本的な考え方，疲労照査の方法，継手の疲労強度等級等について規定している。

(1)　疲労に対する耐久性の確保のためには，設計にあたって疲労強度が著しく低い継手の採用を原則避けることが必要である。更に，継手形式や継手位置，構造ディテールの決定にあたっても，設計時のモデル化と実構造との違いによる二次応力の発生や，応力集中の程度等について疲労耐久性の観点から配慮することが極めて重要である。

疲労設計の基本は，部材に生じる応力変動を適切に評価し，疲労に対する所要の耐久性が確保できることを照査することであるが，鋼床版や橋脚構造等のように通常行われる設計計算によっては応力変動の適切な評価が困難な場合もある。このような場合でも過去の知見から，疲労耐久性が著しく低い継手や構造の採用を避け，また，より疲労耐久性に優れる継手や構造が明らかな場合には，それらを採用するのがよい。

一方で，自動車荷重の繰返しによって主桁などに生じる変動応力は，部材の位置ごとにも大きく異なることから，設計計算においてそれらをある程度適切に評価できる場合には，それを求めて想定される変動応力の繰返し回数を考慮して，所要の耐久性が得られるようにすることが合理的である。このとき照査で対象とする期間中に実際に負荷される軸重や輪荷重並びにその繰返し回数を精度よく予測することは困難であり，特に変動応力の振幅は部材の部位ごとに異なる影響線に対して同時に載荷される車輪の数や距離によっても大きく異なるため，これを設計において忠実に考慮することは困難である。そのためこの示方書では，代表的な交通荷重実態の分析結果から，一般的な道路橋の部材に対して適当な耐久性の照査が行えるように，設計で考慮する軸重列の載荷状態が生じさせる変動振幅応力と繰返し回数によって得られる疲労への影響について線形累積被害則を前提として，その累積損傷比と等価な損傷度が得られるように調整された設計用荷重とその載荷回数を 8.2.2 のとおりに定めている。

このように疲労設計用の荷重と照査で考慮するその載荷回数は，結果として交通流による累積損傷比が近似できるように設定されたものであり，実際の車両や耐荷力設計で考慮する活荷重とは意味合いが異なることに注意する必要がある。

なお，過去に疲労損傷を生じたことのある構造と類似の構造を採用する場合には，二次応力や応力集中の影響について特に慎重に検討することが必要である[1)]。

また，溶接部の品質確保が困難な継手を極力用いないように配慮することも必要である。特に溶接部の品質は事後の非破壊検査によって把握することが困難な場合が多く，施工が困難な継手では所定の品質が確保されないおそれがあるため，設計段階から溶接施工性や品質検査の方法についても十分に検討することが必要である。また，これまでに使用実積がなく疲労耐久性が明らかでない継手の採用にあたっては，残留応力の影響等も含め，実橋での応力状態を再現できる疲労試験を実施する等の十分な検討が必要である。

荷重伝達機構が同じ継手でも，その形状や仕上げの有無等によって疲労強度が異なる場合が多く，設計では疲労耐久性について考慮したうえで具体的にどのような継手を用いるのかを明確にするとともに，設計での意図を製作・架設まで正確に伝達し，設計の前提として継手に要求した品質が最終的に確保できるように製作・架設されることが重要である。また，設計段階で考慮していなかった吊り金具や各種の補強材等を製作や架設段階で設けるような場合には，その継手も疲労設計の対象となることに注意が必要である。またこれらを撤去する場合には，20 章の製作・施工に関連する規定に従って母材の品質が損なわれないようにするとともに，必要な疲労強度を満たすように仕上げを行う等の対応が必要である。

なお，あらかじめ一定水準以上のアンダーカットや内部きずが生じることを前提として設計や施工を行うことは，施工や検査の確実性からも疲労耐久性を確保するうえで望ましくなく，各継手において 8.3 で規定する強度等級を満たすよう設計・施工を行うことが原則となる。

(3) 応力の流れが複雑な構造部位や，強度等級の当てはめが困難な継手や構造の場合には，一般に応力による疲労照査は困難であることが多い。高度な有限要素解析によりモデル化を行っても，指標とする応力変動の適切な設定や，公称応力以外の応力に対応する疲労強度の等級などに関して必ずしも現時点で普遍的な方法を示せるには至っていない。このように応力変動の適切な評価が困難な継手や構造の場合には，疲労耐久性に優れる継手や構造を採用する必要がある。また，局部的な応力の流れや伝達を適切に把握するとともに，過度な応力集中を引き起こさないよう構造詳細に配慮することが重要である。更に，構造的に品質管理が困難な継手や，二次応力や応力集中の発生が想定される場合には応力の伝達に配慮した適切な溶接継手を採用する，又は高力ボルト継手を採用する等の配慮が必要である。

鋼床版構造では，自動車荷重によって生じる応力に対する舗装の剛性，輪荷重のばらつき，輪荷重走行位置の分布などの影響が大きく，かつ設計計算で得られる応力範囲を基にした疲労耐久性の照査により適切な評価を行うことは一般に困難であり，構造詳細に特に配慮する必要がある。

疲労耐久性確保にあたっての構造配慮事項については，8.4 及び 8.5 にも規定されている。

8.2 応力による疲労照査

8.2.1 照査の基本

(1) 応力による疲労照査では，継手部に作用する応力範囲とその繰返し数による影響を適切に評価しなければならない。

(2) 大型の自動車の繰返し載荷の影響に対しては，8.2.2 から 8.5 までの規定を満足すれば，疲労に対する安全性が確保されるとみなしてよい。

なお，表-8.2.1 の条件を全て満足する場合には，8.2.3 の規定によらず疲労に対する安全性が確保されているものとみなしてよい。

表-8.2.1 疲労に対する安全性が確保されているとみなしてよい条件

橋梁形式	コンクリート床版を有する鋼桁橋
使用継手	8.3.2 の規定において疲労強度等級 A から F 等級に分類される継手
使用鋼種	SS400，SM400，SM490，SM490Y，SM520，SMA400，SMA490，SBHS400
支 間 長	最小支間長が 50m 以上
$ADTT_{SLi}$	1,000 台 /(日・車線) 以下

(1) 応力による疲労照査では，部材の設計耐久期間にその部材に作用する活荷重等の影響によって生じる最大級の応力範囲を考慮するとともに，応力範囲とその繰返し数による継手部での線形累積被害則に基づく照査を行う。

(2) コンクリート床版を有する標準的な鋼桁橋について多くの試設計を行った結果から，8.2.2 に示す疲労設計荷重による発生応力に基づく照査を行った場合に，一般に疲労耐久性が確保できているとの結果が得られる条件を示したものである。

なお，本条に該当する鋼桁橋は，主として曲げモーメントとせん断力を受ける充腹のI形断面，箱形断面の桁構造からなり，床版，主桁及び主桁を連結する横桁，対傾構等で構成され，かつ主桁端部が支承により支持された標準的な構造形式を対象としている。したがって，トラス及びアーチ橋等他の構造形式，著しい斜橋や曲線橋，鋼とコンクリートの複合構造や上下部剛結構造，あるいは主桁にプレストレスを導入するような場合等については本条を適用してはならず，主要部材各部の継手の疲労に対する安全性を別途検討しなければならない。

表-8.2.1 に示す条件のうち，支間長のとり方はこの編の規定による。また，使用鋼種については，応力度の照査を行う部位の鋼種によって適用の可否を判定してよい。

なお，本条の規定に関わらず，この章に示す疲労設計に関する基本的な事項は守らなければならない。

8.2.2 疲労設計荷重と応力範囲の算出

(1) 変動応力の算出

自動車の通行に起因する発生応力の影響を考慮する場合，変動応力の算出には図-8.2.1 に規定する疲労設計荷重（F 荷重）を用いる。

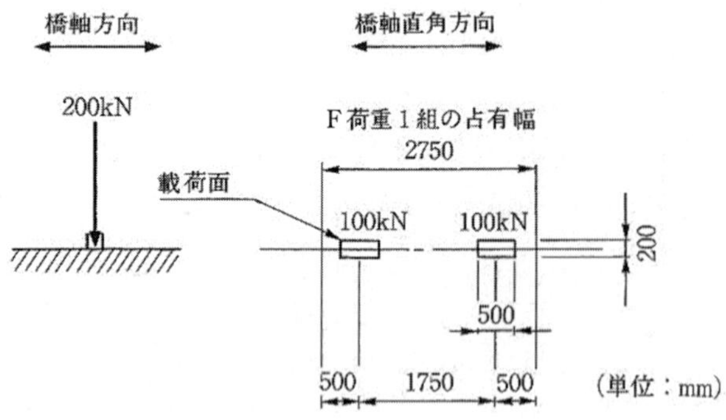

図-8.2.1 疲労設計荷重（F 荷重）の標準

F荷重は，図-8.2.1に示す一組の鉛直荷重を標準とし，これを車線中央位置に載荷し，進行方向に移動させる。車線が複数ある場合には，それぞれ車線ごとに移動載荷を行って応力を算出する。

(2) 変動応力の補正

疲労設計荷重（F荷重）の移動載荷により求めた変動応力には，以下の変動応力補正係数γ_Fを考慮する。

$$\gamma_F = \gamma_{F1} \times \gamma_{F2} \times \gamma_{F3} \times (1+i_f) \times \gamma_a \quad \cdots\cdots (8.2.1)$$

ここに，γ_F ：変動応力補正係数

γ_{F1} ：同時載荷等補正係数1（複数の車軸が同時に載荷される影響を考慮するための係数)。3.0としてよい。

γ_{F2} ：同時載荷等補正係数2（影響線の基線長の違いが変動応力に与える影響を考慮するための係数)。

$(\log_{10} L_{B1} + 1.50)/3.0$（ただし，$2/3 \leqq \gamma_{F2} \leqq 1.00$)

L_{B1}：対象とする断面力の影響線の基線長のうち影響線縦距が最大となる位置を含む範囲のもの（m）

ここに，影響線の基線長とは，影響線が0となる位置で影響線を分割した場合のそれぞれの範囲の長さとする。

γ_{F3} ：同時載荷等補正係数3（隣接する車線に同時に載荷される軸重の影響を考慮するための係数)。

対象とする断面力の影響線が正負に交番する場合は$\gamma_{F3}=1.00$

対象とする断面力の影響線が常に0以上又は0以下というように同一符号となる場合は表-8.2.2に与える値

表-8.2.2　正負交番しない影響線形状を有する部材の同時載荷等補正係数γ_{F3}

$ADTT_{SLi}$ ＼ L_{B2}	$L_{B2} \leqq 50$m	50m$< L_{B2}$
$ADTT_{SLi} \leqq 2000$	1.00	1.00
$2000 < ADTT_{SLi}$	1.00	1.10

ここに，L_{B2} ：対象とする断面力の影響線の基線長の和（m）

$ADTT_{SLi}$：一方向一車線当たり日大型車交通量（台/（日・車線))

i_f ：動的作用の影響を補正するための係数

車両の動揺に伴う軸重の変化等，動的作用の影響を考慮するための係数で，原則として式（8.2.2）により算出する。

$$i_f = 10/(50+L) \quad \cdots\cdots (8.2.2)$$

ここに，L：衝撃係数（Ⅰ編）を求めるときの支間長（m）

γ_a：計算応力補正係数

疲労設計荷重（F荷重）の移動載荷に用いた構造解析モデルの相違の影響を考慮するための補正係数で，原則として表-8.2.3によってよい。

表-8.2.3　各種解析手法と主構造に対する計算応力補正係数 γ_a

構造形式	解析手法	計算応力補正係数 γ_a
コンクリート床版を有する鋼桁のうちI形又は箱形断面のもの（ただし，少数主桁橋を除く）	三次元FEM解析	1.0
	骨組解析又は格子解析	0.8
鋼床版を有する鋼桁のうちI形又は箱形断面のもの	三次元FEM解析	1.0
	その他[1)]	1.0

注：1)　実応力と計算応力の相違に関して十分に検討した場合には別途設定してよい。

(3)　応力範囲の算出

応力範囲の算出は，(2) の規定に基づき補正された変動応力の波形に対して適切な波形処理の方法を用いて行うものとする。

(4)　疲労設計にあたって考慮する疲労設計荷重の載荷頻度は，式（8.2.3）に基づいて算出するものとする。

$$nt_i = ADTT_{SLi} \cdot \gamma_n \cdot 365 \cdot Y \quad \cdots\cdots (8.2.3)$$

ここに，nt_i　：設計で考慮する疲労設計荷重の載荷回数

$ADTT_{SLi}$：一方向一車線（車線 i）当たりの日大型車交通量

$ADTT_{SLi} = ADTT / n_L \times \gamma_L$

γ_n　：頻度補正係数（標準的には0.03としてよい）

Y　：設計耐久期間（年）

$ADTT$　：一方向当りの日大型車交通量

n_L	：車線数
γ_L	：車線交通量の偏りを考慮するための係数（偏りがない場合には1.0）

(1) 疲労設計に用いる自動車荷重（F荷重）については，実車両の形状や軸重分布等を模擬した車両モデルを採用するという考え方や疲労の影響を評価するために適切な仮想の車両軸配置を仮定するとの考え方もあり，そのような設計法による規定化の検討も今後行われていくものと考えられるが，この示方書では，従来の疲労設計の実績も考慮し，かつ設計の便を考慮して耐荷力設計で用いているT荷重と同じ分布形状及び強度の荷重（F荷重）としている。

実際の交通荷重下で生じる部材各部の変動応力の振幅と繰返し回数については，多岐にわたる軸重，軸距の自動車が不規則に通過することの影響となるため，変動振幅応力の大きさと繰返し回数をともに忠実に再現して設計に考慮することは一般には困難である。そのためこの示方書では，一般的な道路橋の部材に対してF荷重を用いて適当な耐久性の照査が行えるように，線形累積被害則を前提として，代表的な交通荷重実態の分析結果から，軸重列の載荷状態が生じさせる変動振幅応力とその繰返し回数によって得られる累積損傷比と等価な損傷度が得られるように調整された載荷回数を算出することが定められている。

応力の変動波形は，疲労設計荷重（F荷重）一組を各車線の通行位置に移動載荷して求めるものとする。なお，車線が複数ある場合には，全ての車線に対して個別に疲労設計荷重の載荷を行って着目位置の変動応力を求めるものとし，このとき複数の車両や車軸が同時に載荷されることの影響などは補正係数で考慮することを基本としているため，移動載荷にはF荷重一組を車線あたり一度移動載荷すればよい。

(2) 変動応力の補正

この示方書における設計に用いる疲労設計荷重とその繰返し載荷回数については，設計の便も考慮して，様々な軸重，軸距の自動車が不規則に通過することの影響を線形累積被害則を前提としてそれと等価な疲労損傷度が得られるように調整したものが与えられているが，単純に一軸の集中荷重の車線ごとの移動載荷では，様々な橋梁構造や車線数の橋に対する影響や計算応力算出に用いられる解析モデルによる実応答の再現性の差異の模擬には限界がある。そこで，我が国の代表的な路線における活荷重実態調査結果[2),3)]や，実交通流を模擬したコンピュータシミュレーション[4),5),6),7)]による検討をもとに，補正係数により調整することとされている。

i）γ_{F1}（同時載荷等補正係数1）

同時載荷等補正係数1は，設計で考慮する期間にその橋に載荷される可能性のある最重量級の自動車の影響を考慮するとともに，同時に載荷される複数の車軸や，その実車両の様々な軸距や軸数による応力変動を一軸の代表荷重（F 荷重）で表現したことの差異を補正するための係数である。

ⅱ）γ_{F2}（同時載荷等補正係数 2）

同時載荷等補正係数 2 は，着目部位の影響線の基線長によって，変動応力の大きさや発生回数に影響を及ぼす，同時に載荷される車軸の数や実車両の様々な軸距・軸数の影響が異なることに対して，その影響を補正するための係数である。

ⅲ）γ_{F3}（同時載荷等補正係数 3）

同時載荷等補正係数 3 は，隣接する車線に同時に車軸が載荷される場合の影響を補正するための係数である

ⅳ）i_f（動的作用の影響を補正するための係数）

移動する車軸の軸重は変動しており，部材に発生する応力にはその影響が現れる。そのため疲労設計にあたっても，設計で用いる計算応力にはその影響を考慮する必要がある。例えば，I 編においても耐荷力設計に用いる活荷重（L 荷重や T 荷重）に対して，従来より諸外国の規定等を参考にして定めた衝撃係数を考慮することを基本としている。

一方，既往の研究によると，条件によっては衝撃係数の値は実測される値の上限に近いものとなっていることが明らかにされている[8)]。疲労損傷は応力変動の繰返しによる影響が累積することで生じるものであり，自動車荷重の全てに上限値に相当するような動的な影響を考慮して疲労設計を行うことは過度に安全側となる可能性があるため，この示方書の鋼部材の疲労設計では，耐荷力設計において T 荷重に考慮される衝撃係数の 1/2 を考慮することとした。

なお，一般に桁端部の近傍では路面凹凸の影響が生じやすく，桁端部近傍への載荷による応力に対しては，必要に応じて I 編に規定する衝撃係数を 1/2 とせずそのまま用いる等の配慮をすることが望ましい。

衝撃係数には，車両の走行条件や橋梁諸元，路面凹凸性状等様々な要因が影響するため，この節の規定によらず別途係数を設定する場合には，実際に生じる動的な影響を再現できる載荷試験や，十分な精度のある解析を行う等による検討が必要である。

ⅴ）γ_a（計算応力補正係数）

自動車荷重によって橋の各部に実際に生じる応力は構造形式や部材によっては，従来一般的な耐荷力設計手法による設計計算で得られる応力に対して小さくなる場合がある。図-解 8.2.1 は，過去に建設省土木研究所らがコンクリート床版を有する I 形断面鋼桁橋の主桁について一般的な骨組解析による設計手法で得られる計算応力と既往の載荷実験で得られた実発生応力を比較したものであるが，実測値は計算応力の 50% から 80% 程度の値となっている。この示方書では，このような既往の検討結果をもと

にコンクリート床版を有する鋼桁について一般的な骨組解析によって応力を算出した場合には，疲労設計で考慮する応力は骨組解析で得られる計算応力の0.8としてよいこととした。

疲労設計では変動応力の影響を累積して評価することから，過度に安全側に算出された計算応力をもとに照査を行うと不合理な設計となることも考えられる。そのため設計に用いる変動応力の算出やその結果の照査への反映にあたっては，設計しようとする橋梁構造の特徴と実発生応力との乖離についても考慮して，必要に応じて計算応力を補正するなどにより不合理な設計とならないように配慮するのがよい。

ここで，表-8.2.3に示す計算応力補正係数γ_aの設定に用いたデータの大部分は一般的な多主桁橋の主桁に関するものであるため，床組部材や鋼製橋脚，アーチ橋や床版支間の大きな少数主桁橋等に対しては，計算応力補正係数を1.0とするか，個々の構造形式や解析手法に応じて計算応力と実際に部材に生じる応力との相違に関する検討を行う必要がある。また，有限要素解析を行う場合にも，使用する要素の種類や分割数，着目する要素の位置等によって得られる応力の値が変化するとともに，形状による応力集中や二次的な応力を含んだ値が算出されるため，疲労に対する安全性の照査に用いる公称応力の算出にあたっては注意が必要である。

コンクリート床版を有する鋼桁橋の床組については，床組を骨組部材として考慮した格子解析による計算応力に対して実測される応力が50%程度以下となることが多いことから，このような場合には計算応力補正係数γ_aを0.5としてよいこととされた。また，従来よりコンクリート連続床版を経て活荷重が作用する連続縦桁の断面力を12.3の規定に基づいて単純桁と仮定して求まる断面力から簡易的に算出することが行われてきたが，この場合のγ_aはさらに小さくなるものと考えられる。

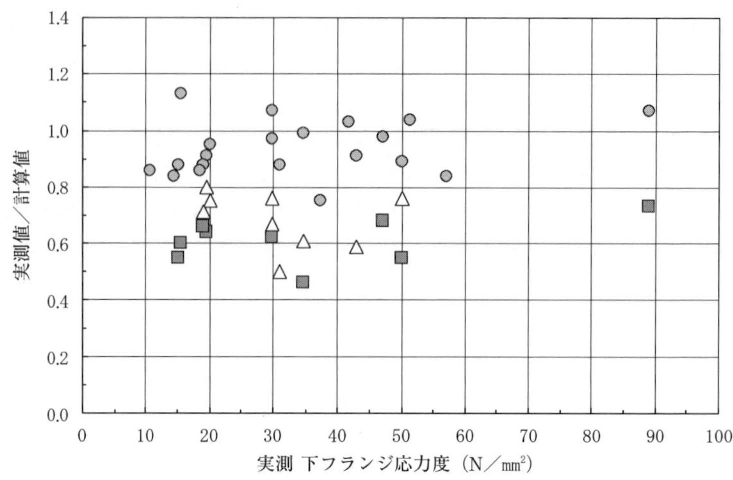

図-解 8.2.1 コンクリート床版を有するI形断面の鋼桁橋の主桁に発生する実応力と格子解析の計算値との比較図

(3) 変動振幅応力の波形から応力範囲及びその頻度分布を求める方法には様々な方法が考えられるが[9)]，疲労の影響を考慮するにあたっては一般にレインフロー法が用いられる。

レインフロー法による応力範囲の計数の概要は以下の通りである。

図-解 8.2.2 のように，変動振幅応力波形の応力軸を水平，時間軸を鉛直方向にとり，最初の応力の極値（A 点）に水源を置いて水を流したとする。水はそれぞれの極値のところで鉛直に流れ落ちるが，この流れ落ちた水の流線どうしの幅を利用して応力範囲を計数する。

具体的には，変動振幅応力波形に 4 つの応力の極値 σ_1，σ_2，σ_3，σ_4 が引続いて現れたとしたとき，式 (解8.2.1) の条件を満たす場合には｜σ_2―σ_3｜を応力範囲として計数し，σ_2 と σ_3 を変動応力波形より削除する。

$$\sigma_1 \leqq \sigma_3 \leqq \sigma_2 \leqq \sigma_4 \text{ 又は } \sigma_1 \geqq \sigma_3 \geqq \sigma_2 \geqq \sigma_4 \quad \cdots\cdots (解 8.2.1)$$

このような計算を続けていくと，漸増・漸減する波形が残ることもあるが，その場合には残った波形について極大値と極小値の差が大きいものから対にしてその差を応力範囲として計数する。

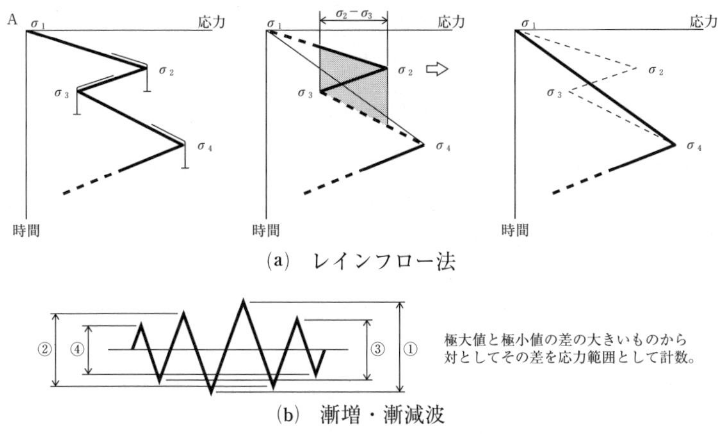

図-解 8.2.2 レインフロー法による応力範囲の計数

(4) 実橋における応力頻度測定結果によると，乗用車や小型トラック等によって部材に生じる変動応力範囲はほとんどの場合，変動振幅応力に対する応力範囲の打切り限界以下であることから，疲労設計において考慮する疲労設計荷重の載荷回数は，設計で考慮する期間の大型車交通量に対応して定めることとした。

設計に用いる日大型車交通量の設定にあたっては，一般に当該橋の計画交通量を用いてよい。なお，ここで大型車には全国道路交通情勢調査（道路交通センサス）における車種分類の普通貨物車，バス，特種用途自動車及び特殊自動車が相当すると考えてよい。

一般的に交通量推計に用いられてきた標準的な車種区分と道路交通センサスの車種区分の対応について表-解 8.2.1 に示す。

表-解 8.2.1 交通量の推計における標準的な車種区分と交通センサスの車種区分

車種区分		自動車番号登録票頭番号
交通量推計	道路交通センサス	
乗用車類	自動二輪車	
	軽乗用車	3, 8
		5
	乗用車	3, 5, 7
小型貨物車類	軽貨物車	3, 6
		4
	貨客車	4, 6
	小型貨物車	4, 6

普通貨物車類	普通貨物車	1
	特種用途自動車 特殊自動車	8, 9, 0
バス（乗合自動車）	バス（乗合自動車）	2

設計の段階で計画交通量から，車線ごとの大型車交通量を設定することは一般には困難である。したがって，あらかじめ偏りが予測される場合を除いて車線ごとの大型車交通量は同じとしてよい。なお高速自動車国道における車両の走行実態調査結果の例[10]では，走行車線と追越車線の大型車交通量の比は6：4前後であり，車線ごとの大型車交通量に標準的な偏りがあるとする場合には，γ_L=1.2としてよい。この場合，もう一方の車線はγ_L=0.8となる。

疲労設計荷重（F荷重）を用いて算出される応力範囲は，結果的に，複数軸を有し，重量が最大級の重車両1台によるものに相当する程度の値と考えられる。一方，大型車交通量として考慮される車両は現実には必ずしも満載状態で走行しているわけではなくその重量は様々である。このようなことから疲労設計用荷重（F荷重）の載荷頻度として大型車交通量をそのまま用いることは適切でなく，頻度補正係数γ_nによってその影響を考慮している。

頻度補正係数γ_nの標準値とした0.03は，疲労設計荷重（F荷重）を用い，変動応力補正係数γ_Fを考慮して算出される応力範囲による疲労損傷度と，代表的な一般国道における大型車の実交通によって算出される疲労損傷度がほぼ等価なものとなるよう定めたものである。したがって，当該橋の大型車交通について十分に把握・検討したうえでこの標準値を用いることが適切でないと判断できる場合には，別途γ_nを設定することが望ましい。なお，頻度補正係数の標準値を検討するにあたって考慮した大型車交通量のうち約半数が車両総重量8トン未満のいわゆる中型車相当の車両であったことから，あらかじめ中型車相当車両の混入率がこれと大きく異なることが明らかで，かつ別途γ_nを設定することが困難な場合には，中型車相当事両を除く大型車交通量を設定し，それに対してここで規定したγ_nの値の2倍，すなわち0.06を用いなければならないことになる。

8.2.3　応力による照査の方法

(1)　8.2.2の規定により算出される応力範囲の最大値と8.3.1に規定する一定振幅応力に対する打切り限界が式（8.2.4）の関係を満足する場合，その継手は疲労に対する安全性が確保されているとみなしてよい。

直応力に対して

$\Delta\sigma_{max} \leqq \Delta\sigma_{ce} \cdot C_R \cdot C_t$

せん断応力に対して

$\Delta\tau_{max} \leqq \Delta\tau_{ce}$

………………………………………… (8. 2. 4)

ここに，$\Delta\sigma_{max}$，$\Delta\tau_{max}$ ：8. 2. 2 で算出される対象継手部の最大応力範囲 (N/mm^2)

$\Delta\sigma_{ce}$，$\Delta\tau_{ce}$ ：一定振幅応力に対する応力範囲の打切り限界 (N/mm^2)

C_R ：8. 3. 3 に規定する平均応力の影響を考慮して基本許容応力範囲及び打切り限界を補正するための係数

C_t ：8. 3. 4 に規定する板厚の影響を考慮して基本許容応力範囲及び打切り限界を補正するための係数

(2) 式 (8. 2. 4) を満足しない場合においても，式 (8. 2. 5) を満足する場合には，その継手は疲労に対する安全性が確保されているとみなしてよい。このとき，変動振幅応力に対する応力範囲の打切り限界 $\Delta\sigma_{ve}$，$\Delta\tau_{ve}$ 以下の応力範囲については，その影響を無視してよい。

$D \leqq 1.00$ ………………………………………………………… (8. 2. 5)

ここに，D ：累積損傷比

$$D = \sum_i D_i$$

D_i ：車線 i に対する疲労設計荷重の移動載荷による累積損傷比

$$D_i = \sum_j (nt_i / N_{i,j})$$

nt_i ：8.2.2 に従って求められる疲労設計荷重の載荷回数 (＝応力範囲 $\Delta\sigma_{i,j}$ 又は $\Delta\tau_{i,j}$ の頻度)

$N_{i,j}$ ：疲労設計曲線より求められる $\Delta\sigma_{i,j}$ 又は $\Delta\tau_{i,j}$ に対応する疲労寿命

$N_{i,j} = C_0 \cdot (C_R \cdot C_t)^m / \Delta\sigma_{i,j}{}^m$ 又は $N_{i,j} = D_0 / \Delta\tau_{i,j}{}^m$

$\Delta\sigma_{i,j}$, $\Delta\tau_{i,j}$	：車線 i に対する疲労設計荷重一組の移動載荷によって得られる j 番目の応力範囲
C_0, D_0	：8.3.1 に示す疲労設計曲線を表すための定数
C_R	：8.3.3 に規定する平均応力の影響を考慮して基本許容応力範囲及び打切り限界を補正するための係数
C_t	：8.3.4 に規定する板厚の影響を考慮して基本許容応力範囲及び打切り限界を補正するための係数
m	：疲労設計曲線の傾きを表すための係数 直応力を受ける継手（$m=3$） せん断応力を受ける継手（$m=5$） 直応力を受けるケーブル及び高力ボルト（$m=5$）

(1) 8.2.2 で変動応力補正係数による補正を考慮して算出される応力範囲は，自動車荷重一台の影響として生じる可能性のある最大級の応力範囲に相当する値と考えられることや，我が国のこれまでの疲労設計の実績も踏まえて，鋼道路橋の疲労設計指針（平成 14 年 3 月）と同様に，8.2.2 で算出される応力範囲の最大値が一定振幅応力に対する応力範囲の打切り限界以下である場合には，当該部材の設計耐久期間においては疲労耐久性が確保されていると考えてよいものとした。

(2) 変動振幅応力による疲労の影響を，線形累積被害則の考え方を適用して評価することとしたものである。線形累積被害側とは，図-解 8.2.3 に示すように疲労耐久性が確保されない状態に至るまでの応力の繰返し回数が N である応力範囲 $\Delta\sigma$ が n 回生じたときの疲労損傷度を（n/N）と定義した場合に，対象部位に対する全ての応力範囲に対する

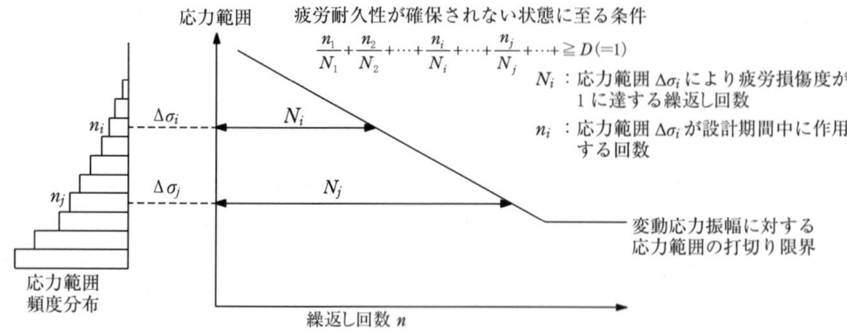

図-解 8.2.3 線形累積被害則の考え方

疲労損傷度の合計（累積損傷比 D）が 1 に達したときに疲労破壊に至るとする考え方である。

供用下の道路橋の部材では，通常一定振幅応力のみが繰り返されることはなく，変動振幅応力が繰り返されることとなる。近年の研究によれば，実現象としては変動振幅応力に対する打切り限界は存在しないとされている。また繰返し回数が特に大きい領域における S-N 線の傾きについてはデータが限られることもあり，設計で用いられる S-N 線については世界的にも統一的な考え方が確立しておらず，設計における扱いも国によっても異なっているのが実状である。

「鋼道路橋の疲労設計指針」（平成 14 年 3 月）では，このような実態や背景も踏まえたうえで，照査に用いる荷重の大きさや繰返し回数の設定と合わせて全体としては危険側の照査とならないよう配慮しつつ，疲労設計の実務上の便を考慮して，設計に用いる目的の S-N 線として変動振幅応力に対する打切り限界が設定されていた。この示方書では，疲労設計に用いる照査荷重を含めて，基本的に疲労設計指針の方法が踏襲された。

8.3 継手の疲労強度

8.3.1 継手の疲労設計曲線

(1) 継手の疲労強度は，8.3.2 に規定する強度等級に応じた式（8.3.1），又は式（8.3.2）による疲労設計曲線で表す。

$$\left.\begin{array}{ll}\Delta\sigma^{m}\cdot N=C_{0} & (\Delta\sigma>\Delta\sigma_{ce},\Delta\sigma_{ve})\\ N=\infty & (\Delta\sigma\leqq\Delta\sigma_{ce},\Delta\sigma_{ve})\end{array}\right\}\cdots\cdots (8.3.1)$$

$$\left.\begin{array}{ll}\Delta\tau^{m}\cdot N=D_{0} & (\Delta\tau>\Delta\tau_{ce},\Delta\tau_{ve})\\ N=\infty & (\Delta\tau\leqq\Delta\tau_{ce},\Delta\tau_{ve})\end{array}\right\}\cdots\cdots (8.3.2)$$

ここに，N ：疲労耐久性が確保されない状態に至るまでの応力の繰返し回数

C_0 ：$2\times10^6\cdot\Delta\sigma_f{}^m$

D_0 ：$2\times10^6\cdot\Delta\tau_f{}^m$

$\Delta\sigma$ ：直応力範囲（N/mm^2）

$\Delta\tau$ ：せん断応力範囲（N/mm^2）

$\Delta\sigma_f$ ：直応力に対する 2×10^6 回基本許容応力範囲（N/mm^2）

$\Delta\tau_f$ ：せん断応力に対する 2×10^6 回基本許容応力範囲（N/mm^2）

$\Delta\upsilon_{ce}$：一定振幅応力に対する打切り限界としての直応力範囲（N/mm^2）

$\Delta\sigma_{ve}$：変動振幅応力に対する打切り限界としての直応力範囲（N/mm^2）

$\Delta\tau_{ce}$：一定振幅応力に対する打切り限界としてのせん断応力範囲（N/mm^2）

$\Delta\tau_{ve}$：変動振幅応力に対する打切り限界としてのせん断応力範囲（N/mm^2）

m　：疲労設計曲線の傾きを表すための係数で，8. 2. 3(2)に規定する値とする。

(2) 継手の強度等級に対する 2×10^6 回基本許容応力範囲は，表-8. 3. 1 から表-8. 3. 3 までに示す値とする。

表-8. 3. 1　直応力を受ける継手の強度等級（$m=3$）

強度等級区分	2×10^6 回基本許容応力範囲 $\Delta\sigma_f$（N/mm^2）
A	190
B	155
C	125
D	100
E	80
F	65
G	50
H	40
H'	30

表-8. 3. 2　せん断応力を受ける継手の強度等級（$m=5$）

強度等級区分	2×10^6 回基本許容応力範囲 $\Delta\sigma_f$（N/mm^2）
S	80

表-8.3.3　直応力を受けるケーブル及び高力ボルトの強度等級（$m=5$）

強度等級 区分	2×10^6 回基本許容応力範囲 $\Delta\sigma_f$（N/mm^2）
K1	270
K2	200
K3	150
K4	65
K5	50

(3)　継手の一定振幅応力及び変動振幅応力に対する，それぞれの打切り限界としての応力範囲は，表-8.3.4から表-8.3.6までに示す値とする。

表-8.3.4　直応力を受ける継手の打切り限界としての応力範囲（$m=3$）

強度等級 区分	一定振幅応力の場合 $\Delta\sigma_{ce}$（N/mm^2）	変動振幅応力の場合 $\Delta\sigma_{ve}$（N/mm^2）
A	190	88
B	155	72
C	115	53
D	84	39
E	62	29
F	46	21
G	32	15
H	23	11
H'	16	7

表-8.3.5　せん断応力を受ける継手の打切り限界としての応力範囲（$m=5$）

強度等級 区分	一定振幅応力の場合 $\Delta\tau_{ce}$（N/mm^2）	変動振幅応力の場合 $\Delta\tau_{ve}$（N/mm^2）
S	67	42

表-8.3.6　直応力を受けるケーブル及び高力ボルトの打切り限界としての応力範囲（$m=5$）

強度等級 区分	一定振幅応力の場合 $\Delta\sigma_{ce}$（N/mm^2）	変動振幅応力の場合 $\Delta\sigma_{ve}$（N/mm^2）
K1	270	170
K2	200	126
K3	148	68
K4	46	21
K5	32	15

条文に示す疲労設計曲線を図-解 8.3.1 から図-解 8.3.3 に示す。変動振幅応力に対する打切り限界としての応力範囲は文献 11）を参考に，一定振幅応力に対する打切り限界としての応力範囲は既往の研究成果を基にそれぞれ定められたものである。

いずれもこの示方書では，平成 14 年からの疲労設計の実績も踏まえて，「鋼道路橋の疲労設計指針」（平成 14 年 3 月）に示されたものが踏襲されている。

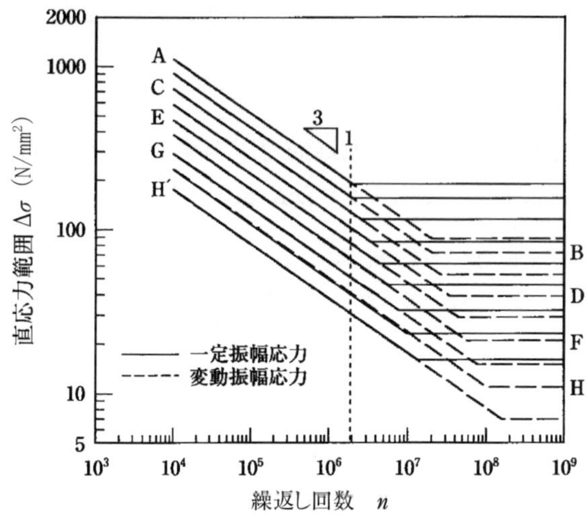

図-解 8.3.1　直応力を受ける継手の疲労設計曲線

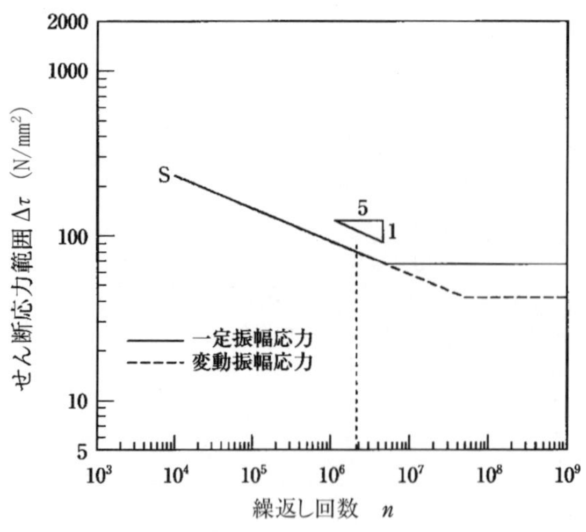

図-解 8.3.2　せん断応力を受ける継手の疲労設計曲線

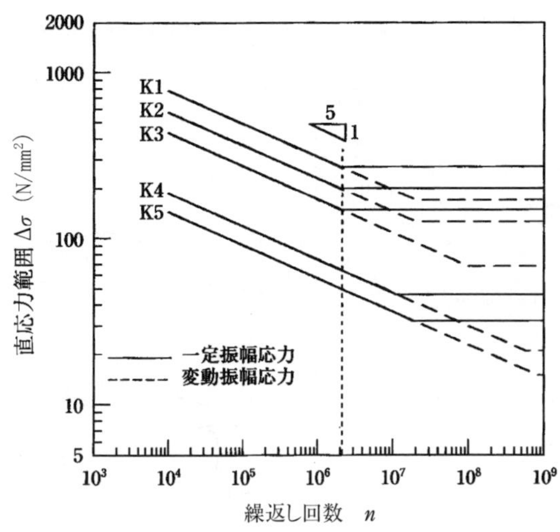

図-解 8.3.3 直応力を受けるケーブル及び高力ボルトの疲労設計曲線

8.3.2 継手の強度等級

(1) 部材の接合に用いる継手の強度等級は，継手の種類に応じて適切に定めなければならない。

(2) (3)及び(4)を満足する場合には，(1)を満足するとみなしてよい。

(3) 部材の接合に用いる継手のうち，設計に用いる強度等級は，表-8.3.7から表-8.3.9までに示すものによることを原則とする。

(4) 表-8.3.7から表-8.3.9までに示す以外の継手を使用する場合には，のど厚，開先，姿勢，電流，電圧，溶接材料等の溶接条件，残留応力，板厚等の実構造で用いる場合の溶接条件や継手の拘束条件及び荷重の条件を適切に評価した疲労試験によって疲労強度を確認する。

表-8.3.7　直応力を受ける継手の種類と強度等級

(a)　非溶接継手

継手の形式	構造の細部形式	強度等級（$\Delta\sigma_f$（N/mm^2））	継手形状図	備　考
1. 帯板	(1)表面及び側面，機械仕上げ（表面粗さ 50μm 以下）	A（190）		n_b：1 ボルト線上のボルト本数（最大） 注）3.，5.，6.，7. において孔を押抜きせん断で加工した場合は，強度等級を 1 等級低減しなければならない。 注）表面粗さとは，JIS B 0601（2013）に規定する最大高さ粗さ Rz とする。
	(2)黒皮付き，ガス切断縁（表面粗さ 100μm 以下）	B（155）		
	(3)黒皮付き，ガス切断縁（著しい条痕は除去）	C（125）		
2. 形鋼	(1)黒皮付き	B（155）	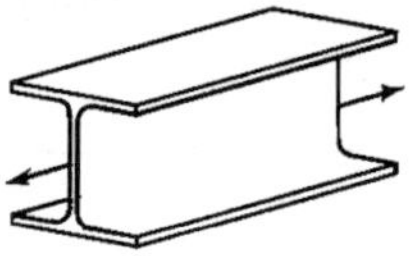	
	(2)黒皮付き，ガス切断縁（表面粗さ 100μm 以下）	B（155）		
	(3)黒皮付き，ガス切断縁（著しい条痕は除去）	C（125）		
3. 円孔を有する母材（純断面応力，実断面応力）		C（125）	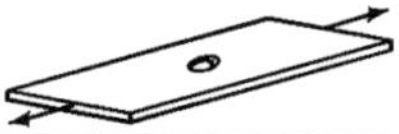	
4. フィレット付きの切抜きガセットを有する母材	(1) $1/5 \leqq r/d$（切断面の表面粗さ 50μm 以下）	B（155）	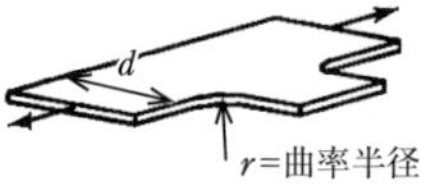 d r=曲率半径	
	(2) $1/10 \leqq r/d < 1/5$（切断面の表面粗さ 50μm 以下）	C（125）		
	(3) $1/5 \leqq r/d$（切断面の表面粗さ 100μm 以下）	C（125）		
	(4) $1/10 \leqq r/d < 1/5$（切断面の表面粗さ 100μm 以下）	D（100）		
5. 高力ボルト摩擦接合継手の母材（総断面応力）	(1) $1 \leqq n_b \leqq 4$	B（155）	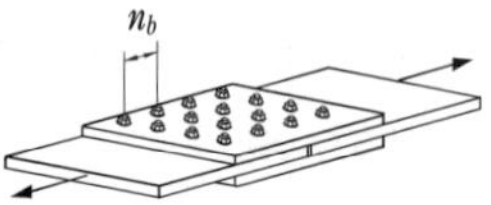 n_b	
	(2) $5 \leqq n_b \leqq 15$	C（125）		
6. 高力ボルト支圧接合継手の母材（純断面応力）	$n_b \leqq 4$	B（155）		
7. 応力方向に力を伝えない高力ボルト締め孔を有する母材（純断面応力）		B（155）	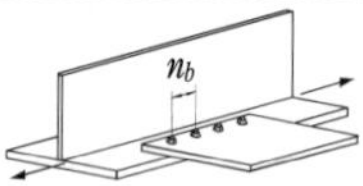 n_b	

(b)　横方向突合せ溶接継手

<table>
<tr><th>方向</th><th>継手の形式</th><th>溶接の種類</th><th>溶接及び構造の細部形式</th><th>溶接部の状態</th><th>着目</th><th>強度等級（$\Delta\sigma_f$（N/mm^2））</th><th>継手形状図</th><th>備　考</th></tr>
<tr><td rowspan="4">横方向</td><td rowspan="4">突合せ溶接継手</td><td rowspan="3">1.完全溶込み開先溶接</td><td rowspan="3">(1)両面溶接（裏はつりあり）</td><td>1)余盛削除</td><td>—</td><td>D（100）</td><td></td><td rowspan="4">注）1.(1)1)，1.(1)2)，1.(1)3)，2.の強度等級は，溶接内部のきず寸法が次のものを対象とする。<table><tr><th>板厚 t</th><th>きず寸法</th></tr><tr><td>$t\leqq$ 18mm</td><td>3mm 以下</td></tr><tr><td>$t>18$ mm</td><td>板厚の 1/6 以下</td></tr></table>これらの継手において，溶接内部のきず寸法が板厚の 1/6 を超え，板厚の 1/3 以下とした場合は，強度等級をF等級としなければならない。
注）1.(1)1)において，余盛の削除に際してはアンダーカットを残してはならない。

注）1.(1)2)において，仕上げはアンダーカットが残らないように応力の方向と平行に確実に行わなければならない。
止端仕上げの曲率半径は 3mm 以上とする。

注）1.(1)3)，2.の強度等級は，アンダーカットが 0.3mm 以下の継手を対象とする。
これらの継手において，アンダーカットが 0.3mm を超え，0.5mm 以下とした場合は，強度等級を 1 等級低減しなければならない。</td></tr>
<tr><td>2)止端仕上げ</td><td rowspan="2">止端破壊</td><td>D（100）</td><td rowspan="2"></td></tr>
<tr><td>3)非仕上げ</td><td>D（100）</td></tr>
<tr><td>2.片面溶接</td><td>(1)裏当て金がなく良好な裏波形状を有する</td><td>1)非仕上げ</td><td>止端破壊</td><td>D（100）</td><td></td></tr>
</table>

(c) 横方向荷重非伝達型十字溶接継手

方向	継手の形式	溶接の種類	溶接及び構造の細部形式	溶接部の状態	着目	強度等級（$\Delta\sigma_f$ (N/mm^2)）	継手形状図	備　考
横方向	荷重非伝達型十字溶接継手	1. 完全溶込み開先溶接	(1)両面溶接（裏はつりあり）	1)滑らかな止端	止端破壊	D（100）	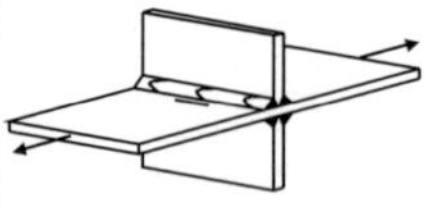	注）1.(1)1)，2.(1)1)，3.(1)1)において，アンダーカットは除去する。このとき，仕上げは応力の方向と平行に確実に行わなければならない。 注）1.(1)2)，2.(1)2)，3.(1)2)において，仕上げはアンダーカットが残らないように応力の方向と平行に確実に行わなければならない。止端仕上げの曲率半径は3mm 以上とする。 注）1.(1)3)，2.(1)3)，3.(1)3)，3.(2)，3.(3)，3.(4)の強度等級は，アンダーカットが0.3mm 以下の継手を対象とする。これらの継手において，アンダーカットが0.3mm を超え0.5mm 以下とした場合は，強度等級を1等級低減しなければならない。
				2)止端仕上げ		D（100）		
				3)非仕上げ		E（80）		
		2. 部分溶込み開先溶接	(1)連続	1)滑らかな止端	止端破壊	D（100）		
				2)止端仕上げ		D（100）		
				3)非仕上げ		E（80）		
			(2)始終端を含む	—		E（80）		
		3. すみ肉溶接	(1)連続	1)滑らかな止端	止端破壊	D（100）	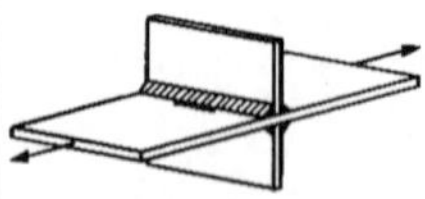	
				2)止端仕上げ		D（100）		
				3)非仕上げ		E（80）		

			(2)溶接の始終端を含む	—		E（80）		
			(3)中空断面部材を含む（d_0≦100mm）	—		F（65）	d_0：鋼管の直径（外径）	
			(4)中空断面部材を含む（d_0>100mm）	—		G（50）		

(d)　横方向荷重非伝達型T溶接継手

方向	継手の形式	溶接の種類	溶接及び構造の細部形式	溶接部の状態	着目	強度等級（$\Delta\sigma_f$（N/mm²））	継手形状図	備　考
横方向	荷重非伝達型T溶接継手	1.完全溶込み開先溶接	(1)両面溶接（裏はつりあり）	1）滑らかな止端	止端破壊	D（100）		注）1.(1)1)，2.(1)1)，3.(1)1)において，アンダーカットは除去する。このとき，仕上げは応力の方向と平行に確実に行わなければならない。 注）1.(1)2)，2.(1)2)，3.(1)2)において，仕上げはアンダーカットが残らないように応力の方向と平行に確実に行わなければならない。止端仕上げの曲率半径は3mm以上とする。 注）1.(1)3)，1.(2)，2.(1)3)，2.(2)，2.(3)，3.(1)3)，3.(2)，3.(3)，3.(4)，3.(5)の強度等級は，アンダーカットが0.3mm以下の継手を対象とする。これらの継手において，アンダーカットが0.3mmを超え0.5mm以下とした場合は，強度等級を1等級低減しなければならない。 注）1.(2)，2.(3)，3.(5)の$\Delta\tau_{max}$はウェブの最大せん断応力範囲，$\Delta\sigma_{max}$はフランジの曲げによる最大直応力範囲とする。
				2）止端仕上げ		D（100）		
				3）非仕上げ		E（80）		
			(2)スカラップを含む（$\Delta\tau_{max}/\Delta\sigma_{max}$<0.4）	—	まわし溶接部止端破壊	G（50）		
		2.部分溶込み開先溶接	(1)連続	1）滑らかな止端	止端破壊	D（100）		
				2）止端仕上げ		D（100）		
				3）非仕上げ		E（80）		

		(2)始終端を含む	—		E（80）	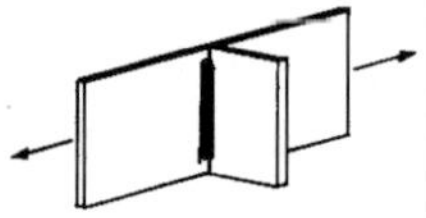
		(3)スカラップを含む（$\Delta\tau_{max}/\Delta\sigma_{max}<$0.4）	—	まわし溶接部止端破壊	G（50）	
	3.すみ肉溶接	(1)連続	1)滑らかな止端	止端破壊	D（100）	
			2)止端仕上げ		D（100）	
			3)非仕上げ		E（80）	
		(2)溶接の始終端を含む	—		E（80）	
		(3)中空断面部材を含む（$d_0\leqq$100mm）	—		F（65）	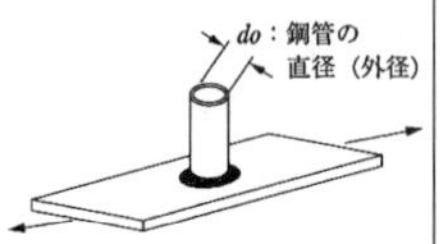 d_0：鋼管の直径（外径）
		(4)中空断面部材を含む（$d_0>$100mm）	—		G（50）	
		(5)スカラップを含む（$\Delta\tau_{max}/\Delta\sigma_{max}<$0.4）	—	まわし溶接部止端破壊	G（50）	

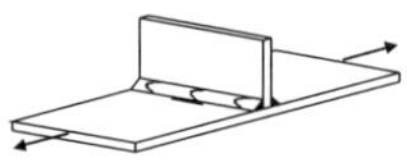

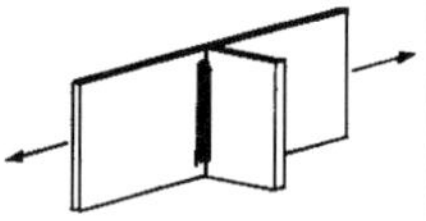

(e) 横方向荷重非伝達型角溶接継手

方向	継手の形式	溶接の種類	溶接及び構造の細部形式	溶接部の状態	着目	強度等級（$\Delta\sigma_f$ (N/mm^2)）	継手形状図	備考
横方向	荷重非伝達型角溶接継手	1. 完全溶込み開先溶接	(1)両面溶接（裏はつりあり）	1) 滑らかな止端	止端破壊	D（100）	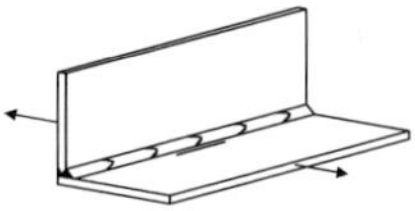	注）板曲げ応力が作用する場合には適用してはならない。 注）1.(1)1)，2.(1)1)において，アンダーカットは除去する。このとき，仕上げは応力の方向と平行に確実に行わなければならない。 注）1.(1)2)，2.(1)2)において，仕上げはアンダーカットが残らないように応力の方向と平行に確実に行わなければならない。 止端仕上げの曲率半径は3mm以上とする。
				2) 止端仕上げ		D（100）		
				3) 非仕上げ		E（80）		
		2. 部分溶込み開先溶接	(1)連続	1) 滑らかな止端	止端破壊	D（100）	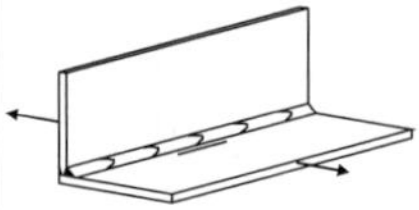	注）1.(1)3)，2.(1)3)，2.(2)の強度等級は，アンダーカットが0.3mm以下の継手を対象とする。 これらの継手において，アンダーカットが0.3mmを超え0.5mm以下とした場合は，強度等級を1等級低減しなければならない。
				2) 止端仕上げ		D（100）		
				3) 非仕上げ		E（80）		
			(2)始終端を含む	—		E（80）	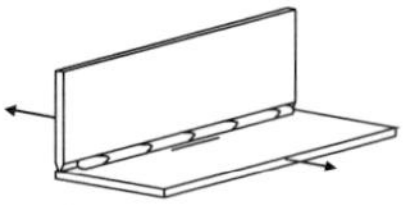	

(f) 横方向荷重伝達型十字溶接継手

方向	継手の形式	溶接の種類	溶接及び構造の細部形式	溶接部の状態	着目	強度等級（$\Delta\sigma_f$ (N/mm^2)）	継手形状図	備考
横方向	荷重伝達型十字溶接継手	1.完全溶込み開先溶接	(1)連続	1)滑らかな止端	止端破壊	D（100）	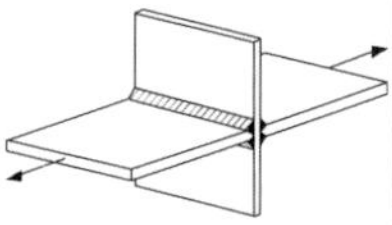	注）1.の強度等級は，溶接内部のきず寸法が次のものを対象とする。 板厚 t ／ きず寸法 t≦18mm ／ 3mm以下 t>18mm ／ 板厚の1/6以下 これらの継手において，溶接内部のきず寸法が板厚の1/6を超え板厚の1/3以下とした場合は，強度等級をF等級としなければならない。 注）1.(1)1)において，アンダーカットは除去する。このとき，仕上げは応力の方向と平行に確実に行わなければならない。 注）1.(1)2)において，仕上げはアンダーカットが残らないように応力の方向と平行に確実に行わなければならない。止端仕上げの曲率半径は3mm以上とする。 注）1.(1)3)の強度等級は，アンダーカットが0.3mm以下の継手を対象とする。これらの継手において，アンダーカットが0.3mmを超え0.5mm以下とした場合は，強度等級を1等級低減しなければならない。
				2)止端仕上げ		D（100）		
				3)非仕上げ		E（80）		

(g) 横方向荷重伝達型T溶接継手

<table>
<tr><th>方向</th><th>継手の形式</th><th>溶接の種類</th><th>溶接及び構造の細部形式</th><th>溶接部の状態</th><th>着目</th><th>強度等級（$\Delta\sigma_f$ (N/mm^2)）</th><th>継手形状図</th><th>備考</th></tr>
<tr><td rowspan="3">横方向</td><td rowspan="3">荷重伝達型T溶接継手</td><td rowspan="3">1.完全溶込み開先溶接</td><td rowspan="3">(1)連続</td><td>1)滑らかな止端</td><td rowspan="3">止端破壊</td><td>D（100）</td><td rowspan="3"> 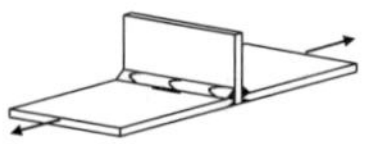</td><td rowspan="3">注）1.の強度等級は，溶接内部のきず寸法が次のものを対象とする。<table><tr><th>板厚 t</th><th>きず寸法</th></tr><tr><td>$t \leqq 18$mm</td><td>3mm以下</td></tr><tr><td>$t > 18$mm</td><td>板厚の1/6以下</td></tr></table>これらの継手において，溶接内部のきず寸法が板厚の1/6を超え板厚の1/3以下とした場合は，強度等級をF等級としなければならない。

注）1.(1)1)において，アンダーカットは除去する。このとき，仕上げは応力の方向と平行に確実に行わなければならない。

注）1.(1)2)において，仕上げはアンダーカットが残らないように応力の方向と平行に確実に行わなければならない。止端仕上げの曲率半径は3mm以上とする。

注）1.(1)3)の強度等級は，アンダーカットが0.3mm以下の継手を対象とする。これらの継手において，アンダーカットが0.3mmを超え0.5mm以下とした場合は，強度等級を1等級低減しなければならない。</td></tr>
<tr><td>2)止端仕上げ</td><td>D（100）</td></tr>
<tr><td>3)非仕上げ</td><td>E（80）</td></tr>
</table>

(h) 横方向荷重伝達型角溶接継手

方向	継手の形式	溶接の種類	溶接及び構造の細部形式	溶接部の状態	着目	強度等級（$\Delta\sigma_f$ (N/mm^2)）	継手形状図	備考
横方向	荷重伝達型角溶接継手	1.完全溶込み開先溶接	(1)連続	1)滑らかな止端	止端破壊	D（100）		注）板曲げ応力が作用する場合には適用してはならない。 注）1.(1)1)において，アンダーカットは除去する。このとき，仕上げは応力の方向と平行に確実に行わなければならない。 注）1.(1)2)において，仕上げはアンダーカットが残らないように応力の方向と平行に確実に行わなければならない。 止端仕上げの曲率半径は3mm以上とする。 注）1.(1)3)の強度等級は，アンダーカットが0.3mm以下の継手を対象とする。 これらの継手において，アンダーカットが0.3mmを超え0.5mm以下とした場合は，強度等級を1等級低減しなければならない。
				2)止端仕上げ		D（100）		
				3)非仕上げ		E（80）		

(i) 横方向面外ガセット溶接継手

方向	継手の形式	溶接の種類	溶接及び構造の細部形式	溶接部の状態	着目	強度等級（$\Delta\sigma_f$ (N/mm^2)）	継手形状図	備考
横方向	面外ガセット溶接継手	1.完全溶込み開先溶接	(1)フィレットなし (l≦100mm)	1)止端仕上げ	まわし溶接部止端破壊	E (80)	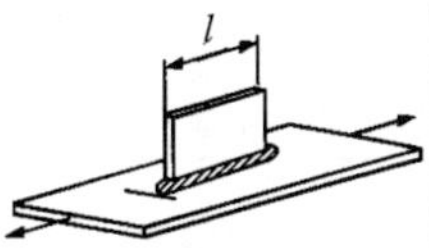 l	注）1.(1)1)，1.(2)1)，1.(5)，2.(1)1)，2.(2)1)において，仕上げはアンダーカットが残らないように応力の方向と平行に確実に行わなければならない。止端仕上げの曲率半径は3mm以上とする。 注）1.(1)2)，1.(2)2)，1.(3)，1.(4)，2.(1)2)，2.(2)2)の強度等級は，アンダーカットが0.3mm以下の継手を対象とする。これらの継手において，アンダーカットが0.3mmを超え0.5mm以下とした場合は，強度等級を1等級低減しなければならない。
				2)非仕上げ		F (65)		
			(2)フィレットなし (l>100mm)	1)止端仕上げ		F (65)		
				2)非仕上げ		G (50)		
			(3)フィレットあり (フィレット部仕上げなし) (l≦100mm)	―		F (65)	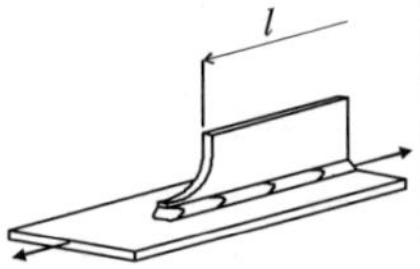 l	
			(4)フィレットあり (フィレット部仕上げなし) (l>100mm)	―		G (50)		
			(5)フィレットあり (フィレット部仕上げあり)	―	フィレット部	E (80)	 r≧40mm	
			(6)主板貫通 (埋め戻し)	1)非仕上げ	まわし溶接部止端破壊	G (50)	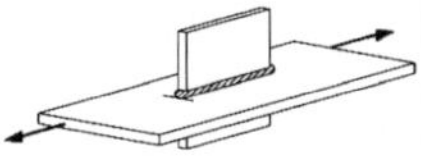	
		2.すみ肉溶接	(1)フィレットなし (l≦100mm)	1)止端仕上げ	まわし溶接部止端破壊	E (80)	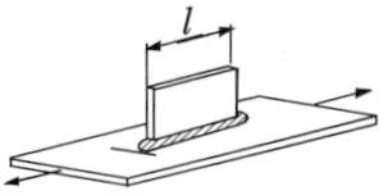 l	
				2)非仕上げ		F (65)		

方向	継手の形式	溶接の種類	溶接及び構造の細部形式	溶接部の状態	着目	強度等級（$\Delta\sigma_f$ (N/mm^2)）	継手形状図	備考
			(2)フィレットなし (l>100mm)	1)止端仕上げ		等級なし		
					ルート破壊	等級なし		
				2)非仕上げ	まわし溶接部止端破壊	G (50)		

(j)　横方向面内ガセット溶接継手

方向	継手の形式	溶接の種類	溶接及び構造の細部形式	溶接部の状態	着目	強度等級（$\Delta\sigma_f$ (N/mm^2)）	継手形状図	備考
横方向	面内ガセット溶接継手	1.完全溶込み開先溶接	(1)フィレットなし	1)止端仕上げ	止端破壊	G (50)	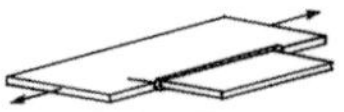	注) 1.(1)1), 1.(3), 1.(4), 1.(5)において，仕上げはアンダーカットが残らないように応力の方向と平行に確実に行わなければならない。 止端仕上げの曲率半径は3mm以上とする。 注) 1.(2)の強度等級は，アンダーカットが0.3mm以下の継手を対象とする。
			(2)フィレットあり (フィレット部仕上げなし)	－	フィレット部	等級なし	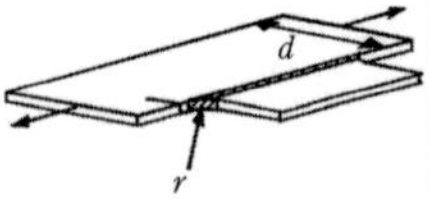	
			(3)フィレットあり (フィレット部仕上げあり， 1/3≦r/d 又は r≧200mm)	－		D (100)		
			(4)フィレットあり (フィレット部仕上げあり， 1/5≦r/d<1/3)	－		E (80)		
			(5)フィレットあり (フィレット部仕上げあり， 1/10≦r/d<1/5)	－		F (65)		

(k) その他の横方向溶接継手

方向	継手の形式	溶接の種類	溶接及び構造の細部形式	溶接部の状態	着目	強度等級（$\Delta\sigma_f$ (N/mm^2)）	継手形状図	備　考
横方向	カバープレートの溶接継手	1.すみ肉溶接	(1) l≦300mm	1)溶接部仕上げ	止端破壊	D（100）		注）1.（1）1），1.（1）2），1.（2）1）において，仕上げはアンダーカットが残らないように応力の方向と平行に確実に行わなければならない。 止端仕上げの曲率半径は3mm 以上とする。 注）1.（1）3），1.（2）2）の強度等級は，アンダーカットが 0.3mm の継手を対象とする。 これらの継手において，アンダーカットが 0.3mm を超え 0.5mm 以下とした場合は，強度等級を 1 等級低減しなければならない。 注）1.（2）1）の脚長 Sh, Sb は，Sh≧0.8t_c, Sb≧2Sh とする（t_c：カバープレートの板厚）。
				2)止端仕上げ		E（80）		
				3)非仕上げ		F（65）		
			(2) l>300mm	1)溶接部仕上げ		D（100）		
				2)非仕上げ		G（50）		
	スタッド溶接継手	2.スタッド溶接	—	—	1)主板側止端破壊	E（80）		

(l) 縦方向突合せ溶接継手

方向	継手の形式	溶接の種類	溶接及び構造の細部形式	溶接部の状態	着目	強度等級（$\Delta\sigma_f$ (N/mm^2)）	継手形状図	備　考
縦方向	突合せ溶接継手	1.完全溶込み開先溶接	(1)両面溶接（裏はつりあり）	1)余盛削除	—	D（100）		注）1.（1）1）において，余盛りの削除に際してはアンダーカットを残してはならない。 注）1.（1）2），2.，3. の強度等級は，アンダーカットが 0.5mm 以下の継手を対象とする。
				2)非仕上げ		D（100）		

		2.部分溶込み開先溶接	−	−	−	D（100）	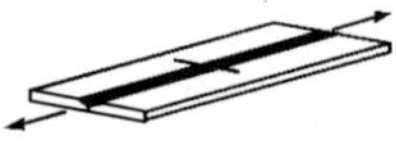	
		3.片面溶接	(1)裏当て金がなく良好な裏波形状を有する	−	−	D（100）		

(m) 縦方向T溶接継手

方向	継手の形式	溶接の種類	溶接及び構造の細部形式	溶接部の状態	着目	強度等級（$\Delta\sigma_f$（N/mm^2））	継手形状図	備　考
縦方向	T溶接継手	1.完全溶込み開先溶接	(1)両面溶接（裏はつりあり）	−	−	D（100）	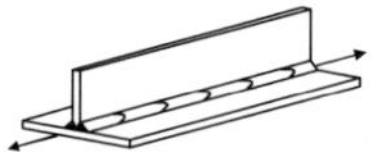	注）4.(2)の強度等級は，アンダーカットが0.3mm以下の継手を対象とする。この継手において，アンダーカットが0.3mmを超え0.5mm以下とした場合は，強度等級を1等級低減しなければならない。 注）1.，2.，3.，4.(1)の強度等級は，アンダーカットが0.5mm以下の継手を対象とする。
		2.部分溶込み開先溶接	(1)両面溶接	−	−	D（100）	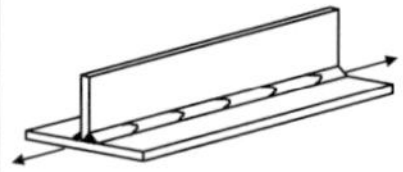	
			(2)片面溶接	−		D（100）	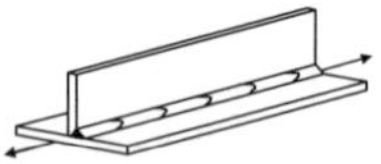	
		3.片面溶接	(1)裏当て金がなく良好な裏波形状を有する	−	−	等級なし	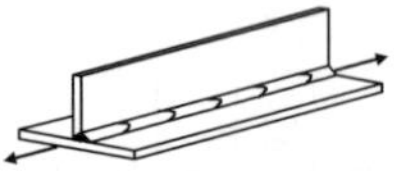	
		4.すみ肉溶接	(1)連続	−	−	D（100）		
			(2)断続	−		E（80）	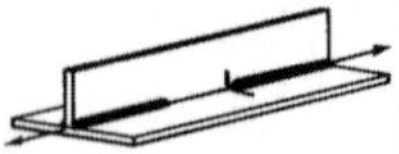	

(n) 縦方向角溶接継手

方向	継手の形式	溶接の種類	溶接及び構造の細部形式	溶接部の状態	着目	強度等級（$\Delta\sigma_f$ (N/mm^2)）	継手形状図	備考
縦方向	角溶接継手	1.完全溶込み開先溶接	(1)両面溶接（裏はつりあり）	1)余盛削除	—	D（100）		注）1.(1)1)において，余盛りの削除に際してはアンダーカットを残してはならない。 注）1.(1)2)，1.(2),1.(3), 2，3.の強度等級は，アンダーカットが0.5mm以下の継手を対象とする。
				2)非仕上げ		D（100）		
			(2)切抜きガセット ($1/5 \leq r/d$)	—	フィレット部	D（100）	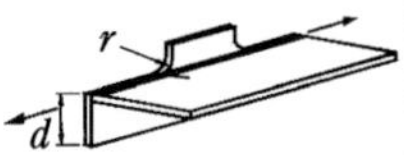	
			(3)切抜きガセット ($1/10 \leq r/d < 1/5$)	—		E（80）		
		2.部分溶込み開先溶接	(1)外側溶接のみ	—	—	D（100）		
			(2)内側すみ肉溶接あり	—		D（100）		
			(3)切抜きガセット ($1/5 \leq r/d$)	—	フィレット部	D（100）	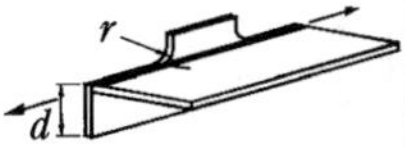	
			(4)切抜きガセット ($1/10 \leq r/d < 1/5$)	—		E（80）		
		3.片面溶接	(1)裏当て金がなく良好な裏波形状を有する	—	—	D（100）		

表-8.3.8　直応力を受けるケーブル及び高力ボルトの種類と強度等級

方向	継手の形式	溶接の種類	溶接及び構造の細部形式	溶接部の状態	着目	強度等級（$\Delta\sigma_f$ (N/mm^2)）	継手形状図	備　考
―	1. ケーブル本体	―	(1)平行線	―	―	K1（270）		注）2. (1)新定着法とはケーブル本体と同程度の疲労強度を有する定着部構造とする。
		―	(2)ロープ	―	―	K2（200）		
	2. ケーブル定着部	―	(1)平行線 新定着法	―	―	K1（270）	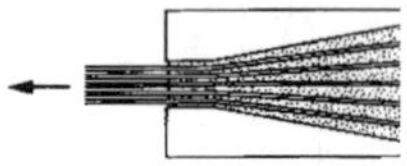	
		―	(2)平行線 亜鉛 鋳込み	―	―	K2（200）		
		―	(3)ロープ 亜鉛 鋳込み	―	―	K3（150）		
	3. 高力ボルト	―	(1)転造	―	―	K4（65）		
		―	(2)切削	―	―	K5（50）		

表-8.3.9　せん断応力を受ける継手の種類と強度等級

方向	継手の形式	溶接の種類	溶接及び構造の細部形式	溶接部の状態	着目	強度等級（$\Delta\sigma_f$ (N/mm^2)）	継手形状図	備　考
―	せん断応力を受ける継手	―	1. スタッドを溶接した継手のスタッド断面	―	―	S（80）	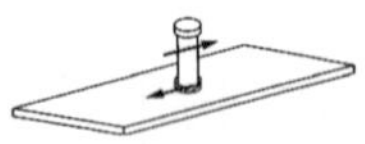	
		―	2. 重ね継手の側面すみ肉溶接のど断面	―	―	S（80）	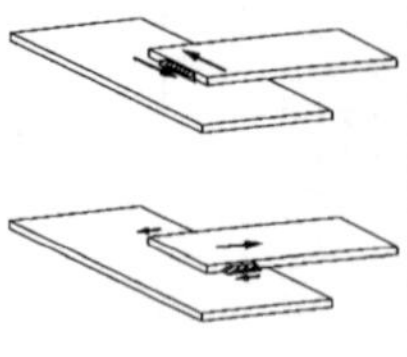	

		－	3. 鋼管の割込み継手の側面すみ肉溶接のど断面	－	－	S (80)		
		－	4. 上記以外	－	－	S (80)		

(3) 本条では道路橋の部材に用いることができる溶接継手とその疲労強度等級が示されている。溶接継手は，①継手が受ける応力の種類，②応力の方向と着目する溶接部の溶接線方向との関係，③継手形式，④溶接の種類，⑤溶接と構造の細部形式，⑥溶接品質，⑦疲労破壊の起点，の各項目の組合せによって分類することができる。

溶接継手が受ける応力の種類は，直応力とせん断応力の２種類に区分でき，直応力を受ける継手のうち，着目するき裂が生じる溶接線の区間の方向と同一方向に応力が作用する場合は縦方向，溶接線直角方向に応力が作用する場合は横方向に分類される。

なお，継手形式及び溶接の種類については，様々な分類方法が考えられ，学協会の技術資料や国内外の基準類においても統一されていない。今回の改定では，既存の分類方法と道路橋の設計実務の実態を考慮して，実際に使おうとする継手と分類区分との対応関係が明確となるように分類区分や継手の名称が再整理されている。

通常の場合，直応力を受ける継手にあって強度等級がH等級以下であるような疲労強度が低い継手を採用すると，必要な疲労耐久性を確保することが困難となる場合がある。また，片面溶接による溶接継手のうち裏当て金付きのものや部分溶込み開先溶接による溶接継手は，施工において良好な品質を確保することが難しく，施工後に品質を確認することも困難であり，本来有しているべき疲労強度が満たされないことがある。したがって疲労強度が著しく低い継手や品質確保が困難な継手についてはできる限り使わないようにする必要がある。

表-8.3.7(b)横方向突合せ溶接継手，(f)横方向荷重伝達型十字溶接継手に示す継手の強度等級が確保されるための溶接部の許容きず寸法については，文献12）を踏まえ，多層盛り溶接で，きず長さに対する高さの比（アスペクト比）が0.2～1.0を満たしていることを前提に定めている。このため，溶接方法により実きずの形状がこの範囲外になると考えられる場合には，疲労試験により許容きず寸法を定める必要がある。

また，止端仕上げした継手の強度等級を満たすための止端形状は，止端曲率半径を3mm以上とするとともに，仕上げの方法については20章の規定に従う必要がある。

なお，各継手に対する要求品質のうち内部きずやアンダーカットについては，これらをあらかじめ一定水準以上生じさせることを前提にして設計・施工を行うことは施工や検査の確実性からも疲労耐久性上望ましくない。したがって，やむを得ない場合を除いては，表-8.3.7の備考に示す強度等級の低減を前提とせず，所定の強度等級が満たされるよう設計・施工する必要がある。

直応力を受ける場合の疲労強度に関する主な留意事項等には以下のようなものがある。

① 高力ボルト摩擦接合継手（表-8.3.7の「(a)-5.」）

ここでは，1ボルト線上のボルト本数 n_b について，15本までの多列配置となる場合の強度等級を設定しているが，高力ボルト摩擦接合継手の設計にあたっては，9.5.1の規定に基づき，1ボルト線上のボルト本数に配慮する必要がある。

② 横方向荷重非伝達型角溶接継手，横方向荷重伝達型角溶接継手（表-8.3.7の「(e)，(h)」）

横方向荷重非伝達型角溶接継手及び横方向荷重伝達型角溶接継手の疲労強度等級は，横方向荷重非伝達型十字溶接継手及び横方向荷重伝達型十字溶接継手の疲労強度を参考に定められている。なお，これらは，直応力が作用する場合の実験結果を基に定められたものであり，板曲げが作用する場合には，溶接部のき裂発生位置や継手の破壊形態が直応力の場合と異なる可能性があることから，板曲げが作用する場合には適用してはならない。また，これらの継手では作用荷重や拘束条件によっては付加的な曲げが生じやすく，適用にあたっては十分な検討が必要である。

③ 横方向面外ガセット溶接継手（表-8.3.7の「(i)-1.(1)，2.(1)」）及び横方向面内ガセット溶接継手（表-8.3.7の「(j)-1.(2)(3)」）

すみ肉溶接による横方向面外ガセット溶接継手のまわし溶接部の止端仕上げを行う場合，のど厚が確保されルート破壊が生じないことが示されている場合には，非仕上げと同等の疲労強度が期待できる。しかし，仕上げによりのど厚が減少すると，ルート部からのき裂発生を誘発し疲労強度の向上が見込めないことがある。このため，止端仕上げを行う場合には，必要に応じてガセット端部に隅切りを設けるなど，のど厚の確保に配慮する必要がある。なお，ガセット取付長さが100mm以上の場合で，すみ肉溶接の止端部を仕上げた場合は，実験データが十分になく，かつ，破壊がルート部か止端部か明確でもないことから強度等級が規定されていない。

フィレットを有するガセットを用いた完全溶込み開先溶接による横方向面内ガセット溶接継手のフィレット部を仕上げない場合，フィレットを有することによる止端部の応力集中の低減効果は小さいものと考えられる。この継手形式の実験データが十分になく，かつ，破壊が止端部を起点とすることも考えられることから強度等級が規定されていない。

これまでの道路橋示方書では，フィレットを有するガセットを用いた完全溶込み開先溶接による横方向面内ガセット溶接継手のフィレット部（フィレット部仕上げ）の疲労強度は，フィレット半径 r と主板の全幅 d との比 r/d により分類されていた。近年の研究によれば，主板の全幅 d が大きい場合でもフィレット半径 r が 200mm 以上であればD等級を満足するとの報告があることから，本規定では，D等級を満たすフィレット半径を，フィレット半径と主板の全幅 d の比 r/d が 1/3 以上あるいはフィレット半径 r が 200mm 以上としている。

④ スタッド溶接によるスタッド溶接継手における主板断面（表-8.3.7の「(k)-2.」）

スタッド溶接によるスタッド溶接継手における主板断面の疲労強度は，一方向のせん断応力を繰り返し受け，鋼桁フランジのように比較的厚い鋼板に溶接されたスタッドを対象としている。例えば，底鋼板と床版コンクリートを一体化した鋼コンクリート合成床版にもスタッドが用いられる場合があるが，比較的薄い鋼板に溶接されているため鋼板の局部的変形の影響を受けることから，疲労に対する耐久性の照査は 11.5 による。

⑤ ケーブル定着部（表-8.3.8の「2.」）

ケーブル定着部の新定着法とは，定着部の疲労強度の改善を図り，定着部がケーブル一般部と同等の疲労強度を有するように設計された定着構造であり，エポキシ樹脂の接着力と鋼球のくさび効果を利用した定着法や，定着部のケーブルワイヤのスプレー開始点近傍で従来の亜鉛銅合金に代えてエポキシ樹脂を用いた定着法が，この定着法に分類される[13)]。

⑥ 高力ボルト（表-8.3.8の「3.」）

高力ボルト引張接合に対しては，高力ボルトのねじの製作方式に応じて，相当する疲労強度を用いる必要がある。この際，照査に用いる応力範囲は，高力ボルトに生じる変動応力範囲とする。

(4) この条文で示した継手の疲労強度は，各継手の疲労試験結果の下限値又は下限値に相当する非破壊確率 97.7％の値に基づいて定められた文献 11）及び，その後の近年の疲労試験結果等も参考に定められたものである。

このため，条文に定められていない継手を用いる場合には，実構造の条件を再現した疲労試験等を実施して，その疲労強度を確認したうえで用いる必要がある。例えば疲労試験体の作成にあたっては，実際の施工と同様の溶接条件（のど厚，開先，姿勢，電流，電圧，溶材，溶接順序ほか）で施工し，残留応力の状態についても評価できるようにする必要がある。また板厚，溶接部のディテール，試験体の構造や縮尺及び荷重載荷方法等，残留応力や溶接部の応力状態に大きく影響する要因についても実際の構造を正しく評価できるよう慎重に検討する必要がある。鋼床版やスカラップを有する継手等，構造によっては，小型試験体による実験では実構造で発生する断面力を適切に評価できないことがあり，この場合には，より実態に近い大きさの大型の疲労試験体が必要となることがある[14),15)]。

表-8.3.7に示す継手には，疲労強度が著しく低い継手や品質確保が困難な継手（表-

解 8.3.1）は含まれていない。ただし，疲労の影響のない部材や，橋の供用期間中の交換を前提とする部材などで，やむを得ず表-8.3.7 に示す継手以外の溶接継手を用いる場合には，表-解 8.3.1 に示す強度等級を参考にし，作用応力に配慮する必要がある。また，用いる溶接継手が所定の疲労強度を確保できるように，溶接部の品質が良好なものとなる施工や検査等の方法について十分検討する必要がある。

スカラップを含む横方向 T 溶接継手は既往の研究[16]により，せん断力の作用下で疲労強度が低下することが明らかにされている。そこで，鋼桁の腹板に作用するせん断応力とフランジに作用する曲げ応力の比が0.4を下回るものについてのみ表-8.3.7で示した。なお，箱桁の縦リブ等せん断力を分担しないものと想定される継手では，$\Delta\tau_{max}\fallingdotseq 0$ と考えられるため G 等級としてよい。

表-解 8.3.1　直応力を受ける継手の種類と強度等級
（表-8.3.7 に示す継手以外のもので使用しない方がよい継手）

(b)　横方向突合せ溶接継手

方向	継手の形式	溶接の種類	溶接及び構造の細部形式	溶接部の状態	着目	強度等級（$\Delta\sigma_f$ (N/mm²)）	継手形状図	備　考
横方向	突合せ溶接継手	1. 開先溶接部分溶込み	―	―	止端破壊	等級なし	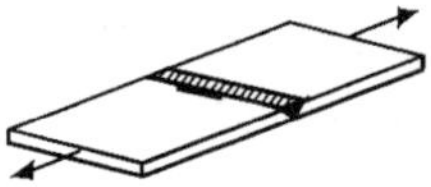	注）2. の強度等級は，アンダーカットが 0.3mm 以下の継手を対象とする。 これらの継手において，アンダーカットが 0.3mm を超え 0.5mm 以下とした場合は，強度等級を 1 等級低減しなければならない。 注）1. の強度等級は，アンダーカットが 0.5mm 以下の継手を対象とする。
		2. 片面溶接	(1)裏当て金付き（t≦12mm）	非仕上げ		F (65)	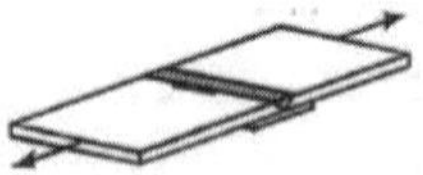	
			(2)裏当て金付き（t>12mm）			G (50)		
			(3)裏当て金がなく裏面の形状を確かめることができない（t≦12mm）			F (65)		
			(3)裏当て金がなく裏面の形状を確かめることができない（t>12mm）			G (50)		

(d) 横方向荷重非伝達型T溶接継手

方向	継手の形式	溶接の種類	溶接及び構造の細部形式	着目	強度等級（$\Delta\sigma_f$ (N/mm^2)）	継手形状図	備　考
横方向	荷重非伝達型T溶接継手	1. 完全溶込み開先溶接	(1)スカラップを含むτ ($0.4 \leqq \Delta\tau_{max}/\sigma_{max}$)	まわし溶接部止端破壊	H (40)		注）1., 2., 3. の強度等級は，アンダーカットが0.3mm以下の継手を対象とする。これらの継手において，アンダーカットが0.3mmを超え，0.5mm以下とした場合は強度等級を1等級低減しなければならない。 注）1., 2., 3. の $\Delta\tau_{max}$ はウェブの最大せん断応力範囲，$\Delta\sigma_{max}$ はフランジの曲げによる最大直応力範囲。
		2. 部分溶込み開先溶接					
		3. すみ肉溶接					

(f) 横方向荷重伝達型十字溶接継手

方向	継手の形式	溶接の種類	溶接及び構造の細部形式	溶接部の状態	着目	強度等級（$\Delta\sigma_f$ (N/mm^2)）	継手形状図	備　考
横方向	荷重伝達型十字溶接継手	1. 部分溶込み開先溶接	(1)連続	1) 滑らかな止端	止端破壊	E (80)	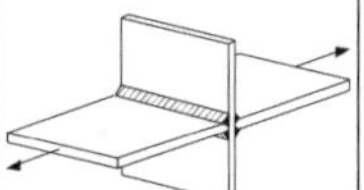	注）1. (1)1), 4. (1)1) において，アンダーカットは除去する。このとき，仕上げは応力の方向と平行に確実に行わなければならない。 注）1. (1)2), 4. (1)2) において，仕上げはアンダーカットが残らないように応力の方向と平行に確実に行わなければならない。 止端仕上げの曲率半径は3mm以上とする。 注）1. (1)3), 1. (2), 2. (1)1), 3., 4. (1)3), 4. (2), 5. (1)1) の強度等級は，アンダーカットが0.3mm以下の継手を対象とする。 これらの継手において，アンダーカットが0.3mmを超え0.5mm以下とした場合は，強度等級を1等級低減しなければならない。 注）1. (3), 2. (1)2), 4. (3), 5. (1)2) の強度等級は，溶接の脚長（又はサイズ）s が板厚の0.4倍以上であり，アンダーカットが0.5mm以下の継手を対象とする。
				2) 止端仕上げ		E (80)		
				3) 非仕上げ		F (65)		
			(2)始終端を含む	—		F (65)		
			(3)連続	—	1) ルート破壊（のど断面）	H (40)		

		2.部分溶込み開先溶接（片面溶接）	(1)中空断面部材を含む	—	1)止端破壊	H (40)	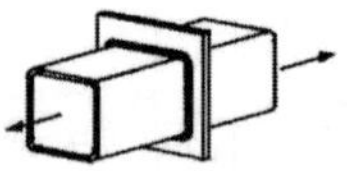	のど断面積は，（のど厚）×（溶接長）から求める。また，のど厚は $s/\sqrt{2}$ から算出する。
				—	2)ルート破壊（のど断面）	H (40)	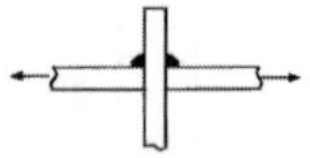	
		3.片面溶接	(1)中空断面部材を含み裏当て金なし	—	止端破壊	F (65)	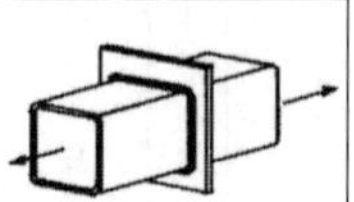	
			(2)中空断面部材を含み裏当て金あり	—		G (50)	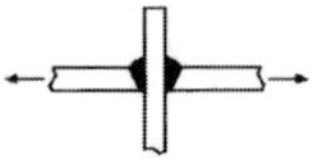	
		4.すみ肉溶接	(1)連続	1)滑らかな止端	止端破壊	E (80)	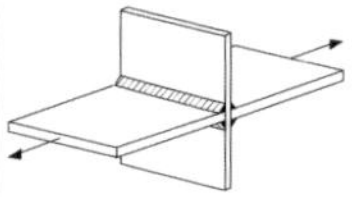	
				2)止端仕上げ		E (80)		
				3)非仕上げ		F (65)		
			(2)始終端を含む	—		F (65)		
			(3)連続	—	1)ルート破壊（のど断面）	H (40)		
		5.すみ肉溶接（片面溶接）	(1)中空断面部材を含む	—	1)止端破壊	H (40)	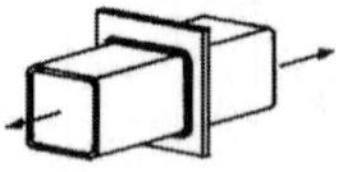	
				—	2)ルート破壊（のど断面）	H (40)	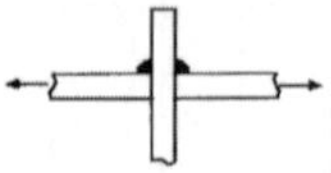	

(g) 横方向荷重伝達型T溶接継手

方向	継手の形式	溶接の種類	溶接及び構造の細部形式	溶接部の状態	着目	強度等級（$\Delta\sigma_f$ (N/mm^2)）	継手形状図	備考
横方向	荷重伝達型T溶接継手	1.部分溶込み開先溶接	(1)連続	1)滑らかな止端	止端破壊	E (80)	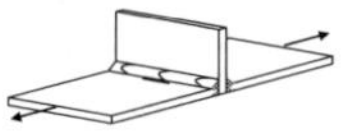	注) 1. (1)1), 4. (1)1)において，アンダーカットは除去する。このとき，仕上げは応力の方向と平行に確実に行わなければならない。 注) 1. (1)2), 4. (1)2)において，仕上げはアンダーカットが残らないように応力の方向と平行に確実に行わなければならない。 止端仕上げの曲率半径は3mm以上とする。 注) 1.(1)3), 1.(2), 2.(1)1), 3., 4.(1)3), 4.(2), 5.(1)1)の強度等級は，アンダーカットが0.3mm以下の継手を対象とする。 これらの継手において，アンダーカットが0.3mmを超え0.5mm以下とした場合は，強度等級を1等級低減しなければならない。 注) 1. (3), 2. (1)2), 4. (3), 5. (1)2)の強度等級は，溶接の脚長（又はサイズ）sが板厚の0.4倍以上であり，アンダーカットが0.5mm以下の継手を対象とする。 のど断面積は，（のど厚）×（溶接長）から求める。また，のど厚は$s/\sqrt{2}$から算出する。
				2)止端仕上げ		E (80)		
				3)非仕上げ		F (65)		
			(2)始終端を含む	–		F (65)		
			(3)連続	–	1)ルート破壊（のど断面）	H (40)		
		2.部分溶込み開先溶接（片面溶接）	(1)中空断面部材を含む	–	1)止端破壊	H (40)	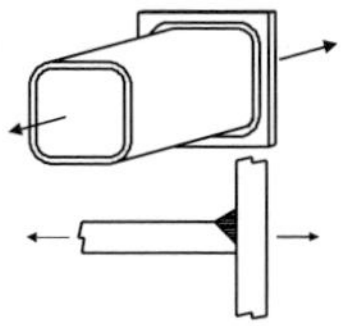	
				–	2)ルート破壊（のど断面）	H (40)		
		3.片面溶接	(1)中空断面部材を含み裏当て金なし	–	止端破壊	F (65)	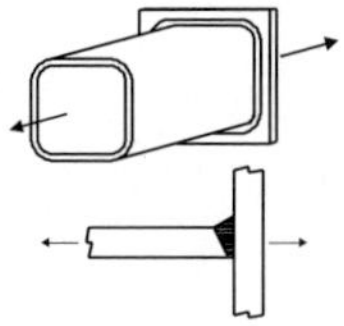	
			(2)中空断面部材を含み裏当て金あり	–		G (50)		

4.すみ肉溶接	(1)連続	1)滑らかな止端	止端破壊	E (80)	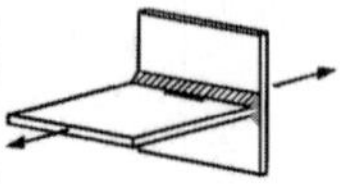
		2)止端仕上げ		E (80)	
		3)非仕上げ		F (65)	
	(2)始終端を含む	—		F (65)	
	(3)連続	—	1)ルート破壊(のど断面)	H (40)	
5.すみ肉溶接(片面溶接)	(1)中空断面部材を含む	—	1)止端破壊	H (40)	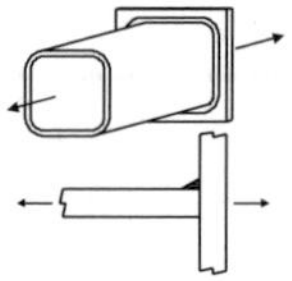
		—	2)ルート破壊(のど断面)	H (40)	

(h) 横方向荷重伝達型角溶接継手

方向	継手の形式	溶接の種類	溶接及び構造の細部形式	溶接部の状態	着目	強度等級 (Δσ_f (N/mm^2))	継手形状図	備考
横方向	荷重伝達型角溶接継手	1. 部分溶込み開先溶接	(1)連続	1)滑らかな止端	止端破壊	E (80)		注) 1., 2. において，曲げが作用する場合には強度等級を適用してはならない。 注) 1.(1)1), 2.(1)1)において，アンダーカットは除去する。このとき，仕上げは応力の方向と平行に確実に行わなければならない。 注) 1.(1)2), 2.(1)2)において，仕上げはアンダーカットが残らないように応力の方向と平行に確実に行わなければならない。 止端仕上げの曲率半径は3mm 以上とする。 注) 1.(1)3), 1.(2), 2.(1)3), 2.(2), の強度等級は，アンダーカットが 0.3mm 以下の継手を対象とする。 これらの継手において，アンダーカットが 0.3mm を超え 0.5mm 以下とした場合は，強度等級を 1 等級低減しなければならない。 注) 1.(3), 2.(3)の強度等級は，溶接の脚長（又はサイズ）s が板厚の 0.4 倍以上であり，アンダーカットが 0.5mm 以下の継手を対象とする。 のど断面積は，(のど厚) × (溶接長) から求める。また，のど厚は$s/\sqrt{2}$から算出する。
				2)止端仕上げ		E (80)		
				3)非仕上げ		F (65)		
			(2)始終端を含む	—		F (65)		
			(3)連続	—	1) ルート破壊（のど断面）	H (40)		
		2. すみ肉溶接	(1)連続	1)滑らかな止端	止端破壊	E (80)		
				2)止端仕上げ		E (80)		
				3)非仕上げ		F (65)		
			(2)始終端を含む	—		F (65)		
			(3)連続	—	ルート破壊（のど断面）	H (40)		

(i) 横方向面外ガセット溶接継手

方向	継手の形式	溶接の種類	溶接及び構造の細部形式	溶接部の状態	着目	強度等級（$\Delta\sigma_f$ (N/mm^2)）	継手形状図	備考
横方向	面外ガセット溶接継手	1. 完全溶込み開先溶接	(1)主板貫通（スカラップあり）	―	止端破壊	H'（30）	主板 スカラップ	注）1.，2. の強度等級は，アンダーカットが 0.3mm 以下の継手を対象とする。
		2. すみ肉溶接	(1)主板貫通（スカラップあり）	―		H'（30）	主板 スカラップ	

(j) 横方向面内ガセット溶接継手

方向	継手の形式	溶接の種類	溶接及び構造の細部形式	溶接部の状態	着目	強度等級（$\Delta\sigma_f$ (N/mm^2)）	継手形状図	備考
横方向	面内ガセット溶接継手	1. 完全溶込み開先溶接	(1) フィレットなし	非仕上げ	止端破壊	H（40）		注）1. の強度等級は，アンダーカットが 0.3mm 以下の継手を対象とする。これらの継手において，アンダーカットが 0.3mm を超え，0.5mm 以下とした場合は強度等級を 1 等級低減しなければならない。

(k) その他の継手

方向	継手の形式	溶接の種類	溶接及び構造の細部形式	着目	強度等級（$\Delta\sigma_f$ (N/mm^2)）	継手形状図	備考
横方向	重ねガセット溶接継手	1.すみ肉溶接	(1)主板縁部でガセット板裏側へのまわし溶接なし	止端破壊	H（40）	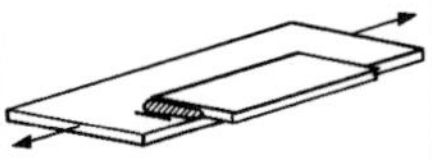	注）1.(1)の強度等級は，アンダーカットが 0.3mm 以下の継手を対象とする。これらの継手において，アンダーカットが 0.3mm を超え，0.5mm 以下とした場合は強度等級を 1 等級低減しなければならない。 注）1.(2)の強度等級は，アンダーカットが 0.3mm 以下の継手を対象とする。 注）2.(1)，2.(2)の強度等級は，アンダーカットが 0.3mm 以下の継手を対象とする。これらの継手において，アンダーカットが 0.3mm を超え，0.5mm 以下とした場合は強度等級を 1 等級低減しなければならない。 注）2.(3)の強度等級は，アンダーカットが 0.5mm 以下の継手を対象とする。 注）5.，6. の強度等級は，アンダーカットが 0.3mm 以下の継手を対象とする。これらの継手において，アンダーカットが 0.3mm を超え，0.5mm 以下とした場合は強度等級を 1 等級低減しなければならない。 注）5.，6. の重ね継手の主板端部で添接板の裏側へまわし溶接した場合，強度等級は H' 等級とする。
			(2)主板縁部でガセット板裏側へのまわし溶接あり		H'（30）		
	重ね溶接継手	2.すみ肉溶接	―	(1)主板断面	H（40）	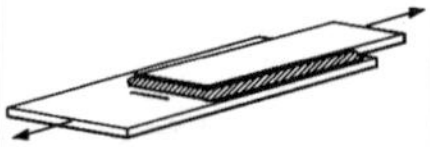	
			―	(2)添接板断面	H（40）		
			―	(3)前面すみ肉溶接のど断面	H（40）		
―		3.プラグ溶接（栓溶接）	―	―	等級なし	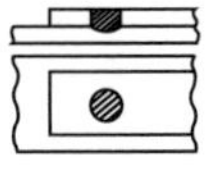	
―		4.スロット溶接（線溶接）	―	―	等級なし	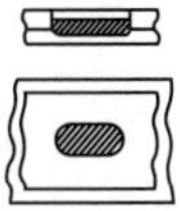	
横方向	鋼管の割込み溶接継手	―	―	5.リブ先端	H（40）	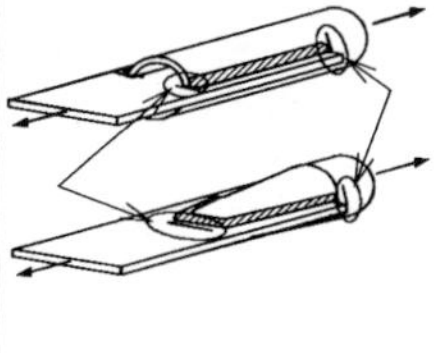	
		―	―	6.鋼管終端	H（40）		

(l) 縦方向突合せ溶接継手

方向	継手の形式	溶接の種類	溶接及び構造の細部形式	強度等級（$\Delta\sigma_f$ (N/mm^2)）	継手形状図	備考
縦方向	突合せ溶接継手	1. 片面溶接	(1)裏当て金付き（t≦12mm）	E（80）		注）1. の強度等級は，アンダーカットが0.5mm 以下の継手を対象とする。
			(2)裏当て金付き（t>12mm）	F（65）		

(m) 縦方向T溶接継手

方向	継手の形式	溶接の種類	溶接及び構造の細部形式	着目	強度等級（$\Delta\sigma_f$ (N/mm^2)）	継手形状図	備考
縦方向	T溶接継手	1. 片面溶接	(1)裏当て金付き（t≦12mm）	－	E（80）		注）1.，2. の強度等級は，アンダーカットが0.5mm 以下の継手を対象とする。
			(2)裏当て金付き（t>12mm）	－	F（65）		
		2. すみ肉溶接	断続	－	E（80）		

(n) 縦方向角溶接継手

方向	継手の形式	溶接の種類	溶接及び構造の細部形式	強度等級（$\Delta\sigma_f$ (N/mm^2)）	継手形状図	備考
縦方向	角溶接継手	1. 片面溶接	(1)裏当て金付き（t≦12mm）	E（80）		注）1.，2. の強度等級は，アンダーカットが0.5mm 以下の継手を対象とする。
			(2)裏当て金付き（t>12mm）	F（65）		
		2. すみ肉溶接	(1)連続	D（100）		

8.3.3　平均応力（応力比）の影響

直応力を受ける継手に対して，平均応力の影響を考慮する場合の 2×10^6 回基本許容応力範囲及び打切り限界としての応力範囲は，表-8.3.1 及び表-8.3.4 に規定する値に，式（8.3.3）により算出した平均応力に関する補正係数 C_R を乗じた値とする。

$$\left.\begin{array}{ll} C_R=1.00 & (-1.00<R<1.00) \\ C_R=1.30(1.00-R)/(1.60-R) & (R\leqq-1.00) \\ C_R=1.30 & (R>1.00) \end{array}\right\} \cdots\cdots\cdots \quad (8.3.3)$$

ここに，R　：応力比　$R=\sigma_{min}/\sigma_{max}$

σ_{min}：最小応力度（N/mm^2）

σ_{max}：最大応力度（N/mm^2）

一般に，溶接部の近傍では鋼材の降伏点に達するような高い引張の残留応力が存在している。そのため通常の場合，変動応力は降伏点に近いところでの引張側の繰返応力となっており，応力比が疲労強度に与える影響は小さいことから本条文では，表-解 8.3.2 に示すように引張応力が卓越する，応力比が$-1.00<R<1.00$ の範囲では平均応力の影響を無視し，平均応力に関する補正係数 $C_R=1.00$ としている。一方，圧縮応力が卓越する応力比 $R\leqq-1.00$ 及び $R>1.00$ の範囲では，疲労き裂の進展に伴って残留応力が解放され，き裂の進展が遅くなるとともに，脆性的な破壊を生じるき裂の寸法にも応力比の影響が現れることから，2×10^6 回基本許容応力範囲及び打切り限界としての応力範囲は，平均応力に関する補正を行うこととしている。

なお，応力比の算出に用いる最大及び最小応力度は，荷重係数を考慮しない死荷重応力に疲労設計で考慮する応力変動の影響を足し合わせた合計の応力度の最大及び最小値である。

表-解 8.3.2　平均応力に対する補正係数

<table>
<tr><th>最大応力
σ_{max}</th><th>平均応力
$\frac{\sigma_{max}+\sigma_{min}}{2}$</th><th>最小応力
σ_{min}</th><th>応力比
$\frac{\sigma_{min}}{\sigma_{max}}$</th><th>状態</th><th>補正係数 C_R</th></tr>
<tr><td rowspan="5">+</td><td rowspan="3">+</td><td>+</td><td>$0<R<1$</td><td>部分片振り引張</td><td rowspan="3">1.00</td></tr>
<tr><td>0</td><td>$R=0$</td><td>完全片振り引張</td></tr>
<tr><td rowspan="5">−</td><td>$-1<R<0$</td><td>部分両振り</td></tr>
<tr><td>0</td><td>$R=-1$</td><td>完全両振り</td><td rowspan="2">$1.30(1.00-R)/(1.6-R)$</td></tr>
<tr><td rowspan="3">−</td><td>$R<-1$</td><td>部分両振り</td></tr>
<tr><td>0</td><td>$R=-\infty$</td><td>完全片振り圧縮</td><td rowspan="2">1.30</td></tr>
<tr><td>−</td><td>$1<R$</td><td>部分片振り圧縮</td></tr>
</table>

8.3.4　板厚の影響

板厚が25mmを超えかつ非仕上げの溶接継手のうち，横方向突合せ溶接継手，横方向荷重非伝達型十字溶接継手，横方向荷重伝達型十字溶接継手，横方向面外ガセット溶接継手，カバープレートの溶接継手においては，直応力に対する 2×10^6 回基本許容応力範囲及び打切り限界としての応力範囲は，表-8.3.1及び表-8.3.4に示す値に，式（8.3.4）により算出した補正係数 C_t を乗じた値とする。

ただし，横方向荷重非伝達型十字溶接継手及び完全溶込み開先溶接による横方向荷重伝達型十字溶接継手において付加板の厚さが12mm以下の場合には，直応力に対する 2×10^6 回基本許容応力範囲及び打切り限界としての応力範囲は補正しなくてもよい。

$$C_t=\sqrt[4]{25/t} \quad \cdots\cdots \quad (8.3.4)$$

ここに，t：板厚（mm）

溶接継手の応力分布や応力集中には，板厚の違いによる影響があると考えられており，文献11）では，既往の実験結果で板厚効果が認められている板厚25mmを超える非仕上げの横方向十字溶接継手（荷重非伝達型，荷重伝達型）とカバープレートをすみ肉溶接で取り付けた溶接継手にのみ，2×10^6 回基本許容応力範囲及び打切り限界としての応力範囲に対して板厚による補正を行うこととしている。一方，文献11），12），17）によると横方向突合せ溶接継手と横方向面外ガセット溶接継手の両方ともに疲労試験の結果からは板厚効果が認められている。本条文はこれらを考慮して定めたものである。

8.4　疲労設計における配慮事項

　鋼橋の疲労設計では，3.8.3 の規定に従い，少なくとも以下の事項に配慮した構造としなければならない。

1)　二次応力及び応力集中
2)　部材の振動

　部材の疲労耐久性を確保するための構造的配慮としては，二次応力や応力集中が過度に大きくならないように配慮した構造や，部材が風や交通振動などの影響により過度に振動しないように配慮した構造を採用することが挙げられる。

　鋼橋では，設計計算に用いる橋のモデルと実際の構造の挙動の差異によって生じる二次応力により引き起こされる疲労損傷が少なくない。このような疲労損傷を防ぐには，発生する二次応力を低減させるための配慮や，継手部での応力集中を低減させるための構造的な配慮を行うことが必要となる。例えば，部材の取付位置や取付方法を工夫することにより，荷重が一点に過度に集中しないようにすること，フィレット構造などの採用により応力が滑らかに伝達するようにすること，部材の局部的な変形に起因して発生する二次応力に対しては，板厚を増加することや部材を補剛することなどが有効な場合がある。

　吊金具などの架設用治具，点検通路などの維持管理設備や橋梁付属物の主構造への取付金具についても，溶接により取り付ける場合は，疲労の影響を受けやすい部位への取付を極力避けるとともに，その形状や主構造への取付手法，取付方向を検討するなど，応力集中が小さく疲労強度が大きくなるような配慮が必要である。また，これらの金具類であっても，主構造への取付においては，20.8 に規定される施工品質を満足する必要がある。なお，架設用治具などを架設後に除去する場合には母材（主構造）に傷などを残さないようにするとともに，20 章の規定に従う必要がある。

　また，鋼橋の疲労損傷の中には，風や交通振動の影響による部材の振動により生じる疲労損傷もあり，橋梁主構造だけでなく，橋梁付属物及びその主構造への取付部位などに疲労損傷の報告がある。これらの疲労現象の原因の多くは，設計当初に想定していない部材の振動や共振現象であると言われている。このような疲労損傷に対しては，部材の取付位置を振動が生じにくい箇所とする，あるいは振動を励起する振動数と部材の固有振動数が合致しないようにすることにより，振動そのものの発生を防止又は抑制することや，部材の剛性を増大し応力を低減する構造，もしくは疲労強度のより高い構造を採用することなどが考えられる。なお，18.5 に風や自動車通行によるケーブルの振動に対する規定があるほか，19.6.6 に単一鋼管部材の風に対する振動の規定が示されている。風による部材振動の制振方法の検討にあたっては「道路橋耐風設計便覧」（日本道路協会）[18] が参考となる。

8.5 構造詳細による鋼床版の疲労設計

8.5.1 一　　般

11.8 の規定を満足する鋼床版の疲労に対して，設計耐久期間を 100 年とする場合，1)から3)までの条件を満足する鋼床版が，8.5.2 の規定を満足する場合には，疲労耐久性が確保されるとみなしてよい。

1)　縦リブ支間 L が，$L \leqq 2.5$m である。

2)　縦リブが，バルブプレートリブ，平板リブ又は以下に示す閉断面リブである。

① U-320×240×6，② U-320×260×6，③ U-320×240×8，
④ U-320×260×8

3)　デッキプレートの板厚 t_d が，12mm 以上である。ただし，2)に示す閉断面リブの場合，大型の自動車の輪荷重が常時載荷される位置直下のデッキプレートの板厚は 16mm 以上である。

鋼床版では，自動車荷重によって生じる応力に対する舗装の剛性，輪荷重のばらつき，輪荷重走行位置の分布などの影響が大きく，設計計算で得られる応力範囲を基にした応力照査で適切な評価を行うことは一般に困難である。そこで本節では，適用範囲（鋼床版構造の条件）を限定したうえで，疲労耐久性が確保できる細部構造等の構造詳細に関する事項を規定している。

1)　鋼床版構造の横リブ間隔は 2.5m 以下の場合が多く，疲労試験等による構造等の検討例も多い[1), 15), 19)]。8.5.2 の規定は，こうした各所の疲労試験等により疲労耐久性に優れることが確認された構造詳細について規定しており，これらの規定を満足することで疲労に対する安全性が確保できるものとされたものである。

2)　鋼床版に用いる縦リブには，一般にバルブプレートリブ，平板リブ及び閉断面リブがあり，閉断面リブについては日本鋼構造協会規格に準拠した U 形鋼が使われることが多い。一方，これらの閉断面リブを大型化し，かつデッキプレートを厚板化することにより，合理化を図った鋼床版構造もある。これらは従来サイズの閉断面リブを用いる場合と比べて，輪荷重と閉断面リブの腹板位置の関係が異なってくるため，閉断面リブとデッキプレートの変形挙動や鋼床版としての全体挙動が従来のものと異なることが考えられる。このようなことから，縦リブの種類，大きさ，及びデッキプレート厚についても適用の範囲を設け，この示方書の規定による場合の閉断面リブは，日本鋼構造協会規格（JSSII 08-2006）に準拠した U 形鋼によることとされている。

3) これまで，厚さ12mm以上のデッキプレートを有する鋼床版に対して，床版及び床組としての作用による疲労に対する検討が行われている。条文では，床版及び床組としての作用に対して，疲労耐久性が確保されているデッキプレートの板厚を規定している。ただし，主桁の一部としての作用に対して，デッキプレートの板厚が決定される場合には，その板厚を優先し，床版及び床組としての作用に対する疲労耐久性が確保されているとみなしてよい。

近年，既設橋の鋼床版において，大型の自動車の輪荷重が常時載荷される位置直下に，閉断面縦リブ（Uリブ）とデッキプレートの溶接部からデッキプレート内を貫通した疲労き裂による損傷事例が報告されている。これまでの調査研究において，このき裂の大半が最小板厚12mmのデッキプレートにおいて報告されていること，その一方でデッキプレートの板厚を増加させることが耐久性の向上に有効であることが確認されている[20)]。き裂の発生原因や進展挙動に関しては，不明な点もあるが，これらの状況を踏まえ，この示方書に従う閉断面縦リブを使用した鋼床版の耐久性を向上させるための対策として，大型の自動車の輪荷重が常時載荷される位置直下のデッキプレートの板厚は16mm以上とすることが標準とされたものである。

大型化した閉断面リブを用いる等，本節の範囲外の鋼床版構造の採用にあたっては，8.5.2の構造詳細に関する規定を準用して疲労に配慮した構造とするとともに，実際に自動車荷重が載荷された場合の挙動についても検討し，有限要素解析等，応力を精度よく評価できる手法による解析を行うか，荷重状態を再現できる実物大の疲労試験を行う等によって疲労に対する安全性を照査しなければならない。同様に8.5.1の範囲の鋼床版構造であっても，8.5.2の規定が満足されない場合には，別途疲労に対する安全性を確認したうえで採用しなければならない。

鋼床版構造は，溶接による薄板集成構造であり，組立精度の確保等，溶接部に所定の品質を確保するには十分な配慮が要求される。一方，溶接部の品質が疲労強度に及ぼす影響は非常に大きく，鋼床版構造の施工にあたっては20章の規定によるとともに所定の品質が確保できるよう特に注意しなければならない。

なお，斜張橋のケーブル定着点付近の鋼床版では構造が復雑となり，例えば，ダイアフラムと縦リブの交差部では，ケーブル定着点を支点としてダイアフラムが内面変形することの影響があらわれる等，応力性状も一般部の鋼床版とは異なる。このような複雑な構造や特殊な応力状態となる部位について疲労耐久性が確保できる構造詳細を一概に定めることは困難であり，このような場合には，別途疲労に対する安全性の照査を行い疲労耐久性が確保できることを確認する必要がある。

8.5.2　構造細目

(1)　閉断面リブとデッキプレートの縦方向溶接継手は，必要なのど厚を確保するとともに，リブ板厚の75%以上の溶込み量を確保するものとする。

(2)　デッキプレートの橋軸方向継手位置は，なるべく輪荷重の直下となる位置と一致しないよう配慮するとともに，横リブ及び横桁の継手部では(5)の規定を満足する。

(3)　縦リブの継手

1)　縦リブの継手は，縦リブの支間中央部の $L/2$（L：縦リブ支間長）の範囲に設けない。

2)　縦リブの継手は，原則として高力ボルト摩擦接合継手を標準とする。やむを得ず閉断面リブで溶接継手とする場合には，裏当て金を用いた完全溶込み突合せ溶接継手とする。

3)　縦リブの高力ボルト摩擦接合継手は，次の規定による。

i）輪荷重の載荷位置直下に位置する縦リブ継手部のスカラップの長手方向の大きさは80mm以下とする。

ii）連結板の設計にあたっては，縦リブ母材の断面欠損の影響を考慮する。

4)　高力ボルト摩擦接合継手部の縦リブの増厚は行わなくてもよい。

5)　閉断面リブの継手部では，閉断面リブ内部の防せい防食を確保する。

(4)　閉断面リブ内部には，防せい防食のために密閉構造とする場合を除き，原則としてダイアフラムを設けない。

(5)　横リブの継手

1)　横リブ及び横桁の継手部において，デッキプレートの溶接のために設けられるスカラップの長手方向の大きさは80mm以下とする。

2)　輪荷重の直下となる位置には，原則として横リブ又は横桁の継手部を設けないものとする。

(6)　縦リブと中間横リブ又は横桁の交差部

1)　縦リブと横リブ又は横桁交差部では，原則として縦リブ，及び縦リブとデッキプレートの縦方向溶接を連続させる。

2)　交差部は，図-8.5.1，図-8.5.2 に示す構造を標準とし，縦リブとデッキプレートの縦方向溶接を連続させるために設けられる横リブ又は横桁のコーナーカット部には埋戻し溶接を行うものとする。

3)　縦リブが貫通する中間横リブ又は横桁では，開口部の影響による剛性の低下に配慮しなければならない。

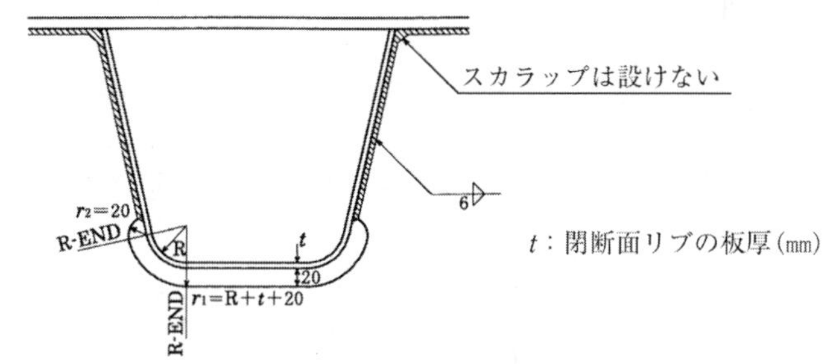

図-8.5.1　閉断面リブと中間横リブ又は横桁との交差部構造の標準

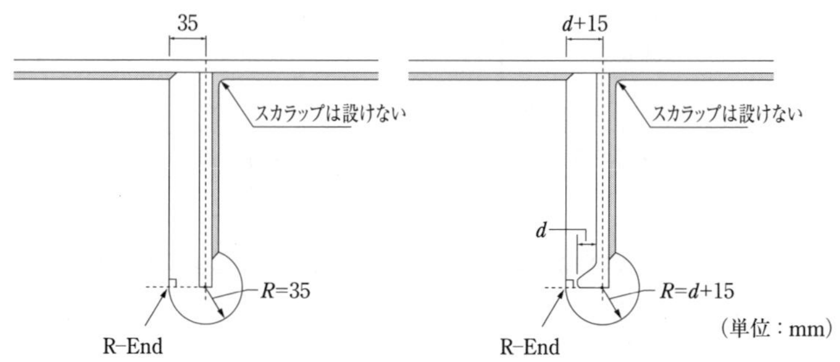

図-8.5.2　平板リブ又はバルブプレートリブと中間横リブ又は横桁との交差部構造の標準

(7)　縦リブと端横リブ又は端横桁の交差部

1)　交差部は，図-8.5.3，図-8.5.4 に示す構造を標準とする。

2)　以下の条件を満たす場合には，閉断面の縦リブと端横リブ又は端横桁との接合を裏当て金を用いた完全溶込み開先溶接としてよい。

i)　閉断面リブと裏当て金は密着している。

ii)　閉断面リブと端横リブ又は端横桁の腹板とのギャップ間隔は 4～5mm を保持している。

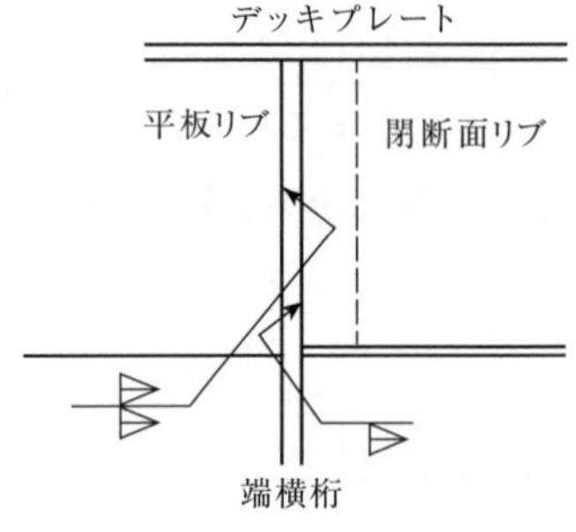

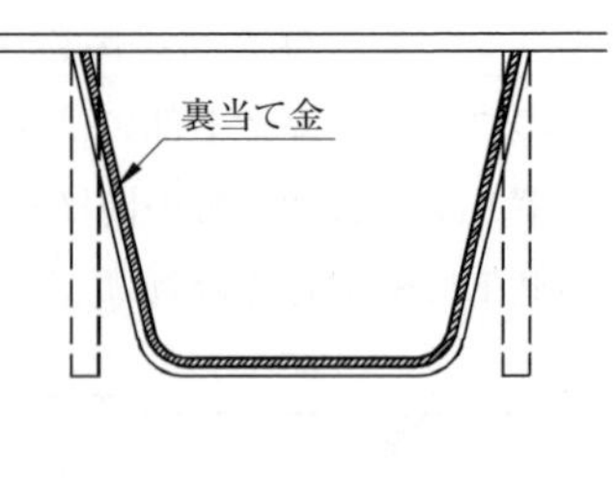

図-8.5.3　閉断面リブと端横リブ又は端横桁の交差部構造の標準

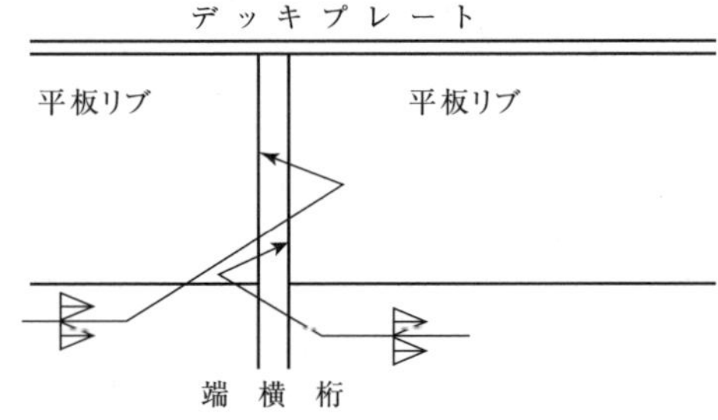

図-8.5.4　平板リブ又はバルブプレートリブと端横リブ又は端横桁の交差部構造の標準

(8)　横リブ又は横桁の垂直補剛材の取付は，図-8.5.5 に示す構造を標準とし，デッキプレートに溶接しない。

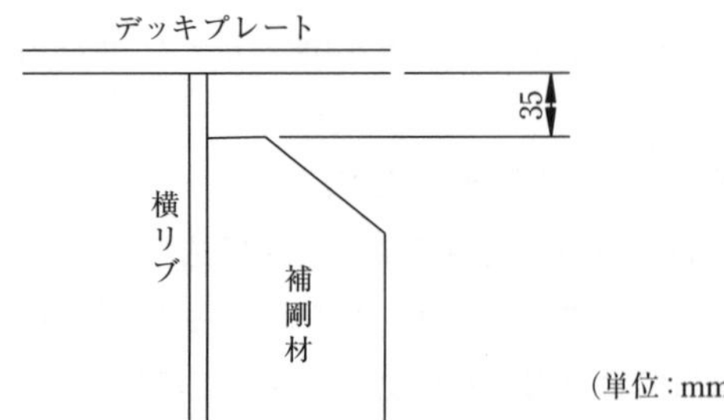

図-8.5.5　横リブ又は横桁の垂直補剛材の取付構造の標準

(9) 大型車の輪荷重が常時載荷される位置直下には，原則として縦桁を配置しない。やむを得ず，輪荷重載荷位置直下又はその近傍に縦桁を配置する場合にも，縦桁の垂直補剛材上部のデッキプレートとの溶接部端の近傍が輪荷重の常時載荷位置とならないようにする。

(10) 大型車の輪荷重が常時載荷される位置直下には，コーナープレートを配置しないことを標準とする。やむを得ず配置する場合には，コーナープレートとデッキプレートの縦方向溶接において75％以上の溶込み量を確保する。

(1) デッキプレートと閉断面縦リブの縦方向溶接では，輪荷重が直上を走行する際の変形によるルート部からの疲労き裂発生に対して，溶込み量の確保による応力集中の緩和が有効であるが，完全溶込み溶接で施工することは困難であり，ここでは図-解 8.5.1 に示すように75％以上の溶込みの確保が要求されている。海外においても，現在，閉断面リブに開先をとり，75％以上の溶込み量を要求している事例が多い[21)]。

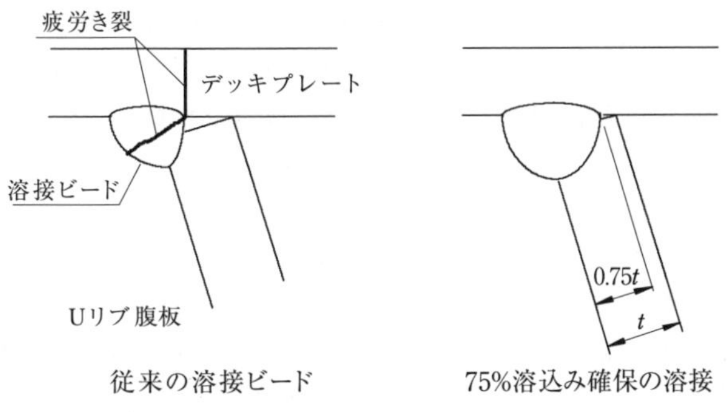

図-解 8.5.1 閉断面リブとデッキプレートの溶接

(2) デッキプレートの橋軸方向継手位置では，横リブ又は横桁にスカラップが設けられることが多いが，スカラップ上に輪荷重が載荷されると，スカラップ周りでは断面欠損や形状変化に起因する大きな局部応力が生じて疲労き裂が生じる原因となる。したがって，デッキプレートの橋軸方向継手位置については大型車の車輪走行位置に設置しないよう配慮するとともに，疲労強度上有利な構造とする必要がある。

(3) 1) 疲労に対する耐久性を確保するためには，縦リブの継手は曲げモーメントがなるべく小さくなる位置に設ける必要があり，縦リブ支間中央から左右両側へそれぞれ $L/4$ 離れた位置までの $L/2$ の範囲には継手を設けないこととされた。

2) バルブプレートリブ及び平板リブの接合には，一般に高力ボルト摩擦接合継手が用いられてきた。また，閉断面リブの接合には，これまで高力ボルト摩擦接合継手と溶接継手が用いられてきた。裏当て金付きの突合せ溶接の疲労強度が低いことは疲労試験の結果からも確かめられており，実橋においても裏当て金を用いた突合せ溶接部に疲労き裂が生じた例もあることから，高力ボルト摩擦接合継手が標準とされている。

やむを得ず閉断面リブで溶接継手とする場合の裏当て金を用いた完全溶込み溶接継手に用いる裏当て金には，平鋼をリブの形状にあわせて加工して用いる方法とダイヤフラムを兼用する方法があるが，疲労試験結果及び過去の損傷事例からは平鋼による方が望ましい。ただし，この場合裏当て金と閉断面リブの曲面コーナー部の密着が十分でないと，溶接割れの原因となることがあるので十分な注意が必要である。

3) 縦リブのスカラップ部ではせん断力による応力集中が生じ，また輪荷重が直上に載荷された場合には，デッキプレートの面外変形により，デッキプレート側の溶接止端部で大きな応力集中を生じることから，図-解 8.5.2 に示す位置に疲労き裂が生じやすい。この対策として，スカラップの大きさを 80mm 以下とすることが規定されている。上限値の 80mm は，デッキプレート溶接部の検査にあたって，放射線透過試験のX 線フィルムの設置を考慮して定められたものである。なお超音波探傷試験においては，スカラップ部のまわし溶接部の影響を考慮する必要がある。

4) 閉断面リブの継手部に高力ボルト摩擦接合を用いる場合，ハンドホールやボルト孔による断面欠損が生じるため，従来，継手部の縦リブの増厚を行ってきた。しかしながら，板継ぎに用いる裏当て金付き突合せ溶接継手の施工品質の確保が困難で，必要な疲労強度が確保されないという問題点があった。そこで，1)に継手位置を横リブ又は横桁寄りに設置するよう規定することにより，閉断面リブの増厚は行わなくてもよいこととされた。

5) 閉断面リブの内側となる部分は狭隘かつ，完成後に防せい防食の措置を行うことは通常不可能である。そのため，閉断面リブの内面にあらかじめ塗装を行う場合においても密閉構造となるよう施工することが望ましい。このとき，ボルト継手部では密閉性が確保できなくなるため密閉ダイアフラムを設ける等によって防せい防食が確保されるようにしなければならない。

なお，縦リブ支間中央付近では応力の変動範囲が大きく，疲労に対する安全性が確保できない可能性があるので，1)と同様の主旨から密閉ダイアフラムをこのような位置に設けることは避けなければならない。

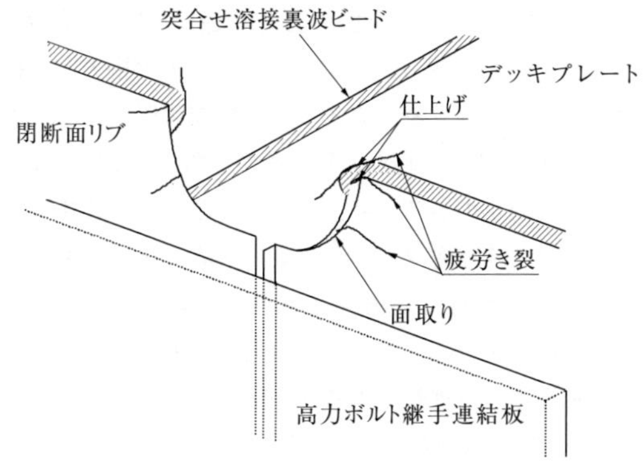

図-解 8.5.2　スカラップまわし溶接部の疲労き裂

(4)　横リブと閉断面縦リブ交差部のスリット周りの疲労強度を上げるために横リブの腹板位置に閉断面リブのダイアフラムを設ける方法が提案される場合がある。これにより，横リブ腹板に作用するせん断力をダイアフラムが分担するが，腹板位置とダイアフラム位置を正確に一致させることは難しく，かつ一致していることを確認することも困難である。また，閉断面リブと横リブ交差部の溶接時に拘束による割れが生じる恐れがある。このようなことから，ダイアフラムは閉断面リブ内部の防せい防食を目的として継手部の前後にのみ設ける以外は設けないものとした。

(5) 1)　横リブの継手部にも縦リブと同様に，デッキプレートの溶接のためにスカラップが設けられるが，縦リブの継手部と同様に，スカラップの寸法をできるだけ小さくするよう規定されている（図-解 8.5.3）。

2)　継手部に設けられたスカラップ直上に常時輪荷重が載荷されると，スカラップ部からの疲労き裂の発生が懸念される。したがって，やむを得ず輪荷重載荷位置となることが予想される位置にスカラップを設ける場合には，別途疲労照査を行うか，スカラップ部のまわし溶接止端部の仕上げを行うなどの対策を講じなければならない。

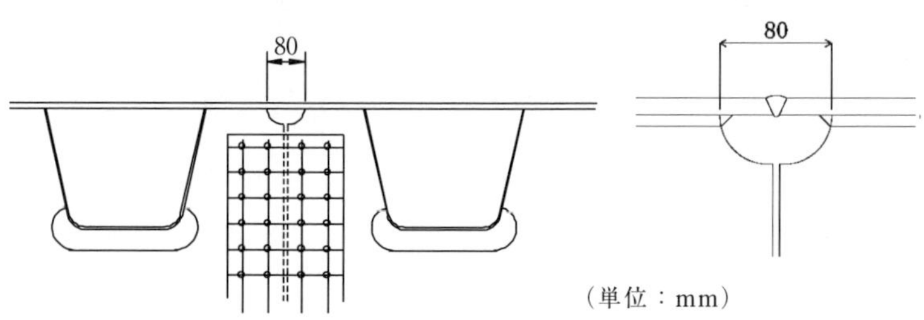

図-解 8.5.3　横リブ継手部のディテール

(6)2)　閉断面の縦リブと中間横リブ又は横桁の交差部で生じる主な疲労き裂は，図−解 8.5.4（構造Ⅰ）に示すように①閉断面リブとデッキプレートの縦方向溶接のルート部（A），②横リブ又は横桁とデッキプレートのまわし溶接部（B，C），③閉断面リブと横リブ又は横桁のまわし溶接部（D）を起点としたものである。これらのき裂発生はスカラップを無くすことにより防止できると考えられることから，横リブ又は横桁のコーナー部をカットして縦リブとデッキプレートの縦方向溶接を連続させるとともにカット部は埋め戻すこととされている。一方，スカラップを無くすと閉断面リブとデッキプレートのすみ肉溶接のルート部に大きな応力集中が生じ，その位置からの疲労き裂はデッキプレートに進展する可能性もあるが（図−解 8.5.4 構造Ⅱの E），これを防止するためにこの示方書では(1)に規定されるように，この縦方向溶接に 75％以上の溶込みを確保するとともに，デッキプレートの剛性を上げる目的で，8.5.1 にも最小板厚が規定されている。

3)　横リブのスリット部の疲労強度の向上には，横リブの面内及び面外剛性を高めることが有効であるが，本節の適用範囲における標準的な構造寸法に対しては，少なくとも横リブの腹板高を 600mm から 700mm 程度以上にすることで必要な面内剛性が確保されると考えられる。

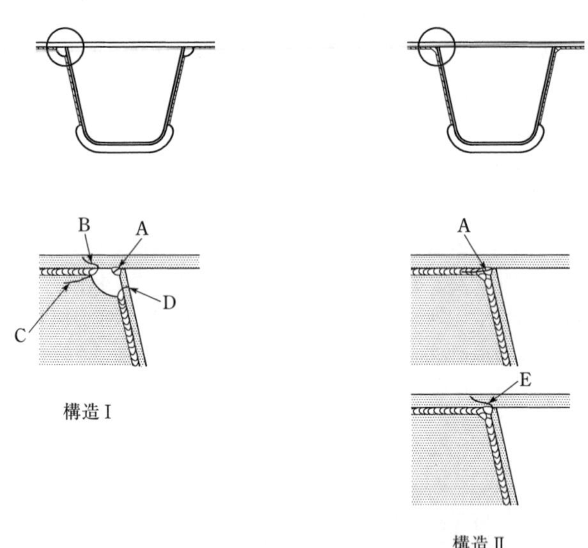

図−解 8.5.4　デッキプレート側スカラップ部の主な疲労き裂発生箇所

(7)　縦リブと端横リブ又は端横桁との交差部では，縦リブが横リブ又は横桁の腹板に直接接合されるが，このとき閉断面リブ端部においては裏当て金を用いた完全溶込み開先溶接で，平板リブにおいては完全溶込み開先溶接で荷重伝達を行うこととなる。このような構造では，横リブ又は横桁の面内曲げによる応力だけでなく，輪荷重の移動に伴って横リブ又は横桁腹板に面外変形が生じるため，図-解 8.5.5 に示すように腹板側の溶接止端部から疲労き裂が生じることがある。

以上のことから，ここでは所定の溶接品質が確保できるよう構造の標準が定められている。

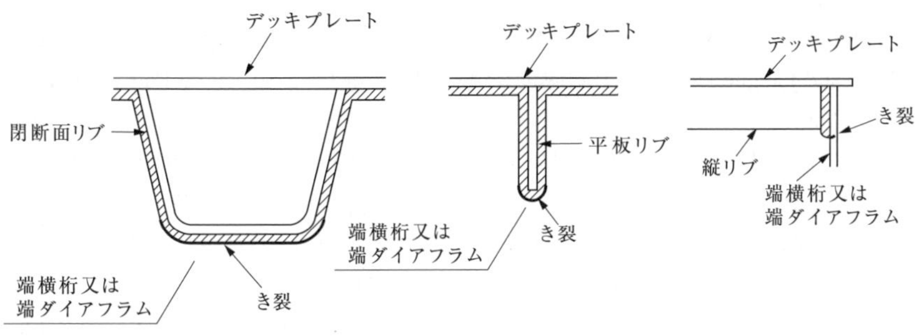

図-解 8.5.5　縦リブと端横桁との溶接部の疲労き裂の例

(8)　横リブ又は横桁に配置される垂直補剛材がデッキプレートに溶接された構造では，輪荷重が溶接部の補剛材端近傍に載荷された場合に大きな応力集中を生じ，デッキプレートに疲労き裂が生じる原因となる。垂直補剛材をデッキプレートと溶接しない場合には，いわゆるウェブギャップ部において局部的な面外曲げを生じ，横リブ又は横桁の腹板に疲労き裂を生じることがある。しかし，横リブや横桁は，一般に縦リブが接合されていることにより面外剛性が高く，ウェブギャップ間隔を大きくとらないかぎり垂直補剛材をデッキプレートに溶接した場合よりも疲労強度が高くなる。以上を考慮し，本項では，35mm のウェブギャップ間隔を設けて垂直補剛材をデッキプレートと溶接しない構造が標準とされている。

(9)　縦桁や主桁腹板に配置される垂直補剛材は，一般的にデッキプレートと溶接されるが，輪荷重が溶接部の補剛材端近傍に載荷されると非常に大きな応力集中が発生し，疲労き裂の原因となることに配慮したものである。

(10)　コーナープレートに斜めウェブを用いた場合，コーナープレートとデッキプレートとの溶接部の密着が確保できず，縦方向溶接のルート部からの疲労き裂が生じやすいため，大型車の輪荷重常時載荷位置にはコーナープレートを設けないことが標準とされた。

また，コーナープレートを設けると，縦桁又は主桁腹板とデッキプレートの溶接部が隠れ，維持管理上も好ましくないのでコーナープレートはなるべく設けないのがよい。

参考文献

1) (社)日本道路協会：鋼橋の疲労，1997. 5

2) 建設省土木研究所：限界状態設計法における設計活荷重に関する検討，土木研究所資料第 2539 号，1988.

3) 建設省土木研究所：限界状態設計法における設計活荷重に関する検討Ⅱ，土木研究所資料第 2700 号，1989.

4) Miki, C. , Goto, Y. , Yoshida, H. , Mori, T. : Computer Simulation Studies on The Fatigue Load and Fatigue Design of Highway Bridges, Proc. of JSCE Structural Eng. /Earthquake Eng. Vol. 2, No. 1, April 1985

5) 森猛，梶原仁，長谷川洋介：JSSC 指針に基づく鋼構造物の疲労安全性照査プログラムの開発とその応用，鋼構造論文集，第 2 巻第 8 号，pp. 37-45，1995. 12.

6) 坂野昌弘，藤原慎二，堀新：交通条件の時間変化を考慮した疲労設計用同時載荷係数の設定，鋼構造年次論文報告集，第 8 巻，pp. 711-716，2000

7) 森猛：２車線道路橋の疲労設計荷重に用いる同時載荷係数の検討，土木学会論文集，No. 759，pp. 247-258，2004. 4

8) 阪神高速道路公団：旧梅田入路構造物に関する調査研究報告書，1992

9) 例えば，小西一郎編：鋼橋　基礎編Ⅰ，丸善，1977

10) 石井孝男，篠原修二：東名高速道路の交通荷重測定と荷重特性について，土木学会論文集，No. 453/VI-17，pp. 163-170，1992. 9

11) (社)日本鋼構造協会：鋼構造物の疲労設計指針・同解説（2012 年改訂版），2012. 4

12) 三木千壽，西川和廣，高橋実，町田文孝，穴見健吾：横突合せ溶接継手の疲労性能への内部欠陥の影響と要求品質レベルの設定，土木学会論文集，No. 752/I-66，2004. 1

13) 杉井健一，三田村武，奥川淳志：PWS 定着部の疲労強度，構造工学論文集，Vol. 37A，1991. 3

14) 大江慎一，三木千壽，奥川淳志，安井成豊：800MPa 級鋼材を用いた実大トラス弦材各種構造の疲労強度，構造工学論文集，Vol. 38A，1992. 3

15) 三木千壽，舘石和雄，奥川淳志，藤井裕司：鋼床版縦リブ・横リブ交差部の局部応力と疲労強度，土木学会論文集，No. 516/I-32，1995. 7

16) 三木千壽，舘石和雄，石原謙治，梶本勝也：溶接構造部材のスカラップディテールの疲労強度，土木学会論文集，No. 483/I-26，1994. 1

17) 坂野昌弘，三上市蔵，新井正樹，米本栄一，高垣奈津子：面外ガセット溶接継手の板厚効果に関する疲労実験，構造工学論文集，Vol. 40A，1994. 3

18) (社)日本道路協会：道路橋耐風設計便覧，2007

19) (社)土木学会：鋼構造シリーズ 4　鋼床版の疲労（2010 年改訂版），2010. 12

20) 国土交通省国土技術政策総合研究所，独立行政法人土木研究所，(社)日本橋梁建設協会：共同研究報告書「損傷状況を考慮した鋼床版の構造形式見直しに関する研究」，国土技術政策総合研究所資料第608号，2010. 9
21) 例えば，American Association of State Highway and Transportation Officials, AASHTO LRFD Bridge Design Specifications, 1998

9章　接 合 部

9.1　一　　般

9.1.1　設計の基本

(1)　接合部の耐荷性能の照査は，作用力に対して行わなければならない。

(2)　接合部の限界状態を適切に定めなければならない。

(3)　接合部の設計にあたっては，部材どうしが連結され一体となる部材の限界状態と，接合部の限界状態との関係を明確にしたうえで，部材どうしが連結され一体となる部材が所要の機能を発揮するようにしなければならない。

(4)　接合部は，部材相互の応力を確実に伝達できるようにしなければならない。

(5)　(4)において接合部が所要の接合の機能を発揮するよう，接合部及び連結される各部材に求められる条件を明らかにし，これを満足するようにしなければならない。

(6)　主要部材の接合部は，原則として母材の全強の75％以上の強度をもつようにする。ただし，せん断力については作用力を用いてよい。

(7)　接合部の構造詳細は，少なくとも1)から4)の事項を満足する。

1)　応力の伝達が明確であること。

2)　構成する各材片において，なるべく偏心がないようにすること。

3)　有害な応力集中を生じさせないこと。

4)　有害な残留応力や二次応力を生じさせないこと。

(1)　ここでの作用力とは，設計荷重に対して構造解析等により得られる接合部の断面力を意味している。なお，設計荷重の作用位置や組合せについては，接合部が最も不利になる状況を想定することが基本であり，個別に検討が必要である。部材の接合部は，(7)に規定する事項や接合部の偏心又は応力の不均一な分布による局部的な応力集中についても考慮したうえで，作用力で設計する。

⑶　接合部は，連結される部材が一体となることで作用力に対して抵抗する。そのため，接合部には，設計で定める耐荷機構が成立するよう，必要な強度や剛性などが求められる。接合部の降伏や破壊は，全体系の安全性に与える影響が大きいことから，慎重に設計する必要がある。

接合部を有する部材を接合部の存在を考慮しない一体の部材として設計計算で扱う場合には，接合部の影響が無視できるよう，接合部の構造や限界状態を定める必要がある。例えば，9.2 から 9.11 に規定される溶接継手及び高力ボルト継手では，一般に接合部を有する部材を一体の部材として設計することができる。

⑷　部材を連結し一体の部材とする場合には，連結された部材が限界状態に至る前に，連結により形成された接合部の状態が変化してしまうと，連結され一体となった部材に求められる性能が発揮できないおそれがある。そのため，部材が限界状態に至る前に，接合部が限界状態に至ることがないようにするなど，所要の機能に応じて相互の限界状態の関係を明確にする必要がある。

⑸　接合部は，設計上期待する剛度や荷重伝達が得られ，かつ接合部の限界状態 1 や限界状態 3 を設定するために必要な力学特性が明らかであることが求められる。また，接合部に求められる機能に応じて接合部が限界状態に達するまでの力学的挙動が異なる。例えば，部材を連結し一体の部材とする場合には，接合部は剛結となり全ての断面力を確実に伝達することが求められるほか，連結される部材のうち接合部でない領域が限界状態 3 に達するまで確実に断面力を伝達する必要がある。この場合に，9.2 から 9.11 に規定される溶接継手及び高力ボルト継手では，接合後には一体の部材として扱うことができる。

⑹　最小板厚規定や細長比により断面が決定する場合のように，母材の全強（着目する部材の抵抗強度の特性値に抵抗側の部分係数を乗じたもの）に対して作用力にはなはだしく余裕のある部材の接合部を作用力で設計すると，母材に比べて接合部の剛性が極端に低下し，地震時や架設時等の不慮の外力又は二次応力に対して弱点となったり，構造全体としての均衡がとれない場合がある。

母材と接合部の強度差が過度に生じないために，主要部材の接合部においては，作用力による設計のほか，母材の全強の 75％以上の強度をもつように設計する必要がある。母材に板厚差がある場合には，接合部は薄い側の母材を対象として，全強の 75％以上の強度をもつように設計すればよい。

ただし，ラーメン橋脚隅角部のように応力集中を考慮して断面が決定されている場合，輸送上の都合で，全強と作用力の差がはなはだしい位置に接合部を設けなければならず，母材の全強の 75％以上で設計すると高力ボルトが多列化して配列が不可能になることがある。このような場合には，接合方法を現場溶接継手に変更するか，⑺に規定する事項のほか，接合部と応力集中部との応力関係等を検討のうえ，接合部を作用力で設計してもよい。なお，連結板に関しては，剛性保持の観点から，母材の全強の75%を確保するのが望ましい。

母材の全強については，制限値を用いて算出する[1),2)]。なお，せん断力については全強と比較して作用力が一般に小さく，全強で設計すると不経済となるため，接合部の設計にあたっては作用力を用いてもよいこととした。

(7) 接合部の構造詳細の設計にあたって守るべき主要な事項について規定したものである。

1) 接合部の構造はなるべく単純にして，構成する材片の応力伝達が明確な構造にする必要がある。

2) 部材軸に対して接合部が偏心しないように注意する必要がある。すなわち，高力ボルト及び溶接は一様な応力を受けるように，部材軸に対してできるかぎり偏心しないように配置するのがよい。例えば，横構部材において図-解 9.1.1のようにボルト線を中央にして，山形鋼の図心線に近づけるのもこの趣旨からである。また，連結用のボルトは部材の各部にいきわたるように配置し，応力の伝達が無理なく行えるようにする。いくつかの材片から部材断面が構成されている場合，応力伝達をなめらかにするため，材片ごとに部材を接合するのが望ましい。なお，H断面のトラス斜材等はフランジのみガセットに接合することが一般的に行われているが，このような場合，腹板の応力が無理なくフランジに伝わるように接合部の長さを十分とることが必要である。

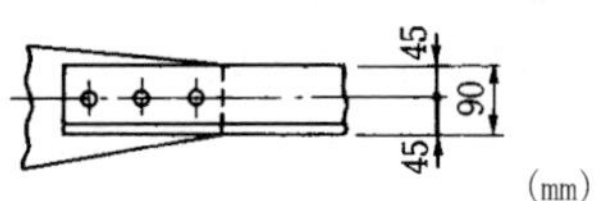

図-解 9.1.1　山形鋼の図心に近づけたボルト線

3) ボルト接合において，連結長が長すぎる（継手軸方向のボルト列数が多すぎる）とボルトに作用する力が不均等になるため，1ボルト線上に並ぶ本数について配慮が必要である。詳しくは9.5.1(5)の解説による。また，溶接による接合では，溶接割れなどに起因する有害な応力集中により疲労耐久性が低下する場合があるため，溶接欠陥の防止に配慮する必要がある。

4) 溶接による接合の場合は，溶接に伴う残留応力に対しても十分注意する必要がある。

また，過去における疲労損傷の多くは，有害な応力集中や二次応力等が生じやすい接合部に発生しており，接合部では特に疲労に配慮した構造とすることが必要である。

なお，上記以外にも，接合部は腐食に対して特に弱点部となりやすいため，設計では雨水等の浸入や滞水に注意するとともに，維持管理作業が容易な構造とするなどの配慮を行う必要がある。

9.1.2　溶接と高力ボルトを併用する継手

(1)　溶接と高力ボルトを併用する継手は，それぞれが適切に応力を分担するよう設計しなければならない。
(2)　応力に直角なすみ肉溶接と高力ボルト摩擦接合とは併用してはならない。
(3)　溶接と高力ボルト支圧接合とは併用してはならない。

(1)　溶接と高力ボルトを併用する継手を用いる場合には，それぞれの継手の応力とひずみの関係が母材のそれとほぼ等しいこと，併用継手としての強度が溶接継手の強度と高力ボルト継手のすべり強度の和を下回らないことを確認する必要がある。

設計当初から１材片の継手に溶接と高力ボルトとの併用継手を採用することは，既設部材の補強でやむを得ず採用する場合を除いて，一般には行われない。なお，この章では，鋼床版箱桁のような１断面内で溶接継手と高力ボルト継手を混用する場合も併用として扱う。

鋼床版箱桁断面でデッキプレートの現場溶接継手と，腹板・下フランジ・デッキ縦リブの高力ボルト摩擦接合継手との併用については，それぞれの継手が応力を分担するものとしてよい。

少数主桁橋等の大型断面の上下フランジ現場溶接継手と腹板の高力ボルト摩擦接合継手との併用継手については，厚板のフランジの現場溶接時の収縮による腹板の先行締付高力ボルト摩擦接合継手のすべり耐力の低下等，検討すべき課題がある。

また，部材形状が同じＩ形や箱形の断面であっても，例えば，作用力として曲げモーメントやせん断力ではなく軸力が支配的な場合がある等，検討にあたっては応力性状に十分な注意が必要である。

(2)　応力に直角なすみ肉溶接と高力ボルト摩擦接合とを併用した場合については，両者の変形性状や応力分担の関係が未解明であり，また，実用上両者の併用を禁じても支障ないとの考えから現時点では併用しないこととしている。

高力ボルト摩擦接合による継手の母材総断面に関する応力とひずみの関係は母材のそれにほぼ等しいので，溶接と併用しても協働するとみなすことができる。また，継手材片間の摩擦面でのせん断応力の伝達における継手としての荷重変位特性は，側面すみ肉溶接におけるそれと近いので，応力に平行なすみ肉溶接（側面すみ肉溶接）と摩擦接合とを併用した場合にも，それぞれが応力を分担するものとしてよい。なお，応力方向に継手長さが長いすみ肉溶接による重ね継手の場合は，応力の不均等な分布により端部における部材間のずれが大きくなり，すみ肉溶接端部で降伏がはじまる。その場合の協働作用については，まだ十分に検討がなされていないので注意を要する。

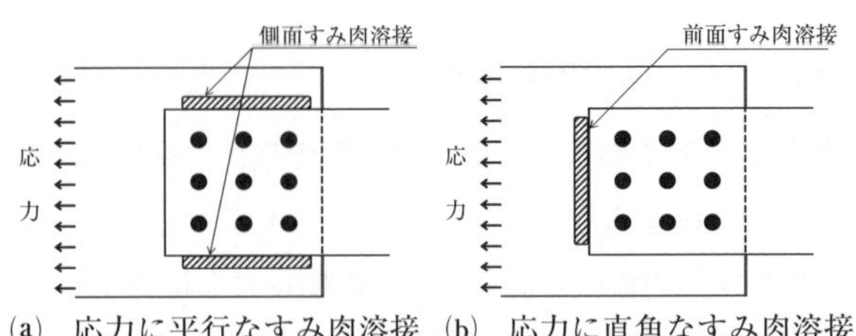

(a) 応力に平行なすみ肉溶接 (b) 応力に直角なすみ肉溶接

図-解 9.1.2 溶接と高力ボルト摩擦接合を併用する継手の例

(3) 高力ボルト支圧接合では，応力の伝達がボルトのせん断変形によって行われる。そのため，高力ボルト支圧接合と溶接では力と変位の関係が著しく異なっているので，両者を併用しないものとしている。

9.2 溶接継手

9.2.1 一　　般

(1) 溶接継手の設計にあたっては，部材の接合部として所要の性能が得られるために必要な溶接品質が確保できるように，適用箇所，施工性及び継手の形式等について検討を行わなければならない。
(2) 溶接継手の設計にあたっては，少なくとも曲げモーメント，軸方向力及びせん断力並びにそれらの組合せに対して安全となるようにしなければならない。

(1) 溶接継手の設計では，部材間でどのように応力を伝達させるか等の設計で意図する機能を満たすようにする必要がある。このとき溶接品質や溶接部の応力状態が疲労耐久性に大きく影響することなども考慮し，9.1.1(7)の規定を満たすよう適用箇所や施工性等の諸条件，及び継手の形式等について十分検討する必要がある。特に，溶接線が集中する箇所では，板組，開先形状及び施工順序等について慎重に検討を行い，施工時に溶接が困難とならないように設計する必要がある。溶接継手には応力の伝達に有害な影響がなく，防せい防食上及び施工性に十分配慮した溶接を採用する必要がある。また，一般に，溶接量が増えると溶接変形が大きくなる傾向にあり，部材の寸法精度に影響を及ぼす場合もあるので，溶接変形の観点からも，溶接の種類や溶接順序に配慮する必要がある。

以上のような設計で考慮した内容は施工時に確実に反映できるように，設計図面にはこれを明確に記載する必要がある。

9.2.2 溶接継手の種類と適用

(1) 応力を伝える溶接継手には，完全溶込み開先溶接による溶接継手，部分溶込み開先溶接による溶接継手又は連続すみ肉溶接による溶接継手を用いなければならない。完全溶込み開先溶接による溶接継手では裏はつりを行うことを原則とする。

(2) 溶接線に直角な方向に引張力を受ける継手には，完全溶込み開先溶接による溶接継手を用いるのを原則とし，部分溶込み開先溶接による溶接継手やすみ肉溶接による溶接継手を用いてはならない。

(3) プラグ溶接による溶接継手及びスロット溶接による溶接継手は用いてはならない。やむを得ず用いる場合は，耐荷性能の照査にあたっては，応力の伝達を考慮してはならない。

(1) 完全溶込み開先溶接では，初層に割れ等の溶接欠陥が発生しやすいため，反対側から健全な溶接層まで裏はつりを行って，両側から溶接することが原則とされている。裏はつりについては20.8.4(2)6)iii)による必要がある。また，連続すみ肉溶接としたのは，溶接線を断続させるとクレータ等の欠陥をもつ溶接端部の数が増大し，更に応力集中の悪影響も加わるためである。二次部材等で，溶接ひずみを小さくする等の意味から断続すみ肉溶接を併用することも考えられるが，その際には応力上，防せい防食上及び施工上の問題を十分考慮する必要がある。また，疲労の影響が懸念される部材では部分溶込み開先溶接及びすみ肉溶接を用いないのがよい。

(2) 溶接線に直角な方向に引張応力を受ける継手には，応力の伝達がスムーズな完全溶込み開先溶接による溶接継手を用いるのを原則としている。ルート部に不溶着部を残した部分溶込み開先溶接による溶接継手やすみ肉溶接による溶接継手はルート部に応力が集中しやすいため，これを用いないことにしている。ただし，9.3.2の解説に示すように特に引張応力度が小さい場合等でかつ溶接性や溶接ひずみを考慮すると裏はつりを必要とする完全溶込み開先溶接による溶接継手を避けた方がよい場合もありえるので，部分溶込み開先溶接による溶接継手やすみ肉溶接による溶接継手の使用の余地を残している。この場合は完全溶込み開先溶接による溶接継手と比較し，疲労強度も低いため，9.3及び9.4の照査だけでなく，8章に示す疲労耐久性の照査を行い，十分安全であることを確認する必要がある。使用にあたっては溶接継手が所定の疲労強度が確保できるように，溶接品質確保に十分留意する必要がある。また，地震時に大きな引張力が作用するような溶接部に不溶着部が内在すると，低サイクル疲労亀裂や脆性破壊の起点となる可能性があるため，十分に注意する必要がある。

(3) プラグ溶接による溶接継手及びスロット溶接による溶接継手では十分な溶込みを得ることが難しく，スラグ巻込み等の欠陥が生じやすいので用いないのを原則としている。ただし，板と板との密着をよくする目的等でやむを得ずこれらを用いる場合もあるので，条文のように定めている。この場合，施工上の留意事項については20章に従い，関連する規定の主旨や注意点を十分理解したうえで採用する必要がある。

9.2.3　継手形式の選定

鋼板を用いた溶接継手の形式は以下のいずれか，又は，その組合せによることを原則とする。

1)　突合せ継手

母材がほぼ同じ面内で互いに突き合わされて溶接された継手

2)　十字継手

T継手の一つの板の裏側の面にも同様に直角にもう一つの板が溶接されて十字形になる継手

3)　T継手

一つの板の端面を他の板の表面に載せて溶接されてT形となる継手

4)　角継手

母材をほぼ直角にL字形に保ちそれぞれの端を溶接された継手

5)　重ね継手

母材の一部を重ねて溶接された継手

溶接継手は，板組による形状により表-解9.2.1のように分類できる。このうち1)から5)に示す溶接継手を用いることが標準とされており，これらを組み合わせて部材を構成し，荷重に抵抗する構造とする必要がある。それぞれの継手で，溶接線と応力の作用方向に応じて疲労に対する強度が異なるため，8章の規定に従い，疲労設計を行う必要がある。また，各継手形式に対しての設計上従う必要がある事項が9.2.8から9.2.11に規定されている。なお，T継手に関して，図-解9.2.1のように，一方の母材の両側に他方の母材表面が突出する場合において，突出長dが小さい場合には，角継手に近い挙動になると考えられる。T継手と角継手の閾を明確に判別することは難しいが，突出長dが9.2.6の規定を満足しない場合には，角継手に分類して差し支えない。

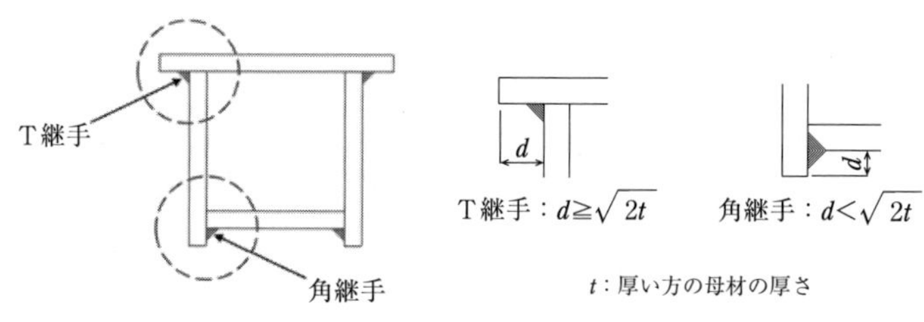

図-解 9.2.1　突出長 d の違いによるT継手と角継手の分類

表-解 9.2.1　溶接継手の種類

溶接の種類 継手形式	開先溶接			すみ肉溶接
	完全溶込み開先溶接	部分溶込み開先溶接	片面溶接	
突合せ溶接継手	両面溶接 （裏はつりあり）		細分類： ・裏当て金あり ・裏当て金なし	
十字溶接継手	両面溶接 （裏はつりあり）	細分類： ・連続 ・始終端を含む	細分類： ・裏当て金あり ・裏当て金なし	細分類： ・連続 ・断続
T溶接継手	両面溶接 （裏はつりあり）	両面溶接 片面溶接	細分類： ・裏当て金あり ・裏当て金なし	両面溶接　片面溶接 細分類： ・連続 ・断続
角溶接継手	両面溶接 （裏はつりあり）	すみ肉溶接 内側すみ肉溶接あり 外側溶接のみ	細分類： ・裏当て金あり ・裏当て金なし	d $d < \sqrt{2t}$ 細分類： ・連続 ・断続

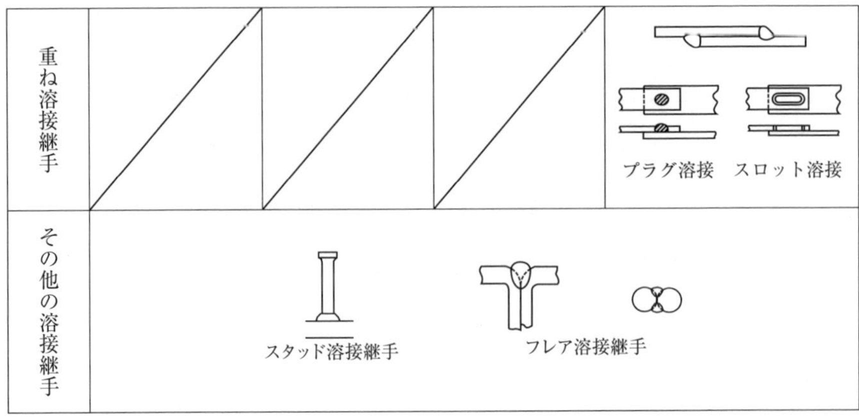

9.2.4　溶接部の有効厚

(1)　応力を伝える溶接部の有効厚は，その溶接の理論のど厚とする。

(2)　溶接継手の種類ごとの理論のど厚は，1)から3)による。

1)　完全溶込み開先溶接による溶接継手の理論のど厚は，図-9.2.1に示すとおりとし，部材の厚さが異なる場合は薄い方の部材の厚さとする。

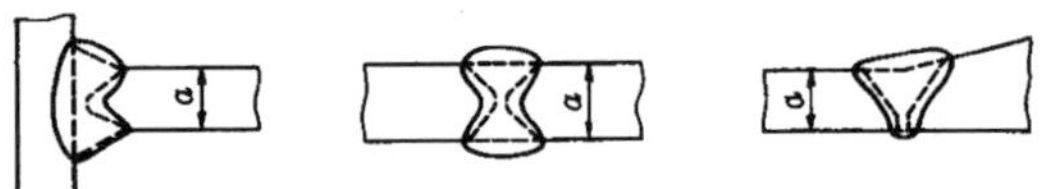

a：理論のど厚

図-9.2.1　完全溶込み開先溶接による溶接継手の理論のど厚

2)　部分溶込み開先溶接による溶接継手の理論のど厚は，図-9.2.2に示す溶込み深さとする。

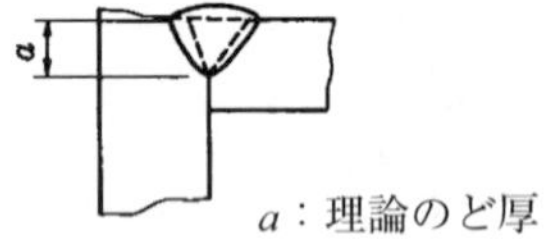

a：理論のど厚

図-9.2.2　部分溶込み開先溶接による溶接継手の理論のど厚

3)　すみ肉溶接による溶接継手の理論のど厚は図-9.2.3に示す継手のルートを頂点とする二等辺三角形の底辺のルートからの距離とする。

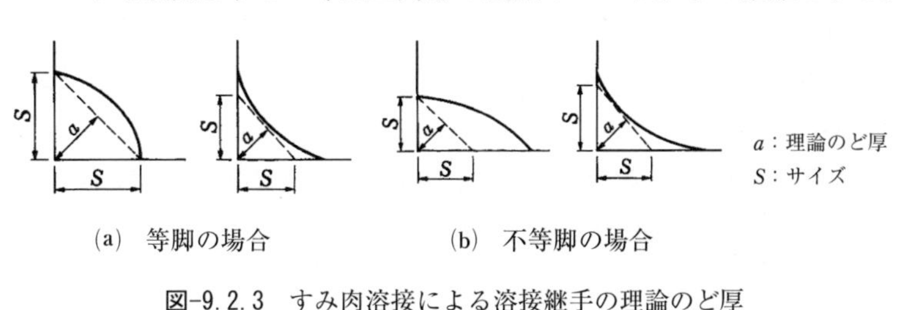

(a)　等脚の場合　　(b)　不等脚の場合

図-9.2.3　すみ肉溶接による溶接継手の理論のど厚

(2) 1)　完全溶込み開先溶接による溶接継手における理論のど厚は，ビード仕上げをするとしないとに関わらず，この条文に示すとおり母材の厚さとする。有効厚は理論のど厚としてよい。

2)　部分溶込み開先溶接による溶接継手には，9.2.2の規定のようにビードに直角な方向の引張力を受けないように設計するが，せん断力に抵抗するときの理論のど厚は，規定されるとおり溶込み深さとする。したがって，設計の際には溶接部の溶込みを考慮することになる。なお，部分溶込み開先溶接による溶接継手では，溶接方法や開先の取り方，開先角度によってルート部に溶込み不足が生じることがあるため，それらも考慮して有効な抵抗断面を適切に設定する必要がある[3)]。

3)　すみ肉溶接による溶接継手における有効厚は理論のど厚としてよい。また，図-解9.2.2に示すように，部分溶込み開先溶接にすみ肉溶接を重ね合わせる場合の理論のど厚は，すみ肉溶接の場合に準じてよい。なお，前述の通り，部分溶込み開先溶接では，ルート部に溶込み不足が生じることがあるため，これを適切に考慮する必要がある[3)]。

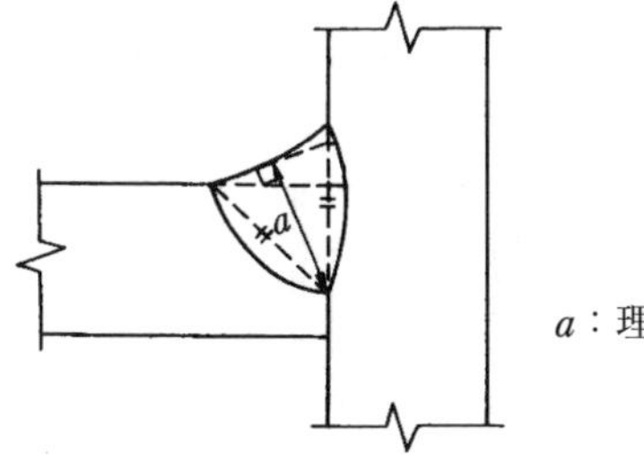

図-解9.2.2　部分溶込み開先溶接にすみ肉溶接を重ね合わせる場合の理論のど厚

9.2.5　溶接部の有効長

> (1)　溶接部の有効長は，理論のど厚を有する溶接部の長さとする。
> (2)　すみ肉溶接でまわし溶接を行った場合は，まわし溶接部分は有効長に含めない。
> (3)　完全溶込み開先溶接で溶接線が応力方向に直角でない場合は，有効長を応力に直角な方向に投影した長さとする。

(1)(3)　溶接の有効長とは，設計に有効な溶接長さをいい，溶接線の方向に応力に直角でない場合の有効長は，図-解 9.2.3 のように応力に直角な方向に投影した長さとする。

図-解 9.2.4 に示すような，溶接の終了部のクレータでは，つぼ状の凹みを生じ，割れが生じやすい。また，溶接開始点では溶着金属の断面が不完全で溶込みも不十分となり，十分な応力の伝達が期待できないので，溶接の有効長にはこれらの部分を入れてはならない。したがって，応力を伝える継手では，エンドタブを使用し，すみ肉溶接ではまわし溶接を行って開始点及びクレータの影響を除去する必要がある。

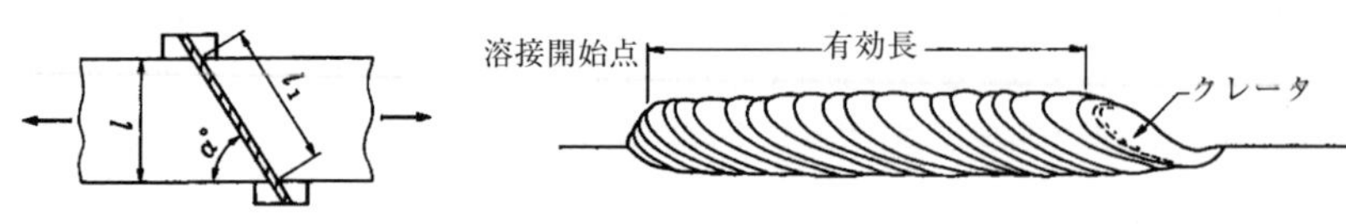

図-解 9.2.3　溶接の有効長　　図-解 9.2.4　溶接の有効長

(2)　まわし溶接部では応力の方向が変化するため，応力の伝達状態が不明確になること，クレータや溶接開始点の影響を除くことが難しいこと等によりこの部分を有効長に入れてはならない（図-解 9.2.5）。また，返し溶接部も同様の理由で有効長に入れてはならない。

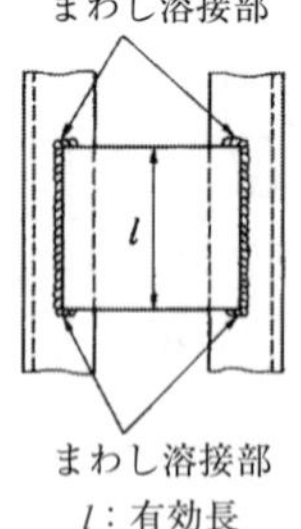

図-解 9.2.5　まわし溶接の有効長

9.2.6　すみ肉溶接の脚及びサイズ

(1)　すみ肉溶接は等脚すみ肉溶接とするのを原則とする。
(2)　すみ肉溶接のサイズは，設計上必要な寸法を確保するとともに，有害なきずが生じない等の施工上必要な寸法を確保する。
(3)　主要部材の応力を伝えるすみ肉溶接のサイズは6mm以上とし，式(9.2.1)を満たす大きさとするのを標準とする。

$$t_1 > S \quad \text{かつ} \quad S \geqq \sqrt{2t_2} \cdots\cdots (9.2.1)$$

ここに，S　：サイズ（mm）
t_1　：薄い方の母材の厚さ（mm）
t_2　：厚い方の母材の厚さ（mm）

(1)　すみ肉溶接を不等脚とすると，材片に対する溶接棒の角度が一方に片寄ってアンダーカット等の欠陥を生じる原因となりやすい。一方，等脚の場合は，溶着金属の断面積に対しのど厚が最大となり最も有効なので，すみ肉溶接は等脚を原則としている。なお，重ねフランジのすみ肉溶接では，角が溶けることのないような脚長を選ぶ必要がある。

(2)　サイズとは，図-解 9.2.6 に示す S のことであって，必ずしも溶着金属端部までの長さとは限らない。図-解 9.2.7 に示すような不等脚の場合は S をサイズという。

サイズの大きさについては，接合する部材の厚さに比べ溶接のサイズが小さすぎると，溶接部は急冷されて割れ等を起しやすく，また不必要に大きなサイズの溶接をすると，溶接によるひずみが大きく，また母材の組織が変化する範囲が広くなる。このように，すみ肉溶接では，設計計算上必要となるサイズ以外に，溶接部が急冷されることによる有害な割れ等の欠陥を発生させないこと等，施工上から必要となるサイズについても考慮する必要があることから条文のように定めている。

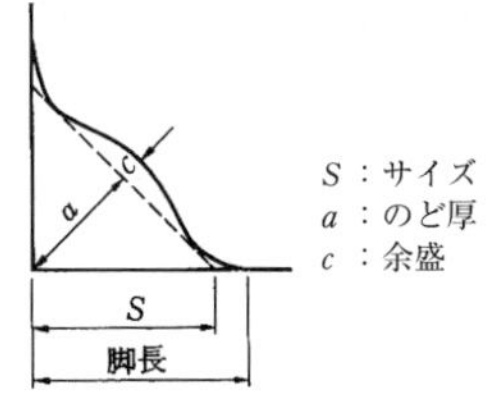

図-解 9.2.6　溶接のサイズ

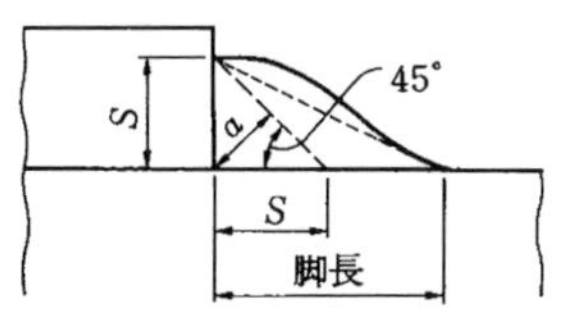

図-解 9.2.7　不等脚の場合の溶接のサイズ

(3) すみ肉溶接の最小及び最大サイズを規定したものである。なお，20章に示される施工条件を満足した溶接施工試験等により，有害な割れ等の欠陥が生じないことが確認でき，強度上必要な溶接サイズを満足する場合は8mmを上限としてよい[4)]。部材の厚さが大きく異なる場合に，$t_1 \leqq \sqrt{2t_2}$となって式（9.2.1）が適用できないことがある。この場合は，一般に$S<t_1$としてよいが，溶接部に割れが生じやすくなるので，特に溶接時の予熱については十分検討する必要がある。

また，主桁の腹板とフランジの溶接サイズは，式（9.2.1）で決定されれば，従来の多主桁橋等では応力的に問題となることは稀であったが，少数主桁橋や箱桁橋ではせん断応力度及び合成応力度が大きくなり，特に支点付近等で応力から必要となる溶接サイズが，$\sqrt{2t_2}$で決定した値を超える場合もあるため別途照査が必要である。

9.2.7 すみ肉溶接の最小有効長

(1) 主要部材のすみ肉溶接の設計では，少なくとも溶接部に有害なきずを生じない施工が可能となる有効長を確保しなければならない。
(2) (3)による場合には，(1)を満足するとみなしてよい。
(3) 主要部材のすみ肉溶接の有効長を，サイズの10倍以上かつ80mm以上を確保する。

(3) 周囲の熱容量に比べてすみ肉溶接の量が少なすぎると，溶接部が急冷されて割れ等の欠陥を生じやすい。実験によれば，引張強さ490N/mm^{2}級の鋼板で，室温で割れを防ぐには80mmから100mmの溶接長が必要である。予熱等の処置により，また鋼材によってはそれをより短くすることができるが，安全のために80mm以上としている[5)]。

やむを得ず有効長が，ここに規定する値より短くなる場合には，20章の組立溶接の規定を参考に，適切な材質選定・予熱・溶接法等を検討したうえでその適用の可否を決定する必要がある[6)]。

なお，ステップ用に丸鋼を溶接するような場合は，全周溶接しても延長が(2)に規定する長さを超えないことがある。このような場合は，別の板を挟み，主要部材に対する溶接延長を長くするか，予熱等を行い延長が短くてすむような配慮が必要である（図-解9.2.8）。

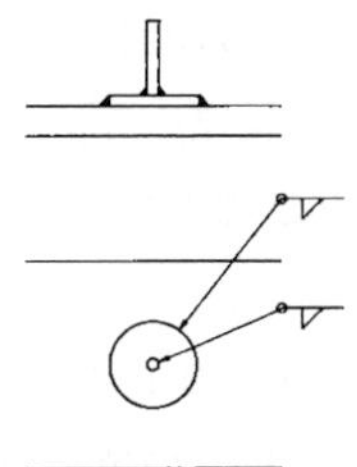

図-解 9.2.8　丸鋼の取付方法の例

9.2.8　突合せ継手

(1)　断面が異なる主要部材の突合せ継手部では，応力集中をできるだけ小さくし，溶接部に欠陥を生じないように部材の断面を変化させなければならない。

(2)　(3)による場合には，(1)を満足するとみなしてよい。

(3)　厚さ及び幅は徐々に変化させ，長さ方向の傾斜を 1/5 以下とする。

(3)　厚さや幅又はその両方が異なる板を突合せ溶接する場合は，溶接熱がなるべく両方の板に等しく伝わるよう，また，応力集中等が生じないように，長さ方向に 1/5 以下の傾斜をつけるようにしている（図-解 9.2.9）。

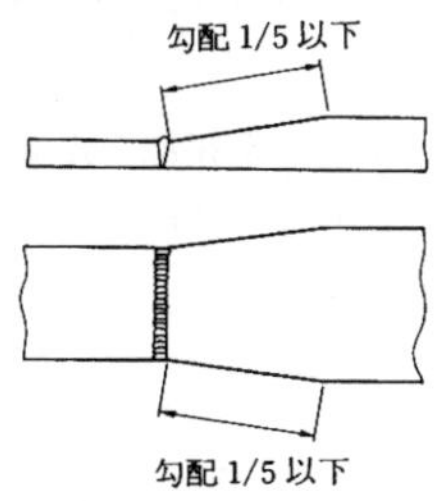

図-解 9.2.9　断面の異なる主要部材の突合せ継手

9.2.9　重ね継手

(1)　応力を伝える重ね継手部では，有害な応力集中や二次応力が生じないように配慮しなければならない。

(2)　(3)及び(4)による場合には，(1)を満足するとみなしてよい。

(3) 応力を伝える重ね継手には，2列以上のすみ肉溶接を用いるものとし，部材の重なりの長さは薄い方の板厚の5倍以上とする。

(4) 軸方向力を受ける部材の重ね継手に側面すみ肉溶接のみを用いる場合は，次の1)及び2)による。

1) 溶接線の間隔は薄い方の板厚の16倍以下とする。ただし，引張力のみを受ける場合は，薄い板の板厚の値を20倍とする。

2) すみ肉溶接のそれぞれの長さは，溶接線間隔より大きくする。

(1) 重ね継手は，疲労強度が著しく低い継手であり使用しない方が望ましく，疲労の影響のない部材にやむを得ず採用する場合にも，有害な応力集中や二次応力に特に注意する必要がある。

(3) 重ね継手に1列のすみ肉溶接を用いるとビードに曲げモーメントが働き，応力集中等が生じやすく好ましくないため，前面及び側面すみ肉溶接合わせて2列以上のすみ肉溶接を用いることにしている。また，重なりの少ない重ね継手は，荷重の偏心作用に対する抵抗が弱く変形しやすい。このため溶接部に二次応力が生じるようになり，破断強度を低下させるので，この規定が設けられている（図-解9.2.10(a)）。

(4) 部材端の軸方向力を受ける重ね継手に側面すみ肉溶接のみを用いる場合の規定である(図-解9.2.10(b))。

1) 側面すみ肉溶接の線間距離の規定は，ボルトの最大中心間距離の規定に相当し，材片の局部座屈や浮き上がりを防止する目的と応力の伝達をなめらかにする目的とをもっている。

2) 側面すみ肉溶接の1本の長さをその溶接線間距離より大きくするのは，応力の流れをなめらかにするためである。ただし，側面すみ肉溶接の長さを極端に大きくすると端部の応力集中が著しくなるので好ましくない。

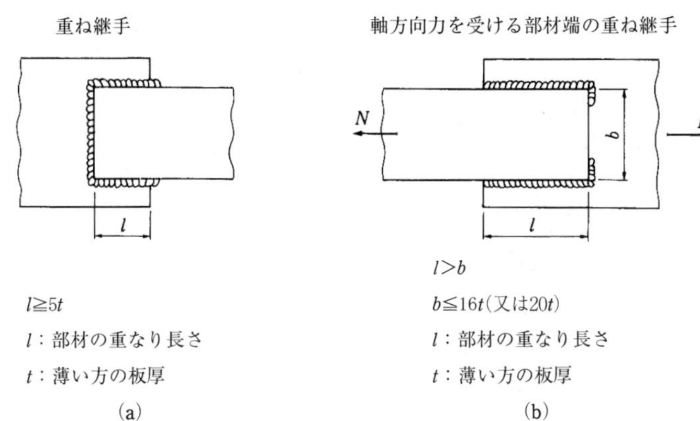

図-解 9.2.10　重ね継手のすみ肉溶接

9.2.10　T 継 手

(1)　T 継手の溶接は，ルート部に有害な応力集中を起こさず，変形に対して十分抵抗できるよう配置しなければならない。

(2)　T 継手に用いるすみ肉溶接又は部分溶込み開先溶接を継手の両側に配置する場合には，(1)を満足するとみなしてよい。

(3)　材片の交角が 60° 未満又は 120° を超える T 継手には完全溶込み開先溶接を用いるのを原則とし，すみ肉溶接又は部分溶込み開先溶接を用いる場合は，応力の伝達を期待してはならない。

(2)　T 継手において片側のみ，すみ肉溶接又は部分溶込み開先溶接がある場合は，荷重が作用すると，すみ肉溶接のルートに応力集中を起し，また変形に対する抵抗も弱い。したがって，トラス弦材断面の隅の溶接のように横方向の変形に対して抵抗できる構造である場合はこのような溶接を用いてもよいが，単独のT継手では両側に溶接する必要がある（図-解 9.2.11）。

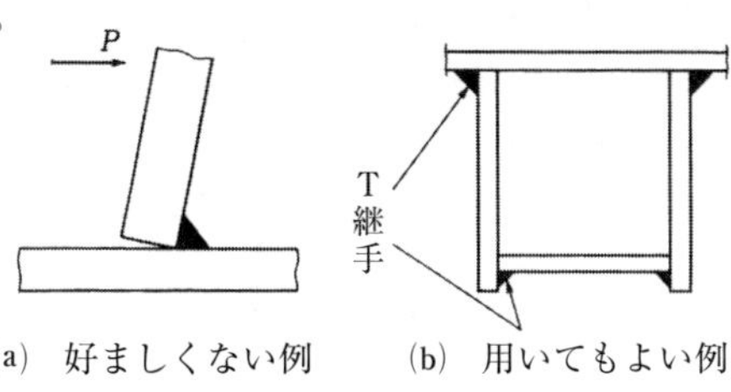

図-解 9.2.11　T継手

(3) T 継手の交角が 60 ° より小さい場合では，すみ肉溶接のルートの溶込みが不完全となり，120 ° を超えるような大きな交角になると，所要ののど厚を確保するための溶接量が多くなる。したがって，このような場合は，すみ肉溶接や部分溶込み開先溶接は用いないことを原則としている（図-解 9.2.12）。

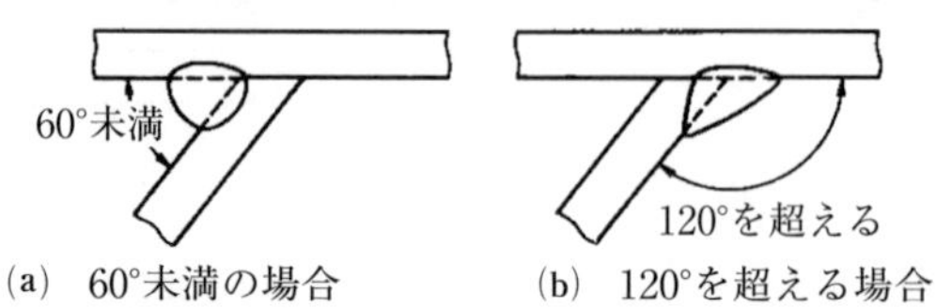

図-解 9.2.12　交角が 60° 未満又は 120° を超える T 継手

9.2.11 角 継 手

(1) 角継手の溶接は，ルート部に有害な応力集中を起こさず，変形に対して十分抵抗できるよう配置しなければならない。

(2) 角継手においてすみ肉溶接又は部分溶込み開先溶接を継手の両側に配置する場合には，(1)を満足するとみなしてよい。

(2) 角継手において片側のみすみ肉溶接又は部分溶込み開先溶接がある場合は，外力が作用すると，すみ肉溶接の弱点であるルートに応力集中を起し，また変形に対する抵抗も弱い。このため，箱断面の角継手には，曲げや変形に対して十分に抵抗できるよう，継手の両側に溶接を配置することとされている（図-解 9.2.13）。

角継手においても T 継手と同様に，トラス弦材断面の隅の溶接のように主に軸力を受け持つ部材が横方向の変形に対して抵抗できる箱断面の構造である場合には，片側のみすみ肉溶接又は部分溶込み開先溶接を用いてもよい。ただし，片側のみ部分溶込み開先溶接を配置する場合には，溶込みが不完全となりブローホールや材片接触部の隙間での溶接のたれ落ち等により，部材の疲労強度の低下をまねくおそれがあるため，製作上注意が必要である[7]。また，トラス下弦材の格点間に横桁を連結した場合など，部材に曲げ及びねじりを受ける場合には，部材断面を構成する角継手の両側に溶接が必要である。

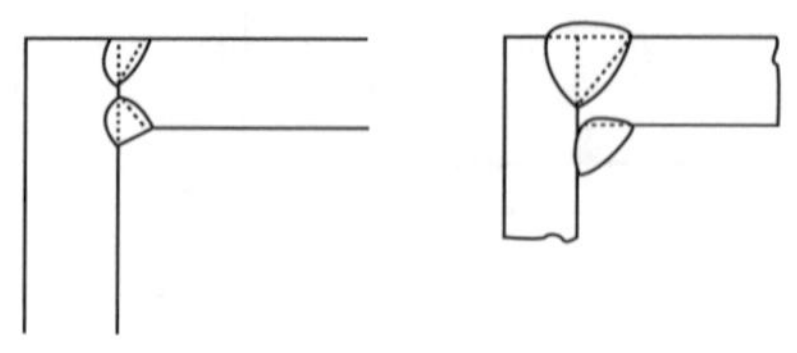

図-解 9.2.13　角継手

9.3　溶接継手の限界状態１

9.3.1　軸方向力又はせん断力を受ける溶接継手

軸方向力又はせん断力を受ける溶接継手が，式（9.3.1）又は式（9.3.2）を満足する場合には，限界状態１を超えないとみなしてよい。ただし，すみ肉溶接による溶接継手及び部分溶込み開先溶接による溶接継手は，作用する力の種類に関わらず式（9.3.2）による。

$$\sigma_{Nd}=\frac{P}{\Sigma(a\cdot l)}\leqq\sigma_{Nyd} \quad \cdots\cdots (9.3.1)$$

$$\tau_{d}=\frac{P}{\Sigma(a\cdot l)}\leqq\tau_{yd} \quad \cdots\cdots (9.3.2)$$

ここに，σ_{Nd}　：継手に生じる軸方向応力度（N/mm^2）

τ_d　：継手に生じるせん断応力度（N/mm^2）

P　：継手に生じる力（N）

a　：溶接の有効厚（mm）

l　：溶接の有効長（mm）

σ_{Nyd}　：軸方向引張応力度の制限値（N/mm^2）で，式（9.3.3）により算出する。

τ_{yd}　：せん断応力度の制限値（N/mm^2）で，式（9.3.4）により算出する。

$$\sigma_{Nyd}=\xi_1\cdot\Phi_{Mmn}\cdot\sigma_{yk} \quad \cdots\cdots (9.3.3)$$

$$\tau_{yd}=\xi_1\cdot\Phi_{Mmn}\cdot\tau_{yk} \quad \cdots\cdots (9.3.4)$$

ここに，σ_{yk}　：表-4.1.9に示す溶接部の降伏強度の特性値（N/mm^2）

τ_{yk}　：表-4.1.9に示す溶接部のせん断降伏強度の特性値（N/mm^2）

Φ_{Mmn}　：抵抗係数で，表-9.3.1に示す値とする。

ξ_1　：調査・解析係数で，表-9.3.1に示す値とする。

表-9.3.1　調査・解析係数，抵抗係数

	ξ_1	Φ_{Mmn}
i）ii）及びiii）以外の作用の組合せを考慮する場合	0.90	0.85
ii）3.5(2)3)で⑩を考慮する場合		1.00
iii）3.5(2)3)で⑪を考慮する場合	1.00	

溶接部（溶接金属部及びその近傍）が降伏しないとすれば，溶接継手（溶接を含むある範囲）の挙動は弾性域にとどまると考えることができる。この示方書では，軸方向力又はせん断力を受ける溶接部が降伏に至る状態を溶接継手の限界状態1とし，降伏強度の特性値に対して部分係数を乗じた制限値を超えないことで，溶接継手が限界状態1を超えないとみなしてよいとされた。

9.3.2　曲げモーメントを受ける溶接継手

曲げモーメントを受ける溶接継手が，式（9.3.5）又は式（9.3.7）を満足する場合には，限界状態1を超えないとみなしてよい。

1)　完全溶込み開先溶接による溶接継手

$$\sigma_{Md}=\frac{M_d}{I}\cdot y\leqq\sigma_{Myd} \qquad \cdots\cdots (9.3.5)$$

ここに，σ_{Md}　：溶接部に生じる垂直応力度（N/mm^2）

M_d　：継手に生じる曲げモーメント（N·mm）

I　：溶接部断面の断面二次モーメント（mm^4）

y　：展開図形の中立軸から照査位置までの距離（mm）

σ_{Myd}　：曲げ応力度の制限値（N/mm^2）で，式（9.3.6）により算出する

$$\sigma_{Myd}=\xi_1\cdot\Phi_{Mmb}\cdot\sigma_{yk} \qquad \cdots\cdots (9.3.6)$$

σ_{yk}　：表-4.1.9に示す溶接部の降伏強度の特性値（N/mm^2）

Φ_{Mmb}　：抵抗係数で，表-9.3.2に示す値とする。

ξ_1　：調査・解析係数で，表-9.3.2に示す値とする。

2)　すみ肉溶接による溶接継手及び部分溶込み開先溶接による溶接継手

$$\tau_{Md}=\frac{M_d}{I}\cdot y \leqq \tau_{Myd} \quad \cdots\cdots (9.3.7)$$

ここに，τ_{Md}　：溶接部に生じるせん断応力度（N/mm^2）

M_d　：継手に生じる曲げモーメント（N·mm）

I　：のど厚を接合面に展開した断面のその中立軸まわりの断面二次モーメント（mm^4）

y　：展開図形の中立軸から照査位置までの距離（mm）

τ_{Myd}　：せん断応力度の制限値（N/mm^2）で，式（9.3.8）により算出する

$$\tau_{Myd}=\xi_1\cdot\Phi_{Mmb}\cdot\tau_{yk} \quad \cdots\cdots (9.3.8)$$

τ_{yk}　：表-4.1.9 に示す溶接部のせん断降伏強度の特性値（N/mm^2）

Φ_{Mmb}　：抵抗係数で，表-9.3.2 に示す値とする。

ξ_1　：調査・解析係数で，表-9.3.2 に示す値とする。

表-9.3.2　調査・解析係数，抵抗係数

	ξ_1	Φ_{Mmb}
i） ii）及び iii）以外の作用の組合せを考慮する場合	0.90	0.85
ii） 3.5(2)3)で⑩を考慮する場合		1.00
iii） 3.5(2)3)で⑪を考慮する場合	1.00	

曲げモーメントを受ける溶接継手の限界状態 1 は，9.3.1 と同様の考えに基づき設定されている。

曲げモーメントを受ける継手には，完全溶込み開先溶接を用いるのを原則としているが，主桁と横桁との連結部等で作用する曲げモーメントが小さい場合は，溶接性や溶接ひずみの面から部分溶込み開先溶接やすみ肉溶接を用いた方がよい場合もある。ただし，その場合には作用力に対して耐荷性能を有することを確認する必要がある。

また，構造上どうしても部分溶込み開先溶接やすみ肉溶接に曲げモーメントが作用する場合がある。その場合は，図-解 9.3.1 に示すように，継手のルートを中心としてのど厚を接合面まで回転させた図形（展開断面）を求め，その中立軸のまわりの断面二次モーメントにより応力度を計算する。完全溶込み開先溶接の場合は，展開断面の中立軸と部材の中立軸とが一致するが，部分溶込み開先溶接やすみ肉溶接では必ずしも一致しない。その

場合でも，展開断面の中立軸をとる。

また，上記の主桁と横桁との連結部等では，フランジに完全溶込み開先溶接を，腹板にすみ肉溶接を用いることがある。このような場合は，両者の変形性能が異なり，完全溶込み開先溶接部の応力が大きくなる。したがって，完全溶込み開先溶接と部分溶込み開先溶接やすみ肉溶接を併用する場合には，曲げモーメントに対しては部分溶込み開先溶接やすみ肉溶接を無視するのが望ましい。なお，この場合には継手部の母材も同様な考え方で設計する必要がある。

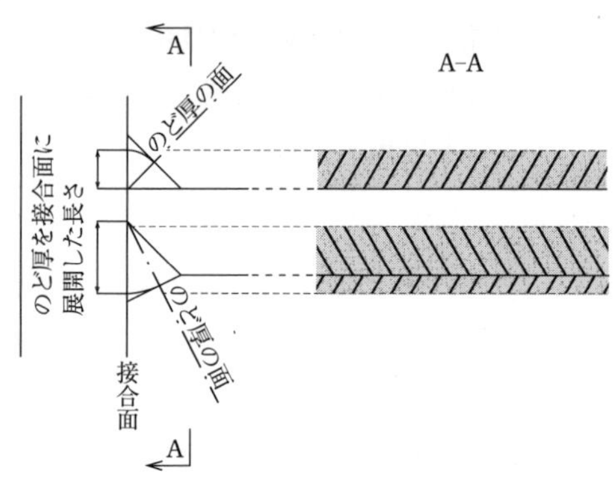

図–解 9.3.1　部分溶込み開先溶接及びすみ肉溶接ののど厚の展開

9.3.3　曲げモーメント及びせん断力を受ける溶接継手

曲げモーメント及びせん断力を同時に受ける溶接継手に生じる合成応力が，式（9.3.9）又は式（9.3.10）を満足する場合には，限界状態 1 を超えないとみなしてよい。

1)　完全溶込み開先溶接による溶接継手

$$\left(\frac{\sigma_d}{\sigma_{yd}}\right)^2+\left(\frac{\tau_d}{\tau_{yd}}\right)^2\leqq 1.2 \quad \cdots\cdots (9.3.9)$$

2)　すみ肉溶接による溶接継手及び部分溶込み開先溶接による溶接継手

$$\left(\frac{\tau_{bd}}{\tau_{yd}}\right)^2+\left(\frac{\tau_d}{\tau_{yd}}\right)^2\leqq 1.0 \quad \cdots\cdots (9.3.10)$$

ここに，σ_d　：溶接部に生じる軸方向力もしくは曲げモーメントによる垂直応力度又は両者の和（N/mm²）

τ_d	：溶接部に生じるせん断力によるせん断応力度（N/mm²）
τ_{bd}	：溶接部に生じる軸方向力もしくは曲げモーメントによるせん断応力度又は両者の和（N/mm²）
σ_{yd}	：9.3.2 及び 9.4.2 に規定する曲げ応力度の制限値の小さい方（N/mm²）
τ_{yd}	：9.3.2 及び 9.4.2 に規定するせん断応力度の制限値の小さい方（N/mm²）

垂直応力とせん断応力とが作用する場合の鋼材の破壊については，せん断ひずみエネルギー一定説，主応力説等があるが，示方書ではせん断ひずみエネルギー一定説によることとしている。

この説によれば，垂直応力度 σ とせん断応力度 τ が作用する状態は，垂直応力度として $\sqrt{\sigma^2+3\tau^2}$ が存在する場合に相当する。したがって，σ と τ との組合せが式（解 9.3.1）を満たせば σ のみが存在する部材と同等の安全性が保証されることになる。

$$\sqrt{\sigma^2+3\tau^2} \leqq \sigma_{yd} \quad \cdots\cdots\cdots（解 9.3.1）$$

σ_{yd}：引張降伏強度の制限値

また，σ と τ をともに考える場合は，経験的に 10%程度の降伏強度の割増しを行っても安全であると判断して，

$$\sqrt{\sigma^2+3\tau^2} \leqq 1.1\sigma_{yd} \quad \cdots\cdots\cdots（解 9.3.2）$$

とし，ここでせん断降伏強度の制限値 τ_{yd} を引張降伏強度の制限値 σ_{yd} の $1/\sqrt{3}$ に選べば式（解 9.3.2）のようになる。

$$\left(\frac{\sigma_{bd}}{\sigma_{yd}}\right)^2+\left(\frac{\tau_{sd}}{\tau_{yd}}\right)^2 \leqq 1.21 \quad \cdots\cdots\cdots（解 9.3.3）$$

完全溶込み開先溶接による溶接継手の場合の式（9.3.9）は，式（解 9.3.3）の右辺の数値を丸めたものである。

また，σ_d，τ_d，τ_{bd} は照査断面に作用する応力度，σ_{yd}，τ_{yd} は 9.3.2 と 9.4.2 に規定される制限値の小さい方の値である。

せん断ひずみエネルギー一定説によるこの編の考え方は，図-解 9.3.2 に示すように主応力説によるものに比べて安全側となる。

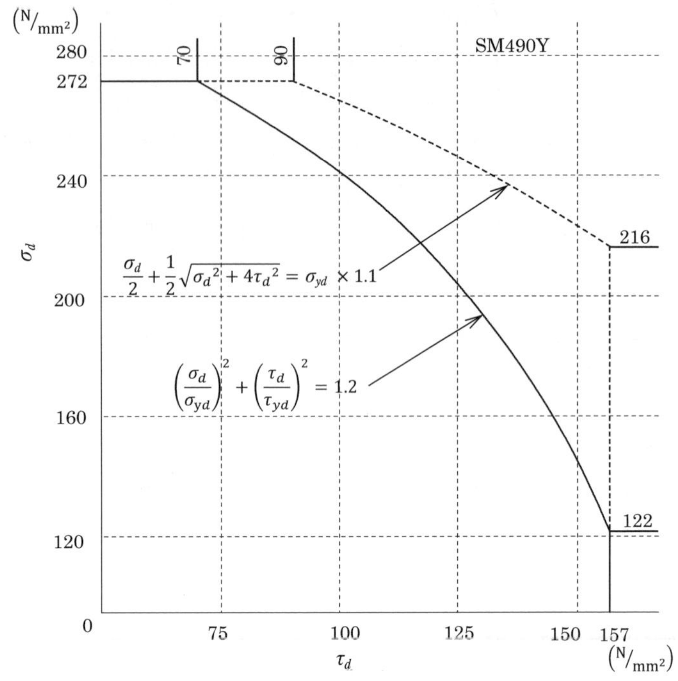

図-解 9.3.2　垂直応力度とせん断応力度の関係

なお，すみ肉溶接による溶接継手及び部分溶込み開先溶接による溶接継手の場合は，曲げモーメント等によるせん断応力とせん断力によるせん断応力が単純に合成されると考えて，式（9.3.10）で照査すればよい。

9.4　溶接継手の限界状態 3

9.4.1　軸方向力又はせん断力を受ける溶接継手

軸方向力又はせん断力が作用する場合の溶接継手が，式（9.4.1）又は式（9.4.2）を満足する場合には，限界状態 3 を超えないとみなしてよい。ただし，すみ肉溶接による溶接継手及び部分溶込み開先溶接による溶接継手は，作用する力の種類に関わらず式（9.4.2）による。

$$\sigma_{Nd}=\frac{P}{\Sigma\ (a \cdot l)}\leqq\sigma_{Nud} \quad \cdots\cdots \quad (9.4.1)$$

$$\tau_{d}=\frac{P}{\Sigma\ (a \cdot l)}\leqq\tau_{ud} \quad \cdots\cdots \quad (9.4.2)$$

ここに，σ_{Nd} ：継手に生じる軸方向応力度（N/mm^2）

τ_d ：継手に生じるせん断応力度（N/mm^2）

P ：継手に生じる力（N）

a ：溶接の有効厚（mm）

l ：溶接の有効長（mm）

σ_{Nud}：軸方向引張応力度の制限値（N/mm^2）で，式（9.4.3）により算出する

τ_{ud} ：せん断応力度の制限値（N/mm^2）で，式（9.4.4）により算出する

$$\sigma_{Nud}=\xi_1 \cdot \xi_2 \cdot \Phi_{Mmn} \cdot \sigma_{yk} \quad \cdots\cdots \quad (9.4.3)$$

$$\tau_{ud}=\xi_1 \cdot \xi_2 \cdot \Phi_{Mmn} \cdot \tau_{yk} \quad \cdots\cdots \quad (9.4.4)$$

σ_{yk} ：表-4.1.9に示す溶接部の降伏強度の特性値（N/mm^2）

τ_{yk} ：表-4.1.9に示す溶接部のせん断降伏強度の特性値（N/mm^2）

Φ_{Mmn}：抵抗係数で，表-9.4.1に示す値とする。

ξ_1 ：調査・解析係数で，表-9.4.1に示す値とする。

ξ_2 ：部材・構造係数で，表-9.4.1に示す値とする。

表-9.4.1　調査・解析係数，部材・構造係数，抵抗係数

	ξ_1	ξ_2	Φ_{Mmn}
i）ii）及びiii）以外の作用の組合せを考慮する場合	0.90	1.00 0.95[1]	0.85
ii）3.5(2)3)で⑩を考慮する場合			1.00
iii）3.5(2)3)で⑪を考慮する場合	1.00		

注：1）SBHS500及びSBHS500W

軸方向力又はせん断力を受ける溶接継手では，降伏が生じた後，引張又はせん断破壊に至るまでに最大強度に達することになり，この状態を限界状態3と考えることができる。しかし，この最大強度についてのデータは十分でないため，今回の改定では，限界状態3を超えないとみなせる条件として，溶接部の降伏強度の特性値を基準に，これに適切な安

全余裕を見込んだ制限値が設定された。なお，溶接継手部において，地震時などの過大な外力の繰返しに起因する低サイクル疲労破壊や脆性破壊が懸念される場合には，別途その影響を評価する必要がある。限界状態1の場合と同様に，溶接部で伝える応力は，完全溶込み開先溶接では引張応力・圧縮応力・せん断応力であり，すみ肉溶接及び部分溶込み開先溶接ではせん断応力である。溶接部の強度は，20章の規定に従って十分な施工管理・品質管理が行われていることを前提に，接合される母材の引張強度と同等とする。なお，継手に生じる応力度が，軸方向圧縮応力の場合は，軸方向引張応力の場合と同様に制限値を算出する。

9.4.2　曲げモーメントを受ける溶接継手

曲げモーメントを受ける溶接継手が，式（9.4.5）又は式（9.4.7）を満足する場合には，限界状態3を超えないとみなしてよい。

1）　完全溶込み開先溶接による溶接継手

$$\sigma_{Md}=\frac{M_d}{I}\cdot y\leqq\sigma_{Mud} \quad \cdots\cdots (9.4.5)$$

ここに，σ_{Md}　：溶接部に生じる垂直応力度（N/mm^2）

M_d　：継手に生じる曲げモーメント（N·mm）

I　：溶接部断面の断面二次モーメント（mm^4）

y　：展開図形の中立軸から照査位置までの距離（mm）

σ_{Mud}　：曲げ応力度の制限値（N/mm^2）で，式（9.4.6）により算出する

$$\sigma_{Mud}=\xi_1\cdot\xi_2\cdot\Phi_{Mmb}\cdot\sigma_{yk} \quad \cdots\cdots (9.4.6)$$

σ_{yk}　：表-4.1.9に示す溶接部の降伏強度の特性値（N/mm^2）

Φ_{Mmb}：抵抗係数で，表-9.4.2に示す値とする。

ξ_1　：調査・解析係数で，表-9.4.2に示す値とする。

ξ_2　：部材・構造係数で，表-9.4.2に示す値とする。

2）　すみ肉溶接による溶接継手及び部分溶込み開先溶接による溶接継手

$$\tau_{Md}=\frac{M_d}{I}\cdot y\leqq\tau_{Mud} \quad \cdots\cdots (9.4.7)$$

ここに，τ_{Md}　：溶接部に生じるせん断応力度（N/mm^2）

M_d　：継手に生じる曲げモーメント（N·mm）

I　：のど厚を接合面に展開した断面のその中立軸まわりの断面二次モーメント（mm^4）

y　：展開図形の中立軸から照査位置までの距離（mm）

τ_{Mud}：せん断応力度の制限値（N/mm^2）で，式（9.4.8）により算出する

$$\tau_{Mud}=\xi_1\cdot\xi_2\cdot\Phi_{Mmb}\cdot\tau_{yk}\cdots\cdots\cdots\cdots\cdots\cdots\cdots\cdots\cdots\cdots\cdots\cdots\cdots\cdots \quad (9.4.8)$$

τ_{yk}　：表-4.1.9 に示す溶接部の降伏強度の特性値（N/mm^2）

Φ_{Mmb}：抵抗係数で，表-9.4.2 に示す値とする。

ξ_1　：調査・解析係数で，表-9.4.2 に示す値とする。

ξ_2　：部材・構造係数で，表-9.4.2 に示す値とする。

表-9.4.2　調査・解析係数，部材・構造係数，抵抗係数

<table>
<tr><th></th><th>ξ_1</th><th>ξ_2</th><th>Φ_{Mmb}</th></tr>
<tr><td>i）ii）及びiii）以外の作用の組合せを考慮する場合</td><td rowspan="2">0.90</td><td rowspan="3">1.00
0.95[1)]</td><td>0.85</td></tr>
<tr><td>ii）3.5(2)3)で⑩を考慮する場合</td><td rowspan="2">1.00</td></tr>
<tr><td>iii）3.5(2)3)で⑪を考慮する場合</td><td>1.00</td></tr>
</table>

注：1）SBHS500 及び SBHS500W

曲げモーメントを受ける溶接継手では，溶接部で降伏が生じた後，引張又はせん断破壊に至るまでに最大強度に達することになり，この状態を溶接継手の限界状態 3 と考えることができる。しかし，この最大強度についてのデータは十分でないため，限界状態 3 を超えないとみなせる条件として，溶接部の降伏強度の特性値を基準に，これに安全余裕を見込んだ制限値が設定された。

9.4.3　曲げモーメント及びせん断力を受ける溶接継手

曲げモーメント及びせん断力を受ける溶接継手が，9.3.3 の規定を満足する場合には，限界状態 3 を超えないとみなしてよい。

曲げモーメント及びせん断力を同時に受ける溶接継手では，限界状態 1 以降に最大強度に達し，この状態を限界状態 3 に対応するものとして扱うことができる。しかし，今のところ限界状態 3 となる条件を式等で明確に示すことは困難であるため，9.3.3 に規定される限界状態 1 を超えないとみなせる条件が，限界状態 3 を超えないとみなすことができることも考慮して規定されている。このため，これを満足することで限界状態 3 を超えないとみなすことができる。

9.5 高力ボルト継手

9.5.1 一　　般

(1) 高力ボルトを用いる継手の設計にあたっては，接合部としての所定の機能が満たされるよう，適用箇所，施工性及び継手面の状態等について十分検討を行わなければならない。

(2) 高力ボルトを用いる継手は，摩擦接合，支圧接合及び引張接合とし，引張接合は，継手面がある板を直接締付ける短締め形式と，継手面をリブプレート等を介して締付けて接合する長締め形式に区分する。

(3) 高力ボルトを用いる継手は，継手としての限界状態に対して所要の安全性を有していなければならない。このため，継手を構成する各要素が作用力に対して安全となるように設計しなければならない。

(4) 高力ボルトを用いる継手の設計では，9.5.2 から 9.5.12 の規定を満足しなければならない。

(5) 高力ボルトを用いる継手は，ボルトに作用する力が不均等とならないよう，1ボルト線上に並ぶ本数に配慮して設計しなければならない。

(1)(2) 高力ボルトを用いる継手は，荷重伝達の機構から(1)及び(2)の条文に示した3つの接合方式に分類して適用することとしている。

摩擦接合は，高力ボルトで母材及び連結板を締付け，それらの間の摩擦力によって応力を伝達させるものである。

支圧接合は，ボルト円筒部のせん断抵抗及び円筒部とボルト孔壁との間の支圧によって応力を伝達させるものである。なお，20.9.4 に示すように，ボルトには摩擦接合の場合と同等な軸力を与えて継手性能の改善を図っている。この章では，支圧接合に用いるボルトとして 9.5.2(4)に示す打込みボルトを用いることにしているが，ボルトの作業性（打込み難易度）や，ボルトを打ち込んだときのボルト孔周縁に付ける傷の程度等は，継手母材の厚さと打込み強さ，ボルト孔の大きさと食い違い等の部材製作精度，ボルト円筒部の径，ボルト軸部のきざみの形やボルトの強さ等に関係している。したがって，支圧接合は，摩擦接合に比べてボルト1本あたりの特性値を 50％高くとれる有効な接合であるが，継手性能の特徴を考慮してその施工性を十分検討したうえで適用する必要がある。

引張接合には，継手面を有する2枚の板を高力ボルトで直接締付けて接合する形式（短締め形式）と継手面を有する板を直接締付けずに，リブプレート等を介して高力ボルト，鋼ロッドやPC鋼棒等で締付けて接合する形式（長締め形式）がある。引張接合は継手面に発生させた接触圧力を介して応力を伝達させる方式であるため，継手接触面の平坦さや接合部の補強等について検討が必要である。短締め形式ではてこ作用によりボルトにてこ反力と呼ばれる付加力が生じるので，これを小さくするための構造詳細等について十分な検討を行うとともに，ボルトが付加力に対して安全となるように設計する必要がある。図-解 9.5.1 に引張接合形式の構造例を示す。

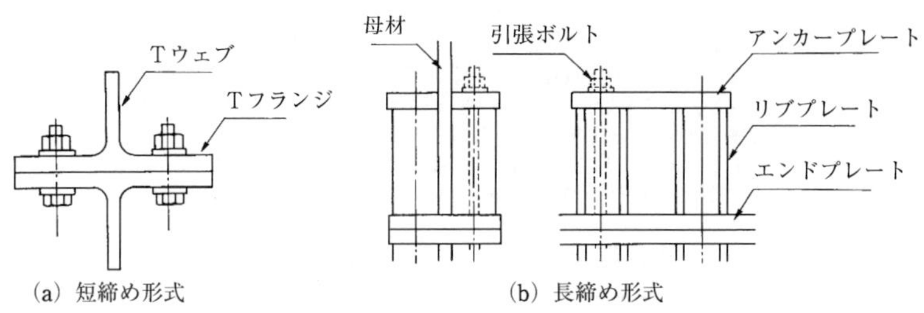

図-解 9.5.1　高力ボルト引張接合の例

なお，摩擦接合や支圧接合でも継手形状によっては軸方向力が付加される場合や，引張接合でも接合面にせん断力が作用する場合もあるので，設計にあたっては実際に継手部に生じる応力状態について慎重に検討する必要がある。

(3)(4)　高力ボルトを用いる継手は，(2)の規定に示される接合形式それぞれの限界状態に対して所要の安全性が確保されなければならない。このとき，設計では継手を構成する各要素の構造が安全であることを確認する必要がある。9.5.2 から 9.5.12 には各継手方式で用いるボルトや連結板等が満足すべき一般事項及び耐荷性能の照査で必要となる設計事項が規定されており，これらを満足するように設計する必要がある。

(5)　高力ボルト摩擦接合，支圧接合において，1 ボルト線上に並ぶボルト本数が多くなり多列配置となるとボルトに作用する力が不均等になり，所要の耐荷力が確保されないおそれがある。したがって，高力ボルト支圧接合の場合は 1 ボルト線上に並ぶ本数をなるべく 6 本以下とするのがよい。また，高力ボルト摩擦接合では接触面の処理方法に関わらず，なるべく 8 本以下とするのがよい。

なお，接合面を無塗装とする場合の高力ボルト摩擦接合継手及び，接合面に無機ジンクリッチペイントを塗装する場合の高力ボルト摩擦接合継手については，最近の実験等により，多列配置がすべり耐力に及ぼす影響が確認されている[8)]。これらを踏まえ，接合面を無塗装とする継手及び，接合面に無機ジンクリッチペイントを塗装する継手に対し，表-9.6.1 に示す摩擦接合用高力ボルトのすべり強度の特性値に表-解 9.5.1 に示す低減係数を乗じて設計を行う場合には，1 ボルト線上に並ぶボルト本数を最大 12 本までとすることができる。

表-解 9.5.1　摩擦接合用高力ボルトのすべり強度の特性値に乗じる低減係数

1ボルト線上に 並ぶボルト本数	低減係数
8本以下	1.00
9本	0.98
10本	0.96
11本	0.94
12本	0.92

注1)　この表に示す低減係数は，接合面を無塗装とする場合の継手及び20.9.3の規定に従って接合面に無機ジンクリッチペイントを塗装した継手を対象としたものである。

注2)　1ボルト線上に並ぶボルト本数が8本を超える場合には，対象とする継手の全てのボルトについて，この低減係数を乗じる。

9.5.2　ボルト，ナット及び座金

(1)　高力ボルト継手に用いるボルト，ナット及び座金は，締付け方法や接合方法に応じて必要な機械的性質等の特性や品質を満たさなければならない。

(2)　高力ボルト継手に用いるボルト，ナット及び座金について，接合方法に応じて，(3)から(5)による場合には，(1)を満足するとみなしてよい。

(3)　摩擦接合

1)　トルシア形を除く摩擦接合に用いるボルト，ナット及び座金は，JIS B 1186に規定する第1種（F8T）及び第2種（F10T）の呼びM20，M22及びM24を標準とする。この場合，セットのトルク係数値は表-9.5.1による。

表-9.5.1　セットのトルク係数値

1製造ロットの出荷時のトルク係数値の平均値	0.110～0.160
1製造ロットの出荷時のトルク係数値の変動係数	5%以下
1製造ロットの出荷時のトルク係数値の温度による変化量	20℃の温度変化に対して，出荷時のトルク係数値の平均値の5%以下

2)　摩擦接合に用いるトルシア形ボルトは，4.1.3(3)に示すS10T及びS14Tとし，S10Tの呼びはM20，M22及びM24を標準とする。S14Tの呼びはM22及びM24を標準とし，耐遅れ破壊特性の明らかなものとする。ナット及び座金は，ボルトの締付け又は緩み等に有害な影響を与

えないものとする。

3)　S14Tのボルト，ナット及び座金は防錆皮膜を施したものを標準とし，ⅰ)からⅴ)の全ての条件を満たす部位以外には用いない。なお，被接合材はSM570又はSBHS500とする。

ⅰ）塩分環境が厳しくない

ⅱ）雨水等の影響を直接受けない

ⅲ）滞水などにより長期に湿潤環境が継続する可能性が少ない

ⅳ）点検・補修が可能である

ⅴ）折損を生じても第三者被害を生じるおそれがない

4)　耐力点法によって締付けを行う摩擦接合用高力ボルト，六角ナット及び座金は，JIS B 1186に規定する第2種（F10T）の呼びM20，M22及びM24を標準とし，耐遅れ破壊特性が明らかで，かつ良好なものとする。

(4)　支圧接合

支圧接合に用いるボルトは，4.1.3(3)に示すB8T及びB10Tとし，ナット及び座金は，F8T及びF10Tに用いるものを使用することを標準とする。

(5)　引張接合

引張接合に用いるボルトは，(3)1)に示すF10T，2)に示すS10T又はこれらと同等の材質の鋼ロッドを用いるのを標準とし，ナット及び座金は，F10T用のナット・座金のセットを用いるのを標準とする。

この条文に規定されていない高力ボルトを用いる場合は，9.5.4以降の関連する規定について別途検討する必要がある。

(1)　Ⅰ編9章では，通常使用される機械的性質の保証されたボルト，ナット及び座金について規定している。一般にはこれらを用いて問題ないが，締付け方法によっては耐遅れ破壊特性に優れるボルトとする等，締付け方法や接合方法に応じて適切な材料を用いる必要がある。また，(3)から(5)に示す以外の高強度ボルトや太径ボルトを用いる場合も，機械的性質以外に，耐遅れ破壊特性やリラクセーション特性等に配慮すると同時に，9.5.4以降の関連する規定について検討する必要がある。

(3)　1)トルク係数については，軸力導入時のトルク係数のばらつき，機械誤差，施工条件等を勘案し，最終的に所要の継手性能が得られるような締付けを行うために必要と考えられる条件を求め，これを規定している。したがって，JISに規定されたセットの中から表-9.5.1の条件を満たすものを使用する。なお，表-9.5.1の規定は，工場出荷時の検査であり，室温で行った場合の値である。ただし，温度変化に対する値は，0℃から60℃程度までの範囲で何段階かに分けて試験を行い，最小二乗法で求めたトルク係数値の変化量とする。

なお，セットの種類第1種，第2種は適用する構成部品の組合せのうち，ボルトの機械的性質による等級で代表させて，F8T，F10Tと呼ばれることが多い。M24を上回るサイズのボルトについても使用実績が増えているが，適用にあたっては文献9)，10)が参考となる。

2)，3)摩擦接合に用いるトルシア形高力ボルトS10T（F10Tに相当），S14Tに対するボルト，ナット及び座金については，付録2-1及び付録2-2が参考にできる。S14Tは屋外使用の実績が乏しく，また，軸力導入後の耐遅れ破壊性能が，S10Tと同等程度あることについて実環境において完全には明らかにできていないことから，少なくとも付録2-2を参考に耐遅れ破壊特性が良好であることが確認されている材料で，かつ，防錆皮膜を施したボルトとナット及び座金を使用することが標準とされている。さらに，連結板などの塗装等の防食機能が低下した場合の鋼材腐食に起因する遅れ破壊の防止と，点検と補修の確実性の確保及び万一ボルトが破断し落下した場合の第三者被害の防止を考慮し，使用する部位を当面本条のⅰ)からⅴ)を全て満足する部位に限定することとした。

ⅰ）塩分環境が厳しくない

飛来塩分により腐食が生じる可能性が高い環境で使用してはならないことを示しており，塩分環境が厳しい環境とは，例えばⅢ編6.2.3による地域区分AからCの地域での暴露環境が該当する。

ⅱ）雨水等の影響を直接受けない

雨水等が直接かかる場合には，塗装等の防食機能の低下が進む可能性があり，雨水等が直接かかる場所としては，桁外面などが該当する。

ⅲ）滞水などにより長期に湿潤環境が継続する可能性が少ない

滞水などにより長期に湿潤環境が継続した場合には，その箇所によって局所的に腐食が進む可能性があり，その危険性がある部位としては，箱桁内での排水管の接続部や流末処理部などが該当する。

ⅳ）点検・補修が可能である

定期的な点検や緊急時の点検において，外観目視に加えて打音や触診を行うことができ，また，補修が必要になった場合において，ボルト交換などの修繕が比較的容易に行うことができる部位であることが求められる。

ⅴ）折損を生じても第三者被害を生じるおそれがない

不測の事態により万一ボルトが破断した場合でも，落下物によって第三者への被害が生じない部位又は落下対策が施された部位であることが求められる。

また，S14Tは，ボルトの締付けにより導入される板厚方向応力と外力による軸方向応力の合成効果により，被接合材の強度が低いと，局部的降伏が広範囲に生じることが懸念される。このため，適用する被接合材の鋼種を，SM570 又は SBHS500 とすることを原則としている。

4)　耐力点法とは，ボルトの導入軸力とナット回転量との関係から耐力点を電気的に検出できる締付け機を用いてボルトの締付けを行う工法である。

この締付け法では，弾性域を超えてボルトの締付けを行うため，JIS B 1186：2013（摩擦接合用高力六角ボルト・六角ナット・平座金のセット）に規定される機械的性質以外に耐遅れ破壊特性に配慮したボルトを使用する必要がある。これまでの実績，調査研究等を踏まえ，耐遅れ破壊特性として表-解 9.5.2 及び表-解 9.5.3 を満足する高力ボルトを使用するのがよい。

表-解 9.5.2　耐力点法に用いる高力ボルト用鋼材の化学成分（%）

ねじの呼び	C	Si	Mn	P	S	Cr	B
M20 M22 M24	0.18 〜 0.23	0.05 〜 0.35	0.70 〜 1.00	0.025 以下	0.025 以下	0.15 〜 0.80	0.0005 〜 0.0025
備考	このほか，Ti，Al を有効な範囲で添加してよい						

表-解 9.5.3　耐力点法に用いる高力ボルト用鋼材の特性と JIS 規格値の比較

特性項目		耐力点法に用いる 高力ボルト	JIS B 1186
ボルトの熱処理	焼き戻し温度	410℃	規定なし
ボルトの引張強さ	引張強さの上限	1,157N/mm^2	1,200N/mm^2
ボルトの硬さ	頭部側面の 3 点の 平均値	27〜38HRC	27〜38HRC
	軸部の断層硬さ分布	27〜38HRC	規定なし
	以下の 2 つの平均値 で規定する ①中心点と直径 $d_1/2$ 上の 4 点の平均値 ②周辺（縁より 3〜 4mm 内側）4 点の 平均値	3〜4　d_1　$l(\fallingdotseq d_1)$　$\frac{d_1}{2}$　d_1	
ナットの硬さ	硬さの上限値	32HRC	35HRC
座金の硬さ	硬さの上限値	43HRC	45HR

(4)　支圧接合に用いるボルト，ナット及び座金については，付録2-3 によるのがよい。

支圧接合に用いるボルトは，摩擦接合と同様な形状のものと，打込み式と 2 種類あるが，前者の場合はボルト円筒部とボルト孔との間に隙間があるため，継手が支圧状態になるまでにずれが生じる。そのような継手部の変形は好ましくないので，継手部にずれの生じない打込み式ボルトを用いることとした。

付録2-3には，ボルト強度がF8T，F10Tに相当するB8T，B10Tについて示されている。また，ボルトの形状は，丸頭，継手表面に突起がないことが強く望まれるような場合に適用できるさら頭，締付け時に頭を押さえることが必要になると判断される場合に用いる六角頭の3種類がある。

ボルト円筒部の太さは，ボルト孔径との関連で打込みの施工性に大きく影響するが，種々検討の結果，表-20.7.2に示すボルト孔の径である標準ボルト孔径と等しい値とされている。したがって，標準ボルト孔径でリーマ通しを行うようなときには，リーマが少しふれたり，太い場合には，打込みは容易であるが，締付けの初期に共回りをすること等が生じかねない。そのような場合は六角頭を用いておくとよい。

(5) 引張接合は，摩擦接合と同様に，一定の初期軸力を導入することにより継手面に接触力を発生させ，これにより応力を伝達する継手形式であるため，リラクセーションによる軸力低下の大きいボルトは好ましくない。ここに挙げたボルトは，このリラクセーション量が僅かで，数%程度であることが実験で確かめられている。

短締め形式に用いるボルトは，これまでの研究成果や橋における使用頻度を考慮して，S10T及びF10Tを標準としている。なお，S10Tを使用する場合はボルト頭の鋼材へのめりこみによる初期ボルト軸力の減少が摩擦接合に比べ大きくなることが懸念されるため，ボルト頭部側にも座金を用いることを原則としている。なお，S14Tについては，引張接合として使用された場合の耐荷力やリラクセーション等の力学挙動について知見がなく，使用するボルトの標準から除かれている。

長締め形式に用いるボルトは，締付け長が長くなって市販のボルトが入手できない場合もあることを考慮して，F10Tと同等材質の鋼ロッドを標準に加えている。F10Tと同等材質の鋼ロッドとしては，比較的細径の場合は，JIS G 3109：2008（PC棒鋼）に規定されるPC鋼棒が該当する。

9.5.3 ボルトの長さ

ボルトの長さは部材を十分に締付けられるものとしなければならない。なお，支圧接合においては，ねじ部がせん断面にかかってはならない。

ボルトで部材を十分に締付けるためには，(1)及び(2)の条件を満たす必要がある。

(1) ボルトの平先部（又は丸先部）が締付け完了後に，少なくともナットの面より外側にあること。

(2) ボルトの締付け完了後，ボルトの不完全ねじ部がナットの中に入らないこと。また，ねじ部は断面積が小さくなり支圧面積も減ることから，支圧接合においてはねじ部がせん断面にかからないようにする必要がある。

9.5.4　ボルトの制限値

(1)　摩擦接合のボルトの制限値は9.6.2の規定による。また，9.9.2に規定する限界状態3の制限値は，ねじ部有効径を直径とする断面積を用いて算出したせん断力の制限値及び支圧力の制限値のうち小さい方の値とする。この場合，ボルトの有効支圧面積はねじ部有効径と使用する鋼材の厚さとの積とする。

(2)　支圧接合のボルトの制限値は，9.7.2及び9.10.2の規定によるものとし，ねじ部外径を直径とする断面積を用いて算出したせん断力の制限値及び支圧力の制限値のうち小さい方の値とする。この場合，ボルトの有効支圧面積はねじ部外径と使用する鋼材の厚さとの積とする。ただし，さらボルトの有効支圧面積の計算にあたっては，さら部はその深さの1/2を有効とする。

(3)　引張接合のボルトの引張強度の制限値は9.8.2及び9.11.2の規定による。またボルトの初期導入軸力は摩擦接合による場合と同じとする。

(1)(2)　摩擦接合用及び引張接合用高力ボルトの引張強度の特性値，支圧接合用高力ボルトのせん断強度及び支圧強度の特性値の考え方は，4章の規定による。

支圧接合に用いるさらボルトは支圧面が傾斜しているので，支圧面積の計算では，さら部分の1/2を有効支圧面積として計算する。さらボルトのさら部のみに接触し，軸部がかからないような薄板には，さらボルトの使用は避けるべきである（図-解9.5.2）。

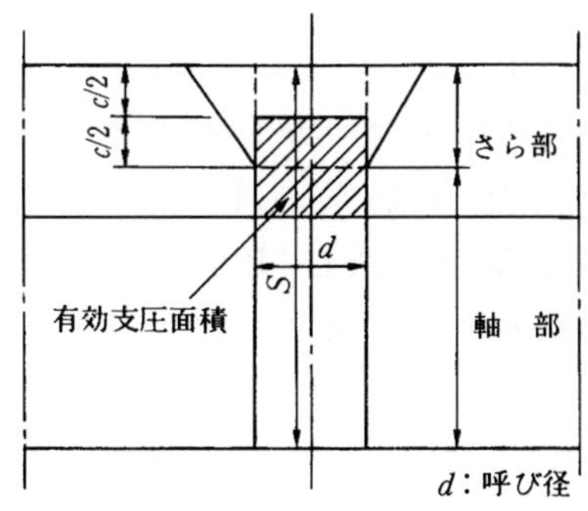

図-解9.5.2　さらボルトの有効支圧面積

(3) 引張接合は一般に同一構造物で摩擦接合と混在して使われるため両者の初期導入軸力が異なるのは現場施工の点で好ましくない。また，これまでの多くの研究成果が摩擦接合と同等の初期導入軸力を前提としていること等を考慮し，引張ボルトの初期導入軸力は，摩擦接合において設定されているボルト軸力と同じとしている。

9.5.5 純断面積の計算

(1) 高力ボルト継手部の設計にあたっては，継手部の断面積を適切に考慮しなければならない。

(2) (3)による場合には，(1)を満足するとみなしてよい。

(3) 引張材の純断面積は1)から 4)により計算する。

1) 純断面積は純幅と板厚との積とする。この場合，材片の純幅はその総幅からボルト孔により失われる幅を除いたものとする。

2) 摩擦接合では，母材及び連結板の限界状態 1 における純断面応力度を照査する場合に用いる純断面積は1)の規定により計算される値の 1.1 倍まで割増してよい。ただし，総断面積を超えてはならない。

3) 部材の純断面積を算定する場合のボルト孔の径は，ボルトの呼びに 3mm を加えたものとする。

4) 千鳥にボルト締めされた材片の純幅は，総幅から考えている断面の最初のボルト孔についてその全幅を控除し，以下順次に式 (9.5.1) の w を各ボルト孔について控除したものとする。

$$w=d-\frac{p^2}{4g} \quad \text{(mm)} \qquad \cdots\cdots (9.5.1)$$

ここに，d ：ボルト孔の直径（ボルトの呼び＋3mm）(mm)

p ：ボルトのピッチ (mm)

g ：応力直角方向のボルト線間距離 (mm)

5) T形，H形等の組合せ断面の純断面積は，材片ごとに1)から4)の方法により求めた純断面積の総和とし，圧延形鋼の場合もこれに準じる。ただし，山形鋼，溝形鋼では，図-9.5.1 に示すように展開した形で純断面積の算出を行う。

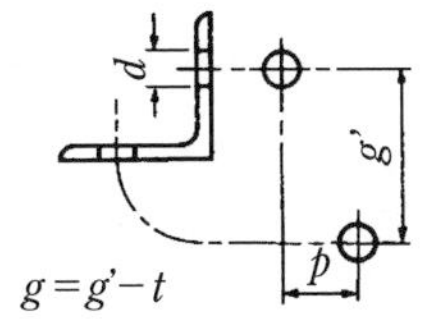

g' ：山形鋼背面に沿って測ったボルト線間距離（mm）
t ：山形鋼の脚の厚さ（mm）

図-9.5.1　山形鋼の展開方法

(3) 1)　孔のある部材における孔周辺の応力分布は，応力集中が生じ複雑であり，ボルトの有無によってもその状態は異なる。また，破断強さも孔の位置や孔の幅の総断面積に対する割合でも異なってくるが，従来，純断面積は材片総幅からボルト孔の幅を除いた純幅に板厚を乗じたものとする考え方で設計されている。

2)　高力ボルト摩擦接合継手では，部材軸力の一部がボルト継手の最外列（連結板の最内列）の純断面位置に至る前に母材から連結板に伝達されており，既往の研究成果[11]及び諸外国の規定を参考に，摩擦接合の場合，母材及び連結板の限界状態1における純断面応力度の照査に用いる純断面積を1)による値の1.1倍まで割増してよいこととしている。

3)　控除するボルト孔の径は，ボルトの呼び径に3mmを加えた値とする。ただし，20.7.1の解説に示すように施工中やむを得ない理由により（呼び径+4.5mm）までの拡大孔をあける場合は，拡大孔の径に0.5mmを加えた値で改めて継手の安全性を照査する必要がある。

4)　千鳥にボルトが配置された場合は，孔と孔とを結ぶ斜めの方向で破断することもあるので，この条文の規定により斜め方向の孔の影響を考え，純断面積が最小となる断面で設計する必要がある。

5)　組合せ部材では，材片ごとに破断することがあるので，各材片について純断面積を求め，その和を部材の純断面積とする。圧延形鋼の場合は，その破壊性状は複雑なものとなると考えられ，それについての実験等の資料も十分でないので，安全側と考えられる組合せ部材の規定を準用することにしている。ただし，山形鋼，溝形鋼等では，従来どおり展開することにより(3)の1)2)3)を適用できるとされている。

9.5.6　ボルトの最小中心間隔

(1)　ボルトの中心間隔は，ボルトの締付けにあたって支障のない寸法以上としなければならない。

(2)　ボルトの最小中心間隔を表-9.5.2に示す値とする場合には，(1)を満足するとみなしてよい。

表-9.5.2　ボルトの最小中心間隔（mm）

ボルトの呼び	最小中心間隔
M 24	85
M 22	75
M 20	65

(1)　ボルトの中心間隔が小さすぎると，ボルト締めの作業ができなかったり孔間の母材及び連結板の耐力に影響を与えるおそれがあるので，これらに配慮してボルトの最小中心間隔を決める必要がある。なお，やむを得ない場合には，最小中心間隔をボルト径の3倍まで小さくすることも考えられるが，支障なく締付けができ連結部の性能が満たされることが前提である。

9.5.7　ボルトの最大中心間隔

(1)　ボルトの中心間隔は，ボルト間の材片が局部座屈することなく，かつ材片の密着性が確保できる寸法以下としなければならない。

(2)　(3)による場合には，(1)を満足するとみなしてよい。

(3)　ボルトの最大中心間隔を表-9.5.3に示す値のうち小さい方の値とする。

ただし，引張部材のとじ合せボルトの応力方向の最大中心間隔は $24t$ としてよい。このとき300mmを超えてはならない。

表-9.5.3　ボルトの最大中心間隔（mm）

ボルトの呼び	最大中心間隔		
	p		g
M 24	170	$12t$ 千鳥の場合は， $15t-\frac{3}{8}\cdot g$ ただし，$12t$ 以下	$24t$ ただし，300 以下
M 22	150		
M 20	130		

ここに，t：外側の板又は形鋼の厚さ（mm）

p：継手に作用する応力の方向のボルトの間隔（mm）

g：継手に作用する応力と直角方向のボルトの間隔（mm）

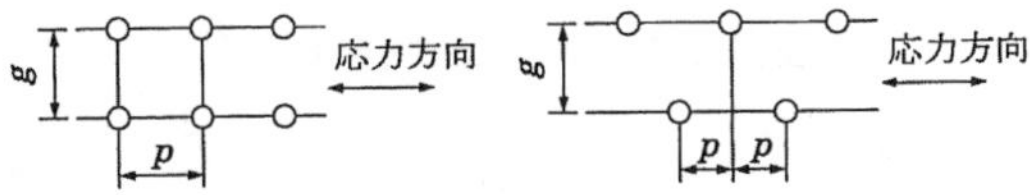

図-9.5.2　ボルトの配置と間隔のとり方

(1)　外側の板が局部座屈するようなことがあると高力ボルト継手の性能が十分発揮できないため，また，密着が悪いと腐食の原因にもなることから，これらを考慮してボルトの最大中心間隔を決める必要がある。

(3)　ボルトの最大中心間隔は，(1)を考慮して定められたものである。すなわち，ボルトの最大中心間隔を12tとすれば，連結板では溶接による残留応力がないのでほぼ降伏点まで耐えられる範囲となり，ボルト間で局部座屈するおそれがない。ただし，片面のみに連結板を当てるような場合は偏心による曲げ応力が生じるので，最大中心間隔は小さめにするように配慮が必要である。

千鳥配置の場合は，ボルト線間距離を応力直角方向の間隔と考えてよい。また千鳥にボルト締めする場合には，ピッチの中間にくる隣りのボルト線のボルトによる固定作用を考えて，pを千鳥配置を考えない場合より大きくとることができる。ただし，gが大きくなるにつれ固定作用が小さくなるので，この条文はそれを考慮した規定となっている。応力に直角方向の最大中心間隔は，応力方向に比べて規定を緩和し24t，かつ300mm以下としている。なお，引張部材のとじ合せボルトについては応力直角方向の規定に準じる。

9.5.8　縁端距離

(1)　ボルト孔の中心から板の縁までの最小距離（最小縁端距離）は，縁端部の破壊によって継手部の強度が制限値を下回らない寸法としなければならない。また，ボルト孔の中心から縁までの最大距離（最大縁端距離）は，材片間の密着性が確保できる寸法としなければならない。

(2)　(3)及び(4)による場合には，(1)を満足するとみなしてよい。

(3)　最小縁端距離は表-9.5.4に示す値とする。

表-9.5.4　最小縁端距離（mm）

ボルトの呼び	せん断縁 手動ガス切断縁	圧延縁，仕上げ縁 自動ガス切断縁
M 24	42	37
M 22	37	32
M 20	32	28

ただし，摩擦接合及び支圧接合においては，応力方向のボルト本数が1本の場合，応力方向の最小縁端距離は表-9.5.4によるほか，式（9.5.2）を満足しなければならない。

$$V_{sd} \leqq V_{ud} \quad \cdots\cdots (9.5.2)$$

ここに，V_{sd}：ボルト1本あたりに生じる力（N）

V_{ud}：はし抜け破壊に対するせん断力の制限値（N）で，式（9.5.3）により算出する

$$V_{ud} = \xi_1 \cdot \xi_2 \cdot \Phi_{Us} \cdot \tau_{yk} \cdot 2et \quad \cdots\cdots (9.5.3)$$

ここに，τ_{yk}：表-4.1.1に示す母材（連結板）のせん断降伏強度の特性値（N/mm^2）

Φ_{Us}：抵抗係数で表-9.5.5に示す値とする。

ξ_1：調査・解析係数で表-9.5.5に示す値とする。

ξ_2：部材・構造係数で表-9.5.5に示す値とする。

e：応力方向に測った最小縁端距離（mm）

t：1面せん断の場合は薄い方の板厚（mm）

2面せん断の場合は母材の板厚又は連結板の板厚の合計のいずれか薄い方の値（mm）

表-9.5.5　調査・解析係数，部材・構造係数，抵抗係数

<table>
<tr><th></th><th>ξ_1</th><th>ξ_2</th><th>Φ_{Us}</th></tr>
<tr><td>i）ii）及びiii）以外の作用の組合せを考慮する場合</td><td rowspan="2">0.90</td><td rowspan="3">1.00
0.95[1)]</td><td>0.85</td></tr>
<tr><td>ii）3.5(2)3)で⑩を考慮する場合</td><td rowspan="2">1.00</td></tr>
<tr><td>iii）3.5(2)3)で⑪を考慮する場合</td><td>1.00</td></tr>
</table>

注：1)　SBHS500及びSBHS500W

(4) 材片の重なる部分の最大縁端距離は，外側の板厚の8倍とする。ただし，150mmを超えてはならない。

(1) 最小縁端距離は，ボルトがその強度を発揮する前に縁端部が破断しないよう決める必要がある。最大縁端距離は，材片間の密着を図り隙間から雨水等が浸入するのを防ぐこと等に配慮して決める必要がある。

(3) 表-9.5.4に示す値は，縁端部が先に破断しないようリベット孔に対して慣用されていたものであるが，ボルト孔に対してもこの値が用いられてきた。

自動ガス切断縁は，技術の発達により良好なものが得られ，内部応力や材質の硬化等による影響の懸念もないので，圧延縁や仕上げ縁と同等とみなすことができる。

摩擦接合及び支圧接合の場合は，ボルトの強度が大きく表-9.5.4の規定だけでは不十分である。実験によれば，図-解9.5.3に示すいずれの破壊状態の場合も，破壊時のボルトに作用する力を$P_B=2et\cdot\tau_B$とすれば，τ_Bは母材の破断強度σ_Bの約$1/\sqrt{3}$～0.5の値を示す。

したがって，縁端距離は(a)の破壊状態すなわち，二つのせん断破壊面を考えて次に示すように求めることができる。

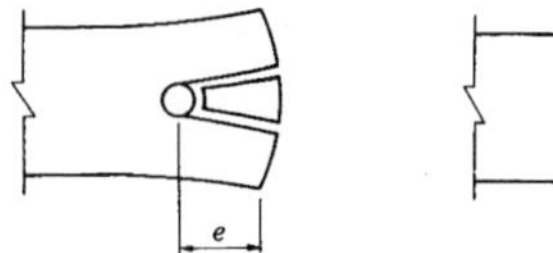

(a) せん断が支配的な場合　　(b) 曲げが支配的な場合

図-解9.5.3　縁端部の破壊形式

縁端部でのせん断破壊強度：　$P=2et\cdot\tau_B$　(N)　…………………………(解9.5.1)

これまでの示方書では，応力方向のボルトが2本以下の場合に，縁端部のせん断破壊がボルトのせん断破壊に対して，先行しないように最小縁端距離の規定は，ボルトのせん断破壊の許容力に対し縁端部のせん断許容力を2倍確保することを基にした照査式によってきた。今回の改定において，ボルトの強度と縁端部の強度差ではなく，作用力に対して式(9.5.2)により縁端部でのせん断破壊を直接照査することにより，はし抜け破壊が生じないように最小縁端距離を定める規定とされた。また，応力方向のボルト本数が2本以上ある場合，ボルト孔間のせん断面が有効に働くこと[12]を考慮し，式(9.5.2)による照査を行うのは，応力方向のボルト本数が1本の場合に限定されている。はし抜け破壊に対するせん断力の制限値の部分係数は，5.4.5及び5.4.7の規定に準拠し規定されている。

なお，式 (9.5.2) において，t は1面せん断の場合は薄い方の板厚，2面せん断の場合は母材の板厚又は連結板の板厚の合計のいずれか薄い方の値であることに注意する必要がある。

(4) 最大縁端距離は，(3)の規定を満足する範囲でなるべく小さくするのがよい。

9.5.9 ボルトの最少本数

> 高力ボルト継手は，1群として2本以上のボルトを配置する。

高力ボルトを使用する場合は，1群のボルトが1本では，部材どうしの密着性が十分でないおそれがあること，組立のしやすさ，縁端部のせん断破壊に対する安全性を考慮して最少2本としている。なお，1群のボルトとは図-解 9.5.4 に示す部分をいう。

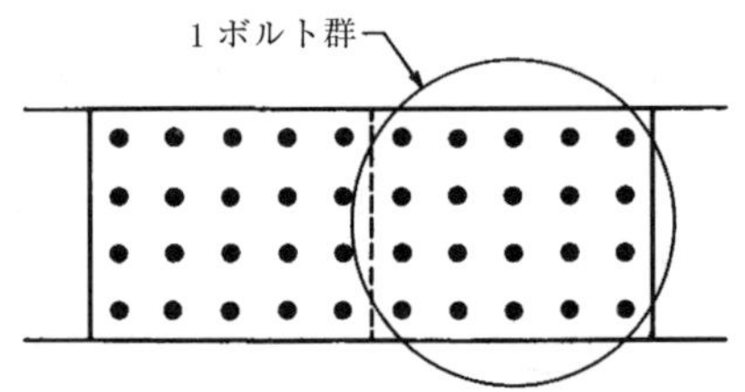

図-解 9.5.4 1ボルト群

9.5.10 勾配座金及び曲面座金

> (1) ボルト軸と部材面が直角でない場合や部材が曲面の場合は，ボルトや座金に曲げによる応力が生じないようにしなければならない。
> (2) (3)及び(4)による場合には，(1)を満足するとみなしてよい。
> (3) ボルト頭又はナット面と部材面とが1/20以上傾斜している場合に，勾配フィラーを用いるか勾配座金を用いてボルトに偏心応力が生じないようにする。
> (4) 継手部が曲面でその曲率半径が小さい場合に，曲面座金を用いる。

(1) I形鋼，溝形鋼のフランジを連結する場合のように継手の両面が平行でないと，ボルト軸と部材面とが直角でなくなるために，ボルトに曲げ応力が生じ，好ましくない。継手部が曲面の場合は曲面内側の座金に曲げが作用し，割れが発生するおそれがある。このため，この条文のように規定したものである。

(3) 傾斜に対して勾配座金を用いる場合は，座金が回転するとかえって傾斜を増す結果になるので注意する必要がある。連続した勾配フィラーと平座金を用いる方が確実な施工が期待できる。

(4) 実験によれば，直径1.0m程度以下の曲面の接合部に対しては特に注意をする必要がある。

9.5.11 フィラー

(1) フィラーを使用するにあたっては，肌隙が生じないようにするとともに，連結部の荷重伝達機構が確保されるように設計しなければならない。

(2) (3)及び(4)による場合には，(1)を満足するとみなしてよい。

(3) フィラーは2枚以上を重ねて用いない。

(4) 支圧接合において，連結される部材及び連結板間にフィラーを用いる場合の設計は，1)及び2)による。

1) フィラーの厚さが6mm以上の場合には，9.6.2の規定を満たす必要本数よりも30%増とする。

2) フィラーの厚さが9mm以上の場合には，フィラーを延長し，1)の規定により増加したボルトをフィラーの延長した部分に配置する。

(5) 摩擦接合に用いるフィラーは，母材の鋼種に関わらず，一般構造用圧延鋼材としてよい。

(1) 接合部の設計において，母材に板厚差がある場合には肌隙が生じないようにフィラーを用いる必要がある。肌隙があると接合部の耐力が低下するばかりでなく，腐食等の原因となる。

摩擦接合継手に関しては，母材の板厚差が1mmでも板厚差のない場合に比べてすべり耐力が低下するという研究結果[13]が報告されている。したがって，設計上は原則として板厚差が0となるようにフィラーを用いる必要がある。このとき板厚によっては材料の入手が困難となる場合もあるため注意が必要である。なお，板厚が6mm未満の場合に1mm刻みの板厚が入手できない等のやむを得ない事情から板厚差が生じる場合にも，連結板の板厚や材質が同程度の実験データ等によって摩擦接合面のすべり係数が摩擦接合用高力ボルトの制限値の設定に適用している値以上を確保できることを確認する必要がある。なお，使用板厚が100mmまで拡大されて以降，板厚の大きな連結板が用いられるケースが増加しているが，連結板が厚いほど肌隙によるすべり耐力の低下が大きくなるので注意が必要である。

すべり耐力の低下を抑える方法としては，母材端部のボルト縁端距離を大きくする，厚板側の母材端部にテーパーを付す等が考えられるが，すべり耐力は板厚差や連結板の板厚，材質等に影響を受けるため適用にあたっては十分な検討が必要である。

支圧接合においてフィラーを用いる場合，フィラーを介しての間接的な連結となり，フィラーを用いない直接連結と荷重伝達機構が異なるため，設計上の配慮が必要である。

(3) 2枚以上のフィラーを重ねて用いるのは，肌隙が生じる等の不確実な連結となっており，腐食を生じる原因となりやすいため，条文のように規定したものである。また，2mm 以下の厚さのフィラーも同様の理由により用いないのがよい。

(4) 支圧接合にフィラーを使用した場合，間接的な連結となり，直接連結に比べてボルトにより大きなずれが生じるのでボルト数を増す必要がある。ただし，フィラーの厚さが6mm 未満の場合は，その影響は小さいと考えられるので，割増ししなくてもよいこととし，6mm 以上の場合は 30％割増しすることにしている。なお，摩擦接合においても限界状態１以降（すべり発生以降），支圧接合に移行することを想定しているが，接合面には摩擦力が存在し，その荷重伝達機構は，支圧接合のそれとは異なることから，本規定はこれまでどおり，支圧接合にのみ適用することとされている。

フィラーの厚さが 9mm を超える場合は，図-解 9.5.5 のようにフィラーを連結板の外にのばし，割増ししたボルトを，フィラーと材片の連結に用いるようにした方がよい。フィラーの厚さが 9mm 以下の場合は，腐食やボルト締め等のために肌隙ができやすいのでフィラーは連結板よりのばさない方がよい。

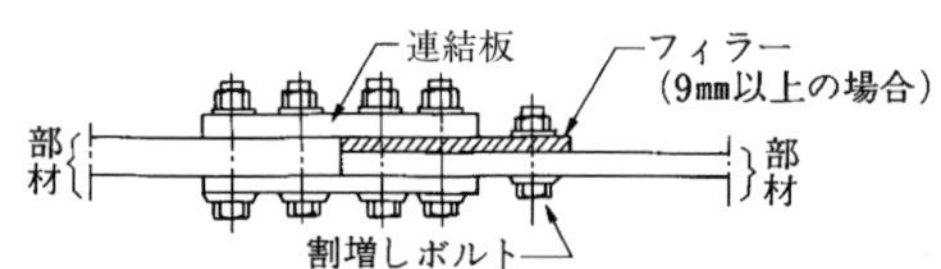

図-解 9.5.5　フィラーを用いた場合の支圧接合ボルト継手

(5) フィラーの材質については，一般構造用圧延鋼材のフィラーを用いた摩擦接合のすべり耐力試験によって，フィラーの鋼種に関わらず接合部が所要のすべり耐力を有することが確かめられていること，また，すべり発生以降の限界状態3の照査においては，フィラーの強度は見込まないため，条文のように一般構造用圧延鋼材を用いてよいこととしている。ただし，母材が耐候性鋼材の場合には防せい防食上から原則として同種の鋼材とするなど，継手部の応力伝達機能以外の要因から材質が制限される場合があるので注意する必要がある。

なお，フィラーは板厚が厚いほど母板中心軸のずれによる偏心曲げモーメントが大きくなり，継手のすべり耐力に影響を及ぼすことが知られている。そのため，フィラーの板厚は，厚い側の母材板厚の 1/2 程度かつ 25mm 程度[8)]を限度とするのが望ましい。

9.5.12 連結板

(1) 摩擦接合及び支圧接合における連結板は，母材に作用する軸方向力，せん断力及び曲げモーメントに対して安全となるように設計しなければならない。

(2) (3)による場合には，(1)を満足するとみなしてよい。

(3) 連結板に用いる鋼材の鋼種及び断面積は，母材と同等以上とすることを原則とする。また，曲げモーメントが作用する板の連結板は，母材と同等以上の曲げ剛性とすることを原則とする。

(3) この規定を満足することで，連結板の降伏や破壊が母材に先行することはない。このため，母材が限界状態を超えないとみなせる条件を満足する場合には，連結板もその限界状態を超えることはないとみなすことができる。この原則によらない場合，連結板が各継手形式の限界状態１及び限界状態３を超えないことを確認しなければならない。

9.6 高力ボルト摩擦接合の限界状態１

9.6.1 一　般

高力ボルト摩擦接合において，9.6.2及び9.6.3の規定による場合には，限界状態１を超えないとみなしてよい。

高力ボルト摩擦接合継手は，すべりが発生するまでは母材間の相対変位は僅かであり，高い剛性を示す。すべり発生後は，母材間に大きな相対変位を示すが，その際，急激な荷重支持機能の低下を示す場合と低下を伴わない場合がある。すべり発生後には，高力ボルトがボルト孔壁に接触し，支圧状態となる。支圧状態となった後は，ボルト孔壁の塑性変形の増大，母材の純断面における塑性化の進展，さらには，縁端部での塑性化の進展が見られ，最終的には，ボルト又は母材の破断に至る。

これらを踏まえて，高力ボルト摩擦接合継手の限界状態として，すべりと母材・連結板の降伏を限界状態１と考え，9.6.2及び9.6.3により摩擦接合でのボルトと被接合材の母材及び連結板それぞれが限界状態１を超えないとみなせる条件を満足することにより，摩擦接合継手として限界状態１を超えないとみなしてよいとされた。なお，全強の75％の強度を持たせる場合は，これに相当する作用に対して安全となるように設計する必要がある。

9.6.2　摩擦接合用高力ボルト

(1) 直応力が生じる板を連結する場合に，式（9.6.1）を満足する。ただし，垂直応力が均等に分布している場合は，式（9.6.2）を満足する。

$$V_{sdi}=P_{sdi}/n_i \leqq \xi_1 \cdot \Phi_{Mfv} \cdot V_{fk} \cdot m \quad \cdots\cdots (9.6.1)$$

$$V_{sd}=P_{sd}/n \leqq \xi_1 \cdot \Phi_{Mfv} \cdot V_{fk} \cdot m \quad \cdots\cdots (9.6.2)$$

ここに，V_{sdi}　：i 列目のボルト１本あたりに生じる力（N）

P_{sdi}　：図-9.6.1に示す i 列目の接合線の片側にあるボルト群に生じる力（N）

１列目のボルト

$$b_1=g_0+\frac{g_1}{2}$$

$$P_{sd1}=\frac{\sigma_0+\sigma_1}{2}\cdot b_1 \cdot t$$

i 列目のボルト

$$b_i=\frac{g_{i-1}+g_i}{2}$$

$$P_{sdi}=\frac{\sigma_{i-1}+\sigma_i}{2}\cdot b_1 \cdot t$$

ここに，g_i　：作用力と直交方向のボルト間隔又はボルト縁端距離（mm）

σ_i　：照査位置に生じる垂直応力度（N/mm^2）

b_i　：i 列目のボルトの作用力分担幅（mm）

t　：母材の板厚（mm）

n_i　：i 列目の接合線の片側にあるボルト群のボルト本数

V_{sd}　：ボルト１本あたりに生じる力（N）

P_{sd}　：図-9.6.2に示す接合線の片側にある全ボルトに生じる力（N）

$$P_{sd}=\sigma \cdot b \cdot t$$

σ　：照査位置の垂直応力（N/mm^2）

$b \cdot t$：母材の断面積（mm^2），母材の板幅 b（mm），母材の板厚 t（mm）

n　：接合線の片側にあるボルトの全本数

m　：摩擦面数（単せん断：$m=1$，複せん断：$m=2$）

V_{fk}　：1ボルト1摩擦面あたりのすべり強度（N）で，表-9.6.1に示す値とする。

Φ_{Mfv}：抵抗係数で表-9.6.2に示す値とする。

ξ_1　：調査・解析係数で表-9.6.2に示す値とする。

表-9.6.1　摩擦接合用高力ボルトのすべり強度の特性値（kN）（1ボルト1摩擦面あたり）

(a)　接触面を塗装しない場合

ボルトの等級 / ねじの呼び	F8T	F10T	S10T	S14T
M20	53	66	66	－
M22	66	82	82	120
M24	77	95	95	140

(b)　接触面に無機ジンクリッチペイントを塗装する場合

ボルトの等級 / ねじの呼び	F8T	F10T	S10T	S14T
M20	60	74	74	－
M22	74	92	92	135
M24	87	107	107	157

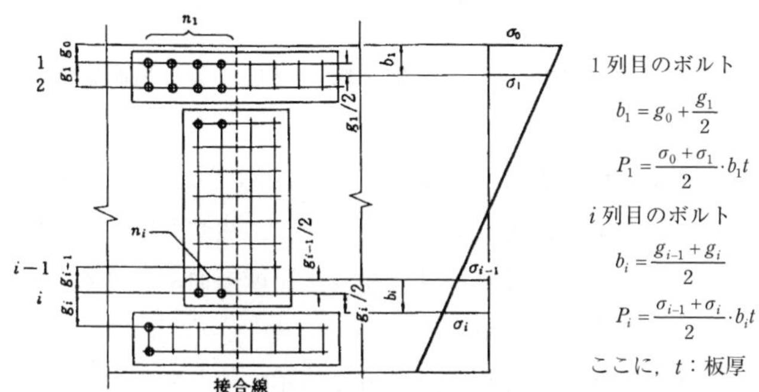

図-9.6.1　ボルトに作用する力（垂直応力の分布が均等でない場合）

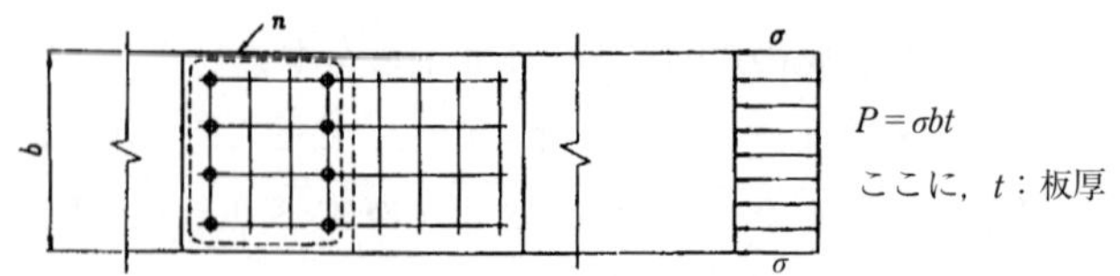

図-9.6.2　ボルトに作用する力（垂直応力の分布が均等な場合）

(2)　せん断力が作用する板を連結する場合に，式（9.6.3）を満足する。

$$V_{sds} = S_{sd} / n \leqq \xi_1 \cdot \Phi_{Mfs} \cdot V_{fk} \cdot m \quad \cdots\cdots (9.6.3)$$

ここに，V_{sds}：ボルト1本あたりに生じるせん断力（N）

S_{sd}：連結部に生じるせん断力（N）

n：接合線の片側にあるボルトの全本数

m：摩擦面数（単せん断：$m=1$，複せん断：$m=2$）

V_{fk}：表-9.6.1に示す1ボルト1摩擦面あたりのすべり強度の特性値（N）

Φ_{Mfs}：抵抗係数で，表-9.6.2に示す値とする。

ξ_1：調査・解析係数で，表-9.6.2に示す値とする。

(3)　曲げモーメント，軸方向力及びせん断力が同時に作用する板を連結する場合に，式（9.6.4）を満足する。

$$\sqrt{V_{sdp}{}^2 + V_{sds}{}^2} \leqq \xi_1 \cdot \Phi_{Mfc} \cdot V_{fk} \cdot m \quad \cdots\cdots (9.6.4)$$

ここに，V_{sdp}：曲げモーメント及び軸方向力による垂直応力によってボルト1本に生じる力（N）

V_{sds}：せん断力によってボルト1本に生じる力（N）

m：摩擦面数（単せん断：$m=1$，複せん断：$m=2$）

V_{fk}：表-9.6.1に示す1ボルト1摩擦面あたりのすべり強度の特性値（N）

Φ_{Mfc}：抵抗係数で，表-9.6.2に示す値とする。

ξ_1：調査・解析係数で，表-9.6.2に示す値とする。

(4)　曲げによるせん断力を受ける板を水平方向に連結する場合に，式（9.6.5）を満足する。

$$V_{sdh} = S_{sd} \cdot \frac{Q}{I} \cdot \frac{p}{n} \leqq \xi_1 \cdot \Phi_{Mfm} \cdot V_{fk} \cdot m \quad \cdots\cdots\cdots\cdots\cdots\cdots \quad (9.6.5)$$

ここに，V_{sdh} ：水平方向に連結するボルト１本あたりに生じる力（N）

S_{sd} ：計算する断面に生じるせん断力（N）

Q ：部材の総断面の中立軸回りの，せん断力を計算する接合線の外側の断面一次モーメント（mm^3）

I ：部材の総断面の中立軸回りの断面二次モーメント（mm^4）

p ：ボルトのピッチ（mm）

n ：接合線直角方向のボルト数

m ：摩擦面数（単せん断：$m=1$，複せん断：$m=2$）

V_{fk} ：表-9.6.1 に示す１ボルト１摩擦面あたりのすべり強度の特性値（N）

Φ_{Mfm} ：抵抗係数で，表-9.6.2 に示す値とする。

ξ_1 ：調査・解析係数で，表-9.6.2 に示す値とする。

表-9.6.2　調査・解析係数，抵抗係数

	ξ_1	Φ (Φ_{Mfv}，Φ_{Mfs}，Φ_{Mfc}，Φ_{Mfm})
ⅰ）ⅱ)及びⅲ)以外の作用の組合せを考慮する場合	0.90	0.85
ⅱ）3.5(2)3)で⑩を考慮する場合		1.00
ⅲ）3.5(2)3)で⑪を考慮する場合	1.00	

(1)　高力ボルト摩擦接合による継手のボルト本数と配置は，母材の応力分布に着目した決め方に基づいている。

なお，フランジ厚の大きなラーメン部材の腹板等では，フランジの連結板のボルトと干渉するために，腹板の最縁ボルトがフランジ面からかなり離れた位置に配置されることがある。その場合，最縁ボルトの受け持つ力が大きくなり，その列だけボルト本数が異常に多くなることが考えられる。このような場合には，フランジ近傍の腹板に作用する力の一部をフランジの連結ボルトに受け持たせてもよい。

摩擦接合用高力ボルトのすべり強度は，4.1.3 に示すボルトの強度の特性値を用いて式（解 9.6.1）で求めている。

$$V_k = \mu \cdot N \quad \cdots\cdots\cdots\cdots\cdots\cdots\cdots\cdots \quad (解 9.6.1)$$

ここに，V_k：ボルト１本１面摩擦あたりのすべり強度の特性値

μ ：すべり係数

接触面を塗装しない場合：0.40

接触面に無機ジンクリッチペイントを塗布する場合：0.45

(20.9.3参照)

N ：ボルト軸力（$=\alpha\cdot\sigma_{yk}\cdot A_e(N)$）

α ：降伏点に対する比率

F8Tについて　0.85

F10T，S10T，S14Tについて　0.75

σ_{yk}：表-4.1.10に示す摩擦接合用高力ボルトの引張降伏強度の特性値 (N/mm^2)

A_e：ねじ部の有効断面積（mm^2）

式（解9.6.1）によってすべり耐力を算出すると表-解9.6.1のとおりとなる。

表-解9.6.1　摩擦接合用高力ボルトのすべり耐力

(a)　接触面を塗装しない場合

高力ボルトの等級	ねじの呼び	μ	N				V_k (kN)
			α	σ_{yk} (N/mm^2)	A_e (mm^2)	N (kN)	
F8T	M20 M22 M24	0.4	0.85	640	245 303 353	133 165 193	53 66 77
F10T S10T	M20 M22 M24	0.4	0.75	900	245 303 353	165 205 238	66 82 95
S14T	M22 M24	0.4	0.75	1260	316 369	299 349	120 140

(b)　接触面に無機ジンクリッチペイントを塗装する場合

高力ボルトの等級	ねじの呼び	μ	N				V_k (kN)
			α	σ_{yk} (N/mm^2)	A_e (mm^2)	N (kN)	
F8T	M20 M22 M24	0.45	0.85	640	245 303 353	133 165 193	60 74 87
F10T S10T	M20 M22 M24	0.45	0.75	900	245 303 353	165 205 238	74 92 107
S14T	M22 M24	0.45	0.75	1260	316 369	299 349	135 157

接触面を塗装しない場合のすべり係数μは，黒皮を除去した小型試験片による実験値

では平均0.5以上を得ることができるが，ボルトの配置や圧力の不均等などによるすべり荷重のばらつきやボルトのクリープ，リラクセーションによる導入軸力の減少，その他を考慮し0.4と定めている。

すべり係数μは，20.9.3の規定に従って接触面に無機ジンクリッチペイントを塗装する場合には0.45を確保できることが確認されている。なお，締め付け厚さは150mm程度までの範囲とし，これを超える場合は継手性能に与える影響を確認する必要がある。

接触面に無機ジンクリッチペイント以外の防食方法を施す場合には，防食仕様がすべり耐力に与える影響を実験等で明らかにしたうえで，すべり係数を適切に設定するとともに，施工管理方法などについて慎重に検討を行う必要がある。

なお，規定のすべり係数を確保するためには，接合面の処理について，十分配慮する必要があり，20.9.3に定められた施工条件を満たす必要がある。

ボルト軸力の引張降伏強度に対する比率αは，F10T，S10T及びS14Tについては変形性能やボルトの遅れ破壊に対する安全性等を考慮し0.75としているが，F8Tについては従来の実績から締付け力を高めても安全であると考えられるので0.85としている。

(2) せん断力が作用する場合は，ボルト群が全体で均等に抵抗するものと考えて設計してよい。ただし，ねじりモーメントによるせん断力を無視できない場合はその影響を考慮する必要がある。

(3) 曲げモーメント，軸方向力及びせん断力が作用する場合の照査式を示したものであり，合成した力に対して安全であることを照査する。

(4) 鋼桁の腹板を水平方向に連結する場合のように，曲げモーメントによるせん断力を受ける水平継手ではボルト1本に作用する力は式（9.6.5）で求めればよい。この場合，断面一次モーメントは図-解9.6.1の斜線部分のように接合線から外側の総断面について算出する。鋼床版桁等で，床版幅の広いものでは鋼床版を橋軸方向に連結するが，その場合にもこの式を用いることができる。

なお，式（9.6.5）は曲げモーメントによるせん断力を受ける場合を対象としており，ねじりモーメントを受ける場合についてはその影響を考慮する必要がある。

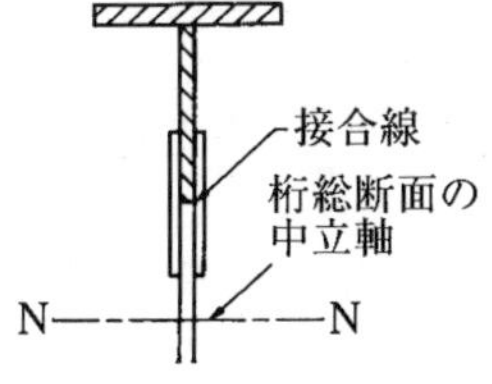

図-解9.6.1　腹板の水平連結

9.6.3　摩擦接合での母材及び連結板

(1)　引張力が作用する母材が，9.5.5 に規定する純断面に対して，5.3.5 の規定を満足する場合には，限界状態 1 を超えないとみなしてよい。
(2)　圧縮力が作用する母材が，9.9.3 の規定を満足する場合には，限界状態 1 を超えないとみなしてよい。
(3)　連結板は母材が，(1)及び(2)を満足し，かつ，9.5.12 の規定による場合には，限界状態 1 を超えないとみなしてよい。

(1)(2)　軸方向引張力又は曲げモーメントによる引張力を受ける母材は 5.3.5 の規定により照査してよいが，その場合の純断面は 9.5.5(3)2)による必要がある。

軸方向圧縮力又は曲げモーメントによる圧縮力を受ける母材は 9.9.3 により限界状態 3 を超えないとみなせる条件を満足することで限界状態 1 を超えないとみなしてよいとされている。これは，5.3.4 と同様の理由によるが，この場合，母材の総断面を抵抗断面と考えてよい。

なお，フィラーを有する摩擦接合継手の場合は，引張，圧縮とも薄板側の母材断面を抵抗断面とし，フィラー断面は抵抗断面に見込まず設計する必要がある。

(3)　9.5.12 の規定によると，連結板は母材と同等以上の強度及び剛性となることから，(1)及び(2)を満足することで，限界状態 1 を超えないとみなすことができる。

9.7　高力ボルト支圧接合の限界状態 1

9.7.1　一　　般

高力ボルト支圧接合が，9.7.2 及び 9.7.3 の規定による場合には，限界状態 1 を超えないとみなしてよい。

高力ボルト支圧接合継手は，ボルト円筒部のせん断抵抗及びボルト孔壁とボルト円筒部間の支圧によって，荷重を伝達させるものである。ボルトのせん断降伏，ボルト及び母材，連結板の支圧限界（巨視的には弾性状態とみなせる表面凹凸周辺の突起部分の微視的な塑性変形状態から，接触部付近全域で塑性変形が生じる状態となる）のいずれかに至る状態を限界状態 1 と考えることができる。このため，9.7.2 及び 9.7.3 により支圧接合でのボルトと被接合材の母材及び連結板それぞれが限界状態 1 を超えないとみなせる条件を満足することで，支圧接合として限界状態 1 を超えないとみなしてよいとされた。なお，全強の75%の強度を持たせる場合は，これに相当する作用力に対して安全となるように設計する必要がある。

9.7.2 支圧接合用高力ボルト

(1) 軸方向力又はせん断力が作用する板を連結する場合に，式（9.7.1）を満足する。

$$V_{sd} \leqq V_{yd} \quad \cdots\cdots (9.7.1)$$

ここに，V_{sd} ：ボルト1本あたりに生じる力（N）

V_{yd} ：ボルト1本あたりの制限値（N）で，式（9.7.2）による場合と式（9.7.3）のうち，いずれか小さい方とする

$$V_{syd} = \xi_1 \cdot \Phi_{MBs1} \cdot \tau_{vk} \cdot A_s \cdot m \quad \cdots\cdots (9.7.2)$$

ここに，V_{syd} ：ボルトのせん断降伏に対する軸方向力又はせん断力の制限値（N）

A_s ：ねじ部の有効断面積（mm^2）

m ：接合面数（単せん断：$m=1$，複せん断：$m=2$）

τ_{vk} ：表-4.1.11 に示す支圧接合用ボルトのせん断降伏強度の特性値（N/mm^2）

Φ_{MBs1}：抵抗係数で表-9.7.1 に示す値とする。

ξ_1 ：調査・解析係数で表-9.7.1 に示す値とする。

$$V_{byd} = \xi_1 \cdot \Phi_{MBs2} \cdot \sigma_{Bk} \cdot A_b \quad \cdots\cdots (9.7.3)$$

V_{byd} ：ボルトの支圧限界に対する軸方向力又はせん断力の制限値（N）

A_b ：9.5.4(2)に規定するボルトの有効支圧面積（mm^2）

σ_{Bk} ：表-4.1.12 に示す支圧接合用ボルトの支圧強度の特性値（N/mm^2）

Φ_{MBs2}：抵抗係数で表-9.7.1 に示す値とする。

ξ_1 ：調査・解析係数で表-9.7.1 に示す値とする。

(2) 曲げモーメントが作用する板を連結する場合に，式（9.7.4）を満足する。

$$V_{sd}=\frac{M_{sd}}{\sum y_i^2}y_i \leqq \frac{y_i}{y_n}V_{yd} \quad \cdots\cdots (9.7.4)$$

ここに，V_{sd}：ボルト１本あたりに生じる力（N）

M_{sd}：ボルト群に生じる曲げモーメント（N·mm）

y_i　：ボルトから中立軸までの距離（mm）

Σ　：接合線の片側にあるボルトに対する和

y_n　：最縁ボルトの中立軸からの距離（mm）。ただし，同一連結部のフランジをボルトで連結している場合は，中立軸からフランジの圧縮縁又は引張縁までの距離（mm）

V_{yd}：式（9.7.2），式（9.7.3）に示すボルト１本あたりの制限値。ただし，抵抗係数は，それぞれ，表-9.7.1に示すΦ_{MBm1}，Φ_{MBm2}とする。

(3)　曲げモーメント，軸方向力及びせん断力が組み合わされて作用する板を連結する場合に，式（9.7.5）を満足する。

$$\sqrt{(V_{sp}+V_{sM})^2+V_{ss}^2} \leqq V_{yd} \quad \cdots\cdots (9.7.5)$$

ここに，V_{sp}：軸方向力によるボルト１本あたりに生じる力（N）

V_{sM}：曲げモーメントによるボルト１本あたりに生じる力（N）

V_{ss}：せん断力によるボルト１本あたりに生じる力（N）

V_{yd}：式（9.7.2），式（9.7.3）に示すボルト１本あたりの制限値。ただし，抵抗係数は，それぞれ，表-9.7.1に示すΦ_{MBc1}，Φ_{MBc2}とする。

(4)　曲げモーメントによるせん断力を受ける板を水平方向に連結する場合に，式（9.7.6）を満足する。

$$V_{sdh}=S_{sd}\cdot\frac{Q}{I}\cdot\frac{p}{n} \leqq V_{yd} \quad \cdots\cdots (9.7.6)$$

ここに，V_{sdh}：水平方向に連結するボルト１本あたりに生じる力（N）

S_{sd}：計算する断面に生じるせん断力（N）

Q　：部材の総断面の中立軸回りの，せん断力を計算する接合線の外側の断面一次モーメント（mm^3）

I　：部材の総断面の中立軸回りの断面二次モーメント（mm^4）

p　：ボルトのピッチ（mm）

n　：接合線直角方向のボルト数

V_{yd}　：ボルト１本あたりの制限値（N）で，式（9.7.2）による場合と式（9.7.3）のうち，いずれか小さい方とする。

表-9.7.1　調査・解析係数，抵抗係数

	ξ_1	Φ (Φ_{MBs1}, Φ_{MBm1}, Φ_{MBc1}, Φ_{MBs2}, Φ_{MBm2}, Φ_{MBc2})
ｉ）ⅱ)及びⅲ)以外の作用の組合せを考慮する場合	0.90	0.85
ⅱ）3.5(2)3)で⑩を考慮する場合		1.00
ⅲ）3.5(2)3)で⑪を考慮する場合	1.00	

ボルトと母材又は連結板の支圧面においては，作用力の増加に伴って，ボルト孔壁と高力ボルトの接触域において塑性化が進行する。これまでの示方書では，公称支圧応力が母材及び連結板の降伏点を超えないように規定されてきた。塑性化の進行状況，孔壁の変形状態に関する実験的，解析的検討は多くはないが，一軸方向の軸方向引張力による孔壁周辺の塑性化の進行は限定的であり，継手としての変形も大きくないことが明らかにされている[12)]。したがって，この示方書では，設計で想定する限界状態１としては，ボルト１本に作用する力が降伏強度と支圧面積の積に達するときと考え，限界状態１を超えないとみなせる条件が設定された。

(1)　軸方向力やせん断力を受ける場合，各ボルトが伝達する応力は均等ではないが，これを均等と考えても実用上問題とならないため，これまでの示方書の考え方を踏襲し式（9.7.1）のように規定している。なお，ボルトの本数 n は，突合せ継手及び重ね継手の場合，それぞれ図-解 9.7.1のようになる。

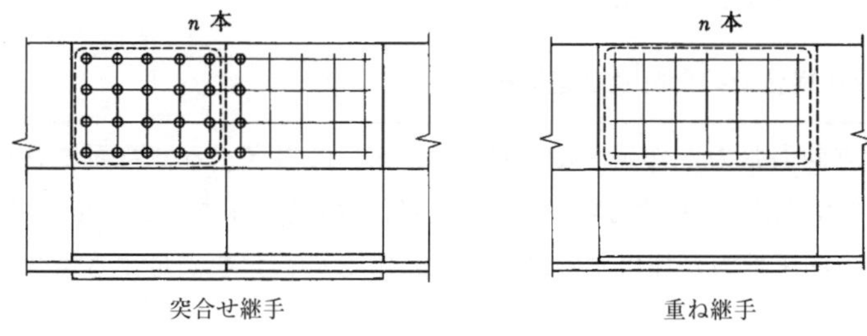

図-解 9.7.1　ボルトの本数 n

(2) 曲げモーメントが作用する板の連結は，従来と同様，各ボルトの伝達する応力がボルトから中立軸までの距離に比例するものとして計算する。

なお，曲げモーメントを受ける部材において，それを構成する各板に作用する曲げモーメント等は次のようにして求める。

腹板に作用する曲げモーメント M_w

$$M_w = M \cdot \frac{I_w}{I} \quad \cdots\cdots (解 9.7.1)$$

フランジに作用する軸方向力 P_f

$$P_f = M \cdot \frac{A_{fg} y_f}{I} \quad \cdots\cdots (解 9.7.2)$$

ここに，M_w：腹板に作用する曲げモーメント（N·mm）

M ：部材に作用する曲げモーメント（N·mm）

I ：部材の総断面の中立軸に関する部材の総断面の断面二次モーメント（mm^4）

I_w ：部材の総断面の中立軸に関する腹板の総断面の断面二次モーメント（mm^4）

P_f ：フランジに作用する軸方向力（N）

y_f ：部材の総断面の中立軸からフランジの板厚中心線までの距離（mm）

A_f ：フランジの総断面積（mm^2）

したがって，曲げモーメントを受ける部材の腹板を連結する場合は，式（解 9.7.1）で得られる M_w を式（9.7.4）の M_{sd} として用いればよく，また，フランジについては，式（解 9.7.2）で得られる P_f をボルト本数 n で割った値を式（9.7.1）の V_{sd} として用いればよい。なお，この場合，式（9.7.4）の y_i，y_n を算出する中立軸は，腹板でなく部材の総断面に関する中立軸を用いる必要がある。

(3) 曲げモーメント，軸方向力及びせん断力が組み合わされて作用する場合のボルトに作用する力の照査式を示したものである。

9.7.3 支圧接合での母材及び連結板

(1) 軸方向引張力が作用する母材が，9.5.5 に規定する純断面に対して，5.3.5の規定を満足する場合には，限界状態1を超えないとみなしてよい。

(2) 軸方向圧縮力が作用する母材が，9.10.3 の規定を満足する場合には，限界状態1を超えないとみなしてよい。

(3) 連結板は母材が(1)及び(2)を満足し，かつ，9.5.12の規定による場合には，限界状態1を超えないとみなしてよい。

(1) 軸方向引張力を受ける母材は5.3.5の規定により照査してよいが，その場合の純断面は9.5.5(3)2)による必要がある。なお，母材の孔壁部での支圧については，9.7.2(3)で考慮されている。

(2) 軸方向圧縮力を受ける母材は9.10.3により限界状態3を超えないとみなせる条件を満足することで限界状態1を超えないとみなしてよいとされている。これは，5.3.4と同様の理由によるが，この場合，母材の総断面を抵抗断面と考えてよい。

(3) 9.5.12の規定によると，連結板は母材と同等以上の強度及び剛性となることから，(1)及び(2)を満足することで，限界状態1を超えないとみなすことができる。

9.8 高力ボルト引張接合の限界状態1

9.8.1 一　　般

高力ボルト引張接合が，1)及び2)を満足する場合には，限界状態1を超えないとみなしてよい。

1) 高力ボルトが9.8.2の規定を満足する。

2) 被接合材が5章の関連規定により限界状態1を超えないとみなせる条件を満足する。

引張接合継手は，高力ボルトの締付けによって生じる接合面の接触圧力が作用力とつり合って荷重伝達する。ボルトの引張降伏，被接合材の板曲げ降伏のいずれかに至る状態を限界状態1と考えることができる。このため，9.8.2により引張接合でのボルトが限界状態1を超えないとみなせる条件を満足すること，被接合材が限界状態1を超えないとみなせる条件を満足することにより，引張接合として限界状態1を超えないとみなしてよいとされた。なお，被接合材は，曲げやせん断，引張など作用力の方向に対して，5章に規定される限界状態1に関する規定を満足する必要がある。

9.8.2 引張接合用高力ボルト

(1) 短締め形式

短締め形式では引張力によって生じるてこ反力を考慮しなければならない。

1)　引張力が生じる接合部のボルトが，式（9.8.1）を満足する。

$$V_{sdp} = P_{sd}(1+p_y)\ /\ n \leqq V_{tyd} \quad \cdots\cdots \quad (9.8.1)$$

ここに，V_{sdp} ：てこ反力を考慮したボルト１本に生じる引張力（N）

P_{sd} ：接合部に生じる引張力（N）

p_y ：てこ反力係数

n ：接合部のボルト本数

V_{tyd} ：ボルト１本あたりに生じる引張力の制限値（N）で，式（9.8.2）により算出する。

$$V_{tyd} = \xi_1 \cdot \Phi_{MTt} \cdot \sigma_{yk} \cdot A_e \quad \cdots\cdots \quad (9.8.2)$$

A_e ：ねじ部の有効断面積（mm^2）

σ_{yk} ：表-4.1.13 に示す引張接合用高力ボルトの引張降伏強度の特性値（N/mm^2）

Φ_{MTt} ：抵抗係数で表-9.8.1 に示す値とする。

ξ_1 ：調査・解析係数で表-9.8.1 に示す値とする。

表-9.8.1　調査・解析係数，抵抗係数

	ξ_1	Φ_{MTt}
i ）ii ）及び iii ）以外の作用の組合せを考慮する場合	0.90	0.85
ii ）3.5⑵3）で⑩を考慮する場合		1.00
iii ）3.5⑵3）で⑪を考慮する場合	1.00	

2)　引張力及びせん断力が同時に作用する接合部のボルトが，引張力に対しては式（9.8.1）を，せん断力に対して式（9.8.3）を満足する。ただし，せん断力を負担できる構造を別に設ける場合はこの限りでない。

$$V_{sds} = S_d\ /\ n \leqq V_{fyd} \cdot (n\,N - T)\ /\ n\,N \quad \cdots\cdots \quad (9.8.3)$$

ここに，V_{sds} ：ボルト１本に生じるせん断力（N）

S_d ：接合部に生じるせん断力（N）

n ：接合部のボルト本数

N ：ボルトの初期導入軸力（N）

T ：接合部に生じる引張力（N）

V_{fyd}：ボルト１本あたりの摩擦接合としてのすべりに対するせん断力の制限値（N）

(2) 長締め形式

1) 引張力が作用する接合部のボルトが，式（9.8.4）を満足する。

$$V_{sdp}=P_d / n \leqq V_{tyd} \quad \cdots\cdots (9.8.4)$$

V_{sdp}：ボルト１本に生じる引張力（N）

P_d　：接合部に生じる引張力（N）

n　：接合部のボルト本数

V_{tyd}：ボルト１本あたりの引張力の制限値（N）で，式（9.8.2）により算出する

2) 引張力及びせん断力が作用する接合部では，ボルトに直接せん断力を負担させてはならない。また，接合面にせん断力を負担させる場合は，十分な検討を行う。引張力に対しては式（9.8.4）による。

引張接合はボルト軸方向に作用する引張力を伝達する継手形式であるが，同時にせん断力も作用するのが普通である。全強の75%の強度をもたせる場合は，これに相当する作用力に対して安全となるように設計する必要がある。

Tフランジが剛とみなせる短締め形式ではてこ反力は生じないが，一般にはTフランジの曲げによって図-解 9.8.1 に示すてこ反力 R が生じ，この分ボルト軸力を増大させることとなる。したがって，設計にはこれを考慮する必要がある。長締め形式では連結部の局部変形がリブプレートにより阻止されるとともに，リブプレートによってボルト軸力が接合面に均等に伝達されることから，てこ反力が生じにくくこれを考慮しなくてもよい。

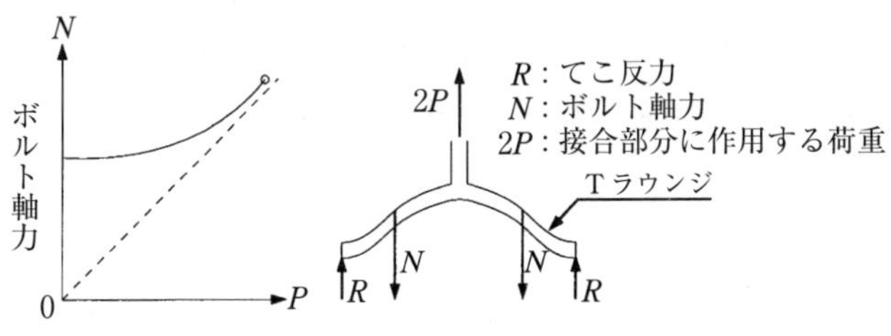

図-解 9.8.1　てこ反力

(1) 引張接合用高力ボルトの制限値 V_{tyd} は，表-解 9.8.1 の強度の特性値を使用して算出さ

れる値 N_y に各種部分係数を乗じたものを用いてよい。なお，ボルトの締付けは初期導入軸力が弾性範囲内にあるトルク法によって行うのが原則であり，ナット回転角法，耐力点法は採用しない。

表-解 9.8.1　引張接合用高力ボルトの降伏ボルト軸力

ボルトの等級	ねじの呼び	N (kN)	A_e (mm^2)	σ_y (N/mm^2)	N_y (kN)
F10T	M20 M22 M24	165 205 238	245 303 353	900	221 273 318
S10T	M20 M22 M24	165 205 238	245 303 353	900	221 273 318

ここに，N ：ボルト軸力（kN）

A_e ：JIS B 1082：2009（ねじの有効断面積及び座面の負荷面積）に規定されるねじ部の有効断面積（mm^2）

σ_y ：表-4.1.13 に規定される引張接合用高力ボルトの引張降伏強度の特性値（N/mm^2）

N_y ：降伏ボルト軸力（kN）　　$N_y = \sigma_y \cdot A_e$

1)　てこ反力と接合部に作用する荷重の比をてこ反力係数という。てこ反力の大きさに影響を与える要因には，Ｔフランジの板厚，ボルト配置及び接合部の各部寸法等があり，構造詳細の設計にあたっては，てこ反力をなるべく小さくするための配慮が必要である。

てこ反力の算出方法は種々提案がされており，適用にあたってはボルト配置や接合部の板厚等，それらが前提としている構造詳細等の条件に留意する必要がある。これについては文献 14)を参考にすることができる。

2)　外力の増加により，ボルト位置付近の接触圧力が減少し，摩擦抵抗が低下することを考慮したものである。

一方，外力の増加によるてこ反力の増加は摩擦抵抗を増加させるが，式（9.8.3）はてこ反力による摩擦抵抗増大効果を無視しており，安全側の結果を与える。なお，接合面の処理は摩擦接合の規定に準じてよい。

(2)1)　長締め形式ではてこ反力は無視できるほど小さいので，式（9.8.4）により設計してよいこととしている。

接合部はボルトの初期導入軸力と外力による応力がなるべく一様となるようにボルトの長さ，最大間隔等に配慮する必要がある。文献 14)では接合部の構造詳細についてもとりまとめており，これが参考になる。

2)　接合面の平坦度が悪いと付加ボルト軸力が増大したり，局部的な応力集中が生じるので，長締め形式では接合面を機械切削加工することが多い。この場合には十分なすべり耐力が得られなくなるので，接合面にせん断力を負担させてはならず，せん断力が作用する場合はこれに抵抗できる構造を別に設ける必要がある。

9.9 高力ボルト摩擦接合の限界状態3

9.9.1 一　　般

> 高力ボルト摩擦接合が，9.9.2及び9.9.3の規定による場合には，限界状態3を超えないとみなしてよい。

摩擦接合継手では，限界状態1を超えた後に，ボルト孔周辺での支圧降伏の進展の後，ボルトの破断又は被接合材の破壊が生じ，これらのどちらかの状態を限界状態3と考えることができる。そのため，9.9.2及び9.9.3により摩擦接合でのボルトと被接合材の母材及び連結板それぞれが限界状態3を超えないとみなせる条件を満足することにより，摩擦接合として限界状態3を超えないとみなしてよいとされた。

9.9.2 摩擦接合用高力ボルト

(1) 軸方向力又はせん断力が作用する板を連結する場合に，式（9.9.1）を満足する。

$$V_{sd} \leqq V_{fud} \quad \cdots\cdots (9.9.1)$$

ここに，V_{sd} ：ボルト1本あたりに生じる力（N）

V_{fud} ：ボルト1本あたりの制限値（N）で，式（9.9.2）によるボルトのせん断破断に対する軸方向力又はせん断力の制限値（N）

$$V_{fud} = \xi_1 \cdot \xi_2 \cdot \Phi_{MBs1} \cdot \tau_{uk} \cdot A_s \cdot m \quad \cdots\cdots (9.9.2)$$

A_s ：ねじ部の有効断面積（mm^2）

m ：接合面数（単せん断：$m=1$，複せん断：$m=2$）

τ_{uk} ：表-4.1.10に示す摩擦接合用ボルトのせん断破断強度の特性値（N/mm^2）

Φ_{MBs1}：抵抗係数で，表-9.9.1に示す値とする。

ξ_1 ：調査・解析係数で，表-9.9.1に示す値とする。

ξ_2　：部材・構造係数で，表-9.9.1に示す値とする。

(2) 曲げモーメントが作用する板を連結する場合に，式 (9.9.3) を満足する。

$$V_{sd}=\frac{M_{sd}}{\sum y_i^2}y_i \leqq \frac{y_i}{y_n} V_{fud} \cdots\cdots (9.9.3)$$

ここに，V_{sd} ：ボルト1本あたりに生じる力 (N)

M_{sd} ：ボルト群に生じる曲げモーメント (N·mm)

y_i ：ボルトから中立軸までの距離 (mm)

Σ ：接合線の片側にあるボルトに対する和

y_n ：最縁ボルトの中立軸からの距離 (mm)。ただし，同一連結部のフランジをボルトで連結している場合は，中立軸からフランジの圧縮縁又は引張縁までの距離 (mm)

V_{fud} ：式 (9.9.2) に示すボルト1本あたりの制限値。ただし，抵抗係数は，表-9.9.1に示す Φ_{MBm1} とする。

(3) 曲げモーメント，軸方向力及びせん断力が組み合わされて作用する板を連結する場合に，式 (9.9.4) を満足する。

$$\sqrt{(V_{sp}+V_{sM})^2+V_{ss}^2} \leqq V_{fud} \cdots\cdots (9.9.4)$$

ここに，V_{sp} ：軸方向力によるボルト1本あたりに生じる力 (N)

V_{sM} ：曲げモーメントによるボルト1本あたりに生じる力 (N)

V_{ss} ：せん断力によるボルト1本あたりに生じる力 (N)

V_{fud} ：式 (9.9.2) に示すボルト1本あたりの制限値。ただし，抵抗係数は，表-9.9.1に示す Φ_{MBc1} とする。

(4) 曲げモーメントによるせん断力を受ける板を水平方向に連結する場合に，式 (9.9.5) を満足する。

$$V_{sdh}=S_{sd}\cdot\frac{Q}{I}\cdot\frac{p}{n} \leqq V_{fud} \cdots\cdots (9.9.5)$$

ここに，V_{sdh} ：水平方向に連結するボルト1本あたりに生じる力 (N)

S_{sd} ：計算する断面に生じるせん断力 (N)

Q ：部材の総断面の中立軸回りの，せん断力を計算する接合線の外側の断面一次モーメント (mm^3)

I ：部材の総断面の中立軸回りの断面二次モーメント (mm^4)

p　：ボルトのピッチ（mm）

n　：接合線直角方向のボルト数

V_{fud}：式（9.9.2）に示すボルト１本あたりの制限値（N）

表-9.9.1　調査・解析係数，部材・構造係数，抵抗係数

	ξ_1	ξ_2・Φ（Φ_{MBs1}，Φ_{MBm1}，Φ_{MBc1}） （ξ_2とΦの積）
i）ii）及びiii）以外の作用の組合せを考慮する場合	0.90	0.50
ii）3.5(2)3)で⑩を考慮する場合		0.60
iii）3.5(2)3)で⑪を考慮する場合	1.00	

高力ボルト摩擦接合のボルトの限界状態３は，ボルトの破断と考えることができる。これは支圧接合のボルトの限界状態３と同じ状態であることから，これまでの示方書でのボルト破断強度を基に規定されてきた支圧ボルトの許容応力度による設計と，概ね同程度の安全余裕を有するように調整された係数を用いて定められた制限値を超えないことを照査することとされている。

9.9.3　摩擦接合での母材及び連結板

(1)　軸方向引張力を受ける母材は9.5.5に規定する純断面に対して，5.4.5の規定を満足し，かつ，9.5.6及び9.5.8の規定を満足する場合には，限界状態３を超えないとみなしてよい。

(2)　軸方向圧縮力が作用する母材は，総断面に対して5.4.4の規定を満足し，かつ，9.5.6及び9.5.8の規定を満足する場合には，限界状態３を超えないとみなしてよい。ただし，式（5.4.17）におけるρ_{crg}，ρ_{crl}の補正係数は考慮しなくてよい。

(3)　連結板は母材が(1)及び(2)を満足し，かつ，9.5.12の規定による場合には，限界状態３を超えないとみなしてよい。

(1)(2)　軸方向引張力を受ける母材は5.4.5の規定により照査してよいが，その場合の純断面は，9.5.5(3)2）による割増しをしない純断面積であることに注意が必要である。なお，母材のはし抜け等の縁端部でのせん断破壊は，9.5.6及び9.5.8の規定によりボルトの最小間隔と縁端距離の規定を満足することで生じないと考えられる。

軸方向圧縮力を受ける母材は5.4.4により限界状態３を超えない条件を満足することで限界状態３を超えないとみなしてよいとされた。この場合，母材の総断面を抵抗断面

と考えてよく，また，連結部では局部座屈が生じないと考えられることから式（5.4.17）での補正係数は考慮しなくてよい。

なお，フィラーを有する摩擦接合の場合は，引張，圧縮とも薄板側の母材断面を抵抗断面とし，フィラー断面は抵抗断面に見込まず設計する必要がある。

(3) 9.5.12 の規定によると，連結板は母材と同等以上の強度及び剛性となることから，(1)及び(2)を満足することで，限界状態 3 を超えることはない。

9.10 高力ボルト支圧接合の限界状態 3

9.10.1 一　　般

高力ボルト支圧接合が，9.10.2 及び 9.10.3 の規定による場合には，限界状態 3 を超えないとみなしてよい。

支圧接合継手では限界状態 1 を超えた後に，ボルト孔周辺での支圧降伏の進展の後，ボルトの破断又は被接合材の破壊が生じ，これらのどちらかの状態を限界状態 3 と考えることができる。そのため，9.10.2 及び 9.10.3 により支圧接合でのボルトと被接合材の母材及び連結板それぞれが限界状態 3 を超えないとみなせる条件を満足することにより，支圧接合として限界状態 3 を超えないとみなしてよいとされた。

9.10.2 支圧接合用高力ボルト

(1) 軸方向力又はせん断力が作用する板を連結する場合に，式（9.10.1）を満足する。

$$V_{sd} \leqq V_{ud} \quad \cdots\cdots (9.10.1)$$

ここに，V_{sd} ：ボルト 1 本あたりに生じる力（N）

V_{ud} ：ボルト 1 本あたりの制限値（N）で，式（9.10.2）によるボルトのせん断破断に対する軸方向力又はせん断力の制限値

$$V_{ud} = \xi_1 \cdot \xi_2 \cdot \Phi_{MBs1} \cdot \tau_{uk} \cdot A_s \cdot m \quad \cdots\cdots (9.10.2)$$

A_s ：ねじ部の有効断面積（mm^2）

m ：接合面数（単せん断：$m=1$，複せん断：$m=2$）

τ_{uk}　：表-4.1.11 に示す支圧接合用ボルトのせん断破断強度の特性値（N/mm^2）

Φ_{MBs1}：抵抗係数で，表-9.10.1 に示す値とする。

ξ_1　：調査・解析係数で，表-9.10.1 に示す値とする。

ξ_2　：部材・構造係数で，表-9.10.1 に示す値とする。

(2) 曲げモーメントが作用する板を連結する場合に，式（9.10.3）を満足する。

$$V_{sd}=\frac{M_{sd}}{\sum y_i^2}y_i \leqq \frac{y_i}{y_n}V_{ud} \quad \cdots\cdots (9.10.3)$$

ここに，V_{sd}　：ボルト1本あたりに生じる力（N）

M_{sd}：ボルト群に生じる曲げモーメント（N·mm）

y_i　：ボルトから中立軸までの距離（mm）

Σ　：接合線の片側にあるボルトに対する和

y_n　：最縁ボルトの中立軸からの距離（mm）。ただし，同一連結部のフランジをボルトで連結している場合は，中立軸からフランジの圧縮縁又は引張縁までの距離（mm）

V_{ud}：式（9.10.2）に示すボルト1本あたりの制限値。ただし，抵抗係数は，表-9.10.1 に示す Φ_{MBm1} とする。

(3) 曲げモーメント，軸方向力及びせん断力が組み合わされて作用する板を連結する場合に，式（9.10.4）を満足する。

$$\sqrt{(V_{sp}+V_{sM})^2+V_{ss}^{\ 2}} \leqq V_{ud} \quad \cdots\cdots (9.10.4)$$

ここに，V_{sp}　：軸方向力によるボルト1本あたりに生じる力（N）

V_{sM}：曲げモーメントによるボルト1本あたりに生じる力（N）

V_{ss}　：せん断力によるボルト1本あたりに生じる力（N）

V_{ud}：式（9.10.2）に示すボルト1本あたりの制限値。ただし，抵抗係数は，表-9.10.1 に示す Φ_{MBc1} とする。

(4) 曲げモーメントによるせん断力を受ける板を水平方向に連結する場合に，式（9.10.5）を満足する。

$$V_{sdh}=S_{sd}\cdot\frac{Q}{I}\cdot\frac{p}{n} \leqq V_{ud} \quad \cdots\cdots (9.10.5)$$

ここに，V_{sdh}：水平方向に連結するボルト１本あたりに生じる力（N）

S_{sd}：計算する断面に生じるせん断力（N）

Q：部材の総断面の中立軸回りの，せん断力を計算する接合線の外側の断面一次モーメント（mm^3）

I：部材の総断面の中立軸回りの断面二次モーメント（mm^4）

p：ボルトのピッチ（mm）

n：接合線直角方向のボルト数

V_{ud}：ボルト１本あたりの制限値（N）で，式（9.10.2）による

表-9.10.1　調査・解析係数，部材・構造係数，抵抗係数

	ξ_1	ξ_2・Φ（Φ_{MBs1}，Φ_{MBm1}，Φ_{MBc1}）（ξ_2 と Φ の積）
i）ii）及びiii）以外の作用の組合せを考慮する場合	0.90	0.50
ii）3.5(2)3)で⑩を考慮する場合		0.60
iii）3.5(2)3)で⑪を考慮する場合	1.00	

設計で考慮する支圧接合継手のボルトの限界状態３は，ボルトの破断と考えることができる。この項ではボルトの破断に対して照査する規定となっている。なお，これまでの示方書でのボルト破断強度を基に規定されてきた支圧ボルトの許容応力度による設計と，概ね同程度の安全余裕を有するように調整された係数を用いて制限値が規定されている。

9.10.3　支圧接合での母材及び連結板

(1)　軸方向引張力が作用する母材が，9.5.5に規定する純断面に対して，5.4.5の規定を満足し，かつ，9.5.6及び9.5.8の規定を満足する場合には，限界状態３を超えないとみなしてよい。

(2)　軸方向圧縮力が作用する母材が，総断面に対して5.4.4の規定を満足し，かつ，9.5.6及び9.5.8の規定を満足する場合には，限界状態３を超えないとみなしてよい。ただし，式（5.4.17）におけるρ_{crg}，ρ_{crl}の低減係数は考慮しなくてよい。

(3)　連結板は母材が，(1)及び(2)を満足し，かつ，9.5.12の規定による場合には，限界状態３を超えないとみなしてよい。

(1)　軸方向引張力を受ける母材の限界状態3は5.4.5の規定によるが，その場合の純断面は9.5.5(3)2)による割増しをしない純断面であることに注意が必要である。なお，母材のはし抜け等の縁端部でのせん断破壊は，9.5.6及び9.5.8の規定によりボルトの最小間隔と縁端距離の規定を満足することで生じないと考えられる。

(2)　軸方向圧縮力を受ける母材は5.4.4により限界状態3を超えないことを満足することで限界状態3を超えないとみなしてよいとされた。この場合，母材の総断面を抵抗断面と考えてよく，また，連結部では局部座屈が生じないとみなせることから式（5.4.17）での補正係数は考慮しなくてよい。

(3)　9.5.12の規定によることで，連結板は母材と同等以上の強度及び剛性となることから，(1)及び(2)を満足することで，限界状態3を超えることはない。

9.11　高力ボルト引張接合の限界状態3

9.11.1　一　　般

高力ボルト引張接合が，1)及び2)を満足する場合には，限界状態3を超えないとみなしてよい。

1)　高力ボルトが9.11.2の規定を満足する。

2)　被接合材が5章の関連規定により限界状態3を超えないとみなせる条件を満足する。

引張接合継手は，高力ボルトの締付けによって生じる接合面の接触圧力が作用力とつり合って荷重伝達する。ボルトの引張破断，被接合材の破壊のいずれかの状態を限界状態3と考えることができるため，9.11.2によりボルトが限界状態3を超えないとみなせる条件を満足すること，被接合材が限界状態3を超えないとみなせる条件を満足することにより，引張接合として限界状態3を超えないとみなしてよいとされた。なお，被接合材は，曲げやせん断，引張など作用力の方向によって5章の限界状態3に関する関連規定を満足する必要がある。

9.11.2　引張接合用高力ボルト

(1)　短締め形式

短締め形式では引張力によって生じるてこ反力を考慮しなければならない。

1)　引張力が生じる接合部のボルトが，式（9.11.1）を満足する。

$$V_{sdp}=P_{sd}(1+p_y)\ /\ n \leqq V_{tud} \quad \cdots\cdots (9.11.1)$$

ここに，V_{sdp}：てこ反力を考慮したボルト１本に生じる引張力（N）

P_{sd}　：接合部に生じる引張力（N）

p_y　：てこ反力係数

n　：接合部のボルト本数

V_{tud}：ボルト１本あたりに生じる引張力の制限値（N）で，式（9.11.2）により算出する。

$$V_{tud}=\xi_1 \cdot \xi_2 \cdot \Phi_{MTt} \cdot \sigma_{uk} \cdot A_e \quad \cdots\cdots (9.11.2)$$

A_e　：ねじ部の有効断面積（mm^2）

σ_{uk}　：表-4.1.13 に示す引張接合用高力ボルトの引張強度の特性値（N/mm^2）

Φ_{MTt}：抵抗係数で，表-9.11.1 に示す値とする。

ξ_1　：調査・解析係数で，表-9.11.1 に示す値とする。

ξ_2　：部材・構造係数で，表-9.11.1 に示す値とする。

表-9.11.1　調査・解析係数，部材・構造係数，抵抗係数

	ξ_1	$\xi_2 \cdot \Phi_{MTt}$ (ξ_2 と Φ_{MTt} の積)
i）ii)及びiii)以外の作用の組合せを考慮する場合	0.90	0.75
ii） 3.5(2)3)で⑩を考慮する場合		0.90
iii） 3.5(2)3)で⑪を考慮する場合	1.00	

(2)　長締め形式

引張力が作用する接合部のボルトが，式（9.11.3）を満足する。

$$V_{sdp}=P_d\ /\ n \leqq V_{tud} \quad \cdots\cdots (9.11.3)$$

ここに，V_{sdp}：ボルト１本に生じる引張力（N）

P_d　：接合部に生じる引張力（N）

n　：接合部のボルト本数

V_{tud}：ボルト１本あたりの引張力の制限値（N）で，式（9.11.2）により算出する。

(1) 短締め形式での引張接合用高力ボルトは，破断に至る状態を限界状態３と考えることができ，式（9.11.1）を満たす場合には，限界状態3を超えないとみなしてよいとされた。このとき，短締め形式で式（9.11.1）では，てこ反力を考慮されており，てこ反力に関する算出方法，留意点は，9.8.2の解説と同様に，文献14）を参考にすることができる。引張接合用高力ボルトの引張力の制限値 V_{tud} は，表-解 9.11.1の強度の特性値を使用して算出される値 N_u に各種の部分係数を乗じたものを用いてよい。

表-解 9.11.1　引張接合用高力ボルトのボルト破断軸力

ボルトの等級	ねじの呼び	N（kN）	A_e（mm^2）	σ_{uk}（N/mm^2）	N_u（kN）
F10T	M20 M22 M24	165 205 238	245 303 353	1000	245 303 353
S10T	M20 M22 M24	165 205 238	245 303 353	1000	245 303 353

ここに，N：ボルト軸力（kN）

A_e：JIS B 1082：2009（ねじの有効断面積及び座面の負荷面積）に規定されるねじ部の有効断面積（mm^2）

σ_{uk}：表-4.1.13に規定される引張接合用高力ボルトの引張強度の特性値（N/mm^2）

N_u：ボルト破断軸力（kN）　　$N_u=\sigma_{uk}\cdot A_e$

(2) 長締め形式での引張接合用高力ボルトでは，ボルトの破断を限界状態３と考えることができ，式（9.11.3）を満たす場合には，限界状態3を超えないとみなしてよいとされた。このとき，長締め形式ではてこ反力は無視できるほど小さいので，その影響は考慮されていない。

9.12　ピンによる連結

9.12.1　一　　般

(1) ピンによる連結では，ピンに働く作用力に対してピン自体が安全であるとともに，ピンにより連結される部材も安全でなければならない。

(2) ピンによる連結では，ピン及び連結される部材が移動しないようにしなければならない。また，ピン及びピン孔は回転による摩耗の影響が少なくなければならない。

(3) (4)から(9)並びに，9.12.2 及び 9.12.3 の規定を満足する場合には，(1)及び(2)を満足するとみなしてよい。

(4) ピンによる連結では，主にせん断と支圧により力を伝達し，ピン軸まわりに回転を可能とする構造とする。

(5) ピンの直径は 75mm 以上とし，ボルト孔や切り欠きを設けない。

(6) ピンの仕上げ部の長さは部材の外面間距離より 6mm 以上長くし，ピンの両端にはローマスナット又は座金付き普通ナットを使用する。

(7) ピンとピン孔の直径の差は，ピンの直径 130mm 未満のものに対しては 0.5mm，ピンの直径 130mm 以上のものに対しては 1mm とする。

(8) ピン孔を通る横断面における引張部材の純面積は，計算上必要な純断面積の 140％以上，引張部材のピン孔背後における純断面積は，計算上必要な純断面積の 100％以上とする。

(9) ピン孔がある部分の引張部材の腹板厚はその純幅の 1/8 以上とする。

(1) 部材をピンで連結する場合には，ピン本体とピンによる連結のための被接合部材のピン孔が作用力に対して安全であることが求められる。

(2) 部材をピンで連結する場合，部材の移動は振動の原因となり，二次応力を生じるので，カラーを用いる等の方法によって，部材片の位置を固定する必要がある。また，適当な方法でナットが緩まないようにすることが有効である。ピンとピン孔の直径の差は，組立に無理のない範囲でなるべく小さくするのがよい。

(4) ピンを用いた部材の連結は，5.3.12(2)の制限値を用いてよいが，図-解 5.3.3 に示すように，両端支持でその支持幅が大きく，実際の応力度が支間を l として計算した場合よりも十分に小さいせん断と支圧が支配的な構造とする必要がある。このような条件に適合した場合のみ，この編のピン連結に関する各種の規定や制限値等を用いることができる。

(5) ピンは，計算上の強度が十分あってもあまり細いものは摩耗した場合の強度低下が大きく，使用しないのがよいことから，ピンの直径は，75mm 以上とされている。ただし，部材力の伝達を期待しない部材等を連結するのに用いるピンはこの限りではない。ピンは，その使用の前提として，ボルト孔や切り欠きを設けず，応力集中のない構造とする必要がある。

(6) ピンの仕上げ部の長さは，部材の外面間距離より 6mm（片側 3mm ずつ）以上長くし，ねじ部が部材にかからないようにする。仕上げ部の長さが部材の外面間距離より長くなっているので，ナット部材を完全におさえることができるようにローマスナットを使用するか，普通ナットの場合には座金を使用するのがよい（図-解 9.12.1)。

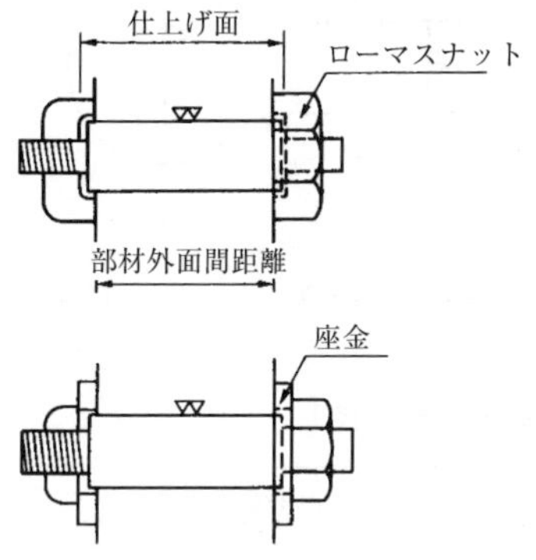

図-解 9.12.1　ピン及びナット

(7)　ピンとピン孔の直径の差は，ヒンジとして回転する限り，なるべく小さい方がよいが，組立のために多少余裕をみて直径 130mm 未満のピンでは 0.5mm，それ以上で 1mm としている。

(8)　ピン孔を有する引張材では，部材の軸に直角に測ったピン孔を通しての純断面積（図-解 9.12.2 の a-a 断面）はその部材の計算上必要な純断面積より 40%大きくする。また，それに直角な方向（部材軸方向のピン孔を通しての断面。図-解 9.12.2 の b-b 断面）の純断面積も必要純断面積以上とする。

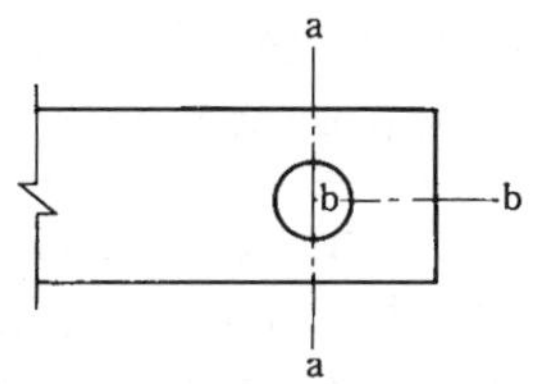

図-解 9.12.2　ピン孔を有する引張材

(9)　アイバーについては，図-解 9.12.3 の t-t 断面の断面積は，計算上必要な断面積の 135%以上として，頭の形はピン孔と同心円とするのがよい。また，図-解 9.12.3 に示す変曲部の半径 r はあまり小さいと応力集中がはなはだしいので，できるだけ大きくする。アイバーの厚さは，計算上必要がなくても 25mm 以上として，ピンの直径はアイバーの幅 b の 0.8 倍以上とするのがよい。

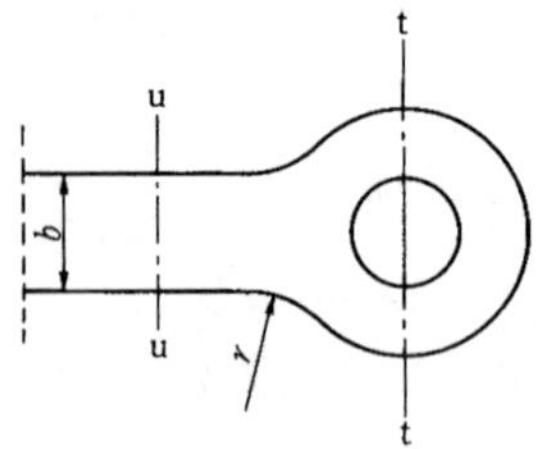

図-解 9.12.3　アイバーの形状

9.12.2　ピンによる連結の限界状態 1

> ピンによる連結部が 5.3.12(2)の規定を満足し，かつ，被連結部が 5.3.11 の規定を満足する場合には，限界状態 1 を超えないとみなしてよい。

ピンによる連結部は，9.12.1(4)のとおり，せん断と支圧により力を伝達することを基本としている。このため，ピンがせん断力と支圧力に対して限界状態 1 を超えないとみなせる条件を満足すること，被接合材の孔壁が支圧力に対して限界状態 1 を超えないとみなせる条件を満足することにより，ピンによる連結部が限界状態 1 を超えないとみなしてよいとされた。そのため，ピンがせん断力及び支圧力に対して 5.3.12(2)の規定を満足し，被連結部材は支圧力に対して 5.3.11 の規定を満足する必要がある。

9.12.3　ピンによる連結の限界状態 3

> ピンによる連結部が 5.4.12 の規定を満足し，かつ，被連結部が 5.4.11 の規定を満足する場合には，限界状態 3 を超えないとみなしてよい。

ピンによる連結部は，9.12.1(4)の規定のとおり，せん断と支圧により力を伝達することを基本としている。このため，ピンがせん断力と支圧力に対して限界状態 3 を超えないとみなせる条件を満足すること，被接合部材の孔壁が支圧力に対して限界状態 1 を超えないとみなせる条件を満足することにより，ピンによる連結部が限界状態 3 を超えないとみなしてよいとされた。そのため，ピンがせん断力及び支圧力に対して 5.3.12(2)の規定を満足し，被連結部材が支圧力に対して 5.4.11 の規定を満足する必要がある。

9.13　鋼部材とコンクリート部材の接合

(1)　鋼部材とコンクリート部材とを連結し一体の部材とする場合の接合部においては，少なくとも(2)から(4)を満足しなければならない。なお，この節に規定されていない事項については，関連する各編の規定によらなければならない。

(2)　接合部における鋼材及びコンクリートの荷重分担が明確であり，部材相互の応力を確実に伝達できる構造とする。

(3)　接合部付近では，鋼材部材及びコンクリート部材に発生する二次応力や応力集中の影響が生じない構造とする。

(4)　施工工程を考慮し，各施工段階の応力度及びそれらの合成応力度に対し，所要の安全性を確保する。

(1)　この節では，鋼部材とコンクリート部材の接合部の設計において，構造特性に関わらず満足する必要がある事項を規定している。なお，この節に規定がない事項及び具体的な構造部位等の設計事項に関する規定については，関連する各編の規定による。例えば，鋼部材とコンクリート部材の接合としては，鋼桁とコンクリート床版の接合，鋼桁とコンクリート下部工の接合（橋台部ジョイントレス構造の鋼桁と橋台の隅角部，鋼多径間ラーメン橋梁の鋼桁と橋脚の剛結部など），鋼桁とコンクリート桁の接合，鋼製橋脚とフーチングの接合，鋼製の落橋防止システムとコンクリートの橋台及び橋脚との接合などが考えられる。具体的な事項については，14.5ずれ止め，Ⅳ編の7.8における橋台部ジョイントレス構造など，鋼部材とコンクリート部材の合成構造に応じた各編の規定による必要がある。

(2)　接合を有する部材の性能の前提として，設計上の耐荷機構における，鋼材及びコンクリートの荷重分担を明確にすることが求められる。

実験により構造特性が明確となっている接合部を採用する場合においても，実験で考慮された条件が成立する範囲で用いる必要がある。接合部の位置は，接合部の剛性低下等の影響が構造物全体系に大きな影響を与えない位置とするのがよい。

(3)　接合した部材の軸線間に大きな偏心がある場合は，局部的な曲げモーメントやせん断力が発生し，有害な応力集中やひび割れの原因となる。したがって，接合部を構成する各要素においては偏心を小さく抑えることが望ましい。軸力の作用する主桁に鋼部材とコンクリート部材の合成構造を適用する場合の接合部の設計においては，特に注意が必要である。

(4) 鋼とコンクリートの接合部は，コンクリートの打込みや部材の設置手順等により施工工程に応じて発生する応力の状態が異なる。そのため，あらかじめ想定した施工条件に従い，各施工段階における応力の状態を適切に評価し，それぞれに対して安全であることを確認する必要がある。

参 考 文 献

1) 示方書小委員会鋼橋示方書分科会：道路橋示方書適用上の注意，道路，1975. 11

2) 日本道路協会橋梁委員会：道路橋示方書に関する質問および回答，道路，1981. 3

3) (社) 日本鋼構造協会：溶接開先標準 JSS I 03-2005，2005. 12

4) 南邦明・糟谷正・三木千壽：道路橋示方書におけるすみ肉溶接サイズ基準の考察，溶接学会論文集，第 23 巻，第 3 号，2005

5) 木原博・稲垣道夫・堀川一男・栗山良員：50kg/mm^2 級高張力鋼すみ肉溶接部の割れについて，溶接学会誌 第 39 巻，1970，第 3 号

6) 三木千壽・中村勝樹・遠藤秀臣・等農克巳：仮付け溶接の長さとヒール・クラックの発生について，土木学会論文集 第 404 号 / I -11 1989. 4

7) 土木学会，本州四国連絡橋鋼上部構造研究小委員会：本州四国連絡橋鋼上部構造に関する調査研究報告書，別冊 2，疲れに関する検討，1980.3

8) 独立行政法人土木研究所，公立大学法人大阪市立大学：高力ボルト摩擦接合継手の設計法の合理化に関する共同研究報告書，共同研究報告書第 428 号，2012.1

9) 本州四国連絡橋公団：上部構造設計基準・同解説，1989. 4

10) 本州四国連絡橋公団：HBS 高力ボルト規格 B 1101，B 1102，B 1103，1992. 8

11) 西村宣男・秋山寿行：曲げを受ける鋼 I 桁高力ボルト継手のすべり機構と限界強度の評価，鋼構造年次論文報告集，Vol.4，1996.11

12) 高井俊和，山口隆司，三ツ木幸子，西川真未：高力ボルト継手の終局挙動における孔変形に着目した 2，3 の考察，構造工学論文集 Vol.60A，2014.3.

13) 宮崎晴之・黒田充紀・田中雅人・森猛：板厚の異なる材片を接合した高力ボルト摩擦接合の滑り耐力，構造工学論文集，vol. 44A，1998. 3

14) (社) 日本鋼構造協会：橋梁用高力ボルト引張接合設計指針 (案)，JSS Ⅳ 05-199.5，1994.3

10章　対傾構及び横構

10.1　一　　般

(1)　5.1.1(2)の規定に従い，橋の立体的な機能を確保するために，対傾構及び横構を設けて，橋の断面形の保持，橋の剛性の確保，横荷重の支承部への円滑な伝達を図る場合には，(2)から(5)の規定及び10.2の規定によらなければならない。
(2)　橋の支点部は，原則として対傾構，橋門構又は横桁を設けて床版又は上横構に作用する全横荷重を支承部に円滑に伝達できる構造とする。
(3)　死荷重による主桁又は主構のたわみが大きい場合は，主桁又は主構の変形が対傾構及び横構に及ぼす影響を考慮することを標準とする。
(4)　対傾構及び横構について，その橋の主桁又は主構に適用される章に規定されている場合は，その規定による。
(5)　対傾構及び横構は，それぞれの構造形式に該当する章の規定を満たさなければならない。

(1)　橋の設計においては，橋が立体的な機能を満たすために，橋の断面形の保持，剛性の確保，横荷重の支承部への円滑な伝達が図れる構造とする必要がある。本章は橋の立体的な機能を確保するために，対傾構及び横構を設ける場合について規定している。橋を主桁又は主構面に着目した平面構造物として解析する場合には，主桁又は主構間に対傾構，横構を設けるのが原則であり，幅員の狭い2主構のI形断面の鋼桁橋では，横構を省略した場合，全体横倒れ座屈の危険があり，十分注意する必要がある。

近年，構造の簡素化等を目的として，例えば，対傾構，横構及び横桁の一部又は全部を省略した構造が検討される場合がある。このような構造では横荷重に対して床版が抵抗することになるが，横方向部材を省略した場合の床版が備えるべき性能については規定されていない。そのため，床版が，横方向部材を省略していない場合の床版と同等の耐荷性能と耐久性能を有し，かつ橋の立体的な機能の確保に必要な性能をも有している必要があり，このことについて十分な検討が必要となる。

なお，床版等を横構と共用させる場合や対傾構の強化によって横構を省略する場合などにおいて，主構造の構造形式によってそれぞれ該当する規定が他の各章にある場合にはその規定も適用する必要がある。

(2) 床版又は上横構に作用する横荷重は支点上の対傾構（端対傾構），橋門構又は横桁を経て支承部に伝わるので，橋の支点部には原則として対傾構，橋門構又は横桁を設けて，床版又は上横構に作用する全横荷重を支承部の設計と整合したものとして支承部に伝えることができる構造とするように定めている。

(3) 死荷重による主構造のたわみが大きい場合は，その変形により対傾構，横構に付加的な応力が作用したり，そのために横構や対傾構の部材が変形し部材の組立が困難になる場合があるので，これらを考慮して応力上及び施工上において余裕のある設計を行うのがよい。また，組立の順序等について十分検討することが望ましい。

(4),(5) 対傾構や横構として所要の性能を有するためには，用いる部材の材料や構造形式，接合方法などについてこの編の他章に該当する規定がある場合にはその規定も適用する必要がある。

10.2 対傾構及び横構の構造

(1) 山形鋼を対傾構又は横構に用いる場合には，最小寸法は原則として75mm × 75mm とする。

(2) 対傾構及び横構を二次部材として区分し，橋を主桁又は主構面に着目した平面構造物として扱う場合において，対傾構又は横構をトラス構造とする場合には，原則としてその細長比は 5.2.2 に規定する二次部材の規定を満足しなければならない。

(3) 複斜材形式の対傾構又は横構を使用する場合は，部材の交点を互いに連結することを原則とする。

(1) 対傾構や横構に作用する応力は小さく，細長比によって設計が決まる場合が多いが，あまりに剛度の小さな部材を使用することは全体剛性の確保及びボルトの縁端距離の確保等の面から望ましくないので，山形鋼の最小寸法を定めている。

(2) 対傾構や横構を主要部材としての機能をもたせないで設計する場合の最大細長比は，5.2.2 に規定する二次部材の値を適用してよい。しかし，対傾構や横構を構造モデルに考慮して橋を立体的に解析して，対傾構や横構に主桁や主構間の荷重分配を受けもたせる等，これらに主要部材と同等の機能をもたせて設計する場合には，5.2.2 の主要部材の細長比の規定を適用する必要がある。

(3) 対傾構や横構の斜材をパネルごとに交差して組み，横荷重の作用方向によっていずれか片方の斜材が引張材として働くような構造系を考えて設計する場合がある。このような場合は，部材の交差点は連結する必要がある。二次部材として，かつ引張力のみを考えて設計した場合は，部材はかなり細くなるので，このようにして部材の横振れを防止し，構造物の剛性を確保する必要がある。

図-解 10.2.1 のような横構の場合は，横構面に垂直な面内では $\overline{\mathrm{pp}}$，その他の面内では $\overline{\mathrm{pa}}$ を部材長と考える。また，縦桁等から強固な吊材を設けて横構部材を支持する場合，横構面に垂直な面内で $\overline{\mathrm{bb}}$ 又は $\overline{\mathrm{pb}}$ を，その他の面内では $\overline{\mathrm{ab}}$ 又は $\overline{\mathrm{pb}}$ を有効座屈長とすることができる。

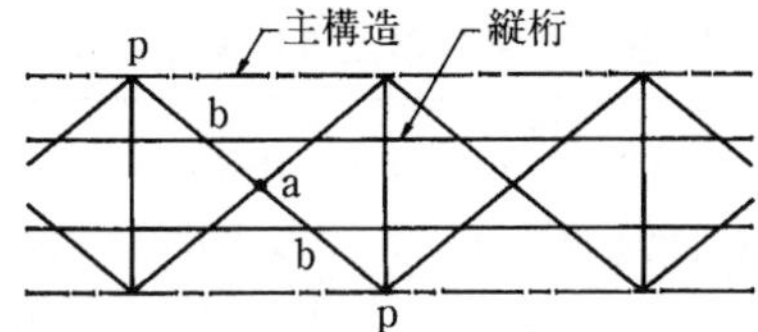

図-解 10.2.1　横構における部材長のとり方

11章　床　　版

11.1　一　　般

11.1.1　適用の範囲

> この章は，鋼桁で支持された床版の設計に適用する。

この章では，鋼桁で支持された床版に特有な事項が規定されている。なお，主構又は床組で支持された，床版の設計にも適用できる。コンクリート橋の床版についても，共通する事項についてこの章によることができるが，この章に規定されていないコンクリート部材の設計に関する事項については，Ⅲ編の関連規定による。

11.1.2　設計の基本

> (1)　床版の設計においては，直接支持する活荷重等の影響に対して耐荷性能を満足するようにしなければならない。
>
> (2)　床版は，活荷重に対して疲労耐久性を損なう有害な変形が生じないようにしなければならない。
>
> (3)　床版の設計にあたっては，施工に対する前提条件を適切に定めなければならない。
>
> (4)　鉄筋コンクリート床版，プレストレストコンクリート床版，鋼コンクリート合成床版及びPC合成床版は11.2から11.7の規定，鋼床版は11.8から11.11の規定による場合には，(1)から(3)を満足するとみなしてよい。
>
> (5)　床版は必要に応じて次の1)及び2)を満足しなければならない。
>
> 1)　床版に主桁間の荷重分配作用を考慮した設計を行う場合には，その影響を適切に評価し，その作用に対して安全なようにする。
>
> 2)　地震の影響や風荷重等の横荷重に対して床版が抵抗する設計を行う場合においては，その影響を適切に評価し，それらに対して安全なようにする。

(1)　床版では，直接支持する活荷重等の影響に対する耐荷性能の確保が基本的な性能であり，これを確実に満たす必要がある。活荷重等の影響に対する床版の設計にあたっては，床版に最も不利な載荷状態を考慮する必要がある。このとき，桁端部の車道部分の床版は，連続性が断たれるので一般部の床版に比べて大きな曲げモーメントが発生するとともに，通常，伸縮装置付近の不陸によって衝撃の影響が特に大きくなるため，これについて考慮する必要がある。

(2) 鉄筋コンクリート床版の損傷でこれまで多くを占めてきたのが自動車の繰返し通行による疲労損傷である。近年では，凍結防止剤散布による上面鉄筋の腐食や，凍害による上層コンクリートの剥離，アルカリシリカ反応（ASR）によるコンクリートの剛性低下，さらにはそれらの複合現象が，床版の耐荷性能を低下させることも指摘されている。これらに対して設計時に十分な検討を行うことが必要である。これらの検討手法については，Ⅲ編6章を参照することができる。このことは，近年実績のある鋼コンクリート合成床版及びPC合成床版についても同様である。

なお，従来より，鉄筋コンクリート床版の疲労現象は，一般的な条件下では，はじめに格子状の曲げひび割れが床版下面に発生し，その後，ひび割れ密度の増加や貫通ひび割れの増加により，せん断強度が減少していき最終的には押抜きせん断破壊による床版コンクリートの抜け落ちが生じるという過程をたどると考えられてきた。

このとき床版のコンクリートに生じた貫通ひび割れに雨水が浸入すると疲労に対する耐久性が著しく損なわれるので[1]，Ⅰ編11.3の規定に従い防水層を設置する必要がある。

以上のように，コンクリートを主体とする床版の破壊メカニズムは，複雑であり計算による直接的かつ定量的に疲労に対する耐久性を照査することは困難であり，現実的な疲労に対する耐久性の確認手法として図-解 11.1.1 に示すような輪荷重走行試験機を用いた階段状荷重漸増載荷による試験方法が国土交通省より提案されている[2]。この方法によると，鉄筋コンクリート床版の破壊メカニズムを再現できること，鉄筋コンクリート床版に限らず，様々な形式の床版に対して自動車荷重を起因とする疲労に対する耐久性について相対的な比較が可能であることが明らかにされている。疲労に対する耐久性の確認手法として同様な試験を行う場合は，対象とする床版の破壊メカニズムが再現できること，疲労に対する耐久性がある程度明らかになっている鉄筋コンクリート床版との相対的な比較が可能であること等を確認して行うことが必要である。なお，この場合においても実施工の品質により耐久性が変わるので，品質確保のために必要な剛性など，設計結果を保証するため施工の前提条件や施工管理項目を別途検討しておく必要がある。

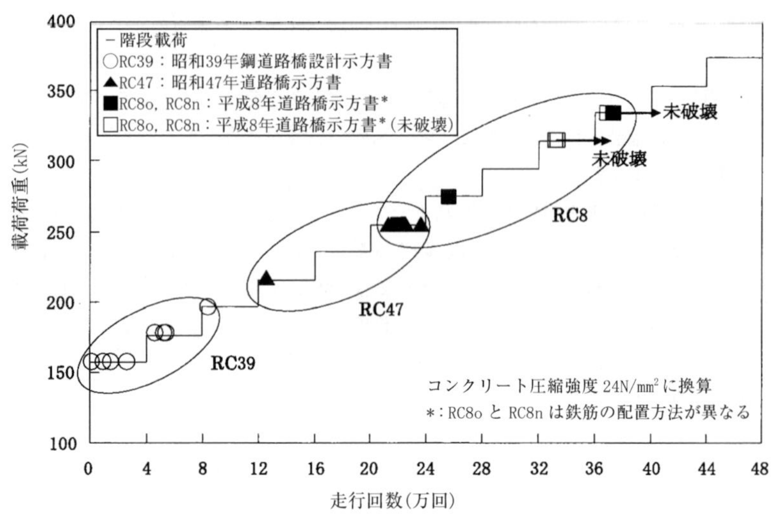

図-解 11. 1. 1　国土交通省が行った鉄筋コンクリート床版の輪荷重走行試験結果の例[2)]

そのうえで過度のたわみは，疲労に対する耐久性に大きな影響を及ぼすコンクリートのひび割れ又は鋼部材の応力集中や二次応力の発生等の原因となるおそれがある。さらに，活荷重の繰返し等の作用によってコンクリートの床版にひび割れが増加すると，床版の剛性低下に起因して，横桁や対傾構・横構取付部等における二次応力の発生状況や橋の振動特性にも影響を及ぼす可能性がある。このようなことから床版に過度の変形が生じないことにも注意して設計する必要がある。なお，床版が損傷した場合には，一般には補修が大がかりになるだけでなく供用性への影響が懸念される。したがって，交通規制が困難な条件では，特に耐久性に対して十分検討することが望ましい。

鋼床版については，前回の改定から疲労に対する耐久性確保の観点から，デッキプレートの最小板厚の規定が追加されており，これも満足する必要がある。

(3)　コンクリート系の床版では，設計で想定する床版の耐荷性能や耐久性能に影響を及ぼすひび割れ等が施工時に生じないようにすることが極めて重要であり，また，弱点となりやすい打継目の処理等についても施工品質に留意する必要がある。そのため良好な施工品質が保たれるために必要な事項を確認し，設計において反映することが重要である。

鋼床版では，設計で想定している溶接品質を確保するために，溶接不良や溶接ひずみの集中が生じにくい縦横リブ構造，部材配置等の施工性に影響を及ぼす事項について，前提条件として設定し設計に反映する必要がある。

(4)　鉄筋コンクリート床版は，昭和 40 年代に疲労による劣化が問題となったが，以後，道路橋示方書の規定は数度にわたって改定されてきており，疲労に対する耐久性が向上してきていることが輪荷重走行試験[2]によって確認されている。一方，合理化や省力化の観点からプレストレストコンクリート床版を鋼桁と組み合わせる場合もある。プレストレストコンクリート床版の安全性や疲労に対する耐久性に関しては，実験等による検討が行われてきており，従来の鉄筋コンクリート床版と同等以上のものとできることが確認されている。

また，鋼コンクリート合成床版は，これまで多種多様な形式が開発されており，鋼コンクリート合成床版ごとに性能検証のための解析[3]及び確認実験等が行われている。一方で，設計方法や検証方法の統一化に対する検討も行われており，こうした知見の蓄積や合理化及び品質確保の観点から，これまでに一般的に使用されている底鋼板を有効断面とする鋼コンクリート合成床版を踏まえ，設計で照査すべき事項が規定された。鋼コンクリート合成床版の採用にあたっては，この章により要求性能を満たしていることを個別に確認する必要がある。

PC 合成床版は，プレストレスを導入したプレキャストコンクリート板（PC 板）を型枠兼支保工としてその上にコンクリートを打設し，合成構造として一体となって荷重に抵抗させる床版である。PC 合成床版については，さまざまな試験や検討を基に，設計方法や疲労に対する耐久性評価に関する検討がなされてきた[4),5)]。これまでの知見の蓄積を踏まえて品質確保の観点から，PC 合成床版についても，設計で最低限照査すべき事項が規定された。

その他，この示方書に具体的な規定のない形式の床版であっても，(1)から(3)及び必要に応じて(5)の規定を満たすことが確認できれば用いることが可能であるが，多種多様なそれぞれの形式について所要の性能を満足するための統一的な設計法を示すことは困難であり，照査法も規定されていない。採用にあたっては，それぞれの構造特性を適切に評価して，(1)から(3)及び必要に応じて(5)の規定を満たすように設計する必要がある。

(5) 設計上の考え方によっては，満たすことが必要となる事項について，1)及び2)に規定している。なお，これらはあくまで床版として必要なものを挙げたものであり，床版の設計の考え方の違いが他の部材等の設計に及ぼす影響についてはここには規定されておらず，関連する章の規定も満たす必要がある。

1) 床版による主桁間の荷重分配作用を考慮する設計を行う場合には，立体有限要素解析等を用いてその影響を適切に評価する必要がある。このとき，床版のモデル化や解析結果の評価にあたっては，解析法の特性を踏まえた十分な検討が必要である。なお，このような構造形式では，床版の役割が大きいので特に耐久性並びに維持管理の確実性及び容易さに対して十分検討する必要がある。

2) 構造の簡素化等を目的として，横桁，対傾構又は横構の一部又は全部を省略すると，地震の影響及び風荷重等の横荷重に対して主として床版が抵抗することとなる。この場合には，これら横荷重に対して床版の安全性を確保するとともに 5.1 に規定する橋全体の立体的な機能が確保できるように設計する必要がある。

11.2 コンクリート系床版における一般事項

11.2.1 一　　般

(1) この節は，2辺又は1辺で支持される床版で，その床版支間がなす短辺と長辺の辺長比が1：2以上の1方向版としてモデル化できる鉄筋コンクリート床版，プレストレストコンクリート床版，鋼コンクリート合成床版及びPC合成床版の設計に適用する。
(2) この節の規定は，20章の規定を満足することを前提として設計に適用することができる。
(3) この節に規定されていない事項については，Ⅲ編の規定に準じる。
(4) 床版を支持する主桁又はトラス橋等の縦桁は，大型の自動車の車輪の軌跡が床版に与える影響を考慮してその配置を定めなければならない。
(5) 鋼材とコンクリートのヤング係数比は，床版の構造と支持する桁との合成作用を考慮して適切に設定しなければならない。この節の規定に従う，鉄筋コンクリート床版，プレストレストコンクリート床版における鉄筋コンクリート構造の応力度の算出では，ヤング係数比を15としてよい。PC構造の応力度計算においては，抵抗断面（換算断面）や鉄筋拘束力をⅢ編5.4に従って算出する。また，鋼コンクリート合成床版に用いるヤング係数比は，適切に設定する。

(1) この節は鉄筋コンクリート床版，プレストレストコンクリート床版，鋼コンクリート合成床版及びPC合成床版の設計に適用することを規定したものである。従来2方向版といわれていた辺長比（支間と辺長の比）が1：2未満の床版については，その実例が非常に稀であること等から適用の範囲を辺長比が1：2以上のいわゆる1方向版に限定している。

プレストレストコンクリート床版では，現場施工の省力化や品質向上を目指して，場所打ち床版に替えてプレキャスト床版が採用されることもある。プレストレスを導入したプレキャスト床版の設計は，この節を準用して行えるが，場所打ち床版と異なり継目部を有することから，適切な方法で相互の一体化を図り，継目部のない構造と同様に11.1に示す事項を満たす必要がある。

鋼コンクリート合成床版は，底鋼板や形鋼等の鋼部材とコンクリートが一体となって荷重に抵抗するよう合成構造として設計される床版である。これらは鋼板とコンクリートをずれ止めで結合したものや，形鋼と型枠となる鋼板とを接合したものにコンクリートを充てんする形式がある。これらを適用する場合には，床版部材として用いられる場合に想定される各種の変形や応力状態に対して，部材単体での変形特性や橋梁構造に組み込まれた際の接合部での荷重伝達特性や他部材への影響等についてあらかじめ検証し，11.1 に規定される事項について満足する床版構造であることを確認しておく必要がある[4)]。設計にあたっての主な留意事項は次のとおりである。

i）鋼部材とコンクリートを結合するずれ止めの溶接部や，鋼板，形鋼等の取付部及び開口部における鋼部材は疲労の影響を考慮すること。

ii）継手部が一般部と同等の耐荷性能及び耐久性能を有していること。

iii）内部に水が浸入した場合にも滞水が生じないようにすること。

iv）点検時に床版内部での滞水を確認可能とするなどの，維持管理に配慮した構造であること。

この節に規定のない新しい形式の採用にあたっては，それぞれの構造特性を適切に評価して 11.1 に示す事項を満たすようにする必要がある。

PC 合成床版は，PC 板と場所打ちコンクリートとが一体となって荷重等に抵抗するよう設計される床版である。PC 合成床版の設計にあたっての主な留意事項は次のとおりである。

i）PC 板と場所打ちコンクリートの付着が十分に得られるように，PC 板の界面の形状に配慮する。

ii）PC 板間の不連続の影響が小さくなるよう，突合せ部の形状に配慮する。

iii）PC 板に PC 鋼材の定着不良によるひび割れが発生しないように，PC 鋼材の種類や配置に配慮する。

iv）PC 鋼材が腐食しないように配慮する。

この節の規定は，これまでの示方書で床版支間が 2 辺支持の単純版及び連続版で 4m まで，片持ち版で 1.5m までの鉄筋コンクリート床版，2 辺支持の単純版及び連続版で 6m まで，片持ち版で 3m までのプレストレストコンクリート床版を対象としていたものについて，施工の合理化や省力化の観点からのニーズも踏まえて，荷重状態などの調査を行い，必要な信頼性を検討したうえで，床版支間を 2 辺支持の単純版及び連続版で 8m までの各形式の床版については適用できる。この範囲外のものについては別途 11.1 の規定を満たすように設計する必要がある。

(2) この節の規定では，床版に使用する材料及び施工は 20.12 に規定されている事項に従うことを前提としている。このため，人工軽量骨材コンクリートを用いた鉄筋コンクリート床版等，20.12 の規定にない事項により設計施工を実施する場合には，11.1 の規定に従い，別途検討する必要がある。

また，コンクリート打設時の水和熱による内部拘束，型枠や打継ぎ目部などの外部拘束により，硬化中のコンクリートにひび割れが生じたり，床版の疲労に対する耐久性を損なう有害な局部変形や応力集中が生じないように，施工時の前提として，鉄筋配置や施工時の型枠等の拘束，打設時の変形に留意しておく必要がある。この節では，床版の配筋や施工順序，ブロック長，施工時期，鋼コンクリート合成床版においては鋼板パネルのたわみ等に対して，床版の出来形精度や品質に悪影響が生じないように，あらかじめ配慮しておくべき事項について設計で定めることを求めている。

鋼コンクリート合成床版の鋼板パネル及びPC合成床版のPC板に架設材としての機能を期待する場合，架設時に発生する力に抵抗できる鋼板パネル及びPC板と主桁との固定方法や，鋼板パネル及びPC板自体の架設時の安全性や完成時の品質への影響等をあらかじめ検討しておくことが挙げられる。

(3) この節では，鉄筋コンクリート床版，プレストレストコンクリート床版，鋼コンクリート合成床版及びPC合成床版特有の事項についてのみ規定しており，鉄筋の定着等のコンクリート部材に共通する事項については規定していない。これらについて，Ⅲ編の関連規定による必要がある。

(4) 一般に車線が明確に示されている道路の場合，車輪の通る軌跡はおよそ500mm幅程度の範囲に集中している。

道路橋の床版においては，ほぼ一定位置に加わる荷重による変形は，その部分の床版下面を早期に疲労させ，ひび割れ発生の要因となり，更にこれが伝播して破損が進む過程をたどることが知られている。

これらの現象を考慮すると，コンクリート系床版の場合には，主桁又は縦桁をできるだけ大型の自動車の車輪の軌跡の近くに配置することは極めて効果的と考えられる。一方で，車輪により主桁や縦桁の腹板がはさまれるような構造条件では，床版に負曲げを生じることに配慮が必要となる。このことから，当初から床版を念頭において，主桁又は縦桁をできるだけ大型の自動車の車輪の軌跡との関係を考慮して配置することがよい。

(5) 鋼材とコンクリートのヤング係数比は，床版の断面の構造や桁との合成挙動を考慮して設定する必要がある。この節の規定に従う鉄筋コンクリート床版，プレストレストコンクリート床版においては，Ⅲ編5.4により，鉄筋とコンクリートのヤング係数比を15としてよいとされている。合成構造の床版では，その形式に応じて実験や解析的な検討なども踏まえ，適切に設定する必要がある。本節の規定に従う鋼コンクリート合成床版については，これまでの実績では，ヤング係数比を10程度とすることが多い。

なお主桁との合成挙動については，14.2.1の規定に従う必要がある。

11. 2. 2　床版の支間

(1)　単純版並びに連続版のT荷重及び死荷重による曲げモーメントを算出する場合の支間は，床版から支持桁への応力伝達と輪荷重の載荷位置を考慮して，かつ，桁のフランジ形状，床版と桁の連結構造並びに床版の材料及び構造に応じて，適切に設定する。

(2)　(3)及び(4)による場合には，(1)を満足するとみなしてよい。

(3)　鋼桁で支持された鉄筋コンクリート床版及びPC合成床版における床版の支間は，1)及び2)のとおりとする。

1)　単純版及び連続版の支間は，主鉄筋の方向に測った支持桁の中心間隔とする。ただし，単純版において，主鉄筋の方向に測った純支間に支間中央の床版の厚さを加えた長さが上記の支間より小さい場合は，これを支間としてよい。

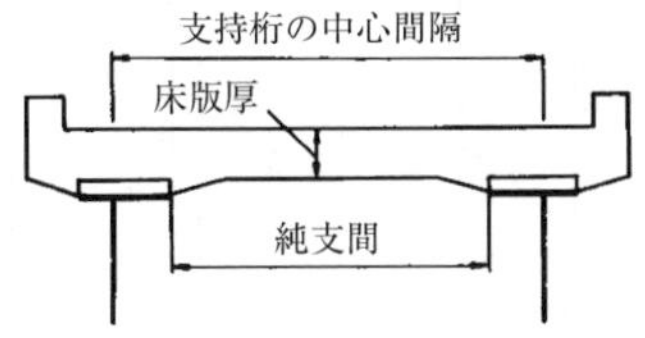

図-11. 2. 1　単純版の支間

2)　片持版の支間は，支点となる桁のフランジの突出幅の1/2の点から主鉄筋の方向にそれぞれ図-11. 2. 2に示すように測った値とする。

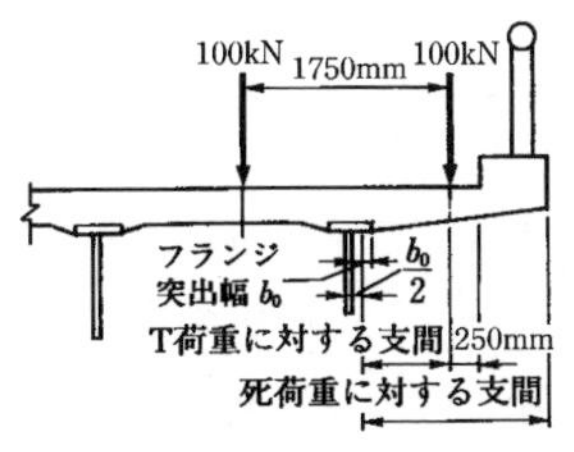

(a)　主鉄筋が車両進行方向に直角な場合

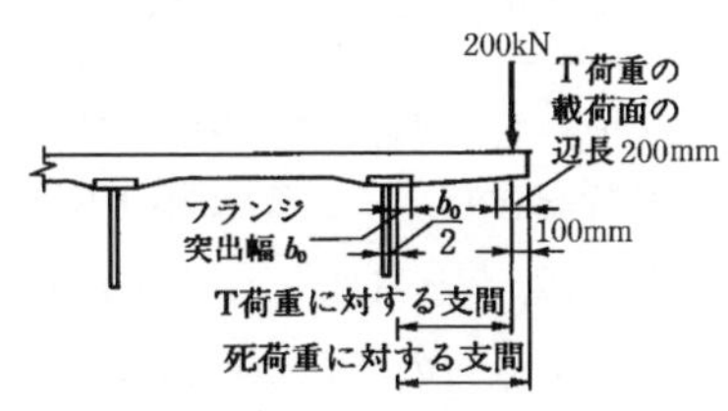

(b)　主鉄筋が車両進行方向に平行な場合

図-11. 2. 2　片持版の支間

(4) 鋼桁で支持されたプレストレストコンクリート床版及び鋼コンクリート合成床版における床版の支間は，1)及び2)のとおりとする。

1) 単純版及び連続版の支間は，主鉄筋の方向に測った支持桁の中心間隔とする。

2) 片持版の支間は，支点となる桁の中心位置から主鉄筋の方向にそれぞれ図-11.2.2に示すように測った値とする。

(3) 条文中の，主鉄筋の方向に測るの意味は，例えば，斜橋の場合に図-解11.2.1に示すように支間をとる意味である。

また，橋軸直角方向におけるT荷重の載荷位置は，I編8.2に示しているように車道部分の端部より250mmまでであることから，主鉄筋が車両進行方向に直角な場合の片持版のT荷重に対する支間も図-11.2.2(a)のようにとることにしている。

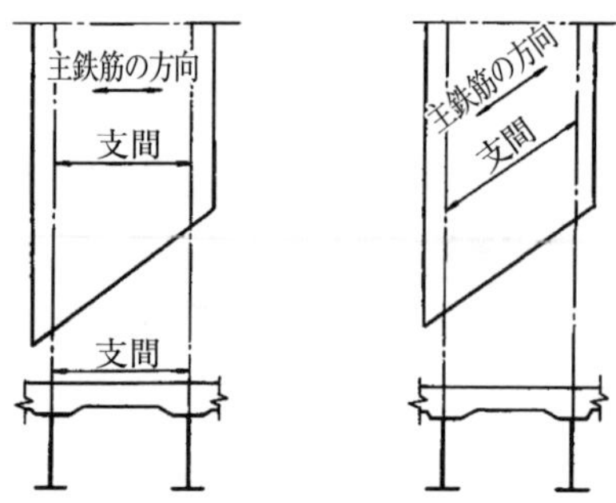

図-解11.2.1　斜橋の床版の支間

(4) 単純版の支間が4m及び片持版の支間が1.5m以下の場合は，(3)によることができる。

11.2.3　床版の設計曲げモーメント

(1) B活荷重で設計する橋においては，I編8.2に規定するT荷重（衝撃の影響を含む）による床版の単位幅（1m）あたりのT荷重による曲げモーメントは，表-11.2.1に示す式で算出する。ただし，床版の支間が車両進行方向に直角の場合の単純版，連続版及び片持版の主鉄筋方向の曲げモーメントは，表-11.2.1により算出した曲げモーメントに，表-11.2.2又は表-11.2.3の割増係数を乗じた値とする。

(2) A活荷重で設計する橋においては，曲げモーメントは，表-11.2.1に示す式で算出した値を20%低減した値としてよい。

表-11.2.1 T荷重(衝撃を含む)による床版の単位幅(1m)あたりの曲げモーメント (kN·m/m)

床版の区分	曲げモーメントの種類		構造	床版支間の方向／曲げモーメントの方向／適用支間(m)	車両進行方向に直角		構造	床版支間の方向／曲げモーメントの方向／適用支間(m)	車両進行方向に平行	
					主鉄筋方向の曲げモーメント	配力鉄筋方向の曲げモーメント			主鉄筋方向の曲げモーメント	配力鉄筋方向の曲げモーメント
単純版	支間曲げモーメント		RC (PC, 合成)	$0<L\leqq 4$ $(0<L\leqq 8)$	$+(0.12L+0.07)P$	$+(0.10L+0.04)P$	RC (PC)	$0<L\leqq 4$ $(0<L\leqq 6)$	$+(0.22L+0.08)P$	$+(0.06L+0.06)P$
連続版	支間曲げモーメント	中間支間	RC (PC, 合成)	$0<L\leqq 4$ $(0<L\leqq 8)$	+(単純版の80%)	+(単純版の80%)	RC (PC)	$0<L\leqq 4$ $(0<L\leqq 6)$	+(単純版の80%)	+(単純版と同じ)
		端支間							+(単純版の90%)	+(単純版と同じ)
	支点曲げモーメント	中間支点	RC, PC, 合成	$0<L\leqq 4$	−(単純版の80%)	−	RC (PC)	$0<L\leqq 4$ $(0<L\leqq 6)$	−(単純版の80%)	−
			PC, 合成	$4<L\leqq 8$	$-(0.15L+0.125)P$					
片持版	支点曲げモーメント		RC, PC, 合成	$0<L\leqq 1.5$	$\frac{-P\cdot L}{(1.30L+0.25)}$	−	RC (PC)	$0<L\leqq 1.5$ $(0<L\leqq 3.0)$	$-(0.70L+0.22)P$	−
			PC, 合成	$1.5<L\leqq 3.0$	$-(0.60L-0.22)P$					
	先端付近曲げモーメント		RC (PC, 合成)	$0<L\leqq 1.5$ $(0<L\leqq 3.0)$	−	$+(0.15L+0.13)P$	RC (PC)	$0<L\leqq 1.5$ $(0<L\leqq 3.0)$	−	$+(0.16L+0.07)P$

ここに，RC　：鉄筋コンクリート床版及びPC合成床版

PC　：プレストレストコンクリート床版

合成　：鋼コンクリート合成床版

注) コンクリート桁に支持された床版はⅢ編9.2.3の規定による

L　：11.2.2に規定するT荷重に対する床版の支間 (m)

P　：Ⅰ編8.2に規定するT荷重の片側荷重 (100kN)

表-11.2.2 床版の支間方向が車両進行方向に直角な場合の単純版及び連続版の支間方向曲げモーメントの割増係数

支間 L (m)	$L\leqq 2.5$	$2.5<L\leqq 4.0$	$4.0<L\leqq 8.0$
割増係数	1.0	$1.0+(L-2.5)/12$	$1.125+(L-4.0)/26$

ここに，L：11.2.2に規定するT荷重に対する床版の支間 (m)

表-11.2.3　床版の支間方向が車両進行方向に直角な場合の片持版の支間方向曲げモーメントの割増係数

支間 L (m)	$L \leqq 1.5$	$1.5 < L \leqq 3.0$
割増係数	1.0	$1.0+(L-1.5)/25$

ここに，L：11.2.2 に規定するＴ荷重に対する床版の支間（m）

(3)　等分布死荷重による床版の単位幅（1m）あたりの曲げモーメントは，表-11.2.4 に示す式で算出してよい。ただし，プレストレストコンクリート床版が鋼桁に支持される場合には，等分布死荷重による床版の単位幅（1m）あたりの曲げモーメントは，支持桁の拘束条件を考慮して算出しなければならない。

表-11.2.4　等分布死荷重による床版の単位幅（1m）あたりの曲げモーメント（kN･m/m）

床版の区分	曲げモーメントの種類		主鉄筋方向の曲げモーメント	配力鉄筋方向の曲げモーメント
単純版	支間曲げモーメント		$+wL^2/8$	無視してよい
片持版	支点曲げモーメント		$-wL^2/2$	
連続版	支間曲げモーメント	端支間	$+wL^2/10$	
		中間支間	$+wL^2/14$	
	支点曲げモーメント	2 支間の場合	$-wL^2/8$	
		3 支間以上の場合	$-wL^2/10$	

ここに，L：11.2.2 に規定する死荷重に対する床版の支間（m）

w：等分布死荷重（kN/m²）

(4)　床版を支持する桁の剛性が著しく異なり，そのために生じる付加曲げモーメントの大きさが無視できない場合には，床版を支持する桁の剛性の相違を考慮して，曲げモーメントを算出しなければならない。付加曲げモーメントの算出にあたって，A 活荷重で設計する橋については，付加曲げモーメントの値を 20%低減してよい。

(5)　床版にプレストレスを導入する場合においては，プレストレッシングにより生じる不静定力を考慮することを原則とする。ただし，不静定曲げモーメントが小さくなるように PC 鋼材を配置する場合には，この不静定曲げモーメントを無視することができる。

(1)(2)　この条文は，床版を支持する桁が大きな不等沈下を起こさない場合の等方性版の主鉄筋方向及び配力鉄筋方向のＴ荷重及び衝撃による曲げモーメントを示したものである。

なお，この条は，荷重係数等を考慮しない活荷重の特性値に相当する曲げモーメントを規定したものであり，設計状況として考慮するいわゆる設計曲げモーメントとするにはこれらに荷重係数等を適切に考慮する必要がある。なお，11.5 に規定される疲労に対する耐久性能の照査にあたっては，この条で規定される曲げモーメントを式（11.5.3）におけるT荷重による曲げモーメントM_{TL}として用いればよく，荷重係数を考慮しなくてよい。

主鉄筋方向の曲げモーメント及び配力鉄筋方向の曲げモーメントとは，それぞれ主鉄筋及び配力鉄筋に直角な床版断面に作用する曲げモーメントを意味している。

床版は，自動車輪荷重を直接支持するため，その疲労耐久性は輪荷重の大きさと頻度，すなわち大型の自動車の重量と走行台数の影響を大きく受ける。B 活荷重で設計する橋では，床版の支間が車両の進行方向に直角な場合の支間方向の曲げモーメントを算出するにあたって，床版支間の長さに応じて表-11.2.2 又は表-11.2.3 に示す割増係数を乗じることとしている。

A 活荷重で設計する橋は，一般に大型の自動車の交通量が少ないため，上記の割増係数を考慮する必要はない。また，同じ理由から，A 活荷重で設計する橋では，表-11.2.1 に示す曲げモーメントを 20%低減してよいこととしている。

表-11.2.1 に示される曲げモーメント式は，単純版や片持版を対象とし，等方性版のたわみに関する理論計算を基に，これまでの示方書において定められていたものである。このとき，理論式を導いたときの仮定と実際の構造との違いや，床版を施工するときに生じる床版厚や配筋の誤差等を考慮して，理論値に対して 10～20%の安全を確保した式として規定されており，今回の改定でもこれを踏襲し規定されている。なお，連続版については単純版の計算結果を基にして近似的に値が定められている。鋼コンクリート合成床版とプレストレストコンクリート床版については，実橋での床版の適用実績や検討実績を考慮し，床版支間が車両進行方向に直角な場合のモーメントの適用支間が 6m から 8m に拡大されている。鋼コンクリート合成床版における車両進行方向に平行な曲げモーメント式は，適用床版支間について検討されていないため，適用範囲外となる。

なお，T 荷重により生じる曲げモーメントを表-11.2.1 に示す式で算出する場合には，I 編 8.2 に規定される車両の隣り合う車軸を 1 組の集中荷重に置き換えた荷重（200kN）の 1 載荷面当たりの荷重（100kN）を T 荷重として与えればよい。

(3) この条は，荷重係数等を考慮しない死荷重の特性値に相当する曲げモーメントを規定したものであり，設計状況として考慮するいわゆる設計曲げモーメントとするにはこれらに荷重係数等を適切に考慮する必要がある。なお，11.5 に規定される疲労に対する耐久性能の照査にあたっては，この条で規定される曲げモーメントを式（11.5.3）における死荷重による曲げモーメントM_{DL}として用いればよく，荷重係数を考慮しなくてよい。

通常，活荷重による曲げモーメントの方が死荷重による曲げモーメントより大きいこと，1 方向版においては死荷重による配力鉄筋方向の曲げモーメントは主鉄筋方向の曲げモーメントのポアソン比分（鉄筋コンクリートでは1/6倍）しか生じないことから，配力鉄筋方向については死荷重による曲げモーメントを無視してよいものとしている。

表-11.2.4に規定する等分布死荷重による床版の単位幅（1m）あたりの曲げモーメントは，単純版及び連続版の曲げモーメントに片持版の支間の変化による影響や支持桁等の拘束による影響を考慮していない。鉄筋コンクリート床版，鋼コンクリート合成床版及びPC合成床版では，これによることにより床版を安全に設計することができるが，プレストレストコンクリート床版では，このほか付属物等による死荷重とプレストレス力の組合せによっては支間中央の上面に引張応力が発生することがあるので，単位幅（1m）あたりの死荷重による曲げモーメントは支持桁の拘束条件を考慮して算出する。支持桁の拘束条件を考慮して算出する方法には，例えば支持桁の拘束条件を適切にモデル化して算出する方法や桁に支持される床版を奥行き1m幅の連続ばりとしてモデル化し支持点の回転を拘束する場合と拘束しない場合の両方で算出し，いずれか大きい方の値を用いる方法がある。

(4) 床版が3本以上の桁で支持されている場合，各桁の間で不等沈下が生じて，橋の横断面内における各桁の間でのたわみの分布が直線的でなくなると，そのたわみ差のために床版に曲げモーメントが生じる。この項の(1)から(3)までに規定される床版の曲げモーメントは，床版を支持する桁の不等沈下はないという仮定のもとに求められたものである。床版を支持する桁の不等沈下は，支持桁の本数，支間，間隔，剛性等の要因が影響する。

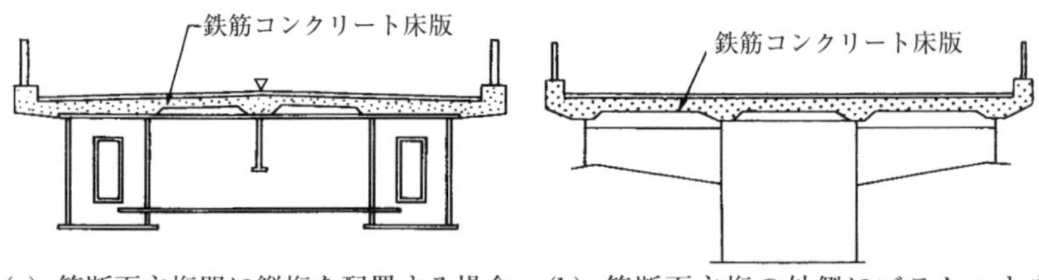

(a) 箱断面主桁間に縦桁を配置する場合　(b) 箱断面主桁の外側にブラケットを設けて縦桁を配置する場合

図-解 11.2.2　床版に付加曲げモーメントが生じる形式の例

I桁が並列され，各桁の高さがほぼ等しい橋においては，13.8.2に示す荷重分配横桁を配置し，3.8.2に規定するたわみの値を満たしていれば，支持桁の不等沈下による影響は小さく，これを無視してよいが，図-解11.2.2のように，剛性の著しく異なる桁で床版が支持されている場合は，不等沈下の影響は無視できない大きさとなる。

箱形断面主桁に縦桁を配置する場合の付加曲げモーメントの算定は，巻末に示す付録1を参考にするのがよい。このとき，巻末の付録1は平成5年改定以前のT-20荷重に基づく付加曲げモーメントの算定図表であるので，これらの算定図表を用いて付加曲げモーメントを求める場合には，A活荷重で設計する橋についてはこのまま用いてよいが，

B 活荷重で設計する橋については算定図表から求められる値を1.25倍した値を付加曲げモーメントとされている。また，I形断面の鋼桁，トラスに縦桁を配置する場合の付加曲げモーメントについては文献6)及び文献7)を参考にしてもよい。

なお，これらの付加曲げモーメントは，作用の特性値に相当する断面力を示したものであり，設計状況として考慮する付加曲げモーメントとしてはこれらに荷重係数等を適切に考慮する必要がある。なお，付加曲げモーメントの影響が大きくなる自動車荷重の載荷条件と，不等沈下の影響以外の通常の床版作用に対して影響が大きくなる自動車荷重の載荷条件は必ずしも一致しないが，多様な橋梁構造や車線位置の設定に対して安全側となるよう，付加曲げモーメントには活荷重に対する荷重係数及び荷重組合せ係数を乗じることが基本である。

(5) プレストレストコンクリート床版では，PC 鋼材の偏心量等によって大きな不静定力が生じることがあるので，プレストレッシングに伴う二次力を不静定力として適切に評価することが原則とされている。

ただし，不静定力が小さくなるようにPC 鋼材を配置する場合にはこの影響を省略してもよい。例えば，支間の小さい床版の場合には，PC 鋼材の偏心量を小さくして，床版の図心近くにこれを配置して，軸方向力のみが作用するように設計するのがよい。プレストレス力の計算は，支持桁による床版の圧縮や回転等の弾性変形に対する拘束が無視できると判断される場合は，支持桁に支持されるはりとして行ってよいが，支持桁の鉛直補剛材や横桁等により床版の弾性変形が拘束される場合には，プレストレスによる不静定力により支持桁と床版の間に大きな曲げモーメントが発生したり，プレストレスによる圧縮応力が床版に導入されにくい場合があるのでこれらを適切に評価して設計計算を行う必要がある。

更に，プレストレスにより鋼桁には橋軸方向に不均一な横方向力が作用する等，鋼桁に対する影響にも注意が必要である。

11.2.4 床版の最小全厚

(1) 床版の厚さは，設計耐久期間における耐荷性能が確保されるように決定する。

(2) (3)及び(4)に従い，かつ，11.5(2)から11.5(6)による場合には，(1)を満足するとみなしてよい。

(3) 鉄筋コンクリート床版，プレストレストコンクリート床版，鋼コンクリート合成床版及びPC 合成床版の車道部分の床版の最小全厚は160mm

とする。
(4) 歩道部分の床版の最小全厚は 140mm とする。

(1) 鉄筋コンクリート床版の最小全厚については，昭和 31 年の鋼道路橋設計示方書で初めて規定されるようになり，その後，昭和 40 年頃鉄筋コンクリート床版の損傷が問題となったため，規定の最小床版厚を引き上げたほか，設計輪荷重，曲げモーメント，大型の自動車交通量に対する割増し，鉄筋の許容応力度，配力鉄筋等の規定の見直しを行っている。この項の規定はこれらの経緯や考慮すべき要因とその影響を考慮して規定されている。なお，この示方書では，部材ごとに設計耐久期間を定めて，その期間，当該部材の耐荷性能が保持されるように設計することを求めている。

(3) 鉄筋コンクリート床版の損傷は，大型の自動車の影響，コンクリートの材料や施工の影響等が複合して生じ，簡易な試験や解析によって評価することは難しいのが実態である。そのため，安易に床版の最小全厚を小さくするような設計をしてはならない。プレストレストコンクリート床版，鋼コンクリート合成床版及び PC 合成床版についても同様である。

(4) 歩道部についても，床版の施工性を考えて最小全厚を定めている。

11.2.5 底鋼板及び PC 板の最小板厚

(1) 鋼コンクリート合成床版の底鋼板の最小板厚は，5.2.1によるとともに，コンクリート重量による鋼板のたわみ，疲労損傷，溶接時の変形，製作時の取扱い及び施工性を考慮して決定する。
(2) PC 合成床版における PC 板の最小板厚は，コンクリート重量による PC 板のたわみ，PC 鋼材の配置と緊張時の変形及び施工時を考慮して決定する。

(1) 鋼コンクリート合成床版の一部として合成作用を期待する底鋼板の最小板厚は，形鋼やずれ止めと一体となり，本条に規定される事項に対して機能すること，6 章及び 7 章に従い腐食に対して配慮することを前提とすると，6mm 以上とすることが標準である。

(2) PC 合成床版の一部として合成作用を期待する PC 板の最小板厚は，PC 鋼材とコンクリートが一体となって，本条に規定される事項に対して機能することを前提とすると，70mm 以上とすることが標準である。また，架設時に単純梁の状態で場所打ち床版のコンクリート荷重や作業荷重が作用するが，PC 鋼材の配置にあたっては偏心量を大きくして過大なそりが生じないように配慮する必要がある。

11.2.6　コンクリートの設計基準強度

> 床版のコンクリートの設計基準強度 σ_{ck} は，14.3.2の規定による。

床版に用いるコンクリートの設計基準強度は14.3.2によることとされている。なお，鋼コンクリート合成床版の設計基準強度は，過去の実績を踏まえるとともに，材料の経時変化に対する抵抗性に配慮して決める必要があり，下限値を30N/mm^{2}以上とすることが標準である。また，コンクリートの乾燥収縮等の影響を緩和する目的で，膨張材を使用することが標準である。このとき，単位膨張材量は，コンクリートの初期の収縮を補償することを目的として20kg/m^{3}から30kg/m^{3}程度となることが一般的である。PC合成床版のPC板の場合は設計基準強度を50N/mm^{2}以上，場所打ち床版の設計基準強度を30N/mm^{2}以上とすることが標準である。

11.2.7　鉄筋の種類及び配置

> (1)　鉄筋には異形棒鋼を用いるものとし，その直径は13，16，19mmを原則とする。ただし，プレストレストコンクリート床版及び鋼コンクリート合成床版においては直径22，25mmを用いてよい。
>
> (2)　鉄筋のかぶりは30mm以上とする。
>
> (3)　鉄筋の中心間隔は100mm以上でかつ300mm以下とする。ただし，引張主鉄筋の中心間隔は床版の全厚を超えてはならない。
>
> (4)　鉄筋コンクリート床版及びPC合成床版において断面内の圧縮側には，引張側の鉄筋量の少なくとも1/2の鉄筋を配置するのを原則とする。
>
> (5)　鉄筋コンクリート床版において連続版で主鉄筋を曲げる場合には，図-11.2.3に示すように支点から$L/6$の断面で曲げなければならない。ただし，床版の支間の中央部の引張鉄筋量の80%以上及び支点上の引張鉄筋量の50%以上は，それぞれ曲げずに連続させて配置しなければならない。ここに，Lは支持桁の中心間隔とする。

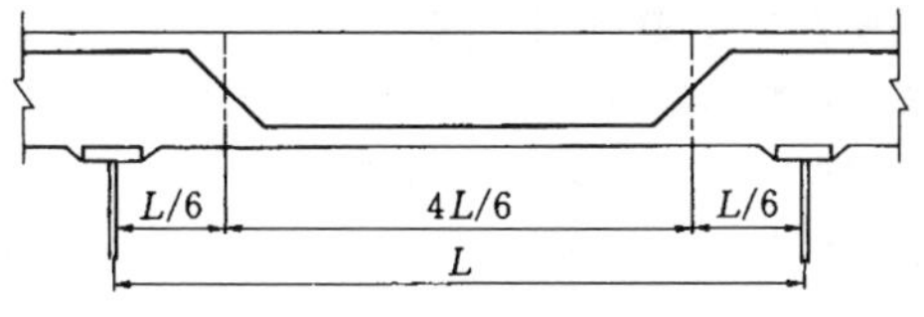

図-11.2.3　連続版の主鉄筋を曲げる位置

(6) 床版の配力鉄筋は床版の支間方向にその量を変化させて配置してよい。この場合，11.2.3 に規定する曲げモーメントに対して算出した配力鉄筋量に，表-11.2.5 の係数を乗じた鉄筋量を配置する。

表-11.2.5 配力鉄筋量を算出する係数　L：(m)

床版の支間が車両進行方向に直角な場合		床版の支間が車両進行方向に平行な場合	
連続版及び単純版	歩道のない片持版	連続版及び単純版	片持版
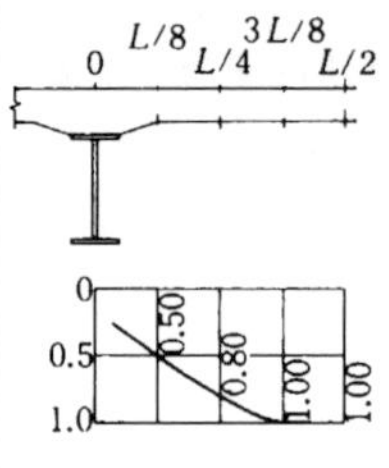 0 L/8 L/4 3L/8 L/2 0 0.5 1.0 0.50 0.80 1.00 1.00	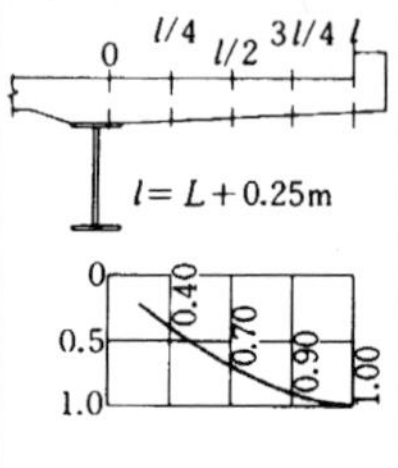 0 l/4 l/2 3l/4 l l = L + 0.25m 0 0.5 1.0 0.40 0.70 0.90 1.00	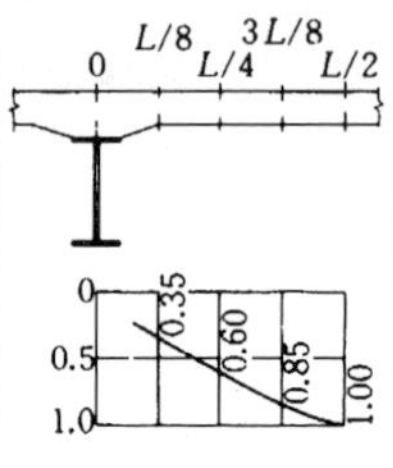 0 L/8 L/4 3L/8 L/2 0 0.5 1.0 0.35 0.60 0.85 1.00	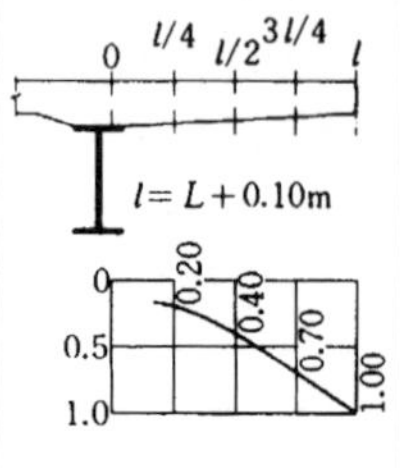 0 l/4 l/2 3l/4 l l = L + 0.10m 0 0.5 1.0 0.20 0.40 0.70 1.00

(7) プレストレストコンクリート床版のプレストレス導入方向には，直径13mm 以上の異形棒鋼を配置し，その中心間隔は，300mm 又は床版の全厚の小さい方の値以下でなければならない。

(1) 鉄筋径については，太径の鉄筋を用いるとひび割れ幅が大きくなり好ましくないので，鉄筋の最大径について規定されている。また，あまり細い鉄筋を用いると施工中に曲がることもあるため，鉄筋の最小径が規定されている。なお，桁端部の床版においては配筋が困難な場合には直径 22mm を用いてよい。

プレストレストコンクリート床版及び鋼コンクリート合成床版においては，設計の実態を考慮し，連続桁中間支点の床版作用と主桁作用の重ね合わせ応力度の低減やひび割れ制御のために鉄筋応力度の低減を目的として，直径 25mm の鉄筋を用いてよいものとしている。

(2) 鉄筋が十分な付着強度を発揮するため，また，鉄筋が腐食するのを防ぐためには，鉄筋をコンクリートで十分に包み込むことが必要である。

鉄筋のかぶりが薄すぎると，鉄筋に沿ってコンクリートにひび割れが生じる事例が多いこと及び施工誤差を考慮して，かぶりの最小値を与えている。

床版の重要性，交通量，維持管理の難易及び腐食に対する環境等を考慮して使用する鉄筋の防せい防食が図れるようにするのが望ましい。これらの方法には，鉄筋に発生する引張応力度を低減する方法，引張強度の高いコンクリートを用いる方法，鉄筋自体に防せい防食の措置を施す方法等が考えられるが，これら効果の定量的な把握が困難なので十分に検討して実施するのがよい。

なお，海岸線付近にあって波しぶきや潮風の影響を受ける床版のかぶりについては，Ⅲ編 6.2 の規定により別途塩害に対する部材の設計を行う必要がある。また，近年，路面に散布する凍結防止剤由来の塩分の床版内への浸入に起因し，塩害が生じた事例が報告されている。このため，橋の供用環境における将来的な凍結防止剤の散布状況から，塩害の可能性を考慮してかぶりを設定することも有効である。

(3) 鉄筋の間隔があまり小さいと，コンクリートの施工品質が十分に管理されないおそれがあるので，鉄筋の最小間隔についての規定を設けている。

また，輪荷重が集中的に作用する床版の場合に，鉄筋間隔があまり大きいと押抜きせん断等に対する強度が低下するので，鉄筋の最大間隔についての規定を設けている。

(4) 設計において考慮したものと逆向きの曲げモーメントが作用するという予期しない場合にも，鉄筋コンクリート床版及び PC 合成床版にある程度の抵抗を与える目的から，鉄筋は圧縮側にも引張側の 1/2 以上を配置するように規定している。

(5) この項は鉄筋コンクリート床版における連続版の主鉄筋の曲げ上げ位置及び曲げ上げないで連続して配置すべき鉄筋量を規定したものである。曲げ上げ位置は，無限連続ばりの T 荷重による正及び負の最大曲げモーメント図において，正と負の曲げモーメントの絶対値が等しくなる位置としている。

曲げ上げ位置における正の曲げモーメントは，版計算によると支間中央の曲げモーメントの 80% 近い値であるので，支間中央部の引張主鉄筋量の 80% 以上の鉄筋量を曲げ上げ位置を超えて連続させて配置することとしている。また，曲げ上げ位置における負の曲げモーメントは，支点上の曲げモーメントの 15% 程度であるので，支点上の鉄筋量の 50% 以上を曲げ下げないで連続させて配置すればよいとしている。

なお，PC 合成床版の場所打ち床版部の床版支間方向は，PC 板先端部位置での負の曲げモーメントに対する鉄筋が必要になるため，正の曲げモーメントに抵抗する上側鉄筋は折り曲げずに直鉄筋としてよい。

(6) 配力鉄筋量をその支間内のモーメントの分布に従って変化させて配置すれば，鉄筋量を減少させることができる。配力鉄筋の設計に便利なようにこの規定を設けている。数値は表-11.2.1 の設計式を求めるときに基本とした最大曲げモーメントの値と $L/4$ 点における最大曲げモーメントの値とから最大曲げモーメント図を描いて定めている。

なお，これらの検討は単純版について行われたものであるが，連続版にもこれを適用する。

(7) 一方向にプレストレスを導入したプレストレストコンクリート床版はプレストレスを導入する方向以外は鉄筋コンクリート部材となることから，活荷重や乾燥収縮等の影響によるひび割れの発生が懸念される。したがって，これらの発生を防止するために条文に従って配筋する必要がある。

11.2.8 PC 鋼材の配置

(1) プレストレストコンクリート床版の PC 鋼材は，床版に一様にプレストレスが導入されるように配置しなければならない。

(2) 斜橋の支承部付近における床版の支間方向の PC 鋼材は，支承線方向に配置する。

(1) 床版に一様にプレストレスが導入されないと，プレストレスによる二次的な曲げモーメント及びせん断力が生じ，複雑な応力状態となる。したがって，床版に一様にプレストレスが導入されるように PC 鋼材の定着間隔等を定める必要がある。プレストレスはⅢ編に示すように，PC 鋼材定着位置から分布して床版に導入されるので，PC 鋼材の配置は，PC 鋼材定着具の大きさのほかに，この分布幅を考慮して，設計断面でのプレストレスが過大又は過小とならないように，かつ二次応力の発生及び施工性に注意して行う必要がある。

(2) 斜橋の支承部付近は，斜橋の影響を受けるので，支承線方向に PC 鋼材を配置することとしている。

11.2.9 鋼コンクリート合成床版のずれ止め並びに補強材の形状及び配置

鋼コンクリート合成床版の底鋼板とコンクリートのずれ止め，補強材の形状及び配置は1)から3)を満足しなければならない。

1) ずれ止め及び補強材は，製作性及び施工性を考慮した形状とする。

2) ずれ止め及び補強材は，曲げモーメントの算出及び輪荷重による繰返し載荷に対する応力の算出において平面保持が成立しているとみなせるとともに，床版が等方性版とみなせるように配置する。

3) ずれ止め及び補強材は，コンクリートが確実に充てんできる構造となるように配置する。

1) 鋼コンクリート合成床版では，底鋼板とコンクリートにずれが生じないように，底鋼板とコンクリートとの界面に発生する水平力に抵抗できるずれ止めが配置される。また，コンクリート打設時に底鋼板が変形し，耐久性の前提に影響を与えるひび割れがコンクリートに生じないように，必要に応じて補強材を設けることが標準となっている。これらのずれ止め及び補強材は溶接品質の確保などに配慮した形状であるとともに床版コンクリートが適切に打設できるなどの施工性にも十分配慮した形状であることが求められる。なお，補強材の高さや配置について，コンクリートかぶりや鉄筋との位置関係に留意し，補強材の端部等で応力集中に起因したコンクリート内部でのひび割れが生じないように構造を決定する必要がある。

2) コンクリートを充てんし，ずれ止めと補強材と底鋼板を一体化した状態で，曲げ作用時に断面の平面保持が成立しかつ等方性版とみなせるように，ずれ止めと補強材を配置した構造とする必要がある。これは，11.2.3 に規定されるように等方性版として設計することを前提としていることによる。

3) 鋼板パネルには底鋼板にずれ止めや補強材が密に配置されるため，ずれ止め及び補強材の構造や配置はコンクリートが確実に充てんできるものとなっている必要がある。このため，必要に応じてコンクリートの充てん試験等により，施工に先立ち確認することも検討する必要がある。

11.2.10 底鋼板の継手

> 鋼コンクリート合成床版の底鋼板どうしの継手部は，一般の床版部と同等の耐荷性能及び耐久性能を有していなければならない。

鋼コンクリート合成床版で，底鋼板を鉄筋コンクリート断面と一体で挙動させ，底鋼板に構造的な剛性を期待する場合の鋼板パネルの継手には，主に鉄筋継手と高力ボルト継手の2種類が用いられている。床版作用としての配力鉄筋方向の曲げモーメントによる引張力は，鉄筋継手では鉄筋により，高力ボルト継手では底鋼板と添接板によりそれぞれ応力伝達する。底鋼板の継手は，床版一般部と同等の耐荷性能を有する必要がある。

11.2.11 PC 合成床版のずれ止めの形状及び配置

> PC 合成床版の PC 板と場所打ちコンクリートのずれ止めの形状及び配置は1)から3)を満足しなければならない。
>
> 1) ずれ止め及び補強材は，製作性及び施工性を考慮した形状とする。
>
> 2) ずれ止めは，曲げモーメントの算出及び輪荷重による繰返し載荷に対する応力の算出において平面保持が成立しているとみなせるとともに，床版が等方性版とみなせるように配置する。
>
> 3) 場所打ちコンクリートと接する PC 板の上面に設けるずれ止めは，図-11.2.4 に示すように床版の支間方向に所要のずれ止め効果が期待できる適当な凹凸を設けることを標準とする。

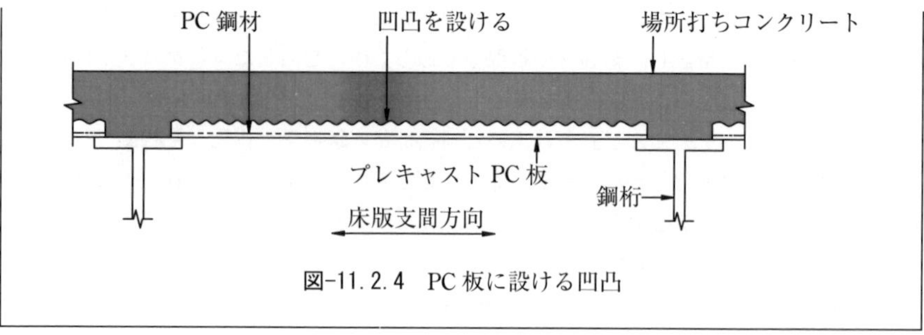

図-11.2.4　PC 板に設ける凹凸

1)　PC 合成床版のずれ止めは，PC 板と場所打ちコンクリートにずれが生じないようにするとともに，PC 板と場所打ちコンクリートとの界面に発生する水平力に抵抗できる構造とする必要がある。

2)　場所打ちコンクリートを打設し，PC 板と一体化した状態で，曲げ作用時に断面の平面保持が成立しかつ等方性版としてみなせる構造とする必要がある。これは，11.2.3に規定されるように等方性版として設計することを前提としていることによる。

3)　PC 板と場所打ちコンクリートを一体化させるために，既往の実験[4)]や実績を考慮して PC 板の上面に凹凸を設けることが標準とされている。例えば，文献 4)では，図-解 11.2.3 のように PC 鋼材方向に凹凸を設けて，その間隔は 40mm から 50mm とし，凹凸の段差は 4mm 程度としている。

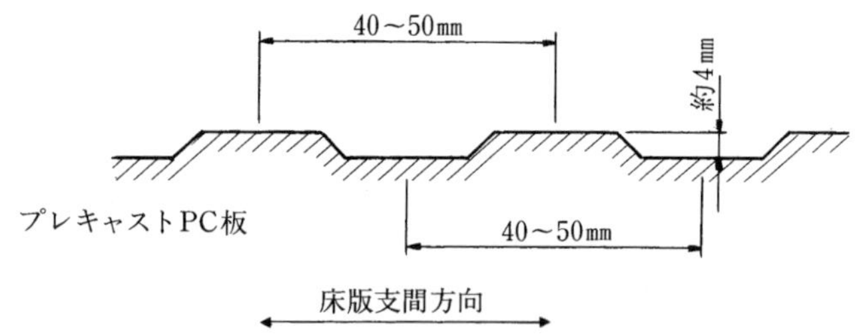

図-解 11.2.3　PC 板上面の形状の例

11.2.12　床版のハンチ

(1)　床版と支持桁との結合部は，応力が円滑に伝わる構造としなければならない。

(2)　床版には，支持桁上にハンチを設けるのを原則とする。

(3)　(4)から(5)による場合には，(1)を満足するとみなしてよい。

(4) 床版のハンチの傾斜を，1:3より緩やかにすることを標準とする。なお，1:3よりきつい場合は，図-11.2.5に示すように1:3までの厚さを床版として有効な断面とみなす。

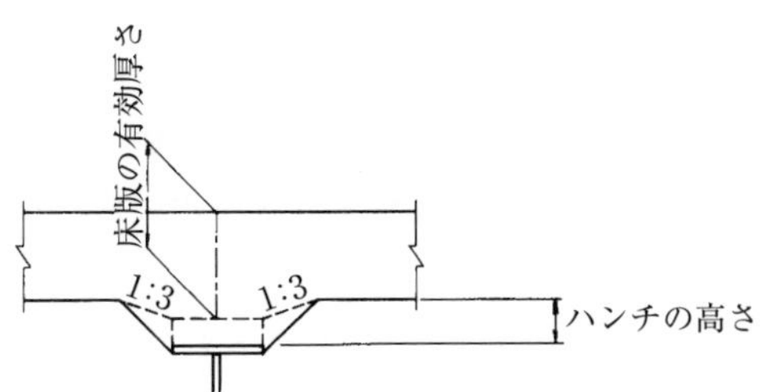

図-11.2.5　ハンチ部の床版の有効高さ

(5) 図-11.2.5に示すハンチの高さが80mm以上の場合には，ハンチ下面に沿って桁直角方向に用心鉄筋を配置するのが望ましい。この場合，用心鉄筋は直径13mm以上とし，その間隔はハンチの位置において支持桁に直角方向に配置された床版の下側鉄筋間隔の2倍以下とする。

(2) 床版作用により主桁付近の床版のコンクリートに生じる引張応力を減少させてひび割れの発生を防ぐため，また，ずれ止め付近の局部応力を拡散させるために，ハンチを設けることを規定している。なお，鋼コンクリート合成床版においては，ハンチ部の鋼板は，頭付きスタッド等の適切な方法でハンチ部のコンクリートと一体化するのが望ましい。

(4) 支持桁の上フランジが厚くなる場合のハンチは，図-解11.2.4 (a) に比べて (b) に示す構造の方が，ひび割れが生じにくく，局部応力も緩和される。

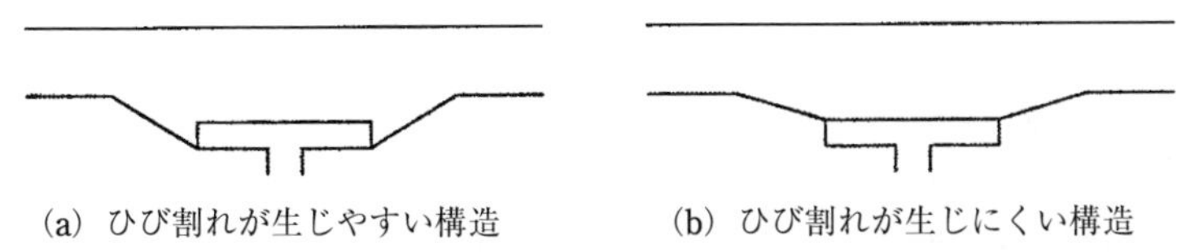

(a) ひび割れが生じやすい構造　　(b) ひび割れが生じにくい構造

図-解11.2.4　上フランジが厚い場合のハンチの構造

(5) 用心鉄筋については，11.2.7(5)の規定のため，床版の下側鉄筋間隔と同じ間隔で配置すると密になりすぎるので，床版の下側鉄筋間隔の2倍以下で配置する。このとき，用心鉄筋のコンクリートかぶりが薄くなることにより，用心鉄筋の腐食が生じないようにする必要がある。

11.2.13　桁端部の床版

(1)　桁端部の車道部分の床版は，十分な剛度を有する端床桁，端ブラケット等で支持することを標準とする。

(2)　桁端部の中間支間の床版を端床桁等で支持しない場合は，桁端部から床版支間の1/2の間の床版については，T荷重（衝撃を含む）による曲げモーメントとして，11.2.3に規定する値の2倍を用いる。なお，一般には，桁端部以外の中間支間の床版の必要鉄筋量の2倍の鉄筋を配置すればよい。

(3)　桁端部の片持部の床版を端ブラケット等で支持しない場合は，桁端部から死荷重に対する床版支間長の間の床版については，T荷重（衝撃を含む）による曲げモーメントとして，11.2.3に規定する値の2倍を用いる。なお，一般には，桁端部以外の片持部の床版の必要鉄筋量の2倍の鉄筋を配置すればよい。

(4)　桁端部の車道部分の床版は，床版の厚さをハンチ高だけ増し，斜橋の床版においては，更に補強鉄筋を配置するのを原則とする。

(1)　桁端部の車道部分の床版は，そこで連続性が断たれるので一般部の床版に比べて大きな曲げモーメントが生じる。有限要素法による解析結果によれば，桁端部の床版の主鉄筋方向の曲げモーメントは一般部のそれに比べて2倍程度となっている。また，桁端部には通常伸縮装置が設けられ，その付近の不陸によって自動車荷重による大きな衝撃が桁端部の床版に作用しやすい。以上のことから桁端部の車道部分の床版は他の部分の床版に比べて破損しやすいので，十分な剛度を有する端床桁，端ブラケットで支持するのがよい。

端床桁，端ブラケットの形式は数種類考えられるが，図-解 11.2.5(a)，(b)に示す形式を用いて桁端部の床版を支持し，一般部の床版と同等の曲げモーメントになるときの端床桁，端ブラケットの剛度は，図-解 11.2.6(a)，(b)，(c)に示すとおりである。これ以上の剛度を有する端床桁，端ブラケットで桁端部の床版を支持する場合には，一般部の床版と同じ曲げモーメントを用いて桁端部の床版を設計してよい。

端床桁，端ブラケットの剛度が図-解 11.2.6 に示す値を多少下回る場合でも，桁端部の床版が①床版厚が主桁のハンチ高だけ増厚されていること，②単位幅当りの鉄筋量が一般部の床版と同等以上に配置されていることの2点を満たしていれば厳密な検討を行わなくてもよい。

端床桁，端ブラケットの剛度が極端に小さい場合には，曲げモーメントの増加を考慮して桁端部の床版を設計する。

桁端部の床版を，端床桁，端ブラケット等で支持できない場合は，(2)，(3)に基づいて設計する。

(a) 端床桁の形式　(b) 端ブラケットの形式

図-解 11.2.5　端床桁，端ブラケットの形式

(4) 桁端部の床版は，床版厚さを主桁のハンチ高だけ増し，斜橋の床版においては，更に補強鉄筋を配置するのを原則としている。また，単位幅当たりの鉄筋量は，一般部の床版の単位幅当たりの鉄筋量と同じ又はそれ以上とるのが望ましい。

なお，桁端部の床版増厚部分の長さは，式（解 11.2.1）及び式（解 11.2.2）を参考に求めるのがよい。

鋼桁との合成効果を考慮しない設計をする場合の主桁の端部及び縦桁の端部

$$L_E=\frac{1}{2}L \quad \text{又は，} L_E=\frac{1}{2}L' \quad \cdots\cdots \text{（解 11.2.1）}$$

鋼桁との合成効果を考慮した設計をする場合の主桁の端部

$$L_E=\frac{2}{3}L \quad \text{又は，} L_E=\frac{2}{3}L' \quad \cdots\cdots \text{（解 11.2.2）}$$

ここに，L_E ：桁端部の床版増厚部分の長さ

L ：橋軸直角方向の床版支間長

L' ：支承線に平行な床版支間長

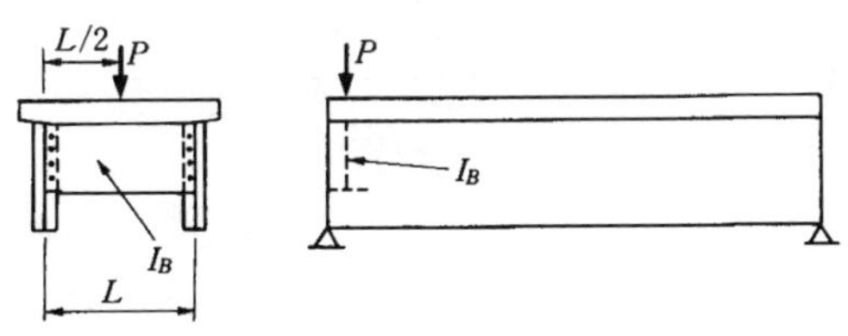

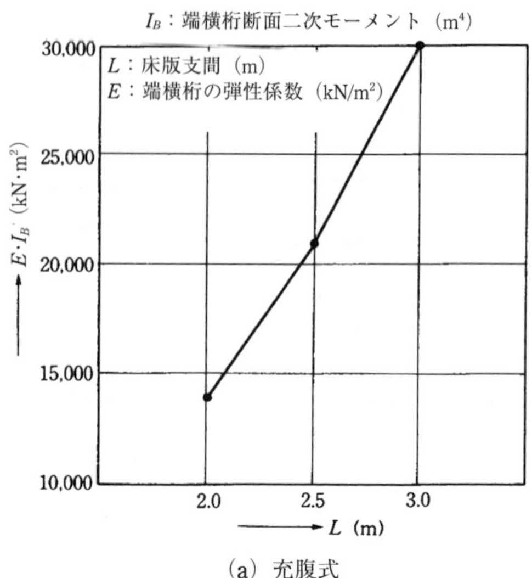

（a）充腹式

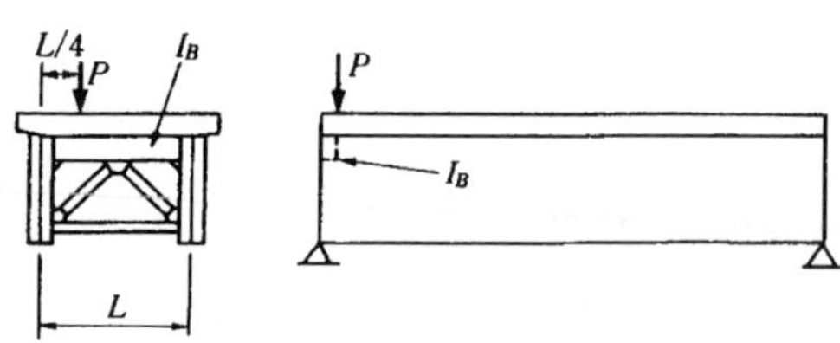

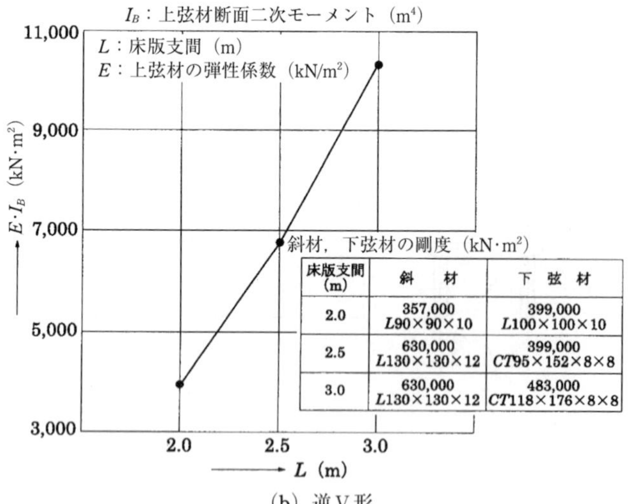

床版支間 (m)	斜　材	下 弦 材
2.0	357,000 L90×90×10	399,000 L100×100×10
2.5	630,000 L130×130×12	399,000 CT95×152×8×8
3.0	630,000 L130×130×12	483,000 CT118×176×8×8

（b）逆Ｖ形

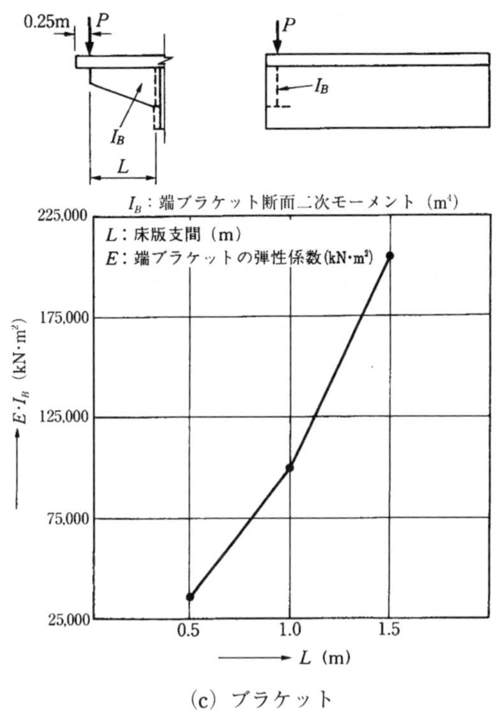

(c) ブラケット

図-解 11.2.6　桁端部における端床桁，端ブラケットの剛度

11.3　コンクリート系床版の限界状態 1

11.3.1　曲げモーメントを受ける床版

(1)　曲げモーメントを受ける床版が，(2)から(4)による場合には，限界状態 1 を超えないとみなしてよい。

(2)　床版に生じる曲げモーメントが，(3)又は(4)による制限値を超えない。ただし，T 荷重及び死荷重による曲げモーメントの算出には，11.2.3 の規定による曲げモーメントを特性値として用いる。

(3)　鉄筋コンクリート床版，鋼コンクリート合成床版及び PC 合成床版の鉄筋コンクリート断面に生じる曲げモーメントの制限値はⅢ編 5.5.1(3)の規定による。

(4) プレストレストコンクリート床版及びPC合成床版のPC板に生じる応力度の制限値はⅢ編5.6.1(3)の規定による。

(2)(3)(4) 曲げモーメントを受けるコンクリート系床版では，鉄筋コンクリート断面で引張側鉄筋が降伏に至る状態や，プレストレストコンクリート断面で引張応力が生じた場合の全断面有効とみなせる限界の状態が，それぞれ限界状態1として考えられる。

これらについて，この規定では，11.2.3における曲げモーメントを特性値とし，これにⅠ編の荷重組合せ係数及び荷重係数を乗じて算出した曲げモーメントがⅢ編の5.5.1(3)又は5.6.1(3)に基づき算出する制限値を超えないことを満足すれば，床版として限界状態1を超えないとみなしてよいとされている。

床版は版構造であり，輪荷重の載荷に対しては2方向の荷重分配効果を有している。対して，Ⅲ編5.5.1(3)及び5.6.1(3)の規定は，1方向に荷重を分担するコンクリート棒部材の耐荷力評価に用いるものである。11.2.3の規定により単位幅あたりの曲げモーメントが与えられていることから，Ⅲ編5.5.1(7)及び5.6.1(4)の規定に従い，床版の耐力を算出するには，床版を単位幅のはりとして扱い，棒部材として制限値を算出するとよい。

11.3.2 せん断力を受ける床版

押抜きせん断力を受ける床版が，11.4.2の規定を満足する場合には，限界状態1を超えないとみなしてよい。

床版に生じる押抜きせん断力が可逆性を有する限界の状態を，限界状態1と考えることができる。しかし，押抜きせん断力を受ける床版が押抜きせん断破壊に至る場合には，押抜き破壊がぜい性的な破壊であるため，可逆性の限界が明確でない。一方で，11.4.2の規定は，限界状態3に対する制限値は，限界状態1を超えないとみなせることも考慮して定められている。そのため，11.4.2の規定を満足すれば，限界状態1を超えないとみなしている。

11.3.3 せん断力を受けるずれ止め

(1) せん断力を受ける底鋼板やPC板とコンクリートのずれ止めが，(2)から(5)を満足する場合には，限界状態1を超えないとみなしてよい。
(2) 底鋼板とコンクリートのずれ止めに用いる材料はⅠ編9.1の規定による。
(3) 11.2.9を満足する。このとき，頭付きスタッドをずれ止めとして用いる場合には，14.5.1の規定による。PC板とコンクリートのずれ止めの構造細目は 11. 2. 11 の規定による。

(4) ずれ止めに生じる水平せん断力の算出においては，I 編 8. 2 に規定する T 荷重（衝撃を含む）を用いる。

(5) ずれ止めに生じる水平せん断力は式（11. 3. 1）により算出する。この水平せん断力が，(6)によるずれ止めの水平せん断力の制限値を超えない。

$$Q_d = \gamma_{pL} \cdot \gamma_{qL} \cdot Q_L \qquad (11.3.1)$$

ここに，Q_d：ずれ止めに生じる水平せん断力

Q_L：T 荷重（衝撃を含む）による水平せん断力

γ_{pL}：活荷重に乗じる荷重組合せ係数（＝1. 00）

γ_{qL}：活荷重に乗じる荷重係数（＝1. 25）

(6) (2)に規定する頭付きスタッドの場合の水平せん断力の制限値は，14. 6. 4 の規定により算出してよい。PC 板とコンクリートのずれ止めでは，ずれ止めのコンクリートのせん断伝達機構を考慮してずれ止めの水平せん断力の制限値を適切に設定する。

(1) 鋼コンクリート合成床版においては，底鋼板又は PC 板とコンクリートが一体となって挙動するように，コンクリートとの間に作用するせん断力に対して，ずれ止めが限界状態 1 を超えないように，十分な強度を有していなければならないことを規定したものである。

(2)(3) 底鋼板とコンクリートのずれ止めに使用する材料とその構成について規定されたもので，I 編 9. 1 に規定される使用材料を用いたずれ止めとし，構造細目は 11. 2. 9 の規定に従う必要がある。ずれ止めに頭付きスタッドを用いる場合には，14. 4 の構造詳細による。I 編 9. 1 に規定されている頭付きスタッド以外の構造をずれ止めに用いる場合には，ずれ止めとしての力学的挙動と耐力を明らかにしたうえで，それを適用できる前提条件としての材料仕様と底鋼板への接合方法等の構造詳細を検討する必要がある。頭付きスタッド以外のずれ止めには，ずれ止め自体が変形しない十分剛なずれ止めとして，孔あき鋼板や T 形鋼等を用いるものがある。PC 板とコンクリートのずれ止めの構造細目は，作用するせん断力に対して，PC 板とコンクリートの付着強度と PC 板の上面に図-解 11. 2. 3 に示すような形状の凹凸を設けるなどの加工により抵抗させることが標準であり，11. 2. 11 の規定による。

(4) ずれ止めの設計に用いる荷重は，I 編 8. 2 に規定される T 荷重に衝撃を考慮した荷重とされている。これは床版の設計荷重と合わせた規定であるが，11. 3. 1 で考慮するように曲げモーメント式が用意されていないため，ずれ止めに作用する水平せん断力を適切

な数値解析方法により算出し，(4)の規定での照査に用いる必要がある。このとき，ずれ止めに最も不利な水平せん断力を与える載荷位置とする。

(5)(6) 式（11.3.1）は，ずれ止めに作用する水平せん断力を示している。それに対して，ずれ止めの制限値を求め，限界状態を超えないことを照査することになる。ずれ止めの制限値はその形式によりそれぞれ異なることから，統一的な算定式は示されていない。また，PC板とコンクリートとのずれ止めについても，11.2.11により上面に凹凸を設ける場合，凹部の幅と凸部の幅の各寸法，凹凸の段差と凹凸の間隔の比率などによってせん断伝達能力が異なることから，統一的な評価方法がなく制限値は示されていない。ただし，ずれ止めとして11.2.9及び14.5.1に従う頭付きスタッドを用いる場合には，周辺コンクリートと一体となって抵抗する。この挙動は合成桁における頭付きスタッドと同じであり，14.6.4に規定される制限値を用いてよい。

ずれ止めとして頭付きスタッドを用いない場合には，別途，実橋の床版コンクリート断面内での底鋼板とコンクリートのずれ止めとしての挙動を再現した実験を実施するなどにより，適切に設計耐力を設定する必要がある。この場合に，下記について考慮する必要がある。

i） 実験では，床版内でずれ止めに生じる応力状態を再現した荷重条件と抵抗機構及び境界条件とすること。

ii） ずれ止めの構造寸法や，コンクリート材料の強度やヤング係数及び施工誤差を考慮した実験条件を設定すること。

iii） 耐力を評価する場合の実験結果の特性値は平均値とし，実験結果のばらつきを考慮し，実験結果の下限値又は非超過確率97.7%の値に基づき設計耐力を設定すること。

11.4 コンクリート系床版の限界状態3

11.4.1 曲げモーメントを受ける床版

(1) 曲げモーメントを受ける床版が，(2)から(4)による場合には，限界状態3を超えないとみなしてよい。

(2) 床版に生じる曲げモーメントが，(3)又は(4)による制限値を超えない。ただし，T荷重及び死荷重による曲げモーメントの算出には，11.2.3の規定による曲げモーメントを特性値として用いる。

(3) 鉄筋コンクリート床版，鋼コンクリート合成床版及びPC合成床版の鉄筋コンクリート断面に生じる曲げモーメントの制限値はⅢ編5.7.1(3)及び

(4)の規定による。

(4) プレストレストコンクリート床版及びPC合成床版のPC板に生じる曲げモーメントの制限値はⅢ編5.8.1(3)及び(4)の規定による。

(2)(3)(4) 曲げモーメントを受けるコンクリート系床版では，圧縮側の床版コンクリートで圧壊が生じる状態が限界状態3として考えられる。

この規定では，11.2.3における曲げモーメントを特性値とし，これにⅠ編の荷重組合せ係数及び荷重係数を乗じて算出した曲げモーメントが，床版を単位幅あたりのはりとしてⅢ編の5.7.1(3)(4)又は5.8.1(3)(4)に基づき算出する制限値を超えないことを満足すれば，床版として限界状態3を超えないとみなしてよいとされている。これは11.3.1の解説に示しているのと同様，床版の耐荷力について，コンクリート棒部材での耐荷力算出式により算出した制限値を用いてよいとされたものである。

11.4.2 せん断力を受ける床版

押抜きせん断力を受ける床版が，11.2.4の規定を満足する場合には，限界状態3を超えないとみなしてよい。

床版に生じる押抜きせん断力に対し，床版が耐荷力を喪失しない限界の状態を限界状態3と考えることができる。押抜きせん断力を受ける床版では，活荷重等による集中荷重の作用により，コンクリートに円すい状又は角すい状の斜めひび割れや局所的な変形が発生し，押し抜けるような破壊に至る。この示方書では，この状態を限界状態3と考えることとしている。

11.2.4の規定を満足して設計された床版は，コンクリートのみで押抜きせん断力を負担するとした状態で，Ⅲ編5.7.2並びに5.8.2の規定される押抜きせん断力に対する限界状態3を超えないとみなせる制限値に対して，十分な耐力の余裕度を有していることが確認されている。そのため，ここでは，11.2.4の規定を満足することで，活荷重によるせん断破壊に対して十分安全であるため，一般にせん断力に対して限界状態3を超えないとみなしている。

ただし，施工時などで供用時に一般に通行すると想定しているよりも大きな重量を有する車両を通行させる等の場合には，完成時点で床版に損傷等が残らないよう別途十分な検討を行う必要がある。

11.4.3　せん断力を受けるずれ止め

せん断力を受ける底鋼板やPC板とコンクリートのずれ止めが，11.3.3による場合には，限界状態3を超えないとみなしてよい。

11.3.3の解説(3)に示すのと同様に，ずれ止めの設計に用いる荷重は，Ⅰ編8.2に規定されるT荷重に衝撃を考慮した荷重とされている。また，11.3.3の解説(4)，(5)に示すのと同様に，PC板とコンクリートのずれ止めの制限値は示されておらず，底鋼板とコンクリートのずれ止めに11.2.9及び14.5.1に従う頭付スタッドを用いる場合には，14.7.4により制限値としてよいとされている。

11.5　コンクリート系床版の疲労に対する耐久性能

(1) 11.2の規定を満足する鉄筋コンクリート床版，プレストレストコンクリート床版，鋼コンクリート合成床版及びPC合成床版が，自動車の繰返し通行に伴う疲労に対して，設計耐久期間を100年とし，(2)から(11)を満足する場合には，所要の床版の耐久性能を満足するとみなしてよい。

(2) 鉄筋コンクリート床版及びPC合成床版の車道部並びに片持版における最小全厚は，11.2.4の規定を満足するとともに，表-11.5.1に示す値以上とする。なお，片持版における最小全厚は，図-11.5.1に示す位置の値とする。

表-11.5.1　車道部分の床版の最小全厚（mm）

<table>
<tr><th rowspan="2">床版の区分</th><th colspan="3">床版の支間方向</th></tr>
<tr><th colspan="2">車両進行方向に直角</th><th>車両進行方向に平行</th></tr>
<tr><td>単純版</td><td colspan="2">$40L+110$</td><td>$65L+130$</td></tr>
<tr><td>連続版</td><td colspan="2">$30L+110$</td><td>$50L+130$</td></tr>
<tr><td rowspan="2">片持版</td><td>$0<L\leqq 0.25$</td><td>$280L+160$</td><td rowspan="2">$240L+130$</td></tr>
<tr><td>$L>0.25$</td><td>$80L+210$</td></tr>
</table>

ここに，L：11.2.2に規定するT荷重に対する床版の支間（m）

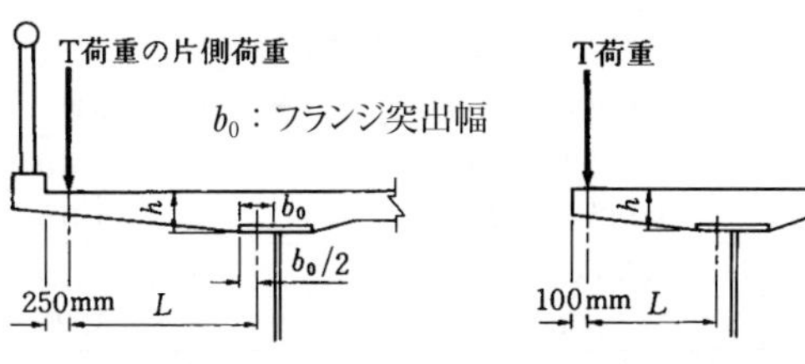

(a) 主鉄筋が車両進行方向に直角な場合

(b) 主鉄筋が車両進行方向に平行な場合

図-11.5.1　片持版の最小全厚 h

(3) 鉄筋コンクリート床版及びPC合成床版の床版厚は，式（11.5.1）により大型の自動車の交通量及び支持構造物の特性等を適切に考慮して算出しなければならない。

$$d = k_1 \cdot k_2 \cdot d_0 \cdots\cdots (11.5.1)$$

ここに，d ：床版厚（mm）（小数第1位を四捨五入する。ただし，d_0 を下回らないこと）

d_0 ：表-11.5.1に規定する床版の最小全厚（mm）（小数第1位を四捨五入し，第1位まで求める。）ただし，160mmを下回ってはならない。

k_1 ：大型の自動車の交通量による係数で，表-11.5.2による。

k_2 ：床版を支持する桁の剛性が著しく異なるため生じる付加曲げモーメントの係数で，$k_2 = 0.9\sqrt{M/M_0} \geqq 1.00$ として与えられる。なお，A活荷重で設計する橋については，付加曲げモーメントの値を11.2.3と同様に20%低減してよい。

M_0：11.2.3(1)から(3)に規定する曲げモーメント

M ：M_0 に床版の支持桁の剛性の違い等の影響によって付加される曲げモーメント ΔM を加えた曲げモーメント

表-11.5.2　係数 k_1

1方向あたりの大型車の計画交通量（台／日）	係数 k_1
500未満	1.10
500以上1,000未満	1.15
1,000以上2,000未満	1.20
2,000以上	1.25

(4)　プレストレストコンクリート床版の車道部の床版厚は，160mmを下回ってはならない。片持版の床版先端の厚さは，表-11.5.1の最小全厚の50%以上としてよい。ただし，160mmを下回ってはならない。

(5)　1方向のみにプレストレスを導入する場合の床版の車道部の最小全厚は，(4)及び表-11.5.3を満足する。

表-11.5.3　床版1方向のみにプレストレスを導入する場合の床版の車道部分の最小全厚（mm）

床版の支間方向 ＼ プレストレスを導入する方向	車両進行方向に直角	車両進行方向に平行
床版の支間方向に平行	表-11.5.1の床版の支間の方向が車両進行方向に直角な場合の値の90%	表-11.5.1の床版の支間の方向が車両進行方向に平行な場合の値の65%
床版の支間方向に直角	表-11.5.1の床版の支間の方向が車両進行方向に直角な場合の値	表-11.5.1の床版の支間の方向が車両進行方向に平行な場合の値

(6)　鋼コンクリート合成床版の車道部及び片持版における最小全厚は，式（11.5.2）に示す値以上，かつ11.2.4に規定する値以上とする。

$$d=25L+110 \quad \cdots\cdots (11.5.2)$$

ここに，d：底鋼板を含む床版の最小全厚（mm）（小数第1位を四捨五入し，第1位まで求める。）

L：11.2.2に規定するT荷重に対する床版の支間（m）

(7)　式（11.5.3）による疲労に対する床版の曲げモーメントに対して，(8)による各制限値を超えない。

$$M_d=M_{TL}+M_{DL} \quad \cdots\cdots (11.5.3)$$

ここに，M_d：疲労に対する床版の曲げモーメント

M_{TL}：T荷重による曲げモーメントで，11.2.3の規定により算出する。

M_{DL}：死荷重による曲げモーメントで，11.2.3の規定により算出する。

(8) (7)により設計を行う場合の，床版各部に生じる応力度に関する応力度の制限値は以下の1)から5)による。

1) 鉄筋の応力度の制限値は，表-11.5.4及び表-11.5.5による。

表-11.5.4 鉄筋の引張応力度の制限値

荷重の組合せ	鉄筋の種類	応力度の制限値（N/mm^2）
$M_{TL}+M_{DL}$	主鉄筋　SD345	120
	配力鉄筋　SD345	120

表-11.5.5 鉄筋の圧縮応力度の制限値

荷重の組合せ	鉄筋の種類	応力度の制限値（N/mm^2）
$M_{TL}+M_{DL}$	主鉄筋　SD345	200
	配力鉄筋　SD345	

2) 鋼桁との合成作用を考慮しない鉄筋コンクリート床版，鋼コンクリート合成床版及びPC合成床版に対するコンクリートの曲げ圧縮応力度の制限値は表-11.5.6による。

表-11.5.6 コンクリートの曲げ圧縮応力度の制限値
（鋼桁との合成作用を考慮しない場合）

応力度の種類 ＼ コンクリート設計基準強度（N/mm^2）	24	27	30
曲げ圧縮応力度の制限値（N/mm^2）	8.0	9.0	10.0

3) 鋼桁との合成作用を考慮する鉄筋コンクリート床版，鋼コンクリート合成床版及びPC合成床版に対するコンクリートの曲げ圧縮応力度の制限値は表-11.5.7による。

表-11.5.7 コンクリートの曲げ圧縮応力度の制限値
（鋼桁との合成作用を考慮する場合）

応力度の種類 ＼ コンクリート設計基準強度（N/mm^2）	27	30
曲げ圧縮応力度の制限値（N/mm^2）	7.7	8.6

4) 鋼コンクリート合成床版の底鋼板の引張応力度の制限値は表-11.5.8による。

表-11.5.8 底鋼板の引張応力度の制限値

鋼材の種類	応力度の制限値（N/mm^2）
SS400，SM400	140
SM490	185

5) プレストレストコンクリート床版及びPC合成床版のPC板は，Ⅲ編9.5.1の関連規定による。

(9) 床版の継手部は，一般部と同等の性能を有していなければならない。

(10) 鋼コンクリート合成床版の鋼材継手部の疲労の照査は，8章の規定による。

(11) 移動荷重による応力変動の影響がある場合のコンクリートのずれ止めは，床版の設計耐久期間において，疲労に対して耐久性を有しなければならない。ここで，11.2.9に従い頭付きスタッドを用いる場合は，式(11.5.4)による水平せん断力により頭付きスタッドに生じるせん断応力度が，表-11.5.9に示す応力度の制限値を超えない。

$$Q_d = Q_L \quad \cdots\cdots (11.5.4)$$

ここに，Q_d：ずれ止めに生じる水平せん断力

Q_L：T荷重（衝撃を含む）による水平せん断力

表-11.5.9 ずれ止めの水平せん断力の応力度の制限値（N/mm^2）

ずれ止めの種類 ＼ 応力度の種類	頭付きスタッド
せん断応力度	50

(2)(3) 損傷した鉄筋コンクリート床版の状況をみると，コンクリートに生じたひび割れが損傷に対して大きな影響を及ぼしていると考えられる。鉄筋コンクリート床版の設計では，コンクリートの引張応力に対する抵抗を耐荷力の評価において無視しているが，実際にはコンクリートはある程度までは曲げ引張応力に対して抵抗することができる。したがって，荷重によって床版のコンクリートに生じる曲げ引張応力度をある限界内に抑えて，耐久性の前提に影響を与えるひび割れの発生をできるだけ少なくするのが望ましい。このため，床版の最小全厚を規定したうえで，さらに(8)に規定するように，鉄筋の応力度制限値をある程度低く抑えることにしている。

ここで，表-11.5.1 に示す車道部分の床版の最小全厚は，一般的な条件下にある橋の床版厚の最小値の基準である。したがって，大型の自動車の交通量が多い道路の橋，床版を支持する桁の剛性が著しく異なるため大きな曲げモーメントが付加される橋等，特殊な条件下にある橋に対しては，その条件を考慮して床版厚を定めるのが床版の耐久性等の観点から合理的と考えられる。

そこで，このような場合については，表-11.5.1 に示す床版の最小全厚より厚さを増加させて設計するのが望ましい。曲げモーメントを割増した場合，その増分に対し鉄筋量を増加させるだけで対処すれば，床版は剛性不足となり耐久性に悪影響を及ぼすおそれもある。ここでは，曲げモーメントを割増すとともに，特殊な条件下の橋に対しては床版の最小全厚より厚さを増加させて設計することとしている。

床版の厚さを増加させる場合，床版厚は大型の自動車の交通量，支持構造物の特徴等を考慮した式（11.5.1）による。

ここに，式（11.5.1）の k_2 は以下により算出する。

k_2：①床版を支持する桁の剛性が著しく異なるため生じる付加曲げモーメントの係数で $k_2=0.9\sqrt{M/M_0}\geqq 1.00$ として与えられる。ここで M_0 は，11.2.3 に規定する曲げモーメントの設計応答値，M は M_0 に床版の支持桁の剛性の違い等の影響によって付加される曲げモーメント ΔM を加えた曲げモーメントの設計応答値である。

②k_2 の算出は，床版支間部及び箱桁腹板上において行う。

③箱桁腹板上においては，k_2 による床版の増厚分はハンチ高を考慮してよい。

④付加曲げモーメントを算出する際の床版厚は，$d_0\times k_1$ を用いる。

(4) プレストレストコンクリート床版の車道部分の最小全厚は，施工性等を考慮して 160mm としている。

プレストレストコンクリート片持版の床版先端の厚さは，条文の規定によるとともに，各種 PC 鋼材の定着具の配置等も考慮して定めるのがよい。床版の 2 方向にプレストレスを導入する場合は，(4)及び 11.2.4(3)の規定を満たせばよい。一般には，PC 鋼材の定着具の配置等を考慮して床版厚さを 200mm 程度以上とするのが望ましい。

なお，本規定は縦桁を設けない構造を対象としており，縦桁を用いる場合には，付加曲げの影響について考慮する必要がある。

(5) 支間方向のみにプレストレスを導入する場合，支間直角方向は鉄筋コンクリート構造であるが，支間直角方向の曲げモーメントは，支間方向の曲げモーメントより小さく，床版の支間の方向が車両進行方向に直角の場合は 90% 程度，車両進行方向に平行の場合は 65% 程度であるので，床版の最小全厚もこの割合で薄くしてよいこととしている。この場合も，11.2.4(3)に規定する車道部分の床版の最小全厚 160mm を適用するものとしている。プレストレストコンクリート床版の場合は，大型の自動車の交通量が多い橋等に対して床版の最小全厚を増加させなくてよい。

(6) 活荷重による床版のねじれやたわみを制御し，耐久性の前提に影響を与えるひび割れをコンクリートに発生させず，鋼コンクリート合成床版に必要な剛性が確保されるものとして設定されたものである。なお，本規定は縦桁を設けない構造を対象としており，縦桁を用いる場合には，付加曲げの影響について考慮する必要がある。

ただし，大型の自動車の交通量が多い橋等に対して床版の最小全厚を増加させなくてよい。これは，この規定に従う床版断面について，鋼板と合成された状態での，曲げ剛性，全断面有効とした場合の引張側コンクリートの応力変動等が，この規定(2)及び(3)による RC 床版と同等以上となることが確認されていることによる。

(7) この規定は，コンクリート系床版の車両走行による疲労破壊に対する耐久性確保のために，これまでの示方書の床版の曲げに対する照査として規定されてきた事項を踏襲し規定されたものである。曲げモーメントについては，これまでの示方書における曲げに対する照査と同等のものとなるよう，死荷重及び活荷重にⅠ編 3.3 に規定されている荷重組合せ係数及び荷重係数を乗じない。

(8) この規定は，式（11.5.3）による曲げモーメントに対する制限値の算出に用いる床版各部の応力度の制限値について規定されたものであり，着目する部位ごとに，式（解 11.5.1）で照査すればよい。

$$\sigma_{TL}+\sigma_{DL}\leqq\sigma_{yd} \quad \cdots\cdots（解 11.5.1）$$

ここに，σ_{TL}：T 荷重による曲げ応力

σ_{DL}：死荷重による曲げ応力

σ_{yd}：応力度の制限値

引張側鉄筋の応力度の制限値については，過大なひび割れの発生を防ぐ意図からこの規定を設けている。

表-11.5.4 に示す鉄筋の応力度の制限値は，床版を支持する桁の不等沈下の影響を考慮していない曲げモーメントに対する応力度の制限値となっている。これまでの実績も踏まえて，付加曲げモーメントによる鉄筋の応力度が 20N/mm^2 以下である場合には，付加曲げモーメントを考慮しない曲げモーメントに対して，この応力度の制限値を用いることができることとされている。付加曲げモーメントによる鉄筋の応力度が 20N/mm^2 を超える場合においては，個別に制限値等を設定し照査を行う必要がある。

床版は，活荷重による応力変動幅が比較的大きく，高頻度の繰返し荷重を受けるため，床版の厚さをある程度以上に制限している。このようにすると薄い床版に比べて鉄筋比が小さくなる。耐久性の前提に影響を与えるひび割れの発生は鉄筋比によっても影響を受けるので，鉄筋の引張応力度の制限値をあまり高くすると，鉄筋比が小さくなってひび割れが発生しやすくなる。したがって，鉄筋の引張応力度の制限値を大きくしたままにしておくと，式（11.5.1）に従い床版厚をある値以上にして耐久性の前提に影響を与

えるひび割れの発生を防ぐことを意図したにも関わらず，その目的が達せられない。

鉄筋の応力度制限値をどの程度に抑えておけば，床版の損傷の原因となるようなひび割れへの進展を防げるかということについては十分に明らかにはなっていない。しかし，従来の考え方を踏襲し，鉄筋の引張応力度の制限値を低めに抑えておくのが安全であるという考えからこのような規定とされている。

また，この条文に示した応力度の制限値は，車道部分の床版に用いる鉄筋に対して適用するほか，車道部分以外の床版についても適用する。これは，車道部分とそれ以外の区分を，単に位置だけでなく，設計の対象とする荷重との組合せで考える必要があり，煩雑になるのを避けたことによる。

なお，プレストレストコンクリート床版やPC合成床版のPC板については，床版がひび割れにより損傷するのを防ぐためにプレストレスの方向の引張応力度を制限する必要がある。この場合の規定は，Ⅲ編の関連規定に従う必要がある。Ⅲ編9.5.1ではプレストレストコンクリート床版においても，活荷重による応力変動や繰返しが多いことから，曲げ引張応力度の制限値は，繰返し作用下では引張を生じさせないように定められている。

(9) プレキャスト床版を用いる場合，Ⅲ編7章に規定される接合部の設計に関する要求性能を満足する必要がある。なお，継手部の強度や剛性は，等方性版の仮定が成立する範囲にとどまることが必要となる。また，輸送や架設等の制約で継手部を設けることになるが，そこが雨水の浸入等で耐久性の弱点にならないような構造にする必要がある。

(10) 鋼コンクリート合成床版の底鋼板とその補強材の溶接部や底鋼板とずれ止めの溶接部，補強材を構成する板材の溶接部等での疲労の照査は，この編8章の規定によることが原則とされている。なお，8章に規定されていない溶接継手を採用する場合には，実際の鋼板パネルと同様の施工手順及び施工管理を再現して製作した試験体を用いて疲労試験を実施するなどにより，採用する溶接継手の疲労強度を確認する必要がある。

(11) 鋼コンクリート合成床版における底鋼板とコンクリートのずれ止めについては，頭付きスタッドを用いる場合と孔あき鋼板等の十分剛なずれ止めを用いる場合がある。表-11.5.9は，移動荷重による応力変動で回転せん断力が発生する頭付きスタッドを用いた場合のずれ止めの応力度制限値を示している。孔あき鋼板等の十分剛なずれ止めを用いる場合は，頭付きスタッドを用いた場合と同等の性能が確保できることを個別に検証する必要がある。

PC合成床版におけるPC板とコンクリートのずれ止めとして，図-解11.2.3に示すような形状のもので，水平せん断力による応力変動に対して高い疲労強度を有していることを実験的に確認した事例がある[5)]ものの，表面形状や形式・材料特性により疲労強度が異なることから，用いるずれ止め形状それぞれで疲労強度を確認する必要がある。

11.6　コンクリート系床版の内部鋼材の腐食に対する耐久性能

(1)　鉄筋コンクリート床版，プレストレストコンクリート床版及びPC合成床版における内部鋼材の腐食に対して，設計耐久期間を100年とし，(2)及び(3)を満足する場合には，所要の部材の耐久性能が確保されるとみなしてよい。

(2)　式（11.6.1）による内部鋼材の腐食に対する床版の曲げモーメントに対して，(3)による制限値を超えない。

$$M_d = M_{DL} \cdots\cdots (11.6.1)$$

ここに，M_d：内部鋼材の腐食に対する床版の曲げモーメント

M_{DL}：死荷重による曲げモーメントで，11.2.3の規定により算出する。

(3)　(1)により設計を行う場合の，床版各部に発生する応力度に関する応力度制限値は以下の1)及び2)による。

1)　鉄筋の応力度制限値については表-11.6.1による。

表-11.6.1　鉄筋の引張応力度の制限値

荷重の組合せ	鉄筋の種類	応力度の制限値（N/mm^2）
M_{DL}	主鉄筋　SD345	100
	配力鉄筋　SD345	

2)　プレストレストコンクリート床版及びPC合成床版のPC板については，Ⅲ編の関連規定による。

(1)　舗装のひび割れや橋面排水装置の損傷から生じる水の影響により，コンクリートや鋼材の材料劣化が促進されるため，腐食が促進されない環境を確保するためには，床版防水を確実に行う必要がある。

鋼材の腐食により床版の耐久性能が損なわれないように照査を行う必要がある。11.2に従う床版は，必要なかぶりや鉄筋配置がなされており，それらを満足したうえで，かぶりコンクリート部でのひび割れを制御する目的で鉄筋応力度を制限することにより，設計耐久期間100年に対して床版の内部鋼材の腐食に対する耐久性が確保されているとみなしてよいとされたものである。なお，海岸線付近にあって波しぶきや潮風の影響を受ける床版のかぶりについては，Ⅲ編6.2の規定により別途塩害に対する部材の設計を行う必要がある。また，近年，路面に散布する凍結防止剤由来の塩分の床版内への浸入

に起因し，塩害が生じた事例が報告されている。このため，橋の架橋環境における凍結防止剤の散布状況から，塩害の可能性を考慮してかぶりを通常の場合よりも増すことは，万一床版上面まで塩分を含む路面水が到達した場合には有効と考えられるが，床版防水工を行ったうえでさらにかぶり厚としてその影響を反映させるだけの知見はないため慎重に検討する必要がある。

(2)(3) この規定は，式（11.6.1）の曲げモーメントに対する応力度の制限値について規定されたものであり，着目する部位ごとに，式（解 11.6.1）で照査すればよい。ただし，I 編に規定される荷重組合せ係数及び荷重係数については乗じる必要はない。

$$\sigma_{DL} \leqq \sigma_{yd} \qquad \text{（解 11.6.1）}$$

ここに，σ_{DL}：死荷重による曲げ応力

σ_{yd}：鉄筋の引張応力度の制限値

鉄筋応力度の制限値はⅢ編 6.2.2 の規定に準拠し定められており，プレストレストコンクリート床版や PC 合成床版の PC 板については，Ⅲ編の関連規定に従う必要がある。

11.7 コンクリート系床版の施工時の前提条件

(1) 床版は，コンクリート打設時に生じるたわみにより，硬化中のコンクリートのひび割れ，床版の疲労に対する耐久性を損なう有害な局部変形及び応力集中が生じないようにしなければならない。

(2) プレキャスト部材を用いる場合には，運搬時及び設置時に作用する荷重に対して，局部変形や応力集中が生じないようにしなければならない。

(3) 鋼コンクリート合成床版の施工時の前提条件として，1)及び2)を満足しなければならない。

1) コンクリートの打設時の安全性や必要なコンクリート版厚を確保できるように合成前死荷重に対して鋼板パネルの剛性を適切に設定しなければならない。

2) 底鋼板とコンクリートの合成前の死荷重に対しては，鋼板が抵抗するものとして算出した応力度が 5 章に規定する制限値を超えない。

(4) PC 合成床版の施工時の前提条件として，(5)を満足しなければならない。

(5) PC 板と場所打ちコンクリートの合成前の死荷重に対して，PC 板が抵抗するものとして算出した応力度がⅢ編 5 章の規定による制限値を超えない。

(1) コンクリートの温度応力，打継ぎ目部の拘束などによるひび割れに対して，施工方法，施工手順などを考慮したうえで，20 章並びにⅢ編 5 章及び 17 章の規定に従い，それらの有害なひび割れ等が生じないように設計段階において配慮する必要がある。なお，施工時において設計で想定した施工方法や施工手順から変更する場合においては，改めて施工時の安全性について照査する必要がある。

(2)(3) 鋼コンクリート合成床版は，底鋼板がコンクリートの型枠支保工の機能を兼ねることで合理化を図ったものであり，十分な強度や剛性を持たせなければならない。

1) コンクリートの打込み時に鋼板パネルのたわみが増加すると作業の安全性に影響が生じる。また，鋼板パネルが変形すると設計で必要とするコンクリート版厚さが確保できない可能性がある。このために，合成前死荷重に対する鋼板パネルのたわみを制限する目的で，必要な剛性や変形の値を適切に設定する必要がある。合成前死荷重のたわみがL/500を超える場合には，所定の安全性の確保を検証するとともに，製作キャンバーを付けるなどの出来形への配慮を行う必要がある。ただし，Ⅰ編に規定される荷重組合せ係数及び荷重係数については乗じる必要はない。

$$\delta_d \leqq \delta_{da} \quad \cdots\cdots\cdots\cdots\cdots\cdots \quad (解 11.7.1)$$

ここに，δ_d ：合成前死荷重によるたわみ量（m）

δ_{da}：合成前死荷重に対するたわみ値（m）で $L/500$ とする。

L ：床版支間（m）

床版下面と床版コンクリートを一体化させる鋼板を型枠としても用いる構造では，コンクリート打設時に，鋼板の型枠としての強度不足などによってコンクリートにひび割れが生じたり，鋼板の剛性不足により変形が生じたりする損傷もみられる。コンクリートとの合成が期待できない段階（架設からコンクリート打設）に発生するたわみや変形に対して，鋼板に十分な強度及び剛性を確保するとともに，上げ越しを設けるなどの留意が必要である。

(5) PC 合成床版は，PC 板が場所打ちコンクリートの型枠支保工の機能を兼用することで合理化を図ったものであり，コンクリート重量や作業荷重等に対して十分な強度を持たせる必要がある。

11.8 鋼床版における一般事項

11.8.1 一　　般

> (1) この節は，デッキプレートを縦リブ及び横リブで補剛し，舗装を施した鋼床版の設計に適用する。

⑵　鋼床版が主桁の一部として作用する場合は，1)及び2)を満足しなければならない。

1)　鋼床版は次の二つの作用に対してそれぞれ安全であることを照査する。

i）主桁の一部としての作用

ii）床版及び床組としての作用

2)　鋼床版の設計にあたって，1)に示した二つの作用を同時に考慮した場合に対して安全であることを照査する。この場合，それぞれの作用に対して，鋼床版が最も不利になる載荷状態について設計応答値を算出し，その合計に対して照査を行う。

ただし，i)及びii)に示した二つの作用を同時に考慮した照査を行う場合にあたっては，5章及び9章に規定する設計強度を40%割増した制限値を用いてよい。

⑶　床版及び床組としての鋼床版の設計は，1)から4)までの規定により行う。

1)　活荷重は，I編8.2に示されるL荷重及びT荷重とし，荷重係数γ_{qL}（=1.25）及び荷重組合せ係数γ_{pL}（=1.0）を考慮する。

2)　衝撃係数iは次のとおりとする。

i）　縦リブ：$i=0.4$

ii）　横リブ：$i=20/(50+L)$

ここに，L：横リブの支間（m）

3)　B活荷重で設計する橋においては，横リブの設計に用いる断面力は，1)及び2)で算出した断面力に，式（11.8.1）により算出した割増係数を乗じた値とする。

$$\left.\begin{array}{ll} k=k_0 & (L\leqq 4) \\ k=k_0-(k_0-1)\times(L-4)/6 & (4<L\leqq 10) \\ k=1.0 & (L>10) \end{array}\right\} \cdots\cdots\cdots\cdots\cdots (11.8.1)$$

ただし，

$$\begin{array}{ll} k_0=1.0 & (B\leqq 2) \\ k_0=1.0+0.2\times(B-2) & (2<B\leqq 3) \\ k_0=1.2 & (B>3) \end{array}$$

ここに，L：横リブの支間（m）

B：横リブ間隔（縦リブの支間）（m）

4) A活荷重で設計する橋においては，設計に用いる断面力は，1)及び2)で算出した断面力を20%低減した値としてよい。

(4) 鋼床版のデッキプレート上に載荷する輪荷重については，舗装による荷重分布を考慮しない。

(1) この節の適用範囲を明らかにしたものである。従来からあるバックルプレート，グレーチング等も鋼床版の一種と考えられるが，これらはこの節の対象とはしない。

(2) 鋼床版とは縦リブ，横リブでデッキプレートを補剛したものであり，鋼床版は縦桁，横桁等の床組構造又は主桁で支持される。この場合，横リブを同時に床組の横桁として兼用させたり，デッキプレートと縦リブとを主桁のフランジとして用いて主桁応力の一部を受け持たせるのが有利である。そこで，この項は，鋼床版を床版及び床組構造としての作用と主桁構造の一部としての作用とをそれぞれ独立に考えて設計することを想定して定めたものである。

1) 主桁の一部としての作用に対しては，鋼床版は，縦リブで補剛された主桁のフランジとして設計すればよい。この場合の活荷重は，I編8.2に示すL荷重であって，衝撃係数は主桁に対する値と同じとする。場合によっては，この作用がない構造形式もあるが，その場合は(2)によって床版及び床組としてのみ設計を行えばよい。

床版及び床組としての作用に対しては，解説(3)で述べるように鋼床版を版格子構造又は直交異方性版と考えて設計すればよい。この場合，デッキプレートは輪荷重を直接支持する版としての作用もある。しかしながら，一般にデッキプレートに僅かな塑性変形が生じると，デッキプレートは版としてよりも膜としての働きをすると考えられる。したがって，デッキプレートの耐荷力は版理論に基づいて計算されたものよりはるかに大きいのが普通であり，11.8.3に規定された最小厚以上のデッキプレートに対しては直接荷重を支える版としての応力度を照査する必要はない。

2) ⅰ)及びⅱ)の各作用に対して最も不利となる載荷状態は必ずしも一致せず，また，L荷重とT荷重は荷重の性質も異なる。したがって，設計応答値の合計に対して照査する場合，もし厳密に最も不利な載荷状態を考えるとすれば荷重の定義から考えなくてはならず，また，最も不利な載荷状態を鋼床版の各部ごとに探さなければならない。このような煩雑さを省く意味で，ⅰ)とⅱ)の作用のそれぞれ最も不利な場合の単なる合計について照査すればよいこととしている。

なお，鋼床版の連結部の設計においても，従来同様，制限値を40%割増した値により照査すればよいこととしている。

(3) 床版及び床組としての作用に対しては，有限帯板理論等によって設計を行う。鋼床版を版格子構造又は直交異方性版と考えて設計を行う場合には，リブ間隔，リブの使用本数，ねじり剛性等を考える必要がある。

1) 床版及び床組としての鋼床版の設計に用いる活荷重に対する荷重係数及び荷重組合せ係数を規定しているが，活荷重以外についても，Ⅰ編 3.3 に規定される作用の組合せに従い，荷重係数及び荷重組合せ係数を適切に考慮する必要がある。

2) 鋼床版では，一般にこれを構成する横リブと縦リブの支間が小さいので，T 荷重に対する衝撃係数はⅠ編 8.3 に従って計算すると 0.4 に近い値になる。このため縦リブの衝撃係数としては 0.4 を用いることとし，横リブについては支間の大きい場合があるので，Ⅰ編 8.3 に従って計算した衝撃係数を用いるようにしている。

3) 鋼床版の横リブの設計にあたって，B 活荷重で設計される橋で，横リブ間隔が大きい場合には，横リブの断面力の割増係数を設けることとしている。この割増係数によって，横リブ間隔が大きい場合，横リブの断面力は増加することになり，設計上の対処としては，横リブの材料強度を高める，断面を増やす，又は横リブをできるだけ密に配置する等の方法が考えられる。この場合，デッキプレートの局部的な変形が舗装のひび割れや鋼床版の耐久性に及ぼす影響を勘案すると，横リブをできるだけ密に配置し，版の剛性を高める方法を採用するのがよい。

4) A 活荷重で設計される橋については，11.2.3 と同様の趣旨から，式（11.8.1）により算出した割増係数を考慮する必要はなく，また，T 荷重（衝撃を含む）による断面力を 20% 低減してよいこととしている。

縦リブ，横リブを設計する場合の注意事項を列挙すると次のとおりである。

a) 縦リブを設計する場合の着目点としては，図-解 11.8.1 に示す A，B を考えるとよい。B は横リブの支間中央付近にある縦リブの支間中央である。この点では横リブの弾性変形を考えて，縦リブを版格子構造又は直交異方性版構造として計算を行い，正の曲げモーメントについて照査する。A は横リブの支点上の縦リブに関するものである。この点では横リブの弾性変形が小さいから，横リブを剛支点とみなし，縦リブを連続ばりとして計算を行い，負の曲げモーメントについて照査する。

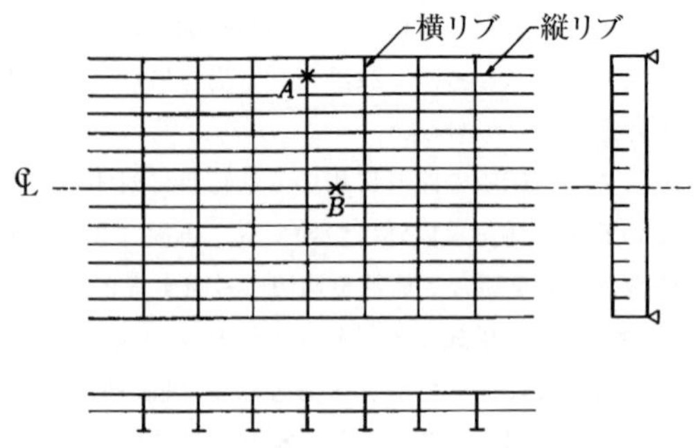

図–解 11.8.1　縦リブを設計する際の着目点

b)　横リブを設計する場合は，横リブが支持桁で単純支持されているものとして，版格子構造又は直交異方性版の理論で計算してよい。この場合の着目点は横リブの支間中央であって，正の曲げモーメントについて照査する。横リブが連続し，支点での拘束が考えられる場合は，拘束条件を考慮のうえで，例えば，単純支持として計算した正の曲げモーメントの± 80%をもって支間及び支点の曲げモーメントとしてもよい。

c)　鋼床版の縦方向の連続性が絶たれる橋端の横リブは，それ自体でT荷重に耐えるような設計とするのが望ましい。

d)　通常の横リブの間に特に曲げ剛度の大きい横リブを挿入する場合は，この横リブに応力が集中するから，特に留意する必要がある。このような場合は，例えば，単独でT荷重に耐えうるような設計にするのがよい。

(4)　鋼床版では，一般にデッキプレート上に厚さ 60mmから80mm のアスファルト舗装が施工される。このような舗装を行った場合，冬季においてはアスファルトが硬化するため，舗装が荷重分布に対して相当に有効であるが，夏季においては，アスファルトの軟化のためあまり荷重分布に役立たないことが知られている。したがって，鋼床版上のアスファルト舗装による活荷重の分布作用は考えないことにしている。

11.8.2　床版又は床組作用に対するデッキプレートの有効幅

縦リブのフランジ又は横リブのフランジとしてのデッキプレートの片側有効幅は，式（11.8.2）により算出し，その適用方法は表-11.8.1による。

表-11.8.1　床版又は床組作用に対するデッキプレートの有効幅

<table>
<tr><th colspan="2" rowspan="2">部材</th><th rowspan="2">区間（個所）</th><th colspan="2">片側有効幅</th><th rowspan="2">摘　　要</th></tr>
<tr><th>記号</th><th>等価支間長 l</th></tr>
<tr><td colspan="2">縦リブ</td><td></td><td>λ_L</td><td>$0.6L$</td><td> 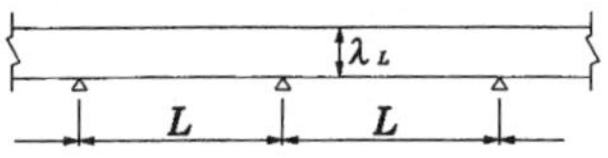</td></tr>
<tr><td rowspan="10">横リブ</td><td>単純支持</td><td>①</td><td>λ_L</td><td>L</td><td></td></tr>
<tr><td rowspan="5">連続支持</td><td>①</td><td>λ_{L1}</td><td>$0.8L_1$</td><td rowspan="5"></td></tr>
<tr><td>⑤</td><td>λ_{L2}</td><td>$0.6L_2$</td></tr>
<tr><td>③</td><td>λ_{S1}</td><td>$0.2\ (L_1+L_2)$</td></tr>
<tr><td>⑦</td><td>λ_{S2}</td><td>$0.2\ (L_2+L_3)$</td></tr>
<tr><td>②　④
⑥　⑧</td><td colspan="2">両側の有効幅を用いて直線変化させる。</td></tr>
<tr><td rowspan="3">張出し部</td><td>①</td><td>λ_{L3}</td><td>$2L_3$</td><td rowspan="3"></td></tr>
<tr><td>③</td><td>λ_{L2}</td><td>L_2</td></tr>
<tr><td>②</td><td colspan="2">両側の有効幅を用いて直線変化させる。</td></tr>
</table>

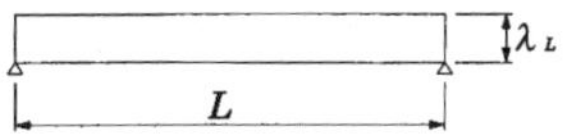

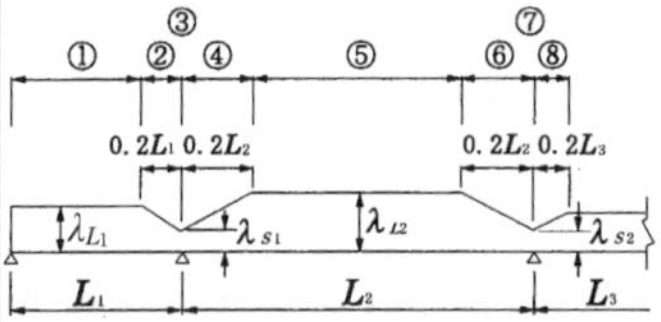

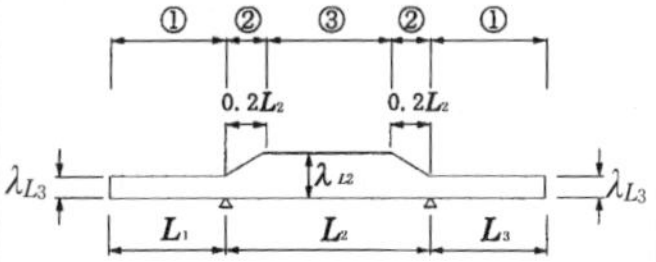

$$\left.\begin{aligned} &\lambda=b && \left(\frac{b}{l}\leqq 0.02\right)\\ &\lambda=\left\{1.06-3.2\left(\frac{b}{l}\right)+4.5\left(\frac{b}{l}\right)^2\right\}b && \left(0.02<\frac{b}{l}<0.30\right)\\ &\lambda=0.15l && \left(0.30\leqq\frac{b}{l}\right)\end{aligned}\right\}\cdots\cdots\ (11.8.2)$$

ここに，λ：デッキプレートの片側有効幅（mm）

$2b$：縦リブ又は横リブの間隔（mm）

なお，閉断面縦リブでは図-11.8.1に示すとおりとする。

l ：等価支間長（mm）

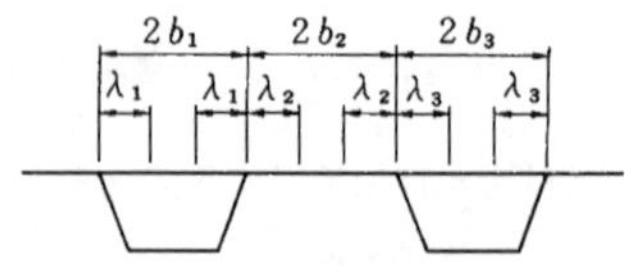

図-11.8.1　閉断面縦リブの間隔

デッキプレートは，縦リブ又は横リブのフランジとしてその一部が有効に作用する。有効幅λは荷重条件，リブ間隔と支間長の比，支持条件，リブ断面構成，リブのフランジとしてのデッキプレートの境界条件等によって異なるが，最初の三つの要素の影響が支配的である。

この条件では，13.3.4と同様，等価支間長の概念を導入して支持条件を表現し，集中荷重を対象として，曲げ応力が極大となる支間中央と支点上での有効幅を，リブ間隔と支間長の比の関数として表した式によって与え，支間方向の有効幅の変化を直線で近似させている。

11.8.3　デッキプレートの最小板厚

(1)　デッキプレートの板厚 t（mm）は，式（11.8.3）より算出される値以上としなければならない。

車道部分　：$t=0.037\times b$，（B活荷重）
　　　　　：$t=0.035\times b$，（A活荷重）
　　　　　　ただし，$t\geqq 12$mm
主桁の一部として作用する
歩道部分　：$t=0.025\times b$，ただし，$t\geqq 10$mm　…………（11.8.3）

ここに，b：縦リブ間隔（mm）

(2)　閉断面縦リブを使用する場合には，8.5.1の規定を満足する。

(1)　デッキプレートの厚さは少なくとも強度，剛性，施工性等を考慮して決定されるべきものである。一方，これまでの経験によると，デッキプレートの剛性が不足していると舗装に悪影響を及ぼすので，デッキプレートの輪荷重によるたわみを縦リブ間隔の1/300以下に制限するのがよいと考えられる。この条文の式はこの考え方によって，t=

0.037×b はB活荷重に衝撃を含んだ輪荷重に対して，t=0.035×b はA活荷重に衝撃を含んだ輪荷重に対してそれぞれ決定されたものである。なお，たわみの算出に当たっては，3.8.2において荷重係数及び荷重組合せ係数を乗じる必要がないことが規定されており，また，これまでの示方書による場合と同等の照査水準とするため，デッキプレートの最小板厚の規定には，荷重係数及び荷重組合せ係数は考慮されていない。

歩道部分の鋼床版のデッキプレートが主桁作用の一部を受け持つ場合，デッキプレートの板厚は舗装に対し車道部分のデッキプレートの場合のように大きな影響を及ぼすことはないが，デッキプレートが部分的には桁のフランジとして相当の圧縮応力を受ける場合が多いこと，及び同じ板厚に対しても縦リブ間隔が大きいほど溶接ひずみが大きくなることを考慮し，更にDIN等を参考にして歩道部分のデッキプレートの厚さを t=0.025×b と規定されてきている。

また，縦リブが全て溶接によってデッキプレートに取り付けられることを考えると，薄いデッキプレートの場合は溶接ひずみが大きく，強度上からもまた舗装上からも好ましくない。溶接ひずみの大きさは，溶接法，溶接量，縦リブの形式・間隔，デッキプレートの厚さ等によって異なるが，デッキプレートの厚さがかなり支配的であるので，これについて最小値を車道部分，歩道部分に対して，それぞれ12mm，10mmと規定している。

(2) 閉断面縦リブ（Uリブ）の鋼床版で大型の自動車の輪荷重が常時載荷される位置直下のデッキプレートの板厚は，8.5.1の規定に従い16mm以上とする必要がある。この場合の縦リブ間隔は，デッキプレートの板厚を12mmと仮定して式（11.8.3）より算出した値を前提としており，これを満足する必要がある。また，バルブプレート，平板リブ等の開断面リブを使用する場合には，車道部分のデッキプレートの板厚は式（11.8.3）による。

なお，主桁の一部として作用しない歩道部分のデッキプレートでは，活荷重によるたわみが小さく，デッキプレートの溶接ひずみが強度や舗装に与える影響も小さいので5.2.1の鋼材の最小板厚の規定により8mmとしてよい。

11.8.4 縦リブの最小板厚

縦リブの最小板厚は8mmとする。ただし，腐食環境が良好又は腐食に対して十分な配慮を行う場合は，閉断面縦リブの最小板厚を6mmとしてもよい。

縦リブに用いる鋼材の最小板厚は5.2.1の規定により8mmとすることが原則である。しかし，板厚8mmの閉断面縦リブを用いた鋼床版では，一般に縦リブの応力度にかなりの余裕があり，閉断面縦リブの性能を十分に活用できない場合がある。そこで，腐食による板厚減少のおそれの少ない腐食環境の良好な場所又は，縦リブの防せい防食や日常の点検維持管理体制に十分な配慮がなされる場合に限り，閉断面縦リブの最小板厚を6mmまで認めることにしている。

11.8.5　構造細目

(1)　鋼床版は溶接によるひずみが少ない構造としなければならない。

(2)　縦リブと横リブの連結部は，縦リブからのせん断力を確実に横リブに伝えることができる構造にしなければならない。特別な場合を除き，縦リブは横リブの腹板を通して連続させることを標準とする。

(3)　車道部に主桁又は縦桁が配置される場合には，腹板上の舗装のひび割れの抑制に配慮する。

(4)　縦リブの継手は，高力ボルト継手を標準とする。

(5)　デッキプレートを高力ボルトで連結する場合には，連結板やボルト等の突出物が舗装に及ぼす影響について考慮しなければならない。

(6)　疲労に対する耐久性確保を目的とした構造細目は，8章の規定に従わなければならない。

(1)　縦リブ，横リブの交点及びデッキプレートには，多くの溶接が集中するため，溶接ひずみが大きくなりやすいので，設計と施工には十分注意する必要がある。

(2)　縦リブが横リブの腹板によってその連続性が断たれるような構造をとると，強度上，特に疲労強度上の問題があるのでこの規定を設けている。

また，横リブを貫通させて縦リブを配置する場合，縦リブから横リブへのせん断力の伝達を確実にするためにも横リブと縦リブの交点は溶接で接合することが必要である。

(3)　車道部分の鋼床版については，11.8.3において，舗装に悪影響を及ぼさない輪荷重によるたわみ値に対してデッキプレートの最小板厚を規定している。このほか，車道部分に主桁や縦桁が配置される場合には，腹板直上の橋軸方向の舗装のひび割れの抑制に配慮する必要がある。この舗装のひび割れを抑制するためには，まず輪荷重の常時走行位置が腹板直上と一致しないよう設計時に配慮するのが望ましい。又は主桁等と縦リブとの間隔，縦リブの支間及び剛性について，腹板上の舗装の変形が大きくならないように設計するのがよい。この場合の鋼床版の構造設計の目安としては，文献8)を参考に，活荷重によって生じる腹板上のデッキプレートの曲率半径を20m以上（舗装の剛性を，ヤング係数2×10^3N/mm^{2}とし，舗装と鋼床版との合成効果を考慮）とするのが望ましい。

なお，一般的な鋼床版における縦リブの寸法，間隔及び横リブ間隔の設定にあたっては文献9）が参考となる。図-解 11.8.2 は，輪荷重に対するデッキプレートの曲率半径を 20m 以上とし，かつ縦リブ間のたわみ量を 0.4mm 以下とした場合の縦リブの剛性と横リブ間隔の関係を簡便的に表現したものである[9)]。これらの方策以外でも，舗装のひび割れ抑制に対して舗装や構造面での配慮がなされている場合にはこの限りではない。

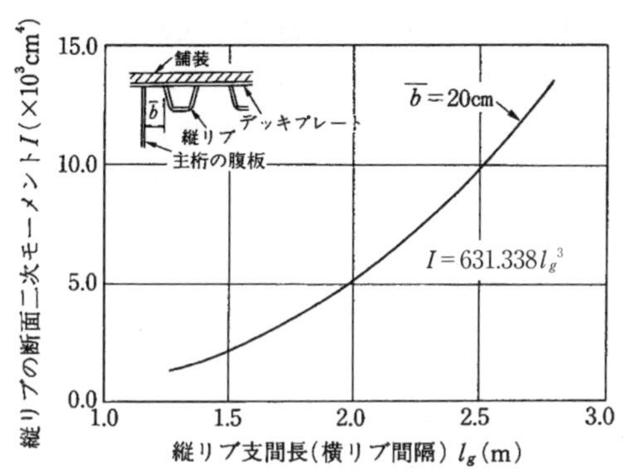

図-解 11.8.2　縦リブの剛性と縦リブ支間長（横リブ間隔）の関係[9)]

(4) 平板リブ及びバルブプレートリブの現場接合には，一般に高力ボルト継手が用いられてきた。また，閉断面縦リブの現場接合には，過去には高力ボルト継手と溶接継手が用いられてきたが，裏当て金付きの突き合わせ溶接継手の疲労強度が低いこと（表-解 8.3.1）が明らかにされており，高力ボルト継手を標準とする。

(5) デッキプレート上面に連結板やボルト等の突出物があると舗装の施工や耐久性に悪影響を及ぼす場合があるのでこれらについて注意が必要である[8)]。なお，橋面舗装の設計にあたっては「舗装の構造に関する技術基準」（都市・地域整備局長，道路局長通達）による。また，吊金具や治具の切除後等の突出物の処理については，20 章の関連する規定による。

(6) 荷重載荷によって生じる鋼床版各部の応力性状は複雑であり，疲労に対する耐久性確保のために必要な構造細目に対する配慮について，本章とは別に 8 章に規定されており，これも満足する必要がある。

11.9　鋼床版の限界状態 1

11.8 による鋼床版が，5.3，9.3，9.6，及び 13.5 の規定を満足する場合には，限界状態 1 を超えないとみなしてよい。

11.8.1に示すように，鋼床版は，主桁の一部としての作用と床版及び床組としての作用のそれぞれに対して安全であるように設計を行う必要がある。限界状態1についてもそれぞれの作用に対して所定の限界状態が満足されるように設計する。

主桁の一部としての鋼床版の限界状態1に対する照査は，13.5の規定による。

鋼床版の床版及び床組としての作用に対する限界状態1は，部材の使用上有害な変位，変形又は振動が生じない状態と考えられる。具体的には，車両の走行や歩行者等の通行を阻害するような，舗装の著しい劣化や剥離，流動，亀裂などが生じないことが考えられる。これらに対しては，11.8.3において，デッキプレートの最小板厚を規定し，デッキプレートの輪荷重によるたわみを縦リブ間隔の1/300以下に制限することで舗装の劣化による限界状態1を満足できるものとしている。一方，鋼床版は横リブと縦リブに支持された版格子構造又は直交異方性版構造であり，死荷重及び活荷重に対する鋼床版の縦リブ及び横リブのたわみ，デッキプレート上縁及び縦リブ下縁の応力度の照査，横リブに対しては，床組作用による設計断面力に対する応力度の照査を行う。そこで，鋼床版を構成する部材のうち，11.8による縦リブ，横リブで補剛されたデッキプレートの限界状態1として接合部に対する照査を行うこととした。縦リブと横リブの部材に対する限界状態1の照査は，5.3の規定による。デッキプレートと縦リブの溶接部といった接合部に対する限界状態1に対する照査は，9.3の規定による。縦リブや横リブの現場継手部のような高力ボルト継手に対しては9.6の規定による。

11.10　鋼床版の限界状態3

> 11.8による鋼床版が，5.4，9.4，9.9及び13.6の規定を満足する場合には，限界状態3を超えないとみなしてよい。

鋼床版は，主桁の一部としての作用と床版及び床組としての作用の両方に対する限界状態3に対しても照査することが必要である。

主桁の一部としての鋼床版の限界状態3に対する照査は，13.6の規定による。

一般に，5.4，9.4及び9.9並びに13.6の規定を満足する場合には，鋼床版はデッキプレートの膜作用により十分な耐荷力を有しており，鋼床版全体が崩壊するような限界状態3には至らないと考えてよい。

鋼床版を構成する部材に部分的な破断や座屈が生じる状態は，限界状態3と考えることができる。そのため，例えば部材の床組としての限界状態3は，縦リブや横リブの局部的な座屈が生じる場合と考えることができる。鋼床版の限界状態3に対する照査は，これらの鋼床版を構成する各部材ごとに行えばよく，縦リブと横リブの部材に対する限界状態3

の照査は，5.4の規定による。鋼床版の接合部に対する限界状態3の照査は，溶接接合に対して9.4の規定，高力ボルト継手に対して9.9の規定による。なお，11.8に従う鋼床版においては，デッキプレートは膜作用により十分な耐力を有することから，デッキプレートの限界状態3が縦リブや横リブの座屈や破断に先行することはないと考えてよい。ただし，主桁・主構間隔が大きい鋼床版や斜張橋のケーブル定着部付近の鋼床版のような，2方向面内圧縮応力を受ける補剛板では，輪荷重の作用により鋼床版パネルの終局強度が低下する可能性がある[10)]。したがって，2方向面内力と輪荷重を同時に受ける補剛板として限界状態3に対する照査を行うか，橋軸直角方向に大きな面内力が作用しないように，ケーブル定着部等から導入される橋軸直角方向の作用力を横桁やダイアフラムへ速やかに伝達させるような構造を採用する必要がある。なお，一般に2方向面内圧縮応力のそれぞれの荷重載荷状態は異なるため，照査にあたっては荷重の載荷状態を適切に反映する必要がある。

鋼床版の縦リブは，横リブにスリットを設けて連続させることが望ましいとされているが，この場合は縦リブと横リブの交差部において横リブの断面欠損が生じ，スリット自由縁における応力集中により局部座屈が生じる可能性がある。そのため，11.8.5に定める構造細目によらない場合は，横リブに作用する設計断面力に対するスリット自由縁の応力に対して，局部座屈に対する安全性を確認する必要がある。

11.11　鋼床版の疲労に対する耐久性能

> 鋼床版は，自動車の繰返し通行に伴う疲労に対して，設計耐久期間を100年とする場合，11.8から11.10及び8章の規定を満足することで，部材の耐久性能が確保されるとみなしてよい。

鋼床版は，自動車の通行に伴う繰返し荷重に対して床版としてのみならず，主桁の一部としての機能及び床組としての機能が損なわれないことが必要である。

本節の11.8から11.10及びこの編の8章に従って設計された鋼床版は，自動車の繰返し通行による疲労損傷に対して100年程度の耐久性能は確保されているとみなせることが，これまでの研究から確認されている。

11.12　橋梁防護柵に作用する衝突荷重に対する照査

> (1)　橋の床版部分は車両用防護柵への車両の衝突により生じる曲げモーメントに対して，床版部材が安全でなければならない。

(2) (3)から(6)による場合には，(1)を満足するとみなしてよい。

(3) 作用の組合せ及び荷重係数等は，式（11.12.1）による。

$$1.00(D+L+PS+CR+SH+E+HP+U+GD+SD+CO) \cdots \quad (11.12.1)$$

(4) (3)に規定する作用のうち衝突荷重については，I編11.1の規定に従い定める。T荷重及び死荷重による曲げモーメントは，11.2.3の規定により算出する曲げモーメントを考慮する。

(5) コンクリート系床版は，(3)及び(4)により算出する曲げモーメントが，1)及び2)を満足する。

1) 鉄筋コンクリート構造に対して，Ⅲ編9.6(6)1)の規定に従い算出する抵抗曲げモーメントを超えない。

2) プレストレスを導入する構造に対して，曲げモーメントが降伏曲げ耐力の0.9倍を超えない。ただし，部材断面の降伏曲げ耐力は，原則として引張縁側に緊張したPC鋼材が降伏ひずみに達するときの抵抗曲げモーメントとし，Ⅲ編5.8.1(4)1)から5)に基づき算出する。ただし，引張縁側にPC鋼材が配置されない場合には，最外縁の引張側の鉄筋が降伏強度に達するときの抵抗曲げモーメントを降伏曲げ耐力とする。

(6) 鋼床版は，(3)及び(4)により算出する曲げモーメントが，5章及び9章の規定に従い定める部材等の特性値を超えないように設計する。

橋梁用防護柵に作用する衝突荷重に伴って橋の床版に生じる作用は，防護柵が損傷することにより規定以上にはならないと考えることができる。そして，この荷重については確率的に扱うことが困難である。これらの状況を踏まえて，曲げモーメントは，荷重の実態と従来の実績も考慮し，部材耐荷力がこれまでの示方書による設計と同程度の安全余裕を有するように定められている。

防護柵からの荷重が作用した床版は，部材応答が可逆性を有する範囲に留まればよく，発生する曲げモーメントが降伏曲げ耐力を超えないことが求められる。Ⅲ編9.6(6)1)は，鉄筋コンクリート構造において，部材応答が可逆性を有する範囲に留まるとみなしてよいとされる条件である。また，プレストレスを導入する構造において，全断面が有効となる耐荷機構を想定する場合でも，事象が短期的であることを考慮し，部材応答が可逆性を有する範囲に留まることのみが求められ，Ⅲ編5.8.1(4)1)から5)に基づき降伏曲げ耐力を算出してよいとされている。ただし，降伏曲げ耐力の特性値については，終局曲げ耐力の特性値を算出する方法に準じて行い，部材最外縁の引張側のPC鋼材又は鉄筋の降伏によって定めてよいとされている。

参 考 文 献

1) 松井繁之：移動荷重を受ける道路橋 RC 床版の疲労強度と水の影響について，コンクリート工学年次論文報告集，9-2，1987.

2) 国土交通省国土技術政策総合研究所：道路橋床版の疲労耐久性に関する試験，国土技術政策総合研究所資料第 28 号，2002. 3

3) 国土交通省国土技術政策総合研究所：道路橋の技術評価手法に関する研究-新技術評価のガイドライン（案）-，国土技術政策総合研究所資料第 609 号，2010. 9

4) 建設省土木研究所，社団法人プレストレスト・コンクリート建設業協会：コンクリート橋の設計・施工の省力化に関する共同研究報告書（Ⅱ）― PC 合成げた橋（PC 合成床版タイプ）に関する研究―，共同研究報告書第 215 号，1998. 12.

5) 松本進：プレキャスト PC 素材で補強したコンクリート合成構造の力学的特性に関する基礎研究，土木学会論文報告集，第 246 号，pp. 117-130，1976.

6) 建設省土木研究所：床版支持げたの不等沈下によって生ずる床版の曲げモーメント計算図表その 1，土木研究所資料第 771 号，1972. 9

7) 建設省土木研究所：床版支持げたの不等沈下によって生ずる床版の曲げモーメント計算図表その 3，土木研究所資料第 1338 号，1978. 2

8) 本州四国連絡橋公団：橋面舗装基準（案），1983. 4

9) 多田宏行編著：橋面舗装の設計と施工，1996. 3

10) 福本和弘，尾崎大輔，北田俊行：輪荷重と 2 方向面内圧縮力とを受ける鋼床版の終局強度相関曲線，構造工学論文集，Vol. 51A，pp. 229-237，2005.

12章　床　　組

12.1　一　　般

(1)　床組の設計にあたっては，床版を経て作用する荷重を適切に考慮するとともに，主桁又は主構に力を円滑に伝達できるようにしなければならない。

(2)　12.2から12.6までの規定による場合には，(1)を満足するとみなしてよい。

12.2　床組の支間

(1)　縦桁の支間は，図-12.2.1に示すように縦桁の方向に測った床桁の中心間隔とする。

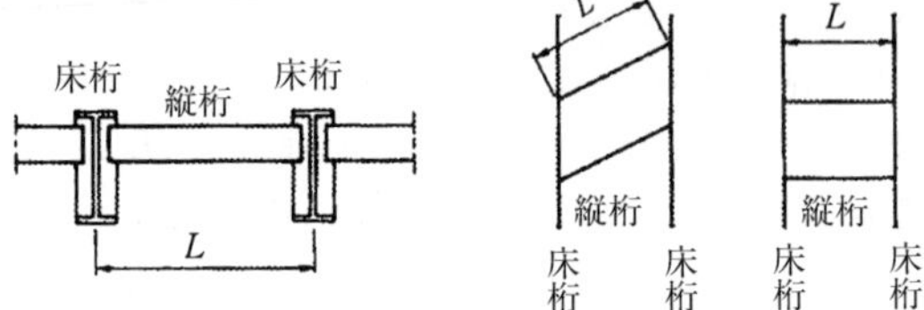

図-12.2.1　縦桁の支間

(2)　床桁の支間は，図-12.2.2に示すように床桁の方向に測った主桁取付腹板の中心間隔とする。

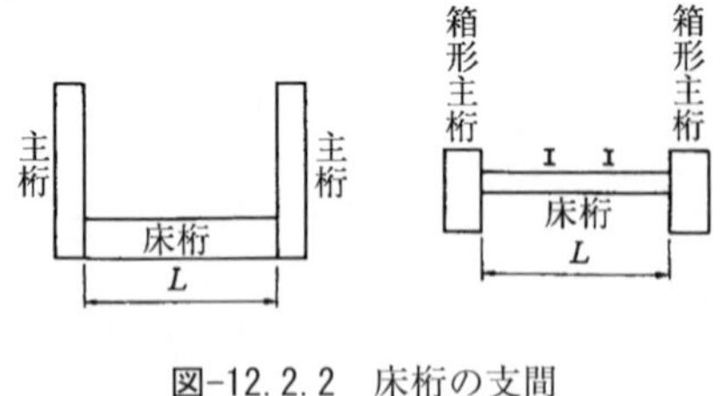

図-12.2.2　床桁の支間

この項は，縦桁及び床桁の設計に際しての支間のとり方を規定したものである。斜橋などの場合を考慮して,「縦桁（又は床桁）の方向に測った」と表現している。床桁の場合は,床桁を取り付ける主桁の腹板中心間隔を支間としている。

なお，荷重分配を計算する場合の横桁又は支点上で主桁からの反力を下部構造に伝えるために設けられた横桁については，この規定の対象としない。

12.3　縦桁の断面力の算出

(1)　連続コンクリート床版を経て活荷重が作用する縦桁の曲げモーメント及びせん断力は，床版を単純桁と仮定して算出してよい。

(2)　支間及び曲げ剛性がほぼ同一の連続縦桁の活荷重による最大曲げモーメントは，表-12.3.1 に示す値を用いてよい。

表-12.3.1　連続縦桁の曲げモーメント（N·m）

端支間	$0.9\,M_0$
中間支間	$0.8\,M_0$
中間支点	$-0.7\,M_0$

ここに，M_0：単純桁としての支間中央の曲げモーメント（N·m）

(3)　連続縦桁のせん断力は単純桁と仮定して算出する。

連続コンクリート床版を経て活荷重が作用する場合，縦桁に作用する曲げモーメント及びせん断力は，床版による分配作用により，床版を単純桁として算出した曲げモーメント及びせん断力に比べて若干低減すると考えることができる。

しかし，床版による分配作用は，横方向にT荷重が並んだときは期待できないこと，また，縦桁の不等沈下による床版の応力度が問題になる場合があること等を考え，ここでは床版の分配作用による低減は考慮しないこととしている。

この条文は，縦桁を床桁等で支持された連続桁構造とした場合の曲げモーメント及びせん断力の計算を簡略化するために規定したものである。

表-12.3.1 に示す値は，単純桁としての支間中央の曲げモーメント M_0 に対する連続縦桁の曲げモーメントの比を算出した結果を踏まえて規定している。

耐荷性能の照査にあたっては，この曲げモーメントを作用の特性値によるものとして扱い，これに対して荷重組合せ係数及び荷重係数を乗じる必要がある。

条文に示されているとおり，支間及び曲げ剛性がほぼ同一の連続縦桁の曲げモーメントは，単純支持として求めた最大曲げモーメントに係数を乗じて求めて差し支えないが，縦桁の曲げ剛性が著しく変化する場合，及び縦桁を支持する床桁の曲げ剛性が小さい場合は,それらの影響を考慮して計算する必要がある。

12.4　連続コンクリート床版を有する床桁

縦桁がなく，連続コンクリート床版が曲げ剛性がほぼ同一の床桁で直接支持される場合，床桁の曲げモーメント及びせん断力の算出に用いる荷重は，床版を単純桁と仮定して算出した床桁上の反力とする。

縦桁がなく，連続コンクリート床版が床桁で直接支持される場合，荷重は床版によって分配されるので，特に床桁間隔の小さい場合は床版を単純桁と仮定して算出した場合より実際の床桁上の反力は小さくなる。しかし，床桁の場合はこのようなケースは稀であり，煩雑になるのを避けて，床桁間隔に関わらず曲げモーメント，せん断力とも床版を単純桁と仮定して求めた床桁上の反力によって計算することとしている。

12.5　床組の連結

(1)　縦桁又は床桁の連結部における曲げモーメント及びせん断力を受ける部分では，合成応力度に対して5.3.9及び5.4.9，多軸応力を受ける場合のフランジでは，合成応力度に対して5.3.10及び5.4.10の規定を満足しなければならない。

(2)　ブラケットの取付部は，曲げモーメントによる応力が縦桁，床桁，ダイアフラム等に円滑に伝わるような構造とする。

(3)　縦桁を床桁のフランジ上に取り付ける場合は，縦桁の横方向の安定を保持できるような構造とする。

(2)　ブラケットの取付部には当然曲げモーメント，せん断力が生じる。したがって，ブラケットのフランジ，腹板に作用する曲げ応力が円滑に伝達されるよう，例えば，箱桁に取り付けるブラケットに対してはダイアフラムを，I桁に取り付けるブラケットの場合は反対側に同じ高さの桁を配置する等，その構造に注意する必要がある。

なお，連続桁として設計された縦桁の床桁への連結部は，連続桁としての曲げモーメントとせん断力に抵抗できる構造とする必要がある。曲げモーメント及びせん断力を12.3によって求めた場合，連結部の設計にはその値を用いてよい。縦桁を単純桁として設計しても，実際にせん断力のみを伝達するような連結構造とすることが難しく，縦桁のような曲げ部材を溶接又は高力ボルト等で連結してピンとみなすのは不合理なので，原則として縦桁の連結は連続桁として設計するのがよい。

また，このことは一般に主桁と床桁との連結についても同様であり，床桁の断面を単純桁として設計することはよいが，床桁端の連結部には端モーメントが生じ，これが主桁の腹板に作用することを考慮する必要がある。

12.6 対 傾 構

縦桁間には必要に応じて対傾構を設け，その設計にあたっては 13 章の規定に準じる。

縦桁は鋼桁の一種であって，縦桁の設計は 13 章の各規定による。特に対傾構については注意を喚起する意味でこの節を設けている。

13章　鋼　　桁

13.1　適用の範囲

> この章は，主として曲げモーメント及びせん断力を受ける充腹のＩ形断面，π形断面及び箱形断面の鋼桁を主桁とする上部構造の設計に適用する。なお，鋼桁を主桁以外の目的で用いる場合にも，この章を準用することができる。

鋼桁には充腹形式の全ての桁構造が含まれるが，各形式の特異性を考慮して細かい規定を設けることは困難なので，基本的な形式であるＩ形断面，π形断面及び箱形断面の桁について規定されている。なお，同種の構造の鋼桁を縦桁や床桁等の主桁以外に用いる場合も，この章の規定を準用できる。更に，この章で対象とする鋼桁を主桁とする上部構造にはコンクリート系床版を組み合わせる場合が多いが，鋼床版を有する上部構造などにも適用可能である。

一方，適用の範囲にない他の特殊な形式については，この章の規定を準用するか，又はその特殊性が著しい場合はそれに対する処置を講じるかを個別に判断する必要がある。

鋼桁は，直橋，斜橋，曲線橋等いろいろな形式で用いられるが，この章では構造物の断面力の算定法，すなわち構造物の解析上の仮定及び解析法には触れないこととし，断面力が算定された後の部材断面の決定法，細部設計等に関連したことについて規定している。

13.2　一　　般

13.2.1　設計の基本

> 鋼桁は，断面内の曲げモーメント，せん断力，ねじりモーメントによる各応力度及びその組合せに対して安全でなければならない。各断面力から求まる応力度は 13.2.2 から 13.2.4 の規定により求めてよい。

鋼桁は，荷重の作用により生じる各応力度とその組合せに対して安全であることを確認する必要がある。3.3 に規定される作用の組合せによって生じる各応力度が制限値以下であっても，合成応力度が制限値を超える場合がある。また，横桁との取付部等で二方向の応力が生じることがある場合には，二軸応力状態に対する安全性の照査が必要となる場合がある。各断面力からの応力度の算出法について13.2.2から13.2.4までに規定により求めてよい。

13.2.2 曲げモーメントによる垂直応力度

> 曲げモーメントによる垂直応力度は，式（13.2.1）で算出する。ただし，引張フランジにボルトの孔がある場合には，式（13.2.1）による引張フランジ応力度に（引張フランジ総断面積／引張フランジ純断面積）を乗じる。
>
> $$\sigma_b=\frac{M}{I}\cdot y \quad \cdots\cdots (13.2.1)$$
>
> ここに，σ_b：曲げモーメントによる垂直応力度（N/mm^2）
>
> M：曲げモーメント（N·mm）
>
> I：総断面の中立軸まわりの断面二次モーメント（mm^4）
>
> y：中立軸から着目点までの距離（mm）

曲げモーメントによる垂直応力度の算出を示したものである。断面二次モーメント，中立軸（断面弾性主軸）の位置等は，ボルト等の孔を考慮しない総断面について計算するものとし，主として曲げによる引張応力度を受ける引張側フランジにボルト等の孔がある場合は，引張フランジの孔による欠損を考慮する。

支間長に比べてフランジの幅が広い鋼桁では，いわゆる「せん断遅れ」の影響を考慮しなければならないことがある。この場合にはフランジの有効幅に対応する有効断面を総断面として考える必要がある。

開断面台形桁等では，上フランジに断面全体としての鉛直曲げによる曲げ応力度のほかに，フランジの水平方向への曲げによる応力度が重なる場合があり，式（13.2.1）は適用できないので注意する必要がある。また，I形断面曲線桁等では，鉛直方向の曲げによる応力度の半径方向の成分が水平曲げを引き起こすことに注意する必要がある。

13.2.3 曲げモーメントに伴うせん断応力度

> 曲げモーメントに伴うせん断応力度は，式（13.2.2）で算出してもよい。
>
> $$\tau_b=\frac{S}{A_w} \quad \cdots\cdots (13.2.2)$$

ここに，τ_b ：せん断力及び曲げモーメントに伴うせん断応力度（N/mm^2）

S ：せん断力及び曲げモーメントに伴うせん断力（N）

A_w：せん断力及び曲げモーメントに伴うせん断力を受ける腹板の断面積（mm^2）

曲げモーメントに伴うせん断応力度の断面内での分布は，鋼桁のような薄肉断面のはりでは，せん断力が各板の中央の中央線に沿った方向に流れると考えた，いわゆるせん断流理論によるのが厳密な値を与えることが知られている。

比較的板厚の厚い充実度の高い断面では，初等はりの理論によって，曲げモーメントに伴うせん断応力度の分布は式（解 13.2.1）を用いることができる。

$$\tau = \frac{SQ}{It} \quad \cdots\cdots\cdots\cdots \text{（解 13.2.1）}$$

ここに，τ ：曲げモーメントに伴うせん断応力度（N/mm^2）

S ：曲げモーメントに伴うせん断力（N）

Q ：断面内の着目点を通り中立軸に平行な線より外側にある総断面の中立軸まわりの断面一次モーメント（mm^3）

I ：総断面の中立軸まわりの断面二次モーメント（mm^4）

t ：着目点の中立軸に平行な方向の板厚（mm）

しかし，一般の鋼桁では，曲げモーメントに伴うせん断力の大部分が腹板で受け持たれ，しかもこれは腹板内にほぼ均一に分布すると考えても上述の理論との誤差は少ないので式（13.2.2）の簡易式で算出してもよいとしている。以上，3つの計算法によるせん断応力度の流れの方向，分布の相違の概略を図–解 13.2.1 に示した。

計算式	せん断応力度の分布図	備　考
$\tau = \frac{S}{A_w}$	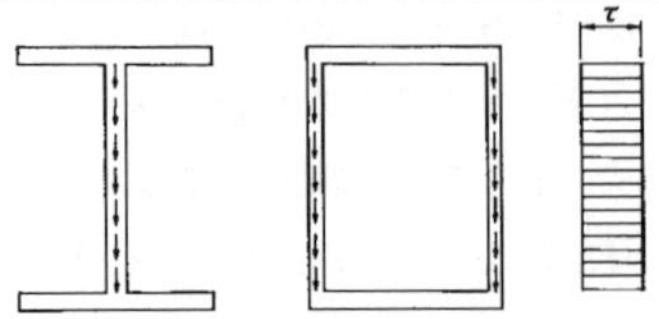 τ	
$\tau = \frac{SQ}{It}$	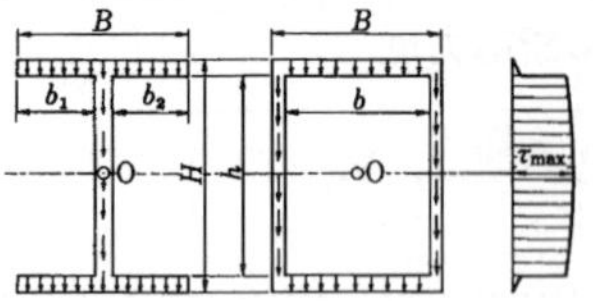 B, b_1, b_2, H, h, B, b, τ_{max}	$\tau_{max} = \frac{3S(BH^2-bh^2)}{2(BH^3-bh^3)(B-b)}$ ただし，$b = b_1 + b_2$

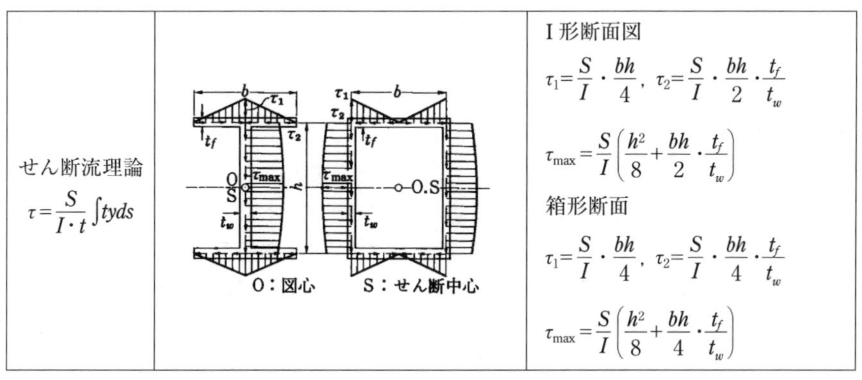

せん断流理論 $\tau=\dfrac{S}{I\cdot t}\int tyds$	O：図心　S：せん断中心	I形断面図 $\tau_1=\dfrac{S}{I}\cdot\dfrac{bh}{4}$, $\tau_2=\dfrac{S}{I}\cdot\dfrac{bh}{2}\cdot\dfrac{t_f}{t_w}$ $\tau_{\max}=\dfrac{S}{I}\left(\dfrac{h^2}{8}+\dfrac{bh}{2}\cdot\dfrac{t_f}{t_w}\right)$ 箱形断面 $\tau_1=\dfrac{S}{I}\cdot\dfrac{bh}{4}$, $\tau_2=\dfrac{S}{I}\cdot\dfrac{bh}{4}\cdot\dfrac{t_f}{t_w}$ $\tau_{\max}=\dfrac{S}{I}\left(\dfrac{h^2}{8}+\dfrac{bh}{4}\cdot\dfrac{t_f}{t_w}\right)$

図-解 13.2.1　せん断応力度の計算式

腹板のせん断応力度については式（13.2.2）によってよいが，フランジについては応力状態が腹板と異なるので，フランジの局部応力度の検算を行うような場合のフランジのせん断応力度の算出には，図-解 13.2.1 に示すせん断流理論によって求める必要がある。

13.2.4　ねじりモーメントによる応力度

> ねじりモーメントを考慮する場合には，純ねじりによるせん断応力度とそりねじりによるせん断応力度との合計及びそりねじりによる垂直応力度を考慮する。
>
> ただし，I形断面の鋼桁を用いた格子構造では，一般に桁の純ねじり及びそりねじりによる応力度を無視することができる。
>
> また，箱形断面の鋼桁を用いる場合には，格子構造，単一主桁構造いずれの場合でも，一般にそりねじりによる応力度を無視することができる。

中心角又は曲率が大きい曲線橋，斜角の小さい斜橋及び大きい偏心荷重が作用する直橋等，構造物の性質上ねじりの影響を無視できない場合には，ねじりの影響に配慮する必要がある。

鋼桁のような薄肉断面のはりでは，ねじりモーメントは純ねじりモーメントとそりねじりモーメントの和として受け持たれる。純ねじりモーメントは断面内にせん断応力度のみを生じさせ，そりねじりモーメントは桁軸方向のそりねじりによる垂直応力度と，それに釣合うそりねじりによるせん断応力度を生じさせる。

厳密には一つの部材断面内では必ず両者が共存するが，一般に充実度の大きい断面や箱桁のように薄肉でも閉じた断面では純ねじりモーメントの方が大きく，I形断面のように開いた薄肉断面ではそりねじりモーメントの方が大きく，それらによる応力度もそれぞれ大きい。

I形断面の鋼桁を用いた格子構造では，桁自体のねじり抵抗が小さいため，ねじりモーメントによって生じるせん断応力度及びそりねじりによる垂直応力度は無視しうる程小さい。したがって，桁自体のねじり抵抗を無視して解析してよい。

また箱形断面の鋼桁を用いた格子構造では，曲げモーメントによる垂直応力度を算出する載荷ケースとそりねじり応力度を算出する載荷ケースが大幅に異なることや，格子構造の箱桁は一般に張出しが小さく，そりねじり応力度自体が大きくないことから，一般には，そりねじりの影響を無視し，純ねじりによる影響のみを考慮することでよい。

さらに，箱形断面を用いた単一鋼桁構造の場合では，一般に断面寸法が大きく，支間も比較的大きい。このような場合にもそりねじりによる応力度は小さいためこれを無視してもよいことにしている。

ただし，張出しの大きい合成床版や鋼床版をもつ場合，又は箱形断面が特に扁平で幅が広い場合には別途検討が必要である。

13.3 フランジ

13.3.1 一　　般

(1) フランジの設計においては，部材断面内の応力の分布を適切に考慮しなければならない。また，溶接ひずみの影響並びに製作，輸送及び架設時の応力についても考慮しなければならない。

(2) 13.3.2 から 13.3.4 までの規定による場合には，(1)を満足するとみなしてよい。

13.3.2 引張フランジの自由突出部の板厚

引張フランジ自由突出部の板厚は，鋼種に関わらず自由突出幅の 1/16 以上とする。

引張フランジ自由突出部の板厚は，溶接ひずみによる悪影響や運搬中等の不慮の外力に備え，また，フランジ内の応力分布を均等なものとするため条文のように規定されている。なお，圧縮フランジ自由突出部は，軸方向圧縮力を受ける板として 5.3.2，5.3.4 及び 5.4.2，5.4.4 により設計すればよい。

13.3.3　箱桁の引張フランジ

箱桁の引張フランジの板厚は腹板の中心間隔の1/80以上とする。ただし，十分に剛な補剛材がある場合には腹板中心間隔のかわりに補剛材中心間隔を用いてよい。

箱桁の引張フランジの板厚は不慮の外力に備えて腹板中心間隔の1/80以上としている。なお，箱桁の圧縮フランジは，軸方向圧縮力を受ける補剛板として5.3.3，5.3.4，及び5.4.3，5.4.4により設計すればよい。

13.3.4　フランジの有効幅

応力度と変形を計算するためのフランジの片側有効幅λは，式（13.3.1）及び式（13.3.2）により算出し，その適用方法は表-13.3.1による。

$$\left.\begin{aligned} \lambda &= b & &\left(\frac{b}{l} \leqq 0.05\right) \\ &= \left\{1.1 - 2\left(\frac{b}{l}\right)\right\} b & &\left(0.05 < \frac{b}{l} < 0.30\right) \\ &= 0.15 l & &\left(0.30 \leqq \frac{b}{l}\right) \end{aligned}\right\} \cdots\cdots (13.3.1)$$

$$\left.\begin{aligned} \lambda &= b & &\left(\frac{b}{l} \leqq 0.02\right) \\ &= \left\{1.06 - 3.2\left(\frac{b}{l}\right) + 4.5\left(\frac{b}{l}\right)^2\right\} b & &\left(0.02 < \frac{b}{l} < 0.30\right) \\ &= 0.15 l & &\left(0.30 \leqq \frac{b}{l}\right) \end{aligned}\right\} \cdots\cdots (13.3.2)$$

ここに，λ ：フランジの片側有効幅（mm）（図-13.3.1）

b ：腹板の間隔の1/2又は片持部のフランジの突出幅（mm）（図-13.3.1）

l ：等価支間長（mm）（表-13.3.1）

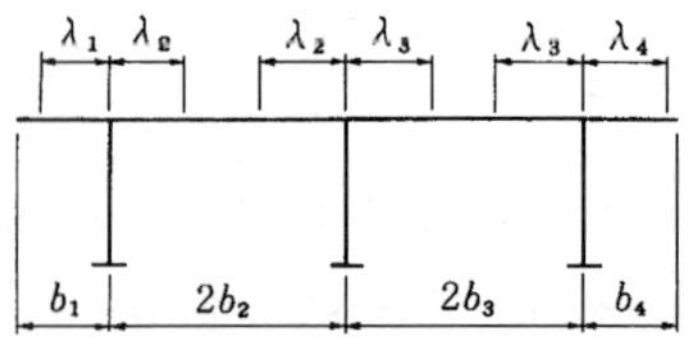

図-13.3.1　フランジの有効幅

表-13.3.1　フランジの片側有効幅

	区間(箇所)	片側有効幅 記号	適用式	等価支間長 l	摘　　要
単純桁	①	λL	(13.3.1)	L	
連続桁	①	λL_1	(13.3.1)	$0.8L_1$	
	⑤	λL_2		$0.6L_2$	
	③	λS_1	(13.3.2)	$0.2(L_1+L_2)$	
	⑦	λS_2		$0.2(L_2+L_3)$	
	②④⑥⑧	両端の有効幅を用いて，直線変化させる。			
ゲルバー桁	①	λL_1	(13.3.1)	L_1	
	④	λL_3		$0.8L_3$	
	②	λS_2	(13.3.2)	$2L_2$	
	③	両端の有効幅を用いて，直線変化させる。			

この条文は鋼床版桁，合成桁等の鋼桁が主桁作用を受ける場合のフランジの有効幅について規定したものである。

有効幅の定義に用いた力学モデルは，図-解13.3.1に示すものである。すなわち，支間Lの単純桁(A)に，片側幅bのフランジ(B)が結合しているものと考える。この際，桁の方向に生じるフランジ応力の桁と直角方向（y方向）の分布を$\sigma(y)$とすれば，片側有効幅λは式（解13.3.1）によって計算される。

$$\lambda=\frac{\int_0^b \sigma(y)\,dy}{\sigma_0} \quad \cdots\cdots \text{(解13.3.1)}$$

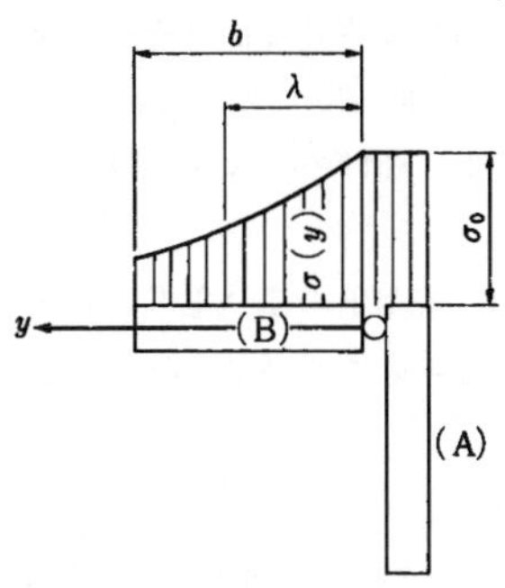

図-解 13. 3. 1　片側有効幅 λ

$\sigma(y)$ の分布は b/L の値及び桁と結合する床版の縁辺における桁のひずみ分布（曲げモーメントの分布）の形状に支配される。

図-解 13. 3. 2(a) 及び (b) に示す二つの曲げモーメントの分布に対して得られた支間中央の λ/b の理論値をそれぞれ図-解 13. 3. 3 の破線(1)及び(2)に示す。

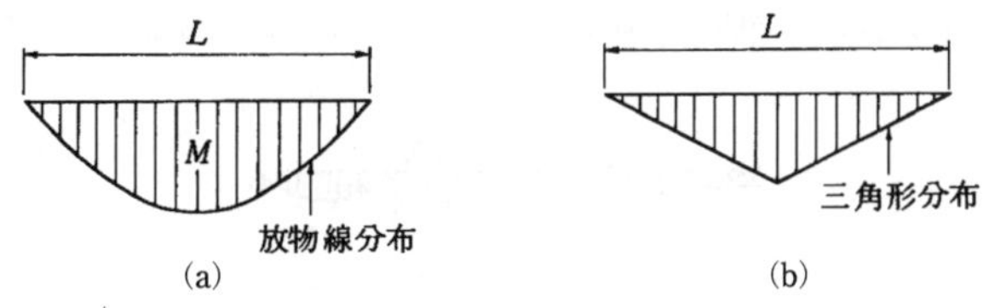

図-解 13. 3. 2　曲げモーメント分布

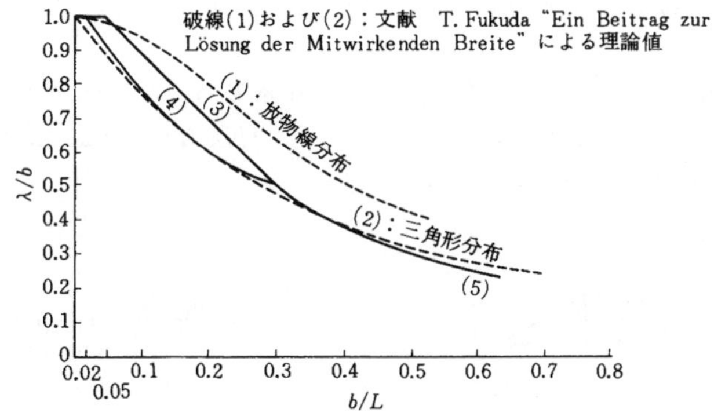

図-解 13. 3. 3　λ/b の理論値

実線(3)から(5)は，理論値を基に桁に生じる曲げモーメントの分布を考慮して作った曲線である。$b/L>0.30$ の範囲に対して曲線(5)のみで与えたのは，この領域では桁に生じる曲げモーメントは集中荷重が支配的（曲げモーメントの分布形が三角形分布）である場合が多いと考えたからである。

また，有効幅の計算上の仮定，実用上の便等を考えると，理論値による曲線(2)において $b/L \leqq 0.02$ の範囲は，$\lambda/b \fallingdotseq 1.0$ と考えて差し支えない。この趣旨に沿って曲線(2)を修正して，曲線(4)として与えている。

単純桁の場合は，b/L の増加に伴って曲げモーメントの分布が放物線形から三角形に移行するとみなすのが安全と考え，λ/b の値を曲線(3)及び(5)で求めるものとしている。

なお，厳密には支間中央と支点付近とでは有効幅は異なるが，ここでは支間中央で得られた λ/b をそのまま全長にわたって用いることにし，条文のように定めている。

連続桁の場合は，図-解 13.3.4 に示すように支間中央部と支点部では明らかに曲げモーメントの分布が異なる。したがって，支間中央部は前述の単純桁に準じ，λ/b の値を曲線(3)及び(5)で，支点上では支点上付近の曲げモーメントを三角分布とみなして，λ/b の値を曲線(4)及び(5)で求めるものとしている。この場合の等価支間長 l は曲げモーメントが 0 になる点の間の距離とし，表-13.3.1 のように定めている。また，この支点上と支間中央部との有効幅の差異は，$0.2L$ の間で直線的に変化させてすり付けることにしている。

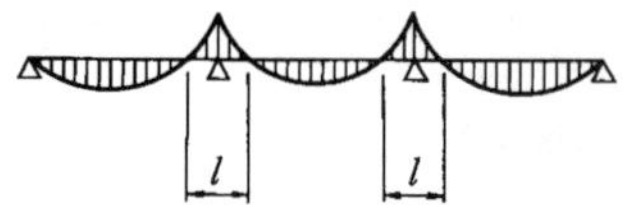

図-解 13.3.4　支点上の等価支間長

ゲルバー桁の場合も，前述の単純桁及び連続桁の考え方に準じて表-13.3.1 のように定めている。

片持ち部の曲げモーメントは直線分布と考え，図-解 13.3.5 のように対称性を考慮し，等価支間長 l として $2L_2$ をとれば，曲げモーメントは三角形分布となる。したがって，λ/b の値は曲線(4)及び(5)を用いることにしている。

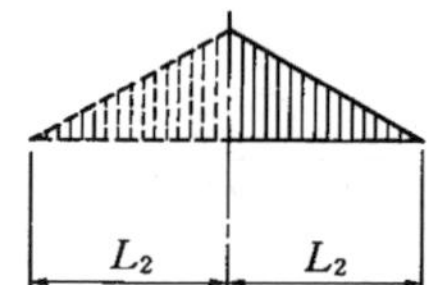

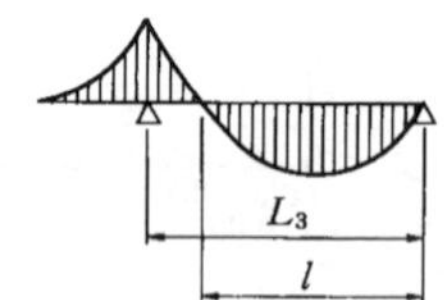

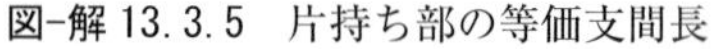

図-解 13.3.5　片持ち部の等価支間長

図-解 13.3.6　ゲルバー桁部の等価支間長

13.4 腹　　板

13.4.1 一　　般

(1) 腹板の設計においては，溶接ひずみの影響並びに製作，輸送及び架設時の応力についても考慮して，座屈に対する安全性を確保しなければならない。
(2) 13.4.2 から 13.4.7 までの規定による場合には，(1)を満足するとみなしてよい。

(1) 13.4.2 から 13.4.7 までの規定に従って，鋼桁の腹板に垂直補剛材と水平補剛材を適切に配置することで，(1)の要求性能を満たすことができるが，腹板の板厚，垂直補剛材，水平補剛材に関する 13.4.2 から 13.4.7 のそれぞれの規定は互いに密接な関係があるため，これらの規定を一つでも変更する場合には，関連するその他の規定に対する影響についても十分な検討を行う必要がある。

13.4.2 腹板の板厚

鋼桁の腹板厚は表-13.4.1 に示す値以上とする。

鋼桁に生じる計算応力度が曲げ圧縮応力度の制限値に比べて小さい場合は，曲げ圧縮応力度の制限値の上限値を曲げ圧縮応力度で除した値の平方根を，表-13.4.1 の値の分母に乗じることができる。ただし，1.2 を超える値を乗じてはならない。

表-13.4.1 鋼桁の最小腹板厚（mm）

鋼種	SS400 SM400 SMA400W	SM490	SM490Y SM520 SMA490W	SBHS400 SBHS400W	SM570 SMA570W	SBHS500 SBHS500W
水平補剛材のないとき	$\frac{b}{152}$	$\frac{b}{131}$	$\frac{b}{124}$	$\frac{b}{117}$	$\frac{b}{110}$	$\frac{b}{107}$
水平補剛材を1段用いるとき	$\frac{b}{256}$	$\frac{b}{221}$	$\frac{b}{208}$	$\frac{b}{196}$	$\frac{b}{185}$	$\frac{b}{180}$
水平補剛材を2段用いるとき	$\frac{b}{311}$	$\frac{b}{311}$	$\frac{b}{293}$	$\frac{b}{276}$	$\frac{b}{260}$	$\frac{b}{253}$

ここに，b：上下両フランジの純間隔（mm）

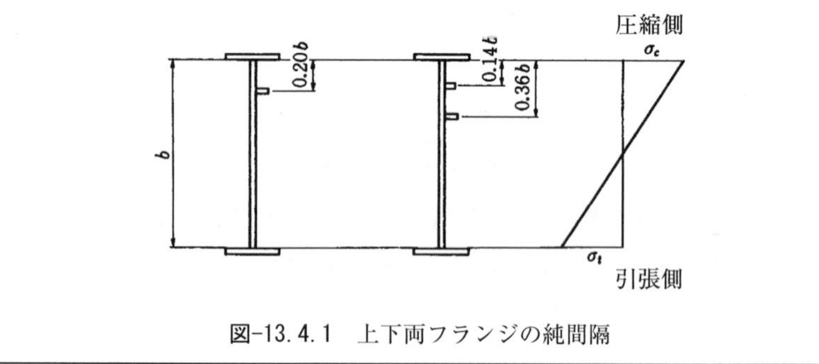

図-13.4.1　上下両フランジの純間隔

ここでは水平補剛材が2段まで使用される鋼桁の腹板厚の最小値を定めている。なお，この腹板厚は13.4.3で規定されている垂直補剛材の間隔に関する規定を満たすことを前提としており，鋼桁に曲げモーメント及びせん断力が同時に作用する場合を考慮してある。

鋼桁の腹板は純せん断を受ける場合，座屈後もかなり大きな耐荷力を有するため，従来より各国ともこの安全率は軸方向圧縮力を受ける部材の座屈安全率よりも低くとられてきた。また，これまでの示方書では，腹板の後座屈強度を考慮して腹板の計算上の座屈応力度に対する安全率を低減しており，今回の改定においても，この考え方が踏襲されている。その一方で，座屈安全率の数値そのものは部分係数化に伴い，Ｉ編3.3に規定される荷重組合せ係数及び荷重係数を踏まえた抵抗側の部分係数を考慮し，3)の純せん断を受ける場合に座屈安全率が1.00となるようにし，同様の比率で1)及び2)についても見直されている。以下にその考え方を示す。

(1)　座屈安全率 ν_B

鋼桁の腹板の座屈安全率は，

1)　純圧縮を受ける場合　　1.36

2)　純曲げを受ける場合　　1.12

3)　純せん断を受ける場合　1.00

とし，圧縮力，曲げモーメント，せん断力がそれぞれ組み合わされて作用する場合には，式（解13.4.1）で与えられるものとしている[1),2)]。

$$\nu_B = 1.00 + 0.8(0.30 + 0.15\varphi)e^{-4.3\eta} \geqq 1.00 \quad \cdots\cdots\cdots \quad (解13.4.1)$$

ここに，φ は腹板の上下縁の応力比であり，η は腹板に加わるせん断応力度と，大きい方の縁圧縮応力度との比である。

また，座屈安全率は水平補剛材のある場合は，フランジや水平，垂直補剛材で囲まれる腹板の区画ごとに照査して，上の安全率 ν_B が確保されていればよいものとしている。

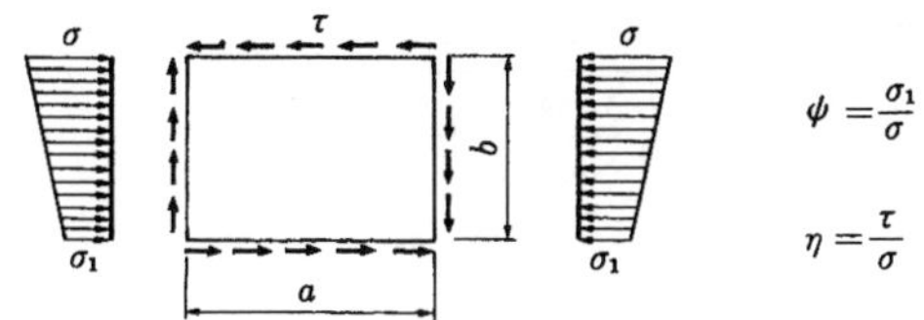

図-解 13. 4. 1　腹板に作用する垂直応力度とせん断応力度

(2)　基本式

曲げモーメント及びせん断力を受ける板の座屈照査式は，式（解 13. 4. 2）で与えることができる。

$$\frac{1+\varphi}{4}\cdot\frac{\sigma_c}{\sigma_{cr}}+\sqrt{\left(\frac{3-\varphi}{4}\cdot\frac{\sigma_c}{\sigma_{cr}}\right)^2+\left(\frac{\tau_c}{\tau_{cr}}\right)^2}=R^2/\upsilon_B \quad \text{（解 13. 4. 2）}$$

ここに，R はいわゆる座屈パラメータであり，降伏状態に近い応力度で板の座屈を防ぐのに必要な板の幅厚比と，弾性座屈理論から求まる幅厚比との比である。

溶接による残留応力が腹板の座屈に及ぼす影響は比較的小さいと考えられるが，水平補剛材を用いる腹板の圧縮フランジに隣接した区画だけは特にこれを考慮して，圧縮フランジ及びその近傍の腹板の安全に慎重を期し，この編では，R と φ との関係を式（解 13. 4. 3）のように定めている。

$$R=0.90-0.10\varphi \quad \text{（解 13. 4. 3）}$$

また，σ_{cr}, τ_{cr} はそれぞれ式（解 13. 4. 4）で与えられる。

$$\left.\begin{aligned}\sigma_{cr}&=k_\sigma\cdot\frac{\pi^2E}{12(1-\mu^2)}\cdot\left(\frac{t}{b}\right)^2\\ \tau_{cr}&=k_\tau\cdot\frac{\pi^2E}{12(1-\mu^2)}\cdot\left(\frac{t}{b}\right)^2\end{aligned}\right\} \quad \text{（解 13. 4. 4）}$$

ここに，k_σ ：垂直応力度に対する座屈係数

k_τ ：せん断応力度に対する座屈係数

μ ：ポアソン比

したがって，式（解 13. 4. 2）を t/b について解くと式（解 13. 4. 5）を得る。

$$\left(\frac{t}{b}\right)^2\geqq\frac{\nu_B\sigma_C}{(425R)^2}\left\{\frac{1+\varphi}{4k_\sigma}+\sqrt{\left(\frac{3-\varphi}{4k_\sigma}\right)^2+\left(\frac{\eta}{k_\tau}\right)^2}\right\} \quad \text{（解 13. 4. 5）}$$

水平補剛材を用いる場合も区画ごとに同様に計算される。この結果をまとめると以下のようになる。

1) 水平補剛材を用いない場合

$$\left(\frac{t}{b}\right)^2 \geqq \frac{\nu_B \sigma_C}{(425R)^2}\left\{\frac{1+\varphi}{4k_\sigma}+\sqrt{\left(\frac{3-\varphi}{4k_\sigma}\right)^2+\left(\frac{\eta}{k_\tau}\right)^2}\right\} \quad \text{(解 13. 4. 6)}$$

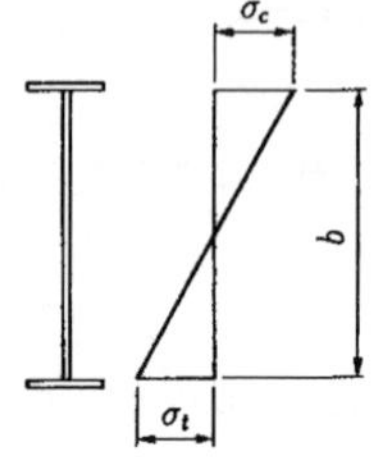

図-解 13. 4. 2　鋼桁の応力分布（水平補剛材を用いない場合）

2) 水平補剛材を1段用いる場合

$$\left.\begin{array}{l}\left(\frac{t}{b}\right)^2 \geqq \left(\frac{b_1}{b}\right)^2 \frac{\nu_{B1} \sigma_C}{(425R_1)^2}\left\{\frac{1+\varphi_1}{4k_{\sigma 1}}+\sqrt{\left(\frac{3-\varphi_1}{4k_{\sigma 1}}\right)^2+\left(\frac{\eta_1}{k_{\tau 1}}\right)^2}\right\} \\ \text{で，かつ} \\ \left(\frac{t}{b}\right)^2 \geqq \left(1-\frac{b_1}{b}\right)^2 \frac{\nu_{B2} \sigma_{C1}}{(425R_2)^2}\left\{\frac{1+\varphi_2}{4k_{\sigma 2}}+\sqrt{\left(\frac{3-\varphi_2}{4k_{\sigma 2}}\right)^2+\left(\frac{\eta_2}{k_{\tau 2}}\right)^2}\right\}\end{array}\right\} \quad \text{(解 13. 4. 7)}$$

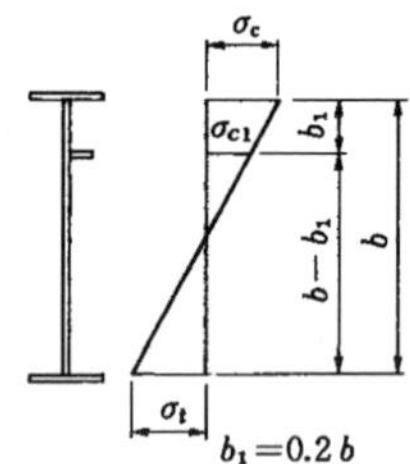

図-解 13. 4. 3　鋼桁の応力分布（水平補剛材を1段用いる場合）

3)　水平補剛材を２段用いる場合

$$\left.\begin{array}{l}\left(\dfrac{t}{b}\right)^2 \geqq \left(\dfrac{b_1}{b}\right)^2 \dfrac{\nu_{B1}\sigma_C}{(425R_1)^2}\left\{\dfrac{1+\varphi_1}{4k_{\sigma1}}+\sqrt{\left(\dfrac{3-\varphi_1}{4k_{\sigma1}}\right)^2+\left(\dfrac{\eta_1}{k_{\tau1}}\right)^2}\right\} \\ \text{で，かつ} \\ \left(\dfrac{t}{b}\right)^2 \geqq \left(\dfrac{b_2-b_1}{b}\right)^2 \dfrac{\nu_{B2}\sigma_{C1}}{(425R_2)^2}\left\{\dfrac{1+\varphi_2}{4k_{\sigma2}}+\sqrt{\left(\dfrac{3-\varphi_2}{4k_{\sigma2}}\right)^2+\left(\dfrac{\eta_2}{k_{\tau2}}\right)^2}\right\} \\ \text{で，かつ} \\ \left(\dfrac{t}{b}\right)^2 \geqq \left(1-\dfrac{b_2}{b}\right)^2 \dfrac{\nu_{B3}\sigma_{C2}}{(425R_3)^2}\left\{\dfrac{1+\varphi_3}{4k_{\sigma3}}+\sqrt{\left(\dfrac{3-\varphi_3}{4k_{\sigma3}}\right)^2+\left(\dfrac{\eta_3}{k_{\tau3}}\right)^2}\right\}\end{array}\right\} \cdots\cdots\cdots \text{（解 13.4.8）}$$

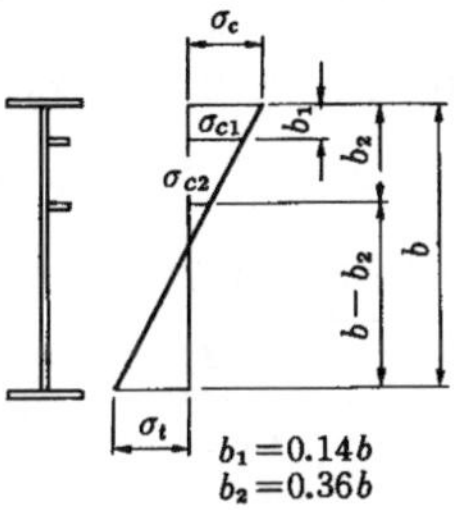

図-解 13.4.4　鋼桁の応力分布（水平補剛材を２段用いる場合）

表-13.4.1 は，これらの式を純曲げ状態並びに曲げモーメント及びせん断力が同時に作用する状態について計算した結果をまとめたものである。これまでの示方書では，これらの値は，式（解 13.4.5）から式（解 13.4.8）中の応力度 σ_c の値として，許容応力度を基準として算出していたため，断面力の大きさによらず定められていた。したがって，この項に示す座屈安全率が見直されても，最小板厚の考え方に変更はないが，今回の改定で制限値が見直されたため，表中の分母の値が見直されている。ただし，部材に生じる応力度を用いてこれらの式を適用する場合には，荷重組合せ係数及び荷重係数の影響が含まれているため，この示方書に規定されている座屈安全率の値を用いる必要がある。また，今回の改定では SBHS400，SBHS400W，SBHS500 及び SBHS500W が規定されたため，それにあわせて表-13.4.1 に追加されている。

なお，水平補剛材の位置は繰返し計算によって最適位置を求めており，これについては 13.4.6 に規定している。

一方，溶接施工の面からは，10mm 以下の腹板厚に対して２段以上の水平補剛材を設けるのは好ましくない。また，調質鋼ではひずみとりが困難であるので，薄い腹板に補剛材を溶接することは，避けるのが望ましい。表-13.4.1 に示す SM400 級鋼材で水平補剛材を２段用いるときの最小腹板厚が，SM490 の場合のそれと同一値となっているのは，上記の趣旨に沿って溶接ひずみの発生を少なくするためと，部材の組立運搬及び架設時の安全性を考えて最低値を $b/311$ に抑えたためである。

また，40mm を超える板厚については，座屈照査の基本的考え方より作用応力度が下がることによって安全側の設定となること，実際の腹板高での適用がないと考えられることから，制限値を一定としている。

13. 4. 3 垂直補剛材の配置及びその間隔

(1) 上下両フランジの純間隔が表-13. 4. 2 の値を超える場合は，腹板には垂直補剛材を設けなければならない。

計算せん断応力度がせん断応力度の制限値に比べて小さい場合は，表-13. 4. 2 の値にせん断応力度の制限値を計算せん断応力度で除した値の平方根を乗じることができる。ただし，1. 2 を超える値を乗じてはならない。

表-13. 4. 2 垂直補剛材を省略しうるフランジ純間隔の最大値（mm）

鋼種	SS400 SM400 SMA400W	SM490	SM490Y SM520 SMA490W	SBHS400 SBHS400W	SM570 SMA570W	SBHS500 SBHS500W
上下両フランジ純間隔	$70t$	$60t$	$57t$	$54t$	$51t$	$49t$

ここに，t：腹板の板厚（mm）

(2) 垂直補剛材の間隔は，式（13. 4. 1）から式（13. 4. 6）を満足しなければならない。ただし，$a/b \leqq 1.5$ とする。

1) 水平補剛材を用いない場合

$$\left(\frac{b}{100t}\right)^4\left[\left(\frac{\sigma}{431}\right)^2+\left\{\frac{\tau}{97+72(b/a)^2}\right\}^2\right]\leqq 1:\left(\frac{a}{b}>1\right) \quad \cdots\cdots\cdots (13.4.1)$$

$$\left(\frac{b}{100t}\right)^4\left[\left(\frac{\sigma}{431}\right)^2+\left\{\frac{\tau}{72+97(b/a)^2}\right\}^2\right]\leqq 1:\left(\frac{a}{b}\leqq 1\right) \quad \cdots\cdots\cdots (13.4.2)$$

2) 水平補剛材を 1 段用いる場合

$$\left(\frac{b}{100t}\right)^4\left[\left(\frac{\sigma}{1121}\right)^2+\left\{\frac{\tau}{151+72(b/a)^2}\right\}^2\right]\leqq 1:\left(\frac{a}{b}>0.80\right) \quad (13.4.3)$$

$$\left(\frac{b}{100t}\right)^4\left[\left(\frac{\sigma}{1121}\right)^2+\left\{\frac{\tau}{113+97(b/a)^2}\right\}^2\right]\leqq 1:\left(\frac{a}{b}\leqq 0.80\right) \quad (13.4.4)$$

3)　水平補剛材を2段用いる場合

$$\left(\frac{b}{100t}\right)^4\left[\left(\frac{\sigma}{3741}\right)^2+\left\{\frac{\tau}{235+72(b/a)^2}\right\}^2\right]\leqq 1:\left(\frac{a}{b}>0.64\right)\cdots(13.4.5)$$

$$\left(\frac{b}{100t}\right)^4\left[\left(\frac{\sigma}{3741}\right)^2+\left\{\frac{\tau}{176+97(b/a)^2}\right\}^2\right]\leqq 1:\left(\frac{a}{b}\leqq 0.64\right)\cdots(13.4.6)$$

ここに，a：垂直補剛材間隔（mm）

b：腹板の板幅（mm）

t：腹板の板厚（mm）

σ：腹板に生じる縁圧縮応力度（N/mm²）

τ：腹板に生じるせん断応力度（N/mm²）

垂直応力 σ とせん断応力 τ とが同時に作用する場合の座屈の照査式は式（解 13.4.9）で表わされる。

$$\left(\frac{\sigma}{\sigma_{cr}}\right)^2+\left(\frac{\tau}{\tau_{cr}}\right)^2\leqq\left(\frac{1}{\nu_B}\right)^2 \cdots\cdots(解 13.4.9)$$

ここで，σ_{cr} 及び τ_{cr} は4辺単純支持の板に曲げ応力及びせん断応力がそれぞれ単独に作用した場合の座屈応力度で，式（解 13.4.10）のように表わされる。

$$\left.\begin{aligned}\sigma_{cr}&=k_\sigma\cdot\frac{\pi^2E}{12(1-\mu^2)}\cdot\left(\frac{t}{b}\right)^2\\ \tau_{cr}&=k_\tau\cdot\frac{\pi^2E}{12(1-\mu^2)}\cdot\left(\frac{t}{b}\right)^2\end{aligned}\right\}\cdots\cdots(解 13.4.10)$$

また，k_σ，k_τ は座屈係数であり，この場合は式（解 13.4.11）のようになる。

$$\left.\begin{aligned}&k_\sigma=23.9\\ &k_\tau=5.34+\frac{4.00}{(a/b)^2}\ ;\ (a/b>1)\\ &k_\tau=4.00+\frac{5.34}{(a/b)^2}\ ;\ (a/b\leqq 1)\end{aligned}\right\}\cdots\cdots(解 13.4.11)$$

式（解 13.4.9）に式（解 13.4.10）を代入すると，

$$\nu_B{}^2\left(\frac{b}{t}\right)^4\left\{\frac{12(1-\mu^2)}{\pi^2E}\right\}^2\left\{\left(\frac{\sigma}{k_\sigma}\right)^2+\left(\frac{\tau}{k_\tau}\right)^2\right\}\leqq 1$$

となり，これより式（解 13.4.12）が得られる。

$$\nu_B{}^2\left(\frac{b}{100t}\right)^4\left\{\left(\frac{\sigma}{18k_\sigma}\right)^2+\left(\frac{\tau}{18k_\tau}\right)^2\right\}\leqq 1\cdots\cdots(解 13.4.12)$$

ここで，a ：垂直補剛材間隔（mm）

b ：腹板の板幅（mm）

t ：腹板の板厚（mm）

E ：ヤング係数（N/mm^2）

μ ：ポアソン比

ν_B：座屈安全率で式（解 13.4.1）による。

垂直補剛材はせん断座屈に対して配置されるため，13.4.2 の解説の純せん断を受ける場合の座屈安全率 $\nu_B = 1.00$ を使用する。なお，部分係数化に伴い，式中の係数は変更されている。

1) 水平補剛材を用いない場合

この場合の関係式は，式（解 13.4.11）の k_σ と k_τ とを式（解 13.4.12）に代入し $\nu_B = 1.00$ とすることによって得られたものである。

2) 水平補剛材を1段用いる場合

水平補剛材が圧縮フランジから測って 0.20b 付近にある場合は，図-解 13.4.5 の斜線部分について，(1)の水平補剛材を用いない場合と同様の数式上の取扱いをしたうえで，$\sigma_1 = 0.60\sigma$ とすることによって求めたものである。

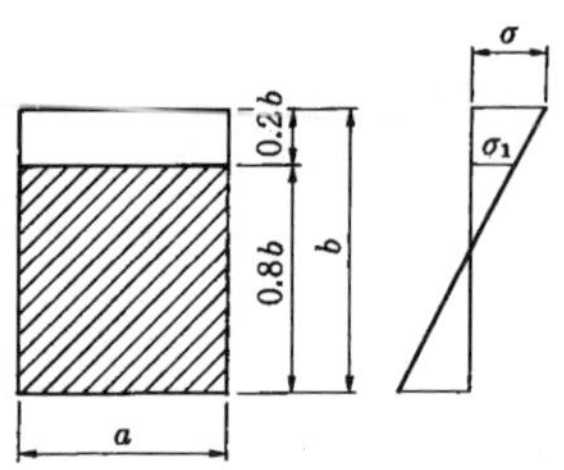

図-解 13.4.5 水平補剛材を1段用いる場合

3) 水平補剛材を2段用いる場合

図-解 13.4.6 の斜線部分について(1)と同様の数式上の取扱いをし，更に $\sigma_2 = 0.28\sigma$ とすることによって求めたものである。

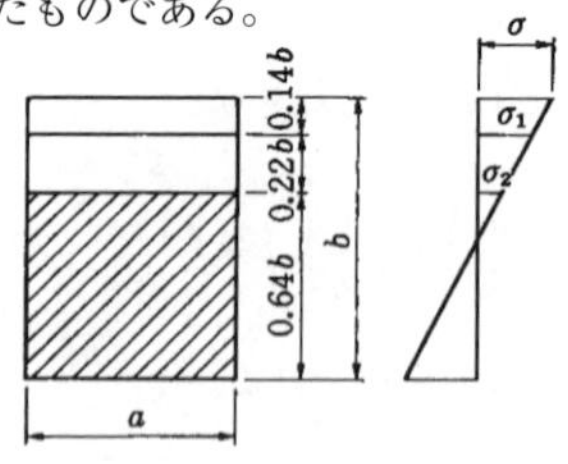

図-解 13.4.6 水平補剛材を2段用いる場合

表-13.4.2は，前述の式（解13.4.5）において，$\sigma=0.45\sigma_a$ と $\tau=\tau_a$ が共存する場合を考え，$R=1.0$ とし，更に垂直補剛材がないことから $\alpha=a/b=\infty$ とおいた場合の式（解13.4.11）から得られる $k_\tau=5.34$，$k_\sigma=23.9$ を代入して計算した各鋼種別の b/t の値に，幾分安全を見込み数値を整えたものである。

なお，40mmを超える板厚については，座屈照査の基本的考え方より作用応力度が下がることによって安全側の設定となること，適用する場合がないと考えられることから垂直補剛材間隔の制限値は一定としている。

13.4.4　垂直補剛材の剛度，鋼種及び板厚

(1)　5.4.3(5)により算出した垂直補剛材1個の断面二次モーメント Iv は，式（13.4.7）を満足しなければならない。

$$I_v \geqq \frac{bt^3}{11}\gamma_{v\cdot req} \quad \cdots\cdots (13.4.7)$$

ここに，I_v　：垂直補剛材1個の断面二次モーメント（mm⁴）

t　：腹板の板厚（mm）

b　：腹板の板幅（mm）

$\gamma_{v\cdot req}$：垂直補剛材の必要剛比

$$\gamma_{v\cdot req}=8.0\left(\frac{b}{a}\right)^2$$

a　：垂直補剛材の間隔（mm）

(2)　垂直補剛材の幅は，腹板高の1/30に50mmを加えた値以上とする。

(3)　垂直補剛材は，腹板の鋼種に関わらずSM400級の鋼種を用いてよい。

(4)　垂直補剛材の板厚は，その幅の1/13以上とする。

垂直補剛材の剛度は，13.4.2及び13.4.3により設計された鋼桁の腹板が，フランジが降伏するまで耐荷力を保ち得るように定めている。この場合，垂直補剛材は腹板のせん断座屈後の張力場からの圧縮力を受ける。したがって，厳密にはこの圧縮力に対して応力度の照査を行う必要があるが，ここでは従来の経験から応力度の照査を省略し，鋼種としてはSM400級を用い，また圧縮材としてSM400級で要求される板厚及び剛性を確保すればよいものとしている。

式（13.4.7）に用いる垂直補剛材間隔 a は，13.4.3に規定される照査式を満たす最大の値をとればよい。しかしながら，この最大値を求めるのは煩雑であり，一般には垂直補剛材の間隔を照査した値を用いてよい。この場合，対傾構，横構，連結板の配置等によって，補剛材間隔が部分的に照査に用いた値より小さくなる場合でも，あらためて補剛材剛度を

大きくとる必要はない。

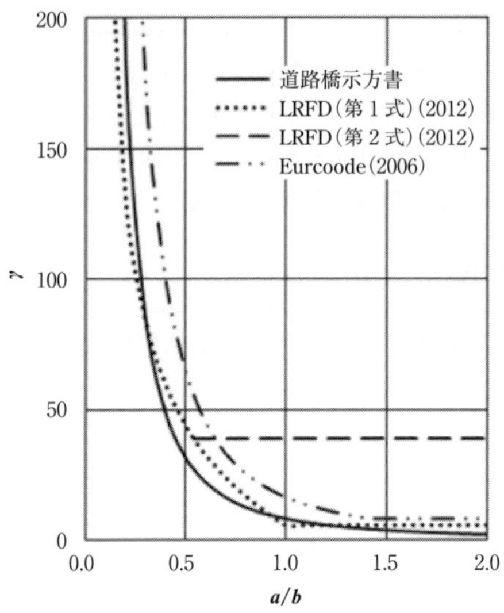

図-解 13.4.7　垂直補剛材の剛度[3),4)]

垂直補剛材の幅は，これをあまり小さくすると計算で考慮していない作用による二次応力等に対して断面が不足することも考えられるので桁高の1/30に50mmを加えたものより大きくとることにしている。

13.4.5　垂直補剛材の取付け方

(1)　支点部の垂直補剛材とフランジは溶接する。

(2)　支点部以外の垂直補剛材の取付け方は，以下のとおりとする。

1)　垂直補剛材と圧縮フランジは溶接する。

2)　鋼桁の主桁の支点並びに床桁，縦桁及び対傾構等の取付部等のような荷重集中点の垂直補剛材と引張フランジは原則として溶接せず密着させる。

3)　荷重集中点以外の垂直補剛材と引張フランジは適当な間隔をあけて取り付ける。

4)　床版に接する引張フランジと垂直補剛材とは2)及び3)に関わらず溶接する。

(1) 支点部の垂直補剛材は，力を円滑に腹板に伝達させる必要があることからフランジに溶接することとしている。ここで支点部の垂直補剛材とは支点上の垂直補剛材のほか，縦桁を横桁上フランジで支持する場合に支持部分の縦桁や横桁に設ける垂直補剛材等を指すものである。

(2) 垂直補剛材と圧縮フランジを溶接するのは，圧縮フランジの不整や変形を防止し，桁全体の耐力の低下を招かないようにするためである。

横桁，対傾構等の取付部のような荷重集中点の垂直補剛材は，疲労への配慮から原則としてフランジには溶接せず密着させるものとしている。ただし，曲線桁や折れ桁を有する橋等では，構造上，桁の面外方向に生じる水平力を垂直補剛材を介して横組部材に円滑に伝達させる必要があるため垂直補剛材と引張フランジは溶接する。

荷重集中点以外の垂直補剛材は，引張フランジに密着させなくとも特に支障がないと考えられるため，防せい防食上の配慮から図-解 13.4.8 に示すように引張フランジと適当な間隔をあけて取り付けるものとしている。垂直補剛材と下フランジの間隔は耐荷力に影響が生じない範囲で，製作性や疲労上の配慮から設定する必要があり，具体的な設定方法は「鋼道路橋設計便覧」（日本道路協会）[5] を参考にすることができる。

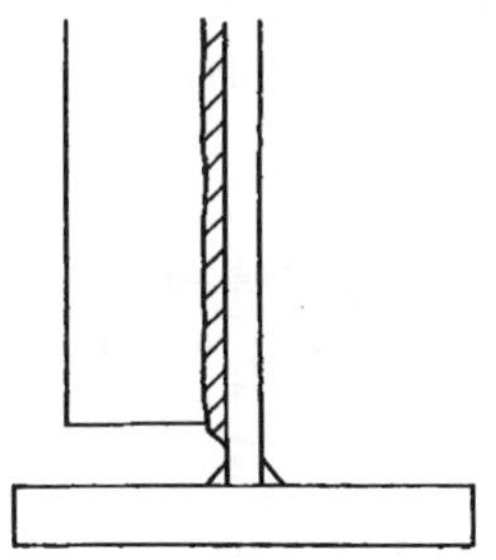

図-解 13.4.8　垂直補剛材と下フランジとの取合いの例

コンクリート系床版に接する引張フランジでは，床版の主桁作用により応力状態が緩和され，フランジの疲労の問題が生じにくいことから，上記に関わらず床版や腹板の面外変形を拘束するために垂直補剛材は引張フランジに溶接する。

なお，疲労に関する事項は 6 章及び 8 章の規定による。

13.4.6　水平補剛材の位置

水平補剛材の取付位置は，図-13.4.2 に示すとおり，それを 1 段用いる場合は $0.20b$ 付近，2 段用いる場合は $0.14b$ と $0.36b$ 付近とするのを原則とする。

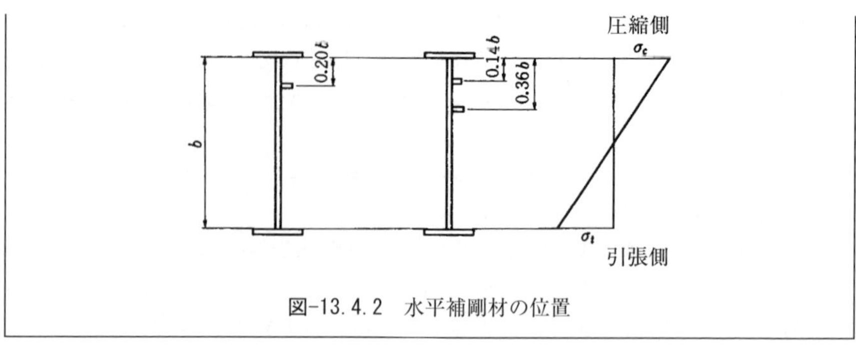

図-13.4.2　水平補剛材の位置

13.4.2の解説に示すとおり，表-13.4.1は，ここで示した位置に水平補剛材を配置した場合に適用できるものである。したがって，もし条文に規定した以外の位置に水平補剛材を配置する場合は，13.4.2の解説(2)に示した基本式，式（解13.4.5）に従って安全であることを照査する必要がある。

水平補剛材と垂直補剛材は腹板の同じ側に設ける必要はないが，同じ側に設ける場合は，水平補剛材は垂直補剛材間になるべく幅広く設けるのがよい。しかし，垂直補剛材を通して連続させたり垂直補剛材と密着させる必要はない。また，腹板の現場連結部では水平補剛材は省略してよい（図-解13.4.9）。

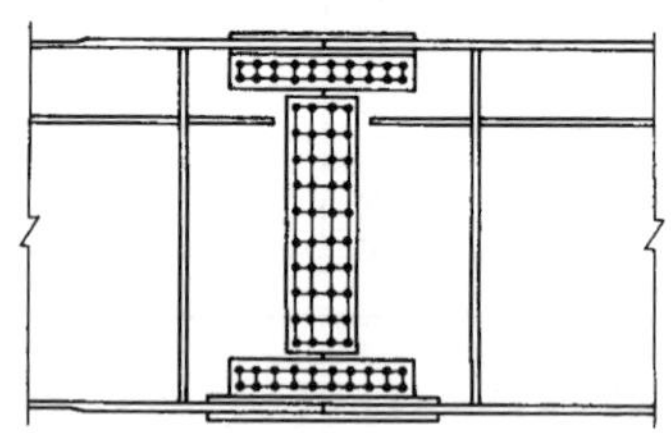

図-解13.4.9　水平補剛材の省略

13.4.7　水平補剛材の剛度，鋼種及び板厚

(1)　5.4.3(5)により算出した水平補剛材1個の断面二次モーメントI_hは式(13.4.8)を満足しなければならない。

$$I_h \geqq \frac{bt^3}{11}\gamma_{h\cdot req} \quad \cdots\cdots (13.4.8)$$

ここに，I_h　：水平補剛材1個の断面二次モーメント（mm^4）

t　：腹板の板厚（mm）

b　：腹板の板幅（mm）

$\gamma_{h \cdot req}$：水平補剛材の必要剛比

$$\gamma_{h \cdot req} = 30\left(\frac{a}{b}\right)$$

a　：垂直補剛材の間隔（mm）

(2)　水平補剛材にはその取付位置に生じる腹板の最大応力が生じるものとして，その鋼種及び板厚を決定する。

(1)　水平補剛材の剛度は，鋼桁の腹板がフランジの降伏まで耐荷力を保ち得るように定めている。水平補剛材の必要剛比 $\gamma_{h \cdot req}$ を求める場合，垂直補剛材の間隔 a については，13.4.4の規定に関わらず，実間隔をとってよい。

(2)　水平補剛材は，取付位置の腹板に作用する曲げ圧縮応力度と等しい圧縮応力度が生じるものとして設計する必要がある。ただし，水平補剛材の断面を，桁の有効断面積に算入してはならない。

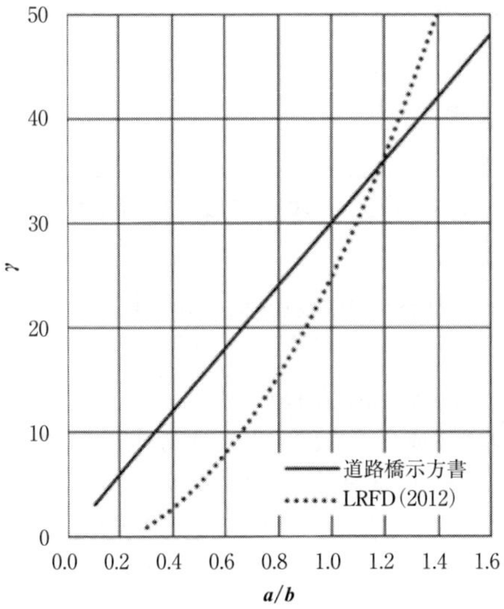

図-解 13.4.10　水平補剛材の剛度[3)]

13.5　鋼桁の限界状態1

(1)　鋼桁は，(2)を満足する場合には，鋼桁としての限界状態1を超えないとみなしてよい。
(2)　鋼桁を構成する各部材等が，限界状態1を超えないとみなせる。

(1)(2)　鋼桁は，荷重の増加に対して，フランジや腹板の降伏や座屈，鋼桁の横倒れ座屈等により，可逆性を失ったのちに，桁の著しい変形が生じたり，最大強度に達する。そのため，鋼桁が可逆性を有する限界点を限界状態1，荷重を支持する能力が大きく低下するような変形又は鋼桁の最大強度点を限界状態3と捉えることができる。このとき，鋼桁の限界状態1と限界状態3の関係は，鋼桁の部材断面寸法や固定点間距離などにより異なることから，個々の作用に対して，どのような事象が鋼桁の限界状態に対応するかは一概には決まらない。そこで，これまでの示方書では，鋼桁の各部が限界状態1及び3を満足するとみなせることにより，鋼桁としても限界状態1及び3を満足するとの考え方で規定されてきた。

この示方書でも同様に，鋼桁の各部位，各部材が，5章及び9章の関連規定に従って，限界状態1を超えず，かつこの章の規定を満足することにより，鋼桁の限界状態1を超えないとみなしてよいとされている。

13.6　鋼桁の限界状態3

(1)　鋼桁の設計は，(2)を満足する場合には，鋼桁としての限界状態3を超えないとみなしてよい。
(2)　鋼桁を構成する各部材等が，限界状態3を超えないとみなせる。

鋼桁の限界状態3は，部材の一部に損傷が生じているものの，それが原因で荷重支持能力を完全に失わない限界の状態と考えることができる。鋼桁を構成する各部材が限界状態3を超えない場合には，各部材が荷重支持能力を完全には失っていない。また，そのような状態においても鋼桁全体として荷重を支持する能力を保持し，かつ，構造全体が全体として安定であるならば，構造としての荷重支持能力を完全には失っていないと考えられる。

この条文の各部材等とは，鋼桁を構成する各部材及びそれらから構成される鋼桁の一部又は全部を指す。したがって，鋼桁を構成する各部材のそれぞれが限界状態3を超えないとともに，鋼桁がどの単位に着目しても荷重支持能力を保持し，かつ，安定であることを満足する場合には，鋼桁全体として荷重支持能力を完全に失う状態にならないと考えられ，限界状態3を超えないとみなしてよいとされている。

13.7　荷重集中点の構造

13.7.1　一　　般

(1)　鋼桁の主桁の支点並びに床桁，縦桁及び対傾構等の取付部等のような荷重集中点では，集中荷重に対する安全性が確保できる構造としなければならない。

(2)　13.7.2及び13.7.3の規定による場合には，(1)を満足するとみなしてよい。

13.7.2　荷重集中点の補剛材

(1)　鋼桁の主桁の支点並びに床桁，縦桁及び対傾構等の取付部等のような荷重集中点には垂直補剛材を設ける。

このとき，垂直補剛材の設計にあたっては，13.4.5(1)及び13.4.5(2)2)の規定を満足しなければならない。

(2)　荷重集中点の垂直補剛材は，1)及び2)により軸方向圧縮力を受ける柱として設計する。

1)　柱としての有効断面積は，補剛材断面及び腹板のうち補剛材取付部から両側にそれぞれ腹板板厚の12倍までとする。ただし，全有効断面積は補剛材の断面積の1.7倍を超えてはならない。

2)　設計軸方向圧縮応力度の制限値の算出に用いる断面二次半径は腹板の中心線について求めるものとし，有効座屈長は桁高の1/2とする。

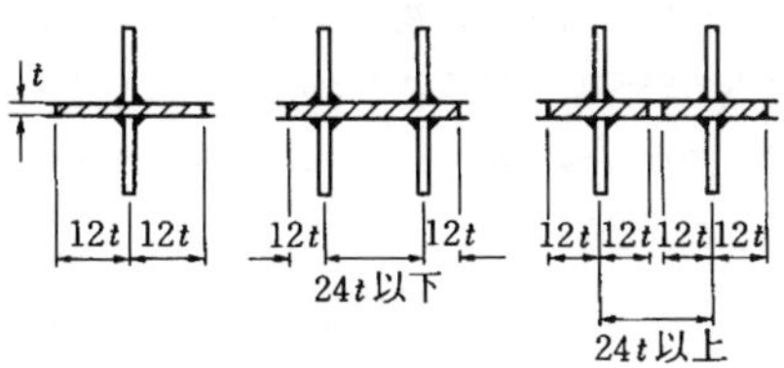

図-13.7.1　荷重集中点の腹板の有効幅

荷重集中点の補剛材は全反力を受ける柱として設計する必要がある。その場合の軸方向圧縮応力度の制限値は5.4.4に規定する値を用いるが，応力の分布は荷重集中点で最大となる三角形と仮定し，有効座屈長は垂直補剛材が上下フランジに溶接されている場合，桁高の1/2をとることとしている。具体的には「鋼道路橋設計便覧」(日本道路協会)[5)]を参考にするとよい。

溶接桁の場合は腹板も下フランジに密着しているので，柱としての断面の計算には腹板の一部も有効に働くと考えてよいことにしている。腹板の有効幅は材質等によって変動するが設計の簡略化のため全ての材質に対して板厚の24倍と規定している。

柱としての全有効断面積のうち，腹板の断面積の占める割合を補剛材断面積の70％以下としているのは，支承に最も近い箇所では腹板の前記有効幅がまだ働いておらず，ほとんど補剛材の断面積によって反力に耐えなければならないことを考慮したためである。なお，補剛材下端に特に大きなスカーラップを設ける場合には，支圧応力度が5.3.12に規定する支圧応力度の制限値を超えないことを照査する必要がある。

13.7.3　設計細目

(1)　垂直補剛材と腹板の接合は，垂直補剛材が全集中荷重を受けるものとして設計する。

(2)　支点上の垂直補剛材は両側に対称に設け，フランジの両縁に達するまで延ばすのを原則とする。

垂直補剛材と腹板との接合を設計する場合，支点上等のようにフランジを通して集中荷重が作用する場合には，腹板と垂直補剛材との応力の分担が必ずしも明確ではないので，安全側をとって全集中荷重を垂直補剛材が受け持つと仮定するように規定している。また，横桁等が直接取り付く垂直補剛材等のように集中荷重が直接垂直補剛材に作用する場合には，この集中荷重に対して接合の設計を行う必要がある。

支点上の主桁に設ける垂直補剛材や横桁上フランジのうえで，縦桁を支持する場合のように集中荷重が直接フランジに作用する構造において，支持位置に取り付けた垂直補剛材は断面形状を対称とし偏心の影響を避けることが好ましいと考えられるので，少なくとも支点上では必ず腹板の両側に垂直補剛材を設け，その垂直補剛材はフランジの縁に達するまで延ばすことを原則としている。

なお，連続桁の固定支承で，特にピン支承のように支承高が高い場合には，地震時において固定支承直上に曲げモーメントが作用し，それに伴い腹板に圧縮力が生じることがある。このため，固定支承直上の部分については，座屈等の損傷が生じないように腹板を補剛材等で補強するのが望ましい。支承部直上等の構造細目についてはこの編の規定によるほか，V編の規定による。

13.8　対傾構及び横構

13.8.1　一　　般

(1)　鋼桁を主桁とする橋の上部構造は，5.1.1 に規定する橋の立体的な機能が確保できる構造としなければならない。

(2)　10 章並びに 13.8.2 及び 13.8.3 の規定による場合には，(1)を満足するとみなしてよい。

鋼桁を主桁として上部構造を設計する場合に，立体的な機能を確保するための原則について規定したものである。

これまでの示方書では，鋼桁の設計にあたって，対傾構及び横構を用いる構造を標準的な場合として規定されてきた。対傾構及び横構は，橋に要求される立体的機能を確保するために用いられていたものである。そのため，プレストレストコンクリート床版や鋼コンクリート合成床版を有する少数主桁橋などにおいて，横構を省略したり，対傾構を簡略化した構造が設計される場合には，構造物全体として横構や対傾構の機能を補完することで鋼桁橋が必要とする横荷重への抵抗や，構造物全体の剛性の確保等の要求を満たすよう，構造物全体の安全性や耐久性が横方向部材を省略していない場合と同等の信頼性が得られることを確認する必要がある。

また，このような形式の適用にあたっては，横構の省略や対傾構の簡略化が床版等の他の部材に及ぼす影響や完成時，架設時における構造全体系の安定性，地震時の荷重の確実な伝達，曲線橋においてはねじれに対する安全性などについても十分検討を行い，橋の立体的機能を確保する必要がある。横荷重としては，風荷重や地震の影響など，断面方向に対して3章に規定する作用の組合せについて適切に考慮する必要がある。

横構を省略したり，対傾構を簡略化した鋼桁を主桁とする橋の上部構造を設計する場合，橋の立体的な機能を満足するために，橋の断面形の保持，剛性の確保，横荷重を支点部へ円滑に伝達できる構造であることを，個別に検証する必要がある。

1)　橋の断面形の保持

対傾構及び横構を有するＩ形断面の鋼桁橋は，対傾構及び横構により主桁の水平方向変形が拘束されているため，橋の断面形は保持されるものとみなして，主桁と対傾構を梁要素とした平面骨組み解析によって設計されている。対傾構，横構及び横桁の一部又は全部を簡略化したり省略した構造では，鉛直荷重に対する支間のたわみによって主桁が面外方向に変位するため，断面形状が維持される構造に比べてねじり剛性が低下する傾向にあることから，偏載荷重に対して大きなねじり変形が生じないことを確認する必要がある。

2) 剛性の確保

上横構を省略し，その代替機能を床版に期待する場合，床版がない桁のみの状態ではねじり剛性が極めて小さい構造系となる。したがって，架設時や床版打設時などの施工時には，完成形と異なる抵抗断面となり変形しやすく座屈耐荷力が低下するため，桁の形状保持と横倒れ座屈に対する安全確保が必要となる。

ここで，水平剛性の確保は床版の水平剛性に期待することができるが，床版と桁の定着を確実に行うとともに床版には主桁と同等の耐久性を確保することが前提条件となる。

また，剛性の低下は耐風安定性の低下につながることもある。そのため，横構が省略された2主鈑桁で支間長が比較的長い場合のように耐風安定性の低下が考えられる場合には，耐風安定性を照査する必要がある。

3) 横荷重の支点部への円滑な伝達

支承形式の橋では上部構造に作用する横荷重は支承部を介して下部構造へと伝達されるため，支間部など支点と離れた部位に作用する横荷重は対傾構や横構，床版を介して支点部に作用することとなる。このため対傾構や横構を省略する場合には，対傾構や横構が担っていた荷重伝達分を床版が担うことになり，その影響を床版の設計時に適切に考慮する必要がある。

対傾構と横構のいずれかのみ省略される場合には，配置された対傾構や横構が床版と協働又は分担して横荷重を支点部まで伝達することとなる。このような場合には荷重伝達経路を把握したうえでそれぞれの部材を適切に設計するとともに，橋全体として所要の立体的機能が満足されることを検証する。

なお，床版が抵抗する分の荷重を確実に伝達できるようにずれ止めを配置する必要がある。

13.8.2 対 傾 構

(1) 鋼桁橋の支点では，各主桁間に端対傾構を設ける。

(2) I形断面及びπ形断面の鋼桁橋では，6m以内で，かつフランジ幅の30倍を超えない間隔で中間対傾構を設ける。箱形断面の鋼桁橋でもこれに準じるのがよい。

(3) 床版を3本以上の桁で支持し，かつ桁の支間が10mを超える場合は，それらの桁の間には剛な荷重分配横桁を設ける。荷重分配横桁の間隔は20mを超えてはならない。

(4) 荷重分配作用をさせる対傾構は主要部材として設計する。

(5) 下路式の鋼桁橋では，床桁取付部はニーブレース板等により床桁と主桁の垂直補剛材を連結し，横方向の変形に対して補剛する。この場合ニーブレース板，補剛材等の各部の構造は，支間中最大の圧縮フランジ軸力の1%の横力に対して安全であるように設計する。この軸力は圧縮フランジ面内で各床桁取付点にフランジに直角に作用させる。耐力を期待しない場合でも，ニーブレース板の自由辺の長さは板厚の60倍を超えてはならない。

この場合の圧縮フランジの応力度の制限値の計算に用いる固定点間距離は，ニーブレースの中心間隔を用いる。

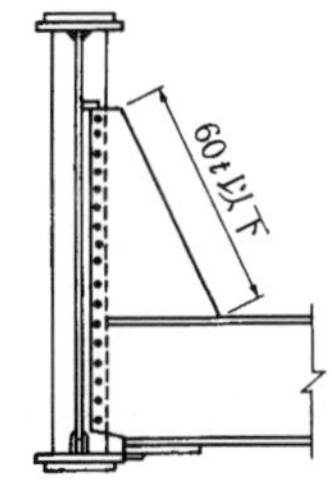

図-13.8.1　ニーブレースの自由辺

上路式の鋼桁の端対傾構には各種横荷重の反力が作用するため，十分な強度と剛性をもつものを全ての主桁間に設ける必要がある。

I形断面の鋼桁では，荷重の過度な集中を緩和し，主桁間の相対たわみを抑制するために，中間対傾構を設けることを規定している。この間隔は従来の設計の経験と床版のコンクリートに対する配慮を基に定めている。箱形断面の鋼桁は，活荷重の分配作用も大きく，横荷重や偏心荷重等に対しても安定であるため，十分な検討を行った場合には，対傾構間隔が6mを超えてもよいことにしている。

11.2.3で定めるコンクリート系床版の設計上の仮定に反しないように，中間対傾構と同時に荷重分配横桁を設けることにしている。このとき荷重分配横桁は，各主桁の相対たわみによる床版への悪影響を除くに十分なものである必要がある。鋼桁橋の支間長，主桁間隔，断面二次モーメントをそれぞれl，a，Iとし，荷重分配横桁の断面二次モーメントをI_aとすると，格子剛度$Z=(l/2a)^3\cdot(I_a/I)$と表されるが，上記の影響はZに大きく関係する。Zの所要量は，支間長の増加に伴って増大するが，支間長30mで，Zはほぼ10程度が必要である。

下路式の鋼桁においては，主桁の高さ全体に対傾構を取り付けることはできないので，通常主桁と床桁の間に取り付けられたニーブレースによって，上フランジ格点に作用する荷重を下フランジ格点に伝達させると同時に，上フランジの座屈に抵抗させる。ここではポニートラスと同様の考え方から，圧縮フランジの最大軸力の1%の横力に対して抵抗できるようにニーブレースの設計を行った場合は，それは十分な強度を有するとともに圧縮フランジの座屈に対する安全性にも十分寄与をするとみなされるので，圧縮フランジの軸方向圧縮応力度の制限値の計算において対傾構間隔を有効座屈長としてよいことを規定している。ニーブレース板の自由辺の長さが板厚の60倍を超える場合は，フランジを取り付ける等の方法により座屈を防止する必要がある。

13.8.3 横　　構

> (1) I形断面の鋼桁橋には，横荷重を支承部に円滑に伝達するように上横構及び下横構を設けるのを原則とする。
>
> (2) 上路式の鋼桁橋で鋼床版又はコンクリート系床版と桁とが結合されていて，桁の横ねじれ等に耐えられる場合は，上横構を省略することができる。
>
> (3) 支間が25m以下で強固な対傾構がある場合は，下横構を省略することができる。
>
> ただし，曲線橋では下横構を省略してはならない。

I形断面の鋼桁では横荷重に抵抗するとともに，構造物全体の剛性を確保するために，上下に横構を設けることを原則としている。

上路式の鋼桁で床組が横力に対して特に強固なもの，例えば鋼床版，コンクリート系床版等で，床組と主桁が確実に結合されている場合は上横構を省略してよい。なお，強固な対傾構がある場合は，横力に対する十分な剛性と抵抗があると考えられるので，支間が25m以下では下横構も省略してよいという緩和規定を設けている。

一般に横構は架設時に桁の形状を保持するうえで極めて有効であるので，みだりに省略しないことが望ましい。

曲線橋において横構を省略すると，構造物全体のねじり抵抗が不足して危険となる場合が多いので，横構を省略してはならない。また，主桁間隔の小さな2主桁橋では，全体横ねじれ座屈が重要な問題になることがあり，この場合横構の設計には十分注意する必要がある。

横構の骨組線は，主桁の骨組線上において互いに交わるように設計するのが基本である。やむを得ず偏心が大きくなる場合は，偏心による応力を考慮する必要がある。

13.9　ダイアフラム等による補剛

箱形断面の鋼桁の設計にあたっては，ダイアフラム等の補剛により断面形状が保持できる構造とするとともに，集中力の作用点では力の伝達が確実となるようにする。

箱形断面の鋼桁に荷重が偏心して作用する場合や，輪荷重が直接フランジに作用する場合に，構造条件によっては桁の断面変形に伴い二次応力が大きくなることがある。このような断面変形に伴う二次応力が十分小さくなるようにするために，箱形断面の鋼桁ではダイアフラムを適切な間隔で配置する等により，断面の立体形状が保持できる構造にするとともに，集中力の作用点にあっては力の伝達が確実となるように設計する必要がある。具体的な設計方法については，「鋼道路橋設計便覧」（日本道路協会）[5] を参考にすることができる。

13.10　そ　　り

主桁又は主構には，死荷重，コンクリートの乾燥収縮，クリープ及びプレストレス力等によるたわみに対して，路面が所定の高さになるように，そりをつける。

この条文のそりとは，死荷重等による桁のたわみに対応する上げ越しを意味している。なお，特殊な場合には，死荷重のほかにもコンクリートの乾燥収縮，クリープ及びプレストレス等によるたわみに対する上げ越しが必要となることがある。

死荷重によるたわみも小さく，そりを省略しても路面高さが確保できると考えられる場合には省略することも可能であるが，コンクリート系床版のハンチの高さの調節によって，路面の勾配を確保するような場合には，ハンチや床版のコンクリートに無理な応力が加わらないように注意する必要がある。

そりの算出にあたっては，少なくとも死荷重の特性値を考慮しなければならないが，このとき荷重組合せ係数及び荷重係数を考慮するか否かについては，橋の条件や施工の条件なども考慮して，最終的に路面が所定の高さとなるように必要に応じて検討するのがよい。

参 考 文 献

1)　Komatsu,S. : Ultimate Strength of Stiffened Plate Girders Subjected to Shearr, Proc.

IABSE Colloqium, London, 1971.

2) 小松，西村：せん断力を受けるプレートガーダーの設計基準と極限強度に対する安全性について，第 18 回橋梁構造工学研究発表会論文集，1971. 12

3) AASHTO : AASHTO LRFD Bridge Design Specifications, 6th Edition, 2012

4) European Committee for Standardization, CEN : Eurocode 3 –Design of Steel structures– Part1–5 : Plated structural elements, EN 1993–1–5, 2006

5) (社)日本道路協会：鋼道路橋設計便覧，1980. 8

14章　コンクリート系床版を有する鋼桁

14.1　一　　般

14.1.1　適用の範囲

> この章は，コンクリート系床版を有する鋼桁の設計に適用する。なお，この章に規定しない鋼桁部分の設計は13章，床版部分の設計については11章の規定による。

コンクリート系床版を有する鋼桁の設計について規定している。コンクリート系床版を有する鋼桁には，床版のコンクリートと鋼桁とが桁の全長にわたって，両者が一体となって働くように結合し，コンクリート系床版を鋼桁と一体に桁断面として考慮する設計を行う場合のほか，コンクリート系床版を桁の耐荷力設計上の有効断面として全く考慮しない設計や，鋼桁との合成作用を完全には考慮しない設計も行われてきた。この示方書の規定は，このような設計を行う場合についても適用できるものの，コンクリート系床版と鋼桁が全長にわたって適切に結合され，両者が一体となった合成断面として扱う設計を行う場合以外については，合成効果を不完全な形で考慮できる結合方法を含め具体的な照査方法や構造細目などの規定を普遍的に示すことが困難であるために規定されていない。

そのため，コンクリート系床版と鋼桁の合成効果を完全には見込まない設計を行う場合や，この示方書に規定される以外のずれ止めを用いるなどの場合には，実際に生じるコンクリート系床版と鋼桁の合成作用の影響も適切に考慮して，床版及び鋼桁の双方が確実に所要の性能を発揮できるように照査方法から慎重に検討する必要がある。

合成作用を完全合成として考慮する桁構造である合成桁には，単純合成桁のほかにプレストレスを導入する連続合成桁及びプレストレスしない連続合成桁が含まれる。

連続合成桁は，負の曲げモーメントによって床版のコンクリートに生じる引張応力への対応のために，支点の上昇降下，PC鋼棒の緊張等によるプレストレスの導入が必要であり，設計及び施工が煩雑となる。このような煩雑さが緩和される方法としてプレストレスしない連続合成桁もあり，これについても本章の規定の多くは適用可能である。

一方で，コンクリート系床版と鋼桁の合成作用を鋼桁全長にわたって完全な形では設計上考慮しない桁形式として，弾性合成桁，断続合成桁，部分合成桁などの実績があるが，これらについては上記のように，設計方法などやずれ止めの形式や配置の方法によってもその性能は大きく異なり，この示方書ではこれらについて具体的な照査方法などは規定していない。

このほか，トラス上弦材にコンクリート系床版を合成させた合成トラス，軽量骨材コンクリートを用いた合成桁，プレキャスト床版を用いた合成桁の実例もあり，これらについても，この章の多くの規定は準用できるものの，多様な構造条件に対して要求性能を満足できる普遍的な照査基準は確立しておらず，構造条件に応じて本章の規定によらず所要の性能が満足されるよう設計を行う必要がある。

プレストレスを導入する連続合成桁の場合，応力調整を伴う現場の施工管理に十分注意する必要がある。また，プレストレスしない連続合成桁の場合，床版のコンクリートに生じるひび割れに対する処置等，設計及び施工には慎重な配慮が必要である。更に，斜橋や曲線橋に合成桁を用いる場合は，斜橋では端部回転軸の違いやたわみ差による床版のねじり，曲線橋では桁ねじり等により，床版に大きな付加的な力が作用することがあるので慎重な配慮が必要である。

14.1.2　床版の合成作用の取り扱い

⑴　コンクリート系床版を有する鋼桁の設計にあたっては，床版のコンクリートと鋼桁との合成作用を適切に考慮しなければならない。

⑵　コンクリート系床版と鋼桁との合成作用を考慮するにあたっては，桁の変形，断面力及び不静定力を適切に評価するとともに，引張応力が生じる部分のコンクリートの断面を適切に評価して桁断面の応力を算出しなければならない。

⑶　⑷及び⑸による場合には，⑴を満足するとみなしてよい。

⑷　桁断面の応力を算出する場合，コンクリート系床版と鋼桁との合成作用の取扱いは，表-14.1.1に示すとおりとする。

⑸　桁断面の弾性変形及び不静定力を算出する場合は，表-14.1.1によらず，コンクリート系床版と鋼桁との合成作用を考慮する。

表-14.1.1　合成作用の取扱い

曲げモーメントの種類	合成作用の取扱い		摘要
正	コンクリート系床版を桁の断面に算入する		
負	引張応力が生じる床版において，コンクリートの断面を有効とする設計を行う場合	コンクリート系床版を桁の断面に算入する	
	引張応力が生じる床版において，コンクリートの断面を無視する設計を行う場合	コンクリート系床版の橋軸方向鉄筋のみ桁の断面に算入する	

この項は，コンクリート系床版を有する鋼桁の桁断面の応答算出における，コンクリート床版と鋼桁部分の合成作用の取扱いを規定したものである。

(1)　コンクリート系床版を桁断面に見込まずに設計したとしても，床版と鋼桁が付着のみによらずスラブ止めなど，なんらかの方法で結合されている場合，少なくとも日常的な荷重条件下では，両者は一体に挙動している可能性が高いことが知られている[1)]。そのため，剛なずれ止めで桁全長にわたって両者を結合し，想定荷重条件下に対して確実に一体で挙動するように設計する場合以外においても，設計では床版と鋼桁で実際に生じる合成作用について床版と鋼桁の双方に対して安全であるだけでなく，その合成効果を適切に考慮して所要の性能が満足されるようしなければならないことが規定されている。なお，合成作用の影響を考慮するにあたっては，ずれ止めを含む全ての部材の疲労耐久性や偶発作用が支配的な場合を含む設計で考慮する全ての設計状況に対して床版と鋼桁の合成効果を適切に考慮しなければならないことに留意する必要がある。

(4)　表-14.1.1の曲げモーメントの種類は，荷重状態に関係なく，床版コンクリートに圧縮応力を発生させる場合を正，引張応力を発生させる場合を負としている。床版コンクリートに圧縮応力が発生する場合に対しては，床版のコンクリートと鋼桁との合成断面（図-解14.1.1参照）を，床版コンクリートに引張応力が発生する場合に対しては，床版のコンクリートは無視するが，床版中の橋軸方向鉄筋と鋼桁との鋼断面（図-解14.1.2参照）を，それぞれ抵抗断面として応力を算出するものである。このとき合成断面の計算において橋軸方向鉄筋は算入してもよいが，その経済的な効果は少ないので計算の簡略化のために一般的にはこれを無視して差し支えない。

一方，床版コンクリートに引張応力が発生する場合において，コンクリートの断面を有効とする設計を行う場合は，適切な方法によりプレストレスを導入しコンクリートの引張応力を処理する必要がある。

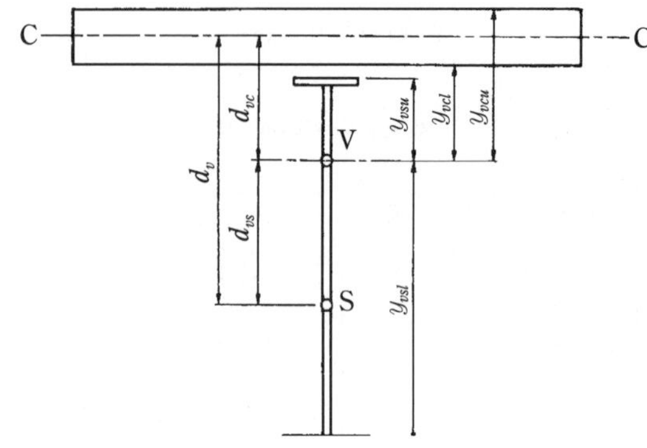

図-解 14.1.1　床版のコンクリートを桁の断面に算入する場合

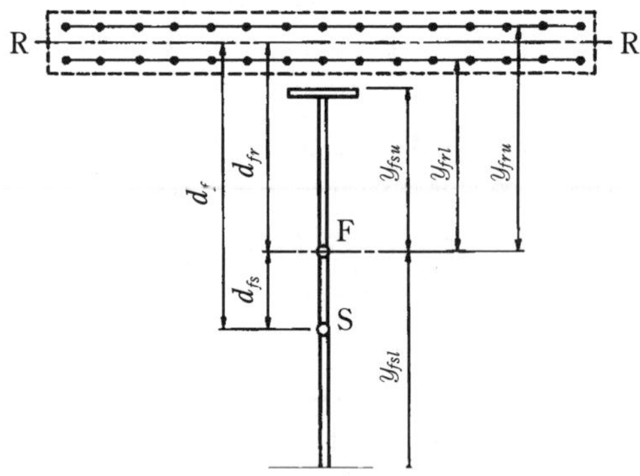

図-解 14.1.2　橋軸方向鉄筋を桁の断面に算入する場合

(5)　コンクリートの断面を無視して設計する場合においても，引張域にある床版のコンクリートは，その大部分が有効に働く。したがって，桁の弾性変形，不静定力を計算する場合は，引張域にある床版のコンクリートを無視するのは妥当ではなく，その合成作用を考慮することとしている。

14.2　設計に関する一般事項

14.2.1　床版のコンクリートと鋼材とのヤング係数比

(1)　コンクリート系床版と鋼桁との合成作用を考慮するにあたっては，桁の弾性変形，断面力及び不静定力等の算出に用いる鋼材と床版のコンクリートとのヤング係数比を適切に設定する。

(2)　床版のコンクリートの設計基準強度 σ_{ck} が 27N/mm^2 から 35N/mm^2 までの範囲において，床版のコンクリートと鋼桁との合成作用を考慮する設計を行う場合には，桁の弾性変形，断面力及び不静定力等の算出に用いる床版のコンクリートと鋼材とのヤング係数比 n は，7 を標準としてよい。

(2)　床版を桁断面に見込む場合の床版のコンクリートの設計基準強度 σ_{ck} の範囲は，通常 27N/mm^2 から 35N/mm^2 程度と考えられるが，4.2.2 に規定されるヤング係数（表-解 14.2.1）を用いてヤング係数比 n を計算すると従来の値よりも若干大きめの値となる。しかしながら，床版を桁断面に見込む場合，ヤング係数比の多少の変化が変形量や断面力の算出に及ぼす影響は小さく，構造物の安全性に与える影響は小さいと考えられることから，従来どおり $n=7$ としてよいこととしている。なお，砕石まじり砂利又は砕石を骨材としたコンクリートの場合は，川砂利使用のコンクリートに比べ，同一配合ならばワーカビリティーが低下し，また同一水セメント比ならば強度は大きくなる傾向がある。しかし，圧縮強度とヤング係数との関係には差はないとみられているので，所要のワーカビリティーと設計基準強度を保持するように配合が行われる限り $n=7$ を標準としてもよい。

なお，床版としてのコンクリートや鉄筋の応力度を算出する場合のヤング係数比については 11 章の規定による。

表-解 14.2.1　コンクリートのヤング係数（N/mm^2）

設計基準強度 σ_{ck}	21	24	27	30	40	50
ヤング係数	2.35×10^4	2.5×10^4	2.65×10^4	2.8×10^4	3.1×10^4	3.3×10^4

14.2.2　床版のコンクリートのクリープ

(1)　コンクリート系床版と鋼桁との合成作用を考慮するにあたって，床版のコンクリートに持続荷重による応力が作用する場合には，床版のコンクリートのクリープによる応力度の算出において，その影響を適切に評価しなければならない。

(2) 合成断面としての床版のコンクリートに持続荷重による応力が作用する場合，床版のコンクリートのクリープによる応力度の算出に用いるクリープ係数 φ_1 は 2.0 を標準としてよい。

クリープ係数はコンクリートの養生，湿潤等の状態や品質に関係し，材齢の若い時期から死荷重やプレストレス力等のように継続的に作用する荷重（持続荷重）を作用させるほど大きくなる。一般に，道路橋の置かれる気象状態及び 14.3.8 に示される合成作用の始まる時期を考慮すると，クリープ係数は $\varphi_1=2.0$ としてよいと考えられる。ただし，早期に荷重を与えることが予想される場合はクリープ係数の割増しを考慮する必要がある。

コンクリートの初期応力度を σ_c，クリープによる変化応力度を $\Delta\sigma$ とすれば，初期ひずみ ε_c よりの変化ひずみ $\Delta\varepsilon$ は式（解 14.2.1）で表わされる。

$$\left.\begin{aligned}\Delta\varepsilon=\varepsilon_\infty-\varepsilon_c&=\left\{\sigma_c\varphi+\Delta\sigma_c\left(1+\frac{\varphi}{2}\right)\right\}\Big/E_c\\&=(\sigma_c/E_c)\varphi+\Delta\sigma_c/E_{c1}\\\text{ここに，}E_{c1}=E_c/(1+\varphi/2)&\end{aligned}\right\}\quad\cdots\cdots\text{（解 14.2.1）}$$

これより，変化ひずみ $\Delta\varepsilon$ は，鋼桁による拘束を受けない場合の $(\sigma_c/E_c)\varphi$ と，ヤング係数 E_c の代わりに E_{c1} とした変化応力度 $\Delta\sigma_c$ によるひずみ $\Delta\sigma_c/E_{c1}$ の合計として表されることになる。

図-解 14.2.1 に示すように，鋼桁による拘束を受けない場合の自由なクリープひずみ ε_φ に対し，

$$P_\varphi=E_{c1}\int_{A_c}\varepsilon_\varphi dA=E_{c1}\cdot A_c\cdot\varepsilon_{\varphi0}\quad\cdots\cdots\text{（解 14.2.2）}$$

なる引張応力をコンクリート断面に作用させて当初のひずみ状態に戻した後，鋼とコンクリートを接合させて P_φ を解放すれば，合成断面には P_φ なる軸圧縮力と，$M_\varphi=P_\varphi(d_{c1}+r_c^2/d_c)$ なる曲げモーメントが作用することになる。この両者の応力を重ね合わせることにより変化応力度 $\Delta\sigma_c$ は次のように求められる。

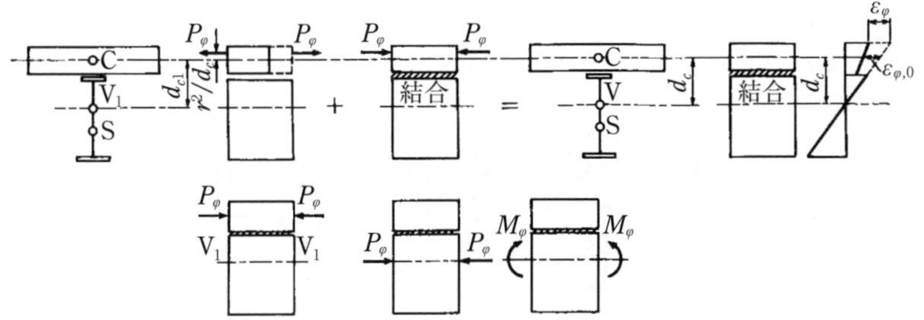

図-解 14. 2. 1　クリープひずみを受ける場合の応力度の算出方法

図-解 14. 2. 1 を参照し，$n=E_s/E_c$ の代わりに，$n_1=n(1+\varphi_1/2)$ を用いて求めた合成断面の重心軸を V_1，鋼に換算した断面二次モーメントを I_{v1}，鋼に換算した断面積を A_{v1} とし，圧縮応力を正とすれば，

床版のコンクリート部

$$\Delta\sigma_c=\frac{1}{n_1}\left(\frac{P_\varphi}{A_{v1}}+\frac{M_\varphi y_{v1}}{I_{v1}}\right)-E_{c1}\frac{\sigma_c}{E_c}\varphi_1$$

鋼桁部

$$\Delta\sigma_s=\frac{P_\varphi}{A_{v1}}+\frac{M_\varphi y_{v1}}{I_{v1}}$$

ここに，

$$P_\varphi=E_{c1}\cdot A_c\cdot\varepsilon_{\varphi 0}=E_{c1}A_c\frac{N_c}{E_cA_c}\varphi_1=\frac{2\varphi_1}{2+\varphi_1}N_c$$

$$M_\varphi=P_\varphi(d_{c1}+r_c^2/dc)\fallingdotseq P_\varphi\cdot d_{c1}$$

$$r_c^2=I_c/A_c$$

……………………………… (解 14. 2. 3)

N_c は，クリープを起こす当初の持続荷重状態において，床版のコンクリートに作用している圧縮力の合力で，作用曲げモーメントを M_d とかけば，

$$N_c=\frac{M_d}{nI_v}d_c\cdot A_c \quad \cdots\cdots\cdots\cdots\cdots\cdots\cdots\cdots\cdots\cdots\cdots \text{(解 14. 2. 4)}$$

更に，床版のコンクリートの重心に PC 鋼材を有する場合の PC 鋼材の変化応力度は，$n_p=E_s/E_p$ として，

$$\Delta\sigma_p=\frac{1}{n_p}\left(\frac{P_\varphi}{A_{v1}}+\frac{M_\varphi d_{c1}}{I_{v1}}\right) \quad \cdots\cdots\cdots\cdots\cdots\cdots\cdots\cdots\cdots\cdots \text{(解 14. 2. 5)}$$

なお，クリープの影響による合成桁の変形を求める場合の弾性荷重としては，曲げ変形

については，

$$\frac{M_\varphi}{EI}=\frac{N_c}{E_sI_{v1}}\cdot\frac{2\varphi_1}{2+\varphi_1}\left(d_{c1}+\frac{r_c^2}{d_c}\right)\fallingdotseq\frac{N_cd_{c1}}{E_sI_{v1}}\cdot\frac{2\varphi_1}{2+\varphi_1} \quad\cdots\cdots\text{(解 14.2.6)}$$

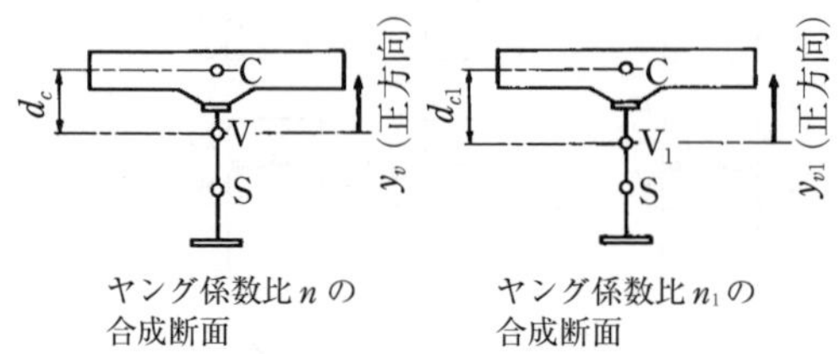

図−解 14.2.2　合成図心点

軸方向変形については，図−解 14.2.2 に示す合成図心点 V_1 において，

$$\frac{P_\varphi}{EA}=\frac{N_c}{E_sA_{v1}}\cdot\frac{2\varphi_1}{2+\varphi_1} \quad\cdots\cdots\text{(解 14.2.7)}$$

を用いればよい。

引張応力が生じるコンクリート系床版において，コンクリート断面を無視する連続合成桁の場合のクリープの影響の取扱いについても，式（解 14.2.6）に示す弾性荷重を用いて，桁の変形を計算し，不静定力を求めることができる。

最終的に得られた曲げモーメントが，その着目点において正であれば，静定系としての式（解 14.2.3）と不静定モーメントの変化量 ΔM を用いて変化応力度は次のように計算される。

床版のコンクリート部

$$\Delta\sigma_c=\frac{1}{n_1}\left(\frac{P_\varphi}{A_{v1}}+\frac{M_\varphi y_{v1}}{I_{v1}}\right)-E_{c1}\frac{\sigma_c}{Ec}\varphi_1+\frac{\Delta My_{v1}}{n_1I_{v1}}$$

鋼桁部

$$\Delta\sigma_s=\frac{P_\varphi}{A_{v1}}+\frac{M_\varphi y_{v1}}{I_{v1}}+\frac{\Delta My_{v1}}{I_{v1}} \quad\cdots\cdots\text{(解 14.2.8)}$$

また，負であれば，鋼断面を用いて応力を計算すればよい。これらの考え方は，14.2.3 及び 14.2.4 にも適用してよい。

14.2.3　床版のコンクリートと鋼桁との温度差

(1)　コンクリート系床版と鋼桁との合成作用を考慮するにあたっては，床版のコンクリートと鋼桁との温度差の影響を適切に考慮しなければならない。

(2)　(3)による場合には，(1)を満足するとみなしてよい。

(3)　床版のコンクリートと鋼桁との合成作用を考慮して設計する場合において，著しい温度差が生じる場合以外は，床版のコンクリートと鋼桁との温度差として 10 度を考慮し，温度分布は床版のコンクリート及び鋼桁においてそれぞれ一様とすることを標準とする。

(3)　I 編に規定されるように，コンクリート系床版と鋼桁との合成作用を考慮するにあたり，床版のコンクリートと鋼桁との温度差は 10 度とし，床版のコンクリートの方が高温の場合及び鋼桁の方が高温の場合それぞれについて照査する方法が，これまで一般的に用いられてきた。温度の分布については，図-解 14. 2. 3 に示すような状態が考えられるが，両者の境界で温度差が段違いにある(a)の状態を考慮する。

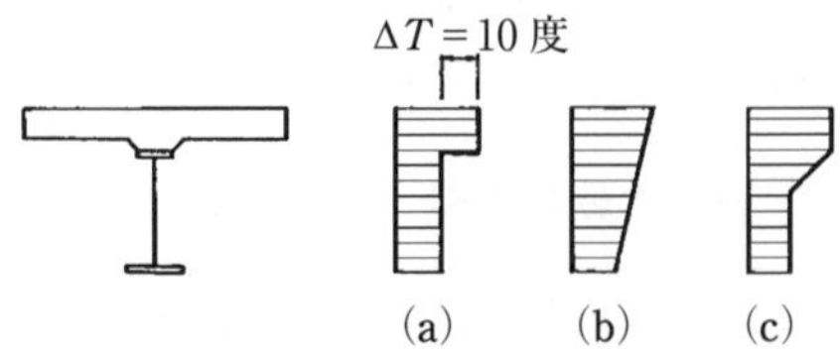

図-解 14. 2. 3　温度差の分布状態

温度差によって合成断面の各部に生じる応力については，図-解 14. 2. 4 に示すように，$P_1=E_cA_c\varepsilon_t$ なる引張力をコンクリート断面に作用させた後，鋼とコンクリートを結合させて P_1 を解放すれば，合成断面には P_1 なる軸方向圧縮力と $M_v=P_1d_c$ なる曲げモーメントが作用することになる。この両者の応力を重ね合わせることにより，式（解 14. 2. 9）により求められる。また，温度差応力に基づく床版のコンクリートのクリープは考慮しなくてよい。

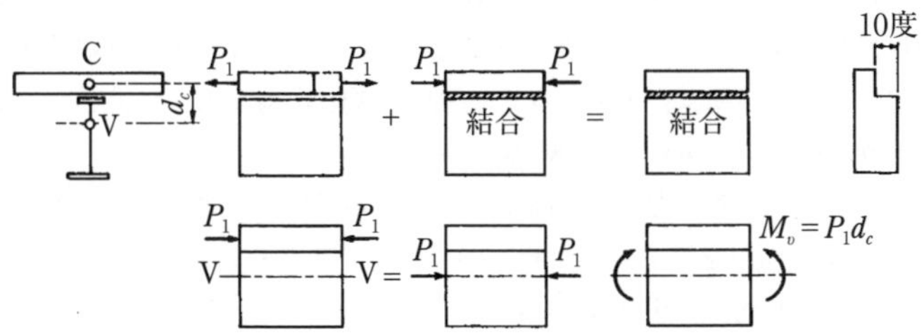

図-解 14. 2. 4　温度差による応力の重ね合わせ

床版のコンクリート部

$$\sigma_c=\frac{1}{n}\left(\frac{P_1}{A_v}+\frac{M_v y_v}{I_v}\right)-E_c\varepsilon_t$$

鋼桁部

$$\sigma_s=\frac{P_1}{A_v}+\frac{M_v y_v}{I_v}$$

ここに，

$\varepsilon_t=\alpha t$（コンクリートが引張となる場合，すなわち鋼桁の方が高温の場合を正とする）

$P_1=E_s\varepsilon_t A_c/n$，$M_v=P_1 d_c$

……………… (解 14.2.9)

なお，引張応力が生じるコンクリート系床版において，コンクリートの断面を無視する連続合成桁の場合の温度差の影響の取扱いについては，14.2.4 の場合に準じて，M_v を用いて桁の変形を計算し，不静定力を求め，最終的に得られた曲げモーメントについて，合成断面又は鋼断面を用いて応力を計算できる。

14.2.4　床版のコンクリートの乾燥収縮

(1)　コンクリート系床版と鋼桁との合成作用を考慮するにあたっては，床版のコンクリートの乾燥収縮による影響を適切に考慮しなければならない。

(2)　(3)による場合には，(1)を満足するとみなしてよい。

(3)　床版のコンクリートと鋼桁との合成作用を考慮して設計する場合に，床版のコンクリートの乾燥収縮による応力の算出に用いる最終収縮度 ε_s は 20×10^{-5} を，クリープ係数 φ_2 は $\varphi_2=2\varphi_1=4.0$ をそれぞれ標準とする。

(3)　床版のコンクリートの自由な収縮が鋼桁により拘束されるので，コンクリートに引張応力が生じるが，これが持続応力として働くためにクリープが生じ，その結果，収縮による応力度変化は緩和される。収縮が生じるときのコンクリートの材齢は非常に若く，また収縮の大部分は早期に終了するので，クリープ係数 φ_2 としては，材齢による補正係数を 2 にとり，$\varphi_2=2\varphi_1=4.0$ としている。

乾燥収縮により生じる応力度の算出は，14.2.3 の温度差による応力度の計算と同様であるが，クリープ作用を考慮するため，$n=E_s/E_c$ の代わりに $n_2=n(1+\varphi_2/2)$ を用い，ε_t の代わりに最終収縮度 ε_s とすればよい。

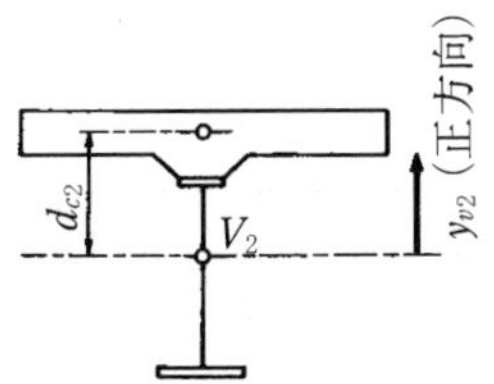

図-解 14. 2. 5　合成断面の重心軸

図-解 14. 2. 5 を参照し，n の代わりに n_2 を用いて求めた合成断面の重心軸を V_2，鋼に換算した断面二次モーメントを I_{v2}，鋼に換算した断面積を A_{v2} とすれば，

床版のコンクリート部

$$\sigma_c = \frac{1}{n_2}\left(\frac{P_2}{A_{v2}} + \frac{M_{v2}y_{v2}}{I_{v2}}\right) - E_{c2}\varepsilon_s$$

鋼桁部

$$\sigma_s = \frac{P_2}{A_{v2}} + \frac{M_{v2}y_{v2}}{I_{v2}} \quad \cdots\cdots\cdots\cdots (解 14.2.10)$$

ここに，

$E_{c2} = E_s/n_2$，$P_2 = E_s\varepsilon_s A_c/n_2 = E_{c2}\varepsilon_s A_c$

$M_{v2} = P_2 d_{c2}$

また，引張応力が生じるコンクリート系床版において，コンクリートの断面を無視する連続合成桁における乾燥収縮の影響の取扱いについても，14. 2. 2 及び 14. 2. 3 に準じてよい。

この場合の桁の変形を求める弾性荷重としては，

$$\frac{M_{v2}}{E_s I_{v2}} = \frac{\varepsilon_s A_c d_{c2}}{n_2 I_{v2}} \quad \cdots\cdots\cdots\cdots (解 14.2.11)$$

また，軸方向ひずみの変化量としては，合成断面の重心軸 V_2 において，

$$\frac{P_2}{E_s A_{v2}} = \frac{\varepsilon_s A_c}{n_2 A_{v2}} \quad \cdots\cdots\cdots\cdots (解 14.2.12)$$

を用いればよい。

14.3　床　　版

14.3.1　一　　般

床版の設計は，この節の規定によるほか，11 章の規定による。

14.3.2　床版のコンクリートの設計基準強度

(1)　床版のコンクリートの設計基準強度は，所要の強度が確保できるようにするほか，床版の耐久性を考慮して定めなければならない。

(2)　床版のコンクリートの設計基準強度の決定にあたっては，試験練り又は実績等により，施工時に有害なひび割れが生じないことを確認する。

(3)　(4)から(6)による場合には，(1)を満足するとみなしてよい。

(4)　床版のコンクリートの設計基準強度 σ_{ck} は，24N/mm^2 以上とする。ただし，床版にプレストレスを導入する場合はⅠ編 9.2.3 の規定による。

(5)　床版のコンクリートと鋼桁との合成作用を考慮して設計する床版のコンクリートの設計基準強度 σ_{ck} は，床版にプレストレスを導入しない場合に 27N/mm^2 以上，プレストレスを導入する場合に 30N/mm^2 以上とする。

(6)　鋼コンクリート合成床版のコンクリートの設計基準強度 σ_{ck} は，床版のコンクリートと鋼桁との合成作用の考慮の有無に関わらず 30N/mm^2 以上とする。

床版にプレストレスを導入する場合には，一般に高強度のコンクリートを必要とすることが多い。しかし，高強度のコンクリートを得るために単位セメント量を多くすると，硬化の際にひび割れが生じやすい等の欠点があるので，床版のコンクリートの設計基準強度の決定にあたっては，十分に注意する必要がある。また，施工時に有害なひび割れを生じさせないためには，必要に応じて試験等による確認を行うとともに，施工時にもひび割れが生じないよう十分に配慮する必要がある。なお，鋼コンクリート合成床版の設計基準強度は，過去の実績を踏まえて 30N/mm^2 以上を標準とされた。

14.3.3　引張力を受ける床版の鉄筋量及び配筋

(1)　引張応力が生じるコンクリート系床版においては，コンクリートにひび割れが生じることによる影響を考慮して，床版の鉄筋量及び配筋を決定しなければならない。

(2) (3)及び(4)による場合には，(1)を満足するとみなしてよい。

(3) 引張応力が生じるコンクリート系床版の最小鉄筋量は次による。

1) 引張応力が生じるコンクリート系床版において，コンクリートの断面を有効とする設計を行う場合の床版の橋軸方向最小鉄筋量は式(14.3.1) による。

$$T_{td} \leqq T_{tud} \quad \cdots\cdots (14.3.1)$$

ここに，T_{td} ：床版に作用する全引張力（N）

T_{tud} ：引張強度の制限値（N）でⅢ編により算出する。

2) 引張応力が生じるコンクリート系床版において，コンクリートの断面を無視する設計を行う場合の床版の橋軸方向最小鉄筋量は，コンクリート断面積の 2%とする。

この場合，床版断面の鉄筋の周長の総和とコンクリートの断面積の比は 0.0045mm/mm^2 以上とすることを標準とする。なお，床版のために配置された鉄筋を橋軸方向鉄筋の一部として考慮してもよい。

(4) 鉄筋は死荷重による曲げモーメントの符号が変化する点を超えて床版のコンクリートの圧縮側に定着する。

(3) 1) 引張応力が生じるコンクリート系床版のコンクリートにひび割れが生じると応力状態が計算の仮定と全く異なることになるので，全引張力を鉄筋で受け持たせるように規定されている。配筋は鉄筋コンクリート床版に準じて行い，この定着についても十分考慮する必要がある。

なお，式（14.3.1）の鉄筋の引張強度の特性値は，Ⅲ編に規定される鉄筋の引張応力度の制限値に鉄筋断面積を乗じて算出することとされた。この規定は，プレストレスを導入する床版を想定しているものと考えられるため，Ⅲ編 5.3.3 のプレストレスを導入する構造における制限値によることを標準とする。ただし，Ⅲ編 5.3.3 においても，コンクリート部材に生じる引張応力の大きさによっては，鉄筋コンクリート構造と同様に引張を受けるコンクリートの断面を無視して引張鉄筋量を求めるとされているため，引張強度の特性値はプレストレスしないコンクリート系床版の場合においても III 編 5.3.3 における制限値を用いてよいこととする。

2) 引張応力が生じるコンクリート系床版において，コンクリートの断面を無視する連続合成桁の中間支点付近においては，負の曲げモーメントによる橋軸方向鉄筋の引張ひずみに対応して床版のコンクリートにはひび割れが生じる。このひび割れは，鉄筋コンクリートばりの場合と同じく，コンクリートの引張応力を無視する設計においてはやむを得ないものであるが，これが床版のコンクリートの主桁作用及び床版作用に有害なものであってはならない。このような趣旨から，橋軸方向鉄筋の断面積をコンクリート断面積の2%以上と定めたものである。また，その床版断面の鉄筋の周長の総和とコンクリート断面積の比は，ひび割れ幅を抑える観点から 0.0045mm/mm^2 以上とするのがよい。

14.3.4 床版の有効幅

(1) コンクリート系床版と鋼桁との合成作用を考慮するにあたっては，応力分布を適切に考慮して床版の有効幅を設定しなければならない。

(2) (3)による場合には，(1)を満足するとみなしてよい。

(3) コンクリート系床版と鋼桁との合成作用を考慮するにあたっては，床版の有効幅の算出は 13.3.4 の規定による。ただし，λ 及び b は図-14.3.1 に示すとおりとし，この場合の水平に対するハンチの傾斜は 45° として取り扱う。

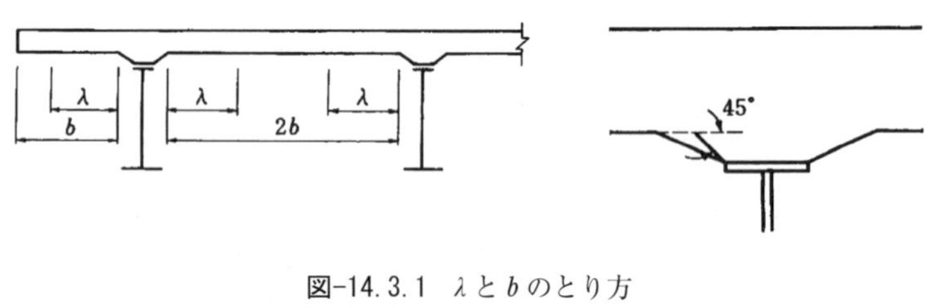

図-14.3.1 λ と b のとり方

14.3.5 主桁作用と床版作用との重ね合わせ

(1) 床版のコンクリートと鋼桁との合成作用を考慮するにあたっては，床版は次の二つの作用に対して，それぞれ安全なように設計しなければならない。

1) 床版としての作用

2) 桁の断面の一部としての作用

(2) 床版のコンクリートと鋼桁との合成作用を考慮するにあたっては，床版は(1)に示した二つの作用を同時に考慮した場合に対して安全でなければならない。

(3) 床版のコンクリートと鋼桁との合成作用を考慮するにあたっては，(1)に示す二つの作用のそれぞれに対して，床版が最も不利になる載荷状態における応力を算出し，その合計に対して安全である場合には，(2)を満足するとみなしてよい。ただし，桁作用によって正の曲げモーメントを受ける部分の橋軸方向鉄筋の応力については，二つの作用の重ね合わせを考慮しなくてもよい。

床版のコンクリートと鋼桁との合成作用を考慮する場合，床版のコンクリートには一般に桁作用としての応力と床版作用としての応力が同時に生じることになるので，床版としての作用及び桁断面の一部としての作用に対してそれぞれ安全であることを照査するほか，これらの重ね合わせに対して照査する必要がある。

具体的には，圧縮側のコンクリートの断面ではコンクリートの圧縮応力について，引張側のコンクリートの断面では鉄筋の引張応力についてそれぞれの最大応力を重ね合わせることにしている。この場合，応力度の制限値は14.6.2の規定によって割増しを行ってよい。床版に生じる応力の算出にあたっては，Ⅰ編 3.3 に規定される荷重組合せ係数及び荷重係数を考慮する必要がある。

14.3.6 せん断力が集中する部分の構造

(1) コンクリート系床版と鋼桁との合成作用を考慮するにあたっては，死荷重や活荷重による応力，温度差や乾燥収縮による応力，風や地震の影響による応力等が集中的に作用する端支点付近及び中間支点付近の床版は，せん断力が円滑に伝達される構造とする。また，主引張応力によって床版のコンクリートにひび割れが生じないようにしなければならない。

(2) (3)から(5)による場合には，(1)を満足するとみなしてよい。

(3) せん断力が集中する部分では，床版に生じるせん断力と主引張応力に対する補強鉄筋を配置する。

(4)　補強鉄筋の直径は 16mm 以上とし，床版の中立面付近に 150mm 以下の間隔で配置することを標準とする。
(5)　補強鉄筋を配置する範囲は主桁方向，主桁直角方向ともに主桁間隔の 1/2 以上とする。

(1)　端支点付近及び中間支点付近の床版には，死荷重や活荷重による応力，温度差応力，乾燥収縮による応力のほか，風や地震の影響による応力等が集中的に作用するので，補強鉄筋を配置してせん断力が円滑に伝達されるようにする必要がある。また，主引張応力によって床版のコンクリートにひび割れが発生しないようにする必要がある。
(2)　(3)から(5)は，(1)を考慮して補強鉄筋を設ける場合について規定したものであるが，これらによっておけば，配筋方法については特に計算によって求める必要はない。
　補強鉄筋の配置例を図-解 14.3.1 に示す。

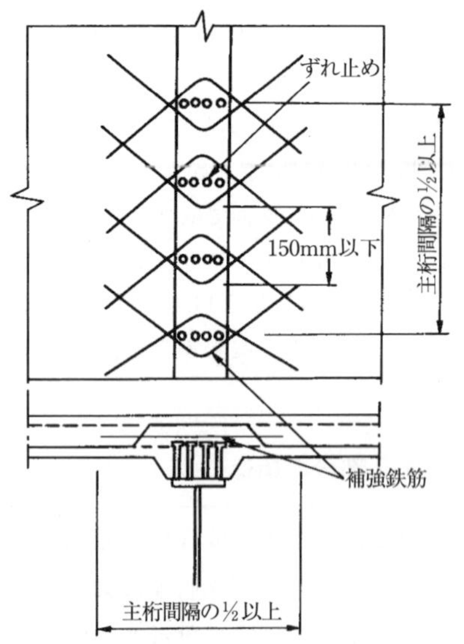

図-解 14.3.1　補強鉄筋の配置

14.3.7　構造目地

コンクリート系床版と鋼桁との合成作用を考慮するコンクリート系床版のコンクリートには構造目地を設けてはならない。

床版の構造目地は，一般にその位置で鉄筋が中断されたり，コンクリートが中断されたりして構造上の弱点になりやすいので，鋼桁との合成作用を考慮して設計するコンクリート系床版のコンクリートでは，これを設けてはならないことを規定したものである。

14.3.8　合成作用を与えるときの床版のコンクリートの圧縮強度

(1)　コンクリート系床版と鋼桁との合成作用を考慮するコンクリート系床版のコンクリートでは，床版のコンクリート強度が，合成作用による応力度によって床版の安全性や耐久性に問題が生じない強度に達した後に合成作用を与えなければならない。

(2)　床版のコンクリートに合成作用を与えるときの床版のコンクリートの圧縮強度を，設計基準強度の80％以上とする場合には，(1)を満足するとみなしてよい。

(2)　コンクリート系床版と鋼桁との合成作用を考慮するにあたり，コンクリート系床版において，床版のコンクリートに合成作用を与えることができる時期は，その時点におけるコンクリートの圧縮強度から定まる。合成作用を与えた後の持続荷重によるクリープを考慮すると，材齢があまり若い時期から合成作用を与えることはクリープが大きくなり好ましくない。したがって，これまでの実施例等を参考にして，その時期として，σ_{ck}の80％が確保される材齢に達した後と決められたものである。

14.4　鋼　　桁

14.4.1　一　　般

鋼桁の設計は，この節の規定によるほか，13章の規定による。

14.4.2　鋼桁のフランジ厚さ

(1)　ずれ止めを取り付ける鋼桁のフランジは，著しい変形が生じることがない板厚としなければならない。

(2)　ずれ止めに14.5.1(4)に規定するスタッドを使用する場合に，フランジの板厚を10mm以上とする場合には，(1)を満足するとみなしてよい。

⑴ ずれ止めを溶接により取り付ける場合には，溶接によりフランジに生じる変形などの影響を考慮する必要がある。

14.5 ずれ止め

14.5.1 一　　般

⑴ 床版のコンクリートと鋼桁は，密着を確保するとともに車両の加速及び制動並びに地震等による水平力に対して所定の位置を確保できるように接合しなければならない。

⑵ ずれ止めは，床版のコンクリートと鋼桁との間の作用力に対して安全となるように設計しなければならない。

⑶ ずれ止めとして⑷のスタッドを用い，床版のコンクリートと鋼桁との間のせん断力が最も大きくなる場合について 14.6.4 を満足する場合には，⑴及び⑵を満足するとみなしてよい。

⑷ 床版を桁断面に見込んで設計する場合のずれ止めに使用するスタッドは，軸径が 19mm 及び 22mm のものを標準とする。また，材質，種類，形状，寸法及び許容差について，JIS B 1198（頭付きスタッド）を標準としてよい。

⑴ 床版のコンクリートと鋼桁が十分に固定されていないと，車両の通行により衝撃の影響が生じたり，相互のずれ作用により，桁の摩耗や腐食の原因になるおそれがある。また，車両の加速，制動及び地震等による水平力に対し，床版が所定の位置を保持するようにする必要がある。更に，桁のフランジを床版に定着させることは圧縮フランジの局部座屈，横倒れ座屈に対して有効である。床版を桁断面として見込まない場合にも，適切なずれ止めを設置するのがよい。

図-解 14.5.1 に，これまで床版を桁断面として見込まない設計を行った場合に用いられてきたスラブ止めの構造を示す。鋼桁橋の場合，設置間隔を 1m 以内とするのが一般的である。なお，スラブ止めを用いたとしても永続作用支配状況及び変動作用支配状況において合成作用が生じることから，ずれ止めの種類によらず，荷重条件に応じて床版のコンクリートと鋼桁との合成作用の影響については適切に考慮する必要がある。

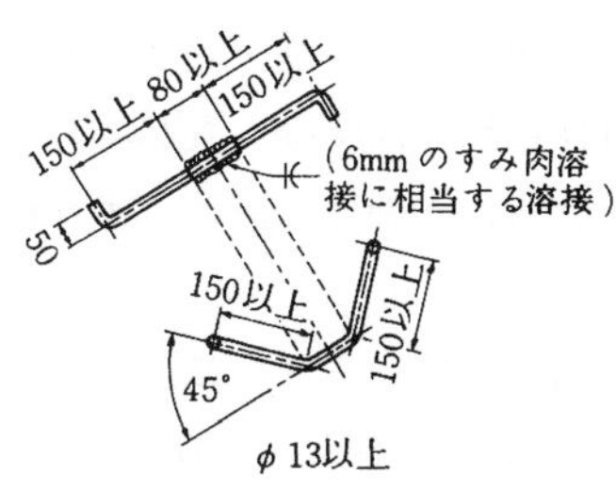

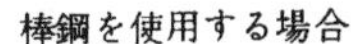
棒鋼を使用する場合

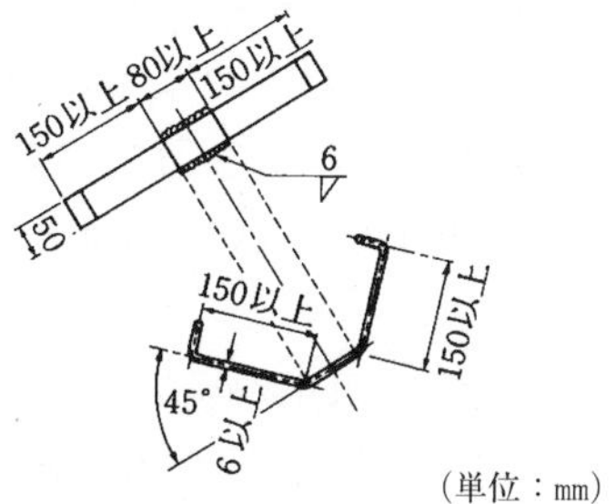

鋼板を使用する場合

図-解 14.5.1　スラブ止め

なお，プレストレストコンクリート床版に用いる場合に，スラブ止めは，適用支間が鉄筋コンクリート床版に比較して大きい場合にはその影響を，またプレストレスの影響も受ける。そのため設計においてはその影響を考慮する必要がある。

(3)　一般に最大断面力が生じるのは，端支点又は中間支点付近のずれ止めで，以下のような組合せの荷重を受ける。

1)　合成後死荷重，活荷重，プレストレス力及び温度差（床版のコンクリートが鋼桁より高温の場合）によって生じる支間部より支点部へ向う荷重。

2)　乾燥収縮及び温度差（鋼桁が床版のコンクリートより高温の場合）によって生じる端支点部より支間部へ向う荷重。

なお，このような作用の組合せに対しても，ずれ止めの制限値は，安全側をとって割増ししないことにしている。

上記のほか，I 桁の面外変形を横桁や補剛材で拘束する箇所には，大型の遮音壁からの荷重や，偏心した横締めの PC ケーブルのプレストレス力又は活荷重により，ずれ止めに引抜力や圧縮力が生じるため，スタッド軸方向の応力に対しても照査する必要がある。また，それらの応力の組合せに対しても照査が必要である。

14.5.2　床版のコンクリートの乾燥収縮及び床版のコンクリートと鋼桁との温度差により生じるせん断力

(1)　コンクリート系床版と鋼桁との合成作用を考慮する床版のコンクリートと鋼桁とのずれ止めは，床版のコンクリートの乾燥収縮及び床版のコンクリートと鋼桁との温度差により生じるせん断力を適切に考慮しなければならない。

(2) (3)による場合には，(1)を満足するとみなしてよい。

(3) 床版のコンクリートの乾燥収縮及び床版のコンクリートと鋼桁との温度差により生じるせん断力を，床版の自由端部において，主桁間隔（主桁間隔が $L/10$ より大きいときは $L/10$ をとる）の範囲に設けるずれ止めで負担する。

このとき，ずれ止めの設計にあたっては，図-14.5.1 に示すように，せん断力の全部が，支点上で最大となる三角形に分布するものとしてよい。

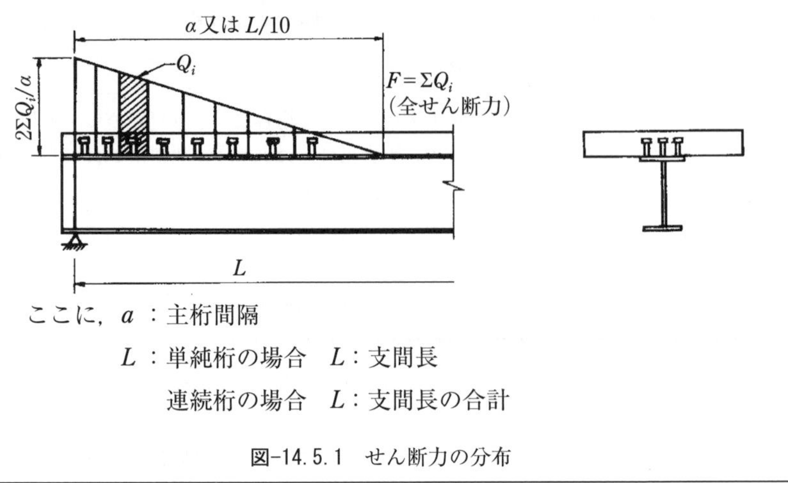

ここに，a ：主桁間隔

L ：単純桁の場合　L：支間長

連続桁の場合　L：支間長の合計

図-14.5.1　せん断力の分布

(3) コンクリート系床版と鋼桁が合成断面として挙動する場合，床版のコンクリートの乾燥収縮及び床版のコンクリートと鋼桁との温度差により床版と鋼桁との接触面に生じるせん断力は，単純桁の場合は図-解 14.5.2 のように支点で最大，支間中央で0となるような分布を示すが，これを計算で求めるのは煩雑である。そこで，実用上の便を考え，この条文のような三角分布として取り扱ってよいこととしている。

連続合成桁の場合も，端支点で最大，全支間の中央で0となるような分布を示すので，単純合成桁と同じように取り扱ってよいこととしている。ただし，この場合Lとしては連続合成桁の支間の合計をとる。

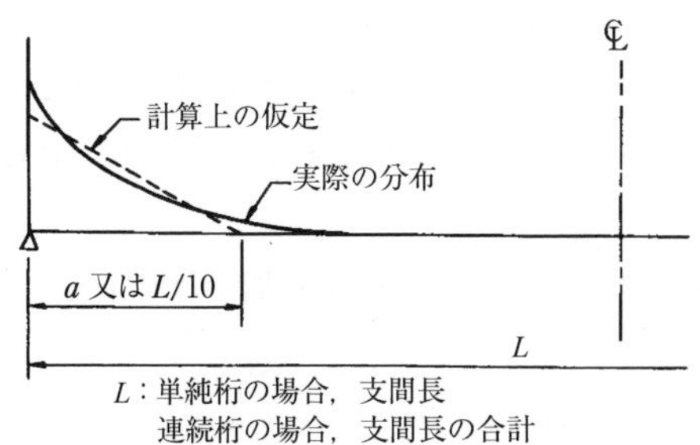

図-解 14.5.2　床版と鋼桁との接触面に生じるせん断力の分布

14.5.3　ずれ止めの最大間隔

> (1)　ずれ止めの最大間隔は，床版と鋼桁とのずれ止めとしての機能を満足するように設定しなければならない。
> (2)　床版のコンクリートと鋼桁との合成作用を考慮するための，ずれ止めに 14.5.1 に規定するスタッドを用いる場合に，その最大間隔が床版のコンクリート厚さの 3 倍かつ 600mm を超えない場合には，(1)を満足するとみなしてよい。

(1)　コンクリートと鋼桁との合成作用を考慮する場合のずれ止めの最大間隔は，従来の経験及び諸外国の規定なども参照してこのように定められている。

なお，床版を桁断面に見込まずに設計する場合に，コンクリート系床版と鋼桁を密着させる目的で設けるスラブ止めは，その間隔を 1m 以内とするのがよい。

14.5.4　ずれ止めの最小間隔

> (1)　ずれ止めの最小間隔は，床版と鋼桁とのずれ止めとしての機能を満足するように設定しなければならない。このとき，施工性が確保できること，床版のコンクリートに有害なひび割れが生じないことに配慮しなければならない。
> (2)　床版のコンクリートと鋼桁との合成作用を考慮するにあたって，ずれ止めとして 14.5.1 に規定するスタッドを用いる場合に，(3)及び(4)による場

合には，(1)を満足するとみなしてよい。
(3) スタッドの橋軸方向の最小中心間隔を $5d$ 又は 100mm とし，橋軸直角方向の最小中心間隔は $d+30$mm とする。ここに，d はスタッドの軸径（mm）である。
(4) スタッドの幹とフランジ縁との最小純間隔は 25mm とする。

(2) スタッドの場合，その配置間隔があまり小さすぎると，スタッドの列に沿って床版のコンクリートにひび割れが生じるおそれがある。(3)及び(4)では，実験結果，内外の施工例及び溶接の施工等を基にスタッドの最小間隔を定めている。

なお，ここで示した最小間隔は千鳥に配置するようなスタッドについては想定していない。

14.5.5 中間支点付近のずれ止め

(1) 床版のコンクリートと鋼桁との合成作用を考慮するにあたっては，中間支点付近のずれ止めは，着目点に生じる最大水平せん断力に対して設計しなければならない。
(2) 中間支点付近のずれ止めの設計計算は，着目点の曲げモーメントの符号に関わらず床版のコンクリート断面を有効として行わなければならない。

(2) 引張応力が生じるコンクリート系床版において，コンクリートの断面を無視するとして設計する場合及びコンクリートの断面を有効として設計する場合のいずれの場合にも，ずれ止めの計算は床版のコンクリートの断面を有効として行う必要があることが規定されたものである。厳密な設計計算を行う場合，ずれ止めに作用する水平せん断力は，コンクリートの断面を有効とする場合は式（解 14.5.1）により，またコンクリートの断面を無視する場合は式（解 14.5.2）により算出することが考えられる。

$$H_u = \frac{d_{vc}(A_c/n)}{I_v} S \quad \cdots\cdots \text{（解 14.5.1）}$$

$$H_f = \frac{d_{fr}A_r}{I_f} S \quad \cdots\cdots \text{（解 14.5.2）}$$

ここに，S ：着目断面の垂直せん断力（N）

A_c ：着目断面のコンクリート系床版の断面積（mm^2）

A_r ：着目断面の橋軸方向鉄筋の断面積（mm^2）

I_v　：図-解 14. 1. 1 に示す断面の断面二次モーメント（mm^4）
I_f　：図-解 14. 1. 2 に示す断面の断面二次モーメント（mm^4）
d_{vc}，d_{fr}：それぞれ図-解 14. 1. 1 及び図-解 14. 1. 2 による。

しかしながら，同一断面に対しても載荷状態により正の曲げモーメントと負の曲げモーメントが作用する場合があり，引張力に対して床版のコンクリートの断面を無視する設計を行う場合に，正の曲げモーメントが作用する載荷ケースに対し，式（解 14. 5. 1）によりずれ止めに作用する最大水平せん断力を求め，また負の曲げモーメントが作用する載荷ケースに対し，式（解 14. 5. 2）によりずれ止めに作用する最大水平せん断力を求めて，それぞれを比較することは実務上容易ではない。また，引張力に対して床版のコンクリート断面を無視する設計を行う場合でも，実際には床版のコンクリートと鋼桁の合成作用はある程度生じると考えられるので，この場合に対し安全なずれ止めの設計を行う必要がある。このためこの条文では，常に式（解 14. 5. 1）によりずれ止めに作用するせん断力を求めることとしている。

14. 6　コンクリート系床版を有する鋼桁の限界状態 1

14. 6. 1　一　　般

コンクリート系床版を有する鋼桁で，床版を桁断面に考慮する場合に，床版が 11 章の，鋼桁が 13 章の規定をそれぞれ満足し，かつ，14. 6. 2 から 14. 6. 4 の規定を満足する場合には，限界状態 1 を超えないとみなしてよい。

コンクリート系床版を有する鋼桁は，構造全体として弾性応答する限界の状態を限界状態 1 と考えることができる。コンクリート系床版を有する鋼桁を構成する各部材等が弾性応答する限界を超えず，かつ，コンクリート系床版を有する鋼桁が全体として安定である場合には，少なくとも構造全体として弾性応答すると考えられる。この条文は，上記の趣旨を踏まえ，床版を桁断面に考慮する場合に，コンクリート系床版を有する鋼桁を構成する各部材及びそれらから構成されるコンクリート系床版を有する鋼桁が限界状態 1 を超えないとみなせる条件を規定したものである。したがって，コンクリート系床版を有する鋼桁を構成する各部材のそれぞれが限界状態 1 を超えないとともに，コンクリート系床版を有する鋼桁が荷重支持能力を保持し，かつ，コンクリート系床版を有する鋼桁が全体として安定であることを満足する場合には，コンクリート系床版を有する鋼桁の限界状態 1 を超えないとみなしてよいとされている。

14. 6. 2 から 14. 6. 4 は，床版のコンクリートと鋼桁との合成作用を考慮するにあたって，剛なずれ止めで桁全長にわたって両者を結合し，想定荷重条件下に対して確実に一体で挙動するように設計し，コンクリート系床版を抵抗断面に考慮する合成桁の場合に満足する必要がある規定である。

14.6.2 床　　版

(1) 床版のコンクリートと鋼桁との合成作用を考慮する際の，コンクリート及び鉄筋の応力度の制限値は，(2)から(4)による。

(2) 床版のコンクリートと鋼桁との合成作用を考慮する際の，床版のコンクリートの圧縮応力度の制限値は表-14.6.1に示す値とする。

表-14.6.1　コンクリートの圧縮応力度の制限値（N/mm²）

作用の組合せ ＼ コンクリート設計基準強度（N/mm²）			27	30
1	変動作用が支配的な状況	1)　床版としての作用	10.0	10.8
		2)　主桁の断面の一部としての作用		
		3)　1)と2)を同時に考慮した場合	14.2	15.8
2	プレストレッシング直後		12.9	14.3

(3) 引張力を受けるコンクリート系床版においてコンクリートの断面を有効とする場合，床版のコンクリートの引張応力度の制限値は表-14.6.2に示す値とする。

表-14.6.2　コンクリートの引張応力度の制限値（N/mm²）

作用の組合せ ＼ コンクリート設計基準強度（N/mm²）			27	30
1	変動作用が支配的な状況	床版の上，下縁	2.0	2.2
		床版厚中心	1.4	1.6
2	永続作用が支配的な状況		0.0	0.0

(4) 鉄筋の引張応力度の制限値は180N/mm²，圧縮応力度の制限値は260N/mm²とする。ただし，14.3.5の規定により，桁断面の一部としての作用と床版としての作用とを同時に考慮する場合は，応力度の制限値を20%増ししてよい。

(1) 床版作用に対するコンクリートの応力度の制限値は11章の規定による。

(2) コンクリート橋の床版と異なり，たわみ易い鋼桁に床版が支持されていることから，床版のコンクリートと鋼桁との合成効果が発揮されるとその床版の応力状態は複雑なものとなり，かつ床版の破損が桁の安全性に与える影響が大きい。このことに加えて輪荷重の実態や床版破損の状況等も勘案して，応力度の制限値は，これまでの示方書による場合と同等の安全余裕となるよう定められている。

床版のコンクリートは，一般に桁作用としての応力と床版作用としての応力を同時に受けることになるが，表-14.6.1の3)は合成効果を考慮して耐荷力を評価するにあたって，これらの応力の重ね合わせを照査する場合の応力度の制限値を定めたものである。この重ね合わせ応力は局部的に大きくなるが，床版のコンクリートの安全性を確保できる範囲として床版のコンクリートに対しては応力度の制限値を補正して割増してよいことにしている。

橋の完成時に所要の性能を得るために，プレストレッシング直後における施工時の作用組合せを，3.3(2)に従い適切に考慮する場合は，床版のコンクリートに対して，表-14.6.1の2に規定される応力度の制限値を用いてよいことにしている。

(3) 引張応力を受けるコンクリート系床版においてコンクリートの断面を有効とする設計を行う場合の応力度の制限値を定めたものである。変動作用が支配的な状況に対する応力度の制限値は，部分係数化に伴ってこれまでの示方書と同等の安全余裕となるよう調整して定められている。永続作用が支配的な状況に対する応力度の制限値は，コンクリートの長期的な変形を見込んだものであり，変形後の状態に対して耐荷性能の照査を行うこととなるから，耐荷性能の前提と位置付けることができる。

(4) この条文で規定されている鉄筋の応力度の制限値は，これまでの示方書の許容応力度をもとに，部分係数化に伴い同等の安全余裕となるよう調整して定められている。また，床版作用と桁作用を同時に考慮する場合の応力度の制限値の補正については，安全を考慮して20%増しにおさえることとされている。

14.6.3 鋼　　桁

床版のコンクリートと鋼桁との合成作用を考慮する際の，鋼桁の制限値の補正係数は，表-14.6.3に示す値とする。

表-14.6.3　鋼桁の制限値の補正係数

設計で考慮する状況		補正係数	
		正の曲げモーメントを受ける部分	負の曲げモーメントを受ける部分
変動作用が支配的な状況	圧縮縁	1.15	1.00
	引張縁	1.00	1.00

床版のコンクリートと鋼桁との合成作用に対する鋼桁の制限値の補正係数を示したものである。

正の曲げモーメントを受ける部分の圧縮縁のフランジについては，ずれ止めで床版に強固に固定されているため座屈の恐れもなく，また合成断面では中立軸の位置が床版に近づき，活荷重による応力の増加率が他の部分よりも小さいため，これを考慮した15%の割増しが行えることとされている。

なお，施工時の照査にあたっては，積載荷重の制御が可能であることや，再現期間が短いことなど，施工時特有の状況を考慮したうえで，照査の目的に合わせて作用の組合せとともに適切に制限値を定める必要がある。また，施工時においても適切に限界状態を設定し，部材応答が可逆性を有すること及び可逆性を失うものの，耐荷力を完全に失わない状態を超えないとみなせる安全余裕を有することを検討する必要がある。

14.6.4 せん断力を受けるスタッド

床版のコンクリートと鋼桁との合成作用を考慮するにあたって，せん断力を受けるスタッドに，14.5.1 に規定するスタッドを用いる場合に，式（14.6.1）を超えない場合には，せん断力を受けるスタッドの限界状態1を超えないとみなしてよい。

なお，式（14.6.1）はスタッドの全高が150mm 程度の場合に適用できるものとし，このとき床版のコンクリートと鋼桁のフランジ間との付着力は無視する。

$$\left.\begin{array}{ll} Q_i \leqq 12.2d^2\sqrt{\sigma_{ck}} & H/d \geqq 5.5 \\ Q_i \leqq 2.23dH\sqrt{\sigma_{ck}} & H/d < 5.5 \end{array}\right\} \quad \cdots\cdots (14.6.1)$$

ここに，Q_i ：スタッドが受け持つ鋼桁と床版の間のせん断力の制限値（N）

d ：スタッドの軸径（mm）

H ：スタッドの全高（mm），150mm 程度を標準とする。

σ_{ck} ：床版コンクリートの設計基準強度（N/mm²）

一般にスタッドのように変形の大きいずれ止めの耐荷力は実験的に求める必要がある。式（14.6.1）は，建設省土木研究所における実験結果に基づき得られたものである。

実験によれば，ずれ止めとしてのスタッドの機能の仕方は，全高 H とスタッドの軸径 d との比により分かれる。$H/d \geqq 5.5$ ではずれ止めの破壊はスタッドのせん断によって生じ，$H/d < 5.5$ では床版のコンクリートの割裂によって生じると考えられる。

スタッドが，これまでの示方書による場合と同等の安全余裕が確保されるように式（14.6.1）は与えられている。

なお，スタッドは床版の下側鉄筋（又はハンチ筋）の上まで埋め込むのが望ましいので標準の高さを150mmとしている。

式（14.6.1）以外の強度式の採用にあたっては，設計上想定しているコンクリート系床版の状態や強度に対する安全余裕等，要求する性能が確保されることを確認する必要がある。

14.7 コンクリート系床版を有する鋼桁の限界状態3

14.7.1 一　　般

> コンクリート系床版を有する鋼桁で，床版を桁断面に考慮する場合に，床版が11章の，鋼桁が13章の規定をそれぞれ満足し，かつ，14.7.2から14.7.4の規定を満足する場合には，限界状態3を超えないとみなしてよい。

コンクリート系床版を有する鋼桁の限界状態3は，部材の一部に損傷が生じているものの，それが原因で荷重支持能力を完全に失わない限界の状態と考えることができる。コンクリート系床版を有する鋼桁を構成する各部材が限界状態3を超えない場合には，各部材が荷重支持能力を完全には失っていない。また，そのような状態においてもコンクリート系床版を有する鋼桁全体として荷重を支持する能力を保持し，かつ，構造全体が全体として安定であるならば，構造としての荷重支持能力を完全には失っていないと考えられる。

この条文は，11章及び13章において，床版及び鋼桁が限界状態3を超えないとみなしてよい場合において，床版を桁断面に考慮する際にコンクリート系床版を有する鋼桁を構成する床版，鋼桁，ずれ止めのそれぞれが限界状態3を超えないとみなせる条件を示したものである。

コンクリート系床版を有する鋼桁がどの単位に着目しても荷重支持能力を保持し，かつ，安定であることを満足する場合には，コンクリート系床版を有する鋼桁全体として荷重支持能力を完全に失う状態にならないと考えられ，限界状態3を超えないとみなしてよいとされている。

床版のコンクリートと鋼桁との合成作用を考慮するにあたっては，コンクリート系床版を有する鋼桁の多くの断面は正の曲げモーメントを受ける断面として設計されるため，ずれ止めが著しく早期に破壊しない限り，挙動の非線形性が顕著となる限界状態1から断面耐力が低下する限界状態3までは耐力の増加が見込める。

床版を桁断面に見込まずに設計する場合や，床版を桁断面に見込むが負曲げを受ける断面が鋼断面として設計される場合は，鋼桁及び床版は各々設計されるため，ここでは規定されていない。ただし，床版を桁断面に見込まずに設計する場合でも，合成作用の影響を適切に考慮して照査する必要がある。

14.7.2 床　　版

鋼桁との合成作用を考慮するにあたって，床版のコンクリートが，14.6.2の規定を満足する場合には，限界状態3を超えないとみなしてよい。

床版が11章の規定を満足し，かつ14.6.2の規定に従い限界状態1を超えないことを満足する場合には，鋼桁との合成作用を考慮するコンクリート系床版が限界状態3を超えないとみなすことができるとしたものである。

14.7.3 鋼　　桁

床版のコンクリートとの合成作用を考慮するにあたって，鋼桁が，14.6.3の規定を満足する場合には，限界状態3を超えないとみなしてよい。

鋼桁が13章の規定を満足し，かつ14.6.3の規定に従い限界状態1を超えないことを満足する場合には，コンクリート系床版との合成作用を考慮する鋼桁が限界状態3を超えないとみなすことができるとしたものである。

14.7.4 せん断力を受けるスタッド

床版のコンクリートと鋼桁との合成作用を考慮するにあたって，せん断力を受けるスタッドが，14.6.4の規定を満足するスタッドを用いる場合には，限界状態3を超えないとみなしてよい。

スタッドが降伏に達した後，荷重の増加に伴ってコンクリートの圧壊又はスタッドの破断が生じ，部材としての最大強度に達するため，スタッドの降伏を限界状態1，コンクリートの圧壊又はスタッドの破断を限界状態3に対応すると考えることができる。

14.6.4に規定される限界状態1を超えないとみなせる条件は，限界状態3を超えないとみなすことができることにも配慮して規定されている。そのため，限界状態1を満足するとみなせる条件を満足させることで限界状態3を超えないとみなすことができるものである。

14.8 そ　り

> コンクリート系床版を有する鋼桁には，死荷重，コンクリートの乾燥収縮，クリープ及びプレストレス力等によるたわみに対して，路面が所定の高さになるように，そりをつけなければならない。

この条文のそりとは，死荷重等による桁のたわみに対応する上げ越しを意味している。なお，特殊な場合には，死荷重のほかにもコンクリートの乾燥収縮，クリープ及びプレストレス力等によるたわみに対する上げ越しが必要となることがある。

死荷重によるたわみも小さく，そりを省略しても路面高さが確保できると考えられる場合には省略することも可能であるが，コンクリート系床版のハンチの高さの調節によって，路面の勾配を確保するような場合には，ハンチや床版のコンクリートに無理な応力が加わらないように注意する必要がある。

そりの算出にあたっては，少なくとも死荷重の特性値を考慮しなければならないが，このとき荷重組合せ係数及び荷重係数を考慮するか否かについては，橋の条件や施工の条件なども考慮して，最終的に路面が所定の高さとなるように必要に応じて検討するのがよい。

参考文献

1) 例えば，三木千壽，山田真幸，長江進，西浩嗣：既設非合成連続桁橋の活荷重応答の実態とその評価，土木学会論文集，No. 647/ I -51，281-294，2000. 4

2) 前田幸雄，佐伯章美，日種俊哉，梶川靖治：鋼道路橋の合成桁の設計，道路，1972. 7

3) 橘善雄，向山寿孝，湊勝比古：プレストレスしない連続合成げたの静的実験，土木学会誌 10 号，1968

4) Yasumi, M. : Simp lified Treatment according to F. Chickoki of the Effect of Creep and Shrinkage in Composite Girders, Technology Rep orts of the Osaka Univ. , Vol. 15, 1965

5) 小野精一：単純および連続合成げたの応力計算法に関する 2，3 の考察，橋梁と基礎，Vol. 5，No. 6，1971

6) 前田幸雄，岡村宏一，佐伯章美：道路橋示方書における有効幅の改訂，道路 1972. 11

7) 山本稔，中村正平：Studd Shear Connector の試験報告，土木研究所報告 109 号の 4，1961. 11

15章　トラス構造

15.1　適用の範囲

この章は，トラス桁を主構造にもつ上部構造の設計に適用する。

なお，スパンドレルブレーストアーチ，アーチの補剛トラス等にはこの章を準用することができる。

この章の適用の範囲を示したものである。単にトラスといった場合，それは軸方向力を受ける部材だけで構成された構造全般であるトラス構造を指すことになるが，この章は橋の主構造がトラスで構成されているものの設計に適用することを主たる目的としている。

構造要素として用いられるトラス一般にもこの章を準用することができるが，桁作用以外の作用を期待するものについては該当する章の規定を参照する必要がある。

スパンドレルブレーストアーチやアーチの補剛トラス等については，その構造の性質上この章のかなりの部分を準用することができる。

15.2　一　　般

15.2.1　設計の基本

部材の設計については5章，接合の設計については9章の規定による。

15.2.2　トラスの二次応力に対する配慮

(1)　トラス部材の断面の構成にあたっては，二次応力の影響を小さくし，トラス面外の座屈の防止，格点での円滑な応力の伝達が図れるように配慮しなければならない。

(2)　(3)から(7)による場合には，(1)を満足するとみなしてよい。

(3)　断面の構成にあたっては，断面の図心がなるべく断面の中心と一致し，かつ骨組線と一致させる。

(4) 材片の組合せにあたっては，溶接部が左右はもとより上下にもなるべく対称な位置となるようにする。

(5) 軸方向圧縮力を受ける弦材，端柱及び中間支点に取り付く斜材等は，原則として箱形又はπ形断面とし，かつ垂直軸まわりの断面二次半径に関する細長比は，水平軸まわりのものよりも小さくする。

(6) 箱形断面部材においては，原則としてトラス面と平行に配置された板（以下「腹板」という。）の断面積は部材総断面積の40%以上とする。

(7) 格点剛結の影響による二次応力をできる限り小さくなるようにし，主トラス部材の部材高は，部材の長さの1/10より小さくするのがよい。

この条文は，トラス部材の断面を設計するにあたっての基本的な事項を規定したものである。これによるほか，詳細については，それぞれの該当する規定による必要がある。

(6) 格点における応力の伝達が腹板で行われることを考慮し，それが無理なく行えるようにすること及び水平軸まわりの断面二次モーメントをなるべく小さくして，格点剛結の影響を小さくおさえようとする意図から定められたものである。ここに40%という数字には理論的根拠はないが，少なくともこの程度は確保するのがよいという趣旨であり，(5)の条件を満たすように設計される部材では，この条件を満たすことは容易であるため，実例等も参照して適当な値と認めたものである。

(7) 一般の二次応力に関しては5章に規定しているが，ここではトラス特有の二次応力として，主として格点剛結の影響による二次的な曲げモーメントを対象としている。

格点剛結の影響による二次応力が過大にならないようにするためには，部材の細長比l/r又は部材高と部材長との比h/lが適正な範囲内にあることが必要である。l/rとh/lとはほぼ対応しているので，ここでは取扱いの便利さも考慮して，h/lによって限界を示す方針をとっている。

格点で部材が剛結されている構造物をトラスとして取り扱ってもよいとするためには，剛結の影響による二次応力がある許容限度より小さいことを保証する必要がある。しかし，二次応力を量的にどれだけ許容してよいかということは一律には決め難い性格のものであるため，ここでは一応の限界としてh/lの最大値を1/10程度としている。この数値は諸外国[1)]においてh/lが1/10以下の場合には二次応力の照査は不要であるとしていることに対応している。このような趣旨によって示した限界であるから，限界に近いような部材高をとるのはなるべく避けるように努力すべきであり，やむを得ずそのような設計を行ったときは，場合によっては二次応力を照査してしかるべき処置をとることが望ましい。

h/lが1/10に近いような部材のl/rは30程度となるのが普通であるが，このような部材をトラス部材とみることにはかなりの無理があることを念頭において，設計上十分な配慮をする必要がある。

15.2.3　トラス圧縮部材の有効座屈長

(1)　トラス圧縮部材の有効座屈長は，格点での部材の拘束条件や他の部材による支持条件を考慮して適切に決定しなければならない。

(2)　弦材に設けたガセットプレートに腹材を高力ボルトで接合する格点部の構造の場合，(3)から(5)による場合には，(1)を満足するとみなしてよい。

(3)　トラス面内の有効座屈長

1)　弦材の有効座屈長は部材の骨組長をとる。

2)　ガセットにより弦材に連結された腹材の有効座屈長は，連結高力ボルト群の重心間距離をとってよい。ただし，骨組長の 0.8 倍を下回ってはならない。なお，横構や対傾構等で部材の両面にガセットを設けない構造では骨組長の 0.9 倍をとる。

3)　部材の中間点を他の部材が有効に支持する場合は，その支持点間を有効座屈長としてよい。ここに有効に支持するという意味は，例えば図-15.2.1 のように斜材と支材との連結が十分であり，かつ支材が 5.3.13 及び 5.4.13 に規定する圧縮二次部材として設計されている場合をいう。この場合斜材と支材との連結部の強さは，少なくとも斜材と弦材との連結部の強さの 1/4 以上とする。

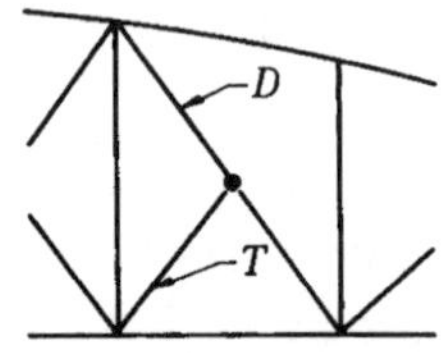

D：斜材
T：支材

図-15.2.1　支材のある腹材

(4)　トラス面外の有効座屈長

圧縮部材のトラス面外の有効座屈長は骨組長をとるのを原則とする。ただし，15.4 に規定する横構，対傾構又は橋門構によって横方向に支持される主トラス弦材及び腹材はその支持点間を有効座屈長としてよい。

(5) 軸方向力の異なるトラス部材の面外有効座屈長

図-15.2.2 に示す部材 $\overline{aa}$ のように，$\overline{ab}$，$\overline{ba}$ で大きさの異なる軸方向圧縮力が作用し，トラス面外に支材がない場合，部材 $\overline{aa}$ のトラス面外に対する有効座屈長 l は，式（15.2.1）によって求めてよい。

$$l=\left(0.75+0.25\frac{P_2}{P_1}\right)L \quad \cdots\cdots (15.2.1)$$

ここに，P_1，P_2 は部材 $\overline{aa}$ の各格間 $\overline{ab}$，$\overline{ba}$ に作用する軸方向圧縮力で $P_1 \geqq P_2$ とする。

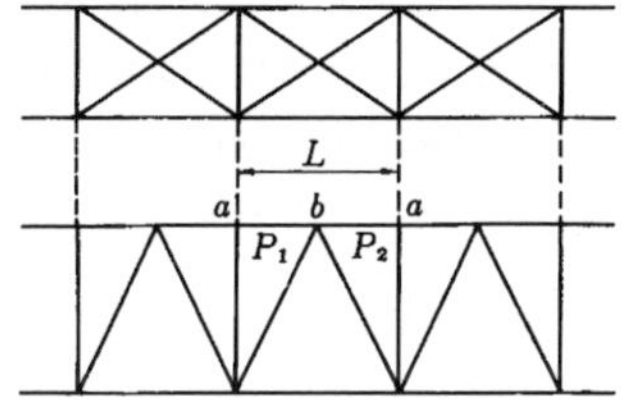

図-15.2.2 軸方向力の異なるトラス部材の面外有効座屈長

また，図-15.2.3 に示す K トラスの垂直材 $\overline{aa}$ のように，$\overline{ab}$，$\overline{ba}$ で符号の異なる軸方向力が作用し，トラス面外に支材がない場合，部材 $\overline{aa}$ のトラス面外に対する有効座屈長 l は式（15.2.2）によって求めてよい。

$$\left.\begin{array}{ll} l=\left(0.75-0.25\frac{P_2}{P_1}\right)L & (P_1 \geqq P_2) \\ l=0.5L & (P_1 < P_2) \end{array}\right\} \quad \cdots\cdots (15.2.2)$$

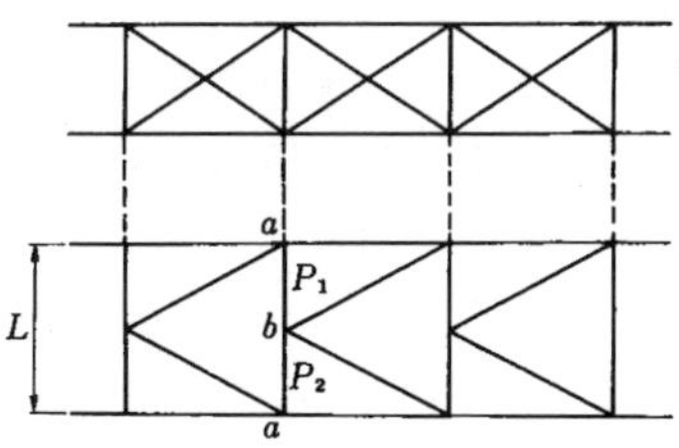

図-15.2.3 軸方向力の異なるトラス部材の面外有効座屈長

ただし，P_1 は軸方向圧縮力の絶対値，P_2 は軸方向引張力の絶対値とする。

なお，これらの式は部材 $\overline{aa}$ で断面が一定の場合に適用することができる。

この条文は軸方向圧縮力を受けるトラス部材の細長比を求める際に用いる部材長としての有効座屈長のとり方を規定したものである。

(3) トラス面内に関しては，材端をガセットで拘束しているので，それを考慮することになる。

一般に弦材の断面は腹材の断面より大きいのが普通であるから，その場合において弦材の座屈に対する腹材の影響はほとんど期待できないものとみなして，1)のように安全側に与えられている。これに対し，腹材はガセットによる拘束が十分期待できるが，それを一律に量的に評価することは困難なので，一応の目安として2)のように連結ボルト群の重心間距離をとってよいことにしている。

なお，これは設計が完了するまでは不確定なので作業遂行上の不便も予想される。実例について調査した結果によれば，この距離は骨組長の 0.9 倍以下になることが多いようである。したがって，設計には骨組長の 0.9 倍を用い，連結ボルトの配置が確定した段階でその重心間距離がそれ以下であることを確認しておくという方法をとれば上記の不便は避けられ，かつ安全である。連結ボルト群の重心間距離をとること自体が便宜的取扱いであることを考慮して運用するのがよい。

また，座屈に対する安全性を確保する趣旨から，有効座屈長を無制限に短くとることは避ける必要がある。このため，骨組長の 0.8 倍を下回らないことにした。一方，骨組長に対し有効座屈長が短いような部材は，トラス部材の性質からみて好ましくない。このような場合は，剛結骨組構造として取り扱うべきものであり，トラスとして取り扱う場合は相当の無理が生じることが明らかである。したがって，格点はなるべくコンパクトに設計し，ボルト群重心間距離が骨組長と極端に相違するような設計は避ける必要がある。

横構や対傾構は，一般に主構部材より断面が小さいため，取付点の拘束が期待できるものとしている。横構部材等で大きな断面のものをダブルのガセットで取り付けた場合は，主構部材に準じた取扱いをすればよい。

近年，コンパクトな格点を設計するために，図-解 15.3.1 及び図-解 15.3.2 に示す形式のガセットを介さず，斜材や垂直材等の腹材の端部を弦材に直接接合する例もみられる。この規定では，図-解 15.3.1 及び図-解 15.3.2 に示す形式のガセットを介して，箱断面の弦材と腹材を連結する格点を対象としている。

(4) トラス面外の座屈については，格点による拘束が面内ほど期待できないので原則として骨組長をとることにしている。腹材のように格点において 1 部材ずつ切り離されているものについては，このように考えることによって安全側の結果が得られ特に問題はないが，弦材のように格点において剛性が連続している部材については，トラス面内のように格点間の骨組長を無条件でとることはできない。すなわち，トラス面内では格点には腹材が取り付けられていて，格点の面内での変位は拘束されているが，面外に対しては主構のみによるこのような変位拘束はほとんど期待できない。したがって，主構弦材の面外への座屈に対しては，弦材を他の構造がどのように横支持しているかが大きな影響をもつことになる。ここで原則として骨組長をとることができるとした前提には，主構の格点が横構，対傾構又は橋門構等によって十分に横支持されていることが条件となっている。

ポニートラスの場合にも同様であり，U形フレーム等による横支持が各格点において十分期待できるときに，はじめて骨組長として1格間長をとることができることになる。このような条件を取入れて有効座屈長を一律に示すことは困難なので，格点のトラス面外への変位は当然何らかの拘束を受けているものとして原則のみを示している。格点が有効に横支持されているかどうかの判定の基準としては，15.4に規定したような横構等が取り付いていることを条件としている。なお，格点外で弦材が横支持されるような場合も上記に準じて取扱い，場合によって支持点間をとってもよいことにしている。このことは腹材にも同様に適用できることにしている。その部材と同一面内にある部材が，中間点を横支持するような場合も考えられるが，その場合有効な横支持の必要条件としては，15.5に規定するポニートラスの場合に準じて，その部材に作用する最大圧縮力の1%に相当する力に抵抗できるような部材によって横支持されていることを考慮すべきものとしている。トラス面外から他の部材が取り付けられている場合にもこれに準じて判断すればよい。

なお，以上のように配慮した場合，1%の力に抵抗するための構造系について，接合部も含めて十分な検討を加えることが必要である。

(5) 軸力が異なる部材についての取扱い方を示したものである。図-15.2.2にトラスの弦材の主トラス面外の座屈に関する有効座屈長のとり方及び図-15.2.3にKトラスの垂直材の面外有効座屈長のとり方を示している。

15.2.4 ダイアフラム等による補剛

(1) トラス部材の設計にあたっては，その断面形状が保持できるようにするとともに，集中力の作用点では応力の伝達が確実となるようにしなければならない。

(2) (3)及び(4)による場合には，(1)を満足するとみなしてよい。

(3) トラスの格点，トラス部材の中間部で横構等を取り付ける箇所及び現場継手の両側にはダイアフラムを設ける。

(4) トラス支承部，床桁の取付部等のように集中力の作用点の弦材及びガセットには，ダイアフラム等の補剛材を設けて応力の伝達が確実に行われるようにする。

ダイアフラムには断面の形状を保持する目的のものと，集中力の作用点にあって応力の伝達を確実にし，かつ断面の変形を防ぐ目的のものとがある。(3)は前者に相当し，特に力学的な照査は必要としない。(4)は後者に相当し，鋼桁の支点上の補剛材に準じる照査を行って安全を確認することが望ましい。

15.3 格　　点

15.3.1 一　　般

(1) 格点部は部材間の応力を円滑に伝達させるとともに，二次応力や応力集中による損傷を防止できる構造とする。

(2) 格点の設計にあたっては，なるべく単純な構造とし，各部材の連結が容易であり，かつ検査，排水，清掃等の維持作業が支障なく行えるように配慮しなければならない。

(3) 部材に鋼管を用いる構造の場合は，19 章の規定による。

この条文は格点の構造に関する注意事項を規定したものである。ここに示した事項のほか，格点部での部材端の処理等についても応力の伝達が合理的かつ確実に行えるように配慮する必要がある。しかし，これを具体的に規定することは困難なので，設計に際しては個別に十分に注意する必要がある。

15.3.2 ガセット

(1) ガセットは，部材間の応力を円滑に伝達させるとともに，二次応力や応力集中による損傷を防止できる構造としなければならない。

(2) (3)から(7)による場合には，(1)を満足するとみなしてよい。

(3) 部材をガセットに連結する高力ボルトの配置は，部材の軸にできる限り対称とし，かつ部材とガセットとの接触面全体に行きわたらせる。

(4) 主トラス格点において，弦材のウェブに重ねてガセットをあてる構造で，かつ部材両面にガセットを使用する場合で 15.2.2 の規定を満足する場合には，ガセットの板厚は鋼材の種類に関わらず，式（15.3.1）により算出する。

$$t=1.8\times\frac{P}{b} \qquad \cdots\cdots (15.3.1)$$

ここに，t ：ガセットの板厚（mm）

P ：ガセットで連結される端柱又は腹材に作用する最大部材力（kN）

b ：ガセットで連結される端柱又は腹材のガセット面に接する部分の幅（mm）

(5) ガセットと弦材又は端柱のウェブとを一体とする構造では，ガセット板厚はウェブより薄くしてはならず，また，式（15.3.1）で算出した値以上とする。この場合，フィレット半径 r_f はガセットと一体となる弦材又は端柱のウェブの高さ h の 1/5 以上とする（図-15.3.1）。

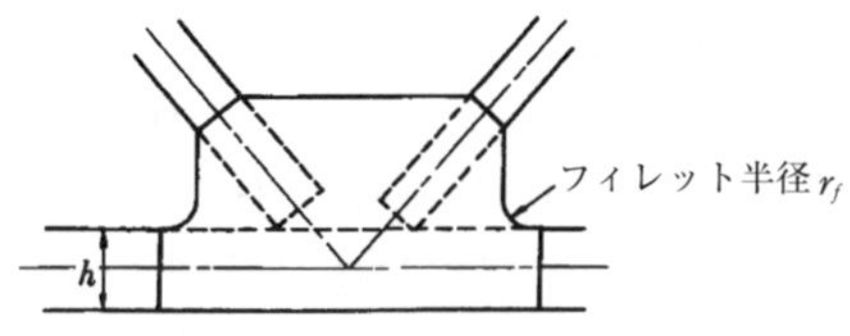

図-15.3.1　フィレット

(6) 斜材又は垂直材に圧縮力が作用する場合には，ガセットの局部座屈を防止するため，図-15.3.2 における弦材とボルトの離れ l は，表-15.3.1 を超えないように設定する。

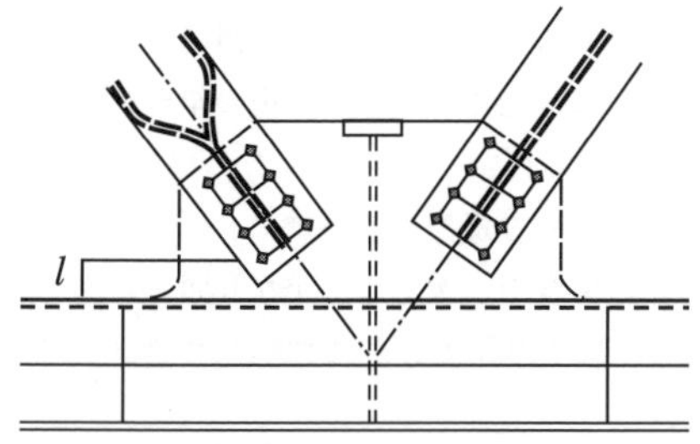

図-15.3.2　弦材とボルトとの離れ l

表-15.3.1　弦材とボルトとの離れ l

ガセットの鋼種	SS400 SM400 SMA400W	SM490	SM490Y SM520 SMA490W	SBHS400 SBHS400W	SM570 SMA570W	SBHS500 SBHS500W
l	≦26t	≦22t	≦21t	≦20t	≦19t	≦18t

ここに，t：ガセットの板厚（mm）

(7) ガセットの最小板厚は 9mm とする。

(4) 図-解 15.3.1 に示す弦材のウェブに重ねてガセットを用いる構造の場合，ガセットの標準の板厚を与える式の係数としては，昭和 39 年の鋼道路橋示方書では当時の SS41 に対しては 20 (mm^2/tf)，SS50，SM50AW に対して 18 (mm^2/tf) という数値が用いられていた。しかし，もともと SS41 に対する 20 (mm^2/tf) という数値は明確に理論から定められたものではなく，リベット孔を通る引張破断面を想定した慣用計算法を多数の実例にあてはめて得られた経験的な数値であること，また，ガセットの所要厚は必ずしも破断だけで決まるものではないと考えられること等を考慮すれば，鋼種によって係数を細かく変えることの根拠も乏しいことなどから，昭和 48 年の道路橋示方書より鋼種に関わらず一律に 20 (mm^2/tf) とすることとされてきた。

今回の改定にあたり，腹材から引張力が作用する場合のガセットプレートの応力分布を考慮した有効幅[2)]を抵抗断面とし，作用力とのつり合いから導出した設計式の検討が行われた。また，上記の慣用計算法では SS41 の引張に対して許容応力度設計法における許容応力度を用いて抵抗強度を算定していた[3)] のと同様と解釈されることから，鋼材種ごとに降伏強度に対する安全率を与え，鋼材強度に応じて板厚が変化する設計式を与えることも検討された。しかし，板厚が薄くなることにより圧縮時の座屈に対する安全性の低下が懸念されること，ガセット一体構造では解説(5)に示すフィレット部の応力集中度が上がる可能性が高いこと[2)]，また，これらに関して定量化した設計方法を確立するまでに至らなかったことから，これまでの示方書を踏襲した規定とされた。

ここで，部分係数化に伴い式 (15.3.1) の係数は2.0から1.8に変更されている。また，式 (15.3.1) の最大部材力 P については，部材の耐荷性能の照査の過程で算出される断面力であるので，I 編 3.3 に規定されている作用の組合せに対応した荷重組合せ係数及び荷重係数を考慮して算出する。

なお，式 (15.3.1) は一般的な規模の道路橋における調査に基づくものであるため，特に大きい部材力が加わる場合や二次応力がかなり顕著に働くような格点構造の場合などで本式によらない場合には文献3)及び4)を参照して設計するのがよい。

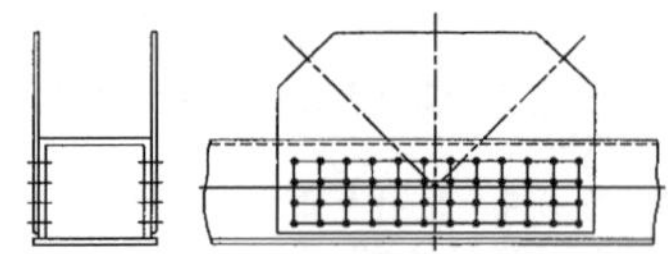

図-解 15.3.1　ガセットを弦材等のウェブに重ねる形式

(5) 図-解 15.3.2 に示すガセットと弦材等のウェブとが一体となった構造の場合は，部材断面として作用する部分の機能をもたせるために，ガセットは弦材等のウェブより薄くしてはならないことにしている。また，ガセット部分は当然式（15.3.1）を満たす必要がある。更に，このような構造ではガセットの側面と部材とが交差する部分に応力集中が生じることが一般に知られている。弦材に軸力もしくは曲げが作用する場合の応力集中率は図-解 15.3.3のようになる。

しかしながら，一般にフィレットのような応力集中部では最大応力が降伏点に達した後は，応力分布は一様になる傾向があるため，局部的な応力集中は材料の破壊強度にそれほど影響を与えない。したがって，繰返し荷重等の影響を考慮しなくてよい場合は，最大応力度で部材の設計を行う必要はないと考え，極端な応力集中のみを避けるため r_f/h を 1/5 以上にすることにしている。

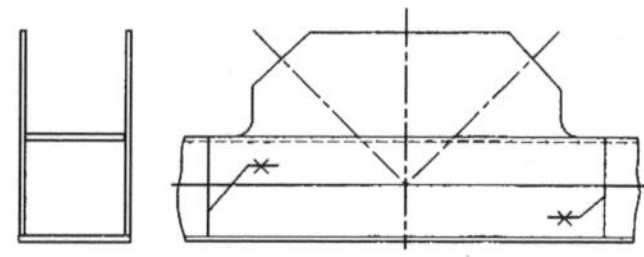

図-解 15.3.2 ガセットと弦材等のウェブとを一体にした形式

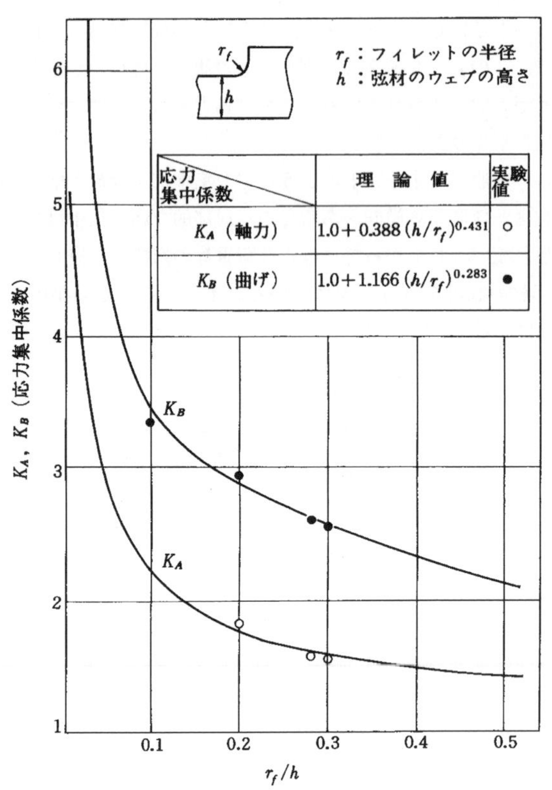

応力集中係数	理論値	実験値
K_A（軸力）	$1.0+0.388\,(h/r_f)^{0.431}$	○
K_B（曲げ）	$1.0+1.166\,(h/r_f)^{0.283}$	●

図-解 15.3.3　フィレット部の応力集中係数[2),5)]
(弦材が軸力又は曲げモーメントを受ける場合)

(6) 斜材又は垂直材に圧縮力が作用する場合には，ガセットに局部座屈が発生する可能性がある。そこで，ガセットの局部座屈を防止するため，弦材から斜材又は鉛直材のボルトまで離れlを規定している。

(7) ガセットの最小厚については，他の部材についての最小厚規定や実例等を参照して鋼種に関わらず9mmが適当なものとされた。

15.4　横構，対傾構及び橋門構

15.4.1　一　　般

> (1)　トラス橋の設計にあたっては，橋が立体的に機能する構造となるようにしなければならない。
> (2)　10 章及び 15.4.2 から 15.4.4 までの規定による場合には，(1)を満足するとみなしてよい。

(1)　トラスを主体とした橋の上部構造に対する要求性能を規定したものであり，この項では，横構，対傾構及び橋門構を用いることで立体的な機能を確保する場合が示されている。

(2)　対傾構，横構の設計及び支点上の構造については，この節の規定によるほか 10 章の規定による必要がある。

横構，対傾構及び橋門構は主構とともに立体的な橋を構成するための重要な要素である。横構は単に横荷重に抵抗するための構造であるのみならず，上下両横構が対傾構や橋門構と共存することによって，橋の耐荷機構を立体的にし，ひいては全体の剛性を向上させ，かつ全体座屈に対する安全性を向上させる役目を果たしている。

また，これらの構造は架設中の主構の位置を確保し，架設精度を向上させるためにも主要な役割を果たすことも考える必要がある。

近年，プレストレストコンクリート床版や鋼コンクリート合成床版等の長支間床版を有するトラス橋などにおいて，横構を省略したり，対傾構を簡略化した構造が設計される場合がある。このような場合にも，構造物全体として横構や対傾構の機能を補完することでトラス橋が必要とする横荷重への抵抗や，構造物全体の剛性の確保等の要求を満たすように設計される必要がある。そのため，このような形式の適用にあたっては，横構の省略や対傾構の簡略化が床版等の他の部材に及ぼす影響や完成時，架設時における構造全体系の安定性，地震時の荷重の確実な伝達等に対する安全性などについても十分検討を行い，橋に要求される性能が確保できることを個別に検証する必要がある。

15.4.2　横　　構

> (1)　トラスの上弦及び下弦にはそれぞれ横構を設けることを原則とする。
> (2)　無載荷弦に横構部材を取り付ける部分においては，横構部材高が弦材高より小さくストラットがその部分に取り付いていない場合，取付部付近の横構部材を拡大して弦材の全高にわたって取り付けるのがよい。

(3) 下路トラスのストラットの高さは少なくともそれが取り付く弦材の高さと同じにする。

(4) 圧縮弦に取り付けられる横構及びストラットは，式（15.4.1）及び式（15.4.2）による断面力に対して，5章及び9章に規定する部材等の限界状態1及び限界状態3を超えないとみなせる条件を満足する。

ストラットに対して $$\frac{P_1+P_2}{100} \quad \cdots\cdots (15.4.1)$$

横構に対して $$\frac{P_1+P_2}{100}\sec\theta \quad \cdots\cdots (15.4.2)$$

ここに，P_1，P_2：横構又はストラットが取り付けられている格点の左右側にある弦材の圧縮力（N）

θ ：ストラットと横構とのなす角度

(5) 横構は主トラス弦材応力の一部を分担するほか，中間対傾構の影響による付加応力を受けることがあるので，余裕を見込んだ設計を行うように配置することが望ましい。

(1) この条文は横構の設計に際して配慮すべき事項を規定している。ここでいう横構とは必ずしもトラスに組んだ横綾構のみを指すのではなく，横力に抵抗できる構造ならばラーメン形式も含んでいる。しかしながら，主構に及ぼす影響や部材の効率からみてもトラスに組むのが望ましい。

上記の趣旨から上下弦両方に横構を設けるのがよい。この場合横構の形式はそれ自体安定なものである必要がある。格点の剛結によってはじめて安定するような構造は避ける必要がある。

(2)(3)(4) 横構部材がある限度より弱くならないようにして，その機能を十分に発揮させるために設けた規定である。仮に応力上余裕があっても剛性が不足すると種々の欠陥の原因となりうるのでこの点に十分配慮して設計することが必要である。

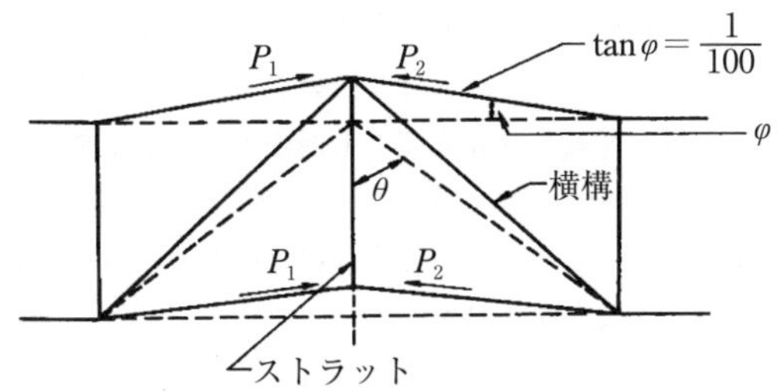

図-解 15.4.1　横構及びストラットの変形

(4)　通常支間中央付近においては，風荷重や地震荷重の影響等による設計格間せん断力が小さいので，この付近の横構を強化し，トラス面外への変位を拘束するに足る横構を設けることを意図したものである。式（15.4.1）及び（15.4.2）は図-解 15.4.1 に示すような構造物の変形を仮定して横構及びストラットに作用する荷重を求めたものである。

$\tan\varphi = 1/100$ という数字には特に理論的根拠はないが，従来ポニートラスの横力として使われてきた値等を参照して定めている。これは部材の製作精度や橋の架設精度によっても変動する値であるが，実例等を参照した結果，これだけ考えておけば十分であると認めたものである。

なお，式（15.4.1）及び式（15.4.2）の弦材の圧縮力については，部材の耐荷性能の照査の過程で算出される断面力であるので，I 編 3.3 に規定されている作用の組合せに対応した荷重組合せ係数及び荷重係数を考慮して算出する。

(5)　横構部材に主構部材よりも強度の低い材料を用いた場合は，付加応力について特に留意する必要があるが，これを量的に規定することは煩雑なので注意を喚起するにとどめている。実状に応じて付加応力に対する安全を照査しておくことが望ましい。

15.4.3　対 傾 構

(1)　トラスの各格点には対傾構を設けることを原則とする。

(2)　上路トラスの場合

1)　中間対傾構は，主構の全高にわたってトラスを組むことを原則とし，このとき部材の断面は 5.2.2 の規定を満足しなければならない。

2)　支点上の対傾構は，トラスを組んで十分な剛性を確保し，かつ上弦に作用する横荷重の全反力を支点に伝え得るものでなければならない。

対傾構の設計に際して留意すべき事項を規定している。対傾構は橋の立体的機能を確保し，剛性の向上に大きな役割を果たすものであるため，中間対傾構を全格点に設けることを原則としている。中間対傾構の設計荷重を慣用計算法（主構，床組，横構を各々独立に分離して設計する方法）の中で与えることは難しいので，応力の面から部材を定めることはできないが，上路橋の場合は細長比から定まる断面の部材を主構の全高にわたってトラスに組んだもので十分な機能を果たすことができ，下路橋の場合でも15.4.2の(3)及び(4)に規定しているようなストラットを用い，左右腹材との間になるべく深くニーブレースを設けることによって相当の効果を期待できる。

上路トラスの端対傾構及び下路トラスの橋門構は，これが十分な剛性をもたない場合は橋の立体的機能を発揮し得なくなるので，ただ単に力を伝達するに十分な強さを有するだけでなくなるべく剛性を高めるような配慮が必要である。橋門構ではやむを得ないが，上路橋の支点上の対傾構は特に支障のない限り主構の全高にわたってトラスを組み剛性を確保するようにしている。

15.4.4 橋 門 構

下路トラス橋の橋門構は，上弦に作用する横荷重の全反力を支点に伝え得る構造とし，なるべく箱形断面の部材を用いて端柱及び上弦材のフランジに直接取り付けるのがよい。I形断面の部材を用いる場合は端柱の図心の位置に取り付け，ダイアフラム等を用いて応力の伝達が確実なものとなるようにしなければならない。

橋門構の作用を確実にし，それを構成する部材に，ねじれなどが生じないように配慮して定めた規定である。

15.5 ポニートラス

(1) ポニートラスの上弦材，垂直材，床桁及びそれらの連結部の設計にあたっては，上弦材の横座屈防止に必要な強度と剛性とを確保しなければならない。

(2) (3)及び(4)による場合には，(1)を満足するとみなしてよい。

(3) ポニートラスの垂直材，床桁及び垂直材と床桁との連結部は，式(15.5.1）によって算出した横力に対して，5章及び9章に規定する限界状態1及び限界状態3を超えないとみなせる条件を満足する。

$$H = \frac{P}{100} \quad \cdots\cdots (15.5.1)$$

ここに，H：横力（N）

P：上弦材に作用する最大軸方向圧縮力（N）

(4) ポニートラス上弦材の垂直軸まわりの断面二次半径は，水平軸まわりの断面二次半径の 1.5 倍以上とする。

ポニートラスの上弦材は垂直材と床桁とで構成されるU形フレームによって横支持された圧縮材とみなして設計するのが従来から行われてきた方法である。この場合，U形フレームを構成する各部材及びそれらの連結部は，上弦材の横座屈防止に必要な十分な強さと剛性とを備えている必要がある。(3)の規定では強さの基本となる設計荷重を与えているのみであるが，フレームの剛性についても十分な考慮を必要とすることは上述のとおりである。床桁は通常十分な剛性を備えていると思われるので，特に垂直材のU形フレーム面内における剛性の確保に留意する必要がある。

必要と認められる場合は，U形フレームによる支持点において横方向にばね支持された圧縮材として座屈安定性を照査しておくべきであり[6]，その際 5 章を基に強度照査する場合の制限値には，安全余裕として 0.85 を乗じるのがよい。

ポニートラスの上弦材を他の部分と切り離してばね支持された圧縮材として取り扱う方法は，あくまでも便宜的な手段であり，厳密には骨組構造全体の安全問題として取り扱うべきものであるため，垂直材をもたない場合や支間長が大きい橋を設計する際にはこれらの点にも留意する必要がある。ポニートラスの上弦材は横方向の剛性に期待するところが大きいので，垂直軸まわりの断面二次半径を水平軸まわりのものより十分に大きくとることとし，その比を少なくとも 1.5 以上とすることにしている。

15.6 床版を直接支持する弦材

(1) 主トラスの弦材がコンクリート床版を直接支持する構造とする場合においては，その弦材は，主トラス部材としての機能と床組部材としての機能を同時に満たさなければならない。

(2) 主トラスの弦材がコンクリート床版を直接支持する構造で，かつ格点外に作用した荷重の影響が弦材にのみ現れるとみなすことができる場合には，弦材を主トラス部材として算出した応力と床組部材として算出した応力とが同時に作用する部材として設計する場合においては，(1)を満足するとみなしてよい。ただし，この場合の圧縮応力度の制限値はその上限値を用いる。

上路トラス橋の上弦材に縦桁としての作用も期待する構造は，格点外に荷重が作用して曲げ材を含む構造系となるので，厳密にはこの章の規定を適用して設計することに矛盾があるが，(2)は，上弦材のみにその影響が現われるものとみなし得る場合に限定してこの取扱い方を規定している。

ここで，主トラスの弦材に主トラス部材としての機能と床組部材としての機能を同時に満たすためには，合理化トラスのような場合には，主トラスの弦材とコンクリート床版の合成効果が期待できる構造である必要があるため，14 章に規定されるスタッド等の関連規定を満足する必要がある。なお，14 章の規定によらず，この規定を適用する場合には，合成効果が期待できることを個別に検証する必要がある。

弦材の応力はL荷重によって算出され，縦桁としての応力はT荷重によって算出されることになるので，これらを合成する際に問題がある。(2)は，着目する格間の弦材応力を最大にするようなL荷重の載荷状態と，縦桁応力を最大にするようなT荷重の位置とが通常あまり相違しないことに注意して，両者による応力をそのまま加え合わせることにしている。

なお，コンクリート床版を直接支持する圧縮弦材及びコンクリート床版に接している板は，床版による固定作用が期待できることから，5.4.4 及び 5.4.1 から 5.4.3 に規定される圧縮応力度の制限値はその上限値を用いることとしている。ただし，コンクリート床版に接していない板については，5.4.1 から 5.4.3 に規定される圧縮応力度の制限値を用いる必要がある。

15.7 トラス構造の限界状態 1

15.7.1 格　　点

トラス構造の格点部が 15.8.1 の規定を満足する場合には，限界状態 1 を超えないとみなしてよい。

トラス構造の格点部は，軸方向の引張力や圧縮力，曲げモーメント，せん断力及びそれぞれの組合せ力を受け，それぞれの作用力に応じて限界状態が異なる。引張力では降伏強度に達する状態を限界状態 1 と捉えることができるが，圧縮力やせん断力が卓越する場合には局部座屈が生じる可能性があり，5.3.1 から 5.3.3 の解説に示すように，可逆性を失う限界状態を明確に示すことが困難である。このため，格点部について限界状態 3 を超えないとみなせる条件が，15.8.1において限界状態1を超えないとみなせることにも配慮して規定されている。そのため，15.8.1の規定に従って，限界状態3を超えないとみなせる場合には，限界状態1を超えないとみなしてよいとされた。

15.7.2 トラス構造

トラス構造は，トラス構造を構成する各部材等の限界状態1を超えないとみなせる場合には，限界状態1を超えないとみなしてよい。

トラス構造は，構造全体として弾性応答する限界の状態を限界状態1と考えることができる。トラス構造を構成する各部材等が弾性応答する限界を超えず，かつ，トラス構造が全体として安定である場合には，少なくとも構造全体として弾性応答すると考えられる。この条文の各部材等とは，上記の趣旨を踏まえ，トラス構造を構成する各部材及びそれらから構成されるトラス構造のことを意図したものである。したがって，トラス部材を構成する各部材のそれぞれが限界状態1を超えないとともに，弦材，格点部等によって成立するトラス構造が荷重支持能力を保持し，かつ，トラス構造が全体として安定であることを満足する場合には，トラス構造の限界状態1を超えないとみなしてよいとされた。

15.8 トラス構造の限界状態3

15.8.1 格　　点

トラス構造の格点部は，格点部を構成する各部材等の限界状態3を超えないとみなせる場合には，限界状態3を超えないとみなしてよい。

トラス構造の格点部は，軸方向の引張力や圧縮力，曲げモーメント，せん断力もしくはそれぞれの組合せ力を受け，それぞれの作用力に応じて限界状態が異なる。引張では降伏が生じたのちに最大強度に達する状態を，圧縮では座屈によって面外変形が生じる状態を限界状態3と捉えることができる。しかし，組み合わせる材料の強度や構造詳細に応じた強度評価法が確立できておらず，格点部を構成する部材それぞれについて，限界状態3に関する5章及び9章の関連規定を満足する場合には，限界状態3を超えないとみなしてよいとされた。なお，本規定の前提として15.3のガセットの構造に関する規定は満足している必要がある。

15.8.2 トラス構造

(1) トラス構造は，トラス構造を構成する各部材等の限界状態3を超えないとみなせる場合には，限界状態3を超えないとみなしてよい。
(2) 主トラスの支間長に比べてその主構間隔が非常に狭いトラス橋では，3.5(9)の規定に従い，全体座屈について安全であるようにしなければならない。

(1) トラス構造の限界状態3は，部材の一部に損傷が生じているものの，それが原因で荷重支持能力を完全に失わない限界の状態と考えることができる。トラス構造を構成する各部材が限界状態3を超えない場合には，各部材が荷重支持能力を完全には失っていない。また，そのような状態においてもトラス構造全体として荷重を支持する能力を保持し，かつ，構造全体が全体として安定であるならば，構造としての荷重支持能力を完全には失っていないと考えられる。

この条文の各部材等とは，トラス構造を構成する各部材及びそれらから構成されるトラス構造の一部又は全部を指す。したがって，トラス構造を構成する各部材のそれぞれが限界状態3を超えないとともに，弦材，格点部等で構成されるトラス構造がどの単位に着目しても荷重支持能力を保持し，かつ，安定であることを満足する場合には，トラス構造全体として荷重支持能力を完全に失う状態にならないと考えられ，限界状態3を超えないとみなしてよいとされている。

(2) 主構間隔が狭く，かつ，長支間のトラス橋では平面形状が非常に細長くなる。このような橋では，各部材が限界状態3を超える前に，横構によって連結された圧縮弦全体が横倒れ座屈を生じるおそれがあることから，部材それぞれが5章及び9章の限界状態3に関する規定を満足したうえで，構造全体としても限界状態3を超えないことを構造条件に応じて適切に照査する必要がある[6)]。

15.9 そ　　り

主トラスには，死荷重によるたわみに対して，路面が所定の高さになるように，そりをつけることを原則とする。

この条文のそりとは，荷重係数を考慮しない死荷重等による主トラスのたわみに対応する上げ越しを意味している。なお，死荷重等によるたわみが小さく，そりを省略しても路面高さが確保できると考えられる場合には省略することもできる。

そりの算出にあたっては，少なくとも死荷重の特性値を考慮しなければならないが，このとき荷重組合せ係数及び荷重係数を考慮するか否かについては，橋の条件や施工の条件なども考慮して，最終的に路面が所定の高さとなるように個別に検討する必要がある。

15.10　防せい防食

(1)　トラス構造の設計にあたっては，6章及び7章の規定によるほか，格点及びコンクリート埋込み部等は，発錆や防食機能の低下が生じないように配慮しなければならない。また，閉断面の場合は内部に滞水が生じないように，防せい防食処理の施工や排水に配慮しなければならない。

(2)　箱形断面の場合は，現場継手両側のダイアフラムは密閉形とする。

(1)(2)トラス構造の格点部及びコンクリート埋込み部における発錆と防食機能の劣化による断面欠損，部材の破断の事例が報告されている。こうした損傷は，疲労亀裂の誘発，ひいては落橋等さらに大きな損傷へとつながるため注意が必要である。また，排水が構造体に飛散して錆が生じる事例もあり，排水の設計にも配慮する必要がある。トラス構造を構成する鋼部材のコンクリート埋込み部において，鋼部材との境界部から水が浸入し，境界部周辺において局所的に腐食するおそれがあるため，鋼部材をコンクリート部から切り離す等の構造上の配慮も行う必要がある。また，箱型断面の場合は現場継手部にハンドホール等が設けられることが多い。この場合，部材内部を保護するために継手部両側のダイアフラムは密閉形とする必要がある。

参　考　文　献

1)　AASHTO：LRFD BRIDGE DESIGN SPECIFICATIONS, 7th edition, 2014
2)　岡本舜三編：「鋼構造の研究」8.3 トラス格点構造，技報堂，1977
3)　小西一郎編：鋼橋　設計編Ⅰ，1980.3
4)　トラス格点構造設計指針（案），本州四国連絡橋公団，1976.3
5)　山本一之：トラス格点部の力学的挙動に関する研究，東京大学学位請求論文，1975
6)　鋼道路橋設計便覧，(社)日本道路協会，1980.8

16章　アーチ構造

16.1　適用の範囲

(1)　この章は，アーチ系橋の主構造の設計に適用する。

(2)　アーチ系橋の横構，橋門構及び対傾構の設計には，10章及び15章に定めるそれぞれの項の規定を準用してよい。

この章の適用範囲を示したものである。

アーチ系橋とは，その主構造がアーチ又は補剛アーチから成り立つものであり，この章は主構造としてのアーチ又は補剛アーチの設計に適用する。この章のアーチ構造とは，アーチ又は補剛アーチを指し，アーチ構造を構成する部材は，軸方向力のみを受ける部材又は軸方向力と曲げモーメントを受ける部材として5章により設計する必要がある。

16.2　一　　般

(1)　部材の設計については5章，接合部の設計については9章の規定による。

(2)　アーチ部材の配置，形状及び部材断面の選定にあたっては，アーチ面内外への全体座屈が生じないようにしなければならない。

(3)　アーチの部材軸線は，原則として骨組線と一致させなければならない。

(4)　アーチの設計にあたっては，アーチを構成する部材等が限界状態1又は2を超えたとしても，アーチとしての耐荷機構による耐荷性能が急激に失われることがないようにしなければならない。

(3)　アーチの部材軸線とは，アーチリブの断面図心を結ぶ線をいう。アーチの部材軸線は骨組線と一致させるのが望ましいが，活荷重等の変動作用を考慮した全ての荷重載荷状態において，これを一致させることは困難であるため，全体的な応力のバランスを考慮して部材軸線を決定している例が多い。なお，骨組線の変位の影響は16.3の規定による。

16.3 変位の影響

アーチ系橋の設計にあたっては，必要に応じて骨組線の変位の影響を適切に考慮しなければならない。

このとき，1主構あたりの荷重組合せ係数及び荷重係数を考慮した死荷重強度が式（16.3.1）により算出される w（kN/m）より大きいアーチ系橋では，死荷重と活荷重を載荷することによって生じる骨組線の変位の影響を考慮して主構造を設計するものとする。ただし，補剛桁に軸方向力が生じるアーチ系橋では，これを無視してよい。

$$w=\frac{8\alpha}{\gamma}\cdot\frac{EI}{L^3}\cdot\frac{f}{L} \quad \cdots\cdots(16.3.1)$$

ここに，E：ヤング係数（kN/m^2）

I：アーチ面内の曲げに対する片側アーチ部材の断面二次モーメントの平均値（m^4）。補剛アーチの場合には，アーチと補剛桁の和をとる。

L：アーチの支間長（m）

f：アーチのライズ（m）

α：表-16.3.1に示すアーチの面内座屈係数

γ：表-16.3.1に示す補正係数

表-16.3.1　面内座屈係数 α 及び補正係数 γ

<table>
<tr><th colspan="4" rowspan="2">f/L
構造形式</th><th colspan="5">α</th><th colspan="2">γ</th></tr>
<tr><th>0</th><th>0.10</th><th>0.15</th><th>0.20</th><th>0.30</th><th>B
活荷重</th><th>A
活荷重</th></tr>
<tr><td rowspan="2">無補剛アーチ</td><td colspan="3">2ヒンジアーチ</td><td>39.5</td><td>36.0</td><td>32.0</td><td>28.0</td><td>20.0</td><td rowspan="2">10.5</td><td rowspan="2">9.5</td></tr>
<tr><td colspan="3">固定アーチ</td><td>81.0</td><td>76.0</td><td>69.5</td><td>63.0</td><td>48.0</td></tr>
<tr><td rowspan="7">2ヒンジ補剛アーチ補剛桁に軸方向力が生じない</td><td colspan="3">側径間がない場合</td><td>39.5</td><td>36.0</td><td>32.0</td><td>28.0</td><td>20.0</td><td rowspan="7">14.0</td><td rowspan="7">12.5</td></tr>
<tr><td rowspan="6">側径間がある場合</td><td rowspan="6">λ</td><td>0</td><td>81.0</td><td>76.0</td><td>69.5</td><td>63.0</td><td>48.0</td></tr>
<tr><td>0.25</td><td>63.0</td><td>58.5</td><td>52.5</td><td>47.0</td><td>34.5</td></tr>
<tr><td>0.50</td><td>55.5</td><td>51.5</td><td>46.5</td><td>41.5</td><td>30.5</td></tr>
<tr><td>0.75</td><td>51.5</td><td>48.0</td><td>43.0</td><td>38.5</td><td>28.5</td></tr>
<tr><td>1.0</td><td>49.0</td><td>45.5</td><td>41.0</td><td>36.5</td><td>27.0</td></tr>
<tr><td>2.0</td><td>45.0</td><td>41.0</td><td>36.5</td><td>32.0</td><td>22.5</td></tr>
</table>

(a) $\lambda = \dfrac{\alpha}{L}\left(1+\dfrac{I_A}{I_G}\right)$ ……………………………………(16. 3. 2)

ここに，α ：補剛桁の側径間の支間長（m）

L ：アーチの支間長（m）

I_A ：アーチ面内の曲げに対する片側アーチ部材の断面二次モーメントの平均値（m^4）

I_G ：片側補剛桁の断面二次モーメントの平均値（m^4）

(b) f/L 及び λ が表-16. 3. 1 に示す値の中間の値となる場合は，α は直線補間して算出してよい。

アーチ系橋の部材の設計は，アーチの支間が小さい場合は微小変位理論により行うことができる。しかしながら，支間の大きいアーチ系橋では，活荷重によって生じる骨組線の変位の影響が大きく，変位後の骨組線形状を考慮して断面力を求めなければ危険側となる場合がある。このような場合は，荷重－応力関係も線形ではなく，アーチ部材の断面力は変位の影響を考慮した有限変位理論によって求める必要がある。式（16. 3. 1）は，活荷重によって生じる骨組線の変位の影響が実用上無視できる限界値を近似的に示したものである。式（16. 3. 1）の根拠は式（解 16. 3. 1）である。

$$M_D = M_E \cdot \frac{1}{1 - H/H_{cr}}$$ ……………………………………（解 16. 3. 1）

ここに，M_D，M_E はそれぞれ有限変位理論及び微小変位理論による曲げモーメントであり，H はアーチの水平反力，H_{cr} は限界水平力である。すなわち，アーチの水平反力が限界水平反力に近い場合に，変位の影響は大きくなる。式（16. 3. 1）は，設計荷重が載荷された場合に，変位の影響によるアーチ部材，補剛桁の応力度の増加が微小変位理論による応力度のおおむね 10％を超えることがないように近似的に求めたものである。表-16. 3. 1 の α はアーチの面内座屈係数[1) 2) 3)]を，また，γ は構造形式により変位の影響による縁応力度の増加の割合が異なることを考慮した補正係数である。なお，等分布活荷重 p_1 の水平反力 H に及ぼす影響の度合は，B 活荷重と A 活荷重では異なるため，式（解 16. 3. 1）からわかるように変形の影響の度合もこれら両荷重で若干異なってくる。この影響を補正するため，γ の値はそれぞれの荷重に応じて別の値を与えている。

しかし，式（解 16. 3. 1）が近似式であること，橋の形式及び載荷状態によって軸方向力による応力度と曲げモーメントによる応力度との比が異なることなどのため，この条文によって与えられる限界は微小変位理論による応力度に対して一定の比率を必ずしも与えるものではない。表-16. 3. 1 に示した α 及び γ の値は，軸方向力による応力度と曲げモーメントによる応力度との比が0.7から1.3程度の範囲で適用することができる。支間の大きな橋で上記の数値と異なっている橋では，この節の数値によらず活荷重によって生じる変位の影響を考慮するのが望ましい。

限界値は橋の死荷重強度を考慮したものであるが，厳密には活荷重強度も関係してくる。これまでの示方書により設計されたアーチ系橋における等分布活荷重p_2と死荷重強度の比は0.2から0.4程度の範囲にあり，式（16.3.1）もその範囲で有効であった。この示方書では作用の組合せに応じて，荷重組合せ係数及び荷重係数を考慮するため，死活荷重の荷重組合せ係数及び荷重係数分の割増し（1.25/1.05）を考慮すると，上述の比は0.24から0.48程度の範囲となる。今回の改定では，その影響は補正係数γを見直すことにより考慮されている。式（16.3.1）は形式上死荷重のみで表現してあるが，荷重組合せ係数及び荷重係数を考慮した死活荷重強度比が上述の範囲（0.24から0.48）では活荷重強度も考慮された値となっている。

式（16.3.1）により，活荷重によって生じる骨組線の変位の影響を考慮しなくてよいと判定されたアーチ系橋は，通常面内座屈に対して十分な安全率を有する。なお，骨組線の変位の影響を考慮する場合は16.7.1の規定によりアーチ構造の耐荷力の照査がなされる。骨組線の変位の影響は，主として偏載した活荷重によって生じるものであるが，有限変位理論によってアーチを設計する場合，活荷重のほかに死荷重も載荷して断面力を求める必要がある。活荷重のみを載荷して変位の影響を求めた場合，非線形性が著しく過小評価されるので注意する必要がある。

表-16.3.1の適用にあたっては，次の点に留意する必要がある。

1） 補剛桁に軸方向力が生じない2ヒンジ補剛アーチとは，水平移動が拘束されない補剛桁によって補剛された上路式の2ヒンジアーチをいう。また表-16.3.1の側径間とはアーチ支間の両側に設けられた対称な連続側径間を意味する。

2） 補剛桁に軸方向力が生じない固定補剛アーチについては，一般に支間が大きい場合に用いられるので，変位の影響を考慮する。

3） 補剛桁に軸方向力が生じない2ヒンジ補剛アーチで$\lambda > 2$の場合は，αは2ヒンジ無補剛アーチの値を用いてよい。ただし，γは12.5又は14を用いる。

4） 補剛桁とアーチ部材とが2点で剛結され，かつ補剛桁がライズのほぼ中央付近の高さにあるいわゆる中路式補剛アーチでも，アーチ部材が2ヒンジで補剛桁の両端で水平移動が自由な場合は，補剛桁に軸方向力が生じない補剛アーチとして表-16.3.1を適用してよい。

式（16.3.1），式（16.3.2）のI及びI_Aを算出する際のアーチ部材の断面二次モーメントの平均値は，アーチ部材の断面二次モーメントのアーチ軸線方向の長さにわたる平均値を用いればよい。

なお，実際の設計においては，活荷重のような移動荷重は影響線を基に，それぞれの着目部材断面力が最大又は最小になるように移動載荷されるので，アーチ橋の骨組線の変位の影響を考慮して部材断面力を求めるために，それら全てのケースに対して，有限変位理論による解析を行うことは実用上困難である。したがって，初期軸方向力の幾何剛性を考慮した線形化解析法である線形化有限変位理論を用いてもよい[4)]。

このとき，初期軸方向力としては，I 編 3.3 に規定される荷重組合せ係数及び荷重係数を考慮した死荷重と活荷重による軸方向力を導入する。活荷重分については，実際の載荷状態に対応した発生軸方向力を導入すると最も精度が高くなるが，着目部材ごとに初期軸方向力を変化させるのは煩雑であるのでアーチ橋の特性から精度上の問題のない値として，活荷重による最大軸方向力の 1/2 としてよい。これは，幾何学的非線形性の影響は，アーチリブや補剛桁の曲げモーメントに現れるが，その影響線が正の曲げモーメントを生じさせる範囲と負の曲げモーメントを生じさせる範囲が常にほぼ等しくなるという特性を利用している。つまり，曲げモーメントが最大又は最小となるよう活荷重を載荷させた場合のアーチリブ軸方向力は，活荷重をアーチ径間部に満載した場合のほぼ1/2に等しくなるからである。ただし，非対称なアーチ橋等では，曲げモーメントの影響線が上記のようにならない場合があるので注意する必要がある。

なお，条文では，様々な仮定条件を設けたうえで限界水平反力を誘導し，式（16.3.1）に相当する死荷重強度 w を，変位の影響を考慮する必要がある限界値として規定されている。一方，限界水平反力については通常の設計計算においても比較的容易に精度良く求めることができる。すなわち，構造系全体の線形固有値解析を行う場合には，アーチの限界水平反力を直接求め，式（解 16.3.2）より判定してもよい。ここで，β は式（解 16.3.1）の右辺の H/H_{cr} の逆数であり，これを 10 以上としたのは，条文の前提と同様に，曲げモーメントの増加比率が 10%を超えることがないようにするためである。

$$\beta = \frac{H_{cr}}{H} \geqq 10 \cdots\cdots\cdots\cdots \text{（解 16.3.2）}$$

ここに，H ：アーチの設計荷重（I 編 3.3 に規定される荷重組合せ係数及び荷重係数を考慮した，死荷重＋活荷重）による最大水平反力。通常は，活荷重は図-解 16.3.1 の要領で載荷する。

H_{cr} ：H と同じ荷重載荷状態に対して，アーチ全体系の線形固有値解析を行って求めたアーチの面内座屈に対する限界水平反力。

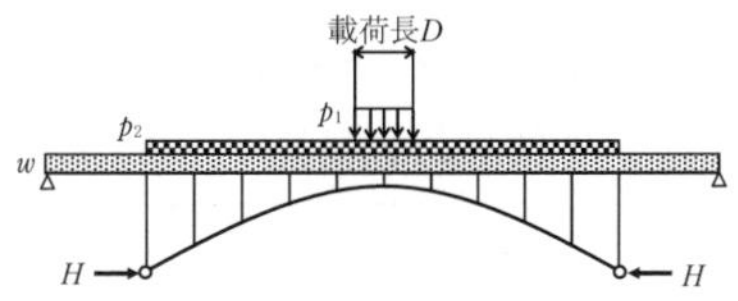

ここに，p_1，p_2，w　：等分布活荷重及び死荷重

図-解 16.3.1　設計荷重の載荷状態

16.4　アーチリブの設計で考慮する断面力

(1)　アーチリブは，(2)による場合を除き，5.3.8 及び 5.4.8 の規定により軸方向力及び曲げモーメントを受ける部材として設計する。このとき，部材断面図心の骨組線からの偏心量として，互いに隣接する格点を結ぶ直線と部材軸線のへだたりを考慮する。

(2)　1)から4)に示す条件を全て満足するアーチ系橋では，アーチリブを軸方向力のみを受ける部材として設計してよい。

1)　16.3 に規定する変位の影響を無視できる。

2)　アーチ軸線が各格点間で直線である。

3)　アーチリブの部材高が格間の 1/10 以下である。

4)　式（16.4.1）を満足する。

$$\beta\cdot\frac{\sigma_{cud}}{\sigma_{tud}}\cdot\frac{h^G}{h^A}>1 \quad\cdots\cdots(16.4.1)$$

ここに，h^A　：アーチリブの部材高さの平均値（mm）

h^G　：補剛桁の部材高さの平均値（mm）

σ_{cud}　：アーチリブの軸方向圧縮応力度の制限値の平均値（N/mm^2）

σ_{tud}　：補剛桁の下フランジの軸方向引張応力度の制限値の平均値（N/mm^2）

β　：補剛桁に軸方向力が生じない場合

$\beta = 0.04 + 0.004\, l/\gamma$

補剛桁に軸方向力が生じる場合

$$\beta = 1.75\ (0.04 + 0.004\, l/\gamma)$$

l/γ ：アーチ部材の細長比

⑴ アーチリブの設計は，⑵による場合を除き，軸方向力と曲げモーメントを受ける部材として5.3.8及び5.4.8の規定により設計する必要がある。16.3の規定により変位の影響を考慮する場合には，変位の影響を考慮した断面力を用いて部材を設計する必要がある。ここで規定されているアーチリブの設計に用いる部材の有効座屈長は，アーチの面内外への全体座屈に対する有効座屈長とは別に，一般には格間長としてよい。

ただし，支間長が長く非線形性が大きいアーチ橋の場合，構造条件によっては，この条文及び16.7.1の線形固有値解析によらない照査方法では，構造物全体の座屈性状を十分に捉えることができずに安全側の照査とならない場合がある。このような場合には，全体構造系に関する線形固有値解析によりアーチ面内外への全体座屈に対する有効座屈長を求め，この有効座屈長による照査も併せて行う必要がある。

⑵ 補剛アーチの場合に h^G に対して h^A がある程度小さくなると，アーチリブに生じる曲げ応力度が小さくなり，このような場合にはアーチリブを軸方向力のみを受ける部材として構造解析を行ってもよい。条文は，曲げモーメントによる応力度の増加が，軸方向力による応力度の10%を超えることがないことを目安に近似的に定めたものである。

16.5 吊材又は支柱

⑴ 吊材又は支柱の部材力の算出にあたっては，吊材又は支柱の長さが特に短いものを除いては，アーチ面内の変形に対してそれらの両端はピンと仮定してよい。

⑵ 吊材又は支柱と補剛桁又はアーチリブの連結部は，有害な応力集中や二次応力が生じないように注意しなければならない。

⑶ 細長い吊材や支柱では，風によって有害な振動が発生しないように注意しなければならない。

⑴ アーチ橋の吊材又は支柱は，構造解析上両端ピンと仮定してよい。ただし，上路アーチ橋のクラウン付近及び下路アーチ橋の端部付近の長さの短いものでは，格点剛性の影響によって活荷重の偏載及び温度変化による二次応力が大きくなるため，一律に両端ピンと仮定することは適切でない。特に上路アーチ橋のクラウン付近では，支柱の長さが短くかつ水平変位が大きいことから，二次応力が大きくなる傾向にあり，疲労損傷の原

因となることがあるため，注意が必要である。

実用上，両端ピンと仮定してよいと考えられる一応の目安としては，15.2.2の規定に準じ，部材高と部材長の比を1/10以下と考えられる。したがって，これを満たさない場合や，構造上やむを得ず二次応力が大きくなることが予想される場合には，適当な対策が必要である。

(2) 吊材又は支柱の取付構造に関する一般的な注意事項を規定したものである。応力集中や過大な二次応力の発生は，疲労損傷につながるおそれがある。吊材や支柱の取付部は構造上どうしてもそれらが発生しやすい部位であるため，細部構造の決定にあたっては注意が必要である。具体的には，応力の伝達が単純明快であること，ガセットプレートは必要以上に大きくしないこと，ガセットと腹板が連続している構造では適当なフィレットをつけること，偏心構造をさけること，溶接品質が確保しやすい構造であることなどに留意するのが望ましい。

(3) 細長い吊材や支柱では(1)に述べたことに起因する二次応力は小さいが，比較的低風速の風で振動が発生し，取付部の疲労損傷の原因となることがある。やむを得ず，特に細長い吊材や支柱を用いる場合には，架橋地点における風の特性を勘案して，「道路橋耐風設計便覧」（日本道路協会）[5] 等に述べる方法を適用し，振動が発生する風速及び振動によって発生する応力を計算し，必要に応じて振動に対する対策を考える必要がある。制振対策としては，曲げ剛性を大きくする，表面にロープを巻きつけたり突起物をつける，吊材をワイヤーなどで相互に連結する等の耐風対策が考えられる。

なお，端部の結合条件を剛にすれば発振風速を高くすることができるが，この場合には取付部の曲げ応力も大きくなるので注意が必要である。

16.6　アーチ構造の限界状態1

アーチ構造は，アーチ構造を構成する各部材等の限界状態1を超えないとみなせる場合には，限界状態1を超えないとみなしてよい。

アーチ構造は，アーチリブに座屈が生じることがなく，また，各部材が限界状態1を超えない場合は，アーチ構造としての応答が弾性範囲を超えないと考えてよく，アーチ構造として限界状態1を超えないとみなしてよいとされている。

アーチリブは，水平反力によって大きな軸方向圧縮力を受ける部材であり，その設計にあたっては，応力度や断面耐力の照査のほかに，面内及び面外方向の座屈に対する安全性を確かめる必要がある。ここでいうアーチリブの座屈には，幾何学的非線形挙動，鋼材の応力とひずみの関係の非線形性による断面剛性の低下等による材料非線形的な挙動を含めて考えている。

16.7　アーチ構造の限界状態 3

16.7.1　アーチ構造

(1)　アーチ構造は，アーチ構造を構成する各部材等の限界状態 3 を超えないとみなせるとともに，16.7.2，並びに(2)及び(3)を満足する場合には，限界状態 3 を超えないとみなしてよい。

(2)　16.3 の規定により変位の影響を考慮するアーチ系橋では，荷重の増加に対して安全となるようにする。

(3)　死荷重及び衝撃を含む活荷重の特性値に 1.7 を乗じた荷重により生じる応力度が，式（16.7.1）を超えない。

$$\sigma_u = \left.\begin{matrix} \sigma_{yk} & \text{（引張応力の場合）} \\ \rho_{crl}\sigma_{yk} & \text{（圧縮応力の場合）} \end{matrix}\right\} \quad \cdots\cdots (16.7.1)$$

ここに，σ_{yk}　：4.1.2 に示す鋼材の降伏強度の特性値（N/mm^2）

ρ_{crl}　：5.4.1，5.4.2 及び 5.4.3 に示す局部座屈の影響を考慮した特性値の補正係数

(1)　アーチ構造として，面内座屈又は面外座屈により面外変形が生じ最大強度に至る状態を限界状態 3 と捉えている。(2)及び(3)は，面内座屈により限界状態 3 を超えないとみなせる条件を規定しており，16.7.2 は面外座屈により限界状態 3 を超えないとみなせる条件を規定している。このとき，これらのアーチ構造に関する限界状態 3 を超えないとみなせる条件を満足する必要がある。アーチ構造を構成する部材も，5 章及び 9 章の限界状態 3 に関する関連規定を満足している必要がある。

(2)　16.3 の規定により変位の影響を考慮するアーチ系橋では，断面力は荷重に対して線形ではないため，3.2.1 に規定する永続作用支配状況，変動作用支配状況，偶発作用支配状況のそれぞれの作用の組合せに対する耐荷力照査だけでは荷重の増加に対して所定の安全率が確保されないことが考えられる。このため，降伏応力が生じるレベルの荷重に対して耐荷性能が確保される主旨で条文のように定められたものである。

(3)　アーチ構造の面内座屈に対する耐荷力は，条文に定めた降伏点，局部座屈のほかに，塑性ヒンジの形成，材料の非線形性，初期変形や残留応力等多くの要因に影響される。しかしながら多くの試算例によれば，条文に規定している照査により，アーチ構造の耐

荷力を安全側に精度よく評価することができるので，設計を簡略化できるようにこのように定められたものである。

条文に規定している照査を行う場合，活荷重の載荷状態は一般に次に示す2つの場合を考慮すればよい。側径間がある場合等について，下記に準じて載荷方法を検討するのがよい。ただし，この場合の等分布活荷重 p_1 は曲げモーメントを算出する場合の値を用いる。また，これまでの示方書での規定を踏襲し，I編3.3に規定される荷重組合せ係数及び荷重係数を考慮する必要はない。

1) 等分布活荷重 p_2 をアーチ支間の全長にわたって載荷し，かつ等分布活荷重 p_1 をアーチ支間の中央に載荷する場合

2) 等分布活荷重 p_2 をアーチ支間の片側半分に載荷し，かつ等分布活荷重 p_1 をアーチ支間の1/4点付近に載荷する場合

降伏応力が生じるレベルの荷重に対する変位の影響を考慮した応力度の算出方法として，16.3の解説で述べた線形化理論を用いてもよい。このとき導入する初期軸方向力としては，降伏応力が生じるレベルの荷重による軸力となる。この方法によると，変位の影響を考慮した影響線を用いて終局時の最大断面力が求められるので，上記2つの活荷重の載荷状態に限らず，より厳密な照査が行える。

本規定は，アーチ構造全体として変位の影響がある場合に荷重の増加に対して所定の安全余裕を確保するために，これまでの示方書における照査基準を踏襲して規定されたものである。

16.7.2 アーチ構造の面外座屈

(1) 主構間隔が支間に比べて小さいアーチ系橋は，面外座屈に対して安全であることを照査しなければならない。

(2) (3)から(5)による場合には，(1)を満足するとみなしてよい。

(3) 3.5(9)の規定に従い，アーチ構造の面外座屈を設計するにあたっては，図-16.7.1に示す載荷状態について荷重組合せ係数及び荷重係数を考慮して照査するのを原則とする。ただし，等分布活荷重 p_1 は曲げモーメントを算出する場合の値を用いる。

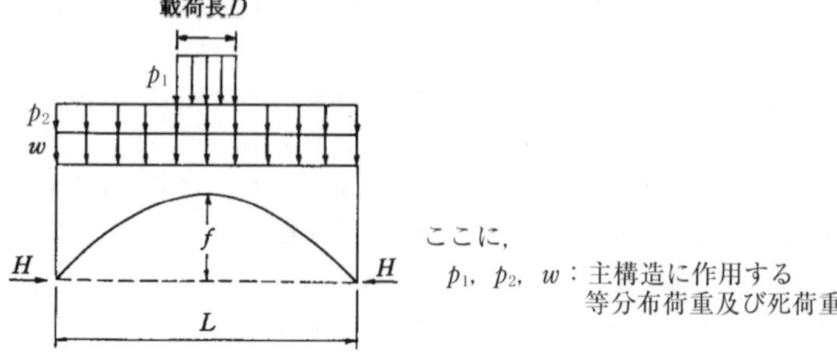

図-16.7.1　面外座屈の照査に用いる載荷状態

(4)　アーチ軸線が鉛直面内にあって対称な放物線をなし，部材がほぼ等高のアーチで，横構と対傾構が 15.4 の規定に準じて設けられている場合には，アーチの面外座屈の照査は，式（16.7.2）によってよい。

$$\frac{H}{A_g} \leqq \alpha\sigma_{cud} \quad \cdots\cdots (16.7.2)$$

ここに，H　：図-16.7.1 に示す載荷によって片側アーチ部材に作用する軸方向力の水平成分（kN）

A_g　：片側アーチ部材の総断面積の平均値（m^2）

σ_{cud}：片側アーチ部材の $L/4$ 点の 5.4.4 に規定する軸方向圧縮応力度の制限値（kN/m^2）。ただし，有効座屈長（m）及び断面二次半径（m）は(5)による。

α　：アーチリブの面外座屈に対する補正係数 0.7 とする。

(5)　(4)に規定する照査における有効座屈長 l 及び断面二次半径 r はそれぞれ式（16.7.3）による。

$$\left.\begin{aligned} l &= \varphi\beta_z L \\ r &= \sqrt{\left\{I_z + A_g\left(\frac{b}{2}\right)^2\right\} \Big/ A_g} \end{aligned}\right\} \quad \cdots\cdots (16.7.3)$$

ここに，I_z　：　片側アーチ部材の鉛直軸のまわりの断面二次モーメントの平均値（m^4）

A_g　：　片側アーチ部材の総断面積の平均値（m^2）

b　：　アーチ軸線の間隔（m）

β_z ： 表-16.7.1に示す値。なお，f/Lの中間の値に対しては直線的に補間してよい。

表-16.7.1 β_zの値

ライズ比 f/L ／ 断面	0.05	0.10	0.20	0.30	0.40
I_z ＝一定	0.50	0.54	0.65	0.82	1.07
$I_z(x)=I_{z,c}/cos\varphi_x$	0.50	0.52	0.59	0.71	0.86

φ ： （i）から（iii）に規定する値

（i）下路補剛アーチ　$\varphi=1-0.35k$

（ii）上路補剛アーチ　$\varphi=1+0.45k$

（iii）中路補剛アーチ　$\varphi=1$

k ： 図-16.7.1の載荷状態において吊材又は支柱が分担する荷重の全荷重に対する比の値。ただし，上路補剛アーチで，アーチと補剛桁をアーチクラウンで剛結しない場合は，$k=1$とする。

(6) 3.5(9)の規定に従い，構造全体系の線形固有値解析を行って面外座屈に対する固有値を算出する場合には，(4)及び(5)に関わらず，式（16.7.4）からアーチリブ各断面の有効座屈長を求めるとともに，この有効座屈長を基に5.4.4に規定する軸方向圧縮応力度の制限値を算出し，式（16.7.5）によりアーチリブ各断面の作用圧縮応力度を照査してもよい。

$$l_{ei}=\pi\sqrt{\frac{EI_i}{\lambda_{out}N_i}} \quad \cdots\cdots (16.7.4)$$

$$N_i/A_i \leqq \alpha\sigma_{cud} \quad \cdots\cdots (16.7.5)$$

ここに，λ_{out} ：固有値

l_{ei} ：断面iの有効座屈長（m）

E ：ヤング率（kN/m^2）

I_i ：断面iの鉛直軸回りの断面二次モーメント（m^4）

N_i　：断面iの作用軸力（kN）

A_i　：断面iの断面積（m^2）

α　：アーチリブの面外座屈に対する補正係数で0.7とする。

σ_{cud}：式（16.7.4）の有効座屈長をもとに5.4.4によって算出した軸方向圧縮応力度の制限値

このとき，線形固有値解析の荷重としては荷重組合せ係数及び荷重係数を考慮した死荷重と活荷重を考慮し，活荷重はアーチリブ軸方向力が最大となるように載荷する。このときの活荷重は，着目断面ごとに変化させる必要はなく，通常であれば図-16.7.1に示す状態でよい。

(1)　幅員が狭く支間が大きいアーチ系橋では，構造系全体がアーチ面外方向に横倒れ座屈を起こすおそれがあることを踏まえ，設けられた規定である。支間・ライズ比が約6以上で，十分な横構，対傾構及び橋門構を備えたアーチ系橋で，支間・主構間隔比が約20以下のアーチ系橋では，一般に完成系に対する面外座屈の照査は不要である。下路式アーチ橋及び中路式アーチ橋については，横構，対傾構等が十分でない場合があるので注意する必要がある。

上路補剛アーチでは，全体横倒れ座屈を防止するために，アーチと補剛桁をアーチクラウンで剛結することが効果的である。また，アーチ部材端部は，ねじりに対して十分な剛度をもつように設計する必要がある。

(3)(4)(5)　一般的な構造をもつアーチ系橋に対して，面外座屈の近似的な照査方法を示したものである。これまでの示方書での規定を踏襲し，照査での荷重状態はⅠ編3.3の規定によらず，死荷重と活荷重の組合せとしている（図-16.7.1）。照査では，これまでの示方書による場合と同程度の安全余裕を有するように，Ⅰ編3.3に規定される荷重組合せ係数及び荷重係数を考慮し算出した軸方向力の水平成分と5.4.4に規定する軸方向圧縮応力度の制限値を基に算出した軸方向力の水平成分の制限値を用いることとされた。この照査方法は種々の仮定に基づくものであり，特に，十分な横構がアーチリブ全長にわたって配置されていることが前提であるため，橋門構による開口部がある場合や横構の剛性が不十分な場合等，条文に示した条件を満たさないアーチ系橋については，(6)による照査を行う必要がある。

アーチの両端が面外に回転しないように拘束された等断面の対称な放物線アーチに，等分布荷重qを満載した場合，面外座屈に関する限界水平力H_{cr}は，式（解16.7.1）で与えられる。

$$H_{cr}=\gamma\frac{EI_z}{L^2} \qquad \text{(解 16.7.1)}$$

ここに，γ は面外座屈に対する座屈係数である（図-解 16.7.1)。

このアーチと等しい断面をもつ柱の耐荷力は，式（解 16.7.2）で与えられる。

$$H_{cr}=\pi^2\frac{EI}{l^2} \qquad \text{(解 16.7.2)}$$

アーチの耐荷力を求める場合に，アーチの支間長 L を柱としての有効座屈長 l に置き換えて，式（解 16.7.1）ではなく柱として式（解 16.7.2）により耐荷力を求められれば便利である。すなわち，2 式を等値して有効座屈長として次式を得る。

$$l=\beta_z\cdot L=\left(\frac{\pi}{\sqrt{\gamma}}\right)\cdot L \qquad \text{(解 16.7.3)}$$

式（16.7.3）は，この有効座屈長を表したものであり，有効座屈長を用いた場合，軸方向圧縮応力度の制限値は 5.4.4 に定めた σ_{cud} を用いることができる。ただし，面外座屈に対する安全率νを 2.0 とするために，荷重組合せ係数及び荷重係数による荷重増加分を考慮し右辺に補正係数を乗じてある。

アーチリブを平行に配列したアーチで横構と対傾構とが 15.4 に従って設けられている場合は，面外座屈に対する曲げ剛性は式（16.7.3）に示すようにとることにしている。

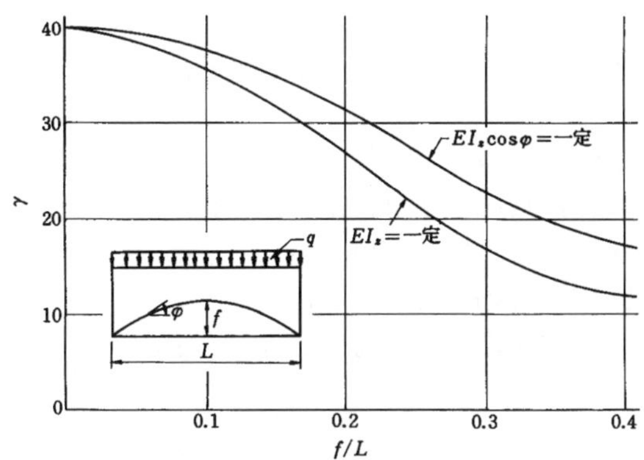

図-解 16.7.1　面外座屈パラメータ γ

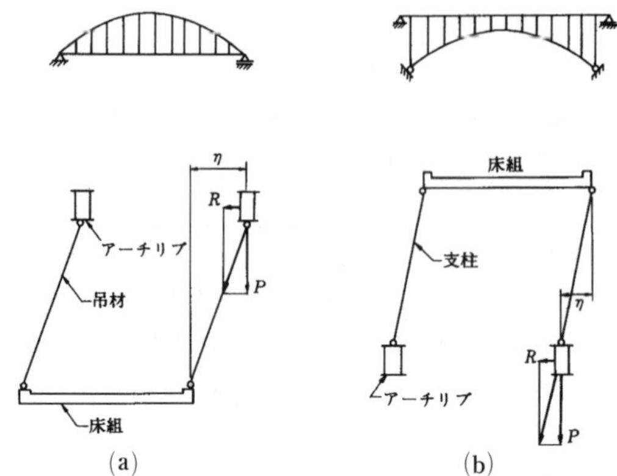

図-解 16.7.2　面外座屈時の吊材・支柱の作用

なお，式（16.7.3）の φ 値は面外座屈における荷重の作用方向の影響を補正するための係数である。まず，図-解 16.7.2(a)に示すように床組がアーチリブの下側に取り付けられている場合は，変形 η を戻そうとする反力 R が作用し，座屈荷重は吊材のないものより 40%以上増大する。

一方，図-解 16.7.2(b)に示すように床組がアーチリブの上部にある場合は，座屈時の変形 η を大きくさせようとする反力 R が作用し，座屈荷重は支柱のないものより 25%から 40%程度低くなることが明らかにされている。DIN 4114（1952 年）では，これらの補正を行っており，これらも参考に，式（16.7.3）の φ を定めている[6]。

上路補剛アーチでは，全体横倒れ座屈を防止するために，アーチと補剛桁をアーチクラウンで剛結することが効果的である。また，アーチ部材端部は，ねじりに対して十分な剛度をもつように設計する必要がある。

(6)　アーチ橋の面外の有効座屈長は，構造形式や支持条件により異なるために，(4)及び(5)の規定で全てを一義的に決定することは困難であり，より一般性のある全体構造系に関する線形固有値解析により有効座屈長を決定する方法も規定している。この方法によると，厳密な有限変位弾塑性解析を行った場合と比較的良好な強度評価を与えることが明らかになっている[7]。

16.8　防せい防食

> アーチ構造の設計にあたっては，6 章及び 7 章の規定によるほか，アーチ部材と吊材等の接合部，及び，やむを得ずコンクリート中に部材を埋め込む場合の埋込み部等に発錆や防食機能の低下が生じないように配慮しなければ

ならない。また，閉断面の場合は内部に滞水が生じないように，防せい防食処理の施工や排水に配慮しなければならない。

アーチ部材と吊材等の各部材の接合部及びコンクリート埋め込み部における発錆と防食機能の劣化による断面欠損，部材の破断の事例が報告されている。こうした損傷は，疲労亀裂の誘発，部材の破壊や破断といったさらに大きな損傷や，ひいては落橋等の深刻な事態にもつながる可能性があり注意が必要である。また，排水が構造体に飛散して錆が生じる事例もあり，排水の設計にも配慮する必要がある。アーチを構成する鋼部材のコンクリート埋め込み部において，鋼部材との境界部から水が浸入し，境界部周辺において局所的に腐食するおそれがあるため，鋼部材をコンクリート部から切り離す等の構造上の配慮も行う必要がある。閉断面アーチリブ部材は，継手からの雨水の浸透，気温の変化による結露等によって，長年の間にかなりの滞水を生じることがある。これらを完全に防ぐのは困難であるため，維持管理の方法も含めて構造細目に十分注意する必要がある。なお，滞水の中には架設時の不注意によるものもあるので，この点にも注意する必要がある。

参 考 文 献

1） 平井敦：鋼橋Ⅲ，技報堂，1967

2） Column Research Committee of Jap an : Handbook of Structural Stability, コロナ社，1971

3） Kunio OMORI and Nobuo NISHIMURA : Buckling Coefficients of Deck Arches with Continuous Stiffening Girder, Technology Rep ort of the OSAKA University, Vol. 44, No. 2195, 1994. 10.

4） 尾下里治，大森邦雄：線形化有限変位理論によるアーチ橋の設計法の提案，構造工学論文集，Vol. 44A，1998. 3

5） （社）日本道路協会：道路橋耐風設計便覧，2008. 1

6） DIN 4114, 1952.

7） 﨑元達郎，坂田力，小堀俊之：弾性固有値解を用いた有効長さ手法による鋼アーチ系橋梁の弾塑性面外座屈強度の算定，構造工学論文集，Vol. 37A，1991. 3

17章　ラーメン構造

17.1　適用の範囲

この章は，ラーメン構造を用いた上部構造及び橋脚の設計に適用する。

この章については，具体的な数値をあげて適用の範囲を示すことは特にしていないが，この章の各条文を定めるにあたり極端な事例は念頭に置かれていない。特にラーメン構造では形状的要素の影響が強いので，通常のラーメンの概念を大きく超える場合，例えば，張出長が大きい場合，高さが非常に高い場合，長さ，断面等の寸法比，剛度比が非常に大きい場合等には，別途十分に検討を行う必要がある。また，鋼桁の設計に固有な事項についてはこの編の13章によるほか，橋脚としての設計についてはⅣ編，鋼製橋脚の耐震設計に関しては，Ⅴ編9章及び関連する規定による。

なお，鋼製の上部構造とコンクリートの下部構造による一体構造のように，鋼部材とコンクリート部材の接合部を有する構造形式については，9.13に満足すべき事項が規定されているが，具体的な照査についてはこの章では規定されていない。適用にあたっては，構造特性を適切に評価するとともに，橋の要求性能を考慮して構造各部の性能検証を行う必要がある。これらの構造のうち，橋台部ジョイントレス構造に関してはⅣ編7.8の規定による。

17.2　一　　般

17.2.1　設計の基本

⑴　部材の設計については5章，接合部の設計については9章の規定による。 ⑵　垂直応力度とせん断応力度が作用するラーメン部材の設計にあたっては，これらの組合せに対して安全となるようにしなければならない。 ⑶　ラーメン構造は全体座屈に対して安全となるように設計しなければならない。

17.2.2　ラーメン橋脚の設計に用いる活荷重及び衝撃

(1)　ラーメン橋脚の設計にあたっては，上部構造反力を適切に考慮し，その影響に対して安全となるようにしなければならない。

(2)　(3)及び(4)による場合には，(1)を満足するとみなしてよい。

(3)　ラーメン橋脚を設計する場合，活荷重は上部構造の支点反力が着目点に対して最も不利となるように，上部構造に載荷することを原則とする。ただし，T形ラーメンを除く他のラーメン橋脚を設計する場合は，着目点に対する影響線の符号が同一となるところに作用する上部構造の活荷重最大支点反力を用いてよい。

(4)　ラーメン橋脚の設計に用いる上部構造反力には，活荷重による衝撃を考慮する。

(3)　この条文は構造計算の基本原則を示したものである。しかし，上部桁の格子分配を考える場合，非対称ラーメンの場合等は，原則に従って厳密な計算を行うことは困難になることが多いので，実用面で結果に大きな差がないと判断される慣用計算的な緩和条項を示している。例えば，図-解 17.2.1(a)における A 点の断面決定にあたり，本来ならば図-解 17.2.1(a)に示す荷重状態で設計すべきところ，これを R_1，R_2，R_3 の代わりに近似的に図-解 17.2.1(b)に示す R_{1max}，R_{2max}，R_{3max} の反力を用いて設計してもよい。

なお，T形ラーメンはこれによると危険側の設計となる場合もあり，単純にT形ラーメン全般に適用することができないので除外している。ただし，このような計算方法がT形ラーメン全てに適用できないわけではないので，安全側の設計となる場合は，この緩和条項を準用することもできる。また，上部構造がラーメン橋脚上で連続構造でない場合，L荷重に含まれる等分布荷重 p_1 は1橋脚につき1組を考慮すればよい。

以上の支点反力の算出にあたっては，I編 3.3 に規定される荷重組合せ係数及び荷重係数を考慮する必要がある。

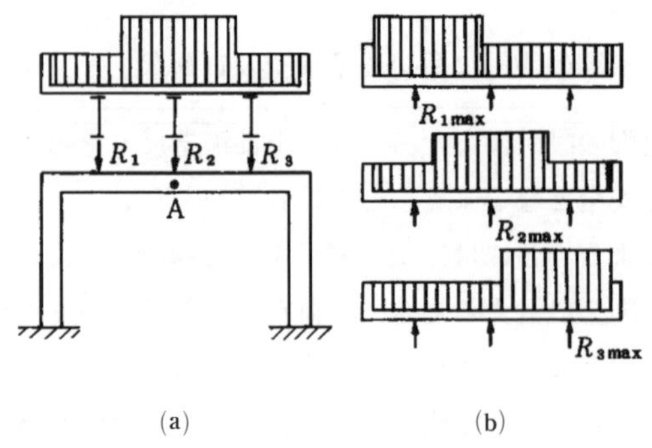

(a) (b)

図-解 17.2.1 ラーメン橋脚における活荷重の載荷方法

17.2.3 風 荷 重

(1) ラーメン構造の設計にあたっては，構造の特性に応じて適切に風荷重を考慮しなければならない。

(2) (3)及び(4)による場合においては，(1)を満足するとみなしてよい。

(3) ラーメン橋に作用する風荷重は，Ⅰ編 8.17 に規定する上部構造に作用する風荷重とする。

(4) ラーメン橋脚に作用する風荷重は，Ⅰ編 8.17 に規定する下部構造に作用する風荷重とする。

風荷重についてはⅠ編 8.17 に上部構造及び下部構造に作用する風荷重が規定されている。この項は，各々の適用範囲を明確にしたものである。すなわちラーメン橋の柱部は，下部構造と考えられないこともないが，構造系が比較的これに類似の上路リブアーチ橋が従来から上部構造として扱われていることもあり，全て上部構造として扱うこととしている。また，ラーメン橋脚は下部構造として取り扱うこととしている。

風荷重による断面力の算出にあたっては，Ⅰ編 3.3 に規定される荷重組合せ係数及び荷重係数を考慮する必要がある。

17.2.4 基礎構造の影響

鋼製のラーメン構造の設計において，基礎構造の回転及び相対移動が予想される場合は，その影響に留意しなければならない。

ラーメン構造の設計においては，そのアンカー部を固定又は移動のないヒンジとして扱う場合が多い。しかし，基礎の沈下又は回転による影響が無視できないと考えられる場合には，これらについて留意しておく必要がある。

17.2.5　ラーメン橋のたわみの照査

ラーメン橋の衝撃を含まない活荷重による最大たわみは，式（17.2.1）を満足しなければならない。照査に用いるたわみの応答値の算出は，Ⅰ編 8.2 に規定する活荷重の特性値としてよい。

$$\delta \leqq \frac{L}{500} \quad \cdots\cdots (17.2.1)$$

ここに，δ　：活荷重（衝撃を含まない）による最大たわみ（m）

L　：支間長（m）（図-17.2.1）

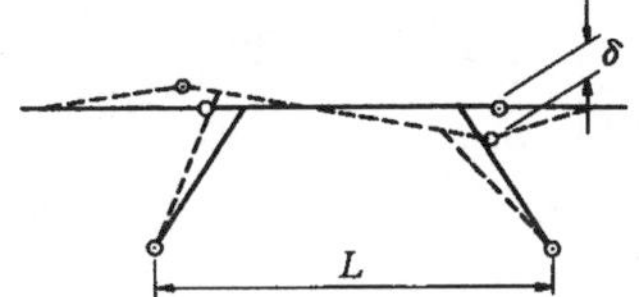

図-17.2.1　ラーメン橋のたわみ

この項は，3.8.2 の規定に準拠してたわみの制限値を定め，基準となる L を与えたものである。

たわみの規定は，従前から照査方法を含めて経験的に定められているものであることを踏まえ，Ⅰ編 3.3 に規定される荷重組合せ係数及び荷重係数を乗じず，活荷重の特性値に対して算出した結果を用いることとされている。

なお，図-17.2.1 では δ の例として隅角部におけるたわみを示しているが，δ は必ずしも隅角部に生じるとは限らない。門形ラーメン橋では最大たわみ δ がはり中央部付近に生じる。条文中には，δ を求める位置を明示していないことに注意する必要がある。また，図-17.2.1 の例では隅角部は上方にも移動するが，連続桁のたわみを照査する場合と同様に，この項では，これを考慮する必要はない。

17.2.6　ラーメン橋脚のたわみの照査

主桁をラーメン橋脚で支える場合には，衝撃を含まない活荷重による最大たわみは，式（17.2.2）から式（17.2.6）を満足しなければならない。照査に用いるたわみの応答値の算出は，Ⅰ編 8.2 に規定する活荷重の特性値としてよい。

$$(\delta_1+\delta_2)\text{ 又は }(\delta_2+\delta_3)\text{ のうち大きい方}\leqq\frac{L_1+L_2+L_3}{500} \quad\cdots\cdots (17.2.2)$$

図-17. 2. 2(a)の場合 $\delta_1 \leqq \dfrac{L_1}{300}$ ……………………… (17. 2. 3)

$\delta_3 \leqq \dfrac{L_3}{300}$ ……………………… (17. 2. 4)

図-17. 2. 2(b)の場合 $\delta_1 \leqq \dfrac{L_1}{500}$ ……………………… (17. 2. 5)

$\delta_3 \leqq \dfrac{L_3}{500}$ ……………………… (17. 2. 6)

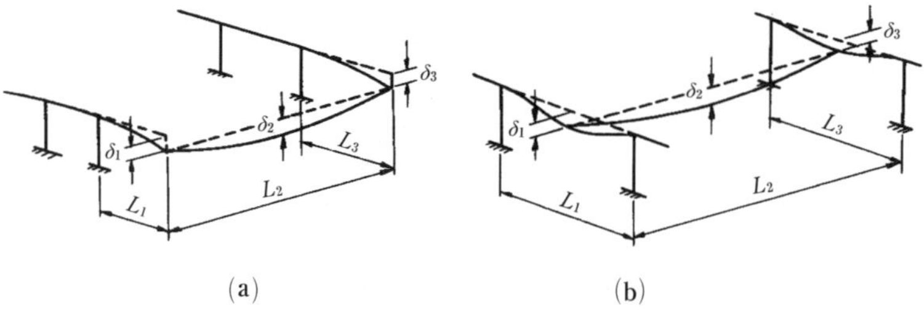

δ_1, δ_3 ：ラーメン横ばりの主桁の位置でのたわみ

δ_2 ：主桁のたわみ

図-17. 2. 2 ラーメン橋脚のたわみ

なお，式（17. 2. 2）から式（17. 2. 6）を満足する場合でも，上部構造の応力が δ_1 又は δ_3 によって無視し得ない影響を受けると考えられる場合は，主桁を弾性支承上のはりとして扱う解析モデルによる等の配慮をする。

ラーメン橋脚は，他の橋脚と比べ横ばりのたわみが大きく上に載る桁のたわみに近い量となる場合がある。したがって，ここでラーメン横ばりの最大たわみを規定している。その値としては，従来の桁のたわみ基準にならって，横ばりのみのたわみは $l/300$，横ばりと桁のたわみとの合計は $l/500$ としている。

たわみの規定は，従前からの照査方法を含めて経験的に定められているものであることを踏まえ，Ⅰ編 3. 3に規定されている荷重組合せ係数及び荷重係数を乗じず，活荷重の特性値に対して算出した結果を用いることとされている。

なお，この場合のたわみ量には，ラーメン構造であるから，柱のたわみの影響は当然含まれる。

また，上部桁の構造形式によっては，ラーメンの剛度が荷重分配等に影響を及ぼすことがあるので，その点の注意を喚起している。

17.2.7 方づえラーメン橋の水平変位の影響

方づえラーメン橋の伸縮装置及び支承等の設計にあたっては，活荷重（衝撃を含む）による水平変位の影響を考慮する。

方づえのラーメン橋は，通常の鋼桁，トラス等と比べて活荷重による水平変位が非常に大きい。伸縮装置，側径間の支承等の設計に際しては，この影響を十分に考慮する必要があるため，このように定めている。水平変位の影響を考慮するにあたっては，従前からの方法を含めて経験的に定められているものであることを踏まえ，Ⅰ編3.3に規定される荷重組合せ係数及び荷重係数を乗じず，活荷重（衝撃を含む）の特性値に対して算出した結果を用いることとされている。

17.3 ラーメンの有効座屈長

ラーメンの有効座屈長 l は，特に厳密な計算を行わない場合は，表-17.3.1に示す値とする。

表-17.3.1 ラーメン柱の有効座屈長

部材（図-17.3.1）＼座屈形式		面内座屈
1層の柱（①～⑥）	下端固定	$l = 1.5h$: $k \leqq 5$ $= \{1.5 + 0.04(k - 5)\}h$: $5 < k \leqq 10$
	下端ヒンジ	$l = 3.5h$: $k \leqq 5$ $= \{3.5 + 0.2(k - 5)\}h$: $5 < k \leqq 10$
2層以上の柱（⑦～⑧）		$l = 1.9h$: $k \leqq 5$ $= \{1.9 + 0.14(k - 5)\}h$: $5 < k \leqq 10$
1本足の柱（⑨）		$l = 2.0h$
2層以上の1本足の柱（⑩）		$l = 2.2h$

ここに， $k = \dfrac{I_C/h}{I_B/L}$

I_C ：柱の断面二次モ-メントの平均値（mm^4）

I_B ：はりの断面二次モーメントの平均値（mm^4）

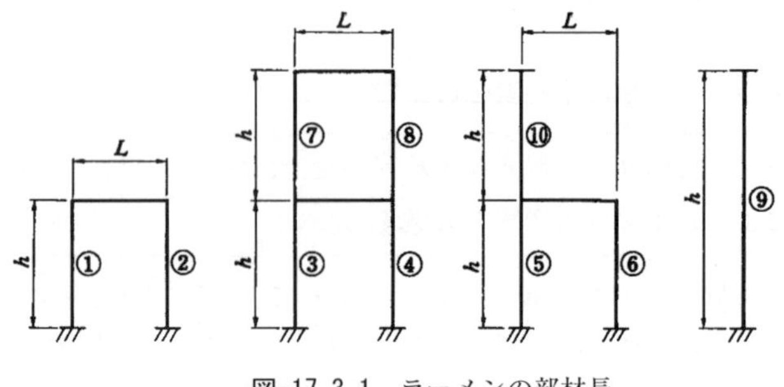

図-17.3.1　ラーメンの部材長

ただし，構造全体系の弾性固有値解析を行ってラーメンの有効座屈長を算出する場合には，この有効座屈長によってもよい。

17.4　荷重集中点及び屈折部の補剛

ラーメン構造の荷重集中点，フランジ又は腹板の屈折部等では，箱形断面の場合にダイアフラムを，I 形断面の場合に補剛材をそれぞれ適切に設けて，応力を円滑に伝達できる構造にするとともに，断面の変形を防ぐことができる構造とする。

17.5　隅 角 部

(1)　隅角部の設計にあたっては，横ばりの断面力を柱に円滑に伝達できるようにしなければならない。

(2)　隅角部の設計では，良好な溶接品質が確保できる柱とはりを構成する板の組立方法としなければならない。

(3)　隅角部の設計は，疲労耐久性にも留意するとともに，フランジの応力の伝達機構に留意し応力集中の影響を評価しなければならない。

隅角部が，横ばりの断面力を柱に円滑に伝達するためには，柱及び横ばりより先に限界状態 3 に達しないように設計する必要がある。ラーメン隅角部においては，応力の方向が急変し，特に鋼構造は一般に薄肉構造であるため，応力の伝達機構が非常に複雑である。したがって，疲労に対する耐久性，フランジの応力の伝達方法，せん断遅れによる応力集中の影響等，隅角部の設計において支配的となる事柄について，十分な注意が必要である。隅角部の設計において支配的となる事柄に対しては，有限要素解析や実験等によりその影響を評価するのがよい。特に SBHS500 及び SBHS500W を隅角部に用いる場合，降伏比が高く耐荷性能や応力伝達機構には不明な点もあり，実験等によりその耐荷性能，断面力伝達機構等について十分に検討を行って明らかにしたうえで慎重に評価する必要がある。

隅角部のせん断遅れの影響の評価法が提案されているが[3]，その評価法の根拠論文や資料等に基づき，構造諸元，隅角部の形状等に関する各評価法の適用範囲を十分に把握したうえで適用する必要がある。特に，複雑な形状の隅角部では，既往のせん断遅れ評価式では，隅角部の応力性状を適切に評価することは困難である。そのような場合には，実験又は妥当性の検証された弾塑性有限変位解析等の解析により，適切に応力を評価する必要がある。なお，隅角部の溶接部における応力集中を緩和させるために，柱とはりの角部の腹板にはフィレットを設けるなど細部構造に配慮する必要がある。なお，せん断遅れの影響，フィレット等の構造細目の影響を考慮できる隅角部の応力評価法として，一定せん断流パネルを用いた解析手法の検討も行われている。その成果が文献としてとりまとめられているため，それらを参考にするのもよい[4),5)]。

また，組立時の作業性，特に溶接施工性が構造物の耐荷力や疲労強度に及ぼす影響も大きいので，これらについても設計時において十分配慮する必要がある。特に，3 方向からの溶接線が集中する箇所では，溶接困難な接合面が生じることがないよう，柱とはりを構成するそれぞれの板の組立方法に配慮するとともに，施工順序や開先形状などについても慎重に検討する必要がある。

17.6　支承部及びアンカー部

> ラーメン構造の支承部及びアンカー部は，作用する力を基礎構造へ十分に伝達できる構造としなければならない。

一般にラーメン構造は，その柱基部等において，完全な固定又は水平・鉛直方向に固定するヒンジとなっていることを前提として設計されている。したがって，アンカー部の設計がラーメン構造全体の良否に大きく影響するので，このことについて注意を喚起するために設けられた規定である。

ヒンジラーメン等において，鋼製支承を用いたヒンジ構造は，柱の曲げを介してはり部の曲げを低減する役割を果たしており，構造物全体の鉛直荷重に対する耐荷力に大きく影響する。また，アンカー部を有するラーメンについても，不静定次数や構造形状等によって違いはあるが，基部の耐荷力が構造全体の耐荷力に大きく影響するので，十分に配慮して設計することが必要である。さらに，ラーメン構造の柱基部及びアンカー部については，この編によるほか，Ⅴ編9章の規定による必要がある。

17.7 鋼製橋脚

(1) 鋼製橋脚は，上部構造を確実に支持し，鋼製橋脚に作用する荷重に対して安全であるために，少なくとも1)から3)を満足しなければならない。

1) 鋼製橋脚に作用する力を基礎構造物へ確実に伝達できる構造

2) 脆性的な破壊が生じず，過度のたわみの発生を抑える構造

3) 耐久性の高い構造

(2) 鋼製橋脚の設計にあたっては，基礎構造物の影響を適切に考慮しなければならない。

(3) この章及び19章のほか，Ⅱ編，Ⅳ編，Ⅴ編の関連規定による場合には，(1)及び(2)を満足するとみなしてよい。

(1) 鋼製橋脚は，上部構造を確実に支持し，その力を確実に下部構造へ伝える非常に重要な役割をもつ構造物である。また，橋の設計供用期間中に発生する確率は低いが大きな強度をもつ地震動に対しても所要の耐荷性能を有する等，鋼製橋脚は，上部構造及び鋼製橋脚自身に作用する荷重に対して安全性を確保する必要がある。さらに，近年，鋼製ラーメン橋脚隅角部の疲労損傷例が報告され，その対策が講じられており，設計・製作時において疲労耐久性には十分配慮する必要がある。また，鋼製橋脚の構造細目や鋼製橋脚に使用する鋼材の材料特性によっては，脆性的な破壊を起こす危険があるため，脆性的な破壊を起こさないよう留意するとともに，過度のたわみの発生，防食等にも配慮して設計する必要がある。

(2) 鋼製橋脚は都市内の軟弱地盤地帯に建設されることが多く，基礎の沈下又は回転による影響等，基礎構造の影響が無視できない場合も多いと考えられることから，鋼製橋脚の設計にあたっては，基礎構造物の影響も適切に考慮するものとされた。

17.8　ラーメン構造の限界状態 1

17.8.1　曲げモーメント及びせん断力並びにねじりモーメントを受けるラーメン構造の部材

曲げモーメント及びせん断力並びにねじりモーメントを同時に受けるラーメン構造の部材が，垂直応力度及びせん断応力度がともにそれぞれの制限値の 45% 以上の場合に，5.3.9 の規定を満足する場合には，限界状態 1 を超えないとみなしてよい。

曲げモーメント，せん断力及びねじりモーメントを同時に受けるラーメン構造の部材は，曲げモーメントによる直応力とせん断力によって面内にそれぞれの応力では降伏強度に達しない場合でも合成応力が作用することにより，降伏強度に達する可能性がある。その場合，部材が降伏することで，曲げ剛性の低下などが生じることになり，曲げモーメント及びせん断力並びにねじりモーメントに対する挙動のそれぞれに影響を与えることになる。したがって，曲げモーメント及びせん断力並びにねじりモーメントを同時に受ける部材では，降伏に至る状態を限界状態 1 とみなし，von Mises の降伏条件による合成応力を基に降伏を超えないことにより評価することとされた。ラーメン構造では，これらがともに大きな値となる箇所が多いので，あらためて注意を喚起する意味でこの規定を設けている。

17.8.2　ラーメン構造

ラーメン構造が，17.9.2 の規定を満足する場合には，限界状態 1 を超えないとみなしてよい。

ラーメン構造は，ラーメン構造の座屈によって耐荷力を失うとともに，各部材等が限界状態 1 に至った場合でも，ラーメン構造として不安定化する可能性もある。そのため，ラーメン構造に座屈が生じることなく，また，ラーメン構造を構成するはり，柱及び隅角部が限界状態 1 を超えない場合は，ラーメン構造としての応答が弾性範囲を超えないと考えてよく，ラーメン構造として限界状態 1 を超えないとみなしてよいとされている。

ラーメン構造に座屈が生じることがないとみなせる条件については，17.9.2 において，限界状態 1 を超えないとみなせることにも配慮して規定されている。そのため，17.9.2 の規定に従って，限界状態 3 を超えないとみなせる場合には，限界状態 1 を超えないとみなすことができるとされた。

17.8.3 隅 角 部

> ラーメン構造が，17.9.3の規定を満足する場合には，限界状態1を超えないとみなしてよい。

ラーメン構造の隅角部は，軸方向の引張力や圧縮力，曲げモーメント，せん断力，又はそれぞれの組合せ力を受け，それぞれの作用力に応じて限界状態が異なり，可逆性を失う限界状態を明確に示すことが困難である。このため，限界状態3を超えないとみなせる条件が，17.9.3において限界状態1を超えないとみなせることにも配慮して規定されている。そのため，17.9.3の規定に従って，限界状態3を超えないとみなせる場合には，限界状態1を超えないとみなすことができるとされた。

17.9 ラーメン構造の限界状態3

17.9.1 曲げモーメント及びせん断力並びにねじりモーメントを受けるラーメン構造の部材

> 曲げモーメント及びせん断力並びにねじりモーメントを同時に受けるラーメン構造の部材が，17.8.1の規定を満足する場合には，限界状態3を超えないとみなしてよい。

曲げモーメント及びせん断力並びにねじりモーメントを同時に受けるラーメン構造の部材では，限界状態1以降に最大強度に達する状態となる条件を明確に示すことは困難である。これらを踏まえて，17.8.1において5.3.9の規定を満足することにより限界状態1を超えないとみなしてよいこととされた。そのため，限界状態1を満足することで限界状態3を超えないとみなすことができるとされている。

17.9.2 ラーメン構造

> (1) ラーメン構造が，ラーメン構造を構成する各部材等の限界状態3を満足するとともに，(2)の規定を満足する場合には，限界状態3を超えないとみなしてよい。
> (2) 軸方向圧縮応力度の制限値について σ_{cud} を17.3に規定する有効座屈長を用いて式（5.4.17）により算出し，5.4.8の規定を満足する。

(1)(2)　ラーメン構造を構成する，はり，柱及び隅角部のいずれも限界状態3を超えないことに加え，17.3によりラーメン構造の有効座屈長を算出し，5.4.8の規定される軸方向力及び曲げモーメントを受ける部材の限界状態3を超えないとみなせる条件を満足する場合には，ラーメン構造の全体座屈に至らないと考え，ラーメン構造としての限界状態3を超えないとみなすことができるとされた。なお，ラーメン構造を構成する部材は5章及び9章の関連規定を満足している必要がある。

図-解 17.9.1に示すような一般的な門形ラーメンの全体座屈について規定されたものであり，特殊な構造形式のラーメンや断面が著しく変化する場合については，別途厳密な照査を行う必要がある。

ラーメンが面内で全体座屈をするときの座屈モードは，以下の2つの場合に分けられる。

1)　側方への変形が無拘束の場合

2)　側方への変形が拘束される場合

これらは構造形式や荷重状態によって区別できる。すなわち，2)の場合とは図-解 17.9.1(a)，(b)に示すように水平方向の変形を拘束する場合又は強固なブレーシングが取り付けられた場合をいう。ただし，図-解 17.9.1(c)のようにブレーシングが取り付けられていても水平荷重Hがあれば，側方への変形を伴う1)の場合とみなす。したがって，ラーメ

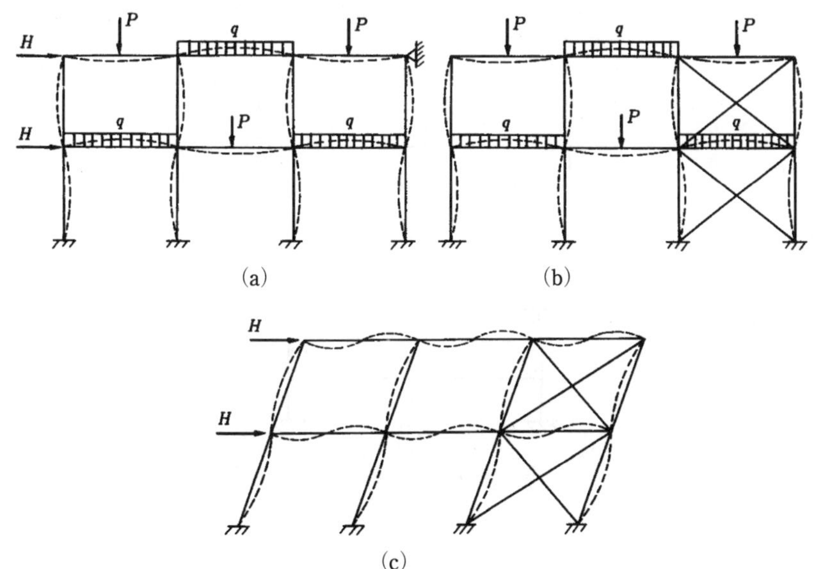

図-解 17.9.1　門形ラーメンの全体座屈モード

ンの座屈は一般に1）の場合を対象に考えればよい。

ラーメン部材は一般に曲げモーメントと軸方向力を受けるので，設計（応力照査，座屈照査）は5.4.8によって行う。17.3は5.4.8の軸方向圧縮強度の制限値を求める際に必要な有効座屈長lを定めたものである[1),2)]。

$$l = \beta \cdot h \cdots\cdots\cdots\cdots \text{（解 17.9.1）}$$

ここに，h：図-解 17.9.1に示すようなそれぞれのラーメン柱の高さ

β：有効座屈長を定める係数

一般にラーメンのはりにおいては，作用する軸方向圧縮力が小さく，主に変動作用による影響が支配的な状況における曲げモーメントにより断面が決定されるのが普通である。図-解 17.9.2に示すような持殊な形状，寸法で，かつ軸方向圧縮力が座屈問題として影響を及ぼすような場合は，別途その有効座屈長を決定する必要がある。

一方，5.4.6の曲げ圧縮による横倒れ座屈に対する圧縮応力度の制限値σ_{cud}が必要な場合は，安全側の値として，

$$\left.\begin{array}{l} l = h \text{（柱）} \\ l = \text{固定点間距離（はり）} \end{array}\right\} \cdots\cdots\cdots\cdots \text{（解 17.9.2）}$$

を採用することができる。

ラーメン構造には種々の形式があり，式（解 17.9.1）の有効座屈長を定める係数βを簡単な公式で表すことは困難であるが，例えば，図-解 17.9.3に示すラーメンの格点uとlとの間のラーメン柱のβは近似的に次式で求めることができる（側方変形無拘束の場合）[6), 7)]。

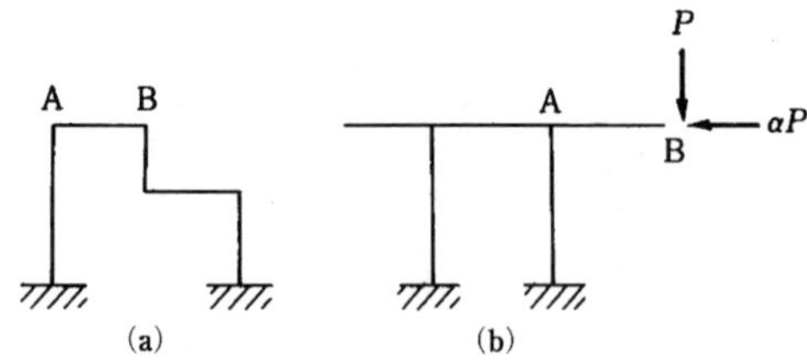

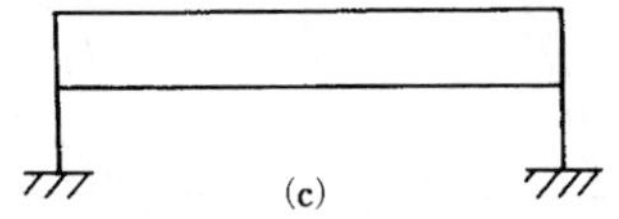

図-解 17.9.2　特殊な形状

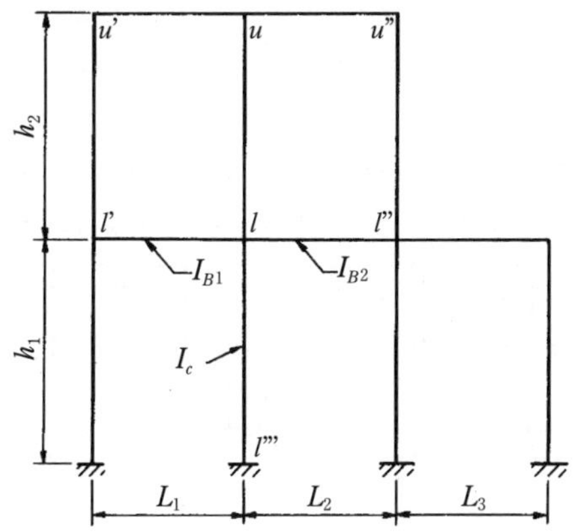

図-解 17.9.3　ラーメン構造の格点部と部材長，断面二次モーメント

$$\frac{G_u G_l \left(\frac{\pi}{\beta}\right)^2 - 36}{6(G_u + G_l)} = \frac{\pi}{\beta}\cot\left(\frac{\pi}{\beta}\right) \qquad \text{（解 17.9.3）}$$

ただし，

$$G = \frac{\Sigma \frac{I_C}{h}}{\Sigma\left(\mu \cdot \frac{I_B}{L}\right)} \qquad \text{（解 17.9.4）}$$

すなわち，式（解 17.9.3）の G_u，G_l は各点 u，l に対して式（解 17.9.4）より求めるが，Σ は格点に集まる部材についての総和をとることを意味する。また，μ は格点 u 又は l に取り付けられたはりの左端 u'，l' もしくは右端 u''，l'' の結合形式による補正係数であり，式（解 17.9.5）の値とする。

$$\left.\begin{array}{l} \mu = 1.0 \text{（剛節点）} \\ \mu = 0.5 \text{（ヒンジ結合）} \\ \mu = 0.67 \text{（固定）} \end{array}\right\} \qquad \text{（解 17.9.5）}$$

β は以上の近似式で求めたものであるが，数多くの実例について剛比 k の値について比べると，式（解 17.9.6）のようになる（例えば，図-解 17.9.3 の柱 $l\,l'''$ に対しては両側のはりの断面二次モーメント I_{B1}，I_{B2} 及び L_1，L_2 より $k_1 = (I_C/h_1)/(I_{B1}/L_1)$，$k_2 = (I_C/h_1)/(I_{B2}/L_2)$ を求め k_1 と k_2 の平均値を k とする）。

$$\left.\begin{array}{l} 0 < k \leqq 5(\text{一般的な場合}) \\ 5 < k \leqq 10\ (\text{特殊な場合}) \end{array}\right\} \quad \cdots\cdots\cdots \quad (解 17.9.6)$$

したがって，図-解 17.9.4 に示す一般的なラーメンについてβを求めると次のようになる（側方への変形無拘束）。なお，〔　〕内の数値は DIN 4114[8] に基づいて求めたβである。

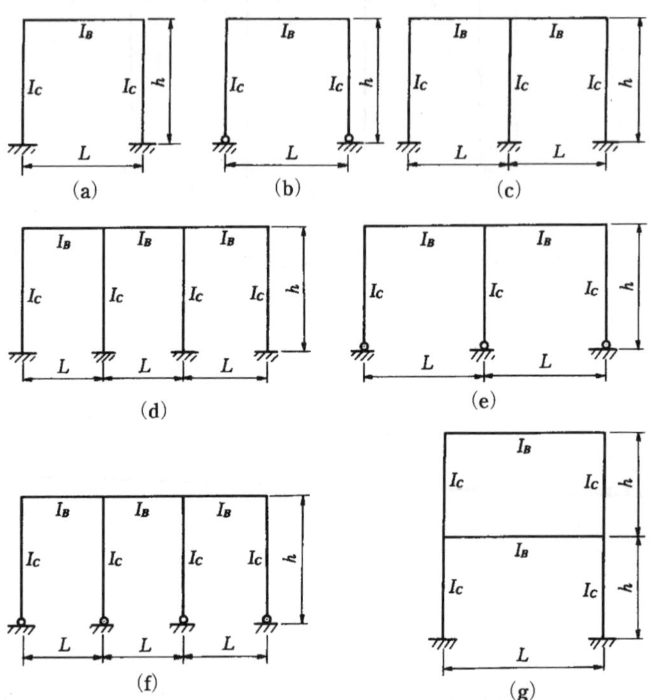

図-解 17.9.4　ラーメン構造の部材長と断面二次モーメント

1）　1 層の柱

　ⅰ）下端固定（図-解 17.9.4 (a)(c)(d)）

　　$k=5$ に対して，$\beta=1.5$〔1.5〕

　　$k=10$ に対して，$\beta=1.7$〔1.7〕

　ⅱ）下端ヒンジ（図-解 17.9.4 (b)(e)(f)）

　　$k=5$ に対して，$\beta=3.5$，〔3.6〕

　　$k=10$ に対して，$\beta=4.5$，〔4.5〕

2）　2 層以上の柱（図-解 17.9.4 (g)）

　　k=5 に対して，$\beta=1.9$，〔2.2〕

　　k=10 に対して，$\beta=2.6$，〔2.6〕

表-解 17.9.1 は以上の数値計算を基にして，$k \leqq 5$ の一般的な場合と，$5 < k \leqq 10$ の特別な場合とに分けて，$5 < k \leqq 10$ に対しては k 値による β 値の変動が大きいので直線補間式として表したものである。

なお，側方への変形が拘束された場合（図-解 17.9.1(a)(b)）についての有効座屈長は表-解 17.9.1 より求めることができる（$0 < k \leqq 10$）。すなわち図-解 17.9.1(a)の場合は鉛直荷重，水平荷重のいずれに対しても表-解 17.9.1 の有効座屈長が適用でき，また図-解 17.9.1(b)の場合は，鉛直荷重に対してのみ表-解 17.9.1 の有効座屈長を用いて照査することができる。

表-解 17.9.1　ラーメン構造の有効座屈長

部　材		有効座屈長
1 層の柱	下端固定	$l = 0.7h$
	下端ヒンジ	$l = 1.0h$
2 層以上の柱		$l = 0.9h$

ラーメンの面外座屈の有効座屈長については，より一般性のある構造全体系の断面固有値解析によって算出してもよい。ほぼ等断面のラーメンの面外座屈の有効座屈長は，図-17.3.1 に示す単純なラーメンについてはラーメンの全高の 2 倍をとってよい。

17.9.3　隅 角 部

> ラーメン構造の隅角部が，17.5 の規定を満足する場合には，限界状態 3 を超えないとみなしてよい。

17.5 のとおり，隅角部が横ばりの断面力を柱に円滑に伝達するためには，隅角部が柱及び横ばりより先に限界状態 3 に達しないように設計する必要がある．よって，17.5 の規定を満足すれば，ラーメン構造として考えた場合，柱又は横ばりが隅角部より先に限界状態 3 に達するため，隅角部が限界状態 3 を超えないとみなすことができるとされている。

17.10　防せい防食

> ラーメン構造の設計にあたっては，6 章及び 7 章の規定によるほか，ラーメン構造の柱部の土中又は水中にある部分について，腐食環境に応じて根巻コンクリート，防食板，防食塗装で防護する等，発錆や防食機能の低下が生

じないように配慮しなければならない。また，閉断面の場合は内部に滞水が生じないように，防せい防食処理の施工や排水に配慮しなければならない。

根巻コンクリートや中埋コンクリートを設置する場合には，柱断面との境界部から水が浸入し，境界部周辺において局所的に腐食するおそれがあるので，水の浸入を防ぐとともにコンクリート埋設部の鋼材部分の防せい防食についても配慮する必要がある。閉断面ラーメン部材は，継手からの雨水の浸透，気温の変化による結露等によって，長年の間にかなりの滞水を生じることがある。これらを完全に防ぐのは困難なので，水抜き等構造細目について維持管理の方法も含めて十分注意する必要がある。なお，滞水の中には架設時の不注意によるものもあるので，この点にも注意する必要がある。

参 考 文 献

1） Column Research Committee of Jap an : Handbook of Structural Stability, 1971, コロナ社

2） Kavanough, T. V. : Effective Length of Framed Columns, Trans of ASCE, Vol. 127, 1962

3） 奥村敏恵，石沢成夫：薄板構造ラーメン隅角部の応力計算について，土木学会論文集，第153号，1968. 5

4） 国土技術政策総合研究所：道路橋の鋼製橋脚隅角部の疲労設計法に関する研究――定せん断流パネルを用いた解析法の検討―，国土技術政策総合研究所資料，第296号，2006.1

5） 国土技術政策総合研究所：鋼道路橋の合理的な設計解析手法に関する研究――定せん断流パネルを主体とした鋼道路橋の設計手法―，国土技術政策総合研究所資料，第841号，2015.3

6） Johnston, B. G:Guide to Stability Design Criteria for Metal Structures, 3rd Edition, 1976, John Wiley& Sons Inc.

7） 福本，西野訳：鋼構造部材と骨組―強度と設計―，丸善，1970,
原書　Galambos : Structural Member and Frames, Prentice-Hall Inc. , 1968

8） DIN 4114, 1952

18章　ケーブル構造

18.1　適用の範囲

この章は，ケーブル部材を単独部材として使用する場合のケーブル構造の設計に適用する。

この章は，亜鉛めっき鋼線等の素線を束ねて作られたロープやストランド，ストランドを更により合わせて作られたロープ並びにPC鋼線及びPC鋼より線を束ねて作られたPC鋼材を橋の部材として用いる場合について規定している。ここではストランド，ロープ及びPC鋼材を総称してケーブルという。

対象とするケーブルは，コンクリート等に埋め込んで他の部材と一体化することなく，吊橋の主ケーブル，斜張橋やエクストラドーズド橋の斜ケーブル，吊橋や下路アーチ橋等のハンガーロープや吊材などのように，単独の部材として使用するケーブルである。

ケーブルは鋼線等の素線を束ねて構成されており，ケーブルとそれを固定するソケット並びにくさび及びアンカーヘッド等で構成される定着具（以下，定着具という）を含めたものをケーブル部材，ケーブル部材が定着される部位を定着構造という。また，ケーブル部材が主として荷重に抵抗する構造をケーブル構造という。

18.2　ケーブル部材

18.2.1　一　　般

(1)　ケーブル部材の設計にあたっては，作用力に対して安全となるように行わなければならない。

(2)　ケーブル用ロープ及びストランドは，橋の部材として用いるために要求される品質及び機械的性質等の特性を有するものとしなければならない。

(3)　I編9.1に規定するケーブルを用いる場合には，(2)を満足するとみなしてよい。

(4)　設計計算に用いるケーブルのヤング係数は，使用するケーブルの特性及び品質を考慮して適切に設定しなければならない。

(5) 表-4.2.3に示すケーブルのヤング係数を用いる場合には，(4)を満足するとみなしてよい。ただし，ストランドロープ，スパイラルロープ及びロックドコイルロープはプレテンショニングを行ってロープの構造伸びを除去して使用する。

(6) ストランドロープは原則として吊橋のハンガーにのみ使用する。

(1) ケーブル部材は，構造解析上は軸方向引張力のみを受ける部材として扱い，曲げ剛性を無視しているが，かなり太くなると曲げ剛性が無視できなくなる。その場合は，曲げ剛性により二次応力を適切に考慮する必要がある。また，ケーブルは非常に可とう性に富む部材であることから，設計にあたって，ケーブルの伸びや形状の変化による構造物への影響を考慮する必要がある。

(2) さまざまな分野で使用されているロープやストランドには多くの種類があるが，橋の部材として用いる場合にはその目的に応じて要求される品質（寸法，外観，製造方法）及び機械的性質（強度，延性，じん性等）を有することを確認して使用する必要がある。特に吊橋の主ケーブルや斜張橋のケーブルとして用いるケーブル用ロープやストランドでは，ヤング係数が小さくなく，断面が密であってサドルやバンドの取付が容易であり，また防せい防食や架設作業に支障のないものとする必要がある。

(5) 使用するロープのヤング係数があらかじめ測定されているような場合は，その値を設計に用いてよい。

(6) ストランドロープは，素線をより合わせたストランドを更により合わせて作ったもので，取扱いが容易で入手しやすいために，以前は我が国では小規模吊橋に多く用いられていた。しかし，力学的特性はよりの影響でスパイラルロープや平行線ストランドに比べて劣るので，吊橋のハンガー以外には原則として用いないこととし，特に麻芯ロープの使用は認めていない。

18.2.2 曲線部

(1) ケーブルを曲げて用いる場合には，曲げの影響を適切に考慮しなければならない。

(2) (1)を満足するために，少なくとも(3)から(6)を満足しなければならない。

(3) PC鋼材を除くケーブルの折曲点にはサドルを設置するとともに，サドルの曲率半径はケーブル直径の8倍以上とする。

(4) ハンガーには原則として曲線部を設けてはならない。

(5) ハンガーにやむを得ず曲線部を設ける場合は，その曲率半径をハンガー直径の5.5倍以上とするとともに，曲げによるケーブル部材の強度低下として，設計強度を0.87倍する。

(6) ストランドシューの半径はワイヤ直径の50倍以上を標準とする。

(1)(3) ケーブルを曲げて使用すると，曲げによって強度の低下が生じるため，曲げによって生じる二次応力や側圧の影響などを適切に考慮する必要がある。なお，ケーブル部材の曲げ部に張力変動が生じた場合，ケーブル部材を構成する鋼線同士が擦れあうことによって，フィレッティング疲労が生じ易くなるため注意が必要である。

この項をまとめると表-解 18.2.1のとおりである。曲率半径は図-解 18.2.1に示すように最小の半径を用いる。直径はケーブルでは曲率半径方向に測った径とし，ハンガーでは最大径を用いる（図-解 18.2.2）。

表-解 18.2.1　曲率半径（PC鋼材を除く）

	曲率半径	備　　考
ケーブル	8以上	サドル上で
ハンガー	5.5以上	
ワイヤ	50以上	ストランドシュー上で

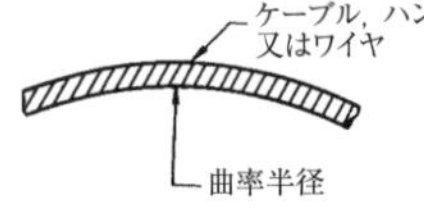

図-解 18.2.1　曲率半径

図-解 18.2.2　最大径

この項の規定は数値的根拠が薄いが，あまり小さな曲率半径を用いると危険であるので，これを避ける意味で経験的に制限を示したものである。

ケーブル部材は，サドルやシーブ等では曲げが避けられないため，曲げ半径の最小値として制限値を設けている。

PC鋼材の曲げ半径については，曲げによる引張張力の増加を適切に考慮する必要がある。なお，設計にあたっては，国内外の規格等を参考にすることができる。

(5) ハンガーロープは，主ケーブル部でU字状に曲げて設置する場合が多いため，ハンガーロープには，引張強度，伸び特性のほかに柔軟性に富んだロープを用いることが望ましい。

しかし，通常用いるロープ材料であっても，大きな曲げによる二次応力の発生や側圧の影響，曲げ部で鋼線が擦れることなどによって強度の低下は避けられないため，ロープを曲げることによる強度低下を適切に評価したうえで設計を行う必要がある。これまでの示方書では，ロープの安全性を確保するために，関門橋や本州四国連絡橋に関連して行われたU字状に曲げて行った引張試験の結果[1]も踏まえて，曲げによる影響についてロープの種類や曲げ方などを考慮して許容応力度に差を設けるなどの配慮がなされていた。この示方書では，これまでの示方書と同水準の配慮を見込むために，これまでの示方書で曲げのないロープに対する曲げのあるロープに対する許容応力度の低減割合である3.5と4.0の比である0.87を特性値で考慮することとされた。なお，ロープの曲げによる影響は，部材・構造係数として見込むべきとの考え方もあるが，この示方書では，使用材料の特性に対する前提条件として引張強度を0.87倍することとされている。

なお，ハンガーロープの曲げ半径は，ハンガーロープを鞍掛けする主ケーブルの径により決まる。曲げ半径と主ケーブル径の比により，強度低下の率が異なることが実験により確認されている[2]。これまでの使用実績と異なる構造形式の場合には，曲げて用いることによる強度低下を適切に考慮する必要がある。

18.2.3 定 着 具

> (1) ケーブル部材の定着は定着具によることを原則とする。ただし，エアスピニング工法による吊橋の主ケーブルはストランドシューによって定着する。
>
> (2) ケーブル部材の定着具は，静的な強度，疲労耐久性及びクリープ等の特性が明らかなものでなければならない。
>
> (3) 定着具の強度は，ケーブルの強度以上とすることを原則とする。ただし，定着具への作用力が小さい場合には，定着具に生じる応力度が制限値以下であることを確認したうえで，定着具に生じる応力度をケーブルの強度の75%まで低減してもよい。

(1) ケーブル部材の定着としては，従来，純亜鉛又は亜鉛合金を鋳込んでワイヤを定着する金属鋳込み型のソケットが多く用いられてきたが，疲労耐久性の向上を図った新しい構造のソケットや圧縮止め定着，また，くさびを用いた定着具などが斜張橋等に採用されてきている。これらについては，静的な強度，疲労耐久性，クリープ，使用実績等について十分検討したうえで使用することができる。

1) 金属鋳込み型ソケット

金属鋳込み型ソケットに用いられるソケットメタルとしては，付着力が大きいこと，融点が低く，流動性に優れていること，クリープ変形が少ないこと等の条件を満たす純亜鉛又は亜鉛98%，銅2%の合金を用いることを原則としている。しかしながら，純亜鉛の融点は約420℃と高温であるため，細線で強度の高い素線の機械的性質は影響を受ける恐れがあり，鋳込み温度を慎重に管理する必要がある。

ソケットメタルの鋳込み寸法は，ソケットメタルと素線との間の付着応力度とソケット内壁面上での圧縮強度とを考慮して定められることが多く，この点について，JIS F 3432：1995（船用ワイヤソケット）に準じるのが1つの標準となる。

2) 非金属注入型ソケット

素線をソケットに常温下で定着する方法として以下のような方法が国内外で採用されている。

・鋼球，エポキシ樹脂及び亜鉛粉末を注入する方法

・素線を冷間加工したヘッディングにエポキシ樹脂を注入する方法

・シリカ粉末を含んだポリエステル樹脂を注入する方法

これらの採用にあたっては，静的強度や疲労耐久性，クリープによる端抜けなどについて要求性能を満たすことを事前に確認する必要がある。

3) くさび定着

複数のPC鋼より線をくさびによりアンカーヘッドに定着する方法も採用されてきている。1本のケーブルとしての性能を満たすために，より線の張力を所定の許容誤差内に管理する必要がある。

また，PC鋼より線とくさびを用いた試験により，静的強度や疲労耐久性などが確認されたものを使用し，リラクセーションやセット量による荷重低下等についても事前に確認する必要がある。

4) 圧着グリップ定着

斜張橋ケーブルに，PC鋼より線のケーブル端を圧着グリップ定着し，ねじ処理を行った定着具を採用する場合もある。採用にあたっては，PC鋼より線と圧着グリップを用いた試験により，静的強度や疲労耐久性などが確認されたものを使用し，リラクセーションやクリープによる端抜けに伴う荷重低下等についても事前に確認する必要がある。

吊橋の主ケーブルをエアスピニング工法で架設する場合に用いる素線相互の継手の採用にあたっては，継手効率や疲労耐久性及びスピニングホイールやシーブによる曲げの影響についても検討する必要がある。また，継手はストランドシュー内に設けてはならず，ケーブルの1つの断面内に集中して設けてはならない。

(2) 定着具は，静的な強度だけでなく，ケーブル部材としての繰返し載荷に対しても疲労耐久性を有することが求められる。

(3) 定着具の強度をケーブルの強度以上とするのを原則としているのは，ケーブルが塑性域に達する以前に定着具が降伏しないよう，定着具はケーブルの0.7%全伸び耐力（引

張強さが1,770N/mm^{2}のケーブルについては0.8%全伸び耐力）に相当する引張力に対して降伏しないように設計するためである。

ケーブル部材を製作や架設作業の煩雑さを避けるなどの目的から，既製のケーブルタイプから同じ強度のケーブルを選定する場合には，ケーブルの作用力に対して大きな余裕を有するケーブルを選定することになる。このとき，定着具をケーブルの設計強度に対して設計すると，大きな余裕を保持することとなるため，設計強度を低減できることとされた。一方，ケーブルの強度に比べて極端に耐荷力が小さい場合には，地震時や架設時等の不慮の外力が作用した場合に弱点となり，また，ケーブル構造としての均衡がとれないことも考えられるため下限値が設けられたものである。

18.2.4　ケーブル部材の区分

(1)　ケーブル部材は，疲労耐久性が明らかであるとともに，疲労による機能の低下が生じないことが確認されたものでなければならない。

(2)　(3)の規定を満足するケーブル部材を用いる場合には，(1)を満足するとみなしてよい。

(3)　ケーブル部材は，表-18.2.1に示す区分のいずれかの条件下における200万回の繰返し載荷試験により，1)及び2)を満足するものであることを確認する。

1)　素線の破断数が2%以下とする。ただし，素線数が125本未満の場合は，素線の破断数が3本以下とする。

2)　ケーブル部材の引張強度の95%以上を有する，又はケーブル部材が実引張荷重の92%以上の引張強度を有する。

表-18.2.1　200万回繰返し載荷の条件とケーブル部材の区分

ケーブル部材の区分	200万回繰返し載荷における応力範囲(N/mm^2)	
	初期張力0.4*Pu*[1]又は0.45*Pu*[1]の場合	初期張力0.55*Pu*[1]又は0.6*Pu*[1]の場合
C1	194	160
C2	160	100
C3	130	80
C4	80	40

注：1) *Pu*はケーブルの引張強度とする。

(1)　18.3及び18.4の規定を適用できるための前提として，疲労耐久性に関する最低限の信頼性を有するケーブル部材を対象とする目的から規定されたものである。

(3) これまでの示方書では，ケーブルの材料規格は規定されていたものの，定着具を含むケーブル部材の品質規定はなかった。1)及び2)を満足することで，この示方書による耐荷性能及び耐久性能の照査基準が適用できるための前提条件である，ケーブル部材の機械的性質や疲労耐久性に対し影響の大きい品質項目が保証される。

この規定は，繰返し載荷を受けるケーブル部材の疲労耐久性の観点から，これまでの実績も踏まえて定められたものであり，ケーブル部材が所定の方法による200万回の繰返し載荷試験によっても破断が生じないことで，道路橋のケーブル部材として求められる疲労耐久性に関わる品質の最低限は保証されるとの考えから規定されたものである。

なお，近年我が国で道路橋に用いられてきたケーブルのほとんどはこれらの条件を満足している。

C1は平行線ケーブルの新定着法を用いる場合を想定して設定されている。C2はエポキシ樹脂被覆PC鋼より線及び亜鉛めっきPC鋼より線を現場製作ケーブルとして用いる場合を基に，疲労試験の結果及び海外基準を参考に設定されたものである。C3は，工場製作の平行線ケーブルの亜鉛鋳込み法及び現場製作の裸PC鋼より線によるケーブルを基に設定されたものであり，C4は，工場製作のロープ亜鉛鋳込み法によるケーブルを基に設定されたものである。

表-18.2.1に示す応力範囲は，それぞれの区分におけるケーブル部材の実績及び海外基準を参考に設定されたものである[3),4),5)]。また，初期張力は疲労試験における最大張力であり，従来のケーブル部材で用いられていた安全率を参考に設定されたものである。

そのため，新しい種類や形式のケーブル部材を適用する際には，表-18.2.1の試験を実施するとともに，示方書に規定されるケーブル部材と同程度の安全余裕が確保されることを個別に確認する必要がある。

18.3 ケーブル部材の限界状態1

軸方向引張力を受けるケーブル部材に生じる軸方向引張応力度が，式(18.3.1)による軸方向引張応力度の制限値を超えない場合には，限界状態1を超えないとみなしてよい。

$$\sigma_{tyd}=\xi_1 \cdot \Phi_{Yt} \cdot \sigma_{yk} \quad \cdots\cdots (18.3.1)$$

ここに，σ_{tyd} ：軸方向引張降伏応力度の制限値（N/mm^2）

σ_{yk} ：4章に示すケーブルの降伏強度の特性値（N/mm^2）

Φ_{Yt} ：抵抗係数で表-18.3.1に示す値とする。

ξ_1　：調査・解析係数で表-18.3.1 に示す値とする。

表-18.3.1　調査・解析係数，抵抗係数

<table>
<tr><th></th><th>ξ_1</th><th>Φ_{Yt}</th></tr>
<tr><td>i）ii）及びiii）以外の作用の組合せを考慮する場合</td><td rowspan="2">0.95</td><td>0.90</td></tr>
<tr><td>ii）3.5(2)3）で⑩を考慮する場合</td><td rowspan="2">1.00</td></tr>
<tr><td>iii）3.5(2)3）で⑪を考慮する場合</td><td>1.00</td></tr>
</table>

この示方書では，ケーブル部材についても部材の限界状態 1 及び限界状態 3 のそれぞれを超えないよう設計することが求められる。ケーブル部材では，部材応答が可逆性を失わない限界の状態である限界状態 1 を，ケーブルの応力が降伏強度に達したときとし，ケーブルの降伏強度の特性値に対して強度のばらつき等を考慮した部分係数が式（18.3.1）に与えられている。よって，ケーブルに発生する引張応力が式（18.3.1）に規定される制限値を超えない場合には，ケーブル部材が限界状態 1 を超えないとみなしてよいとされている。なお，前提とする定着具の安全性については，18.2.3(3)の規定を満足することで達成されると考えてよい。

ケーブルの降伏強度の特性値については，ケーブルでは明確な降伏点が現れないため，便宜的に降伏点として平行線ケーブル及び構造用ストランドロープでは 0.7% 又は 0.8% の全伸びのときの強度を，PC 鋼線及び PC 鋼より線では，0.2% の永久伸びのときの強度を，ケーブルの降伏強度の特性値としている。ケーブル部材にロープを使用する場合，18.4 の解説に示すよりべり効果を考慮する必要がある。式（18.3.1）によりべり効果を考慮する場合は，降伏強度の特性値は 4 章に示すケーブルの引張強度の特性値を用いて，式（解 18.3.1）及び式（解 18.3.2）に示す式で算出した値としてよい。式（解 18.3.1）はスパイラルロープ及びロックドコイルロープに適用し，式（解 18.3.2）はストランドロープに適用することができる。これはロープに 0.2% の永久ひずみが生じるときの荷重と破断荷重の種々の実験結果及び海外基準を参考に設定されたものである。なお，ロープのより方には普通よりとラングよりがあるが，ラングよりは形くずれしやすいため使用してはならない。

$\sigma_{yk}=\sigma_{uk}/1.5$ ……………………………………………………………（解 18.3.1）

$\sigma_{yk}=\sigma_{uk}/2.5$ ……………………………………………………………（解 18.3.2）

表-18.3.1 に示す抵抗係数は，ケーブルの降伏強度のばらつきに材料寸法の空間的なばらつきを考慮して，I 編 3.3 で規定されている①から⑨の作用の組合せを考慮する場合の値が 0.9 と定められている。一方，I 編 3.3 で規定されている⑩及び⑪の作用の組合せを

考慮する場合の抵抗係数は，これまでの示方書による場合と同等の安全余裕を確保するよう，1.00 が与えられている。

一方，調査・解析係数は，作用効果の算出過程に含まれる不確実性を考慮する係数として，これまでの実績も踏まえ 0.95 が与えられている。

18.4 ケーブル部材の限界状態 3

軸方向引張力を受けるケーブル部材に生じる軸方向引張応力度が，式（18.4.1）による軸方向引張応力度の制限値を超えない場合には，限界状態 3 を超えないとみなしてよい。

$$\sigma_{tud}=\xi_1\cdot\xi_2\cdot\Phi_{Ut}\cdot\sigma_{uk} \quad \cdots\cdots (18.4.1)$$

ここに，σ_{tud} ：軸方向引張応力度の制限値（N/mm^2）

σ_{uk} ：4 章に示すケーブルの引張強度の特性値（N/mm^2）

Φ_{Ut} ：抵抗係数で表-18.4.1 に示す値とする。

$\xi_1\cdot\xi_2$ ：調査・解析係数と部材・構造係数との積で，表-18.4.1 に示す値とする。

表-18.4.1 調査・解析係数，部材・構造係数，抵抗係数

	$\xi_1\cdot\xi_2$（ξ_1 と ξ_2 の積）	Φ_{Ut}
i） ii）及び iii）以外の作用の組合せを考慮する場合	図-18.4.1 及び図-18.4.2 より定める値のうち小さい方	0.90
ii） 3.5(2)3)で⑩を考慮する場合	図-18.4.1 及び図-18.4.2 より定める値のうち小さい方	1.00
iii） 3.5(2)3)で⑪を考慮する場合	図-18.4.1 及び図-18.4.2 より定める値のうち小さい方に 1.4 を乗じた値	1.00

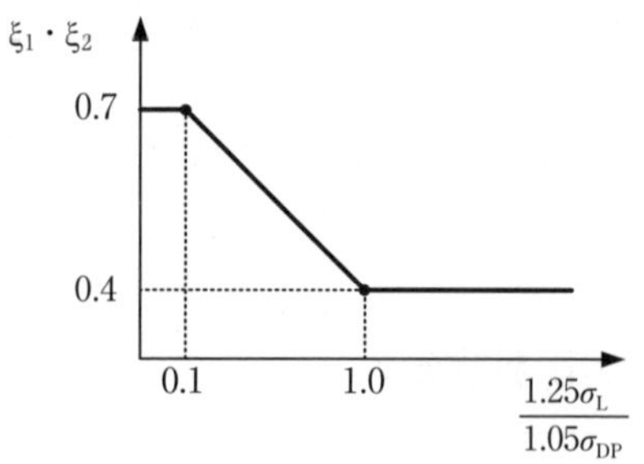

図-18.4.1　ξ_1 と ξ_2 の積と $1.25\sigma_L/1.05\sigma_{DP}$ の関係

ここに，σ_L　：活荷重（L）（衝撃を含む）によりケーブルに生じる応力度の最大値（N/mm^2）。ただし，σ_L の算出では荷重組合せ係数及び荷重係数を考慮しない。

σ_{DP}：ケーブルに導入される死荷重及びプレストレスにより生じる応力度（N/mm^2）。ただし，σ_{DP} の算出では荷重組合せ係数及び荷重係数を考慮しない。

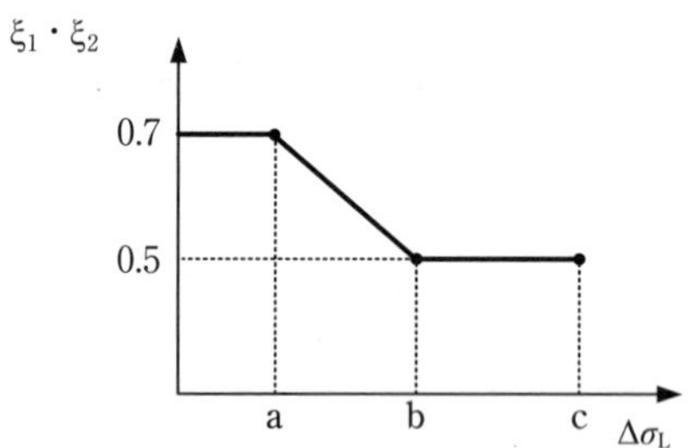

図-18.4.2　ξ_1 と ξ_2 の積と活荷重（L）（衝撃含む）によるケーブルの軸方向引張応力度の最大値と最小値の差の関係

表-18.4.2　図-18.4.2 における abc の値（N/mm^2）

ケーブル区分	a	b	c
C1	100	130	340
C2	70	120	240
C3	60	90	180
C4	30	60	120

ここに，	$\Delta\sigma_L$：活荷重（L）（衝撃を含む）によるケーブルの軸方向引張応力度の最大値と最小値の差（N/mm^2）。ただし，$\Delta\sigma_L$ の算出では荷重組合せ係数及び荷重係数を考慮しない。

ケーブル部材では，発生応力が引張強度に達したとき，ケーブル部材が最大耐力を発揮し破断に至る。この示方書では，この状態をケーブル部材の限界状態3と捉えている。

ケーブルの引張強度の特性値は4.1.2に規定されており，破断試験において試験片が破断に至るまでの最大強度である。ケーブルの引張強度の特性値は，国内で製造された平行線ストランド及び被覆平行線ストランドの強度統計データを踏まえ，ストランドの強度特性としての素線の強度特性の下限値とストランドの公称断面積の積として求めてよいこととされている。

ただし，必要に応じてよりべりの効果を考慮する必要がある。これは，平行線ストランドは鋼線が平行に集束されているため，鋼線のより合わせによる強度低下はなく，素線の集合体であるストランドの強度は素線の強度と同等であるためである。なお，被覆平行線ストランドについても，より角度は3.5°と小さく，より合わせによる強度低下はほとんどない。

よりを加えて製造されたケーブルの引張強度は，いわゆるよりべり効果等によってそれを構成する素線の引張強さの合計に比べて低下する。よりべり効果は，ロープの種類や素線の本数，よりのピッチ等の種々の因子に影響されるため，4.1.2に示す以外のロープやストランドを用いる場合には，実験等により機械的性質や破断荷重を求めることが必要である。また，同様の理由でストランドロープ，スパイラルロープ，ロックドコイルロープ等のより線の耐力は，素線の耐力に標準断面積を乗じた値に比べ低い値になる。その低減率はロープの断面構成以外に，製造方法やプレストレッチング等によってもばらつき，ストランドロープでは0.2～0.3であり，安全側の値としては0.3，スパイラルロープやロックドコイルロープでは約0.1である。よりべり効果を考慮する場合，引張強度の特性値は，4章に示す各種規格で規定された破断荷重（引張試験においてロープが破断に至るまでの最大荷重）をロープの公称断面積で除した値としてよい。

PC鋼材のPC鋼より線については，それを構成する素線をより合わせた製造後のPC鋼より線について引張強度を含めた機械的性質が確認されているので，その値を引張強度としている。ただし，PC鋼より線をさらに複数本より合わせて使用する場合には，引張強度などの機械的性質について，実験等によりその特性を確認する必要がある。

ケーブル部材に生じる軸方向引張応力度の制限値は，引張強度の特性値に部分係数を乗じたものとして，式（18.4.1）により与えられている。その部分係数は，調査・解析係数，部材・構造係数及び抵抗係数の積であり，その値は表-18.4.1に示されている。このうち抵抗係数については，ケーブルの降伏強度のばらつきに材料寸法の空間的なばらつきを考慮して，Ⅰ編 3.3 で規定されている①から⑨の作用の組合せを考慮する場合の値が 0.9 と定められている。一方，Ⅰ編 3.3 で規定されている⑩及び⑪の作用の組合せを考慮する場合の抵抗係数は，これまでの示方書による場合と同等の安全余裕を確保するよう，1.00 が与えられている。

調査・解析係数及び部材・構造係数は，作用効果を算出する過程に含まれる不確実性と，部材応答が弾性域を超えた後の挙動などを考慮するための係数である。ケーブル構造は，構造全体の挙動として弾性域を超えた後の非線形性も強く，部材相互の境界条件も個々の橋梁によって大きく異なることから，ケーブル部材に生じる作用効果を算出する過程に含まれる不確実性と，部材応答が弾性域を超えた後の挙動の不確実性とを明確に分離することができない。そのため，この示方書では，調査・解析係数と部材・構造係数の積として与えられている。

Ⅰ編 3.3 で規定されている①から⑩の作用の組合せを考慮する場合の調査・解析係数と部材・構造係数の積については，図-18.4.1 及び図-18.4.2 により定まる値のうち，いずれか小さいものを用いる。

一方，Ⅰ編 3.3 で規定されている⑪の作用の組合せを考慮する場合の調査・解析係数と部材・構造係数の積は，これまでの示方書による場合と同等の安全余裕を確保するよう，図-18.4.1 及び図-18.4.2 により定まる値のうち，いずれか小さいものに 1.4 を乗じた値を用いる。

これまでの示方書では，ケーブル構造の構造形式や橋の種類によって異なるケーブル部材の安全余裕が定められていた。ケーブル部材に確保すべき安全余裕の程度に関わる要因には，材料のばらつき，設計計算の精度，荷重の不確実な変動，荷重の振幅や発生頻度の影響，二次応力の影響，他の構造部位の安全余裕とのバランス，維持管理性，破断による影響などがある。このうち，特に影響の大きい荷重の不確実な変動と荷重の振幅や発生頻度の影響などの違いは，構造形式や橋の種類によって凡そ区分できる。そのため，これまでの示方書では，構造形式や橋の種類によって異なる安全余裕を確保することで，これらの不確実性を安全側に考慮することができていたと考えられる。

この示方書では，これらの不確実性に対し，ケーブル部材の発生する断面力に着目し，活荷重と死荷重の比率（以下，死活荷重比率）と活荷重による応力振幅の大きさに応じて異なる安全余裕を確保することで，構造設計上の配慮と合わせて合理的にケーブル部材の安全性が確保されるよう，これまでの実績の分析や様々な設計基準との比較をもとに見直されている。

図-18.4.1 は，死活荷重比率の違いに応じた安全余裕の設定を行うものである。図-18.4.1に示すように式（解 18.4.1）に示す死活荷重比率に応じて，調査・解析係数と部材・構造係数の積（以下，$\xi_1 \times \xi_2$）の値が与えられている。なお，Ⅰ編 3.3 で規定されている作用組合せでは，活荷重と死荷重（ケーブル張力を含む）の荷重係数がそれぞれ1.25及び1.05として与えられていることから，死活荷重比率は$1.25\sigma_L/1.05\sigma_{DP}$とされている。ただし，$\sigma_L$は荷重係数等を考慮せずに定まる活荷重による応力度に対し，衝撃の影響を考慮して算出する必要がある。

$$\frac{1.25\sigma_L}{1.05\sigma_{DP}} \quad \text{（解 18.4.1）}$$

ケーブル部材では，様々な要因によってケーブル部材の断面力に不確実な変動が生じうるものと考えられるが，少なくともそのような不確実な変動の大きさに応じた安全余裕を確保すべきと考えられる。この示方書では，その大きさを死活荷重比率によって代表させることとし，死活荷重比率の増加に応じて大きな安全余裕が確保されるよう，$\xi_1\times\xi_2$が定められている。なお，死活荷重比率に応じた安全余裕を定めるうえで，十分な物理的根拠を有する曲線を与えることが困難であることから，死活荷重比率と$\xi_1\times\xi_2$の関係は死活荷重比率の増加によって$\xi_1\times\xi_2$が減少する線形関係で与えられている。そして，ケーブル部材として最低限の安全余裕を確保すべきことから，$\xi_1\times\xi_2$の上限値が設定されている。また，死活荷重比率に代表させて評価しているものの，あくまでケーブル断面における固定的な作用と変動的な作用の割合に応じた安全余裕の調整を図ったものであり，変動の影響を過小評価することがないように，これまでの示方書による設計実績なども考慮したうえで，$\xi_1\times\xi_2$には下限値も設定されている。

図-18.4.1において，死活荷重比率が0.1までは，$\xi_1\times\xi_2$は一律0.7とされている。この値は，これまでの示方書により設計されたプレストレストコンクリート桁におけるPC鋼材や，偏心の少ない外ケーブル構造における死活荷重比率が0.1以下となることを踏まえるとともに，これまでのPC鋼材で確保されていた安全余裕を参考に，この示方書で規定されている荷重組合せによる効果も考慮して，定められている。

一方，死活荷重比率が1.0を超えた場合には，$\xi_1\times\xi_2$は一律0.4とされている。これらの値は，これまでのニールセンローゼ橋における斜材及び吊橋におけるハンガーロープにおける死活荷重比率の多くが1.0以上となる実績を踏まえ，これらのケーブルで確保されていた安全余裕を参考に，この示方書で規定されている荷重組合せによる効果を考慮して，定められている。

このように死活荷重比率に応じた安全余裕を確保することで，ケーブル部材の断面力に生じる不確実な変動の大きさに対し配慮することができる一方で，断面力の発生頻度や振幅の影響に対しては，必ずしも十分な安全余裕を確保することができない。ケーブル部材に発生する断面力の発生頻度や振幅は，疲労耐久性に影響を与えるものであるが，現状では適切な疲労照査用荷重の設定やケーブル部材の疲労強度等級等のデータも十分でなく，疲労耐久性を評価できる標準的な方法を示すことができない。そのため，この示方書では，L荷重による応力振幅に応じた$\xi_1\times\xi_2$を与えることで，疲労耐久性に対しても十分な安全余裕が確保されるよう配慮されている。図-18.4.2 及び表-18.4.2 には，L 荷重による応力振幅（着目ケーブルにおける L 荷重による最大値と最小値の応力度の差）によって変化する $\xi_1 \times \xi_2$ の値が与えられている。ただし，$\Delta\sigma_L$ は荷重係数等を考慮せずに定まる活荷重による応力度に対し，衝撃の影響を考慮して算出する必要がある。これまでの実績や疲労耐久性に関する考察から，応力振幅が大きい場合には疲労耐久性に与える影響も大きくなる可能性が高いことから，応力振幅の増加に応じて大きな安全余裕を確保する必要がある。この示方書では，L 荷重による応力振幅によって，ケーブル部材の断面力に生じる応力振幅を代表させることとし，L 荷重による応力振幅の増加に応じて大きな安全余裕が確保されるよう，$\xi_1 \times \xi_2$ が与えられている。なお，L 荷重による応力振幅と $\xi_1 \times \xi_2$ との関係は，基本的に，応力振幅の増加に伴い $\xi_1 \times \xi_2$ が減少する線形関係で与えられている。ただし，これまでの示方書により設計されたプレストレストコンクリート構造の PC 鋼材や，コンクリート斜張橋及び鋼斜張橋等において，二つの水準の安全余裕がとられていたことを踏まえ，$\xi_1 \times \xi_2$ の値には上限値と下限値が設定されている。

図-18.4.2 は，活荷重による応力振幅に応じて安全余裕の設定を行うものである。図-18.4.2 に示すようケーブルに発生する応力振幅の絶対値の大きさに応じて，$\xi_1 \times \xi_2$ の値が与えられている。

図-18.4.2において，ケーブルに発生する応力振幅が a の値以下の場合，$\xi_1 \times \xi_3$ の値は 0.7 とされている。また，応力振幅が b の値から c の値までとなる場合，$\xi_1 \times \xi_2$ の値は 0.5 とされている。0.7 及び 0.5 の値は，これまでこれらのケーブルで確保されていた安全余裕を参考に，この示方書で規定されている荷重組合せによる効果を考慮して定められている。a 及び b の応力振幅値は，100 年間相当の T 荷重の繰返し載荷が生じた場合でも十分安全が確認された応力振幅に対して，約 2.5 の安全余裕が確保されたものである。また，c の値は，b の値の基準とされた値であるため，c の値を超える応力振幅が生じる場合には，応力振幅の影響について別途検討し，この条文によらず適切な安全余裕を確保する必要がある。なお，図-18.4.2 に示される a，b，c の各値に対応する応力振幅は，表-18.2.1 で規定されているケーブルの区分によって異なることに留意する必要がある。

図-解 18.4.1 及び図-解 18.4.2 は，これまでの実績（国内の支間長 500m 以下の橋梁）による安全余裕の範囲を $\xi_1 \times \xi_2$ として表したものを，各橋梁において最大となる死活荷重比率及び応力振幅に応じて整理したものである。図-解 18.4.1 の死活荷重比率による実績の整理では，死活荷重比率の小さいエクストラドーズド橋において $\xi_1 \times \xi_2$ が大きく，死活荷重比率の大きいニールセンローゼ橋において $\xi_1 \times \xi_2$ が小さくなっている。この示方書による $\xi_1 \times \xi_2$ は，これらの傾向と合致している。一方で，死活荷重比率が比較的小さいコンクリート斜張橋や鋼斜張橋などにおいては，この示方書の死活荷重比率による $\xi_1 \times \xi_2$ では必ずしも実績と同等の安全余裕を確保できていない。この領域では，応力振幅の影響が顕著であると考えられ，図-解 18.4.2 の応力振幅による $\xi_1 \times \xi_2$ によって安全余裕が確保される。

応力振幅による実績の整理では，エクストラドーズド橋及び斜張橋において，これまでの傾向と合致したものとなっている。このように定められた図-18.4.1，図-18.4.2 及び表-18.4.1 による $\xi_1 \times \xi_2$ を用いることで，橋梁形式によらず，それぞれのケーブル部材が設計供用期間中に置かれる状況に応じてそれぞれの安全余裕が決定されることになる。なお単純な比較はできないものの，ケーブル部材の死活荷重比率の違いに応じた安全余裕の相違の傾向は米国や欧州の基準とも大きな乖離はなく，また標準的な規模及び条件のケーブル構造に対する試算では，概ねこれまでの示方書による場合と同程度の性能が得られることが確認されている。

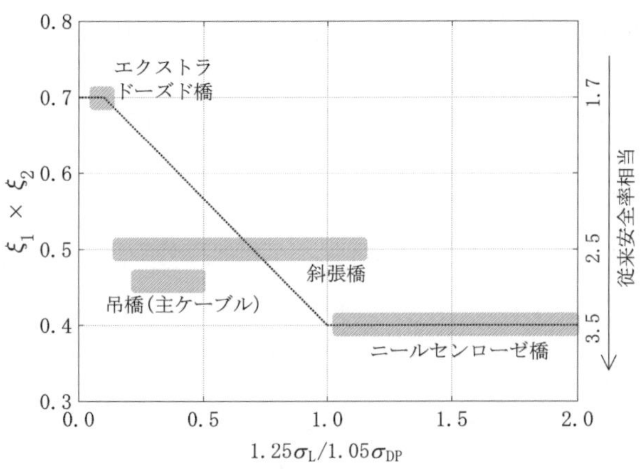

図-解 18.4.1　死活荷重比率による実績の整理

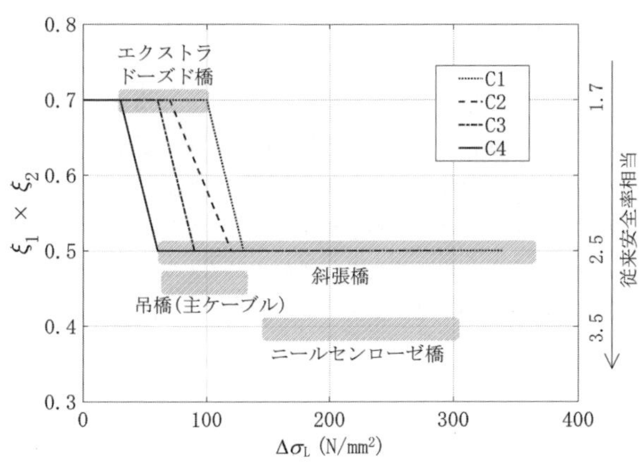

図-解 18.4.2　応力振幅による実績の整理

18.5　ケーブル構造

18.5.1　一　　般

(1)　ケーブル構造は，ケーブル部材から作用する力の影響を考慮したうえで，各部材が所要の耐荷性能を満足するとともに，ケーブル構造全体として求められる耐荷性能を満足するようにしなければならない。

(2)　ケーブル構造の設計にあたっては，ケーブルの剛性の影響，ケーブルの変形の影響及び構造物の風による振動に配慮しなければならない。

(3)　ケーブル構造の応答算出にあたっては，ケーブルの剛性の影響，ケーブルの変形の影響，部材間の挙動の違いを適切に考慮できる解析モデル及び解析理論によらなければならない。

(1)　ケーブル部材からの作用力を桁や塔などに伝達するケーブル定着構造を含めたケーブル構造について規定したものである。構造各部がケーブル部材からの作用力に対して安全であることはもちろん，構造各部が有する強度のバランスを適切に設定したうえで設計を行う必要がある。

ケーブル部材は，外部に露出しているため腐食による損傷が生じやすい。これまでにも，吊橋ハンガーロープは，腐食による断面欠損や疲労による破断などで取り替えた事例がある。斜張橋ケーブルでは，落雷や自動車の衝突，船舶の桁への衝突，大規模地震等によるケーブルの損傷のため，取替えが必要となった事例が国内外で報告されている。このため，そのような事象に対してケーブル部材を交換できるよう構造的な配慮について検討する必要がある。

さらに，ケーブル部材に損傷が生じた際にも，ケーブル構造として致命的な状態とならないように，ケーブル部材の配置や本数等に配慮することが必要となる。例えば，斜張橋においてケーブルを多段配置するマルチケーブル形式の場合には，仮に斜ケーブル１本が不測の事態で破断したとしても，橋全体系として落橋等の致命的な状態となることはほとんどないと考えられる。また，吊橋におけるハンガーロープについても同様であり，既往の橋梁と同様のハンガーロープの設置間隔であれば，仮にハンガーロープ１本が破断した場合にも，ただちに致命的な事態が生じることはほとんどないと考えられる。

なお，著しく斜ケーブルやハンガーロープの本数を減じるなど，これまでの構造と異なる場合には，ケーブル部材の取替え時の耐荷性能について検討を行うことが望ましい。なお，海外では，ケーブル構造の設計において，ケーブル部材１本が破断した場合の影響を考慮することを求めている事例もある[3)]。

(2)(3) 吊橋や斜張橋などのケーブル構造は可とう性に富んだ構造物であり，活荷重の載荷などによって大きなたわみや振動が生じることがある。このような場合に，自動車の安全な走行を阻害したり，歩行者に不快感を与える可能性がある。さらに，大きな変形や振動によって，ケーブル部材の定着具の近傍やケーブル定着構造に局所的な曲げによる応力が生じることとなり，耐荷力の低下や疲労損傷の発生が懸念される。そのため，有害な変形や振動が生じないように設計する必要がある。

また，ケーブル構造は，一般に柔構造となるため，風による橋の振動が課題となりやすく，振動が問題とならないよう，適切に耐風設計を行う必要がある。また，近年ポリエチレン等で被覆されたケーブルが長大斜張橋を中心に多く用いられるようになってきたが，これらの表面が滑らかなケーブルでは架橋地点の風の特性によっては振動を生じることがあり，制振対策が必要となる場合があるので注意が必要である。

振動対策としては，桁や塔などの部材断面を工夫することや，ケーブル部材に減衰を付加するためのダンパー構造の設置やケーブル表面形状の変更による対策など，多くの事例があり，「道路橋耐風設計便覧（日本道路協会)」が参考となる。

ケーブルは現場における不注意な取扱いによってその性質が著しく損なわれることが考えられるので，施工時の取扱いには十分に配慮する必要がある。特に，ポリエチレン被覆ケーブルに供用前にあったと考えられる被覆の傷や補修部より雨水が浸入して内部のケーブルが腐食した例も報告されている。

18.5.2 ケーブル定着構造

ケーブル定着構造の設計は，ケーブル部材からの作用力に対して行うことを原則とする。ただし，18.3 及び 18.4 に規定するケーブル部材の制限値の75%以上の強度をもつようにする。

ケーブル定着構造は，作用力に対して限界状態に対する制限値以下となるように設計することを原則とされた。ケーブル部材を製作の煩雑さを避けるなどの目的から，既製のケーブルタイプから同じ強度のケーブルを選定する場合には，ケーブルの作用力に対して大きな余裕を有するケーブルを選定することになる。ケーブル定着構造を，ケーブルの設計強度に対して設計すると，大きな余裕を保持することとなるため，設計強度を低減できることとした。なお，定着構造の剛性が著しく小さい場合には，地震時や架設時などの不慮の外力に対して弱点となったり，構造全体としての均衡がとれない場合がある。このため，ケーブル定着構造においては，9 章に規定する連結と同様に，作用力に対するほか，定着構造の強度の下限として，ケーブル部材の制限値の 75%以上となるよう規定したものである。

18.5.3 ケーブルバンド

> (1) ケーブルバンドは，作用力に対して安全となるように設計しなければならない。
>
> (2) ケーブルバンドは，ケーブルとの間ですべりが生じないようにしなければならない。
>
> (3) (4)及び(5)を満足する場合には，(1)及び(2)を満足するとみなしてよい。
>
> (4) ケーブルバンドは，ケーブルを均一に締付け，かつその締付け力の減少がなるべく少ない構造とする。
>
> (5) ケーブルバンドのすべり抵抗力の制限値は，ケーブルバンドに生じるすべり力に対して，4.0以上の安全余裕を確保する。

(1) ケーブルバンドの強度は，

1) ボルトの締付け力
2) ケーブルの変形
3) ハンガーの張力

によって生じる応力に対して安全に設計する必要がある。

(2) ここにいうケーブルバンドは次の用途のいずれかを有する金具である。

1) ハンガー張力をケーブルに伝達する
2) ケーブル断面形状を保持する
3) ストランドを分離する
4) ケーブルバンド，サドル等のすべり防止を補助する

1)から4)のいずれの用途でも，ケーブルバンドは一般にバンドとケーブルの間やケーブル構成要素間ですべらないよう設計する必要がある。

(3) ケーブルバンドは，ボルトによって締め付けられるが，このときケーブルは均一に締め付けるようにする必要がある。適正な空隙率を用いるとともに，バンド内面とケーブル表面とは密着させる必要がある。このため，ケーブルにロープケーブルを使用する場合は，バンド内面にロープ溝を切ったり，フィラーを介することがある。一般に，ロープ溝を切る方法の方が望ましいが，やむを得ずフィラーを用いる場合は，亜鉛・鋼線又はワイヤロープを素材とするフィラーがよい。締付け力は一般に以下の1)から4)の要因によって減少するので注意が必要である。

1) 締付けボルトのリラクセーション
2) 応力によるケーブルの細り
3) バンド締付け力によるケーブル素線亜鉛被膜のクリープ

4)　バンドとケーブルとの温度差

締付け力の減少を小さくするために，締付けボルトは締付け長を十分長くとることが望ましい。締付け長はケーブル径の80%以上を標準とする。また，締付けボルトはなるべく高材質のものを用い，ボルトの締付け応力度を大きくするのがよい。ただし，ケーブルの締付け応力度を過大にすることはケーブルの安全余裕を低下させるので注意する必要がある。

(5)　ケーブルバンドのすべりに対してすべり抵抗力の制限値は4.0倍以上とすることが標準とされているが，締付け力減少の要因について十分検討を加え，安全性が確かめられたときは，3.0倍以上としてよい。

なお，ケーブルバンドが取り付けられる吊橋主ケーブルやケーブルバンドに接合されるハンガーロープ等の各構造部材の安全余裕を踏まえた適切なすべり抵抗力の制限値を採用することが望ましい。

18.6　ケーブル構造の限界状態1

ケーブル構造は，ケーブル構造を構成する各部材等の限界状態1を超えないとみなせる場合には，限界状態1を超えないとみなしてよい。

ケーブル構造は，主として主塔，桁及び主構，床版，ケーブル部材等により構成されるが，構造全体として弾性応答する限界の状態を限界状態1と考えることができる。ケーブル構造を構成する各部材等が弾性応答する限界を超えず，かつ，ケーブル構造が全体として安定である場合には，少なくとも構造全体として弾性応答すると考えられる。この条文の各部材等とは，上記の趣旨を踏まえ，ケーブル構造を構成する各部材及びそれらから構成されるケーブル構造のことを意図したものである。したがって，ケーブル部材を構成する各部材のそれぞれが限界状態1を超えないとともに，ケーブル部材，桁部材及び塔によって成立する荷重支持能力を保持し，かつ，ケーブル構造が全体として安定であることを満足する場合には，ケーブル構造の限界状態1を超えないとみなしてよいとされている。

18.7　ケーブル構造の限界状態3

ケーブル構造は，ケーブル構造を構成する各部材等の限界状態3を超えないとみなせる場合には，限界状態3を超えないとみなしてよい。

ケーブル構造の限界状態3は，部材の一部に損傷が生じているものの，それが原因で荷重支持能力を完全に失わない限界の状態と考えることができる。ケーブル構造を構成するいずれかの部材が作用に対する耐荷力を失った場合，ケーブル構造として必要な耐荷力が失われる可能性が生じる。また，ケーブル構造を構成するいずれの部材も完全には耐荷力を失っていない場合でも，変位の影響によってケーブル構造全体が不安定化し，ケーブル構造としての耐荷力を喪失する可能性がある。この示方書では，これらの状態を限界状態3と捉えている。

この条文の各部材等とは，上記の趣旨を踏まえ，ケーブル構造を構成する各部材及びそれらから構成されるケーブル構造のことを意図したものである。したがって，ケーブル部材を構成する各部材のそれぞれが限界状態3を超えないとともに，ケーブル構造が全体として安定であることを満足する場合には，ケーブル構造の限界状態3を超えないとみなしてよいとされている。

なお，ケーブル構造の安定の照査にあたっては，適切な有効座屈長の設定による座屈耐荷力解析が必要な場合がある。また，橋全体系を対象とした全橋耐荷力解析を行うことによって，ケーブル構造の耐荷力の照査を行った事例もある[7)]。

18.8 防せい防食

ケーブル構造の設計にあたっては，6章及び7章の規定によるほか，ケーブル，定着具，定着構造，バンド及びサドルでは，発錆や防食機能の低下が生じないように，また，ケーブル構造の各部に滞水が生じないように，防せい防食処理の施工や排水に配慮しなければならない。

ケーブル構造の防せい防食法については6章及び7章によるが，特にケーブル部材としての重要度，交換の可否，維持管理の確実性及び容易さ等を勘案し，将来の維持管理を考慮して適切な方法を選定する必要がある。

なお，ケーブル部材の防せい防食法については長期間の耐久性に関するデータは十分とはいえず，現在採用されている方法についてもさまざまな改良が施されてきていることから，選定にあたっては十分な検討が必要である。

ケーブル部材は素線の集合体であるため内部に空隙があり，ケーブル表面だけからは内部の腐食や発せいの程度が判定できないことに注意する必要がある。また，ケーブル内の空隙に水分と酸素が供給されると著しく腐食が促進されるため，ケーブル表面を気密性の高い防せい防食層で覆うことが望ましく，素線には亜鉛めっき鋼線を使用する方法，又は素線間に樹脂等を充填する方法が一般的である。

ケーブル表面の防せい防食層は，吊橋の主ケーブルのように，現場で施工せざるを得ない場合と，斜張橋のケーブル部材のように工場で施工ができる場合とで大きく異なり，次のような方法が採用されている。

1)　現場で施工する防せい防食層

現場でケーブルを整形した後にワイヤをケーブルの周りに密に巻き付けて，その上に塗装を施すワイヤラッピング法が採用されている。近年，さらに気密性を向上させるためにゴム材による二重のラッピングをする方法やラッピングワイヤの形状を工夫しワイヤラッピング自体で気密性を向上させる方法も採用されている。

2)　工場で施工する防せい防食層

斜張橋のケーブル等では，ロープやストランド表面に，工場で直接ポリエチレン等のプラスチック材を被覆し，現場施工の軽減と防せい防食層の信頼性の向上を図る方法が多く採用されている。

また，工場でケーブルを構成するロープやストランドごとに被覆を行い，現場で所定の本数を束ねて所定のケーブルとする方法もある。なお，近年では内部充てん型エポキシ樹脂被覆 PC 鋼より線などの被覆材が多く採用されている。

3)　その他

工場で被覆まで行うケーブルの普及以前には，斜張橋のケーブル等ではポリエチレン管等でケーブルを覆って間隙に充てん材を圧入する方法も採用されてきた。また，ロックドコイルロープの場合には，表層の異形線が緊密にかみ合っているためロープ内部へ水等が浸入しにくい構造であることと，ロープ表面が比較的平滑になっているためロープに直接塗装する方法が用いられてきた。

また，吊橋の主ケーブルが定着されるアンカーフレーム部において，構造が複雑となり塗装の塗り替えが困難となること等から，定着部全体をカバーで覆って内部を除湿する方法や，長大吊橋の主ケーブルにおいて，ケーブル内部の空隙に乾燥空気を送ることで水分を除去する方法も採用されている。

以上のほか，ケーブルの構造上，防せい防食工の切れ目となりやすいサドル部やケーブルバンド部等は弱点となる場合が多く，雨水や塵埃の浸入，滞水の防止，結露水の速やかな排出が行える構造とする必要がある。また，塗装は経年による塗膜の消耗だけではなく，ケーブルの伸縮によるケーブル断面方向の割れが生じる場合がある。このため，割れの発生を防止するために高い伸び性能を有する被覆材料を適用することが望ましい。ポリエチレン被覆ケーブルについても，ソケットとの境界部において隙が生じるなどの完璧な防食は難しく，また供用前にあったと考えられる被覆の傷や補修部より雨水が浸入して内部のケーブルが腐食した例も報告されている。

確実な防食による耐久性を確保するためには，定期的な点検によって変状を早期に発見し，適切な補修の施工や定期的な塗替塗装を行わなければならない。

参　考　文　献

1）（一社）日本鋼構造協会：構造用ケーブル材料規格，1994. 10

2）日本道路公団，関門橋工事報告書，1977. 3

3）Post-Tensioning Institute（PTI）：Recommendations for Stay-Cable Design, Testing, and Installation，2012

4）公益社団法人土木学会：コンクリート標準示方書［規準編］「PC 工法の定着具および接続具の性能試験方法」(JSCE-E 503-1999)，2010

5）プレストレストコンクリート技術協会：PC 斜張橋・エクストラドーズド橋設計施工基準（PC 技術規準シリーズ），2009

6）DIN 1073 : Stahlerne Strassenbrucken, Berechnungsgrundlagen, 1974. 7

7）土木学会：鋼構造シリーズ 20　鋼斜張橋-技術とその変遷-［2010 年版］，2011. 2

19章　鋼　　管

19.1　適用の範囲

この章は，主として円形鋼管部材を使用する上部構造及び鋼製橋脚の設計に適用する。

鋼管についてはこの章の規定による。部材の最小板厚については5.2.1による。

19.2　一　　般

部材の設計についてはこの章及び5章によるほか，接合部については9章の規定による。

19.3　鋼　　材

(1)　鋼管部材に使用する鋼材は，1.4.2の規定を満足しなければならない。

(2)　鋼管部材に使用する鋼材について，(3)及び(4)による場合には，(1)を満足するとみなしてよい。

(3)　既製の鋼管を使用する場合

1)　鋼管は表-19.3.1による。

表-19.3.1　既製の鋼管の規格と種類

規格番号及び名称	鋼種
JIS G 3444 一般構造用炭素鋼鋼管	STK400
	STK490[1)]

注：1)　STK490の引張強さの上限は試験片を帯鋼又は鋼板から採取した場合610N/mm^2，鋼管から採取した場合は640N/mm^{2}とする。

2) 鋼管の選定は，表-19. 3. 2 による。

表-19. 3. 2 鋼管の選定

部材	製造方法別の分類	鋼種
主要部材	アーク溶接鋼管	STK400，STK490
	電気抵抗溶接鋼管	STK400
二次部材	アーク溶接鋼管	STK400，STK490
	電気抵抗溶接鋼管 シームレス鋼管 鍛接鋼管	STK400

3) 主要部材として使用する鋼管のシーム部分は，原則として JIS Z 3122：2013（突合せ溶接継手の曲げ試験方法）に規定する表曲げ試験を行い，わん曲部の外側に割れ，その他著しい欠陥が生じないことを確認する。ただし，曲げ試験の試験片の数は，同一ロットにおける同一寸法の管 1,250m 又はその端数ごとに 1 本を管端の溶接部から採取する。

(4) ローラー曲げ法又はプレス曲げ法により鋼板から製作する場合

1) 製作管に使用する鋼板は，表-19. 3. 3 による。

表-19. 3. 3 製作管に使用する鋼板の種類

規格番号及び名称	鋼種
JIS G 3101 一般構造用圧延鋼材	SS400
JIS G 3106 溶接構造用圧延鋼材	SM400A・B・C SM490A・B・C SM490YA・YB SM520C SM570
JIS G 3114 溶接構造用耐候性熱間圧延鋼材	SMA400AW・BW・CW SMA490AW・BW・CW SMA570W

ただし，表-19. 3. 3 は主として直径 300mm 以上，厚さ 6. 9mm 以上の鋼管を対象とする。

2) 鋼管は鋼板を成形ローラー又はプレスにより円筒形に曲げ加工したうえ，シーム部分をアーク溶接して製作する。

3) 鋼管の板厚による鋼種の選定は 1. 4. 2 の規定による。

(2) 鋼管部材に使用される鋼管の規格を示したものである。

(3) 既製の鋼管とは，製鉄会社で鋼管の形に製造されて製作者に供給されるものである。鋼材の規格は溶接性を考慮して表-19.3.1のように定めている。

STK490については，使用実績も比較的少なく，溶接上の欠陥を生じた場合の影響も大きいと思われる。したがって，引張強さの上限値を，試験片を帯鋼又は鋼板から採取した場合には，SM490又はSM490Yと同等の610N/mm²，試験片を鋼管から採取した場合には，鋼板の加工硬化による影響を見込み，鋼板の場合の610N/mm²に相当する640N/mm²としている。

既製の鋼管の製造方法には多くの種類があるが，現在我が国で広く用いられている製造方法の中から主要部材，二次部材別の選定基準を表-19.3.2に示している。アーク溶接鋼管と電気抵抗溶接鋼管は総合的にみて信頼度が高いので主要部材への使用を認めている。シームレス鋼管は厚さの精度が他よりも悪いため，また，鍛接鋼管は製造能力から小径のものに限られるため，それぞれ二次部材に限って使用できるものとしている。

既製の鋼管のうちアーク溶接鋼管，電気抵抗溶接鋼管を主要部材に使用する場合は，溶接部が完全であるかどうかを調べる目的で，原則としてJIS Z 3122：2013（突合せ溶接継手の曲げ試験方法）に規定する表曲げ試験を行って，わん曲部の外側に割れその他著しい欠陥が生じないことを確認することとした。ただし，軸方向力のみを受ける部材で，応力的にも余裕がある場合はこれを省略してもよい。

(4) ローラー曲げ法あるいはプレス曲げ法により鋼管を製作する場合に使用する鋼板の種類は表-19.3.3のとおりであるが，厚さ別の鋼種の選定は1.4.2の規定によればよい。ローラー曲げ法あるいはプレス曲げ法によって製作できる鋼管の最小径は約300mmである（図-解19.3.1参照）。

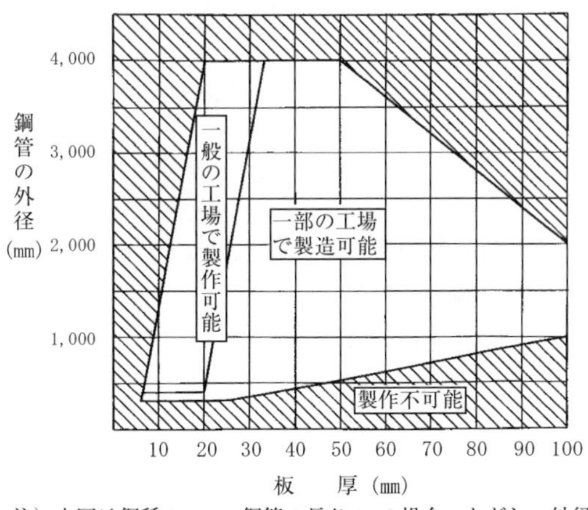

注）本図は鋼種SM490，鋼管の長さ6mの場合，ただし，外径1,400mm以上では鋼管の長さ3～4mの場合の目安を示す。

図-解19.3.1　ローラー曲げ法あるいはプレス曲げ法による鋼管の製作可能寸法

これ以上の直径のものでも鋼板の厚さ，長さ，材種及び成形ローラーあるいはプレスの能力によっては製作不可能な場合がある。したがって，設計にあたっては製作の可能性を検討しておく必要がある。

なお，この節に定めた鋼管のほかに遠心力鋳造鋼管が鉄道高架橋や建築関係等に使用されているが，道路関係への使用実績はまだ少ないので，これについては対象外とした。

19.4 補剛材

(1) 鋼管部材は，せん断及びねじれによる座屈又は局部的な変形が防止できる構造としなければならない。

(2) 1)及び2)の規定を満足する補剛材を設ける場合には，(1)を満足するとみなしてよい。

1) 補剛材の最大間隔

鋼管部材には環補剛材又はダイアフラムを設けるのを原則とし，その最大間隔を鋼管の外径の3倍とする。ただし，$R/t \leqq 30$ の範囲にある場合は，これを省略することができる。

2) 環補剛材の剛度

環補剛材の突出脚の幅及び厚さは，それぞれ式（19.4.1）を満足しなければならない。

$$\left.\begin{array}{l} b \geqq \dfrac{d}{20} + 70 \\ t \geqq \dfrac{b}{17} \end{array}\right\} \quad \cdots\cdots (19.4.1)$$

ここに，b ：環補剛材の突出脚の幅（mm）

t ：環補剛材の板厚（mm）

d ：鋼管の外径（mm）

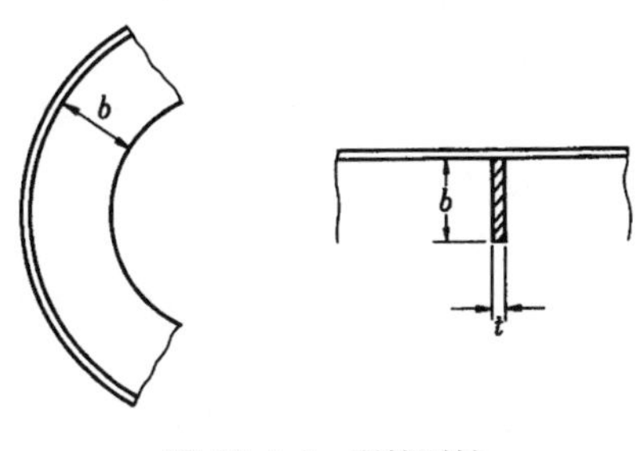

図-19.4.1　環補剛材

(2) 1)　鋼管部材には，せん断及びねじれによる座屈又は局部的な変形を防止するため，原則として環補剛材又はダイアフラムを設けることとし，その最大間隔は表-19.8.3に定めた局部座屈に対するせん断降伏強度を考慮して鋼管の外径の3倍としている。ただし，$R/t \leqq 30$の範囲にある場合は，設計，製作上の便宜を考えて補剛材を省略できるものとしている。この場合の局部座屈に対するせん断降伏強度は表-19.8.3の規定による。

2)　環補剛材の必要剛度については研究資料が乏しく不明の点が多いが，実施例等を参考にしてその最小寸法を式（19.4.1）のように定めている。この式による場合は，一般に補剛材の断面二次モーメントの照査は不要である。ただし，荷重集中点については19.6.5の規定による。

19.5　鋼管の継手

(1)　鋼管を連結する場合の継手は，応力伝達を確実にするとともに，局部変形の防止，じん性の確保ができるものでなければならない。

(2)　(3)から(5)による場合には，(1)を満足するとみなしてよい。

(3)　鋼管と鋼管とを軸方向に連結する場合は，高力ボルト又は溶接による直継手とし，二次部材でやむを得ない場合を除き，原則としてフランジ継手を用いてはならない。

(4)　部材軸の方向が異なる他の部材と鋼管とを連結する場合は，ガセット継手又は分岐継手とする。

(5)　鋼管を連結する場合の継手の構造細目は19.6.1から19.6.4までの規定による。

(3) 鋼管と鋼管を軸方向に連結する継手形式としては，

1) 高力ボルト，溶接による直継手（図-解 19.5.1）

2) 鋼管端部にフランジ・リブを設け，高力ボルトの引張力を利用したフランジ継手（図-19.6.1）の2形式が考えられるが，応力伝達の確実な直継手によることにしている。しかしながら，小口径鋼管については，施工上直継手によりがたい場合もあるので，二次部材でやむを得ない場合はフランジ継手も認めることにしている。

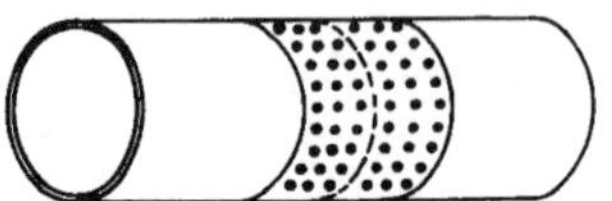

(a) 高力ボルトによる直継手例

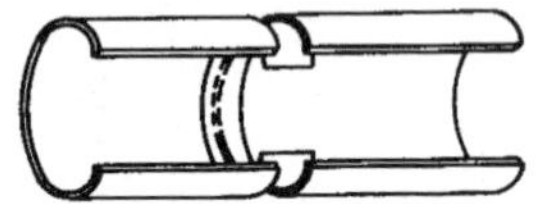

(b) 溶接による直継手例

図-解 19.5.1 直継手

なお，裏当て金を用いた溶接継手は，疲労耐久性上必要な溶接品質の確保が困難であり，特に鋼管構造で密閉構造とした場合には非破壊検査による品質の確認も困難であることから用いないことが望ましい。疲労設計については，8章の解説を参考にするのがよい。

(4) 部材の連結法として，従来より用いられているガセット継手のほかに部材軸の方向が異なる鋼管どうしを直接連結する分岐継手を鋼管独自の継手として規定している。

19.6 構造細目

19.6.1 直 継 手

高力ボルトによる鋼管の直継手では，高力ボルトの間隔は円周方向に一定とし，線間距離及びピッチを変化させないのを原則とする。

なお，連結板の分割は4箇所以内を原則とする。

連結板を使用して鋼管どうしを直接連結する場合，鋼管の等方性を保ち，また応力の不均等な伝達を避けるため，高力ボルトはできるかぎり均等に配置するのがよい。また，連結板は架設時の作業性を考慮して分割することが多いが，その個数を剛性保持の面より4箇所以内とするのを原則とする（図-解 19.6.1）。

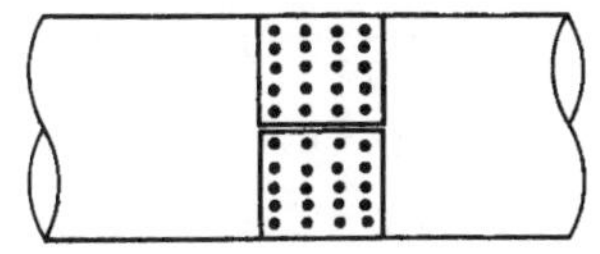

図-解 19.6.1　連結板の4分割使用例

19.6.2　フランジ継手

フランジ継手は，ダブルフランジ継手又はリブ付きフランジ継手とする(図-19.6.1)。

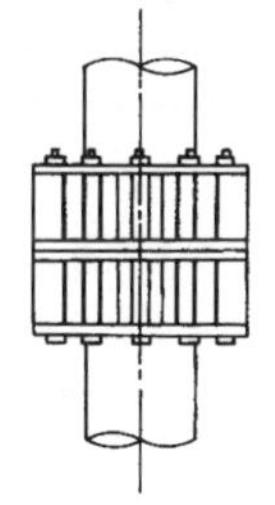

(a) ダブルフランジ継手

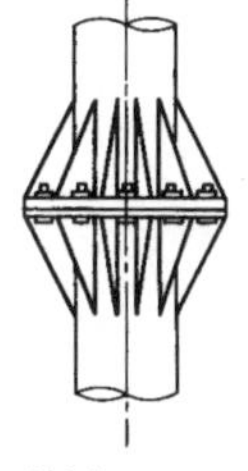

(b) リブ付きフランジ継手

図-19.6.1　フランジ継手

現場継手の一つにフランジ継手がある。これは高力ボルトによる引張継手であるが，近年鋼管構造の増加に伴い小口径の鋼管の継手形式として採用されている。この種の継手形式には，

1) ダブルフランジ継手
2) リブ付きフランジ継手
3) リブなしフランジ継手

の3種類があるが3)の形式については，てこ作用（prying effect）等の未解決の問題もあるので採用しないこととされた。

19.6.3　ガセット継手

(1) ガセットプレートを主管の管軸方向に取り付ける場合は，通しガセットとするかリブをつけて主管を補強する（図-19.6.2(a),(b))。ただし，横構のように主管からの力が比較的小さく，かつ主管の管軸方向に作用する場合はその限りではない。

(2) 環補剛材のない格点における管軸直角方向のガセット及び補剛リブの取付幅は，鋼管の中心角が 120° となるように定める（図-19. 6. 2(b), (c)）。なお，図-19. 6. 2(c)のような場合は，必要に応じてガセットプレートはリブ等で補強する。また，ガセットプレートの支管側先端はまわし溶接を行った後になめらかに仕上げる（図-19. 6. 2(a)）。

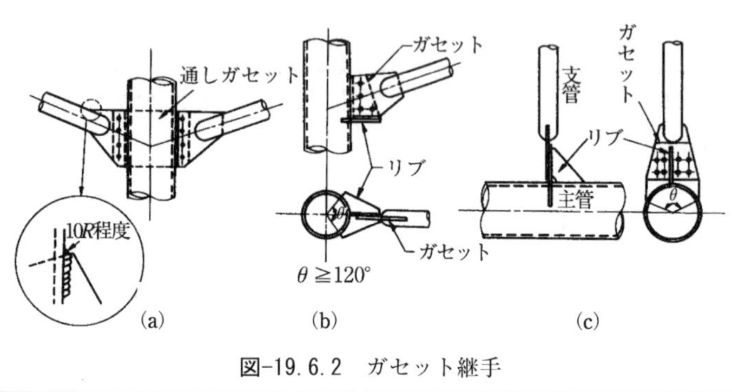

図-19. 6. 2　ガセット継手

鋼管は，ねじり等に対し高い剛性を有しているが，図-解 19. 6. 2 のように管軸方向のガセットを介して集中荷重を受ける場合は局部変形を生じやすい。このような場合は通しガセットとするか管軸直角方向のリブで補強することにしている。また，ガセットプレートの溶接は疲労強度が低く疲労耐久性確保上の弱点となるので，まわし溶接を行った後グラインダー等でなめらかに仕上げることとした。なお，疲労に関する事項については，この編の 8 章の規定に従う必要がある。

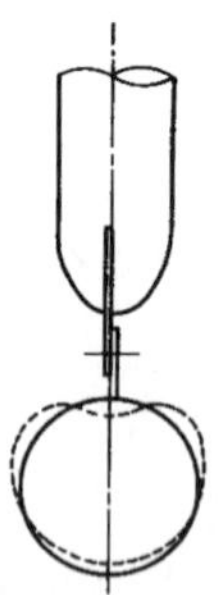

図-解 19. 6. 2　ガセット継手部の局部変形

19.6.4　分岐継手

鋼管の分岐継手においては，1)から5)の条件を満足しなければならない(図-19.6.3)。

1)　主管の板厚は$R/30$以上とし，原則として支管の板厚以上であること。

2)　支管の外径は，主管の外径の1/3以上であること。

3)　両管の交角が30°以上であること。

4)　両管の管軸に偏心がないこと。ただし，支管が二次部材でやむを得ない場合は，支管側へ$d/4$の範囲で偏心させることができる（図-19.6.4)。

5)　支管管端の切断は鋼管自動切断機によること。

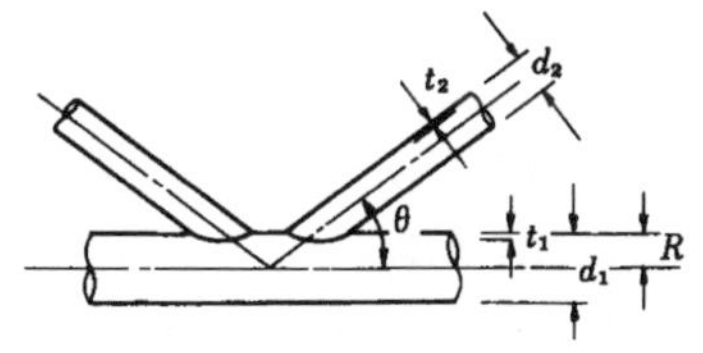

1)　$t_2 \leqq t_1$，$t_1 \geqq \dfrac{R}{30}$

2)　$d_2 \geqq \dfrac{1}{3} d_1$

3)　$\theta \geqq 30°$

図-19.6.3　分岐継手

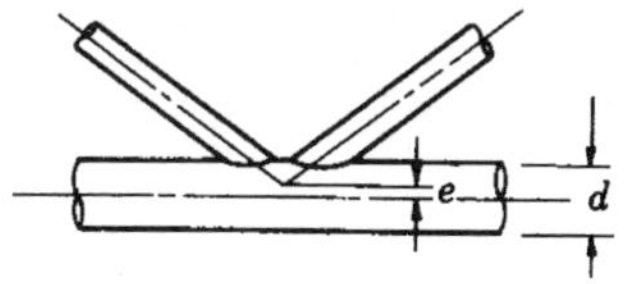

$e \leqq \dfrac{d}{4}$

図-19.6.4　偏心のある分岐継手

分岐継手は鋼管独特のもので，2つの鋼管がある角度をもって交わる継手である。分岐継手の継手効率に影響を及ぼすものとして主管と支管の板厚，主管と支管の外径比，主管と支管の交角及び2つの鋼管が1点で交差する場合の偏心量等があるが，これらについては文献4)を参考に条文のように定めている。また，この継手は部材端部の開先加工の良否が継手性能を支配するので，切断は自動鋼管切断機によるものとしている。なお，参考までに分岐継手において相貫線の位置が節点の強度Pに及ぼす影響を図-解 19.6.3に示す。

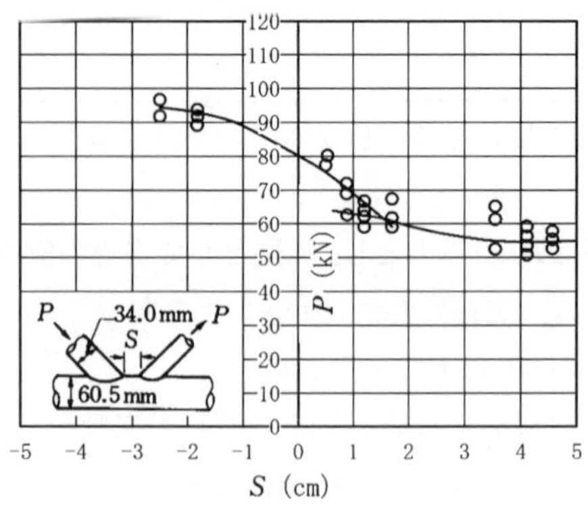

図-解 19.6.3　相貫線の位置が節点の強度 P に及ぼす影響

19.6.5　格点構造

(1)　集中荷重が作用する格点部や支承部は，局部的な変形を防止し，円滑な応力の伝達を図れる構造としなければならない。

特に，格点部の設計にあたっては，局部変形に起因する付加応力を考慮し，その影響が小さくなるようにしなければならない。

(2)　(3)から(6)による場合には，(1)を満足するとみなしてよい。

(3)　集中荷重が作用する格点部や支承部は，原則として環補剛材又はダイアフラムで補強する。

(4)　格点部の変形量は式（19.6.1）を満足しなければならない。

$$\delta \leqq \frac{R}{500} \quad \cdots\cdots (19.6.1)$$

ここに，δ ：格点部変形量（mm）

R ：鋼管の半径（mm）

(5)　環補剛材の断面二次モーメントが一定の場合，格点部の変形量は式（19.6.2）により算出してよい。

$$
\left.\begin{array}{l}
\text{支材と併用する場合} \\
\delta = 0.007\,\dfrac{PR^3}{EI} \\
\text{環境剛材のみの場合} \\
\delta = 0.045\,\dfrac{PR^3}{EI}
\end{array}\right\} \quad \cdots\cdots (19.6.2)
$$

ここに，P ：作用荷重（N）

I ：環補剛材の断面二次モーメント（mm^4）

E ：ヤング係数（N/mm^2）

δ ：格点部変形量（mm）

R ：鋼管の半径（mm）

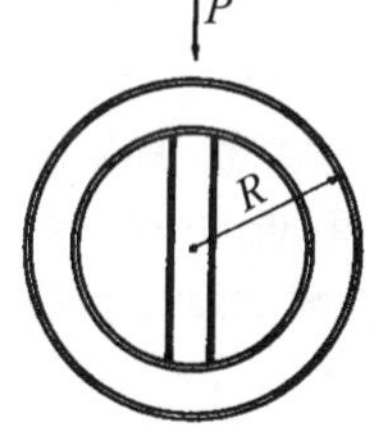

(a) 支材と併用する場合

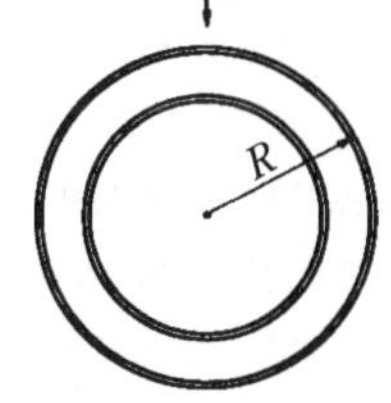

(b) 環補剛材のみの場合

図-19.6.5　環補剛材の形式

(6) 環補剛材の断面二次モーメントを算出する場合の鋼管の有効幅は，式（19.6.3）による。

$$\lambda = 0.78\sqrt{Rt} \quad \cdots\cdots (19.6.3)$$

ここに，λ ：鋼管の有効幅（mm）

t ：鋼管の板厚（mm）

R ：鋼管の半径（mm）

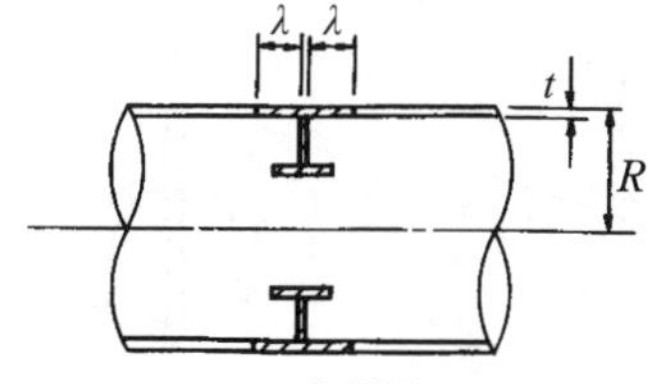

λ：有効幅

図-19.6.6　鋼管の有効幅

この条文は，アーチ，補剛アーチ等の主構部材やラーメン橋脚の柱等に大口径鋼管を用いた場合の格点部や支承部について規定したものである。鋼管は軸方向圧縮力及びねじれ等に対して有利な反面，集中荷重を受けた場合に半径方向の剛性は小さい。したがって，図-解 19.6.4 及び図-解 19.6.5 に示すような場合，環補剛材等を設けて変形を防止し，円滑な応力の伝達を図る必要がある。

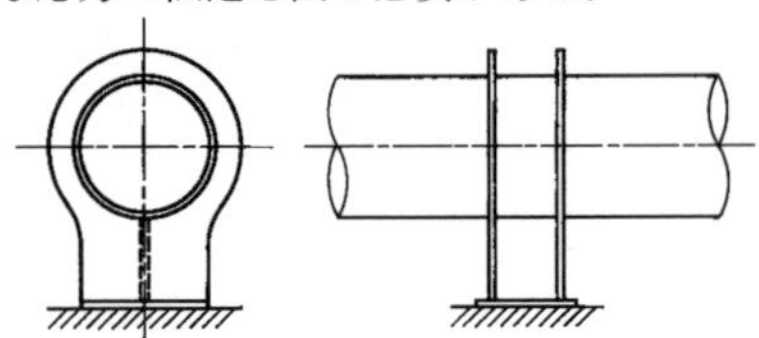

図-解 19.6.4　連続ばり中間支点

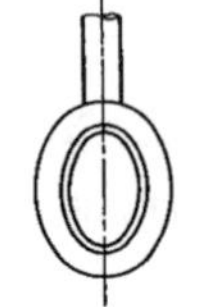

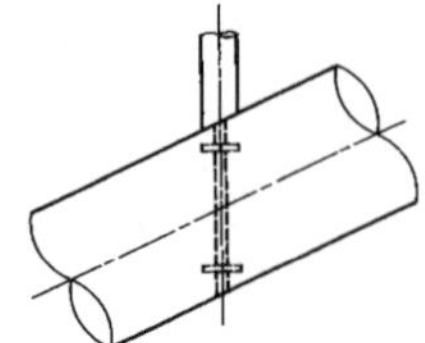

図-解 19.6.5　アーチリブ格点

(4)　どの程度の剛性を有する補剛材を設けるかを定量的に規定することは，構造物の形式，使用目的等によって異なるため難しいが，この条文では，アーチ部材の格点剛度に関する実験研究結果等を参考にして式（19.6.1）を満たすような補剛を行うものとしている。この規定を満たす格点は，局部的変形に起因する付加応力の影響が少なく，鋼管は単純なはり理論を用いて設計してもよいことが上記の実験で確認されている。

(5)　変形量の計算については種々の理論式があるが，この条文では，せん断流理論を適用して解析した簡便式（19.6.2）を示している。

環補剛材の応力計算をする場合，一般に図-解 19.6.6(b)(c)に示すような円環ばりは三次不静定構造であり，その解析はかなり煩雑なものとなるので，代表的な荷重状態について，せん断流理論による曲げモーメント，せん断力及び軸力の計算結果を図-解 19.6.7 に示している。

(6)　環補剛材を設計する場合の有効幅については，これまでの示方書と同様に水圧鉄管に実績を有する米国内務省開拓局の計算基準に過去に示されていた規定を基にした式（19.6.3）を踏襲し規定している。

なお，格点であっても 19.6.3 及び 19.6.4 にそれぞれ示すようなガセット継手又は分岐継手においては，この条の規定は適用しない。

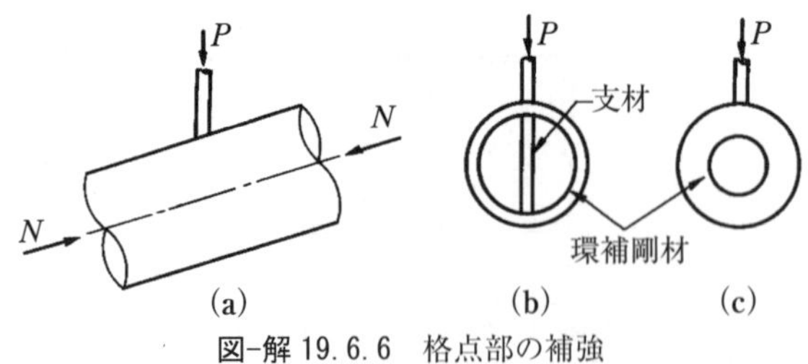

図-解 19.6.6　格点部の補強

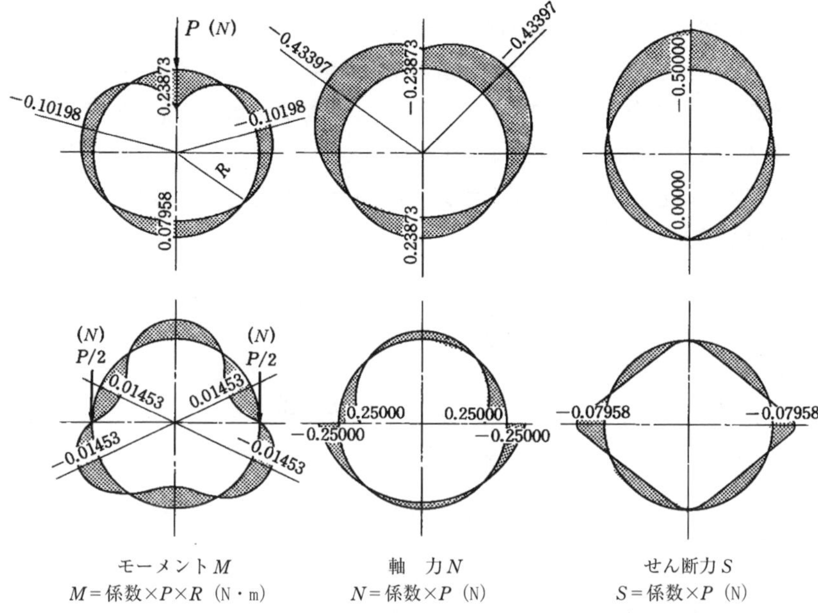

図-解 19.6.7　円周方向断面力図（数値は断面力を求めるための係数を示す）

19.6.6　単一鋼管部材

(1)　鋼管を細長比の大きい部材として使用する場合は，5 章の規定によるほか，特に風による振動に対して疲労耐久性が確保できる構造としなければならない。

(2)　(3)から(5)による場合には，(1)を満足するとみなしてよい。

(3)　鋼管の外径は式（19.6.4）による。

ただし，特別な振動対策を講じたうえその効果を風洞実験等で確かめた場合及び直接風の影響を受けない部材についてはこの限りでない。

$$d \geqq \frac{l}{30}\sqrt{\frac{8}{t}} \qquad \text{ただし } d \geqq \frac{l}{40} \cdots\cdots (19.6.4)$$

ここに，l ：部材長又は有効座屈長（m）

d ：鋼管の外径（m）

t ：鋼管の板厚（mm）

(4) (3)に従って設計した鋼管部材の端部を溶接により連結する場合は，全周溶接する。またその形状は，一般にすみ肉溶接による溶接継手とし，d が $l/25$ 以下の場合は，図-19.6.7のようにレ型開先を用いた完全溶け込み溶接又は部分溶け込み溶接による溶接継手とする。

(5) 鋼管にやむを得ずガセットプレートやリブを取り付ける場合に，19.6.3の規定による。

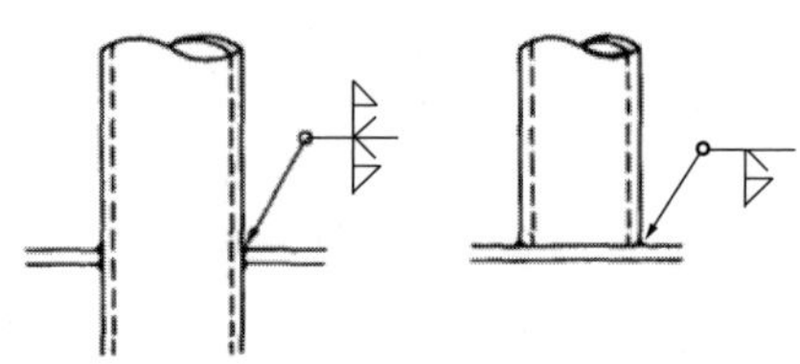

図-19.6.7　単一鋼管部材の端部の溶接方法（$d \leqq l/25$）

(2) 細長比の大きい支柱，吊材等は比較的低風速の風が吹く場合，カルマン渦の周期的な発生により振動を起こし，部材端の連結部から疲労破壊する場合がある。単一の鋼管部材では特にこの傾向が著しいのでその対策を定めている。

(3) 風による振動性状を解明するには各種の空力係数や構造物の減衰性能を把握する必要があるが，これらの実測値のばらつきはかなり大きいのが普通であり，この条文の作成にあたっては次の数値を仮定している。

ストローハル数	$S = 0.2$
揚力係数 C_L	図-解19.6.8による
倍率係数	$\pi/\delta = 150$（δ は対数減衰率）

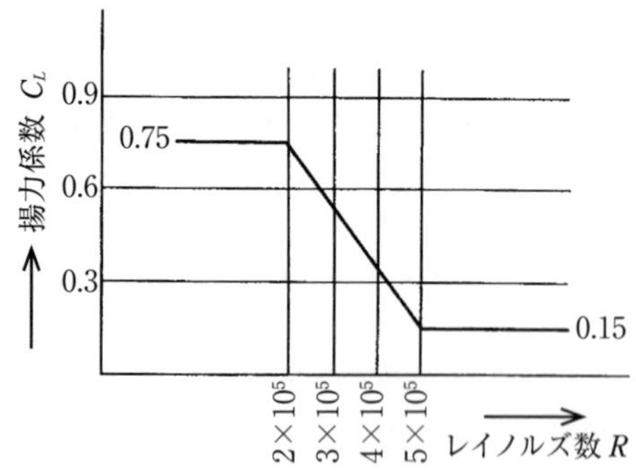

図-解19.6.8　揚力係数 C_L

これらの数値と部材の固有振動数から式（解 19.6.1），式（解 19.6.2）及び式（解 19.6.3）により共振風速 v，最大振幅 h 及び最大曲げ応力度 s を求めることができる。

共振風速

$$v = \frac{fd}{S} \quad (\mathrm{m/s}) \quad \cdots\cdots（解 19.6.1）$$

ここに，d = 鋼管の外径（m）

f = 鋼管部材の固有振動数（Hz）

最大振幅

$$\left.\begin{aligned} \eta &= \frac{v^2 d l^4}{0.4\pi^5 EI} C_L \frac{\pi}{\delta} \quad (\mathrm{m})\ \text{両端単純支持} \\ \eta &= \frac{v^2 d l^4}{2\pi^5 EI} C_L \frac{\pi}{\delta} \quad (\mathrm{m})\ \text{両端固定} \end{aligned}\right\} \cdots\cdots（解 19.6.2）$$

ここに，l ：部材の長さ（m）

EI ：部材の曲げ剛性（N・m^2）

C_L ：揚力係数

最大曲げ応力度

$$\left.\begin{aligned} \sigma &= \frac{E\pi^2 d}{2l^2} \eta \ (\mathrm{N/mm^2})\ \text{両端単純支持} \\ \sigma &= 2.65 \frac{E\pi^2 d}{2l^2} \eta \ (\mathrm{N/mm^2})\ \text{両端固定} \end{aligned}\right\} \cdots\cdots（解 19.6.3）$$

いま，部材に作用している軸方向力の影響は通常数パーセントなので無視すると，共振風速と部材の l/d との関係は図-解 19.6.9 のようになる。また最大振幅，最大曲げ応力度の大きさは，揚力係数が限界レイノルズ数（3.5×10^5）付近で急変するため l/d の関数としてなめらかな線を描くことはできないが，おおよそ表-解 19.6.1 のようになる。

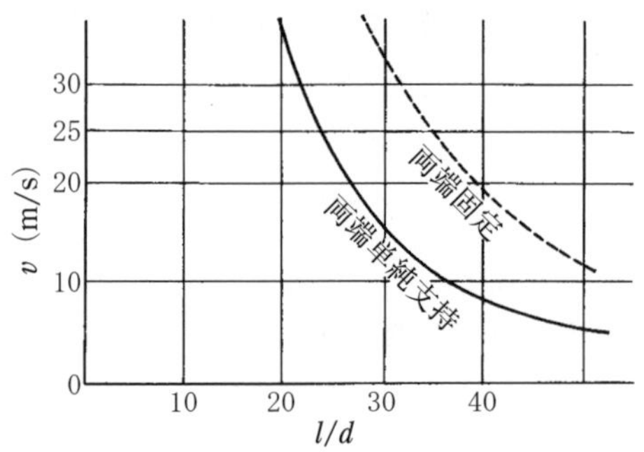

図-解 19.6.9　l/d 値と共振風速の関係

表-解 19.6.1　最大振幅と最大曲げ応力度（$l/d<40$，鋼管の板厚 $t=8$mm の場合）

	最大振幅 η/l	最大曲げ応力度（N/mm^2）
両端単純支持	1/800 ～ 1/400	40 ～ 60
両端固定	1/800 ～ 1/400	100 ～ 160

以上を総合して考察すれば，両端単純支持の場合，$l/d<40$ 程度であれば共振風速がかなり低いため振動を起しやすいが，発生する曲げ応力度は小さく部材の疲労は問題にならない。また，振幅も小さいので座屈安全度の低下も無視できる。

次に，両端固定の場合，共振風速が大きく剛性が大きいことから振動による曲げ応力度が相対的に大きくなり，振動が頻繁に生じる場合は疲労破壊に至るものと考えられる。したがって，共振風速を 25m/s 程度まで高めて一定風速の風が吹き続ける頻度を少なくするとともに，l/d の最大値を 30 ないし 35 程度とするなど，疲労に対する配慮が必要である（図-解 19.6.9 参照)。さらに，この種の部材の端部の接合には，一般にすみ肉溶接が用いられるが，継手の疲労強度が低く，疲労に対する安全性の確保に十分な注意が必要である。

上記と同じ主旨から，単一鋼管部材には 5.2.2 に定める細長比とは別に式（19.6.4）による制限を設けている。また，鋼管の厚さは共振風速とは無関係であるが，最大振幅及び最大曲げ応力度とは反比例の関係にあるので厚さが 8mm より大きいものは l/d を 40 まで緩和できることにしている。振動の発生を防止し，又は振動の性状を安全なものに変えるために特別の対策を講じ，その効果を風洞実験等で十分に確認した場合は，この条文の規定によらなくてもよいが，抗力係数や部材重量の増加及び美観への影響等にも注意をはらうことが必要である。また，地域的，地形的に季節風等の卓越する地点に設けられる構造物については，観測資料を参考にして安全を確認しておくことが望ましい。

(4) 以上のように，この条文の規定はあくまで振動の大きさや頻度を制限するものであるため，この条文の規定によって設計を行った場合でも多少の振動の発生があり得る。したがって，部材の端部では必ず全周溶接を行って疲労強度の低下を防ぐこととしている。d が $l/25$ 以下のものでは，特に振動が発生しやすいのですみ肉溶接よりも理論のど厚が大きくなる部分溶込み開先溶接を用いる。ガセットやリブ等のように突出した材片を溶接するのは，疲労強度を考えた場合好ましくないので，なるべく避けた方がよいが，やむを得ずこれらを取り付ける場合は 19.6.3 の規定によりその先端部をなめらかに削り仕上げする。なお，疲労に関する事項は 8 章による。

19.6.7 屈曲管の曲げ角度

屈曲管を用いる場合には，折曲部の付加応力や局部座屈に対して安全となるようにする。

ただし，屈曲管を用いて部材を構成する場合，折曲角度が式（19.6.5）を満足する場合は，直線部材として設計してよい。

$$\theta \leqq 0.04\,\frac{d}{L} \quad \cdots\cdots (19.6.5)$$

ここに，θ ：折曲げ角（rad），円弧アーチの場合 $\theta = L/R_a$

d ：鋼管の直径（m）

L ：直線部材長（m）

R_a ：アーチの曲率半径（m）

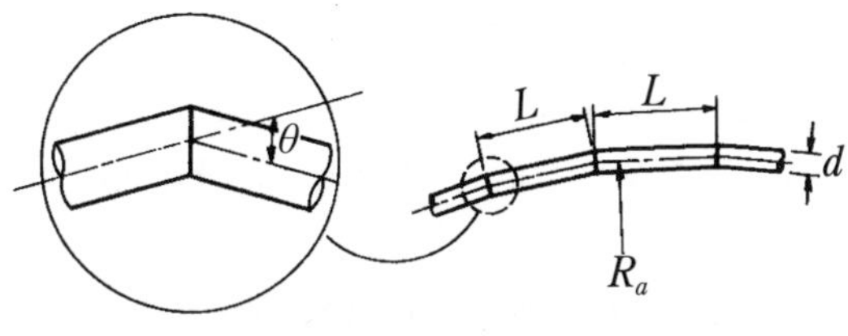

図-19.6.8 屈曲管

屈曲管の折曲角度が小さい場合は，その部材を直線部材として設計することができる。式（19.6.5）は，部材が折曲がっていることによる付加応力が，直線部材の応力度のほぼ 2% 以下になるように定めたものである。

また，折曲部の局部座屈については，この程度の曲げ角度では無視してよいことが実験により確かめられているので，特に考慮しなくてもよいこととされた。

19.7　鋼管部材の限界状態1

19.7.1　軸方向圧縮力を受ける鋼管部材

軸方向圧縮力を受ける鋼管部材が，19.8.1の規定を満足する場合には，限界状態1を超えないとみなしてよい。

この示方書では，軸方向圧縮力を受ける鋼管部材の限界状態は，19.8.1の解説に示すとおり，5.4.4の解説に示す限界細長比パラメータを閾として異なるとしている。

細長比パラメータが限界細長比より小さい領域では，軸方向圧縮力の増加に対して鋼管部材は降伏強度付近で軸方向変位や面外変位に非線形性が発生することで可逆性を失う。軸方向変位や面外変位に非線形性が発生したのちの挙動については明確でなく，実構造物では様々な不確実性があることを考慮し，この示方書ではこの状態を限界状態3と捉えている。一方，細長比パラメータが限界細長比より大きい領域では，軸方向圧縮力の増加に対して鋼管部材全体が降伏強度に達する前に面外変形が生じ，部材として最大強度に達するため，この状態を限界状態3と捉えている。ここで，いずれの場合も限界状態3と区別して別に可逆性を失う限界状態を明確に示すことが困難である。これらを踏まえて，いずれの領域についても限界状態3を超えないとみなせる条件が，19.8.1において限界状態1を超えないとみなせることにも配慮して規定されている。そのため，19.8.1の規定に従って，限界状態3を超えないとみなせる場合には，限界状態1を超えないとみなすことができるとされている。

19.7.2　軸方向引張力を受ける鋼管部材

軸方向引張力を受ける鋼管部材が，5.3.5の規定を満足する場合には，限界状態1を超えないとみなしてよい。ただし，部分係数は表-19.7.1に示す値とする。

表-19.7.1　調査・解析係数，抵抗係数

	ξ_1	Φ_{Rt}
i）ii）及びiii）以外の作用の組合せを考慮する場合	0.90	0.85
ii）3.5(2)3)で⑩を考慮する場合		1.00
iii）3.5(2)3)で⑪を考慮する場合	1.00	

軸方向引張力を受ける鋼管部材では，鋼管部材に生じる応力度が鋼材の降伏強度に達する状態を限界状態1とし，5.3.5に規定される軸方向引張力を受ける部材が限界状態1を

超えないとみなせる条件を満足する場合，限界状態1を超えないとみなしてよいとされた。

19.7.3　曲げモーメントを受ける鋼管部材

> 曲げモーメントを受ける鋼管部材が，19.8.3の規定を満足する場合には，限界状態1を超えないとみなしてよい。

曲げモーメントを受ける鋼管部材は，引張側では，部材に生じる引張応力度が可逆性を有する限界の状態が降伏強度に達して現れる。そのため，部材が降伏に至る状態を限界状態1と捉えることができる。一方，圧縮側では，19.8.1の解説に示すとおり，径厚比が大きい領域では，部材が降伏に達する前に板の局部座屈により面外変形が生じ，最大強度に達するため，この状態を限界状態3に対応するものとして捉えることができるものの，限界状態1となる状態となる条件を明確に示すことは困難である。これらを踏まえて，19.8.3に規定する限界状態3を超えないとみなせる条件は，限界状態1を超えないとみなすことができることにも配慮して規定されている。そのため，限界状態3を満足するとみなせる条件を満足させることで限界状態1を超えないとみなすことができる。

19.7.4　せん断力を受ける鋼管部材

> せん断力を受ける鋼管部材が，19.8.4の規定を満足する場合には，限界状態1を超えないとみなしてよい。

せん断力を受ける鋼管部材では，部材の径厚比や補剛の程度によって，座屈などのせん断破壊が，降伏強度に達した後に生じる場合と，降伏強度に達する前に生じる場合とがある。

せん断破壊の前に部材が降伏する場合には，降伏強度に達する状態を限界状態1と捉えることができるが，降伏強度に達する前にせん断破壊が生じる場合には限界状態1となる状態となる条件を明確に示すことは困難である。これらを踏まえて，19.8.4に規定する限界状態3を超えないとみなせる条件は，限界状態1を超えないとみなすことができることにも配慮して規定されている。そのため，限界状態3を満足するとみなせる条件を満足させることで限界状態1を超えないとみなすことができる。

19.7.5　軸方向力及び曲げモーメントを受ける鋼管部材

> 軸方向力及び曲げモーメントを同時に受ける鋼管部材が，19.8.5の規定を満足する場合には，限界状態1を超えないとみなしてよい。

軸方向力及び曲げモーメントを同時に受ける鋼管部材の限界状態1は，部材の挙動が可逆性を有する限界に達する状態とできるが，軸方向力が引張の場合と圧縮の場合とで異なる挙動となる。引張力の場合は部材が降伏に至る状態を限界状態1とできる。一方，圧縮力の場合は，部材が降伏に至る場合と降伏せずに局部座屈又全体座屈により面外に大きく変形してしまう状態があり，後者の場合には限界状態1の状態となる条件を明確に示すことは困難である。これらを踏まえて，19.8.5に規定する限界状態3を超えないとみなせる条件は，限界状態1を超えないとみなすことができることにも配慮して規定されている。そのため，限界状態3を満足するとみなせる条件を満足させることで限界状態1を超えないとみなすことができる。

19.7.6　軸方向圧縮力及びせん断力を受ける鋼管部材

軸方向圧縮力及びせん断力を受ける鋼管部材が，19.8.6の規定を満足する場合には，限界状態1を超えないとみなしてよい。

軸方向圧縮力及びせん断力を同時に受ける鋼管部材の限界状態1は，部材の挙動が可逆性を有する限界に達する状態とできるが，部材が降伏強度に達する状態と降伏強度に達せずに局部座屈又は全体座屈により面外に大きく変形してしまう状態があり，後者の場合には限界状態1の状態となる条件を明確に示すことは困難である。これらを踏まえて，19.8.6に規定する限界状態3を超えないとみなせる条件は，限界状態1を超えないとみなすことができることにも配慮して規定されている。そのため，限界状態3を満足するとみなせる条件を満足させることで限界状態1を超えないとみなすことができる。

19.8　鋼管部材の限界状態3

19.8.1　軸方向圧縮力を受ける鋼管部材

軸方向圧縮力を受ける鋼管部材が，5.4.4の規定を満足する場合には，限界状態3を超えないとみなしてよい。ただし，部分係数は表-19.8.1により，局部座屈に対する圧縮応力度の特性値に関する補正係数 は式（19.8.1）に示す値とする。

$$\rho_{crl}=\begin{cases}1.0 & \left(\dfrac{R}{\alpha t}\leqq x\right)\\ 1-0.003\left(\dfrac{R}{\alpha t}-x\right) & \left(x<\dfrac{R}{\alpha t}\leqq 200\right)\end{cases} \quad \cdots\cdots\cdots\cdots\cdots\cdots (19.8.1)$$

ここに，ρ_{crl}：局部座屈に対する圧縮応力度の特性値に関する補正係数

R：鋼管の半径（中心から外縁までの距離）(mm)

t　：鋼管の板厚（mm）

$$\alpha = 1 + \frac{\phi}{10}$$

$$\phi = \frac{\sigma_1 - \sigma_2}{\sigma_1},\quad 0 \leqq \phi \leqq 2$$

σ_1　：曲げにより，鋼管に圧縮が生じる側の合応力度（N/mm^2）。ただし，符号は圧縮応力度を負とする。

σ_2　：曲げにより，鋼管に引張が生じる側の合応力度（N/mm^2）：ただし，符号は圧縮応力度を負とする。

x　：SS400 相当の場合　50（$t \leqq 40$）
55（$t > 40$）
SM490 相当の場合　35（$t \leqq 40$）
40（$t > 40$）
SM490Y 相当の場合　35
SM570 相当の場合　25

表-19.8.1　調査・解析係数，部材・構造係数，抵抗係数

	ξ_1	$\xi_2 \cdot \Phi_{Rt}$（ξ_2 と Φ_{Rt} の積）
i）ii）及びiii）以外の作用の組合せを考慮する場合	0.90	0.85
ii）3.5(2)3)で⑩を考慮する場合		1.00
iii）3.5(2)3)で⑪を考慮する場合	1.00	

軸方向圧縮力を受ける鋼管部材では，部材を構成する板の局部座屈と部材の全体座屈のいずれかが生じる状態，もしくは鋼管の局部座屈及び部材の全体座屈の連成座屈が生じる状態が限界状態3と捉えることができる。部材自体の径厚比や細長比パラメータにより限界状態が異なることから，細長比パラメータに応じた全体座屈に対する圧縮応力度の特性値に関する補正係数は5.4.4の規定に基づき制限値を求め，径厚比に応じた局部座屈に対する特性値に関する補正係数を式（19.8.1）で考慮する。局部座屈に対する圧縮応力度の特性値に関する補正係数は，鋼管の製作誤差を考慮した座屈の式[1]を基に，管壁の凹凸係数（unevenness factor）を U= 0.001 として鋼管の半径と管厚との比 R/t の関数で求めたものである。R/t が小さい範囲では補正係数は変化させず，R/t がある値以上の範囲では直線的に補正させている（図-解 19.8.1）。制限値の低減を行う R/t の範囲は，Plantema[2),3)]の実験

値を参考にして決めている。また，鋼管の純曲げに対する局部座屈強度は，実験結果によれば純圧縮に対するものより約 20 ～ 30％大きい。したがって，この節では純曲げの場合の制限値は純圧縮のものの 20％増しとし，曲げと圧縮の組合せによって直線変化するように定めた。

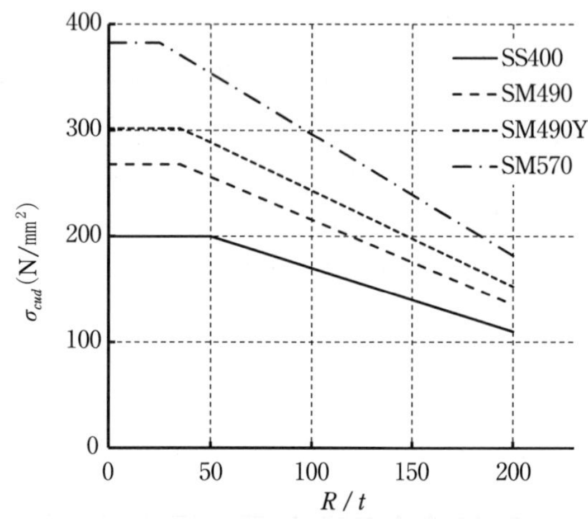

図-解 19.8.1　鋼管の局部座屈に対する圧縮応力度の制限値
（板厚 40mm 以下の場合）

19.8.2　軸方向引張力を受ける鋼管部材

軸方向引張力を受ける鋼管部材が，5.4.5 の規定を満足する場合には，限界状態 3 を超えないとみなしてよい。ただし，部分係数は表-19.8.2 によるものとする。

表-19.8.2　調査・解析係数，部材・構造係数，抵抗係数

<table>
<tr><th></th><th>ξ_1</th><th>ξ_2・Φ_{Rt}
（ξ_2 と Φ_{Rt} の積）</th></tr>
<tr><td>i ）ii ）及び iii ）以外の作用の組合せを考慮する場合</td><td rowspan="2">0.90</td><td>0.85</td></tr>
<tr><td>ii ）3.5(2)3) で⑩を考慮する場合</td><td rowspan="2">1.00</td></tr>
<tr><td>iii ）3.5(2)3) で⑪を考慮する場合</td><td>1.00</td></tr>
</table>

軸方向引張力を受ける鋼管部材では，降伏が生じた後，引張破壊に至るまでに最大強度に達することになり，この状態を限界状態 3 とみなすことができる。しかし，部材の各部の塑性化や破断の組合せ状態となる部材としての限界の状態を超えないことを降伏強度と

の関係による以外の方法で保証することが困難である。そこで，限界状態3を部材の降伏とし，5.4.5の軸方向引張力を受ける鋼部材が限界状態3を超えないとみなせる条件を満足することで，鋼管部材として限界状態3を超えないとみなしてよいとされた。

19.8.3　曲げモーメントを受ける鋼管部材

曲げモーメントを受ける鋼管部材が，5.4.6の規定を満足する場合には，限界状態3を超えないとみなしてよい。このとき，横倒れ座屈に対しては曲げ圧縮応力度の制限値の上限値を用いて照査し，局部座屈に対しては，19.8.1の規定を用いる。

曲げモーメントを受ける鋼管部材では，引張側では降伏が進み，最大強度となる状態を，圧縮側では局部座屈が生じる状態を，限界状態3と考えることができる。このため，5.4.6の曲げモーメントを受ける部材の限界状態3を超えないとみなせる条件を満足する場合には，限界状態3を超えないとみなしてよいとされた。鋼管部材は閉断面であり，横倒れ座屈に対して十分な抵抗が期待できることから，全体座屈は生じず，局部座屈による面外変形が生じる状態を限界状態3としている。そのため，横倒れ座屈に対する曲げ圧縮応力度の制限値の上限値を用いて照査してよいこととされた。

19.8.4　せん断力を受ける鋼管部材

せん断力を受ける鋼管部材が，式（19.8.2）を満足する場合には，限界状態3を超えないとみなしてよい。このとき，支持条件，溶接による初期変形及び残留応力等の初期不整の影響，環補剛材やダイアフラムの有無等を考慮する。ただし，部分係数は表-19.8.4によるものとする。

$$\tau_{ud} = \xi_1 \cdot \xi_2 \cdot \Phi_{Rs} \cdot \tau_{yk} \quad \cdots\cdots (19.8.2)$$

ここに，τ_{ud} ：せん断応力度の制限値（N/mm^2）

τ_{yk} ：表-19.8.3に示す局部座屈に対するせん断降伏強度の特性値（N/mm^2）

Φ_{Rs} ：抵抗係数で，表-19.8.4に示す値とする。

ξ_1 ：調査・解析係数で，表-19.8.4に示す値とする。

ξ_2 ：部材・構造係数で，表-19.8.4に示す値とする。

表-19.8.3　局部座屈に対するせん断降伏強度の特性値

鋼種	鋼管の板厚 (mm)	局部座屈に対するせん断降伏強度 (N/mm^2)	
		補剛材を設ける場合	補剛材を設けない場合
SS400 SM400 SMA400W STK400	40 以下	$135 - 0.003\left(\frac{R}{t}\right)^2 \quad : \quad \frac{R}{t} \leqq 120$ $12,500 \Big/ \left(\frac{R}{t}\right) - 15 \quad : 120 < \frac{R}{t} \leqq 200$	85
	40 を超え 100 以下	$125 - 0.003\left(\frac{R}{t}\right)^2 \quad : \quad \frac{R}{t} \leqq 130$ $12,500 \Big/ \left(\frac{R}{t}\right) - 15 \quad : 130 < \frac{R}{t} \leqq 200$	
SM490 STK490	40 以下	$180 - 0.007\left(\frac{R}{t}\right)^2 \quad : \quad \frac{R}{t} \leqq 95$ $12,500 \Big/ \left(\frac{R}{t}\right) - 15 \quad : 95 < \frac{R}{t} \leqq 200$	100
	40 を超え 100 以下	$170 - 0.006\left(\frac{R}{t}\right)^2 \quad : \quad \frac{R}{t} \leqq 100$ $12,500 \Big/ \left(\frac{R}{t}\right) - 15 \quad : 100 < \frac{R}{t} \leqq 200$	
SM490Y SM520 SMA490W	40 以下	$205 - 0.010\left(\frac{R}{t}\right)^2 \quad : \quad \frac{R}{t} \leqq 85$ $12,500 \Big/ \left(\frac{R}{t}\right) - 15 \quad : 85 < \frac{R}{t} \leqq 200$	−
	40 を超え 75 以下	$190 - 0.008\left(\frac{R}{t}\right)^2 \quad : \quad \frac{R}{t} \leqq 90$ $12,500 \Big/ \left(\frac{R}{t}\right) - 15 \quad : 90 < \frac{R}{t} \leqq 200$	
	75 を超え 100 以下	$185 - 0.007\left(\frac{R}{t}\right)^2 \quad : \quad \frac{R}{t} \leqq 95$ $12,500 \Big/ \left(\frac{R}{t}\right) - 15 \quad : 95 < \frac{R}{t} \leqq 200$	

<table>
<tr><td rowspan="3">SM570
SMA570W</td><td>40 以下</td><td>$250 - 0.018\left(\dfrac{R}{t}\right)^2$: $\dfrac{R}{t} \leqq 70$
$12{,}500 \Big/ \left(\dfrac{R}{t}\right) - 15$: $70 < \dfrac{R}{t} \leqq 200$</td><td rowspan="3">–</td></tr>
<tr><td>40 を超え
75 以下</td><td>$235 - 0.016\left(\dfrac{R}{t}\right)^2$: $\dfrac{R}{t} \leqq 75$
$12{,}500 \Big/ \left(\dfrac{R}{t}\right) - 15$: $75 < \dfrac{R}{t} \leqq 200$</td></tr>
<tr><td>75 を超え
100 以下</td><td>$230 - 0.015\left(\dfrac{R}{t}\right)^2$: $\dfrac{R}{t} \leqq 75$
$12{,}500 \Big/ \left(\dfrac{R}{t}\right) - 15$: $75 < \dfrac{R}{t} \leqq 200$</td></tr>
</table>

表-19.8.4　調査・解析係数，部材・構造係数，抵抗係数

<table>
<tr><td></td><td>ξ_1</td><td>$\xi_2 \cdot \Phi_{RS}$
(ξ_2 と Φ_{RS} の積)</td></tr>
<tr><td>i） ii）及びiii）以外の作用の組合せを考慮する場合</td><td rowspan="2">0.90</td><td>0.85</td></tr>
<tr><td>ii） 3.5(2)3)で⑩を考慮する場合</td><td rowspan="2">1.00</td></tr>
<tr><td>iii） 3.5(2)3)で⑪を考慮する場合</td><td>1.00</td></tr>
</table>

鋼管部材の局部座屈に対するせん断降伏強度の特性値及び制限値は，部分係数化にあたり，これまでの示方書による場合と概ね同等の安全余裕が得られるように調整した値となっている。

JIS に規定されている構造用鋼材の降伏点又は耐力は，橋梁用高降伏点鋼板以外では板厚によって変化するので，鋼材の強度の特性値についても JIS に従った鋼種及び板厚ごとに規定している。なお，板厚により降伏点又は耐力が変化しない鋼材（-H 仕様）を使用する場合には，その鋼材の板厚に関わらず，板厚区分 40mm 以下の場合の強度規格値と同じ値を用いてもよい。

19.8.5　軸方向力及び曲げモーメントを受ける鋼管部材

軸方向力及び曲げモーメントを同時に受ける鋼管部材が，5.4.8 の規定を満足する場合には，限界状態 3 を超えないとみなしてよい。

軸方向力及び曲げモーメントが同時に作用する場合，鋼管部材を構成する要素に作用する応力は軸方向力及び曲げモーメントのそれぞれの断面力が単独に作用しているときよりも増加することになる。このため，増加した応力に対してこの項の規定を満足する必要がある。これは5.4.8に規定される限界状態3を超えないとみなせる条件と同様であり，この規定を満足する場合には，鋼管部材として限界状態3を超えないとみなしてよいとされた。

19.8.6　軸方向圧縮力及びせん断力を受ける鋼管部材

軸方向圧縮応力度及び曲げに伴うせん断応力度が同時に作用する鋼管部材が，垂直応力度及び曲げに伴うせん断応力度がそれぞれ最大となる荷重状態に対して，式（19.8.3）を満足する場合には，限界状態3を超えないとみなしてよい。

$$\frac{\sigma_d}{\sigma_{cud}}+\left(\frac{\tau_d}{\tau_{ud}}\right)^2\leqq 1 \quad\cdots\cdots\cdots(19.8.3)$$

ここに，σ_d　：鋼管断面に作用する垂直応力度（N/mm^2）で，軸方向圧縮応力度と曲げ応力度の和をとる。

τ_d　：鋼管断面に作用する曲げに伴うせん断応力度（N/mm^2）

σ_{cud}　：19.8.1に規定する圧縮応力度の制限値（N/mm^2）

τ_{ud}　：せん断応力度の制限値（N/mm^2）で式（19.8.2）により算出する。

軸方向力圧縮力及びせん断力が同時に作用する場合，それらの組合せによる座屈を照査する必要があるため，この条文が規定されている。式（19.8.3）はこれまでの示方書で規定されていた事項を踏襲し，軸方向圧縮力とせん断力の組合せ応力の式3）より定められている。

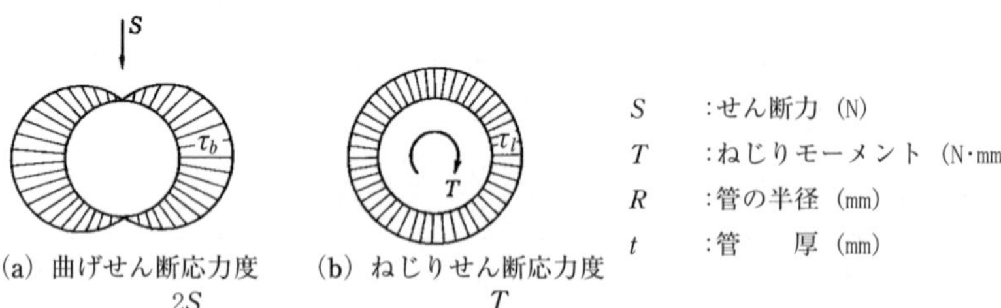

図-解 19.8.2　鋼管のせん断応力度

参 考 文 献

1） Donnell, L. H. and Wan, C. C. : Effect of Imp erfection on Buckling of Thin Cylinders and Columns Under Axial Comp ression, Journal of Applied Mechanics, Vol. 17, pp . 73–83, Mar. 1950

2） Plantema, F. J. : Collap sing Stresses of Circular Cylinders and Round Tubes, Report S. 280, Nat Luchtvaartlaboratorium, Amserdam, The Netherlands, 1946

3） Schilling, C. G. : Buckling Strength of Circular Tubes, proc. of ASCE, Vol. 91, No. ST. 5, pp. 325–348, 1965

4） 日本建築学会編：鋼管構造計算基準・同解説，1970

20章 施　　工

20.1 適用の範囲

> この章は，19章までの規定に基づいて設計された鋼部材及び主たる部材が鋼部材からなる上部構造の施工に適用する。

この章は，この編で主として扱う鋼部材及び鋼構造の施工に適用するものであるが，19章までの設計上の規定は，基本的にこの章の施工上の規定が守られることを前提として定められている。したがって，この章の規定により難い場合には，19章までの規定，特に応力度制限値，抵抗側の部分係数等について別途検討し，橋や部材に対する要求性能が確保されることを個別に確認する必要がある。

また，この章に規定されていないコンクリート及びコンクリート部材の施工に関しては，Ⅲ編及び関連する編の規定による必要がある。

この章に示す施工上の規定には以下に示す4種類がある。

1) 製作された部材等について，非破壊検査や計測を行い部材等の健全性を判断する場合の合否の判定基準を規定したもの

　(例) 溶接部の外部きず検査・内部きず検査（放射線透過試験，超音波探傷試験），部材精度等

2) 施工の各段階において守るべき事項や標準的な施工方法を示し，それを施工上の規定としたもの

　(例) 溶接施工上の注意点，材片の組合せ精度，溶接材料の乾燥，予熱，冷間加工，熱間加工，高力ボルト施工等

3) 2)のように標準的な施工方法を示さず，材料，部材，橋の種類，施工方法の組合せについてその都度施工試験を行って施工方法を定める方式，その際の施工試験結果についての判断基準を規定したもの

　(例) 溶接施工試験

4) その他品質管理上基本的に守るべき事項

　(例) 鋼材の保管，部材の運搬，溶接部の部材清掃と乾燥等

1)には，検査の結果，補修が必要となった場合の標準的な補修方法についても規定がある。

2)は設計の前提となる品質が得られるための条件として，守るべき事項である。また，仮に不良等が生じた場合に，補修するとかえって大きな欠陥を生じる場合や，非破壊検査により部材等の健全性の合否を判断することが困難な場合もあることから，施工方法を規定することによりできるだけ手戻りなく所定の性能を有する部材等を確実に得られることを意図して規定されたものである。

3)に該当するのは，この編では溶接施工試験であり，20.8.4 の規定による。

4)は鋼橋の施工における基本的な事項であり，これらは例外なく守られるべき事項である。

これらのほかに，この章では規定していないが，材料，部材，施工方法の組合せについて，都度，施工試験を行って施工方法を定める場合には，施工試験結果及び実際の施工における再現性を確保するための段階検査等の検査方法を個別に検討する必要がある。

20.2 一　　般

> (1) 施工は，設計の前提条件及び設計段階で定めた事項等を満足するように行わなければならない。ただし，施工条件等により，設計の前提条件及び設計段階で定めた事項等を満足しない場合には，適用しようとする施工方法で橋の性能が確保されることを検証し，必要に応じて設計を見直したうえで施工方法を定める。
>
> (2) 施工にあたっては，施工管理上必要な調査等を行わなければならない。

(1) 鋼橋及び鋼構造に求められる耐荷性能や耐久性能を確保するためには，供用中に部材等の状態が設計で求められる状態にとどまり，かつ，設計計算の前提条件が満たされるように施工がなされる必要がある。

そのため，架設中の安全の確保のみならず，設計において供用中の部材に期待する状態や各種設計計算等の前提条件が一定の確からしさで担保できるように，架設時の設計を行う必要がある。架設時の設計で応力度による照査を行う場合，あるべき状態を一定の確からしさで保証できるように，品質のばらつき要因や施工で実現するばらつきの限度を考慮して，応力の制限値を検討する必要がある。また，架設中の安全を確保するための変位の制限値についても併せて検討する必要がある。

設計段階では，事前の調査により設計段階で得られた条件等を踏まえたうえで，施工段階で実現可能と判断される施工条件を想定し，施工方法等が計画されることなる。しかし，借地を使用した施工用地や工事用進入路の確保，資材搬入における交通規制の実施方法，河川や鉄道などの交差物や住居など工事用地に近接する構造物からの制約等の詳細な条件については，設計段階において明確にできない場合もある。施工段階において，設計で想定していた借地が使用不可能になる等により，設計で想定していた施工条件が変更となり，設計で計画していた施工方法等を変更せざるをえない場合も考えられる。その場合，新たに適用する施工方法で構造物の安全性，耐久性が確保されることを個別に検討するか，構造物の安全性，耐久性が確実に確保できる施工が確実に行えるように，設計段階における施工の条件の設定にまで戻った検討等が必要である。

例えば，ベントを用いた架設において，交通規制の制約に伴う架設重機の仕様の変更や支保工位置の変更をせざるをえない場合には，架設時補強や製作キャンバー設定の再検討等が必要である。

(2) 施工に着手するときには，既に設計時の種々の調査が完了しており，一般に施工法をはじめ仮設備の構造，使用機械器具，作業方法，工期等施工上の事項についても検討がなされている。しかし，安全で確実な施工を実施するために，設計時に行った種々の調査結果を見直し，ほかに必要な事項があればそれらの調査を行う場合がある。また，施工中においても施工管理のために種々の調査を行う必要がある。例えば，支保工が，地盤の不等沈下に対して安全であるように，地盤が設計の想定と相違がないことを調査したり，必要に応じて架設中の沈下量等を計測することも考えられる。

20.3 施工要領書

施工にあたっては，設計の前提条件及び設計段階で定めた事項等を満足する施工が行われることを確認できるよう，施工の方法及び手順，検査の方法等に関する要領を定めなければならない。

鋼橋を構成する部材等が求められる性能を確保していることを，最終段階の品質検査のみで確認しようとしても，その性能を検査することが難しい場合や，性能が満たされていないことが判明しても対処することが難しい場合がある。このため，一般には，最終的に要求される性能が得られるように施工途中に適切な品質管理を行うことが必要である。したがって，あらかじめ最終的に要求される性能を確保するための方法を計画するとともに，施工途中で確認する必要がある品質について明示した要領を記した文書（施工要領書）を作成し，品質管理の方法及びその許容値や制限値について示しておくことが必要である。なお，橋本体の部材に限らず支承，落橋防止構造，橋梁防護柵等の付属物に至るまでの全ての部材について，前述の考え方と同様に，施工段階を通して適切な品質管理を行うことが必要である。

品質管理における必要項目は，この章の各条に規定されており，それらの規定を施工要領書に盛り込む必要がある。

なお，施工要領書には，次の項目について，設計上の要求性能を確保することができる施工が行われることを示す要領が記載されることを原則とする。

1)品質管理計画　2)材料及び部品　3)製作（部材等の加工，組立，仮組立等）　4)溶接　5)防せい防食（工場）　6)輸送　7)架設　8)高力ボルト　9)床版打設　10)防せい防食（現場塗装等）　11)その他必要な事項

施工条件等の変更により，所定の品質及び性能等が満足できないことが予想される場合は，所定の品質及び性能を確保できるように，施工前，施工中に関わらず施工計画及び施工要領書を見直すなど適切な対応が必要である。

施工要領書とは，製作要領書，溶接施工要領書，架設計画書等の文書類を指した一般用語として用いており，個々の契約上定めるものとは必ずしも一致しているわけではない。

20.4 検　　査

(1) 施工においては，設計の前提条件及び設計段階で定めた事項等を満足することを適切な方法で確認しなければならない。

(2) (1)を満足するためには，1)から10)に示す項目の中から，施工の難易，材料の種類等を勘案して適切に検査項目を設定して検査を実施するとともに，あらかじめ所要の施工品質が確保できることが確認された材料を用いて，所定の方法で施工が進められていることを確認しなければならない。

1) 材料
2) 製作（加工，部材精度，組立精度等）
3) 溶接（溶接作業者，溶接器材，溶接作業，材片の組合せ精度，溶接部，アークスタッド等）
4) 部材及び部品（支承，落橋防止構造，横変位拘束構造，伸縮装置，排水装置等）
5) 架設（荷重支持点，架設設備，架設時寸法，応力調整等）
6) 高力ボルト（締付け軸力，接合面，保管等）
7) 床版（型枠，鉄筋，仕上り精度等）
8) 防せい防食
9) 完成

10)　その他必要な事項

(1)　検査は，品質が判定基準に適合しているか否かを判定する行為である。検査技術が進歩すれば，将来的には完成段階での検査で品質の確認が行える可能性はあり，検査に関する技術開発も事後的にも品質確認が行えることを目指すべきと考えられる。しかし，一般には，橋の完成後の検査だけでは橋に要求される性能が確保される品質を有していることの確認は困難である。また，不適合があった場合に工程を遡っての是正は経済性や品質の信頼性の面でも問題となることが考えられる。そのため，製作・架設といった施工の各途中段階において，適切なタイミングで検査することが重要である。

(2)　品質管理のため，通常，施工の各段階で次のような検査が行われる。

1)　製作された部材等が所定の性能を有しているか否かを検査する。

2)　製作・施工が所定の方法によって進められているか否かを確認する。

製作された部材等が所定の性能を有していることを，最終段階の検査のみで確認しようとしても，性能を直接検査することが難しい場合や，性能が満たされないことが最終段階でわかっても対処することが難しい場合がある。このため，一般には，部材等の製作及び現場施工時において段階的に適切な品質管理（プロセス管理）を行うことが必要である。上記1)，2)は必ずしも独立したものではなく，相互に関連性があり，施工の各段階で1)と2)を適切に組み合わせて行い品質を確保する必要がある。

検査の方法及び頻度は，施工の難易，材料の種類，工程の非可逆性等を勘案して設定するのがよい。なお，この章では，全ての検査項目に関して方法や頻度が規定されているわけではないので，規定のない検査項目についても，必要に応じて，方法，頻度を適切に設定して行わなければならない。検査計画の作成にあたって考慮すべき事項には次のようなものがある。

・部材等の重要性

・対象となる施工プロセスの重要性，非可逆性

・採用される施工方法の習熟度，各種条件による品質の変動

・採用される材料の信頼性，各種条件による品質の変動

・採用する検査試験方法の信頼性，結果の有用性，経済性

・検査結果の評価の信頼性，結果の有用性，経済性

検査結果は，維持管理における橋の初期状態の把握，点検・調査計画の立案，変状の進行・原因分析などの資料として不可欠な情報であるため，Ⅰ編 1.9 の解説に示されているとおり，維持管理段階に引継ぎ，活用できるよう保存されることが重要である。また，施工中の不具合等により性能に疑義が生じた場合は，適宜部分的な破壊試験等を実施し確認することも検討する。

なお，いわゆる仮組立は橋の完成形としての組立精度を手戻りの回避などのために

必要に応じて製作・施工の途中段階で確認する等のために行うものであり，数値仮組などの所要の精度が確保できる方法で確認が行えるのであれば，実際の部材を組み合わせる行為は省略することも可能である。このとき，部材単体の寸法検査など耐荷力設計の限界状態や設計に用いた制限値との整合性に関わる精度については，適当なタイミングで直接的に確認して施工される必要がある。

20.5　施工に関する記録

施工に関する記録は，設計の前提条件及び設計段階で定めた事項等を満足する施工が確実に行われたことの確認及び維持管理に用いることができるようにするため，1)から7)の事項について，取得及び作成するとともに，保存しなければならない。

1)　完成時の諸元，配置図，構造図
2)　仮設備の配置とその能力，施工方法，使用した機械器具
3)　検査記録
4)　環境対策及び安全対策
5)　施工中に変更を伴った事項とその対応
6)　施工に際して実施された調査の記録
7)　その他関連する施工及び維持管理に引き継ぐべき事項

施工中の記録は，施工の各段階において設計において前提とした諸条件が満たされる適切な施工が行われたことの確認のみならず，Ⅰ編 1.9 に解説するように，施工や製作に関する記録は維持管理に引継がれるものである。また，被災時や損傷等の変状発生時の対応や，自然災害などによる被災時の状態評価や復旧検討等を合理的かつ効率的に行うために不可欠な情報が含まれている。施工に関する記録の不足や欠落は，損傷等の原因究明に時間を要したり，不適切な評価や，対応・措置につながる可能性もある。そのため，施工に関する記録を保管する必要がある。

1) 3)　鋼橋の場合，工場製作及び架設用の吊金具の設置箇所等が図面に記載ないまま取り付けられて使用後に除去されることがある。これら仮設物を取り付け除去する場合には母材に有害なきずを残さないよう入念に行わなければならない等の配慮が前提となっているが，亀裂などの損傷が発生した場合の原因究明等のための情報として有用となる可能性がある。また，品質管理のために施工の各段階で行われる各種の検査の記録についても不具合発生時の原因究明等のための情報として有用となる可能性があ

るため，保管するのが望ましい。

5） 損傷などに対する補修補強の材料や架設計算書など，当初の架設方法・手順及びそれを踏まえた応力状態の情報が必要となる場合や，施工時に発生した不具合に対する調査，試験，措置等の品質に関わる情報が必要となる場合がある。このため，施工中に変更を伴った事項についても保管する必要がある。

20.6 材　　料

20.6.1 鋼　　材

⑴ 鋼製の上部構造及び橋脚構造に用いられる鋼材は，設計図等に記載された鋼材規格に，また特別な性能を要求する場合には，その要求内容にそれぞれ合格していることが施工着手前に確認されなければならない。

⑵ 鋼材の保管にあたっては，その鋼材が保有すべき特性及び品質が維持，確保されるように配慮されなければならない。なお，保管期間中にその特性及び品質に影響を与えたと思われる事態が生じて，その程度を診断した結果，鋼材が要求性能を満たしていない場合には，その鋼材は，害のない適切な方法で補修又は矯正が行われなければならない。

⑶ 鋼板の厚さはJIS G 3193「熱間圧延鋼板及び鋼帯の形状，寸法，質量及びその許容差」表5，厚さの許容差を適用し，かつ備考により，(−)側の許容差が公称板厚の5%以内にならなければならない。

⑷ 鋼板の表面には，有害なきずがあってはならない。

⑸ 鋼板の平たん度は，板取り，けがき，接合等に支障のないものでなければならない。

⑴ 鋼製の上部構造及び橋脚構造に用いられる鋼材は，設計図等に記載された鋼材規格の要求性能，並びに設計及び製作架設上，必要に応じて追加された要求性能に合格していることを，鋼材メーカーが発行する鋼材検査証明書（ミルシート）に記載された事項と照合して確認するのが一般的である。なお，これら鋼材の要求性能は，Ⅰ編 9.1 及びこの編の 1.4 設計の前提となる材料の条件及び 4 章材料の特性値の規定値によるのが一般的である。

また，施工着手前に有害な表面きずがないことを確認しておく必要がある。一方，市中鋼材を使用する場合には，あらかじめ鋼材検査証明書（ミルシート）に記載の数値のほかに寸法，形状，表面を検査し，要求性能を満たしていることを確認する必要がある。

同じ橋に多種類の鋼材が使用される場合には，部材製作段階で混同しないように塗色表示による識別や記号の表示による識別が一般的に行われている。表-解 20.6.1 に塗色表示による識別の例を示す。

(2) 鋼材の保管にあたっては，保管期間中に平たん度不良や表面きずの発生のほか，著しい発せい等により保有すべき機械的性質などの特性や品質が損なわれ，施工上支障を来したり，部材としての要求性能が満たされなくならないように，十分な配慮が必要である。

もし，保管期間中に鋼材の特性及び品質に影響を与えたと思われる事態が生じ，適切な方法で検査した結果，要求性能を満たさないことが判明した場合には，適切な方法で補修又は矯正を行ったうえでその鋼材を使用することは差し支えないが，このときその方法が鋼材にとって有害なものであってはならず，補修又は矯正が行われた後に，寸法，形状，機械的性質等が要求性能を満たす必要がある。

例えば，表面に有害なきずがあった場合の補修については，母材及び溶接継手部の健全な機能を確保するため，補修によって母材や溶接継手部に与える影響を十分に検討し，注意深く行う必要がある。表-解 20.6.2 にきずの補修方法例を示す。なお，補修方法の詳細については，JIS G 3193：2008（熱間圧延鋼板及び鋼帯の形状，寸法，質量及びその許容差）の 7. 外観 c）を参考にするのがよい。

鋼板の溶接補修にあたって，予熱温度は 20.8.4(2)4)に準じて溶接熱影響部（HAZ）に割れが生じないように十分配慮して決定し，20.8.6(2)6)欠陥部の補修に準ずるとともに，溶接部始終端部にきずを生じないように注意深く処理する必要がある。また，余盛りはグラインダによる除去等の適切な方法で，鋼板面と同一高さにきれいに仕上げる必要がある。

引張強さが 570N/mm^2 以上の高強度鋼の表面きずについては，グラインダによる除去を原則とし，溶接による肉盛り補修は行わないことが望ましい。しかし，やむを得ず溶接による肉盛り補修を実施する場合は，事前に部材における補修の位置，大きさ，深さ等から補修が部材にとって有害か否かを判断したうえで補修の可否を決定する必要がある。

溶接による肉盛り補修後は，グラインダにて平滑に仕上げ，非破壊検査によって有害な表面きず，及び内部きずがないことを確認する必要がある。

表-解 20.6.1 塗色表示による識別の例

(a) JISに規定された鋼材

鋼　　種	識　別　色		摘　　要
	色の種類	基準の色	
SS400	白	N9.5	
SM400A, SM400B, SM400C	緑	5G5.5/6	A, B, Cの別を文字で記入
SM490A, SM490B, SM490C	黄	2.5Y8/12	A, B, C及びTMCの別を文字で記入
SM490YA, SM490YB	だいだい	2.5YR6/13	A, B及びTMCの別を文字で記入
SM520C	桃色	2.5R6.5/8	C及びTMCの別を文字で記入
SM570Q	赤	5R4/13	Q, TMCの別を文字で記入
SMA400AW, SMA400BW, SMA400CW	緑	5G5.5/6	AW, BW, CWの別を文字で記入
SMA490AW, SMA490BW, SMA490CW	黄	2.5Y8/12	AW, BW, CW及びTMCの別を文字で記入
SMA570WQ	赤	5R4/13	W及びQ, TMCの別を文字で記入
SBHS400	青	2.5PB5/6	Q, TMCの別を文字で記入
SBHS400W	青	2.5PB5/6	W及びQ, TMCの別を文字で記入
SBHS500	紫	7.5P5/12	Q, TMCの別を文字で記入
SBHS500W	紫	7.5P5/12	W及びQ, TMCの別を文字で記入

(b) 板厚により降伏点又は耐力が変化しない鋼材

鋼　　種	識　別　色		摘　　要
	色の種類	基準の色	
SM400C-H	緑	5G5.5/6	C-Hを文字で記入
SMA400CW-H	緑	5G5.5/6	CW-Hを文字で記入
SM490C-H	黄	2.5Y8/12	C-Hを文字で記入
SMA490CW-H	黄	2.5Y8/12	CW-H及びTMCの別を文字で記入
SM520C-H	桃色	2.5R6.5/8	C-H及びTMCの別を文字で記入
SM570-H	赤	5R4/13	-H及びTMCの別を文字で記入
SMA570W-H	赤	5R4/13	W-Hを文字で記入

注) 1) 本表は，日本鋼構造協会標準「構造用鋼材の識別表示標準（JSS I 02：2017（構造用鋼材の識別表示標準））」を参考としている。

2) 識別色の色の種類は，JIS Z 8102：2001（物体色の色名）により，基準色はJIS Z 8721：1993（色の表示方法－三属性による表示）によったものである。

3) TMC：熱加工制御鋼

4) 板厚方向の特性を保証した鋼材は，その要求に対応する記号"-Z25"等を文字で記入する。

表-解 20.6.2　きずの補修方法の例

	きずの種類	補　修　方　法
1	鋼材の表面きずで，あばた，かききず等範囲が明瞭なもの	グラインダー仕上げを原則とする。局部的に深いきずがある場合には，溶接で肉盛り補修ができるものとし，補修後，グラインダーで仕上げる。
2	鋼材の表面きずで，へげ，割れ等範囲が不明瞭なもの	グラインダーでの除去を原則とする。板厚公差下限値より深いきずの場合には，鋼種，きず除去後の深さ，面積から，溶接肉盛した場合のその部材への影響を考慮して，補修可否を決定する。溶接肉盛補修後，グラインダーで仕上げる。
3	鋼材端面の層状割れ	板取を工夫しても鋼板端面から板厚の1/4程度以下の深さの割れが残存する場合には，端面から割れを除去後，溶接肉盛補修を行ってよい。溶接肉盛補修後，グラインダーで仕上げる。

(3)　鋼板の厚さは，JIS G 3193：2008（熱間圧延鋼板及び鋼帯の形状，寸法，質量及びその許容差）の表5，厚さの許容差を適用し，かつ備考により（－）側の許容差が公称板厚の5%以内にならなければならないとしている。ただし，この場合の全許容差範囲は，同表の全許容差範囲に等しくする。

(4)　鋼板の表面には有害なきずがないことを目視検査で確認する必要がある。表面きずの補修については，JIS G 3193に準じて行う。

(5)　鋼板の平たん度は，板取り，けがき，接合等に支障のないものである必要がある。そのため，実勢品質を参考に定められた表-解 20.6.3に示す平たん度の上限の目安を満たした鋼板を使用するのが望ましい。平たん度の測定は，図-解 20.6.1に示すように，通常，定盤上の鋼板の上側の面で行う。また，表-解 20.6.3は，任意の位置及び方向における長さ2,000mmについて適用し，鋼板の長さ2,000mm未満の場合には，全長について適用する。また，波のピッチが2,000mmを超える鋼板については，その波のピッチの長さにおいて適用する。ただし，波のピッチが4,000mmを超える鋼板については，任意の位置及び方向における長さ4,000mmについて適用する。

表-解 20.6.3　鋼板の平たん度の上限の目安　(mm)

幅（mm）／厚さ（mm）	2,000未満	2,000以上 3,000未満	3,000以上
6.00以上10.0未満	9	14	15
10.0以上25.0未満	8	11	12
25.0以上40.0未満	6	9	10
40.0以上63.0未満	6	8	8
63.0以上100以下	5	7	7

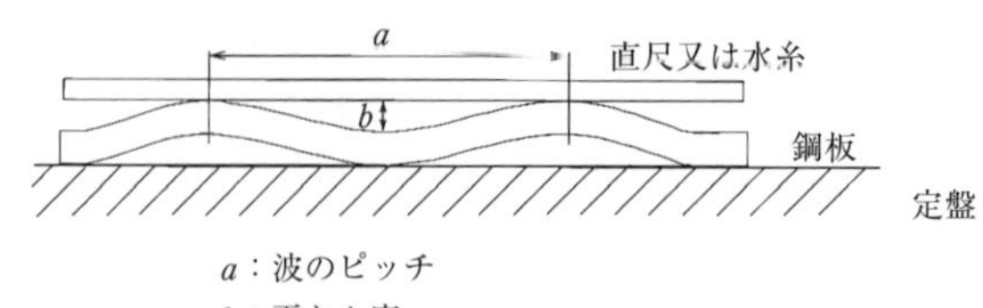

a：波のピッチ
b：平たん度

図-解 20.6.1　鋼板の平たん度の測定

20.7 製　　作

20.7.1 加　　工

(1) 鋼材の加工にあたっては，設計で要求される機械的性質等の特性を確保しなければならない。また，高力ボルトの孔は設計で規定される継手強度が確保できる品質で加工しなければならない。

(2) 鋼材の加工にあたっては，少なくとも1)から10)を満たすようにしなければならない。

1) 加工計画

設計で前提とした部材等に対して，施工及び検査が確実に行えることを計画段階で確認する。

2) 製作図

製作図において，板組，開先形状，溶接施工手順等が確認できる。

3) 板取り

主要部材の板取りは，主たる応力の方向と圧延方向を一致させるのを原則とする。ただし，圧延直角方向についても，設計で要求する規格の機械的性質を満たす場合にはその限りではない。

4) けがき

けがきをする際は，完成後も残る場所には原則としてタガネ，ポンチきずをつけてはならない。

5) 切断，切削，開先加工

i) 主要部材の切断は，原則として自動ガス切断法，プラズマアーク切断法又はレーザー切断法により行う。

ⅱ）切断面，切削面及び開先面の品質は，表-20.7.1に示す品質より良好でなければならない。

表-20.7.1　切断面，切削面及び開先面の品質

部材の種類	主要部材	二次部材
最大表面粗さ a)	50μm以下	100μm以下 c)
ノッチ深さ b)	ノッチがあってはならない	1mm以下
スラグ	塊状のスラグが点在し，付着しているが，痕跡を残さず容易にはく離するもの。	
上縁の溶け	僅かに丸みをおびているが，滑らかな状態のもの。	

注：a)　最大表面粗さとは，JIS B 0601：2001に規定する最大高さ粗さ *Rz* とする。
　　b)　ノッチ深さは，ノッチ上縁から谷までの深さを示す。
　　c)　切削による場合には50μm以下とする。

ⅲ）フィラー，タイプレート，平鋼，板厚10mm以下のガセットプレート及び補剛材等はせん断により切断してもよい。ただし，切断線にはなはだしい肩落ち，かえり，不ぞろい等のある場合は，それらがなくなるまで縁削り又はグラインダ仕上げを行って平滑に仕上げなければならない。この場合の仕上げ面の品質は，表-20.7.1に示すものより良好でなければならない。

ⅳ）塗装等の防せい防食を行う部材において，組み立てた後に自由縁となる部材の角には面取りを行う。

6)　孔あけ

ⅰ）ボルト孔の径

ボルト孔の径は，表-20.7.2に示すとおりとする。

表-20.7.2　ボルト孔の径

ボルトの呼び	ボルトの孔の径（mm）	
	摩擦接合 引張接合	支圧接合
M20	22.5	21.5
M22	24.5	23.5
M24	26.5	25.5

ⅱ）ボルト孔の径の許容差

ボルト孔の径の許容差は，表-20.7.3に示すとおりとする。ただし，摩擦接合の場合には，１ボルト群の20%に対しては＋1.0mmまで認

めてもよい。

表-20.7.3　ボルト孔の径の許容差

ボルトの呼び	ボルトの孔の径の許容差（mm）	
	摩擦接合 引張接合	支圧接合
M20	+ 0.5	± 0.3
M22	+ 0.5	± 0.3
M24	+ 0.5	± 0.3

iii）所定の径に孔あけする場合には，ドリル又はドリル及びリーマ通しの併用により行う。ただし，二次部材で板厚 16mm 以下の材片の孔あけは押抜きにより行ってよい。

iv）組立前に，主要部材に所定の径で孔あけする場合には，原則として NC 穿孔機又は型板を使用する。

v）孔あけによって孔の周辺に生じたまくれは削り取らなければならない。

7)　冷間加工

主要部材において冷間曲げ加工を行う場合には，1.4.2 の規定に従って，鋼材の特性及び品質が確保されなければならない。

8)　熱間加工

調質鋼（Q）及び熱加工制御鋼（TMC）の熱間加工は，原則として行ってはならない。

9)　ひずみとり

i）溶接によって生じた部材の変形は，プレス，ガス炎加熱法等によって矯正する。

ii）ガス炎加熱法によって矯正する場合の鋼材表面温度及び冷却法は表-20.7.4 によるものとする。

表-20.7.4　ガス炎加熱法による線状加熱時の鋼材の表面温度及び冷却法

鋼種		鋼材表面温度	冷却法
調質鋼（Q）		750℃以下	空冷又は空冷後 600℃以下で水冷
熱加工制御鋼（TMC）	$C_{eq} > 0.38$	900℃以下	空冷又は空冷後 500℃以下で水冷
	$C_{eq} \leqq 0.38$	900℃以下	加熱直後水冷又は空冷
その他の鋼材		900℃以下	赤熱状態からの水冷を避ける

$$C_{eq} = C + \frac{Mn}{6} + \frac{Si}{24} + \frac{Ni}{40} + \frac{Cr}{5} + \frac{Mo}{4} + \frac{V}{14} + \left(\frac{Cu}{13}\right)(\%)$$

ただし，（　）の項は，Cu ≧ 0.5%の場合に加えるものとする。

10）架設完了前に実部材を組み合わせての寸法精度の確認や部材相互の取り合い等の確認（仮組立）を行う場合のボルト孔の精度

i ）ボルト孔のずれ

支圧接合を行う材片を組み合わせた場合，孔のずれは 0.5mm 以下とする。

ii ）ボルト孔の貫通率及び停止率

ボルト孔においては貫通ゲージの貫通率及び停止ゲージの停止率は表-20.7.5 に示す値を満たさなければならない。

表-20.7.5　ボルト孔の貫通率及び停止率

	ねじの呼び	貫通ゲージの径（mm）	貫通率（%）	停止ゲージの径（mm）	停止率（%）
摩擦／引張接合	M20	21.0	100	23.0	80 以上
	M22	23.0	100	25.0	80 以上
	M24	25.0	100	27.0	80 以上
支圧接合	M20	20.7	100	21.8	100
	M22	22.7	100	23.8	100
	M24	24.7	100	25.8	100

(2)　1)　加工計画

切断や孔明け等の鋼材の加工，さらに溶接施工及び溶接部の非破壊検査等が，加工の計画段階で確実に行えることを確認することを規定している。施工方法や施工順序を検討し，この章に従って施工や検査が行えないと判断される場合は，1.5 に規定されるように設計段階における施工の条件の検討にまで戻って検討する必要がある。

2)　製作図

製作図とは，部材等の製作を指示する設計図のことを指す。部材等の製作は製作図を基に施工されるため，加工の計画段階で 1.7 に規定される設計図に記載すべき事項，特に施工を考慮した板組であるか，開先形状や仕上げを指示する溶接記号や詳細図があるか，設計で指示する場合の溶接施工手順等が明確になっているかを確認する必要がある。

3)　板取り

鋼板の圧延方向と圧延直角方向による機械的性質の違いは一般に引張強さ，降伏点については，それほど大きくはないが，伸びについては 10 ～ 15%，絞りについては 5 ～ 15%ほど圧延直角方向が小さく，またシャルピー吸収エネルギーは圧延直角方向が圧延方向の 1/2 程度の値を示す場合もある。寒冷地において使用する場合に問題となる遷移温度も 10℃以上の相違を示す場合もあるので，主要な部材の板取りは，主たる応力の方向と圧延方向とを同じにするのを原則としている。ただし，連結板等の溶接されない部材はこの限りでない。また，圧延直角方向でも所定の機械的性質を満たせば，主たる応力の方向を圧延直角方向に一致させることができることとしている。例えば，橋梁用高降伏点鋼板（SBHS400，SBHS400W，SBHS500 及び SBHS500W）については，鋼板の圧延方向と圧延直角方向による機械的性質の違いは，引張強さ，降伏点に加え，伸び，絞りについてもそれほど大きくはなく，またシャルピー吸収エネルギーは圧延方向より圧延直角方向が小さく，圧延直角方向の値が衝撃試験の規格値として規定されている。このため，SBHS400, SBHS400W, SBHS500 及び SBHS500W は主たる応力の方向を必ずしも圧延方向に一致させなくてもよい。

4)　けがき

引張応力の大きい部分や繰返荷重が作用する部分では，微細なきずのために耐力や疲労耐久性が低下することもあるのでこの条文のように規定している。

部材に直接架設用の組立記号等を記す場合には，できるだけタガネによる打撃を避け，母材の材質や品質を損なわない方法を用いるのがよい。タガネ等で記すことがどうしても必要な場合には，完成後までタガネやポンチきずを残すようなことは避ける必要がある。また，応力集中や，引張応力が大きいところを避ける必要がある。

ただし，識別管理用の応力集中が少ないローストレス刻印を用いる場合はこの限りではない。

5)　切断，切削，開先加工

鋼板の切断法にはガス切断法及びせん断法等がある。板厚が薄い場合には，せん断法によることもあるが，切断面の品質確保の点から，主要部材の切断法は原則として自動ガス切断法，プラズマアーク切断法，レーザー切断法による。

上記の方法と同等の品質が確保される場合にはその方法によることも考えられるが，せん断法による場合，はなはだしい肩落ちやかえり等があると材片の密着度，耐荷力の低下等に問題を生じるので，これを仕上げる必要がある。

選定した防せい防食法とその仕様が本来の機能を発揮するためには，所要の品質を確保する必要がある。鋼材を切断したままの角部は，鋭い角をしており，塗装，溶融亜鉛めっき及び金属溶射等の防せい防食法を行う場合には，その方法のいかんに関わらず塗膜，めっき皮膜及び溶射皮膜が薄くなる。したがって，部材の自由縁の角部には面取りを行うものとした。塗装に対しては，通常，半径 2 mm 以上の曲面仕上げを行う事が望ましく，塗装以外の防せい防食法に対する面取りの施工上の留意事項については，鋼道路橋防食便覧（日本道路協会）が参考になる。

切削については，表-20.7.1に準じて切削面の品質を最大表面粗さ50μm以下と定めている。表-20.7.1では二次部材に100μmまでを認めているが，現在の工作法ではむしろ切削面を50μm以上の最大表面粗さに仕上げることの方が困難であるという事情や，混乱を避ける意味で，粗さの限界として最大表面粗さを50μmのみとしている。

開先については，良好な溶接品質を確保できるように加工する必要がある。特に，鋼製橋脚隅角部のように，3方向からの溶接線が集中する箇所では，溶接欠陥が生じやすいことから，コーナーカット（図-解20.7.1参照）を設ける等，溶接施工順序や開先形状などについて慎重に検討し，開先加工を行う必要がある。

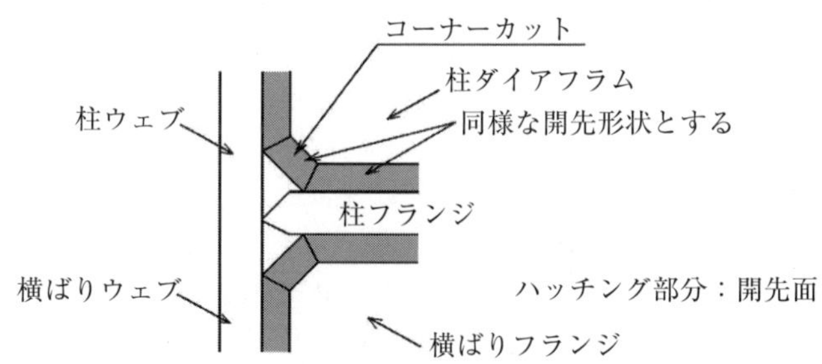

図-解20.7.1　隅角部においてコーナーカットを設けた例

6)　孔あけ

摩擦接合に対する孔径は，設計の断面控除が（呼び径+3mm）であるため，許容差0.5mmを考慮して（呼び径+2.5mm）としている。ただし以下のような場合のうち施工上やむを得ない場合には，（呼び径+4.5mm）までの拡大孔をあけてよい。この場合には，設計の断面控除を（拡大孔の径+0.5mm）として改めて継手の耐荷性能を照査する必要がある。なお，引張接合には拡大孔を用いてはならない。

①　部材を組み合わせた状態にしてリーミングを行うことが難しい場合

i）箱形断面部材の縦リブ継手

ii）鋼床版橋の縦リブ継手

②　架設の方法により，仮組立時と架設時の部材に対する応力状態が異なる場合

i）鋼床版橋の主桁と鋼床版を取り付ける縦継手

接合部に溶接と高力ボルト摩擦接合が混在する場合に拡大孔を適用しようとする場合には，20.10を参照のうえ慎重に検討する必要がある。

支圧接合に対しては，孔の精度は打込作業の難易に大きく影響するのでその

精度は，工作上許容し得る限界として規定を設けている。

橋の部材の孔あけは，当初より所定の径にあける工法と，最初予備孔をあけておき，架設前に実際の部材を組み合わせた状態に組立てた後所定の径にリーマ通しを行う工法とがあるが，いずれの場合もドリルを用いることが原則である。

組立以前に所定の径に孔あけを行う場合は，精度が重要となるため，主要部材については，原則として型板を使用しなければならないこととしてきた。前回の改定では，これまでの実績や施工の実状等を踏まえ，型板を使用する場合と同等の精度を確保できる孔あけ工法として NC 穿孔機の使用が追加された。また，押し抜きによる孔あけは能率的であるが，孔の周辺の材質をいためるので，板厚 16mm 以下の二次部材の孔あけに限って認めることとしている。板厚が 16mm を超える材片に使用する場合には，施工試験を行い，継手性能を確認する必要がある。

いずれの場合でも，孔の周辺に生じたまくれは，材片の密着を阻害し，ボルトの首の部分にきずを付けて亀裂を生じさせる原因の一つともなるので，グラインダ等で削りとる必要がある。

7)　冷間加工

冷間加工を行うと，鋼材はじん性が低下したり，亀裂が生じたりするおそれがあるので，主要部材において冷間加工を行う必要がある場合には，1.4.2 の規定に従って適切な鋼材を選定するとともに，局部的に大きなひずみを与えないようにするなど鋼材の機械的性質などの特性が損なわれないようにする必要がある。

なお，曲げ加工を行う際には，次のようなことに注意する必要がある。

①　加工によって材料に切欠きとなるきずを与えないよう加工前に押刃及び受台をよく清掃しておく。

②　折曲げ部のエッジは，加工前に最小 $0.1t$（t：板厚）の面取りを行うのを原則とする。

③　曲げ加工を行う鋼材の外側には，加工前にポンチを打たない。

なお，製作上必要な逆ひずみは，この条文の規定を適用しない。

8)　熱間加工

調質鋼（Q）のような焼入れ，焼戻し処理の施された鋼材は，熱間加工のために焼戻し温度（650℃）以上に加熱すると，熱処理により得られた特性が失われるので，このような加工は避ける必要がある。

調質鋼（Q）を種々の温度に加熱したのち空中放冷としたときの機械的性質の変化を図-解 20.7.2 に示すが，これによれば焼戻し温度以上の加熱により機械的性質が低下することがわかる。

同様に熱加工制御鋼（TMC）も熱間加工を避ける必要がある。橋梁用高降伏点鋼板（SBHS400，SBHS400W，SBHS500及びSBHS500W）は，調質鋼（Q）又は熱加工制御鋼（TMC）のいずれかであるため，調質鋼（Q）及び熱加工制御鋼（TMC）と同様に，この規定に従い熱間加工を避ける必要がある。

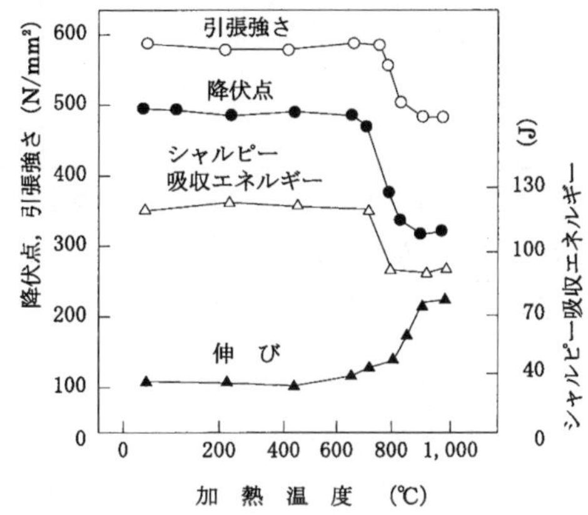

図-解 20.7.2　調質鋼（SM570）の加熱による機械的性質の変化

9)　ひずみとり

ひずみとりはガス炎によってひずみを矯正する場合について規定している。熱加工制御鋼（TMC）の条件は，日本溶接協会の行った研究[1)]に基づいて設定している。SBHS400，SBHS400W，SBHS500及びSBHS500Wにガス炎加熱法を用いる場合には，鋼種（Q又はTMC）を確認したうえで，この規定に従う必要がある。

10)　仮組立を行う場合のボルト孔の精度

支圧接合の場合は，孔の精度は打込み作業の難易に大きく影響するので孔ずれに対して厳しい値を規定している。摩擦接合の場合の孔ずれについては継手の性能上，特に問題にはならないこと及び貫通ゲージによりボルト挿入の確認ができることから，平成2年の改定時にこれを削除した。貫通ゲージは，ボルト挿入時にねじ山をいためないように，径をボルト呼び径＋1mmとした。摩擦接合のボルト孔において6)の解説に示すように，施工上やむを得ない理由によりボルト呼び径＋4.5mmまでの拡大孔を用いる場合には，貫通ゲージの貫通率及び停止ゲージの停止率は表-解 20.7.1を用いる。

なお，仮組立形状を架設現場で再現するため，ベントを用いない等の架設工法によっては主桁・主構に架設用基準孔（パイロットホール）を設けるのが望ましい。

表-解 20.7.1　拡大孔を用いる場合の貫通率及び停止率

貫通ゲージの径 (mm)	貫通率 (%)	停止ゲージの径 (mm)	停止率 (%)
d_0 + 1.0	100	d_1 + 0.5	80 以上

d_0：ボルト呼び径（mm）　d_1：拡大孔径（mm）

20.7.2　部材精度

(1)　鋼橋を構成する部材の寸法精度は，19 章までの規定の前提となる所定の精度が確保されなければならない。

(2)　部材精度を表-20.7.6 による場合には，(1)を満足するとみなしてよい。

表-20.7.6　部材の精度

<table>
<tr><th>番号</th><th colspan="3">項　目</th><th>許容誤差(mm)</th><th>備考</th><th>測定方法</th></tr>
<tr><td>1</td><td colspan="3">フランジ幅 b (m)
腹　板　高 h (m)
腹 板 間 隔 b' (m)</td><td>±2 …… $b \leqq 0.5$
±3 …… $0.5 < b \leqq 1.0$
±4 …… $1.0 < b \leqq 2.0$
±(3 + b/2) …. $2.0 < b$</td><td>左欄の b は b, h 及び b' を代表したものである。</td><td>I 形鋼桁　トラス弦材</td></tr>
<tr><td rowspan="2">2</td><td rowspan="2">板の
平面度
δ
(mm)</td><td colspan="2">鋼桁及びトラス等の部材の腹板</td><td>h/250</td><td>h：腹板高
(mm)</td><td rowspan="2"> 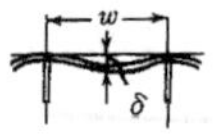</td></tr>
<tr><td colspan="2">箱桁及びトラス等のフランジ，鋼床版のデッキプレート</td><td>w/150</td><td>w：腹板又はリブの間隔(mm)</td></tr>
<tr><td>3</td><td colspan="3">フランジの直角度 δ (mm)</td><td>b/200</td><td>b：フランジ幅
(mm)</td><td> 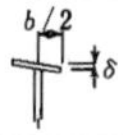</td></tr>
<tr><td rowspan="3">4</td><td rowspan="3">部材長
l(m)</td><td colspan="2">鋼桁</td><td>±3 ……………… $l \leqq 10$
±4 ……………… $l > 10$</td><td rowspan="3"></td><td rowspan="3"> 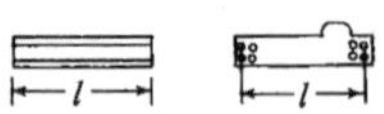</td></tr>
<tr><td colspan="2">トラス，アーチ等</td><td>±2 ……………… $l \leqq 10$
±3 ……………… $l > 10$</td></tr>
<tr><td colspan="2">伸縮継手</td><td>0 ～ 30</td></tr>
<tr><td>5</td><td colspan="3">圧縮材の曲がり δ (mm)</td><td>l/1,000</td><td>l：部材長
(mm)</td><td> 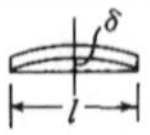</td></tr>
<tr><td>6</td><td rowspan="3">鋼製橋脚</td><td colspan="2">脚柱とベースプレートの鉛直度 δ (mm)</td><td>b/500</td><td>b：部材幅
(mm)</td><td> 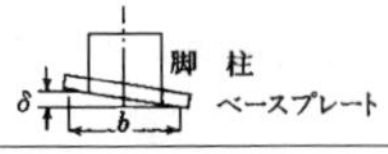脚 柱　ベースプレート</td></tr>
<tr><td rowspan="2">7</td><td rowspan="2">ベースプレート</td><td>孔の位置</td><td>±2</td><td>b：孔中心間距離
(mm)</td><td rowspan="2"> 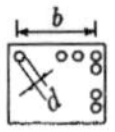</td></tr>
<tr><td>孔の径</td><td>0 ～ 5</td><td>d：孔の直径
(mm)</td></tr>
</table>

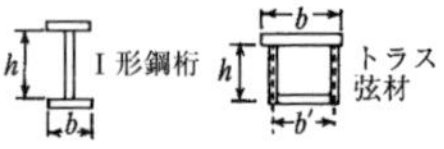

部材精度については，2 章から 19 章までの設計上の規定に対応する許容値を示すとともに，測定方法を明記している。

測定個所や個数については表-解 20.7.2 を参考にするのが望ましい。

表-解 20.7.2　部材の測定箇所又は個数

<table>
<tr><th>番号</th><th colspan="3">項　目</th><th>鋼桁</th><th>トラス・アーチ等</th></tr>
<tr><td rowspan="2">1</td><td colspan="3" rowspan="2">フランジ幅 b (m)
腹　板　高 h (m)
腹 板 間 隔 b' (m)</td><td>主桁・主構</td><td>各支点及び各支間中央付近</td></tr>
<tr><td>床組等</td><td>構造別に 5 部材につき 1 個抜き取った部材の中央付近</td></tr>
<tr><td rowspan="2">2</td><td colspan="2" rowspan="2">板の平面度 δ (mm)</td><td>鋼桁及びトラス等の部材の腹板</td><td rowspan="3">主桁</td><td rowspan="3">各支点及び各支間中央付近</td></tr>
<tr><td>箱桁及びトラス等のフランジ，鋼床版のデッキプレート</td></tr>
<tr><td>3</td><td colspan="3">フランジの直角度 δ (mm)</td></tr>
<tr><td rowspan="3">4</td><td colspan="2" rowspan="3">部材長 l (mm)</td><td>鋼桁</td><td colspan="2" rowspan="2">原則として仮組立をしない部材について主要部材全数</td></tr>
<tr><td>トラス・アーチ等</td></tr>
<tr><td>伸縮継手</td><td colspan="2">製品全般</td></tr>
<tr><td>5</td><td colspan="3">圧縮材の曲がり δ (mm)</td><td>－</td><td>主要部材全数</td></tr>
<tr><td>6</td><td rowspan="3">鋼製橋脚</td><td colspan="2">脚柱とベースプレートの鉛直度 δ (mm)</td><td>－</td><td>各脚柱・ベースプレート</td></tr>
<tr><td rowspan="2">7</td><td rowspan="2">ベースプレート</td><td>孔の位置 b (mm)</td><td>－</td><td>全数</td></tr>
<tr><td>孔の径 d (mm)</td><td>－</td><td>全数</td></tr>
</table>

板の平面度は，溶接によるひずみの許容値を示したもので，圧縮部材の曲がり精度とともに，圧縮部材の応力度制限値が元たわみの影響を考慮に入れてあることに対応したものである。ただし，ここに規定している許容値はひずみの限界を示したものであるので，施工に際しては，ここに示した値より小さい値を目標とすることが望ましい。また，板の平面度はデッキプレートの舗装に対する許容値に，また，腹板等では補剛材の溶接によるやせ馬の限度ともなっている。

伸縮装置の部材長は，道路の有効幅員を確保するという観点から，マイナス側の許容値を認めていない。

20.7.3　組立精度

(1)　鋼橋を構成する部材の組立精度は，架設完了後に設計で要求する性能が満たされなければならない。

(2)　(3)による場合には，(1)を満足するとみなしてよい。

(3)　架設完了後に，組み合わせた部材の組立精度が表-20.7.7の許容値を満たさなければならない。

表-20.7.7　架設完了後の組立精度

項　目	許容値 (mm)
支間長	$\pm(20 + L/5)$
そ　り	$\pm(25 + L/2)$
通　り	$\pm(10 + 2L/5)$

注）許容値の式中，L は主桁又は主構それぞれの支間長 (m)

橋の施工において要求される寸法精度は，橋が完成系において設計に適合する形状となることである。ただし，これらを橋の要求性能に基づいて具体的に規定するのは困難であり，表-20.7.7に規定した項目は，鋼橋の基本的な寸法の確保と床版工や舗装工等の後工程に対する影響について考慮し，これまでの実績や施工の実状等から規定しているものである。

ここに規定しないその他の項目については，例えば，桁間隔は支承の据付精度と横桁の長さを管理すれば必然的に十分な精度が達成できる等，通常の場合に20.7.2に規定している部材精度の確保と架設完了までの適切な品質管理と施工管理によって，必要な精度が確保されると考えられるため，特に条文では規定していない。また，支間長は，支承の位置ずれ量で規定することもできるが，その場合は，それぞれの支承でのずれ量を $\pm(10+L/10)$ 以内とすればよい。

なお，完成形で過大なねじれを発生させないために，表-20.7.7の項目以外に支点部が所定の高さにあることを確認する必要がある。また，橋脚についても同様に経験的な値であるが，架設完了後の許容値として表-解20.7.3に示す値を参考にしてよい。

表-解20.7.3　橋脚の架設完了後の組立精度

項　目	許容値
基準高さ	± 20（mm）
門柱間隔	± 20（mm）
柱の傾き	1/500

製作・架設の途中段階で部材を組み合せた状態に対して行う寸法精度の確認（仮組立）は，架設完了後に所要の組立精度が得られることを事前に確認するために行うものであり，構造が単純で精度管理が容易な橋等，部材精度や支承の据え付け精度を確実に保つことで仮組立を行わなくても架設完了後の組立精度を確保することが可能な場合も考えられる。

一方，複雑な構造形式や架設完了後の手直しを回避する目的から仮組立を行うことが望ましい場合もある。したがって，仮組立の必要性，その方法及び範囲については，橋の構造形式，斜角，曲率及び架設方法等を十分に考慮して検討する必要がある。

なお，仮組立を行う場合には，計測項目や計測方法・許容値等の品質管理要領を設計段階であらかじめ適切に定めておく必要があるが，このとき，表-解20.7.4を参考にしてよい。また，組立時における計測項目の計測方法・頻度は表-解20.7.5を標準としてよい。

仮組立には，実際に部材を組立てる方法と，部材計測を行った結果を用いて数値シミュレーションにより組立てた状態を確認する方法があるが，後者の場合にも実際の形状を計測したデータとの整合性を示す等により十分に信頼できることが確認されたシステムを適用すれば，品質的には実際に部材を組立てる方法と同等の確認が可能である。

なお，実際に部材を組み合わせる方法では，各部材がなるべく無応力状態とみなせるように支持して行うのが原則であり，組み合わされる各部材のうち，主要部分の現場連結部は，ボルト及びドリフトピンを使用し，堅固に締付けておく必要がある。また，締付後，母材と連結板に食い違いが生じた場合には，適切な補修を行う必要がある。

架設現場では，現場継手を仮組立時と同様に再現すれば，所定の形状が得られるが，架設工法によっては，全ての部材を仮組立時と同じ応力状態にしないことやできないこともある。例えば，支保工なしで架設する曲線桁や，斜角のきつい斜橋の架設においては，主桁のねじれや主桁相互のたわみ差が生じて横桁や対傾構の主桁とのとりあいに食い違いが生じることがある。このような場合には，設計や架設工法を考慮に入れて適切な仮組立方法を選ぶ必要がある。

表-解 20.7.4 のそりは各部材が無応力状態で組み合わされたときの値である。したがって，実際に部材を組み合わせて仮組立を行う場合に，部材に応力が働いていれば，いかに形が正確に組まれていても部材にはひずみが生じており，架設のとき正確に組立てることができない。例えば，剛性が小さい桁では，仮組立の支持点の反力の大きさを変えることにより，そりを広い範囲に調節できるが，架設時の組立に支障を生じるような部材の変形を仮組時に与えることは避ける必要がある。

また，橋桁や鋼床版桁のそりを計測する場合には，日射による上下フランジの温度差の影響を受けるので，注意が必要である。

表-解 20.7.4 に示した現場継手部の隙間の許容値は，工作の実状を踏まえて定められた値である。特に隙間からの水の浸入が問題となる場合には，止水剤を充てんする等の防水処理を施す必要がある。

なお，落し込み部材等では，現場での部材の組立を容易にするため現場継手部にすき間をあける場合がある。表-解 20.7.4 に示した現場継手部の隙間の許容値は，このようなことを考慮して設計図に記された値に対する許容誤差を示したものである。

伸縮装置には，直接輪荷重が載荷されるので，段差を生じると衝撃が増加し，伸縮装置そのもの，桁との連結部及び床版等の破壊の原因となるので注意が必要である。

なお，表-解 20.7.4 に示した各種精度を測定する場合の測定箇所としては，表-解 20.7.5 を標準とすればよい。

表-解 20. 7. 4　仮組立の精度

<table>
<tr><th colspan="2">項　　目</th><th>許容誤差(mm)</th><th>備　　考</th><th>測定方法</th></tr>
<tr><td colspan="2">全長・支間長L(m)</td><td>$\pm(10+L/10)$</td><td>L：右図における
L_0及びL_1(m)</td><td>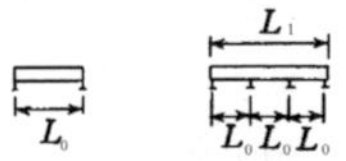
</td></tr>
<tr><td colspan="2">主桁・主構の中心間距離
B(m)</td><td>± 4　　$B \leqq 2$
$\pm(3+B/2)$　　$B>2$</td><td></td><td>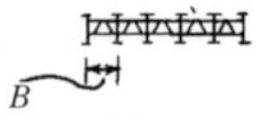
</td></tr>
<tr><td colspan="2">主構の組立高さH(m)</td><td>± 5　　$H \leqq 5$
$\pm(2.5+H/2)$　　$H>5$</td><td></td><td>
</td></tr>
<tr><td colspan="2">主桁・主構の通り
δ(mm)</td><td>$5+L/5$　　$L \leqq 100$
25　　$L>100$</td><td>L：測線長(m)</td><td>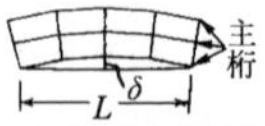
</td></tr>
<tr><td colspan="2">主桁・主構のそり
δ(mm)</td><td>$-5 \sim +5$　　$L \leqq 20$
$-5 \sim +10$　　$20 < L \leqq 40$
$-5 \sim +15$　　$40 < L \leqq 80$
$-5 \sim +25$　　$80 < L \leqq 200$</td><td>L：主桁・主構の
支間長(m)</td><td>
</td></tr>
<tr><td colspan="2">主桁・主構の橋端における出入り差δ(mm)</td><td>10</td><td></td><td>
</td></tr>
<tr><td colspan="2">主桁・主構の鉛直度
δ(mm)</td><td>$3+H/1{,}000$</td><td>H：主桁・主構の
高さ(mm)</td><td>
</td></tr>
<tr><td rowspan="3">鋼製橋脚</td><td>柱の中心間隔・対角長L(m)</td><td>± 5　　$L \leqq 10$
± 10　　$10 < L \leqq 20$
$\pm 10+\left(\frac{L-20}{10}\right)$　　$20 < L$</td><td></td><td>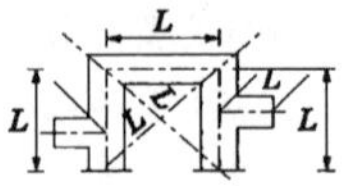
</td></tr>
<tr><td>はりのキャンバー及び柱の曲がり
δ(mm)</td><td>$L/1{,}000$</td><td>L：測線長(m)</td><td>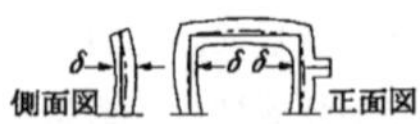
</td></tr>
<tr><td>柱の鉛直度
δ(mm)</td><td>10　　$H \leqq 10$
H　　$H>10$</td><td>H：高さ(m)</td><td>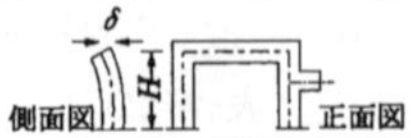
</td></tr>
<tr><td colspan="2">現場継手部の隙間
δ(mm)</td><td>5</td><td>δ：右図におけるδ_1,
δ_2のうち大きいもの(mm)</td><td>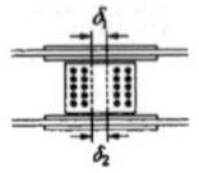
</td></tr>
<tr><td rowspan="3">アンカーフレーム</td><td>上面の水平度
δ_1(mm)</td><td>$b/500$</td><td>b：ボルト間隔(mm)</td><td rowspan="3">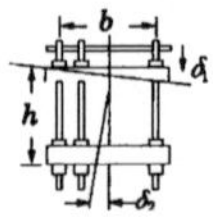
</td></tr>
<tr><td>鉛直度δ_2(mm)</td><td>$h/500$</td><td>h：高さ(mm)</td></tr>
<tr><td>高さh(mm)</td><td>± 5</td><td></td></tr>
<tr><td rowspan="2">伸縮装置</td><td>組み合わせる伸縮装置との高さの差
δ_1(mm)</td><td>設計値± 4</td><td rowspan="2"></td><td rowspan="2">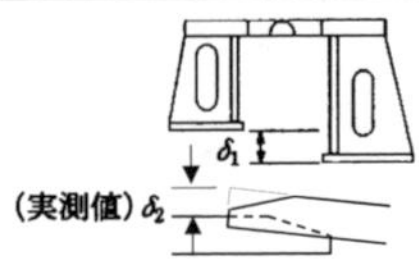
</td></tr>
<tr><td>フィンガーの食い違いδ_2(mm)</td><td>2</td></tr>
</table>

表-解 20.7.5 仮組立精度の測定箇所又は個数

<table>
<tr><th colspan="3">項　　目</th><th>鋼桁</th><th>トラス・アーチなど</th></tr>
<tr><td colspan="2">全長，支間長</td><td>L(m)</td><td colspan="2">主桁・主構全数</td></tr>
<tr><td colspan="2">主桁・主構の中心間距離</td><td>B(m)</td><td colspan="2">各支点及び各支間中央付近</td></tr>
<tr><td colspan="2">主構の組立高さ</td><td>H(m)</td><td>−</td><td>両端部及び中央部</td></tr>
<tr><td colspan="2">主桁・主構の通り</td><td>δ(mm)</td><td colspan="2">最も外側の主桁又は主構について支点及び支間中央の 1 点</td></tr>
<tr><td colspan="2">主桁・主構のそり</td><td>δ(mm)</td><td>各主桁について 10 ～ 12m 間隔</td><td>各主構の各格点</td></tr>
<tr><td colspan="2">主桁・主構の橋端における出入り差</td><td>δ(mm)</td><td colspan="2">どちらか一方の主桁（主構）端</td></tr>
<tr><td colspan="2">主桁・主構の鉛直度</td><td>δ(mm)</td><td>各主桁の両端部</td><td>支点及び支間中央付近</td></tr>
<tr><td rowspan="3">鋼製橋脚</td><td>柱の中心間隔・対角長</td><td>L(m)</td><td>−</td><td>両端部及び片持ばり部</td></tr>
<tr><td>はりのキャンバー
及び柱の曲がり</td><td>δ(mm)</td><td>−</td><td>各主構の各格点</td></tr>
<tr><td>柱の鉛直度</td><td>δ(mm)</td><td>−</td><td>各柱及び片持ばり部</td></tr>
<tr><td colspan="2">現場継手部のすき間</td><td>δ(mm)</td><td colspan="2">主桁・主構の全継手数の 1/2</td></tr>
<tr><td rowspan="3">アンカー
フレーム</td><td>上面の水平度</td><td>δ(mm)</td><td>−</td><td rowspan="3">軸芯上全数</td></tr>
<tr><td>鉛直度</td><td>δ(mm)</td><td>−</td></tr>
<tr><td>高さ</td><td>h(mm)</td><td>−</td></tr>
<tr><td rowspan="2">伸縮装置</td><td>組み合せる伸縮
装置との高さの差</td><td>δ_1(mm)</td><td colspan="2" rowspan="2">両端部及び中央部付近</td></tr>
<tr><td>フィンガーの食違い</td><td>δ_2(mm)</td></tr>
</table>

20.7.4 輸　　送

部材は，途中で損傷することのないよう，安全に輸送されなければならない。

部材輸送時の損傷には，積込み時に生じるもの，輸送途中に生じるもの及び取りおろし時に生じるものとがある。積込み時と取りおろし時に生じるものには，台付けワイヤーによる塗膜の損傷，クレーンの操作ミスによるガセットプレートの曲り等がある。また，輸送中に生じるものとしては，荷くずれによる部材の変形がある。いずれにしても，木材，山形鋼等で堅固な部材固定方法を考え，部材を損傷させないように現場まで輸送するよう注意する必要がある。

また，海上輸送を行った場合等には，過大な塩分が付着し，現場塗装等の品質に影響を与えることがあるので，事前に養生を行ったり，輸送後に水洗いを行うことなどについても考慮しておく必要がある。

20.8 溶　　接

20.8.1 一　　般

溶接は，各継手に要求される溶接品質を確保するため，少なくとも1)から

8)に示す事項について十分に検討したうえで，適切に施工されなければならない。

1)　鋼材の種類及び特性
2)　溶接材料の種類及び特性
3)　溶接作業者の保有資格
4)　継手の形状及び精度
5)　溶接環境及び使用設備
6)　溶接施工条件及び留意事項
7)　溶接部の検査方法
8)　不適合品の取扱い

溶接継手には，突合せ継手，十字継手，T 継手，角継手，重ね継手等があって（表-解 9.2.1，継手の強度，剛度及び剛性の面で必要な溶接の寸法，形状は，溶接記号によって設計図等に示される。しかし，一般に，溶接継手の性能は，溶接記号の指示のみで決定されるものではなく，施工に関連する冶金的性質やきずの存在程度等によって大きく変化する。しかも溶接継手は，必ずしも全線の検査ができるものではなく，要求された溶接品質が確保されていることを施工後に100％検証することは一般には困難である。そのような理由から，継手部の適正な品質を確保するためには，十分な経験と知識を有した技術者が，少なくとも条文に規定している内容を含む適切な施工要領を作成することと，その施工要領に従って正しく施工が行われることの2点が非常に重要となる。

完全溶込み開先溶接においては，初層に割れ等の溶接欠陥が発生しやすく，裏はつりを行わない場合，必要な溶接品質を確保できないおそれがある。このため，横方向突合せ溶接継手のみならず，落橋防止構造及び付属物に用いる，全ての完全溶込み開先溶接による溶接継手は，原則として，反対側からの溶接を行う前に健全な溶接層まで裏はつりを行う必要がある。また，裏はつりを行う場合には，良好な溶接品質で十分な溶込みを確保できるように，はつりの幅，深さ，長さ，形状に配慮する必要がある。この条文では，溶接品質の確保のために最低限確認しておくべき事項を規定しているが，溶接品質には作業者の能力や意識に左右される部分もあり，溶接品質の確保のためには，事前に定められた要領どおりに正しく施工されるように，その内容を関係者に徹底するとともに，継手の重要度や施工の難易度等も十分に考慮した適切な品質管理体制と手法を確立しておくことが必要である。品質管理体制については，例えば，橋の溶接に関する十分な知識や経験を有する者を溶接管理技術者として配置し，溶接施工の管理を行うのがよく，溶接に関する知識や経験を証明する資格には，JIS Z 3410：2013（溶接管理－任務及び責任）附属書 A に記載のある WES8103：2016（溶接管理技術者認証基準）がある。また，非破壊試験の内部きず検査では，継手の板厚，形状等により適切な方法を選定して行うことが必要であり，溶接部の内部きず検査に関する十分な知識や経験を有する者が適切な試験方法と手順を事前に要領書に定め，これに基づいて内部きず検査が行われるように管理される必要がある。さらに，定められた溶接施工要領に従って正しく施工されたことをどのような手法で示すのかについても，事前に定めておくことが必要である。

20.8.2　溶接材料

(1)　使用する溶接材料は，適用される鋼種に合わせ，継手に要求される成分や機械的性質を満足しなければならない。

(2)　1)から4)による場合には，(1)を満足するとみなしてよい。

1)　溶接材料の使用区分は，表-20.8.1によるのを標準とする。

表-20.8.1　溶接材料区分

使用区分	使用する溶接材料
強度の同じ鋼材を溶接する場合	母材の規格値と同等又はそれ以上の機械的性質（じん性を除く）を有する溶接材料
強度の異なる鋼材を溶接する場合	低強度側の母材の規格値と同等又はそれ以上の機械的性質（じん性を除く）を有する溶接材料
じん性の同じ鋼材を溶接する場合	母材の要求値と同等又はそれ以上のじん性を有する溶接材料
じん性の異なる鋼材を溶接する場合	低じん性側の母材の要求値と同等又はそれ以上のじん性を有する溶接材料
耐候性鋼と普通鋼を溶接する場合	普通鋼の溶接材料
耐候性鋼と耐候性鋼を溶接する場合	母材の要求値と同等又はそれ以上の耐候性能を有する溶接材料

2)　以下のｉ）及びⅱ）に該当する場合には，低水素系溶接材料を使用する。

ｉ）耐候性鋼を溶接する場合

ⅱ）SM490，SM490Y，SM520，SBHS400，SM570及びSBHS500を溶接する場合

3　溶接材料の乾燥

ｉ）溶接材料は適切に保管されていることを確認したうえで使用する。

ⅱ）被覆アーク溶接棒及びサブマージアーク溶接用フラックスの乾燥は，表-20.8.2及び表-20.8.3によるのを標準とする。

表-20.8.2　溶接棒の乾燥

溶接棒の種類	溶接棒の乾燥状態	乾燥温度	乾燥時間
軟鋼用被覆アーク溶接棒	乾燥（開封）後12時間以上経過した場合，又は溶接棒が吸湿したおそれがある場合	100～150℃	1時間以上
低水素系被覆アーク溶接棒	乾燥（開封）後4時間以上経過した場合，又は溶接棒が吸湿したおそれがある場合	300～400℃	1時間以上

表-20.8.3　フラックスの乾燥

フラックスの種類	乾燥温度	乾燥時間
溶融フラックス	150～200℃	1時間以上
ボンドフラックス	200～250℃	1時間以上

4）　CO_2ガスシールドアーク溶接に用いるCO_2ガスは，JIS K 1106（液化二酸化炭素（液化炭酸ガス））に規定する3種とする。

(2)　1)，2)ここでは溶接材料の使用区分を規定している。耐候性鋼及び高張力鋼については被覆アーク溶接棒を用いる場合は耐割れ性を考慮して全て低水素系溶接棒を使用することとしている。母材のじん性要求値は母材のじん性規格値（例えば，JIS G 3140：2011のSBHS500及びSBHS500Wに関しては，-5℃ Vノッチ（圧延直角方向）シャルピー吸収エネルギー100J以上）という意味ではないので，この点を誤解しないようにする必要がある。

なお，強度の異なる鋼材を溶接する場合は低強度側の母材の規格値と同等又はそれ以上の機械的性質を有する溶接材料を，耐候性鋼と普通鋼を溶接する場合は普通鋼の溶接材料を使用することを標準としているが，20.8.4で規定している予熱や入熱制限は高強度側や耐候性鋼側の鋼材に応じて行う必要がある。

3）　ここでは被覆アーク溶接棒とサブマージアーク溶接用フラックスの乾燥条件及び許容放置時間の標準を示している。

軟鋼用溶接棒は割れのおそれのない場合に使用されるが，吸湿がはなはだしいと思わぬ欠陥が生じるので，乾燥をおろそかにしてはならない。低水素系溶接棒は，水素の発生が少なく耐割れ性のよいことを特徴としているので，その特徴を損なうような取扱いを避ける必要がある。低水素系溶接棒に規定している乾燥温度と時間は，吸湿水分を十分排除するのに必要な条件であり，放置時間，吸湿水分，拡散性水素量（H_{GC}）の関係は図-解20.8.1及び図-解20.8.2に示すとおりである。

すなわち，低水素系溶接棒を25℃湿度85％のもとで4時間放置した場合の吸湿水分は約0.4％となり，その吸湿水分における各拡散性水素量（JIS Z 3118：2007（鋼溶接部の水素量測定方法）のガスクロマトグラフ法によるH_{GC}）は，ほぼ5～9ml/100g

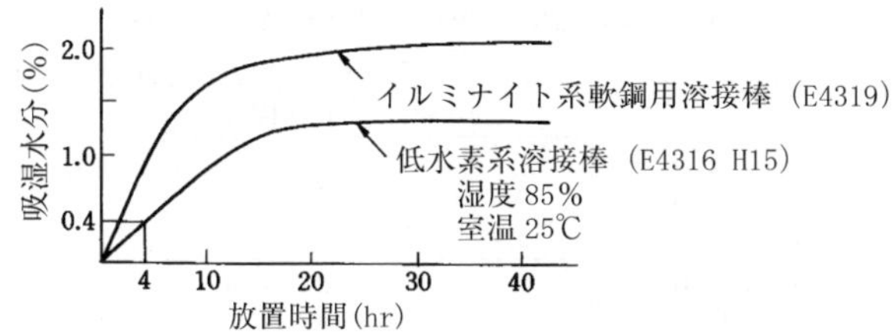

図-解 20.8.1　被覆アーク溶接棒の放置時間と吸湿水分の関係

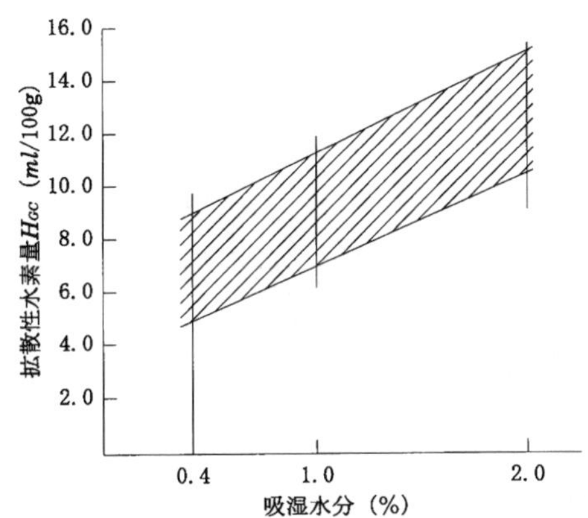

図-解 20.8.2　低水素系溶接棒の吸湿水分と拡散性水素量の関係

である。この値はJIS Z 3211：2008（軟鋼，高張力鋼及び低温用鋼用被覆アーク溶接棒）に定められる溶接棒のうち，表-解 20.8.1に示す種類の低水素系溶接棒の拡散性水素の許容量を満たす。一方，E4916 H15の溶接棒の乾燥後経過時間と拡散性水素量の測定結果は，図-解 20.8.3に示すようなものであり，以上のことから許容放置時間として4時間を適当と考えたものである。

なお，乾燥時間が長時間となると，被覆材の性能が低下するおそれがあるため，使用する被覆アーク溶接棒に適した乾燥時間とするのがよい。

サブマージアーク溶接用フラックスとして現在多用されている溶融タイプのものは，それ自体は吸湿しないが，粒子の表面に水分が付着すると溶接金属の拡散性水素が増加するため，乾燥が必要である。ボンドフラックスは粒子自体が吸湿するので乾燥温度を高く規定している。なお，乾燥時間は被覆アーク溶接棒と同様に，使用するフラックスに適した乾燥時間とする必要がある。ガスシールドアーク溶接用ワイヤとして，フラックス入りワイヤを使用する場合には吸湿に十分注意する必要がある。

表-解 20.8.1　JIS に規定された拡散性水素量

低水素系溶接棒の種類	ガスクロマトグラフ法による拡散性水素量 (ml/100g)
E4316　H15 E4916　H15 E4928　H15	15 以下
E5516-G H10 E5716　H10 E5728　H10	10 以下

注）本表は，JIS Z 3211 : 2008（軟鋼，高張力鋼及び低温用鋼用被覆アーク溶接棒）による。表中には，主な低水素溶接棒の種類を示している。

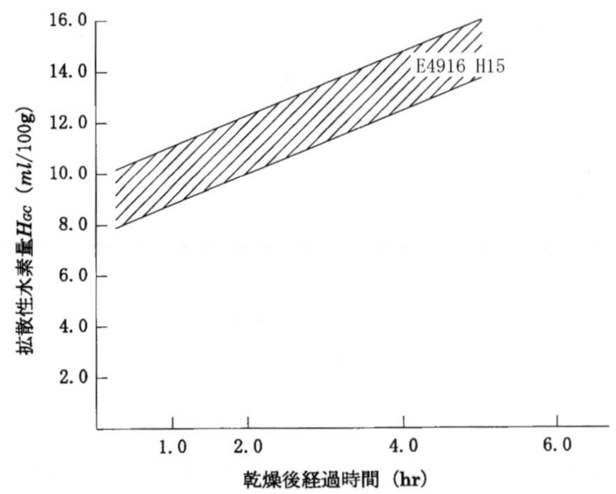

図-解 20.8.3　低水素系溶接棒の乾燥後経過時間と拡散性水素量の関係

4）CO_2 ガスは，ガス中に水分が含まれていると溶接部にブローホール等の欠陥が生じる原因となるので，できるだけ水分の少ない JIS K 1106 : 2008（液化二酸化炭素（液化炭酸ガス））に規定される 3 種を使用する必要がある。一般的には，原料ガスとして JIS K 1105 : 2017（アルゴン）に規定される 2 級の Ar 及び JIS K 1106 : 2008 に規定される 3 種の CO_2 を用いて，JIS Z 3253 : 2011（溶接及び熱切断用シールドガス）に規定される M21 の組成（Ar 80%，CO_2 20% を標準とする組成）のシールドガスが使用されている。

20.8.3　材片の組合せ精度

(1)　材片の組合せ精度は，継手部の応力伝達が円滑に行われ，かつ継手性能を満足するものでなければならない。

(2)　(3)による場合には，(1)を満足するとみなしてよい。

(3)　材片の組合せ精度は1)及び2)の値を標準とする。ただし，施工試験によって誤差の許容量が確認された場合はそれに従ってもよい。

1)　開先溶接

i）ルート間隔の誤差：規定値±1.0mm 以下

ii）板厚方向の材片の偏心：$t \leqq 50$　薄い方の板厚の 10%以下
$50 < t$　5mm 以下
t：薄い方の板厚

iii）裏当金を用いる場合の密着度：0.5mm 以下

iv）開先角度：規定値±10°

2)　すみ肉溶接

材片の密着度：1.0mm 以下

部材を組立てる場合，材片の組合せ精度が悪いと完成した部材そのものの精度や橋全体の精度を低下させるばかりでなく，局部的な溶接不良を起しやすいので，材片の組合せ精度は，継手部の応力伝達が円滑に行われ，かつ継手性能が満たされるものである必要がある。

この項で示している標準値は，過去の実績から良好な溶接ができるものとされてきた数値を示している。しかし，開先溶接のルート間隔の誤差や開先角度は，施工者によって異なることもある。また，板厚方向の材片の偏心許容量は，鋼床版の現場溶接継手や鋼管と鋼管とを軸方向に連結する継手形式のうちの溶接による直継手等，精度保持の難しい継手もあることを想定して定められたものであるから，一般の工場施工の場合には許容範囲の下限値を目標に施工することが望ましい。

すみ肉溶接における材片の密着度は，一般の直線部分では比較的容易に確保されるが，素材に曲げ加工や突合せ継手等が存在する場合は不良となりやすいので，このような場合について十分な管理が行われるように許容量を定めている。ただし，例えば，鋼床版閉断面縦リブと横リブの交差部等，部材が他部材のスリットを貫通するはめ込み形式となる継手で，施工上やむを得ずこの密着度が守れない場合は，

$1.0\text{mm} < \delta \leqq 3.0\text{mm}$ のとき　　：脚長を δ だけ増す
$3.0\text{mm} < \delta$ のとき　　：開先をとり溶接

ここに，δ：材片間の隙間（mm）
とするのがよい。

上記の材片の組合せ精度は，溶接後では確認が不可能となるため，適切な方法により溶接前に確認する必要がある。

なお，部材の組立に際しては，補助治具を有効に利用し，無理のない姿勢で組立溶接できるようにする必要がある。また，支材やストロングバック等の異材を母材に溶接することはできるだけ避け，やむを得ず溶接を行って母材をきずつけた場合には，表-20.8.8により補修する必要がある。このような場合も，施工記録の一環として補修に関する記録を保管する必要がある。

20.8.4 溶接施工法

⑴ 溶接の施工は，所定の溶接品質を確保できる方法で行われなければならない。

⑵ 1)から6)による場合には，⑴を満足するとみなしてよい。

1) 溶接作業者の資格

i) 組立溶接及び本溶接に従事する溶接作業者は，次に示す資格を有していなければならない。

a) 溶接作業者は，JIS Z 3801（手溶接技術検定における試験方法及び判定基準）に定められた試験の種類のうち，その作業に該当する試験（又は，これと同等以上の検定試験）に合格したものでなければならない。ただし，半自動溶接を行う場合に従事する溶接作業者は，JIS Z 3841（半自動溶接技術検定における試験方法及び判定基準）に定められた試験の種類のうち，その作業に該当する試験（又は，これと同等以上の検定試験）に合格したものでなければならない。

b) 工場溶接に従事する溶接作業者は，6ヶ月以上溶接工事に従事し，かつ工事前2ヵ月以上引き続きその工場において溶接工事に従事した者でなければならない。

c) 現場溶接に従事する溶接作業者は，6ヶ月以上溶接工事に従事し，かつ適用する溶接施工方法の経験がある者又は十分な訓練を受けた者でなければならない。

2)　溶接施工試験

i）a）からf）のいずれかに該当する場合には，溶接施工試験を行う。

a）SM570，SMA570W，SM520及びSMA490Wにおいて，1パスの入熱量が7,000J/mmを超える場合

b）SBHS500，SBHS500W，SBHS400，SBHS400W，SM490Y及びSM490において，1パスの入熱量が10,000J/mmを超える場合

c）被覆アーク溶接法（手溶接のみ），ガスシールドアーク溶接法（CO_2ガス又はArとCO_2の混合ガス），サブマージアーク溶接法以外の溶接を行う場合

d）鋼橋製作の実績がない場合

e）使用実績のないところから材料供給を受ける場合

f）採用する溶接方法の施工実績がない場合

なお，過去に同等又はそれ以上の条件で溶接施工試験を行い，かつ施工経験をもつ工場では，その時の試験報告書によって判断し，溶接施工試験を省略できる。

ii）溶接施工試験は，表-20.8.4に示す試験項目から該当する項目を選んで行うことを標準とし，供試鋼材の選定，溶接条件の選定その他は，a）からd）によることを原則とする。

表-20.8.4　溶接施工試験

試験の種類	試験項目	溶接方法	試験片の形状	試験片の個数	試験方法	判定基準
開先溶接試験	引張試験	図-20.8.1による	JIS Z 3121 1号	2	JIS Z 2241	引張強さが母材の規格値以上
	型曲げ試験（19mm未満裏曲げ）（19mm以上側曲げ）		JIS Z 3122	2	JIS Z 3122	原則として，亀裂が生じてはならない
	衝撃試験		JIS Z 2242 Vノッチ（試験片採取位置は図-20.8.2による）	各部位につき3	JIS Z 2242	溶接金属及び溶接熱影響部で母材の要求値以上（それぞれの3個の平均値）
	マクロ試験		－	1	JIS G 0553に準じる	欠陥があってはならない
	非破壊試験		－	試験片継手全長	20.8.6及び20.8.7の規定による	
すみ肉溶接試験	マクロ試験	図-20.8.3による	図-20.8.3による	1	JIS G 0553に準じる	欠陥があってはならない

スタッド溶接試験	引張試験	JIS B 1198	JIS B 1198	3	JIS Z 2241	降伏点は 235N/mm² 以上，引張強さは 400 ～ 550N/mm²，伸びは 20%以上とする。ただし溶接で切れてはいけない
	曲げ試験	JIS Z 3145	JIS Z 3145	3	JIS Z 3145	溶接部に亀裂が生じてはならない

a）供試鋼板には，同じような溶接条件で取り扱う鋼板のうち最も条件の悪いものを用いる。

b）溶接は実際の施工で用いる溶接条件で行い，溶接姿勢は実際に行う姿勢のうち最も不利な姿勢で行う。

c）異種の鋼材の開先溶接試験は，実際の施工と同等の組合せの鋼材で行う。同鋼種で板厚が異なる継手については，板厚の薄い方の鋼材で試験を行ってもよい。

d）再試験は最初の個数の２倍とする。

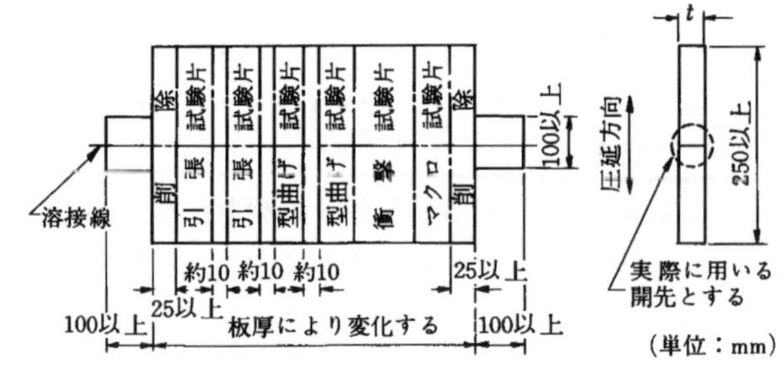

図-20. 8. 1　開先溶接試験溶接方法

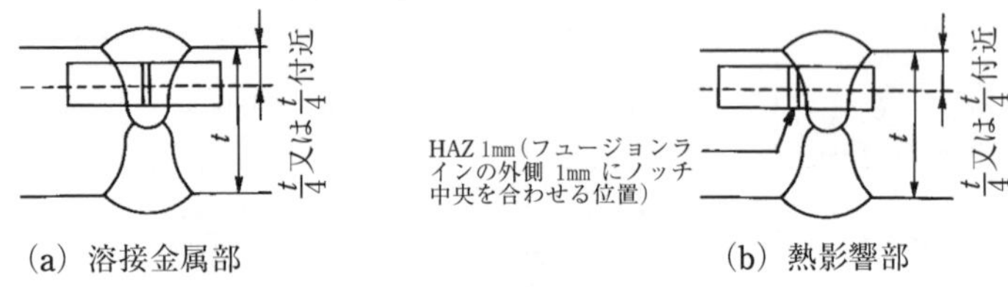

(a) 溶接金属部　(b) 熱影響部

図-20. 8. 2　衝撃試験片（開先溶接試験片の採取位置）

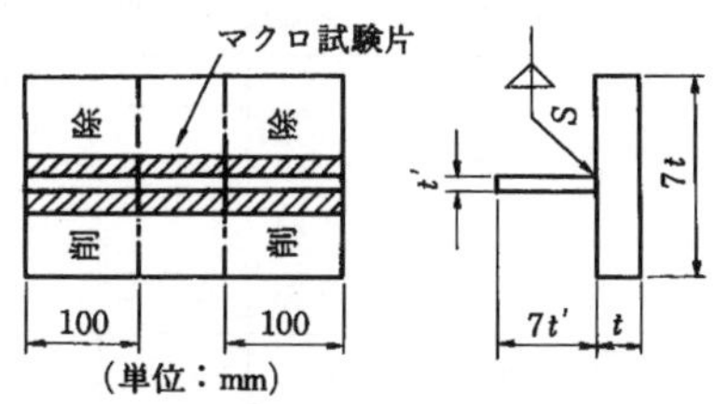

図-20.8.3　すみ肉溶接試験（マクロ試験）
溶接方法及び試験片の形状

3)　組立溶接

i）組立溶接は，本溶接の場合と同様に管理して施工されなければならない。

ii）組立溶接のすみ肉（又は換算）脚長は4mm以上とし，長さは80mm以上とする。ただし，厚い方の板厚が12mm以下の場合，又は次の式により計算した鋼材の溶接割れ感受性組成 P_{CM} が0.22％以下の場合には50mm以上とすることができる。

$$P_{CM}=C+\frac{Mn}{20}+\frac{Si}{30}+\frac{Ni}{60}+\frac{Cr}{20}+\frac{Mo}{15}+\frac{V}{10}+\frac{Cu}{20}+5B \quad (\%)$$

iii）組立溶接は，組立終了時までにはスラグが除去され，溶接部表面に割れがないことが確認されなければならない。もし，割れが発見された場合は，その原因を究明し，適当な対策を講じなければならない。

4)　予熱

鋼種，板厚及び溶接方法に応じて，溶接線の両側100mm及びアークの前方100mm範囲の母材を表-20.8.5により予熱することを標準とする。

表-20.8.5　予熱温度の標準

鋼　種	溶　接　方　法	予熱温度（℃） 板厚区分（mm） 25以下	 25を超え 40以下	 40を超え 50以下	 50を超え 100以下
SM400	低水素系以外の溶接棒による被覆アーク溶接	予熱なし	50	−	−
	低水素系の溶接棒による被覆アーク溶接	予熱なし	予熱なし	50	50
	ガスシールドアーク溶接 サブマージアーク溶接	予熱なし	予熱なし	予熱なし	予熱なし
SM400W	低水素系の溶接棒による被覆アーク溶接	予熱なし	予熱なし	50	50
	ガスシールドアーク溶接 サブマージアーク溶接	予熱なし	予熱なし	予熱なし	予熱なし
SM490 SM490Y	低水素系の溶接棒による被覆アーク溶接	予熱なし	50	80	80
	ガスシールドアーク溶接 サブマージアーク溶接	予熱なし	予熱なし	50	50
SM520 SM570	低水素系の溶接棒による被覆アーク溶接	予熱なし	80	80	100
	ガスシールドアーク溶接 サブマージアーク溶接	予熱なし	50	50	80
SMA490W SMA570W	低水素系の溶接棒による被覆アーク溶接	予熱なし	80	80	100
	ガスシールドアーク溶接 サブマージアーク溶接	予熱なし	50	50	80
SBHS400 SBHS400W SBHS500 SBHS500W	低水素系の溶接棒による被覆アーク溶接	予熱なし	予熱なし	予熱なし	予熱なし
	ガスシールドアーク溶接 サブマージアーク溶接	予熱なし	予熱なし	予熱なし	予熱なし

注：“予熱なし”については，気温（室内の場合は室温）が5℃以下の場合は，20℃程度に加熱する。

5)　入熱制限

i）SM570，SMA570W，SM520及びSMA490Wの場合，1パスの入熱量を7,000J/mm以下，SBHS500，SBHS500W，SBHS400，SBHS400W，SM490Y及びSM490の場合には，1パスの入熱量を10,000J/mm以下に管理することを原則とする。

ii）i)の入熱量を超える場合には，2) i) a)又はb)に従って溶接施工試験を実施して溶接部に所定の品質が確保できることを確認する必要がある。

6)　溶接施工上の注意

i）溶接部の部材清掃と乾燥

a）溶接を行う部分には，溶接に有害な黒皮，さび，塗料，油等があってはならない。

b）溶接を行う場合には，溶接線近傍を十分に乾燥させなければならない。

ii）エンドタブ

a）開先溶接及び主桁のフランジと腹板のすみ肉溶接等の施工に際しては，原則として部材と同等な開先を有するエンドタブが取り付けられ，溶接の始端及び終端が溶接する部材上に入らないようにされなければならない。

b）エンドタブは，溶接端部において所定の溶接品質が確保できる寸法形状の材片を使用する。

c）エンドタブは，溶接終了後，ガス切断法によって除去し，その跡をグラインダ仕上げする。

iii）裏はつり

完全溶込み開先溶接においては，原則として裏はつりを行う。

iv）部分溶込み開先溶接の施工

部分溶込み開先溶接の施工において，連続した溶接線を2種の溶接法で施工する場合には，前のビードの端部をはつり，欠陥のないことを確認してから次の溶接を行う。ただし，手溶接又は半自動溶接で，クレータの処理を行う場合はこの限りでない。

v）開先形状が変化する継手の施工

完全溶込み開先溶接からすみ肉溶接に変化する場合等，溶接線内で開先形状が変化する場合には，開先形状の遷移区間を設けなければならない。

vi）すみ肉溶接及び部分溶込み開先溶接の施工

a）材片の隅角部で終わるすみ肉溶接は，原則として隅角部をまわして連続的に施工する。

b）サブマージアーク溶接法又はその他の自動溶接法を使用する場合には，原則として，継手の途中でアークを切らずに溶接を行う。

vii）吊金具，架設用治具等の取付及び除去

a）運搬，架設等に使用する吊金具，治具等を取り付ける場合の溶接

は，原則として工場内で行うものとし，その条件は工場溶接と同等以上のものでなければならない。やむを得ず，現場で取り付ける場合には，十分な管理のもとで，慎重に施工されなければならない。

b）吊金具，治具等の除去は母材に有害なきずを残さないよう入念に行われなければならないほか，部位等に応じて適切な施工が行われる必要がある。鋼床版の上面では，舗装に対する影響について配慮した除去跡の処理が行われなければならない。

(2) 1) 溶接作業者

溶接の品質は溶接作業者の技量によるところが大きいので，定められた認定試験に合格した有資格者をあてることが溶接構造では常識になっている。この編では，JIS Z 3801：1997（手溶接技術検定における試験方法及び判定基準）を採用しているが，この規格は，溶接姿勢（下向F，立向V，横向H，上向O），溶接作業（薄板1，中板2，厚板3），溶接方法（被覆アーク溶接裏当金付きA，被覆アーク溶接裏当金なしN，ガス溶接G）の組合せで，非常に多くの試験種類を包含している。これは，多岐にわたる現在の溶接継手の全てに対応するように立案されたもので，各溶接作業者が全試験に合格する必要はない。

鋼橋の溶接では，アーク溶接が用いられ，裏当て材を用いない片面の裏波溶接を要求される場合はほとんどないため，溶接方法としては被覆アーク溶接裏当金付きを対象としている。また，薄板や厚板の突合せ継手を溶接で施工することは稀であるため，溶接作業区分としては中板を対象とすればよい。したがって，A-2F，A-2V，A-2O に合格していれば十分である。ただし，厚板の橋脚柱を現場溶接する場合等は，A-3H の有資格者をあてる必要がある。サブマージアーク溶接については，現在，技術検定の国家規格はないが，手溶接は溶接の基本であるから，オペレータは少なくとも A-2F の試験に合格していることが望ましい。

この条文に示す半自動溶接とは，ワイヤを自動的にトーチのノズルから供給し，溶接作業者の手の操作によって溶接する溶接法のことであって，一般に CO_2 ガス又は CO_2 と Ar の混合気体でアークをシールドするもので，いわゆるグラビティ溶接は含まない。

半自動手溶接の資格については，手溶接の資格の考え方と同様に実際の作業で採用する溶接姿勢により JIS Z 3841：1997（半自動溶接技術検定における試験方法及び判定基準）の SA-2F，SA-2V，SA-3H，SA-2O の中から試験種目を選ぶものとしている。

現場の突合せ継手に用いる完全溶込み開先溶接では，一般的に半自動溶接に加えて，CO_2 自動溶接やサブマージアーク溶接が用いられている。そのため，溶接作業者には，適用する箇所の溶接方法，溶接作業区分，溶接姿勢に応じた有資格者をあてるだけでなく，溶接施工方法についての施工実績がある者又は自動機の操作等を含めて十分な訓練を受けた者としている。

2) 溶接施工試験

i）溶接施工試験の目的は，使用鋼材の溶接性や溶接方法の適性を知ることにあるので，適用範囲としては，現状で使用実績が少ない又は施工上特別な注意を要する鋼材，溶接材料及び溶接方法を対象としている。

なお，既に同じ材質，同レベルの炭素当量（C_{eq}），溶接割れ感受性組成（P_{CM}），特殊成分，同じ施工方法，同じ溶接技術で，試験対象の板厚以上の条件による溶接施工試験を実施している場合で，かつ施工経験をもつ場合は，資料の提出，検討によって溶接施工試験を省略できるものとしている。

a）現在の鋼橋に使用している鋼材は，通常の場合，板厚が厚くなっても溶接割れ感受性組成（P_{CM}）が低く管理されているので，材質・板厚による施工試験の実施は省略することとしている。しかし，調質鋼の溶接ビード近傍は，熱サイクルによって焼入れ焼戻し効果が失われ，軟化やぜい化を起しやすい。

したがって，

$$\text{入熱量}\ Q\ (\text{J/mm}) = \frac{\text{電流}\ (\text{A}) \times \text{電圧}\ (\text{V}) \times 60}{\text{溶接速度}\ (\text{mm/min})}$$

が大きいと，変質の程度と範囲も大きくなって継手の性能が低下する。SM570，SMA570W，SM520 及び SMA490W の場合，ほぼ 7,000J/mm 以下の入熱量では，継手性能の低下は見られないことが多くの実験から確認されており，また通常の鋼橋の施工で使用されるサブマージアーク溶接方法もこの入熱量以下で十分溶接施工が可能なので，7,000J/mm を一般的な施工の上限値としている。厚板の開先溶接で特に大電流を使用するかタンデム工法を使用する等により，そのときの入熱量が 7,000J/mm を超える場合には，施工試験でその適性を調べることとしている。

b）SM490Y 及び SM490 の場合，溶接入熱量が 10,000J/mm を超える場合には，継手性能が低下する可能性があるため施工試験で確認することとしている。今回の改定では，SBHS500，SBHS500W，SBHS400 及び SBHS400W について，SM490Y と同等の溶接性を有する鋼板であることから，同様に 10,000J/mm を一般的な施工の上限値としている。

c）被覆アーク溶接棒による手溶接，サブマージアーク溶接法及びガスシールドアーク溶接法（CO_2 ガス又は Ar と CO_2 の混合ガス）を一般扱いとし，その他の溶接法を施工試験の対象としている。鋼構造の溶接方法としては，現在，ミグ溶接，セルフシールドアーク溶接，エレクトロスラグ溶接，エレクトロガスアーク溶接及びグラビディ溶接等が用いられている。これらの溶接方法は，能率上，手溶接よりまさっているが，現状では，溶接作業者の訓練及び適性条件の管理の面で，無制限に採用できるほど一般化されておらず，また適用する継手によっては，特有の問題点も発生することがあるので，施工試験によってそれらを確認することとしている。

d）過去に鋼橋の製作実績のない場合には，必要に応じて，実物大の試験体による施工試験を行い，溶接部の品質及び出来形形状に問題がないことを確認する必要がある。

e）過去に使用実績のないところから材料供給を受ける場合には，試験データの十分な蓄積が得られていない等，溶接の施工品質の信頼性が明らかになっていないと考えられることから，溶接施工試験を行うこととしている。また，SBHS500，SBHS500W，SBHS400 及び SBHS400W に関しても使用実績が無い場合は，1 パスの入熱量が 10,000J/mm 以下の場合であっても，同様の施工試験を行う必要がある。

f）過去に実績がない溶接方法を用いる場合には，施工試験を行い，溶接部の品質に問題がないことを確認する必要がある。例えば，現場溶接は，気象条件，溶接姿勢，開先精度等種々の面で工場溶接より不利な条件にあるのが普通であり，また，鋼床版の片面溶接や橋脚の横向き溶接又は既設橋の補強等の現場溶接は，継手そのものも施工方法も一般の工場溶接とは著しく異なっていることが多い。このため，従来は，現場溶接に対しては現場の条件を加味した施工試験を行うことを原則としていたが，施工実績も多くなってきたため，品質が確保できる場合には必ずしも溶接施工試験を行わなくてもよいこととしている。しかし，過去に実績がない施工方法を用いる場合には施工試験による確認を行う必要がある。過去の実績には，鋼材（材質，板厚），継手，溶接材料，気象条件，施工法（溶接手順，溶接方法，開先，拘束等）等の施工条件が考慮されるべきであり，過去に実績がある溶接方法であっても施工条件が異なる場合には施工試験による確認を行う必要がある。

ii）表-20.8.4 には，開先溶接試験，すみ肉溶接試験，スタッド溶接試験の 3 種類の試験があげられている。しかし，溶接施工試験といえば，常にこの全部を実施するものと解釈する必要はない。例えば，板厚が標準的な値を超えるような場合には，鋼材の特性を問題とするのでほぼ全種類となる（スタッドが用いられないときはスタッド溶接を除く）が，a)又はb)のみに該当する場合には，開先溶接試験のみでよい。

また，ここに規定される試験内容には，技術検定的な色彩の強いもの（例えば，放射線透過試験，スタッド溶接試験）も含んでいるが，これらによって施工者の品質管理体制をチェックすることもできるので，施工試験の意味を広く解釈してこれらの試験をも含めることとしている。

開先溶接試験の型曲げ試験において亀裂が生じた場合であっても，その発生原因がブローホール又はスラグ巻込みであることが確認され，かつ亀裂の長さが3mm 程度までの場合には許容できるものと考えられる。

なお，「JIS Z 3801：1997（手溶接技術検定における試験方法及び判定基準）の13. 合否判定基準」，「ASW D1.1/D1.1M（2010），4.9.3.3 Acceptance Criteria for Bend Tests」，「ASME Boiler and Pressure Vessel Code（2010），Section IX，QW-163 Acceptance Criteria-Bend Tests」等でも，亀裂の長さ3mmを許容限度としている。

c）の規定は施工試験と実施工との整合性を考慮したものである。異種の鋼材の溶接施工試験は，実際に用いる鋼材及び溶接材料を使用することとしている。なお，この場合の合否の判定は，低強度側の鋼材の規格値で行う。

開先溶接部の衝撃試験は平成6年の示方書までは溶接金属のみとなっていたが，より確実な試験検査を行うため溶接熱影響部（HAZ）の衝撃試験が平成8年の示方書から追加され，母材のじん性要求値を満たすこととしている。また，平成6年の示方書までは，予熱の要否を判定するために最高硬さ試験が実施されてきたが，平成8年の示方書から，溶接割れ感受性組成（P_{CM}）にて予熱を規定したので溶接施工試験の項目から最高硬さ試験を削除している。

3） 組立溶接

組立溶接は，本溶接によって全部再溶融されてしまう場合もあるが，一般には一部又は大部分が本溶接内に残留するので，組立溶接の品質を本溶接同様良好なものにするためこの項を定めている。なお，平成8年の示方書までは，「仮付け溶接」という言葉を使用してきたが，溶接割れ防止に対する配慮は本溶接の場合と同様に重要であり，「仮」という表現は必ずしも適切でないため，現在は「組立溶接」とされている。

組立溶接は，組立段階で行われるため，とかく溶接管理がおろそかになりやすいので，それを防ぐためにはまず資格を有する溶接作業者を従事させることが重要である。AWS では組立溶接を行う溶接作業者についても技術検定を行うよう定めているが，我が国では現在，組立溶接だけの検定制度がないので，本溶接を行う溶接作業者と同等の技能をもつ者を従事させることが必要である。

組立溶接の長さ（80mm 以上）は，490N/mm^2 鋼の T 溶接継手にショートビードのすみ肉溶接を行った場合，ルートからボンドに沿って割れが発生しやすいが，ビード長さが 80mm 以上となると割れの発生が止まるとの研究成果に基づくものである。しかし，最近の研究[2)]によれば，厚い方の板厚が 12mm 以下の場合や鋼材の炭素当量（C_{eq}）が0.36％以下では組立溶接長が50mmであっても割れが発生しないことが明らかにされている。また，鋼橋に使用される570N/mm^{2}級以下の鋼材であれば，C_{eq}と溶接割れ感受性組成（P_{CM}）の間にはほぼ相関があり，C_{eq}0.36％に相当するP_{CM}は0.22%となる。そこで，P_{CM}が0.22%以下の場合には組立溶接長を50mm以上とすることができることとしている。SBHS400及びSBHS400Wに関しては，JIS G 3140：2011でP_{CM}は0.22%以下，SBHS500及びSBHS500Wに関しては，JIS G 3140：2011でP_{CM}は0.20%以下と規定されており，組立溶接長を50mm以上とすることができる。

前述のルート割れはビード表面に現われないことが多いが，その他の組立溶接割れは断面が小さいためしばしばビード表面に現われる。したがって，組立終了時に表面検査を行って割れを検出すれば，その段階で対策を立てることができるので，組立溶接のビードのスラグは組立終了時までに除去し，ビード表面の検査を行うこととしている。

4）予熱

予熱については，既往の知見[3)]によって，指標として従来の炭素当量（C_{eq}）よりも，溶接割れ感受性組成（P_{CM}）を用いた方がよいことが明らかにされている。適用可能な板厚の拡大に伴い，溶接にあたっては水素による遅れ割れを防止するための予熱条件をより正確に選定することが必要となったため，P_{CM}を基本に予熱の規定が設けられている。

現在の国内の鋼橋に用いられている鋼材の使用実績やJISに基づき，P_{CM}について整理したのが表-解20.8.2である。一方，鋼橋の一般的な溶接継手における鋼材のP_{CM}値と板厚及び溶接法に応じた割れ防止のための予熱温度は表-解20.8.3となる。板厚が厚くなると溶接による継手の拘束度が増大するが，板厚が40～50mmを超えると頭打ちとなり，予熱温度をある温度以上高めなくても割れが防止できることが知られており，板厚50mm以上の鋼材の使用実績も増加してきたことから，板厚50mm以上では拘束度が一定になるとし，同じP_{CM}の鋼材では板厚40～100mmの予熱温度を同じとしている。また，予熱温度区分は，割れの防止に配慮の上，「予熱なし」「50℃」「80℃」「100℃」と，20～30℃間隔で簡略化して，予熱管理の合理化を図った。

表-解20.8.2　予熱温度の標準を適用する場合のP_{CM}の条件

（%）

鋼種 / 鋼材の板厚（mm）	SM400 SMA400W	SM490 SM490Y	SM520 SM570	SMA490W SMA570W	SBHS400 SBHS400W	SBHS500 SBHS500W
25以下	0.24以下	0.26以下	0.26以下	0.26以下	0.22以下	0.20以下
25を超え50以下	0.24以下	0.26以下	0.27以下	0.27以下		
50を超え100以下	0.24以下	0.27以下	0.29以下	0.29以下		

条文の表-20.8.5の予熱温度の標準は，表-解20.8.2の鋼材のP_{CM}の条件を前提に，表-解20.8.3のP_{CM}と板厚と予熱温度の関係から，溶接金属の拡散性水素量と溶接継手の拘束度が標準的な鋼橋の溶接継手条件に基づいて，従来の経験と他の基準類を参考に予熱温度を整理したものである。今回の改定で，SBHS400及びSBHS400Wに関しては，JIS G 3140：2011でP_{CM}は0.22％以下，SBHS500及びSBHS500Wに関しては，JIS G 3140：2011でP_{CM}は0.20％以下と規定されていることから，予熱なしとした。

なお，低水素系以外の溶接棒を用いた被覆アーク溶接の予熱温度についてはP_{CM}を用いて整理できないので，従来のとおりとしている。

予熱は割れの生じない健全な溶接を行うための手段であるから，常にこれらの表に示した温度に予熱しさえすればよいというわけではなく，鋼材のP_{CM}や継手の拘束条件等によっては割れの発生を防止するために更に高温の予熱を行う等，施工条件に配慮する必要がある。

また，鋼材のP_{CM}値を低減すれば予熱温度を低減できる。この場合の予熱温度は表-解20.8.3に従う必要がある。極低水素溶接棒をよく管理した状態で使用する場合には，ガスシールドアーク溶接法と同じ予熱温度に低減できる。また，実橋を模擬した溶接割れ試験等の実験資料によって割れ防止が保証される場合にも予熱温度を表-20.8.5に示す温度より低減することができる。

表-解20.8.3　P_{CM}値と予熱温度の標準

P_{CM}（%）	溶接方法	予熱温度（℃）板厚区分（mm）		
		$t \leqq 25$	$25 < t \leqq 40$	$40 < t \leqq 100$
0.21	SMAW	予熱なし	予熱なし	予熱なし
	GMAW，SAW	予熱なし	予熱なし	予熱なし
0.22	SMAW	予熱なし	予熱なし	予熱なし
	GMAW，SAW	予熱なし	予熱なし	予熱なし
0.23	SMAW	予熱なし	予熱なし	50
	GMAW，SAW	予熱なし	予熱なし	予熱なし
0.24	SMAW	予熱なし	予熱なし	50
	GMAW，SAW	予熱なし	予熱なし	予熱なし
0.25	SMAW	予熱なし	50	50
	GMAW，SAW	予熱なし	予熱なし	50
0.26	SMAW	予熱なし	50	80
	GMAW，SAW	予熱なし	予熱なし	50
0.27	SMAW	50	80	80
	GMAW，SAW	予熱なし	50	50
0.28	SMAW	50	80	100
	GMAW，SAW	50	50	80
0.29	SMAW	80	100	100
	GMAW，SAW	50	80	80

注）SMAW：低水素系の溶接棒による被覆アーク溶接
GMAW：ガスシールドアーク溶接
SAW　：サブマージアーク溶接

注：1）“予熱なし”については，気温（室内の場合は室温）が5℃以下の場合は結露除去のためのウォームアップ（20℃程度に加熱）を行う。

2）予熱温度算定式

$$TP\ (℃) = 1{,}440P_W - 392$$

ここに，$P_W = P_{CM} + \frac{H_{GL}}{60} + \frac{K}{400{,}000}$

3）表中の予熱温度は下記の仮定に基づき，算定したものである。

a）溶接金属の拡散性水素量（H_{GL}）
低水素系の溶接棒による被覆アーク溶接の場合　H_{GL} = 2m*l*/100g
サブマージアーク溶接及びガスシールドアーク溶接の場合
H_{GL} = 1m*l*/100g

b）溶接継手の拘束度（K）
鋼橋の溶接継手の平均的な拘束度として板厚 t の200倍を想定
K = 200t　N/mm·mm
板厚 t は，50mm以上の場合は50mmとする。

5）　入熱制限

溶接施工において，溶接入熱量を増大した場合，溶接熱でピーク温度に達した後の温度低下速度が遅くなるため，一般に溶接金属や溶接熱影響部（HAZ）のじん性や強度が低下する。したがって，その鋼材や溶接方法に応じて入熱を抑え，継手に要求される機械的性質を確保できるよう配慮する必要がある。

鋼橋の溶接施工では一般に過大な入熱量での溶接は少ない。ただし，溶接施工効率向上のためサブマージアーク溶接やエレクトロガスアーク溶接等で過大な入熱量での溶接が採用され，鋼材の溶接熱影響部（HAZ）のじん性劣化が問題となる場合がある。したがって，溶接熱影響部（HAZ）のじん性確保のため，サブマージアーク溶接では，SM570，SMA570W，SM520及びSMA490Wの場合，入熱量7,000J/mm以下，SBHS500，SBHS500W，SBHS400，SBHS400W，SM490Y及びSM490の場合，入熱量10,000J/mm以下に管理するのを原則としている。この入熱量を超える溶接を行う場合，又はエレクトロガスアーク溶接を行う場合は，溶接施工試験での性能確認が必要である。

なお，こうした大入熱溶接を行う場合，大入熱溶接でも溶接熱影響部（HAZ）じん性の良好な鋼材も開発されているので，入熱量に応じて適切な材料を使用することが望ましい。一方，溶接材料についても，溶接金属の性能を確保できる適切な材料を選定する必要があり，入熱制限を設定するのが望ましい。また，溶接部の機械的性質にはパス間温度も影響するため，材料の特性を踏まえてその上限値を設定するのが望ましい。

6)　溶接施工上の注意

i）溶接部の部材清掃と乾燥

溶接線近傍の黒皮，さび，塗料，油等はブローホールや割れの発生原因となる。しかし，欠陥の発生状況は異物の量と溶接方法とによってかなり異なり，例えば，通常のプライマー塗膜は，下向き手溶接ではほとんど無害であるが，高速度で施工するすみ肉溶接に特に有害である。溶接線に水分の付着した状態は明らかに溶接に悪影響を与えるので，これを禁止している。

ii）エンドタブ

開先溶接，主桁のフランジと腹板のすみ肉溶接等の溶接継手の始終端には，原則として部材と同じ開先形状を有するエンドタブをあらかじめ取り付けておき，溶接の始終端が部材上に入らないようにするとともに，溶接完了後に切断除去する必要がある。また，エンドタブを除去した切断面は，溶接部でもあるため，切断面としての品質を確保するとともに，外部きず検査を行う必要がある。

アーク溶接の開始はアークが不安定でブローホールや融合不良等の欠陥が発生しやすいので，エンドタブ上でアークの発生を行い，アークを安定させてから溶接を行う。また，溶接終了時のクレータ部には割れ等の欠陥が発生しやすいので，終端側のエンドタブ上まで連続して溶接を行い，クレータが部材端部に残存しないようにする。このため，エンドタブは，溶接の始終端部において所定の溶接品質を確保できる厚さ，幅，長さの材片である必要がある。

エンドタブの材質は，溶接性や強度，じん性の点から，母材と同材質のものを用いることが望ましい。近年ではセラミックス製等のエンドタブも開発されてきているが，その施工性を確認したうえで，鋼製エンドタブと同等に溶接端部の欠陥の発生を防止しうると認められた場合には，使用してもよい。

iii）裏はつり

完全溶込み開先溶接においては，初層に割れ等の溶接欠陥が発生しやすく，裏はつりを行わない場合，必要な溶接品質を確保できないおそれがある。このため，落橋防止構造及び付属物に用いる，全ての完全溶込み開先溶接による溶接継手は，原則として，反対側からの溶接を行う前に健全な溶接層まで裏はつりを行う必要がある。また，裏はつりを行う場合には，良好な溶接品質で十分な溶込みを確保できるように，はつりの幅，深さ，長さ，形状に配慮する必要がある。裏はつりを行った後は，裏はつりの状況を確認することも重要である。なお，現場溶接において上向き姿勢での裏はつりを伴う溶接等を行うと所定の溶接品質の確保が難しい場合がある。そのため，設計段階でそのような施工とならないように配慮することが重要である。そのうえで，やむを得ず別の方法を用いる場合には，溶接施工試験により所定の溶接品質が確保されることを確認するとともに，確認された溶接条件を満たす溶接施工が行われていることを保証できるよう施工品質管理をする等，十分な管理のもとで慎重に溶接施工を行う必要がある。なお，片面溶接による横方向突合せ溶接継手のうち裏当て金付きとした閉断面リブの溶接施工については，20.13の規定による。

iv）部分溶込み開先溶接の施工

一般に溶接ビード終端にはクレータが生じ，この部分にはいわゆるクレータ割れが生じやすく，部分溶込み開先溶接のように比較的開先角度の小さい場合はこの傾向が著しい。したがって，自動溶接法では，途中でビードを切らずに溶接線を連続して施工することが望ましい。部材の形状や開先の変化等により，やむを得ず途中でビードを切ったり溶接方法を変える場合は，先行ビードの終端部をはつり取ってその前後の開先を成形しその次の溶接を行う必要がある。

手溶接では終端部処理を注意して行えばクレータが生じることはなく，半自動溶接の場合は，クレータフィラ機能がある電源を使って，クレータフィラ電流で終端部処理を行えば，大きなクレータを生じることもないので，そのような場合はしいて端部をはつり取る必要はない。

v）開先形状が変化する継手の施工

溶接線内で開先形状が変化する場合は，溶接欠陥の発生防止のため及び継手内の応力伝達が円滑に行われるようにするために開先形状を徐々に変化させた開先の遷移区間を設ける必要がある。

vi）すみ肉溶接及び部分溶込み開先溶接の施工

この規定は，iv）で述べたのと同じ理由により定めたものである。半自動溶接法で長い継手を施工する場合には，装置の配置や移動性が悪いと連続溶接が行えなくなるので，あらかじめそれらに十分な配置をしておくことが望ましい。

vii）吊金具，架設用治具等の取付及び除去

ここでは，吊金具及び架設用治具等を取り付ける場合の溶接を主要部材への溶接という点を考慮して原則として工場内で行うことを規定している。なお，吊金具のうち床版を打設する際に上フランジ上面に取り付ける床版型枠吊金具のように施工上やむを得ず，現場溶接を行う場合には，工場溶接と同等の溶接条件を満たす必要がある。

吊金具や治具等の除去にあたっては，きず等が母材に及ぼす影響のみならず，仕上げの程度や除去跡の突起高さ等が塗装や橋面舗装等の施工や品質に及ぼす影響についても配慮する必要がある。舗装に対する仕上げの程度等は文献4)が参考になる。

吊金具や治具等が部材等に溶接される場合は，使用後に完全に除去される場合であっても，施工記録の一環として形状，配置位置，取付方法等の記録を保管す

る必要がある。

20.8.5　溶接部の仕上げ

8.3.2 に規定する継手の強度等級において，溶接部の余盛りの削除や止端仕上げを条件とする継手の場合には，その強度等級を確保できるように溶接部の仕上げを行わなければならない。

8.3.2 に規定する強度等級において溶接部の仕上げを条件とする継手の場合，仕上げの方法や形状によっては，所定の強度等級を確保することができないため，必要となる溶接部の仕上げについて規定したものである。強度等級のうち，溶接部の余盛りの削除，止端仕上げを条件とする継手については，グラインダによる仕上げを前提としたものである。溶接部の仕上げでは，母材を削り込みアンダーカットを完全に除去することが重要である。ただし，母材の削り込み深さは 0.5mm 以下とし，応力方向と直角な直線上の切削痕を残さないよう曲面状に滑らかに仕上げる。また，すみ肉溶接部の仕上げでは，20.8.6(2)2) v）を満たすように施工する必要があり，特に指定のど厚を下回らないように注意する必要がある。仕上げの方法として他の方法を用いる場合には，所定の強度等級を確保していることをあらかじめ確認する必要がある。

20.8.6　外部きず検査

(1)　溶接完了後，肉眼又は適切な他の非破壊検査方法によりビード形状及び外観を検査し，継手に必要とされる溶接品質を満たしていることが確認されなければならない。

(2)　1)から 6)による場合には，(1)を満足するとみなしてよい。

1)　溶接割れの検査

溶接ビード及びその近傍には，いかなる場合も割れがあってはならない。割れの検査は，溶接線全線を対象として肉眼で行うのを原則とし，判定が困難な場合には，磁粉探傷試験又は浸透探傷試験を行う。

2)　溶接ビードの外観及び形状の検査

i）から v）に示す溶接ビードの外観及び形状の検査は，溶接線全線を対象として行う。

i）溶接ビード表面のピット

断面に考慮する突合せ溶接継手，十字溶接継手，T 溶接継手，角溶接継手には，ビード表面にピットがあってはならない。その他のすみ肉溶接及び部分溶込み開先溶接には，1継手につき3個又は継手長さ1mにつき3個までを許容する。ただし，ピットの大きさが1mm以下の場合には，3個を1個として計算する。

ii）溶接ビード表面の凹凸

ビード表面の凹凸は，ビード長さ25mmの範囲における高低差で表し，3mmを超える凹凸があってはならない。

iii）アンダーカット

アンダーカットの深さは，設計上許容される値以下でなければならない。

iv）オーバーラップ

オーバーラップはあってはならない。

v）すみ肉溶接の大きさ

すみ肉溶接のサイズ及びのど厚は，指定すみ肉サイズ及びのど厚を下回ってはならない。ただし，1溶接線の両端各50mmを除く部分では，溶接長さの10％までの範囲で，サイズ及びのど厚ともに－1.0mmの誤差を認める。

3）開先溶接の余盛り及び仕上げ

設計において特に仕上げの指定のない開先溶接は，表-20.8.6に示す範囲内の余盛りは仕上げなくてよい。余盛高さが表-20.8.6に示す値を超える場合には，ビード形状，特に止端部を滑らかに仕上げなければならない。

表-20.8.6　開先溶接の余盛り

(mm)

ビード幅（B）	余盛高さ（h）
$B < 15$	$h \leqq 3$
$15 \leqq B < 25$	$h \leqq 4$
$25 \leqq B$	$h \leqq (4/25) \cdot B$

4)　非破壊試験を行う者の資格

非破壊試験のうち，磁粉探傷試験又は浸透探傷試験を行う者は，それぞれの試験の種類に対応したJIS Z 2305（非破壊試験－技術者の資格及び認証）に規定するレベル2以上の資格を有していなければならない。

5)　アークスタッドの検査

ｉ）アークスタッドの外観検査

アークスタッドの外観検査は，全数について行うものとし，表-20.8.7を満たさなければならない。

表-20.8.7　アークスタッドの外観検査基準

欠　　陥	判　定　基　準
余盛り形状の不整	余盛りは全周にわたり包囲していなければならない。 なお，余盛りは高さ1mm，幅0.5mm以上のものをいう。
割れ及びスラグ巻込み	あってはならない。
アンダーカット	するどい切欠状のアンダーカット及び深さ0.5mmを超えるアンダーカットがあってはならない。ただし，グラインダー仕上げ量が0.5mm以内に収まるものは仕上げて合格とする。
スタッドジベルの仕上り高さ	（設計値±2mm）を超えてはならない。

ⅱ）ハンマー打撃検査

外観検査の結果が不合格となったスタッドジベルは全数ハンマー打撃による曲げ検査を行う。余盛りが包囲していないスタッドジベルはその方向と反対の方向に15°の角度まで曲げる。さらに，外観検査の結果が合格のスタッドジベルの中から1％について抜き取り曲げ検査を行う。

ⅲ）ハンマー打撃検査の結果，割れ等の欠陥が生じないものを合格とする。15°曲げても欠陥の生じないものは元に戻すことなく，曲げたままにしておかなければならない。

ⅳ）抜取り曲げ検査の結果が不合格の場合，更に2倍の本数について検査を行い，全数合格をもって合格とする。

6)　欠陥部の補修

欠陥部の補修は，補修によって母材及び溶接部の性能に与える影響を十分に検討し，注意深く行われなければならない。

欠陥の補修は，欠陥の種類に応じて，表-20.8.8による。補修溶接のビードの長さは40mm以上とし，補修にあたっては予熱等の配慮を十分に行わなければならない。

表-20.8.8　欠陥の補修方法

	欠陥の種類	補　修　方　法
1	アークストライク	母材表面に凹みを生じた部分は溶接肉盛りの後グラインダー仕上げする。僅かな痕跡のある程度のものはグラインダー仕上げのみでよい。
2	組立溶接の欠陥	欠陥部をアークエアガウジング等で除去し，必要があれば再度組立溶接を行う。
3	溶接割れ	割れ部分を完全に除去し，発生原因を究明して，それに応じた再溶接を行う。
4	溶接ビードの表面のピット	アークエアガウジングでその部分を除去し，再溶接する。
5	オーバーラップ	グラインダーで削り整形する。
6	溶接ビードの表面の凹凸	グラインダー仕上げする。
7	アンダーカット	程度に応じて，グラインダー仕上げのみ，また溶接後，グラインダー仕上げする。

(2)　1)　溶接割れの検査

溶接割れの存在を許容できないことはいうまでもないが，その完全な検出はきわめて困難である。したがって，発生した割れのうち少なくとも表面に検出できるものは許容しないという意味からこの規定を設けている。すなわち，表面検出が可能な割れを防止しさえすれば，他はかまわないという意味ではなく，割れの発生を防ぐために施工条件は確実に守る必要がある。このように，溶接割れについてはその発生を抑えることが第一の課題であり，この編の規定を守り最大限の防止努力を払う必要がある。

なお，内部きずの検出方法として，放射線透過試験又は超音波探傷試験があるが，T溶接継手のすみ肉溶接部や角溶接継手の部分溶込み開先溶接部ではルート部の不溶着部と溶接欠陥の識別が困難であるので，割れの検出方法として採用していない。

2)　溶接ビードの外観及び形状の検査

溶接ビードの外観及び形状については欠陥か否かの判断には個人差があるので，この項にこれらの適正な許容量を与えて，客観的な判断が行えるような検査基準を設けている。開先溶接の余盛りについては，3)項で言及しているが，その他ビードの外観形状の良否を決定する因子として，表面のピット，表面の凹凸，アンダーカット，オーバーラップ，すみ肉溶接の大きさ等があげられる。この条文は，文献5)を参考にし，これに鋼橋の諸事情を加味して規定されたものである。

i）ビード表面のピットは，異物や水分の存在によって発生したガスの抜け穴である。このうち小径で散発的なものは強度に影響しないが，大きなものや集中発生したものは応力集中の原因となり，また外観的にも好ましくない。そこで断面に考慮する突合せ溶接継手，十字溶接継手，T 溶接継手，角溶接継手には，これの存在を認めず，その他のすみ肉溶接継手及び部分溶込み開先溶接継手では若干の存在を許容している。

ii）ビード表面の凹凸は，主としてビードの継目に現れるもので，クレータ処理や始端処理の不良な場合に極端に大きくなるので，それらの処理を丁寧に行わせる意味と外観上の良否とから 3mm を基準にしている。

iii）アンダーカットは応力集中の主因となり，腐食の促進にもつながるので，設計上許容される値以下としている。疲労の影響を受けないと考えられる継手では，過去の実績等から，アンダーカットの許容値は 0.5mm 以下としてよい。なお，リブやスティフナー等のすみ肉溶接による溶接継手の場合には，応力集中の観点から本体構造との止端部（すみ肉下足側）のアンダーカットが特に重要であり，下足側を確実に検査する必要がある。

また，所定の強度等級を満たすうえで許容されるアンダーカットの値については 8.3.2 に規定しているが，0.5mm 以下より厳しい場合があるので注意する必要がある。表-解 20.8.4 に各継手の強度等級を満たすうえでのアンダーカットの許容値をまとめて示す。表-解 20.8.5 には，疲労強度が著しく低い継手や品質確保が困難な継手について強度等級を満たすうえでのアンダーカットの許容値をまとめて示す。なお，表-解 20.8.4 及び表-解 20.8.5 に示されていない強度等級を低減させた場合などの継手のアンダーカットの許容値については，8.3.2 の規定及び解説に示されている。

表-解 20.8.4　アンダーカットの許容値

方向	継手の形式	溶接の種類	溶接及び構造の細部形式	溶接部の状態	着目	8.3.2 に規定される強度等級	アンダーカットの許容値
横方向	突合せ溶接継手	完全溶込み開先溶接	両面溶接（裏はつりあり）	余盛削除	−	D	0.0mm（仕上げ）
				止端仕上げ	止端破壊	D	
				非仕上げ		D	0.3mm
		片面溶接	裏当て金がなく良好な裏波形状を有する	非仕上げ	止端破壊	D	0.3mm
横方向	十字溶接継手 荷重伝達型	完全溶込み開先溶接	両面溶接（裏はつりあり）	滑らかな止端	止端破壊	D	0.0mm（仕上げ）
				止端仕上げ		D	
				非仕上げ		E	0.3mm
		部分溶込み開先溶接	連続	滑らかな止端	止端破壊	D	0.0mm（仕上げ）
				止端仕上げ		D	
				非仕上げ		E	0.3mm
			始終端を含む	−	止端破壊	E	0.3mm

		すみ肉溶接	連続	滑らかな止端	止端破壊	D	0. 0mm (仕上げ)
				止端仕上げ		D	
				非仕上げ		E	0. 3mm
			溶接の始終端を含む	−	止端破壊	E	0. 3mm
			中空断面部材を含む ($d_0 \leqq 100$mm)	−	止端破壊	F	0. 3mm
			中空断面部材を含む ($d_0 > 100$mm)	−	止端破壊	G	0. 3mm
横方向	荷重非伝達型T溶接継手	完全溶込み開先溶接	両面溶接 (裏はつりあり)	滑らかな止端	止端破壊	D	0. 0mm (仕上げ)
				止端仕上げ		D	
				非仕上げ		E	0. 3mm
			スカラップを含む ($\Delta\tau_{max}/\Delta\sigma_{max} < 0.4$)	−	まわし溶接部止端破壊	G	0. 3mm
		部分溶込み開先溶接	連続	滑らかな止端	止端破壊	D	0. 0mm (仕上げ)
				止端仕上げ		D	
				非仕上げ		E	0. 3mm
			始終端を含む	−	止端破壊	E	0. 3mm
			スカラップを含む ($\Delta\tau_{max}/\Delta\sigma_{max} < 0.4$)	−	まわし溶接部止端破壊	G	0. 3mm
		すみ肉溶接	連続	滑らかな止端	止端破壊	D	0. 0mm (仕上げ)
				止端仕上げ		D	
				非仕上げ		E	0. 3mm
			溶接の始終端を含む	−	止端破壊	E	0. 3mm
			中空断面部材を含む ($d_0 \leqq 100$mm)	−	止端破壊	F	0. 3mm
			中空断面部材を含む ($d_0 > 100$mm)	−	止端破壊	G	0. 3mm
			スカラップを含む ($\Delta\tau_{max}/\Delta\sigma_{max} < 0.4$)	−	まわし溶接部止端破壊	G	0. 3mm
横方向	荷重非伝達型角溶接継手	完全溶込み開先溶接	両面溶接 (裏はつりあり)	滑らかな止端	止端破壊	D	0. 0mm (仕上げ)
				止端仕上げ		D	
				非仕上げ		E	0. 3mm
		部分溶込み開先溶接	連続	滑らかな止端	止端破壊	D	0. 0mm (仕上げ)
				止端仕上げ		D	
				非仕上げ		E	0. 3mm
			始終端を含む	−	止端破壊	E	0. 3mm
横方向	荷重伝達型十字溶接継手	完全溶込み開先溶接	連続	滑らかな止端	止端破壊	D	0. 0mm (仕上げ)
				止端仕上げ		D	
				非仕上げ		E	0. 3mm
横方向	荷重伝達型T溶接継手	完全溶込み開先溶接	連続	滑らかな止端	止端破壊	D	0. 0mm (仕上げ)
				止端仕上げ		D	
				非仕上げ		E	0. 3mm
横方向	荷重伝達型角溶接継手	完全溶込み開先溶接	連続	滑らかな止端	止端破壊	D	0. 0mm (仕上げ)
				止端仕上げ		D	
				非仕上げ		E	0. 3mm

横方向	面外ガセット溶接継手	完全溶込み開先溶接	フィレットなし ($l \leqq 100$mm)	止端仕上げ	まわし溶接部 止端破壊	E	0.0mm (仕上げ)
				非仕上げ		F	0.3mm
			フィレットなし ($l > 100$mm)	止端仕上げ	まわし溶接部 止端破壊	F	0.0mm (仕上げ)
				非仕上げ		G	0.3mm
			フィレットあり（フィレット部仕上げなし）($l \leqq 100$mm)	−	まわし溶接部 止端破壊	F	0.3mm
			フィレットあり（フィレット部仕上げなし）($l > 100$mm)	−	まわし溶接部 止端破壊	G	0.3mm
			フィレットあり（フィレット部仕上げあり）	−	フィレット部	E	0.0mm (仕上げ)
			主板貫通（埋め戻し）	−	まわし溶接部 止端破壊	G	0.3mm
		すみ肉溶接	フィレットなし ($l \leqq 100$mm)	止端仕上げ	まわし溶接部 止端破壊	E	0.0mm (仕上げ)
				非仕上げ		F	0.3mm
			フィレットなし ($l > 100$mm)	止端仕上げ	まわし溶接部 止端破壊	等級なし	0.0mm (仕上げ)
					ルート破壊 (のど断面)	等級なし	
				非仕上げ	まわし溶接部 止端破壊	G	0.3mm
横方向	面内ガセット溶接継手	完全溶込み開先溶接	フィレットなし	止端仕上げ	止端破壊	G	0.0mm (仕上げ)
			フィレットあり（フィレット部仕上げなし）	−	フィレット部	等級なし	0.3mm
			フィレットあり（フィレット部仕上げあり，$1/3 \leqq r/d$ 又は $r \geqq 200$mm）	−		D	0.0mm (仕上げ)
			フィレットあり（フィレット部仕上げあり，$1/5 \leqq r/d < 1/3$）	−		E	0.0mm (仕上げ)
			フィレットあり（フィレット部仕上げあり，$1/10 \leqq r/d < 1/5$）	−		F	0.0mm (仕上げ)
横方向	その他の溶接継手 カバープレートの溶接継手	すみ肉溶接	$l \leqq 300$mm	溶接部仕上げ	止端破壊	D	0.0mm (仕上げ)
				止端仕上げ		E	
				非仕上げ		F	0.3mm
			$l > 300$mm	溶接部仕上げ	止端破壊	D	0.0mm (仕上げ)
				非仕上げ		G	0.3mm
	その他の溶接継手 スタッド溶接継手	スタッド溶接	−	−	主板側 止端破壊	E	0.5mm
縦方向	突合せ溶接継手	完全溶込み開先溶接	両面溶接 (裏はつりあり)	余盛削除	−	D	0.0mm (仕上げ)
				非仕上げ	−	D	0.5mm
		部分溶込み開先溶接	−	−	−	D	0.5mm
		片面溶接	裏当て金がなく良好な裏波形状を有する	−	−	D	0.5mm

縦方向	T溶接継手	完全溶込み開先溶接	両面溶接 (裏はつりあり)	非仕上げ	−	D	0.5mm
		部分溶込み開先溶接	両側溶接	−	−	D	0.5mm
			片側溶接	−	−	D	0.5mm
		片面溶接	裏当て金がなく良好な裏波形状を有する	−	−	等級なし	0.5mm
		すみ肉溶接	連続	−	−	D	0.5mm
			断続	−	−	E	0.3mm
縦方向	角溶接継手	完全溶込み開先溶接	両面溶接 (裏はつりあり)	余盛削除	−	D	0.0mm (仕上げ)
				非仕上げ	−	D	0.5mm
			切抜きガセット $(1/5 \leqq r/d)$	−	フィレット部	D	0.5mm
			切抜きガセット $(1/10 \leqq r/d < 1/5)$	−	フィレット部	E	0.5mm
		部分溶込み開先溶接	外側溶接のみ	−	−	D	0.5mm
			内側すみ肉溶接あり	−	−	D	0.5mm
			切抜きガセット $(1/5 \leqq r/d)$	−	フィレット部	D	0.5mm
			切抜きガセット $(1/10 \leqq r/d < 1/5)$	−	フィレット部	E	0.5mm
		片面溶接	裏当て金がなく良好な裏波形状を有する	−	−	D	0.5mm
−	せん断力を受ける継手	−	スタッドを溶接した継手のスタッド断面	−	−	S	0.5mm
		−	重ね継手の側面すみ肉溶接のど断面	−	−	S	0.5mm
		−	鋼管の割込み継手の側面すみ肉溶接のど断面	−	−	S	0.5mm
		−	上記以外	−	−	S	0.5mm

注：0.0mm（仕上げ）とは，母材を削り込みアンダーカットを完全に除去することである。ただし，母材の削り込み深さは 0.5mm 以下とする。

表-解 20.8.5　アンダーカットの許容値
（表-解 20.8.4 に示す継手以外のもので使用しない方がよい継手）

方向	継手の形式	溶接の種類	溶接及び構造の細部形式	溶接部の状態	着目	8.3.2 に規定される強度等級	アンダーカットの許容値
横方向	突合せ溶接継手	部分溶込み開先溶接	−	−	止端破壊	等級なし	0.5mm
		片面溶接	裏当て金付き $(t \leqq 12\text{mm})$	非仕上げ	止端破壊	F	0.3mm
			裏当て金付き $(t > 12\text{mm})$		止端破壊	G	0.3mm
			裏当て金がなく裏面の形状を確かめることができない $(t \leqq 12\text{mm})$		止端破壊	F	0.3mm
			裏当て金がなく裏面の形状を確かめることができない $(t > 12\text{mm})$		止端破壊	G	0.3mm
横方向	荷重非伝達型T溶接継手	完全溶込み開先溶接	スカラップを含む $(0.4 \leqq \Delta\tau_{max}/\Delta\sigma_{max})$	−	まわし溶接部	H	0.3mm

		部分溶込み開先溶接		－	まわし溶接部	H	0.3mm
		すみ肉溶接		－	まわし溶接部	H	0.3mm
横方向	荷重伝達型十字溶接継手	部分溶込み開先溶接	連続	滑らかな止端	止端破壊	E	0.0mm（仕上げ）
				止端仕上げ		E	
				非仕上げ		F	0.3mm
			始終端を含む	－	止端破壊	F	0.3mm
			連続	－	ルート破壊（のど断面）	H	0.5mm
		部分溶込み開先溶接（片面溶接）	中空断面部材を含む	－	止端破壊	H	0.3mm
				－	ルート破壊（のど断面）	H	0.5mm
		片面溶接	中空断面部材を含み裏当て金なし	－	止端破壊	F	0.3mm
			中空断面部材を含み裏当て金あり	－	止端破壊	G	0.3mm
		すみ肉溶接	連続	滑らかな止端	止端破壊	E	0.0mm（仕上げ）
				止端仕上げ		E	
				非仕上げ		F	0.3mm
			始終端を含む	－	止端破壊	F	0.3mm
			連続	－	ルート破壊（のど断面）	H	0.5mm
		すみ肉溶接（片面溶接）	中空断面部材を含む	－	止端破壊	H	0.3mm
				－	ルート破壊（のど断面）	H	0.5mm
横方向	荷重伝達型T溶接継手	部分溶込み開先溶接	連続	滑らかな止端	止端破壊	E	0.0mm（仕上げ）
				止端仕上げ		E	
				非仕上げ		F	0.3mm
			始終端を含む	－	止端破壊	F	0.3mm
			連続	－	ルート破壊（のど断面）	H	0.5mm
		部分溶込み開先溶接（片面溶接）	中空断面部材を含む	－	止端破壊	H	0.3mm
				－	ルート破壊（のど断面）	H	0.5mm
		片面溶接	中空断面部材を含み裏当て金なし	－	止端破壊	F	0.3mm
			中空断面部材を含み裏当て金あり	－	止端破壊	G	0.3mm
		すみ肉溶接	連続	滑らかな止端	止端破壊	E	0.0mm（仕上げ）
				止端仕上げ		E	
				非仕上げ		F	0.3mm
			始終端を含む	－	止端破壊	F	0.3mm
			連続	－	ルート破壊（のど断面）	H	0.5mm
		すみ肉溶接（片面溶接）	中空断面部材を含む	－	止端破壊	H	0.3mm
				－	ルート破壊（のど断面）	H	0.5mm
横方向	荷重伝達型角溶接継手	部分溶込み開先溶接	連続	滑らかな止端	止端破壊	E	0.0mm（仕上げ）
				止端仕上げ		E	
				非仕上げ		F	0.3mm
			始終端を含む	－	止端破壊	F	0.3mm

方向	継手	細分	溶接	詳細	仕上げ	破壊形態	等級	許容値
				連続	−	ルート破壊（のど断面）	H	0.5mm
			すみ肉溶接	連続	滑らかな止端	止端破壊	E	0.0mm（仕上げ）
					止端仕上げ		E	
					非仕上げ		F	0.3mm
				始終端を含む	−	止端破壊	F	0.3mm
				連続	−	ルート破壊（のど断面）	H	0.5mm
横方向	面外ガセット溶接継手		完全溶込み開先溶接	主板貫通（スカラップあり）	−	止端破壊	H'	0.3mm
			すみ肉溶接	主板貫通（スカラップあり）	−	止端破壊	H'	0.3mm
横方向	面内ガセット溶接継手		完全溶込み開先溶接	フィレットなし	非仕上げ	止端破壊	H	0.3mm
横方向	その他の溶接継手	重ねガセット溶接継手	すみ肉溶接	主板縁部でガセット板裏側へのまわし溶接なし	−	止端破壊	H	0.3mm
				主板縁部でガセット板裏側へのまわし溶接あり	−	止端破壊	H'	0.3mm
		重ね溶接継手	すみ肉溶接	−	−	主板断面	H	0.3mm
				−	−	添接板断面	H	0.3mm
				−	−	前面すみ肉溶接ののど断面	H	0.5mm
−			プラグ溶接（栓溶接）	−	−	−	等級なし	−
			スロット溶接（溝溶接）	−	−	−	等級なし	−
横方向		鋼管の割込み溶接継手	すみ肉溶接	−	−	リブ先端	H	0.3mm
				−	−	鋼管終端	H	0.3mm
縦方向	突合せ溶接継手		片面溶接	裏当て金付き（$t \leqq 12$mm）	−	−	E	0.5mm
				裏当て金付き（$t > 12$mm）	−	−	F	0.5mm
縦方向	T溶接継手		片面溶接	裏当て金付き（$t \leqq 12$mm）	−	−	E	0.5mm
				裏当て金付き（$t > 12$mm）	−	−	F	0.5mm
			すみ肉溶接	断続	−	−	E	0.3mm
縦方向	角溶接継手		片面溶接	裏当て金付き（$t \leqq 12$mm）	−	−	E	0.5mm
				裏当て金付き（$t > 12$mm）	−	−	F	0.5mm
			すみ肉溶接	連続	−	−	D	0.5mm

注：0.0mm（仕上げ）とは，母材を削り込みアンダーカットを完全に除去することである。ただし，母材の削り込み深さは0.5mm以下とする。

iv）最近の溶接材料では，よほど悪い条件でない限りオーバーラップが生じないことを考慮して，オーバーラップは全面的に認めないこととしている。

v）すみ肉溶接のサイズ及びのど厚にはマイナス公差を認め，溶接線の中間部では長さの10%まで－1.0mmを許容することとしている。これは，すみ肉溶接の溶着金属の強度が一般に母材よりかなり高いこと等を考慮したためであり，また施工のばらつきの下限を規定サイズとして目標値を設定すれば平均サイズは不必要に大きくなり，変形の点で不利になると判断されたためである。

3　開先溶接の余盛り及び仕上げ

余盛りによる応力集中はビード止端部の形状に関係するものであり，余盛り中央部の高さとは直接に関係しないと考えられるので，ビード幅を基準にとって表-20.8.6のように規定している。

この規定を超える余盛りについては，当然グラインダで超過分を削り取らなければならないが，その際中央部だけ削って高さを減じても止端部の形状による影響を減じることにはならないので，止端部を特になめらかにするよう注意する必要がある。

余盛りの存在による応力集中は溶接構造物にとって重要であり，外観上からも仕上げを要求されることもあるので，余盛り仕上げの必要な箇所は設計図に指示すべきである。施工時にはこの仕上げ記号の有無をよく確認して施工する必要がある。

4)　非破壊試験を行う者の資格

非破壊試験の品質を確保するため，非破壊試験を行う者が有していなければならない資格が規定された。磁粉探傷試験又は浸透探傷試験については，それぞれの試験の種類に対応したJIS Z 2305：2013（非破壊試験技術者の資格及び認証）に規定されるレベル2以上の資格を有する者が行うこととしている。なお，磁粉探傷試験については道路橋では極間法磁粉探傷試験が一般的に適用されており，同試験を適用する場合には磁粉探傷試験の試験方法のうち極間法磁粉探傷試験のレベル2以上の資格を有していればよい。

6)　欠陥部の補修

補修は，母材と溶接継手部の健全な機能を確保するために行うものであり，部材全体に与える影響をよく検討したうえで補修方法を決定し，必要以上の溶接や加熱をしないよう，注意深く行う必要がある。

特に，補修溶接部の始終端には有害な欠陥が生じやすく，注意が必要である。

20.8.7　内部きず検査

(1)　完全溶込み開先溶接継手は，内部きずに対する検査を，溶接完了後，適切な非破壊検査により行い，要求される溶接品質を満たしていることを確認しなければならない。

(2)　表-20.8.9に示す溶接継手の内部きずに対する検査を以下に示す方法で

行う場合には，(1)を満足するとみなしてよい。

表-20.8.9　検査対象とする溶接継手

方向	継手の形式	溶接の種類	溶接及び構造の細部形式
横方向	突合せ溶接継手	完全溶込み開先溶接	両面溶接（裏はつりあり）
		片面溶接	裏当て金がなく良好な裏波形状を有する
縦方向		完全溶込み開先溶接	両面溶接（裏はつりあり）
		片面溶接	裏当て金がなく良好な裏波形状を有する

1)　検査方法

非破壊試験は放射線透過試験，超音波探傷試験により行い，継手の板厚，形状等に応じて適切な方法を選定する。

2)　非破壊試験を行う者の資格

非破壊試験を行う者は，試験の種類に応じて，JIS Z 2305（非破壊試験－技術者の資格及び認証）に基づくａ）からｃ）に示す資格を有していなければならない。

ａ）放射線透過試験を行う場合は，放射線透過試験におけるレベル２以上の資格とする。

ｂ）超音波自動探傷試験を行う場合は，超音波探傷試験におけるレベル３の資格とする。

ｃ）手探傷による超音波探傷試験を行う場合は，超音波探傷試験におけるレベル２以上の資格とする。

3)　抜取り検査率，判定基準，合否判定

ｉ）抜取り検査率

表-20.8.10 に示す１グループごとに１継手の抜取り検査を行う。ただし，現場溶接を行う表-20.8.9 に示す溶接継手のうち，鋼製橋脚のはり及び柱，主桁のフランジ及び腹板，鋼床版のデッキプレートの溶接部については表-20.8.11 に従い検査を行う。また，その他の部材において制限値を工場溶接の同種の継手と同じ値とする場合には，継手全長にわたって非破壊試験により検査を行う。

表-20.8.10　各部材における検査対象の溶接継手の非破壊試験検査率

<table>
<tr><th colspan="3" rowspan="2">部　材</th><th rowspan="2">1検査ロットをグループ分けする場合の1グループの最大継手数</th><th>放射線
透過試験</th><th>超音波
探傷試験</th></tr>
<tr><th>撮影枚数</th><th>検査長さ</th></tr>
<tr><td colspan="3">引張部材</td><td>1</td><td>1枚（始端又は終端を含む）</td><td rowspan="8">継手全長を原則とする</td></tr>
<tr><td colspan="3">圧縮部材</td><td>5</td><td>1枚（始端又は終端を含む）</td></tr>
<tr><td rowspan="4">曲げ部材</td><td colspan="2">引張フランジ</td><td>1</td><td>1枚（始端又は終端を含む）</td></tr>
<tr><td colspan="2">圧縮フランジ</td><td>5</td><td>1枚（始端又は終端を含む）</td></tr>
<tr><td rowspan="2">腹板</td><td>応力に直角方向の継手</td><td>1</td><td>1枚（引張側）</td></tr>
<tr><td>応力に平行方向の継手</td><td>1</td><td>1枚（始端又は終端を含む）</td></tr>
<tr><td colspan="3">鋼床版</td><td>1</td><td>1枚（始端又は終端を含む）</td></tr>
</table>

表-20.8.11　現場溶接を行う検査対象の溶接継手の非破壊試験検査率

<table>
<tr><th rowspan="2">部　材</th><th>放射線透過試験</th><th>超音波探傷試験</th></tr>
<tr><th>撮影箇所</th><th>検査長さ</th></tr>
<tr><td>鋼製鋼脚のはり及び柱</td><td colspan="2" rowspan="2">継手全長を原則とする</td></tr>
<tr><td>主桁のフランジ
（鋼床版を除く）及び腹板</td></tr>
<tr><td>鋼床版のデッキプレート</td><td>継手の始終端で連続して各50cm（2枚），中間部で1mにつき1箇所（1枚）及びワイヤ継ぎ部で1箇所（1枚）を原則とする</td><td>継手全長を原則とする</td></tr>
</table>

ii）判定基準

試験で検出されたきず寸法は，設計上許容される寸法以下でなければならない。

ただし，寸法によらず表面に開口した割れ等の面状きずはあってはならない。

なお，放射線透過試験による場合において，板厚が25mm以下の試験の結果については，a）及びb）を満たす場合には合格としてよい。

a）引張応力を受ける溶接部は，JIS Z 3104 附属書4「透過写真によるきずの像の分類方法」に示す2類以上とする。

b）圧縮応力を受ける溶接部は，JIS Z 3104 附属書4「透過写真によるきずの像の分類方法」に示す3類以上とする。

iii）合否判定，不合格部の処置

①　表-20.8.10による非破壊試験の結果がii）を満たさない場合には，次の処置をとる。

a）検査ロットのグループが１つの継手からなる場合には，試験を行ったその継手を不合格とする。また，検査ロットのグループが２つ以上の継手からなる場合には，そのグループの残りの各継手に対して非破壊試験を行い合否を判定する。不合格となった継手は，その継手全体を非破壊試験によって検査して欠陥の範囲を確認し，不合格部は20.8.6(2)6)に従い補修しなければならない。補修部はⅱ）の規定を満たさなければならない。

② 表-20.8.11による現場溶接を行う検査対象の溶接継手の非破壊試験の結果がⅱ）の規定を満たさない場合には，次の処置をとる。

a）継手全長を検査した場合には，規定を満たさない試験箇所を不合格とし，不合格部は20.8.6(2)6)に従い補修しなければならない。補修部はⅱ）の規定を満たさなければならない。

b）放射線透過試験により，抜取り検査をした場合には，規定を満たさない撮影箇所の両側各1mの範囲について検査を行うものとし，それらの箇所においてもⅱ）を満たさない場合にはその１継手の残り部分の全てを検査する。不合格となった箇所はきずの範囲を確認し，20.8.6(2)6)に従い補修しなければならない。補修部はⅱ）の規定を満たさなければならない。なお，この場合において継手とは継手の端部から交差部又は交差部から交差部までを指す。

(3) (2)以外の種類の完全溶込み開先溶接による溶接継手及び片面溶接による溶接継手の内部きずに対する検査を以下に示す方法で行う場合には，(1)を満足するとみなしてよい。

1) 検査方法

非破壊試験は超音波探傷試験により行い，継手の板厚，形状等に応じて適切な方法を選定する。

2) 非破壊試験を行う者の資格

非破壊試験を行う者は，JIS Z 2305（非破壊試験－技術者の資格及び認証）に基づくａ）及びｂ）に示す資格を有していなければならない。

a）超音波自動探傷試験を行う場合は，超音波探傷試験におけるレベル３の資格とする。

b）手探傷による超音波探傷試験を行う場合は，超音波探傷試験におけるレベル２以上の資格とする。

3）　抜取り検査率，判定基準，合否判定

i）抜取り検査率

継手全長にわたって検査を行うことを原則とする。

ii）判定基準

(2)の判定基準に準じて行う。

iii）合否判定，不合格部の処置

非破壊試験の結果がii）を満たさない場合には，その継手を不合格とする。不合格となった継手は，欠陥の範囲を確認し，不合格部は20.8.6(2)6)に従い補修しなければならない。補修部はii）を満たさなければならない。

(1)　溶接継手の内部きずは目視では確認できないため，適切な非破壊検査方法により検査を行い，溶接継手としての要求品質が確保されていることを確認する必要がある。内部きずの検査に関して，今回の改定では，横方向突合せ溶接継手及び縦方向突合せ溶接継手以外の種類の完全溶込み開先溶接継手（完全溶込み開先溶接による縦方向T溶接継手，完全溶込み開先溶接による縦方向角溶接継手，完全溶込み開先溶接による横方向荷重非伝達型十字溶接継手，完全溶込み開先溶接による横方向荷重非伝達型T溶接継手，完全溶込み開先溶接による横方向荷重非伝達型角溶接継手，完全溶込み開先溶接による横方向荷重伝達型十字溶接継手（裏当て金付きの閉断面リブを除く），完全溶込み開先溶接による横方向荷重伝達型T溶接継手，完全溶込み開先溶接による横方向荷重伝達型角溶接継手）の扱いについても条文に明確に位置付けられた。また，抜取り検査率については，従来，主要部材に限定して規定されていたが，内部きずの部材の性能への影響の観点から，部材を問わず，完全溶込み開先溶接継手の全てを対象とするとの考え方に基づいて見直された。

(2)　1)　検査方法

放射線透過試験は，JIS Z 3104：1995（鋼溶接継手の放射線透過試験方法）によって行い，超音波自動探傷試験は文献6)，7)等を参考に，手探傷はJIS Z 3060：2015（鋼溶接部の超音波探傷試験方法）によって行うのがよい。

非破壊検査の適用板厚は，超音波探傷試験で8mmから100mmまでとし，放射線透過試験では40mm以下を目安とする。ただし，十分な資料を有する場合には40mmを超える板厚においても放射線透過試験を用いることができる。

40mm を超える板厚においては，放射線透過試験の探傷能力を超える場合があることなども考慮して，超音波探傷試験によることを標準とするが，このとき，検査対象とする板厚，溶接条件等も考慮して，探傷条件に対して信頼性の確かめられた超音波自動探傷装置による必要がある。

なお，信頼性の確かめられた超音波自動探傷装置とは，あらかじめ破壊試験を含む実証試験などにより，当該検査に必要な性能を満たすことが確認された超音波探傷試験装置という意味であり，超音波探傷器，探触子，走査装置，画像表示装置，及び装置に組み込まれた判定支援ソフト等の構成機器とプログラムについて，単体及びそれらを組み合わせた状態において必要な性能を満たすことがあらかじめ確認されているとともに，検査の過程においてその性能が維持されることが確認されていることが必要である[7)]。

手探傷は，超音波自動探傷が適用できない部位に限って用いるものとし，このとき，きずのエコー高さの領域ときずの指示長さ及び実きず長さの相関に関して，破壊試験等による証明がなされた十分な資料を有している必要がある。

2) 非破壊試験を行う者の資格

非破壊試験の品質を確保するため，また，非破壊試験の資格認証が JIS に規定されており，非破壊試験を行う者が有していなければならない資格が規定されている。

超音波探傷試験を行う場合，手探傷では，超音波探傷試験に対応したレベル 2 以上の資格を有する者とし，自動探傷では，探傷装置の設定や操作に加えて探傷結果からのきずの判定等に所要の知識が必要なことから，超音波探傷試験に対応したレベル 3 の資格を有する者としている。ただし，現場でのレベル 3 の資格を有する者の監督下で探傷装置の操作のみを行う場合にはレベル 2 の資格を有する者でもよい。また，超音波自動探傷試験に関しては，信頼できる検査結果を得るためには，非破壊試験を行う者は，この条文の資格を有しているだけではなく，十分な訓練を行った者である必要がある[7)]。また，手探傷による場合でも同様に条文の資格を有しているだけではなく十分な訓練を行った者である必要がある。

非破壊試験を実施する場合には，継手の板厚，形状等により適切な方法を選定して行うことが必要である。このため，溶接部の非破壊試験に関する十分な知識や経験を有する者が適切な試験方法と手順を事前に要領書に定め，これに基づいて溶接部の非破壊試験が行われるように管理される必要がある。また，施工途中の品質管理（プロセス管理）の一環として，検査状況等を記録し，保存しておくことが必要である。

3) 抜取り検査率，判定基準，合否判定

i) 抜取り検査率

平成 14 年の示方書の改定では，放射線透過試験の検査率に超音波探傷試験の検査率が追加された。検査手法の特性の相違により，検査長さの単位は放射線透過試験の30cmに対して，超音波探傷試験では1継手の全線とされた。これは，当時，新たに超音波探傷試験について規定したものの，まだ実績が十分でないこと及び現状ではきず種別の判定が困難であること等が配慮された結果である。なお，超音波探傷試験では検査技術者の技能に依存する部分が特に大きいことに注意が必要である。

表-20.8.10の圧縮部材の検査率については，疲労設計を行った結果，所定の疲労強度を満たす条件として当該継手に内部きずに対する要求が示された継手に対しては，残留応力の影響から疲労亀裂の発生に関して圧縮部材と引張部材で相違がないと考えられるため引張材と同じ検査率とするなど別途検討を行う必要がある。

溶接品質に影響を与える条件には，継手形式，材質，板厚，溶接条件，開先及び組立の精度，開先の清浄度，予熱，後熱，パス間温度の管理及び溶接工の技量等がある。そこで，これらの溶接条件が同じ完全溶込み開先溶接継手は品質管理上同じものであるとみなし，そのような継手の集合を1つの検査ロットとする。例えば，同じ板厚構成の横方向突合せ溶接継手が10継手あり，これらを同じ溶接方法で溶接した場合，この10継手で一つの検査ロットを構成することになる。ただし，ここでいう1継手とは，板と板との継手であり，部材と部材との継手という意味ではない。したがって，1度に連続して溶接した部材を後から切断して10個の部材にしたとしても継手としては1個として考える。次に，この検査ロットを表-20.8.10に示された最大継手個数ごとのグループに分け，各グループから1継手を取って検査するものとした。

抜取り検査個所はそのグループを代表しているので，これが不合格の場合，そのグループを不合格とする。不合格になった場合は，そのグループの各継手に対し，表-20.8.10と同様の検査を行ってそれぞれの継手の合否を判定する。なお，抜取り検査においては，溶接部の品質を確保するために，適正な検査ロット，抜取り検査個所を決定する必要がある。表-20.8.10中の放射線透過試験の撮影枚数の欄において1枚（始端又は終端を含む）とは溶接の始端を含む1枚と終端を含む1枚を最低限撮影するという意味である。また，表-20.8.10に示している抜取り検査率は溶接継手内にワイヤ継ぎがないことを前提としたものである。設備の制約などからやむを得ず溶接継手内にワイヤ継ぎが生じる場合があるが，ワイヤ継ぎ位置は欠陥が発生しやすいため，検査率に関係なく全てのワイヤ継ぎ部を検査する必要がある。

現場溶接を行う表-20.8.11に示す完全溶込み開先溶接継手については，検査方法を明確に規定したものである。特に鋼製橋脚のはり及び柱，主桁のフランジ及び腹板，鋼床版のデッキプレートの溶接部については，品質の確保が重要であることから，現場溶接の品質管理の実績を踏まえて検査方法を規定し，検査結果については ii）の規定を満たさなければならないこととしている。主桁のフランジ及び腹板，鋼製橋脚については，原則として，継手全長を検査することとしている。

鋼床版デッキプレートを現場溶接した表-20.8.11 に示す完全溶込み開先溶接継手に対する放射線透過試験については，撮影個所を１溶接線に均等に配分しているが，溶接線の始終端部，交差部，ワイヤ継ぎ部に欠陥が発生し易い傾向があるため，これらの部分を重点的に検査することとしている。なお，自動溶接以外の工法を用いる場合や，開先条件や溶接条件が管理値を超えるような個所はこの規定に関わらず検査するのが望ましい。また，図-解 20.8.4 に撮影個所の例を示す。不合格のきずがあった場合，それが局所的なきずであるのか，連続したきずであるのかを判断するためきず個所両側各１ｍの範囲について更に検査してきずの発生状況を判断する。追加検査部に不合格となるきずのない場合には局所的な欠陥と考える。一方，追加検査部にも不合格のきずがあった場合は，その１継手を全線検査する必要がある。また，超音波探傷試験の場合には，原則として継手全長を検査する。

なお，デッキプレート厚が厚いと，１パスによるサブマージアーク溶接による施工が難しくなり，初層に炭酸ガスシールド溶接を使用し，そのうえにサブマージアーク溶接を用いる等の多層盛溶接の施工となる。このような場合には，溶接部の品質検査の抜取り率を多層盛溶接によるきずの発生頻度などの実績を考慮して決めることが望ましい。

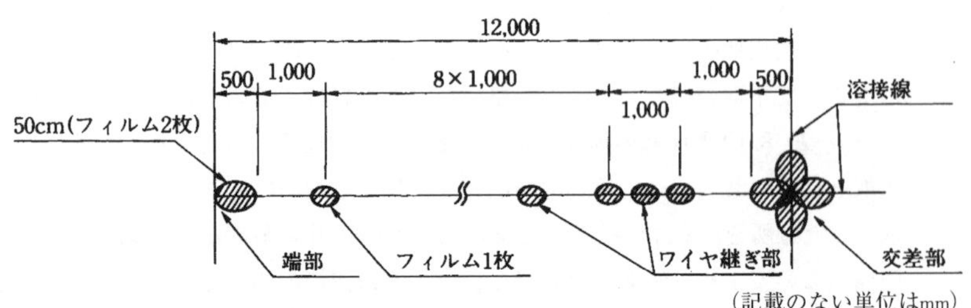

図-解 20.8.4　鋼床版デッキプレートのＸ線撮影個所の例

ii）判定基準

完全溶込み開先溶接継手に許容される内部きずの寸法は，疲労に関する研究成果等によると，板厚の 1/3 以下となっている。この寸法は，ビード仕上げの有無に関わらない。また，複数のきずが近接して存在するいわゆる隣接きずや密集ブローホールに対しては，それらを単独のきずに換算した寸法に対して適用できる。なお，この編の規定に従って良好な施工が行われた溶接部に対する内部きず寸法の許容値も板厚の1/3と考えてよいが，疲労の影響が考えられる継手では，所定の強度等級を満たすうえで許容できるきず寸法はこの値より小さい場合があるので注意する。表-解 20.8.6 に各継手の強度等級を満たすうえでの内部きず寸法の許容値をまとめて示す。表-解 20.8.7 には，疲労強度が著しく低い継手や品質確保が困難な継手について強度等級を満たすために守るべき内部きず寸法の許容値をまとめて示す。なお，表-解 20.8.6 及び表-解 20.8.7 に示されていない強度等級を低減させた場合などの継手の内部きず寸法の許容値については，8.3.2 の規定及び解説に示されている。

表-解 20.8.6　内部きず寸法の許容値

<table>
<tr><th>方向</th><th>継手の形式</th><th>溶接の種類</th><th>溶接及び構造の細部形式</th><th>溶接部の状態</th><th>8.3.2 に規定される強度等級</th><th>内部きず寸法の許容値</th></tr>
<tr><td rowspan="14">横方向</td><td rowspan="4">突合せ溶接継手</td><td rowspan="3">完全溶込み開先溶接</td><td rowspan="3">両面溶接（裏はつりあり）</td><td>余盛削除</td><td>D</td><td rowspan="3">3mm（$t \leqq 18$mm）
$t/6$mm（$t > 18$mm）</td></tr>
<tr><td>止端仕上げ</td><td>D</td></tr>
<tr><td>非仕上げ</td><td>D</td></tr>
<tr><td>片面溶接</td><td>裏当て金がなく良好な裏波形状を有する</td><td>非仕上げ</td><td>D</td><td>3mm（$t \leqq 18$mm）
$t/6$mm（$t > 18$mm）</td></tr>
<tr><td rowspan="3">十字溶接継手
荷重伝達型</td><td rowspan="3">完全溶込み開先溶接</td><td rowspan="3">連続</td><td>滑らかな止端</td><td>D</td><td rowspan="3">3mm（$t \leqq 18$mm）
$t/6$mm（$t > 18$mm）</td></tr>
<tr><td>止端仕上げ</td><td>D</td></tr>
<tr><td>非仕上げ</td><td>E</td></tr>
<tr><td rowspan="3">T溶接継手
荷重伝達型</td><td rowspan="3">完全溶込み開先溶接</td><td rowspan="3">連続</td><td>滑らかな止端</td><td>D</td><td rowspan="3">3mm（$t \leqq 18$mm）
$t/6$mm（$t > 18$mm）</td></tr>
<tr><td>止端仕上げ</td><td>D</td></tr>
<tr><td>非仕上げ</td><td>E</td></tr>
<tr><td rowspan="3">角溶接継手
荷重伝達型</td><td rowspan="3">完全溶込み開先溶接</td><td rowspan="3">連続</td><td>滑らかな止端</td><td>D</td><td rowspan="3">3mm（$t \leqq 18$mm）
$t/6$mm（$t > 18$mm）</td></tr>
<tr><td>止端仕上げ</td><td>D</td></tr>
<tr><td>非仕上げ</td><td>E</td></tr>
<tr><td rowspan="9">縦方向</td><td rowspan="3">突合せ溶接継手</td><td rowspan="2">完全溶込み開先溶接</td><td rowspan="2">両面溶接（裏はつりあり）</td><td>余盛削除</td><td>D</td><td rowspan="2">$t/3$mm</td></tr>
<tr><td>非仕上げ</td><td>D</td></tr>
<tr><td>片面溶接</td><td>裏当て金がなく良好な裏波形状を有する</td><td>－</td><td>D</td><td>$t/3$mm</td></tr>
<tr><td rowspan="2">T溶接継手</td><td>完全溶込み開先溶接</td><td>両面溶接（裏はつりあり）</td><td>－</td><td>D</td><td>$t/3$mm</td></tr>
<tr><td>片面溶接</td><td>裏当て金がなく良好な裏波形状を有する</td><td>－</td><td>等級なし</td><td>$t/3$mm</td></tr>
<tr><td rowspan="3">角溶接継手</td><td rowspan="2">完全溶込み開先溶接</td><td rowspan="2">両面溶接（裏はつりあり）</td><td>余盛削除</td><td>D</td><td rowspan="2">$t/3$mm</td></tr>
<tr><td>非仕上げ</td><td>D</td></tr>
<tr><td>片面溶接</td><td>裏当て金がなく良好な裏波形状を有する</td><td>－</td><td>等級なし</td><td>$t/3$mm</td></tr>
</table>

表-解 20.8.7　内部きず寸法の許容値
(表-解 20.8.6 に示す継手以外のもので使用しない方がよい継手)

<table>
<tr><th>方向</th><th colspan="2">継手の形式</th><th>溶接の種類</th><th>溶接及び構造の細部形式</th><th>溶接部の状態</th><th>8.3.2 に規定される強度等級</th><th>内部きず寸法の許容値</th></tr>
<tr><td rowspan="10">横方向</td><td rowspan="4" colspan="2">突合せ溶接継手</td><td rowspan="4">片面溶接</td><td>裏当て金付き
($t \leqq 12$mm)</td><td rowspan="4">非仕上げ</td><td>F</td><td rowspan="4">3mm ($t \leqq 18$mm)
t/6mm ($t > 18$mm)</td></tr>
<tr><td>裏当て金付き
($t > 12$mm)</td><td>G</td></tr>
<tr><td>裏当て金がなく裏面の形状を確かめることができない
($t \leqq 12$mm)</td><td>F</td></tr>
<tr><td>裏当て金がなく裏面の形状を確かめることができない
($t > 12$mm)</td><td>G</td></tr>
<tr><td rowspan="2" colspan="2">十字溶接継手
荷重伝達型</td><td rowspan="2">片面溶接</td><td rowspan="2">中空断面部材を含み裏当て金なし</td><td>–</td><td>F</td><td rowspan="2">3mm ($t \leqq 18$mm)
t/6mm ($t > 18$mm)</td></tr>
<tr><td>–</td><td>G</td></tr>
<tr><td rowspan="2" colspan="2">T溶接継手
荷重伝達型</td><td rowspan="2">片面溶接</td><td rowspan="2">中空断面部材を含み裏当て金あり</td><td>–</td><td>F</td><td rowspan="2">3mm ($t \leqq 18$mm)
t/6mm ($t > 18$mm)</td></tr>
<tr><td>–</td><td>G</td></tr>
<tr><td rowspan="2">ガセット溶接継手</td><td>面外ガセット溶接継手</td><td>完全溶込み開先溶接</td><td>主板貫通
(スカラップあり)</td><td>–</td><td>H'</td><td>t/3mm</td></tr>
<tr><td>面内ガセット溶接継手</td><td>完全溶込み開先溶接</td><td>フィレットなし</td><td>非仕上げ</td><td>H</td><td>t/3mm</td></tr>
<tr><td rowspan="6">縦方向</td><td rowspan="2" colspan="2">突合せ溶接継手</td><td rowspan="2">片面溶接</td><td>裏当て金付き ($t \leqq 12$mm)</td><td>–</td><td>E</td><td rowspan="2">t/3mm</td></tr>
<tr><td>裏当て金付き ($t > 12$mm)</td><td>–</td><td>F</td></tr>
<tr><td rowspan="2" colspan="2">T溶接継手</td><td rowspan="2">片面溶接</td><td>裏当て金付き ($t \leqq 12$mm)</td><td>–</td><td>E</td><td rowspan="2">t/3mm</td></tr>
<tr><td>裏当て金付き ($t > 12$mm)</td><td>–</td><td>F</td></tr>
<tr><td rowspan="2" colspan="2">角溶接継手</td><td rowspan="2">片面溶接</td><td>裏当て金付き ($t \leqq 12$mm)</td><td>–</td><td>E</td><td rowspan="2">t/3mm</td></tr>
<tr><td>裏当て金付き ($t > 12$mm)</td><td>–</td><td>F</td></tr>
</table>

なお，平成8年までの示方書では，大きさによらず割れの存在は認めていなかったが，きずの種類に対して疲労強度に大きな差異が見られないとの研究成果もあることから，許容実きず寸法はきずの種別に関わらず適用できると考えてよい。ただし，磁粉探傷試験によって検出できる程度のごく表面近傍のきずについては，表面に開口している場合と同様，大きさによらず存在を認めないので許容きず寸法未満であっても補修を行う必要がある。

超音波探傷試験では，溶接ビードの形状によっては高いレベルできず以外によるエコーが検出され，きずの判別が困難となる場合があるが，このような場合には慎重なエコーの判別を行う必要がある。特に外観上，割れが存在する疑いがあるビード形状となっている場合等では注意が必要である。超音波探傷試験で詳細なきずの判別が困難な場合には，磁粉探傷試験による最終的な確認を行う。

放射線透過試験ではこれまでJIS Z 3104：1995（鋼溶接継手の放射線透過試験方法）の附属書4に従い，きずの種別及び大きさによる点数で判定が行われてきたが，この判定基準は疲労に対する検討からのものでないこともあり，超音波探傷検査の判定基準とは必ずしも整合しないことが考えられる。しかし，従来の判定基準との整合等にも考慮し，板厚が25mm以下を対象とした放射線透過試験については従来の判定基準によってもよいこととしている。ただし，板厚が25mmを超える場合には，放射線透過試験に対しても超音波探傷試験による場合と同様の判定基準を適用し，きず種別を区別せずに単独きずと隣接きずを含めた換算きず寸法で評価することが必要である。

超音波自動探傷試験では，これまで慣例として，JIS Z 3060：2015（鋼溶接部の超音波探傷試験方法）附属書6を準用した，きずエコー高さ領域ときずの指示長さによる判定基準が用いられてきたが，前々回の改定では，実際のきず寸法で評価することに改められた。実際のきず寸法の評価方法の妥当性は，個々の超音波自動探傷試験装置ごとにその特性に応じて定める必要がある。また，それらの評価方法の妥当性はあらかじめ信頼できる方法で確認する必要がある。更に，現状の超音波自動探傷試験では，判定作業において，まだ検査技術者の技量に依存する部分も多いため，(2)2)に規定される資格を有しているだけではなく，十分な訓練を行った者である必要がある。

なお，非破壊検査の実施時期については，溶接が完了してから適切な経過時間後に実施する必要がある。特に，材質や板厚などの関係で，遅れ割れを考慮する必要がある場合には，実施時期に配慮が必要である。

iii）合否判定，不合格部の処置

合否判定の結果，判定基準を満たさない継手は，欠陥の位置を正確に把握したうえで欠陥の取残しがないように入念に除去し，補修溶接を行う必要がある。補修溶接は，局部な溶接となるため拘束が大きくなる。そのため，補修溶接による欠陥の発生を防止することが重要であり，特に，補修溶接長さや予熱等に十分に配慮して行う必要がある。

補修溶接後の内部きず検査の結果が不合格の場合，再度，補修溶接を行う必要があるが，補修溶接の繰返し回数が多くなると熱履歴により周辺の溶接部の機械的性質が低下するおそれがある。よって，補修溶接は周辺溶接部の機械的性質への影響にも十分に配慮して行う必要がある。

(3) (2)で対象としている横方向突合せ溶接継手及び縦方向突合せ溶接継手以外の種類の完

全溶込み開先溶接継手について，(2)に準拠し，検査方法，非破壊試験を行う者の資格，抜取り検査率，判定基準，合否判定，不合格部の処置について規定したものである。

20.9　高力ボルト

20.9.1　高力ボルト施工一般

> 高力ボルトの締付け施工においては，継手に要求される品質を確保するために，1)から5)に示す事項について十分に検討し，適切に施工しなければならない。
>
> 1)　継手の種類及び特性
>
> 2)　高力ボルトの種類及び特性
>
> 3)　締付け方法並びに締付け軸力の管理及び検査方法
>
> 4)　接合面の処理方法
>
> 5)　締付ける材片の組立精度

高力ボルト継手の接合方法として，摩擦接合，支圧接合及び引張接合があり，それぞれ応力の伝達機構が異なる。したがって，締付け施工に際しては，その特徴を十分に理解し，継手に要求される品質を確保するための施工要領を定め，その要領に従って確実に施工する必要がある。

摩擦接合は，高力ボルトにより継手を構成する部材同士を高い軸力で締付け，材片間の接触面に生じる摩擦力で力を伝達するものである。したがって，その施工においては，締付け軸力や接触面のすべり係数，締付け材片間の密着を確保することが必要である。なお，高力ボルト摩擦接合継手の施工については，付録2-4及び付録2-5が参考にできる。

支圧接合は，継手を構成する部材の孔とボルト軸部との支圧力により，ボルトのせん断抵抗を介して力を伝達するものである。継手部にずれの生じない打込み式高力ボルトを用いる場合には，締付け施工前に孔あけ精度や継手部の孔ずれの発生についてあらかじめ確認し，締付け作業に問題が生じないようにする必要がある。また，継手性能の改善を図る観点から締付け軸力を与えるのが一般的であり，この場合には摩擦接合と同様な施工管理が必要である。

引張接合は，接合面に接触応力を発生させてボルト軸方向の力を伝達させる形式である。この接合においては，ボルトの締付け軸力の確保のほかに継手接触面の平たん性や締付け後における密着性を確保することが必要となる。また，引張接合においても接合面の摩擦力でせん断力に抵抗する必要がある場合もあるので，そのような場合には，摩擦接合と同等の施工管理が必要である。

締付け方法については，締付け軸力の管理方法により，トルク法，ナット回転法，耐力点法等がある。それぞれの方法に応じて特定のボルトや締付け機器を使用する場合があるので，使用するボルトの種類や締付け機器の特性を十分に把握したうえで，締付け施工及びその品質管理を行う必要がある。

なお，締付け後の継手性能や締付け施工に問題が生じないように，締付け施工前には，継手部における部材同士の食い違いや材片間の肌すきの程度，孔のずれ等に関して部材の組立精度を確認し，必要に応じて適切な処置をしておく必要がある。

20.9.2　高力ボルトの品質管理及び保管

> ⑴　ボルト，ナット，座金及びそのセットについては，工場出荷時にその特性及び品質を保証する試験，検査を行い，規格に合格していることを確認しなければならない。また，現場搬入時には，検査成績書と照合し，特性及び品質の保証されたボルトセットであることを確認しなければならない。
> ⑵　ボルトのセットは，工場出荷時の品質が現場施工時まで保たれるように，その包装及び現場保管に注意しなければならない。

⑴　高力ボルトは，設計で指定された規格のものである必要がある。施工においては，工場出荷時に，ボルト，ナット，座金及びそのセットの機械的性質や形状寸法，トルク係数値，締付け軸力値等が所定の規格に合格していること，更に現場搬入時には搬入されたボルトと添付されている検査成績書を照合し品質の保証されたボルトであるか確認する必要がある。

なお，ボルトの機械的特性や化学成分，製造方法等について，特殊な性能，仕様を要求したボルトの場合には，それらに関して試験，検査により確認するとともに，その結果が検査成績書に記載されていることを確認する必要がある。

⑵　ボルトセットの保管にあたっては，できるだけ工場包装のまま保管庫に収納し，雨や夜露等の湿気があたらないように注意し，工場出荷時の品質が現場施工時まで保たれる必要がある。開包後は雨や夜露等による濡れ，さびの発生，ほこり・砂等のねじ部への付着，乱暴な扱いによるねじ部のいたみなどによる品質の変化が生じやすいので，包装はできるだけ施工直前に解く必要がある。このためには，ボルトの施工個所への搬入を計画的に行い，余分な開包を行わないよう注意する必要がある。また，工場出荷時の品質を施工時にまで確保しておくためには，上記の注意をはらうとともに，工場出荷時から現場施工までの期間をできるだけ短くするよう配慮することが望ましい。

20.9.3　接合面の処理

(1)　摩擦接合において接合される材片の接触面については，必要とするすべり係数が得られるように適切な処理を施さなければならない。

(2)　1)及び2)に示す処理を施した場合には，表-20.9.1に示すすべり係数が得られるものとみなしてよい。1)及び2)に示す以外の処理を施す場合には，0.4以上のすべり係数が十分得られるように慎重に検討する。

1)　接触面を塗装しない場合には，接触面は黒皮を除去して粗面とする。材片の締付けにあたっては接触面の浮さび，油，泥等を十分に清掃して取り除く。

2)　接触面に無機ジンクリッチペイントを塗装する場合，表-20.9.2に示す条件に従い，無機ジンクリッチペイントを使用する。

表-20.9.1　すべり係数

項　目	すべり係数
a）接触面を塗装しない場合	0.40
b）接触面に無機ジンクリッチペイントを塗装する場合	0.45

表-20.9.2　無機ジンクリッチペイントを塗装する場合の条件

項　目	条　件
接触面片面あたりの最小乾燥塗膜厚	50μm以上
接触面の合計乾燥塗膜厚	100～200μm
乾燥塗膜中の亜鉛含有量	80%以上
亜鉛末の粒径（50%平均粒径）	10μm程度以上

(1)　摩擦接合では，接触面のすべり係数を仮定して継手のすべり耐力が算定されているため，施工においては設計で仮定したすべり係数が得られるように接合面について適切な処理を行う必要がある。

なお，支圧接合において継手性能の改善を目的としてボルトに締付け軸力を与え摩擦力による力の伝達を期待するような場合や，引張接合において接触面の摩擦力によりせん断力を伝達するような場合には，接合面について摩擦接合と同様な処理を行う必要がある。

(2)　従来より，黒皮を除去して接合面を粗面とした継手では，0.4以上のすべり係数が十分確保できることが知られている。

しかし，工場製作時にこのような処理を行っても，現場で接合を行うまでこの状態を維持することが難しく，接合面に浮さび，油，泥等が付着している場合が多い。このような場合には，現場で接合する直前に接合面を十分清掃して，これらを除去することが重要である。

一方，橋の大型化に伴い個々の連結板の重量が増加してきたため，現場における浮さび等の除去作業が困難になってきたこと，また，接合部の塗装が完成後の防せい防食上弱点となりやすいことから，接合面にも塗装等の表面処理を施すことが考えられてきた。

このため，これまでもすべり係数 0.4 以上を確保できる塗装仕様[8), 9)]が規定されていた。これに対して，現状の接合面の塗膜厚管理値や最近の研究成果を踏まえ[10)]，接合面に無機ジンクリッチペイントを塗装する場合のすべり係数を 0.45 とすること，及び表-20.9.2 に無機ジンクリッチペイントを塗装する場合の塗装仕様が規定された。

ただし，接触面にそれぞれ異なる無機ジンクリッチペイントを用いたり，他の塗料を併用したりしてはいけない。また，無機ジンクリッチペイントを塗装する場合，素地調整後，直接，無機ジンクリッチペイントを塗装する。

摩擦接合面のみに無機ジンクリッチペイントを塗装し，他の部分に別の塗装系を用いる場合には，境界部の処理に注意し，塗装相互に悪影響を生じさせないように事前に検討しておくことが必要である。また，塗膜厚の管理は十分に行う必要がある。

接触面に条文(2) 1) 及び 2) 以外の防せい防食処理を施す場合は，塗膜の種類や厚さ等によっては，0.4 以上のすべり係数を確保できないおそれや，塗膜のクリープによりボルト軸力の低下の原因となるおそれもあるので，その必要性も含めて慎重に検討したうえで使用する必要がある。

なお，溶融亜鉛めっき橋におけるめっき処理を施した接合面については，ブラスト処理を実施して 0.4 以上のすべり係数を確保するのがよいが，使用するブラスト材の種類や施工条件によっては，0.4 以上のすべり係数が得られない場合があるので，文献 11) 等を参考とするのがよい。

20.9.4　ボルトの締付け

(1)　ボルトの締付けにあたっては設計ボルト軸力が得られるように締付けなければならない。

(2)　ボルトの締付けは，各材片間の密着を確保し，十分な応力の伝達がなされるように施工しなければならない。

(3)　1)から5)による場合には，(1)及び(2)を満足するとみなしてよい。

1)　ボルトの締付け

i) ボルト軸力の導入は，ナットを回して行うのを原則とする。やむを得ず頭回しを行う場合には，トルク係数値の変化を確認する。

ii）ボルトの締付けをトルク法によって行う場合には，締付けボルト軸力が各ボルトに均一に導入されるよう締付けトルクを調整する。

iii）トルシア形高力ボルトを使用する場合には，本締めには専用締付け機を使用する。

iv）ボルトの締付けを回転法によって行う場合には，接触面の肌隙がなくなる程度にトルクレンチで締めた状態又は組立用スパナで力いっぱい締めた状態からａ）及びｂ）示す回転角を与える。

ただし，回転法はF8T，B8Tのみに用いる。

ａ）ボルト長が径の５倍以下の場合　：1/3回転（120度）± 30度

ｂ）ボルト長が径の５倍を超える場合：施工条件に一致した予備試験によって目標回転角を決定する。

ｖ）ボルトの締付けを耐力点法によって行う場合には，9.5.2(3)4)に規定する高力ボルトを用い，専用の締付け機を使用して本締めを行う。

vi）打込式高力ボルトの締付けは，ボルトねじ部にナットがかかるまで打ち込んだ後にナットを回転してボルトを引き込む。

2)　機械器具の検定

ボルトの締付け機，測定器具等の検定は，適当な時期に行いその精度を確認する。

3)　締付けボルト軸力

ｉ）摩擦接合，支圧接合及び引張接合に用いるボルトは表-20.9.3に示す設計ボルト軸力が得られるように締付ける。

表-20.9.3　設計ボルト軸力（kN）

セット	ねじの呼び	設計ボルト軸力
F8T B8T	M20	133
	M22	165
	M24	192
F10T S10T B10T	M20	165
	M22	205
	M24	238
S14T	M22	299
	M24	349

ii）トルク法によって締付ける場合の締付けボルト軸力は，設計ボルト軸力の10%増を標準とする。

iii）トルシア形高力ボルトの常温時（10℃～30℃）の締付けボルト軸力は，一つの製造ロットから５組の供試セットを無作為に抽出して試験を行った場合の平均値が，表-20.9.4に示すボルト軸力の範囲に入らなければならない。

表-20.9.4　常温時（10℃～ 30℃）の締付けボルト軸力の平均値

セット	ねじの呼び	1製造ロットのセット締付けボルト軸力の平均値（kN）
S10T	M20	172 ～ 202
	M22	212 ～ 249
	M24	247 ～ 290
S14T	M22	311 ～ 373
	M24	363 ～ 435

iv）耐力点法によって締付ける場合の締付けボルト軸力については，使用する締付け機に対して一つの製造ロットから５組の供試セットを無作為に抽出して試験を行った場合の平均値が，表-20.9.5に示すボルト軸力の範囲に入らなければならない。

表-20.9.5　耐力点法による締付けボルト軸力の平均値

セット	ねじの呼び	1製造ロットのセット締付けボルト軸力の平均値（kN）
F10T	M20	$0.196\sigma_y \sim 0.221\sigma_y$
	M22	$0.242\sigma_y \sim 0.273\sigma_y$
	M24	$0.282\sigma_y \sim 0.318\sigma_y$

σ_y：ボルト試験片の耐力（N/mm^2）（JIS Z 2241）の4号試験片による）

4)　締付けの順序

ボルトの締付けは，連結板の中央のボルトから順次端部ボルトに向かって行い，２度締めを行う（図-20.9.1）。

なお，予備締め後には締忘れや共回りを容易に確認できるようにボルト，ナット及び座金にマーキングを行うのを原則とする。

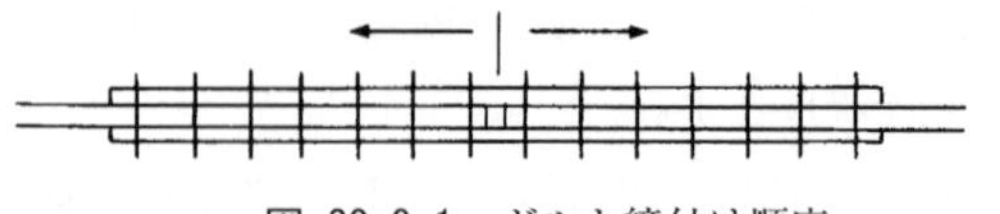

図-20.9.1　ボルト締付け順序

5)　継手の肌隙

部材と連結板又は接合する材片同士は，締付けにより密着させ肌隙が生じないようにする。

(3)　1)　ボルトの締付け

摩擦接合継手におけるボルトの締付け方法は締付けボルト軸力の管理方法によってトルク法，ナット回転法及び耐力点法に大別される。

トルク法による場合，セットのトルク係数値はナットを回して締付けた場合について定められているので，ボルトの締付けはナットを回して行うのが原則である。施工上の手順でやむを得ずボルト頭を回す場合には，改めてその値を確認する必要がある。なお，トルク係数値を減じるために表面処理を行った座金を用いている場合には，それを回転させる側に用いるように注意する必要がある。

トルク法による場合には，3)で述べる施工の標準とすべきボルト軸力に達するよう施工の前に締付けトルクを選定する必要がある。

トルシア形高力ボルトを使用する場合には，所定のトルク値に対応した専用の締付け機を用いる。

ナット回転法は，締付けによるボルト軸力をボルトの伸びによって管理するもので，ボルトの伸びはナットの回転量となって現れる。iv）に規定されたナット回転量は，標準ボルト軸力を確保し，かつボルトの破断伸びに対して余裕をもって定められたものである。この回転量を与えた場合，ボルトの軸力は降伏点を超える程度にまで達するが，従来の経験と多くの実験[12),13)]の結果から，8Tボルトではそのような締付けを行っても安全であると判断し，回転法を用いてもよいこととしている。

なお，通常使用されるボルトの首下長さは，径の5倍以下であることから，5倍以下の場合の回転角を規定する[14)]とともに，これ以上の長さのものを使用する場合は予備試験により回転量を確認することとしている。10Tボルトについても実験結果では8Tボルトと同様の変形特性を示すが，遅れ破壊に対するデータの不足により，ナット回転法は8Tに限るものとしている。

また，回転量を測る始点におけるボルト軸力も重要であり，材片間の肌隙がなくなるよう，組立用スパナで力いっぱい締付けたり，インパクトレンチで始めの打撃を与えた程度まで締付けた状態を基準として回転量を測る。

耐力点法は，高力ボルト締付け時の導入軸力とナット回転量の関係が耐力点付近では非線形となる性質を締付け機が捉えることによって管理し，所定の軸力を導入する締付け方法である。この方法は，施工管理が容易であり，導入軸力の変動が小さいが，トルク法に比較して導入軸力が高くなることにより，9.5.2 に示しているように使用するボルトの化学成分及び機械的性質等を JIS B 1186：2013（摩擦接合用高力ボルト・六角ボルト・六角ナット・平座金のセット）より厳しく規定して，耐遅れ破壊特性を高めている。この締付け法は，本州四国連絡橋等で多くの実績がある[15),16),17)]。

支圧接合において打込み式高力ボルトを用いる場合には，打込み作業性（打込み難易度）に問題が生じることのないように，その締付け施工前に孔径や孔の食い違いについて確認する必要がある。また，ボルト打込み時の孔周縁部に有害なきずを生じさせないように注意する必要がある。

2)　機械器具の検定

ここにいう器具の検定は定期検定のことであり，現場における日常の検定ではない。

軸力計には，油圧の変化で軸力を測定するものとひずみゲージを利用したロードセルタイプのものとがあるが，これらは常に規定された精度内で使用できるようにしておく必要がある。このため，現場施工に先立ち，現場搬入直前に１回，その後も定期的に検定を行ってその精度を確認する必要がある。軸力計の精度は，トルクレンチ等に比べて取扱いによる影響を受けることが少ないので，定期検定は３ヶ月に１回を標準として行えばよい。

なお，ボルトによって締付けられる軸力計の部分の剛性は，必ずしも実部材の剛性と同じでない。このため，同一の出力トルクで軸力計と実部材とを締付けた場合では，導入されるボルト軸力に若干差が生じることがある。したがって，なるべく実部材に近い剛性をもった軸力計を使用するのが望ましい。

トルクレンチには，トルクをダイヤルゲージの目盛で読むもの，トルクレンチのたわみを利用して目盛を読むもの，ラチェット式のもの等があるが，いずれも粗雑に取り扱うと狂いが生じやすい。したがって，トルクレンチの検定は現場搬入時に１回，搬入後は１ヶ月に１回を標準とし，使用頻度によっては定期検定の期間を別に定めるのがよい。

締付け機には電動式と油圧式があるが，いずれも締付け精度の持続性がよいので現場搬入前に１回点検し，搬入後の定期検定は３ヶ月に１回を標準としてよい。電動式，油圧式いずれの締付け機もガンと制御装置又は油圧調整装置が組み合わされて使用されるので，定期検定はその組合せに対して行う必要がある。また，トルク法による場合，出力トルクの精度は使用するトルク値の範囲の数段階について検定する必要がある。

上記締付け機以外にも電気式によるトルク制御式インパクトレンチがあるが，微調整が困難であり，締付け精度の持続性にも問題があるので，本締めには使用しないのがよい。

ただし，予備締めではそれほど締付け精度を要しないので，作業能率のよいトルク制御式インパクトレンチを用いてもよい。

トルシア形高力ボルトの締付け機のソケット部は，ナットとピンテールを保持する２個のソケットからなる。外側のソケットは，ナットを保持して締付けトルクを与え，内側のソケットは，ピンテールを保持して締付けトルクの反力を伝達する構造である。両方のソケットは，互いに逆方向に回転し，締付けトルクが，破断溝の破断トルクに達して切断するまでソケットが回転する。

このように締付けトルクはピンテールを切断することにより制御されるので，専用締付け機は，トルクを制御する機能をもたず単にトルクを与えるためのものであることから，検定の必要はなく，整備点検を行えばよい。

3)　締付けボルト軸力

表-20.9.3の設計ボルト軸力は，9.6.2(1)の解説に述べたように，規定した設計すべり強度を満たすのに必要な設計上のボルト軸力である。

ボルトの締付けにあたっては，上記の設計ボルト軸力が得られるように締付けるのであるが，更にトルク係数値のばらつき，クリープやリラクセーション，すべり係数のばらつき等の影響を考慮して，施工時のボルト軸力は設計ボルト軸力の10%増しを標準としている。

なお，ナット回転法による場合は，1)に規定されたナット回転量を与えれば，締付けボルト軸力は確保される。

トルシア形高力ボルトによる場合は，前述の解説のように，締付け機に制御機構がなく，ボルトのセット自体で摩擦接合用高力ボルトのセットと同等の締付けボルト軸力が確保される。

なお，ボルトの締付けにあたっては，先に述べた機械器具を用いて締付け力の調整を行うわけであるが，この場合，現場で求めたトルク係数は，9.5.2に規定した工場での製品としてのトルク係数とは本質的に異なるものである点に留意する必要がある。

トルシア形高力ボルトによる場合には，2)の解説で述べたように締付け機がトルクを制御する機能をもたないので，ボルトの性能により締付け軸力が左右される。よって，工場出荷時において締付けボルト軸力の平均値が一定の範囲に入っていることを確認するとともに，工場出荷時から現場施工時までにその性能が保持されていることを確認する必要がある。そのため，使用するボルトはボルト締付け以前に表-20.9.4を用いてその性能を確かめておくことが必要である。

なお，現場での締付け軸力試験においては，試験に用いる検査機器の機能上の制約からあらゆる首下長さのボルトに対して試験を行うことが困難な場合がある。このような場合には，使用ボルトと同じ製造メーカーから同一時期に現場搬入され，かつ同一の保管環境に置いた呼び径の等しいボルトのうちから試験可能な首下長さのボルトを抽出して締付け試験を実施し，工場出荷時の性能が現場搬入後においても保持されていることを確認することで使用ボルトの性能を保証してもよい。

ボルトのトルク係数値は温度によって変化するので，締付けボルト軸力も変化する。常温時以外（0℃～10℃，30℃～60℃）で，試験をした場合は，表-解 20.9.1 に示すボルト軸力の範囲による。

表-解 20.9.1 常温時以外（0℃～ 10℃，30℃～ 60℃）の締付けボルト軸力の平均値

セット	ねじの呼び	1 製造ロットのセットの締付けボルト軸力の平均値（kN）
S10T	M20	167 ～ 211
	M22	207 ～ 261
	M24	241 ～ 304
S14T	M22	299 ～ 391
	M24	349 ～ 457

耐力点法によって締付ける場合についても，条文のとおり作業前に締付け機の制御動作軸力の平均値が一定の範囲に入っていることを確認する必要がある。なお，現場での締付け軸力試験において，トルシア形高力ボルトの場合と同様に試験が困難な場合には，トルシア形高力ボルトの場合と同様な試験を行う。

4) 締付けの順序

継手内でのボルト軸力が不均等であると，すべり耐力の減少をきたすこともあるので，この項はボルト群ができるだけ均一に締付けられるように定められたものである。継手の外側端からボルトを締付けると連結板が浮き上がり，密着性が悪くなる傾向があるため，中央から外に向かって締付ける。

一般には 1 回で所要の軸力まで締付けると，最初に締付けたボルトが緩む傾向があるので，2 回に分けて締付けるのを原則としている。予備締めは締付けボルト軸力の 60％程度とするのがよい。また，部材の締付け厚さが大きい場合には，ボルトの緩む度合が大きくなる可能性があるため，十分注意して施工を行う必要がある。

なお，ナット回転法の場合には，初めに肌隙がなくなるまで締付けると，締付け力が十分大きくなり，一般に上記の意味での 2 度締めの必要はない。

5) 継手の肌隙

この項は，締付けが完了した状態で，部材を構成する各材片の摩擦によって十分

に応力を伝達させるための処置を規定したものである。ボルト孔周辺部における肌隙の発生は応力の伝達を阻害するものであり，ボルトの締付けに際しては，このような肌隙が生じないように注意する必要がある。特に，連結板が厚いほど母材に接触しにくく，肌隙によるすべり耐力の低下が大きくなるので，十分に注意する必要がある。ボルト孔から離れた縁端部のみに肌隙が生じているような場合には，必ずしも応力伝達上問題があるとはいえないが，このような場合においても防せい防食上の配慮は必要である。

材片間における肌隙は，板厚差のある場合や部材に食違いがある場合などに生じる。ここでいう板厚差とは，板厚公差により生じるものであり，公称板厚が異なる部材を添接する場合の処理については，設計時においてフィラーを設け板厚差をなくす等の対処がなされている必要がある。板厚公差については，鋼材の板厚が厚くなると公差も大きくなり，また，締付け後に肌隙の生じる可能性もあることから，継手の仮締付け時に肌隙の有無を確認し，本締付け後においても肌隙が残ってしまうことが予想される場合には，フィラープレートを設ける，被締付け材にテーパーをつける等の適切な処理を行う必要がある。

部材の食違いについては，現場で食違いを矯正することは困難である。食違いが生じないよう工場製作時に製作方法等に留意するとともに，仮組立を行う場合には食違いがないことを確認し，もし食違いに伴う肌隙が見つかった場合には，適切な補修をしておくことが重要である。なお，食違いの生じた状態で連結板を締付けた場合には，連結板に有害な変形を生じさせてしまうことがあるので慎重に対処する必要がある。

20.9.5　締付け完了後の検査

(1)　締付け後のボルトについては，所定の締付けがなされていることを検査により確認しなければならない。

(2)　検査において不合格の場合には，適切な処置を施し所定の品質を確保しなければならない。

(3)　1)及び2)による場合には，(1)及び(2)を満足するとみなしてよい。

1)　締付け検査は，ボルト締付け後，速やかに行う。

2)　締付け軸力の検査及び不合格の場合の処置はi)からiv)により行う。

i)　トルク法による場合には，各ボルト群の10%のボルト本数を標準として，トルクレンチによって，締付け検査する。この場合の検査の合否基準は，締付けトルク値がキャリブレーション時に設定したトルク値の±10%の範囲内にあるときに合格とする。

不合格のボルト群は，更に倍数のボルトを抜き出し再検査し，再検査において不合格の場合，その群のボルト全数を検査する。所定締付けトルクを下回るボルトについては，所定トルクまで増し締めし，所定締付けトルクを10%超えたボルトについては，新しいボルトセットに取り替えて締直す。

ii）トルシア形高力ボルトの場合には，全数についてピンテールの切断の確認とマーキングによる外観検査を行う。

締忘れが確認された場合には締付けを実施し，共回りが認められる場合には，新しいボルトセットに取り替えて締直す。

iii）回転法による場合には，全数についてマーキングによる外観検査を行い，締付け回転角が20.9.4に規定する範囲内であることを確認する。

回転角が不足のものは所定回転角まで増し締めを実施する。回転角が過大なものについては新しいボルトセットに取り替え締直す。

iv）耐力点法による場合には，全数についてマーキングによる外観検査を行い，各ボルト群においてボルトとナットのマーキングのずれによる回転角を5本抜取りで計測し，その平均値に対して一群のボルト全数が±30度の範囲にあることを確認する。±30度の範囲を超える場合には，新しいボルトセットに取り替え締直す。

(2) ボルト締付け後の検査方法及びその判定について規定したものである。

1) トルク法による場合には，締付け後長時間放置するとトルク係数値が変わるので検査は締付け後，速やかに行う必要がある。

2) トルク法によって締付けたボルトに対する締付け検査は，各ボルト群のうちから10%の本数を標準として定期検定によって精度確認されたトルクレンチを用いて行う。検査ボルトをトルクレンチにより増締めし，ナットが回り始めたときのトルク値を締付けトルクとし，このトルク値がキャリブレーション時に設定したトルク値に対して±10%の範囲内にあるときに合格と判定する。

なお，ここでいう各ボルト群とは，同一日において同一寸法のボルトを同じ締付け機器を用いて締付けた場合の一連のボルト群を示しており，通常，部材断面を構成するフランジ，ウェブ等の各材片内でのボルト群を示していると考えてよい。

トルシア形高力ボルトの締付け後の検査は，ピンテールが切断されていれば適切な締付けが行われたとみなせるので，ピンテールの切断の有無の確認と，マーキングによって，共回りの検査を行えばよい。

回転法又は耐力点法によって締付けたボルトに対しては，マーキングによって所要の回転角があるか否かを検査すればよい。耐力点法の場合には，各群ごとに回転角にばらつきがないことを確認することとし，正常に締付けられたボルトの回転角の平均値に対して所定範囲内の回転角であることを検査により確認することとしている。

20.10 曲げモーメントを主として受ける部材における溶接と高力ボルト摩擦接合との併用施工

(1) 曲げモーメントを主として受ける部材において，継手の一断面内で溶接と高力ボルト摩擦接合を併用する場合には，溶接に対する拘束を小さくし，かつ溶接変形に伴うすべり耐力の低下が生じないように施工しなければならない。

(2) (3)による場合には，(1)を満足するとみなしてよい。

(3) 曲げモーメントを主として受ける部材のフランジ部と腹板部とで，溶接と高力ボルト摩擦接合をそれぞれ用いるような場合には，溶接の完了後に高力ボルトを締付けるのを原則とする。ただし，I形断面又は箱形断面の桁の上フランジが溶接で，腹板及び下フランジが高力ボルト摩擦接合の場合には，上フランジの溶接前に下フランジ近傍の腹板と下フランジのボルトを締付けてもよい。

(1) この条文は，I形断面桁や箱形断面桁等の曲げモーメントを主として受ける部材において，一断面内のなかで，フランジを横方向突合せ溶接継手，腹板やリブを高力ボルト摩擦接合継手とするような併用継手とする場合の施工手順について規定している。

(3) 溶接に伴う変形を少なくする観点からは，ボルトの締付けを先にすべきであるとの考え方もあるが，溶接に対する拘束を小さくし，また，溶接に伴う変形によるすべり耐力の低下を防止するために，溶接後にボルトの締付けを行うことを原則としている。この場合，溶接収縮に伴う変形により連結板と母材とのボルト孔位置のずれや桁のキャンバー変化等が生じる場合があるので，設計時に溶接変形による影響についてもあらかじめ検討し，必要に応じて拡大孔の使用等の対策を講じる必要がある。

高力ボルトを締付けてから溶接を行う場合には，溶接による収縮変形が拘束されることにより継手部に内部応力が導入され，溶接条件や拘束の程度によっては溶接部に割れが生じることがある。また，溶接に先立って締付けた高力ボルト継手部には部分的なすべりや局部的な面外変形の生じることがある。

内部応力が導入された継手や部分的にすべりが生じた継手の耐力については，まだ十分に究明がなされていないことから，このような施工手順の採用にあたっては，継手の力学的な挙動について大型試験体による実験や解析等により慎重に検討することが必要であり，安易に採用してはならない。なお，開先精度や部材形状を確保するために溶接に先立ってボルト継手部を一時的に仮締付けするような場合においても上述したような問題が生じることがあるので，仮締付け時の締付け軸力の程度や締付け範囲について十分に検討する必要がある。一般には，仮締付け時のボルトの締付け軸力は予備締付け程度とし，本締付けを行ってはならない。また，仮締付けの範囲は，溶接に伴う変形を拘束しないように決定し，仮締付けを行った高力ボルトは溶接完了後に新しいものに取り替えて本締付けを行う。

I 形断面及び箱形断面の一般的な鋼桁において，上フランジ（鋼床版を含む）を溶接とし，腹板及び下フランジを高力ボルト摩擦接合とする場合には，上フランジの溶接前に下フランジ及びその近傍の腹板のボルトを締付けても，その拘束による影響の小さいことがこれまでの経験により確認されている。したがって，このような併用継手の施工については，上フランジの溶接に先立ち，下フランジと下フランジ近傍の高力ボルトを締付けてもよいこととしている。なお，下フランジ近傍の腹板部とは，部材の中立軸より下方で腹板高さの 1/3 程度を目安として考えてよい。また，このような場合，上フランジ側の溶接収縮で桁のそりが変化するため，桁製作時に適切なそりの値を定め，所定の桁形状となるよう管理する必要がある。

上下フランジを溶接として腹板を高力ボルト摩擦接合継手とするような併用継手の場合やフランジ部を高力ボルト摩擦接合として腹板を溶接とするような併用継手の場合については，その使用実績も少なく，また，施工手順について不明な点も多い。したがって，このような併用継手の施工については，施工法が継手性能に及ぼす影響についてあらかじめ十分に検討する必要がある。

20.11 架　　設

20.11.1 一　　般

(1) 架設においては，原則として設計の前提とした施工法及び施工順序によって施工する。
(2) 設計時に考慮した施工法又は施工順序と異なる方法を用いる場合には，改めて架設時及び完成時の応力及び変形について検討し，安全性を確かめなければならない。

(1) 鋼橋の架設は，設計の前提とした施工方法及び施工順序によって適切かつ確実に施工する必要がある。架設においては，完成時のみならず架設時の安全性確保に十分な配慮が必要であり，適切に架設計画をたて，架設時の構造系に対して橋体構造及び仮設構造の安全性の照査を行う必要がある。これまでに架設時に橋体と架設機材から構成される構造系が不安定な状況に至り，橋体の座屈，変形等が生じた事例が報告されているが，架設時の安全性の確保にあたっての主な注意事項をまとめると次のとおりである。

1) 施工法によっては，構造系が施工順序によって経時的に変化するため，施工段階に応じた構造解析により，架設時及び完成時の全体構造系の安全性を確かめる。

2) 架設設備や橋体に作用する荷重は，橋体の構造条件や支持条件によっては単純な構造モデルによる計算とは異なる可能性がある。このため，これらの荷重に対して安全性が確保されるよう荷重支持点の照査を適切に行うとともに，架設設備の支持条件と設計計算モデルとの相違がないか注意する。

3) 荷重支持点など局部的に応力が集中する箇所については，座屈や変形が生じないよう，支持点の構造細目に注意する。

4) 架設時は，荷重支持点のジャッキ反力・変位，橋体や架設設備の傾斜，変位等，安全性の確保に必要な管理値を適宜設定し，架設計画で想定した状態から逸脱しないよう管理する。

5) 架設設備の支持力については，地盤調査を実施して，支持力が確保できる基礎形式であることを確認する。

(2) 同一構造物でも架設工法が変わると，鋼自重による死荷重応力が異なってくる。例えば，ベント工法で架設する場合，片持式工法で架設する場合，送出し工法で架設する場合等はその代表的な例である。したがって，架設計画をたてる場合は，改めて橋体や架設設備の設計計算書を検討し，鋼自重による死荷重応力がどのような仮定で計算されているかを把握し，設計で考慮されていない架設応力を架設後に残さないように施工する必要がある。

設計時に仮定した施工法と異なる方法を用いる場合において，鋼自重による死荷重応力が大きく変化するような場合には，橋体の変形に大きな差が生じ，最後の部材の閉合ができなくなる場合もある。このような工法をどうしても採用しなければならない場合には，あらかじめ架設途中と完成時における橋体の応力を照査し安全を確認するとともに，支承の上げ下げ等の方法を併用して部材を閉合させる等留意する必要がある。

また，鋼床版上に舗装を施工する場合には，施工方法によっては部材が高温になることや著しい温度差を生じること等による影響が現れる場合がある。このような場合にも，必要に応じて橋体各部への影響についてあらかじめ安全性を確認する必要がある。

20.11.2　架設位置の確認

主たる部材が鋼部材からなる上部構造の架設にあたっては，全体構造が下部構造上の所定の位置と高さに据え付けられなければならない。

橋の上部構造の完成形状を決定するうえで，最も重要な事項である。路面の高さや路面の平面形状を正しく施工するためには，主桁又は主構の支点を正しい位置に施工することが前提となる。架設に先立って下部構造の出来形を計測し，許容値以上の誤差がある場合には，対応策を実施してから上部構造の架設施工を行う必要がある。

20.11.3　架設部材の品質の確保

(1)　現場において受け入れた部材は，架設が完了するまで所定の品質が維持されなければならない。

(2)　部材の仮置き及び組立において，1)から4)までによる場合には，(1)を満足するとみなしてよい。

1)　部材は，地面に接することがないようにし，かつ仮置き台からの転倒や他部材との接触等による損傷のおそれがないように十分に防護する。

2)　弦材及び斜材の長い部材は，重ね置きのために損傷を受けないように十分に支持する。

3)　仮置きが長期にわたる場合は，汚損及び腐食を防止するための適切な措置を施す。

4)　組立て中の部材は，損傷しないよう慎重に取り扱う。

架設現場における部材の品質維持について述べたものである。現場の仮置き場は地形的に必ずしも平たんな場所が確保できるとは限らないので，転倒防止には特に注意が必要である。

20.11.4 組　　立

(1) 部材の連結は，20.8 から 20.10 までの規定に従って施工しなければならない。

(2) 現場溶接や高力ボルトの締付け施工に先だって，各部材を正しく組み合わせなければならない。

(3) 部材の組立は，組立記号，所定の組立順序に従って正確に行われなければならない。

部材の組立と連結部の施工について規定している。現場溶接継手と高力ボルト継手の施工は各々の関連規定に従うものとし，ここでは全体的な部材同士の組立について記述している。

従来，連結部の施工に先だって以下の要領で部材の仮固定を行っている。部材の組立に使用する仮締めボルトとドリフトピンとの合計は，その箇所の連結ボルト数の 1/3 程度を用いるのを標準とし，そのうち 1/3 以上をドリフトピンとする。ただし，大きな架設応力が作用する場合には，その架設応力に十分耐えるだけの仮締めボルトとドリフトピンを用いる。

仮締めボルトとドリフトピンの合計は，ボルトの 1/3 を標準とするというのは，一応の目安であり，施工方法によって増減する必要がある。すなわち，現地の事情でどうしてもベントの設置が不可能な場合には，その数を多くしなければならないし，ケーブルエレクション工法の場合等ではむしろ数を減らし，部材間の自由度を増やすように考慮して施工する方が有利となる場合もあるので注意する必要がある。なお，仮締めボルトとドリフトピンとの合計の 1/3 以上をドリフトピンとしたのは，ドリフトピンは位置決めに使用し，ボルトは肌合わせに使用することをそれぞれの目的とするためである。

20.11.5 応力調整

設計において，架設時に応力調整の施工を考慮している場合には，適切な方法により導入応力が設計を満足していることを確かめなければならない。

ただし，施工順序等の施工方法が設計時に考慮した条件に従って行われていることが確認できる場合には，応力を導入した後に，調整結果の変位とひずみの計測を省略することができる。

死荷重合成桁や連続合成桁等をプレストレスト合成桁としたり，アーチの軸力を調整したり，連続桁の架設において支間中央で閉合したのち閉合部に曲げモーメントを導入したり，ゲルバー桁を連続桁として架設したのちヒンジ部の曲げモーメントを解放する等の場合，応力調整を行うことがある。

応力を導入するには多くの方法があり，またその導入応力を知る方法にもプレストレス材に加える力やプレストレス材の伸びを測定する方法，桁のたわみ変形を計測する方法又は部材のひずみを測定する方法がある。ひずみの測定もコンタクトゲージによる方法，抵抗線ひずみ計による方法等がある。これらの方法を併用して，設計条件を満たしていることを確認するのがよい。

一度に全導入量を与えると，局部的に無理を生じるおそれがあり，特に座屈には十分注意する必要がある。

数回に分けて応力を導入し，導入途中において導入量を検討し，確実に応力調整が行われていることを確かめながら作業を進めることが必要である。

応力状態に疑わしい点がある場合には，あらかじめ模型実験等の方法によって，実際に生じる応力状態を調査しておくのがよい。

応力調整作業中は桁に大きな変形を与えることが多いので，通常の荷重による変形のみを考えて設計した各部の余裕では不足することがある。特に支承の回転余裕や，可動量には十分な考慮が必要であり，桁端とパラペットとの余裕等にも注意する必要がある。

連続桁の一部を一括架設するときは，継手拘束条件は施工条件を考慮した架設工法に基づいて選定する。

桁の支点を上下させる等して応力調整を行うときは，桁の移動に注意をはらうことが必要である。また，支保工の安全度を検討するのは当然であるが，特に上揚力の生じる支点の構造には注意が必要である。

PC 鋼材を用いて応力調整を行うときは，Ⅲ編に準拠するのがよい。

20.12　コンクリート床版

20.12.1　一　　般

(1)　コンクリート系床版に用いる材料は，Ⅰ編9章の関連する規定によることを原則とする。

(2)　コンクリート系床版の施工については，この節によるほか，Ⅲ編の関連する規定による。

(2)　この節は鋼桁に支持されたコンクリート系床版の施工特有の事項について主として規定しており，プレストレストコンクリートの施工等，Ⅲ編の関連規定に共通する事項については規定していない。したがって，これらについてはⅢ編の関連規定によるものとしている。ただし，コンクリート系床版は部材厚が薄く，鋼桁による乾燥収縮の拘束等に起因するひび割れが生じやすいため，コンクリート材料の配合等にあたってはひび割れ抑制について特に配慮するのが望ましい。

20.12.2　コンクリート材料

> (1)　コンクリートは，強度，耐久性，水密性，作業に適するワーカビリティー等の所定の性能が確保され，かつ品質のばらつきの少ないものでなければならない。
> (2)　Ⅲ編の関連する規定による場合には，(1)を満足するとみなしてよい。

床版が設計で考慮した期間にわたり，その性能を保持することを確認するために，コンクリートの中性化，塩化物イオンの侵入，凍結融解作用等による劣化及び水密性に関する照査を行うことが必要である。

コンクリートの配合にあたっては，設計上硬化後に要求する強度，耐久性等の性能のほか，硬化時の発熱，乾燥収縮，打設時の環境の影響等，施工上の課題をあらかじめ十分検討する必要がある。特に，いたずらに単位セメント量を多くすると，硬化時の発熱や乾燥収縮量が大きくなるので，所要の品質のコンクリートが得られる範囲でセメント量は少なくするのがよい。また，単位セメント量が著しく多い場合や少ない場合には，割増係数の決定に用いる変動係数及び水セメント比と強度との関係について，あらかじめ十分検討することが必要である。

コンクリートポンプを用いて施工を行う場合には，圧送効率をよくするために単位セメント量及び細骨材率を他の場合より大きくする傾向があり，その結果単位水量が増大して，硬化したコンクリートの乾燥収縮量が増大する等のおそれがある。単位水量を極力少なくするため，スランプはコンクリートの運搬やポンプ圧送に伴うスランプ低下分を考慮したうえでポンプ圧送が可能な範囲で最小限にとどめるのがよい。

20.12.3　型枠及び支保工

> 型枠及び支保工については，Ⅲ編の関連する規定による。

型枠及び支保工の施工に関しては，Ⅲ編の関連する規定によるものとしているが，コンクリート系床版については，特にコンクリート打設に伴う型枠及び支保工のたわみが床版のコンクリートに悪影響を及ぼさないよう，これをあらかじめ予測し適切な措置を講じておく必要がある。

20.12.4　鉄筋の加工及び配筋

(1)　鉄筋は，所定の強度及び耐久性を確保するように，設計図で示された形状及び寸法に一致するとともに，材質を害さない方法で加工及び配置しなければならない。

(2)　(3)によるほか，Ⅲ編の関連する規定による場合には，(1)を満足するとみなしてよい。

(3)　鉄筋の有効高さは，設計値の±10mm 以内とし，かつ所要のかぶりを確保する。

　鉄筋間隔の誤差は，設計値の±20mm 以内とする。ただし，有効高さに不足側の誤差がある場合，鉄筋間隔の広がる方向の誤差は 10mm を限度とする。

(3)　この節で規定しない鉄筋の加工及び配筋に関しては，Ⅲ編の関連する規定による必要があるが，コンクリート系床版の場合，鉄筋の有効高さ及び配置間隔の誤差が，床版コンクリート及び鉄筋の応力度に及ぼす影響は大きく，特に鉄筋の高さが不足した場合には，コンクリート及び鉄筋の応力度増加が著しくなるため，配筋にあたっては精度の確保に十分注意する必要がある。なお，所定の精度を確保するため，少なくとも配筋作業の開始当初は鉄筋の有効高さ及び間隔を随時実測して確認するのがよい。

20.12.5　コンクリートの品質管理

(1)　20.12.2 に規定するコンクリートの品質を確保するために，各施工段階でコンクリートの品質に異常が生じないように管理しなければならない。

　また，異常が生じた場合には，直ちに発見できるように管理しなければならない。

(2)　各施工段階をとおして，所定のコンクリートの品質が確保されていることを確認しなければならない。

(3)　(4)から(7)によるほか，Ⅲ編の関連する規定による場合には，(1)及び(2)を満足するとみなしてよい。

(4)　レディーミクストコンクリートを用いる場合の品質及び検査方法については，原則として JIS A 5308（レディーミクストコンクリート）による。

(5) レディーミクストコンクリートを用いる場合には，原則として全運搬車についてスランプ試験を行う。

(6) レディーミクストコンクリートを用いる場合の強度の検査は，原則として $150m^3$ ごとに1回又は少なくとも1径間の床版打設ごとに1回の割合で行うものとし，1回の試験結果は任意の1運搬車から採取した試料で作った3個の供試体の試験結果の平均値で表す。

(7) 現場練りコンクリートを用いる場合の強度の検査は，(6)に準じて行う。

(1) この節で規定しないコンクリートの品質管理及び検査に関する事項については，Ⅲ編の関連する規定による。

床版は，あらゆる構造部材のなかでも，最も苛酷な使用条件にさらされるものであるため，特に密実かつ均等質なコンクリートとすることが要求される。そのためには，品質変動の少ないコンクリートを用いて確実な施工を行うことが不可欠であり，床版コンクリート打設にあたっては，遂次打設状況を確認することが望ましい。また，コンクリート打込み前に配筋精度を確認する必要がある。

更に，打設中のコンクリートが所要の品質を満たすかどうかを確かめ，不都合がある場合には直ちに適切な処置を講じて所要の品質を確保するため，技術者を適切に配置すること及び品質の早期判定のための試験を適宜行う必要がある。

(4) レディーミクストコンクリートを用いる場合には，JIS A 5308：2014（レディーミクストコンクリート）に適合するものを用いることとし，試験練り・品質試験により品質の確認を行い，所定の品質のコンクリートが得られるようコンクリートの種類を選定する必要がある。

また，コンクリートの品質は使用する材料から製造までの過程における品質管理の良否が大きな影響を及ぼすので，品質管理状態を考慮して工場を選定するのがよい。

(5) スランプ試験を行うことにより均等質なコンクリートが供給されているかどうかをおよそ判断することができ，また，単位水量の変動があったときにそれを察知することができるので，コンクリート打込み中は，レディーミクストコンクリート運搬車の全車についてスランプを確認する必要があるが，スランプ試験の結果が安定し良好な場合には，その後の品質の確保がなされるものとして，試験の頻度を低減することができる。

(6)(7) (4)に規定するとおり，レディーミクストコンクリートを用いる場合の強度の検査もJIS A 5308：2014（レディーミクストコンクリート）によることを原則としているが，判定は次による。

JIS A 1132：2014（コンクリート強度試験用供試体の作り方）及びJIS A 1108：2006（コンクリートの圧縮強度試験方法）に従って試験した標準養生供試体の材齢28日におけ

る圧縮強度が次の条件を満たす場合，合格と判定する。

1）　1回の試験結果は，指定した強度（設計基準強度）の85%を下回らないこと。

2）　3回の試験結果の平均値は，指定した強度（設計基準強度）を下回らないこと。

判定条件は，「個々の試験結果のばらつき範囲としては$0.85\sigma_{ck}$まで許容するものの，3回の試験結果の平均値はσ_{ck}を下回らないこと」を旨とするので，コンクリート打設量が450m^{3}に満たない場合でも，できるだけ3回の試験を行って1)及び2)の条件を同時に満たすことを確かめる。試験結果が3回以上得られる場合には，引き続き得られる3回の試験結果ごとに判定を繰り返す。

コンクリート打設量が少なく，3回の実験値が得がたい場合には，品質管理試験の結果もあわせて総合的に判定するのがよい。

20.12.6　コンクリート工

(1)　コンクリートの施工にあたっては，所定の品質を確保できるように，コンクリートの運搬方法，運搬路，打込み場所，打込み方法，打込み順序，1回の打込み量，養生方法，打継目の処理方法について，あらかじめ計画を立てておかなければならない。また，所定の品質が得られるように，施工時期の気象条件に応じた適切な措置を行わなければならない。

(2)　Ⅲ編の関連する規定による場合には，(1)を満足するとみなしてよい。

この節で規定していないコンクリートの施工に関する事項については，Ⅲ編の関連する規定による。

施工時の日平均気温が4℃以下となるような低温時には，いわゆる寒中コンクリート工事としての万全の備えを行う必要があるが，特に，コンクリートの仕上がり面が寒風にさらされると急冷されることによりひび割れが入りやすく，また表層のコンクリートが凍結して耐久性が著しく低下するおそれがあるので，床版の仕上がり面及び底型枠面は風から防護することが必要である。また床版は部材厚さが薄く冷却されやすいので，適切な保温設備を設けてコンクリートが凍結しないようにする。

コンクリートの打設順序の決定にあたっては，コンクリートの自重による支持桁の変形の影響を小さくするため，一般に変形の大きい箇所（たわみの大きいスパン中央等）から打設するのがよい。なお，設計上非合成であってもずれ止めによる床版と支持桁の結合が，合成作用として施工時の応力状態に影響を及ぼすことがあるため，必要に応じて合成断面としての検討も行い，床版に有害なひび割れが生じないように配慮する。

コンクリートは硬化中に，低温，急激な温度変化，振動，衝撃，荷重を加えてはならず，保温設備，強風に対する遮蔽設備等を設置し，適当な養生を行う必要があるが，特に床版のように比表面積が大きく，コンクリート中の水分が蒸発しやすい構造物にあっては，材齢初期に十分な湿潤状態を保つことがきわめて重要である。十分な湿潤状態を保つには，コンクリート表面を養生マット等で覆い，適宜散水してコンクリート表面が常に湿っているようにする必要がある。なお，例えばⅢ編の17.9に規定する養生期間は最低限の期間を定めたものであり，一般には，コンクリートの強度が型枠を取りはずしてよい強度に達するまで湿潤養生を行うのが望ましい。

20.12.7　床版厚さの精度

(1)　コンクリート系床版は，所定の厚さが確保されるように施工されなければならない。

(2)　コンクリート系床版の厚さの設計値に対する誤差が＋20mmから－10mmの範囲にある場合には，(1)を満足するとみなしてよい。

コンクリート系床版の厚さが設計値－10mmを下回らぬようにと規定したのは，11.2から11.5に規定する設計曲げモーメントが上記の施工精度のもとに定められているためである。具体的な床版厚の管理は図-解20.12.1に示すように定規用鉄筋を用いて行うのが一般的であり，耐久性を考えた場合，定規用鉄筋であっても所定のかぶりを確保してコンクリート表面に露出することがないようにする必要がある。なお，床版の耐久性を確保する観点から，いかなる場合も計画高に合わせるために，仕上がった床版表面をはつりとることを行ってはならないが，一方で床版厚の増加によって所要の舗装厚さが確保できないと舗装の耐久性の低下につながることもあるため，床版の厚さの誤差は＋10mm以内にすることが望ましい。

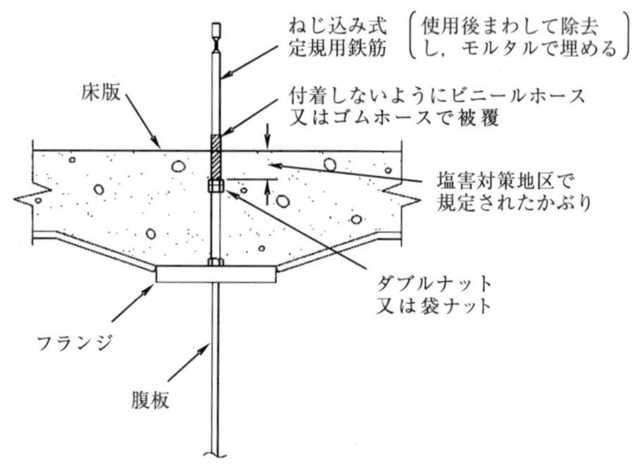

図-解 20.12.1　床版厚管理方法の一例

なお，床版表面の平たん性についても，橋面舗装の品質確保や施工性等に影響するため，必要に応じて別途検討する必要がある。舗装の平たん性については「車道及び側帯の舗装の構造の基準に関する省令」（平成13年6月26日国土交通省令第103号）による。

20.13 鋼 床 版

20.13.1 閉断面リブの横方向突合せ溶接継手

(1) 片面溶接による閉断面リブの横方向突合せ溶接継手のうち裏当て金付きのものは，裏当て金と閉断面リブ母材のギャップ部の割れを防ぐとともに，ルート部からの疲労亀裂の発生に対しても所定の疲労強度を有するように施工されなければならない。
(2) 8.5の規定を満たす鋼床版の閉断面リブの溶接が，20.8の規定によるとともに，(3)から(5)による場合には，(1)を満足するとみなしてよい。
(3) 裏当て金は閉断面リブに密着させるものとし，組立溶接は横方向突合せ溶接継手の開先部のみに行い，その後，一層目の溶接を行う。
(4) 裏当て金は，所定の溶接品質が確保できる材料を使用する。
(5) 十分な溶込み量が確保できるよう施工を行う。

(1) 11.8.5(4)に規定しているとおり閉断面リブの継手は高力ボルト継手によることを標準としているが，やむを得ず現場溶接継手を採用する場合には，片面溶接による横方向突合せ溶接継手の裏当て金付きの非仕上げによる。裏当て金は平鋼を閉断面リブ形状に加工したものを用いる方法とダイアフラムを兼用する方法があるが，疲労試験の結果から平鋼を利用することが望ましい。また，平鋼を利用する場合，閉断面リブの冷間曲げ加工部が十分に密着されていない場合，溶接割れの原因になることがある。片面溶接による横方向突合せ溶接継手の裏当て金付きの溶接ルート部近傍の非破壊検査は，閉断面リブのように密閉構造の場合には困難であり，要求された品質を確保するためには，施工条件を管理することが重要である。そこで，開先内の精度について以下のような品質とし，かつ溶接施工が確実に行われた場合，溶接内部の品質が確保されたものと考えてよい。

ルート間隔　　　：4～8mm
目違い　　　　　：1mm以下
裏当て金との隙間：1mm以下

(3) 片面溶接による横方向突合せ溶接継手の裏当て金付きの非仕上げに発生する主な疲労

亀裂は，閉断面リブの現場溶接に関する疲労試験の結果から以下のとおりである。

① 横方向突合せ溶接継手の一般部のルートからビード表面に発生した亀裂

② デッキプレート近傍のルート部からビード表面に発生した亀裂

③ 裏当て金の取付のために施工したすみ肉溶接の止端部から発生した亀裂

また，閉断面リブの冷間曲げ加工部分の密着性が悪いと溶接施工時の割れが疲労亀裂の起点となることもある。

既往の検討からは，閉断面リブの横方向突合せ溶接継手に裏当て金を用いた片面溶接を行う場合，開先内に組立溶接を行った後に一層目の溶接を行う方法（図-解 20.13.1 参照）が，疲労強度の改善及び溶接時の割れの防止の観点からは望ましい方法であるとの結果が得られている。

(4) 裏当て金には，多くの場合，板厚が薄い鋼板が使用されるため，溶接構造用圧延鋼材（SM 材）の入手が困難であるが，溶接構造用圧延鋼材以外の材料を用いる場合には，事前に溶接性に問題がないことを確認する必要がある。

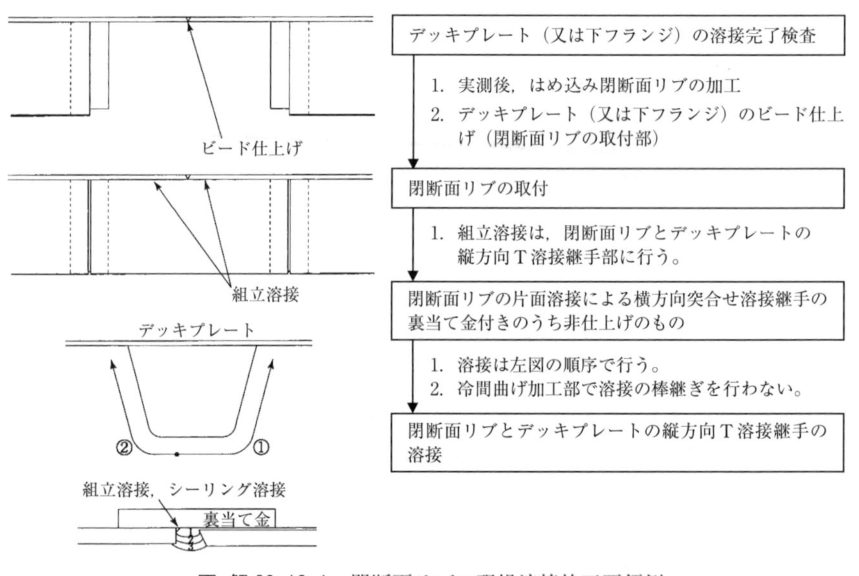

図-解 20.13.1　閉断面リブの現場溶接施工要領例

20.13.2　デッキプレートに対する縦方向T溶接継手

(1) 閉断面リブ又はコーナープレートとデッキプレートの縦方向T溶接継手については，所定ののど厚と溶込みが確保されていることを確認しなければならない。

(2) 閉断面リブ又はコーナープレートとデッキプレートの溶接が，20.8の規定によるとともに，(3)及び(4)による場合には，(1)を満足するとみなしてよい。

(3) 溶接施工試験を実施し，所定ののど厚と溶込み量が確保されることを確認するとともに，そこで確認された溶接条件で溶接を行う。なお，溶込み量を確保するために必要な場合には開先をとらなければならない。

(4) 20.8の規定に準じて溶接条件を満たす施工が行われていることを確認する。

閉断面リブとデッキプレートの縦方向T溶接継手，又はコーナープレートとデッキプレートの縦方向T溶接継手の溶込みを非破壊検査で確認する方法には，超音波探傷試験による方法が考えられる。しかし，斜角探傷を閉断面リブ側又はデッキ側から行った場合の探傷作業は非常に多くの労力を必要とし，かつ必要な溶込み量が得られていることを管理するだけの探傷精度を確保することは難しい。したがって，事前に実際と同じ溶接条件での施工試験を実施することにより溶接断面の溶込み量を確認することを原則とし，その溶接条件で実際の溶接が行われることによって所定の溶込みが確保されたものとしている。なお，溶込み量は，図-解20.13.2に示すように閉断面リブの板厚方向に対する溶込みの深さで定義され，溶込み量は8.5.2の規定によりリブ板厚の75%以上を確保する必要がある[6)]。

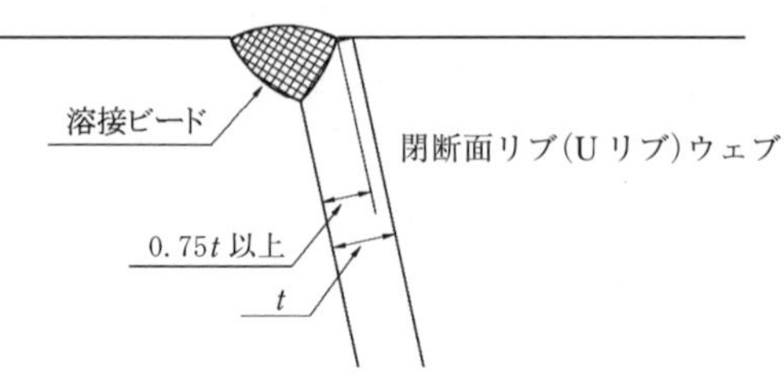

図-解 20.13.2　閉断面リブとデッキプレートの縦方向溶接継手の溶込み量

20.13.3　デッキプレートの溶接継手の検査

> デッキプレートの完全溶込み開先溶接による横方向突合せ溶接継手，完全溶込み開先溶接による縦方向溶接継手と交差する閉断面リブ，横リブ，横桁，縦桁等の溶接部に用いられているスカラップ位置での非破壊検査にあたっては，20.8 の規定によるものとし，このときスカラップの大きさを考慮した適切な方法で行わなければならない。

デッキプレートの溶接線と交差する横リブや縦リブでは，通常スカラップが設けられる。超音波探傷試験では，図-解 20.13.3 に示すように，スカラップ部のまわし溶接やすみ肉溶接がデッキプレートの裏面からの反射エコーを使用する探傷を困難にするため，探傷にあたっては，デッキプレート裏面からの反射や溶接部の探傷可能領域に注意する必要がある。

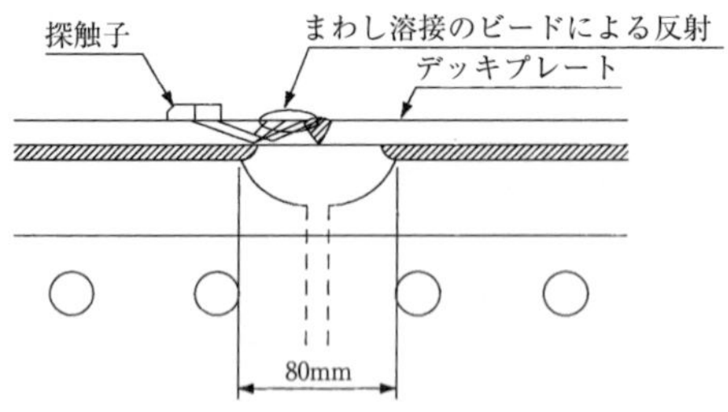

図-解 20.13.3　デッキプレートの完全溶込み開先溶接による溶接継手と交差する閉断面リブ，横リブ，横桁，縦桁等の溶接部の超音波探傷による検査の例

20.13.4　コーナー溶接

(1)　縦リブと横リブ又は横桁との交差部において閉断面リブとデッキプレートとの縦方向溶接，デッキプレートと横リブ又は横桁との溶接及び閉断面リブと横リブ又は横桁との溶接の3方向の溶接線が交わる部位での所定の疲労強度が確保できるように施工されなければならない。

(2)　交差部の溶接施工が，20.8の規定によるとともに，(3)及び(4)による場合には，(1)を満たすものとみなす。

(3)　縦リブとデッキプレートの縦方向溶接，縦リブと横リブウェブとの溶接及び横リブウェブとデッキプレートとの溶接の3方向の溶接線が交わる位置では，横リブウェブをコーナーカットし，過大な空隙が残らないように溶接する。

(4)　溶接の始終端をコーナー部に設けてはならない。

デッキプレート側にスカラップを設けた場合，3方向の溶接部のいずれかの箇所においても疲労亀裂の発生のおそれがある。この疲労亀裂は，スカラップを設けないことにより抑制することはできるが，コーナーカット部の溶接が不十分な場合，中の空隙を起点として疲労亀裂の発生が考えられる。そこで，疲労亀裂の発生原因となる過大な空隙が残らないように溶接に注意する必要がある。

また，溶接始終端部は溶接欠陥を生じさせやすく，このような始終端が3方向の溶接線が交わる位置に置かれた場合，疲労亀裂の発生原因になる。このようなことから，溶接始終端は交差部を避けて置かれる必要がある。図-解 20.13.4 に疲労耐久性に配慮した交差部の標準的なディテールと溶接を示す。

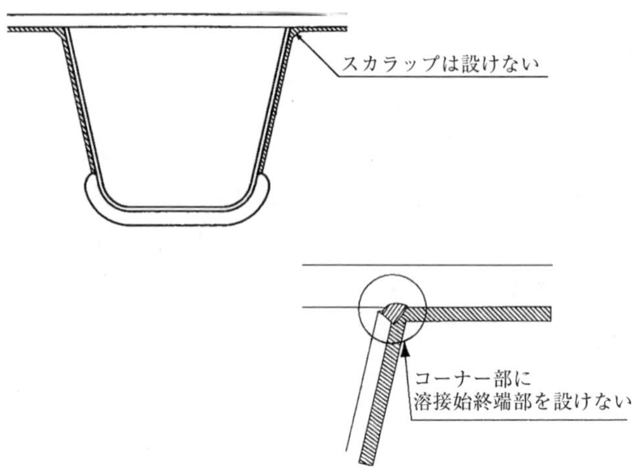

図-解 20.13.4　交差部のディテール及び溶接

20.14　防せい防食

防せい防食の施工にあたっては，1)から5)に示す事項について検討を行い，所定の品質が確保できるように施工されなければならない。

1)　防せい防食法の種類及び特性
2)　施工対象物の構造及び形状
3)　施工時期及び施工場所
4)　施工環境条件や留意事項
5)　検査方法

選定された防せい防食法について，耐食性や耐候性等の要求された性能を定められた期間維持するための施工の基本を示したものである。

鋼材の防せい防食法には，塗装や亜鉛めっき，金属溶射のように鋼材表面を被覆する方法や耐候性鋼材のように鋼材自体を改質した方法等があり，それぞれ防せい防食の方法が異なる。

したがって，施工にあたっては，その特徴を十分に理解したうえで，品質を確保するための施工要領を定め，その要領に従って確実に施工する必要がある。

塗装は最も一般的な防せい防食の方法であり，主に有機質の被膜（塗膜）により鋼材面を覆い，腐食の原因となる水や酸素，また塩分等を遮断する方法である。したがって，施工にあたっては，遮断性能と密着性能を確保することが必要である。塗装施工後に，素地調整や塗装条件，下層塗膜の乾燥（硬化）状態が品質を確保するための条件を満たしていることを確認することはほとんどの場合困難であり，数ヶ月～数年の時間が経過した後に塗膜欠陥として現われることがあるので施工にあたっては，十分な注意が必要である。

耐候性鋼材は，鋼に微量の合金元素を添加して鋼材自体を改質したものであり，鋼材表面に生成される緻密なさびが水や酸素を遮断しその後の腐食を抑制する方法であるが，緻密なさびの生成には適度な乾湿の繰返しが必要であり，所要の性能を発揮するための使用環境には制限がある。したがって，輸送や保管などの施工の各段階でも塩分等の腐食因子が過度に付着することがないようにするなどの注意が必要である。

また，鋼材表面に黒皮や部材マーク，汚れ等の緻密なさびの生成を阻害する異物が存在すると，さびの生成にむらを生じるため外観を損なうことがある。

亜鉛めっきは，表面に生成される緻密な酸化膜が保護被膜となって鋼材表面を覆い，腐食因子を遮断するとともに，亜鉛の犠牲陽極作用によって鋼材を電気化学的に保護する方法である。

めっきは，高温のめっき浴に浸せきするため，設計・製作上の配慮が必要であり，変形防止対策が必要となる場合もある。また，不めっき等のめっき欠陥を補修する場合，他の防せい防食法によることになるので防せい防食上の弱点とならないよう留意しなければならない。

金属溶射は，亜鉛，アルミニウム，アルミニウム・マグネシウム合金，亜鉛・アルミニウム合金等の金属を溶融して鋼材表面に吹き付け金属被膜を形成し，その後封孔処理した被膜により腐食因子を遮断する方法である。したがって，施工にあたっては，遮断性能と密着性能を確保することが必要である。塗装と同様，溶射施工後に，素地調整等の施工条件が品質を確保するための条件を満たしていることを確認することはほとんどの場合困難であり，数ヶ月から数年の時間が経過した後に欠陥が現われることがあるので，施工にあたっては十分な注意が必要である。

部材表面に被膜を形成する防せい防食法では，組立てた後に自由縁となる切断縁等の部材角は一般に被膜が薄くなり防せい防食上の弱点となりやすい。したがって，今回の改定では，20.7.1(2)5)iv）において，主要部材に限定せずに，塗装等の防せい防食を行う部材自由縁の角の面取りの規定が設けられた。

付属物の取付等において，亜鉛めっきを施した鋼材とそれ以外の鋼材が接触したり，ステンレスやアルミニウム等の異種金属と混用することがあるが，異種金属接触腐食により卑な金属が急激に消耗することがあるので注意が必要である。

鋼床版にアスファルト舗装を施工する場合，一般に舗装の品質確保のためにデッキプレート上面をブラスト処理して舗装とデッキプレートの密着性の向上を図る。この場合デッキプレート上面の防せい防食は舗装構造そのものによることとなるため，舗装の品質確保に対する十分な検討を行うとともに，Ⅰ編 11.2 に規定するように万一床版上面に雨水等が浸入したとしても速やかに排水されるように適切な処理を施すことが必要である。

なお，将来の維持管理に役立てるために，必要に応じて採用された防せい防食法，材料，施工年月日等を橋本体に表示するとともに，施工記録や検査記録等を保管しておくことが望ましい。

参　考　文　献

1)　(社)日本溶接協会：溶接施工管理標準，1987.12

2)　三木千壽，中村勝樹，遠藤秀臣，等農克巳：仮付け溶接の長さとヒール・クラックの発生について，土木学会論文集，No.404/Ⅰ-11，1989.4

3)　(社)日本溶接協会：WES3001 溶接用高張力鋼板，1990

4)　本州四国連絡橋公団：橋面舗装基準（案），1983.4

5)　(社)日本溶接協会造船部会溶接施工委員会編：船体外観の定量的検査ならびに管理基準

6)　国土交通省国土技術政策総合研究所：鋼道路橋溶接部の超音波自動探傷検査要領・同解説，国土技術政策総合研究所資料第 30 号，2002.3

7)　国土交通省国土技術政策総合研究所，東京工業大学，日本道路公団，(社)日本橋梁建設協会，(社)日本鉄鋼連盟，(社)日本非破壊検査工業会：共同研究報告書「鋼道路橋溶接部の非破壊検査手法に関する共同研究(I)」，国土技術政策総合研究所資料第 31 号，2002.3

8)　篠原洋司，西川和廣，田中良樹：無機ジンクリッチペイントを塗布した高力ボルト摩擦接合継手すべり耐力実験と塗装仕様案，土木技術資料，第 29 巻，第 1 号，1987.1

9)　建設省土木研究所：高力ボルト摩擦接合継手に関する試験調査，～接合面に無機ジンクリッチペイントを塗布した継手のすべり耐力等（その2）～，土木研究所資料第2796号，1989.8

10)　独立行政法人土木研究所，公立大学法人大阪市立大学：高力ボルト摩擦接合継手の設計法の合理化に関する共同研究報告書，共同研究報告書第 428 号，2012.1

11)　(社)日本鋼構造協会：溶融亜鉛めっき橋の設計・施工指針，JSSC テクニカルレポート No.33，1996.1

12)　(社)日本鋼構造協会：高力ボルトの遅れ破壊，JSSC，Vol.6，No.52，1970.4

13)　(社)日本鋼構造協会：ボルト変形能に関する研究，JSSC，Vol.6，No.59，1970.11

14)　(社)日本建築学会：鉄骨工事技術指針-工事現場施工編，1996.2

15)　本州四国連絡橋公団，(財)海洋架橋調査会：鋼上部構造委員会報告書，1991.3

16)　(社)日本橋梁建設協会・高力ボルト締付け工法検討委員会-耐力点法-報告書，1988.3

17)　本州四国連絡橋公団：鋼橋等製作基準・同解説，1993.5

付録1　付加曲げモーメント算定図表

本算定図表は従来のT-20荷重に基づくものである。これらの算定図表を用いて付加曲げモーメントを求める場合には，A活荷重で設計する橋についてこのまま用いてよいが，B活荷重で設計する橋については表から求められる値を1.25倍した値を付加曲げモーメントとする。

床版支持桁の不等沈下によって生じる床版の付加曲げモーメント（箱断面主桁間に縦桁を配置する場合）（図付1.1～1.14）

$$Z=\left(\frac{L}{2H}\right)^3\frac{I_C}{nI_S}L$$

n ：鋼とコンクリートのヤング係数比
I_S ：縦桁の断面二次モーメント（m⁴）
I_Q ：横桁の断面二次モーメント（m⁴）
I_C ：床版の単位幅（1m）あたりの断面二次モーメント（m⁴）
L ：縦桁支間（m）
H ：床版支間（m）
ΔM ：床版の付加曲げモーメント（tf·m/m）
i ：床版支間に対する衝撃係数

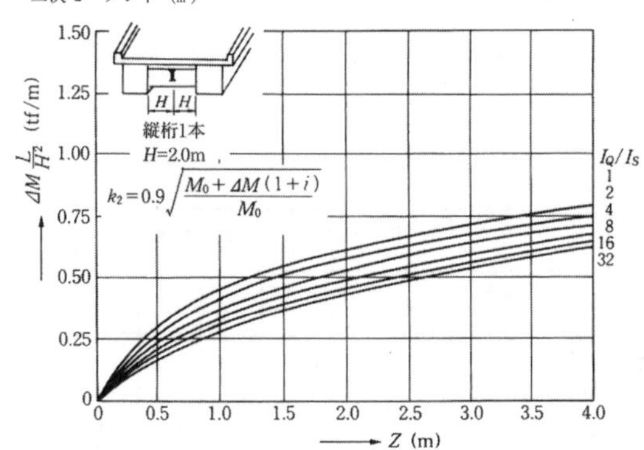

図付1.1　支間部の曲げモーメント（主鉄筋方向）

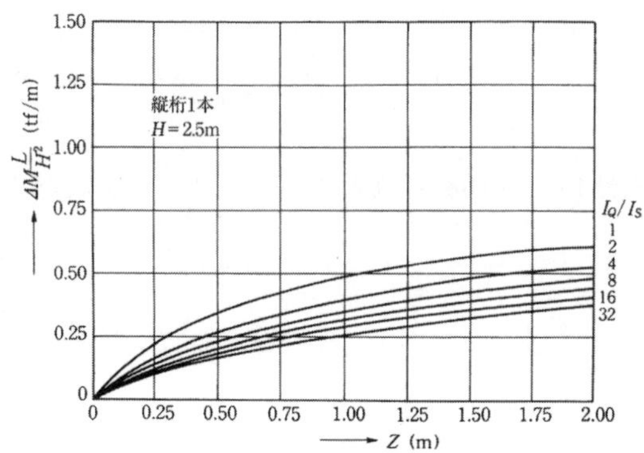

図付1.2　支間部の付加曲げモーメント（主鉄筋方向）

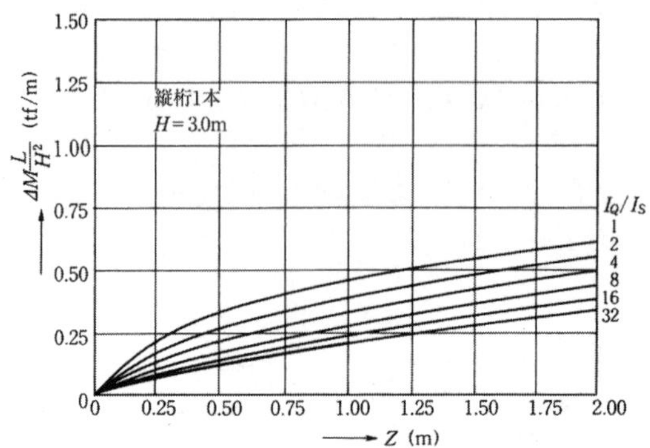

図付 1.3　支間部の付加曲げモーメント（主鉄筋方向）

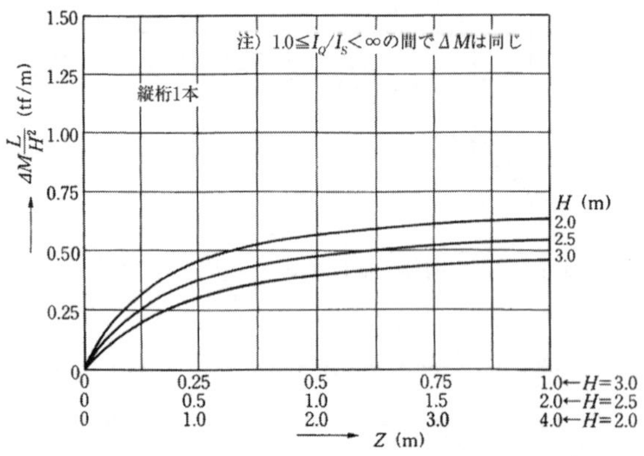

図付 1.4　支間部の付加曲げモーメント（配力鉄筋方向）

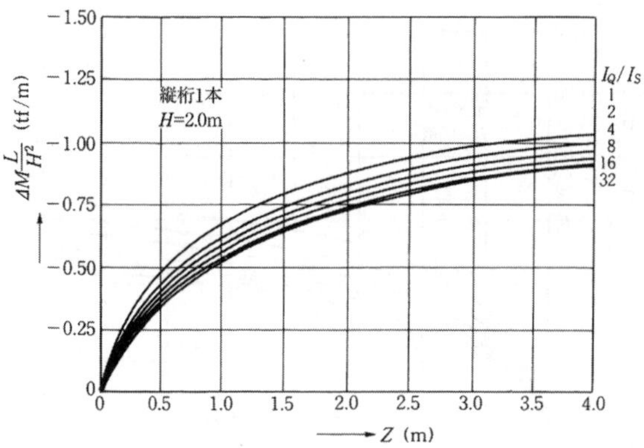

図付 1. 5　箱桁腹板上の付加曲げモーメント（主鉄筋方向）

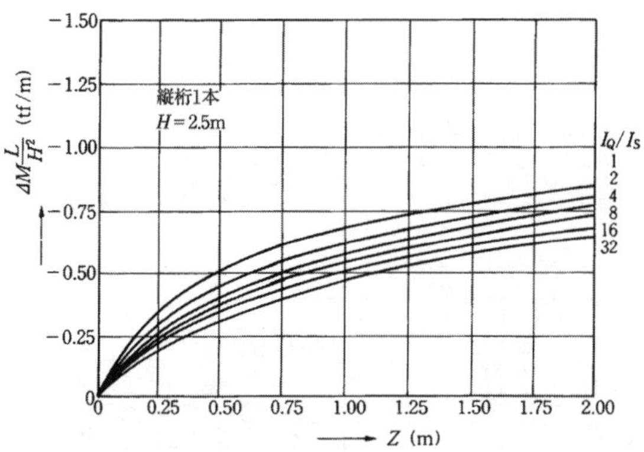

図付 1. 6　箱桁腹板上の付加曲げモーメント（主鉄筋方向）

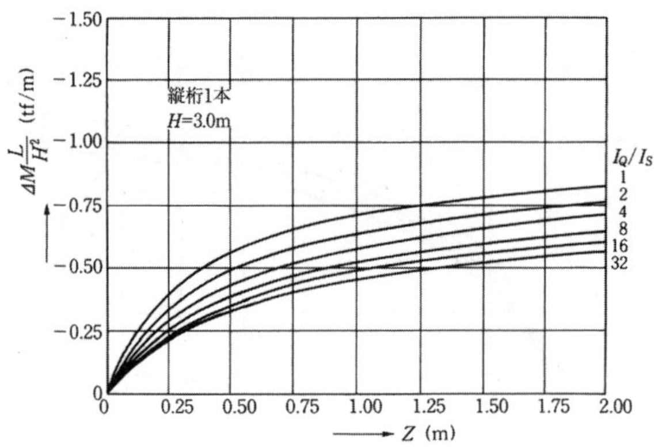

図付 1.7　箱桁腹板上の付加曲げモーメント（主鉄筋方向）

$$Z=\left(\frac{L}{2H}\right)^3\frac{Ic}{nIs}L$$

n　：鋼とコンクリートのヤング係数比
I_S：縦桁の断面二次モーメント（m⁴）
I_Q：横桁の断面二次モーメント（m⁴）
I_C：床版の単位幅（1m）あたりの断面二次モーメント（m⁴）

L：縦桁支間（m）
H：床版支間（m）
ΔM：床版の付加曲げモーメント（tf·m/m）
i：床版支間に対する衝撃係数

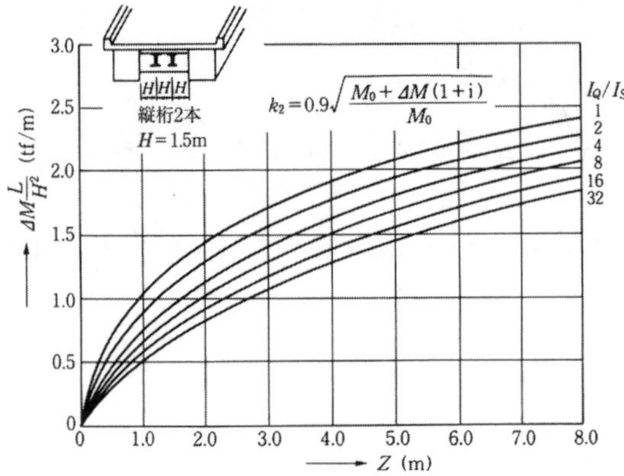

図付 1.8　支間部の付加曲げモーメント（主鉄筋方向）

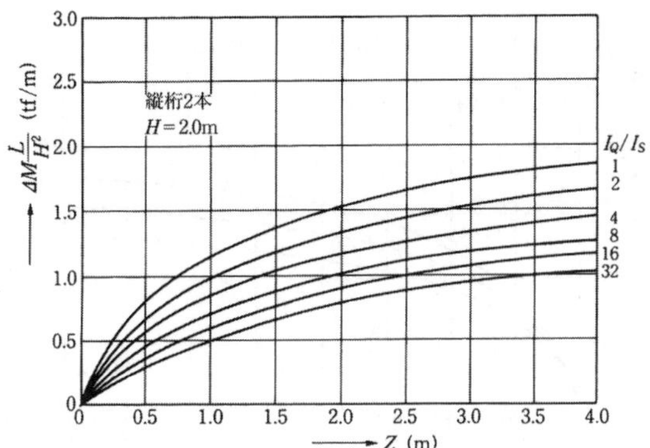

図付 1. 9　支間部の付加曲げモーメント（主鉄筋方向）

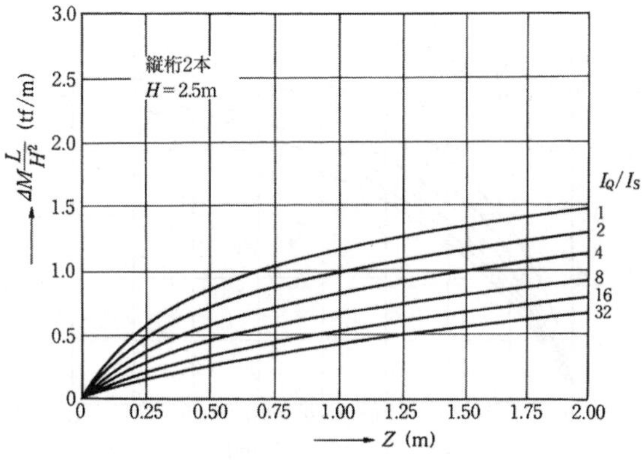

図付 1. 10　支間部の付加曲げモーメント（主鉄筋方向）

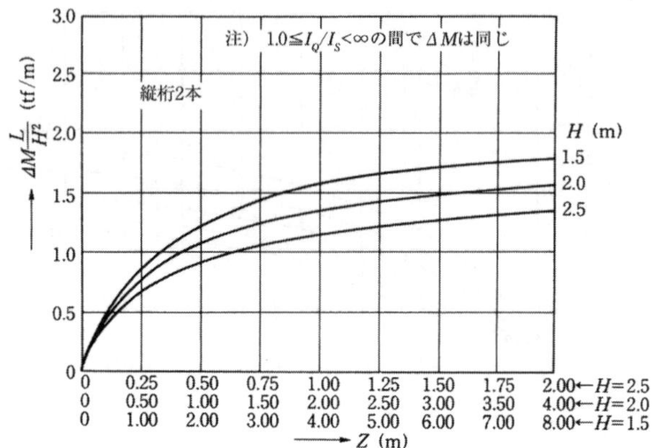

図付 1.11　支間部の付加曲げモーメント（配力鉄筋方向）

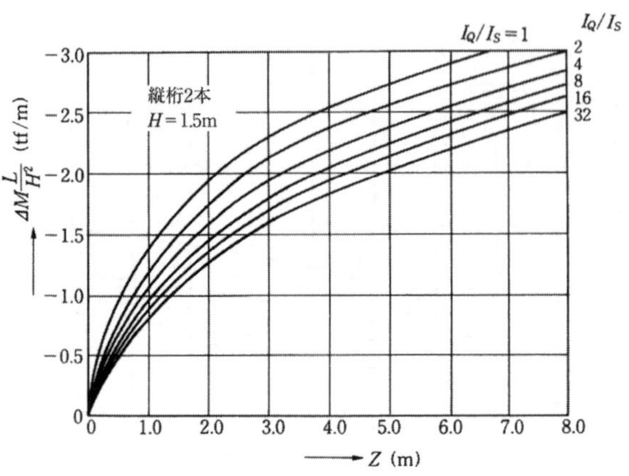

図付 1.12　箱桁腹板上の付加曲げモーメント（主鉄筋方向）

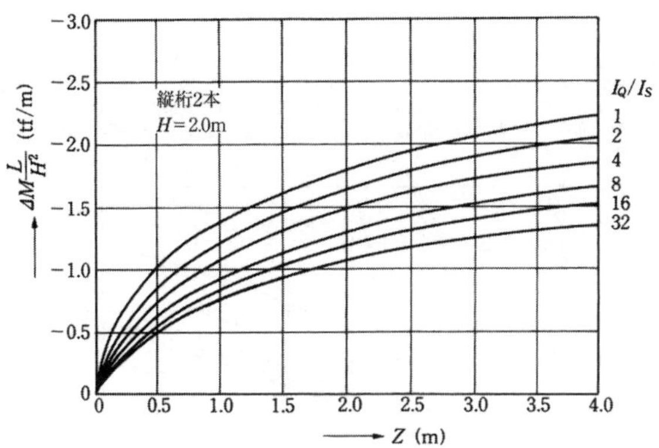

図付 1. 13　箱桁腹板の付加曲げモーメント（主鉄筋方向）

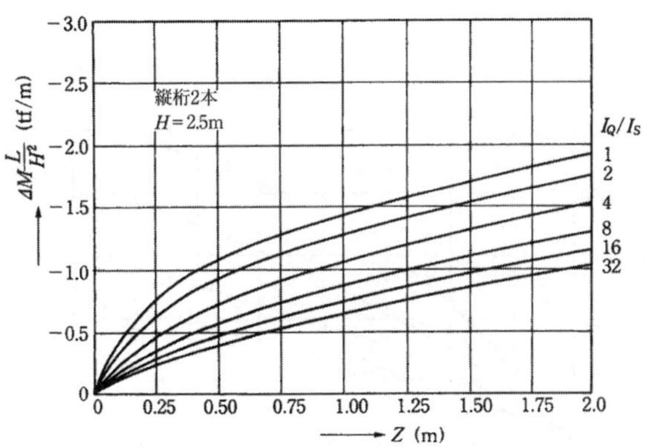

図付 1. 14　箱桁腹板上の付加曲げモーメント（主鉄筋方向）

床板支持桁の不等沈下によって生じる床版の付曲げモーメント（箱断面主桁の外側にブラケットを設けて鋼桁を配置する場合）（図付 1. 15～1.18）

$Z=\left(\frac{L}{2H}\right)^3\frac{I_C}{nI_S}L$ (m)

n：鋼とコンクリートのヤング係数比

I_S：縦桁の断面二次モーメント (m⁴)

I_B：ブラケットの断面二次モーメント (m⁴)

I_C：床版の単位幅 (1m) あたりの断面二次モーメント (m⁴)

L：縦桁支間 (m)

H：床版支間 (m)

$\varDelta M$：床版の付加曲げモーメント (tf·m/m)

i：床版支間に対する衝撃係数

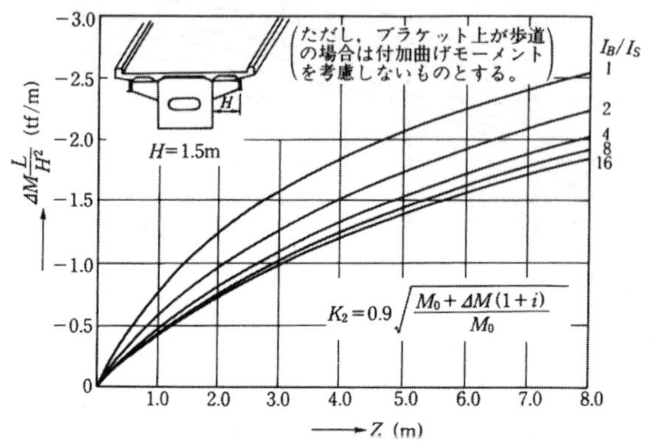

図付 1. 15　箱桁腹板上の付加曲げモーメント（主鉄筋方向）

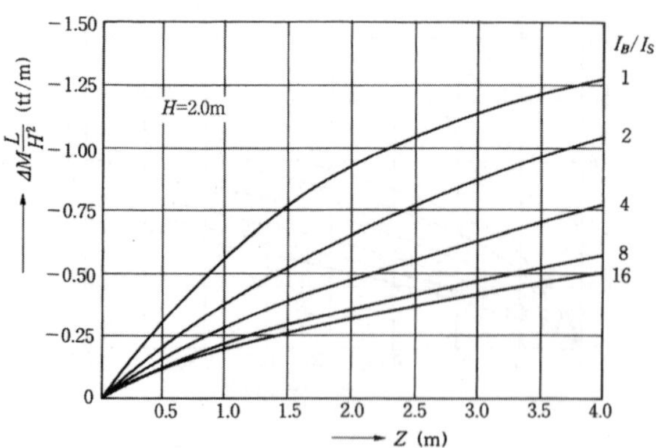

図付 1. 16　箱桁腹仮上の付加曲げモーメント（主鉄筋方向）

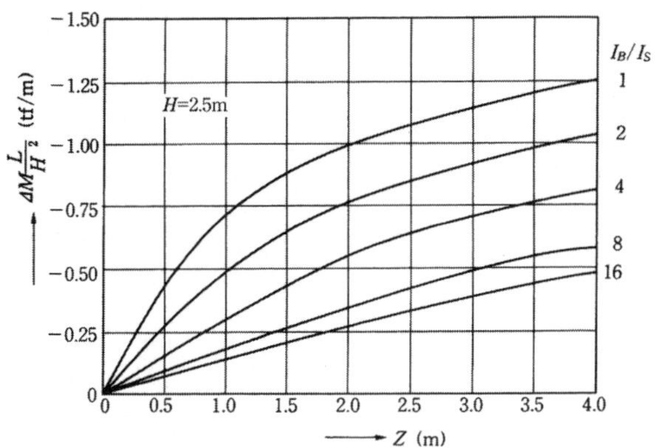

図付 1.17　箱桁腹板上の付加曲げモーメント（主鉄筋方向）

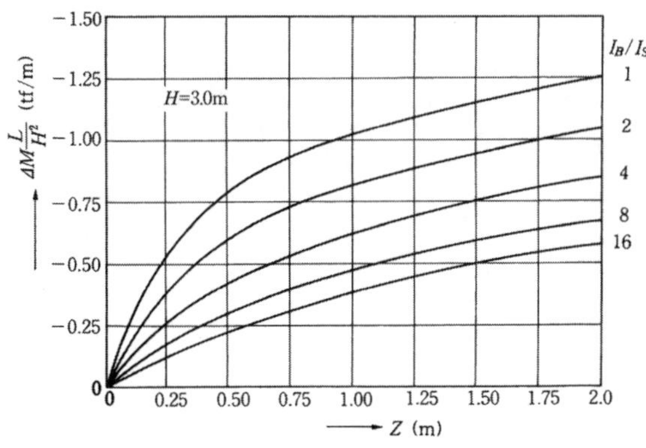

図付 1.18　箱桁腹板上の付加曲げモ-メント（主鉄筋方向）

付録2　道路橋に用いる高力ボルトの材料及び施工管理

付録2-1　摩擦接合用トルシア形高力ボルト（S10T）・六角ナット・平座金のセット

付録2-2　摩擦接合用トルシア形超高力ボルト（S14T）・六角ナット・平座金のセット

付録2-3　支圧接合用打込み式高力ボルト（B8T，B10T）・六角ナット・平座金のセット

付録2-4　トルク法による高力ボルト摩擦接合継手の施工管理

付録2-5　トルシア形高力ボルト（S10T，S14T）の施工管理

付録 2-1　摩擦接合用トルシア形高力ボルト (S10T)・六角ナット・平座金のセット

1. 適用範囲

この資料は，摩擦接合用トルシア形高力ボルト・六角ナット・平座金のセット（以下，セットという）は，F10T に相当する機械的性質を有するトルクシアー（Torque Shear）タイプのボルト S10T について適用できる。

また，適用ボルトの径は，M20，M22，M24 とする。

2. 構　　成

セットは，3. に示す丸頭でねじ先端にピンテールが突出する摩擦接合用トルシア形高力ボルト（以下，ボルトという。）1 個，摩擦接合用高力六角ナット（以下，ナットという。）1 個，摩擦接合用高力平座金（以下，座金という。）1 個により構成される。使用に際しては図付 2-1.1 (A)に示すように，ボルト頭部の座面には平座金を入れず，ナット側にだけ平座金を入れ，専用の締付け機を用い，ピンテールに締付けトルクの反力をとり，必ずナットを回転させながら破断溝が破断し，ピンテールが切り離れるまで締付けて使用する。

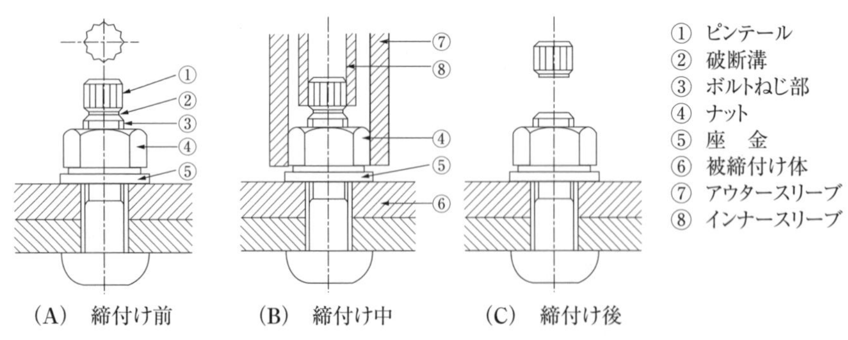

図付 2-1.1　トルシア形高力ボルト施工状態図

3. 種類・等級

セットの種類・等級は，1 種類，1 等級とし，セットを構成する部品の機械的性質による等級の組合せは，表付 2-1.1 による。

表付 2-1.1　セットの種類及び構成部品の機械的性質による等級の組合せ

セットの構成部品	ボルト	ナット	座金
機械的性質による等級	S10T	F10	F35

備考　表付 2-1.1 のセットは JIS B 1186：2013（摩擦接合用高力六角ボルト・六角ナット・平座金のセット）で規定する“機械的性質による種類”の 2 種に相当する。

種類と等級については，JIS B 1186：2013 に規定するセットの種類の 2 種に該当する 1 種類 1 等級としているが，セットとしての使用の便を考慮して，構成部品は，従来の JIS B 1186：2013，JIS B1180：2014 及び JIS B 1181：2014 との関連により，機械的性質の等級別分類を採用している。

ボルトの等級を示す記号は，JIS B 1180：2014 及び JIS B 1186：2013 による製品と識別するために“S”の記号を付して“S10T”と表示する（14. 表示参照）。一方，トルシア形高力ボルトのセットを構成する六角ナット，平座金はいずれも JIS B 1186：2013 のセットの種類の第 2 種を構成するものと同じものを使用しているので，JIS B 1186：2013 の規定に従う表記方法を踏襲し，平座金に対しては“T”の記号は用いず，硬さの最小値に“F”の記号を付けて表わしている。ナットの等級を示す記号も単なる記号とみなして F10 としている。なお，ねじの種類は，JIS B 1186：2013 に準拠してメートル系だけを用いる。

4. 機械的性質

トルシア形高力ボルト・六角ナット・平座金のセット（S10T）及び JIS B 1186：2013 の摩擦接合用高力六角ボルト・六角ナット・平座金のセット（F10T）は，共に主として鋼構造に使用されるものであり，施工方法の違いはあっても双方の使用目的は変わらないので，S10T のセットを構成する高力ボルト・六角ナット・平座金に対する機械的性質は，JIS B 1186：2013 と同じに設定している。

4.1　ボルトの機械的性質

4.1.1　試験片の機械的性質

ボルトから採取した試験片の機械的性質は，11.1.1(1)1)の規定によって試験した場合，表付 2-1.2 を満足する必要がある。

表付2-1.2　ボルト試験片の機械的性質

ボルトの機械的性質による等級	耐力 N/mm^2	引張強さ N/mm^2	伸び %	絞り %
S10T	900 以上	1000～1200	14 以上	40 以上

トルシア形高力ボルトは，所要の締付け軸力を与えうる強さがあり，施工時の締付け軸

力は降伏点に近い応力になるのでそれに耐えることを要し，施工及び締付け後の衝撃外力に対してじん（靭）性を有し，高応力が作用しても長期間安全である必要がある。

これに対し，耐力，引張強さ，伸び，絞り，硬さの各値を設定しただけでは，必ずしも十分であるとはいえない場合も考えられるが，現在まで一般に使用されてきたボルトの実績からみて，S10T のボルトにあっては表付 2-1.2 を満足すれば使用上ほぼ支障ない。

ボルトの機械的性質を規定する際，できるだけボルト製品に対する試験における値を規定することが望ましいが，耐力，伸び，絞りの値は，試験片によらなければ求められないので，試験片の機械的性質と製品の機械的性質の 2 つを定めている。

ボルト製品から採取した平行部を有する試験片の伸びが表付 2-1.2 を満足しても，耐力の引張強さに対する比（これを降伏比と呼ぶ）が大きいとボルト製品の変形能力が小さくなることは，理論的にも実験的にも明らかにされている。したがって，ボルトの変形能力はボルトを締め付けるときの事故防止の観点からも必要であることから，降伏比が 1.0 に近づかないよう耐力の値を設定することが望ましい。

機械的性質による等級は，使用の実績から S10T の 1 種類とした。トルシア形高力ボルトと JIS B 1186：2013 の摩擦接合用高力六角ボルトは，締付け方法の違いからその形状を異にしているが，使用目的は変わらないので，S10T の機械的性質は，JIS B 1186：2013 の F10T と同じ内容になっている。

なお，硬さはボルトで確認すればよい。

設定値のうち，耐力としているのは，調質高張力鋼では降伏点の判定に困難な場合もあるので，JIS Z 2241：2011 にあるように 0.2％残留ひずみの値である耐力を示すものである。ただし，応力ひずみ曲線で明りょうなおどり場を示し，降伏点が明らかな場合は実用上その値を用いてもよい。

衝撃値は定めていないが，寒冷地などで衝撃値の保証を必要とする場合など，必要に応じて確認するのがよい。

4.1.2 製品の機械的性質

製品の機械的品質は，11.1.1(1)2)によって引張試験をした場合，表付 2-1.3 の引張荷重（最小）未満で破断することなく，引張荷重を増加したとき，頭とびをしてはならない。

また，11.1.1(2)によって硬さ試験をした場合，表付 2-1.3 を満足する必要がある。ただし，ボルトの引張試験を行い合格したものについては，硬さ試験を省略することができる。

表付2-1.3 ボルトの機械的性質

ボルトの機械的性質による等級	引張荷重（最小）（kN）			硬さ
	ねじの呼び			
	M20	M22	M24	
S10T	245	303	353	27～38HRC

表付 2-1.3 の引張荷重（最小）の値は，表付 2-1.2 の引張強さの最小値に JIS B 1051：

2014 に示しているねじ部有効断面積（表付 2-1. 4）を乗じた値を有効数字 3 けたに切り上げた値である。

表付2-1. 4　ボルトねじ部の有効断面積

ねじの呼び	M20	M22	M24
有効断面（mm^2）	245	303	353

ボルトの破断位置は，ねじ部破断でも円筒部破断でもよい。円筒部破断の場合は，当然局部絞りを伴う破面を示すものであり，頭部から円筒部の移り変わり部に近い箇所で絞りを伴わないような破断は，頭とびと考えるべきである。円筒部径とねじ部外径とが等しいボルトは普通ねじ部で破断し，それ以外の場所で破断したものは欠陥があるものと考えられる場合が多い。

表付 2-1. 16 の備考 2 に示す d_1 がねじの有効径にほぼ等しいボルトも，通常はねじ部で破断することが多い。

製品の硬さ試験において，一般に寸法の小さいボルトでは，ブリネル硬さは測定箇所の面が小さいことから不正確となるため，この規格は JIS B 1186：2013 と同じくロックウェル硬さとした。

硬さについては JIS B 1186：2013 の F10T と同じ値にしている。試験片の引張試験において引張強さの上限を設定するなら，硬さについては参考値として扱うこともできるため，省略することができるとしている。

4. 2　ナットの機械的性質

ナットの機械的性質は，11. 1. 2によって試験した場合，表付2-1. 5を満足する必要がある。

表付 2-1. 5　ナットの機械的性質

ナットの機械的性質による等級	硬さ		保証荷重
	最小	最大	
F10	20 HRC	35 HRC	表-1. 3 のボルト引張荷重（最小）に同じ。

ナットの高さ H を，表付 2-1. 17 のようにおねじの外径に等しい値とすれば，ナットが接合上の強さを保つためには，ナットの引張強さは，ボルトの引張強さの 60 % から 75 % 以上を必要とすることが経験的に確かめられている。しかし，ナットを直接引張試験することは困難なので，それを硬さによって設定した（表付 2-1. 6）。

表付2-1.6　ボルトとナットとの強さの関係

ボルト		ナット					B/A 注2)
等級	引張強さ A (N/mm^2)	等級	硬　さ		換算引張強さ B 注1) (N/mm^2)		
			最小	最大	最小	最大	
F10T	1000～1200	F10	20HRC	35HRC	760	1100	0.76，0.92

注1)　硬さに対する引張強さの参考値。
注2)　A，B の下限値及び上限値をそれぞれ組み合わせて算出した。

また，表付 2-1.5 に示すナットの保証荷重は JIS B 1052-2：2014（締結用部品の機械的性質-第 2 部：保証荷重値規定ナット-並目ねじ）によって規定した。

4.3　座金の硬さ

座金は F35 の 1 種類とした。座金の硬さは，11.1.3 によって試験した場合，表付 2-1.7 を満足する必要がある。

なお，浸炭焼入れ焼戻しを行って表面だけを硬化した座金は，ボルト軸力の増大によって座金がへこみ，締付け精度などに悪影響のある場合がある。そのため，座金は，浸炭焼入れ焼戻しなどによって表面硬化をしないものとする。

表付 2-1.7　座金の硬さ

座金の機械的性質による等級	硬さ
F35	35～45HRC

5. セットの締付軸力

導入された締付けボルト軸力は，平均値が設計ボルト軸力（N_D）を満足し，個々のボルトの軸部は降伏することのないよう最大値をおさえる必要があり，合格判定値及び保証水準は，この考え方を満たすように設定している。また，従来の JIS B 1186：2013 の高力六角ボルト（以下，六角ボルトという）を用い，トルク法により締付けた継手の性能を下回らないようにしている。

5.1　常温時のセットの締付軸力

常温時のセットの締付軸力は 11.2 により試験した場合，表付 2-1.8 を満足する必要がある。

表付 2-1.8　常温時のセットの締付軸力

単位 kN

ねじの呼び (d)	1 製造ロット[注3]のセットの 締付軸力[注4]の平均値	1 製造ロット[注3]のセットの 締付軸力[注4]の標準偏差
M20	172～202	9.5 以下
M22	212～249	11.5 以下
M24	247～290	13.5 以下

注3)　ここでいう 1 製造ロットとは，セットを構成するボルト，ナット及び座金が，それぞれ同一ロットによって形成されたセットのロットをいう。

ここでいうボルト，ナット及び座金の同一ロットとは，(1)から(3)に合致するものをいう。セットのロットとは，(4)に合致するもとをいう。

(1)　ボルトの同一ロットとは，ボルトの(a)材料（鋼材）の溶解番号，(b)機械的性質による等級，(c)ねじの呼び，(d)長さ l，(e)機械加工工程，(f)熱処理条件が同一な 1 製造ロットをいい，さらに表面処理を施した場合には，(g)表面処理条件が同一な 1 製造ロットをいう。ただし，長さ l の多少の違いは同一ロットとみなすことができる。

(2)　ナットの同一ロットとは，ナットの(a)材料（鋼材）の溶解番号，(b)機械的性質，(c)ねじの呼び，(d)機械加工工程，(e)熱処理条件が同一な 1 製造ロットをいい，さらに表面処理を施した場合には，(f)表面処理条件が同一な 1 製造ロットをいう。

(3)　座金の同一ロットとは，座金の(a)材料（鋼材）の溶解番号，(b)機械的性質による等級，(c)座金の呼び，(d)機械加工工程，(e)熱処理条件が同一な 1 製造ロットをいい，さらに　表面処理を施した場合には，(f)表面処理条件が同一な 1 製造ロットをいう。

(4)　セットのロットとはセットを構成するボルト，ナット，座金のそれぞれが同一ロットからなる一群のセット（以下基本セットと称する。）に対してロットとしての番号を付与するものとする。この基本セットの構成に於いて，ボルト，ナット，座金の製造個数の不揃いにより，同一ロットのボルトに対し，やむをえず基本セットとは異なるロットのナット，座金を組み合わせた場合（以下派生セットと称する。)，基本セットのロット番号とは区分した別のセットとしてのロット番号を付与する。このような派生セットのロットは一種類とは限らない。この状況と使用実況を勘案し基本セットと派生セットの製品性状が次の 4 条件全てを充足するときは派生セットの諸性状は基本セットと同じものとして取り扱うことができるものとする。

a)　派生セットでは，ボルトは基本セットのボルトと同一のロットであり，ナット，座金はそれぞれ同一のメーカーの製品でなければならない。

b)　基本セットのロット，派生セットのロット，それぞれのロットについてセットとしての所定の試験・検査を実施し，その記録を社内に保存する。

c)　基本セットのロット，派生セットのロット，それぞれのセットから抽出する 5 本の軸力試験結果を総合した全数の変動係数が 5％以下であること。

d)　基本セットのロット，派生セットのロット，それぞれのセットから 3 本抽出して 11.1.1（1.3）に規定するセットの引張試験を行い，全試験体の引張荷重がほぼ同じで，破壊状態が頭とびやねじ抜けが起こらず，ボルトねじ部が延性破断することを確認する。ただし，首下長さが短くて試験装置に納まらない場合は本項を省略することができる。

注4)　ここでいう軸力とは，トルクを加えて締め付けたボルトにおいて破断溝が破断したときにボルト軸部に作用する引張力をいう。

建築とは異なり，橋梁ではボルト軸部が降伏するような締付けは許容していないため，JSS Ⅱ 09：2015 に比べ，セットの締付け軸力の上限をより厳しい値としている。

表付 2-1.8 では常温時（10～30℃）のセットの締付け軸力の平均値及び標準偏差の合格判定値を示している。平均値の合格判定値は JIS Z 9003：1979〔計量規準型一回抜取検査

(標準偏差既知でロットの平均値を保証する場合及び標準偏差既知でロットの不良率を保証する場合)〕に準拠し，表付 2-1.13 の保証品質水準から求めたものである。

表付 2-1.8 に示した常温時のセットの締付け軸力の平均値及び表付 2-1.13 の検査ロットの締付け軸力の平均値の保証品質水準をボルトねじ部の応力度により表示すると図付 2-1.2 のとおりである。

ここで，m_1' 及び m_1'' は締付け軸力の平均値が，この範囲を超えるロットは不合格としたいという意味をもつもので，使用者側の要求により決定される数字であり，m_0' 及び m_0'' は軸力の平均値が，この範囲に入るロットは合格としたいという意味をもつもので，メーカー側の品質管理能力及び経済性を考慮して決められるものである。また，$\overline{X_u}$ 及び，$\overline{X_L}$ は上・下限の合格判定値を表わす。

図付 2-1.2 の値は JIS Z 9003：1979 にならって，生産者危険 α=5％，消費者危険 β=10％として定めたものであるが，構造上要求される m_1 の下限値及び上限値を定め，必要となるサンプル数 5 セット，締付け軸力の変動係数 5％ （σ=38N/mm^2）として，m_0 の上・下限値及び $\overline{X_u}$，$\overline{X_L}$ を計算した。なお，締付け軸力の変動係数が 5％より低いときは，JIS Z 9003：1979 の規定により，サンプル数を減らすことができる。

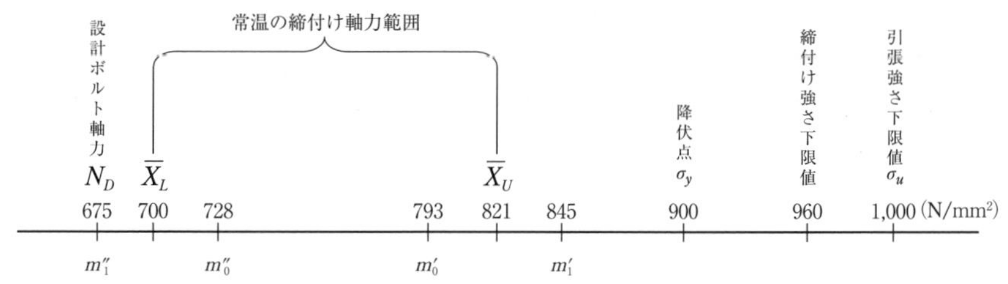

図付 2-1.2　常温時の締付けボルト軸力に関する諸数値

なるべく不合格としたいロットの平均値の下限値を示す m'' の値は，一継手のボルト群の締付け軸力の平均値が設計ボルト軸力を下回らないという考えから，$m_1''=N_D$ として定めた。

JIS Z 9003：1979 の考え方から，締付け軸力の平均値が設計ボルト軸力 N_D を下回るボルト群が合格となる確率は僅かにあることになるが，もしそのようなことになっても，その継手の強度が大幅に設定値を下回ることはない。2 本以上のボルトを使用する実際の継手では，図付 2-1.3 にみられるように一群のボルト軸力の平均値のばらつきは非常に小さく，かつ規模が大きな継手ほど小さくなっているからである。一継手の締付け軸力の平均値のばらつきが小さく，十分な安全率があることでもあり，この下限値 m_1'' の設定で，十分安全な継手強度を確保することができる。

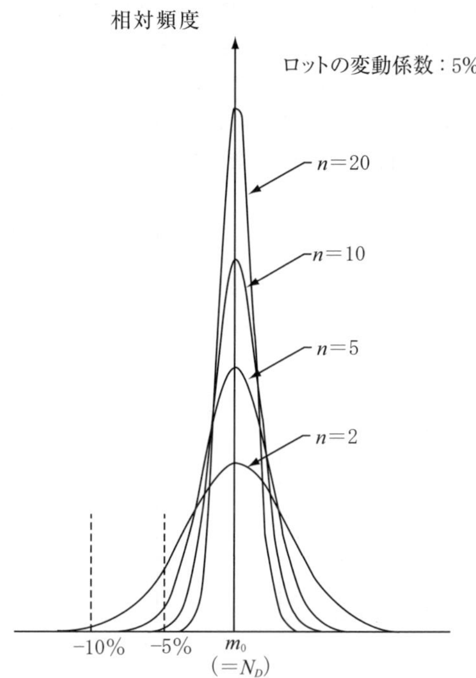

図付 2-1.3　継手のボルト本数と平均ボルト軸力のばらつき

締付け軸力の上限値はボルトの遅れ破壊に対する配慮から，個々のボルト軸部の応力度が降伏点応力度に対し，余裕のある値となることを基本にして設定することとした。図付 2-1.2 に示す m_1' の値は，ボルト締付け時にボルト軸部に塑性伸びを生じさせない考えから，ボルト締付け時にボルトに発生するねじり応力を考慮した締付け強さの下限値を JSS Ⅱ 09：2015 と同様に 960N/mm^2 として，この値から 3σ 減じた値として定めた（JSS Ⅱ 09：2015 では 960N/mm^2 から 2.3σ 減じた値として m_1' が定められている）。

この m_1' の値はボルトの降伏点規格値（900N/mm^2）に対し，標準偏差の約 1.5 倍の余裕があり，軸力の平均が m_1' に等しいロットのボルトの軸力が降伏点を超える確率は約 7％となる。JIS Z 9003：1979 から軸力の平均が m_1' であるロットが合格と判定される確率は僅かであるから，保証水準としては，この程度で十分であろうと考えられる。一方，実際に製作されているトルシア形高力ボルトの降伏点について調査結果を図付 2-1.4 及び図付 2-1.5 に示すが，降伏比は 93.5％から 98.5％の間に分布し，また市販されている高力ボルトの降伏点は990～1100N/mm^{2}と非常に高いものであることがわかる。仮にS10Tボルトの引張強さ1000N/mm^{2}の降伏比を93％とすれば，降伏点は930N/mm^{2}となり，また市販の実績から現実に存在するボルトの降伏点が990N/mm^{2}であり，これらの値を超過する確率を計算してみれば，それぞれ1.3％及び0.007％というさらに小さい値となり，個々のボルトについては，降伏に対し十分な余裕をもつことになる。

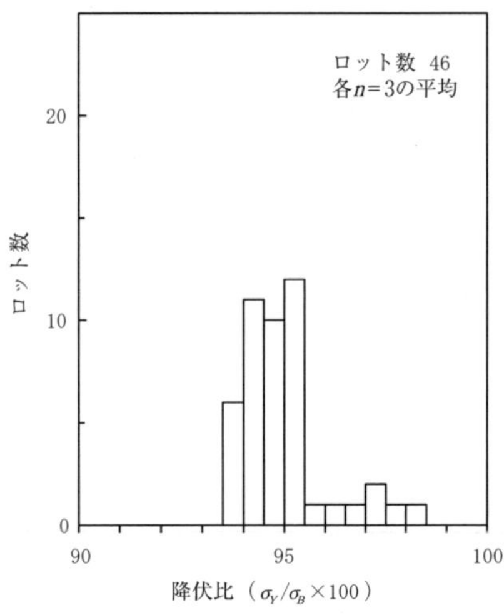

図付2-1.4　市販ボルトの降伏比

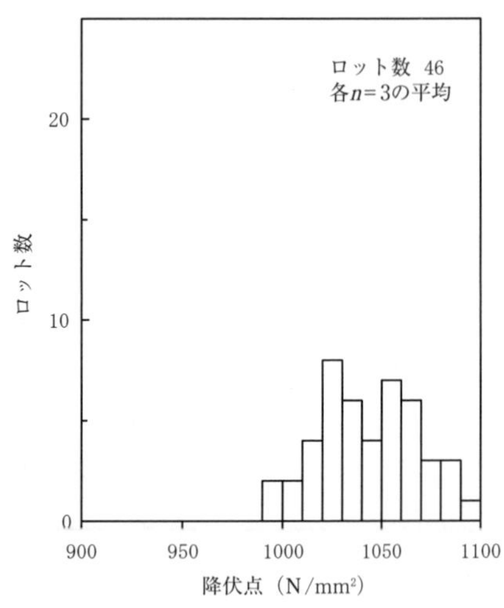

図付2-1.5　市販ボルトの降伏点

このような規格を適用して製造する場合には，実際の製品と規格値の間には図付2-1.6のような関連がある。

すなわち，締付け軸力の変動係数が5％前後にあることを前提とすると，下方管理限界（LCL）はm_0''近傍より上方に，上方管理限界（UCL）はm_0'近傍より下方になければ，製品検査時の不合格率が多くなり運用不能となる。

図によってもわかるように，ばらつき（σ）のあるものを検査する場合に，製造された品質を生産者危険$\alpha=5$％，消費者危険$\beta=10$％で保証するためには，検査空間RLRが$2.9264\sigma/\sqrt{n}$ほど必要となり，実際の製造時の管理空間はかなり規格よりも内側となり，ばらつきが大きければ実際の製造品質はかえって製造の範囲をせばめられ，いわゆる高品質を要求されることになる。また，このようなLCL-UCLの範囲で製造された実際の品質は当然規格値よりかなりの高品質とならざるをえず，平均締付け軸力が合格判定値になるようなものが生ずることは非常に低い確率となる。

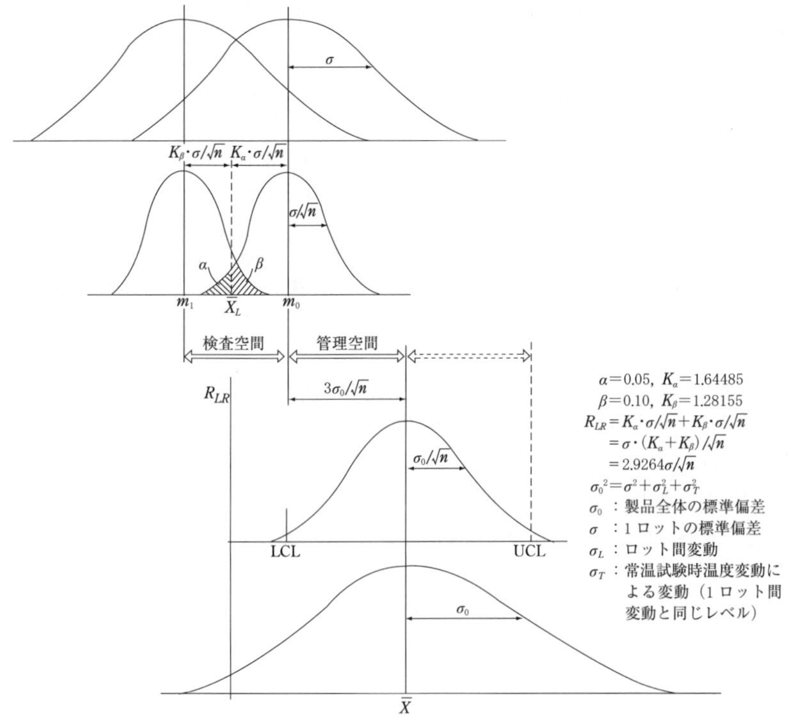

図付 2-1.6　平均値を保証の場合の検査空間と管理空間（下限の場合）

5.2　セットの締付軸力の温度依存性

セットのトルク係数値は温度により変化する可能性があり，締付け軸力が変動することを考慮し，使用できる温度の適用範囲を 0 ℃から 60℃とする。セットの締付軸力の温度依存性は，11.3 により 1 製造ロット（表付 2-1.8 の注3)）について試験した場合，締付軸力の各温度での平均値が表付 2-1.9 を満足する必要がある。

この温度範囲外で使用する場合には，所定の軸力が安定して得られることを確かめたうえで使用する必要がある。

表付 2-1.9　セットの締付軸力の温度依存性

単位 kN

ねじの呼び (d)	1製造ロット[注5)]のセットの締付軸力[注6)]の平均値
M20	167～211
M22	207～261
M24	241～304

注5)　ここでいう製造ロットとは表付 2-1.8 の注 3)に合致するものをいう。
注6)　ここでいう締付軸力とは表付 2-1.8 の注 4)に合致するものをいう。
備考　長さ l が短いためセットの締付軸力試験ができない場合は，所定の締付軸力範囲に入ることを確認する必要がある。

表付 2-1.9 では適用温度範囲（0～60℃）で温度依存性を考慮したセットの締付け軸力の平均値の合格判定値を示している。平均値の合格判定値は JIS Z 9003：1979 に準拠し，表付 2-1.14 の保証品質水準から求めたものである。

締付けボルト軸力の温度依存性を考慮し，0℃から 60℃の温度条件下で試験したとき満足すべき合格判定値と諸保証値の関係は図付 2-1.7 のとおりである。

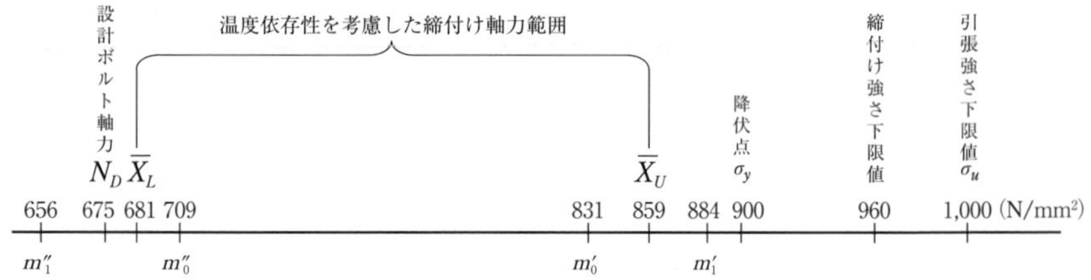

図付 2-1.7　温度依存性を考慮した締付けボルト軸力に関する諸数値

合格判定値の幅は，常温時の規定に比べ，温度による軸力の変化を考慮した分だけ広くなっている。トルシア形高力ボルトの締付け軸力の温度依存性は，従来 0.25％/deg が製造上の目安とされてきたが，実際の試験結果をみると，かなり低い値となっている。図付 2-1.8 は，昭和 55 年に日本鋼構造協会において実施されたトルシア形高力ボルト温度依存性試験の結果であるが，試験を行った 42 ロット（ボルトメーカー7社×3ロット×2試験地）のうち，約 2/3 が 0.10％/deg 以下となっている。また，温度による変動幅は，全てのメーカーのセットが正の温度依存性（温度→大，軸力→大）を有している。以上から，常温時の締付け軸力の平均値の，$\overline{X_u}$，$\overline{X_L}$ の中央値を基準として上側に 40℃，下側に 20℃で製造上の目安の半分の温度依存性で温度による変動幅を計算し加減している。図付 2-1.7 からは，m_1'' の値が N_D を下回り，m_1' の値はやや降伏点に近づくが，常温の締付け軸力の平均値の箇所で解説したように，継手の性能や安全上からは，なお十分な値となっている。

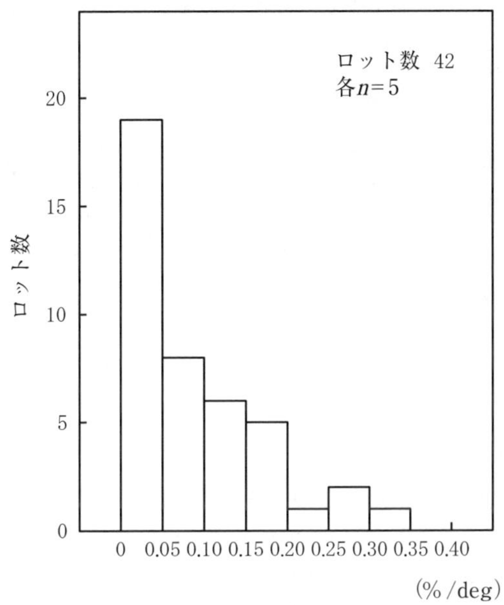

図付 2-1.8　締付けボルト軸力の温度依存性

なお，ボルト軸力の温度依存性は，製造メーカーごとに一定の傾向を有していることも実験から明らかとなっていることから，四半期程度以内を目安として温度依存性試験を行った資料のある場合には，この試験を省略しても差し支えない。

6. 形状・寸法

ボルト，ナット，座金の形状及び寸法は，表付 2-1.16から表付 2-1.18 による。

セットの構成部品としての形状・寸法は，特に必要のない限り，頭部形状とピンテールを除き，現行の JIS B 1186：2013 の規定に準じている。

7. ねじ・破断溝

ボルト及びナットのねじは，JIS B 0205-1～4：2001（一般用メートルねじ規格群）に規定するメートル並目ねじとする。ねじピッチは，表付 2-1.10 に示すとおりとする。またその公差域クラスは，JIS B 0209-1～2：2001（一般用メートルねじ-公差 規格群）の 6 H/6 g とする。

ボルトのねじ及び破断溝は製作精度と経済性を考慮して転造によって加工し，破断溝は所定の締付軸力に達したときに破断するものとする。

表付 2-1.10　ねじピッチ

単位 mm

ねじの呼び	M20	M22	M24
ピッチ	2.5	2.5	3

ねじの等級については JIS B 0209-1～5：2001 の主旨にそって，ナットのねじ等級を 6 H，ボルトのねじ等級を 6 g とした。

8. 外　　観

8.1　ボルトの外観

ボルトの外観は，焼割れ及び使用上有害なきず，かえり，さび，ねじ山のいたみなどの欠点があってはならない。ここでいう有害なきず等は JIS B 1041：1993（締結用部品―表面欠陥 第 1 部 一般要求のボルト，ねじ及び植込みボルト）による。

ねじ部のさびや製造中又は運搬中に生ずるねじ山のいたみは，トルク係数値に悪影響を与えるので，そのような欠点を生じないように注意しなければならない。

トルシア形ボルトの頭部形状は，丸頭であり JIS B 1186：2013 の高力六角ボルトと形状を異にしている。図付 2-1.9 のように丸頭の頭部周辺に時たま発見されるきずは，素材の伸線工程におけるかききずが拡大されたものが多く，この場合には，ボルトの性能に直接的な支障はないものとされている。

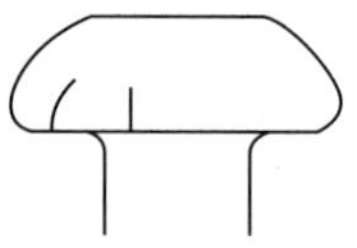

図付 2-1.9　頭部のきずの例

ボルトの製造法は，熱間圧延棒鋼，もしくはコイルの表面を機械仕上げすることなく成形するため，素材のもっている表面欠陥はそのまま残留するか，あるいは拡大された形で現われやすいものである。

ボルト製品のきずに関する規定としては，現行の JIS B 1186：2013 には明確なきずの判断基準はなく，JIS B 1041：1993 に定められている。ボルトメーカーもこの規定によっているところが多い。

JIS B 1041：1993 によれば，焼割れについては，深さ，長さ，幅及び場所のいかんに関わらず許容しないが，他の表面きずについては，幅，深さで許容限界を設けている。ただし，その品質保証水準については触れていないのでASTM F3125-15：2015に規定されている抜取検査方法を参考にするのがよい。

JIS B 1186：2013の高力ボルトと同様に，仕上程度及び外観は機能に直接影響する箇所を除き高水準を要求しない品質要求であるが，抽象的な表現でなく，焼割れでない素材の表面欠陥に起因するすじきず，さけきず等についてJIS B 1041：1993を適用することにした。

8.2 ナットの外観

ナットの外観は，焼割れ及び使用上有害なきず，かえり，さびなどの欠点があってはならない。ここでいう有害なきず等はJIS B 1042：1998（締結用部品—表面欠陥　第2部：ナット）による。

ボルトと異なりナットのねじ部は，きりこ（切り粉）その他の異物があると除去しにくく，それが使用時のトルク係数値の不安定や焼付きなどの障害をもたらすので，その付着には注意しなければならない。

8.3 座金の外観

座金の外観は，焼割れ及び使用上有害なきず，ばり，さびなどの欠点や著しいわん曲があってはならない。

座金を打抜加工によって製作する場合に生ずる裏面のまくれや穴内面の欠点は，ボルトやナットを損傷することもあるので，十分注意しなければならない。

また，座金のわん曲は，トルク係数値を変動させる原因の一つとなるので，著しくわん曲している座金はきょう正しておく必要がある。

9. 材　　料

ボルト，ナット及び座金の材料は，製品が4. から8. を満足するものを用いる必要がある。

ボルト，ナット及び座金の材料とその加工方法は特に規定していない。これは所要性能を発揮するのに適した材料，加工方法の選択を自由にして，より優れた製品の開発を期待したものであり，最近ではボルト用材料として，低炭素系材料にMn，Cr，Bを添加し焼入れ性能を向上させたいわゆる低炭素ボロン系材料が多用されている。

セットに要求される性質は4. から8. で定めているが，これによって具備すべき条件の全てが尽くされているわけではなく，使用条件に応じて耐火上の問題からの焼戻し温度の限度，寒冷地などにおいての衝撃に対する注意，遅れ破壊の問題など，いろいろと考慮しなければならない問題がある。

したがって，材料及び加工方法の選択にあたっては，これらの点を考慮のうえ，各種の使用条件に応じて試験片及び製品について十分試験・研究を行う必要がある。

また，その性能は加工上の各工程における厳格な品質管理によって保たれるものであるから，それについても十分注意しなければならない。

10. 表面処理

ボルト，ナット及び座金には，それらの品質に有害な影響を与えない表面処理を施すことができる。

ボルト，ナット及び座金の表面処理は防せいとトルク係数値の安定を目的としているが，その処理にあたっては，製品の機械的性質を低下させないこと，気象条件や長期間放置による特性の変化が起こらないことを確認するなど，十分検討して施さなければならない。

11. 試験及び測定方法

11.1　機械的性質試験

11.1.1　ボルトの機械的性質試験

ボルトの機械的性質試験は，引張試験及び硬さ試験とし，次による。

(1)　ボルトの引張試験

ボルトの引張試験は，試験片と製品について行う。

1)　試験片の引張試験

試験片の引張試験は，次の各項による。

a)　試 験 片

試験片は，次による。

i ）試験片は，ボルトから図付 2–1. 10 の(A)又は(B)のように採取した JIS Z 2241：2011（金属材料引張試験法）に規定する 4 号試験片とする。

4. 1. 1 において試験片の採取は，原則としてボルト製品から行うこととしたので，その採取方法を図付 2–1. 10 に示した。図付 2–1. 10(A)はボルトの径が大で，つかみ部分まで削り出せる場合であり，図付 2–1. 10(B)は，ボルト頭部及びねじ部をそのままとして削り出す場合である。

通常の焼入れ性をもつ材料でもボルトの表面付近と中央部では熱処理が不均一になり，一般に中央部の強さは低下する。この現象はボルト径が太くなるほど顕著になる。したがって，試験片の D 寸法が製品のボルト径に比べ，あまり小さくなるとボルトとしての機械的性質を正しく評価できなくなる。

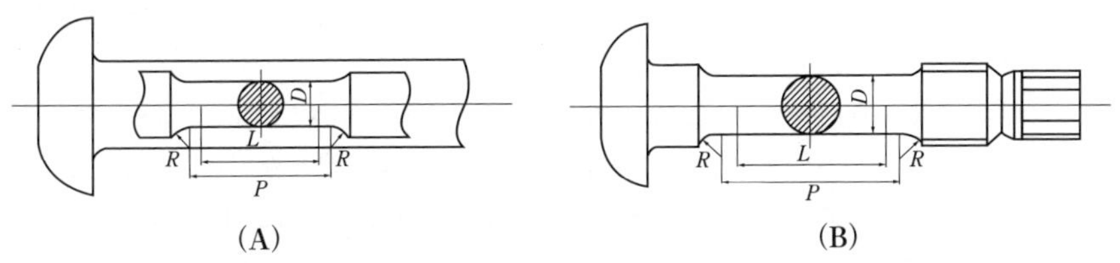

標点距離　　$L=50$mm
径　　$L=50$mm
平行部長さ　　$P=$約 60mm
肩部の半径　　$R=15$mm 以上
ただし，上記の方法による寸法がとれない場合は，
次の条件を満たす代用試験片としてもよい。

$L=3.54D$
$D=$表付 2-1. 11 に示す値以上
$P=L+D$
R：4 mm 以上

図付 2-1. 10　試験片とその形状

表付 2-1. 11　ボルト代用試験片の径の最小寸法

ねじの呼び	D（mm）
M20	6
M22	6
M24	8

また，ISO 規定のように 14A 号試験片として $L=5D$，D は任意とすると，D によって絞りや強さがまちまちになるおそれがあるので，原則として JIS Z 2241：2011 の 4 号試験片を用いることにした。

しかし，ボルト長さがある程度以下になると JIS Z 2241：2011 の 4 号試験片の標点距離がとれない場合が生じたり，ボルト径によっては平行部径 $D=14$mm がとれない。このような場合には $L=3.54D$ として，L と D を定めることにした。ただし，上述のことを考慮して，表付 2-1. 11 のように D の最小寸法を規定した。なお，表付 2-1. 11 の値は JIS B 1186 の改定に伴い，より実製品から切り出せるように工夫された値に見直している。

ii）ボルトの長さ l が短いため，試験片が採取できない場合は，そのボルトの材料と同一ロットの材料から採取した試験棒をボルトと同一熱処理ロットに混入させて熱処理加工を行った後，その試験棒から JIS Z 2241：2011 に規定する 4 号試験片を採取する。この場合の試験片の D 寸法は，表付 2–1. 11 に示した D の値以上とする。

ここでいう同一ロットとは，材料（鋼材）の溶鋼番号，径が同一なロットをいう。

ボルトの長さが表付 2–1. 11 の試験片を削り出すに足りない場合には，ボルト製品の材料と同一ロットの材料から採取した試験棒を製品と同一熱処理ロットに混入させて熱処理加工を行ったのち，表付 2–1. 11 の D の最小寸法をもった試験片を削り出す。この場合，JIS の 4 号試験片と規定しながら D 寸法を表付 2–1. 11 の値と規定したのは，試験片の平行部の径がボルトの長さ L の減少に伴って 14mm から次第に表付 2–1. 11 の値まで小さくなってきたものに連続させるためである。これは，上記のように焼入れの不均一性を考慮したものである。

b） 試験方法

試験方法は，JIS Z 2241：2011 に規定する試験方法による。

2） 製品の引張試験

製品の引張試験は，適当な構造・形状・寸法で，かつ十分な剛性を有するジグを用い，図付 2–1. 11 の(A)又は(B)に示すようにボルトの座面に，硬さが 45HRC 以上のくさびを入れ，この斜面とボルト頭の外周縁とが接するようにし，他方のねじ部は，完全ねじ山がボルトの頭部側に 6 山程度残るようにジグ又はナットをはめ合わせ，軸方向に引張荷重を加え，表付 2–1. 3 に示す引張荷重（最小）で破断しないかどうか，また，さらにボルトが破断するまで引張荷重を増加して，ボルトの頭とびが起こらないかどうかを調べる。

なお，この場合ねじ山が崩れて抜けた場合は，ジグ又はナットのねじ精度を高めるか，はめあい長さを増して再試験する。

製品の引張試験におけるくさびの角度は，10° のくさびは長さの短いボルトに対しては強度低下の影響が大きすぎ，使用上もそのような大きな頭下の傾きに対する保証を要しないので，図付 2–1. 12 の表のように，円筒部の長さが $2d$ 未満の場合には 6° とした。

引張試験用ジグはその剛性が小さい場合には，載荷時にジグが変形し，ボルト座面にくさびを用いてもその角度が保てなくなるので，これを避けうるような適当なジグを用いなければならない。

また，くさびの硬さがボルト頭部よりやわらかいと，めり込みやはり角度を保てなくなるので，くさびの硬さは 55HRC 以上としている。

くさびの傾きが 1° 変化すれば，ボルトが短いものでは，引張強さが数パーセントも変化するために，実用的な傾きの許容差として ±0. 5° としている。

遊びねじ（ボルト頭側に残るねじ）を 6 山程度にしたのは，一般にこの部分の山数が少ないほど，切欠き効果の影響でボルト引張強さが増加し，0 から 3 山程度では通常の値より 10％から 5％程度の増加を示し，ボルト径に等しい長さ程度にすると安定

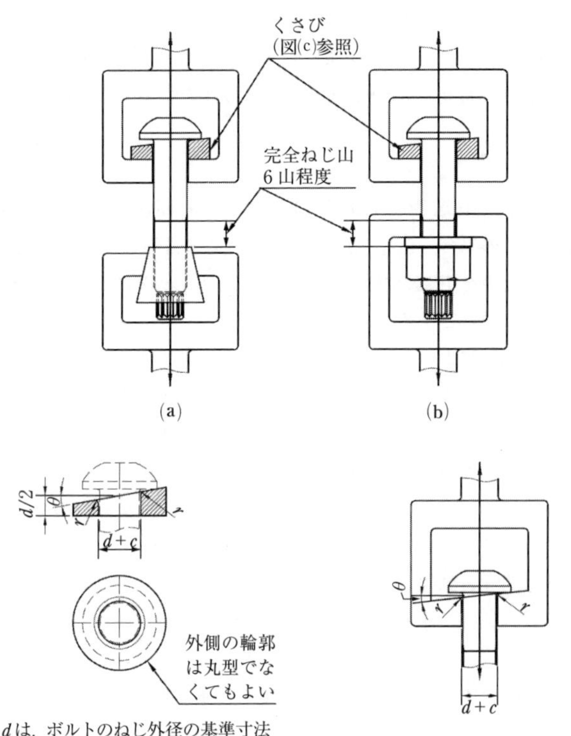

dは，ボルトのねじ外径の基準寸法
cは，くさびの内径とdとのすきま。

(c) くさびの形状　　(d) 傾斜面を持つ引張ジグ

図付 2-1. 11　ボルトの引張試験方法

表付 2-1. 12　くさび及び傾斜面をもつ引張ジグの形状寸法

単位 mm

区分＼円筒部の長さ	$2d$ 未満	$2d$ 以上	区分＼ねじの呼び	M20 及び M22	M24
θ	6±0.5°	10±0.5°	r	2.0	2.4
			c	1.6	2.0

備考　引張試験用ジグが図中(d)に示すように，ボルトの座面の接する部分が(c)に示すくさびと同じ傾斜をもち，その硬さ及び剛性が 11.1.1(1)2)の規定に適合している場合は，くさびを入れなくてもよい。

した強さを示す。しかし，遊びねじ部長さをボルト径に等しくすると，ボルト径によっては現在のねじ部長さの規定によった場合，余長がとれなくなるものが生ずる。これらのことを考慮して6山程度とした。

試験方法として図付2-1.11(b)に示すようなナットをはめ合せた状態を追加したのは，ナットの保証荷重試験が行え，かつセットとしての性能を調べられることを考慮したためである。

(2) ボルトの硬さ試験

ボルトの硬さ試験は，JIS Z 2245：2011（ロックウェル硬さ試験方法）に規定する試験方法によって行う。この場合，測定箇所は頭部側面又は頂部とし，1個の試料について3箇所測定し，その平均値をJIS Z 8401：1999（数値の丸め方）に規定する方法によって整数に丸め，その試料の硬さとする。

ボルト製品の硬さ試験における測定箇所は，普通頭部又は軸部で行われるが，実際上軸部で測定している例が少ないこと，頭部と軸部とでは多少硬さが異なることがあることから測定箇所はどの試験でも同一のほうがよいなどの理由で，頭部側面又は頂部とした。

しかし，熱処理工程における不測の浸炭によって，軸部表面から0.2mmから0.3mmの範囲が異常に硬くなり，それが原因で遅れ破壊を生じた例があるので，製品管理における硬さ試験については，これらのことも考慮する必要がある。

11.1.2 ナットの機械的性質試験

ナットの機械的性質試験は，硬さ試験及び保証荷重試験とし，次による。

(1) ナットの硬さ試験

ナットの硬さ試験は，JIS Z 2245：2011に規定する試験方法によって行う。この場合，測定箇所は，ナットの座面とし，1個の試料について3箇所測定し，その平均値をJIS Z 8401：1999に規定する方法によって整数に丸め，その試料の硬さとする。

(2) ナットの保証荷重試験

ナットの保証荷重試験は，11.1.1(1)2)に示すボルト製品の引張試験と同様な方法によって，めねじジグの代わりにナットの試料をはめ合わせて，表-1.5に示す保証荷重を加え，試料の異状の有無を調べる。この場合，くさびは用いない。

また，ボルトの代わりに試験用おねじジグを用いてもよい。

ナットの保証荷重試験における試料のねじの異状は，JIS B 1052-2：2014の規定に準じて判断する。すなわち，ナットはねじ抜け又は張り裂けによってこわれることなく保証荷重に耐え，荷重を除いた後は手による回転が可能でなければならない。この場合，最初の1/2回転だけはスパナによってもよい。

試験用ボルトは，できるだけ実際の組合せに用いるボルトがよく，検査に合格したものでなければならない。

11.1.3 座金の硬さ試験

座金の硬さ試験は，JIS Z 2245：2011に規定する試験方法によって行う。ただし，測定箇所は，座金の座面とし，1個の試料について3箇所測定し，その平均値をJIS Z 8401：

1999に規定する方法によって整数に丸め，その試料の硬さとする。

11.2　常温時のセットの締付軸力試験

常温時のセットの締付軸力試験は次による。

(1)　セットの締付軸力試験は，常温（10℃～30℃）で行う。

(2)　試験はボルト試験機又は軸力計と締付機を用いて行う。締付けは破断溝が破断するまで連続して行い，破断溝破断後に締付軸力を測定する。

ボルトの締付けはトルシア形高力ボルトの締付け機を用いて行い，締付け軸力の検出は軸力計で行う。軸力計は高力ボルト専用のボルト試験機に組み込まれたもの，又は軸力測定用に製作されたものを用いる。

破断溝破断後の締付け軸力の測定は記録紙もしくは計測器表示の目量の1/2の数値まで読みとる。

試験時には，一般の高力ボルトと同様に座金が共回りを生じないように注意する必要がある。また，トルシア形高力ボルトの特徴としてボルトにナット回転と逆向きのトルクが作用するので，このトルクによってボルトが回転しないようにすることも必要である。座金の共回り，ボルトの回転とも導入軸力を変動させる要因となる。

これらに対する一般的な対策として，ボルト頭下及びナット側座金下にさびた座金を挿入する方法がとられている。別な方法もあるが，いずれの方法でも十分な実績のある方法を採用することが望ましい。

(3)　軸力計の目量は測定しようとする軸力の1％以下で，その器差は．測定しようとする軸力の値の範囲内で，各目盛の示す値の2％以下とする。

一般に用いられている軸力計は，原理的に電気抵抗線ひずみ計によるものと，油圧計によるものが多いが，これらは適当な周期ごとに点検・検査する必要がある。これらの軸力計を試験機で校正する場合は，例えば，図付2-1.12に示すように軸力計の両表面

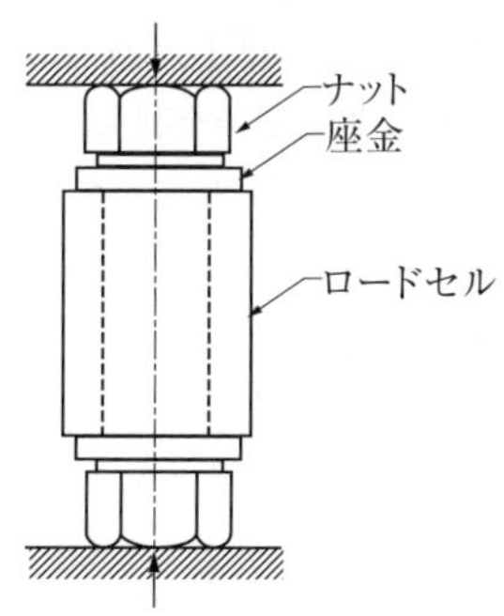

図付2-1.12　軸力計の校正の例

に中心を一致させるようにして座金，ナットを積層し，これらを介して押すようにするのがよい。さらに必要ならば，座金と軸力計両表面の間に，厚鋼板をはさみ込んでもよい。

なお，現場作業に多用されている油圧軸力計などで指示目盛が粗く，所定の精度が得られない場合には，ここでの試験に使用することはできない。

(4) 試験に際して室温の測定を行う。

11.3 セットの締付軸力の温度依存性試験

セットの締付軸力の温度依存性試験は次による。

(1) 試験はセットの表面温度が低温（0℃），高温（60℃）の2状態を11.2の常温に追加して行う。

この規格では，セットの温度が0℃から60℃の範囲で使用するセットについて規定しているため，試験ではセットの表面温度が0℃，60℃及び11.2の常温の3状態を規定している。また，温度依存性確認実験1)によりこの状態で試験を行えば，セットの締付け軸力の温度依存性能をほぼ把握できることを確認している。

(2) 試験はボルト試験機又は軸力計と締付機を用いて行う。締付けは，破断溝が破断するまで連続して行い，破断溝破断後に締付軸力を測定する。

(3) 軸力計の目量は測定しようとする軸力の1％以下で，その器差は，測定しようとする軸力の値の範囲内で，各目盛の示す値の2％以下とする。

(4) 表面温度計の目量は2℃以下で，その器差は−5℃から65℃までの範囲内で，2℃以下とする。

一般に用いられる表面温度計は異種金属の接点からなるセンサーを被測定物表面に接触させ，このとき生ずる起電力量によって表面温度を測定できるものが多いが，規定温度に加熱，又は冷却されたセットの温度測定を常温で行うため，センサー感度の良好なものを選ぶ必要がある。

(5) 低温及び高温状態のセットの表面温度の許容設定誤差は±4℃とする。

低温時のセットの冷却は，セットの表面温度の許容設定誤差が規定値内に入れば，ドライアイスとアルコール，冷蔵庫，恒温槽等を利用して行えばよい。この場合，0℃ではセットの表面が結露し，締付け軸力が異常値を示す場合がある。

高温時のセットの加熱は，セットの表面温度の許容設定誤差が規定値内に入れば，加熱炉，恒温槽等を利用して行えばよい。

冷却時及び加熱時の保持時間は1時間程度とするのが望ましい。

また，セットの表面温度測定後については，速やかに締付けを行わなければならない。

(6) 試験に際して室温の測定を行う。

(7) 試験は代表的製品を用い，厳寒期・多湿期・高温期・乾燥期を含む年間数回全試験温度域で実施し，常温時と高低温時の軸力特性を確認する。

11.4　ボルトの表面欠陥試験

ボルト表面の割れ，きずなどは，目視及び JIS Z 2343：2008（規格群）に規定する浸透探傷試験方法又は JIS Z 2320-1：2007 に規定する磁粉探傷試験方法等によって調べる。

12. 検　　査

12.1　形状・寸法検査

形状及び寸法検査は，構成部品のボルト，ナット及び座金について，直接測定，限界ゲージ又はその他の方法によって行ったとき，それぞれ 6. を満足する必要がある。

なお，形状・寸法検査については，JIS B 1186：2013 に準じる。

12.2　ねじ検査

ボルト及びナットのねじ検査は，JIS B 0251：2008（メートルねじ用限界ゲージ）に規定するメートル並目ねじ用限界ゲージ（6 H 用・6 g 用）又はこれに代わるねじ検査器具を用いて行い，7. を満足する必要がある。

ねじ検査は，JIS B 1186：2013 に準じる。なお，ボルトのねじ等級を 6 g，ナットのねじ等級を 6 H にしているため，JIS B 0251：2008 のねじ用限界ゲージによる場合は，6 g 用又は 6 H 用を用いる必要がある。

6 g と 2 級，6 H と 2 級の許容限界は図付 2-1.13 のような関係にあるので，2 級用ゲージに合格した製品を 6 g 用又は 6 H 用のゲージで検査した場合は，特に問題ないが，その逆，すなわち，6 g 用又は 6 H 用のゲージに合格した製品を 2 級用ゲージで検査した場合は，不合格になる可能性がある。したがって，6 H 用，6 g 用及び従来の 2 級用ゲージが併用される過程にあっては，出荷側が 2 級用，受入側が 6 H 用又は 6 g 用を用いるのが望ましい。しかし，手持ちゲージの関係で受入側が 2 級用ゲージを用いる場合は，2 級ねじと 6 H/6 g ねじとの関係をわきまえ，ゲージの違いによる検査上のトラブルが生じないよう，適切な処置を講じることが必要である。

12.3　外観検査

外観検査は，構成部品のボルト，ナット及び座金について目視によって行い，それぞれ 8.1 から 8.3 を満足する必要がある。焼割れ及び使用上有害なきずが確認された場合は，11.4 に示す試験方法によって判定する。

外観検査については，形状・寸法の場合と同様の理由で JIS B 1186：2013 とほぼ同様とした。また，2013 年の JIS B 1186：2013 の改定において目視による検査を行うことが明確

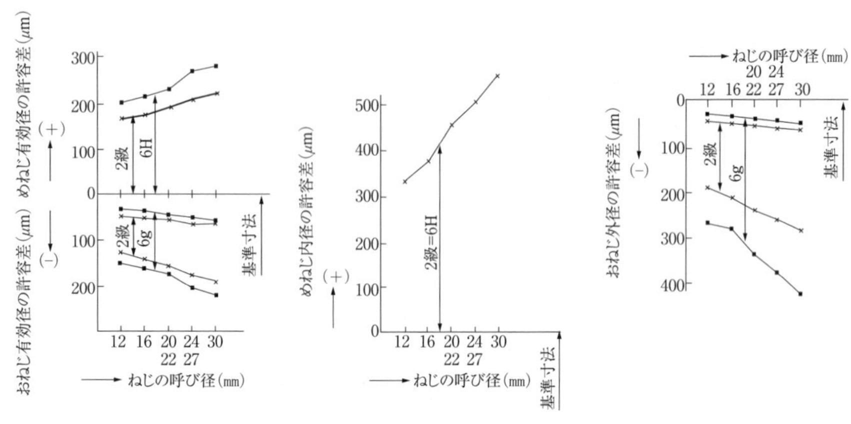

ここに，めねじ内径の許容域は2級と 6H は同じである。

図付 2-1.13　ねじの許容限界

化されたことにも準じているが，目視により判断できない場合は浸透探傷試験や磁粉探傷試験等を併用することとしている。

12.4　表面欠陥検査

JIS B 1041：1993，JIS B 1042：1998 に適合しなければならない。

ボルトに生じる表面欠陥については，JIS B 1041：1993 に図を用いて詳しく解説されており，また，それらに対する許容限界も示されているが，その許容限界は，現在ではねじ部品の表面欠陥に対する一つの目安になるものと考えられており，この規格においても特に別規定を設ける必要がないので，これを採用することにした。

12.5　機械的性質検査

ボルト試験片の耐力・引張強さ・伸び・絞り，ボルト製品の引張荷重・硬さ，ナット製品の保証荷重・硬さ及び座金製品の硬さについては，製品が長期にわたる使用期間において，必要な高い締付け力を保持し，場合によっては降伏点を超える高応力及び衝撃外力にも十分に耐え，鋼構造継手の主要構成部品としての本来の機能を果たすためには，特に重要な品質特性であるから，製造業者と使用者の間で製品ロットの受渡しを行う場合のロットの保証品質水準をこの規格で規定しておくことが，この製品の品質の向上，原価の低減，納期の迅速化を促進するのに役立つであろうということで，製品ロットの保証品質水準についても規定が設けられた。

12.5.1　ボルト試験片の機械的性質検査

ボルト試験片の機械的性質検査は，11.1.1(1)1)によって耐力，引張強さ，伸び及び絞りについて行ったとき，4.1.1を満足する必要がある。

また，この検査で検査ロットの保証品質水準は，$p_0 \leqq 0.125\%$（$\alpha \fallingdotseq 0.05$），$p_1 \leqq 12.5\%$（$\beta \fallingdotseq 0.10$）とする。

なお，抜取検査方法は，JIS Z 9003：1979に規定する計量抜取検査方式による。

ここでいう1検査ロットとは，表-1.8の注3)の(1)に合致する1製造ロットをいう。p_0の値の0.125％は，代表値であって，p_0が0.113％から0.140％の範囲の値を代表している。p_1の値の12.5％は，代表値であって，p_1が11.3％から14.0％の範囲の値を代表している。

備考　p_0，p_1，α，β，の記号の意味は，JIS Z 9015-0：1999の規定による。

この検査における検査ロットの保証品質水準として，$p_0 \leqq 0.125\%$（$\alpha \fallingdotseq 0.05$），$p_1 \leqq 12.5\%$（$\beta \fallingdotseq 0.10$）が採用されたのは，使用者がこの規格によって発注する場合は，前述のように必ず品質管理をよく実施している製造業者（工程が安定して，ロットの不良率がp_0（％）を上回らないロットだけが製造されているような工場）に発注されるということを前提条件として考えているので，そのような製造業者から製品のロットを購入する場合は，受入側としては，事前に製造業者側から当該品質特性に関する品質管理データを提出させ，あらかじめその製造工場における工程（品質）能力を把握しておき，納入ロットについては，計量抜取検査方式を用いて，できるだけ少数のサンプルで検査ロットの品質分布の良否のチェックをするのが得策であろうということで，いま，仮にJIS Z 9003：1979の計量抜取検査方式を用いた場合を想定すると，$p_0 = 0.113 \sim 0.140\%$（$\alpha \fallingdotseq 0.05$），$p_1 = 11.3 \sim 14.0\%$（$\beta \fallingdotseq 0.10$）のときは，1検査ロットについてサンプル2個をサンプリングして検査すればよいことになり，検査の経済性，過去の検査実績などから考えて，この程度のロットの保証品質水準が適当であると考えられる。

また，p_0の値の0.125％及びp_1の値の12.5％ならびにそれらの値が代表しているp_0の値の範囲又はp_1の値の範囲は，JIS Z 9003：1979の表付2-1.17の数値からとったものである。さらに，検査ロットの保証品質水準として，$p_0 \leqq 0.125\%$（$\alpha \fallingdotseq 0.05$），$p_1 \leqq 12.5\%$（$\beta \fallingdotseq 0.10$）と，ロットの不良率の上限を規定して片側限界の規定としたのは，一般に，この規格を用いて取引きを行う場合のロットの保証品質水準としては，$p_0 = 0.125\%$（$\alpha \fallingdotseq 0.05$），$p_1 = 12.5\%$（$\beta \fallingdotseq 0.10$）を用いるが，例外的（例えば，さらに過酷な条件下で使用される製品ロットの場合など）には，この上限（$p_0 = 0.125\%$，$p_1 = 12.5\%$）よりも厳格なロットの不良率で，使用者と製造業者が受渡契約を行う場合もありうることを考慮したからである。

12.5.2　ボルト製品の機械的性質検査

ボルト製品の機械的性質検査は，11.1.1(1)2)及び11.1.1(2)によって，引張荷重及び硬さについて行ったとき，4.1.2を満足する必要がある。

また，この検査で検査ロットの保証品質水準は，$p_0 \leqq 0.125$％（$\alpha \fallingdotseq 0.05$），$p_1 \leqq 8$％（$\beta \fallingdotseq 0.10$）とする。

なお，抜取検査方法は，JIS Z 9003：1979 に規定する計量抜取検査方式によるのがよい。

p_1 の値の８％は，代表値であって，p_1 が 7.11％から 9.00％の範囲の値を代表している。

この検査における検査ロットの保証品質水準として，$p_0 \leqq 0.125$％（$\alpha \fallingdotseq 0.05$），$p_1 \leqq 8$％（$\beta \fallingdotseq 0.10$）が採用されたのは，前項のボルト試験片の機械的性質検査の場合と同様な理由によるものであるが，$p_1 \leqq 8$％（$\beta \fallingdotseq 0.10$）と p_1（％）の水準を若干厳格にしたのは，製品の機械的性質という代用特性が試験片の機械的性質という代用特性よりも，よりこの製品の実用特性に近いということと，製品による試験・測定・検査の作業の方が試験片の場合よりも，より行いやすいということから，試験片の場合よりもサンプルの大きさを大にして，より確実な品質保証を行うのがよいということになり，いま，仮に JIS Z 9003：1979 の計量抜取検査方式を用いた場合を想定すると，$p_0 = 0.113 \sim 0.140$％（$\alpha \fallingdotseq 0.05$），$p_1 = 7.11 \sim 9.00$％（$\beta \fallingdotseq 0.10$））のときは，１検査ロットについてサンプル３個をサンプリングして検査すればよいことになり，検査の経済性，過去の検査実績などから考えて，この程度のロットの保証品質水準が適当であると考えられる。

12.5.3　ナットの機械的性質検査

ナットの機械的性質検査は，11.1.2 によって，硬さ及び保証荷重について行ったとき，4.2 を満足する必要がある。

また，この検査で検査ロットの保証品質水準は，次による。

(1)　ナットの硬さ検査で検査ロットの保証品質水準は，$p_0 \leqq 0.125$％（$\alpha \fallingdotseq 0.05$），$p_1 \leqq 8$％（$\beta \fallingdotseq 0.10$）とする。

なお，抜取検査方式は，JIS Z 9003：1979 に規定する計量抜取検査方式によるのがよい。

(2)　ナットの保証荷重検査は，１検査ロットについて，サンプルの大きさ２個以上について，チェック検査を行い，そのサンプル全数が 4.2 を満足する必要がある。

ここでいう１検査ロットとは，表付 2-1.8 の注 3)の(2)に合致する１製造ロットをいう。

ナット製品の硬さ検査における検査ロットの保証品質水準として $p_0 \leqq 0.125$％（$\alpha \fallingdotseq 0.05$），$p_1 \leqq 8$％（$\beta \fallingdotseq 0.10$）が採用されたのは，前項のボルト製品の機械的性質検査の場合と同様な理由によるものである。

また，ナット製品の保証荷重検査は計数値データなので，ロット別抜取検査を行うとすれば，サンプルの大きさも大となり〔例えば JIS Z 9002：1956 計数規準型一回抜取検査（不良個数の場合）（抜取検査その 2)の計数規準型一回抜取検査を用いたと仮定すれば，$p_0 = 0.125$％（$\alpha \fallingdotseq 0.05$），$p_1 = 8$％（$\beta \fallingdotseq 0.10$）の場合は，サンプルの大きさ $n = 30$，合格判定個数 $c = 0$ となる〕，また，過去の品質の実績からみて，それほどの検査費用をかけてまで，ロット別抜取検査方式の採用を現場で規定するほどのこともないということで，１検査ロットごとにサンプルの大きさ $n = 2$，合格判定個数 $c = 0$ のチェック検査を最低保証の品質水準とした。

なお，前述のロット別抜取検査の場合の保証品質水準の規定と同様に，“サンプルの大きさを2個以上”という表現を用いているのは，場合によって，サンプルの大きさが2個を超える個数について検査の必要があるときもあるであろうということを考慮し，一般にはサンプルの大きさ2個のチェック検査に合格すればよい。

12.5.4 座金の硬さ検査

座金の硬さ検査は，11.1.3によって行ったとき，4.3を満足する必要がある。

また，この検査で検査ロットの保証品質水準は，$p_0 \leqq 0.125\%$（$\alpha \fallingdotseq 0.05$），$p_1 \leqq 8\%$（$\beta \fallingdotseq 0.10$）とする。

なお，抜取検査方式は，JIS Z 9003：1979に規定する計量抜取検査方式による。

ここでいう1検査ロットとは表付2-1.8の注3)の(3)に合致する1製造ロットをいう。

座金製品の硬さ検査における検査ロットの保証品質水準として$p0 \leqq 0.125\%$（$\alpha \fallingdotseq 0.05$），$p1 \leqq 8\%$（$\beta \fallingdotseq 0.10$）が採用されたのは，前項のボルト製品の機械的性質検査の場合と同様な理由によるものである。

12.6 常温時のセットの締付軸力検査

常温時のセットの締付軸力検査を行う場合には，11.2によるものとし，その結果は5.1を満足する必要がある。

常温時のセットの締付け軸力は，トルシア形高力ボルトにとって使用性能上重要な性質であり，セットの締付け軸力の平均値の範囲と標準偏差を規定して，所定の品質水準を得るようにしている。

この方法は，JIS B 1186：2013 高力ボルトのトルク係数値の規定に準じたものである。

トルシア形高力ボルトは六角ボルトのように締付けトルクで導入軸力の調整ができず，ボルト製品自身のばらつきが締付けボルト軸力のばらつきとなるため，その管理は重要である。六角ボルトのトルク係数値の標準偏差は，平均値に対し変動係数がJIS B 1186：2013で約7%，道路橋示方書では約5%となるよう規定されている。トルシア形高力ボルトのセットの締付け軸力の標準偏差については，変動係数がJSS Ⅱ 09：2015で約7%となっているが，ここでは，六角ボルトとの関連や締付け軸力の合格判定値，保証品質水準の設定との関連から約5%となるよう設定した。

ここではJSS Ⅱ 09：2015に比べ厳しいものになっているが，現在使用されているトルシア形ボルトの$\bar{x}$-R管理図より判定した締付け軸力のばらつきは，ほとんどのメーカーで3%から5%の範囲におさまり，管理の行き届いたメーカーであれば十分対応できる数字である。

締付け軸力のばらつきが規定を満足しているかどうかについては，12.6(1)にあるように，ボルトメーカーが作成している$\bar{x}$-R管理図の提出によって確認するものとする。同図において軸力のばらつきが変動係数でおおむね5%に相当する標準偏差（表付2-1.8）以下で安定状態にあれば，条件を満たしていると考える。これは12.6(1)で締付けボルト軸力の標準偏差の保証水準として，標準相対誤差8％及び危険率5％を規定しており，この保証水準でロットの標準偏差を保証するのにサンプルの大きさ $n=5$，提検ロットを含むサンプルの組数 $k=25$ のデータが必要となることによっている。

手順は，まず提検ロットのデータを含む最近の $\bar{x}$-R 管理図又は検査データなどから標準偏差を求め，表付2-1.8の値，すなわち変動係数 CV が約5％以下であることを検定し，この条件を満たすことを確認したうえで，標準偏差既知とし平均値が規定の範囲にあることを検定することとしている。

検査ロットの保証品質水準は次による。ここでいう1検査ロットとは表付2-1.8の注3)に合致する1製造ロットをいう。

(1) 検査ロットの締付軸力の標準偏差の保証品質水準は，危険率5％以下，相対標準誤差8％以下とする。

ここに，12.6(1)の適用に当たっては，工程が安定状態にある場合は，検査ロットのデータを含む最近の $\bar{x}$-R 管理図による。

ロットの標準偏差を保証する抜取検査方式は，まだ一般に用いられていないので，統計的方法（検定・推定）の考え方をとり入れ，抜取検査方式における生産者危険(α)に相当するものとして危険率5％の水準を，消費者危険(β)に相当するものとして標準相対誤差8％の水準を，最低保証の品質水準とした。

ここに，標準相対誤差とは，サンプルの統計量の標準偏差を，その統計量の期待値で除したもので，一般に推定の精度を示す尺度として用いられるものである。

いまサンプルの範囲 R を用いてロットの標準偏差を推定する場合について考えてみれば，サンプルの範囲 R の期待値及び標準偏差は，次の式で示される。

$E(R)=d_2$[注7] σ・・・・・・期待値

$D(R)=d_3$[注7] σ・・・・・・標準偏差

したがって，その標準相対誤差は，次の式のようになる。

$$\text{標準相対誤差}=\frac{D(R)}{E(R)}=\frac{d_3\sigma}{d_2\sigma}=\frac{d_3}{d_2}$$

注7）d_2 及び d_3 は，サンプルの大きさによって変化する係数で，統計数値表にその値が示されている。

また，前述のロットの不良率を保証する場合のロット別抜取検査のときの保証品質水準と同様に，“危険率5％以下，標準相対誤差8％以下”という表現を用いているのは，例外的には，危険率5％，標準相対誤差8％よりも厳格な水準で品質保証の必要がある場合もあるであろうということを考慮して，このようにしたのであって，一般には，危険率5％，標準相対誤差8％の水準でロットの品質保証をすればよい。

また，ロットの標準偏差の保証には，ロットの平均値の保証の場合に比較して，多数のデータを必要とするので，1検査に提出された検査ロットから得られるデータだけで規定の品質保証を行うことは，実際問題として経済的に不可能なので，前述のようにこの製品のロットの供給者としては，品質管理をよく実施していて工程が安定している製造業者を対象とすることを前提条件とし，提検ロットを含む最近の $\bar{x}$-R 管理図のを用いて，$\hat{\sigma}=\overline{R}/d_2$ によってロットの標準偏差を推定し，その標準偏差が規定の水準に達しているかどうかを判定すればよい。

標準相対誤差8％という水準は，仮にサンプルの大きさ $n=5$ で，サンプルの組数 k=25（提検ロットを含む）の $\bar{x}$-R 管理図を用いて，$\hat{\sigma}=\overline{R}/d_2$ で提検ロットの標準偏差を推定したとすれば，その場合の $\hat{\sigma}=\overline{R}/d_2$ の標準相対誤差は，次の式に示すようになる。

$$標準相対誤差=\frac{1}{\sqrt{k}}=\frac{d_3}{d_2}=\frac{1\times 0.864}{\sqrt{25}\times 2.326}=0.074$$

すなわち，その場合の標準相対誤差は7.4％となるが，この程度の推定のばらつきならば実用上支障はないであろうということと，この程度のデータ（サンプルの大きさ $n=5\times 25=125$）をとることは，標準偏差を保証するためにはやむを得ないであろうということから，この値（7.4％）を丸めた8％という値を標準相対誤差の値とし，間接的に標準偏差を保証するのに最小限必要なサンプルの大きさを定めた。

(2) 検査ロットの締付軸力の平均値の保証品質水準はサンプルの大きさ5本に対して表付2-1.13に示す値以上とする。

表付2-1.13　常温時の締付軸力の平均値の保証品質水準

（$n=5$，単位 kN）

ねじの呼び (d)	下限についての値		上限についての値	
	$m_0''(\alpha\doteqdot 0.05)$	$m_1''(\beta\doteqdot 0.10)$	$m_0'(\alpha\doteqdot 0.05)$	$m_1'(\beta\doteqdot 0.10)$
M20	179	165	195	209
M22	220	205	241	256
M24	250	238	281	299

備考　1. m_0', m_1', m_0'', m_1'' の意味はJIS Z 9003：1979の規定による。
　　　2. 標準偏差は，12.6(1)によって求められた値を用いる。

検査ロットの締付け軸力の平均値を保証する場合の計量抜取検査方式としては，JIS Z 9003：1979とJIS B 1186：2013のセットのトルク係数値検査の項を参考とし，単純化を図っている。

a) 立会試験を行う場合，工場の管理の状況を $\bar{x}$-R 管理図などから十分に読み取り，JIS Z 9003：1979参考の6.1の方法をそのまま適用すると合格判定値が変化する。合格判定値が変動することは一般に理解されにくく，トラブルの原因になることが多いので，規格値として合格判定値を与え，これを定数とした。

b) 抜取本数 n は，トルク係数値の検査の経験から，実際の管理時に n を増減することは少なく，過剰な抜取本数とならないよう規格全体の設定値から $n=5$ と定めた。

このようにして定められた規格値によって品質管理を行ったときに，締付け軸力の変動係数が 5％を大幅に上回った場合には，危険側で評価することになることが予想される。

このことに関して，締付け軸力の変動係数 CV と，消費者危険 β 及び生産者危険 α の関係を求めると，消費者危険が 10％を超えるのは変動係数が 6％以上であり，生産者危険が 5％を超えるのは変動係数が 5％以上である。

以上説明した検査の水準は，決して製造される品質の水準そのものではなく，あくまでも検査で保証される水準であり，実際に製造される製品の品質は，締付け軸力の平均値が製造のねらい目を中心とした正規分布となる。

12.7　セットの締付軸力の温度依存性検査

セットの締付軸力の温度依存性検査を行う場合には，11.3 によるものとし，その結果は 5.2 を満足する必要がある。

検査ロットの締付軸力の平均値の保証品質水準はサンプルの大きさ 5 本に対して表付 2-1.14 に示す値以上とする。ただし，特に必要がある場合は，対象とするセット及び試験数量を変更してもよい。

表付 2-1.14　セットの締付け軸力の温度依存性の平均値の保証品質水準

（$n=5$，単位 kN）

ねじの呼び (d)	下限についての値		上限についての値	
	$m_0''(\alpha \fallingdotseq 0.05)$	$m_1''(\beta \fallingdotseq 0.10)$	$m_0'(\alpha \fallingdotseq 0.05)$	$m_1'(\beta \fallingdotseq 0.10)$
M20	173	161	204	216
M22	214	199	252	268
M24	250	232	294	312

備考　1. m_0', m_1', m_0'', m_1'' の意味は JIS Z 9003：1979 の規定による。
　　　2. 標準偏差は，12.6(1)によって求められた値を用いる。

表面処理条件によりセットの締付け軸力の温度依存性が決定されるが，この性能評価の方法として，常温（10～30℃），低温（0℃），高温（60℃）の締付け軸力試験を行い，その結果が 5.2 の規定に適合するか否かによって判定することとした。

ここでも 12.6 と同様，標準偏差既知として JIS Z 9003：1979 の抜取検査方式を採用しているため，当該表面処理条件に対する各試験温度でのロットの標準偏差を求めておく必要がある。

標準偏差を保証する方法は，12.6(1)を参考とし，各ロット $n=5$ で 25 ロットによって求める方法を推奨する。

この保証された標準偏差決定後は，その標準偏差が 5％以下であれば，表付 2-1.13 の

m_0'', m_1'', m_0', m_1'によって$n=5$で検査する場合，合否判定値は表付 2-1.9 の上・下限値としてよい。

13. 製品の呼び方

セットの呼び方は，規格番号又は規格名称，ボルトの機械的性質による等級，ねじの呼び × ボルトの長さ (l) とするが，その他，特に指定事項がある場合は括弧等を付けて示す。

14. 表　　示

14.1　製品の表示

セットの構成部品に対する表示は，次による。

セットの構成部品に対しての製品の表示は，製造業者の製品に対する保証を明確にするばかりでなく，管理上，使用上ともに必要なことである。諸外国でも個々の部品に対して必ず表示がなされている。

(1)　ボルト頭部の上面に，次の事項を浮き出し又は刻印で表示する必要がある。

1)　ボルトの機械的性質による等級を示す表示記号（S10T）

2)　製造業者の登録商標又は記号

ボルトには図付 2-1.14 に示すようにボルト頭部上面に，一般には浮き出しで表示している。

なお，製品の標準化を促進する意味で，発注者を示す登録商標又は記号は表示しないことを原則としている。

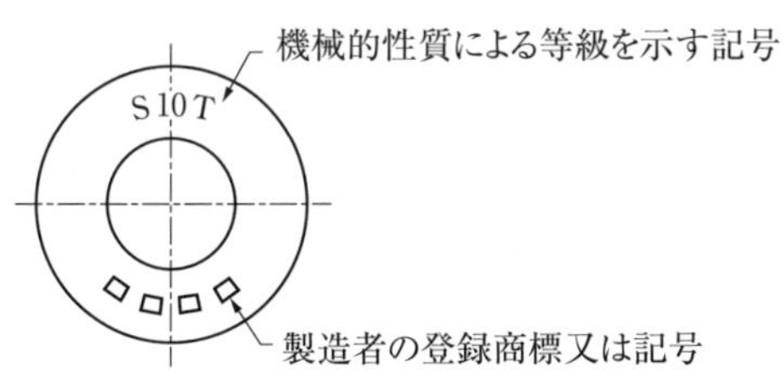

図付 2-1.14　ボルト頭部上面の表示

⑵　ナット上面に，ナットの機械的性質による等級を示す表示記号を表付 2-1. 15 の表示記号を用いて浮き出し又は刻印で表示する必要がある。

なお，製造業者の登録商標又は記号を表示しても差し支えない。

表付 2-1. 15　ナットの表示記号

ナットの機械的性質による等級	表示記号
F10	

ナットは，JIS B 1186：2013 に規定されている F10 と何ら異なるところはない。JIS B 1186：2013 の場合と同様に表示記号は表付 2-1. 15 に示すように円弧状で明りょうに表示されていればよい。

⑶　座金には，機械的性質の等級を示す記号は，表示しない。

なお，製造業者の登録商標又は記号を表示しても差し支えない。

座金 F35 は，JIS B 1256：2008 に規定されている座金に比較して厚さが厚く，そのうえ熱処理も施されて硬化しており，容易に識別することができるので，記号は表示しないこととした。

14. 2　包装の表示

包装には，使用者側の使用の便を図り，製造業者側の製品保証を明確にするため，次の事項を明りょうに表示する必要がある。

⑴　規格名称

⑵　ボルトの機械的性質による等級（S10T）

⑶　ねじの呼び×ボルトの長さ（l）

⑷　数　　量

⑸　指定事項

⑹　製造業者名又は登録商標

⑺　セットの製造ロット番号

⑻　セットの締付軸力検査年月

引用規格

JIS B 0205-1：2001	一般用メートルねじ—第 1 部：基準山形
JIS B 0205-2：2001	一般用メートルねじ—第 2 部：全体系
JIS B 0205-3：2001	一般用メートルねじ—第 3 部：ねじ部品用に選択したサイズ
JIS B 0205-4：2001	一般用メートルねじ—第 4 部：基準寸法
JIS B 0209-1：2001	一般用メートルねじ—公差—第 1 部：原則及び基礎データ
JIS B 0209-2：2001	一般用メートルねじ—公差—第 2 部：一般用おねじ及びめねじの許容限界寸法—中（はめあい区分）
JIS B 0209-3：2001	一般用メートルねじ—公差—第 3 部：構造体用ねじの寸法許容差
JIS B 0209-4：2001	一般用メートルねじ—公差—第 4 部：めっき後に公差位置 H 又は G にねじ立てをしためねじと組み合わせる溶融亜鉛めっき付きおねじの許容限界寸法
JIS B 0209-5：2001	一般用メートルねじ—公差—第 5 部：めっき前に公差位置 h の最大寸法をもつ溶融亜鉛めっき付きおねじと組み合わせるめねじの許容限界寸法
JIS B 0251：2008	メートル並目ねじ用限界ゲージ
JIS B 1041：1993	締結用部品—表面欠陥　第 1 部：一般要求のボルト，ねじ及び植込みボルト
JIS B 1042：1998	締結用部品—表面欠陥　第 2 部：ナット
JIS B 1051：2014	炭素鋼及び合金鋼製締結用部品の機械的性質—第 2 部：強度区分を規定したボルト，小ねじ及び植込みボルト—並目ねじ及び細目ねじ
JIS B 1052-2：2014	炭素鋼及び合金鋼製締結用部品の機械的性質—第 2 部：強度区分を規定したナット—並目ねじ及び細目ねじ
JIS B 1180：2014	六角ボルト
JIS B 1181：2014	六角ナット
JIS B 1186：2013	摩擦接合用高力六角ボルト・六角ナット・平座金のセット
JIS B 1256：2008	平座金
JIS Z 2241：2011	金属材料引張試験方法
JIS Z 2245：2011	ロックウェル硬さ試験方法
JIS Z 2320-1：2007	非破壊試験—磁粉探傷試験—第 1 部：一般通則
JIS Z 2343-1：2008	非破壊試験—浸透探傷試験—第 1 部：一般通則：浸透探傷試験方法及び浸透指示模様の分類
JIS Z 8401：1999	数値の丸め方
JIS Z 9002：1956	計数規準型一回抜取検査（不良個数の場合）（抜取検査その 2）
JIS Z 9003：1979	計量基準型一回抜取検査（標準偏差既知でロットの平均値を保証する場合及び標準偏差既知でロットの不良率を保証する場合）
JIS Z 9015-0：1999	計数値検査に対する抜取検査手順

参考規格

ASTM F3125-15：2015　Standard Sp ecification for High Strength Structural Bolt, Steel and Alloy Steel, Heat Treated, 120 ksi（830MPa）and 150 ksi（1040MPa）Minimum Tensile Strength, Inch and Metric Dimensions

JIS B 0101：2013　ねじ用語

JSS II 09：2015　構造用トルシア形高力ボルト・六角ナット・平座金のセット（日本鋼構造協会）

表付 2-1.16　摩擦接合用トルシア形高力ボルト

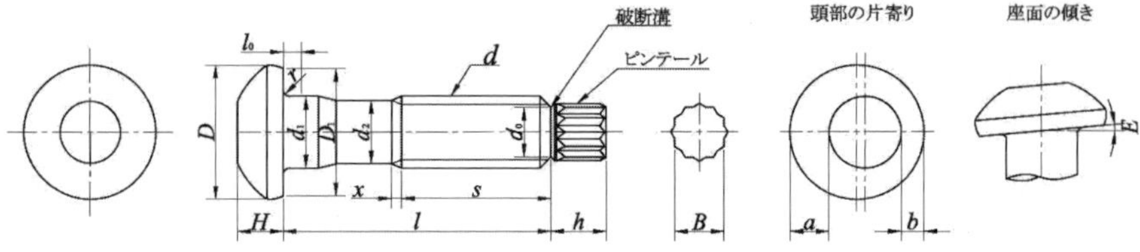

単位 mm

ねじの呼び (d)	d[8] 基準寸法	d[8] 許容差	D_1 最小	D 最小	H 基準寸法	H 許容差	d_0 基準寸法	d_0 許容差	h 約	B 基準寸法	B 許容差	r 約	$a-b$ 最大	E 最大	s 基準寸法	s 許容差
M20	20	+0.8 / −0.4	33	34	13	±0.9	規定しない	規定しない	18	14.1	±0.3	1.2〜2.0	0.9	1°	35	+6 / 0
M22	22		37	38.5	14				19	15.4			1.1		40	
M24	24		41	43	15				20	16.8		1.6〜2.4	1.2		45	

ねじの呼び	l 基準寸法 30	35	40	45	50	55	60	65	70	75	80	85	90	95	100	105	110	115	120	125	130	135	140	145	150	155	160	165	170	175	180	190	200	210	220
M20				○	○	○	○	○	○	○	○	○	○	○	○	○	○	○	○	○	○	○	○												
M22					○	○	○	○	○	○	○	○	○	○	○	○	○	○	○	○	○	○	○	○	○	○	○								
M24						○	○	○	○	○	○	○	○	○	○	○	○	○	○	○	○	○	○	○	○	○	○	○	○	○	○				
lの許容差	±1.0					±1.4														±1.8															

注8)　d_1 の測定位置は，$l_0 \fallingdotseq d_1/4$ とする。

備考　1. 不完全ねじ部の長さ x は，約 2 山とし，全ねじの場合は，約 3 山とする。

2. d_1 はねじの有効径にほぼ等しくすることができる。
なお，この場合の首下丸み r は，次のようにしてもよい。

単位 mm

ねじの呼び	M20	M22	M24
r	2.0〜3.3		2.5〜3.8

3. l 寸法で○印の付けてあるものは，推奨する長さ l を示したものである。
4. l 及び s は，特に必要がある場合には，指定によって上表以外のものを使用することができる。

表付 2-1.17　摩擦接合用高力六角ナット

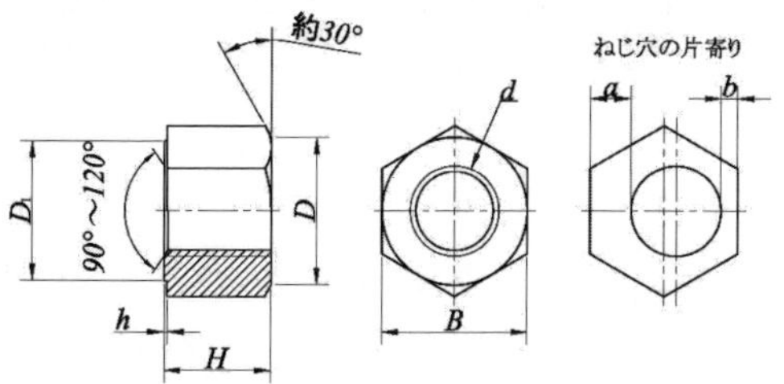

単位 mm

ねじの呼び (*d*)	おねじの外径	*H*		*B*		*D*	D_1	*a*−*b*	*h*
		基準寸法	許容差	基準寸法	許容差	(参考)	最小	最大	
M20	20	20	±0.4	32	0 −1	30	29	0.9	0.4～0.8
M22	22	22		36		34	33	1.1	
M24	24	24		41		39	38	1.2	

備考　ナット座面側のねじ部の面取りは，その直径が 1.0*d*～1.05*d*とする。

表付 2-1.18　摩擦接合用超高力平座金

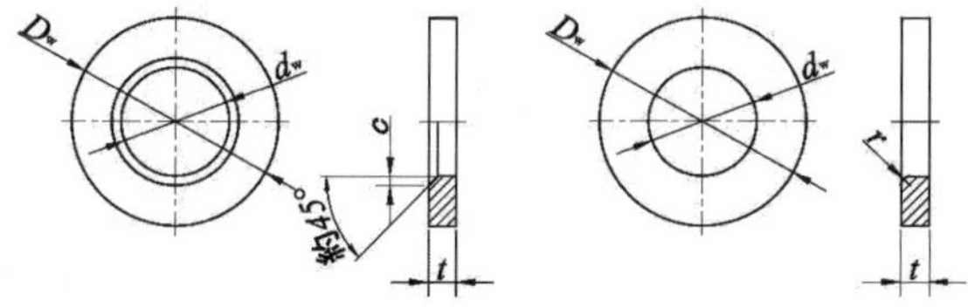

単位 mm

座金の呼び	d_w		D_w		*t*		*c* 又は *r*
	基準寸法	許容差	基準寸法	許容差	基準寸法	許容差	(参考)
20	21	+0.8 0	40	0 −1	4.5	±0.5	2.0
22	23		44		6	±0.7	
24	25		48				2.4

備考　上図には 45° の面取り(*c*)を行ったもの及び丸み(*r*)を付けたものを示してあるが，この両者のいずれを用いてもよい。

付録 2-2　摩擦接合用トルシア形超高力ボルト (S14T)・六角ナット・平座金のセット

1. 適用範囲

この資料は，摩擦接合用トルシア形超高力ボルト・六角ナット・平座金のセット（以下，セットという）は，F10T 及び S10T より高強度で，かつ耐遅れ破壊性能を改善したトルシア形高力ボルトのうち，S14T（引張強度 1400N/mm^2 以上）について適用できる。

また，適用ボルトの径は，M22，M24 とする。

2. 構　　成

セットは，3. に示す丸頭でねじ先端にピンテールが突出する摩擦接合用トルシア形超高力ボルト（以下，ボルトという。）1 個，摩擦接合用超高力六角ナット（以下，ナットという。）1 個，摩擦接合用超高力平座金（以下，座金という。）1 個により構成される。

3. 種類・等級

セットの種類・等級は，1 種類，1 等級とし，セットを構成する部品の機械的性質による等級の組合せは，表付 2-2.1 による。

表付 2-2.1　セットの種類及び構成部品の機械的性質による等級の組合せ

セットの構成部品	ボルト	ナット	座金
機械的性質による等級	S14T	F14	F35M

4. 機械的性質

4.1　ボルトの機械的性質

4.1.1　試験片の機械的性質

ボルトから採取した試験片の機械的性質は，11.1.1(1)によって試験した場合，表付 2-2.2 を満足する必要がある。

表付 2-2.2　ボルト試験片の機械的性質

ボルトの機械的性質による等級	耐力 N/mm^2	引張強さ N/mm^2	伸び %	絞り %
S14T	1260 以上	1400～1490	14 以上	40 以上

トルシア形超高力ボルトは，所要の締付け軸力を与えうる強さがあり，施工時の締付け軸力は降伏点に近い応力になるのでそれに耐えることを要し，施工及び締付け後の衝撃外力に対してじん（靭）性を有し，高応力が作用しても長期間安全である必要がある。

ボルトの機械的性質を規定する際，できるだけボルト製品に対する試験における値を規定することが望ましいが，耐力，伸び，絞りの値は，試験片によらなければ求められないので，試験片の機械的性質と製品の機械的性質の２つを定めている。

ボルト製品から採取した平行部を有する試験片の伸びが表付 2-2.2 の規定値を満足しても，耐力の引張強さに対する比（これを降伏比と呼ぶ）が大きいとボルト製品の変形能力が小さくなることは，理論的にも実験的にも明らかにされている。したがって，ボルトの変形能力はボルトを締め付けるときの事故防止の観点からも必要であることから，降伏比が 1.0 に近づかないよう耐力の値を設定することが望ましい。

なお，硬さはボルトで確認すればよい。

設定値のうち，耐力としているのは，調質高張力鋼では降伏点の判定に困難な場合もあるので，JIS Z 2241：2011 にあるように 0.2%残留ひずみの値である耐力を示すものである。ただし，応力ひずみ曲線で明りょうなおどり場を示し，降伏点が明らかな場合は実用上その値を用いてもよい。

衝撃値は定めていないが，寒冷地などで衝撃値の保証を必要とする場合など，必要に応じて確認するのがよい。

4.1.2　製品の機械的性質

製品の機械的品質は，11.1.1(1)によって引張試験をした場合，表付 2-2.3 の引張荷重（最小）未満で破断することなく，引張荷重を増加したとき，頭とびをしてはならない。

また，11.1.1(2)によって硬さ試験をした場合，表付 2-2.3 の硬さを満足する必要がある。ただし，ボルトの引張試験を行い合格したものについては，硬さ試験を省略することができる。

表付 2-2.3　ボルトの機械的性質

ボルトの機械的性質による等級	引張荷重（最小）（kN）		硬さ
	ねじの呼び		
	M22	M24	
S14T	442	517	39～47HRC

表付 2-2.3 の引張荷重（最小）の値は，表付 2-2.2 の引張強さの最小値にねじ部有効断面積（表付 2-2.4 を乗じた値を有効数字 3 けたに切り上げた値を基本としている。

表付 2-2.4　ボルトねじ部の有効断面積

ねじの呼び	M22	M24
有効断面積（mm^2）	316	369

ボルトの破断位置は，ねじ部破断でも円筒部破断でもよい。円筒部破断の場合は，当然局部絞りを伴う破面を示すものであり，頭部から円筒部の移り変わり部に近い箇所で絞りを伴わないような破断は，頭とびと考えるべきである。円筒部径とねじ部外径とが等しいボルトは普通ねじ部で破断し，それ以外の場所で破断したものは欠陥があるものと考えられる場合が多い。

S14T の硬さの規定値は S10T の規格及び引張強さの近似値を参照しつつ，実績も勘案して 39HRC から 47HRC としている。試験片の引張試験において引張強さの上限を規定するなら，硬さについては参考値として扱うこともできるため，省略することができるとしている。

4.2　ナットの機械的性質

ナットの機械的性質は，11.1.2によって試験した場合，表付2-2.5を満足する必要がある。

表付 2-2.5　ナットの機械的性質

ナットの機械的性質による等級	硬さ		保証荷重
	最小	最大	
F14	30HRC	40HRC	表 3 のボルトの引張荷重（最小）に同じ。

ナットの高さ H を，おねじの外径に等しい値とした場合，ナットが接合上の強さを保つためには，ナットの引張強さは，ボルトの引張強さの 60％から 75％以上を必要とすることが経験的に確かめられている。しかし，ナットを直接引張試験することは困難なので，それを硬さによって定め（表付 2-2.6），さらに安全率を見込んで表付 2-2.19 のようにナット高さ H は F10 と比較して 2 割ほど大きくしている。

なお，表付 2-2.5 に示すナットの保証荷重は JIS B 1052-2：2014（締結用部品の機械的性質—第 2 部：保証荷重値規定ナット—並目ねじ）によって設定している。

表付 2-2.6　ボルトとナットとの強さの関係

ボルト		ナット					B/A 注2)
等級	引張強さ A (N/mm²)	等級	硬　さ		換算引張強さ B 注1) (N/mm²)		
			最小	最大	最小	最大	
F10T (参考)	1000～1200	F10	20HRC	35HRC	760	1100	0.76，0.92
S14T	1400～1490	F14	30HRC	40HRC	950	1250	0.68，0.84

注1)　硬さに対する引張強さの参考値。
注2)　A，B の下限値及び上限値をそれぞれ組み合わせて算出した。

4.3　座金の硬さ

座金の硬さは，11.1.3 によって試験した場合，表付 2-2.7 を満足する必要がある。

なお，浸炭焼入れ焼戻しを行って表面だけを硬化した座金は，ボルト軸力の増大によって座金がへこみ，締付け精度などに悪影響のある場合がある。そのため，座金は，浸炭焼入れ焼戻しなどによって表面硬化をしないものとする。

表付 2-2.7　座金の硬さ

座金の機械的性質による等級	硬さ
F35M	35～50HRC

S14T の座金の硬さは S10T の値を踏襲しつつ，35～50HRC と幅広く設定し，F35M と呼称することとしている。ただし，締付試験やリラクセーション試験により適正な軸力が得られ，想定外の軸力の抜けが無いことを確認する必要がある。

5. セットの締付軸力

導入された締付けボルト軸力は，平均値が設計ボルト軸力（N_D）を満足し，個々のボルトの軸部は降伏することのないよう最大値をおさえる必要があり，合格判定値及び保証水準は，この考え方を満たすように設定している。

5.1　常温時のセットの締付軸力

常温時のセットの締付軸力は 11.2 により試験した場合，表付 2-2.8 を満足する必要がある。

表付 2-2.8　常温時のセットの締付軸力

単位 kN

ねじの呼び (d)	1製造ロット注3)のセットの 締付軸力注4)の平均値	1製造ロット注3)のセットの 締付軸力注4)の標準偏差
M22	311～373	23.5 以下
M24	363～435	27.5 以下

注 3)　ここでいう1製造ロットとは，セットを構成するボルト，ナット及び座金が，それぞれ同一ロットによって形成されたセットのロットをいう。

ここでいうボルト，ナット及び座金の同一ロットとは，(1)から(3)に合致するものをいう。セットのロットとは，(4)に合致するもとをいう。

(1)　ボルトの同一ロットとは，ボルトの(a)材料（鋼材）の溶解番号，(b)機械的性質による等級，(c)ねじの呼び，(d)長さ l，(e)機械加工工程，(f)熱処理条件が同一な1製造ロットをいい，さらに表面処理を施した場合には，(g)表面処理条件が同一な1製造ロットをいう。ただし，長さ l の多少の違いは同一ロットとみなすことができる。

(2)　ナットの同一ロットとは，ナットの(a)材料（鋼材）の溶解番号，(b)機械的性質，(c)ねじの呼び，(d)機械加工工程，(e)熱処理条件が同一な1製造ロットをいい，さらに表面処理を施した場合には，(f)表面処理条件が同一な1製造ロットをいう。

(3)　座金の同一ロットとは，座金の(a)材料（鋼材）の溶解番号，(b)機械的性質による等級，(c)座金の呼び，(d)機械加工工程，(e)熱処理条件が同一な1製造ロットをいい，さらに　表面処理を施した場合には，(f)表面処理条件が同一な1製造ロットをいう。

(4)　セットのロットとはセットを構成するボルト，ナット，座金のそれぞれが同一ロットからなる一群のセット（以下基本セットと称する。）に対してロットとしての番号を付与するものとする。この基本セットの構成に於いて，ボルト，ナット，座金の製造個数の不揃いにより，同一ロットのボルトに対し，やむをえず基本セットとは異なるロットのナット，座金を組み合わせた場合（以下派生セットと称する。），基本セットのロット番号とは区分した別のセットとしてのロット番号を付与する。このような派生セットのロットは一種類とは限らない。この状況と使用実況を勘案し基本セットと派生セットの製品性状が次の4条件全てを充足するときは派生セットの諸性状は基本セットと同じものとして取り扱うことができるものとする。

a)　派生セットでは，ボルトは基本セットのボルトと同一のロットであり，ナット，座金はそれぞれ同一のメーカーの製品でなければならない。

b)　基本セットのロット，派生セットのロット，それぞれのロットについてセットとしての所定の試験・検査を実施し，その記録を社内に保存する。

c)　基本セットのロット，派生セットのロット，それぞれのセットから抽出する5本の軸力試験結果を総合した全数の変動係数が5％以下であること。

d)　基本セットのロット，派生セットのロット，それぞれのセットから3本抽出して 11.1.1（1.3）に規定するセットの引張試験を行い，全試験体の引張荷重がほぼ同じで，破壊状態が頭とびやねじ抜けが起こらず，ボルトねじ部が延性破断することを確認する。ただし，首下長さが短くて試験装置に納まらない場合は本項を省略することができる。

注 4)　ここでいう軸力とは，トルクを加えて締め付けたボルトにおいて破断溝が破断したときにボルト軸部に作用する引張力をいう。

表付 2-2.8 では常温時（10～30℃）のセットの締付け軸力の平均値及び標準偏差の合格判定値を示している。平均値の合格判定値は JIS Z 9003：1979〔計量規準型一回抜取検査(標準偏差既知でロットの平均値を保証する場合及び標準偏差既知でロットの不良率を保証する場合)〕に準拠し，表付 2-2.15 の保証品質水準から求めたものである。

表付 2-2. 8 に規定した常温時のセットの締付け軸力の平均値及び表付 2-2. 15 の検査ロットの締付け軸力の平均値の保証品質水準の規定をボルトねじ部の応力度により表示すると図付 2-2. 1 のとおりである。

ここで，m_1' 及び m_1'' は締付け軸力の平均値が，この範囲を超えるロットは不合格としたいという意味をもつもので，使用者側の要求により決定される数字であり，m_0' 及び m_0'' は軸力の平均値が，この範囲に入るロットは合格としたいという意味をもつもので，メーカー側の品質管理能力及び経済性を考慮して決められるものである。また，$\overline{X}_U$ 及び $\overline{X}_L$ は上・下限の合格判定値を表わす。

図付 2-2. 1 の値は JIS Z 9003：1979 にならって，生産者危険 $\alpha=5\%$，消費者危険 $\beta=10\%$ として定めたものであるが，構造上要求される m_1 の下限値及び上限値を定め，必要となるサンプル数 5 セット，締付け軸力の変動係数 5 %（$\sigma=52\text{N/mm}^2$）として，m_0 の上・下限値及び $\overline{X}_U$，$\overline{X}_L$ を計算した。なお，締付け軸力の変動係数が 5 %より低いときは，JIS Z 9003：1979 の規定により，サンプル数を減らすことができる。

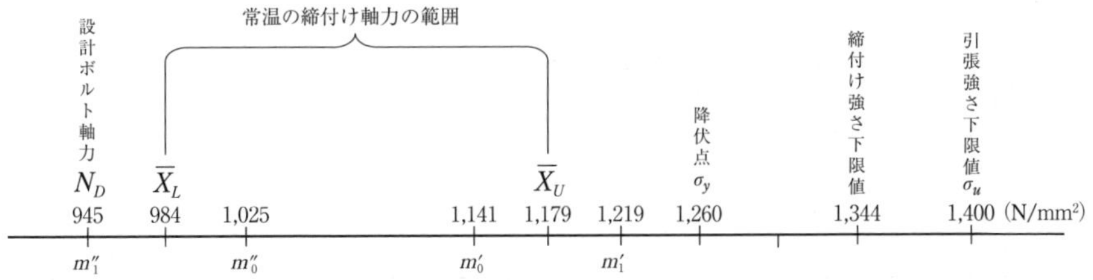

図付 2-2. 1　常温時の締付けボルト軸力に関する諸数値

なるべく不合格としたいロットの平均値の下限値を示す m_1'' の値は，一継手のボルト群の締付け軸力の平均値が設計ボルト軸力を下回らないという考えから，$m_1''=N_D$ として定めている。

以降，軸力規定値は JSS II 09：2015 の考え方に基づいて設定している。

5. 2　セットの締付軸力の温度依存性

セットの締付軸力の温度依存性は，11. 3 の規定により 1 製造ロット（表付 2-2. 8 の注3)）について試験した場合，締付軸力の各温度での平均値が表付 2-2. 9 に適合しなければならない。

表付 2-2.9　セットの締付軸力の温度依存性

単位 kN

ねじの呼び (d)	1 製造ロット注5)のセットの締付軸力注6)の平均値
M22	299～391
M24	349～457

注5)　ここでいう製造ロットとは表付 2-2.8 の注3)に合致するものをいう。
注6)　ここでいう締付軸力とは表付 2-2.8 の注4)に合致するものをいう。
備考　長さ l が短いためセットの締付軸力試験ができない場合の処置は，受渡当事者間の協定による。

表付 2-2.9 では適用温度範囲（0～60℃）で温度依存性を考慮したセットの締付け軸力の平均値の合格判定値を示している。平均値の合格判定値は JIS Z 9003：1979 に準拠し，表付 2-2.16 の保証品質水準から求めたものである。

締付けボルト軸力の温度依存性を考慮し，0℃から 60℃の温度条件下で試験したとき満足すべき合格判定値と諸保証値の関係は図付 2-2.2 のとおりである。

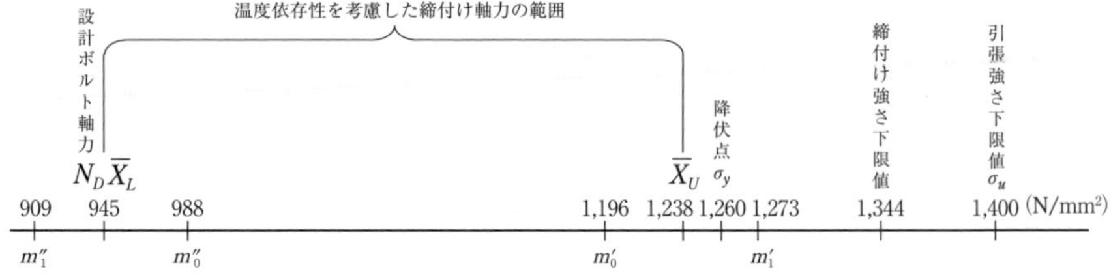

図付 2-2.2　温度依存性を考慮した締付けボルト軸力に関する諸数値

なお，ボルト軸力の温度依存性は，製造メーカーごとに一定の傾向を有していることが実験から明らかとなっていることから，四半期程度以内を目安として温度依存性試験を行った資料のある場合には，この試験を省略しても差し支えない。

6. 形状・寸法

ボルト，ナット，座金の形状及び寸法は，表付 2-2.18 から表付 2-2.20 による。

7. ねじ・破断溝

ボルト及びナットのねじは，JIS B 0205-1～4：2001（一般用メートルねじ規格群）に規定するメートル並目ねじに準拠する。ねじピッチは，表付 2-2.10 に示すとおりとする。

またその公差域クラスは，JIS B 0209-1～2：2001（一般用メートルねじ―公差 規格群）の6H/6gとする。

ボルトのねじ及び破断溝は製作精度と経済性を考慮して転造によって加工し，破断溝は所定の締付軸力に達したときに破断するものとする。

表付 2-2.10 ねじピッチ

単位 mm

ねじの呼び	M22	M24
ピッチ	2.5	3

ねじの等級については JIS B 0209-1～5：2001 の主旨にそって，ナットのねじ等級を6H，ボルトのねじ等級を 6g に準じることとしている。

8. 外　　観

8.1 ボルトの外観

ボルトの外観は，焼割れ及び使用上有害なきず，かえり，さび，ねじ山のいたみなどの欠点があってはならない。ここでいう有害なきず等は JIS B 1041：1993 による。

ねじ部のさびや製造中又は運搬中に生ずるねじ山のいたみは，トルク係数値に悪影響を与えるので，そのような欠点を生じないように注意しなければならない。

ここで有害なきず等は，JIS B 1041：1993 を適用し，表面欠陥に対する許容限界を明確にした。

トルシア形ボルトの頭部形状は，丸頭であり JIS B 1186：2013 の高力六角ボルトと形状を異にしている。図付 2-2.3 のように丸頭の頭部周辺に時たま発見されるきずは，素材の伸線工程におけるかききずが拡大されたものが多く，この場合には，ボルトの性能に直接的な支障はないものとされている。

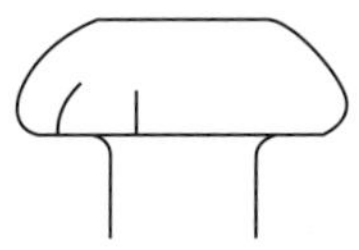

図付 2-2.3 頭部のきずの例

ボルトの製造法は，熱間圧延棒鋼，もしくはコイルの表面を機械仕上げすることなく成形するため，素材のもっている表面欠陥はそのまま残留するか，あるいは拡大された形で現われやすいものである。

ボルト製品のきずに関する規定としては，現行の JIS B 1186：2013 には明確なきずの判断基準はなく，JIS B 1041：1993 に定められている。

JIS B 1041：1993 によれば，焼割れについては，深さ，長さ，幅及び場所のいかんに関わらず許容しないが，他の表面きずについては，幅，深さで許容限界を設けている。ただし，その品質保証水準については触れていないので ASTM F3125-15：2015 に規定されている抜取検査方法を参考にするのがよい。

JIS B 1186：2013 の高力ボルトと同様に，仕上程度及び外観は機能に直接影響する箇所を除き高水準を要求しない品質要求であるが，抽象的な表現でなく，焼割れでない素材の表面欠陥に起因するすじきず，さけきず等について JIS B 1041：1993 を適用することにした。

8.2　ナットの外観

ナットの外観は，焼割れ及び使用上有害なきず，かえり，さびなどの欠点があってはならない。ここでいう有害なきず等は JIS B 1042：1998（締結用部品―表面欠陥　第2部：ナット）による。

ボルトと異なりナットのねじ部は，きりこ（切り粉）その他の異物があると除去しにくく，それが使用時のトルク係数値の不安定や焼付きなどの障害をもたらすので，その付着には注意しなければならない。

8.3　座金の外観

座金の外観は，焼割れ及び使用上有害なきず，ばり，さびなどの欠点や著しいわん曲があってはならない。

座金を打抜加工によって製作する場合に生ずる裏面のまくれや穴内面の欠点は，ボルトやナットを損傷することもあるので，十分注意しなければならない。

また，座金のわん曲は，トルク係数値を変動させる原因の一つとなるので，著しくわん曲している座金はきょう正しておく必要がある。

9. 材　　料

ボルト，ナット及び座金の材料は，製品が 4. から 8. を満足するものを用いる必要がある。また，ボルトに使用する材料の耐遅れ破壊特性は 11.5 によって試験した場合，表付 2-2.11 を満足する必要がある。さらに，必要に応じて付加試験を実施してもよい。

表付 2-2.11　超高力ボルトの耐遅れ破壊特性

等級	放置時間	破断の有無
S14T	96 時間	破断しないこと

ボルト，ナット及び座金の材料とその加工方法は特に規定していない。これは所要の性能を発揮するのに適した材料，加工方法の選択を自由にして，より優れた製品の開発を期待しているためである。

セットに要求される性質は 4. から 8. で定めているが，これによって具備すべき条件の全てが尽くされているわけではなく，使用条件に応じて耐火上の問題からの焼戻し温度の限度，寒冷地などにおいての衝撃に対する注意，遅れ破壊の問題など，考慮しなければならない問題がある。

このうち，特に遅れ破壊に対しては S10T よりもさらに慎重に取り組む必要があるが，耐遅れ破壊特性の全てが明らかになっているとは言い難い。

そのため，最低限具備すべき耐遅れ破壊性について示しているが，必要に応じて付加試験を実施してもよい。

製造者においては材料及び加工方法の選択にあたって，各種の使用条件に応じて試験片及び製品について十分に試験・研究を行わなければならない。また，その性能は加工上の各工程における厳格な品質管理によって保たれなければならない。

10. 表面処理

ボルト，ナット及び座金には，それらの品質に有害な影響を与えない表面処理を施すことができる。表面処理はトルク係数値の安定と防せいを目的としているが，その処理にあたっては，製品の機械的性質を低下させないこと，気象条件や長期間放置による特性の変化が起こらないことを確認するなど，十分検討して実施する必要がある。

ボルト，ナット及び座金に潤滑油による表面処理を行う場合には，使用まで出荷時の状態を確保できるものとする。

ボルト，ナット及び座金に塗装による表面処理を行う場合には，表付 2-2. 12 に示される被膜性能を有するものとする。ただし，塗装を施したボルト，ナット及び座金に上塗りを行う場合，上塗り塗料との付着に異常があってはならない。

表付 2-2.12　防せい被膜性能

項　目	被　膜　性　能
被膜の外観	被膜をみて平らさは良好で，流れ，皺，割れ，むらがないこと。
ゴバン目試験	25/25
耐塩水噴霧性試験	100 時間の塩水噴霧に耐えること。
促進耐候性試験	暴露した試験片と暴露しなかった試験片を比べたとき，割れ，膨れ，剥がれの程度が大きくないこと。
上塗り適合性試験	上塗りしても支障がないこと。
上塗りとの層間付着性試験	異常のないこと。

備考　試験方法は HBS B 1102：1976 による。

11. 試験及び測定方法

11.1　機械的性質試験

11.1.1　ボルトの機械的性質試験

ボルトの機械的性質試験は，引張試験及び硬さ試験とし，次による。

(1)　ボルトの引張試験

ボルトの引張試験は，試験片と製品について行う。

1)　試験片の引張試験

試験片の引張試験は，次の各項による。

a)　試験片

試験片は，次による。

i ）試験片は，ボルトから図付 2-2.4 の(a)又は(b)のように採取した JIS Z 2241：2011（金属材料引張試験法）に規定する 4 号試験片とする。

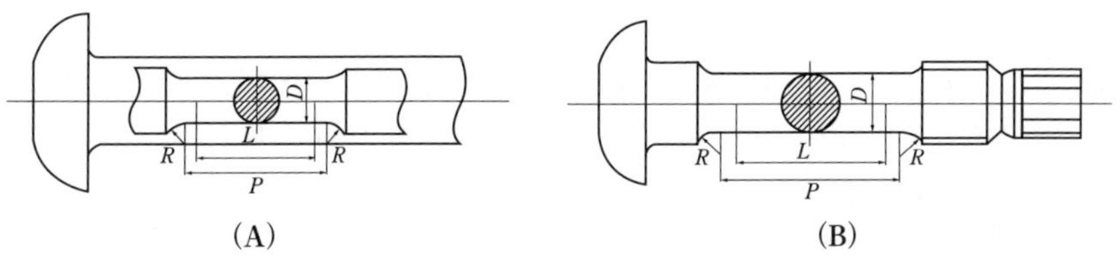

標点距離	$L=50$mm
径	$L=50$mm
平行部長さ	$P=$約 60mm
肩部の半径	$R=15$mm 以上

ただし，上記の方法による寸法がとれない場合は，
次の条件を満たす代用試験片としてもよい。

$L=3.54D$

$D=$表付 2–2. 13 に示す値以上

$P=L+D$

R：4 mm 以上

図付 2–2. 4　試験片のその形状

表付 2–2. 13　ボルト代用試験片の径の最小寸法

ねじの呼び	D（mm）
M22	6
M24	8

4. 1. 1 において試験片の採取は，原則としてボルト製品から行うこととしたので，その採取方法を図付 2–2. 4 に示した。図付 2–2. 4(a)はボルトの径が大で，つかみ部分まで削り出せる場合であり，図付 2–2. 4(b)は，ボルト頭部及びねじ部をそのままとして削り出す場合である。

通常の焼入れ性をもつ材料でもボルトの表面付近と中央部では熱処理が不均一になり，一般に中央部の強さは低下する。この現象はボルト径が太くなるほど顕著になる。したがって，試験片の D 寸法が製品のボルト径に比べ，あまり小さくなるとボルトとしての機械的性質を正しく評価できなくなる。

また，ISO 規定のように 14A 号試験片として $L=5D$，D は任意とすると，D によって絞りや強さがまちまちになるおそれがあるので，原則として JIS Z 2241：2011 の 4 号試験片を用いることにした。

しかし，ボルト長さがある程度以下になるとJIS Z 2241：2011の4号試験片の標点距離がとれない場合が生じたり，ボルト径によっては平行部径D=14mmがとれない。このような場合にはL=3.54Dとして，LとDを定めることにした。ただし，上述のことを考慮して，表付2-2.13のようにDの最小寸法を規定した。なお，表付2-2.13の値はJIS B 1186の改定に伴い，より実製品から切り出せるように工夫された値に見直している。

ii）ボルトの長さlが短いため，試験片が採取できない場合は，そのボルトの材料と同一ロットの材料から採取した試験棒をボルトと同一熱処理ロットに混入させて熱処理加工を行った後，その試験棒からJIS Z 2241：2011に規定する4号試験片を採取する。この場合の試験片のD寸法は，表付2-2.13に示したDの値以上とする。

ここでいう同一ロットとは，材料（鋼材）の溶鋼番号，径が同一なロットをいう。

ボルトの長さが表付2-2.13の試験片を削り出すに足りない場合には，ボルト製品の材料と同一ロットの材料から採取した試験棒を製品と同一熱処理ロットに混入させて熱処理加工を行ったのち，表付2-2.13のDの最小寸法をもった試験片を削り出す。この場合，JISの4号試験片と規定しながらD寸法を表付2-2.13の値と規定したのは，試験片の平行部の径がボルトの長さLの減少に伴って14mmから次第に表付2-2.13の値まで小さくなってきたものに連続させるためである。これは，上記のように焼入れの不均一性を考慮したものである。

b）試験方法

試験方法は，JIS Z 2241：2011に規定する試験方法による。

2）製品の引張試験

製品の引張試験は，適当な構造・形状・寸法で，かつ十分な剛性を有するジグを用い，図付2-2.5の(a)又は(b)に示すようにボルトの座面に，硬さが45HRC以上のくさびを入れ，この斜面とボルト頭の外周縁とが接するようにし，他方のねじ部は，完全ねじ山がボルトの頭部側に6山程度残るようにジグ又はナットをはめ合わせ，軸方向に引張荷重を加え，表付2-2.3に示す引張荷重（最小）で破断しないかどうか，また，さらにボルトが破断するまで引張荷重を増加して，ボルトの頭とびが起こらないかどうかを調べる。

なお，この場合ねじ山が崩れて抜けた場合は，ジグ又はナットのねじ精度を高めるか，はめあい長さを増して再試験する。

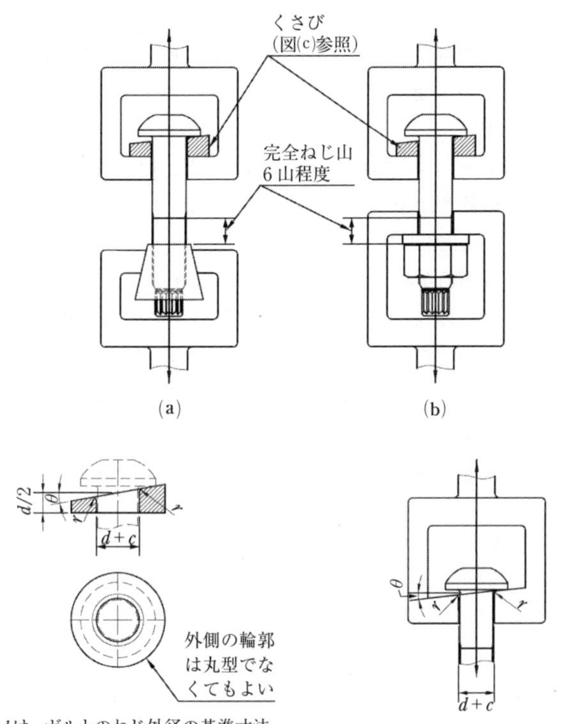

(c)　くさびの形状　　　　(d)　傾斜面を持つ引張ジグ

図付 2-2.5　ボルトの引張試験方法

表付 2-2.14　くさび及び傾斜面をもつ引張ジグの形状寸法

単位 mm

区分＼円筒部の長さ	2d 未満	2d 以上	区分＼ねじの呼び	M22	M24
θ	6±0.5°	10±0.5°	r	2.0	2.4
			c	1.6	2.0

備考　引張試験用ジグが図中(d)に示すように，ボルトの座面の接する部分が(c)に示すくさびと同じ傾斜をもち，その硬さ及び剛性が 11.1.1(1)2)の規定に適合している場合は，くさびを入れなくてもよい。

製品の引張試験におけるくさびの角度は，10° のくさびは長さの短いボルトに対しては強度低下の影響が大きすぎ，使用上もそのような大きな頭下の傾きに対する保証を要しないので，図付 2-2.14 の表のように，円筒部の長さが 2d 未満の場合には 6°

とした。

引張試験用ジグはその剛性が小さい場合には，載荷時にジグが変形し，ボルト座面にくさびを用いてもその角度が保てなくなるので，これを避けうるような適当なジグを用いなければならない。

また，くさびの硬さがボルト頭部よりやわらかいと，めり込みやはり角度を保てなくなるので，くさびの硬さは55HRC以上としている。

くさびの傾きが1°変化すれば，ボルトが短いものでは，引張強さが数パーセントも変化するために，実用的な傾きの許容差として±0.5°としている。

遊びねじ（ボルト頭側に残るねじ）を6山程度にしたのは，一般にこの部分の山数が少ないほど，切欠き効果の影響でボルト引張強さが増加し，0～3山程度では通常の値より10～5％程度の増加を示し，ボルト径に等しい長さ程度にすると安定した強さを示す。しかし，遊びねじ部長さをボルト径に等しくすると，ボルト径によっては現在のねじ部長さの規定によった場合，余長がとれなくなるものが生ずる。これらのことを考慮して6山程度とした。

試験方法として図付2-2.5(b)に示すようなナットをはめ合せた状態を追加したのは，ナットの保証荷重試験が行え，かつセットとしての性能を調べられることを考慮したためである。

(2) ボルトの硬さ試験

ボルトの硬さ試験は，JIS Z 2245：2011（ロックウェル硬さ試験方法）に規定する試験方法によって行う。この場合，測定箇所は頭部側面又は頂部とし，1個の試料について3箇所測定し，その平均値をJIS Z 8401：1999（数値の丸め方）に規定する方法によって整数に丸め，その試料の硬さとする。

ボルト製品の硬さ試験における測定箇所は，普通頭部又は軸部で行われるが，実際上軸部で測定している例が少ないこと，頭部と軸部とでは多少硬さが異なることがあることから測定箇所はどの試験でも同一のほうがよいなどの理由で，頭部側面又は頂部とした。

しかし，熱処理工程における不測の浸炭によって，軸部表面から0.2mmから0.3mmの範囲が異常に硬くなり，それが原因で遅れ破壊を生じた例があるので，製品管理における硬さ試験については，これらのことも考慮する必要がある。

11.1.2 ナットの機械的性質試験

ナットの機械的性質試験は，硬さ試験及び保証荷重試験とし，次による。

(1) ナットの硬さ試験

ナットの硬さ試験は，JIS Z 2245：2011に規定する試験方法によって行う。この場合，測定箇所は，ナットの座面とし，1個の試料について3箇所測定し，その平均値をJIS Z 8401：1999に規定する方法によって整数に丸め，その試料の硬さとする。

(2)　ナットの保証荷重試験

ナットの保証荷重試験は，11.1.1(1)2）に示すボルト製品の引張試験と同様な方法によって，めねじジグの代わりにナットの試料をはめ合わせて，表付 2-2.5 に示す保証荷重を加え，試料の異状の有無を調べる。この場合，くさびは用いない。

また，ボルトの代わりに試験用おねじジグを用いてもよい。

ナットの保証荷重試験における試料のねじの異状は，JIS B 1052-2：2014 の規定に準じて判断する。すなわち，ナットはねじ抜け又は張り裂けによってこわれることなく保証荷重に耐え，荷重を除いた後は手による回転が可能でなければならない。この場合，最初の 1/2 回転だけはスパナによってもよい。

試験用ボルトは，できるだけ実際の組合せに用いるボルトがよく，検査に合格したものでなければならない。

11.1.3　座金の硬さ試験

座金の硬さ試験は，JIS Z 2245：2011 に規定する試験方法によって行う。ただし，測定箇所は，座金の座面とし，1 個の試料について 3 箇所測定し，その平均値を JIS Z 8401：1999 に規定する方法によって整数に丸め，その試料の硬さとする。

11.2　常温時のセットの締付軸力試験

常温時のセットの締付軸力試験は次による。

(1)　セットの締付軸力試験は，常温（10℃～30℃）で行う。

(2)　試験はボルト試験機又は軸力計と締付機を用いて行う。締付けは破断溝が破断するまで連続して行い，破断溝破断後に締付軸力を測定する。

ボルトの締付けはトルシア形高力ボルトの締付け機を用いて行い，締付け軸力の検出は軸力計で行う。軸力計は高力ボルト専用のボルト試験機に組み込まれたもの，又は軸力測定用に製作されたものを用いる。

破断溝破断後の締付け軸力の測定は記録紙もしくは計測器表示の目量の 1/2 の数値まで読みとる。

試験時には，一般の高力ボルトと同様に座金が共回りを生じないように注意する必要がある。また，トルシア形高力ボルトの特徴としてボルトにナット回転と逆向きのトルクが作用するので，このトルクによってボルトが回転しないようにすることも必要である。座金の共回り，ボルトの回転とも導入軸力を変動させる要因となる。

これらに対する一般的な対策として，ボルト頭下及びナット側座金下にさびた座金を挿入する方法がとられている。別な方法もあるが，いずれの方法でも十分な実績のある方法を採用することが望ましい。

(3)　軸力計の目量は測定しようとする軸力の 1%以下で，その器差は．測定しようとする軸力の値の範囲内で，各目盛の示す値の 2%以下とする。

一般に用いられている軸力計は，原理的に電気抵抗線ひずみ計によるものと，油圧計によるものが多いが，これらは適当な周期ごとに点検・検査する必要がある。これらの軸力計を試験機で校正する場合は，例えば，図付 2-2.6 に示すように軸力計の両表面に中心を一致させるようにして座金，ナットを積層し，これらを介して押すようにするのがよい。さらに必要ならば，座金と軸力計両表面の間に，厚鋼板をはさみ込んでもよい。

なお，現場作業に多用されている油圧軸力計などで指示目盛が粗く，所定の精度が得られない場合には，ここでの試験に使用することはできない。

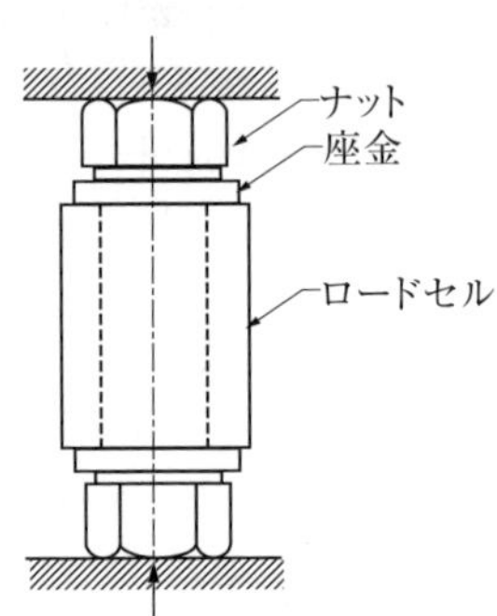

図付 2-2.6　軸力計の校正の例

(4)　試験に際して室温の測定を行う。

11.3　セットの締付軸力の温度依存性試験

セットの締付軸力の温度依存性試験は次による。

(1)　試験はセットの表面温度が低温（0℃），高温（60℃）の 2 状態を 11.2 の常温に追加して行う。

この規格では，セットの温度が 0℃から 60℃の範囲で使用するセットについて規定しているため，試験ではセットの表面温度が 0℃，60℃及び 11.2 の常温の 3 状態を規定している。また，温度依存性確認実験 1）によりこの状態で試験を行えば，セットの締付け軸力の温度依存性能をほぼ把握できることを確認している。

(2)　試験はボルト試験機又は軸力計と締付機を用いて行う。締付けは，破断溝が破断するまで連続して行い，破断溝破断後に締付軸力を測定する。

(3)　軸力計の目量は測定しようとする軸力の 1％以下で，その器差は，測定しようとする軸力の値の範囲内で，各目盛の示す値の 2％以下とする。

(4)　表面温度計の目量は 2℃以下で，その器差は −5℃から 65℃までの範囲内で，2℃以下とする。

一般に用いられる表面温度計は異種金属の接点からなるセンサーを被測定物表面に接触させ，このとき生ずる起電力量によって表面温度を測定できるものが多いが，規定温度に加熱，又は冷却されたセットの温度測定を常温で行うため，センサー感度の良好なものを選ぶ必要がある。

(5) 低温及び高温状態のセットの表面温度の許容設定誤差は±4℃とする。

低温時のセットの冷却は，セットの表面温度の許容設定誤差が規定値内に入れば，ドライアイスとアルコール，冷蔵庫，恒温槽等を利用して行えばよい。この場合，0℃ではセットの表面が結露し，締付け軸力が異常値を示す場合がある。

高温時のセットの加熱は，セットの表面温度の許容設定誤差が規定値内に入れば，加熱炉，恒温槽等を利用して行えばよい。

冷却時及び加熱時の保持時間は1時間程度とするのが望ましい。

また，セットの表面温度測定後については，速やかに締付けを行わなければならない。

(6) 試験に際して室温の測定を行う。

(7) 試験は代表的製品を用い，厳寒期・多湿期・高温期・乾燥期を含む年間数回全試験温度域で実施し，常温時と高低温時の軸力特性を確認する。

11.4 ボルトの表面欠陥試験

ボルト表面の割れ，きずなどは，目視及びJIS Z 2343：2008（規格群）に規定する浸透探傷試験方法又はJIS Z 2320-1：2007に規定する磁粉探傷試験方法等によって調べる。

11.5 ボルトに使用する材料の遅れ破壊特性試験

ボルトに使用する材料の遅れ破壊特性試験は，図付2-2.7に示すとおり，被締付材にボルト製品を正規の手順で締付け，腐食溶液（pH 1，室温）を注入し，室内で一定期間放置し遅れ破壊の有無を確認する。

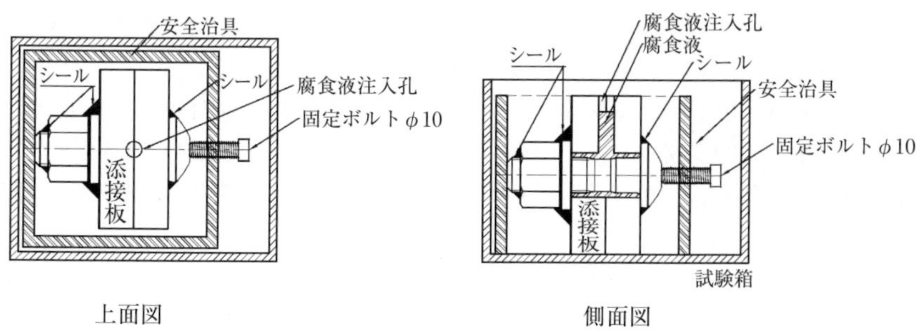

図付2-2.7 遅れ破壊特性試験体図

高力ボルトが施工要領に従い締結された条件を再現するために，試験用に準備した２枚の添接板をボルトにより締付け，そのうえで，強酸性の腐食溶液を添接板内に注ぎ，高力ボルトを常時浸漬した状態として，腐食溶液中の水素がねじ部の最大応力部に達するまでの期間以上放置し，遅れ破壊の有無を確認する試験方法である。

この試験は材料及び製造工程ごとに一度，２セット行えばよい。

⑴　試験方法

試験手順を以下に記す。

1）　添接板準備　図付 2-2.8 に示すような板厚 22mm で，一方向に側面から中心に向けて，ϕ10mm の孔が開いた２枚の添接板を準備する。この板厚に適した試験用ボルト（M22×85）を用意することを原則とするが，用意できない場合はできるだけ近い径及び長さの試験用ボルトを用意し，当該ボルト長さに適した板厚の添接板を用意する。

2）　ボルト締め　添接板を合わせ，中央にあるボルト孔ϕ27（径＋５mm）にボルトを挿入し正規の手順で締付けた試験体を準備する。

3）　樹脂によるシール　ボルト頭部，ワッシャー部，ナット部のすき間から腐食液が漏れないようにシリコン樹脂等でシールをする。

4）　安全治具取付　試験中にはボルト破断が生じる可能性がある。したがって，安全のためにボルトを取り付けた試験体を図付２-2.９に示すような安全治具にて周囲を覆い，固定ネジで固定する。

5）　試験箱に挿入　安全治具を取り付けた試験体を鋼製試験箱に挿入する。

6）　腐食液注入　室温で 0.10mol/L の HCl 溶液に 0.50mol/L の NaCl 溶液を滴下して pH1.0 に調整した腐食溶液を，添接板の側面のϕ10 の孔から注入する。また，腐食液の pH の経時変化に対して，少なくとも腐食液は 24 時間に１回，スポイトや注射器等を用いて吸い出し，新しい腐食液を注入する必要がある。

7）　室内に一定時間放置　室内に 96 時間以上放置し遅れ破壊発生の有無を観察する。

8）　破断有無の確認　試験箱の開口部から目視でボルト破断の有無を確認する。

9）　中和処理　試験箱の開口部からスポイドや注射器などを用いて，適当な濃度の NaOH 水溶液を腐食液中注入，散布して中和処理を行う。

10）試験箱からの取り出し試験体取出し中にボルトが破断する可能性があるため，十分に注意して取出し，水洗い後，破断しても安全な場所で内部を十分に乾燥させる。

11）安全治具取外し　ボルト破断に十分に注意しながら固定ネジを緩め，安全治具を取り外す。

12）ボルト取外し　ボルト破断に十分に注意しながら添接板を万力やアムスラーなどで固定し，ボルトを取り外す。

13）ボルト確認　取り外したボルトの外観を観察し，き裂等がないか確認する。

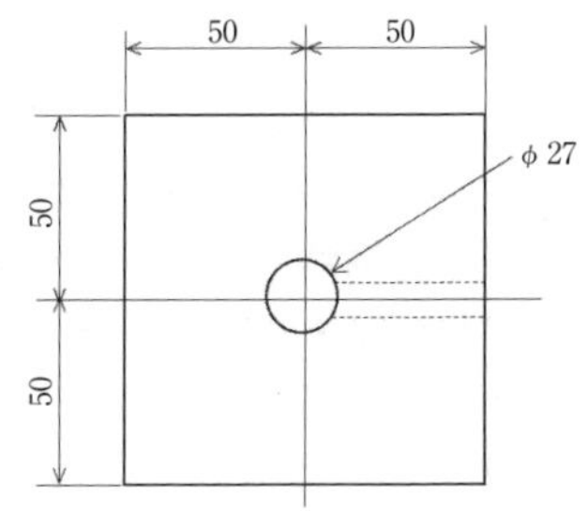

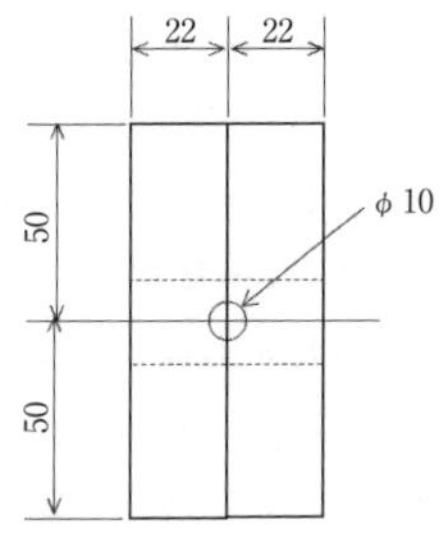

図付 2-2.8　添接板の例

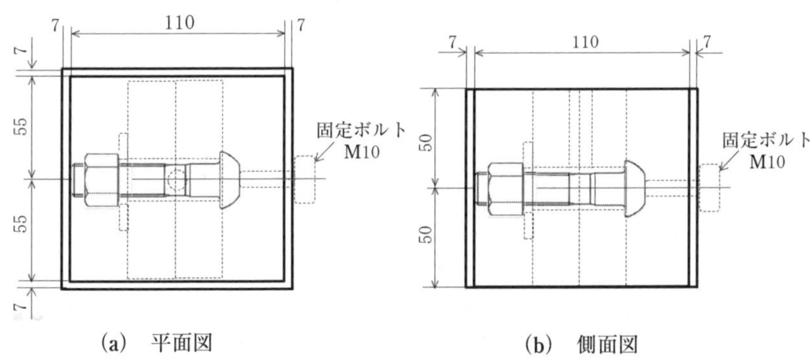

(a)　平面図　　(b)　側面図

図付 2-2.9　安全治具の例

12. 検　　査

12.1　形状・寸法検査

形状及び寸法検査は，構成部品のボルト，ナット及び座金について，直接測定，限界ゲージ又はその他の方法によって行ったとき，それぞれ 6. を満足する必要がある。

なお，形状・寸法検査については，JIS B 1186：2013 に準じる。

12.2　ねじ検査

ボルト及びナットのねじ検査は，JIS B 0251：2008（メートルねじ用限界ゲージ）に規定するメートル並目ねじ用限界ゲージ（6 H 用・6 g 用）又はこれに代わるねじ検査器具を用いて行い，7. を満足する必要がある。

ねじ検査は，JIS B 1186：2013 に準じる。なお，ボルトのねじ等級を 6 g，ナットのねじ等級を6Hにしているため，JIS B 0251：2008のねじ用限界ゲージによる場合は，6g用又は6H用を用いる必要がある。

6gと2級，6Hと2級の許容限界は図付2-2.10のような関係にあるので，2級用ゲージに合格した製品を6g用又は6H用のゲージで検査した場合は，特に問題ないが，その逆，すなわち，6g用又は6H用のゲージに合格した製品を2級用ゲージで検査した場合は，不合格になる可能性がある。したがって，6H用，6g用及び従来の2級用ゲージが併用される過程にあっては，出荷側が2級用，受入側が6H用又は6g用を用いるのが望ましい。しかし，手持ちゲージの関係で受入側が2級用ゲージを用いる場合は，2級ねじと6H/6gねじとの関係をわきまえ，ゲージの違いによる検査上のトラブルが生じないよう，適切な処置を講じることが必要である。

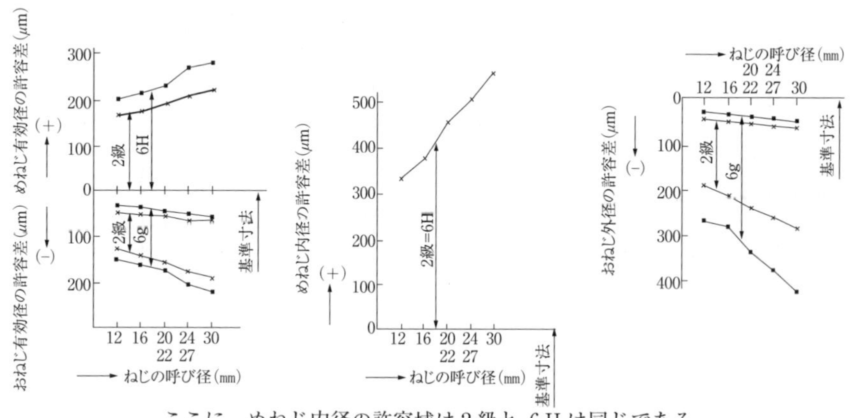

ここに，めねじ内径の許容域は2級と 6Hは同じである。

図付2-2.10　ねじの許容限界

12.3　外観検査

外観検査は，構成部品のボルト，ナット及び座金について目視によって行い，それぞれ8.1から8.3を満足する必要がある。焼割れ及び使用上有害なきずが確認された場合は，11.4に示す試験方法によって判定する。

外観検査については，形状・寸法の場合と同様の理由でJIS B 1186：2013とほぼ同様とした。また，2013年のJIS B 1186：2013の改定において目視による検査を行うことが明確化されたことにも準じているが，目視により判断できない場合は浸透探傷試験や磁粉探傷試験等を併用することとしている。

12.4　表面欠陥検査

JIS B 1041：1993，JIS B 1042：1998 に適合しなければならない。

ボルトに生じる表面欠陥については，JIS B 1041：1993 に図を用いて詳しく解説されており，また，それらに対する許容限界も示されているが，その許容限界は，現在ではねじ部品の表面欠陥に対する一つの目安になるものと考えられており，この規格においても特に別規定を設ける必要がないので，これを採用することにした。

12.5　機械的性質検査

12.5.1　ボルト試験片の機械的性質検査

ボルト試験片の機械的性質検査は，11.1.1(1)1）によって耐力，引張強さ，伸び及び絞りについて行ったとき，4.1.1 を満足する必要がある。

また，この検査で検査ロットの保証品質水準は，$p_0 \leqq 0.125\%$（$\alpha \fallingdotseq 0.05$），$p_1 \leqq 12.5\%$（$\beta \fallingdotseq 0.10$）とする。

なお，抜取検査方法は，JIS Z 9003：1979 に規定する計量抜取検査方式による。

ここでいう 1 検査ロットとは，注3) の(1)に合致する 1 製造ロットをいう。p_0 の値の 0.125%は，代表値であって，p_0 が 0.113%から 0.140%の範囲の値を代表している。p_1 の値の 12.5%は，代表値であって，p_1 が 11.3%から 14.0%の範囲の値を代表している。

備考　p_0，p_1，α，β，の記号の意味は，JIS Z 9015-0：1999 の規定による。

この検査における検査ロットの保証品質水準として，$p_0 \leqq 0.125\%$（$\alpha \fallingdotseq 0.05$），$p_1 \leqq 12.5\%$（$\beta \fallingdotseq 0.10$）が採用されたのは，使用者がこの規格によって発注する場合は，前述のように必ず品質管理をよく実施している製造業者（工程が安定して，ロットの不良率が p_0（%）を上回らないロットだけが製造されているような工場）に発注されるということを前提条件として考えているので，そのような製造業者から製品のロットを購入する場合は，受入側としては，事前に製造業者側から当該品質特性に関する品質管理データを提出させ，あらかじめその製造工場における工程（品質）能力を把握しておき，納入ロットについては，計量抜取検査方式を用いて，できるだけ少数のサンプルで検査ロットの品質分布の良否のチェックをするのが得策であろうということで，いま，仮に JIS Z 9003：1979 の計量抜取検査方式を用いた場合を想定すると，$p_0 = 0.113 \sim 0.140\%$（$\alpha \fallingdotseq 0.05$），$p_1 = 11.3 \sim 14.0\%$（$\beta \fallingdotseq 0.10$）のときは，1 検査ロットについてサンプル 2 個をサンプリングして検査すればよいことになり，検査の経済性，過去の検査実績などから考えて，この程度のロットの保証品質水準が適当であると考えられる。

また，p_0 の値の 0.125%及び p_1 の値の 12.5%ならびにそれらの値が代表している p_0 の値の範囲又は p_1 の値の範囲は，JIS Z 9003：1979 の付表-2.2 の数値からとったものである。

さらに，検査ロットの保証品質水準として，$p_0 \leqq 0.125\%$ ($\alpha \fallingdotseq 0.05$)，$p_1 \leqq 12.5\%$ ($\beta \fallingdotseq 0.10$) と，ロットの不良率の上限を規定して片側限界の規定としたのは，一般に，この規格を用いて取引きを行う場合のロットの保証品質水準としては，$p_0 = 0.125\%$ ($\alpha \fallingdotseq 0.05$)，$p_1 = 12.5\%$ ($\beta \fallingdotseq 0.10$) を用いるが，例外的（例えば，さらに過酷な条件下で使用される製品ロットの場合など）には，この上限（$p_0 = 0.125\%$，$p_1 = 12.5\%$）よりも厳格なロットの不良率で，使用者と製造業者が受渡契約を行う場合もありうることを考慮したからである。

12.5.2　ボルト製品の機械的性質検査

ボルト製品の機械的性質検査は，11.1.1(1)2) 及び 11.1.1(2)によって，引張荷重及び硬さについて行ったとき，4.1.2 を満足する必要がある。

また，この検査で検査ロットの保証品質水準は，$p_0 \leqq 0.125\%$ ($\alpha \fallingdotseq 0.05$)，$p_1 \leqq 8\%$ ($\beta \fallingdotseq 0.10$) とする。

なお，抜取検査方法は，JIS Z 9003：1979 に規定する計量抜取検査方式によるのがよい。

p_1 の値の 8%は，代表値であって，p_1 が 7.11%から 9.00%の範囲の値を代表している。

この検査における検査ロットの保証品質水準として，$p_0 \leqq 0.125\%$ ($\alpha \fallingdotseq 0.05$)，$p_1 \leqq 8\%$ ($\beta \fallingdotseq 0.10$) が採用されたのは，前項のボルト試験片の機械的性質検査の場合と同様な理由によるものであるが，$p_1 \leqq 8\%$ ($\beta \fallingdotseq 0.10$) と p_1 (%) の水準を若干厳格にしたのは，製品の機械的性質という代用特性が試験片の機械的性質という代用特性よりも，よりこの製品の実用特性に近いということと，製品による試験・測定・検査の作業の方が試験片の場合よりも，より行いやすいということから，試験片の場合よりもサンプルの大きさを大にして，より確実な品質保証を行うのがよいということになり，いま，仮に JIS Z 9003：1979 の計量抜取検査方式を用いた場合を想定すると，$p_0 = 0.113 \sim 0.140\%$ ($\alpha \fallingdotseq 0.05$)，$p_1 = 7.11 \sim 9.00\%$ ($\beta \fallingdotseq 0.10$)）のときは，1 検査ロットについてサンプル 3 個をサンプリングして検査すればよいことになり，検査の経済性，過去の検査実績などから考えて，この程度のロットの保証品質水準が適当であると考えられる。

12.5.3　ナットの機械的性質検査

ナットの機械的性質検査は，11.1.2 によって，硬さ及び保証荷重について行ったとき，4.2 を満足する必要がある。

また，この検査で検査ロットの保証品質水準は，次による。

(1)　ナットの硬さ検査で検査ロットの保証品質水準は，$p_0 \leqq 0.125\%$ ($\alpha \fallingdotseq 0.05$)，$p_1 \leqq 8\%$ ($\beta \fallingdotseq 0.10$) とする。

　なお，抜取検査方式は，JIS Z 9003：1979 に規定する計量抜取検査方式によるのがよい。

(2)　ナットの保証荷重検査は，1 検査ロットについて，サンプルの大きさ 2 個以上について，チェック検査を行い，そのサンプル全数が 4.2 を満足する必要がある。

　ここでいう 1 検査ロットとは，表付 2-2.8 の注 3)の(2)に合致する 1 製造ロットをいう。

　ナット製品の硬さ検査における検査ロットの保証品質水準として $p_0 \leqq 0.125\%$ ($\alpha \fallingdotseq$

0.05)，$p_1 \leqq 8\%$（$\beta \fallingdotseq 0.10$）が採用されたのは，前項のボルト製品の機械的性質検査の場合と同様な理由によるものである。

また，ナット製品の保証荷重検査は計数値データなので，ロット別抜取検査を行うとすれば，サンプルの大きさも大となり〔例えばJIS Z 9002：1956 計数規準型一回抜取検査（不良個数の場合）（抜取検査その 2）の計数規準型一回抜取検査を用いたと仮定すれば，$p_0 = 0.125\%$（$\alpha \fallingdotseq 0.05$），$p_1 = 8\%$（$\beta \fallingdotseq 0.10$）の場合は，サンプルの大きさ $n = 30$，合格判定個数 $c = 0$ となる〕，また，過去の品質の実績からみて，それほどの検査費用をかけてまで，ロット別抜取検査方式の採用を現場で規定するほどのこともないということで，1 検査ロットごとにサンプルの大きさ $n = 2$，合格判定個数 $c = 0$ のチェック検査を最低保証の品質水準とした。

なお，前述のロット別抜取検査の場合の保証品質水準の規定と同様に，“サンプルの大きさを 2 個以上”という表現を用いているのは，場合によって，サンプルの大きさが 2 個を超える個数について検査の必要があるときもあるであろうということを考慮し，一般にはサンプルの大きさ 2 個のチェック検査に合格すればよい。

12.5.4　座金の硬さ検査

座金の硬さ検査は，11.1.3 によって行ったとき，4.3 を満足する必要がある。

また，この検査で検査ロットの保証品質水準は，$p_0 \leqq 0.125\%$（$\alpha \fallingdotseq 0.05$），$p_1 \leqq 8\%$（$\beta \fallingdotseq 0.10$）とする。

なお，抜取検査方式は，JIS Z 9003：1979 に規定する計量抜取検査方式による。

ここでいう検査ロットとは表付 2-2.8 の注3)の(3)に合致する 1 製造ロットをいう。

座金製品の硬さ検査における検査ロットの保証品質水準として $p_0 \leqq 0.125\%$（$\alpha \fallingdotseq 0.05$），$p_1 \leqq 8\%$（$\beta \fallingdotseq 0.10$）が採用されたのは，前項のボルト製品の機械的性質検査の場合と同様な理由によるものである。

12.6　常温時のセットの締付軸力検査

常温時のセットの締付軸力検査を行う場合には，11.2 によるものとし，その結果は 5.1 を満足する必要がある。

常温時のセットの締付け軸力は，トルシア形超高力ボルトにとって使用性能上重要な性質であり，セットの締付け軸力の平均値の範囲と標準偏差を規定して，所定の品質水準を得るようにしている。

この方法は，JIS B 1186：2013 高力ボルトのトルク係数値の規定に準じたものである。

トルシア形超高力ボルトは，六角ボルトのように締付けトルクで導入軸力の調整ができず，ボルト製品自身のばらつきが締付けボルト軸力のばらつきとなるため，その管理は重要である。セットの締付け軸力の標準偏差については，変動係数がJSS Ⅱ 09：2015で約 7％となっていることにならっている。

締付け軸力のばらつきが規定を満足しているかどうかについては，12.6(1)備考にあるように，ボルトメーカーが作成している$\bar{x}$–R管理図の提出によって確認するものとする。同図において軸力のばらつきが変動係数でおおむね5%に相当する標準偏差（表付2–2.8）以下で安定状態にあれば，本規格を満たしていると考える。これは12.6(1)で締付けボルト軸力の標準偏差の保証水準として，標準相対誤差8%及び危険率5%を規定しており，この保証水準でロットの標準偏差を保証するのにサンプルの大きさ$n=5$，提検ロットを含むサンプルの組数$k=25$のデータが必要となることによっている。

手順は，まず提検ロットのデータを含む最近の$\bar{x}$–R管理図又は検査データなどから標準偏差を求め，表付2–2.8の値，すなわち変動係数CVが約5%以下であることを検定し，この条件を満たすことを確認したうえで，標準偏差既知とし平均値が規定の範囲にあることを検定することとしている。

検査ロットの保証品質水準は次による。ここでいう1検査ロットとは注(3)に合致する1製造ロットをいう。

(1) 検査ロットの締付軸力の標準偏差の保証品質水準は，危険率5%以下，相対標準誤差8%以下とする。

ここに，12.6(1)の適用に当たっては，工程が安定状態にある場合は，検査ロットのデータを含む最近の$\bar{x}$–R管理図による。

ロットの標準偏差を保証する抜取検査方式は，まだ一般に用いられていないので，統計的方法（検定・推定）の考え方をとり入れ，抜取検査方式における生産者危険(α)に相当するものとして危険率5%の水準を，消費者危険(β)に相当するものとして標準相対誤差8%の水準を，最低保証の品質水準として規定した。

ここに，標準相対誤差とは，サンプルの統計量の標準偏差を，その統計量の期待値で除したもので，一般に推定の精度を示す尺度として用いられるものである。

いまサンプルの範囲Rを用いてロットの標準偏差を推定する場合について考えてみれば，サンプルの範囲Rの期待値及び標準偏差は，次の式で示される。

$$E(R)=d_2{}^{注7)}\ \sigma \cdots\cdots \text{期待値}$$

$$D(R)=d_3{}^{注7)}\ \sigma \cdots\cdots \text{標準偏差}$$

したがって，その標準相対誤差は，次の式のようになる。

$$\text{標準相対誤差}=\frac{D(R)}{E(R)}=\frac{d_3\sigma}{d_2\sigma}=\frac{d_3}{d_2}$$

注7) d_2及びd_3は，サンプルの大きさによって変化する係数で，統計数値表にその値が示されている。

また，前述のロットの不良率を保証する場合のロット別抜取検査のときの保証品質水準の規定と同様に，規定には，“危険率5%以下，標準相対誤差8%以下”という表現を用いているのは，例外的には，危険率5%，標準相対誤差8%よりも厳格な水準で品質保証の必要がある場合もあるであろうということを考慮して，このような規定としたのであって，一般には，危険率５％，標準相対誤差８％の水準でロットの品質保証をすればよいという趣旨の規定である。

また，ロットの標準偏差の保証には，ロットの平均値の保証の場合に比較して，多数のデータを必要とするので，１検査に提出された検査ロットから得られるデータだけで規定の品質保証を行うことは，実際問題として経済的に不可能なので，前述のようにこの製品のロットの供給者としては，品質管理をよく実施していて工程が安定している製造業者を対象とすることを前提条件とし，提検ロットを含む最近の$\bar{x}$-R管理図のを用いて，$\hat{\sigma}=\bar{R}/d_2$によってロットの標準偏差を推定し，その標準偏差が規定の水準に達しているかどうかを判定すればよいということで，備考の前段の規定が設けられた。

標準相対誤差８％という水準は，仮にサンプルの大きさ$n=5$で，サンプルの組数$k=25$（提検ロットを含む）の$\bar{x}$-R管理図を用いて，$\hat{\sigma}=\bar{R}/d_2$で提検ロットの標準偏差を推定したとすれば，その場合の$\hat{\sigma}=\bar{R}/d_2$の標準相対誤差は，次の式に示すようになる。

$$\text{標準相対誤差}=\frac{1}{\sqrt{k}}=\frac{d_3}{d_2}=\frac{1\times 0.864}{\sqrt{25}\times 2.326}=0.074$$

すなわち，その場合の標準相対誤差は7.4％となるが，この程度の推定のばらつきならば実用上支障はないであろうということと，この程度のデータ（サンプルの大きさ$n=5\times 25=125$）をとることは，標準偏差を保証するためにはやむを得ないであろうということから，この値（7.4％）を丸めた８％という値を標準相対誤差の値として規定し，間接的に標準偏差を保証するのに最小限必要なサンプルの大きさを定めた。

(2) 検査ロットの締付軸力の平均値の保証品質水準はサンプルの大きさ５本に対して表付 2-2.15 に示す値以上とする。

表付 2-2.15　常温時の締付軸力の平均値の保証品質水準

（$n=5$，単位 kN）

ねじの呼び (d)	下限についての値		上限についての値	
	$m_0''(\alpha\fallingdotseq 0.05)$	$m_1''(\beta\fallingdotseq 0.10)$	$m_0'(\alpha\fallingdotseq 0.05)$	$m_1'(\beta\fallingdotseq 0.10)$
M22	324	299	361	385
M24	378	349	421	450

備考　1. m_0'，m_1'，m_0''，m_1''，の意味は JIS Z 9003：1979 の規定による。
　　　2. 標準偏差は，12.6(1)によって求められた値を用いる。

検査ロットの締付け軸力の平均値を保証する場合の計量抜取検査方式としては，JIS Z 9003：1979 と JIS B 1186：2013 のセットのトルク係数値検査の項を参考とし，単純化を図っている。

a) 立会試験を行う場合，工場の管理の状況を$\bar{x}$-R管理図などから十分に読み取り，JIS Z 9003：1979 参考の 6.1 の方法をそのまま適用すると合格判定値が変化する。合格判定値が変動することは一般に理解されにくく，トラブルの原因になることが多いので，規格値として合格判定値を与え，これを定数とした。

b) 抜取本数 n は，トルク係数値の検査の経験から，実際の管理時に n を増減することは少なく，過剰な抜取本数とならないよう規格全体の設定値から $n=5$ と定めた。

このようにして定められた規格値によって品質管理を行ったときに，締付け軸力の変動係数が5%を大幅に上回った場合には，危険側で評価することになることが予想される。

このことに関して，締付け軸力の変動係数 CV と，消費者危険 β 及び生産者危険 α の関係を求めると，消費者危険が 10%を超えるのは変動係数が 6％以上であり，生産者危険が 5％を超えるのは変動係数が 5％以上である。

以上説明した検査の水準は，決して製造される品質の水準そのものではなく，あくまでも検査で保証される水準であり，実際に製造される製品の品質は，締付け軸力の平均値が製造のねらい目を中心とした正規分布となる。

12.7 セットの締付軸力の温度依存性検査

セットの締付軸力の温度依存性検査を行う場合には，11.3 によるものとし，その結果は 5.2 を満足する必要がある。

検査ロットの締付軸力の平均値の保証品質水準はサンプルの大きさ 5 本に対して表付 2-2.16 に示す値以上とする。ただし，特に必要がある場合は，対象とするセット及び試験数量を変更してもよい。

表付 2-2.16 セットの締付け軸力の温度依存性の平均値の保証品質水準

（$n=5$，単位 kN）

ねじの呼び (d)	下限についての値		上限についての値	
	m_0'' ($\alpha \fallingdotseq 0.05$)	m_1'' ($\beta \fallingdotseq 0.10$)	m_0' ($\alpha \fallingdotseq 0.05$)	m_1' ($\beta \fallingdotseq 0.10$)
M22	312	287	378	402
M24	365	335	441	470

備考 1. m_0'，m_1'，m_0''，m_1''，の意味は JIS Z 9003：1979 の規定による。
2. 標準偏差は，12.6(1)によって求められた値を用いる。

表面処理条件によりセットの締付け軸力の温度依存性が決定されるが，この性能評価の方法として，常温（10～30℃），低温（0℃），高温（60℃）の締付け軸力試験を行い，その結果が 5.2 の規定に適合するか否かによって判定することとした。

ここでも 12.6 と同様，標準偏差既知として JIS Z 9003：1979 の抜取検査方式を採用しているため，当該表面処理条件に対する各試験温度でのロットの標準偏差を求めておく必要がある。

標準偏差を保証する方法は，12.6(1)を参考とし，各ロット $n=5$ で 25 ロットによって求める方法を推奨する。

この保証された標準偏差決定後は，その標準偏差が5%以下であれば，表付 2-2.16 の $m_0'' m_1''$，$m_0' m_1'$ によって $n=5$ で検査する場合，合否判定値は表付 2-2.9 の上・下限値としてよい。

12.8　ボルトに使用する材料の遅れ破壊特性検査

ボルトに使用する材料の遅れ破壊特性検査を行う場合には，11.5 によるものとし，使用鋼種ごとに，サンプルの大きさ 2 セット検査を行い，そのサンプル全数が 9. を満足する必要がある。この試験は鋼種ごと製造工程ごとに行えば良く，ロットごとに行う必要はない。また試験サイズも問わない。

13. 製品の呼び方

セットの呼び方は，規格番号又は規格名称，ボルトの機械的性質による等級，ねじの呼び×ボルトの長さ (l) とするが，その他，特に指定事項がある場合は括弧等を付けて示す。

14. 表　　示

14.1　製品の表示

セットの構成部品に対する表示は，次による。

セットの構成部品に対しての製品の表示は，製造業者の製品に対する保証を明確にするばかりでなく，管理上，使用上ともに必要なことである。諸外国でも個々の部品に対して必ず表示がなされている。

(1)　ボルト頭部の上面に，次の事項を浮き出し又は刻印で表示する必要がある。

1)　ボルトの機械的性質による等級がわかる表示記号（S14T 等）

2)　製造業者の登録商標又は記号

ボルトには図付 2-2.11 に示すようにボルト頭部上面に，一般には浮き出しで表示する。

なお，製品の標準化を促進する意味で，発注者を示す登録商標又は記号は表示しないことを原則としている。

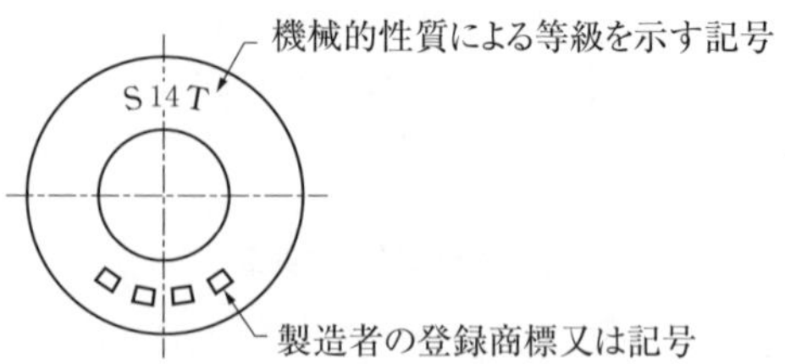

図付 2-2. 11　ボルト頭部上面の表示

(2)　ナット上面に，ナットの機械的性質による等級を示す表示記号を表付 2-2. 17 の表示記号を用いて浮き出し又は刻印で表示する必要がある。

なお，製造業者の登録商標又は記号を表示しても差し支えない。

表付 2-2. 17　ナットの表示記号

ナットの機械的性質による等級	表示記号
F14	

ナットは，JIS B 1186：2013 に規定されている F10 とは硬さも高さも異なる。表示記号は表付 2-2. 17 に示すように円弧状で明りょうに表示されていればよく，その寸法については，特に規定していない。

(3)　座金は，S10T 用の座金よりも硬化させたものと S10T 用の座金を使用する場合もあることから，両者を F35M という呼称で包含することとしているが，前者については S10T 用の座金との混在を防ぐため機械的性質の等級がわかる記号を明りょうに表示する必要があり，製造業者の登録商標又は記号を表示しても差し支えない。よって，S10T 用の座金を使用する場合はこの限りではない。

14. 2　包装の表示

包装には，使用者側の使用の便を図り，製造業者側の製品保証を明確にするため，次の事項を明りょうに表示しなければならない。

(1)　規格名称

(2)　ボルトの機械的性質による等級がわかる表示（S14T 等）

(3) ねじの呼び×ボルトの長さ(l)

(4) 数　　量

(5) 指定事項

(6) 製造業者名又は登録商標

(7) セットの製造ロット番号

(8) セットの締付軸力検査年月

引用規格

JIS B 0205-1：2001　一般用メートルねじ―第 1 部：基準山形

JIS B 0205-2：2001　一般用メートルねじ―第 2 部：全体系

JIS B 0205-3：2001　一般用メートルねじ―第 3 部：ねじ部品用に選択したサイズ

JIS B 0205-4：2001　一般用メートルねじ―第 4 部：基準寸法

JIS B 0209-1：2001　一般用メートルねじ―公差―第 1 部：原則及び基礎データ

JIS B 0209-2：2001　一般用メートルねじ―公差―第 2 部：一般用おねじ及びめねじの許容限界寸法―中（はめあい区分）

JIS B 0209-3：2001　一般用メートルねじ―公差―第 3 部：構造体用ねじの寸法許容差

JIS B 0209-4：2001　一般用メートルねじ―公差―第 4 部：めっき後に公差位置 H 又は G にねじ立てをしためねじと組み合わせる溶融亜鉛めっき付きおねじの許容限界寸法

JIS B 0209-5：2001　一般用メートルねじ―公差―第 5 部：めっき前に公差位置 h の最大寸法をもつ溶融亜鉛めっき付きおねじと組み合わせるめねじの許容限界寸法

JIS B 0251：2008　メートル並目ねじ用限界ゲージ

JIS B 1041：1993　締結用部品―表面欠陥　第 1 部：一般要求のボルト，ねじ及び植込みボルト

JIS B 1042：1998　締結用部品―表面欠陥　第 2 部：ナット

JIS B 1052-2：2014　炭素鋼及び合金鋼製締結用部品の機械的性質―第 2 部：強度区分を規定したナット―並目ねじ及び細目ねじ

JIS B 1186：2013　摩擦接合用高力六角ボルト・六角ナット・平座金のセット

JIS Z 2241：2011　金属材料引張試験方法

JIS Z 2245：2011　ロックウェル硬さ試験方法

JIS Z 2320-1：2007　非破壊試験―磁粉探傷試験―第 1 部：一般通則

JIS Z 2343-1：2008　非破壊試験―浸透探傷試験―第 1 部：一般通則：浸透探傷試験方法及び浸透指示模様の分類

JIS Z 8401：1999　数値の丸め方

JIS Z 9002：1956　計数規準型一回抜取検査（不良個数の場合）（抜取検査その 2）

JIS Z 9003：1979　計量基準型一回抜取検査（標準偏差既知でロットの平均値を保証する場合及び標準偏差既知でロットの不良率を保証する場合）

JIS Z 9015-0：1999　計数値検査に対する抜取検査手順

JIS Z 8401：1999　数値の丸め方

JIS Z 9002：1956　計数規準型一回抜取検査（不良個数の場合）（抜取検査その 2）

JIS Z 9003：1979　計量基準型一回抜取検査（標準偏差既知でロットの平均値を保証する場合及び標準偏差既知でロットの不良率を保証する場合）

JIS Z 9015-0：1999　計数値検査に対する抜取検査手順

参考規格

ASTM F3125-15：2015　Standard Sp ecification for High Strength Structural Bolt, Steel and Alloy Steel, Heat Treated, 120 ksi（830MPa）and 150 ksi（1040MPa）Minimum Tensile Strength, Inch and Metric Dimensions

JIS B 0101：2013　ねじ用語

JSS Ⅱ 09：2015　構造用トルシア形高力ボルト・六角ナット・平座金のセット（日本鋼構造協会）

HBS B 1102：1976　摩擦接合用防錆処理ボルト・六角ナット・平座金のセット暫定規格（本州四国連絡橋公団）

表付 2-2.18　摩擦接合用トルシア形超高力ボルト

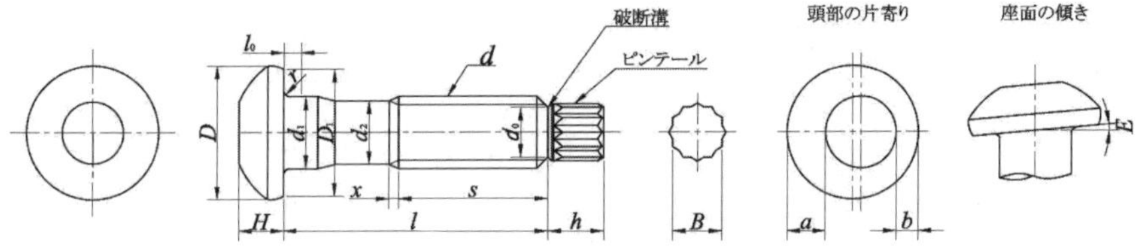

単位 mm

ねじの呼び (d)	d_1 (8) 基準寸法	d_1 許容差	D_1 最小	D 最小	H 基準寸法	H 許容差	d_0 基準寸法	d_0 許容差	h 約	B 基準寸法	B 許容差	r 約	$a-b$ 最大	E 最大	s 基準寸法	s 許容差
M22	22	+0.8 −0.4	37	38.5	14	±0.9	規定しない	規定しない	19	15.4	±0.3	1.2〜2.8	1.1	1°	45	+6 0
M24	24		41	43	15				20	16.8		1.6〜2.8	1.2		50	

ねじの呼び	l 基準寸法 30	35	40	45	50	55	60	65	70	75	80	85	90	95	100	105	110	115	120	125	130	135	140	145	150	155	160	165	170	175	180	190	200	210	220
M22						○	○	○	○	○	○	○	○	○	○	○	○	○	○	○	○	○	○	○	○	○	○								
M24							○	○	○	○	○	○	○	○	○	○	○	○	○	○	○	○	○	○	○	○	○	○	○	○	○				
lの許容差	±1.0					±1.4														±1.8															

注8)　d_1 の測定位置は，$l_0 \fallingdotseq d_1/4$ とする。

備考　1. 不完全ねじ部の長さ x は，約 2 山とし，全ねじの場合は，約 3 山とする。

2. d_1 はねじの有効径にほぼ等しくすることができる。
なお，この場合の首下丸み r は，次のようにしてもよい。

単位 mm

ねじの呼び	M22	M24
r	2.0〜3.3	2.5〜3.8

3. l 寸法で○印の付けてあるものは，推奨する長さ l を示したものである。
4. l 及び s は，特に必要がある場合には，指定によって上表以外のものを使用することができる。
5. 首下長さの長いものについては軸部とねじ部の間に，ねじの有効径にほぼ等しい移行部 d_2 を設けることができる。

表付 2-2.19　摩擦接合用超高力六角ナット

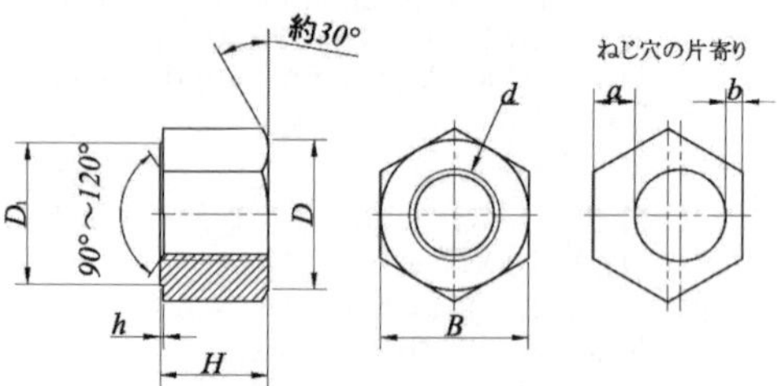

単位 mm

ねじの呼び (d)	おねじの外径	H		B		D	D_1	$a-b$	h
		基準寸法	許容差	基準寸法	許容差	(参考)	最小	最大	
M22	22	26.4	±0.4	36	0 −1	34	33	1.1	0.4～0.8
M24	24	28.8		41		39	38	1.2	

備考　ナット座面側のねじ部の面取りは，その直径が 1.0d～1.2d とする。

表付 2-2.20　摩擦接合用超高力平座金

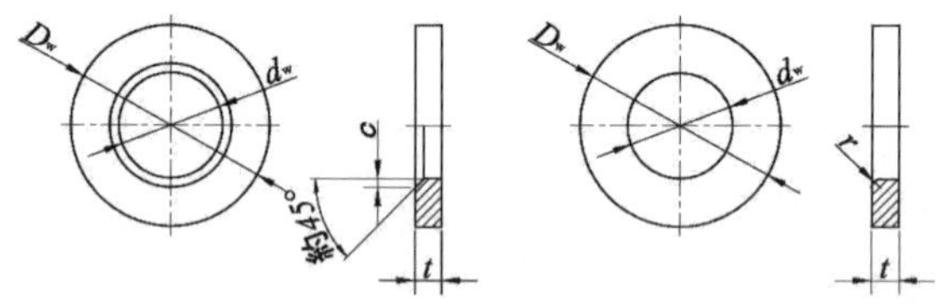

単位 mm

座金の呼び	d_w		D_w		t		c 又は r
	基準寸法	許容差	基準寸法	許容差	基準寸法	許容差	(参考)
22	23	+0.8 0	44	0 −1	6	±0.7	2.0
24	25		48				2.4

備考　上図には 45° の面取り(c) を行ったもの及び丸み(r) を付けたものを示してあるが，この両者のいずれを用いてもよい。

付録 2-3　支圧接合用打込み式高力ボルト（B8T, B10T）・六角ナット・平座金のセット

1. 適用範囲

この資料は，高力ボルト支圧接合に用いる打込み式高力ボルト・六角ナット・平座金（以下，セットという）について適用できる。

2. 構　　成

セットは，3に規定された打込み式高力ボルト（以下，ボルトという）1個，高力六角ナット（以下，ナットという）1個，高力平座金（以下，座金という）1個から構成される。

3. ボルト，ナット及び座金

セットの種類及び適用する構成部品の等級の組合せは表付 2-3.1 による。

表付 2-3.1　適用する構成部品の機械的性質による等級の組合せ

セットの種類	打込み式高力ボルト	高力六角ナット	高力平座金
2種	B8T	F10	F35
4種	B10T	F10	

4. 材　　料

ボルト，ナット及び平座金の材料は製品が8を満足するものとする。

5. 形状及び寸法

(1)　ボルトの形状，寸法及びその許容差は表付 2-3.4 から 3.5 に示すほかに，JIS B 1186：2013 に準ずる。

なお，ボルト円筒部のきざみの形状は監督員の承認を得なければならない。

(2)　ナットの形状，寸法及びその許容差は JIS B 1186：2013 による。

(3)　座金の形状，寸法及びその許容差は JIS B 1186：2013 による。

6. ね　じ

ボルト及びナットのねじはJIS B1186：2013の規定による。

7. 外　観

ボルト，ナット，座金の外観はJIS B 1186：2013の規定による。

8. 機械的性質

8.1　ボルトの機械的性質

8.1.1　試験片の機械的性質

ボルト製品から採取した試験片の機械的性質は，表付 2-3.2の規定に適合しなければならない。試験の方法はJIS B 1186：2013による。

表付 2-3.2　ボルト試験片の機械的性質

ボルトの機械的性質による等級	耐力 N/mm^2	引張強さ N/mm^2	伸び %	絞り %
B8T	640以上	800～1000	16以上	45以上
B10T	900以上	1000～1200	14以上	40以上

8.1.2　製品の機械的性質

ボルト製品の機械的性質は，表付 2-3.3の引張荷重（最小）未満で破断することなく，引張荷重を増加したとき，頭とびをしてはならない。

硬さ試験方法はJIS B 1186：2013の規定による。

表付 2-3.3　ボルトの機械的性質

ボルトの機械的性質による等級	引張荷重（最小）（kN）				硬さ
	ねじの呼び				
	M20	M20	M22	M24	
B8T	121	191	237	274	18～31HRC
B10T	152	238	296	343	27～38HRC

備考　ボルト製品の引張試験を行ったものについては，硬さ試験を省略することができる。

8.2　ナットの機械的性質

JIS B 1186：2013の規定による。

8.3　座金の硬さ

JIS B 1186：2013 の規定による。

9. 試験及び測定方法

9.1　機械的性質試験

セットの機械的性質についての試験方法は，JIS B 1186：2013 の規定による。

9.2　セットのトルク係数値

セットのトルク係数試験は，JIS B 1186：2013 の規定による。

10. 表　　示

10.1　製品の表示

JIS B 1186：2013 の規定による。

10.2　座金の硬さ

JIS B 1186：2013 の規定による。

引用規格

IS B 1186：2013　　摩擦接合用高力六角ボルト・六角ナット・平座金のセット

表付 2-3.4　打込み式高力六角ボルト

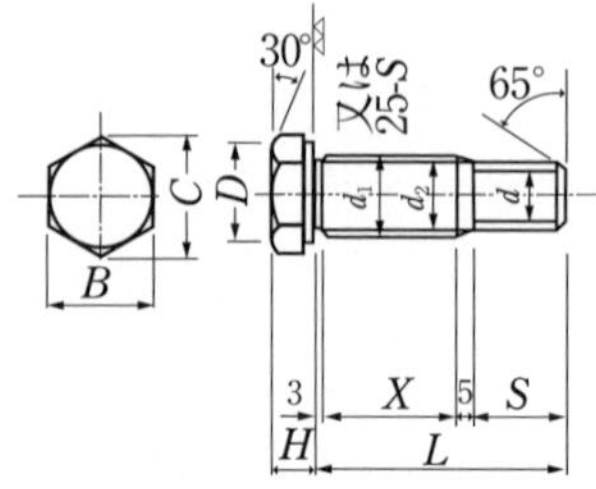

単位 mm

ボルトの呼び	ボルトの軸外径 d_1	許容差	ボルト軸内径 d_2
M20	21. 5	±0. 1	22. 0～21. 0
M22	23. 5		22. 0～23. 0
M24	25. 5		24. 0～25. 0

表付 2-3. 5　打込み式高力皿ボルトの形状寸法

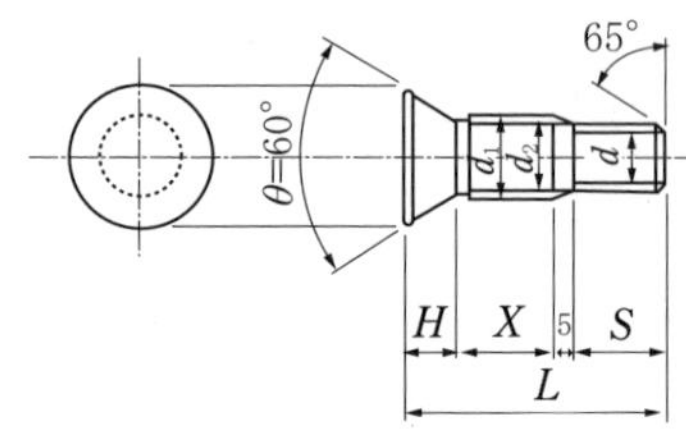

d_1, d_2 は六角ボルトの規定による。

単位 mm

ボルトの呼び	ボルト頭の厚さ H	許容差
M20	9. 5	0. 5
M22	11. 0	
M24	12. 0	

付録 2-4　トルク法による高力ボルト摩擦接合継手の施工管理

1. 適用の範囲

この資料は高力ボルト摩擦接合の締付けをトルク法によって行う場合に適用する。摩擦接合の施工はボルト軸力の導入方法によってトルク法，ナット回転法，耐力点法に大別できる。トルク法は，あらかじめ，ナットを締付けるトルクと導入ボルト軸力との関係を調べておき，そのトルクを管理しながら施工することにより，所定のボルト軸力を得る方法である。なお，トルク法にはある一定の締付けトルクに達すると軸部に設けたピンテールが破断し，所定の軸力が導入されるトルシア形高力ボルトによる締付け方法も含まれるが，ここでは対象外とした。

2. 用語の定義

(1)　トルク法

ボルトの締付けトルクを制御して所定のボルト軸力を導入する方法。

(2)　締付けボルト軸力

施工時に締付けの目標とするボルト軸力。

(3)　設計ボルト軸力

継手のすべり耐荷力の計算に用いる設計上のボルト軸力。

(4)　予備締め

本締めの前に行う初期締め。

(5)　製造ロット

ボルト，ナット及び座金のセット（以下，セットという）において，セットを構成するボルト，ナット及び座金がそれぞれ同一ロットによって形成されたロット。ここでいう製造ロットとは JIS B 1186：2013 に示されたセットの 1 製造ロットのことであり，そのロット番号は JIS の規定によりセットの包装に「セットの製造ロット番号」として明示されている。

(6)　施工ロット

締付け機の出力を同一の値に設定したまま締付けてもよい同種同径のセットのロット。

ボルトの締付けは本来ボルトの製造ロットが異なるごとに締付け機の出力を調整して行うことが望ましいが，締付け作業の省力化を図るために各製造ロット間のトルク係数値の平均値の差が小さい場合には，これを同一出力の締付け機を用いて施工してよいものとし，この施工単位を同一施工ロットとする。

3. ボルト，ナット及び座金

3.1　ボルト，ナット及び座金

(1)　この資料では，使用するボルト，ナット及び座金は，JIS B 1186：2013「摩擦接合用高力ボルト・ナット・平座金のセット」に規定するもののうち，第1種及び第2種の呼び寸法M20，M22及びM24とした。トルク係数値は表付2-4.1によるものとする。また，トルク法による施工管理を合理的に行うために，トルク係数値のばらつきや温度依存性に対する制限を設けた。

表付2-4.1　セットのトルク係数値

(1)	1製造ロットの出荷時のトルク係数値の平均値	0.110～0.160
(2)	1製造ロットの出荷時のトルク係数値の変動係数	5％以下
(3)	20℃あたりの温度変化に対する1製造ロットのトルク係数値の平均値の変動	出荷時トルク係数値の平均値の5％以下

(2)　1製造ロットの出荷時のトルク係数値の平均値は，JIS B 1186：2013に規定されたA種，B種の区分に関係なく0.110～0.160の範囲のものを使用することにした。これは，JISのA種の範囲にほぼ相当しており，温度変化によるトルク係数値の変化の少ない表面処理を施したボルトのトルク係数値は全てこの範囲に含まれていること，トルク係数値の低い方が締付け効率がよいこと，A種，B種の区別をする必要性がないこと，などの理由により決めたものである。

(3)　この資料ではトルク法に基づいており，ボルトセットのトルク係数値のばらつきの少ないこと，締付け機の調整時と施工時の温度差によるトルク係数値の変動が少ないことなどがボルト側に特に要求されることになる。一方，JIS B 1186の認定を受けたボルトメーカーの製品による実測例によれば，トルク係数値の1製造ロット内の変動係数は3％から5％程度であり，JIS B 1186：2013の規定よりもばらつきの少ないものとなっている。

以上を踏まえて，軸力管理を行ううえで必要と考えられる条件として，1製造ロット内のトルク係数値の変動係数が5％以下，20℃の温度変化に対する1製造ロットのトルク係数値の平均値の変動が出荷時トルク係数値の平均値の5％以下となるように定めた。

(4)　出荷時にセットのトルク係数値が表付2-4.1に示した(1)，(2)の値を満足するかどうかを検査するにあたっては，5本程度の供試ボルトを抜き取って試験を行えばよい。もし，その結果が表付2-4.1を満足しない場合は，新たに2倍の本数の供試ボルトを抜き取って同様の検査を行えばよい。また，検査にあたっては，製品の管理図などを参考にするとよい。

次にセットのトルク係数値が表付2-4.1に示した(3)の値を満足するかどうか検査する場合，トルク係数値を測定する温度は，0℃，常温（20℃），60℃程度を標準とし，施工の季節や地域を考慮して多少変更してもよい。試験は，ボルト，ナット及び座金を均一な温度とした後すみやかに行い，特に低温で行う場合には結露によりトルク係数値が変化しないように注意する。

3.2 セットの保管

セットの現場保管にあたっては，できるだけ工場包装のまま保管庫に収納し，雨，夜露などの湿気を与えないよう注意して工場出荷時の品質が現場施工時まで保たれるように注意しなければならない。開包後は雨，夜露などによる濡れ，錆の発生，ほこりや砂などのねじ部への付着，乱暴な扱いによるねじ部のいたみなどによる品質の変化が生じやすいと考えられるので包装はできるだけ施工直前に解くようにしなければならない。このためには，ボルトの施工箇所への搬入を計画的に行い余分な開包を行わないよう注意する必要がある。

また，工場出荷時の品質を施工時まで確保しておくためには上記の注意を払うとともに工場出荷後現場施工までの期間をできるだけ短くするよう配慮することが望ましい。

4. 接合面の処理

(1) 接合面の処理

摩擦接合における設計計算上接合面のすべり係数は，無機ジンクリッチペイントを塗装した場合 0.45，黒皮を除去して接触面の浮さび，油，泥などを十分に清掃したした場合を 0.40 として継手のすべり耐力が算定されているため，接合面は設計で求められているすべり係数以上となるような処理を施さなければならない。

接合面の黒皮を除去した粗面で塗装や下地処理の施されていない継手では 0.4 以上のすべり係数が十分確保できることが知られている。

部材製作時に，母材，連結板，フィラープレートの摩擦接合部を無機ジンクリッチペイントで塗装することは，現場塗装開始前までに錆汁による塗膜面の汚れを防止するとともに，現場塗装時の素地調整作業を容易にする。また，塗装の防錆効果を向上させることができる。

部材製作時に摩擦接合部を塗装する際は，塗膜により連結部の品質あるいは継手耐力が低下しないことが必要である。摩擦接合部への塗装に対しては，塗膜により連結部構造として適切なすべり係数を確保することが重要であり，Ⅱ編の20.9.3を満たすものとする。

(2) 継手の肌すき

締付けが完了した状態で構成材が十分摩擦による効果を発揮できるように部材と連結板あるいは部材とガセットとは締付けにより密着するようにしなければならない。現場における部材のくい違いの処理は非常に困難である。したがって工場製作時にくい違いが生じないよう製作方法等に留意するとともに，現場搬入前に工場でくい違いがないことを確認することが必要である。もしこの段階で肌すきが見つかった場合は必要な補修をしておかなければならない。

なお現場での組立て段階において架設の誤差等によりくい違いが生じた場合は，フィラーを挿入するなど必要な措置をしておかなければならない。

5. ボルトの締付け

5.1　機器の種類

高力ボルトの施工機器には，締付けレンチと軸力計とがある。

締付けレンチには手動式（トルクレンチ）と機械式とがあり，手動式レンチは人力によりボルトに軸力を導入するもので，少数のボルトの締付けや，トルクチェック，トルク係数値算定のためのトルク測定など検査用として用いられている。

機械式レンチにはトルク制御できるレンチとトルク制御のできないレンチがある。現場での締付けには高力ボルトの予備締めに締付け能率のよい，締付け能力が予備締めに見合う小出力の電動インパクトレンチが使用され，本締めにはトルク制御のできるレンチが使われている。

機械式レンチの動力源は，電気，油圧，空動式がある。作業性，騒音等の問題で現在油圧，空動式はほとんど使用されることなく，電動式が主流となっている。なお，空動式は導入軸力のばらつきが大きいことも原因の一つである。

軸力計は，締付けるボルトの軸力を測定する機器で，締付け機の調整及び現場におけるトルク係数値の算出に用いる。

軸力計には油圧の変化で軸力を測定するものと，ひずみゲージを利用したロードセルタイプの電気式のものとがあるが，現場では油圧のものが主流である。

5.2　測定器具の検定

(1)　軸力計の検定

軸力計には油圧の変化で軸力を測定するものと，ひずみゲージを利用したロードセルタイプのものとがあるが，常に規定された精度内で使用できるようにしておく必要がある。したがって，軸力計の検定は現場搬入時に1回，搬入後はトルクレンチなどに比べて取扱いによる影響を受けることが少ないので，3ヵ月に1回を標準とする。

なお，ボルトによって締付けられる軸力計部分の剛性は必ずしも実部材の剛性と同一でない。このため同一の出力で軸力計と実部材を締付けた場合に導入されるボルト軸力に若干差が生じることがある。したがってなるべく実部材に近い剛性を持った軸力計を使用するのが望ましい。

軸力計の検定は，通常アムスラー型試験機を用い，試験機の示す値の±3％以内の値を示すものでなければならない。検定は測定する軸力の範囲において5段階程度を標準とする。

(2) トルクレンチの検定

トルクレンチは主として締付けたボルトの抜取り検査用で，締付けトルクを調べるために用いる。締付けトルクとは，検査対象のボルトをトルクレンチにより増締めし，ナットが回り始めたときのトルクである。

トルクレンチにはトルクをダイヤゲージの目盛で読むものやトルクレンチのたわみを利用して目盛を読むもの及びラチェット式のものなどがあるが，いずれも粗雑な取扱いによって狂いが生じやすい。したがってトルクレンチの検定は現場搬入時に1回，搬入後は1ヵ月に1回を標準とするが，使用頻度によっては定期検定の期間を別に定めてもよい。

トルクレンチの検定は，重錘試験の値を標準とし，測定するトルクの範囲において，各目盛の示す基準値の3%以内の値でなければならない。

5.3 締付け機の検定

(1) 締付け機の検定は現場搬入時に1回，搬入後は3ヵ月に1回を標準とする。

締付け機には電動式と油圧式とがあるが，いずれも締付け精度の持続性がよいので定期検定は3ヵ月に1回を標準とした。電動式，油圧式いずれの締付け機もガンとトルク制御装置が組合わされて使用されるので，定期検定はその組合せに対して行うものとする。

(2) 締付け機の検定はトルク試験機を用いて行い，締付けトルクを数段階設定し，60%程度の予備締めを行ったのち，それぞれ10回程度締付けるものとする。この場合，各段階における出力トルクの変動係数は4%以下でなければならない。

5.4 締付け機の調整

(1) 締付け機の出力トルクは日々の現場における取扱い方によって調整値が変動することが考えられる。したがって調整は毎日締付け作業開始前に行うことを原則とする。また，検査においては調整に合格したときの出力トルクを基準にして締付け施工検査を行うこととする。

(2) 締付け機の調整にあたっては，その日に使用する一施工ロットの中から，軸力計にかかる首下長さのボルト5本以上を使用することを標準とした。現場において初めて締付け機を使用する場合には10本から20本程度の供試ボルトによる調整を行い，2日目以降は供試ボルトの数を少なくして調整値がずれていないかどうかを確認する方法をとればよい。

1製造ロットの本数が少なく，1日に締付けるボルトが2つ以上の製造ロットにまたがる場合には締付け機の調整が煩雑になる。同一施工ロットに用いるセットは原則として同一製造ロットの製品とするが，出荷時のトルク係数値の平均値の差が5%以下であるような場合には，他の製造ロットを同一施工ロットとみなしてもよい。

(3) 締付け機の調整時には，トルク係数値のばらつきや締付け機の出力トルクのばらつきがあるため，ボルト軸力がばらつくことは避けられない。このため，供試ボルトの軸力の平均値を締付けボルト軸力に一致させるには多数のボルトにより繰返し締付け機の調整を行わなければならず，不必要な労力を強いることになる。したがって締付け機の調整にあたってはある程度の範囲を持たせる必要がある。

一方，ある平均軸力が得られるように調整を終えた締付け機により施工を行う場合，調整時と施工時の温度差によるトルク係数値の変化，調整時に用いた軸力計と実部材との剛性の違い，締付け姿勢の違いなどの影響により施工時に得られる平均軸力は調整時のそれと異なることが考えられる。したがって締付け機の調整はなるべく厳しく行う必要がある。

以上のことから，締付け機の調整にあたってはある程度の幅を持たせ，なおかつ締付け施工後に継手の安全性が損なわれないようにするため，5本以上の供試ボルトの軸力の平均値が締付けボルト軸力の±5%以内に入るように締付け機の調整を行うことにした。

なお，供試ボルトの締付けにあたり，特に異常な軸力を示しているものと判断されるボルトがあった場合にはこれを除外し，そのボルトのセットと同じ条件で包装された別のボルトのセットを2倍の数だけ新たに取り出し，それを供試ボルトに追加して締付け機の調整を行うものとする。

締付け機の調整手順を示すと図付 2-4.1のようになる。

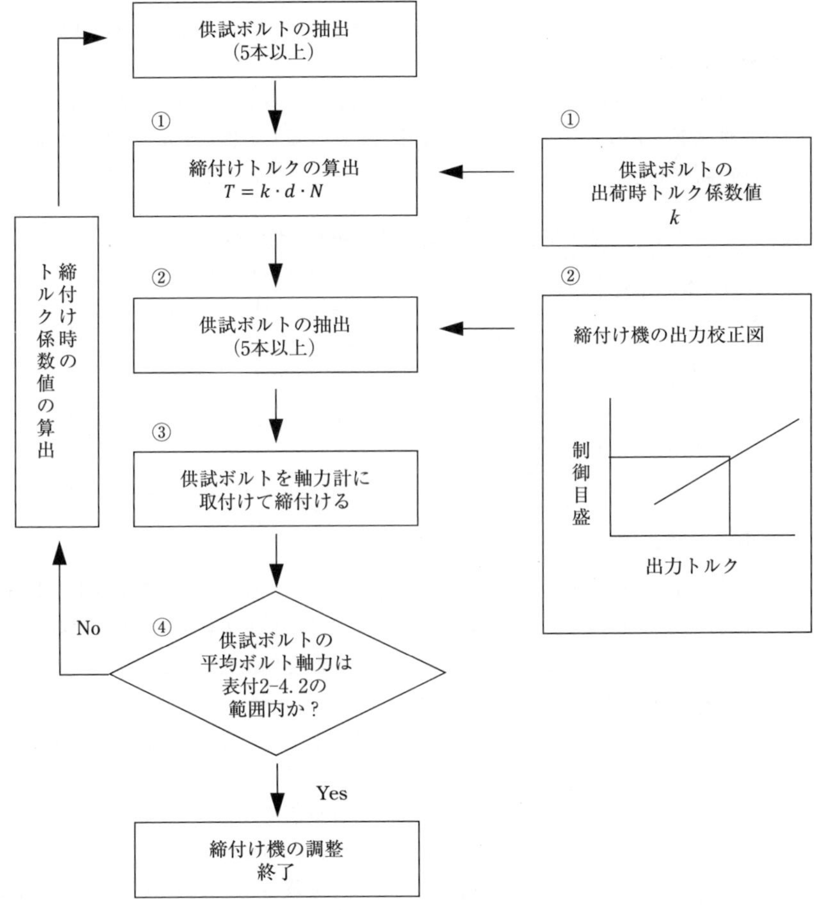

図付 2-4.1　締付け機の調整手順

①　供試ボルトの出荷時トルク係数値を用いて所要の締付けトルクを次式から算出する。

$$T=k\cdot d\cdot N$$

N：締付け軸力（kN）

d：呼び径（mm）

k：出荷時トルク係数値

T：締付けトルク（N･m）

②　①で求めた締付けトルクに対応する締付け機の出力調整を行う。

③　5本以上の供試ボルトを軸力計に締付けて軸力計の読みの平均値を求める。

④　③で求めたボルト軸力の平均値が表付 2-4.2 に示した範囲内に入れば締付け機の調整を終える。

表付 2-4.2 の範囲内に入らない場合は得られたボルト軸力の平均値と出力トルクから供試ボルトの平均トルク係数値を求め，再度新しい供試ボルトを抽出して①から④の調整を行う。

表付 2-4.2　締付けボルト軸力の規定値

ボルトの等級	ねじの呼び	5本以上のボルトの平均軸力（kN）	
		下限値	上限値
F8T	M20 M22 M24	139 173 200	153 191 222
F10T	M20 M22 M24	172 215 249	190 237 275

5.5　ボルトの締付け

(1)　ボルトの締付けはナットを回して行うのを原則とする。施工上やむを得ずボルト頭を回して締付けるときには，トルク係数値が変わるのでボルト頭を回して締付ける方法によるキャリブレーションを行い，所定の締付け軸力が得られることを確認のうえ施工しなければならない。

(2)　ボルトの予備締めは締付けボルト軸力の60％程度とする。また予備締め後には締忘れや共回りを防止するためにボルト，ナット及び座金にマーキングを行うものとする。継手内のボルト軸力が不均等であると，部材の密着性や連結板のすべり耐力が低下することもあるので，一継手のボルトは均一に締付けしなければならない。したがって1回で所定の軸力まで締付けると，最初に締付けたボルトが緩むことがあるので，2回に分けて締付けるのを原則とする。

(3)　ボルトのセットのトルク係数値は水濡れによりかなり変化することが考えられるので，原則として降雨の場合には締付け作業を行わない。

5.6　検　　査

(1)　ボルトの締付け後の検査は，締付け後に長期間放置すると，トルク係数値が変わるため速やかに行う。

(2)　ボルト締付け後のマーキングを目視で全数検査し，締忘れがあれば所定のトルクで締付ける。共回りのボルトはボルトのセットを取り替えて締付ける。

ナット・座金の裏返し取付があった場合は，ボルトのセットを取り替えて新たに締直す。

(3)　締付け機の調整時には所定のボルト軸力が導入されることを確認したうえ出力トルクの調整を行っている。しかし，施工時にはボルト軸力を直接確認する方法がないため，締付けトルクから間接的に軸力を推定しているにすぎない。したがって同じ出力トルクで締付けを行っても，調整時と施工時とでは軸力に差が生じることは避けられない。

表付 2-4.2 はこのような締付け機調整後の軸力の変動要因を想定したうえで継手の安全性が損なわれないように定められたものである。一方，調整時と施工時までの出力トルクの差は本来締付け機の性能から決まるばらつきだけのはずである。

締付けトルク検査の合否判定は，次のように行う。

各検査ボルトのトルクが，現場予備試験で設定した締付けトルクの±10%の範囲ならば合格とする。

不合格のボルト群は，更に倍数のボルトを抜出して再検査する。再検査で不合格の場合，その継手のボルトを全数検査し，以下の処置を行う。

①　設定締付けトルクを下まわるボルトは，そのトルクまで増し締めする。

②　設定締付けトルクを10%超えたボルトは，新しいボルトセットに取り替えて締直す。

引用規格

JIS B 1186：2013　摩擦接合用高力六角ボルト・六角ナット・平座金のセット

付録 2-5　トルシア形高力ボルト（S10T，S14T）の施工管理

1. 適用の範囲

この資料では，高力ボルト摩擦接合にトルシア形高力ボルトを用いる場合に適用する。高力ボルト摩擦接合におけるボルト軸力の導入方法は，導入軸力の制御方法によってトルク法，ナット回転法及び耐力点法に大別できる。トルク法は，あらかじめ，ナットを締付けるトルクと導入ボルト軸力との関係を調べておき，そのトルクを管理しながら施工することにより，所定のボルト軸力を得る方法である。この資料の適用対象とするトルシア形高力ボルトは，ボルト軸部先端に締付けトルクの反力を受けるピンテール（つかみ部）を有するもので，ピンテール基部の破断溝が一定のトルクで破断するように製造されており，それにより締付けトルクを制御する機構であり，上記軸力の導入方法 3 法のうちトルク法に属する。

2. 用語の定義

(1)　トルシア形高力ボルト

トルシア形高力ボルトは，ボルト軸部先端に締付けトルクの反力を受け持つピンテール（つかみ部）を有し，反力トルクにより破断溝部を切断することにより締付けトルクを制御することのできるボルトをいう。また，トルシア形高力ボルト 1 個，ナット 1 個，座金 1 個による構成を以下，セットという。

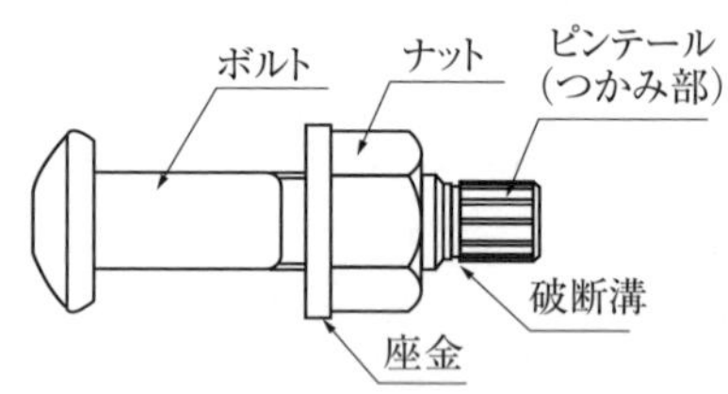

図付 2-5.1　トルシア形高力ボルト

写真付 2-5.1　トルシア形高力ボルトのセット

⑵　締付けボルト軸力

施工時に締付けの目標とするボルト軸力。⑶で定義される設計ボルト軸力を確保するため施工時に導入する軸力は設計軸力を割増した値を目標とする。トルシア形高力ボルトは，このボルト軸力を目標に製作される。

⑶　設計ボルト軸力

継手のすべり耐荷力の計算に用いる設計上のボルト軸力（Ⅱ編表-20.9.3）。

⑷　予備締め

全てのボルトを１回で所定の軸力まで締付けると，最初に締付けられたボルトがゆるむおそれがあるため，本締め前に予備締めを行う必要がある。このため，最初，予備締めとして所定の軸力を低減した軸力でボルトを締付け，その後，本締めとして所定の軸力でボルトを締付ける。

⑸　専用締付け機

専用締付け機は，図付 2-5.2 に示すようにモータ，変速機ならびにナットとピンテールを保持してトルクを伝える２個のソケットからなるのが一般的である。２個のソケットのうちアウターソケットはナットを保持し，締付けトルクを与えるものであり，インナーソケットはボルトのピンテールを保持して締付けトルクの反力を伝達するものである。両者は互いに逆方向に回転する構造になっており，締付け初期にはアウターソケットが回転してナットを締付け，締付けトルクが破断溝の破断トルクに近づくと，破断溝の塑性変形に伴い破断溝を切断するまでインナーソケットが回転する。

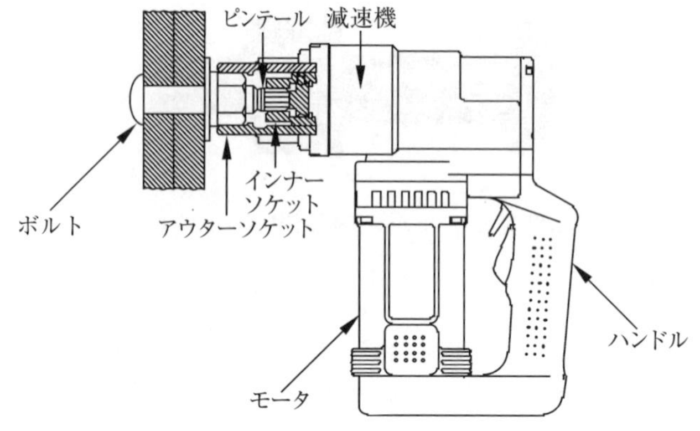

図付 2-5.2　専用締付け機

写真付 2-5.2　専用締付け機

このように，締付けトルクはボルトの破断溝を切断することにより制御されるので，専用締付け機自体は単にトルクを与える機能のみを有し，トルクを制御する機能は持たない。

動力式の締付け機においては締付けトルクと反力トルクが機械内部でつり合っているため，破断溝を切断する際のトルクはナットに作用しているトルクに等しい。

3. ボルト，ナット及び座金

3.1　ボルト，ナット及び座金

使用するボルト，ナット及び座金のセットは，付録2-1及び2-2によるものとする。

トルシア形高力ボルトでは，製品のもつトルク係数値及び締付けトルクを制御する破断溝の破断強度によってその締付け軸力が決定される。このため，普通の高力ボルトのように締付け機械による締付け誤差の影響は受けない代わりに，施工時に締付けトルクを調整して所定の軸力を得ることはできない。このようなことを勘案して付録2-1及び2-2では，トルシア形高力ボルトのもつべき性能を定めている。

トルシア形高力ボルトにおいて，最終的に精度よく所定の締付け軸力を得るためには，

① 締付け軸力を制御する破断溝の破断強度（溝の形状・寸法，材料強度）のばらつきが小さいこと。

② トルク係数値の温度による変動や経時変化が少ないこと。

など，普通の高力ボルトに比べて製品に高度な性能が要求されることから，製品の取扱いには十分な注意が必要である。

3.2　ボルトの出荷時検査

セットの締付けボルトの軸力試験は，工場出荷時に各製造ロットごとに行うのを原則とする。

トルシア形高力ボルトは，施工時に締付けトルク，すなわち締付け軸力を調整することができないため，工場出荷時に行う締付けボルト確認試験が重要である。

なお，出荷時検査における試験要領と合格判定値については，付録2-1及び2-2の11.2及び12.6による。ただし，工場における製造時の検査結果あるいは他の工事に伴って直前に行われた出荷時検査等の資料により，締付けボルト軸力を十分確認できると判断される製造ロットについては，工場出荷時の締付けボルト軸力試験を省略してもよい。締付けボルト軸力の温度依存性に関する試験については各製造ロットごとに行う必要はなく，一納入単位につき一製造ロットを選んで行うのを標準とするが，試験の頻度については必要に応じて増減してよい。また，十分な資料が得られる場合には，その提出によって試験に代えてもよい。

3.3　セットの保管

セットの現場保管にあたっては，できるだけ工場包装のまま保管庫に収納し，雨，夜露などの湿気を与えないように注意して，工場出荷時の品質が現場施工時まで保たれるように注意しなければならない。また，開包後は雨，夜露などによる濡れ，さびの発生，ほこりや砂などのねじ部への付着，乱暴な扱いによるねじ部のいたみなどによる品質の変化が

生じやすいと考えられるので，包装はできるだけ施工直前に解くようにしなければならない。このためには，ボルトの搬入を計画的に行い，工場出荷後現場施工までの期間をできるだけ短くするよう配慮するとともに，余分な開包を行わないよう注意する必要がある。

4. 接合面の処理

(1)　接合面の処理

摩擦接合における設計計算上接合面のすべり係数は，無機ジンクリッチペイントを塗装した場合 0.45，黒皮を除去して接触面の浮さび，油，泥などを十分に清掃したした場合を 0.40 として継手のすべり耐力が算定されているため，接合面は設計で求められているすべり係数以上となるような処理を施さなければならない。また，現場において材片を締め付ける際に接触面の浮さび，油，泥などは十分に清掃して取り徐かなければならない。

接合面の黒皮を除去した粗面で塗装や下地処理の施されていない継手では 0.40 以上のすべり係数が十分確保できることが知られている（図付 2-5.3）。

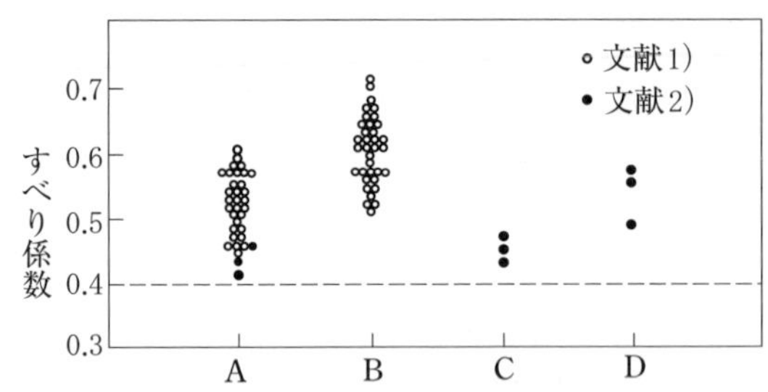

A：ショットブラスト直後
B：ショットブラスト後発せい（錆）
C：ショットブラスト後発せい（さび除去）
D：ショットブラスト後発せい（浮さび除去）

図付 2-5.3　すべり試験例（ショットブラスト面）

部材製作時に，母材，連結板，フィラープレートの摩擦接合部を無機ジンクリッチペイントで塗装することは，現場塗装開始前までに錆汁による塗膜面の汚れを防止するとともに，現場塗装時の素地調整作業を容易にする。また，塗装の防錆効果を向上させることができる。

部材製作時に摩擦接合部を塗装する際は，塗膜により接合部の品質あるいは継手耐力が低下しないことが必要である。摩擦接合部への塗装に対しては，塗膜により接合部構造として適切なすべり係数を確保することが重要であり，Ⅱ編の20.9.3を満たすものとする。

(2) 継手の肌すき

締付けが完了した状態で構成材が十分効果を発揮できるように部材と連結板あるいは部材とガセットとは締付けにより密着するようにしなければならない。現場における部材のくい違いの処理は非常に困難である。したがって，くい違いが生じないよう工場製作時に留意するともに，現場搬入前に工場でくい違いがないことを確認することが必要である。もしこの段階で肌すきが見つかった場合はフィラーを挿入するなど必要な措置をしておかなければならない。

5. ボルトの締付け及び検査

5.1 軸力計の検定

(1) 軸力計には油圧の変化で軸力を測定するものと，ひずみゲージを利用したロードセルタイプのものとがあるが，常に規定された精度内で使用できるようにしておく必要がある。したがって，軸力計の検定は現場搬入時に1回，搬入後は取扱いによる影響を受けることが比較的少ないので，3ヶ月に1回を標準とする。

なお，ボルトによって締付けられる軸力計部分の剛性は必ずしも実部材の剛性と同一でない。このため同一の締付けトルクで締付けた場合でも，軸力計と実部材では導入されるボルト軸力に差が生じることがある。したがって，なるべく実部材に近い剛性をもった軸力計を使用するのが望ましい。

(2) 軸力計の検定は，試験機（通常はアムスラー型試験機）の示す値の±3%以内の値を示すものでなければならない。この場合，測定する軸力の範囲において，5段階程度の軸力について検定を行うことを標準とする。なお，軸力計の検定は，部材にボルトを締付けた状態と同じような載荷状態で行うことが望ましい。

5.2 現場予備試験

ボルトの保管状態が悪いと，ナットや座金の表面処理が温度や湿度の影響を受けて，トルク係数値が変化しているおそれがある。このため，締付け作業を行うにあたっては，所定のボルト軸力を導入できるかどうかを確認するためにあらかじめ現場予備試験を行うものとする。

(1) 現場予備試験は，その日に使用するセットの全製造ロットのうち，軸力計にかかる首下長さの1つの製造ロットから5組の供試セットを無作為に抽出して行うのを標準とする。試供セットの締付けボルト軸力の平均値は，常温（10～30℃）で締付けた場合，Ⅱ編の表-20.9.4に適合しなければならない。

ボルトのトルク係数値は温度によって変化するので，締付けボルト軸力も変化する。常温時以外（0℃～10℃及び30℃～60℃）で試験した場合，締付け軸力の平均値がⅡ編の表-解20.9.1のボルト軸力の範囲にあればよい。

一般にボルトは一ヵ所にまとめて保管されており，各製造ロットのボルトが保管中に受ける経時変化はほぼ同程度と考えることができる。したがって，供試ボルトの抜取りにあたっては，その日に使用する製造ロットのうち1ロットを代表として選ぶものとした。また，供試ボルトの本数は，JISその他の試験方法を参考とし5本を標準とした。

現場予備試験の判定基準としては，5本の供試ボルトの平均値がⅡ編の表-20.9.4の範囲にあれば，現場においても所定のボルトの品質が確保されているとみなしでもよいものとした。現場予備試験の目的は，工場における継続的な品質管理と異なり，現場に保管されていたセットの品質に異常な変化がないかどうかを確認することにある。したがってⅡ編の表-20.9.4の値は，出荷時検査の場合と同様とした。

S10TとS14Tでは，予備締め及び本締めのトルクが異なるため，それぞれのボルトに対応した締付け機を選定する必要がある。また，S10TとS14Tを間違って使用することがないように，ボルト頭部の刻印やナット高さの違いなどを確認し適切に使用しなければならない。

(2) (1)を満足しない場合は，同じ製造ロットについて倍数試験を行ってⅡ編の表-20.9.4（表-解20.9.1）を満足することを確認しなければならない。ここにいう倍数試験とは，新たに同じ製造ロットから(1)に述べた数の2倍の供試ボルトを抽出して試験を行うことである。

(3) (1)及び(2)を満足しない場合は，試験を行った製造ロットのセットを使用してはならない。また，試験を行った製造ロットと同じ保管状態とはみなせない製造ロットのセットを使用する場合には，施工に先立ってロットごとに供試ボルトを抽出して(1)，(2)に従って試験を行うものとする。

倍数試験を行った結果がⅡ編の表-20.9.4（表-解20.9.1）に適合しない場合には，試験に用いた製造ロットのセットは所定の軸力を導入することができないものと判断し，使用してはならない。

また，試験に用いた以外の製造ロットのボルトについても，同一保管状態であれば試験に用いたロットと同様に品質の変化を生じている可能性があるので，使用する場合には，全てのロットについて供試ボルトを抽出して試験を行い，品質に問題があるかどうか確かめる必要がある。

5.3 ボルトの締付け

(1) 継手内のボルト軸力が不均等であると，部材の密着性が悪く継手のすべり耐力が低下することもあるので，一継手のボルトは均一に締付けなければならない。このため，ボルトの締付けは二度締めによるものとし，その予備締めにあたっては締付けボルト軸力の60％程度で締付ける必要がある。また，予備締め後には締忘れや共回りを防止するためにボルト，ナット及び座金にマーキングを行うものとする。

(2) トルシア形高力ボルトの本締めには専用締付け機を用い，ピンテールが破断するまで締付ける。

(3) 締付け時に水にぬれると，セットのトルク係数値が大きく変化する場合もあるので，降雨の際には原則として締付け作業を行ってはならない。

5.4 検　　査

ボルト締付け後のピンテールの切断を目視により確認し，全数について締忘れがないことを検査しなければならない。あわせて，ボルトや座金の共回りがないかをマーキングにより検査する。

検査の結果，締忘れがある場合には締付け，異常のあるボルトは取り替えて締めなおす必要がある。

写真付 2-5.3　ピンテールの破断状況

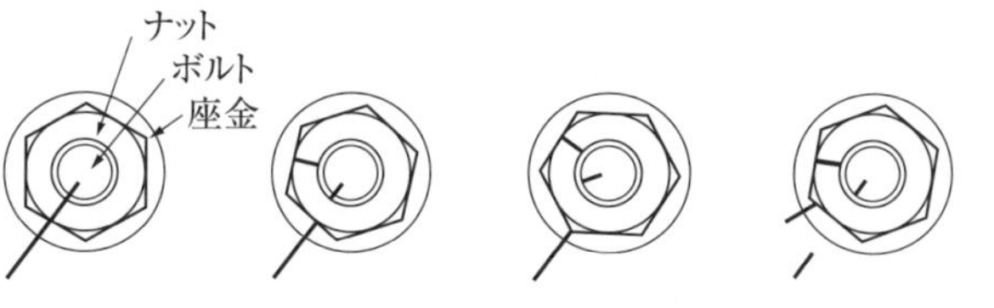

図付 2-5.4　マーキングの状態

参 考 文 献

1) 田島二郎：高力ボルト摩擦接合，1966

2) 日本道路公団：関門橋工事報告書，1977

執筆者名簿（50 音順）

相川 智彦	青木 康素	芦塚 憲一郎
穴見 健吾	有村 健太郎	壱岐 浩
石川 孝	石川 敏之	石川 誠
石原 大作	石部 智之	板垣 定範
伊藤 康輔	伊藤 高	井口 進
今西 修久	内田 大介	越中 信雄
大久保 宜人	大下 嘉道	大島 義信
大谷 彬	大山 理	岡田 誠司
奥井 義昭	刑部 清次	小野 潔
笠野 英行	勝地 弘	加藤 順一
金治 英貞	金子 修	金田 崇男
北嶋 杉生	北根 安雄	喜多見 英昭
清川 厚史	久保 圭吾	熊野 拓志
蔵治 賢太郎	栗原 康行	小西 日出幸
小林 賢太郎	小林 康晃	斉藤 清
酒井 修平	榊 一平	佐合 大
佐々木 栄一	佐藤 歩	佐藤 範佳
佐藤 豪	佐野 泰如	澤田 守
澁谷 敦	清水 英樹	下田 健司
白戸 真大	白鳥 明	杉山 裕樹
鈴木 泰之	須藤 勝	大門 大
高浦 弘至	高木 優任	高久 英彰
高士 房伸	高瀬 弘	高田 嘉秀
高橋 実	舘石 和雄	田中 喜一郎
田中 賢太	田中 倫英	田中 睦人
田中 裕二	田中 良樹	玉越 隆史
築地 貴裕	辻 丈彰	土田 隆司
土井 保彦	徳橋 亮治	鳥羽 保行
冨山 禎仁	中井 督介	中尾 勝
中田 知志	中村 聖三	永元 直樹
中山 良直	西岡 勉	野上 邦英
野阪 克義	長谷川 強	服部 雅史
原島 孝至	判治 剛	東山 浩士
日野 昭二	日野 貴之	平野 勝彦

平野　みゆき
藤山　知加子
掘井　滋則
松原　拓朗
松村　寿男
三宅　隆文
三輪　清貴
村上　貴紀
森下　博之
谷貝　誠
山口　隆司
和田　圭仙

藤井　雄介
古谷　嘉康
前田　和裕
松原　喜之
松村　政秀
宮下　剛
武藤　聡
村越　潤
森山　彰
八木　知己
山下　香昭
渡邊　一悟

藤川　敬人
星隈　順一
前田　博
松藤　洋照
水口　和之
宮原　史
村井　啓太
森　猛
森山　秀治
山口　栄輝
和田　新
渡邊　学歩

道路橋示方書（Ⅱ鋼橋・鋼部材編）・同解説

平成29年11月22日　改訂版第1刷発行
令和 6 年 8 月23日　　　　第7刷発行

編集発行所　公益社団法人 日本道路協会
東京都千代田区霞が関 3-3-1

印刷所　大和企画印刷株式会社

発売所　丸善出版株式会社
東京都千代田区神田神保町 2-17

ISBN978-4-88950-280-0 C2051

Memo

Memo

Memo

Memo

日本道路協会出版図書案内

図書名	ページ	定価(円)	発行年
交通工学			
クロソイドポケットブック（改訂版）	369	3,300	S49. 8
自転車道等の設計基準解説	73	1,320	S49.10
立体横断施設技術基準・同解説	98	2,090	S54. 1
道路照明施設設置基準・同解説（改訂版）	240	5,500	H19.10
附属物（標識・照明）点検必携 ～標識・照明施設の点検に関する参考資料～	212	2,200	H29. 7
視線誘導標設置基準・同解説	74	2,310	S59.10
道路緑化技術基準・同解説	82	6,600	H28. 3
道路の交通容量	169	2,970	S59. 9
道路反射鏡設置指針	74	1,650	S55.12
視覚障害者誘導用ブロック設置指針・同解説	48	1,100	S60. 9
駐車場設計・施工指針同解説	289	8,470	H 4.11
道路構造令の解説と運用（改訂版）	742	9,350	R 3. 3
防護柵の設置基準・同解説（改訂版） ボラードの設置便覧	246	3,850	R 3. 3
車両用防護柵標準仕様・同解説（改訂版）	164	2,200	H16. 3
路上自転車・自動二輪車等駐車場設置指針 同解説	74	1,320	H19. 1
自転車利用環境整備のためのキーポイント	140	3,080	H25. 6
道路政策の変遷	668	2,200	H30. 3
地域ニーズに応じた道路構造基準等の取組事例集（増補改訂版）	214	3,300	H29. 3
道路標識設置基準・同解説（令和2年6月版）	413	7,150	R 2. 6
道路標識構造便覧（令和2年6月版）	389	7,150	R 2. 6
橋梁			
道路橋示方書・同解説（Ⅰ共通編）(平成29年版)	196	2,200	H29.11
〃（Ⅱ鋼橋・鋼部材編）(平成29年版)	700	6,600	H29.11
〃（Ⅲコンクリート橋・コンクリート部材編）(平成29年版)	404	4,400	H29.11
〃（Ⅳ下部構造編）(平成29年版)	572	5,500	H29.11
〃（Ⅴ耐震設計編）(平成29年版)	302	3,300	H29.11
平成29年道路橋示方書に基づく道路橋の設計計算例	564	2,200	H30. 6
道路橋支承便覧（平成30年版）	592	9,350	H31. 2
プレキャストブロック工法によるプレストレスト コンクリートTげた道路橋設計施工指針	81	2,090	H 4.10
小規模吊橋指針・同解説	161	4,620	S59. 4
道路橋耐風設計便覧（平成19年改訂版）	300	7,700	H20. 1

日本道路協会出版図書案内

図書名	ページ	定価(円)	発行年
鋼道路橋設計便覧	652	7,700	R 2.10
鋼道路橋疲労設計便覧	330	3,850	R 2. 9
鋼道路橋施工便覧	694	8,250	R 2. 9
コンクリート道路橋設計便覧	496	8,800	R 2. 9
コンクリート道路橋施工便覧	522	8,800	R 2. 9
杭基礎設計便覧（令和2年度改訂版）	489	7,700	R 2. 9
杭基礎施工便覧（令和2年度改訂版）	348	6,600	R 2. 9
道路橋の耐震設計に関する資料	472	2,200	H 9. 3
既設道路橋の耐震補強に関する参考資料	199	2,200	H 9. 9
鋼管矢板基礎設計施工便覧（令和4年度改訂版）	407	8,580	R 5. 2
道路橋の耐震設計に関する資料 (PCラーメン橋･RCアーチ橋･PC斜張橋等の耐震設計計算例)	440	3,300	H10. 1
既設道路橋基礎の補強に関する参考資料	248	3,300	H12. 2
鋼道路橋塗装・防食便覧資料集	132	3,080	H22. 9
道路橋床版防水便覧	240	5,500	H19. 3
道路橋補修・補強事例集（2012年版）	296	5,500	H24. 3
斜面上の深礎基礎設計施工便覧	336	6,050	R 3.10
鋼道路橋防食便覧	592	8,250	H26. 3
道路橋点検必携～橋梁点検に関する参考資料～	480	2,750	H27. 4
道路橋示方書・同解説Ⅴ耐震設計編に関する参考資料	305	4,950	H27. 4
道路橋ケーブル構造便覧	462	7,700	R 3.11
道路橋示方書講習会資料集	404	8,140	R 5. 3
舗装			
アスファルト舗装工事共通仕様書解説（改訂版）	216	4,180	H 4.12
アスファルト混合所便覧（平成8年版）	162	2,860	H 8.10
舗装の構造に関する技術基準・同解説	104	3,300	H13. 9
舗装再生便覧（令和6年版）	342	6,270	R 6. 3
舗装性能評価法(平成25年版)―必須および主要な性能指標編―	130	3,080	H25. 4
舗装性能評価法別冊 ―必要に応じ定める性能指標の評価法編―	188	3,850	H20. 3
舗装設計施工指針（平成18年版）	345	5,500	H18. 2
舗装施工便覧（平成18年版）	374	5,500	H18. 2
舗装設計便覧	316	5,500	H18. 2
透水性舗装ガイドブック2007	76	1,650	H19. 3
コンクリート舗装に関する技術資料	70	1,650	H21. 8

日本道路協会出版図書案内

図　書　名	ページ	定価(円)	発行年
コンクリート舗装ガイドブック2016	348	6,600	H28. 3
舗装の維持修繕ガイドブック2013	250	5,500	H25.11
舗装の環境負荷低減に関する算定ガイドブック	150	3,300	H26. 1
舗装点検必携	228	2,750	H29. 4
舗装点検要領に基づく舗装マネジメント指針	166	4,400	H30. 9
舗装調査・試験法便覧（全4分冊)(平成31年版）	1,929	27,500	H31. 3
舗装の長期保証制度に関するガイドブック	100	3,300	R 3. 3
アスファルト舗装の詳細調査・修繕設計便覧	250	6,490	R 5. 3
道路土工			
道路土工構造物技術基準・同解説	100	4,400	H29. 3
道路土工構造物点検必携（令和5年度版）	243	3,300	R 6. 3
道路土工要綱（平成21年度版）	450	7,700	H21. 6
道路土工－切土工・斜面安定工指針（平成21年度版）	570	8,250	H21. 6
道路土工－カルバート工指針（平成21年度版）	350	6,050	H22. 3
道路土工－盛土工指針（平成22年度版）	328	5,500	H22. 4
道路土工－擁壁工指針（平成24年度版）	350	5,500	H24. 7
道路土工－軟弱地盤対策工指針（平成24年度版）	400	7,150	H24. 8
道路土工－仮設構造物工指針	378	6,380	H11. 3
落石対策便覧	414	6,600	H29.12
共同溝設計指針	196	3,520	S61. 3
道路防雪便覧	383	10,670	H 2. 5
落石対策便覧に関する参考資料 —落石シミュレーション手法の調査研究資料—	448	6,380	H14. 4
道路土工の基礎知識と最新技術（令和5年度版）	208	4,400	R 6. 3
トンネル			
道路トンネル観察・計測指針（平成21年改訂版）	290	6,600	H21. 2
道路トンネル維持管理便覧【本体工編】（令和2年版）	520	7,700	R 2. 8
道路トンネル維持管理便覧【付属施設編】	338	7,700	H28.11
道路トンネル安全施工技術指針	457	7,260	H 8.10
道路トンネル技術基準（換気編）・同解説（平成20年改訂版）	280	6,600	H20.10
道路トンネル技術基準（構造編）・同解説	322	6,270	H15.11
シールドトンネル設計・施工指針	426	7,700	H21. 2
道路トンネル非常用施設設置基準・同解説	140	5,500	R 1. 9
道路震災対策			
道路震災対策便覧（震前対策編）平成18年度版	388	6,380	H18. 9

日本道路協会出版図書案内

図　書　名	ページ	定価(円)	発行年
道路震災対策便覧（震災復旧編）(令和4年度改定版)	545	9,570	R 5. 3
道路震災対策便覧（震災危機管理編）(令和元年7月版)	326	5,500	R 1. 8
道路維持修繕			
道路の維持管理	104	2,750	H30. 3
英語版			
道路橋示方書（I 共通編)〔2012年版〕（英語版）	160	3,300	H27. 1
道路橋示方書（II 鋼橋編)〔2012年版〕（英語版）	436	7,700	H29. 1
道路橋示方書（IIIコンクリート橋編)〔2012年版〕（英語版）	340	6,600	H26.12
道路橋示方書（IV 下部構造編)〔2012年版〕（英語版）	586	8,800	H29. 7
道路橋示方書（V 耐震設計編)〔2012年版〕（英語版）	378	7,700	H28.11
舗装の維持修繕ガイドブック2013（英語版）	306	7,150	H29. 4
アスファルト舗装要綱（英語版）	232	7,150	H31. 3

※消費税10%を含みます。

発行所（公社)日本道路協会　☎(03)3581-2211
発売所 丸善出版株式会社　☎(03)3512-3256
丸善雄松堂株式会社　学術情報ソリューション事業部
法人営業統括部　カスタマーグループ
TEL：03-6367-6094　FAX：03-6367-6192　Email：6gtokyo@maruzen.co.jp